大学院講義 有機化学
第2版

I. 分子構造と反応・有機金属化学

編集　野依良治
中筋一弘・玉尾晧平・奈良坂紘一
柴﨑正勝・橋本俊一・鈴木啓介
山本陽介・村田道雄

東京化学同人

第2版　序

　本書第1版は，次代を担う大学院生諸君に広い意味での有機化学を学んでもらうための教科書として企画されました．幸いにも多くの第一級の執筆者の協力を得，世界に例をみない大学院の教科書を刊行したのが，もう20年近く前のことです．以来，全国の多くの大学院講義に使っていただき，好評を博してきたことは，編集者一同の喜びとするところです．

　有機化学は古くから重要な基礎科学の一分野として，構造，反応，合成，機能を4本の柱とする体系で進化と深化を続けてきました．新たな反応が登場すると合成の考え方が変わり，またそれによって新たな構造や機能が創出されるという循環です．研究対象も，有機化学の黎明期の生命分子という枠組みからより幅広く炭素化合物となり，さらに有機金属化学や元素化学へと大きく広がり続けています．

　また，有機化学は実用的側面も兼ね備えていることにも大きな特徴があります．人間生活の基本である衣食住に関連した各種の素材，医農薬から高機能電子材料に至るまで，天然物，合成品を含め多種多様な有機化合物が私たちの身のまわりで活躍しています．また，有機化学の発展によってもたらされる新たな合成反応が，環境問題やエネルギー問題などを解決する鍵となることも期待されます．たとえば，最近，遷移金属触媒反応の分野では不活性結合の活性化の研究が急速に進歩しましたが，これは斬新な分子変換を可能にするのみならず，原子効率やグリーンケミストリーの観点，すなわち環境や資源に配慮した物質生産との関連からも重要です．また，ありふれた元素を用い，既存の触媒機能や合成過程などを代替もしくは凌駕しようという元素戦略も重要な概念です．これに関連して有機触媒が急速な進歩を遂げ，いまや合成計画において，金属触媒，生体触媒（酵素）とともに，選択肢のひとつとなっています．

　こうした合成手法の進歩は，新しい機能性分子の設計や合成にも大きな影響を与えました．たとえば，π共役系の科学の発展が，ナノカーボン，導電性高分子，有機半導体の発明につながりました．またこれ以外にも，こうした進歩に裏打ちされた高付加価値の新機能材料の開発の例は枚挙にいとまがありません．さらに，生物有機化学でも遺伝子操作などさまざまな手法的進展を背景として，現在，医農薬の創製も含めたさまざまな分野で大きな変化が起こっています．このように有機化学は境界領域との絶え間ない相互作用から間口を大きく広げ，発展を続けています．

　こうした総合的な有機化学の発展に伴い，各方面から"第1版の改訂版を"との声をいただきました．そのエールに応えたいとの思いから，第2版を検討してきましたが，再び多くの優れた執筆者の協力を得，刊行に至りました．学生諸君には，こうした現代有機化学の展望を題材として，分子レベルでものを見る視点を錬磨してほしいと思います．また，周辺諸分野を担う方々にも，これらの内容を素養として学んでもらえれば幸いです．

iv

知的興味をみたし，また，思わぬ知識活用の道も見つかることでしょう．

第1版に続き，本書の構成は現代有機化学を俯瞰できるように工夫しました．第I巻（第I部 有機化学の基礎：結合と構造，第II部 有機化学反応，第III部 有機金属化学および有機典型元素化学，第IV部 超分子化学および高分子化学），および第II巻（第I部 有機合成化学：有機合成反応，第II部 有機合成化学：多段階合成，第III部 生物有機化学）としました．限られた紙面のなかで，将来の研究者に必要不可欠な基礎項目を収録しました．高度な専門知識というよりは互いに関連がある最小限の標準的内容です．学部レベルの知識があれば十分理解できるように配慮してありますので，教員の方々におかれましては是非とも全体像を把握していただきたく，努めて部分的な取扱いはお避け下さるよう希望します．

なお，岩村 秀，山本經二，川島隆幸，大船泰史，穐田宗隆，豊田真司，上垣外正己，徳永 信，村橋哲郎の諸氏は校正刷をお読み下さり，多くの貴重なご意見をいただきました．そのほかお名前はあげきれませんが，大勢の方々のお力添えを得ました．ここに記して感謝致します．

本書第2版の刊行にあたり，企画から編集，製作にわたり，粘り強いご支援をいただいた東京化学同人の小澤美奈子社長ならびに橋本純子，木村直子，竹田 恵の各氏に心から御礼申し上げます．

2015 年 9 月 10 日

編 集 者 一 同

第1版　序

　　有機化学はそれ自身で自然科学の中核的存在として，また関連科学分野へ多くの貢献を果たしながら発展してゆくことが期待されます．さらに有機化学にかかわる産業活動も繁栄し続けなければなりません．現在，わが国の有機化学の学術研究は総合的に高い水準にあります．しかし，次世代の学界と産業界の情勢については楽観を許しません．知識創造意欲をもつ若い研究者育成が何よりも重要であり，そのための幅広くそして論理的な思考基盤の構築が不可欠です．自然科学としての有機化学の面白さだけでなく，環境，人口，食糧，健康，資源，エネルギーなど地球規模の諸問題にかかわる役割も，十分に認識してほしいと思います．先人から受継いだ知的財産と，化学の力量と素晴らしさを次世代へわかりやすく伝えたい．私たちは，このような思いから具体的方策として，この2巻からなる大学院向けの有機化学教科書の刊行を企画しました．

　　現在，新しい世紀の社会を展望した教育制度改革のなかで，急速に大学院の整備が進んでいます．わが国社会が創造性と活力ある発展を続け，また国際的にも主要な役割を果たすために，その原動力たる人材の確保と知の創造を目指した大学院の充実は社会的要請であります．この背景は大学院生の大幅な数的拡大を促し，必然的にその質的変化をきたすことになります．大学院生の価値観や教育背景の多様化，さらに流動化による不均質性の確保は，高等教育における新鮮な活力の発生源であり大変望ましいことですが，同時に院生の基礎知識の不画一性は教員の指導法を困難にすることも事実です．私たち教員にとって有機化学の教育におけるもう一つの問題点は，学術の急速な分化傾向です．科学の発展の過程は分野の著しい細分化と精密化をもたらし，現在では有機化学の広い分野にわたって深く理解できる化学者はごくまれになってきました．有機化学は，多岐にわたる分野と接するため，理学，工学，薬学，農学などの多くの研究科で開講されており，有機化学を専攻する院生だけでなく，無機化学，物理化学，生物化学を学ぶ院生をも対象とします．しかし，大学院生の質と量の変化に対応してこの重要な基礎科学について適切かつ充実した講義をすることは，必ずしも容易でないのが実情ではないかと思います．

　　従来のわが国の大学院教育は，ともすれば狭い範囲の専門知識と技術の習得に偏っていたように思います．今後はより広い視野と高度の能力を身につけることが必要になります．私たちは，真に有意義な有機化学の基本をできるだけ簡潔に伝える努力をいたしました．本書は現代有機化学全般の枠組みを系統的に見渡せるように第I巻(第I部 構造化学，第II部 反応化学，第III部 有機金属化学および有機典型元素化学)および第II巻(第I部有機合成化学：有機合成反応，第II部 有機合成化学：多段階合成，第III部 生物有機化学)と分けました．限られたページ数のなかで，将来の研究者にとって不可欠な基礎項目だけを選択してあります．高度な専門知識というよりは，互いに関連がある必要最小限の標準的内容です．学部学生程度の知識があれば十分理解できるよう配慮してありますの

で，教員の方々には概念，原理，確実な方法論につき是非とも全体像を把握そして咀嚼していただき，部分的な取扱いはつとめて避けていただきたく希望します．

院生諸君には本書によって「考える力」をつけてほしいと思います．有機化学においては，他の自然科学分野と同様に，まず「真実を知る」ことが大切です．しかし，表面的に「知っている」「わかっている」というのでは不十分なのです．有機化学は多くの物質科学や関連技術と接点をもつので，自分のもつ基礎知識をもとにして新しいものを「考案する」「つくり出す」ことが大きな要素となります．化学の新分野開拓を目指して研究するためには，深い理解力と総合的思考力が必要となります．一見華やかにみえる先端的事象よりは，その背景となる根幹，基盤が大切です．科学的事実の多くは原著や成書に記載してあり，コンピューターによるデータ検索も容易になりました．単なる記憶は必要ありません．自分の心で感じ，自分の頭で考えてこそはじめて魂の入った科学研究になるのです．

国際的に眺めてみても大学院向けのすぐれた教科書は皆無です．幸いにして，多岐にわたる分野の第一級の執筆者の協力を得て本書を完成することができました．教育は熱意ある教官と活力ある学生の協同作業であります．この教科書を思考の支柱として，多くの若い諸君が有機化学の広さと可能性の大きさを察知してくれれば幸いです．本書刊行の目的達成の成否については，将来のわが国の化学界と産業界の水準が答えてくれるものと思っています．

なお，穐田宗隆（東京工業大学），大嶌幸一郎（京都大学），川島隆幸（東京大学），白濱晴久（関西学院大学），関根光雄（東京工業大学），辻 孝（北海道大学），村田一郎（福井工業大学），山本經二（山口東京理科大学）の諸氏は，校正刷を読んで下さり，きわめて貴重なご意見をお寄せ下さいました．記して感謝いたします．

最後に，本書の刊行にあたり企画から編集，製作にわたりたゆみないご支援をいただいた東京化学同人の小澤美奈子社長ならびに橋本純子，西澤恵子，須永理恵の各氏に心からお礼を申し上げるしだいです．

1998 年 3 月 10 日

編 集 者 一 同

編　集

野 依 良 治　名古屋大学特別教授，科学技術館 館長，
　　　　　　　科学技術振興機構 研究開発戦略センター長，工学博士

中 筋 一 弘　大阪大学名誉教授，理学博士

玉 尾 皓 平　豊田理化学研究所 所長，京都大学名誉教授，
　　　　　　　　　　　　　理化学研究所栄誉研究員，工学博士

奈 良 坂 紘 一　東京大学名誉教授，理学博士

柴 﨑 正 勝　微生物化学研究会 理事長，
　　　　　　　東京大学名誉教授，北海道大学名誉教授，薬学博士

橋 本 俊 一　北海道大学名誉教授，薬学博士

鈴 木 啓 介　東京工業大学栄誉教授，理学博士

山 本 陽 介　広島大学名誉教授，理学博士

村 田 道 雄　大阪大学大学院理学研究科 教授，農学博士

I 巻　執 筆 者

相 田 卓 三　東京大学卓越教授，理化学研究所創発物性科学研究センター
　　　　　　　　　　　　　　　　　　　　　　副センター長，工学博士

青 山 安 宏　京都大学名誉教授，工学博士

穐 田 宗 隆　東京工業大学名誉教授，理学博士

井 上 佳 久　大阪大学名誉教授，ミュンヘン工科大学 Hans Fischer 名誉フェロー，
　　　　　　　　　　　　　　　　　　　　　　　　　　　　　工学博士

岩 本 武 明　東北大学大学院理学研究科 教授，博士（理学）

奥 山　格　兵庫県立大学名誉教授，工学博士

長 村 吉 洋　東京工業大学 非常勤講師，神奈川工科大学 非常勤講師，理学博士

小 澤 文 幸　京都大学名誉教授，工学博士

楠 見 武 徳　徳島大学名誉教授，理学博士

久 保 孝 史　大阪大学大学院理学研究科 教授，博士（理学）

古 賀 伸 明　名古屋大学大学院情報学研究科 教授，工学博士

小 松 紘 一　京都大学名誉教授，工学博士

佐 藤 健太郎　サイエンスライター，修士（理学）

庄 子 良 晃　東京工業大学科学技術創成研究院化学生命科学研究所 准教授，
　　　　　　　　　　　　　　　　　　　　　　　　　　　博士（工学）

鈴 木 啓 介　東京工業大学栄誉教授，理学博士

鈴 木 寛 治　東京工業大学名誉教授，工学博士

髙 井 和 彦　岡山大学名誉教授，工学博士

高 橋 孝 志　北里大学客員教授，東京工業大学名誉教授，Ph.D.

玉 尾 皓 平　豊田理化学研究所 所長，京都大学名誉教授，
　　　　　　　　　　　　　　　　理化学研究所栄誉研究員，工学博士

千 田 憲 孝　慶應義塾大学名誉教授，理学博士

富 岡 秀 雄　三重大学名誉教授，工学博士

冨 田 育 義　東京工業大学物質理工学院 教授，博士（工学）

豊 田 真 司　東京工業大学理学院 教授，博士（理学）

中 筋 一 弘　大阪大学名誉教授，理学博士

永 瀬　茂　自然科学研究機構分子科学研究所名誉教授，工学博士

中 村 栄 一　東京大学特別教授，東京大学名誉教授，理学博士

野 依 良 治　名古屋大学特別教授，科学技術館 館長，
　　　　　　　　　　　科学技術振興機構 研究開発戦略センター長，工学博士

平 尾　一　香港中文大学（深圳）准教授，博士（薬学）

福 住 俊 一　梨花女子大学特別教授，大阪大学名誉教授，工学博士

細 谷 孝 充	東京医科歯科大学生体材料工学研究所 教授，博士(理学)
宮 浦 憲 夫	北海道大学名誉教授，工学博士
八 島 栄 次	名古屋大学大学院工学研究科 教授，工学博士
山 中 正 浩	立教大学理学部 教授，博士(理学)
山 本 学	北里大学名誉教授，理学博士
山 本 陽 介	広島大学名誉教授，理学博士
横 澤 勉	神奈川大学工学部 教授，工学博士
吉 田 潤 一	元京都大学教授，工学博士
柳 日 馨	大阪公立大学特任教授，陽明交通大学講座教授，
	大阪府立大学名誉教授，工学博士

（五十音順）

第 1 版　Ⅰ巻　執筆者

青 山 安 宏	伊 藤 眞 人	岩 岡 道 夫	梅 本 照 雄
小 川 桂 一 郎	奥 山 格	小 澤 文 幸	神 戸 宣 明
吉 良 満 夫	久 保 孝 史	黒 澤 英 夫	古 賀 伸 明
小 松 紘 一	杉 野 目 浩	鈴 木 寛 治	園 田 昇
玉 尾 皓 平	富 岡 秀 雄	友 田 修 司	中 筋 一 弘
福 住 俊 一	藤 田 賢 一	安 田 源	山 本 学

（五十音順）

目　　　次

有機化学の知とちから ………………………………………………………………… xix

第 I 部　有機化学の基礎: 結合と構造

1. 化学結合の基礎と軌道相互作用 ………………………………………… 3

1·1　原子軌道と電子の性質 ……………… 3
　1·1·1　波動関数と軌道 ……………… 3
　1·1·2　水素原子の原子軌道とエネルギー準位 … 3
　1·1·3　原子軌道の広がり: 空間分布 ……… 5
　1·1·4　多電子原子の原子軌道と電子配置 …… 6
　1·1·5　イオン化ポテンシャルと電気陰性度 …… 7
1·2　化学結合の量子論的見方 ……………… 8
　1·2·1　原子価結合法の考え方 …………… 9
　1·2·2　原子価結合法と分子軌道法の比較 …… 13
　1·2·3　分子軌道法の考え方 …………… 14
1·3　π 電子系化合物: 共役と芳香族性 ……… 26
　1·3·1　単純 Hückel 分子軌道法による
　　　　　直鎖状ポリエンの π 分子軌道 …… 26

1·3·2　共役安定化 ………………………… 27
1·3·3　アリル系 …………………………… 29
1·3·4　環状 π 共役系化合物 ……………… 29
1·4　置換基効果 …………………………… 31
　1·4·1　誘起効果と双極子モーメント …… 31
　1·4·2　共鳴効果 ………………………… 32
　1·4·3　超共役 …………………………… 34
1·5　分子内相互作用と分子間相互作用 …… 37
　1·5·1　分子内相互作用: スルースペース・
　　　　　スルーボンド相互作用 ………… 37
　1·5·2　分子間相互作用 ………………… 38

2. 共役電子系 …………………………………………………………………… 45

2·1　共役電子系化合物 ……………… 45
　2·1·1　芳香族性の定量的評価 ………… 45
　2·1·2　芳香族性の実験的および理論的指標 … 47
　2·1·3　単環性アヌレン ……………… 49
　2·1·4　その他のアヌレン …………… 53
2·2　さまざまな共役電子系 ………… 55
　2·2·1　交互および非交互炭化水素 …… 55
　2·2·2　芳香族複素環化合物 ………… 56
　2·2·3　縮合多環共役系 ……………… 58

2·2·4　交差共役系 ………………………… 60
2·2·5　多段階酸化還元系 ………………… 61
2·2·6　ホモ共役系 ………………………… 62
2·2·7　スピロ共役系 ……………………… 63
2·2·8　Möbius 共役系 ……………………… 63
2·2·9　フラーレン ………………………… 64
2·2·10　カーボンナノチューブと
　　　　 グラフェン ……………………… 66
2·2·11　シクロカーボン …………………… 68

3. 有機分子の構造 ……………………………………………………………… 75

3·1　立体配置 ……………………… 75
　3·1·1　立体異性体とキラリティー …… 75
　3·1·2　さまざまな立体異性体 ……… 78

3·2　分子のひずみ ………………………… 89
　3·2·1　ひずみとその評価 ……………… 89
　3·2·2　高ひずみ化合物 ………………… 90

xii

3・3　立体配座 ···················· 95　　　3・3・2　配座解析の実例 ······················ 99
　3・3・1　立体配座の基礎と解析法 ··············· 95

第 II 部　有 機 化 学 反 応

4. 有 機 化 学 反 応 I ··· 115

4・1　化学反応のエネルギー ············· 115　　　4・5・1　Hammett 則 ······················ 141
　4・1・1　反応系のポテンシャルエネルギー ······ 115　　　4・5・2　置換基定数の多様性 ··············· 142
　4・1・2　熱力学的パラメーター ··············· 119　　　4・5・3　置換基効果と反応機構 ············· 143
4・2　反応の可逆性と競争反応 ············· 121　　4・6　溶媒効果 ································· 145
　4・2・1　反応の可逆性 ······················ 121　　　4・6・1　有機反応に対する溶媒効果 ········· 145
　4・2・2　速度支配と熱力学支配 ············· 122　　　4・6・2　溶媒-溶質相互作用と溶媒の種類 ······ 146
　4・2・3　Curtin-Hammett の原理 ············· 123　　　4・6・3　溶媒パラメーター ················· 147
4・3　活性化パラメーターと　　　　　　　　　　4・7　さまざまな反応場 ···················· 149
　　　　反応速度同位体効果 ············· 126　　　4・7・1　非有機溶媒中での反応 ············· 149
　4・3・1　温度効果と圧力効果 ··············· 126　　　4・7・2　マイクロリアクターの利用 ········· 150
　4・3・2　反応速度同位体効果 ··············· 127　　　4・7・3　固体中のナノ空間 ················· 151
4・4　酸と塩基 ··························· 131　　　4・7・4　分子性反応場 ····················· 152
　4・4・1　Lewis 酸・塩基 ···················· 132　　　4・7・5　固相における無溶媒反応 ··········· 155
　4・4・2　求電子剤と求核剤:　　　　　　　　　　4・8　有機反応機構解析 ···················· 155
　　　　　　求電子性と求核性 ············· 132　　　4・8・1　有機反応機構への
　4・4・3　Brønsted 酸・塩基 ··············· 135　　　　　　　実験的アプローチ ··············· 155
　4・4・4　強酸性媒質の酸強度と超強酸 ········ 135　　　4・8・2　分析化学的(非速度論的)
　4・4・5　酸・塩基触媒反応 ················· 138　　　　　　　実験による反応機構解析 ··········· 156
4・5　置換基効果 ························· 141　　　4・8・3　速度論的実験による反応機構解析 ··· 158

5. 反 応 中 間 体 ··· 165

5・1　カルボカチオン ····················· 165　　5・3　ラジカル ································· 181
　5・1・1　カルボカチオンの生成 ············· 165　　　5・3・1　ラジカルの生成 ··················· 182
　5・1・2　カルボカチオンの安定性 ············· 166　　　5・3・2　ラジカルの検出と捕捉 ············· 186
　5・1・3　カルボカチオンの構造 ············· 168　　　5・3・3　炭素ラジカルの構造 ··············· 187
5・2　カルボアニオン ····················· 175　　　5・3・4　ラジカルの安定性と持続性 ········· 189
　5・2・1　気相におけるカルボアニオン　　　　　　　5・3・5　ヘテロ原子ラジカル ··············· 193
　　　　　　の安定性 ······················ 176　　　5・3・6　ラジカルイオン ··················· 194
　5・2・2　液相におけるカルボアニオン　　　　　5・4　カルベン ································· 198
　　　　　　の安定性 ······················ 176　　　5・4・1　カルベンの生成 ··················· 199
　5・2・3　π共役系カルボアニオンの構造と　　　　5・4・2　カルベンの構造と基底多重度 ········· 199
　　　　　　NMR スペクトル ··············· 179

6. 有 機 化 学 反 応 II ··· 209

6・1　極性反応 ··························· 209　　　6・1・2　求核性基質としての
　6・1・1　求電子性基質としてのハロゲン化　　　　　　　アルケン誘導体の反応 ··············· 215
　　　　　　アルキルの反応: 求核置換と脱離 ··· 211　　　6・1・3　芳香族化合物の反応 ··············· 218

6·1·4　極性反応の分子軌道法的解釈 ……… 220

6·2　ラジカル反応 ……………………… 222

6·2·1　ラジカル反応概論 ……………… 222

6·2·2　ラジカル置換反応 ……………… 222

6·2·3　ラジカル付加反応 ……………… 227

6·2·4　ラジカル開裂反応 ……………… 229

6·2·5　分子内ラジカル付加反応：
　　　　ラジカル環化反応 ……………… 231

6·2·6　ラジカル転位反応 ……………… 232

6·2·7　ラジカルどうしの反応，
　　　　ラジカルへの電子移動 ………… 234

6·3　カルベンの反応 …………………… 236

6·3·1　アルケンへの付加反応 ………… 237

6·3·2　C−H 挿入反応 ………………… 239

6·3·3　ヘテロ原子をもつ化合物との反応 …… 240

6·3·4　カルベンの転位反応 …………… 242

6·4　光化学反応 ………………………… 243

6·4·1　有機光化学反応の特色 ………… 243

6·4·2　光の吸収による励起状態の
　　　　生成と性質 ……………………… 245

6·4·3　アルケン類の励起状態と
　　　　光化学反応 ……………………… 249

6·4·4　カルボニル化合物の励起状態と
　　　　光化学反応 ……………………… 252

6·4·5　不飽和ケトンの光化学反応 …… 256

6·4·6　芳香族化合物の光化学反応 …… 258

6·4·7　不斉光化学反応 ………………… 261

6·4·8　フォトクロミズム ……………… 262

6·5　電子移動反応 ……………………… 263

6·5·1　電子移動のエネルギー変化 …… 263

6·5·2　Marcus 理論 …………………… 265

6·5·3　光電子移動反応 ………………… 268

6·5·4　電子移動に対する触媒作用 …… 269

6·5·5　電子移動を経る有機反応 ……… 269

6·6　ペリ環状反応 ……………………… 272

6·6·1　ペリ環状反応の理論 …………… 273

6·6·2　電子環状反応 …………………… 277

6·6·3　付加環化反応 …………………… 282

6·6·4　シグマトロピー転位 …………… 289

6·6·5　グループ移動反応 ……………… 294

第 III 部　有機金属化学および有機典型元素化学

7. 有機元素化合物の構造 ……………………………………………………………………… 301

7·1　有機元素化学を理解するために ……… 301

7·1·1　酸化と還元，元素の酸化数
　　　　および原子価 …………………… 301

7·1·2　酸化的付加反応と
　　　　還元的脱離反応 ………………… 302

7·1·3　配位化合物と配位子のハプト数 …… 302

7·2　元素および化合物の分類 ………… 302

7·3　結合の性質の比較 ………………… 303

7·4　構造の表記法 ……………………… 304

8. 有機典型元素化学 ………………………………………………………………………………… 307

8·1　有機典型金属化学 ………………… 307

8·1·1　典型金属−炭素結合の生成法 …… 307

8·1·2　有機典型金属化学の概観 ……… 318

8·1·3　1 族および 2 族化合物 ………… 319

8·1·4　11 族化合物 ……………………… 331

8·1·5　12 族化合物 ……………………… 334

8·1·6　13 族化合物 ……………………… 336

8·1·7　ランタノイド化合物 …………… 344

8·2　14 族から 17 族の
　　　典型元素化合物の特徴 …………… 345

8·3　有機 14 族金属化学 ……………… 347

8·3·1　14 族金属上での置換反応 ……… 348

8·3·2　14 族金属置換基の効果 ………… 349

8·3·3　14 族金属不安定化学種の化学 …… 352

8·3·4　14 族金属−金属 σ 結合 ……… 360

8·4　有機ヘテロ元素化学：15 族, 16 族, 17 族 … 361

8·4·1　15 族元素化合物 ………………… 361

8·4·2　16 族元素化合物 ………………… 364

8·4·3　5 員環芳香族複素環 …………… 366

8·4·4　17 族高周期元素化合物 ………… 367

xiv

8·4·5 有機フッ素化合物 ················ 368
8·5 高配位化合物 ······················ 373
8·5·1 5配位化合物の結合 ············ 374
8·5·2 6配位化合物の結合 ············ 375
8·5·3 多面体異性 ···················· 376
8·5·4 高配位化合物の反応性 ········ 378

8·6 炭素－金属結合の反応:
　　　S_E および S_E' 反応の立体化学 ········· 382
8·6·1 反応機構の分類 ················ 382
8·6·2 アルキル－金属結合 ·········· 384
8·6·3 アリル－金属結合 ············ 385
8·6·4 アルケニル－金属結合 ········ 386

9. 有機遷移金属化学 I: 錯体の構造と結合 ··· 393

9·1 結晶場理論と配位子場理論 ········ 393
9·1·1 結晶場理論 ···················· 393
9·1·2 配位子場理論 ·················· 395
9·2 配位子の種類とハプト数, 形式電荷
　　　および供与電子数 ·············· 396
9·3 金属の形式酸化数と錯体のd電子数
　　　および価電子数 ················ 398
9·4 18電子則 ·························· 399
9·5 σ結合性配位子 ···················· 400
9·5·1 アルキル錯体 ·················· 400
9·5·2 ヒドリド錯体 ·················· 402
9·5·3 分子状水素錯体 ················ 404
9·5·4 アゴスティック相互作用 ······ 405

9·6 σ供与, π逆供与 ·················· 406
9·6·1 カルボニル錯体 ················ 406
9·6·2 小分子の配位 ·················· 408
9·6·3 ホスフィン配位子 ············ 411
9·6·4 カルベン錯体およびカルビン錯体 ····· 415
9·7 π結合性配位子 ···················· 420
9·7·1 アルケン錯体 ·················· 420
9·7·2 アルキン錯体 ·················· 422
9·7·3 π-アリル錯体 ·················· 423
9·7·4 ジエン錯体 ···················· 425
9·7·5 シクロペンタジエニル錯体 ···· 427
9·7·6 πベンゼン錯体 ················ 429

10. 有機遷移金属化学 II: 錯体の反応 ··· 433

10·1 配位子置換反応 ·················· 433
10·2 酸化的付加反応 ·················· 435
10·2·1 水素分子の反応 ·············· 436
10·2·2 炭化水素の反応 ·············· 437
10·2·3 有機ハロゲン化物の反応 ······ 438
10·3 還元的脱離反応 ·················· 442
10·4 金属の酸化状態の変化を伴わない
　　　結合切断反応 ·················· 444
10·4·1 σ結合メタセシス ············ 445
10·4·2 水素－金属交換反応 ·········· 446
10·4·3 H−H結合のヘテロリシス ······ 447
10·5 挿入反応と脱離反応 ·············· 447
10·5·1 CO挿入反応とCO脱離反応 ······ 447
10·5·2 アルケンおよびアルキン
　　　挿入反応とβ脱離反応 ········ 450
10·6 付加環化反応 ···················· 452
10·6·1 酸化的付加環化反応 ·········· 452
10·6·2 求核性カルベン錯体の反応 ···· 453
10·7 配位子の反応 ···················· 454

10·7·1 アルケン配位子の反応 ········ 454
10·7·2 アリル配位子の反応 ·········· 456
10·7·3 カルボニル配位子の反応 ······ 458
10·7·4 求電子性カルベン配位子の反応 ····· 459
10·7·5 ビニリデン配位子の反応 ······ 460
10·7·6 π結合隣接カルボカチオンの反応 ···· 460
10·8 均一系触媒反応 ·················· 460
10·8·1 アルケンの水素化: Rh触媒反応 ···· 461
10·8·2 水素分子のヘテロリシスを伴う
　　　ケトンの水素化: Ru触媒反応 ···· 461
10·8·3 アルケンのヒドロシリル化:
　　　Pt, Pd, Rh, Ru, Fe, Co触媒反応 ···· 462
10·8·4 アルケンのヒドロホルミル化:
　　　CoおよびRh触媒反応 ·········· 463
10·8·5 エチレンのアセトアルデヒドへの
　　　酸化: Pd触媒反応 ············ 464
10·8·6 メタノールの
　　　カルボニル化による酢酸合成:
　　　Rh触媒反応 ·················· 465

10·8·7 アルコールによるアミンの *N*-アル
キル化反応: Ru, Ir 触媒反応 ····· 465
10·8·8 有機ハロゲン化物と有機金属反応剤の
クロスカップリング反応:
Ni, Pd, Fe 触媒反応 ············ 466
10·8·9 有機ハロゲン化物とアルケンとの
反応: Pd 触媒反応 ·················· 467

10·8·10 C–H 結合切断による
芳香族化合物のアルケンへの
付加反応: Ru 触媒反応 ··········· 468
10·8·11 閉環メタセシス反応:
Ru 触媒反応 ···························· 468

第 IV 部　超分子化学および高分子化学

11. 超分子化学 ·· 475

11·1 超分子化学のなりたちと意義 ··········· 475
11·1·1 超分子生成の可逆性と自発性 ······· 475
11·1·2 超分子生成を介した
化学プロセスの制御 ··········· 475
11·2 超分子会合を支配する因子 ············· 476
11·2·1 多点相互作用を用いる
分子会合の効率化 ··········· 476
11·2·2 相互作用点の相補性と
予備組織化 ····················· 477
11·2·3 ホスト–ゲスト錯体と分子認識 ····· 477
11·2·4 脱水和の効果と疎水性会合 ········· 480
11·2·5 相互作用の幾何構造と
"閉じた"多分子会合 ········· 480
11·2·6 分子の形と充填効率 ··········· 482
11·2·7 極性・非極性相互作用場の協調 ····· 485

11·2·8 相互作用の高分子化と
結晶における分子配列制御 ····· 486
11·3 超分子の機能 ························· 487
11·3·1 多官能性有機化合物の
多重認識と多点活性化 ········· 487
11·3·2 ホスト–ゲスト錯体の動的過程:
触媒能と輸送能 ··············· 488
11·3·3 超分子デバイス ··············· 489
11·3·4 三次元空孔とゲストの包接 ········· 490
11·3·5 リポソーム, 高分子ミセル,
ナノゲルを用いた薬物送達 ····· 491
11·3·6 生体分子を標的とする
超分子形成 ····················· 492
11·3·7 ライブラリー法を用いた
捕捉剤の自動調達 ············· 493

12. 高分子化学 ·· 497

12·1 高分子化学の基礎 ······················ 497
12·1·1 高分子と分子量 ··············· 497
12·1·2 逐次重合と連鎖重合 ··········· 498
12·2 逐次重合 ····························· 500
12·2·1 重縮合 ························· 500
12·2·2 重付加 ························· 501
12·3 連鎖重合 ····························· 502
12·3·1 付加重合: ビニル重合 ········· 502
12·3·2 開環重合 ····················· 507
12·4 リビング重合 ························· 509

12·4·1 リビング重合の定義と特徴 ········· 509
12·4·2 リビング重合の実例と機構 ········· 509
12·5 キラル高分子 ························· 513
12·5·1 不斉重合 ····················· 513
12·5·2 らせん高分子 ················· 514
12·6 デンドリマー ························· 515
12·6·1 デンドリマーの基本的特徴 ········· 515
12·6·2 デンドリマーの合成 ··········· 516
12·6·3 デンドリマーの応用 ··········· 519

付録 1　計算化学: 有機反応への応用 ·· 523
1·1 計算化学の枠組み ············· 523
1·2 量子化学計算の概要 ····················· 524

xvi

1・3 量子化学計算の応用:
　　 反応解析を中心に ･･････････････････ 527

1・4 量子化学計算の展開 ･･････････････････ 530

1・5 計算化学を活用した反応解析の実例:
　　 BINOL-リン酸触媒の立体制御機構 ････ 531

付録 2　略　号　表 ･･ 536

索　　引 ･･･ 539

コ ラ ム

分子性金属 ･･･････････････････････････ 44

有機 EL と有機薄膜太陽電池 ･･･････････ 71

巻矢印の書き方 ･･････････････････････ 216

クリック化学 ･･･････････････････････ 285

フォトレドックス触媒反応 ･･････････････ 298

NHC が拓いた典型元素不飽和活性種の
　　 化学 ･･････････････････････････････ 358

II巻〈有機合成化学・生物有機化学〉目次

第 I 部　有機合成化学：有機合成反応
1. 有機合成反応における選択性
2. 骨格形成反応
3. 官能基変換
4. 不斉合成反応

第 II 部　有機合成化学：多段階合成
5. 多段階合成のデザイン
6. 標的化合物の全合成

第 III 部　生物有機化学
7. 生体高分子：核酸，タンパク質，糖質
8. 生体低分子
9. 生命現象にかかわる分子機構

サイエンスマップ 2016

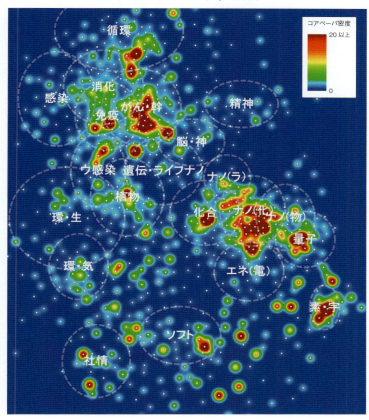

短縮形	研究領域群名
循 環	循環器系疾患研究
感 染	感染症研究
消 化	消化器系疾患研究
免 疫	免疫研究
がん・幹	がんゲノム解析・遺伝子治療，幹細胞研究
脳・神	脳・神経疾患研究
精 神	精神疾患研究
ウ感染	ウイルス感染症研究
遺伝・ライフナノ	遺伝子発現制御研究，ライフナノブリッジ
植 物	植物科学研究
環・生	環境・生態系研究
環・気	環境・気候変動研究
化 合	化学合成研究
ナノ(ラ)	ナノサイエンス研究（ライフサイエンス）
ナノ(化)	ナノサイエンス研究（化学）
ナノ(物)	ナノサイエンス研究（物理学）
量 子	量子情報処理・物性研究
エネ(電)	エネルギー創出（リチウムイオン電池）
素・宇	素粒子・宇宙論研究
ソフト	ソフトコンピューティング関連研究
社 情	社会情報インフラ関連研究（IoT など）

白丸は研究領域の位置．他研究領域との共引用度が低い一部の研究領域は，マップの中心から外れた位置に存在するため，上記マップには描かれていない．研究領域群を示す白色の破線は研究内容を大まかに捉えるときのガイドである．研究領域群に含まれていない研究領域は，類似のコンセプトをもつ研究領域の数が一定数に達していないだけであり，研究領域の重要性を示すものではない．右上に示したコアペーパ密度とは，研究領域を構成する被引用数が上位 1％の論文（コアペーパ）の件数を表す．赤い部分ほどコアペーパ数が集中しているといえる．データは科学技術・学術政策研究所がクラリベイト・アナリティクス社 Essential Science Indicators（NISTEP ver.）および Web of Science XML（SCIE，2017 年末バージョン）をもとに集計・分析，可視化（ScienceMap visualizer）を実施．［文部科学省科学技術・学術政策研究所，サイエンスマップ 2016，NISTEP REPORT No.178，2018 年 10 月］

有機化学の知とちから

　有機化学は，化学という自然科学の一分野のなかで生命体の産物（＝狭義の有機化合物）を扱う分野として出発した．しかし，1828 年の尿素の合成を境として，より広く炭素を含む化合物（＝広義の有機化合物）の分野となった．その後，自然の理解にとどまらず，約 2 世紀の進歩により，今やそれなしには人類文明は成立しないとさえいえるほど，有機化学はわれわれの社会や日常生活の基盤として浸透し，また科学技術全体の発展に寄与してきた．今後も健全かつ持続可能な社会の福祉増進に不可欠な，そしてまた科学全般の未踏領域に挑むうえで有力な知識，技術基盤の一つである．

1. 有機化合物の多様性の起源

　有機化学の基盤は炭素化合物の圧倒的な多様性にある．Chemical Abstracts Service によれば，これまで自然界から発見，あるいは人工合成された化合物の種類はゆうに 1 億 3 千万を超え，その大多数が炭素を含んだものである．また，分子量 850 以下という制限条件をつけても，10^{20} 種類を超える有機分子を生成させることが可能であるという．

　しかし，こうした分子多様性は，45 億年前の原始地球に初めから存在したわけではない．元素の離合集散から CH_4, CH_2O, HCN, CO_2 などの簡単な分子が出現，さらにそこからしだいに複雑な分子群が生成し，究極的に細胞という小宇宙，生命の誕生につながった．生命活動においては，実に多様な分子が活躍しているが，それらの分子に含まれる元素の種類は炭素を中心として水素，酸素，窒素，リン，硫黄など，ごく限られている．それにしても数ある元素のなかで，なぜ，炭素が中心的役割を担い，驚異的な多様性を出現させることができるのだろうか．

　以下，生命分子を例として，そのわけを考えよう．原子 → 原子団（官能基）→ 分子 → 高分子 → 超分子と，階層的な構造多様性の起源をみていくが，これはもちろん人工分子にもあてはまる．

原子レベルでの多様性　　炭素原子は，有機分子を構成する基本元素として，以下の三つの特徴を兼ね備えている．

1) **原子価 4**　　周期表の中央に位置し，4 本の共有結合を形成することができる．この観点からは周期表で左右どちらの元素も見劣りし，たとえば窒素原子は原子価 3 で組合わせが限定され，仮に連結しようにも非共有電子対どうしが反発し，数原子までが限度である．
2) **小さな原子径**　　原子価が 4 という条件であれば，他の 14 族元素でもよさそうである．しかし，第 3 周期以降の元素に比べて特異的に原子径の小さな炭素原子は，結合形成の点で有利である．コンパクトな原子軌道を緊密に重ね合わせ，他の炭素原子あるいは第 2 周期の原子や水素原子との間で強力な共有結合を生成することができる．

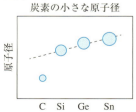

炭素の小さな原子径

3) **容易な軌道混成**　炭素原子のs軌道とp軌道はエネルギー準位が近接し，第3周期以降の元素と比べ，軌道混成が容易である．こうして生成するsp, sp^2, sp^3混成軌道により，結合の方向性や多重結合の生成という，多様性のもとが提供される．これに対し，たとえばケイ素の多重結合は不安定で，容易には実現できない．

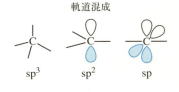
軌道混成

　これらの原子レベルでの特徴から，多様な炭素骨格が出現する．たとえば，炭素だけ組合わせてもダイヤモンドの三次元格子構造(sp^3混成)やグラファイトの平面積層構造(sp^2混成)ができ，これらの微視的構造はそれぞれの巨視的性質(最大硬度，層状に剥離しやすい性質)に反映される．また，単純な飽和炭化水素(C_nH_{2n+2})についても，炭素骨格の直鎖，分岐の違いから異性体ができ，その数はnの増加により著しく多くなる($n=30$の場合，40億個以上)．**環状構造**も多様性の起源の一つであり，天然物でも最小の3員環から大環状化合物まで，ヘテロ環や多環構造を含めればその数は数限りない．また，**多重結合**も多くの生体分子に含まれ，E, Z異性体の存在も多様性のもとである．

　原子団レベルでの多様性　官能基(特性基)は，カルボキシ基の酸性，アミノ基の塩基性のように，分子の性質を特徴づける原子，原子団である．もちろん分子全体の性質は他の部分との兼ね合いであり，同じアルコール分子でもアルキル鎖が短ければ親水的，長鎖であれば両親媒的となる．また，フェノールは酸性を示す．複数の官能基があれば多様性は格段に増大する．たとえばヒドロキシ基が三つ並ぶグリセロールをもとにしてさまざまな化合物が出現し，トリアシル化体は脂肪，リン脂質は両親媒性の生体膜成分，ニトロ化体は爆発性，という具合である．また，C=C結合やC≡C結合も官能基とみなせるが，それらが隣接して存在すると，共役π電子系として独特の性質が発現する．このように官能基は，分子の構造や機能に多様性をもたらすもととなる．

　分子レベルでの多様性：キラリティー　第三の多様性の起源はキラリティーである．たとえば，"うま味成分L-グルタミン酸の鏡像体D体は苦い"というように，鏡像体間で生理活性に違いがあることが多い．これは，鍵と鍵穴のたとえでいえば，キラルな鍵穴(受容体)をもつ扉は，それに見合ったキラリティーをもつ鍵(小分子)でしか開かないということである．また，深刻な例として約半世紀前のサリドマイド禍があり，これを機に鏡像体の薬効や副作用は個別に評価されるようになった．また，キラル中心がn個ある場合，最大2^n個の立体異性体が可能である．64個のキラル中心を有する巨大な海洋産天然物パリトキシン(第II巻307ページ)は象徴的である．

　高分子レベルでの多様性　第四の要素は，タンパク質，核酸，糖など単位構造の反復からくる高分子構造の多様性である．たとえば，ヒトのタンパク質は平均でアミノ酸460個からなるとされるが，20種のアミノ酸の順列組合わせで可能な一次構造は天文学的な数の種類となる．また，2003年に解読が終了したヒトゲノムのDNAは約30億という途方もない数の塩基対からなり，細胞内ではヒストンタンパク質に巻きついて緊密に収納されているが，仮にひきのばせば約1mもの長さになるという．このように巨大な分子構造が生物の遺伝情報の蓄積や伝搬に活躍している．

　超分子レベルでの多様性　第五の要素は，非共有結合性相互作用に由来する高次構造の多様性である．たとえば，上述の生体高分子はいずれも多くの内部自由度をもつが，水素結合や疎水性相互作用などの弱い相互作用の累積により，高次構造をとる．タンパク質を例にとると，主鎖内の水素結合によるαヘリックスやβシートなどの二次構造，主鎖や側鎖間の相互作用による三次構造，そして複数個のタンパク質の複合化による四次構造であり，こうして筋肉をはじめ，酵素やヘモグロビン，受容体タンパク質に至るまで，多様な形と機能が発現する．また，核酸の二重らせんにも，水素結合を介した塩基どうしの相補性をもとに情報の蓄積を，また機に応じて読み出しを行う機能が内在す

る．このように非共有結合性相互作用による分子集合体の形成は，高分子とは限らない．たとえば，リン脂質は，その両親媒的な性質により，生体膜の脂質二分子膜を形成する．また，この生体膜に貫通する糖タンパク質や糖脂質などが細胞内外の情報伝達や物質輸送などを担うという，巧妙な分子機構が存在する．

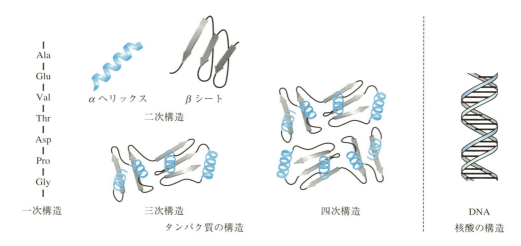

タンパク質の構造　　　　　　　核酸の構造

　以上，生体関連分子の多様性の起源を概観した．これらは悠久の時間の進化過程を経て選び抜かれた分子群であるが，約2世紀前，有機化学の黎明期には，それらの分子は鬱蒼とした密林に潜むがごとく正体不明であった．換言すれば，有機化学の歴史はこの分子多様性の神秘のベールがはがされていく過程だったともみることができる．さらに，化学合成という武器を獲得した人類は，生命活動とは別に人工的に有機化合物を思うがままにつくり出し，それらを文明発展の推進力としてきた．この観点から，次節では有機化学の歴史に沿って，合成的に世に出された多様な化合物群を紹介する．

2. 有機化学小史

　人類は太古から衣食住などの生活基盤を自然の恵みに依存し，また病苦からの解放や不老長寿の薬を求め，経験的知識を蓄積してきた．たとえば，鎮痛薬モルヒネと人類との関係は長く，古代文明においてすでにケシが栽培され，アヘンとして利用した形跡がある一方，今も医療に用いられていることから5000年の歴史がある．また，自然の素材の有用性を高めるため，火，酸やアルカリ，微生物など，あらゆる手立てが利用された．たとえばデンプンの加熱調理は人類祖先の身体能力の向上，脳の発達に寄与したという．また，穀物や果実の発酵によって酒を醸造することも有史以前からであるが，その後，中世アラビアの錬金術師が蒸留技術を改良したのは酒の濃度を高めるためであったという説もある．しかし，スピリッツという言葉が表すように，物質の精髄に迫る真摯な学問的追究でもあった．また，動物脂肪と木灰（アルカリ）から得られるせっけんの歴史も古く，古代ローマ伝説ではSapoという丘の神殿に供えられた焼羊肉から脂がしたたり落ち，付近の川の下流で奇跡的な洗浄力が出現したという．この丘の名残がsoap（英語）やsavon（仏語），シャボン玉（sabao，ポルトガル語）にある．

2・1　19世紀：黎明期

　このように人類は昔から無意識に分子構造を変化させ，暮らしに役立ててきたが，これが微視的に意識され始めたのはJ. Daltonの原子説（1802年）など，19世紀初頭のことであった．そのころま

"組成式と化合物とは 1 対 1 に対応する"と思われていたが，1824 年，その反例〔雷酸銀とシアン酸銀，図(a)〕が見つかり，**異性体**と命名された．有名な F. Wöhler による尿素の合成は，実はこの異性体の第二の例をめざし，尿素と組成を同じくするシアン酸アンモニウムをつくろうと AgOCN に NH$_4$Cl を混ぜたところ，尿素ができてしまったという経緯であった〔図(b)〕．この発見は"有機化合物は生命体だけがつくれる"という生気論の是非を問う論争に火をつけたが，それも H. Kolbe の酢酸合成〔図(c)〕などの反証により，19 世紀中ごろには決着した．

(a) 最初の異性体（1824）

AgOCN 〔 J. J. Berzelius / F. Wöhler 〕　シアン酸銀

AgONC 〔 J. L. Gay-Lussac / J. Liebig 〕　雷酸銀

(b) 尿素の合成（1828，Wöhler）

$$AgOCN \ + \ NH_4Cl \xrightarrow[-AgCl]{} \left[NH_4^+OCN^- \right] \longrightarrow H_2N-\underset{\underset{O}{\|}}{C}-NH_2$$

シアン酸アンモニウム　　　　尿素
CH$_4$ON$_2$　　　　　　　　CH$_4$ON$_2$

(c) 酢酸の合成（1845，Kolbe）

$$C \xrightarrow{FeS_2} CS_2 \xrightarrow{Cl_2} CCl_4 \xrightarrow{加熱} Cl_2C{=}CCl_2 \xrightarrow[H_2O]{光} CCl_3CO_2H \xrightarrow{電気分解} CH_3CO_2H$$

有機化学の父 J. Liebig の "*Chemische Briefe* 化学通信（1865 年）" の次の一節は，"有機化合物でも合成することができる" という昂揚感を伝えている．

> 近いうちに，わたしたちは一片の木炭からみごとなダイヤモンドの一粒をつくり，コールタールからは華麗なあかね染料や，すばらしい効力をもつキニーネやモルヒネをつくることもできると信じています．これらはみな黄金と同じか，それよりはるかに役立つものばかりです．（柏木 肇 訳，岩波書店，1952 年）

同じころ，生気論を実験的に否定してみせた立役者の一人 M. Berthelot は，"化学は他の自然科学分野と異なり，むしろ芸術に似ている" と指摘した．科学研究の両輪とされるのは**解析**(analysis)と**合成**(synthesis)であるが，合成力を手にした化学者は自らの手で自らのモチーフをつくりだすことができる，というわけである．そうはいっても合成も解析もまだまだ力不足の時代であった．

当時，世界的にマラリアが猛威を奮っていたが，その特効薬キニンの供給に関し，原料木キナ樹林の枯渇が危惧されていた．ここで若き W. H. Perkin が果敢にその合成に挑んだが，当然ながら組成式だけが頼りでは目的達成とはならなかった．ところが，ひょうたんから駒，関連実験のアニリン（不純で相当量トルイジンを含む）の酸化から初の合成染料モーブが誕生し，染料化学工業の興隆につながった．ちなみに，キニンの化学合成が R. B. Woodward により達成されたのは約 90 年後のことであった．

同じころ，A. von Baeyer（1905 年ノーベル化学賞）は，対照的に堅牢な論理に基づき，植物色素ア

キニン　　　　　アリザリン　　　　インジゴ

有機化学の知とちから　　　xxiii

リザリンおよびインジゴの構造決定と合成を行った．時代はようやく，恩師 A. Kekulé によって炭素の原子価 4(1857 年)やベンゼンの構造(1865 年)が明らかにされたばかりであった．構造決定といえば，再結晶による精製に始まり，燃焼分析で元素組成を確定，分解(減成)実験を行って既知物と関連づけるという手順を踏み，合成は最終的な構造確認のためであった．こうして染料化学という学問分野が誕生し，その工業化が進み，希少で高価だった天然染料が安価に大量供給され，さまざまな人工染料も新たに登場し，植物から色素を抽出する伝統産業は消えていった．このように有機化学は，その出発時から基礎的側面と実用的側面が両立して発展する性格をもっていたのである．

19 世紀終盤には，今に続く二つの有機化学分野が産声を上げた．まず，有機立体化学は，1848 年，酒石酸の光学分割に始まり，その理論的背景として炭素四面体説を得た(1874 年)．E. Fischer (1902 年ノーベル化学賞)はただちにこの説を活用して一連の糖質の立体構造を系統的に決定したが，これは単一不斉点の三炭糖から出発し，一炭素増炭を行い，生じた立体異性体を再結晶で分離する，という驚異的な成果であった．彼はここからさらに糖分解酵素の研究に転じ，タンパク質が多数のアミノ酸からなることを示したほか，酵素と基質(糖)との特異的な関係を"鍵と鍵穴"にたとえるなど，現在の天然物化学や生化学の基礎となる概念を提唱している．

2・2　20 世紀：飛躍的発展期

迎えた 20 世紀の 100 年，有機化学は加速度的に進歩し，また多方面に発展していったが，これは時を同じくして起こった他の自然科学分野の進展と関連がある．まず，20 世紀前半，物理学で登場した量子力学をもとに化学結合の本質が解明され，物質の構造や化学反応に対する理解が進んだ．その後，20 世紀半ばには生命の営みに対する有機化学的追求から DNA の分子構造が解明され(1953 年)，分子生物学が誕生し，その後の生命科学の日進月歩につながった．また，この 1 世紀における有機化学の技術的進歩と発展は人類の生活に利便性や快適性をもたらし，文明発展の原動力となってきた．以下，有機化学関連の学術，技術の進歩に関する 1 世紀の流れを概観し，それが現代文明に与えた影響について述べる．

分離分析技術や理論的背景の進歩

分離分析法の進歩　　有機化合物の古典的な精製法といえば蒸留と再結晶であったが，20 世紀を迎えた折しもクロマトグラフィーが登場し(1903 年)，従来とは原理の異なる分離法の先駆けとなった．その後，シリカゲルやアルミナなどの分離担体を用い，移動相を工夫することにより，かつてお手上げであったような混合物から個々の化合物を分離精製し，性質を調べる道がひらけた．さらに最近では，高速液体クロマトグラフィーによる鏡像異性体の分離や分析も容易になっている．

一方，有機化合物の古典的分析は燃焼分析法による元素組成の決定，融点降下や沸点上昇による分子量決定であったが，1930 年ごろから IR や UV スペクトル，1960 年ごろからは NMR や X 線結晶構造解析など，機器分析法が主流となった．特に X 線結晶構造解析は，生体高分子の構造決定に多大な貢献をもたらした．G. A. Olah(1994 年ノーベル化学賞)による超強酸を用いる NMR 測定は，さまざまなカルボカチオンさえも実態として捉えた．その後，コンピューターの出現に支えられたデータ処理技術の進歩により，FT-NMR，二次元 NMR などが工夫され，分子が大きく，複雑な化合物の構造決定が可能になっている．たとえば，田中耕一(2002 年ノーベル化学賞)による MALDI-TOF 質量分析法は，不揮発性で大きな分子量のタンパク質でもうまくイオン化させ，他の方法と組合わせればアミノ酸配列の決定までが可能となった．また，走査型トンネル電子顕微鏡(STM)や原子間力顕微鏡(AFM)などの 1 分子観測や分子集合体の観測技術も発展している．このように分子レベルでの観測が可能となったことは隔世の感がある．

化学結合の理解　20世紀初頭，原子どうしを結びつける化学結合の本質が，直前に発見されたばかりの電子の仲立ちにあることが明らかにされ，G. N. Lewis の共有結合論や有機電子論が登場した．さらに量子力学の登場（1925年）を背景として，原子価結合法や分子軌道法など，有機化合物の基本的性質を説明する理論が発展した．また，カチオン，アニオン，ラジカルなど，反応性化学種に関する知識も深まり，物理有機化学的な実験データも蓄積され，有機反応論が整備された．さらに，20世紀半ばに登場した福井謙一，R. Hoffmann のフロンティア軌道論や軌道対称性保存則（1981年ノーベル化学賞）は，ペリ環状反応を含めさまざまな有機化学反応の理解ならびに予測を前進させた．最近ではコンピューターなど周辺技術の進歩も手伝い，ab initio 法や DFT 法など，計算機科学による構造や反応性の理解と予測性が高まった．

有機合成化学，天然物化学

有機合成化学の進歩　前述した化学結合の理解の発展とともに，有機反応に関する知見も深まり，それと同時に有機合成の方法論も大きく進歩した．特記すべきことがらは，ヘテロ元素や金属の化学が融合されたことによる進歩である．すなわち，20世紀を迎えたころ，V. Grignard により有機マグネシウム化合物が発見され，近代有機合成法を特徴づける"多彩な元素の利用"の幕開けとなった．つづいて，リチウムやアルミニウムなど典型金属の利用が進み，高分子合成を含む有機合成の発展の礎となった．さらに，G. Wittig によるリン，H. C. Brown（両者とも1979年ノーベル化学賞）によるホウ素など，周期表のさまざまな元素が活用されている．実践技術面からは，"触媒"こそが有用物質を経済的に，エネルギー環境を保全しつつ生産する唯一の合理的かつ一般的手法であるとの認識が広がった．20世紀半ばからはフェロセンの発見を機に遷移金属を用いる有機合成化学が飛躍的に発展し，ニッケルやパラジウムなどによる分子触媒反応はかつて不可能とされていた斬新な分子変換，たとえばクロスカップリング（鈴木　章，根岸英一，R. F. Heck の三者が2010年ノーベル化学賞），を可能とし，有機合成に新局面がひらけた．また，K. B. Sharpless，野依良治，W. S. Knowles（三者とも2001年ノーベル化学賞）による不斉酸化や還元のような触媒的不斉合成法も登場し，実験室的にも工業的生産にも光学活性化合物の合成に大きな地位を占めるようになった．こうして所望の三次元構造を正しくつくる，精密合成化学の礎が築かれた．

天然物化学　20世紀前半の天然物化学研究では植物由来のテルペンやアルカロイドなどの構造研究，また動物の生命活動にかかわるホルモンやビタミン類の研究が行われた．高峰譲吉によるアドレナリンの結晶化や鈴木梅太郎によるビタミン B_1 の分離はそれぞれわが国の有機化学の先達による世界に先駆けた成果であった．20世紀半ばからは，上述のように分離分析手段の進歩により，微量成分の動的ふるまいを含め，生物活性を探求することが本格化した．さらに最近では，動植物代謝産物の生合成経路を解明し，遺伝情報との関連づけをする流れもできた．

　一方，天然有機化合物の合成では，時とともにより複雑な構造を有し，強力な生理活性をもつ合成標的が取上げられるようになった．20世紀半ばには R. B. Woodward（1965年ノーベル化学賞）が深い洞察に基づいた芸術的手法をもとに数々の複雑な化合物を合成したが，なかでも A. Eschenmoser と共同で達成したビタミン B_{12} の全合成は金字塔である．また，多段階合成の論理として E. J. Corey（1990年ノーベル化学賞）が逆合成解析を提案し，1970年代以降は，複雑で強い生理活性をもつ天然有機化合物の合成が進展した．プロスタグランジンやパリトキシンの合成は，多段階合成が微量生理活性物質の供給や複雑な分子の構造解明に力を発揮した好例である．

有機化学の広がり

高分子化学　20世紀初頭，タンパク質やゴム，セルロースなどが大きな分子量をもつことは知

られていたが，これは見かけ上のことであり，通説は小さな環状化合物の凝集によりコロイド性や弾性などが発現する，というものであった．きわめて多くの原子が結合し，分子量1万以上の単一分子があろうとは想像外のことであった．しかし，1923年，H. Staudinger（1953年ノーベル化学賞）がこの通念を打破し，天然ゴムがイソプレン単位の反復構造をもち，その重合度が数千にも及ぶことを解明した．その後，驚異的な発展をみせ，W. H. Carothers の研究に端を発するナイロンなどの人造繊維，K. Ziegler，G. Natta（ともに1963年ノーベル化学賞）らに始まる各種のポリオレフィンなど，後述のように生活様式を一変させる影響をもたらした．重合反応では，各成長段階が正しく反復される必要があるが，化学的知識の蓄積により有機金属化学の発展を背景とした立体規則性重合，さまざまな化学種の挙動を制御したリビング重合など，特徴ある手法が確立され，また，それによって創出された高分子化合物のさまざまな機能は現代の日常生活になくてはならないものとなっている．

　　分子生物学　　上述のように20世紀前半，相前後してタンパク質，核酸，多糖の高分子性が示され，その後の生化学領域の目覚ましい進展の嚆矢となった．生命活動のしくみを有機化学的に理解する試みから分子生物学が出発した．J. Watson と F. Crick（両者とも1962年ノーベル生理学・医学賞）による DNA の二重らせん構造の解明により，遺伝現象の分子的基盤であるセントラルドグマ（DNA → RNA → タンパク質という遺伝情報の流れ）が明らかになった．F. Sanger はタンパク質の構造研究にジニトロフェニル化法を導入してインスリンのアミノ酸配列を解明し，1958年ノーベル化学賞を受賞した後，核酸の塩基配列決定法を考案し，1980年再度ノーベル化学賞を受賞している．一方，こうした生体高分子の合成も，縮合剤や保護基の工夫により進展し，さらに R. Merrifield（1984年ノーベル化学賞）に先導された固相合成法の登場からペプチドや核酸の自動合成装置も登場した．その後，遺伝子工学やバイオテクノロジーという言葉に象徴されるように，分子生物学を基盤とする知識や技術は現代社会のさまざまな局面で重要性を増している．こうしたなかで，セントラルドグマですっきりと整理されたかに思えた生命の営みが，翻訳後修飾による糖タンパク質の重要性など，さらに奥深い神秘なことがらがあることもわかってきている．

　　超分子化学　　人工的な高次構造にも有機化学の領域が広がっている．すなわち，C. Pedersen，D. J. Cram，J. -M. Lehn（三者とも1987年ノーベル化学賞）により創始された超分子化学は，水素結合や配位結合などの弱い相互作用を利用した分子集積化をめざした分野である．先述のように，生命活動ではこうした非共有結合性の協同作用が縦横無尽に活用されているが，この超分子化学は人工系の設計により，新たな分子構造の構築，機能の発現をめざしている．液晶は，結晶と液体の中間的な性格をもつ"第4の相"であるが，分子集合体の化学として学術的にも応用的にも重要性を増している．金属有機構造体（MOF）は有機配位子の適切な設計と中心金属の選択により多面体中空構造や多孔体構造をつくり，小分子を貯蔵したり，反応場として利用したりする流れができた．

現代文明，人類社会への貢献

　前項では20世紀における有機化学の学術的，技術的進歩を概観したが，これらの進歩は社会生活に利便性や快適性をもたらし，文明発展の原動力となってきた．あまりにも深く日常生活に浸透し，今やそれらの恩恵を意識する場面は少ないが，少し考えただけでも，医農薬，染料，液晶，化学肥料，香料，食品添加物，化粧品，洗剤，燃料などの低分子化合物から，合成繊維，プラスチック，塗料，電子材料，さらには建築材料，精密機器などに使われる高分子化合物に至るまで，現代文明のあらゆる場面で有機化合物が活躍していることに気づかされる．

　ここでは材料分野，医療分野における変化を取上げる．

　　材料分野への貢献　　触媒の工夫により大量生産が可能になった高密度ポリエチレンなどの登場は，昔ながらの日用品の素材（ガラス，金属，木材，陶器）を置き換えた．たとえば，病院で煮沸消毒

し，反復使用されていたガラス製注射器は姿を消した．また，昔は吸水材料としての綿や布などは保水力に限りがあったが，1970 年代に高吸水性の高分子材料が開発され，自重の 1000 倍もの水を保つ素材も開発された．手軽な紙おむつの登場で，かつて乳児のいる家の軒先に見られた，たなびく布おむつの風景は今は昔のものとなった．一方，撥水性の高分子も身のまわりで活躍しており，テフロン樹脂のフライパンで誰でも目玉焼きを焦げつかさずに調理できるようになった．

　有機分子は絶縁体とされてきた常識も，白川英樹(2000 年ノーベル化学賞)らのポリアセチレン薄膜の導電性の発見により覆され，その後の開発競争から生まれたさまざまな導電性高分子は携帯電話や有機発光材料など，われわれの身近な場面で活躍するようになっている．また，その昔，接着剤といえば糊や膠であったが，今では日曜大工に用いられる瞬間接着剤から極限的耐久性が要求される航空機やロケット用のものまである．アラミドは剛直な直鎖状骨格どうしで水素結合を数多く形成し，強靱なポリマーである．同重量比で鋼鉄の 5 倍の強度，高耐久性，衝撃吸収性などの特性がある．

アラミド

　かつて無機化学分野の専売特許とされた場面にも有機化合物が進出する機会が増えている．かつてテレビは巨大なブラウン管ででき，蛍光物質として希土類化合物が用いられていたが，いつしかそれが薄型でスマートな画面に変わったのは液晶分子の電場による配列変化という，分子集合体の化学がその背景にある．一昔前であれば夢のような，壁掛け型，大画面，折り曲げ可能な画面などが現実にわれわれの身のまわりにある．また，さまざまな機能性物質を設計・合成するうえで，C_{60} やカーボンナノチューブなど炭素材料が活躍する時代を迎え，太陽電池はシリコン系半導体から有機薄膜型へ，金属は炭素繊維へ，そして燃料電池の触媒や光触媒もしかりである．元素資源有効利用の観点からも好ましい流れである．

　健康，医療分野への貢献　20 世紀の 100 年間に先進国における平均寿命は 45 歳から 80 歳に延びた．これは医療技術の進歩や公衆衛生の普及に加え，有機化学に基づく新たな薬剤の登場によるところが大きい．たとえば，人類史を通して続く感染症との戦いでは，ペニシリン(A. Fleming)の発見に始まる抗生物質が多くの人命を救ってきた．かつて不治の病であった結核もストレプトマイシンの発見により状況が一変した．また，微生物の代謝産物に化学修飾を加え，誘導体を合成することによって副作用の低減，選択性の向上が達成された例は数多い．一例として大村　智(2015 年ノーベル生理学・医学賞)が伊豆の土壌菌から発見した化合物の誘導体イベルメクチンがあり，アフリカや南米における熱帯風土病の予防に無償投与され，毎年 3 億人を救い続けている．また，現在，薬物の受容体や酵素との相互作用など，めざましく進歩した生化学研究からの知見を基にした合理的設計による新薬開発も発展し，福音をもたらしている．たとえば，かつて手術を必要とした胃潰瘍も今では経口薬で治癒が可能になっている．

　こうして先進諸国では医療福祉の充実，十分な栄養摂取により長寿社会を迎えたが，皮肉なことに生活習慣病や認知症など，新たな問題が浮上してきた．ここでも現代の創薬は適切な対処法を提供しており，たとえば動脈硬化や糖尿病など成人病の原因となる高脂血症に対し，スタチン系化合物は奇

跡の薬ともよばれ，現在，世界で日々数千万人に服用されている．その先駆けとなったメバスタチンは，わが国でアオカビから発見されたもので，コレステロールの生合成経路を遮断し，その血中濃度を劇的に下げる効果がある．

イベルメクチン　　　　　　　　　　　　　　　　　　　　　メバスタチン

　現在，開発途上国のみならず世界的に，耐性菌の出現などにより，あたかも細菌からの逆襲のような事態が世界を脅かしている．マラリアは相変わらず深刻な病であり，毎年全世界で200～300万人が死亡しているほか，エイズやエボラ熱，新型インフルエンザなどである．これらの問題もまた知恵と技術の発展により克服できると信じたい．

3. 今日，明日，そして…

　かつて理論物理学者 E. Schrödinger（1933 年ノーベル物理学賞）は，『生命とは何か（What is Life?）』で科学の統合の必要性を説いた．科学は一つであり，自然界の営みのもととなる原理は普遍的で，もとより境界はない．従来の物理学，化学，生物学などは科学の人為的分類にすぎず，まして化学の個別領域もしかりである．

　"サイエンスマップ"（口絵参照）はこのことをよく示している．これは自然科学分野の関連性や活動度を俯瞰的に表現したものである．広い海上に存在する赤い陸地から多方向に半島が伸び，また大小の島々が浮かんでいるが，右側中央に活発な化学材料科学分野が位置しており，左上部に生命科学分野がある．重要なことは，海面上に姿を見せた地勢は近年の研究活動の一表現にすぎないこと，そして海底ではすべてがつながり，"物質"がこの全体構造を構成していることである．

　したがって，物質機能や生命機能を理解し，制御することは，化学を中心とする原子や分子，分子集合体や複合体の科学なしにはありえない．科学技術の発展は学術体系を変化させ，技術革新を生み，社会の構造と価値観に大きな影響を与えた．有機化学の進化と深化はこれからも続き，可能性は無限であるが，狭い枠内にとどまらず，急速に発展する他の科学分野との相互作用のなかから，価値ある知識，意義ある知恵を生み出していくことが大切である．

　化学は社会生活と不可分の関係にある．"科学"は普遍的な自然の原理に基づく客観的合理性をもつので，知識の累積による進歩は一方的である．一方，科学技術イノベーションは時代が求める知，すなわち社会的価値観と呼応し，時代性が強く反映される．化学を基盤とする技術は健全な社会基盤形成の鍵であり，社会的要請（食料，健康，福祉，水，エネルギー，交通，情報，通信，ロボティクス，居住）に応える力量を潜在することはまちがいない．不幸にも負の効果をもたらした半世紀前の深刻な公害問題に対しても，排ガス浄化や有害重金属を用いない生産法の開発など，有効な解決策を

編みだしてきた.

しかし，明日は昨日までの延長線上にはない．もはや今日は"人新世"ともよばれ，人類活動の規模は地球全体の物質循環に影響をもたらすほどになり，たとえば過大な温室効果ガス排出による気候変動や異常気象など，自然災害の脅威を増加させ，急速に人類生存の前提条件を脅かしている．加えて化石燃料や資源の枯渇問題，代替エネルギー，十分な医療の提供，食料と水の安定確保など，解決すべき課題は山積している．2015年9月，国連総会でSustainable Development Goals（SDGs）"持続可能な開発目標"が採択された．全体スローガン"誰一人取り残さない"のもと，17の目標は貧困，飢餓からの脱却，健康や水の確保など，至極当然のことばかりである．一朝一夕には解決できないにしても，社会全体での真摯な取組みが必要である．

有機化学が，今後とも人類文明に貢献する重要分野であり続けることは疑いがない．低環境負荷の合成手段，がんや認知症などへの対応にも期待が集まるが，それらの問題を解く鍵は有機化学単独のものではなく，他分野との連携が不可欠である．数理科学や最先端の観測技術，情報を駆使し，物質の本質を追求するなかにこそ未来をひらく道がある．ぜひ，次代を担う若者には先人の軌跡を辿りつつ，周辺分野の最先端の息吹にふれて視野を広げ，主体性を培ってほしい．一方，解決すべき課題に縛られ，幼い日から培ったみずみずしい知的好奇心を損なわないでほしい．身近に大切な種はたくさん転がっており，小さな発見が全く別の分野で思わぬ発展につながることも多いからである．たとえば，C_{60}の発見は星間分子としての炭素クラスターへの興味に端を発しているが，研究初期にそのサッカーボール上の形状，そしてそれがナノテクノロジー隆盛の主役になることが予見されただろうか．また，生命医療分野に革命をもたらした緑色蛍光タンパク質（GFP）技術は，オワンクラゲの発光原理の解明に端を発しているが，家族とクラゲを黙々と集める下村 脩（2008年ノーベル化学賞）の姿からこの果実が想像しえただろうか．また，PCR法の発見はDNA増幅を可能としたが，その原理は至って簡明，発見の機会は誰にも用意されていた．しかし，コロンブスの卵を立ててみせたのは，DNA断片の合成に従事する企業研究者K. Mullis（1993年ノーベル化学賞）であった．このアイデアがヒトゲノム解読の早期実現に寄与し，また科学捜査や食品調査など，われわれの身近で活躍する今日が見えていただろうか.

最後に　はや21世紀も20年が過ぎようとしている．この間，技術革新の波は人類の生活環境を変革し続けているが，その一方で人類文明は，その存立基盤を脅かす数々の社会的，地球規模の問題に直面しているのもまた事実である．発見の積み重ねにより，森羅万象を神話でなく，現実のものとして明らかにしてきた先人たちに敬意を表しつつ，あらためて"無知の知"（ソクラテス）こそが科学の原点であることを銘記したい．科学を前進させる両輪は，知的好奇心と課題解決への意志である．新たな知の創出は未知の世界を広げ続けるが，この未踏の領域をきりひらくのはいつの時代も若者たちであり，その前途にエールを送りたい.

第 I 部

有機化学の基礎: 結合と構造

　第 I 部，第 II 部で扱う構造化学と反応化学は，基礎有機化学ともよばれる内容である．これらを学ぶことによって，有機分子の構造や反応性，さらに機能や物性を理解することができる．また，望む化合物の合成を考えるうえでも役立つ．

　原子の共有結合によって特有の立体的および電子的構造が備わった分子が形づくられる．さらに，分子どうしの弱い相互作用によって分子集合体がつくられる結果，有機物質にさまざまな性質や機能が発現する．この第 I 部では，分子の電子構造，共役電子系，分子構造について述べる．まず，1 章では，電子の運動を支配している量子論の基礎から話をはじめ，分子軌道法および原子価結合法を比較しながら，さまざまな化学結合や，分子内および分子間相互作用について解説する．すなわち，電子構造の量子論的取扱いを基礎として，電子のふるまいが分子の構造や反応性，機能などを制御していることを示す．なお，近年大きく発展している計算化学については付録 1 で解説した．

　つづいて 2 章では芳香族性の概念について述べ，これが新しい共役電子系の設計と合成を促し，かつ有機電子論と分子軌道法の発展にも寄与したこと，さらにさまざまな共役電子系化合物の電子構造と諸性質について解説する．

　有機化学反応を考えるうえでは，分子を三次元的に把握し，考察することが重要である．これに関して，3 章ではその基礎となる分子の立体配座，立体配置，キラリティーなどの立体化学の概念を正しく理解することが大切である．さらに，分子の構造と反応性を支配する重要な因子の一つとして"ひずみ"がある．比較的動きやすい分子の"すがた"，すなわち，立体配座を決めるひずみ要因について述べる．

1

化学結合の基礎と軌道相互作用

　分子の構造や性質，そして反応性を支配しているのは，そこに内在する電子である．原子どうしをつなぎとめることにより多様な分子を生み出し，さらにそれらの組合わせから新たな物質がつくりだされるのは，この電子のはたらきによるものである．本章では，分子内の電子のふるまいが分子の特性にどう反映されるのか，また，分子どうしの相互作用に電子はどうかかわるのかなど，有機化学を理解するうえで重要な原子や分子の電子構造に関する基礎を学ぶ．

1・1　原子軌道と電子の性質

　原子や分子内での電子のふるまいは，古典的な粒子の運動としてとらえることはできず，量子論に基づいた理解が必要である．本節では，原子構造や化学結合の成り立ち，さらには化学反応の進み方を理解するための基礎となる原子軌道と電子の性質について説明する．

1・1・1　波動関数と軌道

　量子力学の考え方に基づいて，粒子であると同時に波としてふるまう電子の運動状態を記述したものが Schrödinger 方程式〔(1) 式〕である．

$$H\Psi = E\Psi \tag{1}$$

ここで，H はハミルトニアンとよばれる演算子で運動エネルギーと位置エネルギーに対応する演算子の和，E はエネルギー固有値である．この方程式の解である**波動関数**(wavefunction) Ψ は原子や分子内の電子の存在を波動として記述するものであり，波動関数の値は波の振幅に該当する．波動関数の 2 乗をとることにより空間における電子の存在確率分布が得られ，通常これを**電子密度**(electron density)とよぶ．また，電子密度の空間分布を表したものを**電子雲**(electron cloud)ともよぶ．

　一つ一つの電子の動きを表す波動関数を**軌道**(orbital)，もしくは 1 電子波動関数とよぶ．原子の場合，**原子軌道**(atomic orbital)である．電子を一つしかもたない原子(H, He^+, Li^{2+}, …)では，原子軌道は Schrödinger 方程式の解である波動関数そのものであり，数学的に厳密解が得られる．電子が複数個ある場合には，原子のすべての電子の動きを表す波動関数は，一つ一つの電子の動きを表す軌道の複雑な組合わせとなる．

1・1・2　水素原子の原子軌道とエネルギー準位

　(1) 式の Schrödinger 方程式は数学的には固有値問題として扱うことができ，この方程式を解くことによって，固有ベクトルとしての波動関数 Ψ とエネルギー固有値 E が得られる．1 電子波動関数

のエネルギーは，**軌道エネルギー**(orbital energy)とよばれる．水素原子の波動方程式の解として得られるエネルギーは(2)式で与えられる．

$$E_n = -R_\infty/n^2 \tag{2}$$

ここで，n は主量子数とよばれる整数値 $1, 2, 3, \cdots$ である．R_∞ は Rydberg 定数とよばれ，他の単位と(3)式の関係にある．

$$R_\infty = 13.6057\,\text{eV} = 109737.32\,\text{cm}^{-1} = 1312.75\,\text{kJ mol}^{-1} \tag{3}$$

水素原子において，電子がもつエネルギーは，どんな値をとってもよいというのではなく，図 1・1 に示すように，主量子数 n に依存したとびとびの値しかとることができない．このことは，電子が粒子としてのみならず，波動としての性質をもつからにほかならない．n に依存した各エネルギー値のことを**エネルギー準位**(energy level)とよぶ．(2)式に示す水素原子のエネルギー準位は，マイナスの値である．これは，水素原子の中で，電子は原子核に束縛されていることを示しており，軌道エネルギー E_n は量子数 n が増えるにつれ 0 に近づく．エネルギーが最も低い $n=1$ のときが，水素原子における最も安定な状態であり，これを**基底状態**(ground state)とよぶ．水素原子では，n が 2 以上のエネルギーをとるときは，基底状態よりも不安定で，**励起状態**(excited state)という．エネルギーが 0 ということは，電子(−)が原子核(+)の静電引力(Coulomb 引力ともいう)から解放されたイオン化状態，すなわち $H^+ + e^-$ になることを意味する．

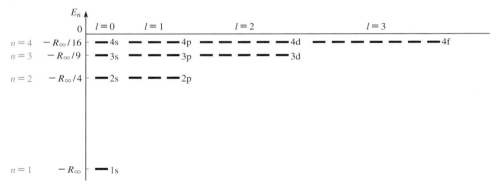

図 1・1　水素の原子軌道のエネルギー準位

量子数 n の違いにより，n^2 個の原子軌道が存在する．すなわち，$n=1$ のときは 1 個，$n=2$ では 4 個，$n=3$ では 9 個の原子軌道があり，同じエネルギー準位にある．これを図示したのが図 1・1 である．このように複数の軌道が同じエネルギー準位にあることを**縮重**(degeneracy)とよぶ．つまり，エネルギーが同じでも，形状の異なる原子軌道が n^2 個存在する．

n^2 個の原子軌道を区別するために，主量子数 n に加え，方位量子数 l と磁気量子数 m が定義される．方位量子数 l は，波動関数が極座標表示における z 軸からの角度 θ を含むことによる角度依存性を表したものであり，0 から $n-1$ までの整数値をとる．方位量子数 l が 1 以上になると，もう一つの角度 φ にも依存した波動関数となり，それらを $-l$ から $+l$ までの磁気量子数 m によって区別する(磁場によって影響を受けるため，磁気量子数とよばれる)．波動関数の磁気量子数を含む部分は複素関数で記述され，空間分布を描くことができないため，通常は変換を行って x, y, z を含む実関数(実数値をとる関数)としたものを用いる．方位量子数 l の値によって，原子軌道には名称がつけられており，s 軌道($l=0$)，p 軌道($l=1$)，d 軌道($l=2$)，f 軌道($l=3$)のようによばれる．

1・1・3 原子軌道の広がり：空間分布

水素原子の 1 個の電子が基底状態のときの波動関数は 1s 原子軌道である．Bohr 半径(5.29×10^{-11} m)を 1 とする原子単位 au(atomic unit)を用いると，(4)式で与えられる．

$$\phi_{1s} = \frac{1}{\sqrt{\pi}} e^{-r} \tag{4}$$

ここで r は原子核から電子の距離である．(4)式は r のみに依存することから，1s 軌道の空間分布は，球対称な広がりをもち，中心部分での波動関数の値が最も大きく，遠方になると値は指数関数的に小さくなる．これを濃淡で表現したものが図 1・2(a)である．(b)は原子核を含む任意の平面上で 1s 軌道が同じ値をもつ点をつないだ等高線図である．(c)のように原子軌道が一定の値をもつ面を立体的に描く方法は，より視覚的にわかりやすいが，原子軌道を一つ一つ，このように描写するのは大変なので，(d)のように単純な円で表現することが多い．

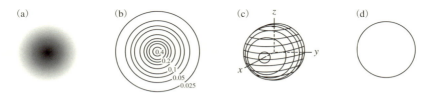

図 1・2 水素の 1s 軌道のさまざまな表し方

同じ s 軌道でも n が異なると，違いがでてくる．たとえば，2s 軌道は，図 1・3(a)に示す等高線図のように，中心付近からある距離のところで波動関数の値が 0 となる球面状の**節面**(nodal plane)をもち，その内側と外側では波動関数の符号が反転している．2s 軌道は 1s 軌道と比べて電子雲の広がりが大きい．

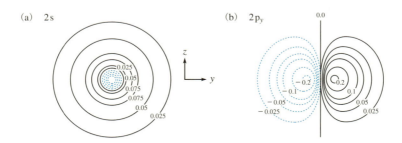

図 1・3 水素原子の 2s 軌道(a)および 2p$_y$ 軌道(b)の yz 平面における等高線図．
実線は正の符号を破線は負の符号をもつことを表す．

水素原子における n^2 個の縮重軌道は，広がり方の異なる n 個の原子軌道のグループに分類される．§1・1・2で述べたように，$n = 1$ では 1s 軌道のみ，$n = 2$ では 2s 軌道(1個)と 2p 軌道(3個)がある．さらに，$n = 3$ になると，3s 軌道(1個)と 3p 軌道(3個)に加え，3d 軌道(5個)がある．3 個の p 軌道は，それぞれ x 軸，y 軸，z 軸方向に広がっていて，p$_x$ 軌道，p$_y$ 軌道，p$_z$ 軌道と表示する．また 5 個の d 軌道は d$_{xy}$, d$_{yz}$, d$_{zx}$, d$_{x^2-y^2}$, d$_{z^2}$ と表示する．図 1・3(b)には 2p$_y$ 軌道の yz 平面上での等高線図を示したが，節面である xz 平面を境に符号が反転し，この面で原子軌道の値は 0 となっている．図 1・4 にこれら s, p, d 原子軌道の広がりを示した．

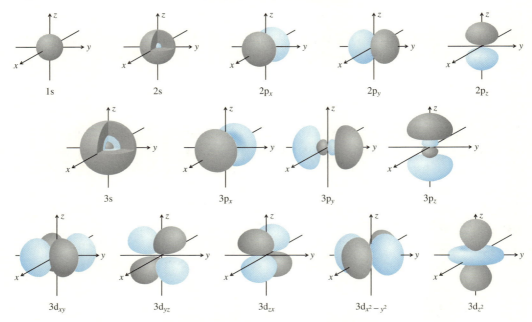

図 1・4　原子軌道の広がり．2s, 3s 軌道は切断面を示した．

　波動関数を表示した空間分布図は，空間中に電子が波として存在するときの振幅を表したものである．図1・4に示す原子軌道が，符号の違いである＋と－（ここでは色の違い）で表示されているのは，波としての振動方向が，一方が上向きであれば，他方は下向きに対応すると考えてよい．波動関数の2乗が原子（や分子）の性質を決める電子の存在確率分布なので（§1・1・1），波動関数あるいは原子軌道全体の符号を逆転させても，それらが意味するところは同じである．上記の＋と－は波動としての位相(phase)の違いを表示したものである．重要なのは，原子軌道の内部で＋と－の境は波動関数の値が 0 の節面となっていて，その両側で波動関数の位相が異なっているということである．

1・1・4　多電子原子の原子軌道と電子配置

　電子が 2 個以上存在するヘリウム以降の多電子原子では，電子間の反発を考慮に入れる必要があり，波動方程式を数学的に厳密に解くことはできないが，計算機の進歩とともに精度の高い近似的解法が実現されている（付録 1 参照）．多電子原子の原子軌道の形は，水素の原子軌道からの類推で十分であるが，原子核の正電荷が増えるため軌道の広がりは小さくなる．一方，エネルギー準位については，水素原子の場合には主量子数 n にのみ依存したのに対し，多電子原子の場合は方位量子数 l にも依存する．これは外側にいる電子が感じる原子核の正電荷は，内側にいる電子によって遮蔽されるためである．この遮蔽効果は軌道の形の違いによって異なるので，同じ主量子数 n の原子軌道では縮重が解け，s 軌道＜p 軌道＜d 軌道の順に，エネルギーが高くなる．その結果，多電子原子のエネルギー準位は (5) 式のような関係になり，図で表すと図 1・5 のようになる．

$$1s \ll 2s < 2p \ll 3s < 3p \ll 4s \lesssim 3d < 4p \ll 5s \lesssim 4d < 5p \ll 6s \lesssim 4f \lesssim 5d < 6p \cdots\cdots \quad (5)$$

　電子は**スピン**(electron spin)とよばれる固有の角運動量 1/2 をもち，磁場の中で N 極を向く場合と S 極を向く場合があり，それぞれ α スピン↑と β スピン↓で表す．α スピンはスピン量子数 $m_s =$ ＋1/2，β スピンは $m_s = -1/2$ と決められている．**スピン多重度**(spin multiplicity)は $2 \times (m_s$ の総和$)$ ＋1 で定義される．

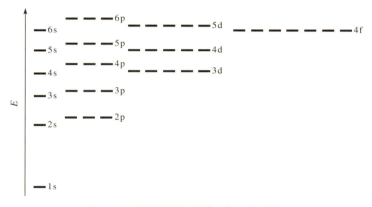

図 1・5　多電子原子の軌道エネルギー準位

　原子の**電子配置**(electronic configuration)は，各原子軌道に対する電子の入り方を表すものであるが，電子スピンの向きを含め，以下の規則がある．

1) **構成原理**(Aufbau principle)：エネルギーの低い原子軌道から順に電子を入れていく．
2) Pauli の排他原理：一つの軌道には二つまでしか電子を入れることはできず，二つ入れるときはスピンを逆にしなければならない．
3) Hund 則：縮重した複数の軌道に電子を入れるときは，できるだけスピンの向きをそろえるようにする．

　この三つの規則に従うと，炭素原子の基底電子配置は，6個の電子のうち，1s軌道に二つ，2s軌道に二つ入った後，残りの2電子は2p軌道に入ることになる．この電子配置を，$(1s)^2(2s)^2(2p)^2$ と書く．2p軌道に二つの電子を入れるときには，Hund 則に従って，二つの軌道に一つずつスピンをそろえて入れる．また，酸素原子の電子配置は $(1s)^2(2s)^2(2p)^4$ となり，2p軌道に4個の電子を入れることになるが，2個の電子はスピンを対にして一つの2p軌道に入れ，残り2個の電子はスピンをそろえて別べつの2p軌道に入れた状態が基底電子配置となる．

　この三つの規則を適用することによって，周期表上の大部分の原子の基底電子配置が得られる．

1・1・5　イオン化ポテンシャルと電気陰性度

　原子や分子から電子を1個取除き1価のカチオンにするために必要なエネルギーのことを**イオン化ポテンシャル**(ionization potential: I_P，**イオン化エネルギー**ともいう)という．イオン化ポテンシャルが小さいことは，その原子や分子がカチオンになりやすいことを示す．最初の1個の電子を取除くのに必要なエネルギーを第一イオン化ポテンシャル，同様に2個目の電子に関しては第二イオン化ポテンシャルという．水素原子のイオン化ポテンシャルは，電子の入っている原子軌道のエネルギーの符号を変えたものに等しい．水素原子のイオン化ポテンシャルは§1・1・2の(2)式と(3)式で $n=1$ とした場合の値，13.6 eV になる．このことは多電子原子や分子にも応用でき，近似ではあ

8　　　　　　　　　　　　　　1. 化学結合の基礎と軌道相互作用

るが，軌道エネルギーの符号を変えたものがイオン化ポテンシャルになる（Koopmans の定理）．表
1・1のように周期表上の原子のイオン化ポテンシャルを比べると，アルカリ金属（1 族）において最
も小さく，貴ガス（18 族）が最も大きい傾向がある．

　　上記のイオン化ポテンシャルは原子が電子を結びつけている強さの尺度であるが，よく似た傾向を
示すものに，**電気陰性度**（electronegativity, χ）がある．これは原子が電子をひきつける性質を表す尺
度で，分子内での結合の極性を判断するために用いられる．いくつかの定義があるが Pauling の電気
陰性度と，原子の表面電場の強さと結合半径から定義された Allred-Rochow の電気陰性度がよく一
致しており，通常，このいずれかが用いられる．表1・1には Allred-Rochow の値を示す．例外はあ
るが，イオン化ポテンシャルと電気陰性度は定性的に同じ傾向を示す．

表 1・1　おもな原子の第一イオン化ポテンシャル（I_p），
および Allred-Rochow の電気陰性度（χ）

	I_p(eV)	χ		I_p(eV)	χ
H	13.598	2.20	Ne	21.565	5.10
He	24.587	——	Na	5.139	1.01
Li	5.392	0.97	Mg	7.646	1.23
Be	9.323	1.47	Al	5.986	1.47
B	8.298	2.01	Si	8.152	1.74
C	11.26	2.50	P	10.487	2.06
N	14.534	3.07	S	10.36	2.44
O	13.618	3.50	Cl	12.968	2.83
F	17.432	4.10	Ar	15.76	3.30

1・2　化学結合の量子論的見方

　　Lewis の共有結合の考え方は，二つの原子が 1 電子ずつ出し合うことによって結合が生成するとい
うものであり，あたかも原子に手があるかのように表す．これに基づいた有機電子論は電子の偏りや
動きを矢印で示し，有機化学の理解に寄与してきた．しかし，§6・6のペリ環状反応などの協奏反
応の機構については，この考え方では十分な理解が得られないことも多い．

　　そこで化学結合に対する量子論的解釈が必要となるが，それには**原子価結合法**（valence bond meth-
od）と**分子軌道法**（molecular orbital method）の二つの方法があり，どちらも有機化学を理解するうえで
重要である．本節では，これら二つの方法論の違いや特徴，長所・短所について述べる．

　　ここで原子軌道と電子を以下のように分類する．まず，原子軌道を，結合に関与しない**内殻軌道**
（inner-shell orbital）と，結合に関与する**原子価軌道**（valence orbital）とに分類する．これに応じて，内
殻軌道に入った電子を**内殻電子**（inner-shell electron），原子価軌道に入った電子を**原子価電子**（valence
electron）とよぶ．

　　第 1 周期の水素原子とヘリウム原子では，1s 軌道が原子価軌道である．一方，第 2 周期の原子で
は，内殻軌道である 1s 軌道には常に電子が 2 個入っており，結合に関与しない．2s 軌道と三つの 2p
軌道の合計 4 個の軌道は原子価軌道であり，Li から Ne に至るまで一つずつ電子が入っていく．第 3
周期の元素では，1s, 2s, 2p（三つ）の五つの軌道が内殻軌道，3s と 3p（三つ）の四つの軌道が原子価軌
道である．第 4 周期の元素になると，1s, 2s, 2p, 3s, 3p 軌道の 9 個が内殻軌道，原子価軌道に 3d 軌道
が加わり，4s, 3d（五つ），4p（三つ）軌道の 9 個が原子価軌道となる．

　　以降，原子価結合法，分子軌道法ともに原子価軌道のみを用いて説明する．

1・2・1 原子価結合法の考え方

原子価結合法による結合生成の考え方は，ある原子の原子価軌道に入っている電子と，結合をつくる相手原子の原子価軌道に入っている電子がスピン対を形成し，かつ，互いにそれらの電子を交換することができるというものである．それによって結合形成による安定化がもたらされることが理論的に証明されており，Lewis 構造式(図 1・6a)や結合を原子と原子の間を線で結んで表す(図 1・6b)根拠となっている．図 1・6(c)の混成軌道については次項で説明する．

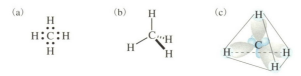

図 1・6 メタンの結合表示．(a) Lewis 構造，(b) 分子構造式，(c) 混成軌道

水素分子 H_2 を例として結合生成による安定化を図 1・7 で説明する．二つの水素原子が無限遠にある場合，それぞれの 1s 軌道に入った電子どうしは互いに交換することはできない．しかし，二つの原子どうしが接近すると，一方の軌道に入っていた電子は，もう一方の軌道にも入ることができるようになる(図 1・7a)．このような状態の波動関数を用いて水素分子のエネルギーを計算すると，無限遠にあったときの二つの水素原子のエネルギーの和よりも小さくなる．このエネルギー的安定化の程度は原子間距離に依存するので，最安定になるところを探すと，結合距離を求めることができる(図 1・7b)．

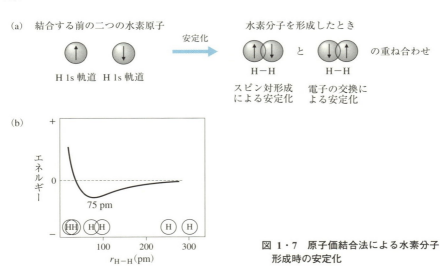

図 1・7 原子価結合法による水素分子形成時の安定化

結合には軌道の対称性(§1・2・3d 参照)によって σ 結合，π 結合が存在する．σ 結合は結合軸で 180°回転しても符号が変わらないのに対し，π 結合は符号が反転する．また，それらに関与する軌道を σ 軌道，π 軌道とよぶ．

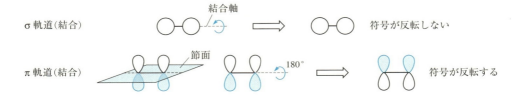

a. 混成軌道: 炭素原子の結合状態

本項では，原子価結合法をもとに炭素化合物の結合を説明する．炭素原子の基底電子配置では，2s 軌道に 2 個の電子が対をなして入っており，不対電子は 2p 軌道の二つしかないので，このままでは 2 本の結合しかできない．しかし，実際には炭素原子の原子価は 4 であり，メタンにみられるように四つの水素原子と結合することができる．また，炭素原子はこのような単結合のみならず，二重結合や三重結合を生成することもできる．このような炭素原子のさまざまな結合様式を理解するために導入されたのが軌道混成の概念である．軌道混成を考える前に，$(2s)^2(2p)^2$ の基底電子配置から，2s 軌道にある 1 個の電子を 2p 軌道に移動させ，$(2s)^1(2p)^3$ の電子配置にすることを考える (図 1・8)．これを**昇位** (promotion) とよぶ*．昇位によりエネルギーが 600 kJ mol^{-1} ほど高い電子配置になってしまうが，不対電子が四つとなって 4 本の結合を生成させることができるので，結合生成による安定化エネルギーによって，上述の不安定化 (昇位エネルギー) は十分に補われると考える．

図 1・8 炭素原子の基底電子配置と，昇位後の電子配置．昇位に伴って電子スピンを反転させている意味は特にない．

しかし，s 軌道と p 軌道の形が違うため，まだメタンの等価な四つの結合を説明することはできない．そこで 2s 軌道と 2p 軌道の線形結合をとるという数学的操作〔これを軌道の**混成** (hybridization) とよぶ〕を行う．まず，混成軌道のでき方を理解するために，図 1・9 には s 軌道と p 軌道一つずつから sp 混成軌道ができる様子を示した．符号が同じ箇所の寄与は大きく，逆の箇所の寄与は小さくなることがわかる．できた混成軌道の形は葉っぱに似ているのでローブ (lobe) とよばれる．符号の異なる反対側の小さいローブはバックローブとよぶ．炭素などではバックローブは通常無視できるが，s 軌道の寄与が大きくなる第 3 周期以降の原子ではこれが重要な役割を担うようになってくる (§8・2 参照)．

図 1・9 sp 混成ができる様子

図 1・10 に炭素の場合の 2s 軌道と三つの 2p 軌道から四つの等価な軌道ができあがる様子を示した．これを sp^3 混成軌道とよび，正四面体形の方向性をもっており軌道間の角度は 109.5° となる．それぞれの軌道に対して水素原子を近づけてくれば，四つの等価な C−H 結合を有する正四面体構造のメタンの生成を説明することができる．

図 1・11 のように一つの 2p 軌道はそのままで，2s 軌道と二つの 2p 軌道からできる混成軌道を sp^2 混成軌道とよぶ．結合角は 120° であり，この炭素原子のつくる構造は平面形となる．混成していない一つの 2p 軌道は π 結合の生成に使われる．

この混成軌道を用いて，簡単な有機分子の構造を考えてみよう．平面分子エチレンでは sp^2 混成軌道が σ 結合に寄与している．yz 平面上に三つの等価な sp^2 混成軌道が各炭素原子から広がり，これら

---

* 昇位という用語を用い，励起とよばないのは，これがあくまで仮想的なもので，実際に炭素原子が励起状態になるわけではないためである．

1・2 化学結合の量子論的見方

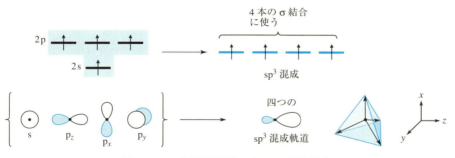

図 1・10　sp³ 混成軌道とメタンの四面体構造

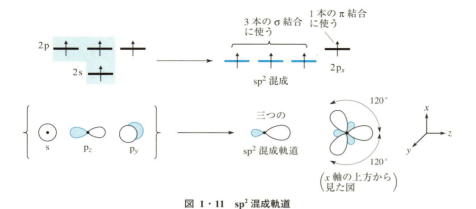

図 1・11　sp² 混成軌道

によって C–C 結合一つと四つの C–H 結合ができる．混成に加わらない分子平面に垂直な $2p_x$ 軌道が π 結合をつくる．同様に，120°の結合角をもつ sp² 混成軌道はベンゼンをはじめとする平面芳香族分子の骨格形成の σ 結合に寄与している．

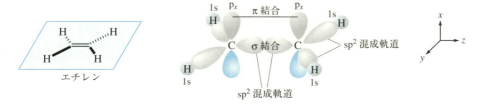

図 1・9 と同様に，2s 軌道と 2p 軌道一つを組合わせて二つの等価な sp 混成軌道をつくると，結合角は 180°であり，この炭素原子のつくる構造は直線形となる（図 1・12）．

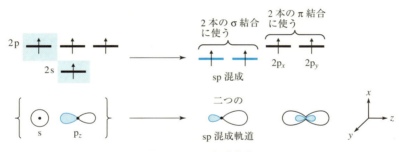

図 1・12　sp 混成軌道

直線分子アセチレンの炭素間では，それぞれの sp 混成軌道の一つは向き合って軌道相互作用して，炭素-炭素 σ 結合をつくり，残りの sp 混成軌道は水素の 1s 軌道と σ 結合をつくる．$2p_x$ と $2p_y$ 軌道は分子軸に垂直なので，π 対称性の分子軌道をつくる．結局，炭素間の結合は一つの σ 結合と二つの π 結合からできる三重結合である．

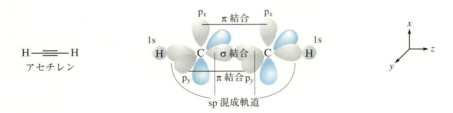

b. 混成軌道と電気陰性度

混成軌道における s 軌道の寄与の割合を **s 性**(s character)とよび，sp 混成であれば 1/2，sp^2 混成では 1/3，sp^3 混成では 1/4 である．一般に s 性が高いほど，その炭素原子の電気陰性度が高くなる傾向があるが，これは定性的には，原子核に近い s 電子は p 電子より核に強く引きつけられるためである．より定量的には以下のように説明される．図 1・13 は仮想的に sp, sp^2, sp^3 混成軌道のエネルギー準位を示している．比較のために水素原子の 1s 軌道，炭素の 2s, 2p 軌道を示す．ここで sp 混成軌道は s 軌道と p 軌道を 1:1 の割合で混成させているため，sp^2, sp^3 混成軌道よりも s 軌道の寄与が大きく，エネルギーが最も低い．一方，sp^2 混成，sp^3 混成となるにつれて s 軌道の寄与が低下するので，エネルギーは高くなる．これをもとに各混成炭素原子の電気陰性度が sp^3 炭素 2.3，sp^2 炭素 2.6，sp 炭素 3.1 のように示されている[1]．

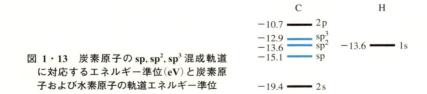

図 1・13　炭素原子の **sp**, sp^2, sp^3 混成軌道に対応するエネルギー準位(eV)と炭素原子および水素原子の軌道エネルギー準位

c. 原子価結合法と共鳴概念

上記のように原子価結合法は，二つの原子が原子価軌道に入った不対電子を一つずつ出しあって共有することにより結合が生成するという考え方に基づいている．しかし，この考え方では化合物の結合や構造的特徴がうまく説明できないこともある．たとえば，ベンゼンは正六角形構造を有し，炭素-炭素結合距離(140 pm)はすべて等しく，通常の C-C 結合(154 pm)と C=C 結合(134 pm)の中間であるが，これらの特徴は単結合と二重結合が交互に存在する単一構造では理解できない．そこで，この矛盾を解決するために導入されたのが**共鳴**(resonance)の考え方である．すなわち，二つの局在化した結合状態の重ね合わせにより，単結合と二重結合が平均化された結合状態として記述するのである(図 1・14)．

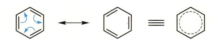

図 1・14　ベンゼンの共鳴構造

図 1・15 にはカルボン酸の例を示した．脱プロトンにより生じたカルボキシラートイオンでは，

二つの等価な共鳴構造式が描ける. 四つのπ電子は均等に配置されて非局在化しており, このような場合に共鳴による安定化が特段に大きく, これこそがカルボン酸が酸性を示す起源となっている.

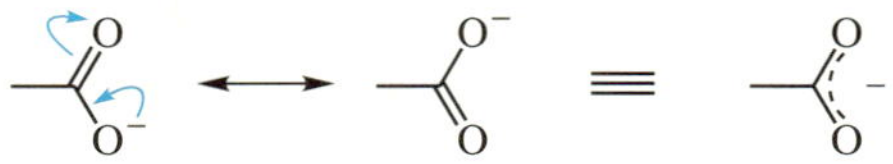

図 1・15 カルボキシラートイオンの共鳴構造

このように原子価結合法は, 有機電子論と密接に関連がある. 有機電子論では, 局在化結合に着目し, 結合における電子の偏り (分極), 結合の開裂や生成が起こる過程を矢印で表す (§6・1コラム参照). σ結合を通じた誘起効果およびπ結合に関する共鳴効果により結合の分極を記述し, 分子の性質や化学反応を説明する. 二重結合の隣接位に窒素原子や酸素原子などがある場合, 非共有電子対からの共鳴を考慮する.

1・2・2 原子価結合法と分子軌道法の比較

原子価結合法に基づく有機電子論的な考え方は, 定性的ではあるが直観的にわかりやすいため, 有機反応の機構を手軽に議論したり, 予測したりするうえで有効であるが, その背景となる原子価結合法には限界があるのも事実である. たとえば, 先述のように電子の非局在化した分子では, 共鳴の考え方を導入する必要があった. また, 酸素分子が偶数個の電子をもつのに, なぜ開殻系となるかを説明できず, ペリ環状反応のように化学結合が協奏的に生成・開裂する場合についても説明がむずかしい.

こうした問題に対して明解な答えを与えるのが, 次節で説明する分子軌道法である. これは, 原子軌道によって構成される分子軌道に電子を配置する非局在化モデルであるため, 共鳴などの新たな概念を取入れる必要がなく, 協奏反応, 分子間 (内) 相互作用などをエネルギーに基づき扱えるので, 化学反応性の予測にも威力を発揮する. 特にコンピューターの高速化と理論の進歩があいまって, 現在では非経験的分子軌道計算によって分子の安定構造や反応中間体, 遷移状態の構造を求めることが日常的になった. したがって, その背景となる分子軌道法の考え方を学ぶことは, 今や有機化学を学ぶうえで必須である.

しかし, 分子軌道法は電子の分子全体への非局在化を前提としているため, 結合電子対の局在化したイメージがつかみにくい. たとえばメタン分子は, 先述のように原子価結合法では, 混成軌道の考え方を用いて四つの等価な C−H 結合が正四面体方向に存在する分子構造が説明される. しかし, 分子軌道法によると, 結合性分子軌道は四重に縮重してはおらず, エネルギーの違う二つの準位からなることが示される. このことは, 直観的には受け入れにくいが, 実測されるメタンの光電子スペクトルをよく説明する. これらについては次項以降で詳しく説明する.

理論的には, 共鳴により複数の極限構造を考慮した原子価結合法の波動関数と複数の電子配置を考慮した分子軌道法の波動関数は同一の正しい波動関数となることが示されているが, それぞれ局在原子軌道, 非局在分子軌道を出発点としており, 求めたいものに応じて使いわけが必要である. そのため, 有機化学を学ぶうえでは, まず原子価結合法に基づいて分子の性質を理解したうえで, より定量的な解釈が可能な分子軌道法を学び, 二つの方法を相補的に用いていくのがよい.

表1・2に, 原子価結合法と分子軌道法の特徴についてまとめた.

なお, 非経験的分子軌道計算が可能であるからといって, 計算結果を過信することは避けたい. 理論計算に用いた近似的手法が得ようとする情報に対して適切なものか否かを, 十分吟味する必要がある. たとえば, 結合のラジカル解離が起こるような場合や, 励起状態を経由する反応など, 1電子近

表 1・2　原子価結合法と分子軌道法の比較

項　目	原子価結合法	分子軌道法
1. 基本的な考え方	各原子上の原子軌道に存在する電子をもとに，化学結合や相互作用を考える	原子軌道の重ね合わせによって得られる分子軌道に電子を配置する
2. 軌道モデル	二つの原子の軌道間で共有結合生成を考える局在化したモデルである	原子軌道をすべて組合わせ，分子全体に広がった軌道を考える非局在化したモデルである
3. 分子構造との関係	原子軌道あるいは原子軌道の組合わせからつくられる混成軌道をもとにして結合生成を考えることにより，構造式との対応関係がわかりやすい	分子軌道係数から分子構造を直接予測することはできないが，分子構造の変化による分子のエネルギー変化をコンピューターで計算することによって，安定構造や反応中間体，遷移状態の構造を求めることができる
4. 電子対の意味	不対電子をもつ原子軌道や混成軌道の間での電子対の生成が構造式における結合線に対応する．一方，一つの原子軌道もしくは一つの混成軌道にある電子対は非結合性であると考える	エネルギー準位の低い分子軌道から順に電子を入れていくことによって電子対が生成すると考える．分子軌道は分子全体に非局在化するため，構造式と直接対応させることはできない
5. 電子の占有数	電子は，各原子軌道や混成軌道に 2 個，1 個あるいは 0 個入っていると考える	電子は，原子軌道の線形結合で表される各分子軌道に 2 個，1 個あるいは 0 個入っていると考える
6. 結合の強さ（結合次数）	結合対の生成が基本となっているため，空軌道や反結合性の概念がなく，結合の強さは結合電子対の数だけで判断することになる	結合生成に寄与する結合性軌道と，結合生成に反する反結合性軌道が同時に得られ，それらにどこまで電子が入るかによって，分子の結合の強さ，結合次数が決定される
7. 化学反応の理解	化学反応に伴う結合の開裂と生成は電子の移動によって説明する	軌道間の相互作用を考えることによって，化学反応経路だけでなく，さまざまな分子内・分子間相互作用を説明することができる
8. エネルギーの情報	結合生成後のエネルギーについては，情報がなく，電子対は結合部分に局在化していると考えるため，系の安定化に寄与する共鳴構造などの考え方を導入する必要がある	軌道エネルギーはイオン化エネルギーや電子親和力と対応しており，フロンティア軌道のエネルギー準位や軌道の広がりから反応性を予測できる
9. 分子の対称性	分子の対称性を考慮した取扱いはできない	すべての分子軌道は分子の対称性に基づいた軌道対称性を保持する
10. 酸素分子の磁性	スピン状態の説明はむずかしい	スピン状態の説明は容易である
11. 協奏反応の選択性	化学反応を電子の移動としてとらえるため，考察することができない	軌道の位相を考慮することによって，予測することができる

似が使えない場合には特に注意が必要である．分子軌道法を含めた理論的計算手法については付録 1 を参照されたい．

1・2・3　分子軌道法の考え方

　分子軌道法では分子軌道（molecular orbital: MO）が，原子軌道（AO）の組合わせで構成されていると仮定する．原子軌道の線形結合（一次結合）で分子軌道を記述する方法が LCAO-MO（linear combination of atomic orbital-MO）法である．分子軌道は，1 個の電子の近似的波動関数 ϕ とみなせるものであり，§1・1・1 の Schrödinger 方程式〔(1) 式〕を近似的に解く手法（付録 1 参照）を用いて求めることができる．分子軌道を求める計算手法には，単純 Hückel 法（simple Hückel method）や拡張 Hückel 法（extended Hückel method），Hartree-Fock 法（Hartree-Fock method），密度汎関数法（density functional method: DFT）など，さまざまなものがある．今日では，計算機の高性能化により，パーソナルコンピューターでもかなり高速，高精度な理論計算を行うことができるようになった．こうした計算に

よって得られる分子軌道が，どのような軌道相互作用を基本にして得られているのかを知っておくことは，分子の性質や反応性を理解するうえで重要である．

本項では，分子軌道法による考え方の基本的事項について述べる．

a. 等核二原子分子: 水素分子を例として

最も単純な系として，水素分子の分子軌道 ϕ を，(6) 式に示すように，二つの水素原子 H_a, H_b の 1s 原子軌道 χ_a, χ_b の線形結合で記述する．

$$\phi = C_a\chi_a + C_b\chi_b \tag{6}$$

軌道係数 C_a, C_b は，分子軌道に対する各原子軌道の寄与の大きさを表し，それらの 2 乗 $C_a{}^2$, $C_b{}^2$ は，各原子軌道 χ_a, χ_b に電子が見いだされる確率を表す．水素分子のような等核二原子分子では，その対称性から，これらの絶対値は等しい値をもつので $C_a = C_b$ あるいは $C_a = -C_b$ となる．分子軌道は原子軌道と同様に規格化されている必要があり，ϕ が実関数で表される場合には，規格化条件は，

$$\int \phi^2 d\tau = 1 \tag{7}$$

と書ける．積分 $\int d\tau$ は，全空間で積分することを意味する．なお，(7) 式は，本来は ϕ と ϕ の複素共役の積であるが，通常は実関数を用いるので ϕ^2 としてある．

さて，(6) 式が (7) 式をみたすためには，

$$C_a = C_b = \frac{1}{\sqrt{2(1+S)}} \tag{8}$$

または

$$C_a = -C_b = \frac{1}{\sqrt{2(1-S)}} \tag{9}$$

でなければならない．ここで，S は重なり積分 (overlap integral) とよばれ，

$$S = \int \chi_a\chi_b d\tau \tag{10}$$

と定義される．重なり積分 S の値は二つの原子軌道の重なりの大きさを示し，無限遠に離れていれば 0，距離が 0 で二つが完全に重なっている場合は 1 となる．

こうして (8) 式と (9) 式から二つの分子軌道，

$$\phi_1 = \frac{1}{\sqrt{2(1+S)}}(\chi_a + \chi_b) \tag{11}$$

$$\phi_2 = \frac{1}{\sqrt{2(1-S)}}(\chi_a - \chi_b) \tag{12}$$

が存在することになる．それぞれの分子軌道について拡張 Hückel 法を用いた 1 電子近似によるエネルギーは，

$$\varepsilon_1 = (\alpha_H + \beta_{HH})/(1+S) \tag{13}$$

$$\varepsilon_2 = (\alpha_H - \beta_{HH})/(1-S) \tag{14}$$

と表され，これらを軌道エネルギーとよぶ．ここで，Coulomb 積分 (Coulomb integral) α_H は孤立した水素原子の 1s 軌道のエネルギーに相当し，共鳴積分 (resonance integral) β_{HH} は二つの 1s 軌道間で生じる相互作用エネルギーに相当する．これらはいずれも負の値をもつので，分子軌道 ϕ_1 に対応する軌道エネルギー ε_1 のほうが，分子軌道 ϕ_2 に対応する軌道エネルギー ε_2 よりも，低く安定であることがわかる．

それぞれの分子軌道のエネルギーを孤立した原子のエネルギーと比べると,

$$\Delta\varepsilon_1 = \frac{\beta_{HH} - \alpha_H S}{1 + S} \tag{15}$$

$$\Delta\varepsilon_2 = \frac{-\beta_{HH} + \alpha_H S}{1 - S} \tag{16}$$

となる．重なり積分 S は0から1の値をとることから，(15)式の安定化エネルギー($|\Delta\varepsilon_1|$)よりも(16)式の不安定化エネルギー($|\Delta\varepsilon_2|$)のほうが大きいことになる．

以上をまとめると，図1・16に示すようになる．すなわち，二つの水素の原子軌道の相互作用により，新たに二つの分子軌道 ϕ_1 と ϕ_2 が生成する．軌道係数 C_a, C_b の符号が同じ同位相(in phase)の分子軌道 ϕ_1 は原子の状態より安定化するのに対して，C_a, C_b の符号が異なる逆位相(out of phase)の分子軌道 ϕ_2 は不安定となる．前者を**結合性軌道**(bonding orbital)，後者を**反結合性軌道**(anti-bonding orbital)とよび，反結合性軌道には*をつけて結合性軌道と区別する．水素分子の例ではσ結合なので結合性軌道を σ, 反結合性軌道を σ* と表記する．同様に π 結合に対してはそれぞれ π および π* と表記する．分子軌道を図示する場合には，同位相の軌道を同じ色で，逆位相の軌道を色の違いで表示するのが習慣である．

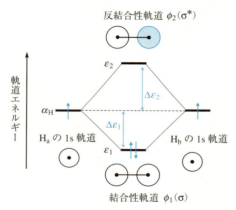

図 1・16 水素分子の分子軌道

水素分子の場合には，電子は2個存在するので，結合性軌道にのみ電子が入ることになる．したがって，二つの水素原子から水素分子を形成した場合には，(15)式で示される安定化エネルギー $\Delta\varepsilon_1$ の2倍が結合エネルギーとなる．こうして二つの原子が電子を1個ずつ出しあってできる結合が**共有結合**(covalent bond)である．

結合性軌道に電子が入っている状態では，原子間で電子密度が高まり，それが二つの水素原子の原子核の正電荷をひきつけ，エネルギーの低下をもたらしている．一方，反結合性軌道には，二つの原子の間に電子の存在できない節があり，電子が入っても原子間の電子密度は高まらないため，二つの原子核を結びつけるような力ははたらかず，むしろ二つの原子をひき離そうという性質がある．

同じ第1周期の原子であるヘリウムにおいては，He_2 分子を生成しようとしても，4電子であるため，結合性軌道と反結合性軌道にそれぞれ2個ずつ電子が入り，安定化エネルギーは得られない．

ここで，**結合次数**(bond order)は(17)式のように求められる．

$$\text{結合次数} = \frac{1}{2}(\text{結合性軌道に入っている電子数} - \text{反結合性軌道に入っている電子数}) \tag{17}$$

結合次数の値は，結合の強さの指標となる．水素分子では1, He_2 分子では0, H_2^+ では0.5である．

b. 異核二原子分子: 水素化リチウムを例として

次に，異核二原子分子の生成の例として，水素化リチウム LiH を取上げる．異核二原子分子でも分子軌道のできるしくみは同じである(図 1・17)．等核二原子分子との違いは次のようにまとめられる．

- 結合性軌道 $\phi_1(\sigma)$ はエネルギーの低い原子軌道 χ_a 成分を多くもつ．
- 反結合性軌道 $\phi_2(\sigma^*)$ はエネルギーの高い原子軌道 χ_b 成分を多くもつ．
- 結合性軌道のエネルギーは安定なほうの原子軌道のエネルギーよりも低くなり，逆に反結合性軌道のエネルギーは不安定なほうの原子軌道のエネルギーよりも高くなる．

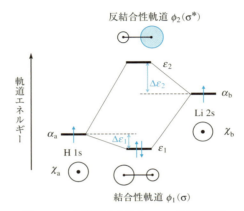

図 1・17　異核結合の生成: LiH の分子軌道

図 1・17 の例では価電子の総数は 2 なので，結合性軌道に 2 個電子が入り，結合がつくられる．結合性軌道に 2 個電子を入れて電子分布を考えてみると，結合性軌道の H 1s 軌道の重みが大きいので結合電子は水素に引きつけられ，H は負電荷，Li は正電荷を帯びる．これを**分極**(polarization)という．この電荷の偏りが大きければ大きいほど，分極は大きくなり，結合はしだいにイオン性を帯びることになる．

このように異種原子間の結合では電子が電気陰性度の大きな原子のほうに偏り，電気的な双極子となる．その結果，結合軸方向に**双極子モーメント**(dipole moment)が生じる．有機化学では，双極子モーメントは正電荷から負電荷へ向かうベクトルとして表されるのがふつうであり*，その場合，次図に示したようなプラス記号から発する矢印で表される．多原子分子では，それぞれの結合ごとに双極子モーメントを考えることができる．双極子モーメントはベクトル量なので，各結合ごとの双極子モーメントをベクトルとして足し合わせれば，分子全体の双極子モーメントが得られる．分子軌道法では，分子全体の双極子モーメントを求めることができ，実測値と対応する．

( ) 内は B3LYP/6-311G(d, p) 法による計算値．単位は debye．

---

* 双極子モーメントは IUPAC の規定では負から正へ向かう矢印で表すが，本書では慣例に従い正から負の向きで表している．

c. 分子軌道法からみた共有結合，イオン結合，配位結合

二つの軌道が相互作用してできる化学結合について，分子軌道の観点からとらえてみよう．相互作用する二つの軌道の相対的なエネルギー差，また，収容される2電子がもともと両軌道に1電子ずつ属していたか，あるいは2電子とも片側の軌道に属していたかの違いにより図1・18のように，四つに分類される．(a)は二つの軌道エネルギーがあまり離れていない場合で，もとの軌道に1個ずつ電子が入っている場合は，共有結合性が大きい．一方，(b)のようにもとの軌道に1個ずつ電子が入っていても，二つの軌道エネルギーが離れている場合には，極性の高い共有結合となる．このエネルギー差がさらに大きい場合には軌道相互作用はほとんど起こらず，静電引力によるイオン結合(c)となる．これに対し，(d)のようにもとの軌道の一方には2個の電子が存在し，もう一方の軌道には電子が存在しない場合には，配位結合が形成される．配位結合の例としてLewis酸・塩基，電荷移動錯体 BH_3-NH_3 や BH_3-CO などがある．

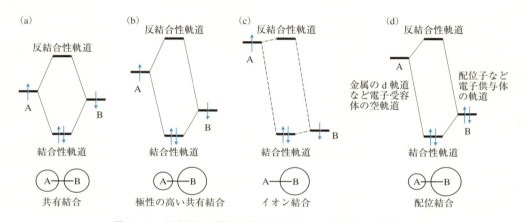

図1・18 共有結合，極性の高い共有結合，イオン結合，配位結合

d. 原子軌道の位相と軌道相互作用

二つの軌道が接近することによって，有効な重なりが生じ相互作用が起こる場合と，そうでない場合がある．この違いを生み出す要素の一つが二つの軌道の対称性である．

ある軌道に回転，鏡映，反転などの対称操作を施したとき，もとの軌道と完全に一致する場合，その軌道はその対称操作に関して対称といい，符号のみが逆転するとき，反対称という．ここで，軌道

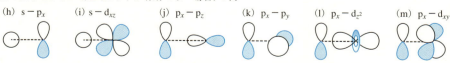

図1・19 原子軌道の対称性と軌道間の重なりとの関係

どうしの重なりの程度を表す重なり積分 S は，軌道どうしの対称性が同じときだけ有限の値をもち，対称性が異なれば 0 になる．

図 1・19 には，s 軌道，p 軌道，d 軌道間の重なり方のうち，相互作用が起こる場合と，そうでない場合の例を示した．すなわち，(a)〜(g) のように対称性が合致し，有効な重なりが起こる場合には，σ あるいは π 軌道が生成する．一方，(h)〜(m) のように対称性が合わない場合には，有効な相互作用が起こらない．

有効な重なりが起こる場合は，同じ位相で重なると結合性軌道が生じ，逆の位相で重なると反結合性軌道が生じる．たとえば，以下の軌道である．

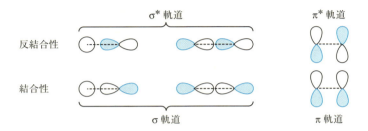

結合中心に関して反転させた際に，軌道の位相が同じ軌道を g (gerade)，逆になる軌道を u (ungerade) とよんで区別することもある．

ここで，"結合中心に関して反転させる"とは次に示すような操作を意味する．

e. 軌道相互作用の考え方のまとめ

これまで述べてきた原子軌道の相互作用によって分子軌道が生成する仕方をまとめると，次の 5 原則にまとめられる．これは軌道混合則 (orbital mixing rule) ともよばれる．

原則 1: 二つの原子軌道が相互作用すると，新たに二つの分子軌道が生成する．相互作用する原子軌道と同じ数の分子軌道ができる．
　　・同位相で相互作用するとエネルギー的に安定化され，結合性軌道となる．
　　・逆位相で相互作用するとエネルギー的に不安定化され，反結合性軌道となる．
原則 2: 結合性軌道の安定化よりも反結合性軌道の不安定化のほうが大きくなる傾向がある．
原則 3: 相互作用する軌道間のエネルギー差が小さいほど，軌道相互作用が強い．
原則 4: 生成した軌道の構成要素として，その軌道にエネルギーが最も近い，もとの軌道が主成分となる．
原則 5: 軌道の重なりが大きいほど，軌道相互作用が強く，結合性軌道の安定化と反結合性軌道の不安定化の程度が大きい．

20　　　　　　　　　　　　　　　1. 化学結合の基礎と軌道相互作用

f. 三つの原子軌道の相互作用の例: C-H 分子の描像

星間分子の一つである C-H 分子の分子軌道の生成を図 1・20 に示す．C 原子の 2s, 2p$_z$ 軌道と H 原子の 1s 軌道，合計三つの原子軌道の相互作用により三つの分子軌道が生じる．最も安定な軌道は，すべて結合性(同位相)の組合わせであり，最も不安定な軌道はすべて反結合性(逆位相)の組合わせとなる．中間の軌道は，もとの軌道のうちエネルギー的に中間にあるものが主成分となり，エネルギーの低い軌道が反結合性(逆位相)，エネルギーの高い軌道が結合性(同位相)で混合する．ここでは，形成される分子軌道におもに寄与するものを実線，2 番目に寄与するものを破線，寄与が小さいものを点線で示してある．

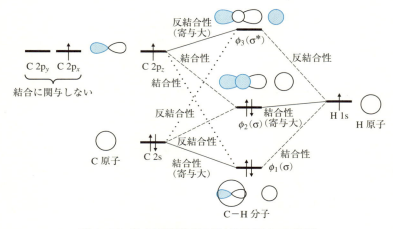

図 1・20　三つの原子軌道の混合則の例(C-H 分子)

g. 分子軌道法によるメチレンの描像

本項と次項では，メタン CH$_4$ 分子の分子軌道が炭素原子の原子軌道と四つの水素原子の原子軌道の組合わせからどのように構成されるのかを説明する．メタン分子の化学結合は，原子価結合法では混成軌道を用い，四つの C-H 結合から成り立っていると考えるが，分子軌道法による描像はこれとは異なっている．前項の軌道混合則に基づき，理論計算をしなくても，簡単な分子の分子軌道の形や軌道エネルギーをある程度予測することができる．CH$_4$ の分子軌道の形とエネルギー準位は炭素原子と二つの H 原子から屈曲形メチレン CH$_2$ 分子を構成し，CH$_2$ 分子と二つの H 原子とを組合わせることによって導くことができる(§1・2・3h 参照)．

CH$_2$ 分子を組立てる際に考慮する原子軌道は，二つの H 原子の 1s 軌道と，炭素原子の 2s 軌道および三つの縮重した 2p 軌道である．図 1・21 には，これらの軌道が相互作用することにより生成する CH$_2$ の分子軌道とそれらを構成する原子軌道の組合わせを示した．最もエネルギーが低い軌道 ϕ_1 には，主要素である炭素の 2s 軌道に二つの水素原子の 1s 軌道($H_{1s}H_{1s}$)が成分として含まれている．2 番目の軌道 ϕ_2 は炭素の 2p$_x$ 軌道と二つの水素原子の 1s 軌道($H_{1s}H_{1s}^*$)からなっている．3 番目の ϕ_3 は炭素の 2p$_z$ 軌道と二つの水素原子の 1s 軌道($H_{1s}H_{1s}$)に加えて，炭素の 2s 軌道も混合しており，炭素の外側に広がった軌道となっている．屈曲形 CH$_2$ 分子では，下から順に電子を入れていくと 3 番目の ϕ_3 軌道まで電子が占有することになり，この ϕ_3 軌道が HOMO となる．4 番目の ϕ_4 軌道は，水素原子の軌道と相互作用がないため，炭素の 2p$_y$ 軌道のみでできていて，LUMO となる(HOMO, LUMO については §1・2・3i を参照)．

原子価結合法では，CH$_2$ 分子を sp^2 混成による 2 本の C-H 結合と炭素上の非共有電子対として記述するのに対し，分子軌道法では分子の対称性に合致した原子軌道間の組合わせによって分子軌道が

生成する．

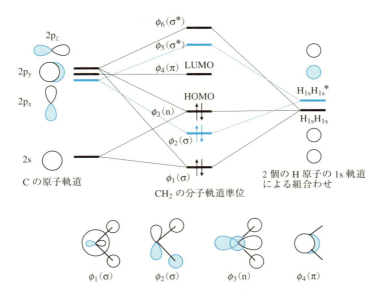

図 1・21　炭素原子の 2s, 2p$_x$, 2p$_y$, 2p$_z$ 軌道と二つの水素原子の 1s 軌道から構成される屈曲形 CH$_2$ 分子の分子軌道図

図 1・21 は CH$_2$ 分子が屈曲形をしている場合の分子軌道図であるが，CH$_2$ 分子が直線形をしていると仮定すると，分子軌道の形とエネルギー準位が変わってくる．図 1・22 の左側には屈曲形 CH$_2$，右側には直線形 CH$_2$ の分子軌道とエネルギー準位を示した．結合角∠HCH が変化することにより，各軌道エネルギーがどのように変化するのかを示したこのような図は **Walsh ダイヤグラム** とよばれ，安定な結合角を定性的に理解するのに用いられる．

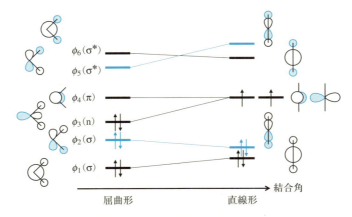

図 1・22　屈曲形 CH$_2$ から直線形 CH$_2$ に結合角が変化したときの分子軌道と軌道エネルギーの変化（Walsh ダイヤグラム）

CH$_2$ 分子が屈曲形から直線形に変化していくと，分子軌道 ϕ_4 の形は変化しないが，分子軌道 ϕ_3 の形は炭素原子の 2p 軌道のみを成分とする π 軌道に変わり，軌道エネルギーは上昇する．屈曲形 CH$_2$ では，電子は ϕ_1 から ϕ_3 まで 2 個ずつ詰まっている一重項状態をとる．一方，結合角が 180°となった直線形では，図 1・22 の右に示すように ϕ_3 と ϕ_4 が同じエネルギーになるため，Hund の規則によ

り三重項状態のほうが安定になることが予想できる(§1・2・3j 参照).

電子が詰まっている軌道エネルギーの合計は，近似的にその構造での全電子エネルギーに対応するので，CH_2 分子が三重項状態のときには結合角は大きいほうが安定になり，一重項状態のときには結合角は小さいほうが安定になる．§5・4・2 に示すように，一重項 CH_2 の結合角は 102° であり，三重項 CH_2 の結合角は 134° であることから，Walsh ダイヤグラムによる定性的理解と一致する．図 1・22 は，ϕ_1 から ϕ_4 まで 2 個ずつ詰まっている H_2O の場合にも用いることができ，H_2O 分子は屈曲形が安定であることがわかる．

h. 分子軌道法によるメタンの描像

図 1・21 で組立てた屈曲形 CH_2 の分子軌道と二つの H 原子の 1s 軌道から CH_4 の分子軌道を導くことができる．図 1・23 に，メタン分子における電子が詰まっている四つの分子軌道 ϕ_1〜ϕ_4 のエネルギー準位と，これら四つの分子軌道を構成する各原子軌道の成分を示す．CH_4 の分子軌道 ϕ_1 は CH_2 の ϕ_1 と二つの H_{1s} からなっている．CH_4 の分子軌道 ϕ_2 は CH_2 の ϕ_2 と同じであり，CH_4 の分子軌道 ϕ_3 は CH_2 の ϕ_4 と二つの H_{1s} からなっている．CH_4 の分子軌道 ϕ_4 は CH_2 の ϕ_3 と二つの H_{1s} からなっている．これらの四つの軌道のうち，ϕ_1 は節のない軌道であるが，ϕ_2, ϕ_3, ϕ_4 の三つの軌道はそれぞれ yz 面，xz 面，xy 面が節面になっている．

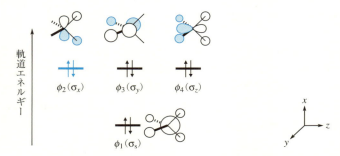

図 1・23　メタン CH_4 の電子が詰まっている四つの分子軌道

ここで示した CH_4 の分子軌道の形と，原子価結合法において混成軌道を用いた CH_4 の結合様式を比較すると，大きな違いがあることに気づく．すなわち，図 1・6 や図 1・10 で示したように原子価結合法では，メタンは四つの等価な C–H 結合を有することから，四つの等しいエネルギー準位が存在してもよさそうであるが，分子軌道法ではそうなっていない．

図 1・23 に示した CH_4 の ϕ_1〜ϕ_4 の形とエネルギー準位を見ると，エネルギーの低い軌道 ϕ_1 と，それよりもエネルギーの高い三つの縮重軌道 ϕ_2, ϕ_3, ϕ_4 から成り立っていることがわかる．ϕ_1 軌道は炭素原子の 2s 軌道と四つの水素原子の 1s 軌道からなっており，ϕ_2, ϕ_3, ϕ_4 軌道はそれぞれ $2p_x, 2p_y, 2p_z$ 成分と相互作用する水素原子の 1s 軌道との組合わせからなっていて，一般的な原子の $2s, 2p_x, 2p_y, 2p_z$ の軌道の形とエネルギー準位に類似している．これらの四つの軌道に 8 個の電子が入ることがわかる．CH_4 の光電子スペクトルによるイオン化ポテンシャルのピーク強度が 1：3 として実測されることから，CH_4 にはエネルギーの低い結合性軌道 1 個と，三重に縮重した HOMO が存在することは分子軌道法によらなければ説明できない．

光電子スペクトルや分子軌道法が示すように，メタンにおける電子の存在場所は，二つのエネルギー準位に対応した分子軌道に分布しており，それぞれの C–H 結合に電子が存在するという原子価結合法の描像とは異なっている．電子が詰まっている 4 個の分子軌道 $\phi_1, \phi_2, \phi_3, \phi_4$ について電子の存

在確率を合計すると，四つの水素原子に均等に電子が分布していることが示される．

i. フロンティア軌道と分子の電子的性質

　これまで述べてきたように，軌道混合則に従って分子軌道が構築され，そこに電子は安定な軌道から2個ずつ入っていくと考えれば電子配置がわかる．ここで，図1・24に示すように，被占軌道のうち最も高いエネルギー準位にある軌道を**最高被占軌道**(highest occupied molecular orbital: HOMO)とよぶ．一方，空軌道のうち最も低いエネルギー準位の軌道を**最低空軌道**(lowest unoccupied molecular orbital: LUMO)とよぶ*．これらの軌道は，後述のように分子間相互作用や化学反応において特に重要なはたらきをし，**フロンティア軌道**(frontier orbital)とよばれる．HOMO は最もエネルギーの高い電子が存在している軌道であり，その軌道係数が最も大きい場所で求電子反応が起こりやすい．一方，LUMO は，電子が入っていない最もエネルギーが低い軌道であり，外から電子が入ってくるときに最も入りやすい場所である．そのため，LUMO の係数が最も大きい場所で，求核反応が起こりやすい傾向がある(§6・1・4)．この考え方はフロンティア軌道論とよばれ福井謙一によって 1952 年に提唱された．

　ラジカルのような開殻系(§1・2・3j)の場合，電子が一つ入った軌道が存在する．これを**半占軌道**(singly occupied molecular orbital: SOMO)とよび，HOMO と LUMO の両方の性格をあわせもつため，反応性が高い．

　§1・1・5 で述べた Koopmans の定理に従えば，HOMO の軌道エネルギーの符号を変えたものが分子のイオン化ポテンシャルになる．また，同様に，LUMO の軌道エネルギーの符号を変えた値が分子の**電子親和力**(electron affinity)に対応し，電子を受取ったときに安定化するエネルギーである．分子に固有のこれらの数値は，特にπ電子系分子の半導体特性や分子間相互作用，光物性などにかかわる最も重要な役割を担うものである(2章コラム参照)．イオン化ポテンシャルの値は光電子スペクトル(photoelectron spectroscopy: PES)によって求められる．

　これに関連して，酸化還元電位という用語に触れておきたい．酸化還元電位は溶液中，固相中における電子の授受の起こりやすさを表す．一方，図1・24に示すようにイオン化ポテンシャルや電子親和力はエネルギー0の電子の授受に対応しているのに対し，酸化還元電位は電極の電子の授受に基づいているという点が異なっている．

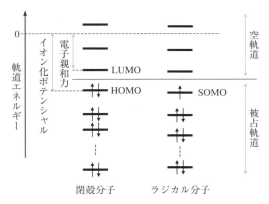

図1・24　最高被占軌道(HOMO)，最低空軌道(LUMO)および半占軌道(SOMO)の定義

＊ 被占軌道(occupied orbital)とは電子が入っている軌道のことをいい，空軌道(unoccupied orbital, vacant orbital)とは電子が入っていない軌道のことをいう．

j. 基底状態と励起状態

これまで述べてきた電子配置は各原子分子がとりうる電子状態のなかで最も安定で，基底(電子)状態を表す．安定な分子では，通常，すべての被占軌道に2個ずつ電子が入っているのでαスピンとβスピンの電子の数が同じになる(図1・25a)．この電子配置を**閉殻**(closed shell)とよぶ．

§1・1・4に示したスピン多重度の値が1のとき一重項，2のとき二重項，3のとき三重項とよぶ．

光照射により十分なエネルギーを受取ると，被占軌道から空軌道へ電子遷移が起こる．たとえば，HOMOからLUMOへ遷移する．このようにして生じるエネルギーの高い状態を励起状態とよぶ．遷移で生じるのは，基底状態とスピンの向きが同じ一重項電子状態である(図1・25b左)．この状態からスピンの向きが変わることを項間交差(intersystem crossing)とよび，生じた状態を三重項電子状態とよぶ(図1・25b右)．二つの励起状態では，三重項状態のほうが安定であるとともに，基底状態へ遷移しにくく寿命が長い．これら一重項および三重項励起状態は発光現象(フォトルミネセンス)，有機エレクトロルミネセンス(有機EL)素子などで重要な役割を担う(§6・4および2章コラム参照)．

励起状態(図1・25b)や奇数個の電子をもつラジカル(図1・25c)には，電子が一つしか入っていないSOMOがあり，このような電子配置を**開殻**(open shell)とよぶ．

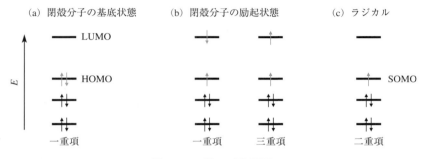

図1・25　種々の電子配置

k. 非共有電子対による効果

ここで酸素や窒素を含む有機化合物における非共有電子対について整理する．**非共有電子対**(unshared electron pair)は孤立電子対(lone pair electron)ともよばれ，省略記号では非結合電子(nonbonding electron)に由来して，nと書かれることが多い．非共有電子対は共有結合に直接関係しないが，π共役や隣接する官能基との相互作用，配位結合，水素結合など，分子内および分子間でさまざまな役割を果たしている．

酸素原子の6個の原子価電子は，2個の不対電子が結合に使われ，残る4個の電子が2対の非共有電子対となる．原子価結合法では，図1・26(a)に示すように，アルコールや水分子のような単結合をしている場合には，結合角から，酸素原子はsp^3混成をしていると考えるのが自然である．しかし，アルコールや水分子の分子軌道を求めると，図1・26(b)に示すようなsp^2混成に近い形となる．図1・26(c)に示すように，水分子のHOMOは酸素のπ型p軌道であり，ここに2個の非共有電子が入る．もう一対の非共有電子は酸素原子の外側に張り出したHOMO-1の軌道〔HOMOの一つ下の軌道，図1・26(c)の右図〕に入る．分子軌道法からわかることは2対の非共有電子は等価ではなく，異なったエネルギーをもつことであるが，これはイオン化ポテンシャルの実測値と一致する．したがって，図1・26(b)，(c)が正しい水の描像である．

このように，ヒドロキシ基の二つの非共有電子対は異なるエネルギーをもつことから，アルコールや水分子がプロトンなどの求電子剤と反応するときには，遠方では分子面に対して垂直方向のHOMOのp軌道方向から近づく．さらに近距離になり，相互作用が大きくなると，図1・26(d)に示すように，sp³混成の酸素原子の非共有電子対とプロトンとが結合を生成し，オキソニウムイオン H_3O^+ や ROH_2^+ になると説明できる．

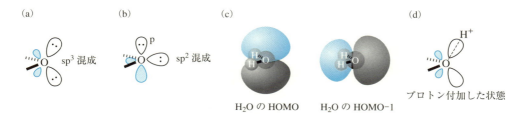

図1・26 (a), (b) 単結合をもつ酸素原子における非共有電子対の表し方，(c) 水分子のHOMOおよびHOMO-1，(d) プロトンとの相互作用

原子価結合法では，カルボニル化合物 $R_2C=O$ のように酸素原子が二重結合をもつ場合には，図1・27(a)に示すように二つの非共有電子対はsp²混成した軌道に入ると考えてもよいし，図1・27(b)に示すようにsp混成した軌道に入ると考えることもできる．いずれのモデルでもカルボニル C=O 二重結合様式は説明できるが，分子軌道法によれば二つの非共有電子対のエネルギーは異なり，図1・27(b)のようなsp混成に近い形をしていることが示される．

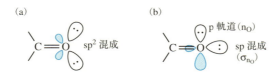

図1・27 原子価結合法による CO 二重結合における酸素原子の非共有電子対の表し方

図1・28に，ホルムアルデヒド H_2CO のいくつかの分子軌道と軌道エネルギー準位を示す．H_2CO のHOMOは分子平面内にあるp軌道(n_O)を主成分とする分子軌道であり，C=O の π 結合性軌道(π_{CO})はHOMOの次にエネルギーが低いHOMO-1である．HOMO-2は酸素原子の外側に広がった σ_{n_O} である．分子軌道法では，カルボニルの酸素の非共有電子対はp型軌道 n_O と sp混成型の σ_{n_O} に対応する軌道に電子が存在することが示される．これらのホルムアルデヒドの軌道エネルギー準位は，光電子スペクトルによるイオン化ポテンシャルの実測値とよく一致している．

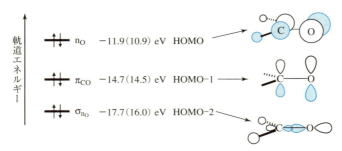

図1・28 H_2CO の分子軌道と軌道エネルギー準位[2]．括弧内は光電子スペクトルによるイオン化ポテンシャルの実測値[3]．

1・3 π電子系化合物：共役と芳香族性

本節では，分子軌道法に基づいてπ電子系化合物の電子状態について述べる．このような化合物のπ電子はσ電子に比べて高いエネルギー準位にあり，分子の性質や反応性を決定づける役割を果たす．すなわち，分子骨格をσ電子が支えているとすると，自由に動き回ることができるπ電子は，分子間相互作用や反応が起こる際の先駆けとなる．たとえば，1,3-ブタジエンのように隣接位に二つのπ結合がある場合，分子の平面性を仮定すると，π電子はその二つのπ軌道に非局在化する．これを **π共役**(π conjugation)効果という．ここでは，鎖状ポリエンの共役効果，つづいて環状共役系における芳香族性について述べる．非常に単純化した近似法である単純 Hückel 法を用い，π共役の効果を分子軌道法の観点から説明する．

1・3・1 単純 Hückel 分子軌道法による直鎖状ポリエンのπ分子軌道

σ軌道とπ軌道は異なった対称性に属し，軌道間の相互作用が起こらないため，それぞれの分子軌道を独立に考察することができる．したがって，二重結合と単結合が交互に並んだポリエンのπ軌道は各炭素上にある 2p 軌道の線形結合で表すことができる．最も簡単なπ分子軌道法である単純 Hückel 法では，2p 軌道間の重なり積分 S は 0 とし，炭素原子の 2p 軌道のエネルギーを Coulomb 積分 α，隣り合う 2p 軌道間の共鳴積分を β，それ以外では β は 0 とすると，n 個の 2p 軌道からなる直鎖状ポリエンのπ軌道のエネルギー ε は (18) 式で表される．

$$\varepsilon_k = \alpha + 2\beta \cos \frac{k\pi}{n+1} \qquad (k = 1, 2, 3, \cdots, n) \tag{18}$$

ここで，Coulomb 積分 α と共鳴積分 β はともに負の値である．(18) 式に示される軌道エネルギー準位を $n=2$ から $n=6$ まで図示すると，図 1・29 のようになる．

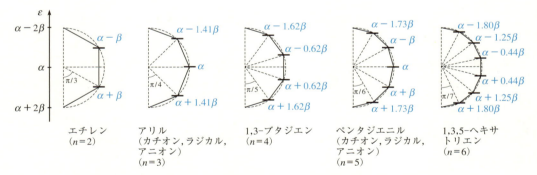

図 1・29 単純 Hückel 法により得られる鎖状π共役分子の軌道エネルギー準位

図 1・29 に対応する $n=2$ から $n=6$ までのπ分子軌道の形を図 1・30 に示す．これからわかるように各軌道エネルギーに対応する分子軌道は，弦の振動と同じように正弦波となっている(図中に青線で示した)．分子軌道の形についてみると，最低エネルギーの軌道はすべての p 軌道間に節のない形をしており，エネルギーが上昇すると，一つずつ節が増えていく．

こうして得られた分子軌道のうちエネルギーが低いほうから電子が 2 個ずつ入る．n が偶数で中性分子の場合，被占軌道のエネルギーは炭素原子の 2p 軌道のエネルギー α よりも低く，空軌道のエネルギーは高い．n が奇数の場合には，炭素原子の 2p 軌道のエネルギー α と同じエネルギー準位をもつ分子軌道が存在する．この軌道は一つおきの炭素原子にしかローブをもたないので，結合性や反結合

1・3 π電子系化合物：共役と芳香族性

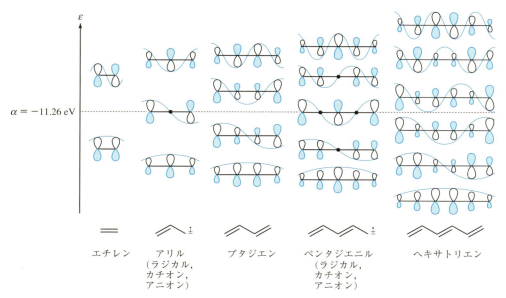

図1・30 単純Hückel法により得られる鎖状π共役系の分子軌道．●は，その分子軌道へ2p軌道の寄与がない（軌道係数が0）の炭素原子．

性には貢献しない．そのため，非結合性軌道とよばれる．炭素原子が奇数個存在する系については§1・3・3で述べる．

1・3・2 共役安定化

エチレンと1,3-ブタジエンのπ電子系エネルギー準位を比較することで二つのエチレン単位によるπ共役系の安定化を説明する．図1・29に示した単純Hückel法によるエチレンと1,3-ブタジエンの軌道エネルギーから，エチレンの場合には $(\alpha+\beta)$ に2個の電子が，ブタジエンの場合には $(\alpha+1.62\beta)$ と $(\alpha+0.62\beta)$ にそれぞれ2個ずつ電子が存在する．したがって，π電子系の全エネルギーは，エチレンの場合 $2\alpha+2\beta$ となり，ブタジエンの場合には，$4\alpha+4.48\beta$ となる．このことから，ブタジエンのπ結合は，二つのエチレンのπ結合が別べつに存在する場合の $(4\alpha+4\beta)$ よりも 0.48β だけエネルギー的に安定であることになる．これがπ共役による安定化エネルギー〔**非局在化エネルギー**（delocalization energy）〕である．

このπ共役による安定化の由来を軌道相互作用の観点で示したのが図1・31である．1,3-ブタジエンのπ共役系を二つのエチレンのπ結合からできていると考え，エネルギーの近い軌道ほど相互作用が強いとの原則から，結合性軌道 π_a と π_b，反結合性軌道 π_a^* と π_b^* の相互作用のみを考えると，図1・31(a)に示すような軌道エネルギー図になる．この場合の全エネルギーは，エチレンを二つ足した $4\alpha+4\beta$ と同じである．図1・31(b)は，一方のπ軌道が相手のπ軌道だけではなく，π^* 軌道とも相互作用したときの分子軌道図である．この場合の全エネルギーは $4\alpha+4.48\beta$ となる．$\pi_a-\pi_b$ に対して，π_a^* と π_b^* が相互作用すると，安定化し ϕ_2 が生成する．これは $\pi_a-\pi_b$ より π_a^* と π_b^* がより高エネルギーであるためである．$\pi_a^*+\pi_b^*$ から ϕ_3^* が生じるときは，より低エネルギーの π_a と π_b が不安定化をひきおこす相互作用をする．

π^* 軌道の寄与によって，電子は二つの二重結合の間にも広がり，そこにもπ結合性が生じるとともに，π電子が共役している二重結合全体に広がっていく様子が理解できる．

一般に，多重結合性が大きいほど結合は短くなる傾向がある．これは原子間の電子密度がより高く

(a) π軌道とπ*軌道がそれぞれの相手のπ軌道とπ*軌道とだけ相互作用するとき

(b) π軌道とπ*軌道が相手のπ軌道とπ*軌道の両方と相互作用するとき

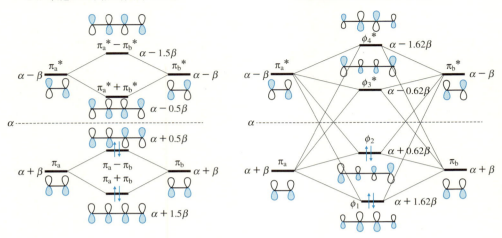

図 1・31 二つのπ結合が相互作用したときの軌道エネルギー準位図

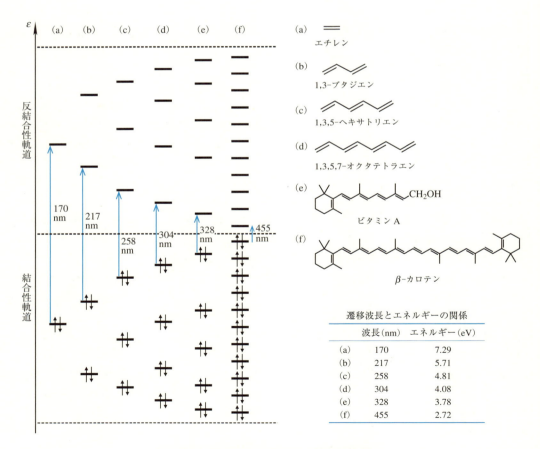

図 1・32 種々の直鎖状π共役系化合物の軌道準位と HOMO-LUMO 遷移波長

なり，原子核どうしがより強く引きつけられるためである．単純 Hückel 法では，軌道係数から π 結合次数を算出することができ，エチレンのような独立した一つの π 結合であれば 1，そうでなければ 0 である．それによると，平面配座のブタジエンの C2–C3 間の結合次数は 0.497 であり，σ 結合をあわせ考えるといわば 1.5 重結合である．一方，C2–C3 間で増えた分，電子密度が減った C1–C2，C3–C4 間の π 結合次数は 0.894 と，π 結合が弱まっていることがわかる．実際の 1,3-ブタジエンの結合距離は，これらの結合次数の傾向に一致している．

$$\underset{\text{エタン}}{CH_3-CH_3}\;154\,pm \quad \underset{\text{エチレン}}{CH_2=CH_2}\;133\,pm \quad \underset{\text{アセチレン}}{CH\equiv CH}\;120\,pm \quad \underset{\text{1,3-}trans\text{-ブタジエン}}{CH_2=CH-CH=CH_2}\;137\,pm\;148\,pm$$

図 1・32 には，種々の直鎖状 π 共役系化合物とそれぞれのエネルギー準位を示した．C=C 結合の数が増え，π 共役系が伸びるにつれ，HOMO のエネルギーは上昇し，LUMO のエネルギーは低下する様子がみられる．直鎖状 π 共役系化合物の紫外可視吸収極大波長は，HOMO と LUMO のエネルギー差と逆比例の関係があり，ポリエンの鎖が長くなると，吸収極大波長は長波長に移動する．たとえば，ブタジエンでは紫外領域の 217 nm であるが，β-カロテンでは可視領域の 455 nm となる．

1・3・3 アリル系

本項ではアリルカチオン，アリルラジカル，アリルアニオンなどに代表される炭素数が奇数の直鎖状 π 共役系を取上げる．図 1・33 のように，炭素数が 3 個の π 分子軌道では，エネルギーが最も低い軌道 ϕ_1 は結合性で，中央での電子密度が大きい．下から 2 番目の軌道 ϕ_2 は，π 共役系の中央の炭素原子が節になっている非結合性軌道であり，原子の状態と比較し安定化も不安定化もない軌道である．

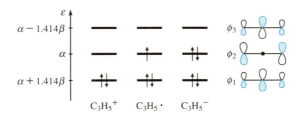

図 1・33　アリル系の π エネルギー準位と π 分子軌道

π 電子数が 3 個のアリルラジカル $C_3H_5\cdot$ では，この ϕ_2 に 1 個の電子が入り，ラジカルとしての反応性を示す．2 個電子が入った ϕ_1 軌道は，エチレンの π 軌道と炭素原子の 2p 軌道の間の π 共役によってエチレンの結合性 π 軌道よりも安定化しており，この安定化を保持するために分子は平面性をもつ．2 個しか π 電子をもたないアリルカチオン $C_3H_5^+$ ではこの π 共役によってエチレンよりも安定化が得られるのに対し，アリルアニオン $C_3H_5^-$ では，その 4 個の π 電子のうち 2 個は炭素原子の 2p 軌道と同じエネルギーの ϕ_2 に入っていて安定化が得られず，不安定な系となっている．

1・3・4 環状 π 共役系化合物

環状 π 共役電子系で，最も典型的な化合物は §1・2・1c でも述べた平面分子ベンゼン C_6H_6 である．特別な安定性をもち，反応性も通常のアルケンとは大きく異なる．たとえば，臭素を作用させた場合，アルケンでは速やかに付加反応が起こるが，ベンゼンは Lewis 酸の存在下でようやく反応し，ベンゼン環を保持した置換体ブロモベンゼンを与える．これ以外にも，紫外吸収スペクトル，磁気異方性なども特徴的である．歴史的には，このようにベンゼンが通常の二重結合の系とは大きく異なる

ことを説明するため，共鳴の考え方が登場した．

一方，8員環類縁体シクロオクタテトラエン C_8H_8 は非平面である．炭素－炭素結合距離が長短の2種(148 pm と 134 pm)あり，二重結合と単結合が区別できる．これを結合交替(bond alternation)という．通常のアルケンのように臭素と速やかに反応するが，反応生成物は種々の付加体の混合物となる．このように環状π共役電子系では，環状構造を構成する炭素原子数によって，それらの性質が大きく異なる．

これらの事実を説明するために，まず平面構造を仮定した n 個の炭素からなる環状π電子共役系を考えよう．単純 Hückel 法により得られるπ分子軌道のエネルギー準位は (19) 式で表される．

$$\varepsilon_k = \alpha + 2\beta \cos \frac{2(k-1)\pi}{n} \quad (k=1,2,3,\cdots,n) \tag{19}$$

各π軌道のエネルギーは，半径 2β の円に内接する正 n 角形を，頂点を下にして描いたとき，縦軸の座標値に対応する．このような円を Frost の円という．$n=3\sim8$ についてエネルギー準位をまとめると，図 1・34 のようになる．

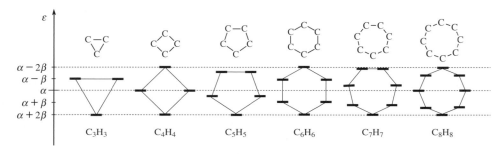

図 1・34　環状π電子系の軌道エネルギー図

ベンゼン($n=6$)の場合のエネルギーは，最も低い軌道エネルギーが $\alpha+2\beta$ であり，次に低い軌道は二重に縮重していて，$\alpha+\beta$ となっている．4番目と5番目の軌道も二重に縮重し，エネルギーは $\alpha-\beta$ であり，最高準位の軌道エネルギーは $\alpha-2\beta$ である．π電子数は6なので下から三つが被占軌道となり，π電子の全エネルギーは (20) 式で表される．

$$E_{tot} = 2\times(\alpha+2\beta)+2\times2\times(\alpha+\beta) = 6\alpha+8\beta \tag{20}$$

図 1・35 に示すように，仮想的に C=C 結合が三つあるとすると，その全エネルギーは $6\times(\alpha+\beta)=6\alpha+6\beta$ となり，直鎖状ポリエンである 1,3,5-ヘキサトリエンの全エネルギーは $6\alpha+7\beta$ となる．ベンゼンの環状6π共役系では，三つの孤立した二重結合はもとより，鎖状の6π共役系と比べても特別な安定化がある．

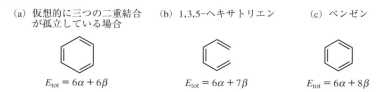

図 1・35　三つの二重結合からなる場合のπ電子のエネルギー比較

このように，環状系となることによる特別な安定性のことを**芳香族性**(aromaticity)とよぶ．ベンゼンだけではなく，π電子数が $4n+2$ ($n=0,1,2,3,\cdots$)，すなわち，2, 6, 10 個の場合にも芳香族性を

示し,特別な安定化がある.

すなわち,芳香族性を示す環状π共役電子系には,炭素数が偶数の場合だけではなく,3員環のシクロプロペニルカチオン $C_3H_3^+$,5員環のシクロペンタジエニルアニオン $C_5H_5^-$ などがある.

一方,π電子数が $4n$ ($n = 1, 2, 3, \cdots$),すなわち,4, 8, 12個の環状系では,π共役による安定化が得られない.たとえば,4員環であるシクロブタジエン C_4H_4 の軌道エネルギー準位をみると,図1・34に示すように2番目と3番目が結合前の炭素の2p軌道のエネルギー α であり,非結合性軌道であることがわかる.シクロブタジエンが正方形であると仮定すると,4個の電子のうち2個は非結合性軌道に入らなければならず,安定化が得られないばかりでなく,縮重した軌道に2個電子を入れるためには,スピンを同じにするという Hund 則により,三重項状態をとる必要がある.実際,シクロブタジエンは非常に不安定な化合物であり,その構造は長方形で結合距離に長短があることがわかっている.シクロオクタテトラエンの場合も同様である.このように環状 $4n\pi$ 電子系は不安定であり,**反芳香族性**(anti-aromaticity)をもつという.環状π電子数が $4n + 2$ 個の場合には芳香族性,$4n$ 個の場合には反芳香族性を示すことを **Hückel 則**(Hückel rule)という.詳しくは2章を参照してほしい.

図1・36に,分子平面の上から見たベンゼンのπ分子軌道を示す.この場合は,最低エネルギーの軌道 ϕ_1 では,すべてのp軌道が同じ大きさで節のない形をもつ.ϕ_2 と ϕ_3 は縮重しており,節面が ϕ_2 では横方向,ϕ_3 では縦方向になっている.また,ϕ_4 と ϕ_5 の軌道も縮重しており,おのおの互いに90°の角をなす二つの節面をもっている.最高エネルギーの軌道 ϕ_6 は,すべてのp軌道係数が同じ大きさであるが,三つの節面をもつ.

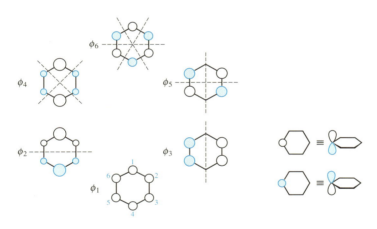

図 1・36 ベンゼンの分子平面の上から見たπ分子軌道の形.分子平面に垂直な節面を破線で示す.

1・4 置換基効果

有機化合物の一部をハロゲン原子や $-OCH_3$,$-NO_2$ などの官能基で置き換えると,分子の電子分布が変化し,物理的性質や反応性にも影響する.本節では,この**置換基効果**(substituent effect)について,誘起効果,共鳴効果,超共役などを分子軌道論的視点から解説する.

1・4・1 誘起効果と双極子モーメント

ある置換基が σ 結合を通じて電子分布を変化させる効果を**誘起効果**(inductive effect),あるいは略して I 効果という.たとえば,C−H 結合では,電気陰性度の影響により H が正電荷を帯びている.

これを $C^{\delta-}-H^{\delta+}$ のように表す．一方，この H を電気陰性度の大きい原子 X で置き換えると，C–X 結合の分極は $C^{\delta+}-X^{\delta-}$ のようになる．これは，この σ 結合に使われる X の軌道エネルギーが C (炭素) のそれに比べて低いため，σ 結合の電子分布が X 側に偏るためである．一方，C–H 結合の H を電気陰性度が小さい置換基 Y にすると，$C^{\delta-}-Y^{\delta+}$ のように分極する．たとえば，C–Li 結合は分極が大きく，かなりイオン性を帯びた C^--Li^+ となる．

この誘起効果は他の σ 結合にも影響するが，効果の程度は置換基から離れると急速に減衰する特徴がある．たとえば，$n\text{-}C_4H_9Cl$ 分子では，塩素原子が直接結合した炭素原子 C1 は正電荷を帯び，その影響で C1–C2 結合も分極する．しかし，C2 における正電荷は C1 に及ぼす効果と比べれば小さく，さらに離れた C3 においてはほとんど影響がない．

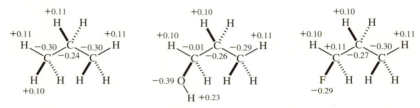

分子全体の電荷分布は，このような置換基効果をすべて考慮することによって決まる．図 1･37 からプロパンのメチル基の炭素は −0.3 程度の負電荷を帯びているのに対し，プロパノールのヒドロキシ基の置換した炭素は電気的にほぼ中性，またフルオロプロパンでは F が置換した炭素は +0.1 とわずかに正電荷を帯びていることがわかる．

図 1･37 C_3H_8 および C_3H_7OH，C_3H_7F の電荷密度．量子化学計算 B3LYP/6-311G(d, p) 法により得られた Mulliken 原子電荷を示した．電荷密度の値は参考値であり，計算方法によって異なることがある．

1･4･2 共鳴効果

上述の誘起効果は σ 電子の偏りに関するものであるが，これに対して置換基が π 電子系に与える影響を**共鳴効果**(resonance effect) あるいは略して R 効果とよぶ．たとえば，エチレンに対して置換基 X が導入されると π 電子の分布はどう変化するか，置換基 X を三つの型に分類してみよう．

π 電子供与型置換基 (D)： −OR, −NR₂, −CH₃ など
π 電子受容型置換基 (A)： −C(=O)R, −C(=O)OR, −CN, −NO₂, −SiR₃, −BR₂ など
π 共役型置換基 (C)：   −CH=CH₂, −C₆H₅ など

π 電子供与型置換基 (D) の代表例はアルコキシ基 −OR やアミノ基 −NR₂，クロロ基 −Cl，メチル基 −CH₃ などである．−OR および −NR₂，−Cl の誘起効果は電子求引的であるが，置換基の非共有電子対が隣接 π 結合に対して電子供与するので，共鳴効果で供与基として作用する．たとえば，エノールエーテルの共鳴構造式は β 炭素上に部分的な負電荷が生じることを示唆する．分子軌道法でみたエチレンの C=C π 軌道とアルコキシ基の非共有電子対との軌道相互作用の結果を，図 1･38 に示す．HOMO も LUMO ももとの π 軌道と比べてエネルギーが上昇していることがわかる．また，HOMO については β 炭素上で軌道係数が大きい．このように D 置換基が導入されると，もとのエチレンに比べて β 炭素の負電荷が増し求電子剤との反応性が高まることが説明できる．

次に π 電子受容型置換基 (A) の代表例はカルボニル基 −C(=O)R，アルコキシカルボニル基

1·4 置換基効果   33

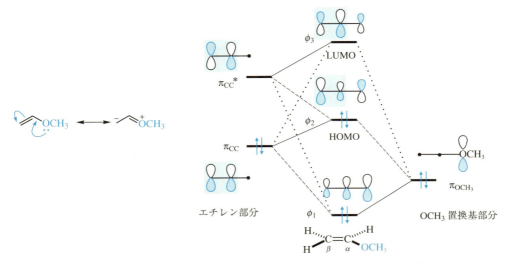

図 1·38　メチルビニルエーテルの共鳴構造式(左)と,エチレン部分のπ軌道と
電子供与基(D=OCH₃)との軌道相互作用により生じるπ分子軌道(右)

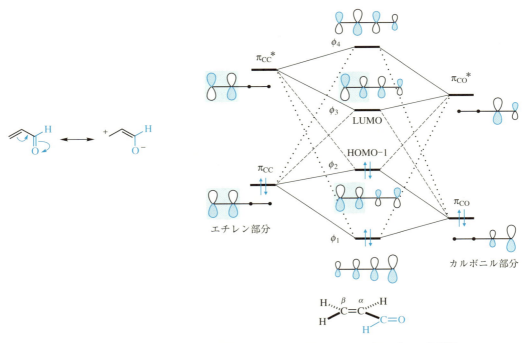

図 1·39　アクロレインの共鳴構造式(左)と,ビニル基部分とカルボニル基のπ軌道間の
相互作用により生じるπ分子軌道(右)

−C(=O)OR,ニトロ基 −NO₂,シアノ基 −CN などである.一例として,ビニル基とカルボニル基が共役した系,アクロレインを取上げる.共鳴構造式からは,β炭素が求電子的であることが示唆される.分子軌道法によりC=Cのπ軌道とカルボニル基との軌道相互作用を考慮したのが,図 1·39 である.ここで,電気陰性度の大きい酸素原子の影響で,C=O 結合のπ軌道エネルギーはC=Cπ軌道のそれよりも低いので,相互作用が起こると,無置換のエチレンと比べてHOMO〔実際にはHOMO(n_o)の一つ下の HOMO-1(図 1·28 参照)〕の上昇よりも LUMO の軌道エネルギーの低下のほ

うが大きくなる．すなわち，LUMO の軌道エネルギーの低下は求核攻撃を受けやすくなる傾向に合致し，その広がりが β 炭素原子上において大きいことは，この位置が求核攻撃の反応点となることと符合する．

最後に共役型置換基(C)の例として，エチレンにビニル基が置換した系すなわち，§1・3・2 で組立てたブタジエン分子を取上げる(図 1・40)．ブタジエンのビニル基はエチレンと同じ二重結合であるため，特に電荷の偏りが生じるわけではないが，π 共役の結果としてエチレンと比べて HOMO のエネルギーが上昇する一方，LUMO のエネルギーは低下する．また，いずれのフロンティア軌道でも末端炭素の軌道係数が大きく，そこで反応性が高くなる傾向が読取れる．

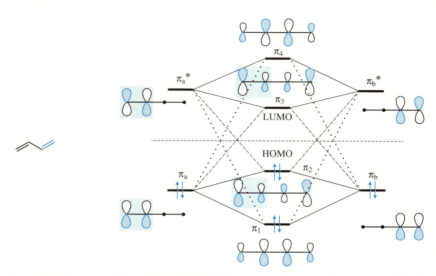

図 1・40　エチレンの構造式とビニル基の軌道相互作用により生じるブタジエンの π 分子軌道

以上をまとめると，置換基 D, A, C いずれの場合も，軌道相互作用によって π 電子系に安定化が起こることは共通している．D の場合にはフロンティア軌道である HOMO のエネルギーが上昇し，A の場合には LUMO のエネルギーが低下し，一般に β 位での反応性が高くなる．

メチル置換基は π 電子供与基(D)としてふるまうが，これは超共役とよばれる効果によるもので，次項で取上げる．

1・4・3　超　共　役

有機化学でメチル基の超共役効果という用語は，カルボカチオンの安定性および内部アルケンの熱

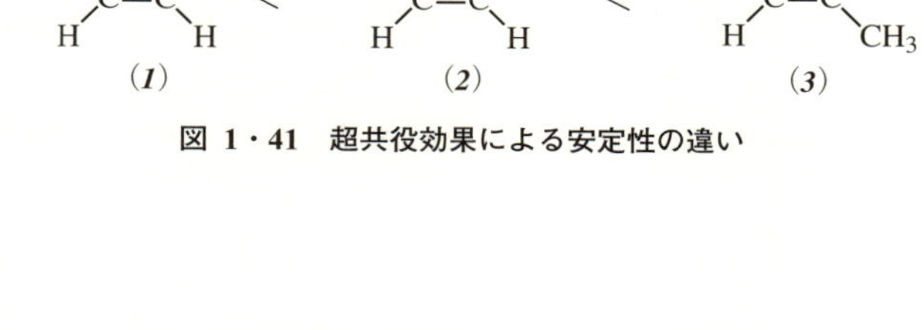

図 1・41　超共役効果による安定性の違い

力学的安定性について説明する際によく用いられる．つまり，図 1・41(a) のようにメチル基の数が多いほどカルボカチオンは安定である．また，(b) の 1-ブテン (**1**) と 2-ブテン (**2**)(シス体)および (**3**)(トランス体)を比べると，水素化熱の測定値などから (**3**) が最安定，ついで (**2**)，(**1**) の順に不安定となることが示される．(**2**) と (**3**) の安定性の違いは立体障害によるとして，それらに比べて (**1**) が不利なのはなぜだろうか．これらの二つの事実について超共役効果をもとに考えてみよう．

まず，メチル基によるカルボカチオンの安定化について，有機電子論では次図のように，メチル基の C–H 結合からカルボカチオンへの電子の流れが共鳴安定化をもたらすと説明する．見かけ上，結合を失った共鳴構造式が含まれるので無結合共鳴 (no-bond resonance) とよばれることもある．また，通常の π 共役と違い，共役に関与するのが σ 結合であるという意味で，σ-π 共役あるいは**超共役** (hyperconjugation) とよばれている．

このことを原子価結合法や分子軌道法では次のように考える．まず，原子価結合法では，メチル基が sp³ 混成の炭素原子を中心として 3 本の C–H σ 軌道からなっていると考える．そして，図 1・42 (**A1**)〜(**A3**) のように，3 本の C–H σ 軌道が，カルボカチオンである隣の炭素原子の空 p 軌道と相互作用することによって，エネルギー的安定化が起こると考える．この場合，最も安定化に寄与する相互作用は軌道間の重なりが大きい (**A1**) となる．これは局在化した C–H 結合を用いたモデルであり，上述の有機電子論と近い解釈である．

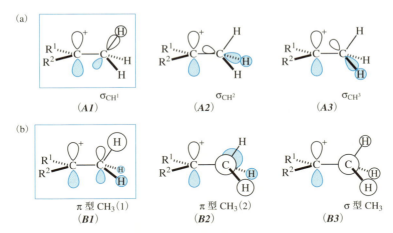

図 1・42　メチル基の超共役効果のモデル．(a) 原子価結合法による，
(b) 分子軌道法による．

一方，分子軌道法によるモデルでは，メチル基の部分が図 1・42 (**B1**)〜(**B3**) に示すような三つの軌道で表され，それらがカルボカチオンの空 p 軌道と相互作用すると考える．メチル基部分の分子軌道は，全対称な σ 型軌道 (**B3**)，および二つの面に関して反対称な縮重した π 型軌道 (**B1**) および (**B2**) からなっており，(**B2**) および (**B3**) は対称性からカルボカチオンの空 p 軌道と相互作用せず，安定化には寄与しない．カルボカチオンの空 p 軌道と相互作用するのは (**B1**) のみであり，これがエネルギー的な安定化をもたらすというのが，分子軌道法による超共役の説明である．

原子価結合法でも分子軌道法でも，メチル基部分の結合性軌道とカルボカチオンの空 p 軌道との

相互作用によって安定化が起こるという考え方は同じである．

カルボカチオンを安定化する隣接置換基はメチル基だけではない．たとえば，アルコキシ基はさらに大きな安定化をもたらし，S_N1反応（§6・1参照）を大きく加速する．これは，図1・43の比較から明らかになる．すなわち，(a)のメチル基の場合，その軌道エネルギーがかなり低く，炭素の空のp軌道準位とは大きなエネルギー差がある．一方，酸素の非共有電子対のエネルギー準位は高いため，炭素の空のp軌道の準位とのエネルギー差は小さい．先に軌道混合則で学んだように，エネルギー差の小さな軌道どうしの相互作用から大きな安定化がもたらされるという原則（原則3）から，(b)のアルコキシ基のほうが，(a)のメチル基に比べてエネルギーの大きな安定化が起こるのである．

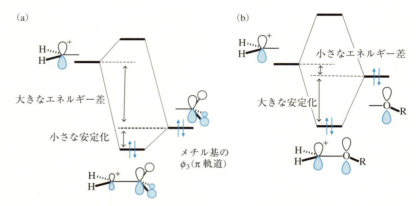

図1・43　軌道相互作用によるカルボカチオンの安定化．(a) メチル基，(b) アルコキシ基．

これら以外にカルボカチオンを安定化する置換基効果の例として，図1・44(a)のようにケイ素のβ効果とよばれる，隣接C-Si結合による超共役効果もある（§8・3・2）．また，このような軌道相互作用の考え方は，カチオン安定化に限らず，より一般的に分子の特別な安定化の起源や有機反応の経路などを議論するうえで重要である．たとえば，図1・44(b)に示すカルボアニオンから隣接置換基の反結合性軌道（σ_{CX}^*）への電子供与，また，図1・44(c)に示すS_N2反応における求核剤の非共有電子対からクロロアルカンの反結合性軌道への電子供与などである．

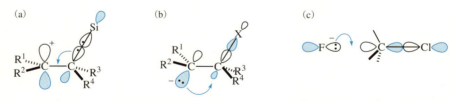

図1・44　(a) ケイ素のβ効果，(b) σ_{CX}^*への電子供与，(c) σ_{CCl}^*への電子供与

これらを基に図1・41(b)の内部アルケンの安定性を考えよう．まず，有機電子論では図1・45のような共鳴構造式を書き，C-H結合からの電子の流込みが共役安定化に寄与すると説明される．

図1・45　有機電子論による超共役の共鳴構造式

分子軌道法ではどう理解するだろうか．図 1・46 にプロペン C_3H_6 を例として C=C π 軌道 (π_{CC}, π_{CC}^*) とメチル基の分子軌道 π_{CH_3} [図 1・42 (**B1**)] との軌道相互作用を考えた分子軌道の形を示す．メチル基の結合性軌道 π_{CH_3} はエネルギー的に低い位置にあるので，ϕ_1 軌道の主成分となる．C=C 結合の π 結合性軌道 π_{CC} は π_{CH_3} と相互作用して不安定化し，HOMO である ϕ_2 の主成分となる．このとき，メチル基の軌道 π_{CH_3} に対して，π_{CC} は逆位相 (反結合性) であるが，π_{CC}^* は同位相 (結合性) で混合するため，ϕ_2 軌道の C=C 部分は α 炭素上の軌道係数よりも β 炭素上の軌道係数のほうが大きくなる．このようにメチル基部分から C=C 部分への電荷のやりとりはないが，C=C 部分における π 軌道係数の大きさが変化し，HOMO である ϕ_2 では α 位の軌道係数が減少し，β 位の軌道係数が増加する．したがって，メチル基は C=C π 軌道を分極させているとみることができる．

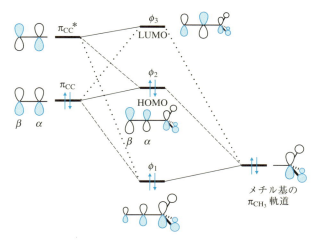

図 1・46 C=C 結合の π 軌道とメチル基の分子軌道との相互作用

1・5 分子内相互作用と分子間相互作用

1・5・1 分子内相互作用：スルースペース・スルーボンド相互作用

分子中の二つの部位が結合を介して離れている場合，各部位の相互作用は**スルースペース** (through-space) 相互作用 (直接の軌道相互作用) と**スルーボンド** (through-bond) 相互作用 (結合を介した軌道相互作用) に分けて考えることができる．前者は二つの部位の軌道間の直接の重なりに由来し，後者は二つの部位の間にある軌道 (結合性でも反結合性でもよい) を介した相互作用である．以下に，二つの例を示す．

ジアザビシクロ[2.2.2]オクタン (DABCO) の特性 キヌクリジンと比べて DABCO には次のような特性が知られている．1) キヌクリジンより Lewis 塩基性が強い．2) 光電子スペクトルによると，キヌクリジンの窒素原子の非共有電子対である n 軌道のエネルギーは $-8.02\,\text{eV}$ であるのに対し，DABCO では，二つの n 軌道エネルギーは -7.52，$-9.65\,\text{eV}$ と大きく異なっている．3) 架橋 C–C 結合がキヌクリジンより長い．これらの理由は図 1・47 のようにスルースペースとスルーボンド相互作用で説明される．図 1・47 の軌道相互作用図の左側に示すように，二つの窒素原子間の距離が大きい (300 pm) ため，直接的スルースペース相互作用は弱く，二つの n 軌道エネルギー準位 n^+ と n^- の分裂は小さい．しかし，図 1・47 の軌道相互作用図の右側に示す架橋 C1–C2 結合の結合性 σ (S) 軌道と反結合性 σ* (A) 軌道が両窒素原子上の n^1, n^2 軌道と平行に存在することによって，これら

の間で軌道間の相互作用が生じ，系全体が安定化する．これがスルーボンド相互作用である．軌道の対称性に注目すると，安定な C–C σ(S) は n⁺(S) と，不安定な C–C σ*(A) は n⁻(A) と相互作用する．こうして n⁺ や n⁻ の軌道準位が変化し，HOMO のエネルギー準位が上がるとともに，その下の準位との差が大きくなる．これにより，DABCO の高い塩基性と二つの窒素の n 軌道のエネルギーに大きな差が生じることが理解できる．さらに σ*(A) の混合で反結合性が増すため，C–C の結合距離が増すことになる．

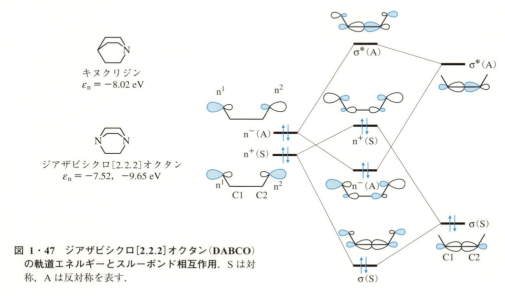

図 1・47　ジアザビシクロ[2.2.2]オクタン(DABCO)の軌道エネルギーとスルーボンド相互作用．S は対称，A は反対称を表す．

1,4-シクロヘキサジエン系　ここでは，ビシクロ[n.2.2]ジエン化合物の π 軌道エネルギーをスルースペース，スルーボンド相互作用で考察する．

図 1・48(a)に，各二重結合部位に局在した π_1 軌道と π_2 軌道の線形結合で表される二つの π 軌道 $(\pi_1+\pi_2)$ と $(\pi_1-\pi_2)$ を示す．これらの軌道エネルギーを，π_1 と π_2 の間の重なりによる軌道相互作用，すなわち，スルースペース相互作用だけを考慮して考えてみよう．二面角 θ は橋頭位炭素間のメチレン鎖の長さによって変わる．θ が大きくなると π_1 と π_2 の間の距離は長くなるので，重なり積分は小さくなり，π_1 と π_2 の軌道相互作用は小さくなる．したがって，θ が大きくなるにつれて，図 1・48(b)の上のように軌道エネルギー差が単調に減少していくはずである．しかし，この予想とは異なり，さまざまな θ をもつ化合物の光電子スペクトルから，二面角 θ と $(\pi_1+\pi_2)$ と $(\pi_1-\pi_2)$ の軌道エネルギー準位には(b)の下のような関係のあることが示された．θ が増え距離が長くなると，二つの軌道エネルギー準位は交差し，$(\pi_1+\pi_2)$ のほうが不安定になっている．図 1・48(c)に示したように，エネルギー準位の低い架橋 σ 軌道とのスルーボンド軌道相互作用によって，$(\pi_1+\pi_2)$ を主成分とする軌道は不安定化する．$(\pi_1-\pi_2)$ のほうは重なりがないので影響を受けない．θ が増えるにつれて，σ 軌道と $(\pi_1+\pi_2)$ の間の重なりが大きく，軌道相互作用は強くなり，その結果，$(\pi_1+\pi_2)$ を主成分とする軌道のほうが，$(\pi_1-\pi_2)$ よりも不安定化したと考えることができる．図 1・48(b)の下の図にはメチレン鎖の長さと角度 θ の値も示す．

1・5・2　分子間相互作用

分子と分子との間の相互作用を解析すると，分子間錯体の生成過程や化学反応の進行を支配する因子を明らかにすることができる．

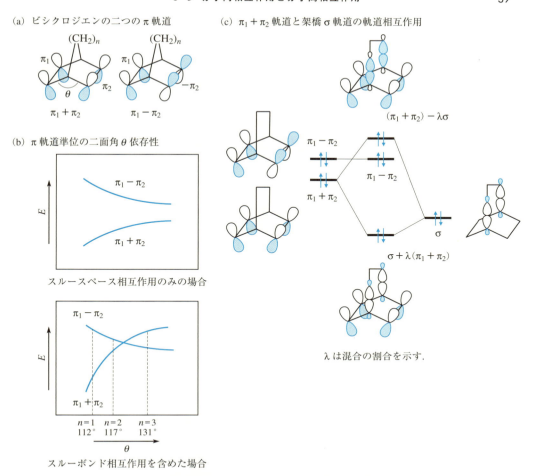

図 1・48 ビシクロジエンのスルーボンド相互作用による π 軌道準位の変化

図 1・49 は，分子 A と B とが接近したときの軌道相互作用の模式図である．北浦-諸熊によるエネルギー分割法(energy decomposition analysis: EDA)では，相互作用エネルギー E_{int} を (21) 式で表した[1]．さらに，分散相互作用(DISP)をつけ加える場合もある[2]．なお，最初の三つの項で表したものは Salem-Klopman 式とよばれる[3]．

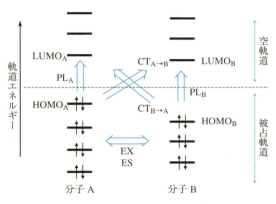

図 1・49 分子間にはたらくおもな軌道相互作用

$$E_{\text{int}} = \text{静電相互作用(ES)} + \text{交換相互作用(EX)} + \text{電荷移動相互作用(CT)} \\ + \text{分極相互作用(PL)} + \text{その他(MIX)} \tag{21}$$

ここでは，分子間の相互作用として，A 分子と B 分子の電荷分布の偏りに由来する静電(electrostatic: ES)相互作用，A 分子と B 分子の被占軌道どうしの反発的交換(exchange repulsion: EX)相互作用，A 分子の被占軌道から B 分子の空軌道へと B 分子の被占軌道から A 分子の空軌道への電荷移動(charge transfer: CT)相互作用，各分子内での電子移動による分極(polarization: PL)相互作用と，複数の成分が関係するために一つの相互作用には分けられない成分(MIX)，および分散(dispersion: Disp)相互作用としている．

有機化学で重要なのは最初の四つの項であり，それらの概念図を 1・50 に示す．

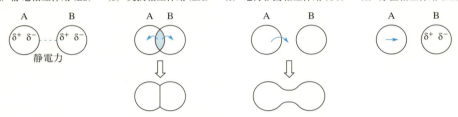

図 1・50　分子 A と B の間の相互作用のおもな成分．青矢印は電子の流れを表す．

第一項である静電相互作用(ES)は，分子間の電荷による静電相互作用項であり，分子間の配向性を決めたり，イオン的な反応において重要となる．第二項は被占軌道間の反発相互作用なので，不安定化につながる．すなわち，分子間の立体反発(steric repulsion)の起源であり，反応においては立体障害として阻害要素となる．第三項は，一方の分子の被占軌道と他方の分子の空軌道との相互作用である．分子間の分子軌道どうしのエネルギー準位差が小さい分子間では，この項が重要となる．なかでもエネルギー差が最も小さい HOMO と LUMO のフロンティア軌道間の相互作用が電子の授受に寄与し，結合の生成と開裂をひき起こす反応の推進力となる．化学反応では，これらの静電相互作用および軌道相互作用が反応性を支配していると考えてよい．以下に (21) 式の各項について相互作用の例をあげて説明する．

a. 静電相互作用(ES)

イオン間では強い Coulomb 力がはたらき，静電相互作用が主になる．分子が中性であっても，分子内に電荷分布の偏りがあり極性をもつ分子間では静電相互作用がはたらく．分子内の極性は分子間の配向を決めたり，化学反応における部分電荷の効果などに寄与する．極性分子間では溶解度が大きいのも静電相互作用によるものである．極性分子の代表である H_2O が分子量が小さいにもかかわらず常温常圧で液体であるのも，この相互作用によって水素結合が形成されているからである．

水素結合(hydrogen bond)は，水やアルコールなどプロトン性溶媒中の化学において，また，核酸の塩基対の形成などにおいて重要である．一般に，電気陰性度の大きい原子に結合して正電荷を帯びた水素(O–H, N–H, F–H など)と，その近傍にある電気陰性度の大きい原子(O, N, F)との間に生じる結合様式であり，水素原子をはさんで三つの原子が一直線状に並ぶ傾向がある．この結合には静電相互作用が最も重要なはたらきをしている(表 1・3)．水素結合のエネルギーは通常の化学結合に比べて 1 桁以上小さく，おおむね 20 kJ mol^{-1} 程度であるが，通常の van der Waals 結合のような分子

表 1・3 水素結合系の相互作用エネルギー E_{int} とその成分[†1,2]

相互作用系	E_{int}	ES	EX	CT	PL	MIX
水素結合						
H₂O–HOH	−32.6	−43.9	25.9	−10.0	−2.5	−2.1
H₂O–HF	−56.1	−79.1	43.9	−13.0	−6.7	−1.7

[†1] 単位はkJ mol⁻¹. 原論文[†2]の値 (単位: kcal mol⁻¹) を変換した値で示した.
[†2] K. Morokuma, *Acc. Chem. Res.*, **10**, 294 (1977) による.

間力よりは大きい.

b. 交換相互作用 (EX)

分子に電子が存在している限り, 分子どうしが接近すると反発が起こる. 分子Aの被占軌道と分子Bの被占軌道が重なり, 同じスピンをもつ電子が接近するとPauliの排他原理をみたさなくなるので, それを避けるために電子分布の変化が起こる (図1・50b). これによって電子エネルギーは不安定化するので, 被占軌道どうしの相互作用では反発力が生じる. これを交換反発 (exchange repulsion) とよび, 近距離間で重要になる. 分子どうしでは, この反発ができるだけ小さくなるような配向をとろうとする. 化学反応が起こるときにも, 反発が大きいところでは起こりにくい. アルキル基間の立体反発は, この交換相互作用によるものである.

c. 電荷移動相互作用 (CT)

電子供与体D (donor) の被占軌道と電子受容体A (acceptor) の空軌道との相互作用を電荷移動相互作用とよび, 電子の非局在化機構として重要である. D分子とA分子との相互作用であるので, ドナー・アクセプター相互作用ともよばれる. この相互作用は配位結合, π錯体, さらに化学反応の初期過程など, 分子間の相互作用において非常に重要であるだけでなく, 分子内における電子の移動 (分子内CT) を考えるうえでも必要とされる.

電荷移動錯体 〔charge transfer (CT) complex〕は, 一方の分子から他方の分子へ部分的な電子移動が起こって安定化するもので, 図1・51に示すような弱い相互作用により生成する分子間化合物が多数知られている. π電子系がかかわることが多く, 呈色がみられることも多い. たとえばベンゼンに少量のヨウ素を添加した際にみられる青色は, ベンゼン (π供与体) とヨウ素 (π受容体) との電荷移動錯体の長波長吸収によるものである. また, ベンゾキノン (淡黄色) とヒドロキノン (無色) とから生成するキンヒドロン (黒緑色〜紫色) もこの例である. テトラチアフルバレン (tetrathiafulvalene: TTF) とテトラシアノキノジメタン (TCNQ) との錯体は, ほぼ電子が1個移動したラジカルカチオンとラジカルアニオンとの錯体になっており, 金属のような電気伝導性を示す (44ページコラム参照).

ベンゼン-ヨウ素錯体

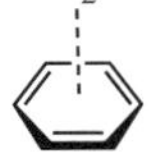

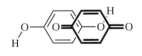
ヒドロキノン-ベンゾキノン錯体

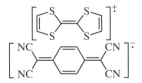
TTF-TCNQ 錯体

図 1・51 電荷移動錯体の例

d. 分極相互作用 (PL)

ある原子や分子が電荷の偏りをもたない場合でも, 近傍に極性をもつ分子が存在することによっ

て，その原子や分子の電荷分布が影響を受ける．これは電荷移動が起こらないような比較的遠距離でも起こる相互作用の一つで，誘起相互作用ともよばれる．極性分子の永久双極子（permanent dipole，17ページに示した双極子モーメントをもつもの）は，近傍にある分子の電子分布を変化させ，誘起双極子（induced dipole）を生じさせる．この誘起双極子と永久双極子との相互作用は，永久双極子どうしの相互作用よりずっと弱いものであるが，イオン電荷あるいは分子の双極子（および誘起双極子）との間にはたらく相互作用であり，直接的な相互作用とは区別される．永久双極子をもつ分子間の水素結合系の結果（表1・3）においても，直接的な静電相互作用に加えて分極相互作用もわずかではあるが安定化に寄与している．相手分子の双極子によって分極がさらに大きくなったためである．相手の影響を受けることによって，本来の電荷分布が変形を受けるのは，分子内での局所的な励起電子配置を生じさせるためで，(21)式の第四項にあたる分極相互作用によるものである．

e. 分散相互作用（DISP）

遠距離での分子間相互作用では，van der Waals力などの弱い力が重要になる．分散相互作用は，分子内での電子の相対運動によって生じる量子力学的な相互作用である．無極性な分子も瞬間的に偏った電荷分布（瞬間双極子）を生じ，これもまた近傍に影響を及ぼして極性を生じ，無極性な分子間でも引力が生じる．これをLondonの分散力ともよび，van der Waals結合のおもな要因になっている．これは両方の分子の励起電子配置が寄与するもので，エネルギー的にはきわめて小さいが，遠距離で無極性分子間にはたらくおもな引力項である．また分子が大きくなるほど電子分布の偏りの確率が高くなるので，分散力は強くなり，分子間距離は小さくなる．

π–π相互作用や**CH–π相互作用**は，分子認識，自己組織化，タンパク質の立体構造などで重要なはたらきをする．これらの相互作用の方向性は静電相互作用や電荷移動相互作用が関与して決まるが，結合力の大部分は分散相互作用に起因している．π電子をもつ平面分子が層状に重なり合う配置をπスタッキングとよび，π–π相互作用とよばれる分散力が安定化に寄与している．

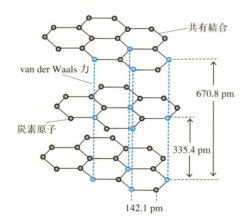

グラファイトでは，sp^2炭素が無限につながったグラフェンが層状構造をとっている．グラファイトの層と層の間の距離は335 pmと長く，相互作用は小さいが，導電性や軟らかい材質を生み出す要因となっている（§2・2・10参照）．

図1・52に示すように，ベンゼンのような不飽和炭化水素では，π電子が層状に相互作用するよりも，わずかに分極したC–H結合がπ電子にT字形に配向するほうが安定である．このようなC–H結合とπ電子との間の引力的な相互作用をCH–π相互作用とよぶ[4]．図1・52の右に示すCH–π距離（d）はCH酸性度（§5・2・2）に従って，$C_{sp^3}-H \approx C_{sp^2}-H > C_{sp}-H \approx (Cl_2H)C-H > Cl_3C-H$の順

に，275±10 pm から 253±17 pm へと短くなり，それと同時に相互作用角 (α) は約 140°から 180°へと大きくなる傾向がある．

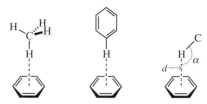

図 1・52　CH-π 相互作用の例

参 考 書

- R. McWeeny, "Coulson's Valence", 3rd Ed., Oxford (1979). ["クールソン 化学結合論", 関 集三, 千原秀昭, 鈴木啓介訳, 岩波書店 (1983).]
- 福井謙一, "化学反応と電子の軌道", 丸善 (1976).
- 川村 尚, 藤本 博, "量子有機化学 (有機化学講座 9)", 丸善 (1983).
- 米澤貞次郎, 永田親義, 加藤博史, 今村 詮, 諸熊奎治, "三訂 量子化学入門 (上・下)", 化学同人 (1983).
- I. Fleming, "Frontier Orbitals and Organic Chemical Reactions", John Wiley & Sons, London (1976). ["フロンティア軌道法入門 (KS 化学専門書)", 福井謙一監修, 竹内敬人, 友田修司訳, 講談社サイエンティフィク (1978).]
- I. Fleming, "Molecular Orbitals and Organic Chemical Reactions Reference Edition", John Wiley & Sons, Chichester (2010).
- 藤本 博, 山辺信一, 稲垣都士, "有機反応と軌道概念", 化学同人 (1986).
- 永瀬 茂, 平尾公彦, "分子理論の展開 (岩波講座 現代化学への入門 17)", 岩波書店 (2002).
- E. V. Anslyn, D. A. Dougherty, "Modern Physical Organic Chemistry", University Science Books, California (2006).
- F. A. Cotton, "Chemical Application of Group Theory", 2nd Ed., John Wiley & Sons, New York (1971). ["コットン 群論の化学への応用", 中原勝儼訳, 丸善 (1980).]
- S. S. Shaik, P. C. Hiberby, "A Chemist's Guide to Valence Bond Theory", John Wiley & Sons, Hoboken (2008).

文　献

(§1・2)
1) I. Fleming, "Molecular Orbitals and Organic Chemical Reactions Reference Edition", p.49, John Wiley & Sons, Chichester (2010).
2) K. Kimura, S. Katsumata, Y. Achiba, T. Yamazaki, S. Iwata, "Handbook of HeI Photoelectron Spectra of Fundamental Organic Molecules", Japan Scientific Societies Press, Tokyo (1981).
3) C. R. Brundle, M. B. Robin, N. A. Kuebler, H. Basch, *J. Am. Chem. Soc.*, **94**, 1451 (1972).

(§1・5)
1) K. Kitaura, K. Morokuma, *Int. J. Quantum Chem.*, **10**, 325 (1976).
2) K. Morokuma, K. Kitaura, "Chemical Applications of Atomic and Molecular Electrostatic Potentials", ed. by P. Politzer, D. G. Truhlar, Springer, Boston (1981).
3) G. Klopman, *J. Am. Chem. Soc.*, **90**, 223 (1968); L. Salem, *J. Am. Chem. Soc.*, **90**, 543 (1968); *ibid.*, **90**, 553 (1968).
4) O. Takahashi, Y. Kohno, S. Iwasaki, K. Saito, M. Iwaoka, S. Tomoda, Y. Umezawa, S. Tsuboyama, M. Nishio, *Bull. Chem. Soc. Jpn.*, **74**, 2421 (2001).

分子性金属

　一般に，有機物質は絶縁体であり電気を流さない．この常識を覆す研究がわが国で1950年代に始まり，電子供与体のペリレン(図1)と臭素の**電荷移動錯体**(charge transfer complex)が初めて有機半導体としての性質を示した．1970年代になって，TTFとTCNQの電荷移動錯体(§1・5・2参照)が，温度を下げると電気伝導度が増大する金属的な性質を示すことが見いだされた．このような有機物質を**分子性金属**(molecular metal)という．1980年にTMTSFの電荷移動塩(TMTSF)$_2$ClO$_4$が有機超伝導体としての性質を示し，その後，BEDT-TTFの電荷移動塩から多くの有機超伝導体が合成された．

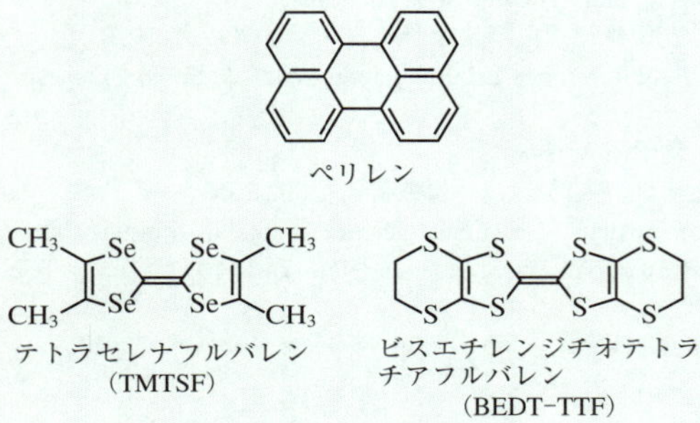

図1　分子性金属の代表的な構成分子

　有機物質における電導現象は，TTF-TCNQをはじめとするさまざまな電荷移動錯体の物性研究から分子レベルで理解できるようになった．通常の有機分子は閉殻構造をもち，電子が分子間で移動するには大きなエネルギー障壁が存在するので，有機物質は絶縁体である．円滑な電子移動には，開殻構造をもつ分子が必要である．このため，中性の電子供与体(D)と電子受容体(A)から得られる電荷移動錯体が研究対象となった．一般に，電荷移動錯体は図2(a)に示したように，DとAが交互に積層した(alternated stack)構造をもつ．このような錯体中では

電子移動に大きな障壁が存在するので絶縁体である．分子性金属は，DとAが分離して積層した(seggregated stack)構造をもつ電荷移動錯体から見いだされた(図2b)．以下，DのHOMOに着目して伝導現象を分子レベルで説明するが，原理的にはAのLUMOで考えても同様の説明ができる．

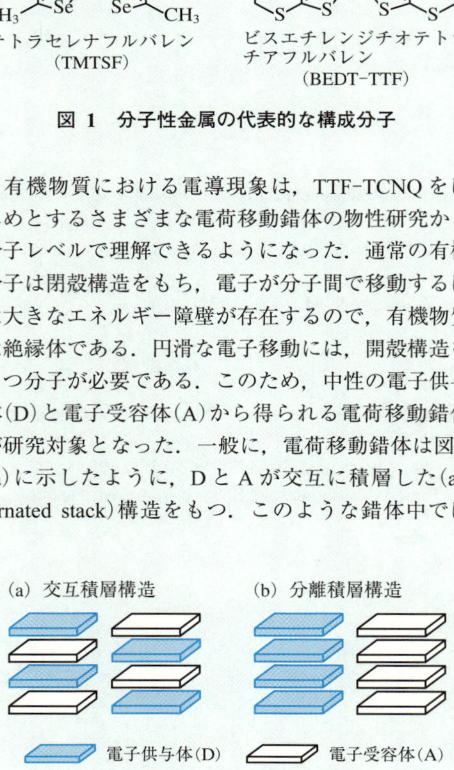

　まず，図3(a)に示したように，DからAへ1電子移動したイオン性錯体，すなわち，1個の電子がDのHOMOに残ったラジカルカチオンD$^+$の分離積層カラムを考える．電子はこのカラム内を分子間で円滑に移動できそうであるが，電子移動後にはHOMOに2電子が存在する中性のDと電子が存在しないジカチオンD^{2+}が出現する．このD^{2+}の状態は正電荷間のCoulomb反発のためエネルギーの高い構造となる．したがって，電子移動に障壁が生じ，絶縁体または半導体となる．

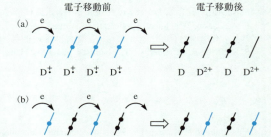

図3　伝導機構の分子モデル

　次にDからAへの電荷移動が0.5の錯体を考える(図3b)．これは**部分イオン性錯体**(partial ionic complex)といわれ，Dのイオン化度は0.5であり部分酸化状態となっている．分子モデルでは平均2個のDから1個の電子が移動し，分離積層カラムはDとD$^+$が交互に配列した構造となる．この理想的なモデルでは電子移動の前後で電子構造は変化しておらず，エネルギー差は生じないので電子は円滑に移動できると期待される．最後に，カラム構造の均一性も円滑な電子移動に重要である．一般に，分子性金属は低温においてカラム構造の均一性が崩れ，熱力学的により安定な二量体あるいは多量体のカラム構造に転移する．これをPeierls転移という．二量体間の電子移動に障壁が生じるため，この転移により分子性金属は絶縁体となる．

図2　代表的な積層構造の模式図

2

共 役 電 子 系

　ベンゼンの発見(M. Faraday，1825 年)以来，A. Kekulé による芳香族性に関する提案は L. Pauling による共鳴理論，Hückel 法をはじめとする分子軌道法の発展などの原動力となった．また，天然物ヒノキチオールの発見に端を発する非ベンゼノイドの化学は，アズレンや多環芳香族化合物を含め，多様な π 共役系化合物の研究展開へとつながった．さらに近年では C_{60}，ナノチューブやグラフェンの発見を機に，π 共役系ナノ炭素物質研究は，有機エレクトロニクス方面へ急速な広がりをみせている．このように π 共役系化合物は，有機化学の中心的な研究対象の一つとしてのみならず，さまざまな分野でその重要性を増している．本章では，芳香族化合物を含めた π 共役系化合物の化学の基礎を学ぶ．

2・1　共役電子系化合物

　§1・3・4 で述べたように芳香族性は，環の員数によるのではなく，π 電子数によって発現することが明確になり，Hückel の $(4n+2)\pi$ 電子則として大きく発展してきた．さまざまな分子が設計・合成され，多くの知見が集積されてきたが，複雑な分子になると芳香族性をどのような尺度でどのように評価するかという点が問題となってきており，現在においてもさまざまな研究が行われている．

2・1・1　芳香族性の定量的評価

a．Hückel 則

　1 章で述べたように，平面または平面に近い単環性共役電子系(monocyclic conjugated electronic system)が $(4n+2)$ 個の π 電子をもつとき，結合性軌道がすべて電子でみたされた安定な閉殻構造となり，芳香族性を示す．これを Hückel 則という．

　しかし，この法則には芳香族性の定量化ができないという大きな欠点があった．そこで定量化を目的として実際の分子と参照とする仮想的な局在構造(localized structure)との π 電子エネルギーの差を**共鳴エネルギー**(resonance energy)と定義し，それを評価する研究が行われてきた．これは π 電子が分子全体に非局在化することによる安定化なので，**非局在化エネルギー**(delocalization energy)ともよぶ．ここで，参照局在構造の選択が常に問題となるが，たとえばベンゼンの共鳴エネルギーは 3 個のエチレンを参照にして求めることができる．こうして Hückel 法(HMO)で求めた共鳴エネルギーの 1 電子当たりの値(resonance energy per electron: REPE)を π 電子の数 n に対してプロットすると図 2・1 (a) のようになる．プロットはジグザグ状となっており，$(4n+2)\pi$ 電子系が $4n\pi$ 電子系よりも相対的に大きな共鳴エネルギーをもつことは示せたものの，シクロブタジエンを除きいずれの電子系も大きな熱力学的安定化の共鳴エネルギーをもつことになって，後述の実験事実とは明らかに合致

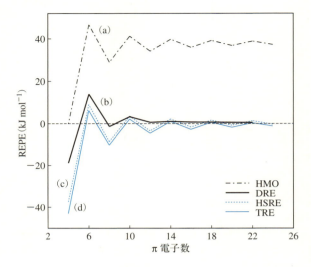

図 2・1 単環性共役電子系の 1 電子当たりの共鳴エネルギー*（REPE ただし，$\beta = 140 \text{ kJ mol}^{-1}$ とする）．HMO は Hückel の共鳴エネルギー(a)，DRE は Dewar の共鳴エネルギー(b)，HSRE は Hess-Schaad の共鳴エネルギー(c)，TRE はトポロジー的共鳴エネルギー(d)を表す．

しなかった．

b. Dewar の共鳴エネルギー

Dewar の共鳴エネルギー (DRE) は，上述の Hückel 則の欠点を補うため，二つの改良を加えたものである．まず，分子軌道計算に関し半経験的な方法である Pariser-Parr-Pople 近似による分子軌道法 (PPP 分子軌道法) を用い，任意の分子のエネルギー E_1 を原子化熱として計算する．次にエチレンのエネルギーを単純に参照構造のエネルギーとして用いるのではなく，C=C，C-C，および C-H 結合の 3 種類の結合にそれぞれ固有の基準結合エネルギーを割当て，それらの総和として E_2 を求める．こうして求まる E_1 と E_2 の差 (E_1-E_2) を Dewar の共鳴エネルギーとよび[1]，この DRE 値が正となる分子を芳香族系，負となる分子を反芳香族系，0 に近い分子を非芳香族系と帰属する．図 2・1(b) に，単環性共役電子系の 1 電子当たりの DRE 値を示したが，$(4n+2)\pi$ 電子系では正，$4n\pi$ 電子系では 0 に近い値である．さらに，π 電子の数が大きくなるほど正または負の共鳴エネルギーは 0 に近づいている．

c. Hess-Schaad の共鳴エネルギー

Hückel 法を用いつつ，Dewar の共鳴エネルギーとほぼ同じ内容の共鳴エネルギーを求める工夫もある[2]．すなわち，参照構造のエネルギー E_3 を表 2・1 に示す基準結合のエネルギーの総和として求め，HMO 法で求めた π 電子エネルギー E_4 との差を共鳴エネルギーと定義する．これを Hess-Schaad

表 2・1 Hess-Schaad の基準結合エネルギー

結合の型	結合エネルギー	結合の型	結合エネルギー
CH$_2$=CH	2.0000β	C=C	2.1716β
CH=CH	2.0699β	CH-CH	0.4660β
CH$_2$=C	2.0000β	CH-C	0.4362β
CH=C	2.1083β	C-C	0.4358β

---

* これ以降の説明において，参照局在構造に比べて安定となる場合に共鳴エネルギーが正となるようにしている．すなわち，β はその絶対値をとって正の値としている．

の共鳴エネルギー(HSRE)とよぶ. たとえば, ヘキサトリエンでは $E_3 = 2E_{CH_2=CH} + E_{CH=CH} + 2E_{CH-CH} = 7.0019\beta$ であり, $E_4 = 6.9878\beta$ とほぼ等しい. それに対しベンゼンでは $E_3 = 3E_{CH=CH} + 3E_{CH-CH} = 7.6077\beta$ であり, $E_4 = 8.0000\beta$ との差は 0.3923β である. このようにして求めた共鳴エネルギーを β を正の値として図 2・1(c) にプロットした. Dewar の共鳴エネルギーとの対応はきわめてよい. ただし, Dewar の方法にしても Hess-Schaad の方法にしても, 大きなひずみをもつ化合物のひずみエネルギーやイオン種に関しては電荷の影響が考慮されておらず, 共鳴エネルギーを正確に求めることはできない.

d. トポロジー的共鳴エネルギーなど

それに対し, トポロジー的共鳴エネルギー(topological resonance energy: TRE)は, 非平面分子やイオン種に対しても計算可能な共鳴エネルギーである. 炭素原子のつながり方(トポロジー)から, Hückel 法の特性多項式の係数を求めるものであり, DRE や HSRE のように経験的パラメーターである結合エネルギーなどの値を用いない点に特徴がある(Hückel 法の詳細については成書にゆずる). 注目している環状共役化合物に対して特性多項式を組立てて求めた π 電子の軌道エネルギーと, 鎖状ポリエンとして特性多項式を組立てて求めたものの比較により, TRE を求める. HSRE との相関はきわめて高く, DRE や HSRE と同様に TRE が正となる分子が芳香族系, 負となる分子が反芳香族系である. DRE や HSRE を求めることができないシクロペンタジエニルアニオンなどのイオン種や C_{60} などの非平面分子の TRE も求められている[3]. ほかにサーキット共鳴エネルギー(CRE)や磁気的共鳴エネルギー(MRE)などの提案もあるが, 詳細は成書にゆずる[4].

2・1・2 芳香族性の実験的および理論的指標

ベンゼンに代表される芳香族化合物の代表的な化学的性質としては, その不飽和結合において付加反応でなく置換反応を起こすことがあげられる. しかし, このような反応性は興味深いものの, 生成物の安定性だけでなく遷移状態の性質が重要な要因となっているので, 芳香族性の指標にすることはできない. 基底状態における安定性や物理的性質と密接に関連する物理量を用いる必要がある. 以下, これまで用いられてきた芳香族性にかかわる物理量を示す.

a. 水 素 化 熱

ベンゼンの共鳴エネルギーの実験値としては, ベンゼンの水素化熱の実測値($208 \, kJ \, mol^{-1}$)と参照構造として 3 分子のシクロヘキセンの水素化熱($360 \, kJ \, mol^{-1}$)との差 $152 \, kJ \, mol^{-1}$ がよく用いられる. しかし, シクロヘキセンでは二重結合に対するアルキル基の寄与があるので, 厳密には正しい参照構造ではない. このように水素化熱によって芳香族性を説明するとき, 参照構造の妥当性に常に注意しなければならない.

b. ¹H NMR の化学シフト

芳香族性は, おもに基底状態での電子の非局在化に依存する性質なので, 共役電子系の基底状態を観測する手段を用いて説明することが適切である. 単環性共役電子系に関しては, ¹H NMR の化学シフトによって判定する方法が優れている. 単環性共役電子系分子を外部磁場中におくと, 環電流が誘起される. $(4n+2)\pi$ 電子系では反磁性環電流が誘起され, 非環状系に比べ環外の水素は低磁場に, 環内の水素は高磁場にシフトする. これを**ジアトロピック**(diatropic)であるという. 一方, $4n\pi$ 電子系では HOMO-LUMO ギャップが小さいので, 励起状態の寄与が大きくなって常磁性環電流が誘起され, 環外水素のほうが高磁場に, 環内水素が低磁場にシフトする. これを**パラトロピック**(paratropic)であるという．ジアトロピック性の大きさが芳香族性，パラトロピック性が反芳香族性に対応する．この ^{1}H NMR の化学シフトを尺度とする方法は，単離できない不安定化合物でも ^{1}H NMR の測定が可能であれば情報を得ることができるため，きわめて優れた方法である．本章では単環性共役電子系に関してのみ，環内と環外水素の化学シフトまたはその差の大小を芳香族性の尺度として利用する．しかし，環の内と外に同時に水素を有する共役電子系の数は少なく，また，化学シフトは環電流のみに影響を受けるのではないので定性的な取扱いが主となる．さらに，縮合多環共役電子系への適用は誤った結論を導くことが多いので十分な注意を払う必要がある．

c. 磁化率のエキサルテーション

通常の有機化合物は反磁性体であり，それらの磁化率は構成原子およびその結合に由来する磁化率の総和として計算すると，実測値とよく一致する．しかし芳香族化合物は例外であり，反磁性磁化率の実測値と π 電子の環状非局在化のない仮想的環状ポリエンに対する計算値には大きな差が生じる．この差 Λ（磁化率のエキサルテーション diamagnetic susceptibility exaltation）を芳香族性の尺度とすることが提案された．これによれば，$\Lambda > 0$ すなわち計算値よりも大きな反磁性磁化率を示すものは芳香族，$\Lambda \sim 0$ のものは非芳香族である．$\Lambda < 0$ のものは分子内に常磁性環電流が誘起されていると予想され，その励起状態が低いことになり，分子は開殻構造の性格を帯び不安定になることが予想される．たとえば，ベンゼンでは Λ は 13.7 となる．明らかに環状共役による反磁性環電流の存在を示唆しており，磁気的な尺度からみても芳香族に分類することができる．一方，[16]アヌレンやヘプタレン〔化合物 (**33**) 参照〕はそれぞれ Λ が -5 と -6 であり，芳香族とはいえない．磁化率はふつうの NMR 装置を用いて測定できるので，芳香族性を見積もるのに非常に優れた方法である．しかし，環の大きさ（面積）に強く影響されるため，Λ の大小をもって芳香族性の程度を見積もることはできない．

d. NICS 計 算

磁化率のエキサルテーションでも，やはり参照局在構造の取り方に問題が残っている．また，共鳴エネルギーの計算では，分子全体として電子の非局在による熱力学的安定化があるかどうかを求めているが，現在これを実験的に直接求めることはできない．そこで分子全体としての芳香族性を議論するのではなく，共役電子系の個々の環の中心における磁気的な遮蔽の大きさを化学シフトとして求めた理論計算値を芳香族性の尺度とすることがある．すなわち **NICS**（核非依存化学シフト nucleus-independent chemical shift）とよばれるもので[5]，この値が負の場合は芳香族，正の場合は反芳香族である．たとえば，ベンゼンの NICS は -9.7，シクロペンタジエニルアニオンは -14.3，トロピリウムイオンは -7.6 であり，すべて芳香族に帰属できる．一方，シクロブタジエンは 27.6 となり反芳香族に属する．縮合多環共役系のビフェニレン (**1**) の場合，6 員環部は -5.1 と芳香族的であるが，中央の 4 員環部は 19.0 と反芳香族的である．また，ピラシレン (**2**) では，5 員環部は 12.8 と反芳香族的であるが，6 員環部は -0.1 と非芳香族に帰属することができる．

(**1**)　　　　　　(**2**)

近年，芳香族性の主因が π 電子の非局在化よりも σ 電子の非局在化であると提案され，個々の環の中心の NICS〔NICS (0)〕よりも，中心から 1 Å 上の位置での NICS〔NICS (1)〕が推奨されてい

る．アントラセンの NICS は NICS (0)，NICS (1) ともに，中央の環のほうが負の大きな値を示す．中央の環の芳香族性が最も失われやすいという実験とは対応していないようにみえるが，芳香族性は基底状態の性質に影響を与えるものであり，反応の活性化エネルギーとは，切離して考えるべきである．

　しかし，共鳴エネルギーを物理量として実測できないため，統一的な実験的尺度がないのが現状である．これまで，π電子の非局在化による水素化熱または燃焼熱の減少，反磁性環電流の誘起，磁化率などが用いられてきたが，それぞれ一長一短がある[6]．これら以外に HOMA (harmonic oscillator measure of aromaticity) とよばれる X 線結晶構造解析により求めた各結合距離の比較も用いられている．これは π 電子の非局在化の度合が π 結合次数に反映され，結合距離がこれに依存することを利用する．しかし，結晶構造解析ができない場合や結合距離の変化が小さい場合があり，一般的に広範な分子に適用することは困難である．

2・1・3　単環性アヌレン

　単環性の m 員環共役ポリアルケンを [m]アヌレン (annulene) とよぶ．したがって，シクロブタジエン，ベンゼン，シクロオクタテトラエンはそれぞれ [4]，[6]，[8]アヌレンである．10 員環以上のアヌレンには通常この名称がよく使用される[7]．

$$(CH=CH)_{m/2}$$

[m]アヌレン

a.　[4n+2]アヌレン

　[4n+2]アヌレンのなかでベンゼンは $n=1$ の代表例であり，芳香族化合物の原型である．$n=2$ 以上のアヌレンでは常に分子構造のひずみの問題が生じるが，さまざまな工夫がなされ Hückel 則が検証されてきた．

　[10]アヌレンでは，おもに 3 種の立体異性体があるが，いずれもひずみが存在するため平面構造は安定ではない．たとえば，全シス体 (**3**) では内角が 144° であり結合角ひずみがある．光異性化したモノトランス体 (**4**) では環内に向く水素原子による立体ひずみが加わる．ジトランス体 (**5**) では，図のように環内に向く二つの水素原子間の立体反発がある．(**3**)，(**4**) は，^{1}H NMR がアルケン領域にシグナルを示すことや高い反応性から判断して非芳香族である．[14]アヌレンや [18]アヌレンは NMR 化学シフトなどから芳香族であり，下記に示した共鳴の関与があると結論されている．

[10]アヌレン

[14]アヌレン　　　　　　[18]アヌレン

50   **2. 共役電子系**

b. [4*n*]アヌレン

[4]アヌレン　　シクロブタジエンは，電荷をもたないアヌレンの最小員環[4]アヌレンである．
Hückel 則から予測されるような反芳香族であるか，電子状態に関連して構造が正方形 D_{4h} か長方形
D_{2h} か，また，スピン多重度が一重項か三重項か，などの問題が実験と理論の両面から解明された．

　無置換のシクロブタジエンは，二量化反応や酸素との反応が速く不安定であるため，合成の最終段
階は低温で進行し副生物の除去が容易であるなどの工夫が必要である．無置換のシクロブタジエン
は，鉄カルボニル錯体からはじめて合成することができた．さらに，下図に示す各種前駆体の低温で
の光開裂反応によってシクロブタジエンが合成され多くの知見が得られた．無置換シクロブタジエン
はきわめて反応性が高く，アルゴンマトリックス中でも 30 K で容易に二量化するが，有機化合物の
マトリックス中では 100 K でも安定である．赤外スペクトルや電子スペクトルの解析により，シク
ロブタジエンは長方形であると結論された．

　次に，嵩高い置換基による立体効果により反応性を抑えた安定なシクロブタジエン誘導体が単離さ
れた．ここで，シクロブタジエン骨格が正方形構造か否かを研究するには，その単結合と二重結合に
同等の摂動を与えるような置換様式が必要である．また置換基としては，電子効果が小さいのでアル
キル基が好ましい．この観点から，トリおよびテトラ *t*-ブチル置換体 (**6**), (**7**), (**9**) が合成された．ジ
アゾ化合物 (**8**) の −70°C での光照射により合成されたトリ *t*-ブチル体 (**6**) および (**7**) は，ジエノ
フィルや酸素とは容易に反応する．メチルエステル体 (**7**) については結晶構造解析がなされ，長方形
型であることが明らかにされた〔図中の数字は結合距離(pm)〕．テトラ *t*-ブチル体 (**9**) は光反応によ
りシクロペンタジエノン体 (**11**) からテトラヘドラン体 (**10**) を経て合成，単離された．(**9**) は 105°C
まで安定な化合物であり，低温での結合距離は 144.1 pm と 152.4 pm であり，結合交替がある．室温
でも長方形である．

　その他の安定な誘導体として (**12**), (**13**) がある．(**12**) は電子の供与と受容，すなわちプッシュ-プ
ル効果による分極型局在構造の寄与によって安定化されている．(**13**) は立体効果によって安定化さ
れた最初のシクロブタジエン誘導体である．

(12) (13)

理論的研究によってもシクロブタジエンの電子状態，構造，スピン多重度，反芳香族性などが議論されてきた．近年，精度の高い量子化学計算を用いて，シクロブタジエンが長方形-正方形-長方形に構造変化する際のエネルギー変化が求められた．それが図2・3に示す3本の曲線(実線)であり，二つの一重項電子状態と一つの三重項状態に対応する．ここでは，青い実線で示した基底一重項状態と三重項状態における結合状態の違いや変化を，図2・2に示す三つの状態を用いて考える．

(a) 長方形一重項(^1A_g)

(b) 正方形一重項($^1B_{1g}$)

(c) 正方形三重項($^3A_{2g}$)

図2・2 シクロブタジエンの化学結合

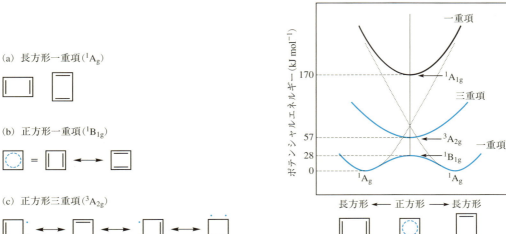

図2・3 正方形と長方形のシクロブタジエンのエネルギー相関

すなわち，(a)の長方形一重項(rectangular singlet, ^1A_g状態)，(b)の正方形一重項(square singlet, $^1B_{1g}$状態)，および(c)の正方形三重項(square triplet, $^3A_{2g}$状態)である．最も安定な状態は，図2・3に示したように一重項のエネルギー曲線の二つの極小点で示される長方形構造(^1A_g状態)である[8]．図2・2(a)に示すように，この状態では二重結合が短辺の結合に局在している構造が支配的となっている．この結合状態を保ったまま長方形から正方形へ構造変化させると，二重結合は伸び単結合は縮むのでエネルギーは上昇し，図2・3の点線で示したように左右の長方形から伸びたエネルギー曲線は正方形構造で交差する．二つのエネルギー曲線が接近するとそれぞれの結合状態は相互作用するため，正方形構造では二つの結合状態が1：1で混合した安定な$^1B_{1g}$とエネルギーの高い$^1A_{1g}$状態を与える．相互作用を考慮すると，構造変化に伴うポテンシャルエネルギーの変化は実線となる．$^1B_{1g}$状態は，図2・2(b)に示すように，二つの結合状態の共鳴混成体として記述され，π電子は環状に非局在化する[9]．$^1B_{1g}$状態は，二つの長方形構造よりも28 kJ mol^{-1}不安定なエネルギー極大点であり，長方形構造の間の遷移状態となっている．

図2・4(a)に二つの長方形シクロブタジエンの電子配置を示す．正方形構造で同じエネルギーをもっている二つの分子軌道(図1・34)のうち，短辺の炭素－炭素結合で2p軌道が結合性のものが安

定化し，被占軌道となっている．長方形から正方形への構造変化に伴い，この二つの状態の混合が大きくなり，図2・4(b)に示すように正方形構造では縮退した二つの非結合性軌道に，二つの電子が別べつに収容された電子配置となる．つまり，一重項の正方形構造は共鳴により不安定化する反芳香族性を示すことになる．量子化学計算により，シクロブタジエンの反芳香族性による不安定化エネルギーは170 kJ mol^{-1}であり，ベンゼンの芳香族性による安定化エネルギー(92.5 kJ mol^{-1})の約1.8倍も不安定化していると解析されている[10]．シクロブタジエンの不安定な要素としては，結合角ひずみに由来する不安定化(140 kJ mol^{-1})も加わる．

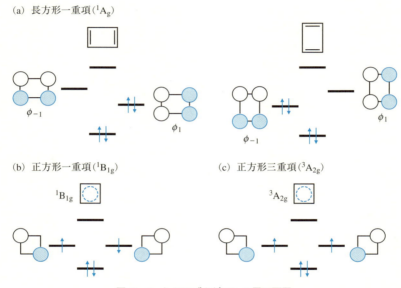

図 2・4　シクロブタジエンの電子配置

図2・3には，三重項電子状態にあるシクロブタジエンの構造変化とポテンシャルエネルギーとの相関も示している．三重項電子状態の平衡構造は正方形であり，長方形一重項状態よりも57 kJ mol^{-1}，正方形一重項状態よりも29 kJ mol^{-1}不安定である．その電子配置($^3A_{2g}$)を図2・4(c)に，共鳴構造式を図2・2(c)に示す．それぞれの共鳴構造は一つの二重結合と二つの不対電子をもつ．二重結合が一つしかないために，一重項状態よりも不安定である．

[8] アヌレン　　[4n]アヌレンとして次にあげられるのは，$n=2$のシクロオクタテトラエン(COT)である．この化合物は沸点152℃の黄色液体として1911年に初めて合成された．紙面上で平面構造を描くと，反芳香族的なふるまいをすると錯覚しそうだが，平面構造ではC-C-C結合角ひずみが大きいことから，実際には桶形構造(D_{2d}対称)をしている．反応性は通常のポリエンと類似しているが，渡環相互作用が顕著である．C=C結合は134.0 pm，C-C結合は147.6 pmであり，明ら

かに結合交替が存在する．^{1}H NMR ではアルケン領域の δ 5.68 に一重線を示す．以上のように COT は非芳香族である．

　無置換体ではすべての水素と炭素が磁気的に等価な環境にあるため NMR の温度依存性はみられないが，^{13}C 標識したものや各種誘導体では温度依存性がみられ，その解析から COT には立体構造に関して 2 種類の動的過程があることが明らかとなった．一つは，環反転であり，もう一つは結合移動である．二つの動的過程の遷移状態は平面構造であり，環反転では二重結合が局在化した D_{4h} 構造，結合移動では非局在化した D_{8h} 構造と推定されており，このことは理論計算によって支持されている[11]．その場合，二つの過程の活性化エネルギー $\Delta G^{\ddagger}_{環反転}$ と $\Delta G^{\ddagger}_{結合移動}$ の差は二重結合が非局在化するのに必要なエネルギーに対応する．たとえば，置換基としてエトキシ基を有するものでは，$\Delta G^{\ddagger}_{環反転}$ と $\Delta G^{\ddagger}_{結合移動}$ はそれぞれ 52.2 および 70.0 kJ mol^{-1} であり，その差は 17.8 kJ mol^{-1} になる．他の誘導体でも活性化エネルギーは測定されているが，一般に $\Delta G^{\ddagger}_{結合移動}$ のほうが $\Delta G^{\ddagger}_{環反転}$ よりも大きい．このことは平面形 COT においては，π 電子が非局在化した反芳香族型の構造のほうが局在化した構造に比べエネルギーが高いことを意味している．

2・1・4　その他のアヌレン
a. デヒドロアヌレン

　アヌレンの二重結合を三重結合に置き換えた分子をデヒドロアヌレンとよぶ．この系では sp^2 炭素が sp 炭素に一部置き換えられたことによる摂動はあるものの，環状共役に関与する π 電子数はもとのアヌレンと等しい．

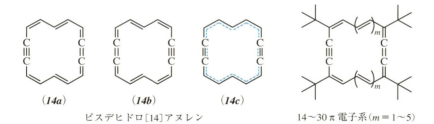

(14a)　　(14b)　　(14c)
ビスデヒドロ[14]アヌレン　　　　14〜30π 電子系 ($m = 1 \sim 5$)

　ビスデヒドロ[14]アヌレンでは分子内に三重結合とクムレン結合を含む二つの等価な極限構造式 (14a)，(14b) が描けるので，これら二つの共鳴混成体，すなわち対称的な非局在型の構造 (14c) としての性質が期待される．このようなアヌレンは，特にアセチレン-クムレンデヒドロアヌレンとよばれる．これまで述べてきた二重結合のみからなるアヌレンには，環内水素の立体ひずみによる平面性の阻害と立体構造の不安定性が存在していたが，デヒドロアヌレンはこの欠陥を解消できており，Hückel 則の実験的検証に大きく貢献した．

　t-ブチル基を 4 個もつ一連のアセチレン-クムレンデヒドロアヌレンの一般的合成法が開発され，環員数と芳香族性の関係が明らかにされた．ここで t-ブチル基は溶解性の向上と分子の安定化に寄与するだけでなく，共役電子系に与える電子的な摂動が小さいので，芳香族性の研究に最適の置換基である．14〜30π 電子系のデヒドロ[4n+2]アヌレンが合成された．環員数がさらに大きくなると不安定となるが，14π および 18π 電子系はきわめて安定な化合物であった．合成された一連のデヒドロ[4n+2]アヌレンの NMR 測定の結果，環の増大に伴って環電流の誘起が減少すること，すなわち，芳香族性が減少することが初めて系統的に実証され，理論的予測を裏づけた．一方で，Dewar の共鳴エネルギーからは芳香族性の発現の限界が 22〜26π の間にあると予測されるが，30π でも小さいとはいえジアトロピック性を示し，NMR からは理論の予想を超えていることが明らかになった．結晶

構造解析から，14π および 18π 電子系のアセチレン-クムレンデヒドロアヌレンはアセチレン結合とクムレン結合の区別がなくなるとともに，単結合と二重結合の結合交替が著しく減少しており，上で述べた非局在型構造（*14c*）としての性質を示している．デヒドロ[22]アヌレンでは若干の結合交替が現れているが，この系も非局在型構造の性質を示している．トリスデヒドロ[16]，[20]，[24]アヌレンの ^{1}H NMR などの検討も行われ，[4n+2]π 電子系とは対照的にパラトロピック性を示すこと，環の増大に伴って反芳香族性が減少することがわかっている．

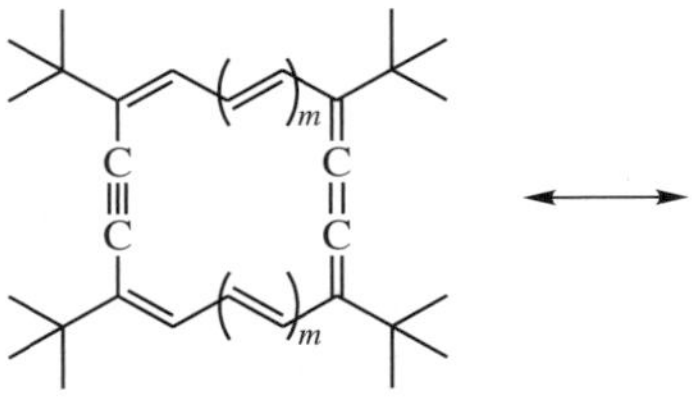

14～30π 電子系（m = 1～5）

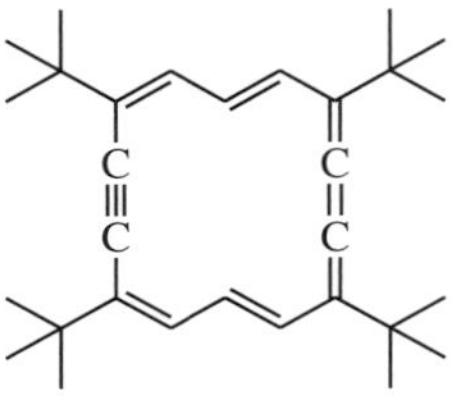

ビスデヒドロ[14]アヌレン

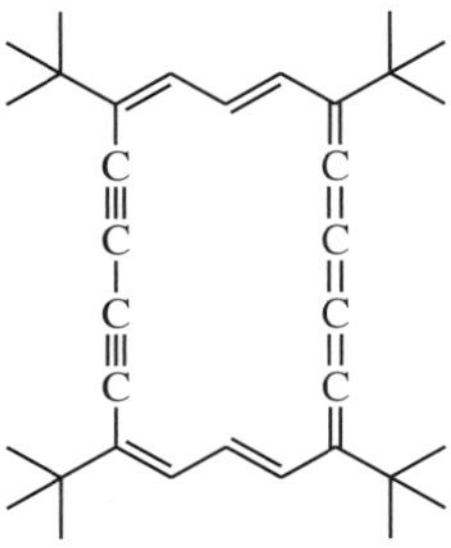

テトラキスデヒドロ[18]アヌレン

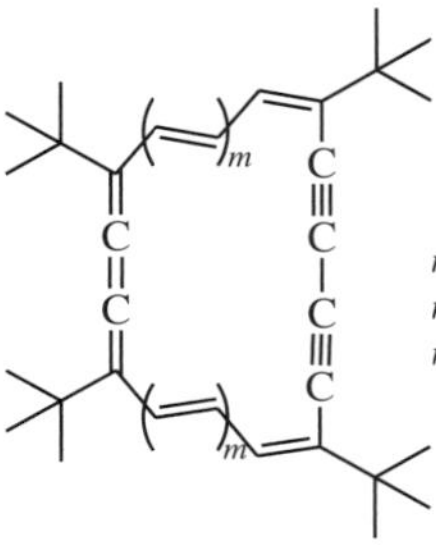

トリスデヒドロ [4n]アヌレン

m = 1: 16π
m = 2: 20π
m = 3: 24π

b. 架橋アヌレン

ジトランス形の[10]アヌレンの環内水素の立体反発を解消する手段として，この 2 個の水素をメチレン基で置き換え，1,6 位を架橋した 1,6-メタノ[10]アヌレン（*15*）が合成された．（*15*）は安定な分子である．環周辺のプロトンは低磁場の δ6.9 と 7.3 にシグナルを示し，ジアトロピック性であり，芳香族性を示す．結晶構造解析では共役系の平面構造からのずれは小さく，π 電子の非局在化が有効に起こっていることと矛盾しない．架橋位置の異なる 1,5-メタノ[10]アヌレン（*16*）も合成され，反磁性環電流の誘起があり，芳香族であることがわかった．

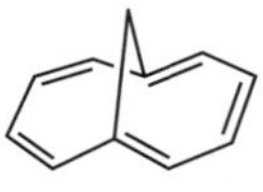

（*15*） 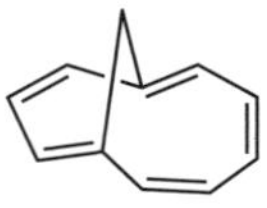　　　　　　　（*16*）

c. アヌレンのイオン

2π 電子イオン種　　シクロプロペニルカチオン（*17*）は Hückel 則の n = 0 に相当する 2π 電子系 3 員環化合物である．母体化合物やフェニル，アルキル，ジメチルアミノ基などの置換体が，安定に単離されている．母体化合物の pK_{R^+}（§5・1・2 参照）は −7.4 であり，その鎖状参照化合物であるアリルカチオンの −20 よりかなり大きい．1 pK 単位は 25 ℃ において約 5.9 kJ mol^{-1} であるから，約 74 kJ mol^{-1} 安定化されていることになる．^{1}H NMR のシグナルは正電荷と反磁性環電流の効果により低

磁場のδ 11.20 に現れている．シクロブタジエンジカチオン (**18**) も Hückel 則の $n = 0$ に相当し芳香族性をもつが，2 価の正電荷の静電反発のため化学的な安定性は減少している．

4π電子イオン種　シクロプロペニルアニオン (**19**) が反芳香族性をもつため，シクロプロペンのメチレン水素の酸性度はきわめて小さい．サイクリックボルタンメトリーから，トリフェニル体およびトリメチル体の pK_a は，それぞれ，50 と 62 と見積もられている．さらに，きわめて不安定なカルボアニオンであるため反応性に富み，酸素により速やかに分解する．

4π 電子系のシクロペンタジエニルカチオン (**20**) は，非常に不安定であり，pK_{R^+} はサイクリックボルタンメトリーから約 −40 と見積もられている．事実，ハロゲン化シクロペンタジエニルの加溶媒分解はきわめて遅く，シクロペンタジエニルカチオンを経由することが不利なことを示している．低温で発生させたシクロペンタジエニルカチオンの無置換体およびペンタクロロ体の基底状態は三重項であり，ペンタフェニル体では一重項である．

6π電子イオン種　代表例はシクロペンタジエニルアニオン (**21**) とシクロヘプタトリエニルカチオン (**22**) である．(**21**) は不活性ガス中ではきわめて安定であり，芳香族的安定化を反映し，その共役酸であるシクロペンタジエンは高い酸性度を示す (§5・2・2 参照)．電子受容基であるシアノ基を導入すると，その熱力学的な安定性はさらに増大し，ペンタシアノ体は強酸中でもプロトン化を受けず安定に存在する．t-ブチル基を導入すると，速度論的にも安定化する．シクロヘプタトリエニルカチオン (**22**) は，トロポロンの研究に端を発する非ベンゼン系芳香族化合物の研究によって構造と芳香族性が明らかにされた．その pK_{R^+} は +4.7 であり，種々の塩が単離されている．シクロオクタテトラエンのジ-，テトラ-，およびオクタメチル体を SbF_5-SO_2ClF で処理すると，6π 電子系のジカチオン種 (**23**) の置換体が生成し，これらは NMR により反磁性環電流が観測され，芳香族である．

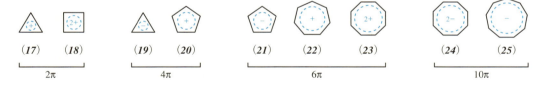

10π電子イオン種　シクロオクタテトラエンはアルカリ金属によりジアニオン (**24**) に還元され，その NMR データは，芳香族であることを示唆する．実際，その結晶構造は平面であり，結合交替は小さい．シクロノナテトラエニルアニオン (**25**) は ^1H NMR データからはジアトロピック性を示すと考えられる．

2・2　さまざまな共役電子系

2・2・1　交互および非交互炭化水素

共役電子系の炭素原子に一つおきに星印 (*) をつけて星印と無印の二つの組に分けたとき，同じ組の炭素原子が隣り合わない炭化水素を**交互炭化水素** (alternant hydrocarbon) とよぶ．一方どのように星印をつけても隣り合う炭化水素を**非交互炭化水素** (non-alternant hydrocarbon) という．交互系には星印の数 N^* と無印の数 N^0 が等しくなる偶交互系 (even alternant) と，等しくならない奇交互系 (odd alternant) がある．奇交互系では，N^* が N^0 よりも大きくなるように星印をつける．奇数員環を含む電子系はすべて非交互系となる．偶交互炭化水素で閉殻の局在構造，すなわち Kekulé 構造を描けない分子を**非 Kekulé 炭化水素** (non-Kekulé hydrocarbon) という．たとえば m-キノジメタンでは閉殻構造を描くことができず，非 Kekulé 型のビラジカル構造となる．

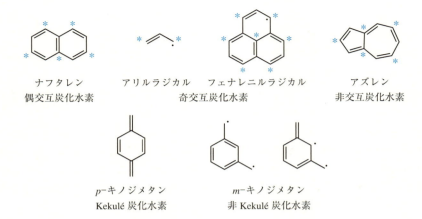

こうした共役電子系の Hückel 分子軌道には次の二つの特徴がある.
1) 交互系は，結合性と反結合性の軌道が非結合性軌道(NBMO)のエネルギー α に関して対称的となる．これを対形成原理(pairing theorem)という．非交互系ではこのような対称性は存在しない（図 1·32, 図 1·34 参照）.
2) 奇交互系では $N^* - N^0$ の数だけ NBMO が存在し，開殻構造分子となる．このとき，NBMO の係数は星印の炭素原子に + と - が交互に現れる（図 1·33 参照）

2·2·2 芳香族複素環化合物

芳香族複素環化合物は芳香族化合物としてベンゼンと並んで重要な化合物群であり，ここでは，その分類や芳香族性について概観する．反応例などについてはⅡ巻§2·8を参照してほしい．

芳香族複素環化合物としては，おもにピロールなどの 5 員環化合物とピリジンなどの 6 員環化合物がある．前者は 6π 電子が 5 員環上に分布しているので π 電子過剰(π electron excessive, π electron sufficient)型芳香族複素環，後者はベンゼンと同じく 6π 電子をもつが電気陰性度の大きいヘテロ原子に偏るため，各炭素上の π 電子密度はベンゼンに比べて小さいという意味で π 電子不足(π electron deficient)型芳香族複素環と分類される(Albert-Pfleiderer の分類法).

π 電子過剰型芳香族複素環化合物

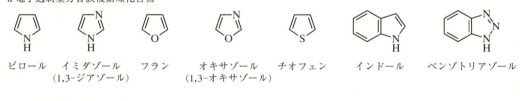

π 電子不足型芳香族複素環化合物

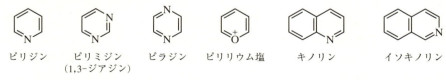

π 電子過剰型芳香族複素環化合物であるピロールは，次のように非共有電子対が環内に非局在化して 6π 電子系を構成している．ピロールでは図のような共鳴効果が，電気陰性な窒素から炭素への誘起効果より大きいため，双極子モーメントは窒素から環内に向かう．窒素の非共有電子対が環内に非局在化しているためピロールは非常に弱い塩基性しか示さず，共役酸の pK_a は約 -4 である．

π電子過剰型芳香族複素環化合物はπ電子密度が高く，求電子剤との反応が起こりやすく（II巻§2・8参照），HOMOの広がり方が配向を考えるうえで重要となる．上図右にピロールのHOMOの軌道を示した．これはブタジエンのHOMOの軌道と窒素の非共有電子対の軌道から組立てられる．しかしブタジエンのHOMOと窒素の非共有電子対軌道の相互作用は，対称性の違いにより起こらないため，ピロールのHOMOは，ブタジエンのHOMOが末端でより広がるのと同様に，2位と5位での広がりが3位と4位より大きく，ピロールと求電子剤の反応はおもに2位と5位で起こることになる．

一方，π電子不足型芳香族複素環化合物であるピリジンの非共有電子対は，芳香族安定化に関与せず，その共役酸のpK_aは5.2で塩基性は高い．誘起効果により双極子モーメントはピロールとは逆に窒素に向かう（2.20 D）．窒素を同族のリン，アンチモンに置き換えると，双極子モーメントはそれぞれ1.54 D，1.10 Dと減少する[1]．

ピリジンはベンゼンの炭素と水素を窒素に置き換えた化合物で，§1・3で述べたベンゼンのπ分子軌道（図1・36参照）と節面の位置がよく似たπ分子軌道をもつ．窒素が炭素よりも電気陰性であるため，窒素に広がりをもつ軌道のエネルギーが低下し，ベンゼンのϕ_4とϕ_5は，ピリジンでは分裂してϕ_4がLUMOになる．結合の分極も生じるため，ϕ_4にあたるLUMOの軌道は下図となる．ピリジニウム塩と求核剤との反応において，軌道支配（後述）の反応は軌道係数のより大きい4位で起こることと対応している．

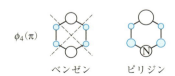

芳香族複素環化合物の芳香族性については，§2・1・1，§2・1・2に述べたように，1) 共鳴エネルギー（DRE，HSRE，TRE，水素化熱など），2) 幾何構造（HOMA，Birdインデックス[2]など），3) 磁気的性質（NMR化学シフト，磁化率，NICSなど）にもとづいて評価される[3]．いくつかの芳香族複素環化合物のNICS(0)計算値を，炭化水素芳香族化合物の値とともに示した[4]．シクロペンタジエニルカチオンとともに，ホウ素原子を含むボロールが反芳香族性であることがわかるが，芳香族複素環化合物の芳香族性も，対応する炭化水素化合物の芳香族性とほぼ類似しているといえる．

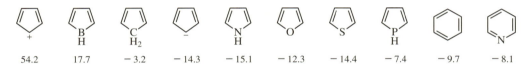

フランのように炭素との電気陰性度の差が大きい原子がある場合は芳香族性が減少することや，リンなどの第三周期以降の15族元素は，sp^{2}混成をとりにくく（§8・4・1参照）三角錐構造をとるため，リンの非共有電子対とジエンπ系との間で効果的な共役ができず，芳香族性が減少するが

明らかになった．しかし，上記の指標の傾向が一致しないことも多いのに加えて，ベンゼンよりピロールの芳香族性が過大評価されることなどに対する疑問も呈されており，多元的解析による評価法が提案されている[5]．

2・2・3 縮合多環共役系
a. ベンゼン系縮合多環共役系

ベンゼン系縮合多環共役系では，ベンゼン型の局在構造を最も多く描ける構造がその分子を表す代表的な極限構造である．たとえば，ピレンを(**26a**)のように描くことを説明する．まず，ピレンには2種類の6員環があり，上部の6員環をベンゼンとみなして◯を入れると，下の6員環にも◯を入れた(**26c**)の構造が描ける．一方，(**26b**)のように中の6員環をベンゼンとみなすと他の部分にはベンゼン型の6員環構造としての◯を入れることはできない．すなわち，◯を隣接させて描くことはできないので，(**26d**)のように◯は一つのみとなる．ここで，ベンゼン型構造による芳香族的安定性を考慮して(**26c**)のほうが安定であるとみなし，それを表す最も妥当な構造の一つは(**26a**)となる．このように6員環に◯を入れて簡略化して描くと，わかりやすく便利である．これをClar構造という．ナフタレン，フェナントレン，トリフェニレン，ケクレンの構造とおよびそれぞれのClar構造を示した．

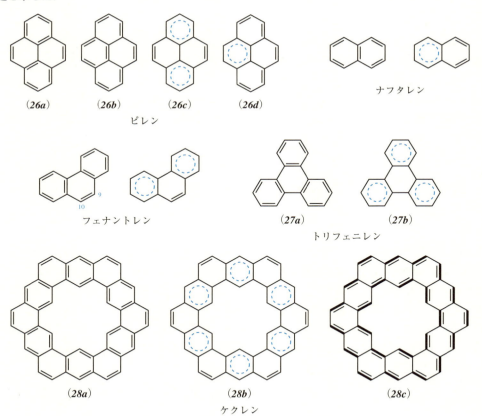

これによって，たとえばフェナントレンの9,10の結合の二重結合性が大きいと予測できる．また，トリフェニレン(**27a**)は，(**27b**)のように考えることができ，中心の6員環はベンゼン型の寄与が小さいことがわかる．さらにケクレン(**28a**)のClar構造は(**28b**)であり[6]，これは結晶構造解析による結合距離と合致しており，(**28c**)のような内側18π，外側30π電子系としての周辺共役の構造ではな

い.一般にベンゼン系縮合多環共役系では,このように芳香族6π電子則に基づく極限構造の数の大小によって安定な極限構造を推定することができる.この考えの妥当性は共鳴理論によっても支持されている.

b. 非ベンゼン系縮合多環共役系

これまで述べてきたようにベンゼンの特異な性質に関しては,Hückel法によってその概略が明らかにされた.一方,環状共役電子系には,6員環以外の環数を含む多数の重要な化合物群がある.これらは非ベンゼン系共役電子系と総称されるが,Hückel法はしばしば誤った性質を予測した.しかし,シクロブタジエン,シクロオクタテトラエン,7員環のトロポン,トロポロン,シクロヘプタトリエニルカチオン(慣用名はトロピリウムイオン),さらに次項で述べるフルベン,フルバレンなどの実験と理論の研究がこの分野の化学を発展させた.この過程において,新しい共役電子系の設計・合成と分子軌道法の発展がいわゆる車の両輪となって発展してきた.ここでは,いくつかの非ベンゼン系縮合多環共役系,すなわち共役電子の性質を,一つの指標としてHess-Schaadの共鳴エネルギー(§2・1・1c参照)をπ電子の数で割った値(REPE)で説明する.

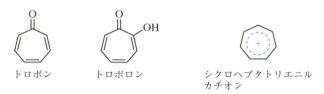

トロポン　　　トロポロン　　　シクロヘプタトリエニル
　　　　　　　　　　　　　　　カチオン

ベンゾシクロブタジエン(**29a**)はシクロブタジエン構造を含むため反応性が高く,容易に二量体や重合物を与える.これはREPEが-0.027βと負の値であることとよく対応している.分子軌道計算による結合次数の大きさは,(**29b**)のようにシクロブタジエン構造を含まない構造の寄与が大きいことを示している.ビフェニレン(**30a**)はREPEが0.028βと正であり,安定な淡黄色プリズム晶として単離されており,結晶構造解析もなされている.その結果によると,五つの局在構造のうち,シクロブタジエン構造を含む(**30b**)を除いた構造の共鳴混成体とよく対応している.

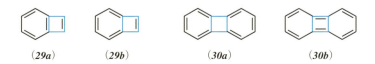

(**29a**)　　(**29b**)　　(**30a**)　　(**30b**)

アズレン(**31a**)はナフタレンの異性体の一つであり,深い青色をもつ.REPE(0.023β)はナフタレン(0.055β)の約1/2であり,芳香族である.これは,二つの周辺10π電子系型(**31a, 31b**)の局在構造の寄与として理解できる.アズレンは中性の共役炭化水素であるが0.8Dの双極子モーメントをもつ.このことは分極構造(**31c, 31d**)の寄与があることを示している.ペンタレン(**32**)はきわめて不安定な化合物であり,$-100\,°C$でも二量化する.この性質は負のREPE(-0.018β)であることと対応している.t-ブチル基を導入して二量化を抑えた誘導体が単離されている.ヘプタレン(**33**)も小さいが負のREPE(-0.004β)である.NMRスペクトルからは非芳香族であると解釈される.

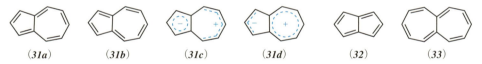

(**31a**)　　(**31b**)　　(**31c**)　　(**31d**)　　(**32**)　　(**33**)

アズレン環を二つ縮環させた構造をもつ(**34**)はピレンの異性体の一つであり,アズピレンとよば

れる(REPE = 0.022β). 青銅色の安定な化合物であり, ジアトロピック性を示し芳香族である. アセプライアジエン(35)もピレンの異性体であり, 正の大きなREPE(0.035β)をもち芳香族である. 安定な化合物であり, 周辺14π電子系としての性質が認められている.

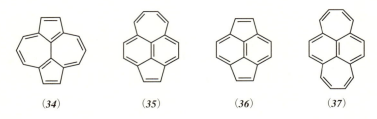

ピラシレン(36)は赤色結晶として得られており, 室温で数日間保存できる. この化合物はフラーレンの部分構造をもつ. REPE(0.018β)は正の値であるが, NMRスペクトルはナフタレン環部分でもδ6.52と高磁場でありパラトロピック性である[7]. したがって, 周辺12π電子系としての寄与があると考えられる. ジプライアジエン(37)は周辺16π電子系であるが, 空気中でも安定な赤黒色の結晶である. ナフタレン環部分の化学シフトはδ5.31と高磁場でありパラトロピック性である[8]. したがって, この場合もREPE(0.017β)は正の値であるが, NMRスペクトルからは(36)と同様に4$n\pi$電子系としての寄与がある.

コロネン(38)と類似の縮環構造をもつ(39)とコラヌレン(40)はサーキュレン[9]とよばれる. これらの分子の特徴は, コロネンとは異なり非平面構造であることにある. 実際, (39)はボウル状構造であり, 5員環と6員環の二面角は26.8°である. 一方(40)の7員環は舟形であり分子全体は鞍形構造である. 特に(39)はフラーレンの部分構造であることから興味がもたれ, 新しい合成法が開発された. これを契機にボウル状構造のような非平面形共役電子系化合物の化学が盛んになった[10].

2・2・4 交差共役系

一つの分子内にA, B, C三つの不飽和系が存在し, AとB, およびBとCは共役可能であるが, AとCが共役できない系を**交差共役系**(cross conjugation system)とよぶ. ここでは二重結合に奇数員環

共役系が結合して交差共役を起こした電子系を取上げるが, その一端のみに環が共役している系をフルベン, 両端に環が共役している系をフルバレンと総称している. これらの電子構造における特徴は, 基底状態において分極した構造の寄与または電子を授受したイオン構造の寄与にある. たとえば, トリアフルベンの^{1}H NMRスペクトルは低磁場のδ8.18と高磁場δ3.60にシグナルを示し, 分極した構造の寄与を示唆している. また, カリセンの場合にも2π電子系の3員環と6π電子系の5員環による分極構造の寄与があり, 大きな双極子モーメントをもっている. 一方, ペンタフルバレン

では2電子還元されたジアニオン，また，ヘプタフルバレンの場合は2電子酸化されたジカチオン構造が，それぞれ芳香族性の寄与によって安定化されている．これらの交差共役系はいずれも炭化水素であるにもかかわらず，分極構造またはπ電子受容性や供与性をもつため興味深い．

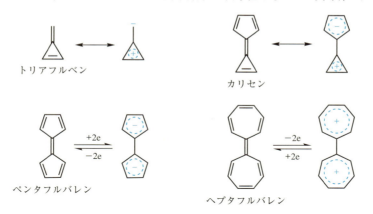

2・2・5 多段階酸化還元系

電子を一つずつ放出したり受容したりして多段階の電子移動が起こり，酸化還元状態が比較的容易に変化する共役電子系を**多段階酸化還元系**(multi-stage redox system)という[11]．通常，サイクリックボルタンメトリー(cyclic voltammetry: CV)で電気化学的に測定した酸化電位または還元電位を，多段階酸化還元性の実験的尺度とする．多段階酸化還元系は6種類に分類されるが，そのうちWeitz型とWurster型の二つが重要である．すなわち，Weitz型酸化還元系は酸化された状態で分子構造の末端に芳香環を生成するもの，一方，Wurster型酸化還元系は還元された状態で分子の内側に芳香環を生成する電子系である．電気的に中性の分子から電子の授受に伴ってカチオンまたはアニオンが生成するが，芳香族性が現れることによって安定性が加味されるので酸化還元過程が容易になる．Weitz型の代表例はテトラチアフルバレン(TTF)である．一方，Wurster型の代表例はテトラシアノキノジメタン(TCNQ)で電子受容性をもつ．ちなみに，TTFとTCNQからなる電荷移動錯体は，結晶構造解析や物性研究が行われた有機分子性金属の最初の例である[12]．

同一分子で酸化も還元もそれぞれ多段階で行う電子系を，両性(amphoteric)多段階酸化還元系とよび，その代表例はペリレンのような縮合多環共役電子系である．グラファイトはこのような性質を示す究極の電子系とみなせる．八環性化合物(**41**)は，両性度の尺度となる酸化還元電位の差 E_{sum} が

0.99 V であり，きわめて高い両性度を示す．(*41*) が高い両性度を示す理由として，1) 中性状態において熱力学的に不安定な反芳香族性のペンタレン骨格を含んでいること，2) 酸化還元状態において熱力学的に安定なフェナレニルカチオンやアニオンの構造が現れること，をあげることができる．すなわち，中性状態と酸化還元状態のエネルギー差が小さくなるような分子設計が施されている．フェナレニルの特性を活用した両性六段階酸化還元系も合成されている[13]．

2・2・6 ホモ共役系

ホモ芳香族カチオンは，**ホモ共役電子系**(homoconjugated electronic system)，飽和 sp³ 炭素を隔てた共役電子系，が非局在化による安定化を受け，芳香族性を示すカチオンである[14]．たとえば，シクロオクタトリエニルカチオン (*42*) は CH₂ を除いて環状 6π 電子系とみなせる．その ¹H NMR スペクトルにおいて，架橋炭素上の水素 Hᵃ は水素 Hᵇ より 5.8 ppm 高磁場シフトしている．これは，反磁性環電流が存在することを示しており，この系はホモ芳香族であるとみなせる．シクロブテニルカチオン (*43*) は，シクロプロペニルカチオンと等電子的なホモ芳香族 2π 電子系である．NMR では温度依存性が観測され，活性化エネルギーが 35 kJ mol⁻¹ の環反転が起こる．**ビシクロ芳香族系**は，ホモ共役が 2 個存在する芳香族系である．たとえば，(*44a*) はカチオンの非局在化により (*44b*) のように 2π 電子系として安定化している．これは図 2・5 のように，xz 面に対称 (S) な C=C の π 軌道 (HOMO) と 7 位の炭素の空 2p 軌道 (LUMO) 間の同位相の軌道相互作用による安定化として理解できる．

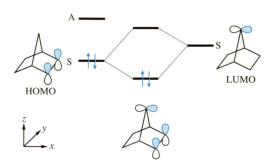

図 2・5 ホモ共役系における HOMO-LUMO 相互作用

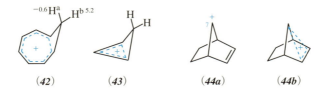

アニオン種についてもホモ芳香族性の研究があるが,カチオン種の場合のように明確な結論はなく,精度の高い分子軌道計算でもこの安定化はないという結果が出ている.

2・2・7 スピロ共役系

ホモ共役の特別な形として,sp³ 炭素を挟んで π 軌道が直交して配列したときに生じる共役をスピロ共役という[15].光電子スペクトルで,シクロペンタジエンは $-8.60\,\mathrm{eV}$ に HOMO に由来するピークを与える.一方スピロ[4.4]ノナテトラエン (**45**) ではそれが $-7.99\,\mathrm{eV}$ と $-9.22\,\mathrm{eV}$ の 2 本に分裂したピークを示すが[16],これは,環内のブタジエンの HOMO(a_2) どうしが同位相(b_1)と逆位相(a_2)でスルースペース相互作用(§1・5・1)した結果である.すなわち (**45**) では,二つのブタジエン環の間に,1.23 eV 程度のスピロ共役がはたらいていることになる.スピロ共役部の 2p 軌道の重なりは,平面 π 共役系において隣接する 2p 軌道の重なりの 20% 程度の大きさしかない.

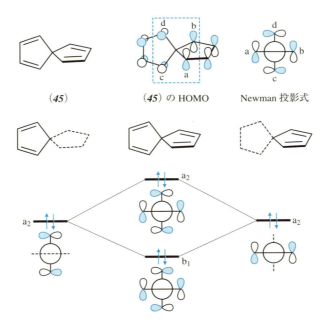

図 2・6 スピロ共役の軌道相関図

2・2・8 Möbius 共役系

通常の環状 π 電子系と異なり,2p 軌道が半周(あるいは半周×奇数)ねじれて環状化した π 電子系を,Möbius 共役系という.Hückel 則が適用される通常の π 電子系(Hückel 共役系)では,π 電子の数が $(4n+2)$ 個のときに芳香族性が,$4n$ 個のときに反芳香族性が現れるが,Möbius 共役系ではその関係が逆になる.このねじれた $4n\pi$ 系が示す芳香族性は,Möbius 芳香族性とよばれる[17].理想的な Möbius 共役系では,隣接する 2p 軌道の重なりが十分確保できる程度にねじれ角が小さくなくてはならないが,その構造的な制約ゆえに,基底状態で Möbius 共役系を維持している分子は近年まで合成

例がなかった．ところが最近，環拡張ポルフィリン類が Möbius 共役系の性質を示すことが明らかとなり，物性測定の結果，確かに Möbius 共役系は Hückel 共役系と逆の関係をもつことが実証された．

例をあげると，[36]オクタフィリン Pd 二核錯体(**46**)は，環内プロトンが著しく高磁場シフトしており，環外プロトンは通常の芳香族領域にピークを与える．このことから，(**46**)は強い反磁性環電流が誘起されている Möbius 芳香族に分類することができる[18]．一方，[30]ヘキサフィリンビスリン錯体(**47**)は，^{1}H NMR で常磁性環電流の誘起が認められ，Möbius 反芳香族性を示している[19]．

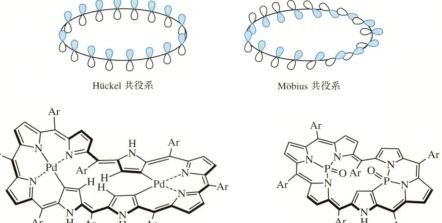

2·2·9 フラーレン

球状の分子構造をもち，炭素原子だけからなる一連の化合物を**フラーレン**(fullerene)とよぶ[20]．フラーレンは，古くから知られていたダイヤモンド，グラファイトにつぐ，炭素の第三の同素体である．代表的な C_{60}(**48**)は，グラファイトのレーザー照射により発生する蒸気の中から発見され，さらに，グラファイト電極のアーク放電により生成するすすから有機溶媒抽出により調製可能となった．現在，C_{60} のほかに C_{70}，C_{76}，C_{78}，C_{82}，C_{84} など，種々の高次フラーレンが単離されている．

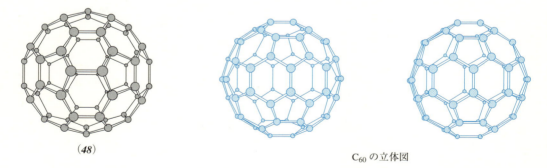

(**48**)　　　　　　　　　　　C_{60} の立体図

C_{60} は，20 個の 6 員環と 12 個の 5 員環が規則正しく縮環したサッカーボール状の構造をもつ．これは，次図のように正二十面体の 12 個の頂点を切り落とした構造(切頭二十面体)に相当し，正二十面体やドデカヘドラン(**49**)と同じ対称性(I_h)をもつ．60 個の炭素原子はすべて等価であり，曲率を考慮した混成状態は $sp^{2.278}$ となり，sp^2 と sp^3 の中間にある[21]．C_{60} を構成する結合は，2 個の 6 員環に共有される 6–6 結合，および 6 員環と 5 員環に共有される 5–6 結合の 2 種に分類される．その結合距離の違いから，6–6 結合がより大きな二重結合性をもつことが示唆される．このため，C_{60} は

5個のエキソ二重結合をもつ5員環構造([5]ラジアレン)あるいはシクロヘキサトリエンを部分構造として構成された分子とみることができる.

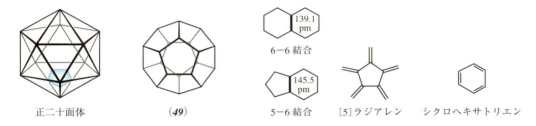

正二十面体　　(**49**)　　6-6結合　　5-6結合　　[5]ラジアレン　　シクロヘキサトリエン

C_{60} はその高い対称性のため，LUMO は三重に縮重し，HOMO は五重に縮重している．LUMO のエネルギー準位が低いことが特徴であり，そのため大きな電子親和力をもち，還元剤や電極反応により容易に多電子還元を受ける．電極上では6電子までの段階的還元が観測されている．第一還元電位はジクロロメタン中では -0.44 V であり，ベンゾキノン(-0.50 V)より少し高い電子受容能をもつ．したがって，C_{60}^{-}, C_{60}^{2-} などがさまざまな対カチオンの塩として単離されている．物性研究の対象としても興味深い物質が見いだされている．たとえば，カリウム塩 K_3C_{60} は転移温度が18K のテトラキス(ジメチルアミノ)エチレンとの電荷移動錯体は転移温度16K の強磁性体である．球状の分子構造の中に金属原子を内包した(内包金属は@を用いて表す)フラーレンもある．最初に単離されたのは C_{60} ではなく，C_{82} にランタン La が内包された La@C_{82} である．

C_{60} の化学反応性は6-6結合の二重結合性に由来するものが多い．ジエンとの Diels-Alder 反応，ベンザインとの[2+2]付加環化反応はその好例である．また C_{60} とジアゾメタンの1,3双極子付加環

化反応では不安定なピラゾリン (**50**) を与え，光照射では，メタノフラーレン (**51**, methanofullerene) と 5–6 結合への付加体である 5–6 結合が開裂したフラーロイド (**52**, fulleroid) を与える．(**52**) は加熱により，より安定な (**51**) へ異性化する．LUMO のエネルギー準位が低いことに起因して，C_{60} は容易に求核剤やラジカルの付加を受ける．有機リチウム反応剤および Grignard 反応剤の付加について多くの例が知られており，6–6 結合への炭素置換基の付加によって安定なアニオン中間体 (**53**) を生成する．(**53**) はプロトン化により 1,2 付加体 (**54**) を与える．6–6 結合の二重結合性を示すもう一つの反応は遷移金属との錯体形成である．たとえば，C_{60} は $[(C_6H_5)_3P]_2Pt(\eta^2\text{-}C_2H_4)$ とトルエン溶液中で容易に反応して (**55**) を生成する．フラーレンに部分的に穴を開けて H_2 や H_2O などの分子を閉じこめる研究などもある[22]．

2・2・10　カーボンナノチューブとグラフェン

グラファイトを構成する炭素 6 員環からなる平面シートは，**グラフェン**(graphene) とよばれ，また，このグラフェンを丸めて筒状の構造となったものが，1991 年に発見された**カーボンナノチューブ**(carbon nanotube: CNT) である．一つのチューブのみからなる単層カーボンナノチューブ (single-wall CNT: SWCNT) に加え，何重にもチューブが重なった多層カーボンナノチューブ (multi-wall CNT: MWCNT) もある．

a. カーボンナノチューブ

CNT の構造は，グラフェンシートの巻き方で決めることができ，その指標となるのがキラルベクトル C_h とよばれるものである．キラルベクトルは $C_h = n\boldsymbol{a}_1 + m\boldsymbol{a}_2$ のように表され，(n, m) の組合わせで CNT の構造が一義的に決まる．たとえば図の O と A を重ねるように丸めた CNT は，$(4, 1)$ のキラルベクトルをもつ CNT となり，キラルベクトルの垂直方向に円筒が伸びる形になる．CNT の構造は大別すると，アームチェア型 $(n = m)$，ジグザグ型 $(m = 0)$，キラル型 $(n \neq m \neq 0)$ の三つがある．それぞれの名前はチューブ円周に沿った原子の並びの幾何学的特徴 (色線) に由来する．CNT の電子構造は (n, m) で表されるキラリティーに依存しており，$n - m$ が 3 の倍数であるときは金属的な挙動を，それ以外のときは半導体的な挙動を示す[23]．

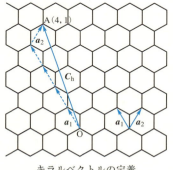
キラルベクトルの定義

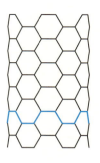
アームチェア型

ジグザグ型

$(4,1)$ カーボンナノチューブ
青の点線は $\boldsymbol{a}_1$ ベクトル，黒の点線矢印は $\boldsymbol{a}_2$ ベクトルを表す

近年，カーボンナノチューブの先端が閉じたカーボンナノホーン(carbon nanohorn)の研究も活発に行われており，炭素以外のクラスター化合物として窒化ホウ素(BN)ナノコーンなどにも対象が広がっている．

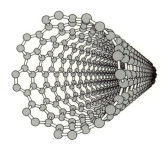
カーボンナノチューブ

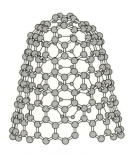
カーボンナノホーン

b. グラフェン

グラフェンは，sp^2炭素をハチの巣状に並べた単一原子層の二次元物質である．グラファイトの機械的剥離でグラフェンが簡単に得られることが2004年に示されて以来[24]，その特異な電子構造や物性，あるいはエレクトロニクスやスピントロニクスへの応用の可能性から，近年注目を集めている．グラフェンの特徴的な電子物性として，半整数量子ホール効果，巨大反磁性，非常に高い電子輸送能をあげることができる．グラフェンは，グラファイトの機械的剥離，金属基板上へのCVD(化学蒸着)成長，SiCの熱分解，グラフェンオキシドの還元，カーボンナノチューブの開裂などで作製される．

グラフェンの電子構造の特徴は，$2p_z$軌道が六角形に無限に広がるという構造的要因から，価電子帯と伝導帯が1点(Dirac点)で接することである．その近傍では，Diracコーンとよばれる円錐状の線形バンド構造となる．その結果，グラフェンの電子は，理論上，質量ゼロのDiracフェルミ粒子としてふるまい，そのことが通常の物質内の電子に比べて非常に高い移動度をもっている理由の一つとなっている[25]．

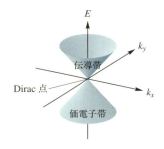

グラフェンはその端にも特徴的な電子構造を有しており，有限系としての取扱いも重要である．ナノメートルサイズのグラフェン(ナノグラフェン)は，バルクのグラフェンに比べて端の割合が多く，その影響が大きくなる．グラフェンを無限と有限の両側面から取扱うことができる点で興味深く，その性質は大きさと形状に大きく依存する．なかでもグラフェンをリボン状に切り出したグラフェンナノリボン(graphene nanoribbon: GNR)は，その理論的取扱いやすさから，多く研究されている．ジグザグ型の端構造を有するGNR(zigzag-edged GNR: ZGNR)は，ジグザグ端に局在化した非結合性軌道を有する特徴があり，両端に存在する不対電子の間にはたらく電子相関の影響で，スピン分極していることが示唆されている(エッジ状態とよばれる)[26),27)]．すなわち，ZGNRはその両端に磁気モーメ

ントが存在することが予想される．一方，アームチェア型の端構造を有する GNR (armchair-edged GNR)には，そのような特殊な局在状態は生じない．このような局在状態の有無は，ナノグラフェンの形状すなわち端構造と磁性発現の関係と深い関わりがある(図 2・7)．

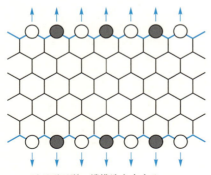 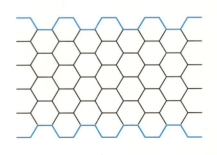

ジグザグ型の端構造を有する GNR　　　　　　アームチェア型の端構造を有する GNR

図 2・7　GNR の構造．ZGNR については，ジグザグ端に局在する非結合性軌道(白黒丸印)と磁気モーメント(矢印)を記している．

2・2・11　シクロカーボン

炭素のみからなる単環性共役電子系をシクロカーボン(cyclocarbon)といい，構成炭素数 n によってシクロ[n]カーボンと命名する[28]．sp 炭素のみからできており，π電子がドーナツ状となっている共役電子系である．ポリイン構造かクムレン構造かの問題や，先述のフラーレン生成の初期段階でシクロカーボンが重要な役割を果たしているとの提案があり，興味がもたれている．シクロカーボンはグラファイトのレーザー照射により検出されたが，有機化学的な合成も試みられている．不安定な化合物なので，最終段階でのレーザー照射または光照射による逆 Diels-Alder 反応や逆[2＋2]反応によって，その生成が質量分析法により確認されている．電子構造に関する知見やフラーレンの生成機構の解明への研究が活発に行われつつある．縮合多環共役電子系をベルト状に結んだ化合物も合成されている[29]．

シクロ[18]カーボン

参　考　書

芳香族性に関する一般的参考書
・R. Gleiter, G. Haberhauer, "Aromaticity and Other Conjugation Effects," Wiley-VCH, Weinheim (2012).
・吉田善一，大沢映二，"芳香族性"，化学同人 (1971)．
・"新しい芳香族系の化学(化学総説 15)"，日本化学会・伊東 椒ほか編，東京大学出版会 (1977)．
・中川正澄，"構造有機化学(基礎化学選書 13)"，裳華房 (1979)．

2. 共 役 電 子 系

・中川正澄, "アヌレンの化学", 大阪大学出版会(1996).

・村田一郎, 化学の領域, **23**, 481, 589(1969).

・相原惇一, 化学の領域, **30**, 269, 379, 812(1976); 熱測定, **12**, 61(1985).

・W. J. le Noble, "Highlights of Organic Chemistry", Marcel Dekker, New York(1974).

・P. J. Garratt, "Aromaticity", McGraw-Hill, London(1986).

・A. T. Balaban, M. Banciu, V. Ciorba, "Annulenes, Benzo-, Hetero-, Homo-Derivatives, and their Valence Isomers", Vols. I〜Ⅲ, CRC Press, Florida(1987).

・D. Lloyd, "The Chemistry of Conjugated Cyclic Compounds", John Wiley & Sons, Florida(1989).

・P. v. R. Schleyer, H. Jiao, *Pure Appl. Chem.*, **68**, 209(1996).

炭素全般の教科書

・"炭素学―基礎物性から応用展開まで", 田中一義, 東原秀和, 篠原久典編, 化学同人(2011).

文　献

(§2・1)

1) M. J. S. Dewar, G. J. Gleicher, *J. Am. Chem. Soc.*, **87**, 685, 692(1965).

2) B. A. Hess, Jr., L. J. Schaad, *J. Am. Chem. Soc.*, **93**, 305(1971); L. J. Schaad, B. A. Hess, Jr., *J. Chem. Educ.*, **51**, 640(1974).

3) 相原惇一, 化学, **49**, 415(1994).

4) J. Aihara, *Bull. Chem Soc. Jpn*, **91**, 274(2018).

5) P. v. R. Schleyer, C. Maerker, A. Dransfeld, H. Jiao, N. J. R. v. E. Hommes, *J. Am. Chem. Soc.*, **118**, 6317(1996).

6) P. v. R Schleyer, *Chem. Rev.*, **101**, 1115(2001); *idem., ibid.*, **105**, 3433(2005).

7) F. Sondoheimer, *Acc. Chem. Res.*, **5**, 81(1972).

8) A. Balková, R. J. Bartlett, *J. Chem. Phys.*, **101**, 8972(1994).

9) S. S. Shaik, P. C. Hiberty, "A Chemist's Guide to Valence Bond Theory", John Wiley & Sons, New Jersey(2007).

10) M. N. Glukhovtsev, S. Laiter, A. Pross, *J. Phys. Chem.*, **99**, 6828(1995).

11) D. A. Hrovat, W. T. Borden, *J. Am. Chem. Soc.*, **114**, 5879(1992).

(§2・2)

1) A. T. Balaban, D. C. Oniciu, A. R. Katritzky, *Chem. Rev.*, **104**, 2777(2004).

2) C. W. Bird, *Tetrahedron*, **54**, 4641(1998).

3) "Aromaticity", *Chem. Rev.*, **101**(5), (2001); "Heterocycles", *Chem. Rev.*, **104**(5), (2004); "Aromaticity, Heterocyclic Compounds(Topics in Heterocyclic Chemistry)", ed. by T. M. Krygowski, M. K. Cyrański, Springer-Verlag, Berlin, Heidelberg(2009).

4) S. Noorizaoleh, M. Darbab, *Chem. Phys. Lett.*, **493**, 376(2010).

5) A. R. Katritzky, K. Jug, D. C. Oniciu, *Chem. Rev.*, **101**, 1421(2001).

6) H. A. Staab, F. Diederich, *Chem. Ber.*, **116**, 3487(1983).

7) B. M. Trost, G. M. Bright, C. Frihart, D. Brittelli, *J. Am. Chem. Soc.*, **93**, 737(1971); B. Freiermuth, S. Gerber, A. Riesen, J. Wirz, M. Zehnder, *J. Am. Chem. Soc.*, **112**, 783(1990).

8) E. Vogel, B. Neumann, W. Klug, H. Schmickler, J. Lex, *Angew. Chem., Int. Ed. Engl.*, **24**, 1046(1985).

9) L. T. Scott, M. M. Hashemi, D. T. Meyer, H. B. Warren, *J. Am. Chem. Soc.*, **113**, 7082(1991).

10) L. T. Scott, M. S. Bratcher, S. Hagen, *J. Am. Chem. Soc.*, **118**, 8743(1996).

11) K. Deuchert, S. Hünig, *Angew. Chem., Int. Ed. Engl.*, **17**, 875(1978).

12) J. Ferraris, D. O. Cowan, V. Walatka, Jr., J. H. Perlstein, *J. Am. Chem. Soc.*, **95**, 948(1973); L. B. Coleman, M. J. Cohen, D. J. Sandman, F. G. Yamagishi, A. F. Garito, A. J. Heeger, *Solid State Commun.*, **12**, 1125(1973).

13) T. Kubo, K. Yamamoto, K. Nakasuji, T. Takui, I. Murata, *Angew. Chem., Int. Ed. Engl.*, **35**, 439(1996).

14) L. A. Paquette, *Angew. Chem., Int. Ed. Engl.*, **17**, 106(1978).

15) H. E. Simmons, T. Fukunaga, *J. Am. Chem. Soc.*, **89**, 5208(1967).

16) C. Batich, E. Heilbronner, E. Rommel, M. F. Semmelhack, J. S. Foos, *J. Am. Chem. Soc.*, **96**, 7662(1974).

17) E. Heilbronner, *Tetrahedron Lett.*, **5**, 1923(1964).

18) Y. Tanaka, S. Saito, S. Mori, N. Aratani, H. Shinokubo, N. Shibata, Y. Higuchi, Z. S. Yoon, K. S. Kim, S. B. Noh, J. K. Park, D. Kim, A. Osuka, *Angew. Chem., Int. Ed.*, **47**, 681(2008).

19) T. Higashino, J. M. Lim, T. Miura, S. Saito, J.-Y. Shin, D. Kim, A. Osuka, *Angew. Chem., Int. Ed.*, **49**, 4950(2010).

20) A. Hirsch, "The Chemistry of the Fullerenes", Georg Thieme Verlag, Stuttgart(1994).

21) R. C. Haddon, *Acc. Chem. Res.*, **25**, 127(1992).

22) K. Komatsu, M. Murata, Y. Murata, *Science*, **307**, 238(2005); K. Kurotobi, Y. Murata, *Science*, **333**, 613(2011).

23) 本間芳和, "ナノカーボン―炭素材料の基礎と応用", 尾上 順, 大澤映二, 松尾 豊編著, p.107, 近代科学社(2012).

24) K. S. Novoselov, A. K. Geim, S. V. Morozov, D. Jiang, Y. Zhang, S. V. Dubonos, I. V. Grigorieva, A. A. Firsov, *Science*, **306**, 666(2004).

25) 榎 敏明, "ナノカーボン―炭素材料の基礎と応用", 尾上 順, 大澤映二, 松尾 豊編著, p.63, 近代科学社 (2012).

26) M. Fujita, K. Wakabayashi, K. Nakada, K. Kusakabe, *J. Phys. Soc. Jpn.*, **65**, 1920(1996).

27) K. Tanaka, S. Yamashita, H. Yamabe, T. Yamabe, *Synth. Met.*, **17**, 143(1987).

28) F. Diederich, Y. Rubin, C. B. Knobler, R. L. Whetten, K. E. Schriver, K. N. Houk, Y. Li, *Science*, **245**, 1088(1989).

29) Y. Rubin, T. C. Parker, S. I. Khan, C. L. Holliman, S. W. McElvany, *J. Am. Chem. Soc.*, **118**, 5308(1996); T. Kawase, H. R. Darabi, M. Oda, *Angew. Chem.*, *Int. Ed. Engl.*, **35**, 2664(1996).

有機ELと有機薄膜太陽電池

1. はじめに

世の中に最初に登場したテレビの画面は重くて大きなブラウン管(陰極線管)だったが、今ではブラウン管とは全く異なる原理で動く液晶テレビに完全にとってかわられた。電気エネルギーを光に変えるという新原理で動作する有機エレクトロルミネセンス(EL)ディスプレーが出現し、今世紀には実用化に入った。有機EL照明の研究も進んでいる。一方で、光エネルギーを電気に変える装置としては結晶シリコン太陽電池が主流だが、光を吸収する有機半導体化合物を活用した有機薄膜太陽電池が市場に登場しつつある。これはプラスチックフィルムに有機物を塗布してつくる、軽量にしてフレキシブルな太陽電池である。電気を光に変える有機ELと光を電気に変える有機薄膜太陽電池という、相反する機能をもつ二つの素子が、有機化学の視点で見ると互いに密接に関係していることは、あまり知られていない。ここではこの話題を取上げる。

2. フォトルミネセンスとエレクトロルミネセンス

フォトルミネセンスとは発光性物質が、外部の光源から受取った光エネルギーをいったん吸収して励起状態になり、引き続いてより長波長の光を放出する現象である。図1に示すように、光により基底状態の分子はまず励起一重項状態に励起される。一重項状態の緩和過程が熱振動や化学反応ではなく、発光に進んで基底状態に戻る現象が蛍光である。何らかの理由で三重項への項間交差が速い場合は、三重項からゆっくりと発光して基底状態へ戻る。これがりん光である。フォトルミネセンスは、溶液状態、固体状態、発光性物質がポリマーに分散された状態などさまざまな状態の発光性分子において観測され、発光性分子どうしの相互作用の状況などによって発光波長や発光量子収率が変化する。

有機エレクトロルミネセンスとは、半導体性をもつ有機固体を(フォトルミネセンス現象には半導体性は不要である)、電極の間に挟んで電場を印加したときに、固体中に励起状態(エキシトン)が発生し、ここから発光する現象である。この発光素子を有機EL素子とよぶ。陰極(カソード、マイナス極)と陽極(アノード、プラス極)に[*]、それぞれ金属膜と透明な(ITO, indium tin oxide, インジウム・スズ酸化物)の薄膜を用いると光はITO側から素子外に放出されることになる。図2に示すような、電極間に強い分子間相互作用をもつ三つの同一の有機半導体分子を並べた状態を考えると、その動作原理が

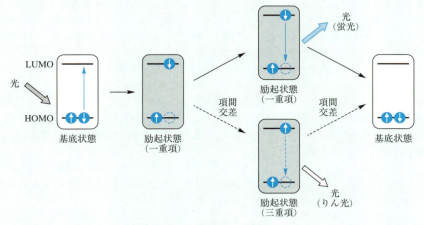

図1 フォトルミネセンスの原理

---

[*] 有機ELおよび有機薄膜太陽電池デバイスでの陽極(アノード)と陰極(カソード)について説明が必要かもしれない。M. Faradayの命名では電子を受入れるのが陽極、出すのが陰極である。透明電極(ITO)/有機半導体/裏面電極(たとえばAl)という標準的な構成では〔図3(a)と図5〕、どちらのデバイスでもITOが陽極(アノード)、裏面電極が陰極(カソード)として作用する。たとえば裏面電極を考えると、有機ELでは、裏面電極(Al)からデバイスの中へと(中が主役)"電子を出している"のでAlは陰極である。有機薄膜太陽電池では外が主役なので、裏面電極(Al)からデバイスの外を見て、Alは"電子を外に出している"のでやはり陰極である。

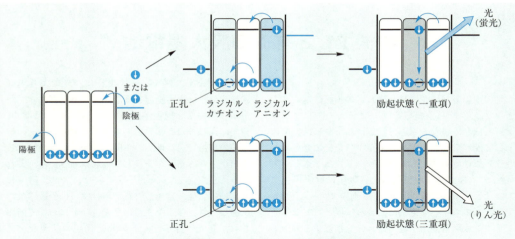

図 2 有機エレクトロルミネセンスの動作原理

理解できる．図の左側では陽極と分子の相互作用で HOMO から電子が奪われラジカルカチオンができる一方（正孔注入），右側では陰極から LUMO に対して電子注入が起こってラジカルアニオンができる．ついで分子間で電子移動が起こって中央の分子において励起状態が生じて発光が起こる．左右の分子どうしには直接の相互作用がないので，ラジカルカチオンとラジカルアニオンのもつスピンの向きはランダムであり，そのため中央の分子では，一重項と三重項の2種類の励起状態が生じうる．その結果，有機 EL 発光には蛍光とりん光の両方が関与する．この発光を適切に制御することで赤緑青（RGB）の光の三原色を効率よく発光させる．

実用的有機 EL 素子の構造は上記の"同一3分子モデル"よりもずっと複雑である．効率的に発光を行うには，励起状態からの発光が高効率で起こることはもちろんとして，正孔と電子の注入が効率的に起き，発光で得られる光の波長が精密に制御されていることなどが必須である．このために，実際の素子では図 3(a) に示すように，材料の性質に応じた機能分担を行うために多層化された平面ヘテロ接合をもつ素子が設計されている．発光素子に通電した電力のうち，どれくらいが光子に変換できるか（効率），光の三原色を再現するのに適切な発光波長が得られるか（演色性），素子寿命，製造の歩留まりなどが有機 EL 素子における開発課題である．

多層有機 EL 素子の概念は 1987 年に Kodak 社の C. W. Tang によって提案され，20 年後の 2007 年に有機 EL 素子を用いた初のテレビが日本で商業化された．有機 EL 素子はスマートフォンやテレビのディスプレーとして広く用いられるようになっており，ここでは化学，応用物理，工学の密接な連係が必要とされている．

これらの層を形成する有機半導体は HOMO, LUMO などの差異によって p(positive)型, n(negative)型，両極性型に分けられ，電子や正孔を通す，通さないなどの特徴をもつ薄膜を形成する．近年きわめて多くの化合物が用途に応じて開発されているが，図 3(b) には p 型，n 型，両極性型の例を示した．たとえば，P3HT は隣接する励起状態分子やラジカルカチオンに対して電子を供与して，自らは安定なラジカルカチオンになるので p 型半導体分子として挙動する．

実用的な発光素子では，発光にかかわる分子（ゲスト分子）を発光層（ホスト分子）に埋込み，ホスト-ゲスト間のエネルギー移動を利用することによって，励起一重項および励起三重項状態からの発光を制御し，発光波長制御や効率向上を達成している．

3. 有機薄膜太陽電池

有機薄膜太陽電池の動作原理は有機 EL 素子のちょうど逆である．図 4 には図 2 と同様に単純化した"3分子モデル"を示す．真ん中の受光分子に光が当たると励起状態が生じ，有機 EL 素子とは逆の過程を通って，両側の電極上に正孔と電子が発生する．両方の電極を回路で接続することで電流が発生する（電流の向きは"電子の動きを示す矢印"とは逆向きなことに注意）．

ただし，ここでも実際にはそれほど単純ではない．第一に，"同一3分子モデル"には，受光分子の光励起状態から隣の分子へと電子と正孔が移動（キャリヤー発生）する駆動力がないので，このままだと励起状態はただ基底状態に戻ってしまう．陽極側にドナー分子（p 型半導体分子），陰極側にアクセプター分子（n 型）を置き，無理矢理に電子と正孔をひっぱり出すことで，素子全体を分極させる必要が

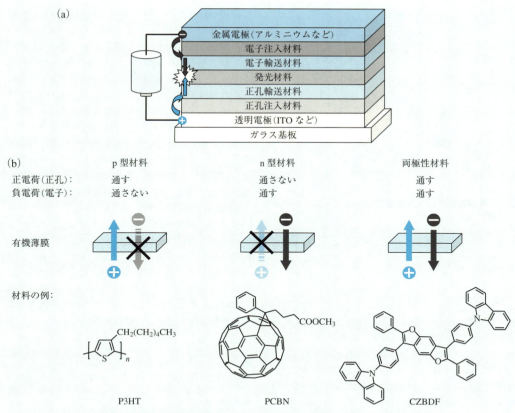

図 3 実用的有機 EL 素子の構造とそこに用いられる有機半導体．(a) 平面ヘテロ接合により多種類の半導体物質を積層した有機 EL 素子．(b) 有機半導体化合物の三つの類型．左から p 型，n 型，両極性型の例．

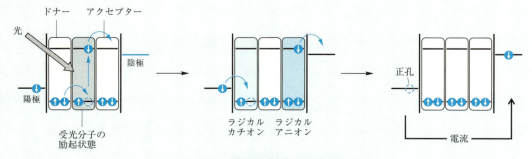

図 4 有機薄膜太陽電池の動作原理

ある（図 5 の受光層）．第二に，たった 1 分子の光吸収物質では十分な光吸収ができない．そこで真ん中の光吸収物質は最低 100 nm の厚さをもち，かつ青色から近赤外に至る広く強い吸収波長をもっていて，固体状態で寿命の長い励起状態（エキシトン）を形成できる物質である必要がある．この多層有機薄膜太陽電池の概念も Tang によって 1986 年に提案されたものである．有機半導体ポリマーのドナーを p 型半導体，フラーレン誘導体のアクセプターを n 型半導体として用いた有機薄膜太陽電池がよく研究されており，2017 年までに報告されている実験室レベルの素子の光電変換効率は最高で 12 % 程度である．

太陽電池と有機 EL 素子は原理的には関係が深いが，用途は大きく異なる．有機 EL 素子はテレビや照明など，もっぱら室内用途を念頭において開発さ

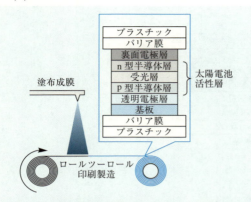

図5 多層有機薄膜太陽電池のロールツーロール印刷の模式図．真ん中のn型半導体層/受光層/p型半導体層の部分が太陽電池の中核をなす層で，図4の3分子モデルに相当する．受光層はp型とn型半導体の混合層であり，バリア膜は酸素や水の侵入を防ぐために必要である．

れている．一方，太陽電池は太陽光照射，極寒と酷熱，大面積という過酷な条件が前提となる．大面積の有機薄膜太陽電池シートは，図5に示すようにプラスチックシートの上に数層の膜を順次塗布していくロールツーロール(roll-to-roll)印刷という手法で生産される．ここでは実験室で開発した有機半導体を，印刷に適した物性をもつ"インク"という形に調製したうえで，塗りつけて膜が形成される．着色した有機物を10年以上太陽の下にさらすというだけで化学的には大きな問題をかかえているわけであるが，厚さ10～100 nmという有機物の膜を精度よく，かつ数メートル四方のプラスチックシートに何百枚，何千枚塗布すること自体が，高度の生産技術を必要とする工業プロセスである．

過去30年にわたる基礎研究の成果を基盤に，有機薄膜太陽電池は実用化段階を迎えている．成否を握るのが光電変換効率，素子寿命そして有機材料と製造技術の開発である．有機エレクトロニクスは研究の歴史が浅く，化学的にも物理学的にも未解明の部分が多い興味深い研究分野である．

有機物を利用した太陽電池としてはこのほかに，ルテニウム錯体の光化学反応を活用した色素増感太陽電池や鉛ペロブスカイト太陽電池などがあり，実用化に向けて世界中で研究が盛んに行われている．これら2種類の太陽電池はいずれもわが国が先鞭をつけて開発したものであり，日本の若手研究者の積極的な寄与が期待される研究分野である．

文献："有機半導体のデバイス物性"，安達千波矢編，講談社(2012)；C. W. Tang, S. A. VanSlyke, *Appl. Phys. Lett.*, **51**, 913 (1987)；松尾 豊，"有機薄膜太陽電池の科学"，化学同人(2011)；C. W. Tang, *Appl. Phys. Lett.*, **48**, 183 (1986)．

3

有 機 分 子 の 構 造

3・1 立 体 配 置

3・1・1 立体異性体とキラリティー

a. 立 体 異 性 体

分子式は同じであるが，構造の異なる化合物どうしを互いに**異性体**（isomer）とよぶ．さらに，異性体は**構造異性体**（constitutional isomer）と**立体異性体**（stereoisomer）とに分類される．前者は，エタノールとジメチルエーテルのように原子の結合順序が違う異性体である．一方後者は，以下に述べるように原子の結合順序は同じであるが空間配列が違う異性体である．立体異性体の三次元的な構造を決定し，物理的および化学的な性質との関連性を研究する分野を**立体化学**（stereochemistry）という．

立体異性には，**立体配座**（conformation）と**立体配置**（configuration）の2種類がある．

立体配座は，“単結合（部分二重結合を含む）の内部回転によって相互変換可能な原子の空間配列”と定義される．一般的な分子は無限の立体配座をとることができるが，そのうちエネルギー極小点に対応するものは**配座異性体**（conformational isomer または conformer）とよばれる．配座異性体は結合の内部回転によって相互変換し，それらを隔てるエネルギー障壁の高さによって，分光学的方法でのみ区別できる場合もあれば，別べつに単離できる場合もある．配座異性体の例を図3・1に示す．立体配座および配座異性体については§3・3で詳しく述べる．

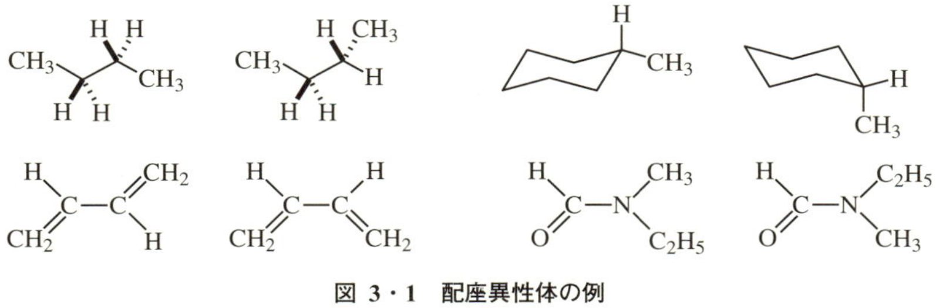

図 3・1　配座異性体の例

立体配置は“立体異性体を区別するための構造的な性質のうち，立体配座以外のもの”と定義される．立体配置の違いによって生じる立体異性体を**配置異性体**（configurational isomer）といい，そのいくつかの例を図3・2に示す．(a), (b)では，結合を切断してつなぎ替えない限り，一方の異性体を他方に変えることはできない．(c), (d)は二重結合に関する異性体であり，シス-トランスあるいは*E, Z*で表示する．(e), (f)の例のように，3配位原子の立体配置の違いによる異性体は，中心原子のピラミッド反転によって相互変換するので，**反転異性体**（inversion isomer）とよばれることもある．ただし，そのエネルギー障壁は中心原子の種類あるいは置換基によって大きく異なる．

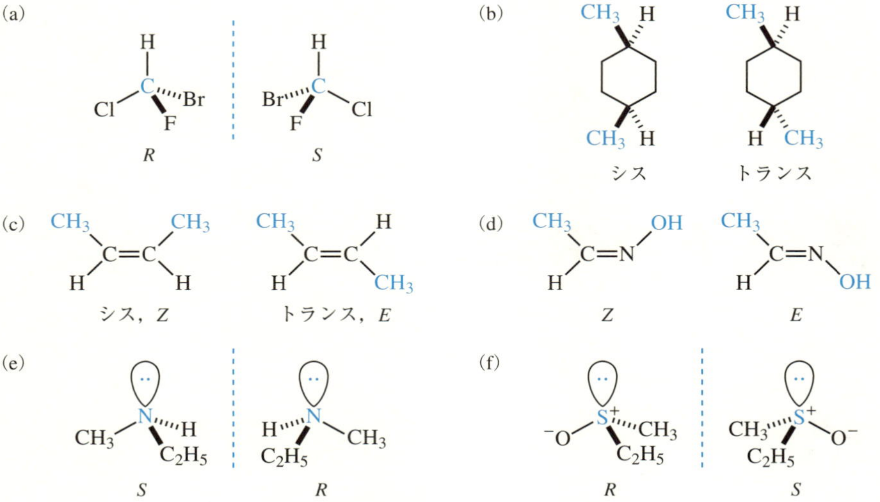

図 3・2 配置異性体の例

立体異性体の分類法として，その立体構造の実像と鏡像が互いに重ね合わせることのできない関係にあるかどうかを基準にする方法がある．二つの立体異性体についてこの関係が成り立つとき，それらは互いに**エナンチオマー**(enantiomer, 鏡像異性体ともいう)であり，そうでないときは**ジアステレオマー**(diastereomer, ジアステレオ異性体ともいう)である．比較する二つの立体構造が全く同一である場合，これらは互いに**ホモマー**(homomer)であるという．ホモマーは立体異性体ではないが，分子の間の立体化学的関係を説明する場合に便利な用語である．異性体および立体異性体の分類を図3・3の流れ図の形にまとめる．

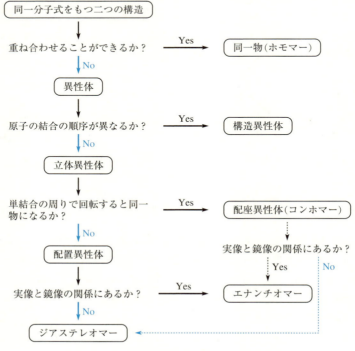

図 3・3 異性体の分類

3・1 立体配置

立体異性を生み出す構造的な性質のことを，**ステレオジェネシティー**（stereogenicity）とよぶ．gen とはラテン語で（何かを）生み出すという意味の言葉である．このような性質をもつ構造単位としては，中心，軸，および面があり，それぞれステレオジェン中心，ステレオジェン軸，およびステレオジェン面〔総称してステレオジェン単位（stereogenic unit）〕という．たとえば，図3・2(a)の炭素原子はステレオジェン中心であり，それに結合したどの二つの原子を入れ替えても立体異性体を生じる．各ステレオジェン単位に由来する立体異性体については，§3・1・2a, b で詳しく述べる．

b. キラリティーと対称性

ある構造がその鏡像と重ね合わせることができない性質を**キラリティー**（chirality）とよぶ．キラリティーをもつ構造は**キラル**（chiral）であるといい，そうでない構造は**アキラル**（achiral）であるという．したがって，すべての構造はキラルかアキラルかのいずれかである．

キラリティーはその構造の対称性と密接に関連している．対称操作には回転，鏡映，反転と回映の4種類があり，それぞれの対称性を規定する要素，すなわち対称要素は，回転軸，対称面，対称心と回映軸である（表3・1）．

表 3・1 対称要素

対称操作	対称要素	記号	操作
回 転	回転軸	C_n	その軸のまわりに $(360/n)°$ 回転
鏡 映	対称面	$\sigma\,(=S_1)$	その平面に対する鏡映
反 転	対称心	$i\,(=S_2)$	その点に関する反転
回 映	回映軸	S_n	その軸のまわりに $(360/n)°$ 回転し，ついでそれに直交する平面で鏡映

ある物体をその重心を通る一つの軸のまわりに $(360/n)°$ 回転させたとき，もとのかたちと同一になる場合，この軸を n 回**回転軸**とよび，C_n で表す（n: 回転の次数）．たとえば，クロロホルムでは C–H 結合を含む C_3 軸がある（図3・4a）．また，ベンゼンでは環平面に垂直な C_6 軸とその軸に直交する 6 本の C_2 軸がある（図3・4b）．

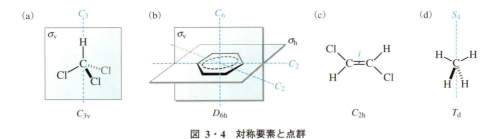

図 3・4 対称要素と点群

ある物体をその重心を通る一つの面に関して鏡に映したとき，もとのかたちと同一になる場合，この面を**対称面**とよび，σ で表す．回転軸（複数存在する場合は最も n が大きいもの）を含む対称面を σ_v（v: vertical），回転軸に垂直な対称面を σ_h（h: horizontal）で表す．クロロホルムには 3 枚の σ_v 面があり，ベンゼンには 6 枚の σ_v 面と 1 枚の σ_h 面がある（図3・4a, b）．ある物体をその重心に関して点対称の位置に反転させたときに，もとのかたちと同一になる場合，この重心を**対称心**とよび，i で表す（図3・4c）．

ある物体に対して回転 C_n，ついで鏡映 σ の操作を行ったとき，もとのかたちと同一になる場合，その回転軸を n 回**回映軸**とよび，S_n で表す（図3・4d）．この定義から，鏡映 σ は回映 S_1 と等価であ

り，反転 i は回映 S_2 と等価である．したがって，対称要素は C_n と S_n ですべて表すことができる．

対称面 σ や対称心 i をもつ構造がアキラルであることは容易に理解できる．一般に回映軸 S_n をもつ構造はアキラルである．一方，対称要素をもたない構造がキラルであることもわかりやすいが，回転軸だけをもつ構造もキラルである．すなわち，ある構造がキラルであるための必要十分条件は回映軸 S_n をもたないことである．キラルな構造の例を図3・5に示す．

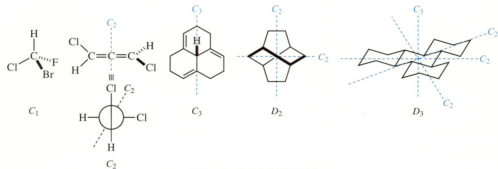

図 3・5　キラルな構造の例

構造のもつ対称要素の組合わせにより，その対称性を分類したものが**点群**(point group)である．代表的な点群表示は以下のとおりである．

C_1(対称要素なし)，C_s(σ のみ)，C_i(i のみ)

S_n(S_n のみ)，C_n(C_n のみ)

C_{nv}(C_n と n 枚の σ_v)，C_{nh}(C_n と σ_h)

D_n(C_n とそれに直交する n 本の C_2)

D_{nd}(D_n のものに加えて n 枚の σ_v)

D_{nh}(D_n のものに加えて n 枚の σ_v と σ_h)

T_d(正四面体の属する点群)，O_h(正六面体の属する点群)

このうち，キラルな点群は C_1, C_n, D_n である．具体的な点群の表示を図3・4および図3・5に示した．また表3・2にキラリティーと対称性および点群の関係をまとめる．

表 3・2　キラリティーと対称性および点群の関係

キラル	⟷	回映軸 S_n をもたない (C_1, C_n, D_n など)
アキラル	⟷	回映軸 S_n をもつ ($C_s, C_i, C_{nv}, C_{nh}, D_{nd}$, D_{nh}, S_n, T_d, O_h など)

3・1・2　さまざまな立体異性体

a. 中心性キラリティー

キラル中心とエナンチオマーの性質　一つの炭素原子に4種類の異なる原子あるいはアキラルな原子団(これらを総称してリガンドとよぶ)が結合している分子はキラルである(点群 C_1)．これは中心炭素が四面体構造であることに起因している．炭素四面体説が J. H. van't Hoff と J. A. Le Bel によって1874年に提案されたのも，当時議論の的であった乳酸 $CH_3CH(OH)CO_2H$ の光学異性体の存在を説明するためであった．このような炭素原子を不斉炭素原子(asymmetric carbon atom)とよぶが，炭素以外の原子である場合も含めて，一般的には不斉中心(asymmetric center)，または**キラル中心**

3·1 立 体 配 置　79

(chiral center)ともよぶ(以下キラル中心を用いる). キラル中心の存在によってキラリティーが発現
する場合を**中心性キラリティー**(central chirality)という. ある分子構造がキラルであれば, その構造
の実像と鏡像の関係にある立体異性体, すなわちエナンチオマーが必ず存在する(図3·6).

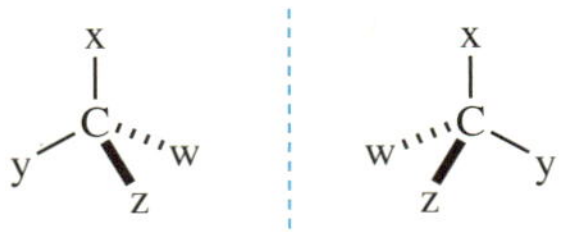

図 3·6　中心性キラリティーに基づくエナンチオマー

　エナンチオマーは平面偏光の偏光面を逆の方向に回転する性質をもつので, 旋光度の符号を用いて
エナンチオマーを区別することができる(§3·1·2c 参照). 入射光に向かって眺めた場合, 偏光面
を時計回りに回転する性質を**右旋性**(dextrorotatory)とよび, その旋光度の符号を正とする. 一方, 反
時計回りの場合は**左旋性**(levorotatory)とよび, 符号を負とする. たとえば, 右旋性と左旋性の乳酸
は, それぞれ (+)-乳酸および (−)-乳酸と表示する.

　Fischer 投影式と DL 表示法　　中心性キラリティーに基づくエナンチオマーの構造を図示するに
は, 立体構造式と Fischer 投影式(Fischer projection)がよく使われる. 乳酸の表示例を次に示す. 立
体構造式では, 紙面内の結合を通常の線で示し, 本書では紙面から手前および奥に向かう結合をそれ
ぞれ太線および太破線で示す(くさび形の線が使われることもある). Fischer 投影式は, キラル中心
の原子を紙面に置き4個のリガンドのうち2個が紙面の手前に左右に, 残りの2個が紙面の奥に上
下に並ぶように分子を置いて, 紙面上に投影したものである. Fischer 投影式で複数のキラル中心を
もつ炭素鎖を投影する場合には, 炭素鎖が上下に伸びるように, かつ酸化度の高い炭素が上方になる
ように表示する約束になっている.

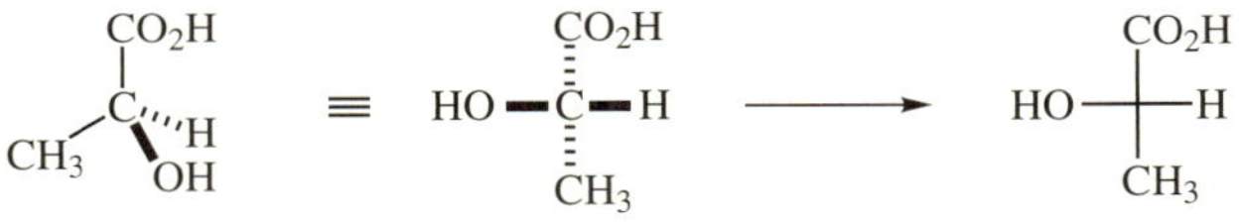

立体構造式　　　　　　透視図　　　　　　Fischer 投影式

　立体構造式や Fischer 投影式は両エナンチオマーを視覚的に区別することはできるが, 実測される
旋光度の符号との対応は不明である. この不便さを解消するため, かつて E. Fischer は (+)-グリセ
ルアルデヒドに対して任意に図3·7(a)の立体配置を帰属し, 小型大文字を用いて D 配置とよぶこと
を提案した. そのエナンチオマー(b)は L 配置となる. この立体配置を基準として, D-(+)- および
L-(−)-グリセルアルデヒドから化学変換によって関連づけられる化合物の立体配置は, それぞれ D

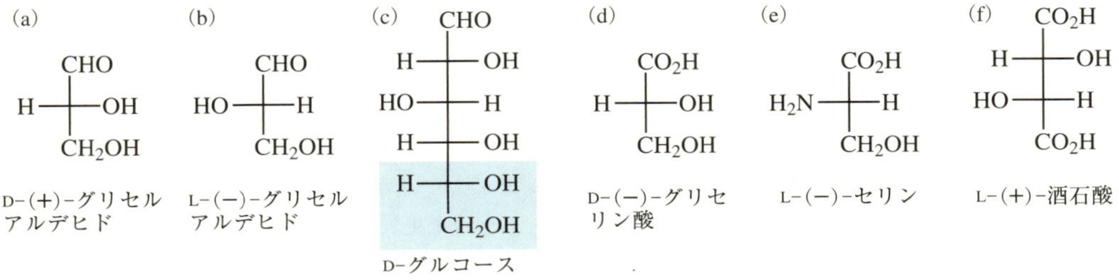

図 3·7　DL 表示法による立体配置の表示

およびLと決められた．グルコースのような糖類では，Fischer 投影式において一番下にあるキラル炭素原子に結合したヒドロキシ基が右側にあるものが D 系列となる(c)．グリセルアルデヒドを酸化して得られるグリセリン酸(d)の例でわかるように，DL 表示は旋光度の符号とは無関係である．

DL 表示法は α-アミノ酸に拡張され，(−)-セリンの立体配置を L とすることが決められた(図 3・7e)．ここでは，Fischer 投影式においてキラル炭素原子に結合したアミノ基が左側にある．これを基準にして他の α-アミノ酸の相対配置が定められた．生体内に存在するほとんどすべての α-アミノ酸は L 系列である．

絶対配置の表示法　1951 年，(+)-酒石酸ナトリウムルビジウム塩の X 線結晶構造解析における異常散乱効果から，(+)-酒石酸中の原子の三次元的な配列すなわち**絶対配置**(absolute configuration)が図 3・7(f)のように確定された．L-(+)-酒石酸と D-(+)-グリセルアルデヒドが逆の立体配置をもつことがわかっていたので，これによって Fischer らが任意に決めた帰属が偶然正しかったことが初めて実験的に証明された．

すべてのキラルな化合物に DL 表示法を適用することはできないので，化学的相関に依存しない一般的な立体配置の表示法が必要となってくる．この要請にこたえるために，IUPAC 規則に取入れられている **Cahn-Ingold-Prelog 法**(CIP 法)が提案された．この方法は以下の二つの手順からなり，絶対配置を R または S の記号で表示する．

[Cahn-Ingold-Prelog による表示法]

順位則の適用：以下の 1)～4)の順位則を順番に適用し，四つの異なるリガンドに順位をつける．

1) 原子番号の大きなほうが優位である．まずキラル中心に直結する原子について適用し，それで順位が決まらない場合は決まるまでキラル中心から結合鎖に沿って遠ざかる方向に順次適用していく．二重結合，三重結合はそれぞれ 2 本と 3 本の単結合で相手原子と結合しているとみなす．
2) 同位体では質量数の大きなほうが優位である．
3) Z は E より優位である．
4) R は S より優位である．

RS 表示：このようにして順位の決められた 4 個のリガンドの空間配列をキラリティー則に従って命名する．次に示すように，優先順位の最も低いリガンドからキラル中心に向かう結合の延長上に視点を置いて，優先順位 1, 2, 3 位のリガンドの並び方を見たとき，これが時計回りならば R(rectus)配置，反時計回りならば S(sinister)配置とする．

キラル中心は炭素原子である必要はない．Si, Ge などの 14 族元素を中心にもつ 4 配位化合物，あるいは N, P などの 15 族元素の第四級塩やオキシドなどの 4 配位化合物はいずれも四面体構造をとっており，四つのリガンドがすべて異なればキラルとなる．また，15, 16 族元素の原子に三つの異なるリガンドが結合した 3 配位化合物(アミン，ホスフィン，スルホニウム塩，スルホキシドなど)でも，エナンチオマーが存在する例が多く報告されている(§3・3・2c 参照)．これらの場合，中心原子上の非共有電子対が四面体構造の第四のリガンドであるとみなして，RS 表示法で表すことができる．順位則では，非共有電子対は最低順位のリガンドとして扱われる．

図 3・2 など本節中のいくつかの図中に RS 表示法の具体例を示す．

3・1 立 体 配 置

b. 中心性以外のキラリティー

軸性キラリティー　　アレン（**1a**）のa-C-b面とx-C-y面は直交しており，a≠b，x≠yならば，分子はキラルとなる（図3・8）．（**1b**）はそのエナンチオマーである．a＝x，b＝y，a≠bのときも分子はキラル（C_2）である．このように，分子を通る適当な軸のまわりにリガンドがキラルに配置されることによって分子にキラリティーが生じる場合を**軸性キラリティー**（axial chirality）とよび，その軸をキラル軸という．アレンの場合，C＝C＝Cを含む直線がキラル軸である．化合物（**2**）のように偶数個の累積二重結合をもつクムレンやスピロ環をもつ化合物（**4**）は，軸性キラリティーをもつ．

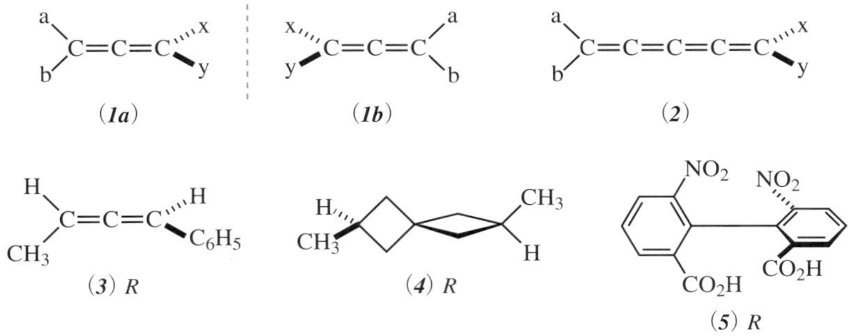

図 3・8　軸性キラリティーに基づくエナンチオマー

　二つのベンゼン環の両オルト位が非対称に置換されたビフェニル誘導体（**5**）では，ベンゼン環をつなぐ軸結合のまわりの回転が4個の嵩高いオルト置換基によって阻害される．その結果キラリティーが発現し，安定なエナンチオマーが単離される．このように，単結合の回転阻害によって単離可能な立体異性体のことを**アトロプ異性体**（atropisomer）という．

　軸性キラリティーをもつ分子の立体配置も RS 表示法で表すことができる．分子をキラル軸の延長方向から見て，順位則の細則である"目に近いリガンドは目から遠いリガンドに優先する"を適用してリガンドの優先順位を決める．あとは中心性キラリティーのときと同様な手順を適用する．たとえば優先順位がa＞b，x＞yとすると，（**1a**）を左方から見ると4個のリガンドの優先順位はa＞b＞x＞yとなり，立体配置は R となる．右方から見ても結論は同じである．同様に（**1b**），（**2**）はそれぞれ S, R である．

　同様な手順に従い，スピロ化合物やビフェニル誘導体の立体配置も RS の記号で表示することができる（図3・8）．ビフェニル誘導体の場合，以下に説明するヘリシティーに基づく M, P の記号で表示することもある．

面性キラリティー　　分子内のある面の表と裏で原子の配列が異なることによって生じるキラリティーを**面性キラリティー**（planar chirality）とよび，そのような面を**キラル面**という．面性キラリティーをもつエナンチオマーの例を図3・9に示す．ベンゼン環あるいは二重結合面の回転が阻害されるためにキラリティーが発現している．

　面性キラリティーをもつ分子の立体配置も RS 表示法で表すことができる．ベンゼン環や二重結合の面内の原子に直結している面外の原子のうち最も優先順位の高い原子を**パイロット原子**（図3・9中青矢印で示す）とする．このパイロット原子に直結している面内原子から出発し，優先順位が高い方向に原子をたどって1, 2, 3と番号をつける．パイロット原子から見て1, 2, 3が右回りに並んでいれば R，左回りならば S とする．図3・9のパラシクロファン化合物では右側が R，trans-シクロオクテンでは右側が S である．後者の化合物では，パイロット原子として矢印をつけたどちらの原子を選んでもよい．アレーンやアルケンの金属錯体も，置換基の位置と数によって面性キラリティーをも

つ場合がある.

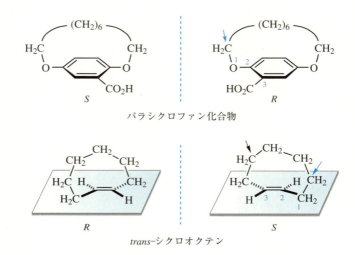

図 3・9 面性キラリティーに基づくエナンチオマー

ヘリシティー　らせん構造は，キラル軸をもつ特殊な構造とみることができる．ここでみられるキラリティーを特に**ヘリシティー**(helicity)あるいは**らせんキラリティー**(helical chirality)とよぶ．ヘリシティーに基づく立体配置は M, P の記号を用いて表示される．軸に沿って右回りにらせんが進む場合を P(plus)，その逆の場合を M(minus)で表す(図3・10a)．

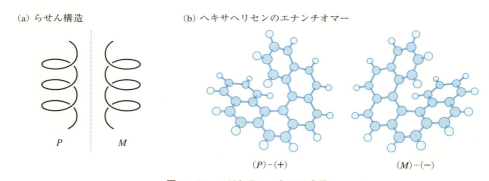

図 3・10　ヘリシティーと MP 表示

ヘリシティーをもつ典型的な例はヘリセンである．図3・10(b)のヘキサヘリセンの絶対配置は $(P)-(+)-$ または $(M)-(-)-$ と決定されている．図3・8のビフェニル誘導体(**5**)もヘリシティーをもつと考えて，立体配置を表示することができる．キラル軸に沿って同種の置換基が反時計回りに配置しているので，M の立体配置をもつ．

位相キラリティー　カテナン(catenane)のように複数の大きな環が鎖状に連結した化合物，あるいはノット(knot)のように一つの大きな環が結び目をつくっている化合物では，分子の空間的な位相の違いにより立体異性が発現する(位相異性)．位相的にキラルな立体異性体の例を図3・11に示す．二つの環が連結した[2]カテナンの場合，(a)のように置換基の導入により両方の環が方向性をもつとき，分子はキラルになる．また，三つ葉形ノット(b)は位相的にキラルであり，環を切断しない限りエナンチオマーに変換することはできない．これらの化合物は，鋳型を利用して合成され，実際にエナンチオマーが分割されている．

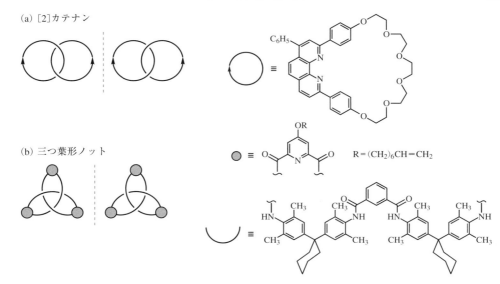

図 3・11 位相キラリティーに基づくエナンチオマー

c. エナンチオマーとラセミ体

キラル化合物の分析法　キラルな分子に固有の特徴として，平面偏光の偏光面を回転させる性質がある．これは，左右の円偏光に対する物質の屈折率が異なるために生じる性質である．一対のエナンチオマーは同じ角度だけ偏光面を回転させるが，その向きは互いに逆である．このような性質を示すことを旋光性または**光学活性**(optical activity)という．エナンチオマーを分析する他の方法として，CD スペクトルがある．エナンチオマーは，これらの分光学的な方法で得られる性質を除いて，その化学的・物理的性質は全く同じである．

旋光度は通常旋光計を用いて旋光角 α として測定され，比旋光度 $[\alpha]_\lambda^t$ あるいは分子旋光度 $[\phi]_\lambda^t$ で表される．これらの値は光の波長 λ，溶媒，温度 t によって変化する．ナトリウム D 線(589 nm)を用いたときの値で表示するのが一般的である．

比旋光度は，純粋なエナンチオマーを特徴づける物性値として重要であるほか，歴史的にエナンチオマーの構成比を見積もるためにも使われてきた．**光学純度**(optical purity)は (1) 式で定義され，ふつう**エナンチオマー過剰率**(enantiomer excess: ee)と近似的に等しい．

$$光学純度 = |[\alpha]/[\alpha]_{max}| \times 100 \quad (\%) \tag{1}$$

$$エナンチオマー過剰率 = |F(+) - F(-)| \times 100 \quad (\%) \tag{2}$$

ここで，$[\alpha]$ は試料の比旋光度，$[\alpha]_{max}$ は純粋なエナンチオマーの比旋光度，$F(+)$，$F(-)$ は $(+)$ および $(-)$ 体のモル分率を表す．しかし，注意すべきことに分子の会合などのため両者の直線性が良好でないことがあり，正確なエナンチオマー過剰率を求めるためにはキラル HPLC を用いるのがよい．

円偏光がキラルな試料を通過するとき，右向きと左向きの円偏光に対する吸収強度が異なり，通過した光が楕円偏光になる．この現象を**円二色性**(circular dichroism: CD)という．楕円偏光の程度は，両円偏光に対するモル吸光度の差すなわちモル円二色性 $\Delta\varepsilon$，または楕円角 θ から計算できるモル楕円率 $[\theta]$ で表される．これらを波長に対してプロットしたものが CD スペクトルである(図 3・12)．スペクトルの極値は紫外可視スペクトルの吸収極大波長の位置に一致し，その符号が $+$ のものを正の Cotton 効果，$-$ のものを負の Cotton 効果という．

絶対配置の決定法　キラルな化合物の絶対配置を決める方法は，絶対配置が既知の化合物と関

図 3・12 (＋)-10-カンファースルホン酸アンモニウムの CD スペクトル(正の Cotton 効果の例)

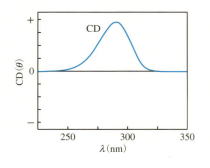
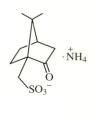

連づける方法と，独立に決定する方法とに大別される．前者では，絶対配置を決めたい化合物を絶対配置が既知の化合物に変換するか，逆にそれを既知化合物から合成するかのいずれかによって関連づける．そのさい，問題とするキラル中心の立体配置に影響を及ぼさない経路を選ぶことが必須である．絶対配置が既知のキラル中心を含む誘導体の結晶をつくり，そのX線結晶構造解析によって決定する方法もよく用いられる．独立に決定する方法としては，X線回折の異常散乱効果を用いる方法 (Bijvoet 法)がある．また，CD スペクトルの Cotton 効果は分子の立体化学を鋭敏に反映するため，経験則や理論的予測(励起子キラリティー法など)に基づいて絶対配置の決定に応用することができる．異常散乱効果と励起子キラリティー法の詳細については成書にゆずる．

ラセミ体 キラルな化合物において一対のエナンチオマーが等量存在する状態(ee＝0%)をラセミ体(racemate)とよぶ．ラセミ体は旋光性を示さず，光学不活性である．ラセミ体であることを特に示す場合には，化合物名の前に(±)-，rac- または(RS)- をつける．これに対し，一方のエナンチオマーが他方より多く存在している状態(ee≠0%)を非ラセミ体とよび，ふつう光学活性である．

気体，液体，溶液においてはラセミ体の物理的性質(たとえば沸点，屈折率，密度など)は，純粋なエナンチオマーのものとふつう同じであるが，固体中では状況が異なる．ラセミ体の結晶には**コングロメラート**(以前はラセミ混合物ともよばれた)，**ラセミ化合物**，**ラセミ固溶体**の3種類がある．これらの結晶の違いは，融点図で特徴づけられる(図 3・13)．

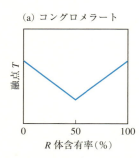
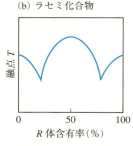
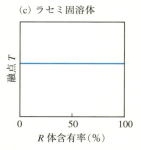

図 3・13 ラセミ体結晶の種類と融点図の例

全体としてはラセミ体であるが，個々の単結晶は一方のエナンチオマーのみからなる場合，その結晶をコングロメラートとよぶ．これは一種の共晶であり，融点は光学活性体より低い．この結晶を与える現象は**自然分晶**(spontaneous resolution)とよばれ，キラルな化合物の約 10% についてみられる．結晶の単位格子中に両エナンチオマーが同数ずつ含まれる場合，その結晶をラセミ化合物とよぶ．その物理的性質は光学活性体とは異なる．融点も光学活性体とは異なり，それより高い場合も低い場合もある．キラルな化合物の約 90% は，このラセミ化合物をつくる．両エナンチオマーの混晶として存在する場合，ラセミ固溶体とよぶが，その例はかなりまれである．その融点は，エナンチオマーの

比率が異なっても，全くまたはほとんど変化しない．

d. ジアステレオ異性

立体異性のうち，エナンチオ異性以外のものを総称して**ジアステレオ異性**(diastereoisomerism)といい，それに基づく異性体をジアステレオマーとよぶ．この用語はギリシャ語の dia（距離）を語源としており，分子内の原子や置換基間の距離に差があることによって生じる異性を意味する．ジアステレオマーは互いに異なる化学的・物理的性質をもっている．ジアステレオマーを区別するための立体配置を**相対配置**(relative configuration)とよぶ．

複数のキラル中心により生じるジアステレオ異性　分子内に n 個のキラル中心があれば，最高 2^n 個の立体異性体が存在する．たとえば，1,2,3-ブタントリオール $CH_3C^*H(OH)C^*H(OH)CH_2OH$ は 2, 3 位炭素がキラル中心であり，4 種の立体異性体が存在する．$(2R,3R)$ と $(2S,3S)$，および，$(2R,3S)$ と $(2S,3R)$ は互いにエナンチオマーであるが，それ以外のすべての組合わせは互いにジアステレオマーである．相対配置を表示したい場合は，RS の記号に * を添えて表示することがある．たとえば，$(2R,3R)$ と $(2S,3S)$ を区別しないときは，$(2R^*,3R^*)$ の表示記号を用いる．

2,3-ブタンジオールは 2, 3 位炭素がキラルであるが，可能な立体異性体は図 3・14 の 3 種類だけである．$(2R,3R)$ と $(2S,3S)$ はキラルで互いにエナンチオマーであり，$(2R,3S)$ はアキラルである．$(2R,3S)$ のように複数のキラル中心がありながら分子全体としてアキラルとなるものを**メソ体**といい，Fischer 投影式で上下対称になる特徴をもつ．鎖状化合物の立体配置を表示するために，炭素主鎖を紙面内のジグザグ線で，置換基を紙面の手前または奥に向かう結合で示す立体構造式がよく用いられる．ここで，主鎖の異なる炭素に結合している置換基が紙面に対して同じ側にあるときシン(syn)，反対側にあるときアンチ(anti)と表示する．たとえば，メソ体の 2,3-ブタンジオールでは二つのヒドロキシ基はアンチである．

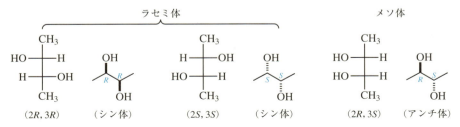

図 3・14　**2,3-ブタンジオールの立体異性体**

2,3,4-ペンタントリオールでは，一対のエナンチオマーと二つのメソ体の計 4 種類の立体異性体が可能である（図 3・15）．キラルな立体異性体，$(2R,4R)$ と $(2S,4S)$，では，3 位炭素は二つの同一リガンドが置換しているためキラル中心ではない．一方，メソ体では，3 位炭素に構造が同じで立体配置が異なるリガンド $-CH(OH)CH_3$ が結合している．このようなキラル中心は**疑似不斉炭素**(pseudo-asymmetric carbon)とよばれ，分子を鏡映してもその立体配置は変化しない．疑似不斉炭素の立体化学を表示するためには，絶対配置の表示法順位則4)を適用する必要があり，小文字の表示記号 rs を使う．

二重結合におけるジアステレオ異性　アルケン abC=Cxy において a ≠ b かつ x ≠ y の場合，幾何学的配置の異なる 2 種の異性体を生じる．この現象をシス-トランス異性* という．1,2-二置換ア

---

* 幾何異性ともよばれる（IUPAC では推奨されていない用語である）．

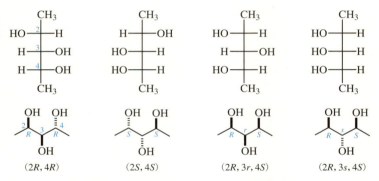

図 3・15 2,3,4-ペンタントリオールの立体異性体

ルケンでは，二つの置換基が同じ側にあればシス(cis)，反対側にあればトランス(trans)として表示する．さらに置換基が多い場合には，**EZ 表示法**を用いる．二重結合の末端原子のそれぞれに結合する基の優先順位を決め，優先順位の高い基どうしが同じ側にある場合は Z，反対側にある場合は E という接頭語をつけて区別する．奇数個の二重結合が連続したクムレン類 $abC=(C=C=)_n Cxy$ ($n=$ 偶数)でも，同様な立体異性体が可能である．

イミンやオキシムなどにおける C=N 結合，アゾ化合物の N=N 結合に関しても同様にシス-トランス異性体が存在しうる．オキシムのシス-トランス異性は，以前シン，アンチで表示されたこともあったが，混乱を避けるために EZ 表示を用いることが望ましい．図 3・16 に例を示す．

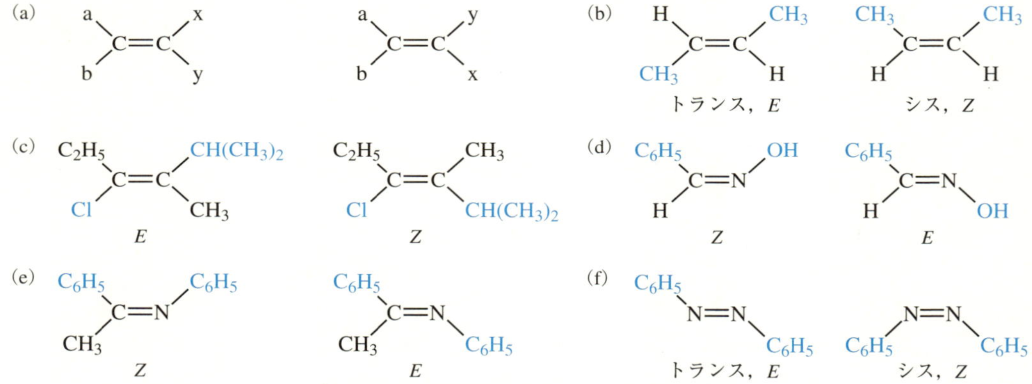

図 3・16 二重結合におけるシス-トランス異性と **EZ 表示**

環状化合物におけるジアステレオ異性　環状化合物では，異なる環原子に結合した二つの置換基の関係により，シス-トランス異性が生じる．環を正多角形として表示した場合の平均平面を基準として，二つの置換基が同じ側にあるものをシス，反対側にあるものをトランスとする（EZ 表示法は使わない）．

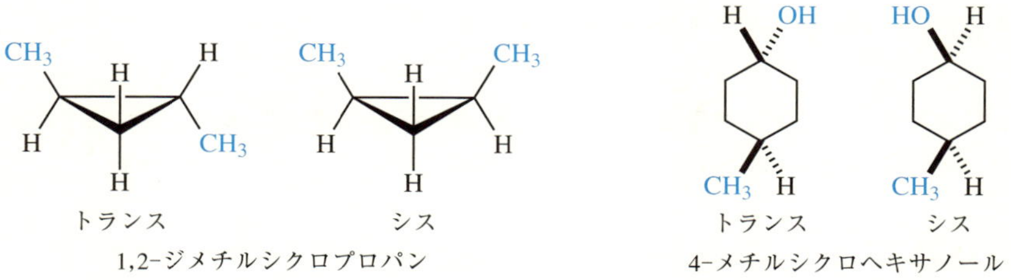

1,2-ジメチルシクロプロパン　　　4-メチルシクロヘキサノール

二環性構造としては，二つの環が1原子を共有するスピロ環(*4*, 図3・8)，2原子を共有する縮合環，および3原子以上を共有する架橋環がある．縮合環化合物の例としてはデカリンがあり，シス，トランスの異性体がある(§3・3・2b縮合環の立体配座参照)．架橋環をもつ化合物では，環構造中の置換基の位置関係によりジアステレオ異性が生じる．ビシクロ[2.2.1]ヘプタン系化合物を例にあげると，炭素数2の架橋にある置換基について，炭素数1の架橋に近いものをエキソ(exo)，遠いものをエンド(endo)で表示する．また，炭素数1の架橋にある置換基について，命名法で位置番号の小さい炭素数2の架橋に近いものをシン，遠いものをアンチで表示する．表示例を図3・17に示す．

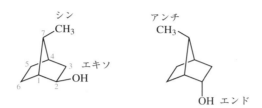

図3・17 架橋環化合物の立体化学表示

e. トピシティーとプロキラリティー

分子内の同一構造をもつリガンドどうしの立体化学的関係を表す用語として，**トピシティー**(topicity)がある．分子内の二つのリガンドがその分子に対する回転操作 C_n によって入れ替わる場合，これらは**ホモトピック**(homotopic)である．回映操作 S_n によってのみ入れ替わる場合，これらは**エナンチオトピック**(enantiotopic)，いかなる対称操作によっても入れ替わらない場合，これらは**ジアステレオトピック**(diastereotopic)である．

トピシティーを簡便に判定するには，対象となる二つのリガンドの一方および他方を同位体置換した二つの分子の立体化学的関係を調べればよい．それらの関係がホモマー，エナンチオマー，ジアステレオマーであれば，トピシティーはそれぞれホモトピック，エナンチオトピック，ジアステレオトピックである(図3・18a)．プロパンの場合，メチレン水素の一つを重水素に置換した2種類の生成物は互いにホモマーであるので，メチレン水素はホモトピックである．エタノールの場合，置換生成物は互いにエナンチオマーであるので，メチレン水素の関係はエナンチオトピックである．2-ブタノールの場合，置換生成物は互いにジアステレオマーであるので，メチレン水素の関係はジアステレオトピックである．

トピシティーは，また分子内の平面部の表と裏の関係を示すためにも用いられる．カルボニル基の平面については，アキラルな求核剤(たとえば重水素化物イオン D^-)がこの面の表と裏から付加した場合に生じる2種類の生成物の立体化学的関係から判定することができる(図3・18b)．たとえば，アセトンのカルボニル基平面に対して D^- が表および裏から付加した生成物は互いにホモマーであるので，面の関係はホモトピックである．アセトアルデヒドの場合は，付加生成物は互いにエナンチオマーであり，面の関係はエナンチオトピックである．このような一対の面をエナンチオ面という．3-メチル-2-ペンタノンの場合，付加生成物は互いにジアステレオマーであり，面の関係はジアステレオトピックである．このような一対の面をジアステレオ面という．

トピシティーは，ある化合物に対して置換反応や付加反応を行った場合，生成物の立体化学的な関係を知るために役立つ．また，リガンドのトピシティーは，NMRスペクトルにおけるシグナルの等価性に密接に関連している．ホモトピックまたはエナンチオトピックなリガンドのシグナルは等価であるが，ジアステレオトピックなリガンドのシグナルは非等価になる．したがって，2-ブタノール

88   3. 有機分子の構造

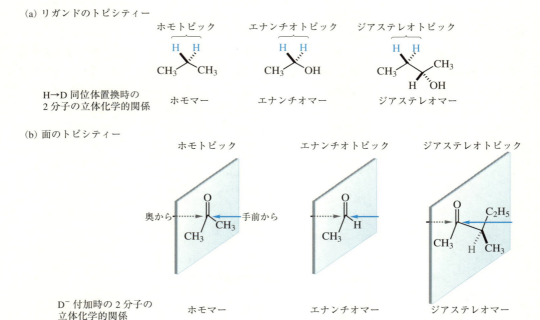

図 3・18 リガンドと面のトピシティー

の3位のメチレン水素原子は，非等価な複雑なシグナルとして観測される．

　エナンチオトピックなリガンドの一方を別のアキラルなリガンドで置換すると，キラルな分子が生成する．エナンチオ面にアキラルなリガンドが付加した場合も同様である．分子のもつこのような幾何学的な性質を，キラルな分子の生成の前段階という意味で**プロキラリティー**(prochirality)という．プロキラルな分子中のエナンチオトピックなリガンドやエナンチオ面は以下の方法で表示する．立体選択的な反応において，リガンドや面を区別するときに使われる．

　エナンチオトピックなリガンドの一方に注目して，それが他方のリガンドよりも優位であるとして順位則を適用したときに，その立体配置が R となる場合，そのリガンドは *pro-R* であるといい，一方，S になる場合にはこれを *pro-S* であるという．たとえば，図 3・19(a) のエタノールにおいて，H^A は *pro-R*，H^B は *pro-S* である．

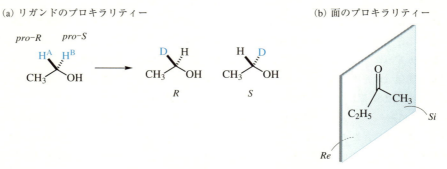

図 3・19 プロキラリティーとその表示

　エナンチオ面の中心原子に結合する3個のリガンドに順位則に従って順位をつけ，高順位から低順

位のリガンドが右回りに並んでいる場合その面を Re 面，左回りに並んでいる場合その面を Si 面という．図 3・19 (b) の 2-ブタノンの場合，カルボニル平面の右側の面が Si 面，左側の面が Re 面である．

3・2 分子のひずみ

3・2・1 ひずみとその評価

　分子のひずみは，標準値に比べて不利な結合距離，結合角やねじれ角をもつことにより生じるエネルギーの増加を意味する．ひずみの生じるおもな原因として，小員環の形成と立体障害がある．一般に，構造の変化に必要なエネルギーはねじれ角，結合角，結合距離の順に増加する．

　歴史的には Baeyer の張力説（1885 年）に起源を求めることができる．A. von Baeyer は，シクロプロパンが通常の炭化水素と違って反応性に富む理由を，C–C–C 角が正四面体角 109.5° から 60° に小さくなることによってひずみを生じたためであると考えた．さらに，一般にシクロアルカンを平面正多角形と考え，その内角と正四面体角との差が大きいほどひずみが大きいと考えた．このモデルでは，シクロペンタンが最もひずみが小さく，これより環が小さくても大きくてもひずみが増すことになる．その後，シクロプロパン以外のシクロアルカンは平面構造ではないことがわかり，Baeyer の説をそのまま受け入れることはできなくなったが，ひずみの概念を初めて有機化学に導入した功績は大きい．一般に結合角が通常の原子価角からずれることによって生じるひずみを，**角ひずみ**（または **Baeyer ひずみ**）という．角ひずみは小員環をもつ分子や堅固な環状構造をもつ場合にしばしばみられる．

　嵩高い置換基が分子内で近接せざるをえないような場合，立体的混み合いによってひずみが生じる．このひずみは，非結合原子間の反発的相互作用に基づくと考えられ，**立体ひずみ**（または **van der Waals ひずみ**）とよばれる．一般的には，二つのリガンドがそれぞれのリガンドの van der Waals 半径の和以内に接近しているかどうかで，立体ひずみの有無を評価することができる（たとえば，Cl と H の場合，原子間距離が 180 + 120 = 300 pm 以下かどうか）．大きな立体ひずみが生じる場合，分子は構造を変化させて，局所的なひずみを分子全体に分散させるように変形する．ねじれ角のひずみは，エネルギー極小に相当する立体配座からのずれによって生じるもので，**ねじれひずみ**（または **Pitzer ひずみ**）という．配座変換に必要なエネルギーは通常小さいので，ねじれ角の変化は最も容易に起こる．ねじれ角や結合角の変化で立体ひずみが十分に緩和できない場合に初めて，結合距離の変化が顕著になる．実際の分子の構造やエネルギーはこれらの因子の釣合によって決まる．分子力学法（付録 1 参照）を用いると各因子の寄与を定量的に評価することができるが，通常は因子に分割することなくひとまとめにして考察することが多い．

　ひずみの大きさは，**ひずみエネルギー**（strain energy: SE）を尺度として評価することができる．ひずみエネルギーは，問題とする分子の内部エネルギーと，その分子と同じ原子配置をもち，かつひずみの全くない仮想的な分子の内部エネルギーとの差として表される．内部エネルギーは適当な基準からの相対値でよく，たとえば，実測される燃焼熱，あるいはそれから計算される分子生成熱がよく用いられる．

　表 3・3 は，熱量計で実測されたシクロアルカンの燃焼熱 H_c をメチレン基 CH_2 1 個当たりに換算したエネルギーを示す．シクロヘキサンにはひずみがないと仮定して，その数値 658.6 kJ mol^{-1} を差し引くと，メチレン 1 個当たりのひずみエネルギーが求められる．これに炭素数 n をかけた数値が，分子のひずみエネルギーに相当する．シクロプロパン，シクロブタン（小員環）は非常に大きな値をもつ．また，8〜11 員環（中員環）でもひずみがあることがわかる．これは分子内の遠い位置にあるメチレンどうしの反発的な相互作用によるひずみに由来し，**渡環ひずみ**（transannular strain）とよばれる．

このひずみは 12 員環以上（大員環）になるとほとんど解消される．

表 3・3　シクロアルカン C_nH_{2n} の燃焼熱 H_c とひずみエネルギー SE[†1]

n	H_c/n	$H_c/n-658.6$[†2]	SE	n	H_c/n	$H_c/n-658.6$[†2]	SE	n	H_c/n	$H_c/n-658.6$[†2]	SE
3	697.1	38.5	115.5	7	662.3	3.7	25.9	11	662.7	4.1	45.1
4	686.2	27.6	110.4	8	663.6	5.0	40.0	12	659.8	1.2	14.4
5	664.0	5.4	27.0	9	664.4	5.8	52.2	14	658.6	0.0	0.0
6	658.6	0.0	0.0	10	663.6	5.0	50.0	16	659.0	0.4	6.4

[†1] 単位は $kJ\,mol^{-1}$.
[†2] 658.6 はシクロヘキサン（$n=6$）におけるメチレン 1 個当たりの燃焼熱.

　程度の差はあるもののひずみはあらゆる分子に存在し，その分子の構造，エネルギー，反応性に影響を与えている．以下，高いひずみをもつ化合物の具体例を示し，分子構造に対するひずみの効果をみていく．

3・2・2　高ひずみ化合物
a. ひずんだ飽和炭素をもつ化合物

　シクロプロパンは，その大きなひずみのために通常のアルカンとはかなり異なる構造上の特徴をもつ．C−C 結合距離は 150.9 pm（標準値 154 pm）でやや短く，H−C−H 角は 114.5°と広がっている．理論計算によれば，C−H 結合をつくる炭素の軌道は s 性が高く sp^2 混成に近い．一方，C−C 結合をつくる軌道は sp^5 混成に近く，炭素核を結ぶ直線上から 22°外側にでている．このようなシクロプロパンの C−C 結合は湾曲結合（またはバナナ結合）とよばれ，σ 結合と π 結合の中間の性質をもっているため，反応性に富む．

シクロプロパンの湾曲結合

　NMR において直接結合した ^{13}C と ^1H の間のスピン結合定数 $^1J_{C-H}$ を測定すると，炭素原子の混成状態を見積もることができる．すなわち，C−H 結合をつくる炭素の混成軌道の s 性と $^1J_{C-H}$ との間に以下の関係が成り立つ．

$$\text{s 性}(\%) = 0.2 \times {}^1J_{C-H}\ (\text{Hz}) \tag{3}$$

シクロプロパンの $^1J_{C-H}$ は 162 Hz であり，(3) 式からその C−H 結合の s 性を求めると 32.4% となるので，ほぼ sp^2 混成であると考えてよいことがわかる．

　二つのシクロプロパンが頂点を共有したスピロ[2.2]ペンタン，辺を共有したビシクロ[1.1.0]ブタンは非常にひずみのかかった分子で，それらの SE はシクロプロパンの値の 2 倍以上である．ビシクロブタンでは中央の C−C 結合はほとんど s 性をもたず，逆に両端の C−H 結合は 40% 近い s 性をもっている．テトラヘドランの SE は 586 kJ mol^{-1} にも達し，通常の C−C 単結合の結合エネルギー（エタンの場合 366 kJ mol^{-1}）をはるかに上回る．母体化合物は未だ合成されていないが，そのテトラ-t-ブチル誘導体は 1978 年に合成された．四つの t-ブチル基がテトラヘドラン骨格の開環異性化を抑制している．この事実は SE が大きく熱力学的に不安定な化合物であっても，それが異性化したり

他の反応剤と反応したりして，他の化合物に変化する際のエネルギー障壁が十分に高ければ，安定に単離できることを示している．このような安定化を速度論的安定化または立体保護という．

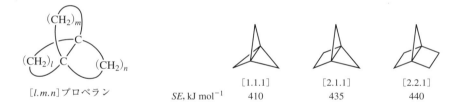

	[2.2]スピロペンタン	ビシクロ[1.1.0]ブタン	テトラヘドラン
SE, kJ mol^{-1}	255	268	586

C–C結合に3本のメチレン鎖が架橋したトリシクロ[$l.m.n.$0]アルカンは[$l.m.n$]プロペランとよばれ，数多くの化合物が合成されている．なかでも3員環，4員環を含むプロペランは大きなひずみをもち，特異な性質を示す．プロペランのSEは[1.1.1]，[2.1.1]，[2.2.1]誘導体の順に大きくなる．[2.1.1]，[2.2.1]プロペランは不安定で低温マトリックス中で単離同定されているだけであるが，[1.1.1]プロペランは室温でも安定な化合物である．これらの化合物の橋頭位の炭素から伸びる4本の結合は，橋頭位炭素を含むある平面の一方の領域だけに存在しているので，このような炭素を**反転炭素**という．[1.1.1]プロペランは，さまざまな条件下で，中央のC–C結合が切れてひずみが軽減されるような反応を起こす．

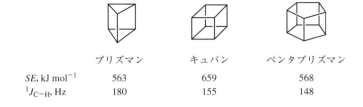

	[1.1.1]	[2.1.1]	[2.2.1]
SE, kJ mol^{-1}	410	435	440

正多角柱構造をもつプリズマン，キュバン，ペンタプリズマンも大きなひずみをもつ化合物であるが，いずれの骨格も母体化合物が合成されている．これらの化合物についてデータを比較すると，CH一つ当たりのひずみは93.8, 82.3, 56.8 kJ mol^{-1}と軽減されるにつれて，C–H結合をつくる炭素原子の混成のs性が減少していることが$^1J_{C-H}$の値からわかる．

	プリズマン	キュバン	ペンタプリズマン
SE, kJ mol^{-1}	563	659	568
$^1J_{C-H}$, Hz	180	155	148

四面体炭素どうしの結合の標準的な結合距離は154 pmである．しかし，顕著な立体ひずみや炭素原子の混成の変化があれば，この結合距離はかなりの範囲で変動する（図3・20）．異性化を阻害するために多数のt-ブチル基を導入したヘキサフェニルエタン誘導体（**6**）では，ビシナルのフェニル基間の立体障害などのため，中央のC–C結合の距離は167 pmと長くなり，アセナフチレン骨格をもつ（**7**）では180 pm以上になる．一方，テトラヘドランを二つ連結した化合物（**8**）では，中央のC–C結合は炭素の混成軌道のs性が高いため，結合距離が非常に短い（144 pm）．

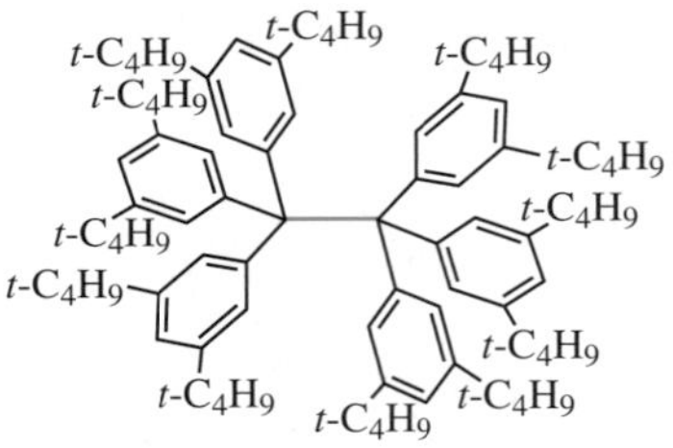

図 3・20 非常に長い〔(6) および (7)〕または短い (8) $C_{sp^3}-C_{sp^3}$ 単結合をもつ化合物

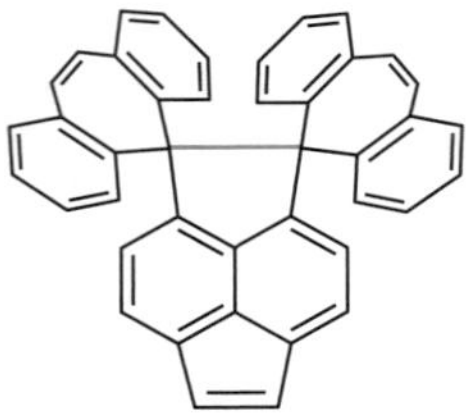

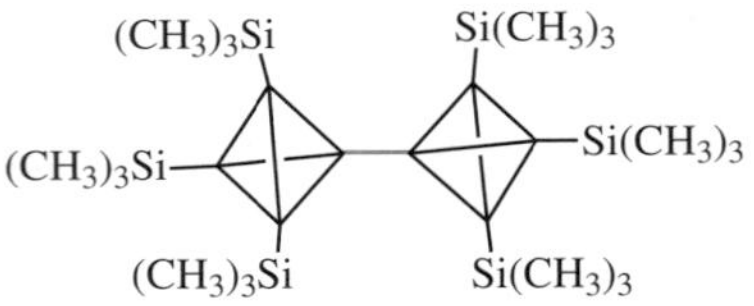

b. ひずんだπ結合をもつ化合物

アルケン，アルキンのひずみ　炭素－炭素二重結合は sp^2 混成軌道でできるσ結合とこれに垂直な p 軌道でできるπ結合からなる．アルケンのσ骨格は本来平面である．しかし，ほかに何らかの構造的な要因があると，この平面構造はさまざまな様式で変形し，それに伴ってひずみが生じる．以下に，二重結合炭素が小員環に含まれるいくつかの例を示す．シクロプロペンとメチレンシクロプロパンの SE は，シクロプロパンのものよりかなり大きいが，4 員環化合物シクロブテンとメチレンシクロブタンではシクロブタンとさほど違わない．シクロプロペンは液体窒素温度では安定に存在するが，−80 °C 以上では速やかに重合する．メチレンシクロプロパンやシクロブテンは室温で安定な化合物である．計算によれば，いずれの化合物でも二重結合部分の平面性が保たれており，ひずみの大部分は平面内での結合角の変形である．

SE, kJ mol^{-1}　　シクロプロペン　メチレンシクロプロパン　シクロブテン　メチレンシクロブタン
　　　　　　　　　　　220　　　　　　　　172　　　　　　　　119　　　　　　　　97

ひずみによって，二重結合部分の平面外への変形が生じることも多い．図 3・21 に示すように，その基本的な様式には，各炭素原子が平面を保ちながら互いにねじれるツイスト形(a)，炭素原子が平面性を失って三角錐化し同じ側に変形するシン-ベント形(b)，反対側に変形するアンチ-ベント形(c)の 3 種類があるが，実際には(d)や(e)のようにねじれと三角錐化が複合する場合が多い．

図 3・21　二重結合の変形の様式

二重結合に嵩高い置換基が結合すると，置換基間の立体反発による変形が起こる．cis-2-ブテンではメチル基間の反発のため C=C−C の結合角が 127°に広がる．cis-1,2-ジ-t-ブチルエチレンでは結合角が 135°となるが，面外への変形はほとんど起こらない．トリ-t-ブチルエチレンになると二重結合が約 16°ねじれてくる．四置換エチレンではしばしば非常に大きなねじれが観測される．X 線結晶構造解析によって構造が明らかになっているいくつかの例を，C=C 結合距離とねじれ角（二つの sp^2 炭素平面のなす角）とともに図 3・22 に示す．ねじれ角の増大とともに C=C 結合が長くなる傾向がみられる．特に第三級アルキル基が 4 個結合したエチレンのねじれは非常に大きく，それら

の合成は困難である．テトラ-t-ブチルエチレンの合成は数多く試みられてきたが，まだ達成されていない．計算によると，SE は 407 kJ mol^{-1} であり，二重結合は 43〜45°ねじれているが三角錐化は起こらないと予測されている．

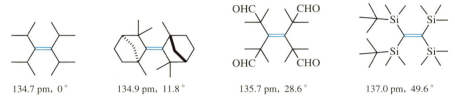

図 3・22　四置換エチレン誘導体の C=C 結合距離とねじれ角

trans-シクロオクテンは，室温で安定に単離できる最小の *trans*-シクロアルケンである．図のように，その二重結合部は大きくねじれるとともに若干の三角錐化を受ける．トランス体はシス体より 38 kJ mol^{-1} 不安定であることが水素化熱の測定から示されている．こうしたシクロアルケンにおいては環が大きくなるにつれシス-トランス異性体のエネルギー差は減少し，11 員環以上ではトランス体のほうが安定となる．環の小さい誘導体は不安定であり，*trans*-シクロヘプテンは低温でスペクトルが観測され，*trans*-シクロヘキセンに至っては捕捉実験によってその存在が推測されるにすぎない．

橋頭位炭素が二重結合に含まれるビシクロアルケン類は橋頭位アルケンとよばれ，環が小さくなるとひずみが増大して不安定になる．ピナンやカンファンの誘導体の研究から，このような橋頭位アルケンは存在しないと提唱され(**Bredt 則**)，のちに *trans*-シクロアルケン部分が 8 員環以上であれば安定な化合物として単離できるとの仮説が出され，現在でもこれが定性的に受け入れられている．Bredt 則を定量的に議論するために，**アルケンひずみ**(alkenic strain，オレフィンひずみともいう)の概念が導入された．アルケンひずみはアルケンとそれに対応するアルカンのひずみエネルギーの差として定義される．図 3・23 に代表的な橋頭位アルケンとそれらのアルケンひずみを示す．一般に，アルケンひずみの値が 71 kJ mol^{-1} 以下であれば室温で単離可能，71〜88 kJ mol^{-1} の場合は低温でのみ観測可能，88 kJ mol^{-1} 以上であれば不安定で反応中間体として捕捉されるだけである．図中のビシクロ[2.2.2]アルケンおよびビシクロ[3.2.1]アルケンは不安定な分類に属するが，分子でつくったカプセル中に閉じ込めるとかなり安定化され，室温でスペクトルが測定されている．

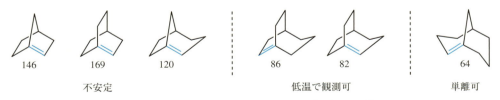

図 3・23　橋頭位アルケンとアルケンひずみ(kJ mol^{-1})

三角錐化が変形の主体となる例をいくつか示す．ビシクロ[1.1.0]ブテン (**9**, SE 544 kJ mol^{-1}) は未知化合物であるが，計算によれば二重結合は非平面である．この構造に架橋を加えた (**10**) は反応中間体として存在し，アントラセンとの [2+4] 付加体が確認されている．(**11**) は $n=1$ の化合物は反応

中間体としての存在が，$n = 2$ の化合物は 10 K でのマトリックス単離により分光学的に確認されている．ジエン (*12*) は室温で安定に単離され，X 線結晶構造解析によると向かい合う二つの C=C 部の間隔は 240 pm である．(*11*), (*12*) の二重結合部の変形は，おもにシン-ベント形の三角錐化である．

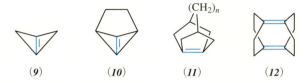

シクロアルキンのうち，安定に単離された最小の無置換体はシクロオクチン (*13*) である．一方，置換基をもつ場合には 7 員環化合物テトラメチルシクロヘプチン (*14*) が単離されている．ここでも四つのメチル基が速度論的な安定化に寄与している．さらに環の小さい (*16*), (*17*) は，捕捉実験により反応中間体としてのみ確認されている．アルキン炭素の変角の程度は，^{13}C NMR の化学シフトから見積もることができる．C−C≡C の結合角が 180° から小さくなるにつれて，炭素原子の混成が sp から sp^2 に変化するため，シグナルの低磁場シフトが観測される．たとえば，(*15*) の sp 炭素の結合角は 146° であり，その NMR シグナル (δ 108.5) はひずみのない 3-ヘキシン (δ 80.9) に比べてかなり移動している．

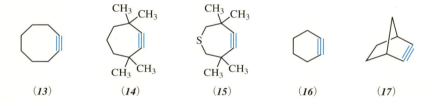

芳香環のひずみ　芳香環に嵩高い置換基を導入したり，環構造を組込んだりすると，ひずみによってさまざまな構造変形が起こる．変形の様式は，面内と面外に大別される．

ベンゾシクロプロパン (*18*) はかなり *SE* が大きい (285 kJ mol^{-1}) が，室温で単離可能であり，低温で X 線結晶構造解析が行われた．3 員環に縮合した C$_{sp^2}$−C$_{sp^2}$ 結合距離は 133.4 pm，3 員環内の C$_{sp^2}$−C$_{sp^2}$−C$_{sp^3}$ 角は 63.6° であり，大きな面内の変形を受けている．1,2,4,5-テトラ-*t*-ブチルベンゼン (*19*) は約 126 kJ mol^{-1} の *SE* をもち，オルト位の *t*-ブチル基間の反発のため結合角 θ は 130° に広

がり，$C_{sp^2}-C_{sp^3}$ 結合距離は 156.7 pm と長くなっているが，ベンゼン環は平面性を保っている．1,3,6,8-テトラ-t-ブチルナフタレン (**20**) では，ペリ位の t-ブチル基は相互反発のためナフタレンの平均平面の上下へ大きくずれており，1,8 位炭素もやはり上下にずれて芳香環は面外に変形している．

芳香環が多数縮合した炭化水素類は，構造によって特徴的な非平面構造をとる．ヘキサヘリセン (**21**) は末端ベンゼン環の重なりのために平面になれないので，上下にずれてらせん構造をとりキラルになる (§3・1・2b)．そのラセミ化の活性化エネルギーは約 150 kJ mol^{-1} であり，ラセミ化は 100 °C 以上でも容易に進行しない．コラヌレン (**22**) は，フラーレン C_{60} の一部に相当する構造をもつ興味ある分子である．芳香環部が連続的に湾曲してボウル状構造をしており，中心 5 員環平面と周辺 10 個の炭素原子のなす平面との距離は 87 pm である．ボウル反転のエネルギー障壁は約 40 kJ mol^{-1} と非常に低い．ペンタセン誘導体 (**23**) は，周辺部の置換基の立体障害の影響で，アセンの長軸に沿って 144° ねじれた構造をもつ．その結果，分子はキラルになり，室温でエナンチオマーを単離することができる．室温でゆっくりとラセミ化し，その障壁は 100 kJ mol^{-1} である．

ベンゼン環のパラ位を n 個のメチレン鎖で架橋した化合物を [n]パラシクロファンとよぶ．n が 6 以上のものは安定に単離されているが，n が 4〜5 のものは不安定で，存在が確認されるにとどまっている．n が小さいものではベンゼン環は舟形に折れ曲がっている (図 3・24)．

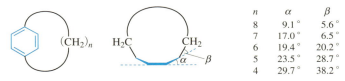

図 3・24 [n]パラシクロファンにおけるベンゼン環のひずみ

3・3 立 体 配 座

大部分の有機化合物は多数の配座異性体をもち，それらの混合物として存在する．配座異性体間の変換はふつう非常に速いが，化合物の本来の性質を理解するためには配座異性体の存在を考えなければならない．各配座異性体の立体配座を決定し，それらの安定性，反応性や物理的性質などを評価することを**配座解析** (conformational analysis) という．代表的な有機分子の立体配座と，配座解析を行うためによく使われる実験法および経験則を以下に述べる．

3・3・1 立体配座の基礎と解析法

a. 立体配座とその表示法

一つの単結合を回転させると，連続的に変化する無数の立体配座ができる．立体配座が存在する最も簡単な有機分子の一つであるエタンを例にとると，任意の H-C-C-H の結合鎖を選び，そのねじれ角 θ を変化させると，それにつれて分子のポテンシャルエネルギーが変化する．エネルギーが最小となるのは $\theta = 60, 180, 300°$ のときで，この立体配座を**ねじれ形配座** (staggered conformation) とよぶ．一方，エネルギーが極大となるのは $\theta = 0, 120, 240°$ のときで，この立体配座を**重なり形配座** (eclipsed conformation) とよぶ．両立体配座のエネルギー差すなわち C-C 結合の回転障壁は約 12 kJ mol^{-1} である．このエネルギー差が生じる要因として，C-H 結合電子間の反発による重なり形配座の不安定化のほかに，$\sigma_{CH}-\sigma_{CH}^*$ 相互作用によるねじれ形配座の安定化があげられる．

立体配座を図示するために Newman 投影式がよく使われる．立体配座を考慮する結合の軸に沿っ

て構造を投影したもので，手前の原子に結合したリガンドへの結合を円の中心から，奥の原子に結合したリガンドへの結合を円の後方にあるように表示する．エタンのねじれ形配座の例を次に示す．三つのC–H結合が交わる円の中心点に手前の炭素原子が位置し，遠い炭素原子はその後方にある．

Newman 投影式

ブタンの中央のC–C結合の内部回転によるポテンシャルエネルギーの変化を図3・25に示す．エネルギー極小に相当する3種類のねじれ形配座のうちねじれ角 $\theta = 180°$ の立体配座 (アンチ配座またはトランス配座) が最も安定であり，$\theta = 60°$ と $300°$ の立体配座 (ゴーシュ配座) はアンチ配座より $3.5\ \mathrm{kJ\ mol^{-1}}$ 不安定である．一方，エネルギー極大の立体配座も3種類あり，そのうちメチル基どうしが重なった立体配座 ($\theta = 0°$) が最も不安定であり，$\theta = 120°$ と $240°$ の立体配座がそれに続く．このように，分子のポテンシャルエネルギーはC–C結合のまわりのねじれひずみ，およびメチル基間の立体反発の大きさに支配されている．

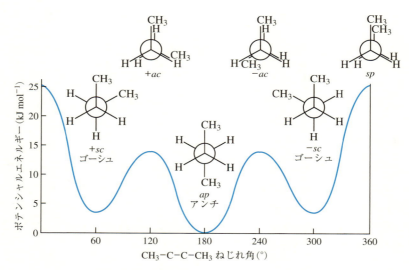

図 3・25　ブタンのポテンシャルエネルギー図

分子の立体配座を表示するうえで，ブタンのような簡単な場合にはアンチ，ゴーシュという用語で事足りるが，複雑な分子においてより一般的な方法が必要である．このために提案されたのが Klyne–Prelog 表示法であり，以下の手順に従う．

[Klyne–Prelog 表示法]

まず，注目する結合の両端の各原子に結合したリガンドから，ねじれ角を決めるための基準を次の方法で選ぶ．

1) リガンドがすべて異なる場合は，CIP 順位則で最も優先順位の高いもの
2) 一つだけ他と違う場合は，そのリガンド
3) 三つとも同じ場合はねじれ角が一番小さくなるリガンド

つづいて，このようにして選んだ二つのリガンドのつくるねじれ角を調べる．Newman 投影式で手前の基準リガンドを上向きに置いた場合，奥側のリガンドがどこの領域に位置するかを，図 3・26 (a) の +/−，(b) のシン (syn)/アンチ (anti)，(c) のペリプラナー (periplanar)/クリナル (clinal) を組合わせて表示する．つまり，図 3・26 (d) に示すようにいくつかの領域に分類され，各領域の立体配座は $+sc$，$-ac$ などの略号で表示される．ブタンの各立体配座の表示を図 3・25 に，ほかのいくつかの例を図 3・26 (e) にあげる．

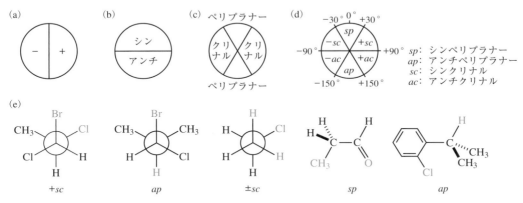

図 3・26 Klyne-Prelog 表示法および立体配座表示の例

b. 配座平衡

ほとんどの化合物は，複数の配座異性体の平衡混合物として存在している．この平衡組成を決定するとき，用いる観測手段の時間尺度*と配座異性体間の相互変換の速さの関係には，次の二つの場合がある．

測定法の時間尺度に比べて配座変換が十分に遅い場合，各配座異性体の平衡組成（相対エネルギー）を直接観測することができる．たとえば，1,2-ジクロロエタンのように IR スペクトルでそれぞれの配座異性体の吸収が観測される場合，相対強度の温度依存性を調べると配座異性体間のエンタルピー差 $\Delta H°$ が得られる．NMR スペクトルは時間尺度が比較的長いが，配座変換が十分に遅い温度領域で測定すれば，そのシグナル強度比から配座異性体の平衡組成を直接求めることができる．この方法は，置換シクロヘキサンなどの配座解析によく利用されている．

一方，測定法の時間尺度に比べて配座変換が速い場合，観測される物理量は各配座異性体に固有な値の加重平均になる．すなわち，配座異性体の混合物について観測されるあるスカラー物理量 Q（NMR の化学シフトやスピン結合定数，化学反応の速度定数，酸・塩基の解離定数，双極子モーメントなど）は，各配座異性体の値 Q_i および存在比 p_i で (4) 式のとおり表される．

$$Q = Q_1 p_1 + Q_2 p_2 + Q_3 p_3 + \cdots \tag{4}$$

存在する配座異性体が a と b の 2 種類の場合には (5) 式が成り立つので，Q_a と Q_b がわかれば Q

$$\begin{aligned} Q &= Q_a p_a + Q_b p_b \\ p_a &+ p_b = 1 \end{aligned} \tag{5}$$

---

* 分光学的方法では，時間尺度は用いる電磁波の波長に依存する．たとえば，赤外線を用いる IR スペクトルでは約 10^{-12} s，ラジオ波を用いる NMR では $10^0 \sim 10^{-5}$ s である．

を実測することにより p_a と p_b が求められる.

平衡定数 $K = p_b/p_a$ がわかれば，(6) 式およびこれを変形した (7) 式を用いて，熱力学的パラメーターを求めることができる．ここで T は絶対温度，R は気体定数である．

$$\Delta G° = \Delta H° - T\Delta S° = -RT\ln K \qquad (6)$$

$$\ln K = (-\Delta H°/R)(1/T) + \Delta S°/R \qquad (7)$$

ある温度で平衡定数が求められれば (6) 式からその温度での自由エネルギー差 $\Delta G°$ が計算でき，複数の温度での平衡定数が得られれば $\ln K$ と $1/T$ との直線関係〔(7) 式〕からエンタルピー差 $\Delta H°$ とエントロピー差 $\Delta S°$ が計算できる．3 種類以上の配座異性体が存在する場合，任意の二つの配座異性体の間で上式の関係が成立するので，存在比がわかれば各配座異性体間の自由エネルギー差を計算することができる．

配座解析の有力な方法の一つとして，NMR スペクトルのスピン結合を用いる方法がある．ビシナルプロトン（H−C−C−H）のスピン結合定数（$^3J_{H-H}$）がねじれ角に依存することを利用したもので，この関係は **Karplus 式**〔(8) 式〕として知られている．

$$^3J_{H-H}(\text{Hz}) = A\cos^2\theta + B \qquad (8)$$

定数 A, B は置換様式や置換基の性質に依存するが，一般的な傾向として，$^3J_{H-H}$ の値は $\theta = 0, 180°$ で大きく（10〜14 Hz），$\theta = 60°$ で小さく（3〜5 Hz），$\theta = 90°$ でほぼ 0 となる．

配座変換が非常に速い場合，エタン型の化合物では，$^3J_{H-H}$ の観測値はビシナルプロトンが $\theta = 60, 180, 300°$ の関係にある配座異性体の加重平均となることが予想される．もし，これらの存在比が同程度であるとすれば，Karplus 式と配座平衡に関する (4) 式とから 7〜8 Hz の値が求められ，一般的な観測値と一致する．配座平衡が特定の配座異性体に偏っている場合，または立体配座が固定されている場合，$^3J_{H-H}$ の観測値からねじれ角を予想することができる．Karplus 式は，配座解析だけでなく相対配置の決定や立体配座が固定された化合物の NMR 帰属にも有用である．

c. 配座変換と動的 NMR 法

配座変換の速さは NMR の時間尺度と同程度の場合が多いので，NMR を用いて非常に多くの速度論的な研究が行われてきた．測定法の原理は以下のとおりである．ある分子が二つの配座異性体 a と b で存在し，分子内のある原子核がそれぞれの配座異性体で異なる化学シフト ν_a, ν_b をもつ場合を考える．相互変換の速度定数 k (s^{-1}) が化学シフト差 $\Delta\nu = \nu_a - \nu_b$ (Hz) に比べて十分小さい場合には，各配座異性体によるシグナルが別べつに観測される．一方，k が $\Delta\nu$ に比べて十分大きければ，シグナルを別べつに観測することはできず，それぞれの化学シフトの中間の位置に平均化されたシグナルが観測される．この両極端の中間の場合，すなわち k が $\Delta\nu$ とほぼ同じ場合，スペクトルの線形に顕著な変化がみられる．典型的な例として，配座異性体 a と b の存在比が等しく，各シグナルが単一線として観測される場合を図 3・27 に示す．速度定数 k が大きくなるにつれて，2 本のシグナルが幅広くなるとともに互いに近づき，ついで 1 本のシグナルに融合し，さらにそのシグナルが鋭くなっていく変化がみられる．測定温度が高くなると速度定数は増大するので，この一連のシグナル変化が観測されることになる．2 本のシグナルが 1 本に融合する温度，すなわち 2 本のシグナルの間の極小点が消失する温度を **融合温度**（coalescense temperature）T_c といい，T_c における速度定数 k_c は (9) 式で近似される．図 3・27 の例では，$k = 110\ s^{-1}$ のスペクトルがこれに相当する．

$$k_c = \pi\Delta\nu/\sqrt{2} \qquad (9)$$

シグナルの強度が等しくない場合，スピン結合によって微細構造をもつ場合，三つ以上の配座異性

体の間で交換が起こっている場合などの複雑な場合では速度定数をこのような簡単な式で表すことはできない．しかし，いずれの場合でもスペクトルの線形を理論的に速度定数の関数として計算してシミュレーションすることができるので，実測スペクトルを計算スペクトルと比較することによって速度定数を求めることができる．このように NMR スペクトルの線形の変化から化学交換の速さを知る方法を**線形解析法**という．線形解析法の対象となる配座変換はその速度定数が化学シフト差とほぼ同程度，すなわち $10^0 \sim 10^3 \, \text{s}^{-1}$ 程度，活性化自由エネルギーにして $20 \sim 100 \, \text{kJ mol}^{-1}$ 程度のものに限定される．

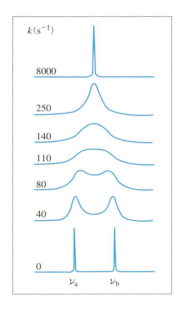

図 3・27 化学交換による NMR スペクトルの線形変化． 化学シフト差 $|\nu_a - \nu_b| = 50 \, \text{Hz}$ として計算した各速度定数での計算スペクトル．

上記の方法により，ある温度(たとえば T_c)で速度定数 k が得られれば，その温度での活性化自由エネルギー $\Delta G^{\ddagger}$ が計算できる．複数の温度で速度定数を決めることができれば，Eyring 式(§4・3・1 参照)によって活性化エンタルピー $\Delta H^{\ddagger}$ と活性化エントロピー $\Delta S^{\ddagger}$ が計算できる．また Arrhenius 式 〔(10) 式〕によって活性化エネルギー E_a, 頻度因子 A を求めることもできる．

$$k = A \exp(-E_a/RT) \tag{10}$$

NMR 分光法を用いる配座変換速度の解析手段としては線形解析法のほかに，飽和移動，反転移動，あるいはこれらを二次元 NMR に拡張した EXSY (exchange spectroscopy) などがある．いずれも核スピンの緩和過程と化学交換との相関を利用するもので，線形解析の場合より速度定数が約 2 桁小さい $10^{-1} \sim 10^1 \, \text{s}^{-1}$ 程度の配座変換が対象となる．NMR を用いる動的過程の解析法を総称して**動的 NMR 法** (dynamic NMR spectroscopy) という．

3・3・2 配座解析の実例
a. 非環状化合物の配座解析

炭素－炭素単結合に関する立体配座の特徴と具体例を，置換様式に基づき炭素原子の混成の組合わせごとに述べる．

$C_{sp^3}-C_{sp^3}$ 結合に関する立体配座 1,2-二置換エタン類にはアンチ (ap) およびゴーシュ ($\pm sc$) の 2 種類の配座異性体が存在する(図 3・28)．$+sc$ と $-sc$ とはエナンチオマーであるが，ここでは区別せず 1 種類の配座異性体とみなす．配座異性体間の相互変換のエネルギー障壁は高くても $20 \, \text{kJ mol}^{-1}$

であり，配座平衡はマイクロ波スペクトルや IR-Raman スペクトルによって研究されている．

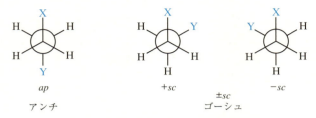

図 3・28 1,2-二置換エタンの立体配座

いくつかの化合物の配座平衡のデータを表3・4に示す．ブタンでは ap 体がより安定であるが，それはメチル基どうしの立体反発が ±sc 体においてより大きいためである．また，1,2-ジクロロエタンや 1,2-ジブロモエタンでは，Cl や Br の嵩高さが CH$_3$ とほとんど変わらないのに ±sc 体の不安定の程度が大きくなっている．これはハロゲン原子間の立体反発に加え，極性の大きな C−Cl または C−Br 結合間の双極子-双極子相互作用による静電反発が ±sc 体で大きいためである．一方，2-ハロエタノールでは ±sc 体がより安定であり，電気陰性度の大きなハロゲン原子とヒドロキシ基の間の分子内水素結合による安定化で説明されている．また，1-ハロプロパンや 1-プロパノールでも ±sc 体が有利であり，van der Waals 引力が主要因であるとされている．このように，±sc の立体配座がさまざまな理由で不安定化または安定化される効果を**ゴーシュ効果**(gauche effect)とよぶ．

表 3・4 1,2-二置換エタン XCH$_2$CH$_2$Y の配座平衡[†1]

X	Y	$\Delta H_{\pm sc-ap}$[†2]	X	Y	$\Delta H_{\pm sc-ap}$[†2]	X	Y	$\Delta H_{\pm sc-ap}$[†2]
CH$_3$	CH$_3$	4.0	CH$_3$	F	−2.0	F	OH	−8.8
F	F	0.0	CH$_3$	Cl	−0.2	Cl	OH	−5.0
Cl	Cl	5.0	CH$_3$	Br	−0.4	Br	OH	−5.4
Br	Br	7.5	CH$_3$	OH	−1.2	OH	OH	−2.9

[†1] マイクロ波スペクトル，赤外スペクトルまたは Raman スペクトルで測定．
[†2] ±sc 体と ap 体のエンタルピー差(kJ mol^{-1})．正の値は ap 体がより安定であることを示す．

2,3-ジメチルブタンでは，正四面体角を仮定した Newman 投影式におけるゴーシュの関係にあるメチル基間の組合わせの数だけをみる限り，±sc 体のほうが ap 体より不安定であると予想される．ところが低温 NMR スペクトルによると ap 体と ±sc 体が 1：2 の比(すなわち ap：+sc：−sc = 1：1：1)で存在することがわかった．これはジェミナルメチル基間の立体反発によって CH$_3$−C−CH$_3$ の結合角が約 114° に広がり，ap 体ではビシナルメチル基間のねじれ角が小さくなるため不安定化するのに対し，±sc 体では C2−C3 結合の若干の回転によってビシナルメチル基間の反発を緩和することができるからである．

2,3-ジメチルブタンの 2 個のメチル基を t-ブチル基に置き換えた 3-イソプロピル-2,2,4,4-テトラメチルペンタンでは，±sc 体だけが NMR で観測され，その相互変換の活性化自由エネルギーが

48 kJ mol^{-1} と求められた．また，分子力学計算では最安定配座での H–C–C–H のねじれ角が 86.5°であり，ap 体はエネルギー極小ではなく相互変換の遷移状態に相当することが示された．このように分子が混み合ってくると，配座平衡を正しく理解するためにはひずみによる分子の変形を考慮しなければならない．

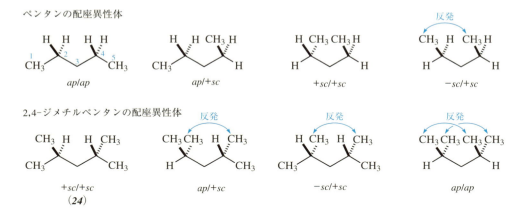

ペンタンでは，C2–C3 と C3–C4 の各結合について ap, +sc, −sc の立体配座が可能であり，計 4 種類（エナンチオマーを含めると 6 種類）の配座異性体が存在する．これらのなかで最も安定なのはジグザグ形の炭素鎖をもつ ap/ap 配座（両結合とも ap 配座）であり，+sc または −sc 配座が増えるにつれてエネルギーが増大する．最も不安定な配座異性体は，両端のメチル基が接近する −sc/+sc 配座であり，ap/ap 配座より 14 kJ mol^{-1} 不安定である．−sc/+sc 配座にみられる立体的な相互作用を syn-ペンタン相互作用（syn-pentane interaction）とよぶ．この相互作用によって，非環状アルカンの配座異性体の分布を制御することができる．たとえば，2,4-ジメチルペンタンでは，ほとんどの分子は (24) とそのエナンチオマーの配座異性体として存在する．その他の配座異性体には少なくとも一組の syn-ペンタン相互作用があり，エネルギー的に不利になるためである．

sp^3–sp^3 結合の両端の炭素に嵩高い置換基を導入すると，立体障害によって回転障壁が高くなる．このような化合物として代表的なものの一つがトリプチセン誘導体である（図 3・29）．9-トリプチシル (Tp) 基に第三級アルキル基が置換した場合，回転障壁は非常に高くアトロプ異性体が単離できる．(25) の C–C 結合の回転障壁は 160 kJ mol^{-1} に達し，高温でも配座変換は進行しにくい．また，(26) では ap, +sc, −sc 体の 3 種類のアトロプ異性体が単離された．このうち +sc, −sc 体は単結合の回転束縛によって生じるエナンチオマーであり，単離された異性体は光学活性であることが確かめられた．

Tp 基が C_3 対称のユニークな構造をもつことを利用して，"分子ギア"が設計された．Tp 基が中心原子 X に結合した分子 (27) では，二つの Tp 基が歯車のようにかみ合い，そのかみ合わせは容易にははずれない．したがって，Tp–X 結合の回転はきわめて容易に起こるにもかかわらず，置換基 R

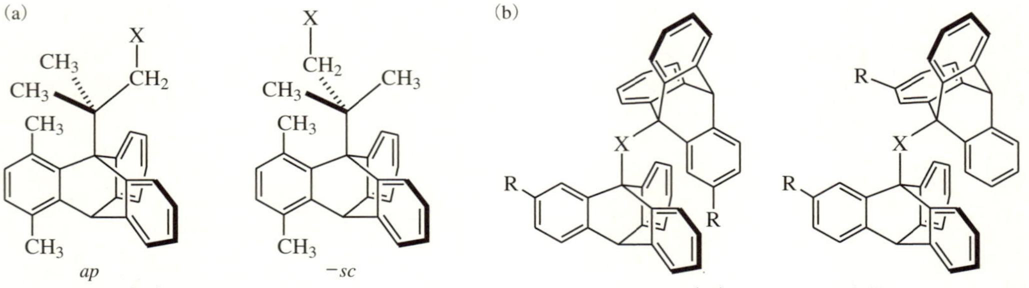

3. 有機分子の構造

(25) X = C₆H₅
(26) X = COOCH₃

(27) X = CH₂, O など

図 3・29 トリプチセン誘導体. 9-*t*-アルキル誘導体(a), 分子ギアの例(b).

どうしの位置関係(位相)が異なる二つの立体異性体を単離することができる. X が酸素の場合, 異性体間の相互変換のエネルギー障壁は約 170 kJ mol⁻¹ である.

C$_{sp^2}$−C$_{sp^3}$ 結合に関する立体配座　　プロペン (28) やアセトアルデヒド (29) のような簡単な分子では, C=C または C=O 二重結合の平面とメチル基の一つの水素が重なり形になった立体配座が安定であるが, 回転障壁は低く約 8 kJ mol⁻¹ である. 1-ブテンでは, メチレン基の一つの水素が C=C 二重結合の平面と重なる立体配座 (30) が安定である.

　1-ブテンに置換基が導入されると, その位置によって立体配座の安定性は大きな影響を受ける. (Z)-2-ペンテンの場合, C1 と C5 のメチル基間の立体障害のため, (31b) の重なり形配座は (31a) に比べて 12 kJ mol⁻¹ 以上不安定である. この立体障害は**アリルひずみ**(allylic strain)とよばれ, 原因となる置換基の位置関係を明示するために 1,3-アリルひずみ(A^{1,3} ひずみ)と示すこともある. また, 2-メチル-1-ブテンでは, 二つのメチル基の立体障害のため, (32) の立体配座は非常に不安定である. これもアリルひずみの一種であり, 特に 1,2-アリルひずみ(A^{1,2} ひずみ)とよばれる. これらのアリルひずみは, 二重結合を含む環状化合物の立体配座においても重要である(§3・3・2b).

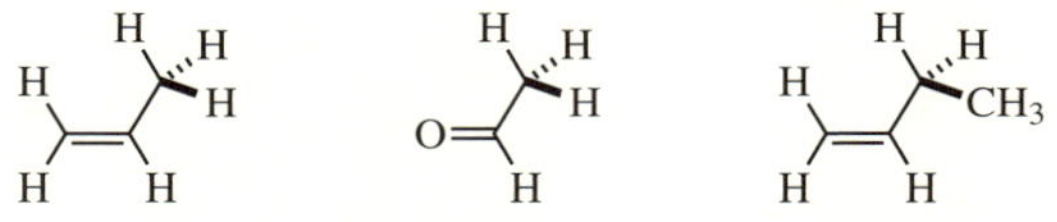

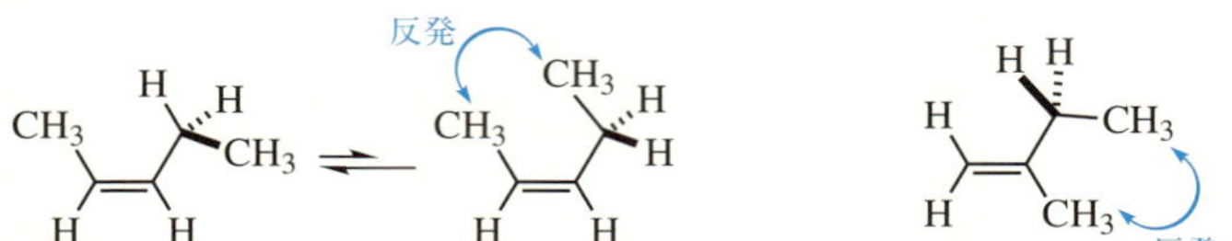

アルキルベンゼン類では, アルキル基の種類によって有利な立体配座が変わる. トルエン (33) ではメチル水素の一つがベンゼン環と重なり形になった立体配座が安定であり, 回転障壁は 1.3 kJ mol⁻¹ と非常に低い. エチルベンゼン (34) ではメチル基がベンゼン環と直交した二分形配座が安定であるが, クメン (35, R = H)ではメチン水素がベンゼン環と重なる立体配座が最安定である. クメンの回転障壁は 8.4 kJ mol⁻¹ であるが, オルト位に置換基が入ると著しく増大し, 2,6-ジメチルクメン (35, R = CH₃) では 54 kJ mol⁻¹ となる. ジ-*t*-ブチル-*o*-トリルメタノール (36) や 9-フェニルフルオレン誘導体 (37) では, 回転障壁が 100 kJ mol⁻¹ 以上であり, 回転異性体が室温で安定に単離されている. 回転障壁の高いこれらの化合物では, 置換基の立体障害のため回転の遷移状態が非常に

3・3 立体配座　103

不安定化されている.

（33）　　　（34）　　　（35）　　　（36）　　　（37）

R = H, CH$_3$

一方の回転異性体のみ示す

C$_{sp^2}$−C$_{sp^2}$ 二重結合に関する立体異性　本章での定義によれば，シス-トランス異性は立体配置の違いによって生じるものであるが，ここで述べることにする．C=C 二重結合の内部回転のエネルギー障壁は，エチレンで約 270 kJ mol^{-1} であるが，置換エチレンでは置換基の立体効果，電子効果などで一般に低下する．たとえば，スチルベンのシス体からトランス体への熱異性化の障壁は 180 kJ mol^{-1}，下図のような"プッシュ-プル"型化合物の障壁は 107 kJ mol^{-1} である．後者では共鳴効果の寄与が重要であり，始原系における C=C 結合の次数が 2 より小さくなるとともに（以下の共鳴構造式），電荷分離した遷移状態が安定化される.

表 3・5 に種々の 1,2-二置換エチレンのシス-トランス異性平衡のデータを示す．異性体間のエンタルピー差は，平衡時の組成を直接定量する方法のほか，水素化熱や燃焼熱の測定から求められている．非環状の 1,2-ジアルキルエチレンではアルキル基間の立体反発により E 体のほうが安定であるが，10 員環以下のシクロアルケンでは Z 体のほうが安定である（§3・2・2b 参照）．極性置換基が結合したエチレン誘導体では，一般に Z 体が安定である．この結果は，Z 体では立体反発や静電反発などによる不安定化より，電子の非局在化などによる安定化が大きいことを示す.

表 3・5　1,2-二置換エチレン RCH＝CHR′ のシス-トランス異性平衡[†1]

R	R′	$\Delta H_{E\text{-}Z}$[†2]	R	R′	$\Delta H_{E\text{-}Z}$[†2]	R	R′	$\Delta H_{E\text{-}Z}$[†2]
CH$_3$	CH$_3$	−4.0	CH$_3$	Cl	2.9	シクロアルケン		
CH$_3$	t-C$_4$H$_9$	−18	CH$_3$	OC$_2$H$_5$	0.7	−(CH$_2$)$_6$−		38
C$_2$H$_5$	C$_2$H$_5$	−7.1	F	F	3.9	−(CH$_2$)$_7$−		12
t-C$_4$H$_9$	t-C$_4$H$_9$	−39	Cl	Cl	2.7	−(CH$_2$)$_8$−		16
C$_6$H$_5$	C$_6$H$_5$	−24	OCH$_3$	OCH$_3$	5.9	−(CH$_2$)$_9$−		−0.5

†1 水素化熱，燃焼熱または直接平衡化により測定.
†2 E 体と Z 体のエンタルピー差（kJ mol^{-1}）．正の値は Z 体がより安定であることを示す.

C$_{sp^2}$−C$_{sp^2}$ 単結合に関する立体配座　1,3-ブタジエンは共役により中央の単結合が若干の二重結合性をもち，おもに平面構造をもつ ap 配座（s-トランス配座ともいう）で存在する．sp 配座（s-シス配座ともいう）は立体的な要因で ap 配座より 10 kJ mol^{-1} 不安定であり，ap → sp 異性化のエネルギー障壁は 30 kJ mol^{-1} である．実際には，sp 配座から少しねじれた非平面の構造が sp 配座よりやや安定である．アクロレイン，メタクロレインも ap 配座で存在している.

104　　　　　　　　　　　3. 有機分子の構造

1,3-ブタジエン　　　　　　　　　　　アクロレイン　　　　　メタクロレイン
　　　　　　　　　　　　　　　　　　（2-プロペナール）　　（2-メチル-2-プロペナール）

　ビフェニル（**38**，X = H）は，気相では二つのベンゼン環が約 40° ねじれた非平面構造をとっている．これは平面構造において最大となる共鳴安定化およびオルト水素間の立体反発の釣合によるものである．結晶中では平面構造をとると考えられてきたが，精密な測定の結果約 15° ねじれた非平面構造が平衡で存在していることが明らかにされた．無置換のビフェニルの回転障壁は 9 kJ mol^{-1} である．

（**38**）　　　　（**39a**）　　　　（**39b**）　　　　（**5**）　　　　（**40**）

　ビフェニルのオルト位に置換基を導入すると，その嵩高さに応じてねじれ角および回転障壁が変化する．2,2′-ジハロビフェニル（**38**，X = ハロゲン）はハロゲン置換基どうしが接近した ±*sc* 配座をとり，X が F, Cl, Br, I となるに従いねじれ角は 60, 74, 75, 79° と増大する．非平面配座のビフェニル誘導体（**39a**）は，その 1,1′ 結合の回転により平面構造の遷移状態を経て，もうひとつの非平面配座（**39b**）へ移る．もし，w ≠ x，y ≠ z であればこの二つは互いにエナンチオマーであり，1,1′ 結合の回転が十分遅くなるように w〜z を選べば分割できる．6,6′-ジニトロジフェン酸（**5**）は，このような化合物として初めて光学活性なアトロプ異性体が得られた例である．エナンチオマーの安定性，すなわち内部回転の起こりにくさは主として平面遷移状態におけるオルト置換基どうしの立体反発の大きさで決まる．オルト置換基の嵩高さが（**5**）の場合より小さくなると，エナンチオマーは徐々にラセミ化を起こす．その速さを測定することにより内部回転障壁の高さを測定することができるが，さらにオルト置換基が小さくなると，もはやエナンチオマーは分割できなくなる．そのような場合でも動的NMR 法を用いれば回転障壁が求められることがある．たとえば，2-イソプロピル-2′-メトキシビフェニル（**40**）では，1,1′ 結合の内部回転が NMR の時間尺度より遅ければイソプロピル基の二つのメチル基は互いにジアステレオトピックで磁気的に非等価であるが，内部回転が速くなれば等価になる．NMR スペクトルの温度変化から，内部回転の活性化自由エネルギーは 80 kJ mol^{-1} と求められた．

b. 環状化合物の配座解析

　配座解析の見地からみると，飽和環状化合物のなかでも，シクロヘキサンの誘導体が最もよく研究されているので，少し詳しく述べ，それ以外の環系については簡単にふれるにとどめる．

　シクロヘキサン　　シクロヘキサンについて，炭素原子が正四面体形の結合角を保持したまま環を形成できること，そのようにしてできた結合角のひずみのない構造には 2 種類あることが示唆された．そのひとつは**いす形配座**（chair conformation）とよばれ，比較的堅固な構造をもつものである．隣接するメチレンどうしはねじれ配座をとり，ねじれひずみの小さい最も安定な立体配座である．もうひとつは**舟形配座**（boat conformation）を代表とする動きやすい構造で可動形配座と総称される．分

子力学計算によれば，ねじれ舟形配座が可動形のうち最もねじれひずみの小さい安定な配座であり，いす形に比べて約 20 kJ mol^{-1} 不安定である．また，舟形は**擬回転**(pseudorotation)によって起こるねじれ舟形間の相互変換の遷移状態に相当し，ねじれ舟形よりさらに約 4 kJ mol^{-1} 不安定である．したがって，シクロヘキサン分子は室温付近ではほとんどいす形で存在している．電子線回折によれば，いす形配座の構造は C–C 結合距離 153.6 pm，C–C–C 結合角 111°，C–C–C–C ねじれ角 57°であり，正四面体炭素で組立てた分子模型と比べるとやや扁平になっている．しかし，以下の考察では，正四面体形の結合角と 60°のねじれ角をもつと考えてさしつかえない．

いす形　　　舟形　　　ねじれ舟形　　　半いす形

いす形シクロヘキサンの 12 個の水素原子は，その立体的環境から 2 種類に分類することができる．下図(**A**)において上下方向に出ているアキシアル水素(●で示す)と，ほぼ水平方向に出ているエクアトリアル水素(●で示す)である．これら 2 種類の水素は**環反転**(ring inversion)とよばれる配座変換過程〔**A** ⇌ **B**〕によってその配向が入れ替わる．環反転の障壁は動的 NMR 法(§3・3・1c)により決定することができ，スペクトルの解析から活性化自由エネルギーは 43 kJ mol^{-1} と求められた．この過程では，隣接する 4 個の炭素が同一平面上にある半いす形が遷移状態，ねじれ舟形が中間体である．

(**A**)　　　(**B**)

置換シクロヘキサン　　一置換シクロヘキサンのいす形配座には，置換基 X がエクアトリアルおよびアキシアルに位置する 2 種類の配座異性体 (**41a**, **41b**) が可能であり，これらは環反転により相互変換する．そのエネルギー障壁はシクロヘキサンとほぼ同じ 40〜50 kJ mol^{-1} である．

$\Delta G° = -RT \ln K$

(**41a**)　　　(**41b**)

(**42**)　　　(**43**)　R, R' = H, CH$_3$

アキシアル配座 (**41b**) では，置換基 X は 3,5 位のアキシアル水素に近接しており，立体反発があるため，一般にエクアトリアル配座よりも不安定である．その程度は置換基 X に依存し，これを定量的に表すために，この配座平衡の自由エネルギー差 $\Delta G°$ が用いられる．この値は **A** 値ともよばれ，

106　3. 有機分子の構造

置換基の嵩高さのひとつの目安として用いられる．いくつかの例を表3・6に示す．A 値は，低温 NMR による平衡比の直接測定により決定することができるが，溶媒や温度によって変化することがある．アルキルシクロヘキサンなど直接測定が困難な場合は，種々の方法で間接的に値が得られる．

表 3・6　一置換シクロヘキサンの配座平衡の自由エネルギー差(A 値)[†]

X	$\Delta G°$	X	$\Delta G°$	X	$\Delta G°$	X	$\Delta G°$
CH$_3$	7.3	C≡CH	1.7〜2.2	OCH$_3$	2.3〜3.1	OH	2.5〜4.4
C$_2$H$_5$	7.5	CF$_3$	10.0〜10.5	OCOCH$_3$	2.9〜3.6	SH	5.1
i-C$_3$H$_7$	9.3	F	1.1〜1.8	SCH$_3$	4.4	NH$_2$	5.2〜7.1
t-C$_4$H$_9$	20〜21	Cl	2.2〜2.7	NO$_2$	4.8	SiCl$_3$	2.6
C$_6$H$_5$	11.7	Br	2.0〜2.8	CN	0.8		
CH=CH$_2$	6.2〜7.0	I	2.0〜2.6	CO$_2$CH$_3$	5.0〜5.4		

† 単位は kJ mol^{-1}. E. L. Eliel, S. H. Wilen, "Stereochemistry of Organic Compounds", John Wiley & Sons, New York(1994)をもとに作成.

メチルシクロヘキサンのアキシアル配座（**42**）におけるメチル基と 3, 5 位のメチレン基との立体的関係は，ちょうどブタンのゴーシュ配座におけるメチル基間の立体的関係と類似しており，A 値はブタンのトランス-ゴーシュ両配座のエネルギー差の約 2 倍である．興味あることに，このメチル基がエチル基，イソプロピル基と変わっても A 値に大きな変化はないが，t-ブチル基になると急にこれが増大する．これは，メチル，エチル，イソプロピル基はいずれも α 水素をもっているので，（**43**）のようなアキシアル配座をとれるため，1,3-ジアキシアル相互作用に大差がないのに対し，t-ブチル基は α 水素をもたないため，1,3-ジアキシアルの反発が急増するためである．

　また，ハロシクロヘキサンの A 値がハロゲン原子 X の van der Waals 半径と相関していないことが注目される．これは C−X 結合距離およびハロゲン原子の分極率という二つの因子で説明される．すなわち，X が F, Cl, Br, I となるにつれて，C−X 結合が長くなりアキシアル配座での 3, 5 位のアキシアル水素との距離が増大し，しかも分極しやすくなるため，van der Waals 半径の増大にもかかわらず立体反発があまり変化しない．

　アキシアルに置換基をもつシクロヘキサンは一般に不安定であるが，いくつかの方法で単離することが可能である．たとえば，クロロシクロヘキサンの溶液を冷却すると，アキシアル体が優先的に結晶化する．また，いくつかのハロシクロヘキサンは，包接化によって結晶中でアキシアル配座に固定することができる．

　A 値は一定の範囲内で加成性が成り立つため，多置換シクロヘキサンの配座解析にも有用である．たとえば，異なる置換基をもつ cis-1,4-二置換シクロヘキサンでは，A 値の大きい置換基がエクアトリアルにある立体配座のほうが有利であり，二つの配座異性体のエネルギー差は二つの置換基の A 値の差で近似できる．また，置換基の一つが t-ブチル基であれば，この嵩高い置換基がエクアトリアルにある立体配座が圧倒的に安定である．たとえば，1,4-二置換シクロヘキサンのシス体（**44a**）およびトランス体（**44b**）では，置換基 R がそれぞれアキシアルとエクアトリアルに固定されている．一方，置換基間の相互作用(水素結合，双極子，立体効果など)が大きいとき，A 値の加成性が成り立

$\Delta G° ≈ A 値(X) − A 値(Y)$

（**44a**）シス　　　（**44b**）トランス

3・3 立 体 配 座　　107

たないことがある.

　置換シクロヘキサンでは，最も安定な配座がいす形配座でない場合がある．たとえば，*trans*-1,3-
ジ-*t*-ブチルシクロヘキサンでは，もしいす形配座（**45a**）をとれば*t*-ブチル基の一方がアキシアルに
なり大きな 1,3-ジアキシアル相互作用を受けるため，ねじれ舟形配座（**45b**）に変形してこれを解消
しようとする．実際，この化合物は（**45a**）と（**45b**）の二つの配座異性体の平衡で存在し，IR スペク
トルの温度変化から，（**45b**）のほうがエンタルピー差にして 1.3 kJ mol^{-1} 安定であるとされた．また，
化合物（**46**）では立体反発によるいす形の不安定化に加え，分子内水素結合によるねじれ舟形の安定
化が起こり，この配座異性体が 98 ％以上を占める.

縮合環の立体配座　　シクロヘキサン環がC-C 結合を共有して縮合した系の立体配座は，ステ
ロイドやテルペンなどの基本骨格との関連から研究例が多いが，ここでは簡単な例について述べる.

　デカリンには，縮合部位の立体配置が異なるシスおよびトランスの二つの配置異性体がある.
trans-デカリンは堅固な骨格をもち，そのいす形反転は不可能である．これに対して，*cis*-デカリン
の二つのシクロヘキサン環はともに反転して，エナンチオマーの関係にある配座異性体に変換でき
る．この相互変換の活性化自由エネルギーは，シクロヘキサンの場合より少し高く 54 kJ mol^{-1} であ
る.

trans-デカリン　　　　　　　　　　　　　　　　　　*cis*-デカリン

sp^2 炭素を含む 6 員環　　炭素 6 員環に sp^2 炭素が導入されると環が扁平化するため，その反転障
壁は低下する．シクロヘキセンは半いす形配座をとり，その反転障壁は 22 kJ mol^{-1} である．アリル
位の水素原子の向きは，シクロヘキサンにおけるアキシアル，エクアトリアルと少し異なるため，そ
れぞれ擬アキシアル（a'），擬エクアトリアル（e'）とよぶ．シクロヘキセンの sp^2 炭素とそれに隣接す
る sp^3 炭素にそれぞれ置換基 R，X がある場合，1,2-アリルひずみ（§ 3・3・2a，C$_{sp^2}$-C$_{sp^3}$ 結合に関す
る立体配座参照）を避けるために，X が擬アキシアルにある立体配座（**47a**）が安定になる.

シクロヘキセン　　　　（**47a**）　　　　　　　（**47b**）

メチレンシクロヘキサン　　　　（**48**）　　　　シクロヘキサノン

メチレンシクロヘキサンはいす形配座をとり，反転障壁は 38 kJ mol^{-1} とシクロヘキサンのものに比べて高い．メチレン末端に水素以外の置換基 R，2 位に立体的に隣接した置換基 X がある場合，1,3-アリルひずみのため X がアキシアルにある立体配座 (**48**) が有利になる．シクロヘキサノンではいす形配座が最も安定であり，ねじれ形配座はそれより 11 kJ mol^{-1} 不安定である．反転障壁は 17 kJ mol^{-1} と非常に低い．

6 員環以外のシクロアルカン類　シクロブタンは平面ではなく，約 30°折れ曲がった構造をしている．平面構造では C−C−C の角ひずみは最小であるが，隣接する水素原子の重なりによるねじれひずみが最大となる．実際の構造は両者の釣合で決まり，ねじれひずみの緩和が優先されている．環反転のエネルギー障壁は非常に低く，約 4 kJ mol^{-1} である．

シクロペンタンの 5 員環は，平面構造でのねじれひずみを緩和するために折れ曲がっている．最も安定な立体配座は C_s 対称の封筒形であり，1 個の炭素が他の 4 個の炭素のなす平面からずれている．これよりわずかに不安定である立体配座が C_2 対称の半いす形であり，2 個の炭素が他の 3 個の炭素のなす平面に対して上下にずれている．この二つの配座異性体は，非常に速やかに擬回転によって相互変換している．平面構造はこれらより約 21 kJ mol^{-1} 不安定であると計算されている．

シクロブタン　　封筒形, C_s　　半いす形, C_2
　　　　　　　　　　シクロペンタン

環が大きくなるにつれて，可能な立体配座の数が増大し，相互変換の過程も多様となる．安定な立体配座を実験的に決めることが困難になり，計算化学の助けを借りることが必要になってくる．シクロヘプタンではねじれいす形が最安定であり，これはいす形を遷移状態とする低いエネルギー障壁 (6.3 kJ mol^{-1}) の擬回転をしている．舟形はねじれいす形よりも 11.7 kJ mol^{-1} 不安定であり，これもねじれ舟形を遷移状態として 4.6 kJ mol^{-1} の障壁で擬回転している．いす形系列とねじれ形系列の間は，比較的高い障壁 (35.6 kJ mol^{-1}) で隔てられている．シクロオクタンは少なくとも 7 種類の配座異性体をもち，そのうち舟-いす形が最安定で，ねじれ舟-いす形，ねじれいす-いす形，王冠形がこれに続く．

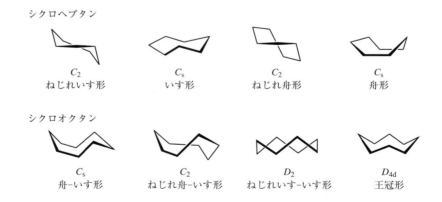

シクロヘプタン
C_2 ねじれいす形　　C_s いす形　　C_2 ねじれ舟形　　C_s 舟形

シクロオクタン
C_s 舟-いす形　　C_2 ねじれ舟-いす形　　D_2 ねじれいす-いす形　　D_{4d} 王冠形

c．ヘテロ原子を含む化合物の配座解析

カルボン酸アミド　カルボン酸アミドは共役による安定化のために平面配座をとる．N-アルキルホルムアミド (**49**, R = H) ではアルキル基の種類によらず Z 体が 80〜90% を占めており，N-ア

ルキルアセトアミド (**49**, R = CH₃) では Z 体にほぼ完全に偏っている．N-アルキルホルムアミドで Z 体が優位であることは単なる立体効果だけでは理解できず，その理由は未解明である．N-アルキルアセトアミドでは，立体反発のために Z 体だけで存在する．

N,N-ジアルキルアミドにおいてはアルキル基が異なる場合，Z, E 両異性体が存在するが，その平衡はおおむね立体因子に支配される．N-アルキル-N-メチルホルムアミド (**50**, R = H) では R′ がエチル，イソプロピル，t-ブチルの場合，Z 体の割合が 40, 33, 11% と順次減少する．アセトアミド (**50**, R = CH₃) では，R′ がエチル，イソプロピルの場合，Z 体はそれぞれ 51, 58% である．

N,N-ジメチルホルムアミド (**50**, R = H, R′ = CH₃) の C−N 結合は 88 kJ mol⁻¹ の回転障壁をもつが，ホルミル水素をメチル，エチル，イソプロピル基にかえると回転障壁は順次低下し，t-ブチル基に置換した化合物 (**50**, R = t-C₄H₉, R′ = CH₃) では，51 kJ mol⁻¹ となる．この大きな置換基効果は，おもに立体的因子により平面構造をもつ始原系が不安定化されたことによる．

3 配位ヘテロ化合物の反転　ヘテロ原子を中心とする 3 配位化合物の立体配置の反転は厳密には配座変換ではないが，ここで取上げる．アンモニアの窒素原子は sp³ 混成であり，sp³ 軌道の一つを非共有電子対が占め，残りの 3 個が水素原子と結合している．この三角錐構造は窒素原子が sp² 混成である平面構造を遷移状態として反転し，エネルギー障壁は 24 kJ mol⁻¹ である（下図 R¹ = R² = R³ = H）．

簡単なアルキルアミン類では，反転のエネルギー障壁はアンモニアのものとそれほど変わらず，17〜30 kJ mol⁻¹ である．窒素原子が小さな環に含まれるとその反転障壁は著しく増大し，たとえば N-メチルアジリジン，N-メチルアゼチジンの障壁はそれぞれ 79, 42 kJ mol⁻¹ である．障壁が高くなるのは，始原系から遷移状態に移る際に窒素原子の結合角が大きくなりひずみが増加するためである．窒素原子に電気陰性置換基 X が結合すると，反転障壁は X の電気陰性度とともに増大する．たとえば N-クロロアジリジン，N-メトキシアジリジンの障壁はそれぞれ 112, 134 kJ mol⁻¹ である．これは，X の電気陰性度が増大すると窒素上の非共有電子対軌道の s 性が高くなり，反転の遷移状態においてその軌道が p 軌道になるにはより大きなエネルギーが必要になるからである．N-アルキルオキサジリジンの反転障壁は 125 kJ mol⁻¹ 以上であり，数多くの誘導体のエナンチオマーが分割されている．窒素原子 2 個が橋頭位にある Tröger 塩基は環構造のため窒素が反転することができないため，

N 置換アジリジン
X = CH₃, Cl, OCH₃

N-メチルアゼチジン

N-アルキルオキサジリジン

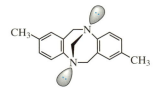
Tröger 塩基

エナンチオマーが分割可能である.

スルホニウム塩やスルホキシドなどの3配位硫黄化合物, ホスフィンなどの3配位リン化合物も三角錐構造をしており, その反転過程が研究されている. 一般に, これらの化合物の反転障壁は, 中心原子が第2周期原子の類似化合物のものに比べてかなり高い. これは, 始原系での中心原子上の非共有電子対のs性が高く, 平面遷移状態になるときに余分なエネルギーが必要なためである. したがって, エナンチオマーが分割されている例も多数あり, たとえば, メチルp-トリルスルホキシドのラセミ化は200 °C以上でようやく進行し, その反転障壁は約165 kJ mol^{-1}である.

複素環状化合物の配座解析　ヘテロ原子を含む環状化合物, 特に6員環化合物の配座解析については多くの研究例がある. ここではいくつかの興味ある例を取上げる.

ピラノース糖の1位(アノマー位)の極性置換基がアキシアル位をとりやすいことは, 古くから**アノマー効果**(anomeric effect)として知られている. たとえば, D-グルコースは水溶液中で36％のαアノマーと64％のβアノマーの混合物として存在し, シクロヘキサンでのOH基のA値から予想されるよりαアノマーの割合が多い(図3・30a). また, 2位に電気陰性基の置換したオキサンやチアン誘導体では, 一般に配座平衡はアキシアル配座に偏っている(図3・30b). 当初, この立体配座の安定性は環内の極性結合の双極子間の相互作用によって説明された. アキシアル配座における環内C−X−C部とC−Y部の双極子は(**51**)に示すとおりであり, 双極子間の静電反発はエクアトリアル配座の場合より小さい. その後, 双極子相互作用に比べてn−σ*立体電子効果による安定化が重要であることが指摘された. すなわち, (**52**)に示すようにX上のアキシアル非共有電子対がC−Y結合とアンチペリプラナーになると, 非共有電子対(n)とC−Y結合の反結合性軌道(σ*)との非局在化相互作用が効率よく起こる. エクアトリアル配座ではこのような安定化は起こらない. しかし, 精密な理論計算により静電反発の寄与が再評価され, アノマー効果の原因について議論が続いている.

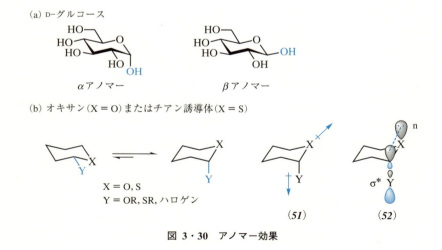

図3・30　アノマー効果

N-メチルピペリジン(**53**)は, 2種類のいす形配座の平衡で存在する. その自由エネルギー差は11.3 kJ mol^{-1}であり, シクロヘキサン環の場合よりエクアトリアル配座がより有利になっている. C−N結合(147 pm)がC−C結合(153 pm)より短いため, アキシアル配座でのメチル基と3,5位のアキシアル水素との立体反発がN-メチルピペリジンでより大きいことがおもな要因である. これに比べて, N,N'-ジメチル-1,3-ジアジン(**54**)では, エクアトリアル配座の安定性はかなり低くなっている. さらに, N-メチル-1,3-オキサジン(**55**)とN-メチル-1,3-チアジン(**56**)では, メチル基がアキ

シアルにある立体配座のほうが有利である．(**54**)〜(**56**)でアキシアル配座を安定化する因子は，窒素の非共有電子対と C2−X 結合の反結合性軌道との間の n-σ* 型の立体電子効果である．

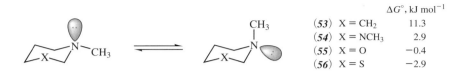

		$\Delta G°$, kJ mol^{-1}
(**53**)	X = CH$_2$	11.3
(**54**)	X = NCH$_3$	2.9
(**55**)	X = O	−0.4
(**56**)	X = S	−2.9

参 考 書

有機立体化学および配座解析に関する一般的参考書を次にあげる．
- E. L. Eliel, S. H. Wilen, "Stereochemistry of Organic Compounds", John Wiley & Sons, New York (1994).
- C. Wolf, "Dynamic Stereochemistry of Chiral Compounds: Principle and Applications", RSC Publishing, Cambridge (2008).
- E. Juaristi, "Introduction to Stereochemistry and Conformational Analysis", John Wiley & Sons, New York (1991).
- 大木道則, "立体化学", 第 4 版, 東京化学同人 (2002).
- 豊田真司, "有機立体化学", 丸善 (2002).
- S. R. Buxton, S. M. Roberts, "Guide to Organic Stereochemistry: From Methane to Macromolecules", Prentice Hall (1997). ["基礎有機立体化学", 小倉克之, 川井正雄訳, 化学同人 (2000).]

各トピックについてのやや専門的な解説書や総説の代表的なものを次にあげる．

有機立体化学命名法および用語の解説
- IUPAC, "Nomenclature of Organic Chemistry: IUPAC Recommendations and Preferred Names 2013", Royal Society of Chemistry (2013). ["有機化学命名法──IUPAC 2013 勧告および優先 IUPAC 名", 日本化学会命名法専門委員会訳著, 東京化学同人 (2017).]
- IUPAC, "Basic Terminology of Stereochemistry", *Pure Appl. Chem.*, **68**, 2193 (1996). [https://www.qmul.ac.uk/sbcs/iupac/stereo/]
- IUPAC, "Graphical Representation of Stereochemical Configuration (IUPAC Recommendations 2006)", *Pure Appl. Chem.*, **78**, 1897 (2006).

対称と群論
- F. A. C. Cotton, "Chemical Applications of Group Theory", 3rd Ed., John Wiley & Sons, New York (2001).
- A. Vincent, "Molecular Symmetry and Group Theory: A Programmed Introduction to Chemical Applications", 2nd Ed., Wiley-Interscience, New York (2001).

分子のキラリティー (位相異性を含む)
- K. Mislow, *Top. Stereochem.*, **22**, 1 (1999).

絶対配置の RS 表示法
- R. S. Cahn, C. K. Ingold, V. Prelog, *Angew. Chem., Int. Ed. Engl.*, **5**, 385 (1966).
- V. Prelog, G. Helmchen, *Angew. Chem., Int. Ed. Engl.*, **21**, 567 (1982).

エナンチオマーとラセミ体
- J. Jacques, A. Collet, S. H. Willen, "Enantiomers, Racemates, and Resolutions", Krieger Publishing Company, Malabar (1991).

CD スペクトル
- "分光 (II) (実験化学講座 7)", 第 4 版, 日本化学会編, p.254, 丸善 (1992).
- N. Berova, K. Nakanishi, R. W. Woody, "Circular Dichroism", 2nd Ed., Wiley-VCH, New York (2000).

X 線結晶構造解析による絶対配置の決定
- "回折 (実験化学講座 10)", 第 4 版, 日本化学会編, p.196, 丸善 (1992).
- J. D. Dunitz, "X-Ray Analysis and the Structure of Organic Molecules", 2nd Ed., Wiley-VCH, Basel (1995).

トピシティーとプロキラリティー
- K. Mislow, M. Raban, *Top. Stereochem.*, **1**, 1 (1967).
- H. Hirschmann, K. R. Hanson, *J. Org. Chem.*, **36**, 3293 (1971); H. Hirschmann, K. R. Hanson, *Tetrahedron*, **30**, 3649 (1974).

高ひずみ化合物
- K. B. Wiberg, *Angew. Chem., Int. Ed. Engl.*, **25**, 312 (1986).
- W. Luef, R. Keese, *Top. Stereochem.*, **20**, 231 (1991).

・"Strained Hydrocarbons: Beyond the van't Hoff and Le Bel Hypothesis", ed. by H. Dodziuk, Wiley-VCH, Weinheim (2009).

分子内回転

・"Internal Rotation in Molecules", ed. by W. J. Orville-Thomas, John Wiley & Sons, London (1974).
・U. Berg, J. Sandström, *Adv. Phys. Org. Chem.*, **25**, 1 (1989).

動的 NMR 法

・"Dynamic Nuclear Magnetic Resonance Spectroscopy", ed. by L. M. Jackman, F. A. Cotton, Academic Press, New York (1975).
・M. Ōki, "Applications of Dynamic NMR Spectroscopy to Organic Chemistry", VCH Publishers, Weinheim (1985).
・C. L. Perrin, T. J. Dwyer, *Chem. Rev.*, **90**, 935 (1990).

アトロプ異性

・M. A. Flamm-ter Meer, H.-D. Beckhaus, K. Peters, H.-G. von Schnering, H. Fritz, C. Rüchardt, *Chem. Ber.*, **119**, 1492 (1986).
・M. Ōki, "The Chemistry of Rotational Isomers", Springer-Verlag, Berlin (1993).

分子ギア

・V. Balzani, A. Credi, M. Venturi, "Molecular Devices and Machines: A Journey into the Nano World", Wiley-VCH (2003). ["分子デバイスおよび分子マシン", 岩村 秀, 廣瀬千秋訳, NTS (2006).]

アミン類の動的立体化学

・"Cyclic Organonitrogen Stereodynamics", ed. by J. B. Lambert, Y. Takeuchi, VCH Publishers, New York (1992).
・"Acyclic Organonitrogen Stereodynamics", ed. by J. B. Lambert, Y. Takeuchi, VCH Publishers, New York (1992).

アノマー効果と立体電子効果

・A. J. Kirby, "The Anomeric Effect and Related Stereoelectronic Effects at Oxygen", Springer-Verlag, Berlin (1983).
・A. J. Kirby, "Stereoelectronic effects (Oxford Chemistry Primers 36)", Oxford University Press (1996). ["立体電子効果——三次元の有機電子論", 鈴木啓介訳, 化学同人 (1999).]
・Y. Mo, *Nature Chem.*, **2**, 666 (2010).
・K. B. Wiberg, W. F. Bailey, K. M. Lambert, Z. D. Stempel, *J. Org. Chem.*, **83**, 5242 (2018).

第 II 部

有 機 化 学 反 応

　化学反応の経路と選択性は，反応系のポテンシャルエネルギーに支配される．ポテンシャルエネルギーは反応分子の電子状態と分子間相互作用に依存しており，その基礎については1章で述べた．溶液反応においては，反応式には現れない溶媒分子まで含めて分子間相互作用を考える必要がある．

　第 II 部では，化学反応論の基本的な考え方について解説するが，これは第 II 巻の有機合成反応や生物有機化学反応を理解するうえでの基礎にもなる．

　まず，4章では反応のエネルギーに関する基本概念を説明した後，有機反応機構と素反応過程の関係について説明する．反応機構がどのような実験事実に基づいて導かれるのか，反応速度の測定から素反応の微細機構と遷移状態がどのように考察されるのか，自由エネルギー直線関係などの経験則がどのような物理的意味をもつのか，反応溶媒，媒質，そして反応場が有機反応にどのような影響を及ぼすのか，などについて学ぶ．

　5章では反応中間体について学ぶ．有機化学反応は1段階反応と多段階反応とに大別されるが，後者においては反応中間体が存在する．反応中間体はある反応段階の生成物であり，かつ次に続く反応段階の出発物であるので，その性質を知ることは反応を理解するうえで重要である．カルボカチオン，カルボアニオン，ラジカル，ラジカルイオン，カルベンの順に，その生成法や反応性，安定性，構造などについて学ぶ．

　6章では，さまざまな有機反応を反応機構(極性反応，ラジカル反応，カルベン反応，光反応，ペリ環状反応)ごとに取上げ，その特徴を概説する．有機反応は，置換，付加，脱離，および転位の基本過程から成り立っている．これらの基本的な反応をどのように理解すればよいのか解説する．

4

有機化学反応 I

　有機反応はどのように進むか，微視的な観点からいかに理解したらよいのか．本章では，その基盤となる物理化学的基礎を整理し，有機反応論の基礎となるいくつかの概念について説明する．有機反応をエネルギーの立場からみて，反応速度から反応の道筋についてどのようなことがわかるか，また種々の経験則がどのような物理的意味をもっているか，有機反応の機構がどのように実験事実から導かれるか，そして有機化合物がどのような反応性を示すか，を考えていこう．

4・1　化学反応のエネルギー

4・1・1　反応系のポテンシャルエネルギー

　反応にかかわる分子をすべて含めて**反応系**(reaction system)という．分子は，その原子配置に応じて一定の内部エネルギーをもち，分子間には非結合性の相互作用エネルギーが生じる．反応系の**ポテンシャルエネルギー**(potential energy)は，分子の内部エネルギーと分子間相互作用のエネルギーをあわせたものである．このエネルギーは反応系に含まれるすべての原子の配置に関する多次元の関数として表されるが，このような多次元のポテンシャルエネルギー関数を図に表すことは不可能である．

　反応のエネルギーを考察するためには，ポテンシャルエネルギー面を視覚化できるとよい．そこで，反応過程で大きく変化する化学結合二つに注目し，その二つの結合の変化に対してポテンシャルエネルギー面を三次元の図として表すとわかりやすい．

a. 単純な反応系のエネルギー断面図

　たとえば，反応 A + BC → AB + C を考えよう．この反応のポテンシャルエネルギー面は，図 4・1

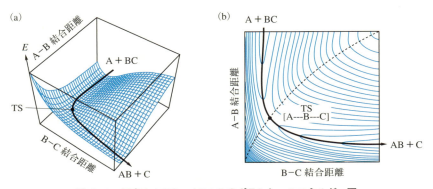

図 4・1　反応 A + BC → AB + C のポテンシャルエネルギー面

のようにA−B結合とB−C結合の距離の関数として，立体的な透視図(a)あるいは等エネルギー線図(b)で表すことができる．

反応はポテンシャルエネルギー面のエネルギーの低い経路，谷間を通って進む．すなわち，図4・1では，太線に沿って上から下に向かってA−B結合が生成し，B−C結合が開裂していく．この反応経路に沿ってみた**エネルギー断面図**(energy profile)は，図4・2のようになる．

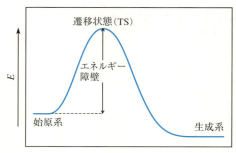

図 4・2 反応のエネルギー関係

この図の横軸は，反応経路に沿ったA---B---Cの結合変化を表すパラメーターであり，**反応座標**(reaction coordinate)とよばれる．このエネルギー断面図におけるエネルギーの極大点が**遷移状態**(transition state: TS)である．この図では，**始原系**(initial state，反応の出発点)よりも**生成系**(product state)のほうが安定なので，TSは始原系寄りになっている*．

一方，図4・1(b)の破線に沿ったエネルギー断面図は図4・3のようになる．注目すべきことは，この図ではTSがエネルギー極小値になっていることである．TSは反応経路(反応座標)に沿ってみるとエネルギー極大点になるが，他の方向に対してはエネルギー極小点になる．すなわち，TSはポテンシャルエネルギー面の**鞍部**(saddle point)になっている．

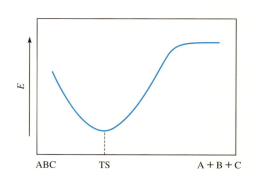

図 4・3 図4・1(b)のポテンシャルエネルギー面の破線沿いの断面図

b. 反 応 地 図

ポテンシャルエネルギー面を二つの結合について表すとき，図4・1では変数として結合距離を用いた．代わりに結合次数を変数にとると，結合次数1〜0の正方形の中にポテンシャルエネルギー面が収まる．そのように表したポテンシャルエネルギー面の例を図4・4に示す．このようなポテンシャルエネルギー面の等エネルギー線図(b)は提案者にちなんでMore O'Ferrall図あるいは**反応地図**(reaction map)とよばれる[1]．

---

* 反応系には，反応物，中間体，生成物に加えて溶媒なども含まれ，始原系，生成系というときにはこれらすべてが含まれている．しかし，最も大きく変化するのは反応物の構造であり，文脈によって，始原系を単に出発物(反応物)，生成系を生成物ということがある．

4・1 化学反応のエネルギー   117

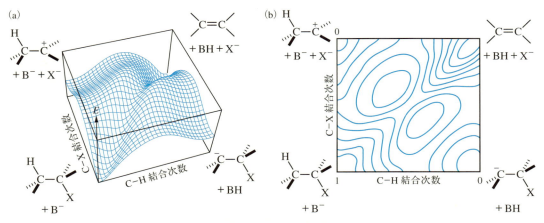

図 4・4 脱離反応のポテンシャルエネルギー面

図4・4は脱離反応(1)式のエネルギー変化を表しており，開裂するC−H結合とC−X結合の結合次数を変数にとっている．このエネルギー図では，左下の出発物(始原系)から右上の生成物アルケンまで対角線に沿って谷間があり，一つの反応経路になっている．右下隅はカルボアニオン(中間体)に相当し，左上隅はカルボカチオン(中間体)に相当する．これらの中間体を経て進む反応経路も可能である．遷移状態の変化と反応地図については§6・1・1cで詳しく説明する．

$$B^- + \underset{X}{\overset{H}{\text{C−C}}} \longrightarrow BH + \text{C=C} + X^- \tag{1}$$

c. ポテンシャルエネルギー曲線の交差モデル

図4・2に示したようなエネルギー断面図は，3原子系 A---B---C の反応のポテンシャルエネルギー曲線ともいう．このような曲線は，近似的に出発物Rと生成物Pのポテンシャルエネルギー曲線の交差によって表現できる．すなわち，図4・2の曲線は，2原子分子A−BとB−Cのポテンシャルエネルギー曲線の交差によって模式的に表すことができる(図4・5)．このような近似的表現は**Bell-Evans-Polanyi(BEP)モデル**[2]とよばれる．

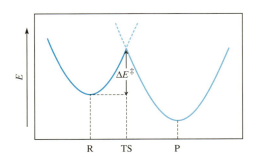

図 4・5 Bell-Evans-Polanyi のモデル

ここで，2原子系のポテンシャルエネルギー曲線は近似的に，たとえば，Lennard-Jones ポテンシャルのような形で表されるが，その極小点付近では放物線とみなしてよい．図4・5はそのようなポテンシャルエネルギー曲線の交差モデルになっている．このモデルに従って，たとえば生成物P

(または反応物 R)が安定化されたときに，遷移状態のエネルギーがどのように変化するか，図 4・6 によって考えることができる．

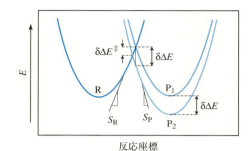

図 4・6　生成物の安定化に伴う遷移状態のエネルギー変化

生成物のエネルギーが P_1 から P_2 まで $\delta\Delta E$ だけ低くなったとすると，TS のエネルギーは $\delta\Delta E^{\ddagger}$ だけ低くなる．このとき生成物のポテンシャルエネルギー曲線の形は変化せず，ただ下方に平行移動するものとすると，エネルギー変化量 $\delta\Delta E^{\ddagger}$ と $\delta\Delta E$ の間には近似的に (2) 式の関係がある．ここで S_R, S_P は交点(TS)における反応物曲線と生成物曲線の傾きである．

$$\delta\Delta E^{\ddagger} = \frac{|S_R|}{|S_R|+|S_P|}\delta\Delta E = \alpha\delta\Delta E \tag{2}$$

このように，生成物のエネルギーが低くなると反応のエネルギー障壁も低くなり，二つのエネルギー変化は比例関係で近似できる．

このような考え方は，遷移状態の分子構造が反応物分子と生成物分子の構造的特徴をあわせもつという考えに基づいている．Leffler[3] はこれをエネルギーの面からとらえ，TS のエネルギー変化 $\delta E^{\ddagger}$ を反応物のエネルギー変化 δE_R と生成物のエネルギー変化 δE_P の加重平均として (3) 式のように表した．

$$\delta E^{\ddagger} = \alpha\delta E_P + (1-\alpha)\delta E_R \tag{3}$$

この式で α は，遷移状態の分子構造が生成物分子の構造的特徴を反映する割合であると考えれば，反応座標上の TS の位置を示す指標と考えることもできる．反応のエネルギー変化は，反応物，生成物，TS のエネルギーをそれぞれ $E_R, E_P, E^{\ddagger}$ とすれば，$\Delta E = E_R - E_P$，$\Delta E^{\ddagger} = E^{\ddagger} - E_R$ なので，(3) 式は (4) 式のように書換えられる．この関係は，BEP モデルから導かれた (2) 式と同じ形になっている．

$$\delta\Delta E^{\ddagger} = \alpha\delta\Delta E \tag{4}$$

d. Hammond の仮説

図 4・6 を別の視点からみると，P のエネルギーが下がると TS が R 側に移動していることがわかる．一般的に，ある素反応で反応物分子が TS を経て生成物分子に変化していくとき，エネルギー的に近い状態は構造的にも近い傾向がある．いいかえると，TS は R と P のうちエネルギーが高いほうにより近いことになる．これを Leffler-Hammond の仮説あるいは単に **Hammond の仮説**という[4]．この傾向は図 4・2 の説明でも指摘した．

一般的に，図 4・7(a) のように，P が R よりも低エネルギーである(発熱反応)場合には TS は R に近く，図 4・7(b) のように，P が R よりも高エネルギーである(吸熱反応)場合には TS は P に近い．前者のような反応は"早期遷移状態(early TS)をもつ"，あるいは"TS は反応物類似(reactant-like)で

ある"という．これに対し，後者は"晩期遷移状態(late TS)をもつ"，あるいは"TS は生成物類似(product-like)である"という．

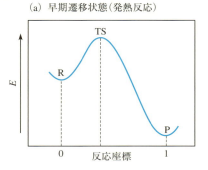
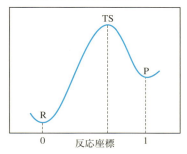

図 4・7 Hammond の仮説

4・1・2 熱力学的パラメーター

実験室で観測する化学現象は，孤立した分子によるものではなくモル単位の分子の統計的挙動に基づいている．Avogadro 数の出発物分子があったとしても，すべての分子が同時に遷移状態を通って生成物に至るわけではなく，必要なエネルギーをもつごく一部の分子が，時おり，高エネルギーの遷移状態を通り抜けて生成物に至る．ある大きさのエネルギーをもつ分子が出現する確率は Boltzmann 分布によって決まる．

このような化学現象のエネルギーを考えるためには，熱力学的なエネルギーパラメーター(熱力学関数)を用いる必要がある*．すなわち，エンタルピー H，Gibbs エネルギー G，およびエントロピー S に基づいて反応のエネルギーを考える．これらの熱力学的パラメーターには，$G = H - TS$ の関係がある(T は絶対温度)．

a. 反応のエンタルピー図

反応におけるエネルギー変化は，圧力一定条件では図 4・8 のようにエンタルピーで表される．生

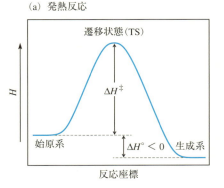
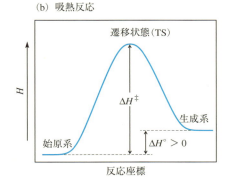

図 4・8 発熱反応(a)と吸熱反応(b)のエンタルピー図

---
* 熱力学関数は，物質の標準状態(圧力 1 bar における純粋な状態)でのパラメーターとして $\Delta H°$，$\Delta G°$ のように表される．溶液の場合には，溶媒については純溶媒を標準状態とし，溶質については質量モル濃度 1 mol kg^{-1} の理想希薄溶液とする．したがって，溶液中で標準状態のパラメーターを求めるためにはデータを無限希釈に外挿する必要がある．

成系と始原系のエンタルピー差である**反応エンタルピー**(enthalpy of reaction)$\Delta H°$ は**反応熱**(heat of reaction)とよばれ，遷移状態と始原系のエンタルピー差 $\Delta H^{\ddagger}$ は活性化エンタルピー(activation enthalpy)とよばれる．$\Delta H° < 0$ の反応(a)は熱を発生するので**発熱反応**(exothermic reaction)といわれ，$\Delta H° > 0$ の反応(b)は熱を吸収するので**吸熱反応**(endothermic reaction)といわれる．

b. Gibbs エネルギー図：平衡定数と反応速度

反応系に出入りする熱量はエンタルピーであるが，平衡定数や反応速度定数はエンタルピーとエントロピーの両方を考慮した Gibbs エネルギーによって支配される．図 4・9 に 1 段階反応の Gibbs エネルギー図を示すが，反応速度と速度定数については次項で述べる．

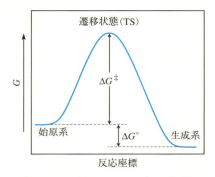

図 4・9　反応の Gibbs エネルギー図

反応の平衡定数 K は，生成系と始原系の Gibbs エネルギー差である標準反応 Gibbs エネルギー $\Delta G°$ によって (5) 式で表される．

$$K = e^{-\Delta G°/RT} \tag{5}$$

一方，遷移状態理論によれば，遷移状態と始原系の標準 Gibbs エネルギー差 $\Delta G^{\ddagger}$ (活性化 Gibbs エネルギー)を用いて，速度定数 k は (6) 式で表される．ただし，k_B は Boltzmann 定数，h は Planck 定数である．

$$k = (k_B T/h) e^{-\Delta G^{\ddagger}/RT} \tag{6}$$

反応にかかわる多数の分子は Boltzmann 分布に従って存在しており，十分なエネルギーをもって遷移状態を越えられる分子の数は少ない．反応温度が高くなると TS を越えられる分子数が増大するので反応は速くなる．(6) 式はこのことを示している．

上でも言及したように，Gibbs エネルギー変化 ΔG は，エンタルピー変化 ΔH およびエントロピー変化 ΔS と $\Delta G = \Delta H - T\Delta S$ の関係がある．エンタルピーは分子エネルギーに由来するので生成熱から計算でき，平均結合エネルギーから推算することもできる．エントロピーは，溶媒も含む反応系全体の自由度と関係しており，反応によるエントロピー変化 ΔS には溶媒からの寄与も大きい．

$\Delta G° < 0$ の反応は，**発エルゴン反応**(exergonic reaction)といわれ，平衡は生成系に偏っている($K > 1$)．そして，このような反応は熱力学的に有利であるといえる．しかし $\Delta G° < 0$ であるからといって，必ずしも反応が容易に起こるとは限らない．反応速度は，(6) 式のように活性化 Gibbs エネルギー $\Delta G^{\ddagger}$ によって支配される．熱力学的には不安定であっても，$\Delta G^{\ddagger}$ の小さい反応経路が存在しなければ，その物質は化学変化を受けない．このような状態を，速度論的に安定であるという．

一方，生成系が始原系よりも不安定である場合，すなわち $\Delta G° > 0$ の反応は**吸エルゴン反応**(endergonic reaction)とよばれる．

c. 反応速度と速度定数

反応速度は反応物あるいは生成物の濃度の時間変化から，単位時間当たりの変化量（時間微分）として定義され，一般的に反応物濃度に依存する．濃度に関する次数の和を**反応次数**（reaction order）といい，比例定数を反応速度定数または**速度定数**（rate constant）という．たとえば，A と B の反応で反応速度が (7) 式のように表されるとすると，$a+b$ が反応次数で k が速度定数である．

$$反応速度 = k[A]^a[B]^b \tag{7}$$

速度定数の単位は，一次反応（first-order reaction）では時間の逆数の次元（たとえば s^{-1}）になり，二次反応（second-order reaction）では濃度と時間の逆数の次元（たとえば $L\,mol^{-1}\,s^{-1}$）になる．

多段階反応において全体の反応速度を決めているのは，最も高いエネルギーをもつ遷移状態であり，この TS を含む段階を**律速段階**（rate-determining step）という．

反応次数は律速遷移状態に含まれる分子数を反映している．一方，**反応分子数**（molecularity）という用語があるが，これは律速段階で反応に関与する分子種の数を意味する．こう書くと反応次数と反応分子数は同じもののようにみえるが，その違いを例で説明しておこう．たとえば，§6・1で説明する脱離反応のうち，E2 機構は，2 分子が反応するので，**二分子反応**（bimolecular reaction）で同時に二次反応であるが，E1 機構は，律速段階が第 1 段階で 1 分子だけで反応するので，**単分子反応**（unimolecular reaction，一分子反応ともいう）で一次反応である．しかし，E1cB 機構は通常カルボアニオンを中間体とし，この中間体から脱離基が外れる．この 2 段階目が律速で，この律速段階にはカルボアニオン 1 分子だけが関与するので単分子反応である．しかし，反応速度は，反応物だけでなくカルボアニオン生成の前の平衡に関与する塩基の濃度にも比例するので二次反応である．

d. 自由エネルギー直線関係

反応系の受ける摂動には，反応基質の構造変化（置換基効果），反応溶媒（溶媒効果）や反応種（反応性）の変化などがある．(4) 式は，"ある摂動を受けて反応系のエネルギーが変化したとき，活性化エネルギーは反応エネルギーの変化に比例する" ことを意味している．また，(5) 式あるいは (6) 式からわかるように $\Delta G°$ は $\log K$ に，$\Delta G^{\ddagger}$ は $\log k$ に比例するので，(8) 式の関係が成立する．

$$\log(k_1/k_2) = \alpha \log(K_1/K_2) \tag{8}$$

Gibbs エネルギーはかつて自由エネルギーとよばれていたので，この関係を**自由エネルギー直線関係**（linear free energy relationship）とよぶ．この関係は，特定の平衡定数と速度との間に限らず，異なる反応が同じ摂動によって受ける変化についても広範に成り立つ．§4・5・1の Hammett 則で述べるように，定量的な反応解析の基礎となる重要な概念である．

4・2　反応の可逆性と競争反応

4・2・1　反応の可逆性

これまでは反応を始原系から生成系までの過程としてとらえてきた．しかし，この過程を逆に生成系から始原系へ，同じようにたどることができる．しかも，反応がポテンシャルエネルギー面の最もエネルギー的に有利な道筋をたどることを考えると，逆反応も全く同じ道筋を逆にたどるはずである．このように，すべての反応は本質的に可逆で，正逆反応の経路は共通であり，遷移状態も同一である．これを**微視的可逆性**（microscopic reversibility）の原理という．

しかし，現実には生成物がきわめて安定なために，不可逆で，一方向に進むとみなされる反応も少

なくない．これは，図4・9の発エルゴン反応($\Delta G° < 0$)において，生成系が安定である分だけ，逆反応の活性化 Gibbs エネルギー（$\Delta G_{逆反応}^{\ddagger} = \Delta G_{正反応}^{\ddagger} - \Delta G°$）が大きいため，逆反応の速度定数が小さいことによる．たとえば，$\Delta G° = 12\ \mathrm{kJ\ mol^{-1}}$ であれば，K は 100 以上になり，逆反応の速度定数は正方向の速度定数の 1/100 以下になるので，反応は事実上不可逆とみなせる．また，溶液反応において，生成物が析出したり，あるいは揮発したりして系外に除かれると，反応は一方向に進むことになる．

4・2・2　速度支配と熱力学支配

有機反応では，生成物が2種類以上になることもある．次のように反応の道筋が複数ある場合，これを競争反応（並発反応）とよぶ．

$$S \quad \begin{array}{c} \overset{k_A}{\nearrow} A \\ \underset{k_B}{\searrow} B \end{array}$$

この場合，不可逆反応であれば，生成物比[A]/[B]は速度比 k_A/k_B に等しく，それぞれの経路の活性化 Gibbs エネルギー $\Delta G_A^{\ddagger}$ と $\Delta G_B^{\ddagger}$ の差によって決まる．このような反応は**速度支配**(kinetic control)であるという．しかし，逆反応が起こるような反応系では，十分な時間を経過すると，生成物比は活性化 Gibbs エネルギーとは無関係になり，生成物比は生成物の安定性の差 $\Delta G°$ によって決まる．これを**熱力学支配**(thermodynamic control)という．

次に示す 1,3-ブタジエンへの HCl の付加反応では，低温，短時間の反応ではおもに 1,2 付加体が生成する（速度支配）．しかし，温度を上げると，エネルギー的により有利な 1,4 付加体に異性化する（熱力学支配）．ここで，1,2 付加体が速度論的に生成する理由の一つに，求核剤である Cl^- が近くに存在するイオン対効果がある[1]．しかし，より高温では可逆反応となり，1,4 付加体が優先的に得られる．これは 1,4 付加体がより多く置換したアルケンであるため，相対的に安定であることを反映し，熱力学支配となったことを意味している．

$$CH_2=CH-CH=CH_2 \ + \ HCl \longrightarrow \left[CH_2=CH-\overset{+}{CH}-CH_3 \longleftrightarrow \overset{+}{CH_2}-CH=CH-CH_3 \right]$$

1,3-ブタジエン　　　　　　　　　　　　　　　　　　　　　　(**A**)　　　　　　　　　　(**B**)

$$\quad \overset{Cl^-}{\rightleftarrows} \qquad \overset{Cl^-}{\rightleftarrows}$$

$$CH_2=CH-CH-CH_3 \qquad H_2C-CH=CH-CH_3$$
$$\qquad\qquad | \qquad\qquad\qquad\qquad\quad |$$
$$\qquad\qquad Cl \qquad\qquad\qquad\qquad\quad Cl$$

	1,2 付加体		1,4 付加体
$-60\ °C$	4	:	1
室温で放置	1	:	4

こうした例は，芳香族化合物の Friedel-Crafts アルキル化反応やスルホン化反応でもみられる．すなわち，トルエンを Lewis 酸存在下にメチル化すると，反応初期にはオルトとパラ生成物が優先するが，長時間反応するとメタ生成物の比率が増大する．最後には 1,3,5-トリメチルベンゼンが主生成物となる．

上の2例は，温度の上昇あるいは長時間の反応により，平衡化を促進していた．Ⅱ巻に述べるエノラート生成の選択性においては，分子間でプロトン移動を起こす反応条件を用い，熱力学支配の生成物を得た例を取上げる（Ⅱ巻 §1・2・1）．

ここまでは生成物間の平衡によってみられる現象について述べたが，次項では始原系における平衡が関係する問題を取扱う．

4・2・3 Curtin-Hammett の原理

有機分子には一般に多くの配座異性体があり，相互変換している．しかし，存在割合の多い配座異性体が反応性に富むとは限らない．すなわち，出発物に動的平衡がある系においては，平衡状態でわずかしか存在しない化学種でも，反応性が高ければ反応を左右しうるということを念頭に置いておく必要がある．これを Curtin-Hammett の原理とよぶ[2]．

単純な系として次の反応を取上げる．すなわち，平衡関係にある出発物 A と B がそれぞれ反応によって別々の生成物 P_A, P_B となるとし，下の二つの前提を設ける．

$$P_A \xleftarrow{k_A} A \underset{k_{BA}}{\overset{k_{AB}}{\rightleftarrows}} B \xrightarrow{k_B} P_B$$

前提 1) A と B との平衡過程は，反応に比べて十分に速い（$k_{AB}, k_{BA} \gg k_A, k_B$）
前提 2) 生成物 P_A と P_B が直接相互変換することはない

この場合の生成物比 $[P_B]/[P_A]$ について，速度論とエネルギーの観点からみてみよう．

速度論的観点　上の前提 1 から，反応の全過程を通じ，出発物の濃度比 $[B]/[A]$ は常に一定であり，これを平衡定数 K で表す．このとき，P_A, P_B の生成速度を $d[P_A]/dt = k_A[A]$, $d[P_B]/dt = k_B[B]$ とすると，P_A と P_B とは一定の比で生成し続けるので，(1) 式の関係がある．すなわち，生成物比 $[P_B]/[P_A]$ は，出発物 A, B の相互変換の平衡定数 K および反応速度比 k_B/k_A の積の形となる．

$$\frac{[P_B]}{[P_A]} = \frac{k_B[B]}{k_A[A]} = \frac{k_B}{k_A}K \tag{1}$$

エネルギー的観点　下図はこの反応系のエネルギー図である．これは二つの出発物のうち A のほうが安定で，より多く存在する場合を示しており，上の前提 1 は，平衡化障壁（$G_i^\ddagger$）が反応障壁（$\Delta G_A^\ddagger, \Delta G_B^\ddagger$）に比べて低いことに相当する．(1) 式に対しエネルギーの関係式の (2) 式と (3) 式を代入すると，(4) 式となる．(4) 式は，生成比が各反応の遷移状態のエネルギー差（$\delta\Delta G_{TS}^\ddagger$）によって決まることを示している．この例では，存在比が小さい B から P_B に至る遷移状態のほうがエネルギーが低いので，生成物 P_B が主生成物となる．

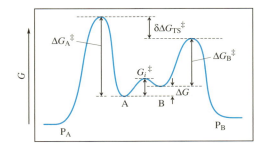

$$\frac{k_B}{k_A} = e^{-\frac{\Delta G_B^\ddagger - \Delta G_A^\ddagger}{RT}} \tag{2}$$

$$K = \frac{[B]}{[A]} = e^{-\frac{\Delta G}{RT}} \tag{3}$$

$$\frac{[P_B]}{[P_A]} = e^{-\frac{\Delta G + \Delta G_B^\ddagger - \Delta G_A^\ddagger}{RT}} = e^{-\frac{\delta\Delta G_{TS}^\ddagger}{RT}} \tag{4}$$

$\delta\Delta G_{TS}^\ddagger$ だけみると，出発物の存在比に関する項（ΔG）が現れないことから，"生成物の選択性に出発物の存在比は無関係"といわれることがある．しかし，実際には (4) 式の $\delta\Delta G_{TS}^\ddagger$ には，(5) 式の関係があるので，出発物 A からみると，生成物 P_A, P_B への岐路は，$\Delta G_A^\ddagger$ の障壁を越えるか，それとも ΔG のエネルギー的対価を払って B（段階反応における中間体に相当）に至り，$\Delta G_B^\ddagger$ の障壁を越えるか，のどちらかである．反応速度の関係式 (1) 式とエネルギーの関係式 (4) 式との関係は，反応速度の比（k_B/k_A）については $\Delta G_A^\ddagger$ と $\Delta G_B^\ddagger$ の比較，A, B の平衡比 K に関しては ΔG が担っていることにな

る．このように Curtin-Hammett 系における生成比は，出発物の平衡比 K と相対的な反応性 k_B/k_A の兼ね合いで決まる．

$$\delta\Delta G_{TS}^{\ddagger} = \Delta G° + \Delta G_B^{\ddagger} - \Delta G_A^{\ddagger} \tag{5}$$

次に，このような反応系の反応速度に注目してみよう．全体の反応速度を A+B の消費速度あるいは $P_A + P_B$ の生成速度で表すと，(6) 式のようになる．k_{obs} は実験によって得られるが，一般には個別に k_A や k_B を決定することはできない．(6) 式から (7) 式の関係が得られるので A と B の存在割合をモル分率 $x_A = [A]/\{[A]+[B]\}$, $x_B = [B]/\{[A]+[B]\}$ で表すと，(8) 式が得られる．これを Winstein-Holness 式という．

$$全体の反応速度 = k_{obs}\{[A]+[B]\} = k_A[A] + k_B[B] \tag{6}$$

$$k_{obs} = k_A\frac{[A]}{[A]+[B]} + k_B\frac{[B]}{[A]+[B]} \tag{7}$$

$$k_{obs} = k_A x_A + k_B x_B \tag{8}$$

極端な例として，次のように A からは直接的な生成物はなく，B を経て生成物を与える系を考えてみよう．これに (8) 式を適用すると，$k_A = 0 (\Delta G_A^{\ddagger} = \infty)$ として全体の速度定数 k_{obs} は (9) 式のように単純な形となり，B の存在割合 x_B がわかれば，B 自身の速度定数 k_B を評価できることになる．

$$P_A \xleftarrow{k_A=0} A \xrightleftharpoons{K} B \xrightarrow{k_B} P_B$$
$$k_{obs} = k_B x_B \tag{9}$$

これは次に示すように速い前平衡のある 2 段階反応にほかならない．

$$A \xrightleftharpoons{K} B \xrightarrow{k_B} P$$

そのような例としてクロロシクロヘキサンの図 4・10 に示した E2 脱離反応がある．配座 (**A**) ではアンチ脱離に必要な H と Cl との関係がみたされず，反応が進行するには配座 (**B**) を経なければならない．この (**B**) はクロロ基がアキシアル位にあるため不利である．クロロ基の A 値 (2.7 kJ mol^{-1}，§3・3・2b 参照) をもとに見積もると，(**A**) と (**B**) の存在割合は約 2：1 で，反応できない配座 (**A**) のほうが多い．表 4・1 は，配座間の平衡比が 4/1, 9/1, 99/1 となるときに必要な Gibbs エネルギー差を示す．たとえば，25℃ で 9：1 の比は 5.4 kJ mol^{-1} と意外に小さなエネルギー差であることがわかる．

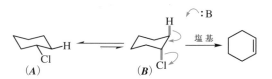

図 4・10 E2 脱離反応

表 4・1 選択性と Gibbs エネルギー差[†]

平衡比	−78 ℃	25 ℃	100 ℃
4：1	2.3	3.4	4.3
9：1	3.6	5.4	6.8
99：1	7.5	11.4	14.3

[†] 単位は kJ mol^{-1}．

同じようにシクロヘキサン環の配座が関係する系として，環状テルペン誘導体の E2 脱離反応を取上げる (図 4・11)．すなわち，エピマーどうしの関係にある (**1**), (**2**) を同一条件で塩基と反応させると，1) 反応速度は (**2**) のほうが (**1**) よりも 100 倍以上大きい．2) (**1**) からの生成物はアルケン (**3**) のみで

あるが，(2) からは位置異性体混合物 (3), (4) が生成する，という二つの点で対照的な結果を与える．

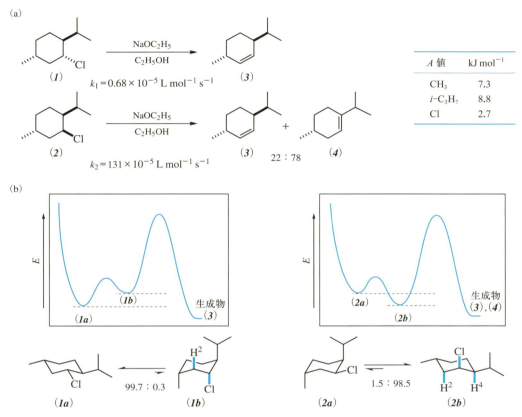

図 4・11　環状テルペン誘導体の E2 脱離反応(反応条件 1.0 mol L^{-1} NaOC$_2$H$_5$，C$_2$H$_5$OH，124.9 °C)

この結果は，配座異性体の組成による(図 4・11b)．すなわち，異性体 (**1**) では配座 (**1a**) が圧倒的に多く存在する．A 値(図 4・11 の表参照)をもとにした計算では異性体 (**1b**) の割合はわずか 0.3% にすぎない．一方，(**2**) では異性体 (**2b**) の割合が多い (98.5%)．(**1**) と (**2**) の反応速度の違いは，反応性配座 (**1b**), (**2b**) の存在割合の違いにあると考えられる．実際，(8) 式に基づいて (**1b**), (**2b**) からの反応の速度定数を見積もると，それぞれ 2.2×10^{-3}, 1.3×10^{-3} L mol^{-1} s^{-1} と大差はなく，反応性配座の存在割合の違いが全体の反応速度の大きさに反映されている．

図 4・11(b) から (**1**) の反応では単一異性体 (**3**) が，(**2**) の反応では位置異性体 (**3**), (**4**) の混合物が得られることがわかる．また，その位置選択性 22：78 は Zaitsev 則に従っている．

このように出発物に速い前平衡のある反応系では，複数の出発物の存在割合と相対的な反応性が選択性や反応速度に影響する．たとえばアニリンをニトロ化するとメタ，パラ配向性となる．強酸性の条件では，アニリンはほとんどがプロトン化体 (**6**) として存在する．(**6**) は NH$_3^+$ 基により反応性が小さく，メタ配向性である．一方，微量ながら平衡的に存在する (**5**) は反応性が大きく，パラ配向性である．(**5**) と (**6**) の存在比と反応性の兼ね合いで，たまたまメタ体，パラ体が同程度生成したことになる．(**5**) と (**6**) の存在比は媒体の酸性度により変化するので，ニトロ化体のメタ/パラ比は，85% H$_2$SO$_4$ ではメタ/パラ = 37/59，98% H$_2$SO$_4$ ではメタ/パラ = 62/38 と変化する．紙面の上では出発物はアニリンそのものであるのに対し，実験者として反応系をみると，プロトン化体 (**6**) しか観

測されない.

$$K = \frac{[(6)]}{[(5)][\mathrm{H^+}]}$$

平衡定数

4・3　活性化パラメーターと反応速度同位体効果

遷移状態を考察するために反応速度を測定すると述べたが，さらにその温度依存性や圧力依存性を調べることによって，活性化エネルギーや活性化体積などの活性化パラメーターを求めることができ，遷移状態の構造に関する情報が得られる.

4・3・1　温度効果と圧力効果

遷移状態理論に基づいて，反応速度定数と活性化 Gidds エネルギーの関係が §4・1・2 の (6) 式で表された．この式の活性化 Gibbs エネルギー $\Delta G^{\ddagger}$ を活性化エンタルピーと活性化エントロピー（$\Delta H^{\ddagger} - T\Delta S^{\ddagger}$）に置き換えて，対数をとると (1) 式の関係が得られる.

$$\ln(k/T) = \ln(k_{\mathrm{B}}/h) + \Delta S^{\ddagger}/R - (\Delta H^{\ddagger}/R)(1/T) \tag{1}$$

したがって，$\ln(k/T)$ を $1/T$ に対してプロットすると直線が得られ（Eyring プロットという），その傾きから $\Delta H^{\ddagger}$，縦軸の切片から $\Delta S^{\ddagger}$ を算出できる．こうして得られた $\Delta S^{\ddagger}$ からは，表 4・2 にまとめたように，貴重な情報が得られる．一方，$\Delta H^{\ddagger}$ については溶媒効果を考慮する必要があるため，解釈は必ずしも容易ではない.

a. 活性化エントロピー

エントロピーは，系の自由度あるいは乱雑さを反映している．すなわち，より束縛された状態はエントロピーが小さく，結合がゆるくなった状態はエントロピーが大きい（したがって，ΔS と ΔH は相関をもつことも多い）.

$\Delta S^{\ddagger}$ は TS と始原系のエントロピーの差で決まるので，$\Delta S^{\ddagger}$ の値によりこれらの二つの状態を比較できる．多くの単分子反応は 1 分子の中で結合が開裂していく過程なので，$\Delta S^{\ddagger} > 0$ になることが多い．一方，二分子反応では結合生成の過程が含まれることが多いので，$\Delta S^{\ddagger} < 0$ になることが多い．しかし，実際には反応機構や溶媒和の状態の変化によってそうならない場合も少なくない.

表 4・2 にまとめたデータはこれらのことを示している．反応 2 の単分子反応（Claisen 転位）では，TS で構造が束縛されるので $\Delta S^{\ddagger} < 0$ となる．反応 3 と 4 は二つの $\mathrm{S_N1}$ 反応の例であるが，反応 4 は $\Delta S^{\ddagger} > 0$ であるのに対し，反応 3 は $\Delta S^{\ddagger} < 0$ になっている．反応 4 では基質がイオンであり電荷分離は起こらないが，反応 3 では電荷をもたない塩化 t-ブチルがイオン化するために TS で電荷分離が起こる．その結果，溶媒和が強くなるので溶媒の配向性が大きくなり，エントロピーが小さくなるため $\Delta S^{\ddagger} < 0$ となるのである.

二分子反応においても，電荷分離の生じる反応 8 は，反応 10 と比べてより大きな負の $\Delta S^{\ddagger}$ であり，電荷の消失する反応 9 では $\Delta S^{\ddagger} > 0$ である．これらの結果も，イオン種が溶媒の配向を強めていることを反映している．水溶液中における酸触媒反応でも，律速段階に単一の分子のみが関与する場合（反応 5 と 6）には $\Delta S^{\ddagger} > 0$ であるが，二分子が関与する場合（反応 11 と 12）には $\Delta S^{\ddagger} < 0$ である.

表 4・2　代表的な溶液反応の活性化エントロピーと活性化体積[†]

反応	$\Delta S^{\ddagger}$, J mol^{-1} K^{-1}	$\Delta V^{\ddagger}$, cm^3 mol^{-1}
単分子反応		
1) $C_6H_5COOCC_6H_5 \longrightarrow 2\,C_6H_5CO\cdot$	19	8.6
2) （アリル p-トリルエーテル → 2-メチル-4-ヒドロキシ体）	-29	-18
3) $(CH_3)_3CCl \xrightarrow{C_2H_5OH,\ H_2O} (CH_3)_3C^+ + Cl^-$	-36	-40
4) $(CH_3)_3CS^+(CH_3)_2 \xrightarrow{H_2O} (CH_3)_3C^+ + (CH_3)_2S$	66	10
5) $CH_3CH(OC_2H_5)_2 \xrightarrow{H_3O^+} CH_3\overset{+}{C}HOC_2H_5 + C_2H_5OH$	30	0
6) $CH_3COC(CH_3)_3 \xrightarrow{H_3O^+} CH_3COH + \overset{+}{C}(CH_3)_3$	59	0
二分子反応		
7) $2\,$（シクロペンタジエン → ジシクロペンタジエン）	-138	-25
8) $C_2H_5I + (C_2H_5)_3N \xrightarrow{CH_3OH} (C_2H_5)_4N^+ + I^-$	-59	-38
9) $(C_2H_5)_3S^+ + Br^- \longrightarrow C_2H_5Br + (C_2H_5)_2S$	76	32
10) $CH_3Br + C_2H_5O^- \xrightarrow{C_2H_5OH} CH_3OC_2H_5 + Br^-$	-26	-2.7
11) （エチレンオキシド）$+ H_2O \xrightarrow{H_3O^+} HO\!-\!OH$	-30	-8
12) $CH_3COC_2H_5 + H_2O \xrightarrow{H_3O^+} CH_3COH + C_2H_5OH$	-109	-9

[†] L. L. Schaleger, F. A. Long, *Adv. Phys. Org. Chem.*, **1**, 1(1962)；E. Whalley, *ibid.*, **2**, 93(1963)；F. Ruff, I. G. Csizmadia, "Organic Reactions: Equilibria, Kinetics and Mechanism", Elsevier, Amsterdam(1994)；N. S. Isaacs, "Liquid Phase High Pressure Chemistry", John Wiley & Sons, Chichester(1981)による.

b. 活性化体積

　活性化体積(volume of activation)$\Delta V^{\ddagger}$は，反応速度を高圧下(800 MPa 程度まで)で測定して得られる[1]．これは始原系から TS に至る過程で生じるモル体積の変化を反映している．この過程で結合がゆるくなり束縛が弱くなると$\Delta V^{\ddagger}>0$となり，逆に束縛が強くなると$\Delta V^{\ddagger}<0$になる．したがって，表4・2に示したように$\Delta V^{\ddagger}$は$\Delta S^{\ddagger}$とよく相関をしている．

4・3・2　反応速度同位体効果

　前項では，反応条件(温度や圧力)を変えることによって速度定数がどう変化するかを調べ，TS を考察した．ここでは，反応基質の中で反応にかかわる原子をその同位体に置き換えたとき，速度定数がどう変化するかに注目する．この**反応速度同位体効果**(kinetic isotope effect)から反応機構や TS について何がわかるか説明する．

　同位体は，原子質量が異なるだけで，同じ電子配置をもっているので，その化合物の化学的性質はほとんど変わらない．すなわち，基質分子は同じポテンシャルエネルギーをもっているが，原子質量の

違いは結合の振動状態に影響する．その結果として平衡定数や速度定数が変化し，同位体効果を示す．

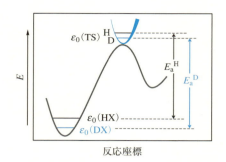

図 4・12 反応のポテンシャルエネルギー曲線と零点エネルギー．遷移状態における振動は反応の進行方向と直交している．

たとえば，二原子分子 HX と DX について考えてみよう．ポテンシャルエネルギー曲線は同一であり，常温ではほとんどの分子は振動の最低エネルギー状態にあり，零点エネルギー($\varepsilon_0 = h\nu/2$) をもっている(図4・12)．エネルギー曲線は極小点付近では放物線とみなすことができ，調和振動子とみなせるので，HX の振動数 ν_{HX} は次式で表される．ただし，κ は力の定数，μ_{HX} は換算質量($1/\mu_{HX} = 1/m_H + 1/m_X$) である．

$$\nu_{HX} = \frac{1}{2\pi}\sqrt{\frac{\kappa}{\mu_{HX}}}$$

H は非常に軽い原子であり，通常 m_H(または m_D)$\ll m_X$ であるから，$\mu_{HX} \approx m_H$，$\mu_{DX} \approx m_D$ とみなせる．したがって，振動数の比 ν_{HX}/ν_{DX} は次のように近似できる．

$$\nu_{HX}/\nu_{DX} \approx \sqrt{m_D/m_H} = \sqrt{2} \approx 1.41$$

すなわち，DX の零点エネルギーは HX よりも小さく，それだけ結合解離エネルギーが大きくなる．たとえば，HBr の場合 $\nu = 2650\ cm^{-1}$ であり，HBr と DBr の零点エネルギーはそれぞれ 15.8, 11.2 kJ mol^{-1} と計算され，その差は 4.6 kJ mol^{-1} となる．零点エネルギーの差が平衡状態での同位体効果の原因となり，反応速度にも影響を及ぼす．これが反応速度同位体効果である．

遷移状態(TS)は，反応座標に沿った経路上ではエネルギー極大点であり，遷移状態における振動の方向は，一方向に進む並進運動で，反応座標に直交した方向である(図4・12)．TS では結合が弱まるので，その零点エネルギーは一般的に始原系における反応基質よりも小さいと考えられる．そのため，TS と始原系の零点エネルギーの差が E_a^H と E_a^D の差となり，速度同位体効果に反映される($k_H/k_D > 1$)．

同位体による振動数の違いは同位体の質量比に依存するので，水素の同位体効果が特に大きく，研究例も多い．しかし，炭素あるいはそれより重い元素の同位体効果も同じ原理に基づいており，観測される値は小さいが，注意深く測定すれば反応機構に関する重要な情報が得られる．

反応速度同位体効果は，同位体置換の位置と反応の位置の関係によって，次の三つに分けられる．

・一次同位体効果：同位体を含む結合の開裂・生成が起こる反応
・二次同位体効果：同位体を含む結合の変化を伴わない反応
・溶媒同位体効果：反応溶媒(通常 H$_2$O と D$_2$O)による効果

a. 重水素一次同位体効果

気相で HX のような二原子分子が解離する反応では，振動の零点エネルギーも小さくなり，同位体効果は $k_H/k_D > 1$ となる．TS が生成系に近く結合開裂がほとんど完結しているとすれば，TS での零点エネルギー差はほとんどなく，始原系における零点エネルギーの差がそのまま反応速度比に反映される．そのため，最大の同位体効果を示すはずであり，たとえば，$5\ \mathrm{kJ\ mol^{-1}}$ の零点エネルギーの差は，室温で $k_H/k_D =$ 約 7.5 に相当する．

しかし，溶液反応では，結合の開裂と同時に新しい結合の生成が起こっているのがふつうであり，事情は少し複雑になる．たとえば，ラジカルによる水素引抜きや酸から塩基へのプロトン移動のような水素移動反応を考えてみよう．反応は次式のように表せ，直線的な三中心の遷移状態が考えられる．

$$X-H \ + \ Y \ \longrightarrow \ \left[X \text{----} H \text{----} Y \right]^{\ddagger} \ \longrightarrow \ X \ + \ H-Y$$

この遷移状態で重要な対称伸縮振動において，X–H と H–Y の力の定数が等しくなって完全に対称な伸縮になると，中心原子である H の動きは止まってしまう．こうなると中心原子の質量は振動に関係なくなり，H/D の違いは振動に影響しないので遷移状態での零点エネルギーの差はなくなる．このような遷移状態をとるときに反応速度同位体効果は最大になる．

酸 HA から塩基 B へのプロトン移動反応では，HA と HB^+ の酸性度 pK_a が等しいときほぼ対称な遷移状態をとると考えられる．実際，(2) 式のようなプロトン移動反応で基質の pK_a が塩基の pK_{BH^+} とほぼ等しいときに k_H/k_D が最大になることが確かめられている[2]．すなわち，水素移動反応で一次同位体効果が最大になるのは遷移状態が生成系に近いときではなく，反応がおよそ 50% 進んだ状態に相当するときであるといえる．

$$\underset{H\quad H}{O_2N}\overset{O}{\underset{}{\diagup}}OC_2H_5 \ + \ B \ \longrightarrow \ O_2N\overset{O}{\underset{H}{\diagdown}}OC_2H_5 \ + \ BH^+ \qquad (2)$$

C–H 結合の開裂を含む有機反応の典型的な例は，塩基によるハロアルカンの脱離反応であり，大きな同位体効果が観測される例が多い．(3) 式は代表的な E2 反応である[3]．以下の反応式では，同位体効果を示す水素を D で表している．

$$\underset{D}{\overset{C_6H_5}{D-C}}-CH_2OTs \ \xrightarrow[\mathrm{C_2H_5OH,\ 30\,^\circ C}]{\mathrm{NaOC_2H_5}} \ \underset{D}{\overset{C_6H_5}{C}}=CH_2 \qquad k_H/k_D = 5.7 \qquad (3)$$

芳香族求電子置換反応は付加–脱離の 2 段階反応で起こるが，典型的なニトロ化反応には同位体効果がみられない〔(4) 式〕[4]．これは付加段階が律速で，後続の C–H 結合の開裂は全体の速度に影響しないためである．しかし，求電子剤と基質の組合わせによっては律速段階が変化し，同位体効果を示す場合もある（§6・1・3）．

$$\underset{}{\bigcirc}\text{--}D \ \xrightarrow[\text{律速}]{NO_2^+} \ \underset{}{\overset{D}{\bigcirc}}\text{--}NO_2 \ \longrightarrow \ \underset{}{\bigcirc}\text{--}NO_2 \qquad k_H/k_D \approx 1 \qquad (4)$$

b. 重水素二次同位体効果

一般に二次同位体効果は小さいが，遷移状態の構造について有用な情報を与える場合がある．例として，炭素の混成状態の違いによる C–H 結合の変角振動の違いから得られる情報について解説す

る．sp^3 混成炭素では縮重した変角振動のシグナルが $1340\ cm^{-1}$ にあるが，sp^2 混成炭素では 1350（面内）と $800\ cm^{-1}$（面外変角）の二つの C−H 振動のシグナルになる．反応中にこのような炭素の混成変化が起こると，その炭素に結合している水素が二次同位体効果を示す．たとえば，シアノヒドリン生成反応〔(5) 式〕では $k_H/k_D=0.83$ になる．この反応ではカルボニル炭素の混成状態が sp^2 から sp^3 に変化するが，遷移状態はその中間に位置するため，C−H 振動の振動数が大きくなり，零点エネルギーの差が大きくなる．このために逆同位体効果（$k_H/k_D<1$）を示すと説明できる．

$$\text{（図）}\qquad k_H/k_D = 0.83 \qquad (5)$$

イソプロピルトシラートの CF_3CO_2H 中での加溶媒分解〔(6) 式〕における α 水素の同位体効果は $k_H/k_D=1.22$ である．この反応は $S_N1/E1$ 反応であり，カルボカチオン中間体の生成が律速となる反応である．中心炭素が sp^3 から sp^2 に変化するため，(5) 式とは逆に $k_H/k_D>1$ となる．

$$\text{（図）}\qquad k_H/k_D = 1.22 \qquad (6)$$

これに対し，S_N2 反応では α 水素同位体効果がほとんどみられない（$k_H/k_D\approx1$）ので，飽和炭素における求核置換反応の機構の判定にこの重水素二次同位体効果を用いることができる．たとえば，シクロヘキシルスルホナートの加溶媒分解では，トランスアセトキシ体は隣接基関与（分子内 S_N2 反応）が可能で $k_H/k_D\approx1$ である．一方，隣接基関与が不可能なシス体では $k_H/k_D=1.20$ となり，S_N1 機構で進んでいることが示唆される．

トランス体　　　　　　　シス体

$$\text{（図）}$$

$$k_H/k_D=1.03 \qquad\qquad k_H/k_D=1.20$$

次の可逆的な Diels–Alder 反応〔(7) 式〕では sp^2 から sp^3 となる正反応が $k_H/k_D<1$ で，逆反応は $k_H/k_D>1$ である．

$$\text{（図）}\qquad \overset{k_H/k_D=0.88}{\underset{k_H/k_D=1.18}{\rightleftarrows}}\qquad \text{（図）}\qquad (7)$$

c． その他の同位体効果

溶媒同位体効果は，おもに水溶液中の反応において H_2O と D_2O で行ったときにみられる同位体効果であり，酸塩基触媒反応の機構解明に多大な情報をもたらした．酸塩基平衡に対する溶媒同位体効果 K_{H_2O}/K_{D_2O} は，酸素酸であるアルコールとカルボン酸においては，構造によらずいずれも K_{H_2O}/K_{D_2O} が約 3 とかなり大きい．この平衡同位体効果がどのように反映されるかによって，酸塩基触媒反応機構を判別することができる．これらの問題については成書や総説[5]を参照されたい．

水素以外の元素の同位体効果を重元素同位体効果という．その値は非常に小さいが，結合変化に直接関係しているので有用な情報を与える．しかし，同位体標識した基質の合成も単純ではなく，その

研究例は限定的である.

d. 同位体効果の新しい測定法

同位体効果を測定するためには，まず位置特異的に同位体標識した化合物を合成し，精度よく反応速度を測定する必要があるため，一般にかなり手間がかかるので手軽に使える実験手法とはいえない.

これに対して，近年通常の基質を用い，天然存在比で含まれる同位元素を利用して，小さな速度同位体効果を同時に複数測定する方法が提案され[6]，成果をあげている. その要点は，反応を高反応率（90〜99％程度）まで進めて，未反応の出発物を回収してNMRでD（天然存在比 0.015％）と ^{13}C（1.1％）を分析するところにあり，同時に複数の位置のDと ^{13}C の同位体効果を決定することができる. 反応率の高いところまで反応を進めることによって，同位体効果に基づく同位体の濃縮（あるいは減少）が増幅され，小さな効果を測定できるようになる. この方法は，NMR測定の精度がきわめて高くなったことによるところが大きいが，速度を正確に測定することなく簡単に複数の同位体効果を測定できるので，反応機構研究の有力な手法になった.

この方法によると，たとえば非標識体 R_0 と同位体標識体 R_i の速度定数比 $k_0/k_i=1.05$ のとき反応率 $=0.99$（99％）であれば R/R_0 は約 1.25（25％の同位体濃縮）になる. この方法の適用例として，OsO_4 によるアルケンのジヒドロキシル化の機構に関する研究がある. その反応機構は，(8) 式に示すように以前から直接的な[3+2]付加環化であるとされてきたが，[2+2]付加環化の可能性も指摘されていた.

(8)

3,3-ジメチル-1-ブテンのジヒドロキシル化を (9) 式のように行い，85〜90％の反応率で ^{13}C と D の二次同位体効果 k_0/k_i を測定したところ，[3+2]付加環化に対する理論計算の結果とよく一致する結果が得られ，[2+2]付加環化とは一致しなかった[7].

(9)

	C^1	C^2	H^{cis}	H^{trans}	H^2
実験結果	1.027	1.027	0.918	0.925	0.907
理論計算（[3+2]）	1.025	1.025	0.913	0.921	0.907
（[2+2]）	1.025	1.050	0.960	0.976	0.889

4・4 酸 と 塩 基

酸・塩基には Lewis の定義と Brønsted の定義がある. 前者は電子対の授受に基づく幅広い定義であり，反応における求電子剤と求核剤も Lewis 酸・塩基に相当する. 後者はプロトンの授受に基づき，おもにプロトン性溶媒中における酸・塩基の定義である.

4・4・1 Lewis酸・塩基

Lewis酸は電子対受容体であり，塩基は電子対供与体である．前者は中心原子が通常6個しか価電子をもたず，正に荷電したものも多い．後者は非共有電子対をもっていることが多いが，アルケンのようにπ電子対を供与するものも塩基として作用できる．

Lewis酸塩基反応は，たとえばBF$_3$とエーテルの反応のように共有結合生成反応として表される．

$$F_3B \quad \curvearrowleft \quad \overset{..}{O}(C_2H_5)_2 \longrightarrow F_3\bar{B}-\overset{+}{O}(C_2H_5)_2$$

Lewis酸　　　　　塩基

極性有機反応基質の多くは非共有電子対をもっているので，弱塩基として作用し，Lewis酸と結合して活性化されることがよくある．芳香族求電子置換反応におけるLewis酸触媒はこの反応に基づいている．

Lewis酸・塩基の酸性度と塩基性度は，反応相手によって一定ではないので，定量化することはできない．中心原子の分極率が，酸と塩基の結合生成に深く関係しているので，おもにこの性質に基づいて硬い酸・塩基と軟らかい酸・塩基に分類する考え方がある[1]．すなわち，HSAB(hard and soft acids and bases)則とよばれるもので，硬い酸は硬い塩基と，軟らかい酸は軟らかい塩基と結合する傾向がある．代表的な酸・塩基の分類を表4・3に示した．この考え方を簡単にまとめると，軟らかい塩基とは大きな原子(イオン)半径をもちHOMO準位も高いものであり，大きな原子(イオン)半径をもちLUMO準位の低い軟らかい酸と強く相互作用しやすい．逆に，硬い酸・塩基では酸のLUMOと塩基のHOMOのエネルギー準位が離れていて軌道相互作用は起こしにくいが，小さい原子(イオン)半径をもつため静電相互作用を起こしやすい．すなわち，軟らかい塩基と軟らかい酸どうしは，**軌道支配**(orbital control)で反応しやすく，硬い塩基と硬い酸どうしは，**電荷(静電)支配**(charge control)で反応しやすい．HSAB則は，分子内におけるさまざまな反応の選択性などを定性的に説明するために有効であり，いくつかの理論的説明もある[2]．

表 4・3　HSAB則によるLewis酸・塩基の分類

	硬　　い	中　　間	軟らかい
酸	BF_3, $B(OR)_3$, CO_2, SO_3, H^+, Li^+, Mg^{2+}, Al^{3+}, Fe^{3+}, RCO^+	BR_3, SO_2, Zn^{2+}, Fe^{2+}, NO^+	$(BH_3)_2$, キノン, Ag^+, Hg^+, Hg^{2+}, 金属(0), HO^+, RO^+, RS^+, RSe^+, Br^+, I^+
塩　基	NH_3, RNH_2, H_2O, ROH, OH^-, O^{2-}, RO^-, F^-, Cl^-, RCO_2^-, SO_4^{2-}, CO_3^{2-}	$C_6H_5NH_2$, ピリジン, N_3^-, SO_3^{2-}, Br^-	R_3P, $(RO)_3P$, RSH, H^-, R^-, SCN^-, CN^-, S^{2-}, RS^-, $S_2O_3^{2-}$, I^-

4・4・2　求電子剤と求核剤: 求電子性と求核性

有機反応における求電子剤と求核剤の反応は，Lewis酸・塩基結合反応とみなせるので，HSAB則を適用することができる．ただし，Lewis酸塩基反応は平衡反応を問題にしているが，求電子剤と求核剤の有機極性反応は反応速度を問題にする．有機分子は分子軌道がわかりやすいので，求核剤と求電子剤の反応性はHOMO-LUMO相互作用によって見積もることができる．しかし，実際の反応速度は反応種の組合わせと溶媒や温度にもよるので，簡単に推算することはできない．したがって，反応速度の予測には経験的なパラメーターが有用であり，自由エネルギー直線関係に基づいて多くの試みがなされてきた．その一つに，1950年代にブロモメタンのS_N2反応の速度から決められたSwain-Scottのn値[3]や，溶媒のイオン化能と求核性を示すWinstein-Grunwaldのパラメーター[4]などがあるが，

限定的な意味しかもたなかった.

しかし，1980 年代半ばから安定なカルボカチオンと求核剤との反応速度が解析され，広範に適用可能な求核性パラメーター N と求電子性パラメーター E が提案され[5]，ウェブサイト[6]に膨大なデータが公開されている．これらは Mayr のパラメーターとよばれる．代表的なデータを表4・4と表4・

表 4・4　Mayr の求核性パラメーター N[†1~3]

求核剤	N	求核剤	N	求核剤	N
炭素求核剤		**（炭素求核剤つづき）**		**（N(P)求核剤つづき）**	
$\diagup\!\!=\!\!\diagdown\!-Cl$	-3.65	アセチルアセトナートアニオン	17.64(DMSO) 13.73(H_2O)	グアニジン誘導体	13.58
イソブチレン	1.11	EtO–CH⁻–OEt（マロン酸エステルアニオン）	20.22(DMSO) 16.15(H_2O)	N_3^-	20.50(DMSO) 14.54(MeOH/CH_3CN)
ジエン	1.10	$(CN)_2CH^-$	19.36(DMSO) 19.50(H_2O)	Ph_3P	14.33
=–Ph	2.35	$NO_2CH_2^-$	20.71(DMSO) 12.06(H_2O)	**ヒドリド供与体**	
イソプロペニルシクロプロパン	2.60	CN^-	16.27(CH_3CN)	BH_4^-	15.0(DMSO)
–$SiMe_3$	4.41	$H_2C=N_2$	10.48	BH_3CN^-	11.52(DMSO)
–$SnBu_3$	7.48	$Ph_3P=CHCO_2Et$	12.79	$HSiBu_3$	4.45
=–OEt	3.92	$t\text{-}BuN{=}C{:}$	5.47	$HSnBu_3$	9.96
=–$OSiMe_3$	5.41	**N(P)求核剤**		シクロヘキサジエン	0.09
=–(OEt)(OEt)	9.81	NH_3	9.48(H_2O)	NADH モデル（ジヒドロピリジン, $CONH_2$, CH_2Ph）	8.67
エナミン（ピペリジン）	13.36	$EtNH_2$	12.87(H_2O)	**O(S)求核剤**	
≡–Ph	-0.04	$t\text{-}BuNH_2$	10.48(H_2O)	H_2O	5.20(H_2O)*
ベンゼン–Me	-4.36	$PhNH_2$	12.64(CH_3CN) 12.99(H_2O)	MeOH	7.54(MeOH)*
ベンゼン–OMe	-1.18	$MeNH_2$	15.19(CH_3CN) 13.85(H_2O)	CF_3CH_2OH	1.23(CF_3CH_2OH)*
ジメトキシベンゼン（OMe, MeO）	2.48	Me_2NH	17.96(CH_3CN) 17.12(H_2O)	HO^-	10.47(H_2O)
チオフェン（S）	-1.01	Me_3N	23.05(CH_3CN)	MeO^-	15.78(MeOH) 14.51(MeOH/CH_3CN)
フラン（O）	1.33	モルホリン（O…NH）	16.96(DMSO) 15.62(H_2O)	HOO^-	15.40(H_2O)
ピロール（N–Me）	5.85	ピペリジン（NH）	19.19(DMSO) 18.13(H_2O)	$^-O_2CCH_2S^-$	22.62(H_2O)
		ピリジン	12.90 11.05(H_2O)	**ハロゲン化物イオン**	
		Me_2N–ピリジン（DMAP）	15.80 13.19(H_2O)	F^-	11.31(MeOH) 7.70(H_2O)
		イミン（=N–Ph）	11.13	Cl^-	17.20(CH_3CN) 12.90(MeOH) 10.10(H_2O)
		DBN	15.50	Br^-	11.70(H_2O) 14.50(80% EtOH)

†1　20 ℃，CH_2Cl_2 中における数値．他の溶媒の場合は（　）内に示した．

†2　Mayr のウェブサイト(https://www.cup.uni-muenchen.de/oc/mayr/DBintro.html)による．ただし，＊をつけた溶媒の求核性パラメーターは擬一次速度定数に基づく．

†3　$Ph=C_6H_5$, $Me=CH_3$, $Bu=CH_3(CH_2)_3$, $Et=C_2H_5$, $t\text{-}Bu=(CH_3)_3C$, $DMSO=(CH_3)_2SO$.

表 4・5 Mayr の求電子性パラメーター E [†1]

求電子剤	E	求電子剤 [†2]	E	求電子剤	E
$(C_6H_5)_2CH^+$	5.47	$C_6H_5CH\text{–}O^+\text{–}\bar{B}Cl_3$	1.12	$C_6H_5CH{=}CH\text{–}NO_2$	−13.85
$(p\text{-}CH_3OC_6H_4)_2CH^+$	0.00	C_6H_5CHO	−19.20 (DMSO)	$C_2H_5O_2C\text{–}CH{=}CH\text{–}CO_2C_2H_5$	−17.79 (DMSO)
$[p\text{-}(CH_3)_2NC_6H_4]_2CH^+$	−7.02	C_3H_7CHO	−18.7 (DMSO)	$C_2H_5O_2C\text{–}CH{=}CH\text{–}CO_2C_2H_5$	−19.49 (DMSO)
$(C_6H_5)_3C^+$	0.51	$C_6H_5CH{=}CH\text{–}CHO$	−19.9 (DMSO)	$NC\text{–}CH{=}CH\text{–}CN$	−15.71 (DMSO)
$(p\text{-}CH_3OC_6H_4)_3C^+$	−4.35	$C_6H_5CH{=}N\text{–}Ts$	−11.50 (DMSO)	無水マレイン酸	−11.31 (DMSO)
C_6H_5 イソプロピルカチオン	5.74	$C_6H_5CH{=}N\text{–}Boc$	−14.22 (DMSO)	$(NC)(NC)C{=}CH\text{–}C_6H_5$	−9.42
トロピリウム	−3.72	DDQ	−3.66 (CH$_3$CN)	$(C_2H_5O_2C)CH{=}C(CO_2C_2H_5)(C_6H_5)$	−20.55
$C_6H_5\cdots C_6H_5$	0.98	テトラロン塩素化物	−11.24 (CH$_3$CN)	ベンジリデン誘導体 $C_6H_4(p\text{-}OCH_3)$	−12.18
$C_6H_5CH{=}\overset{+}{O}CH_3$	2.97	(塩素化剤として)		$O_2N\text{–}C_6H_3(NO_2)$	−13.19
$(CH_3)_2\overset{+}{N}{=}CH\text{–}CH_3$	−6.69				
$[\text{ allyl–}C_6H_5\,Pd[P(OC_6H_5)_3]_2]^+$	−10.11				

†1　表 4・4 の脚注参照．Ts $= p\text{-}CH_3C_6H_4SO_2$，Boc $= (CH_3)_3COCO$.
†2　青矢印は求電子中心を示す．

5 にまとめた．これは次式によって速度定数と関係づけられる．

$$\log k = s_N(N + E)$$

ここで s_N は，求核剤に依存するパラメーターであるが通常 1 に近いので近似的に 1 としてもよい．反応速度は N と E が大きいほど速いことになるが，高(低)反応性の求電子剤には低(高)反応性の求核剤を組合わせれば適当な速度で反応を進めることができることを示しており，反応速度を推定することができる．

　この考察に基づいて，組合わせを適宜選ぶと，通常であれば非プロトン性溶媒中で行われる Friedel-Crafts 型アルキル化がアルコールや水中でも行うことができる[7]．溶媒の求核性 N 値は，高反応性の π 求核剤と比べて必ずしも大きくないので(表 4・4)，求電子剤と π 求核剤の反応が求核性溶媒の中で可能である．また，溶媒と求電子剤の結合反応が可逆であるために，溶媒よりも低求核性の π 求核剤の反応も可能である．

4・4・3 Brønsted 酸・塩 基

Brønsted 酸はプロトン供与体であり，塩基はプロトン受容体である．プロトン自体は電子対と結合するので，Lewis の定義と同じく電子対受容体でもある．すなわち，Brønsted 酸塩基反応はプロトン移動反応である．

Brønsted 酸の酸性度は，水溶液中における酸解離定数 K_a で表される．これは水溶液中の H_2O を塩基とする酸塩基反応の平衡定数に相当する．ここで，K_a は希薄溶液におけるそれぞれの濃度で表しているが，厳密には活量で表すべきである．溶媒の H_2O の活量は標準状態で 1 になるので式には現れない．

$$HA + H_2O \underset{}{\overset{K_a}{\rightleftharpoons}} A^- + H_3O^+$$

$$K_a = [A^-][H^+]/[HA]$$

有機酸の K_a は一般に小さな数値になり幅広い範囲にわたるので，負の対数をとって pK_a とし，これを酸性度パラメーターとして使う．pK_a が小さいほど酸性は強い．

$$pK_a = -\log K_a = pH + \log([HA]/[A^-])$$

pK_a は上式のように表されるので，酸 HA と共役塩基 A^- の濃度がちょうど等しくなる pH である．$pH < pK_a$ では酸が優勢であり，$pH > pK_a$ では共役塩基が優勢になる．

酸塩基反応の逆反応は，塩基が H_3O^+ からプロトンを受取る過程なので，pK_a は塩基性度の尺度としても使うことができる．すなわち，塩基 B の塩基性度は共役酸 BH^+ の pK_a(pK_{BH^+})値で表され，pK_{BH^+} 値が大きいほど強塩基ということになる．

$$BH^+ + H_2O \underset{\phantom{K_{BH^+}}}{\overset{K_{BH^+}}{\rightleftharpoons}} B + H_3O^+$$

$$K_{BH^+} = [B][H^+]/[BH^+]$$

代表的な酸と塩基の共役酸の水溶液中における pK_a 値を表 4・6 に示す(次ページ参照)．

4・4・4 強酸性媒質の酸強度と超強酸

Brønsted 酸の酸性度は，K_a(pK_a)の定義でみたように酸分子の H_2O に対するプロトン化能を表している．一方，水溶液の pH も "酸性度" ということが多い．これは，その水溶液に塩基を溶かしたとき塩基がプロトン化される傾向，すなわち媒質としてのプロトン化能を表している．ここでは，酸分子の酸性度(acidity，pK_a)と区別して，媒質としてのプロトン化能を "酸強度(acid strength)" ということにする．

酸度関数　　硫酸が強酸であるというときには，硫酸溶液のプロトン化能が大きいことを想定していることが多い(H_2SO_4 の pK_a は約 -3 だから，HCl などと比べればそれほど強酸とはいえない)．酸の希薄水溶液では，pH が酸強度のパラメーターになっているが，強酸性媒質の酸強度はどのように表したらよいのだろうか．

上の塩基性度の定義式から次の関係式が導かれる．

$$pK_{BH^+} = pH + \log([BH^+]/[B])$$

pK_{BH^+} が既知の塩基を用いれば，上式を用いて $[BH^+]/[B]$ 比から pH を計算することができる．$[BH^+]/[B]$ 比は通常紫外可視吸収スペクトルで決めることができるので，B は指示薬ということに

表 4·6　酸性度定数 pK_a[†1]

酸	pK_a	酸	pK_a	酸	pK_a
無機酸		(有機酸つづき)		**炭素酸**	
H_2O	15.74[†2]	スルホン酸, スルフィン酸		$HC\equiv N$	9.1
H_3O^+	-1.74[†2]	$C_6H_5SO_3H$	-2.8	$HC\equiv CH$	25
HI	-10	CF_3SO_3H	-5.5	シクロペンタジエン CH_2	16
HBr	-9	$C_6H_5SO_2H$	1.21	$CH_3\overset{O}{\overset{\|}{C}}CH_3$	19.3
HCl	-7	ヒドロペルオキシ化合物		$C_2H_5O\overset{O}{\overset{\|}{C}}CH_3$	25.6
HF	3.17	CH_3CO_3H	8.2	$CH_2=CH_2$	44
$HClO_4$	-10	$(CH_3)_3COOH$	12.8	CH_3-CH_3	50
H_2SO_4	-3	チオール, チオ酸		$CH_3\overset{O}{\overset{\|}{C}}CH_2\overset{O}{\overset{\|}{C}}CH_3$	8.84
HSO_4^-	1.99	CH_3SH	10.33	$CH_3\overset{O}{\overset{\|}{C}}CH_2\overset{O}{\overset{\|}{C}}OC_2H_5$	10.7
HNO_3	-1.64	C_6H_5SH	6.61	$C_2H_5O\overset{O}{\overset{\|}{C}}CH_2\overset{O}{\overset{\|}{C}}OC_2H_5$	13.3
H_3PO_4	1.97	CH_3COSH	3.43	$CH_2=CHCH_3$	43
$H_2PO_4^-$	6.82	CH_3CS_2H	2.57	$C_6H_5CH_3$	41
H_2CO_3	6.37	アミン, アミド		CH_3CN	28.9
HCO_3^-	10.33	$[(CH_3)_2CH]_2NH$	38	CH_3NO_2	10.2
HOOH	11.6	$C_6H_5NH_2$	27.7	ジチアン CH_2	31.1
H_2S	7.0	CH_3CONH_2	15.1	$CH_3\overset{O}{\overset{\|}{S}}CH_3$	33
NH_4^+	9.24	アンモニウムイオン		**有機反応基質の共役酸**	
$HONH_3^+$	6.0	$CH_3NH_3^+$	10.64	$CH_3\overset{+}{O}H_2$	-2.2
$H_2NNH_3^+$	8.07	$(CH_3)_2NH_2^+$	10.73	$(CH_3)_2\overset{+}{O}H$	-3.8
NH_3	35	$(CH_3)_3NH^+$	9.75	$CH_3\overset{\overset{+}{O}H}{\overset{\|}{C}}CH_3$	-7.2
有機酸		$(C_2H_5)_3NH^+$	10.65	$C_2H_5O\overset{\overset{+}{O}H}{\overset{\|}{C}}CH_3$	-6.5
アルコール		$HOCH_2CH_2NH_3^+$	9.50	$H_2N\overset{\overset{+}{O}H}{\overset{\|}{C}}CH_3$	-0.6
CH_3OH	15.5	$CF_3CH_2NH_3^+$	5.7	$CH_3\overset{\overset{+}{O}H}{\overset{\|}{S}}CH_3$	-1.5
CH_3CH_2OH	15.9	$H_3N^+CH_2CH_2NH_3^+$	6.85	$CH_3-\overset{O}{\overset{\|}{\underset{OH}{N}}}$	-12
$(CH_3)_2CHOH$	17.1	$H_2NCH_2CH_2NH_3^+$	9.93	$C_6H_5\overset{\overset{+}{N}H_2}{\overset{\|}{C}}C_6H_5$	7.2
$(CH_3)_3COH$	19.2	$C_6H_5NH_3^+$	4.60	$CH_3-C\equiv\overset{+}{N}-H$	-12
$ClCH_2CH_2OH$	14.3	$p\text{-}CH_3C_6H_4NH_3^+$	5.08		
CF_3CH_2OH	12.4	$p\text{-}NO_2C_6H_4NH_3^+$	0.99		
$(CF_3)_2CHOH$	9.3	ピペリジニウム $\overset{+}{N}H_2$	11.1		
$(CF_3)_2C(OH)_2$	6.5	モルホリニウム $O\!-\!\overset{+}{N}H_2$	8.4		
フェノール		$\overset{+}{N}H$	11.0		
C_6H_5OH	9.99	ピペラジニウム $HN\!-\!\overset{+}{N}H$	8.4		
$p\text{-}CH_3C_6H_4OH$	10.28	イミダゾリウム $HN\!-\!\overset{+}{N}H$	6.99		
$p\text{-}NO_2C_6H_4OH$	7.14	ピリジニウム $\overset{+}{N}H$	5.25		
カルボン酸		$\overset{+}{N}H$ (アミジン環)	13.5		
HCO_2H	3.75	$H_2N\overset{\overset{+}{N}H_2}{\overset{\|}{C}}NH_2$	13.6		
CH_3CO_2H	4.76				
$(CH_3)_3CCO_2H$	5.03				
$HOCH_2CO_2H$	3.83				
$ClCH_2CO_2H$	2.86				
FCH_2CO_2H	2.59				
CF_3CO_2H	-0.6				
$C_6H_5CO_2H$	4.20				
$p\text{-}CH_3C_6H_4CO_2H$	4.37				
$p\text{-}NO_2C_6H_4CO_2H$	3.44				
$HO_2CCH_2CO_2H$	2.85				
$^-O_2CCH_2CO_2H$	5.70				

†1　R. Stewart, "The Proton: Applications to Organic Chemistry", Academic Press, Orlando(1985)をもとに作成.

†2　溶媒の H_2O としては pK_a = 14.00, 対応する H_3O^+ の pK_a = 0.00 とされる[T. P. Silverstein, S. T. Heller, *J. Chem. Educ.*, **94**, 690(2017)].

なる. 実際に指示薬として置換アニリン類*を用いて強酸媒質の酸強度が定義されている[8]. これは Hammett の**酸度関数**(acidity function)とよばれるもので, H_0 で表される. すなわち, H_0 は次式によって定義され, 弱酸性溶液における pH に相当するパラメーターである.

$$H_0 = pK_{BH^+} + \log([B]/[BH^+])$$

表 4・7 に代表的な強酸水溶液の H_0 値をまとめる. pK_a 値が負になるような強酸の酸性度定数は, 酸度関数 H_0 が既知の強酸媒質中で決められる.

表 4・7 強酸水溶液の Hammett 酸度関数 H_0[†1]

酸濃度 (mol L^{-1})	H_0		
	H_2SO_4	$HClO_4$	HCl
1	−0.25	−0.32	−0.21
2	−0.85	−0.82	−0.67
5	−2.28	−2.33	−1.76
10	−4.92	−6.12	−3.53
12	−6.13	−8.22[†2]	−4.24[†3]
18	−10.10[†4]		

†1　R. H. Boyd, "Solute–Solvent Interactions", ed. by J. F. Coetzee, C. D. Ritchie, p. 110, Marcel Dekker, New York (1969)より抜粋.
†2　70% $HClO_4$＝11.7 mol L^{-1}.
†3　濃塩酸.
†4　濃硫酸(約 97 wt%).

超 強 酸　一般的な強酸の代表は濃硫酸であるが, 100% 硫酸(H_0＝−12)よりも強い酸(媒質)を**超強酸**(superacid)という. たとえば, 25 wt% の SO_3 を含む発煙硫酸の H_0 は約−13.7 である. このような超強酸としては, 表 4・8 にあげたようにスルホン酸誘導体や液体の Lewis 酸である SbF_5 と Brønsted 酸の混合物がある. そのなかでも, FSO_3H–SbF_5 はマジック酸(magic acid)とよばれ, 90 mol% の SbF_5 を含むマジック酸の H_0 は−26.5 になる. HF は, Brønsted 酸としては弱酸である(pK_a＝3.17)が, 液体 HF の H_0 は−11 であり, SbF_5 を加えるとマジック酸よりも強力な酸性媒質になる[9].

表 4・8 代表的な超強酸とその酸度関数

酸	$-H_0(pK_a)$	酸	$-H_0$
H_2SO_4	12(−3.0)	FSO_3H/SbF_5(1 mol%)	16.5
$H_2S_2O_7$(1：1 H_2SO_4/SO_3)	14.44	FSO_3H/SbF_5(25 mol%)	20.5
$ClSO_3H$	13.8	FSO_3H/SbF_5(90 mol%)	26.5
FSO_3H	15.1(−5.6)	HF/SbF_5(1 mol%)	20.5
CF_3SO_3H	14.1(−5.5)	HF/SbF_5(50 mol%)	～30

G. A. Olah は, 1960 年代に, 超強酸中で安定に存在する種々のカルボカチオンを NMR や IR スペクトルで研究し, それまで活性な反応中間体として仮定されていたカルボカチオンを溶液中に実在するものとして観測した[9].

---

*　たとえば, 代表的な弱塩基性アニリンである 4-ニトロ, 2,4-ジニトロ, 2,4,6-トリニトロアニリンの pK_{BH^+} は, それぞれ 0.99, −4.38, −10.04 である.

4·4·5 酸・塩基触媒反応

ヘテロ原子やπ結合を含む有機化合物は弱塩基であり，酸によって反応が促進されることが多い．一方，基質から塩基へのプロトン移動によって進行する反応も多い．Brønsted酸や塩基が触媒として反応に関与するとき，そのかかわり方(反応機構)は大きく二つの型に分けられる．

一般酸・塩基触媒反応　一つは触媒とのプロトン移動が律速にかかわる場合であり，酸触媒と塩基触媒の反応は(1a)式と(1b)式のように表される．

$$
S \ + HA \ \xrightarrow{\ k\ } \ [S\cdots H\cdots A]^{\ddagger} \ \longrightarrow \ \text{生成物} \tag{1a}
$$
$$
\text{基質}\quad\text{酸}\qquad\qquad\ \text{TS}
$$

$$
SH \ + B \ \xrightarrow{\ k\ } \ [S\cdots H\cdots B]^{\ddagger} \ \longrightarrow \ \text{生成物} \tag{1b}
$$
$$
\text{基質}\quad\text{塩基}\qquad\qquad\ \text{TS}
$$

反応速度は(1a)式と(1b)式に対応して(2a)式と(2b)式で表され，反応溶液中に存在する種々の酸あるいは塩基がそれぞれ，その強さに応じて触媒作用を示す．遷移状態にHAまたはBが含まれているからであり，これらの反応は**一般酸触媒反応**(general acid-catalyzed reaction)または**一般塩基触媒反応**(general base-catalyzed reaction)とよばれる．

$$
\text{一般酸触媒反応の速度} = k_{A}[S][HA] \tag{2a}
$$

$$
\text{一般塩基触媒反応の速度} = k_{B}[SH][B] \tag{2b}
$$

一般酸触媒反応には酸触媒エノール化，ビニルエーテルの加水分解，アルケンの水和反応などがあり，一般塩基触媒反応には塩基触媒エノール化やアルケンを生成するE2脱離反応がある．

これらの反応の速度定数k_{A}またはk_{B}は触媒定数ともよばれ，酸あるいは塩基の強さ(pK_aまたはpK_{BH^+})に依存し，自由エネルギー直線関係〔(3a)式と(3b)式〕が成立する．この関係は**Brønsted則**とよばれる．

$$
\log k_{A} = -\alpha\, pK_{a} + \text{定数} \tag{3a}
$$

$$
\log k_{B} = \beta\, pK_{BH^+} + \text{定数} \tag{3b}
$$

この直線関係の係数であるαとβはBrønsted係数ともいわれ，遷移状態におけるプロトン移動の程度を反映していると考えられている．

特異酸・塩基触媒反応　もう一つの型の反応機構は，触媒とのプロトン移動が速い平衡になる場合である．これは基質の共役酸あるいは共役塩基が中間体となる段階的反応機構であり，(4a)式と(4b)式のように表される．

$$
S \ + \ HA \ \underset{}{\overset{K}{\rightleftharpoons}} \ SH^{+} \ + \ A^{-} \ \xrightarrow[\text{律速}]{\ k\ } \ \text{生成物} \ + \ HA \tag{4a}
$$
$$
\text{基質の}\\ \text{共役酸}
$$

$$
SH \ + \ B \ \underset{}{\overset{K}{\rightleftharpoons}} \ S^{-} \ + \ BH^{+} \ \xrightarrow[\text{律速}]{\ k\ } \ \text{生成物} \ + \ BH^{+} \tag{4b}
$$
$$
\text{基質の}\\ \text{共役塩基}
$$

反応(4a)の速度は(5a)式で表され，水溶液中ではHAの酸解離定数K_aの定義を使うと，反応速度は一般酸HAの濃度によらずH_3O^+の濃度$[H^+]$だけに依存することがわかる．塩基触媒反応(4b)

の速度も同じように一般塩基 B の濃度によらず $[OH^-]$ にのみ依存する〔(5b) 式〕．ここで K_{BH^+} と K_w は，それぞれ BH^+ の酸解離定数と水のイオン積である．

$$特異酸触媒反応の速度 = k[SH^+] = kK[S][HA]/[A^-]$$
$$= (kK/K_a)[H^+][S] \tag{5a}$$
$$特異塩基触媒反応の速度 = k[S^-] = kK[SH][B]/[BH^+]$$
$$= (kKK_{BH^+}/K_w)[OH^-][SH] \tag{5b}$$

すなわち，この形式の反応の速度は，HA や B の種類によらず，溶媒の共役酸である H_3O^+ あるいは共役塩基である OH^- の濃度だけに依存する．したがって，特異的に H_3O^+ あるいは OH^- だけが触媒すると考え（律速遷移状態には A や B が含まれないので，実際にプロトン移動にかかわる酸・塩基分子の種類は特定できない），**特異酸触媒反応**(specific acid-catalyzed reaction)または**特異塩基触媒反応**(specific base-catalyzed reaction)とよばれる[*]．

特異酸触媒反応の例としてアセタールやエーテルの加水分解，エステルの酸触媒加水分解がある．特異塩基触媒反応の例は少ないが，E1cB 脱離がその一例である．

なおアルドール反応においては，アルデヒド濃度の低い通常の条件では第 2 段階の二分子反応の速度が遅く，第 1 段階が速い平衡になるので特異塩基触媒になるが，アルデヒド濃度が高くなると第 2 段階が速くなって第 1 段階が律速になり，一般塩基触媒になる．

$$CH_3CHO + B \rightleftharpoons CH_2{=}CHO^- + BH^+$$
$$CH_2{=}CHO^- + CH_3CHO \longrightarrow CH_3CH(OH)CH_2CHO$$

求核触媒反応　酸無水物やエステルの加水分解は第三級アミンによって加速される．この反応はアミンが一般塩基として作用する反応機構も考えられるが，実際には次式のようにアミンが求核剤としてカルボニル炭素を攻撃しアシル化中間体を経て進むことが確かめられている．このような触媒反応は求核触媒反応とよばれる．

Brønsted 則に似た相関がみられるが，ばらつきが大きく立体障害が触媒定数を小さくしている．このような求核触媒反応は，酵素反応に最もよくみられる機構であり，合成反応に用いられる DMAP（4-ジメチルアミノピリジン）も求核触媒の一つとしてはたらいている．

求核剤が触媒としてはたらくためには，求核性が大きいだけでなく，求核性脱離基(nucleofuge)としても優れている必要がある．塩化アルキルの加水分解において，ヨウ化物イオンが触媒となるのは I^- の求核性と脱離能がともに大きいからである．

$$R{-}Cl \xrightarrow[-Cl^-]{I^-} R{-}I \xrightarrow[-I^-]{H_2O} R{-}\overset{+}{O}H_2 \xrightarrow[-H^+]{} R{-}OH$$

第一級アミンによる求核触媒のなかにイミニウムイオン（またはイミン，エナミン）を中間体とする触媒反応がある．特にアミノ酸を基本単位とする生体物質においては，アミノ基とカルボニル基が最

---

[*]　かつては特殊酸・塩基触媒と訳されていたが，特異酸・塩基触媒とよぶほうがよい．

140 **4. 有機化学反応 I**

も重要な官能基であり，イミン中間体を経る酵素反応は一般的である（代表的な例として，ピリドキ
サール補酵素による反応がある）．イミンあるいはエナミンを中間体とする触媒反応は図4・13のよ
うにまとめることができる．この形式の反応は最近，有機分子触媒反応として有機合成に応用されて
いる（II巻§4・6参照）．

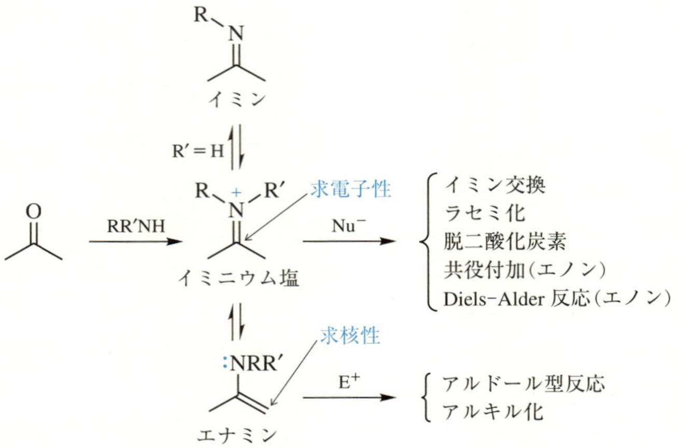

図 4・13 イミンあるいはエナミンを中間体とする触媒反応

イミニウム中間体を経る反応の例として，補酵素のピリドキサールリン酸による α-アミノ酸の変
換反応を図4・14にまとめる．この補酵素はイミン結合で酵素に結合しているのでアミノ酸とのイ

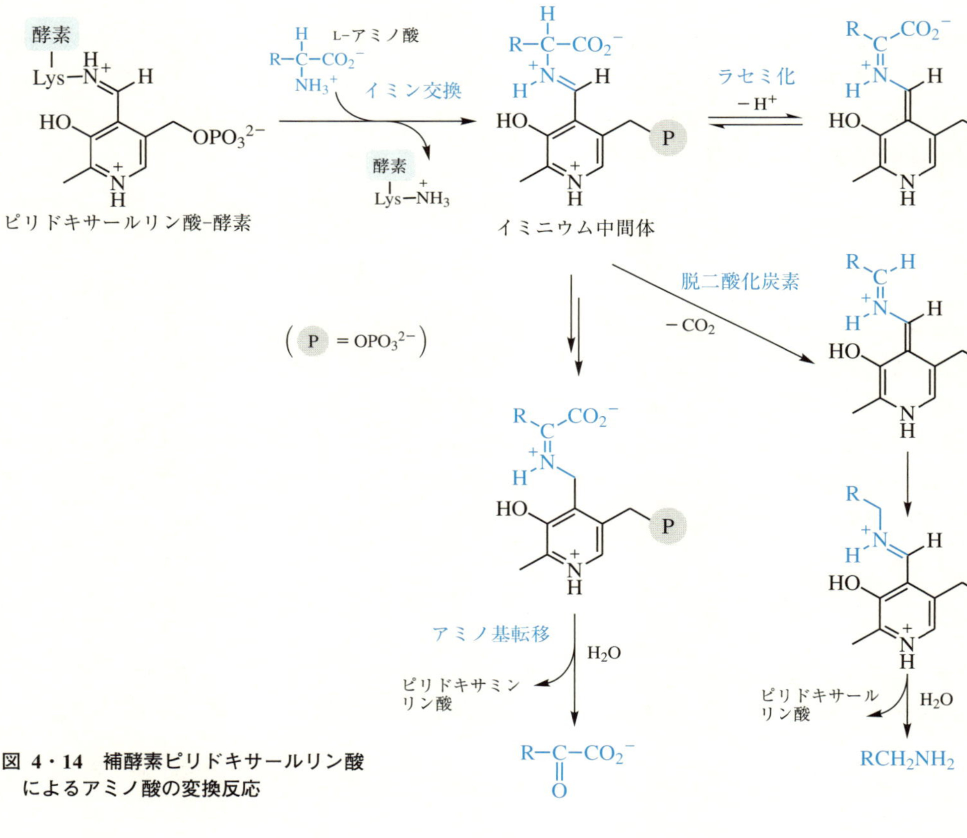

図 4・14 補酵素ピリドキサールリン酸
　によるアミノ酸の変換反応

ミン交換から反応が始まる．補酵素のピリジニウム環が電子対受入れ部位になり，ラセミ化や脱二酸化炭素を促進する．

4・5 置 換 基 効 果

有機化合物の反応中心は官能基であるが，他の部分は立体効果や電子効果によって反応性に影響を及ぼす．その電子効果の定量化は，自由エネルギー直線関係に基づいて行うことができる．そのために置換基定数が導入された．

4・5・1 Hammett 則

置換基の電子効果を定量化するためには，立体効果の影響ができるだけ少ない系で比較する必要がある．ベンゼン環のメタとパラ置換基による電子効果を表すため，安息香酸の解離定数を基準にして Hammett の**置換基定数**（substituent constant）σ が定義された[1]．

$$X\!-\!\!\langle\bigcirc\rangle\!\!-\!CO_2H \quad + \quad H_2O \quad \underset{}{\overset{K_a(X)}{\rightleftharpoons}} \quad X\!-\!\!\langle\bigcirc\rangle\!\!-\!CO_2^- \quad + \quad H_3O^+$$

$$\sigma_X = \log\frac{K_a(\text{X 置換安息香酸})}{K_a(\text{無置換安息香酸})} = pK_a(H) - pK_a(X)$$

pK_a は酸が強いほど小さくなり，酸は電子求引基によって強くなるので，上式の定義からわかるように，置換基 X の置換基定数 σ_X は正で大きいほど X の電子求引性が大きいこと，負で大きいほど電子供与性が大きいことを意味する．表 4・9 に代表的な σ_m（メタ置換基の定数）と σ_p（パラ置換基の定数）の数値をまとめた．オルト置換基は立体効果を示すことが多いので，信頼できる置換基定数は得られていない．

このように定義された σ 値は，置換基の電子効果を表す定数として，多くのベンゼン誘導体の反

表 4・9 置換基定数[†]

置換基	σ_m	σ_p	$\sigma_p{}^\circ$	$\sigma_p{}^+$	$\sigma_p{}^-$	σ_I
$N(CH_3)_2$	−0.15	−0.83	−0.43	−1.73	−0.43	0.11
OCH_3	0.12	−0.27	−0.10	−0.80	−0.10	0.27
$C(CH_3)_3$	−0.10	−0.20	−0.16	−0.26	−0.16	−0.07
$CH(CH_3)_2$	−0.08	−0.16	−0.16	−0.28	−0.16	−0.06
CH_2CH_3	−0.07	−0.15	−0.13	−0.30	−0.13	−0.05
CH_3	−0.07	−0.17	−0.12	−0.31	−0.12	−0.04
H	0	0	0	0	0	0
C_6H_5	0.10	0.01	0.04	−0.20	0.04	0.10
$CH{=}CH_2$	0.08	−0.08	−0.01	——	−0.01	0.08
F	0.35	0.06	0.20	−0.07	0.20	0.50
Cl	0.37	0.23	0.28	0.12	0.28	0.46
$CO_2C_2H_5$	0.38	0.45	0.45	0.45	0.73	0.30
$COCH_3$	0.38	0.49	0.49	0.49	0.85	0.28
CF_3	0.49	0.53	0.53	0.62	0.69	0.45
CN	0.62	0.67	0.67	0.67	0.96	0.56
SO_2CH_3	0.70	0.69	0.69	0.69	0.99	0.59
NO_2	0.71	0.78	0.81	0.67	1.26	0.65

[†] "化学便覧 基礎編 II"，改訂 5 版，日本化学会編，p. 380，丸善出版（2004）より改変．

応の速度定数や平衡定数の解析に用いられる．速度定数に対しては次の直線関係が予想される．この関係式は Hammett 式ともいわれ，ρ は反応に特有なパラメーターで**反応定数**（reaction constant）とよばれる．

$$\log(k_X/k_H) = \rho\sigma_X$$

たとえば，安息香酸エステルのアルカリ加水分解の速度定数 k_X は，図 4・15 のようによい直線関係を示す．

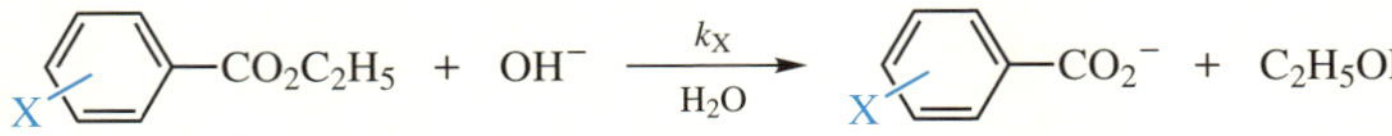

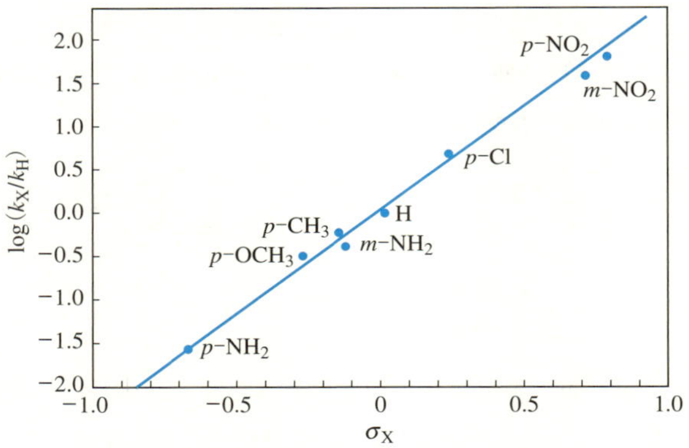

図 4・15　安息香酸エチルのアルカリ加水分解の Hammett 式による直線関係

表 4・10 に代表的な反応の ρ 値をまとめる．正の ρ 値は電子求引基によって反応速度定数（あるいは平衡定数）が大きくなることを意味し，反応の律速遷移状態（あるいは生成系）で負電荷が増大していることを意味する．逆に負の値は速度論では遷移状態（平衡系では生成物）で正電荷が増大することを意味する．

表 4・10　代表的な反応の ρ 値

反　　　応	ρ
$ArCO_2H$，酸解離平衡（H_2O, 25 °C）	1.00
$ArCH_2CO_2H$，酸解離平衡（H_2O, 25 °C）	0.56
$ArOH$，酸解離平衡（H_2O, 25 °C）	2.23（σ^-）
$ArCO_2C_2H_5$，アルカリ加水分解（H_2O, C_2H_5OH, 25 °C）	2.51
$ArCO_2CH_3$，酸加水分解（H_2O, CH_3OH, 25 °C）	0.03
$ArCHO$，ヒドロシアノ化（95% C_2H_5OH, 20 °C）	2.33
$ArCH_3$，Br_2 によるラジカル臭素化（CCl_4, 80 °C）	-1.37
ArH，Br_2 による求電子的臭素化（CH_3CO_2H, 25 °C）	-12.1（σ^+）
$ArC(CH_3)_2Cl$，加溶媒分解（90%アセトン, 25 °C）	-4.45（σ^+）

4・5・2　置換基定数の多様性

数多くの反応を Hammett 式によって整理していくと，反応の種類によって直線性からのずれが系統的にみられることがわかってきた[2]．そのひとつは，フェノールやアニリニウムイオンの酸解離であり，p-アセチルやp-ニトロの電子求引基が大きく上にずれる．これは，パラ置換基と反応中心の

直接共役によるものと考えられ，このような反応に対する置換基定数として σ^- が提案されている．

逆に，ベンジル型化合物 $ArC(CH_3)_2Cl$ の加溶媒分解反応では，p-メトキシ基のような置換基が直接共役によって直線からのずれを示す．この反応を基準にした置換基定数が σ^+ として提案されている[3]．

次の安息香酸においても置換基の共役効果が弱いながらも現れるので，さらにベンゼン環と反応中心が隔離されているフェニル酢酸を基準にして標準置換基定数 σ^0 が提案された[4]．

このように置換基定数が変動する原因は，共役効果の現れ方が反応によって異なることにある．この点に注目して標準置換基定数に共鳴置換基定数 $(\Delta\bar\sigma_R^+ = \sigma^+ - \sigma^0)$ を導入したのが，次式の湯川-都野式である[5]．ここで r は共鳴要求度を示すパラメーターである．

$$\log(k_X/k_H) = \rho(\sigma^\circ + r\Delta\bar\sigma_R^+)$$

誘起効果を示す置換基定数もいくつか提案されているが，その一つは次のかご形構造をもつカルボン酸の解離によって定義された σ_I である[6]．

4・5・3　置換基効果と反応機構

以上のように，自由エネルギー直線関係から多くの情報を得ることができるが，直線からのずれを考察することも重要である．Hammett プロットの傾き ρ から反応における極性の変化を考察できるし，直接共役の程度は湯川-都野式で解析できる．直線からのばらつきは立体効果を反映していることもある．

直線が曲がる原因としては，直接共役によるもののほかに，反応機構の変化による場合もある．よ

くみられる Hammett プロットの曲線(あるいは折れ線)は 2 種類に分類できる．ひとつは図 4・16(a) のように下に凸になる場合であり，もう一つは図 4・16(b) のように上に凸になる場合である．前者は並発反応によるものであり，速いほうの反応が実際に観測される．後者は律速段階が変化する場合であり，遅いほうの反応段階によって反応が制御される．

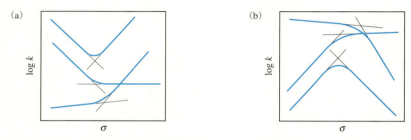

図 4・16　模式的に示した Hammett プロットの曲がり．(a) 並発反応．
(b) 多段階反応における律速段階の変化．

塩化ベンゾイルの加水分解の Hammett プロットは，図 4・17 に示すように，V 字形になる．電子供与基側では $\rho = -3.0$，電子求引基側では $\rho = +1.7$ である[7]．このカルボン酸誘導体の反応は付加-

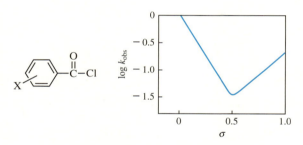

図 4・17　塩化ベンゾイルの加水分解(25 ℃)

脱離の 2 段階機構〔(1) 式〕のほかに，アシリウムイオンを中間体とする S_N1 型反応機構〔(2) 式〕が可能である．電子供与基側ではアシリウムイオンが安定になるので，(2) 式の反応機構で進み ρ 値が負になるのに対し，電子求引基側では反応 (1) 式の求核付加の段階が律速になるため，ρ 値が正になる．

トリアリールメタノールを酸性溶液中で反応させると，2段階で脱水・環化が起こる〔(3)式〕．

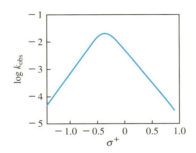
(3)

この反応の速度を置換基定数 σ^+ にプロットすると，図 4・18 に示すような逆 V 字形の関係が得られる[8]．第1段階は酸触媒によるカルベニウムイオンの生成であり，電子供与基によって加速される．第2段階は分子内 Friedel-Crafts 型反応であり，カルベニウムイオンが不安定になるほど速くなる．したがって，電子供与基側では第2段階が律速となり ($\rho = +2.77$)，電子求引基側では第1段階が律速になる ($\rho = -2.51$) ものとして説明できる．

図 4・18 トリアリールメタノールの環化反応．
80%酢酸水溶液，4% H_2SO_4，25 ℃．

4・6 溶 媒 効 果

　有機反応は通常溶液中で行われる．反応式に溶媒が書かれていなくても，溶媒が反応に及ぼす影響は非常に大きい．気体では個々の分子が相互作用することなく自由に動いているが，溶液中では分子が溶媒と分子間で相互作用し，その影響が反応の速度に現れる．溶媒は反応速度に大きな影響を及ぼすだけでなく，反応機構を変化させることもある．逆に，溶媒効果から反応機構に関する情報が得られる．

4・6・1　有機反応に対する溶媒効果

　分子間相互作用は分子の極性によって大きく異なるので，始原系と遷移状態（あるいは生成系）の極性の違いが，反応速度に対する溶媒効果を左右する．たとえば，中性基質の S_N1 反応のように反応の進行とともに電荷分離を起こす反応は，極性溶媒によって促進される．塩化 t-ブチルの加溶媒分解の速度は，溶媒をエタノールから水に変えると約 3×10^5 倍になる[1]．

$$(CH_3)_3C-Cl \longrightarrow \left[(CH_3)_3\overset{\delta+}{C}\text{---}\overset{\delta-}{Cl}\right]^\ddagger \longrightarrow (CH_3)_3C^+ + Cl^-$$
$$k(H_2O)/k(C_2H_5OH) = 335{,}000$$

　同じ S_N1 反応でも，カチオン性の基質であるピリジニウム塩やスルホニウム塩の加溶媒分解は反応中にも電荷分離は起こさないので，溶媒の影響は小さい[2]．

$$(CH_3)_3C-\overset{+}{S}(CH_3)_2 \longrightarrow (CH_3)_3C^+ + S(CH_3)_2$$

$$k(H_2O)/k(C_2H_5OH)=0.4$$

逆にカチオン性基質とアニオン性求核剤の S_N2 反応では，反応の進行とともに電荷の消失が起こるので，極性溶媒で反応は遅くなる．水酸化物イオン（あるいはアルコキシドイオン）とトリメチルスルホニウム塩の反応は，水中よりもエタノール中のほうが約 2×10^4 倍速い[3]．

$$HO^- + CH_3-\overset{+}{S}(CH_3)_2 \longrightarrow \left[\overset{\delta-}{HO}\cdots CH_3\cdots \overset{\delta+}{S}(CH_3)_2 \right]^{\ddagger} \longrightarrow HO-CH_3 + S(CH_3)_2$$

$$k(C_2H_5OH)/k(H_2O)=19{,}600$$

以上のような溶媒効果が活性化エントロピーや活性化体積に反映されることを §4・3 で説明した．このような溶媒効果がなぜ現れるのか，どのようにして解析するのかを以下にみていこう．

4・6・2 溶媒-溶質相互作用と溶媒の種類

溶媒の効果は大きく二つに分けられる．ひとつは，溶質分子と溶媒分子の特異的な相互作用であり，狭い意味での溶媒和に相当する．もう一つは，連続的な媒体としての非特異的な極性効果であり，比誘電率 ε，屈折率 n_D，分極率 α などの物性値で表される．溶媒分子の双極子モーメントは分子の極性を表すが，集合体としての溶媒特性を表すのには適さないので割愛した．

極性効果は，イオン-双極子や双極子-双極子間の静電相互作用がおもなものであり，誘電率と関係している．また，誘起双極子から生じる分散力も重要な分子間相互作用であり，（分子内の電子の動きやすさを表す）分極率が大きいほど大きい．屈折率は分極率と深く関係しており分極率に代わる数値として用いられることがある．特異的な相互作用としては，水素結合と電子対相互作用（電荷移動）が重要である．

このような溶質-溶媒相互作用に基づいて，よく用いられる溶媒は表 4・11 に示すように水素結合供与能（hydrogen bond donor: HBD）および非特異的極性効果に着目して，3 種類に分類される．以下にこれらの溶媒の特徴をまとめる．

1) **プロトン性溶媒**（protic solvent）：水素結合を形成することができる OH や NH などの官能基をもつ溶媒．水，メタノール，酢酸，エチレングリコール，ホルムアミドなど．

2) **非プロトン性極性溶媒**（aprotic polar solvent）：比誘電率などの極性が大きく（概して $\varepsilon>15$），水素結合供与能が小さい溶媒．DMSO，DMF，HMPA，アセトニトリル，ベンゾニトリル，アセトン，ニトロメタンなど．

3) **無極性溶媒**（nonpolar solvent）および**低極性溶媒**：極性が小さく水素結合供与能も小さい溶媒．炭化水素，エーテル，ハロアルカンなど．

水は，酸性度の高い水素をもつプロトン性溶媒のひとつである．F^- や Cl^- などのようにイオン半径が小さく単位表面電荷が大きいアニオンとは強く水素結合を形成して安定化し，求核性を減少させる．一方，I^- などのイオン半径が大きく単位表面電荷が小さいアニオンに対しては，この効果はそれほど大きくない．その結果，たとえばメチルトシラートの求核置換反応の反応性は，HCON$(CH_3)_2$（DMF）のような非プロトン性溶媒系では $Cl^->Br^->I^-$ の順となるが，水を加えると水素結合による安定化（$Cl^->Br^->I^-$）を反映して $Cl^-<Br^-<I^-$ の順となる．

F^- は水との水素結合による安定化が Cl^- よりも大きいので，たとえば $[CH_3(CH_2)_3]_4N^+F^-$ の F^- は少量の水の存在によって安定化されている．脱水していくと F^- の反応性が上昇し，F^- によってブチ

4・6 溶 媒 効 果

表 4・11 溶媒の物性値と極性パラメーター[†1]

溶　媒[†2]	ε[†3]	n_D	α[†4]	$E_T(30)$[†5]	E_T^{N}[†5]	π^*[†5]	β[†5]	α[†5]
プロトン性溶媒								
酢酸	6.17	1.3719	5.15	51.7	0.648	0.64		1.12
ホルムアミド	111.0	1.4475	4.23	55.8	0.775	0.97	(0.55)	0.71
メタノール	32.35	1.3284	3.26	55.4	0.762	0.60	(0.62)	0.93
エタノール	25.00	1.3614	5.13	51.9	0.654	0.54	(0.77)	0.83
1-プロパノール	(20.45)	1.3856	6.96	50.7	0.617	0.52		0.78
2-プロパノール	(19.92)	1.3772	6.98	48.4	0.546	0.48	(0.95)	0.76
t-ブチルアルコール	(12.47)	1.3877	8.82	43.3	0.389	0.41	(1.01)	0.68
TFE	(26.67)	(1.291)	5.21	59.8	0.898	0.73	0.00	1.51
エチレングリコール	38.66	1.4318	5.73	56.3	0.790	0.92		
水	80.10	1.3330	1.46	63.1	1.000	1.09	0.47	1.17
非プロトン性極性溶媒								
アセトン	21.36	1.3587	6.41	42.2	0.355	0.71	0.48	0.08
DMF	37.06	1.4305	11.5	43.2	0.386	0.88	0.69	0.00
アセトニトリル	36.00	1.3441	4.41	45.6	0.460	0.75	0.31	0.1
ニトロメタン	36.16	1.3819	4.95	46.3	0.481	0.75		
HMPA	29.00	1.4588	16.03	40.9	0.315	0.87	1.05	0.00
DMSO	46.71	1.4793	7.99	45.1	0.444	1.00	0.76	0.00
無極性溶媒および低極性溶媒								
ヘキサン	1.89	1.3749	11.8	31.0	0.009	−0.08	0.00	0.00
シクロヘキサン	2.02	1.4262	10.9	30.9	0.006	0.00	0.00	0.00
ベンゼン	2.40	1.5011	10.4	34.3	0.111	0.59	0.10	0.00
トルエン	2.43	1.4969	12.3	33.9	0.099	0.54	0.11	0.00
クロロホルム	4.89	1.4459	8.48	39.1	0.259	0.58	0.00	(0.44)
ジクロロメタン	9.02	1.4242	6.49	40.7	0.309	0.82	0.00	(0.30)
1,2-ジクロロエタン	10.74	1.4448	8.33	41.3	0.327	0.73		
クロロベンゼン	5.74	1.5248	12.4	36.8	0.188	0.71	0.07	0.00
ジエチルエーテル	4.42	1.3524	8.91	34.5	0.117	0.27	0.47	0.00
1,2-ジメトキシエタン	(7.20)	1.3796	9.55	38.2	0.231	0.53		
ジグライム	(5.8)	1.4078	14.0	38.6	0.244			
THF	7.47	1.4072	7.93	37.4	0.207	0.58	0.55	0.00
1,4-ジオキサン	2.102	1.4224	8.60	36.0	0.164	0.55	0.37	0.00
酢酸エチル	6.03	1.3724	8.83	38.1	0.228	0.55	0.45	0.00
トリエチルアミン	2.45	1.4010	13.3	32.1	0.043	0.14	0.71	0.00
ピリジン	13.22	1.5102	9.53	40.5	0.302	0.87	0.64	0.00

†1　奥山 格，"有機化学反応と溶媒"，丸善(1998)による．
†2　ジグライム：$(CH_3OCH_2CH_2)_2O$, DMF: $HCON(CH_3)_2$, HMPA: $[(CH_3)_2N]_3PO$, TFE: CF_3CH_2OH.
†3　比誘電率，20 ℃，（　）内の数値は 25 ℃．
†4　分極率$(\alpha/10^{-30}m^3)$.
†5　§4・6・3 参照．

ル基の β 水素が引抜かれて E2 脱離反応を起こす．

4・6・3　溶媒パラメーター

　表 4・11 に示した溶媒の物性値は分子間相互作用の一面を表しているが，もっと有用なのは適切な基準物質と基準プロセスに基づいて決定された経験的パラメーターである．溶媒の極性パラメーターとして最も広く用いられているのは，$E_T(30)$ または規格化された E_T^N である．このパラメー

ターは，1960年代にベタイン色素 (**7**) のソルバトクロミズムを用いて決定された[4]．電荷分離している (**7**) は光励起すると極性が下がるので極性溶媒中では吸収波長が短くなる（ブルーシフト）．溶媒による吸収光の振動数を kcal mol^{-1} 単位で表したのが $E_T(30)$ である．このパラメーターは，(**7**) の構造からわかるようにフェノキシド酸素をもっているので水素結合の影響もある．

(**8**) X = OCH$_3$
(**9**) X = N(C$_2$H$_5$)$_2$
(**10**) X = NH$_2$

(**7**)

　そこで，特異的な相互作用をもたない基準物質として p-ニトロアニソール (**8**) と N,N-ジエチル-p-ニトロアニリン (**9**) を相補的に用いて極性パラメーター π^* が定義されている．さらに水素結合を受入れる程度の異なる (**7**) と (**8**) のソルバトクロミズムの違いから水素結合供与能（酸性）パラメーター α が定義され，水素結合供与可能な (**10**) とそうでない (**9**) とから水素結合受容能（塩基性）パラメーター β が決められた．これら三つのパラメーターを用いる次式に基づく解析が最も大きな成功を収めている[5]．ここで，p は問題となる物理量であり，s, a, b を係数とする一次式で表されている．

$$p = s\pi^* + a\alpha + b\beta + p_0$$

　たとえば，$E_T(30)$ は次のようなよい相関があり，非特異的な極性効果と水素結合供与能を表していることがわかる．

$$E_T(30) = 16.3\pi^* + 15.8\alpha + 29.35$$

また，ここでは述べなかったが，溶媒の電子対受容能と供与能を表す溶媒パラメーターとしてアクセプター数 AN とドナー数 DN があり[6]，それぞれ次の関係がある．AN は各溶媒中における (CH$_3$CH$_2$)$_3$P=O の ^{31}P NMR 化学シフトから求められたパラメーターであり，DN は溶媒と SbCl$_5$ の1：1錯体形成における発熱量として定義されたパラメーターである．

$$AN = 16.7\pi^* + 32.9\alpha + 0.16$$

$$DN = 38.4\beta - 0.78$$

S$_N$1 型加溶媒分解の速度定数から決められた溶媒のイオン化能 Y_{OTs} と求核性 N_{OTs} というパラメーター[7]は，次のように表される．

$$Y_{OTs} = 8.58\pi^* + 3.58\alpha$$

$$N_{OTs} = 5.54\pi^* + 5.65\beta - 7.68$$

　これらの相関はいずれも提案されたパラメーターの意味をよく再現している．このような解析は，特定の反応の速度定数に対する溶媒効果についても同じように適用できる．

4・7 さまざまな反応場

4・7・1 非有機溶媒中での反応

溶媒としての水　多くの有機化合物は水に溶けず，また，有機合成で汎用される Lewis 酸の多くは，水で速やかに分解する．そのため有機合成反応は有機溶媒中で行われることが多い．しかし，ランタノイドイオンのトリフラート Ln(OTf)$_3$ は，強い Lewis 酸であるにもかかわらず，加水分解されにくく，水中でも Lewis 酸としての機能を発揮する．また，界面活性剤は疎水的な有機化合物も水に可溶化する．そこで，界面活性剤を触媒化すれば，基質の水への可溶化と活性化とが同時に達成できる．たとえば，ランタノイド Lewis 酸であるドデシル硫酸スカンジウム Sc(O$_3$SOC$_{12}$H$_{25}$)$_3$ は水中でエマルジョンを形成し，アルドール反応などの Lewis 酸触媒反応が水中で促進される[1]．

フルオロカーボン（フルオラス）溶媒　多数のフッ素原子で置換されたフルオロカーボンはフルオラス（fluorous）溶媒とよばれ，水とも，通常の有機溶媒ともほとんど混ざり合わないという点で特徴的である．このことを利用し，フッ素原子を有する触媒を用いてフルオラス溶媒と有機溶媒との二相系で反応を行うと，有機相から生成物が得られ，フルオラス溶媒相中の触媒を再利用することができる．ペルフルオロオクタンスルホン酸アミドスズ(IV)を触媒とするケトンの Baeyer–Villiger 反応の例を示す[2]．

イオン液体　水にも有機溶媒にも混ざり合わない溶媒として，**イオン液体**（ionic liquid）がある[3]．塩は通常固体であるが，次のような置換イミダゾリウムや第四級アンモニウム塩は融点が低く，常温で液体である．イオン液体は有機化合物をある程度溶解し，高極性で，蒸気圧がきわめて低い．たとえば，[bmim]PF$_6$ の E_T^N 値は C$_2$H$_5$OH と同程度であり，CH$_3$CN よりずっと大きい．[bmim]-PF$_6$ はかつてはよく用いられていたが，103〜105 ℃ 以上で分解してフッ化水素を発生するなどの理由から，あまり用いられなくなった．一方，[bmim]TFSA は熱的にも安定である．[PP13]TFSA は，さらに熱的安定性が高く，リチウムイオン電池の媒体として注目される．

[bmim]PF$_6$
融点 5 ℃

[bmim]TFSA
融点 −4 ℃
Tf: CF$_3$SO$_2$

[PP13]TFSA
融点 12 ℃

[emim]HF$_{2.3}$F
融点 −101 ℃

また，ナイロン 6 の 300 ℃ での熱解重合による ε-カプロラクタムへの変換にも用いられ，生成した ε-カプロラクタムを減圧蒸留により単離することにより，反応系中に残った[PP13]TFSA を再利用できる．[emim]HF$_{2.3}$F は，融点と粘性がきわめて低い．

以下で説明する超臨界二酸化炭素はイオン液体にほとんど溶けないため，有機溶媒の代わりに生成物の抽出に用いられることもある．たとえば，イオン液体[bmim]PF_6を溶媒とするルテニウム触媒（**11**）を用いたアルケンの不斉水素化における生成物の抽出例がある．一方，触媒は超臨界二酸化炭素に溶解しないためにイオン液体相に残り，再利用される[4]．

(**11**) Ar = p-トリル

超臨界流体　近年，新たな溶媒，反応場として**超臨界流体**(supercritical fluid)が注目されている．物質は**臨界点**(critical point)を超えると気体と液体の区別がつかなくなる．この状態を超臨界流体とよび，気体と液体の両方の性質をあわせもち，かつ，密度を連続的に変化させることができる．

　水の臨界点は 22.1 MPa，374 ℃ である．超臨界水の物性は液体の水とは大きく異なる．たとえば，比誘電率 ε（表 4・11）は水(78.3)と比べて大きく低下し(40 MPa，400 ℃ で約 10，500 ℃ では 5 以下)，その結果，通常の水には不溶の有機化合物も超臨界水には溶けるようになる．超臨界水のイオン積も温度や圧力によって大きく変化するが，通常の水に比べて数百倍から数千倍になるので，加水分解反応などに適した反応場となる．

　もう一つ重要な超臨界流体に，二酸化炭素がある(臨界点，7.38 MPa，31.1 ℃)．一般に，固体物質の超臨界二酸化炭素($scCO_2$)に対する溶解度は密度(圧力)依存性があり，高密度(高圧)領域では溶解力は高くなる傾向がある．たとえば，ナフタレンの溶解度は 35 ℃ では 8〜9 MPa 付近で急激に増大する．この性質により，1960 年代に超臨界二酸化炭素がコーヒーの脱カフェインに有効であることがわかり，溶媒抽出にとって代わって工業的に用いられている．また，近年，工業的に使用が制限されているハロゲン化溶媒の代替溶媒として，超臨界二酸化炭素を用いたポリマーの工業的製造が行われている．

　均一系触媒を用いる水素化は，液相と気相(水素ガス)とからなる典型的な二相系の反応である．これを超臨界二酸化炭素中で行うと，超臨界相が水素ガスと一体化するため，反応効率が飛躍的に増大する．二酸化炭素自身が基質となる場合には，ギ酸が得られる[5]．

4・7・2　マイクロリアクターの利用

　温度や濃度，反応時間などの因子が化学反応に影響を及ぼすことはいうまでもない．大きな発熱を伴う反応や不安定中間体を経由する反応においては，温度の制御が特に重要である．また，分子間の高速反応や逐次反応では，局所濃度の均一性と滞留時間の制御が重要である．この視点から有機合成反応を考えると，フラスコやバッチ型の反応器を用いる際にはさまざまな問題がある．分子を一つず

つ反応させて生成物を速やかに外部に取出すことができれば理想的だが，それに近い反応条件を提供できるマイクロリアクター(microreactor, 微小反応器)の利用が検討されている．マイクロリアクターは μm オーダー（多くは内径が数十 μm から数百 μm）の微小構造（マイクロ流路）をもつ反応器であり，全体の大きさは必ずしも微小である必要はない．その利点は，1) 微小空間での高速混合が可能で，高速反応が制御しやすいこと，2) 単位容積当たりの面積が大きいので壁面を介した熱移動の効率が高く，温度制御が正確に行えること，3) 滞留時間を短くすることができ，不安定中間体の制御に有効であること，などである[6]．

図 4・19 に反応例を示す．通常カルボニル化合物は有機リチウムとすばやく反応する．しかし，マイクロリアクターを用いると，温度制御が正確に行えるため，カルボニル基と有機リチウムの反応よりもさらに速い反応であるハロゲン–リチウム交換を選択的に行うことができる．そのようにして生成した有機リチウムをアルデヒドなどの他の求電子剤と反応させることができる[7]．

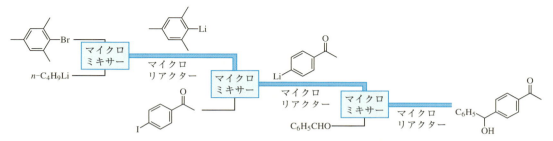

図 4・19 マイクロリアクターを用いるアセチル置換アリールリチウムとアルデヒドの反応の制御

4・7・3 固体中のナノ空間

モンモリロナイトに代表される粘土鉱物は，SiO_2 の正四面体層と $Mg(OH)_2$ あるいは $Al(OH)_3$ の正八面体層が対面で並んでおり，このペアがさらに約 1 nm の面間隔で配列している層状ケイ酸塩である．一方，ゼオライト(zeolite)は SiO_2 四面体層と $Al(OH)_4$ 四面体が三次元的に結合したアルミノケイ酸塩であり，結合様式により多種多様な空孔の形成が可能である．細孔の有効径は 0.3〜0.8 nm 程度であり，細孔の構造が一次元的なものから三次元的なものまで多様である．いずれの系も交換可能なカチオンを有している．粘土鉱物やゼオライトの細孔には種々の有機分子が形状・サイズ選択的に取込まれ，金属に由来する酸触媒による反応が進行する．結晶格子に Sn や Ti を組込んだゼオライトは，過酸化水素を酸化剤とするケトンの Baeyer-Villiger 酸化やアルケンのエポキシ化の良好な固体触媒となる．活性小分子の重合阻害も，ゼオライト空孔の興味深い効果である．たとえば，ホルムアルデヒドは室温で容易に重合してパラホルムアルデヒドに変化するが，Na 交換ゼオライト中では単量体として安定に存在し，これにアルケンを加えるとカルボニル–エン反応により，高収率，高選択的にホモアリルアルコールを与える．また，二量化しやすいシクロペンタジエンも空孔内では単量体として保持され，比較的反応性の低い求ジエン体との Diels-Alder 反応も効率よく進行する[8]．

ゼオライトの空孔(ミクロ孔)は1 nm程度の径であるので，大きな分子の反応には適さない．一方，より大きなメソ孔(2 nm以上)を有するシリカ多孔体が，ミセルを鋳型として用いる方法によって得られるようになった[9]．すなわち，カチオン界面活性剤は球状にミセル化するが，高濃度では棒状(筒状)ミセルを形成し，これが集合した六方(ヘキサゴナル)相を与える．ここにアニオン性のシリカートを加えると静電相互作用に基づき六方晶ミセルのまわりに集まり，シリカ形成後に鋳型としての界面活性剤を取除くと，ヘキサゴナルの空孔を有する多孔性シリカが得られる．空孔径も2〜10 nmの範囲で制御可能であるが，空孔径によって反応性が異なることもある．たとえば，シクロヘキサノンのアセタール化反応の活性は，多孔性シリカの細孔径に大きく依存する(図4・20)．また，さまざまな金属イオンを担持させると，触媒活性が変化する．たとえば，Niイオン担持多孔性シリカ(M41)触媒を用いると，400 ℃以上でエチレンからプロピレンを主生成物とする反応が進行する．

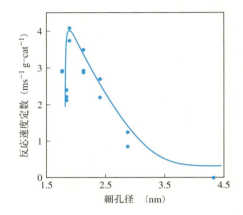

図 4・20 シクロヘキサノンのアセタール化活性と多孔性シリカ(M41)触媒の細孔径の関係．シクロヘキサノン 2.0 mmol，メタノール 5.0 mL，触媒 30 mg，反応温度 25 ℃．

近年では金属有機構造体(metal organic framework: MOF)がさらに表面積が大きい多孔質配位ネットワークを形成することが報告されており，触媒やセンサーなどへの応用が期待されている[10]．また，金属と有機配位子により，大きな空間を有する結晶が形成される場合も見いだされている．この結晶のなかには，ゲスト分子を配列させることができる場合があることも報告されており，"結晶スポンジ法"として注目されている[11]．

4・7・4 分子性反応場

生体反応場は，有機化学反応がめざす究極の手本のひとつである．すなわち，酵素Eには反応場が分子レベルで用意され，そこでの反応は基質Sの可逆的な取込みと酵素–基質複合体における擬分子内反応の二つの過程を含む．取込みにより基質は反応に都合のよいよう配置され，これが後続の反応過程の効率と選択性を向上させる．本節では，酵素反応のように基質の取込みを鍵とする分子性反応場を解説する．

$$E + S \underset{}{\overset{K}{\rightleftarrows}} ES \xrightarrow{k} P$$

Eは酵素，Sは基質，Pは生成物を表す

ミセルとホスト–ゲスト 界面活性剤は水中でミセルを形成する(§11・2・6b参照)．ミセル内部には疎水性化合物が可逆的に取込まれる．イオン性ミセルの場合，表面には界面活性剤の極性頭部が形成する強い電場が存在し，これにより対イオンが濃縮される．したがって，一般に，塩基(OH^-)触媒反応はカチオンミセルによって，酸(H^+)触媒反応はアニオンミセルによって加速される．界面活性剤自身が触媒部位をもっている機能性ミセルの場合には，さらに大きな加速が認められるこ

4・7 さまざまな反応場 153

ともある．ホスト−ゲスト錯形成の場合も同様であり，一例を§11・3・2に示すように，機能性ホストを用いた酵素モデル反応が種々のホスト系を用いて検討されている．

立体規制場をもつ分子触媒　基質取込み能のあるホストに触媒部位を導入する代わりに，反応剤（触媒）に立体規制場を導入することもできる．(*12*)や(*13*)のアルミニウム錯体では，配位子の芳香環が Lewis 酸中心である Al^{3+} を取囲むように空孔を形成する．このように混み合った Lewis 酸への配位は，基質の立体構造に大きく依存し，また，配位によって基質の反応性，位置選択性や立体選択性自身が変化する[12]．一般に，α,β−不飽和カルボニル化合物に対する求核反応は 1,2 付加と 1,4 付加体とが並発するが，混み合った Lewis 酸(*12*)の存在下ではカルボニル基周辺が"立体保護"され，1,4 付加が選択的に進行する．また，アセトフェノンと t−ブチルリチウムの反応において(*12*)を共存させると，カルボニル基でなくベンゼン環のパラ位に選択的に反応する．

鋳型反応と抗体触媒　金属配位や水素結合を用いると，有機溶媒中でも"反応剤"と"基質"とをあらかじめ錯形成させておくことができる．2分子会合($A+B \rightleftharpoons AB$)の平衡定数が $10^5\,M^{-1}$ であれば($K=[AB]/[A][B]=10^5\,M^{-1}$)，A と B との等量混合物における錯体 AB の生成割合は，初濃度($[A]_0=[B]_0$)が $1\,M, 0.1\,M, 0.01\,M$ の場合，それぞれ 99.7%，99%，97% であり，実質的にすべて錯形成していることになる．また，互いに相互作用し合わない基質 A と B がともに第3成分 C と錯形成する場合，3成分錯体 A・B・C における A と B との反応は鋳型(template)C の強い立体制御下におかれる．たとえば，ピリジン環を有する求ジエン体と 1,3−ジエンはともに(*14*)のように Zn(II)ポルフィリンの環状三量体の内部に同時に取込まれる．その結果，両者の Diels-Alder 反応の初速度は通常に比べ 6000 倍となる．また，この反応でエキソ体(*15*)だけが生成するのは[13]，2分子間の立体化学的な関係が錯形成により規制されたためである．実際，このポルフィリン三量体もトリピリジン誘導体を鋳型として合成された．このように，ホストによるゲストの選択的な捕捉と，ゲストを鋳型としたホストの鋳型合成は，表裏の関係にある．

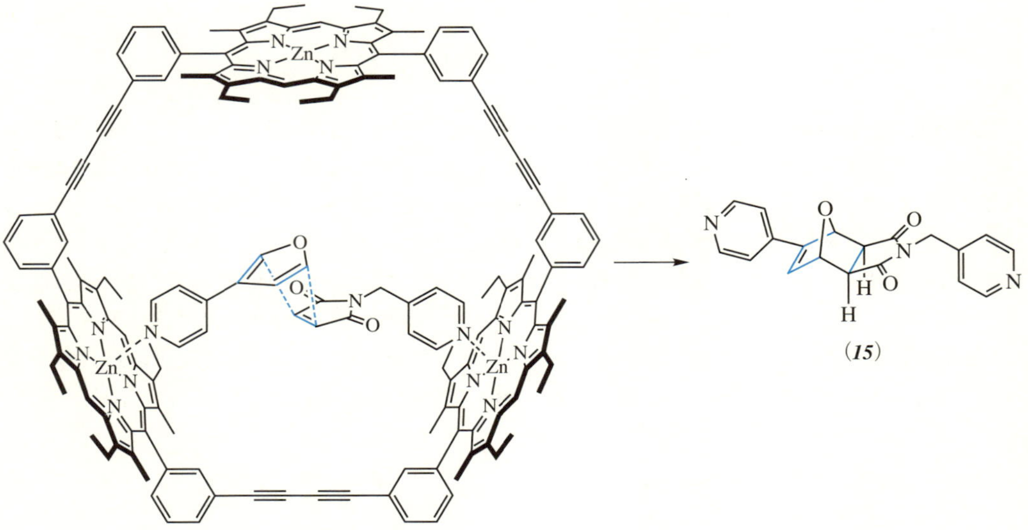

4. 有機化学反応 I

(*14*)

(*15*)

　抗体触媒（catalytic antibody）の調製は，この鋳型合成の原理をタンパク質に応用したものである．すなわち，抗体は異物（抗原）に遭遇した生体が産生する防御用タンパク質であり，もとの抗原に高い親和性と特異性をもっている．いま，ある反応について，その遷移状態の構造（基質や生成物ではなく）を取込む空孔があるとする．この取込みがエネルギー的安定化をもたらすとすると，基質分子から遷移状態の構造へ至るエネルギーが低下し，反応が促進される可能性がある．

　問題はいかにそのような空孔をつくるかである．抗体触媒は，遷移状態を模倣した化合物（遷移状態類似体 transition state analog）を抗原（鋳型）として用いれば，触媒活性のあるホストタンパク質が生産できる可能性があるという考えに基づく[14]．たとえば，エステルやアミドの加水分解の遷移状態は四面体構造である．そのため，基底状態で四面体構造を有するリン酸エステルを遷移状態類似体として用いることができると考えられる．実際，リン酸エステル（*16*）を抗原として得られた抗体タンパク質は，（*16*）に類似したエステル（*17*）の加水分解に対して酵素のように触媒作用を示した．これ以外の反応についても同様な手法で抗体触媒が誘導され，触媒活性が発現した．

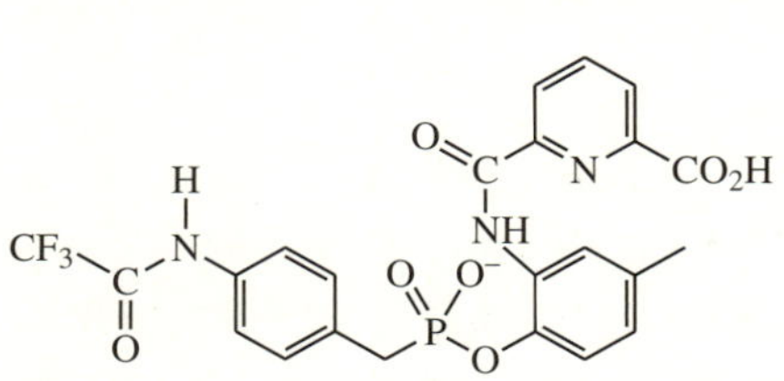

(*16*)

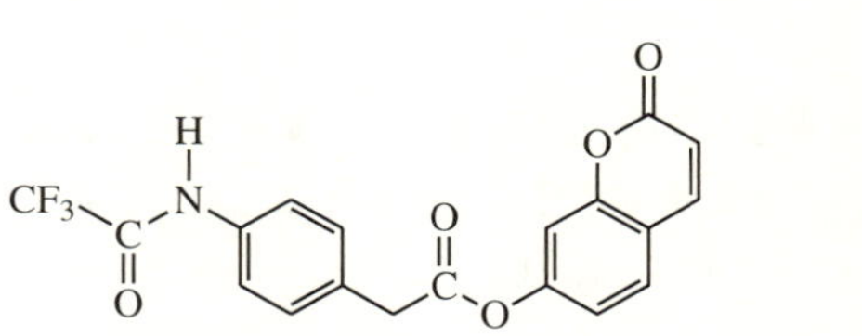

(*17*)

　合成反応の触媒としての酵素　　酵素は，高価で，入手困難なものも多いうえ，不安定で変性しやすく，回収も容易ではない．このような酵素も，不溶化できれば疎水性会合に基づく変性を抑制し，容易に回収できる．酵素の不溶化には，酵素表面の反応基，たとえばリシン残基の末端アミノ基を利用した不溶性高分子への結合や自身の架橋，細孔を有するマイクロカプセルへの内包などの方法が用いられる．こうして得られた固定化酵素（immobilized enzyme）が種々用いられている．

　有機反応への応用上，酵素反応の溶媒が水であることは障害である．反応基質が溶けにくく，また，可逆性という酵素反応の利点が生かされないからである．エステル加水分解酵素（たとえばリ

パーゼ)は脂肪酸エステルの加水分解とともに，逆反応である脂肪酸とアルコールとのエステル生成反応の触媒にもなる．水溶媒を用いる通常の条件下ではもっぱら加水分解触媒としてはたらくが，リパーゼを脂質分子で被覆すると有機溶媒に可溶になり，イソオクタン中での脂肪酸(たとえばラウリン酸)のラセミ体アルコールによるエナンチオ選択的なエステル化の触媒となる[15]．

4・7・5 固相における無溶媒反応

結晶中では，分子どうしは強制的に近傍位に固定されている．また，包接結晶においてはゲスト分子の配向をホスト分子により制御することが可能であり，しばしば高選択的な反応が実現する[16]．たとえば，ホスト(**18**)とカルコン(**19**)の1:2の包接結晶を光照射すると，シン配置で二量化した頭尾型異性体(**20**)のみが高収率で得られる．この包接結晶においては，ホスト格子との水素結合を介した2分子のゲストの位置関係が(**20**)の生成に好都合なように固定されているからである．

結晶は分子拡散が高度に抑制された状態である．したがって，結晶相反応は分子間の距離に大きく依存する．反応物と生成物の結晶構造に大きな差異がない場合には，結晶から結晶への直接変換が可能になる．結晶内に配列したモノマーが直接重合する現象をトポケミカル重合(topochemical polymerization)とよぶ．ムコン酸(**21**)やソルビン酸誘導体(**22**)の結晶構造を調べると，0.5 nm の間隔でモノマーが並んだときに重合がうまく進行する[17]．

4・8 有機反応機構解析

化学反応はふつう化学量論式で記述される．2種類の反応物から生成物ができるという反応式をみて，この生成物は反応分子間の2分子衝突によってできてくると考えてよいだろうか．多くの有機反応はそれほど単純ではなく，段階的な素反応の連続として記述できる．このような反応の記述を**反応機構**という．各素反応は，ただ一つの遷移状態をもつ過程であり，そのなかで最も高いエネルギーの遷移状態をもつ反応段階を律速段階といい，全反応の速度はこの段階の遷移状態エネルギーによって決まる．

4・8・1 有機反応機構への実験的アプローチ

可能性のある反応機構を書くことは，経験を積んだ化学者にはそれほど困難ではない．しかし，提案された可能な機構のうち，どれが正しいかを厳密に証明することはきわめて困難である．実験事実

と矛盾するような機構を否定していった結果，最も確からしい反応機構が残り，それに基づいて立てた作業仮説を実証できれば，その機構はほぼ確立されたことになる．このように反応機構を実験的に検証するアプローチは，次のように分類できる．それに加えて，理論的観点からも合理性を検討することができる．

1) 分析化学的(非速度論的)実験
  生成物の同定および化学量論・立体化学・結合の切断位置(同位体標識)の決定，交差実験による分子内あるいは分子間反応の区別，可能な中間体の検証(中間体の単離・検出，中間体の捕捉)
2) 速度論的実験
  反応次数・反応速度式の決定，触媒作用，温度効果(活性化パラメーター)・圧力効果(活性化体積)・溶媒効果・置換基効果・同位体効果の検討

4・8・2　分析化学的(非速度論的)実験による反応機構解析

反応機構を推定する際に，まず最初に検討すべき事項として，量論関係を含めた反応生成物の同定があげられる．副生成物，特に気体生成物は見逃しやすいので注意が必要である．

a. 反応の立体化学の決定

反応の立体化学が反応機構に関する有用な情報を与えることが多い．たとえば，S_N2 反応においてキラルな中心炭素原子の立体配置が反転するのに対し，S_N1 反応ではラセミ化するという結果が，反応機構および遷移状態・中間体の構造の推定に有効である．一方，β-クロロアルコールの塩基触媒加水分解では，立体配置保持によりジオールが生成するが，この結果は反転が 2 回起こっていることによって説明できる．このような例は，α-カルボキシ基，β-アルキルチオ基や β-アミノ基などが隣接基関与する場合にもみられる．

b. 同位体標識による結合の開裂位置と生成位置の決定

反応物の特定の原子に同位体標識して反応を行うと，結合の開裂と生成に関する重要な情報が得られる．たとえば，ハロアレーンを液体アンモニア中でカリウムアミドのような強塩基で処理すると，アミノ化が起こる．炭素を ^{14}C で標識した(●印)クロロベンゼンを用いる反応により，アミノ基がも

とのハロゲンの位置と隣接の炭素に結合した異性体*がほぼ等量の混合物として得られたことから，脱離–付加の順で反応が進行する反応機構，つまりベンザイン中間体を経る反応機構が支持された．

c. 交 差 実 験

ある転位反応が，分子内反応であるか分子間反応であるかを決める際に，有効な方法の一つとして**交差実験**（crossover experiment）がある．すなわち，類似した二つの化合物を同一溶液内に混ぜ合わせ，反応させるという方法である．生成物を分析し，それぞれの化合物からの正常な転位生成物のほかに，交差生成物が生成していれば，反応は分子間機構を含んでいることを示す．たとえば，次のFries 転位では (*23*)，(*24*) のほかに交差生成物 (*25*)，(*26*) が得られ，アシル基が遊離する分子間転位が含まれることがわかった．

二つの化合物の反応性は似通っている必要があるので，同位体による標識体を交差実験に用いることも多い．

d. 反応中間体の検出・捕捉と単離

反応中間体の検出　多段階反応の反応機構研究の中心的課題の一つは，必然的に存在する中間体に関するものである．エネルギー断面図においては，中間体は中間の谷間（ポテンシャルエネルギー面のくぼみ）に相当する．安定な中間体は単離することも可能である．反応条件下で不安定な中間体は条件を変えることによって単離できることもある．たとえば反応系を急速に冷却したり，触媒などを除去する手法である．また，立体的に外部反応剤の接近を妨げることによって（立体保護という），中間体を単離できることもある．

分光学的な方法で中間体の検出が可能な場合もある．それには，中間体のスペクトル感度が十分高く，反応系に共存する化学種や溶媒などが観測を妨害しないことが必要である．たとえば，紫外可視吸収スペクトルでは 10^{-5} M 以上の濃度で中間体が存在する必要がある．この手法は長波長に吸収をもつ電荷移動錯体，カルボカチオン，カルボアニオンなどの検出には有効である．一方，ラジカルは，ESR スペクトルにより $10^{-8} \sim 10^{-6}$ M の低濃度でも検出することができる．

ここで一つ注意しなければならないのは，このような方法で反応中間体が単離されたり，検出される場合にも，それが反応経路上の真の反応中間体であることを確かめる必要があるということである．単離あるいは検出された"中間体"が真の反応中間体ではなく，主反応とは異なる副次的平衡とし

---

*　進入基が脱離基の隣接位に入る反応をシネ（*cine*）置換という．

て存在する化学種にすぎないこともありうる．たとえば，下式の芳香族求核置換反応においては生成物を与える 1-Meisenheimer 錯体は中間体であるが，3-Meisenheimer 錯体はそうではない．

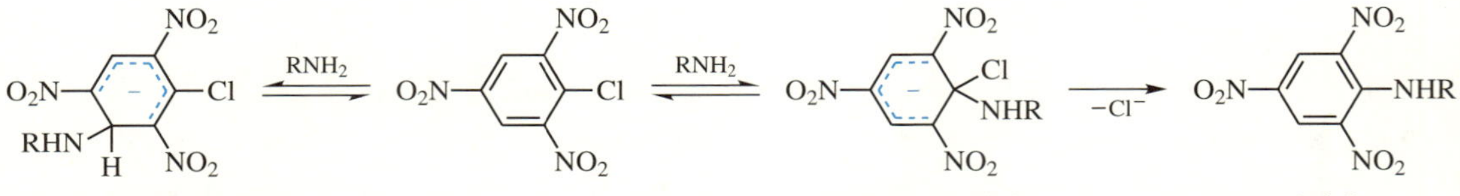

[反応式: 3-Meisenheimer 錯体 ⇌ (RNH₂) ⇌ 基質 ⇌ (RNH₂) ⇌ 1-Meisenheimer 錯体 → (−Cl⁻) 生成物]

反応中間体の捕捉　反応中間体とのみ反応する物質を反応系に加え，検出困難な反応中間体を捕捉する方法もある．捕捉剤を加えても反応速度が変化しないことを確認する必要があるが，適切な捕捉剤を選択すれば，反応中間体の介在の強力な証拠となりうる．たとえば，ラジカルの捕捉剤としてニトロンが用いられる．この方法はスピン捕捉法とよばれ，捕捉後の比較的安定な N-オキシルラジカルを ESR で同定する（§5・3・2 参照）．

反応中間体の単離　有機分子を高真空下で急速に加熱分解する方法は，**フラッシュ真空熱分解法**（flash vacuum pyrolysis あるいは flash vacuum thermolysis）として知られている．通過時間がミリ秒ほどになるように高真空下で有機化合物を高温部に導入し，熱分解で発生した活性種をただちにホストマトリックスとなる不活性気体（貴ガス）とともに，冷却した測定窓上に凍結捕捉して分光分析する手法がある．これは，広い意味のフロー法（次項参照）とみなせる．

一方，あらかじめ適当な前駆体分子を大過剰の貴ガスとともに極低温（10 K 以下）でマトリックス単離しておき，これを光分解して反応中間体を生成させる方法もある．これが，**マトリックス単離分光法**である．このような条件下では，反応中間体（RI）は貴ガスホスト原子に完全に取囲まれているので，その分子間反応はほぼ完全に抑制されるとともに，極低温であるため単分子的分解も抑制され，非常に不安定な化学種まで観測することができる（図4・21）．高速観測は必要としないので，通常の赤外，紫外可視吸収スペクトル，ESR などの観測手段を用いることができる．速度論的な情報は得られないが，活性種の構造解析にはきわめて有用である．

図4・21　ホスト分子 Ar によってマトリックス単離されている中間体 RI[1]）　　　RI 反応中間体

活性種は通常の安定分子にはない異常な結合様式をもっているので，その構造解析には困難が伴う．しかし近年，比較的大きい有機分子に対しても計算化学による構造予測の精度が向上した結果，信頼性が高い理論的スペクトルが入手でき，この問題に活路が開けた．これによりパルス励起法などで観測された活性種のスペクトルの同定も進歩した．

4・8・3　速度論的実験による反応機構解析

反応速度などの理論的背景についてはすでに §4・1 で取上げたので，ここではさまざまな速さの反応速度測定法と相対反応速度法について概説する．

a. さまざまな手法による反応速度測定

近年，レーザー技術，超高速の光電変換や電子技術，新しい検出器の開発，コンピューターによる

大容量データの集積と迅速解析などが相まって，分光学的に化学反応を追跡したり，反応速度を測定したりすることが容易になり，現在ではその助けなしに反応論を語ることはできない．

分光学的手法は多岐に渡るので，すべてを網羅することは本書の範囲を超える．ここでは代表的な方法を，時間分解能の順番に概説する．

遅い反応の反応速度測定　半減期が数秒以上のゆっくりと進行する反応を分光学的に追跡することは，古くから行われている．反応が遅い場合，反応物の混合も特別な工夫は要しない．一定温度で，反応開始とともに反応物消失あるいは生成物生成の時間変化を追跡する．観測法も高速を必要としないので，通常の分光学的手法以外にも，ほとんどあらゆる分析法を利用できる．

速い反応の反応速度測定　一方，非常に速い反応，たとえば半減期が数秒以内の反応を取扱う場合，ふつうに反応物を混合すると，その時点で反応は終了してしまうので，特別な工夫が必要である．以下に，代表的な三つの方法について説明する．

1) フロー法(時間分解能 10^{-3} 秒)　フロー法(流通法)とは，反応させる複数の化学種を別べつに用意し，これらを急速に混合した後，混合物を一定の流速で管内をフローさせる方法である(図 4·22)．混合点から，フロー管に沿って逐次移動する混合物の反応の進行度を追跡する．いいかえると，時間軸(t_1, t_2, t_3)を混合点からの距離で置き換えて速度を測定する手法であり，**連続フロー法**とよばれる．また，特別な装置を用いて反応液をフロー法で混合し，観測セル内の変化を分光法で観測する方法があり，**ストップトフロー法**とよばれる．連続フロー法に比べ，少量の反応剤を用いて測定できる利点がある．

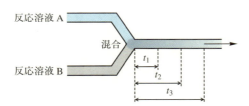

図 4·22　速い反応の速度を測定するためのフロー法の模式図

このフロー法においてはフロー管内の半径方向の化学種の濃度分布や，軸方向の拡散現象について十分注意を払う必要がある．混合に要する時間，測定距離の分解能，フローの流速などの関係から，ミリ秒程度が時間分解能の限界となっている．

この場合も観測手段として，吸収，発光など分光学的手法だけではなく，電気伝導度，濁度，pHの変化などに基づく，多くの物理的，化学的な分析法を用いることができる．

2) 化学緩和法(時間分解能 10^{-10} 秒)　平衡状態が成立している可逆的反応系では，平衡定数 K を求めることはできても速度定数 k を求めることはできない(次式参照)．しかし，この系に温度変化などの摂動をかけると，新しい平衡状態に移行する．この過程を高速測定法で追跡すると，k および k_{-1} を求めることが可能となる．ここで一般に用いられる摂動としては温度，圧力，pH などがあり，これらはそれぞれ温度ジャンプ，圧力ジャンプ，pH ジャンプなどとよばれている．平衡定数の情報から k_1 と k_{-1} の比が得られていたのに加え，緩和の速度測定から k_1 と k_{-1} の和が得られるので，k_1 と k_{-1} が求められる．

$$A \underset{k_{-1}}{\overset{k_1}{\rightleftarrows}} B$$

急速な摂動を加えるため，温度ジャンプにはレーザー加熱(約20 ns)，圧力ジャンプには衝撃波(約2 μs)，pHジャンプには芳香族スルホン酸のレーザー励起(約10 ns)などが用いられている．観測手段としては，分光学的手法が用いられる．

3) パルス励起法(時間分解能 10^{-12} 秒)　非常に短い時間内に，光，放射線，電圧，熱などのエネルギーを反応系に注入して活性種を発生させ，その後の反応を追跡する手法である．反応中間体をパルス的に生成させる点で，化学緩和法とは異なる．

光によるパルス励起法が最もよく用いられている．1950年代に開発された閃光光分解法(フラッシュフォトリシス)がその出発点となった．その原理の概要を図4・23に示す．レーザー光源など強力な光源を試料溶液にフラッシュ状に照射し，瞬時に反応中間体を高濃度で発生させる．通常の光照射では，反応中間体の濃度は物理的に検出されるほど高くはならず，ただちに減衰する．そこで，試料溶液にフラッシュ光を当てた直後に弱い観測用の閃光を当て，吸収スペクトルを測定し，その減衰過程を計測する．

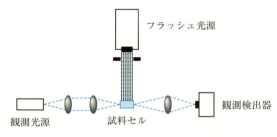

図 4・23　フラッシュフォトリシス装置

観測手段として最もよく用いられるのは紫外可視吸収スペクトルであるが，蛍光，ラマン，赤外スペクトルに加え電子スピン共鳴スペクトル(ESR)も用いられる．観測時間分解はフラッシュ光源の時間幅に依存する．初期に用いられたキセノンランプでは時間分解能が 10^{-6} 秒(μs)程度であったが，1970年代以降の急速なレーザー技術と電子技術の発展によって 10^{-9} 秒(ns)から 10^{-12} 秒(ps)，10^{-14} 秒(数十 fs)までの時間分解能が可能となった[2]．カチオン，ラジカル，カルベンなどのさまざまな活性種から，電子的な励起状態まで，いろいろな寿命の反応中間体を観測し，速度論的情報を得ることができる．近年の計算手法の進歩に伴い，反応中間体の各種スペクトルの予測が可能となったことから，この手法の有用性が高まっている．

b. 相対反応速度

絶対反応速度を測定したり，反応次数を求めたりすることは，かなり手間がかかる．しかし，次の手法を用いると反応剤Xに対する反応性を簡便に見積ることができる．同じように反応する2種類の基質AとBを同時に反応系に入れ，反応剤Xを反応させ，それぞれの基質A, BとXの反応生成物(AXとBX)の生成比[AX]/[BX]を求める方法である．これを(1)式のように，用いた基質濃度比[B]/[A]で補正することによって，XのAとBに対する相対反応速度(k_A/k_B)を求めることができる．この場合，基質の濃度は反応剤Xに対して十分に高くし，反応を通してその濃度を一定にしておくことが必要である．

$$\frac{k_A}{k_B} = \frac{[AX][B]}{[BX][A]} \tag{1}$$

十分な量の基質が得られない場合は，(2)式が用いられる．ここでは，A_0, B_0 はそれぞれの基質の

初期濃度で，A, B は反応終了後の濃度である．この場合は反応を十分に（60％程度）進行させないと，正確な値は得られない．

$$\frac{k_A}{k_B} = \frac{\log(A/A_0)}{\log(B/B_0)} \tag{2}$$

これらの方法は非常に簡便であるが，多くの場合，分光学的手法を用いて得られた絶対反応速度の比ともよく一致し，かなり正確な情報が得られるため，反応剤 X に対する反応性を速度論的に検討するための良い方法となっている．

参　考　書

一般的参考書
・N. Isaacs, "Physical Organic Chemistry", 2nd Ed., Longman Scientific & Technical, Burnt Mill（1995）.
・E. V. Anslyn, D. A. Dougherty, "Modern Physical Organic Chemistry", University Science Books, Sausalito（2004）.
・F. A. Carey, R. J. Sundberg, "Advanced Organic Chemistry Part A: Structure and Mechanisms", 5th Ed., Springer-Verlag, New York（2007）.
・R. Brückner, "Organic Mechanisms: Reactions, Stereochemistry and Synthesis", ed. by M. Harmata, Springer, Berlin（2010）.
・奥山 格, "有機反応論", 東京化学同人（2013）.

活性化パラメーターに関する参考書
・J. E. Leffler, E. Grunwald, "Rates and Equilibria of Organic Chemistry", John Wiley & Sons, New York（1963）.
・N. S. Isaacs, "Liquid Phase High Pressure Chemistry", John Wiley & Sons, Chichester（1981）.
・"Organic High Pressure Chemistry", ed. by W. J. le Noble, Elsevier, Amsterdam（1988）.

同位体効果に関する参考書
・L. Melander, W. A. Saunders, Jr., "Reaction Rates of Isotopic Molecules", John Wiley & Sons, New York（1980）.

酸・塩基に関する参考書
・R. Stewart, "The Proton: Applications to Organic Chemistry", Academic Press, Orlando（1985）.
・R. P. Bell, "The Proton in Chemistry", 2nd Ed., Springer US, Boston（2013）.

置換基効果に関する参考書
・L. P. Hammett, "Physical Organic Chemistry", 2nd Ed., McGraw-Hill, New York（1970）.
・O. Exner, "Correlation Analysis of Chemical Data", Plenum Press, New York（1988）.

溶媒効果に関する参考書
・奥山 格, "有機化学反応と溶媒", 丸善（1998）.
・C. Reichardt, T. Welton, "Solvents and Solvent Effects in Organic Chemistry", 4th Ed., Wiley-VCH, Weinheim（2010）.

文　献

（§4・1）
1) R. A. More O'Ferrall, *J. Chem. Soc. B*, **1970**, 274.
2) M. G. Evans, M. Polanyi, *Trans. Faraday Soc.*, **34**, 11（1938）; R. P. Bell, *Proc. Royal Soc. Ser. A*, **154**, 414（1936）.
3) J. E. Leffler, *Science*, **117**, 340（1953）.
4) G. S. Hammond, *J. Am. Chem. Soc.*, **77**, 334（1955）.

（§4・2）
1) J. E. Nordlander, P. O. Owuor, J. E. Haky, *J. Am. Chem. Soc.*, **101**, 1288（1979）.
2) P. Muller, *Pure Appl. Chem.*, **66**, 1077（1994）.

（§4・3）
1) A. Drljaca, C. D. Hubbard, R. van Eldik, T. Asano, W. J. le Noble, *Chem. Rev.*, **98**, 2167（1998）.
2) D. J. Barnes, R. P. Bell, *Proc. Roy. Soc., Ser. A*, **318**, 421（1970）.
3) L. Melander, *Nature*, **163**, 599（1949）.
4) W. H. Saunders, Jr., D. H. Edison, *J. Am. Chem. Soc.*, **82**, 138（1960）.
5) R. L. Schowen, *Prog. Phys. Org. Chem.*, **9**, 275（1972）.
6) D. A. Singleton, A. A. Thomas, *J. Am. Chem. Soc.*, **117**, 9357（1995）.
7) A. J. DelMonte, J. Haller, K. N. Houk, K. B. Sharpless, D. A. Singleton, T. Strassner, A. A. Thomas, *J. Am. Chem. Soc.*, **119**, 9907（1997）.

162　　　　　　　　　　　**4. 有機化学反応 I**

(§4・4)

1) R. G. Pearson, *J. Am. Chem. Soc.*, **85**, 3533(1963); R. G. Pearson, J. Songtad *J. Am. Chem. Soc.*, **89**, 1827(1967); R. G. Pearson, H. Sobel, J. Songstad, *J. Am. Chem. Soc.*, **90**, 319(1968).

2) T.-L. Ho "Hard and Soft Acids and Bases Principle in Organic Chemistry", Academic Press, New York(1977).

3) C. G. Swain, C. B. Scott, *J. Am. Chem. Soc.*, **75**, 141(1953).

4) S. Winstein, E. Grunwald, H. W. Jones, *J. Am. Chem. Soc.*, **73**, 2700(1951); S. Winstein, A. H. Feinberg, E. Grunwald, *J. Am. Chem. Soc.*, **79**, 4146(1957).

5) H. Mayr, M. Patz, *Angew. Chem., Int. Ed. Engl.*, **33**, 938(1994);"有機反応論の新展開", 奥山格, 友田修司, 山高博編, p.33～43, 東京化学同人(1995); H. Mayr, B. Kempf, A. R. Ofial, *Acc. Chem. Res.*, **36**, 66(2003); H. Mayr, A. R. Ofial, *Pure Appl. Chem.*, **77**, 1807(2005); T. B. Phan, M. Breugst, H. Mayr, *Angew. Chem., Int. Ed. Engl.*, **45**, 3869(2006).

6) https://www.cup.lmu.de/oc/mayr/reaktionsdatenbank.

7) M. Hofmann, N. Hampel, T. Kanzian, H. Mayr, *Angew. Chem., Int. Ed. Engl.*, **43**, 5402(2004).

8) L. P. Hammett, A. I. Deyrup, *J. Am. Chem. Soc.*, **54**, 2721(1932); L. P. Hammett, "Physical Organic Chemistry", 2nd Ed., Chapter 9, McGraw-Hill, New York(1970).

9) G. A. Olah, *Angew. Chem., Int. Ed.*, **2**, 629(1963); G. A. Olah, G. K. S. Prakash, J. Sommer, "Superacids", John Wiley & Sons, New York(1985).

(§4・5)

1) L. P. Hammett, *J. Am. Chem. Soc.*, **59**, 96(1937).

2) H. H. Jaffé, *Chem. Rev.*, **593**, 191(1953).

3) H. C. Brown, Y. Okamoto, *J. Am. Chem. Soc.*, **80**, 4979(1958).

4) R. W. Taft, Jr., *J. Phys. Chem.*, **64**, 1805(1960).

5) Y. Yukawa, Y. Tsuno, *Bull. Chem. Soc. Jpn.*, **32**, 971(1959); Y. Yukawa, Y. Tsuno, M. Sawada, *Bull. Chem. Soc. Jpn.*, **39**, 2274(1966); Y. Tsuno, M. Fujio, *Chem. Soc. Rev.*, **25** 129(1996).

6) S. Ehrenson, R. T. C. Brownlee, R. W. Taft, *Prog. Phys. Org. Chem.*, **10**, 1(1973).

7) B. D. Song, W. P. Jencks, *J. Am. Chem. Soc.*, **111**, 8470(1989).

8) H. Hart, E. A. Sedor, *J. Am. Chem. Soc.*, **89**, 2342(1967).

(§4・6)

1) S. Winstein, A. H. Fainberg, *J. Am. Chem. Soc.*, **78**, 2770(1956); S. Winstein, A. H. Fainberg, *J. Am. Chem. Soc.*, **79**, 5937(1957).

2) A. R. Katritzky, B. Brycki, *J. Am. Chem. Soc.*, **108**, 7295(1986); C. G. Swain, L. E. Kaiser, T. E. C. Knee, *J. Am. Chem. Soc.*, **80**, 4092(1958).

3) L. Gleave, E. D. Hughes, C. K. Ingold, *J. Chem. Soc.*, **1935**, 236.

4) K. Dimroth, C. Reichardt, T. Siepmann, F. Bohlmann, *Ann. Chem.*, **661**, 1(1963).

5) J.-L. M. Abboud, M. J. Kamlet, R. W. Taft, *Prog. Phys. Org. Chem.*, **13**, 485(1981).

6) V. Gutmann, E. Wychera, *Inorg. Nucl. Chem. Lett.*, **2**, 257(1966).

7) T. W. Bentley, P. von R. Schleyer, *Adv. Phys. Org. Chem.*, **14**, 1(1977); T. W. Bentley, G. Llewellyn, *Prog. Phys. Org. Chem.*, **17**, 121(1990).

(§4・7)

1) K. Manabe, Y. Mori, T. Wakabayashi, S. Nagayama, S. Kobayashi, *J. Am. Chem. Soc.*, **122**, 7202(2000).

2) X. Hao, O. Yamazaki, A. Yoshida, J. Nishikino, *Tetrahedron Lett.*, **44**, 4977(2003).

3) 北爪智哉, 渕上寿雄, 沢田英夫, 伊藤敏幸, "イオン液体: 常識を覆す不思議な塩", コロナ社(2005).

4) R. A. Brown, P. Pollet, E. McKoon, C. A. Eckert, C. L. Liotta, P. G. Jessop, *J. Am. Chem. Soc.*, **123**, 1254(2001).

5) P. G. Jessop, T. Ikariya, R. Noyori, *Chem. Rev.*, **99**, 475(1999); P. G. Jessop, T. Ikariya, R. Noyori, *Nature*, **368**, 231(1994).

6) J. Yoshida, S. Suga, A. Nagaki, *J. Syn. Org. Chem. Jpn.*, **63**, 511(2005).

7) H. Kim, A. Nagaki, J. Yoshida, *Nature Commun.*, **2**, 264(2011).

8) T. Okachi, M. Onaka, *J. Am. Chem. Soc.*, **126**, 2306(2004); S. Imachi, M. Onaka, *Tetrahedron Lett.*, **45**, 4943(2004); M. Onaka, T. Seki, Y. Masui, *J. Synth. Org. Chem. Jpn.*, **63**, 492(2005).

9) A. Corma, *Chem. Rev.*, **97**, 2373(1997).

10) S. Kitagawa, *Angew. Chem., Int. Ed.*, **54**, 10686(2015).

11) Y. Inokuma, S. Yoshioka, J. Ariyoshi, T. Arai, Y. Hirota, K. Takada, S. Matsunaga, K. Rissanen, M. Fujita, *Nature*, **495**, 461(2013).

12) S. Saito, H. Yamamoto, *J. Chem. Soc., Chem. Commun.*, **1997**, 1585.

13) C. J. Walter, H. L. Anderson, J. K. M. Sanders, *J. Chem. Soc., Chem. Commun.*, **1993**, 458.

14) R. A. Lerner, S. J. Benkovic, P. G. Schultz, *Science*, **252**, 659 (1991).

15) Y. Okahata, T. Mori, *Trends Biotechnol.*, **15**, 50 (1997).

16) 木村 勝, 戸田芙三夫, 境野芳子, 山下敬郎, 柳田祥三, "有機固体化学", 三共出版 (1993).

17) A. Matsumoto, K. Sada, K. Tashiro, M. Miyata, T. Tsubouchi, T. Tanaka, T. Odani, S. Nagahama, T. Tanaka, K. Inoue, S. Saragai, S. Nakamoto, *Angew. Chem., Int. Ed.*, **41**, 2502 (2002).

(§ 4・8)

1) I. R. Dunkin, "Matrix Isolation Techniques: A Practical Approach", Oxford University Press, Oxford (1998); T. Bally, I. R. Dunkin, "Reactive Intermediate Chemistry", ed. by R. A. Moss, M. S. Platz, M. Jones Jr., p. 797, John Wiley & Sons, New York (2004).

2) "Reactive Intermediate Chemistry", ed. by R. A. Moss, M. S. Platz, M. Jones Jr., p. 847, p. 873, p. 899, John Wiley & Sons, New York (2004).

5

反 応 中 間 体

　有機化学反応は 1 段階反応と多段階反応とに大別され，後者には必然的に反応中間体が存在する．反応中間体はエネルギー断面図（§4・1）においては谷に相当し，ポテンシャルエネルギー面のくぼみに相当する．すなわち，反応中間体はある反応段階の生成物であり，かつ次の段階の反応の出発物ということになる．したがって，反応を理解するためには反応中間体の性質（生成，安定性，構造など）を理解することが重要である．前章では有機反応全体の概念を説明したが，本章では代表的な反応中間体であるカルボカチオン，カルボアニオン，ラジカル，ラジカルイオン，カルベンについて，それらの生成法と安定性および構造を説明する．反応中間体の生成，検出，反応解析の実験的な手法については§4・8で取上げ，個々の反応については，6 章で取上げる．ベンザインなどの他の反応中間体については成書を参照してほしい．

5・1　カルボカチオン

　正電荷をもつ炭素イオン種を**カルボカチオン**（carbocation）と総称する．その多くは 3 配位で正電荷を帯びた炭素原子（たとえば CH_3^+）をもち，**カルベニウムイオン**（carbenium ion）とよばれる．中心炭素は，同一平面上にある sp^2 混成軌道からできた三つの結合からなり，さらに空の 2p 軌道をもつ．このほかに，5 配位イオン（たとえば CH_5^+）があり，これらは**カルボニウムイオン**（carbonium ion）とよばれる．カルベニウムイオンが古典的カルボカチオンであるのに対し，カルボニウムイオンは三中心二電子結合（three-center two-electron bond）をもつため，非古典的イオンとよばれることが多い．

　カルボカチオンは古く 1902 年に，トリフェニルメタン系色素の構造として提唱されたが，当時はまだその電子構造は明確ではなかった．その後，多くの有機化学反応の機構を考えるうえで，重要な反応中間体としてその存在が仮定されてきた．現在では多種多様なカルボカチオンが気相，液相で観測され，さらに結晶としても単離されている．

5・1・1　カルボカチオンの生成

　カルボカチオンは，通常，電気的に中性な分子よりもはるかに高エネルギー状態にある．たとえば，気相で中性分子からカルボカチオンを生成させるには，電子線衝撃などの方法により 800〜1200 kJ mol^{-1} ものエネルギーを与える必要がある．その結果，まずラジカルカチオンが生じ，そのフラグメントとしてカルボカチオンが生じるが，そのようにして生成させたカルボカチオンは全く外部的な安定化を受けていない孤立した化学種なので，理論計算から求められたカチオンの熱力学的安定性や構造などと比較するうえで，重要である．質量分析計を用いると，気相においてカルボカチオンを生成させてその分子イオンピークを検出することができるが，容易に分裂と転位を繰返してより

安定な構造へと変化するため，その寿命はきわめて短い．

これに対し液相では，カルボカチオンは溶媒和および対イオンとの静電相互作用により安定化されるため，共有結合のヘテロリシスあるいは不飽和結合に対する求電子剤の付加などの反応により，生成させることができる（§6・1参照）．しかし中性分子に比べると，通常の溶媒中では寿命の短い反応中間体であり，ヒドリド移動，1,2転位，β開裂，アルケンへの付加などの反応により，異なる構造のカルボカチオンに変化した後，脱プロトンあるいは求核剤との反応により中性分子に戻る．

液相においてカルボカチオンを安定化して観測する方法としては，1) 溶媒と対アニオンの求核性を下げる，2) 強酸を共存させて脱プロトンを抑制する，3) 高極性溶媒により溶媒和効果を高める，4) 可能な限り低温で反応を行う，などがある．超強酸とよばれる硫酸よりも強い酸のなかでも FSO_3H と SbF_5 の混合液はマジック酸（magic acid）とよばれ，酸度関数 H_0 は約 -27 にも及び，現在知られているなかで最も強い酸である（§4・4・4参照）．また，高極性で求核性の低い SO_2, SO_2ClF, SO_2F_2 などを溶媒として用いると，液体のままで $-160\,°C$ まで冷却でき，NMR, IR などのスペクトル測定が可能である．SO_2ClF 中，$-78\,°C$ において，フッ化アルキルに SbF_5 を作用させることにより，第三級および第二級カルボカチオンが ^1H NMR および IR スペクトルで初めて観測された〔(1) 式〕．

$$R-F + SbF_5 \xrightarrow[SO_2ClF,\ -78\,°C]{} R^+SbF_6^- \tag{1}$$

$$R = (CH_3)_3C,\ CH_3CH_2(CH_3)_2C,\ (CH_3)_2CH$$

このほか，ハロゲン化アルキルやアルコールに対し，SbF_5 またはマジック酸を上記の溶媒中低温で作用させると，対応するカルボカチオンが直接観測される．この反応条件を"安定イオン条件（stable ion condition）"とよぶ．

5・1・2　カルボカチオンの安定性

個々のカルボカチオンの安定性を評価するには，溶媒和エネルギーなどを排除した孤立系，すなわち気相でのイオンについて考える必要がある．

電子衝撃法により，ラジカルから電子を1個取去ればカルボカチオンが生じる〔(2) 式〕．この反応に必要なエネルギー（イオン化ポテンシャル）は，生じるカルボカチオンの安定性のひとつの尺度となる．

$$R\cdot + e^- \longrightarrow R^+ + 2e^- \qquad \Delta H° = -IP(R\cdot) \tag{2}$$

また，イオンサイクロトロン共鳴を利用した質量分析法を用いると，アルケンへのプロトン付加によって生じるカルボカチオンの生成熱を実測することができる．これを用いて，気相におけるカルボカチオン固有の熱力学的安定性は，対応する炭化水素の生成熱を基準とするヒドリドイオン親和力〔hydride ion affinity, $HIA(R^+)$〕，すなわち (3) 式のエンタルピー変化として定量化することができる．いくつかの例を，対応するラジカルのイオン化ポテンシャル〔$IP(R\cdot)$〕の値とともに表5・1に示す．カルボカチオンが安定なほど，$HIA(R^+)$ と $IP(R\cdot)$ はともに小さい値を示す．

$$R^+ + H^- \longrightarrow RH \qquad \Delta H° = -HIA(R^+) \tag{3}$$

表5・1の実験値からも明らかなように，アルキルカチオンは第一級,第二級,第三級の順に安定化する〔$HIA\,(kJ\,mol^{-1})$: CH_3^+ 1306, $CH_3CH_2^+$ 1143, $(CH_3)_2CH^+$ 1030, $(CH_3)_3C^+$ 967〕．カチオン中心に π 共役系の置換基や非共有電子対をもつ置換基が結合すると，共鳴効果によりアルキル置換基より大きな安定性が得られる（$CH_3CH_2^+$ 1143, $CH_2{=}CHCH_2^+$ 1072, $CH{\equiv}CCH_2^+$ 1130, $HOCH_2^+$

5・1 カルボカチオン

表 5・1 カルボカチオンのヒドリドイオン親和力および対応するラジカルのイオン化ポテンシャル[†1]

	カルボカチオン R[+]	ヒドリドイオン親和力 HIA(R[+])[†2]	イオン化ポテンシャル IP(R·)[†2]
アルキルカチオン	CH_3^+	1306	949.3
	$C_2H_5^+$	1143	795.0
	$(CH_3)_2CH^+$	1030	725.9
	$(CH_3)_3C^+$	967	667.3
	2-ノルボルニルカチオン	967	661
	1-アダマンチルカチオン	946	598
	$c\text{-}C_3H_5CH_2^{+†3}$	1009	——
	$c\text{-}C_3H_5\overset{+}{C}H(CH_3)^{†3}$	963	——
	$(c\text{-}C_3H_5)_2\overset{+}{C}(CH_3)^{†3}$	866	——
アルケニルカチオン	$CH_2=CH^+$	1201	825.9
プロパルギルカチオン	$CH\equiv CCH_2^+$	1130	813.8
アリルカチオン	$CH_2=CHCH_2^+$	1072	774
	$CH_2=CH\overset{+}{C}H(CH_3)$	988	724
フェニルカチオン	$C_6H_5^+$	1201	——
ベンジルカチオン	$C_6H_5CH_2^+$	980	745
	$C_6H_5\overset{+}{C}H(CH_3)$	946	665
	$(C_6H_5)_2\overset{+}{C}(CH_3)$	921	
ヘテロ原子置換メチルカチオン	$HOCH_2^+$	1017	
	$H_2NCH_2^+$	912	
環状 π 共役カチオン	$c\text{-}C_5H_5^{+†4}$	1080	812
	$c\text{-}C_3H_3^{+†4}$	933	636
	$c\text{-}C_7H_7^{+†4}$	841	573

[†1] E. V. Anslyn, D. A. Dougherty, "Modern Physical Organic Chemistry", p.88, University Science Books, California (2006); "Gas Phase Ion Chemistry", ed. by M. T. Bowers, Vol.2, p.32, Academic Press, London (1979) による.
[†2] 単位 kJ mol^{-1}.
[†3] $c\text{-}C_3H_5=$ シクロプロピル.
[†4] $c\text{-}C_5H_5=$ シクロペンタジエニル, $c\text{-}C_3H_3=$ シクロプロペニリウム, $c\text{-}C_7H_7=$ トロピリウム (構造は §2・2・3b).

1017, $C_6H_5CH_2^+$ 980, $H_2NCH_2^+$ 912). また, シクロプロピル基が結合した場合も大きく安定化する ($CH_3CH_2^+$ 1143, $c\text{-}C_3H_5CH_2^+$ 1009). 一方, ビニルカチオンやフェニルカチオンは HIA の値が大きく不安定であるが, これは sp^3 軌道より sp^2 軌道のほうがエネルギーが低く電子求引性であることに由来する. 環状 π 共役カチオン (§2・1・4c 参照) では, 芳香族性あるいは反芳香族性に応じて安定化あるいは不安定化が起こる. 気相におけるカルボカチオンに対しても同様の安定化あるいは不安定化が観測されている.

一方, 液相では, S_N1 型加溶媒分解反応の速度測定によってカルボカチオン中間体の性質が調べられてきた. 構造の類似した反応基質に限れば, 一次反応速度定数の温度依存性から求められる活性化エネルギーおよびエントロピーなどのパラメーターから, カルボカチオン中間体を直接観測することなく, その安定性および構造変化などを推測することができる.

さらに, 水溶液中でスペクトルで観測できるほどの高い安定性をもつカルボカチオンについては, pK_{R^+} が対応するアルコール誘導体を基準としたカルボカチオンの熱力学的安定性の尺度となる. pK_{R^+} とは, カルボカチオンを Lewis 酸とみなし, 水溶液中, 次のようなアルコールとプロトンを生成する平衡反応の平衡定数 K_{R^+} から pK_a と同じように定義したものである.

$$R^+ + 2H_2O \underset{}{\overset{K_{R^+}}{\rightleftharpoons}} ROH + H_3O^+$$

いくつかのカルボカチオンの pK_{R^+} の実測値を表 5・2 に示す.

表 5・2 カルボカチオンの pK_{R^+}

	カルボカチオン	pK_{R^+}	溶媒
三置換メチルカチオン	$(C_6F_5)_3C^+$	-17.5	H_2SO_4
	$(p\text{-}NO_2C_6H_4)_3C^+$	-16.27	H_2SO_4
	$(CH_3)_3C^+$	-15.5	H_2SO_4
	$(C_6H_5)_3C^+$	-6.63	H_2SO_4
	$(p\text{-}CH_3C_6H_4)_3C^+$	-3.56	H_2SO_4
	$(p\text{-}CH_3OC_6H_4)_3C^+$	0.82	H_2SO_4
	$[p\text{-}(CH_3)_2NC_6H_4]_3C^+$	9.36	H_2O
アリルカチオン	$(CH_3)_2C=CHC(CH_3)_2^+$	-6.3	H_2SO_4
シクロプロペニリウムイオン	$C_3H_3^+$	-7.4	H_2SO_4-95% C_2H_5OH
	$(C_6H_5)_3C_3^+$	3.4	50% CH_3CN
	$(p\text{-}CH_3OC_6H_4)_3C_3^+$	6.5	50% CH_3CN
	$(n\text{-}C_3H_7)_3C_3^+$	7.0	50% CH_3CN
	$(c\text{-}C_3H_5)_3C_3^{+\dagger}$	9.4	50% CH_3CN
トロピリウムイオン	$C_6H_5C_7H_6^+$	3.88	50% CH_3CN
	$C_7H_7^+$	4.75	H_2O
		4.30	23% C_2H_5OH
	$c\text{-}C_3H_5C_7H_6^+$	5.76	50% CH_3CN

† $c\text{-}C_3H_5$=シクロプロピル.

5・1・3 カルボカチオンの構造

ここでは，安定イオン条件下，スペクトル法あるいは単結晶の X 線結晶構造解析によって直接観測されたカルボカチオンの構造について，代表例をあげて解説する．なお，芳香族性を示すカルボカチオンについては，§2・1 も参照してほしい．

カルボカチオンの熱力学的安定性は上述の種々の方法によって見積もることができる．一方，正電荷の分布すなわち非局在化の状況は，実験的には ^{13}C NMR スペクトルに最もよく反映される．^{13}C NMR の化学シフトを支配する因子としては軌道の混成や環電流などの効果もあるが，通常，イオンの場合には電子密度の影響が最も大きい．たとえば，環状 π 共役系炭化水素については，sp^2 炭素の π 電子密度 q と化学シフト δ との間には (4) 式の関係が成立する[1]．σ 炭素骨格のみからなるカルボカチオンには必ずしもあてはまらないが，同様の混成状態にある炭素の間での比較に関する限り，大きな正電荷を帯びるほど，その ^{13}C NMR シグナルは大きく低磁場にシフトする．

$$\delta = 288.5 - 159.5\,q \tag{4}$$

a. アルキルカチオン

最も簡単な第三級カルボカチオンは t-ブチルカチオンであり，そのスペクトル観測に続き，六フッ化アンチモン酸塩が結晶として単離され，X 線結晶構造解析も行われた[2),3)]．このカチオンは 3

個のメチル基の誘起効果と超共役効果(§1・4・3)によって非環状のアルキルカチオンのなかで最も安定である.t-ブチルカチオンの中心炭素の^{13}C NMR シグナルはδ335.7 という低磁場に現れる.また,嵩高い置換基をもつ第三級カルボカチオンとして,トリス(1-アダマンチル)メチルカチオンが同様の方法により観測された.

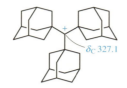

トリス(1-アダマンチル)メチルカチオン

種々の置換基をもつ第三級カルボカチオンの中心炭素の^{13}C NMR 化学シフトを表5・3に示す.酸素や窒素などのヘテロ原子で置換された炭素の化学シフトは最も高磁場に現れ,共鳴により正電荷は大部分ヘテロ原子に非局在化し,カルボカチオンとしての性質が小さいことを示している.

表 5・3 カルボカチオン $R^1R^2R^3C^+$ の中心炭素の^{13}C NMR 化学シフト(δ)[†1, 2]

R^1	R^2	R^3	δ	R^1	R^2	R^3	δ	R^1	R^2	R^3	δ
CH$_3$	CH$_3$	CH$_3$	335.7	c-C$_3$H$_5$[†3]	c-C$_3$H$_5$	c-C$_3$H$_5$	272.0	OH	OH	H	177.6
CH$_3$	CH$_3$	H	320.6	C$_6$H$_5$	CH$_3$	CH$_3$	254.1	OH	OH	OH	166.3[†4]
CH$_3$	CH$_3$	Br	319.8	CH$_3$	CH$_3$	OH	249.5	NH$_2$	NH$_2$	NH$_2$	158.3[†4]
CH$_3$	CH$_3$	Cl	312.8	C$_6$H$_5$	C$_6$H$_5$	C$_6$H$_5$	211.9				
CH$_3$	CH$_3$	F	282.9	C$_6$H$_5$	C$_6$H$_5$	OH	209.2				

[†1] E. Breitmaier, W. Voelter, "Carbon-13 NMR Spectroscopy", 3rd Ed., p.303, VCH Verlag, Stuttgardt(1987).
[†2] SbF$_5$, FSO$_3$H, SO$_2$ClF 中,$-80 \sim -40\,^\circ$C にて測定.
[†3] c-C$_3$H$_5$ = シクロプロピル.
[†4] DMSO-d_6 中,室温にて測定.

表5・2の pK_{R^+} および表5・3の^{13}C NMR 化学シフトからわかるように,シクロプロピル基はフェニル基に匹敵するカチオンの安定化効果および正電荷の非局在化効果をもつ.これはシクロプロパン環の大きなひずみのために,環を構成する結合の p 性が高く,その最高被占軌道(HOMO)は3員環の面内にあって,あたかも通常のp軌道のようにカチオンの空の2p軌道と共役するからである(**A**).これをσ結合とp軌道との共役,すなわちσ-π共役,あるいはC-C超共役とよぶ.このシクロプロピル基の安定化効果は,(**B**)のようにカチオン中心炭素のσ骨格が形成する平面が3員環の平面を二等分する立体配座をとる場合に最も大きい.一方,(**C**)のように90°回転した立体配座のシクロプロピル基は,逆に電子求引基として作用する.

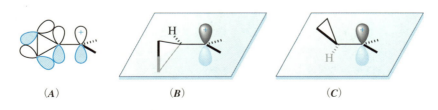

一般に多環化合物の橋頭位炭素はそのσ骨格が平面構造をとりにくいため,カルボカチオンになりにくい.しかし,1-ハロアダマンタンに SO$_2$ClF 中低温で強力な Lewis 酸である SbF$_5$ を作用させると,ハロゲン化物イオンが脱離して1-アダマンチルカチオン(**1**)が生成し,単一生成物として

NMR スペクトルで観測できる．母体化合物を基準とした各炭素の ^{13}C NMR の低磁場シフト ($\Delta\delta$) は，カチオンの中心炭素 (α) で著しく大きい ($\Delta\delta$ 272.2) が，さらに，β 位 ($\Delta\delta$ 28.8) よりも γ 位の炭素 ($\Delta\delta$ 59.2) のほうが大きく低磁場シフトする点が注目される．これは γ 位に部分的にカチオン性が生じていることを示していることから，σ-π 共役 (C−C 超共役) の存在を示す有力な実験的根拠の一つである．すなわち，α 炭素の空の 2p 軌道と β-γ 炭素間の σ 結合とが平行な位置関係にあるため，超共役により γ 炭素も正電荷を帯びることになる．

実際，3,5,7-トリメチル誘導体 (2) の $Sb_2F_{11}^-$ 塩が単離され，X 線結晶構造解析が行われた結果，図 5・1 のように α-β 炭素間の結合の短縮と β-γ 炭素間の結合の伸長や 1 位炭素の平面化がみられた[4]．これにより，σ-π 共役は決してシクロプロパンのようにひずんだ炭素骨格のみに特有の現象ではなく，通常の炭素−炭素単結合も，カチオン中心炭素の空の p 軌道と平行な位置にあれば超共役を起こすことが明らかとなった．

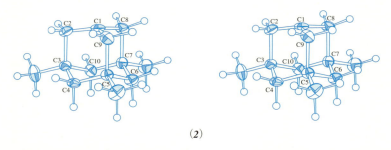

代表的な結合距離 (pm)： C1−C2 143, C1−C8 147, C1−C9 142, C2−C3 161, C8−C7 162,
　　　　　　　　　　　C9−C5 162, C3−C4 152, C3−C10 155
結合角 (°)： C1−C2−C3 101, C1−C8−C7 98, C1−C9−C5 99

図 5・1 　3,5,7-トリメチル-1-アダマンチルカチオン (2) の $Sb_2F_{11}^-$ 塩の
X 線結晶構造の立体図[4] (カチオン部だけを示す)．

カルボカチオンのうち，一般的な 3 配位の古典的カチオンは，2 配位の炭素であるカルベンから配位数が増えて正電荷を帯びたものとみなせることから，カルベニウムイオンとよばれるようになった．一方，カルボニウムイオンは通常の 4 配位炭素から配位数が増えたものであるから，5 配位でなければならない．これは非古典的なカルボカチオンであり，その最も基本的なものはメタニウムイオンである．メタンを超強酸中に溶解させて X 線光電子スペクトルを測定すると，炭素の 1s 電子の結合エネルギーはメタンの場合より 1 eV 低い．さらにメタンはマジック酸中で水素交換を起こすほか，徐々に重合を起こし，種々の第三級カルボカチオンを生じる．これらの実験事実は次式のように，三中心二電子結合をもつ 5 配位のメタニウムイオン (3) が反応中間体として生じることによって説明される．ただし (3) はあくまで C−H σ 結合がプロトン化されたことを示す形式的表現であって，メタニウムイオン自体はまだ NMR で直接観測されたことはない．しかし近年，きわめて特殊な赤外分光法を用いた極低温 (110 K) における直接観測の結果から，(4) のように，三脚形のメチルカ

5・1 カルボカチオン

チオン(黒色と灰色)の上部に水素分子(青色)が, 非常に速く動き回りつつ結合した構造をもつことが明らかにされている[5].

(3)   (4)

これより以前に直接観測された5配位のカルボカチオン, すなわちカルボニウムイオンの例として, 2-ノルボルニルカチオンの非古典的構造をあげることができる. しかし, その構造が三中心二電子結合をもつ非古典的カルボニウムイオンか, 古典的カルベニウムイオンの非常に速い平衡であるかについて議論が白熱した.

1950 年代に S. Winstein らは, カルボカチオン中心に隣接する炭素原子に結合したヘテロ原子の非共有電子対が, その安定性や反応の立体選択性に大きな影響を与える現象(隣接基関与)を拡大解釈し, 炭素−炭素または炭素−水素の σ 結合も一種の隣接基として作用し, カルボカチオンが (**5**) や (**6**) のように三中心二電子結合をもつ"架橋"構造をとって安定化するという非古典的構造を提唱した.

(**5**)   (**6**)

しかし, σ 電子は超共役によって正電荷を非局在化することはあっても, 架橋構造のように σ 骨格そのものが変化した構造が安定化するという理論および実験的根拠は乏しかった. 一方, H. C. Brown は多くの"非古典的"イオンが安定な反応中間体ではないことを指摘し[6], さらに加溶媒分解反応の中間体とされた 2-ノルボルニルカチオンも, 古典的イオン (**7**), (**8**) の速い平衡にある〔(5) 式〕と解釈した.

(**7**)   (**8**)   (5)

しかし, 2-ノルボルニルカチオンをはじめとするいくつかのカチオンが, 三中心二電子結合をもつ非古典的イオンとして存在することが, 以下の実験で証明された. たとえば, G. A. Olah はマジック酸中低温(−159 ℃)で 2-ノルボルニルカチオンを長寿命のイオンとして生成させた. NMR 観測の結果, ^{1}H および ^{13}C のシグナルともに, 1 位と 2 位, また, 3 位と 7 位が等価となり, 全部で 5 種類の炭素が観測され, C_s 対称をもつ構造 (**9**) であることが明らかとなった.

	δ_C	δ_H
	20.4	1.37
	37.7	2.82
	36.3	2.13
	21.2	3.17
	124.5	6.75

(**9**)

つづいて，SbF$_5$ 系マトリックス中で生成させた 2-ノルボルニルカチオンの X 線光電子スペクトル，および IR-ラマンスペクトルが測定され，理論計算結果との比較が行われた．さらに，このカチオンの SbF$_5$Cl$^-$ 塩が単離されて極低温(5 K)で固体 NMR が測定され，上記のシグナルの対称性が保たれていることがわかった[7]．また，Al$_2$Br$_7^-$ アニオンを対アニオンとしてパッキング構造のみだれを抑制した 2-ノルボルニルカチオンの X 線結晶構造解析から，"非古典的"イオンであることも明らかになった[8]．これらの結果から，強酸中あるいは低温固体状態で 2-ノルボルニルカチオンが非古典的構造をとることは，現在一般に認められている．ただし，議論の発端となった加溶媒分解反応においてこれと全く同じ構造のイオンが中間体として生成しているかどうかは未解決であるし，また決定的な結論を得るのは困難であろう．

少なくとも ^{13}C NMR で観測できるカルボカチオンについては，その化学シフトから古典的か非古典的かを区別する方法が提案されている．カルボカチオンの全シグナルの化学シフトの総和と，カチオンにヒドリドを結合させた炭化水素の全シグナルの化学シフトの総和との差(total chemical shift difference: TCSD)は，通常の古典的カルボカチオンの場合，カチオン中心炭素の sp^3 から sp^2 への混成の変化ならびに正電荷の存在により，おおむね 325 ppm 以上の値となる．一方，非古典的イオンでは三中心二電子結合という特殊な混成状態が生じ sp^2 混成の炭素よりも高磁場にシフトするため，上記の TCSD は古典的カルボカチオンの場合より小さい値となる．たとえば，2-ノルボルニルカチオンの TCSD は 175 ppm であり，トリスホモシクロプロペニルカチオン (**10**) では -48 ppm ときわめて小さい値をとるため，三中心二電子結合の形成が示唆されている．

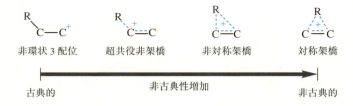

非古典的カルボカチオンという名称は，このように明確に三中心二電子結合した 5 配位の炭素をもつカルボニウムイオンに限って用いられるべきである．そもそも中心炭素の隣に C—C 単結合をもつカルボカチオンには，程度の違いこそあれ何らかの超共役があり，これが大きい場合には明確な架橋構造で表されるが，その程度はカチオンの構造に応じてわずかずつ異なるはずである．つまり図 5・2 に示すように"非古典性"にも連続的に程度の違いがあるにもかかわらず，これを不連続な二つのカテゴリーに分類しようとすること自体に問題があったのであろう．

図 5・2 カルボカチオンの古典性，非古典性と架橋構造との対応[6]

上述の三中心二電子結合とは，すべて炭素原子の間の結合である．一方，水素を含んで一直線に配列した 3 個の原子が 2 電子で結合したカルボカチオン (**11**) の例もある．これはジクロロメタン中，室温でも安定で，酢酸(pK_a 4.7)のように弱い酸の作用で，対応するアルケンから約 50% 生成する．三中心二電子結合特有の混成，および電荷が完全に 2 個の炭素に非局在化することにより，カチオン中心炭素の ^{13}C NMR 化学シフトは δ 139.3 また，中心の水素の ^{1}H NMR 化学シフトは δ -3.46 と

いう異常な高磁場シフトを示す．C−H間の結合定数が非常に小さい(47 Hz)ことも，(**11**) が水素原子への配位数の増大した非古典的イオンであることを示している．

2価の正電荷をもつカルボジカチオンにはその構造に応じて特異な電子状態をもつものがある．次に典型的ないくつかの例を示す．

正十二面体構造をもつ飽和の炭化水素，ドデカヘドランの臭化物は SbF_5 の作用により，マジック酸中低温でカルボカチオン (**12**) を生成し，さらに −50 °C で数時間放置するとジカチオン (**13**) に変化する．(**12**), (**13**) は，十二面体構造のために，カチオンの 2p 軌道と超共役できる平行な位置に C−H または C−C の σ 結合がないので，著しく正電荷の局在化した古典的カルボカチオンである．これを反映して，(**13**) のカチオン中心炭素の ^{13}C NMR シグナルは現在知られているもののなかでも最も低磁場に現れる．

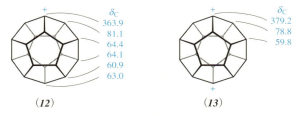

5,7-ジフルオロ-1,3-デヒドロアダマンタンを上と同様の方法でジカチオンにすると，^{13}C NMR では2種類のシグナルしか観測されない．これは古典的なジカチオン (**15**) ではなく，4個の炭素原子に2個の電子が非局在化した，四中心二電子結合をもつ非古典的カルボカチオン (**14**) として説明できる．

b. π 共役系カチオン

歴史的に最も古くから知られているカルボカチオンは，カチオン中心とベンゼン環とが π 共役したトリアリールメチルカチオンである．たとえば，色素あるいは滴定指示薬として有名なクリスタルバイオレット (crystal violet) は，パラ位に3個のジメチルアミノ基をもつトリフェニルメチルカチオンで，pH 9.4 以下の水溶液中では 590 nm に可視吸収をもち，紫色のカチオンとして存在する．つま

りこのカチオンの pK_{R^+} は 9.4 ということになる.

トリフェニルメチルカチオンのフェニル基はオルト位水素間の立体障害のために平面構造をとることはできず，互いにプロペラ形にねじれ，sp^2 炭素のつくる平面とベンゼン環との二面角は平均値 $33°$ である．しかし Brown-Okamoto の置換基定数 σ^+ とカチオンの pK_{R^+} との間には良好な自由エネルギー直線関係があり，共役系にこの程度ねじれがあってもパラ置換基による π 共役効果が明らかに存在することを示している．

一般に π 共役系が広がると，$\pi \rightarrow \pi^*$ 遷移に基づく電子スペクトルの最長吸収波長は，より長波長側に移動する．最も簡単な π 共役系カルボカチオンであるアリルカチオンの場合，1,1,3,3-テトラメチル置換体 (**16**) では最長吸収波長は 305 nm であるが，共役する二重結合の数が増すにつれて HOMO が上がり，二重結合が n 個増えてポリエニルカチオン (**17**) になると，最長吸収波長はおおむね $[(330.5 + 65.6n)\,\text{nm},\ n = 1 \sim 5]$ に移動する[9]．

芳香族に対する求電子置換反応におけるベンゼニウムイオン中間体 (**18**) も，シス形に固定されたペンタジエニルカチオンの一種である．おもにオルト位とパラ位に正電荷密度が高いことは，^{13}C NMR スペクトルでこれらの炭素シグナルが低磁場シフトすることからも明らかである．

カチオンの中心炭素に三重結合が共役すると，その共鳴構造としてプロパジエニルカチオン (**20**) が寄与することになる．この共鳴混成体は，紙面上にある 2p 軌道の 1, 3 位のみに正電荷が存在するという点ではアリルカチオンに類似した電子状態をもつようにみえるが，実際は 3 位の炭素は sp^2 よりも電子求引性 (§1・2・1b) の sp 混成であるため，この部分に正電荷をもつ (**20**) は (**19**) よりも不安定で寄与の程度は小さい．

c. ビニルカチオンおよびフェニルカチオン

プロパジエニルカチオン (**20**) のように sp 混成炭素に正電荷が局在した構造は，直線形のビニルカチオンに類似している．一般に sp^2 炭素と脱離基との間の結合解離エネルギーは sp^3 炭素の場合より大きいため，ビニルカチオンを S_N1 型加溶媒分解反応によって生成させることは困難と考えられていた．しかし，脱離基としてたとえば CF_3SO_3 基のように高い脱離能をもつものを用い，イオン化能

5・2 カルボアニオン

の強い溶媒を用いると，S_N1 反応によってビニルカチオンを反応中間体として生成させることができる．また，安定イオン条件下（§5・1・1），−130 ℃では (**21**)，(**22**) などのビニルカチオンおよび π 共役したプロパジエニルカチオン (**23**) の生成も可能で，NMR で直接観測されている．特にカチオン (**22**) では，アリール基による共役効果に加え，ケイ素の超共役効果（β 効果，§8・3・2a 参照）がカチオンを安定化している[10]．

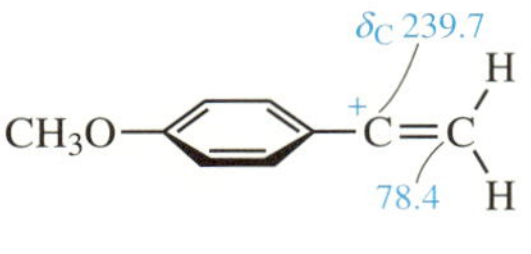

(**21**) 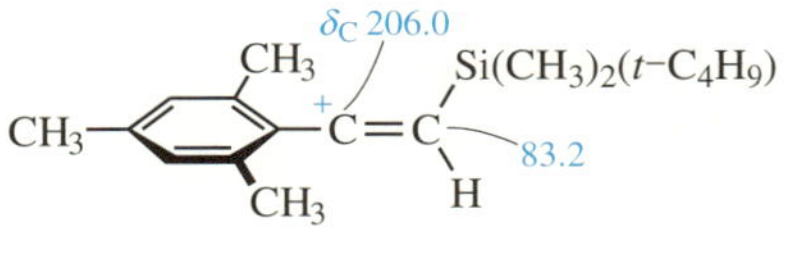   (**22**) 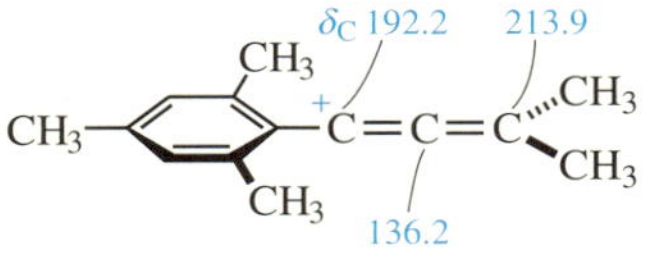   (**23**)

シリル基が二つ置換したビニルカチオン (**24**) では，ケイ素の超共役効果が二重にはたらき，(**22**) に比べて安定性が増している．特に，マジック酸の共役塩基よりも求核性が低くきわめて安定なアニオンであるカルボランアニオン $CB_{11}H_6Br_6^-$ (**25**) との塩は単結晶として単離され，その構造が決定されている．二つの C−Si 結合距離（青）は 198.4 pm および 194.6 pm と，通常の C−Si 結合よりも約 5％伸びており超共役が作用していることを裏づけている[11]．

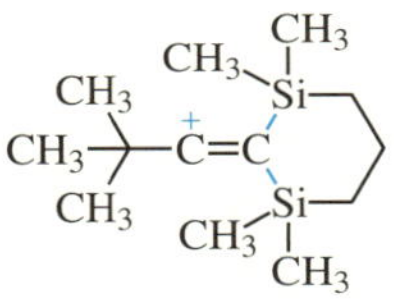

(**24**) 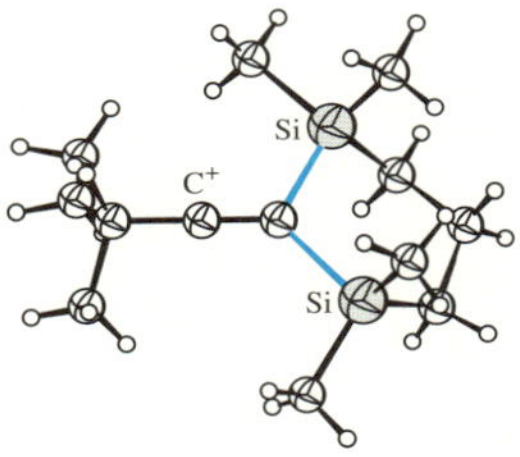 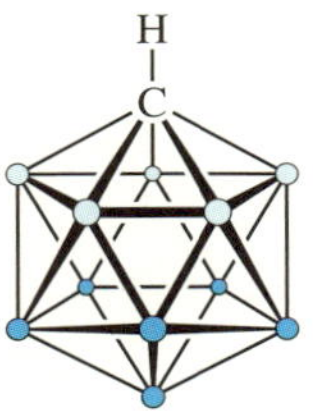   (**25**)   ●: B−Br   ○: B−H

フェニルカチオンも，S_N1 型加溶媒分解反応によって生成させることはむずかしいが，高い脱離能をもつ CF_3SO_3 基を用いると，それに由来する生成物を生じること〔(6) 式〕や，^{15}N 標識化合物を用いたジアゾニウム塩の熱分解反応における窒素交換反応〔(7) 式〕などにより，その存在が示唆されている．

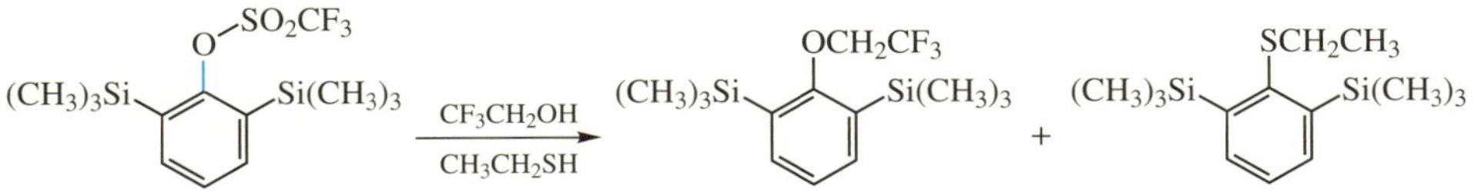

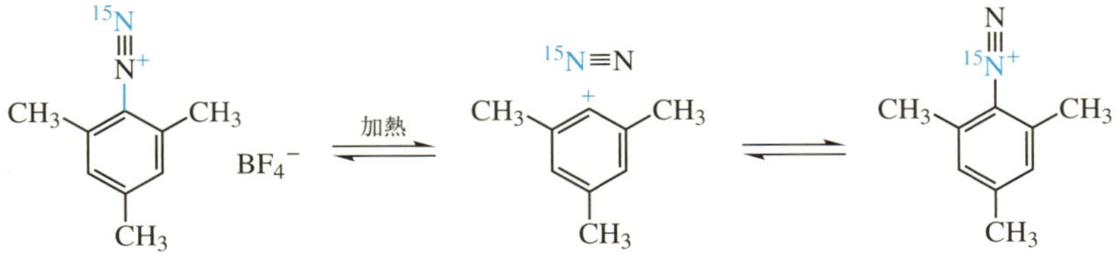

フェニルカチオン中間体

5・2 カルボアニオン

カルボアニオン（carbanion）は，3 配位で負電荷を帯びた炭素イオン種である．一般に三角錐構造を

とり，非共有電子対は中心炭素の sp³ 混成軌道に収容される．しかし，中心炭素が π 共役系の一部となる場合には平面構造をとり，非共有電子対は π 共役した p 軌道に非局在化する．また，ビニルアニオンあるいはアセチリドイオンのように，二重結合あるいは三重結合の炭素が負電荷をもつ場合には，非共有電子対はそれぞれ中心炭素の sp² あるいは sp 混成軌道に収容される．

カルボアニオンの性質は，置換基，対カチオン，溶媒などの影響を大きく受け，遊離イオン，アニオンとカチオンが互いに相互作用した接触イオン対，さらに，分極した共有結合性をもった会合体などの多様な構造をとる．カルボアニオンの構造と立体化学については，§8・1・3 も参照してほしい．

5・2・1 気相におけるカルボアニオンの安定性

気相におけるカルボアニオンは，溶媒和，対カチオンとの静電相互作用などがないため，きわめて不安定である．しかしそれだけに，イオン固有の性質を理解するのには適している．カルボアニオンの気相における熱力学的安定性は，カルボカチオンの場合のヒドリドイオン親和力に対応し，(1)式の標準エンタルピー変化 $\Delta H°$，すなわちプロトン親和力〔proton affinity, PA(R^-)〕によって評価することができる．イオンサイクロトロン共鳴法によって分子–イオン反応のエネルギー変化から実験的に求められたいくつかの代表的なカルボアニオンのプロトン親和力の値を表 5・4 に示す．この値が小さいほど熱力学的安定性は大きい．

$$R^- + H^+ \longrightarrow RH \qquad \Delta H° = -PA(R^-) \tag{1}$$

表 5・4 の値から，気相におけるカルボアニオンの安定性について，一般的な有機化学の知識から予想される定性的な傾向が認められる．すなわち，メチルアニオンはフェニル基の π 共役効果あるいはシアノ基やニトロ基などの π 共役と誘起効果により安定化し，また環状の π 共役系炭化水素アニオンは Hückel 則をみたすシクロペンタジエニルアニオンが大きく安定化している．

表 5・4 カルボアニオンのプロトン親和力[†1]

カルボアニオン R^-	プロトン親和力 PA(R^-)	カルボアニオン R^-	プロトン親和力 PA(R^-)
$(NC)_2CH^-$	1406	$CH_3COCH_2^-$	1543
$(CH_3CO)_2CH^-$	1438	シクロヘプタトリエニルアニオン	1564
フルオレニルアニオン[†2]	1478	$NCCH_2^-$	1557
シクロペンタジエニルアニオン	1490	$CH_3(NC)CH^-$	1564
$O_2NCH_2^-$	1501	$HC\equiv C^-$	1571
$(C_6H_5)_2CH^-$	1525	$C_6H_5(CH_3)_2C^-$	1579
$CH_3SO_2CH_2^-$	1534	$C_6H_5CH_2^-$	1586
$C_6H_5C\equiv C^-$	1549	CH_3^-	1743

[†1] 単位 kJ mol⁻¹．
[†2]

5・2・2 液相におけるカルボアニオンの安定性

液相におけるカルボアニオンの最も単純な生成法は，対応する炭素酸からのプロトン脱離〔(2)式〕である．生じるカルボアニオンが安定であるほど炭素酸の酸性度は高いから，その pK_a の値はカルボアニオンの熱力学的安定性の尺度となる．この測定には炭素酸のイオン解離平衡に基づく方法

と，イオン解離速度に基づく方法の2種類がある.

$$R-H \xrightarrow{K_a} R^- + H^+ \tag{2}$$

$$R-H + B^- \rightleftharpoons R^- + HB \qquad pK_a = H_0 + \log([RH]/[R^-]) \tag{3}$$

炭素酸の多くは，それ自身でイオン解離するほど強い酸性をもたないので，適当な標準塩基 B^- を作用させてイオン解離平衡の状態とし，塩基の酸度関数 H_0（§4・4・4参照）を用いて（3）式に従って pK_a を算出する．有機溶媒としては，DMSO などの非プロトン性極性溶媒がよく用いられる．特に希薄な DMSO 溶液中では，カルボアニオンは遊離イオンまたは弱いイオン対として存在するため，一連の構造類似の炭素酸に限れば溶媒和の影響もほぼ一定となり，その酸性度は気相で求められた酸性度との間に傾き1の直線関係を示す[1]．この条件下で求められた炭素酸の酸性度を pK_a(DMSO) として表 5・5 に示す.

多くの有機溶媒中では，カルボアニオンは遊離イオンではなく，カチオンとの接触イオン対として存在することが多く，炭素酸の酸性度はイオン対との間の平衡に関する pK_a として測定される．シクロヘキシルアミン中，セシウムイオンとの接触イオン対形成の平衡〔（4）式〕を用いて，（3）式から系統的に求められた炭素酸の酸性度を pK_{CsCHA} として表 5・5 に示す[2].

$$R-H + R'^-Cs^+ \rightleftharpoons R^-Cs^+ + R'-H \tag{4}$$

上述の方法でもイオン化しない弱い炭素酸の酸性度の測定には速度論的手法を用いる．これは重水素化溶媒 BD 中，共役塩基 B^- による炭素酸 R−H からのプロトン引抜反応（5）式の速度定数 k を重

表 5・5 炭素酸の酸性度定数

炭化水素	pK_a	pK_a(DMSO)[1]	pK_{CsCHA}[2]	炭化水素	pK_a	pK_a(DMSO)[1]	pK_{CsCHA}[2]
フルオラデン[3]	11[4,5]	10.5	——	シクロヘプタトリエン	36[5]	——	——
シクロペンタジエン	15[4,5]	18.1	16.3	プロペン	40[5]	——	——
9-フェニルフルオレン[3]	18.5[4,5]	17.9	18.5	トルエン	41[5]	(42)[6]	(41.2)[6]
インデン[3]	18.5[4,5]	20.1	19.9	トリプチセン	42[3,5]	——	——
フェナレン[3]	——	——	18.5	ベンゼン	43[5]	——	——
フルオレン[3]	22.9[4,5]	22.9	23.0	エチレン	44[5]	——	——
アセチレン	25[4,5]	——	——	シクロプロパン	46[5]	——	——
1,1,3-トリフェニルプロペン	26.5[4]	25.9	26.6	メタン	48[5]	——	——
トリフェニルメタン	31.5[5]	30.6	31.5	エタン	49[5]	——	——
ジフェニルメタン	34[5]	32.6	33.4	シクロヘキサン	51[5]	——	——

[1] F. G. Bordwell, *Pure Appl. Chem.*, **49**, 963(1977) および F. G. Bordwell, J. E. Bartmess, G. E. Drucker, Z. Margolin, W. S. Matthews, *J. Am. Chem. Soc.*, **97**, 3226(1975) による.

[2] A. Streitwieser, Jr., J. H. Hammons, *Prog. Phys. Org. Chem.*, **3**, 41(1965) による.

[3]

フルオラデン　9-フェニルフルオレン　インデン　フェナレン　フルオレン　トリプチセン

[4] D. J. Cram, "Fundamentals of Carbanion Chemistry", Academic Press, New York(1965) による.

[5] E. Buncel, "Carbanions: Mechanistic and Isotopic Aspects", Elsevier, Amsterdam(1975) による.

[6] ほかの条件下での測定結果からの推定値.

178 **5. 反応中間体**

水素化反応速度から測定し〔(6) 式〕，Brønsted の関係式〔(7) 式，§4・4・5 参照〕に従って，pK_a と関係づける方法である．メタンやシクロヘキサンなどきわめて酸性の弱い炭素酸の pK_a も，この手法によって推定することができる．このようにして測定された種々の炭素酸の酸性度を，9-フェニルフルオレンの pK_a 18.5 を基準として整理すると，表 5・5 のようになる．

$$\text{R-H} + \text{B}^- \xrightarrow{\text{遅い}} \text{R}^- + \text{BH} \qquad (5)$$

$$\text{R}^- + \text{BD} \underset{\text{遅い}}{\overset{\text{速い}}{\rightleftharpoons}} \text{R-D} + \text{B}^- \qquad (6)$$

$$\log k = \alpha \log K_a + \text{定数} \qquad (7)$$

カルボアニオンの熱力学的安定性を支配する因子としては，中心炭素の混成状態，π 共役効果，誘起効果，芳香族性(§2・1・4c 参照)などがあげられる．

混成状態については，共役酸の炭素の混成軌道に占める s 成分(s 性)が大きいほど，カルボアニオンとして安定となる．これは 2s 軌道の電子が 2p 軌道の電子より原子核に近く，非共有電子対は s 性の大きい軌道に収容されるほど静電的に安定化するためである(§1・2・1 参照)．たとえば，次の炭素酸の pK_a の序列が示すように，青で示した水素に結合した炭素の混成軌道の s 性が増すほど，カルボアニオンは安定化する．

s 性	25%	32%	33%	50%
pK_a	49	46	44	25

カルボアニオンの中心炭素にシアノ基，アシル基，ニトロ基などのヘテロ原子を含む共役系が結合すると，アニオンは大きく安定化する．これは，電気陰性度の高いヘテロ原子に負電荷が局在化した共鳴構造が寄与するためである．たとえば，トリシアノメタンの水溶液中での pK_a は -5.1 で無機酸に匹敵し，これは次のように共鳴安定化した平面構造をもつためである．

ヘテロ原子を含まない π 共役系による安定化効果は，表 5・5 の pK_a において，フルオレンに対する 9-フェニル置換基の効果，あるいはトルエンに比べてジフェニルメタンやトリフェニルメタンの値から明らかである．フェニル基やビニル基などの不飽和な置換基は，π 共役効果のほか誘起効果によってもカルボアニオンを安定化する．これは 9-トリプチシルアニオンのフェニル基がアニオン中心と π 共役できない構造であるにもかかわらず，トリプチセンの 9 位の水素(pK_a 42)がメタン(pK_a 48)より強い酸性を示すことからもわかる．

トリプチセン

5・2 カルボアニオン　　　179

　Hückel 系芳香族であるシクロペンタジエニルアニオン，あるいはこの部分構造をもつ共役系カルボアニオンは全般的に高い安定性を示す．しかし，ベンゼン環が縮環すると，(*26*), (*27*), (*28*), (*29*) の炭素酸の酸性度(pK_a)からもわかるように，アニオンとしての安定性は減少する．また，アニオン (*30*), (*31*) と (*32*) との比較からもわかるように，その程度は縮環の位置にも大きく依存する．これは構造式(*27a*), (*28a*), (*29a*), (*32a*)に示すように，ベンゼン環が芳香族性を保とうとすると負電荷は逆に局在化してしまうことに起因する(§2・2・3)．

	(*26*)	(*27*)	(*28*)	(*29*)
pK_a	15	18.5	22.9	23

(*27a*)　　　(*28a*)　　　(*29a*)

	(*30*)	(*31*)	(*32*)
pK_a (DMSO, C$_2$H$_5$OH, C$_2$H$_5$ONa)	16.8	17.5	21.4

(*30a*)　　　(*31a*)　　　(*32a*)

5・2・3 π共役系カルボアニオンの構造と NMR スペクトル

　共役したカルボアニオンの ^{13}C NMR のシグナルは，炭素の負電荷による遮蔽の程度を直接反映し，その負電荷が大きいほど高磁場シフトする．π電子密度 q と化学シフト δ との間には，§5・1・3 の (4) 式と同様に，(8) 式の関係が成立する[3]．

$$\delta = 289.5 - 156.3q \tag{8}$$

　非環状 π 共役系カルボアニオンのなかで最も単純な構造のものは，アリルアニオン (*33*) である．^{13}C NMR の化学シフト δ はわずかに対カチオンの影響を受けるが，1 位および 3 位炭素が大きく遮蔽されており，負電荷密度は明らかにこれらの炭素において高い．同様の傾向はペンタジエニルアニオ

δ_C(THF)　M = Li,　K
　51.2,　52.8
　147.2,　144.0
(*33*)

δ_C(THF)　M = Li,　K
　77.2,　79.9
　135.5,　137.6
　77.4,　78.6
(*34*)

δ_C(NH$_3$, -60 °C)
　75.8
　131.8
　78.0
(*35*)

180　　　5. 反 応 中 間 体

ン (**34**) においても認められる．環状ペンタジエニルアニオン (**35**) では，すべての結合は構造的にシスに固定されているが，その δ はトランス体の (**34**) に比べて大きな違いはない．

　モノ，ジ，およびトリフェニルメチルアニオン (**36**), (**37**), (**38**) の ^{13}C NMR データは下に示すとおりである．フェニル基の数が増えるに従って負電荷は π 共役系全体に非局在化するため，中心炭素 C_α の遮蔽の程度は順に減少している．フェニル基の炭素についてみると，オルト位とパラ位において負電荷密度が高く，イプソ位は中心炭素に比べて大きく非遮蔽されている．また，比較的負電荷の局在したアニオン (**36**) は THF 中では接触イオン対を形成しているため，カチオンのイオン半径が大きいほどアニオン中心炭素との相互作用は弱くなり，これに対応して中心炭素 C_α の負電荷は減少してオルト位とパラ位に非局在化している．

δ_C(THF)

	M = Li,	K
C_α	36.7,	52.8
ipso-C	161.0,	153.0
o-C	116.7,	110.9
m-C	128.3,	130.7
p-C	104.4,	95.7

(**36**)

	M = Li,	K
C_α	78.5,	78.8
ipso-C	147.4,	145.7
o-C	117.5,	116.9
m-C	128.1,	129.4
p-C	107.1,	108.2

(**37**)

	M = Li,	K
C_α	90.5,	88.3
ipso-C	149.9,	148.8
o-C	124.0,	123.7
m-C	128.0,	128.9
p-C	113.1,	114.3

(**38**)

　シクロペンタジエニルアニオン (**26**) とそのベンゾ縮環体 (**27**), (**28**) のリチウム塩に関する THF 中の ^{13}C NMR データを次に示す．対カチオンおよび溶媒をかえても，δ は数 ppm しか変化しない．ベンゼン環炭素の δ は無置換のベンゼン (δ 128.8) に比べて全体的に遮蔽されており，負電荷がこれらの炭素にも非局在化し，(**27b**) や (**28b**) のような共鳴構造の寄与があることを示している．

(**26**) δ_C 103.5

(**27**) δ_C 91.5　129.4　119.9　114.4　115.5

(**28**) δ_C 80.6　137.8　116.3　118.6　108.3　119.2　123.3

(**27b**)　(**28b**)

　共鳴構造として上述のベンゾ縮環した安定なフルオレニル型アニオン (**30**) を含むような π 共役系は，きわめて安定な炭化水素アニオンになるものと予想される．事実，アニオン (**39**) に対応する炭化水素は，DMSO 溶媒中で 5.9 という小さい pK_a を示す．これは炭化水素アニオンのうちで最も安定なものの一つで，pK_{R^+} 8 以上の安定なカルボカチオン，たとえば，(**40**) との間でイオン結晶すなわち炭化水素の塩を与える[4]．

　(**39**) に匹敵する熱力学的安定性をもつ，炭化水素のみからなるカルボアニオンとして，フラーレン C$_{60}$ (§2・2・9 参照) に t-ブチル基または水素の結合したアニオン (**41**), (**42**) がある．それぞれにプロトン付加した炭化水素は DMSO 中で pK_a 5.7, 4.7 を示す．フラーレン C$_{60}$ は球状構造のため sp^2

炭素はわずかに三角錐化しており，芳香族化合物としてよりも共役ポリエンとしての性質が強く，電子親和力の強い分子であるため，安定なアニオンを生じる．

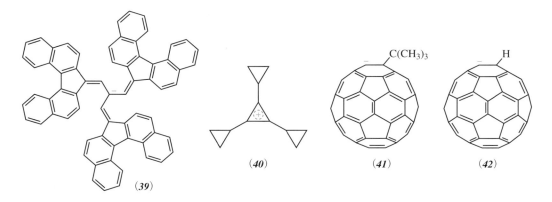

5・3 ラジカル

ラジカル(radical)は不対電子をもつ常磁性化学種であり，大部分は寿命の短い中間体である．炭素ラジカルのほか，酸素，窒素，硫黄，ハロゲンなどのヘテロ原子ラジカルも有機化学で重要な役割を果たしている．また，ラジカルカチオンやラジカルアニオンのように電荷をもつものもあり，それぞれ中性分子から1個の電子を除くか与えるかで生成する．空気中の三重項酸素分子は，2個の不対電子をもつ**ビラジカル**とみなされる．

ラジカルの存在を証明しようとする試みは古く，1849年にはヨウ化エチルに亜鉛を反応させ，ヨウ素を引抜いてエチルラジカルを生成させようとした実験が行われている．その結果，C_2H_5の組成に近い無色の液体が得られたが，実はエチル亜鉛化合物の熱分解によって生成したブタンであった．目的は達成できなかったものの，この実験は最初の有機金属化合物の合成につながった．

$$C_2H_5I + Zn \longrightarrow C_2H_5ZnI \longrightarrow \frac{1}{2}(C_2H_5)_2Zn + \frac{1}{2}ZnI_2$$
$$\downarrow$$
$$C_4H_{10}$$

1900年，トリフェニルメチルラジカルの生成と反応が，初めて報告された[1]．このラジカルは溶液中でその二量体と平衡にある．当時，それはヘキサフェニルエタン(**43**)であると考えられていたが，半世紀以上を経て，真の構造は(**44**)であることがわかった[2]．

$$2\,(C_6H_5)_3CCl + 2\,Ag \longrightarrow 2\,(C_6H_5)_3C\cdot \rightleftarrows \text{二量体}$$

(**43**) $(C_6H_5)_3C-C(C_6H_5)_3$

(**44**)

その後，1929年には気相でのメチルラジカルの生成(図5・3)が示唆され，さらに溶液中でのフェニルラジカルの生成が証明された．また，アルケンへのHBrの逆Markovnikov付加がラジカル機構で進行することも解明されるなど，ラジカルを経由する有機化学反応が体系化されてきた．

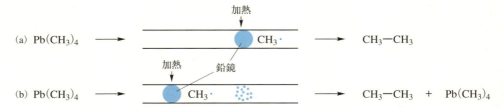

図 5・3 メチルラジカルの生成 (a) 気流管内でテトラメチル鉛を熱分解すると，出口ではエタンが検出され，加熱した位置の内壁に鉛鏡ができる．(b) (a)の加熱後さらに上流を加熱すると，そこに鉛鏡ができるが，最初の鉛鏡は消失し，出口ではエタンとともにテトラメチル鉛が検出される．

5・3・1 ラジカルの生成

ラジカルを生成させるには，熱，光，放射線などのエネルギーを分子に与え，共有結合の開裂や励起状態の形成を促すなどの方法がある〔(1)式〕．また，酸化還元反応（電子移動反応，§6・5参照）も利用される〔(2), (3)式〕．後述のように，ラジカルを生成し連鎖反応を誘発する化合物を**ラジカル開始剤**(radical initiator)とよぶ．これによって生成したラジカルの二次的な置換反応〔(4)式〕や付加反応〔(5)式〕により，間接的にラジカルを生成させる方法もある．以下，それぞれの概要を説明する．

$$A-B \xrightarrow{\text{加熱または光}} A\cdot + B\cdot \quad \text{（均一開裂反応）} \quad (1)$$

$$A + e^- \longrightarrow A^- \quad \text{（1 電子還元反応）} \quad (2)$$

$$A \longrightarrow A^+ + e^- \quad \text{（1 電子酸化反応）} \quad (3)$$

$$A\cdot + B-C \longrightarrow A-B + C\cdot \quad \text{（置換反応）} \quad (4)$$

$$A\cdot + B=C \longrightarrow A-B-C\cdot \quad \text{（付加反応）} \quad (5)$$

$$\cdot A-B-C \longrightarrow A=B + C\cdot \quad \text{（脱離反応）} \quad (6)$$

加熱や光照射による単結合のホモリシス(均一開裂)は，最も基本的なラジカル生成法である．さまざまな共有結合のホモリシスの受けやすさは，その結合解離エネルギー D(bond dissociation energy: BDE)によって判断できる．表5・6に簡単な分子の結合解離エネルギーを示した．

表 5・6 結合解離エネルギー[†]

結合	結合解離エネルギー	結合	結合解離エネルギー
H–OH	499	CH$_3$–Br	294
CH$_3$–H	439	CH$_3$–I	239
CH$_3$–OH	385	F–F	159
CH$_3$–CH$_3$	377	Cl–Cl	243
H–Cl	432	Br–Br	192
H–Br	366	I–I	151
H–I	298	HO–OH	213
CH$_3$–Cl	350	CH$_3$O–OCH$_3$	157

† 単位は kJ mol^{-1}．

表5・6から有機化学で取扱う共有結合の多くは250〜430 kJ mol^{-1}の範囲にあるが，過酸化物のO–O結合などはこれより弱いことがわかる．また，ハロゲン分子のなかでもF–FおよびI–Iの共有結合は弱い．

5・3 ラジカル

ここでホモリシスとヘテロリシス(不均一開裂)に要するエネルギーについて説明しよう. たとえば, HCl を気相で 200 ℃ 以上に加熱すると, H· と Cl· とに解離し, H⁺ と Cl⁻ とに解離することはない. これは, 表 5・6 からもわかるように HCl のホモリシスの容易さの目安である結合解離エネルギーが 432 kJ mol⁻¹ であるのに対し, HCl のヘテロリシスには 1347 kJ mol⁻¹ ものエネルギーを要し, 事実上不可能なためである. 塩酸が H⁺ と Cl⁻ に解離し酸性を示すのは, 溶媒和による安定化によるものである. 同様に, 有機化合物についても, カルボカチオンやカルボアニオンを生成するヘテロリシスは 600〜1000 kJ mol⁻¹ のエネルギーを要するため, 極性溶媒中でのみ可能であり, 気相や無極性溶媒中ではホモリシスのほうが起こりやすい.

a. 熱分解によるラジカルの生成

有機化合物の多くは 700〜800 ℃ 以上に加熱するとラジカルに分解する. しかし, 過酸化物やアゾ化合物などのように弱い共有結合(結合解離エネルギーが 160 kJ mol⁻¹ 以下)をもつ化合物では, 150 ℃ 以下でもホモリシスが起こる. これらの化合物の熱分解反応は古くからラジカル反応の基礎研究に用いられてきた.

過酸化物の O−O 結合は弱く, 比較的低温でホモリシスを起こす〔(7) 式〕.

$$RO-OR \xrightarrow{\text{加熱}} 2\,RO· \tag{7}$$

特に, 過酸化ジアルキルのなかで炭素数の少ない第一級ならびに第二級アルキル基を有するものはきわめて不安定で, 爆発性である. しかし, 過酸化ジ-t-ブチル (**45**) は貯蔵可能な液体で, 溶液中 90 ℃ に加熱するとアルコキシルラジカルに分解する.

$$(CH_3)_3CO-OC(CH_3)_3 \xrightarrow{\text{加熱}} 2\,(CH_3)_3CO·$$
$$(\textbf{45})$$

過酸化ジアシルもきわめて不安定である. たとえば, 過酸化ジアセチル (**46**) の O−O 結合解離エネルギーは 127 kJ mol⁻¹ と小さく, 25 ℃ でも分解し危険である. 分解によって生成するアシルオキシルラジカルは容易に CO_2 を放出し, アルキルラジカルとなる.

$$CH_3-\underset{\underset{O}{\|}}{C}-O-O-\underset{\underset{O}{\|}}{C}-CH_3 \longrightarrow 2\,CH_3-\underset{\underset{O}{\|}}{C}-O· \longrightarrow 2\,CH_3· + 2\,CO_2$$
$$(\textbf{46})$$

一方, 過酸化ジベンゾイル (**47**) は室温で安定な結晶であり, ベンゼン中 80 ℃ に加熱すると, ベンゾイルオキシルラジカルを経てフェニルラジカルと CO_2 とに分解する. メチルラジカルの生成に比べフェニルラジカルの生成が不利なことから, 反応条件しだいでは途中のアシルオキシルラジカル由来の生成物が得られる. 過酸エステルもラジカルの生成源となるが, 上述のようにアシルオキシ部分は CO_2 を放出するので, アルキルラジカルとアルコキシルラジカルとが生成する. これらは, 熱以外にも衝撃, 光, 金属などに敏感で, 爆発の危険性もある.

$$C_6H_5-\underset{\underset{O}{\|}}{C}-O-O-\underset{\underset{O}{\|}}{C}-C_6H_5 \xrightarrow{\text{加熱}} 2\,C_6H_5-\underset{\underset{O}{\|}}{C}-O· \longrightarrow 2\,C_6H_5· + 2\,CO_2$$
$$(\textbf{47})$$

アゾ化合物を加熱すると, N_2 分子と二つのラジカル R·, R′· に開裂する〔(8) 式〕. 開裂温度は, 置換基の種類により異なる. たとえば, アゾメタン (**48**) の分解は 400 ℃ 付近でようやく起こるが,

184 　　　5. 反 応 中 間 体

表 5・7　ラジカル開始剤と半減期[†1]

		半減期(時間)	温度(℃)	溶　媒
(CH$_3$)$_3$CO—OC(CH$_3$)$_3$	(**45**)	218 6.4	100 130	
C$_6$H$_5$—C—O—O—C—C$_6$H$_5$ (с O, O)	(**47**)	7	70	ベンゼン
CH$_3$—C—N=N—C—CH$_3$ (CH$_3$,CH$_3$,CN,CN)	(AIBN)	10	65	トルエン
(CH$_3$—C—CH$_2$—C—N=)$_2$ (CH$_3$,CH$_3$,OCH$_3$,CN)	(V-70L)[†2]	1	30	トルエン
CH$_3$—C—N=N—C—CH$_3$ (CH$_3$,CH$_3$,H$_2$N—C=NH,HN=C—NH$_2$)	(V-50)	10	56	水

†1　Y. Kita, M. Matsugi, 'Radical Initiators' in "Radicals in Organic Synthesis", ed. by P. Renaud, M.
　　P. Sibi, Chapter 11, Wiley-VCH(2001).
†2　V-70L: ラセミ体.

　安定なトリフェニルメチルラジカルを生成する化合物 (**49**) は−40 ℃ですら分解する. アゾベンゼ
ン (**50**) は, アルキルラジカルの生成と比べてフェニルラジカルの生成が不利であることを反映し,
600 ℃まで加熱しても分解しない. すなわち, この分解反応の起こりやすさは, 生成するラジカル
の安定性に大きく依存する.

$$\text{R—N=N—R'} \xrightarrow{\text{加熱}} \text{R·} + \text{N≡N} + \text{·R'} \tag{8}$$

$$\underset{(\textbf{48})}{\text{CH}_3\text{—N=N—CH}_3} \qquad \underset{(\textbf{49})}{(\text{C}_6\text{H}_5)_3\text{C—N=N—C(C}_6\text{H}_5)_3} \qquad \underset{(\textbf{50})}{\text{C}_6\text{H}_5\text{—N=N—C}_6\text{H}_5}$$

　これらの過酸化物やジアゾ化合物の熱分解性の尺度として, 特定の温度での半減期が目安となる
(表 5・7). ラジカル開始剤としてよく利用される 2,2′-アゾビスイソブチロニトリル(AIBN)は, シ
アノ基の効果により容易にラジカル開裂する〔(9) 式〕. なお, 非対称なアゾ化合物 (**51**) および (**52**)
はトリフェニルメチルラジカルやアリルラジカルの生成しやすさを反映し, 130 ℃付近で分解する.

$$\underset{\text{AIBN}}{\underset{\text{CN}\quad\text{CN}}{\overset{\text{CH}_3\quad\text{CH}_3}{\text{CH}_3\text{—C—N=N—C—CH}_3}}} \xrightarrow{70\,℃} \underset{\text{CN}}{\overset{\text{CH}_3}{\text{CH}_3\text{—C·}}} + \text{N≡N} + \underset{\text{CN}}{\overset{\text{CH}_3}{\text{·C—CH}_3}} \tag{9}$$

$$\underset{(\textbf{51})}{\text{CH}_3\text{CH}_2\text{CH}_2\text{—N=N—CH}_2\text{CH=CH}_2} \qquad \underset{(\textbf{52})}{\text{C}_6\text{H}_5\text{—N=N—C(C}_6\text{H}_5)_3}$$

b. 光照射によるラジカルの生成

　光化学的手法を用いると, 低温でラジカルを生成させることができる. ラジカル生成に必要な光エ
ネルギーは, 開裂する結合の結合解離エネルギー以上でなければならない. 200 nm の波長の光エネ
ルギーは 586 kJ mol^{-1} に相当し, 多くの結合の開裂に十分な大きさである. 実際には, 分子内の特定
の発色団が光を吸収し, そのエネルギーが周囲の結合の開裂に使われる.

　脂肪族アゾ化合物は一般にトランス異性体として存在し, 320〜480 nm(ε 10〜150)に弱い吸収帯を

もつ．ここで，光照射すると熱に不安定なシス体に異性化することにより，加熱せずともアルキルラジカルを生じる[3]．実際，前項で述べた AIBN は，光照射により室温で相当するアルキルラジカルと窒素に容易に分解するので，重合を含むラジカル反応の開始剤として用いられる．

$$N=N \xrightleftharpoons{\text{光照射}} \quad \longrightarrow \quad 2R\cdot \ + \ N_2$$

紫外部に吸収を有する過酸化物も室温で紫外線によって熱分解と同様に O−O 結合が開裂し，RO·や RCOO· などを生成する．また，脂肪族ケトンも光照射によりアルキルラジカルとアシルラジカルを生じる（§6・4・4）．この光分解反応は Norrish I 型反応とよばれる．

亜硝酸エステル[4]や次亜ハロゲン酸エステル（ROX，X＝NO, Cl, Br, I）[5]は 300 nm 以上に弱い吸収帯を有し，光照射によりその O−X 結合が容易に開裂するので，アルコキシルラジカルの生成に用いられる．

$$ROX \xrightarrow{\text{光照射}} RO\cdot \ + \ \cdot X$$
$$X = NO, Cl, Br, I$$

c. 酸化還元反応によるラジカルの生成

酸化還元反応は，還元酸化（reduction-oxidation）反応，あるいはレドックス（redox）反応ともよばれ，ラジカル生成の重要な方法である．

過酸化物と金属イオンの酸化還元反応（次式）はラジカル生成によく用いられる．金属イオンとしては $Fe^{2+}, Cu^+, Ti^{3+}, Co^{3+}$ などが用いられるが，最も一般的なのは Fe^{2+} である．過酸化水素と Fe^{2+} の組合わせは Fenton 反応剤とよばれ，連鎖機構によりヒドロキシルラジカル ·OH を生成する．

$$R-O-O-R \ + \ M^I \ \longrightarrow \ RO\cdot \ + \ {}^-OR \ + \ M^{II}$$
$$R-O-O-H \ + \ M^{II} \ \longrightarrow \ R-O-O\cdot \ + \ H^+ \ + \ M^I$$

この反応は第一級アルコールのアルデヒドへの酸化や炭化水素分子に対するヒドロキシ基の導入などに用いられる．遷移金属イオンとヒドロペルオキシド，過酸エステル，過酸化アシルの反応も同様に進む．たとえば，過酸エステル（**53**）は Cu(I) によって穏和な条件でアルコキシルラジカル（**54**）を生成する．

$$C_6H_5-\underset{\underset{O}{\|}}{C}-O-O-C(CH_3)_3 \xrightarrow{Cu^I} C_6H_5-\underset{\underset{O}{\|}}{C}-O^- \ + \ \cdot OC(CH_3)_3 \ + \ Cu^{II}$$
$$(\textbf{53}) \qquad\qquad\qquad\qquad\qquad (\textbf{54})$$

カルボン酸の電解反応によって，アシルオキシルラジカルやアルキルラジカルが生成する[6]．代表的な Kolbe 反応については後述する（§6・2・7）．

芳香族ジアゾニウム化合物（**55**）を触媒量のハロゲン化銅(I)とハロゲン化水素酸の存在下で分解すると，芳香族ハロゲン化物（**56**）が得られる．この反応は Sandmeyer 反応とよばれ，アリールラジカルを中間体とするラジカル連鎖機構で進行する．

$$ArN_2{}^+Cl^- \ + \ Cu^ICl \ \longrightarrow \ ArN_2\cdot \ + \ Cu^{II}Cl_2$$
$$(\textbf{55})$$

$$ArN_2\cdot \ \longrightarrow \ Ar\cdot \ + \ N_2$$
$$Ar\cdot \ + \ Cu^{II}Cl_2 \ \longrightarrow \ ArCl \ + \ Cu^ICl$$
$$(\textbf{56})$$

d. ラジカル生成における溶媒のかご効果

　溶液中で，基質分子の開裂によって生成した1対のラジカルを双生対(geminate pair)とよぶ．これらを取囲んだ溶媒分子(かご cage)は，ラジカル対の拡散を妨げ，かご内で再結合や不均化反応が拡散と競合するため，溶質分子との反応速度を変化させる．これを**かご効果**(cage effect)とよぶ．たとえば，双生対再結合は開始剤としてはたらくラジカル種の濃度を減少させる．溶媒の粘度が大きいほど，溶媒かごからのラジカルの拡散は困難となるので，かご内再結合の確率も高くなる．**ラジカル捕捉剤**(radical scavenger)としてガルビノキシル，アミノオキシルラジカルなどの寿命の長いラジカルを用いると，溶媒かごから拡散した寿命の短いラジカルを速やかに捕捉する．

5・3・2 ラジカルの検出と捕捉

　ラジカルの検出ならびに構造解析には，ESR，NMR，IR，CIDNP，スピン捕捉法が有効である．溶液内に生成する寿命の短いラジカルを直接検出する分光学的方法のうち，最もよく用いられるのは電子スピン共鳴(electron spin resonance: ESR，electron paramagnetic resonance: EPR)である．反応中間体の一般的検出法については§4・8・2で説明する．

　ESRの原理は，NMR分光法と同様である．NMRは磁気モーメントをもつ核の磁場内で分裂したエネルギー準位間の遷移エネルギーを観測する．一方，ESRでは，核に比べてずっと大きな磁気モーメントを有するラジカルの不対電子の遷移エネルギーを磁場中で観測する．ESR法は感度が高く，希薄濃度のラジカル($10^{-8} \sim 10^{-6}$ M)でも検出できる．測定値としてLandeのg因子および超微細結合定数(hyperfine splitting constant: hfs)が得られるが，これらはそれぞれNMRの化学シフトとスピン結合定数に対応する．しかし，NMRの化学シフトとは異なり，ESRのg因子の値は自由電子の値からあまり変動しないので，不対電子をもつ原子の種類は区別できるものの，炭素中心ラジカルどうしの区別にはあまり有効でない．不対電子が磁気モーメントを有する核上にある場合，核との相互作用によってそのエネルギー準位はさらに分裂する．こうしてさらに分裂したシグナルの大きさが超微細結合定数であり，ミリテスラ(mT，ガウス 1 gauss = 0.1 mT)の単位で表す．この分裂から，ラジカルの構造や不対電子の非局在化に関する情報が得られる．

　CIDNP(chemically induced dynamic nuclear polarization)は，ラジカル反応をNMRで追跡する際にみられる現象である[7]．ラジカル対の結合によって生成直後の分子では，生成した結合の近傍のプロトンシグナル強度の増大，あるいは逆に負のシグナルが観測されることがある．これらの異常なシグナルは迅速に正常に戻る．これはラジカルが結合する際，ラジカル対の不対電子のスピンと核スピンとの相互作用により，核スピンのBoltzmann分布に乱れを生じるためである．この異常なスペクトルから，きわめて寿命の短いラジカル対に関する知見が得られるが，ESRほど一般的ではない．ただし，CIDNPが観測されなくても，ラジカル過程の関与は必ずしも否定できない．

　スピン捕捉法は間接的なラジカル検出法である．注目しているラジカルを適切なスピン捕捉剤と反応させて安定なラジカルに誘導し，それを分光学的に同定する．図5・4には5,5-ジメチル-1-ピロリン N-オキシド(DMPO)を用いたヒドロキシルラジカルの捕捉を示す．こうして生成した安定なア

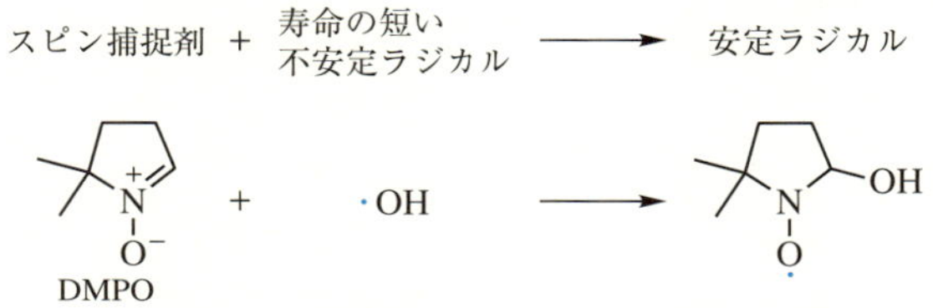

図 5・4　スピン捕捉法によるラジカル検出

ミノオキシルラジカルを ESR で検出する．

　IR もラジカル種の検出に有効である．たとえば，ベンゾイルラジカルはカルボニル基の伸縮振動による吸収を 1828 cm^{-1} に示し，時間分解 IR(time resolved infrared : TRIR)法を用いて吸収の減衰を追跡することにより，ベンゼンチオールからの水素引抜反応の反応速度定数が決定された[8]．

5・3・3　炭素ラジカルの構造

　ラジカル中心炭素 R$_3$C・ の立体構造は，ラジカル中心に直接結合した三つの置換基との関係が，平面形か三角錐形(非平面形)か，という二つの可能性がある．平面形では，不対電子が p 軌道に入るため π ラジカルとよばれる．一方，三角錐形では不対電子が s 性をもつ混成軌道に入るので σ ラジカルとよばれる．どちらの構造が有利であるかは置換基の性質によるが，非平面形が有利な場合でも反転障壁は低く，中心炭素に三つの異なる置換基が結合した場合も，一般にキラリティーは保持されない．

　メチルラジカルはほぼ平面の構造をもつ．しかし，一般にカルボカチオンは安定な平面構造をとるのに対し，ラジカルの平面と三角錐構造は可撓性が高く，反転障壁は低い．エチルラジカルは少し三角錐化しているが，それには次の三つの理由がある．すなわち，1) 平面ラジカルと三角錐ラジカルのエネルギー差が小さいこと，2) 超共役安定化，3) ねじれひずみの軽減である．また，t-ブチルラジカルでは，ねじれひずみが大きく中心炭素の平面からのずれは 10° となるが，反転のエネルギー障壁は約 2 kJ mol^{-1} と小さい．

　過酸化 4-t-ブチルシクロヘキサンカルボン酸のラジカル分解では，トランス体，シス体，どちらから出発しても同じ異性体組成の混合生成物を与えることから，共通の中間体(平面形，もしくは反転が容易なラジカル)を経由していることが示唆される．実際，シクロヘキシルラジカルのような炭

素環ラジカルは，一般に平面である．

一方，シクロプロピルラジカルは非平面構造をもつが，反転は容易であり，そのエネルギー障壁は約 12〜13 kJ mol^{-1} と小さい．縮合環化合物の核間位や架橋化合物の橋頭位のラジカルは非平面的であり，反転速度も小さい．

フッ素原子やアルコキシ基など，π 供与性かつ σ 求引性の置換基をもつアルキルラジカルは，非平面性が大きくなる．たとえばトリフルオロメチルラジカルは，下図のような反発相互作用により，三角錐に近い構造である（図 5・5）．

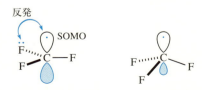

図 5・5　トリフルオロメチルラジカルの構造

フェニル，ビニルラジカルは，sp^2 混成軌道に不対電子をもつ σ ラジカルである．ビニルラジカルは非直線的であるが，そのシス-トランス異性化は容易であり（エネルギー障壁 12〜13 kJ mol^{-1}），低温で速やかに直線形の π ラジカルを経由して立体反転する（図 5・6）．

図 5・6　ビニルラジカルの構造と異性化

アリルラジカルは二重結合との π 共鳴安定化のため，下図のように平面形となる．その回転障壁に基づき，§5・3・4 で説明するように置換基によるラジカルの安定化を見積もることができる．

ベンジルラジカルもまた，ベンゼン環との共鳴安定化のため，平面形となる．トリフェニルメチルラジカルでは，三つのベンゼン環は同一平面にはなく，プロペラのように同じ向きに 30° ねじれ，共鳴安定化は C$_6$H$_5$CH$_2$· や (C$_6$H$_5$)$_2$CH· に比べて小さい．o-メチル体ではねじれ角は 50° 以上になり，共鳴効果はさらに減少するが，不対電子が強く立体保護される．

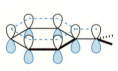

π 共役による安定化

トリフェニルメチルラジカル

トリス(o-メチルフェニル)メチルラジカル

5・3・4 ラジカルの安定性と持続性

オクテット則をみたしていない反応中間体は，例外的に安定(stable)なものもあるが，一般に不安定(unstable)である．しかし，反応中間体も構造によって寿命や反応性に違いがある．"安定・不安定"という言葉は曖昧な表現であり，まず安定・不安定という概念について考えてみよう．

一般に反応活性種が，どのような条件下でどの程度の時間存在できれば安定である，と決められるわけではない．類似した二つの反応中間体も，あくまで比較のうえで一方が他方よりも安定であるという．しかも，反応活性種の寿命は反応条件に大きく依存するため，実験的に比較するには同一反応条件下での測定が必要である．たとえば，ラジカルは不活性ガス中では比較的寿命が長いが，酸素雰囲気下では酸素との反応が起こるため，きわめて寿命が短い．

まず"安定性と持続性"について考察することで，反応中間体が安定・不安定であるという漠然とした表現を整理する．**持続性**(persistence)とは活性種の寿命の長短を意味し，速度論に立脚した言葉であり，速度論的安定性ともよばれる．持続性の大きな反応活性種は反応において大きな活性化エネルギーを要するが，それは反応環境によって変化する．たとえば，ラジカルの持続性は濃度や酸素などの反応性化合物の有無に大きく依存する．したがって，反応中間体の持続性は，決められた同一の反応条件下でのみ議論できる．

これに対し，**安定性**(stability)は反応活性種に固有の性質であり，ある基準とする類似活性種との熱力学的な安定度の比較である．したがって，安定性は熱力学的安定性ともよばれ，立体的要因よりも電子的要因に大きく依存する．しかし，より安定性のあるラジカルが，持続性にも優れているとは限らない．たとえば，ベンジルラジカルはメチルラジカルよりも共役によって熱力学的に安定化されているが，ある反応条件下ではベンジルラジカルも反応するため持続性を示さない．

以上，安定性はおもに熱力学的な安定度を，持続性は速度論的な寿命を表し，安定性は反応活性種の構造に依存するが，持続性は反応環境にも大きく依存する．

a. 炭素ラジカルの安定性（熱力学的安定性）

炭素ラジカルの熱力学的安定性の目安は，結合解離エネルギーである．たとえば，(10) 式の有機化合物 R−H の結合解離エネルギーはホモリシスの容易さとともに，生成したラジカル R· が相対的にどれくらい安定であるかを表す．この安定化は主として電子的効果による．

$$R—H \longrightarrow R· + ·H \tag{10}$$

表5・8 にまとめたいくつかの C−H 結合の結合解離エネルギーから，いくつかの傾向がわかる．

表 5・8　R−H 結合の結合解離エネルギー[†]

R−H	結合解離エネルギー	R−H	結合解離エネルギー	R−H	結合解離エネルギー
$CH_3—H$	439				
$CH_3CH_2—H$	421	$CH_3\overset{\text{O}}{\overset{\|}{C}}CH_2—H$	401	$R\overset{\text{O}}{\overset{\|}{C}}O—H$	439
$(CH_3)_2CH—H$	411	$C_6H_5—H$	472	$HO—H$	499
$(CH_3)_3C—H$	400	$H_2C=CH—H$	465	$[(CH_3)_3Si]_3Si—H$	350
$C_6H_5CH_2—H$	370	$HC\equiv C—H$	557	$(n\text{-}C_4H_9)_3Sn—H$	326
$CH_2=CHCH_2—H$	369				
$N\equiv CCH_2—H$	402	$CH_3\overset{\text{O}}{\overset{\|}{C}}—H$	374		
$HOCH_2—H$	402				

† 単位は kJ mol^{-1}.

まず，単純なアルカンでは，メタン，エタン，プロパン，2-メチルプロパンの順に，該当するC–H結合が弱くなっている．したがって，アルキルラジカルの相対的安定性は，第三級＞第二級＞第一級＞メチルの順であり，t-ブチルラジカルとメチルラジカルとの安定性の差は39 kJ mol^{-1}もある．これはラジカルのSOMOと隣接メチル基との超共役によるものである(§1・4・3)．

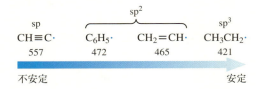

ビニルラジカル，フェニルラジカル，アルキニルラジカルの生成は不利である．これはs性の高いアルケンやアレーン(sp^2)，アルキン(sp)のC–H結合が強いことを反映している．生成したラジカルの不対電子はsp^{2}軌道もしくはsp軌道にある．

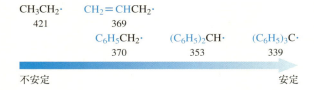

不対電子がπ共役系に非局在化できる場合，ラジカルが安定化される．たとえば，プロペンの3位のC–H結合の結合解離エネルギーがエタンのそれに比べて52 kJ mol^{-1}も小さいことは，その分だけアリルラジカルが安定化されることを示す．この効果は共役系が長くなるとより大きくなる．たとえば，ベンジルラジカルでは不対電子が芳香族π共役系へ非局在化し(ベンジル位炭素に50％程度)，アリルラジカルと同程度の安定化がもたらされる．この場合も，フェニル基の数が増えると効果は増加する．トリフェニルメチルラジカルでは共鳴安定化よりも，次項で説明する速度論的安定化のためにより安定となる．

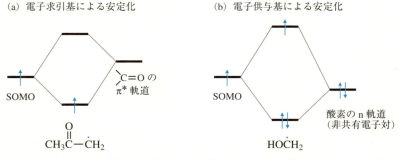

不対電子の隣接位の置換基が，電子求引性でも電子供与性でも，ラジカルを安定化させる．これは軌道相互作用により説明される．電子求引基であるアセチル基の場合(図5・7a)，不対電子の軌道

図 5・7 電子求引基および電子供与基によって安定化された炭素ラジカルの軌道

SOMO と π^* 軌道との相互作用でできる二つの新たな分子軌道のうち，低いエネルギー準位に 1 電子が入り SOMO となり，安定化される．たとえば，アセトンの C−H 結合の結合解離エネルギーは 401 kJ mol^{-1} であり，メタンに比べて 38 kJ mol^{-1} 小さい．一方，電子供与基であるヒドロキシ基の場合(図 5・7b)，n 軌道とラジカルの SOMO との相互作用で新しい分子軌道が二つできる．ここで低いエネルギー準位に 2 電子，高いエネルギー準位に 1 電子入るので，SOMO は高くなるが，2 電子分の安定化により，ラジカルは全体として安定化される．メタノールの C−H 結合解離エネルギーは 402 kJ mol^{-1} である．

このように電子求引性，供与性によらず，置換基導入によりラジカルは安定化するが，フロンティア軌道である SOMO のエネルギー準位は異なる．ラジカルの反応性に関しては，前者が求電子性ラジカル，後者が求核性ラジカルの性質をもつ．

一つのラジカル中心に電子求引基と電子供与基が結合すると特に安定化がみられ，これを**カプトデーティブ効果**(captodative effect)という．置換基によるラジカルの安定化をアリルラジカルの回転障壁に基づいて見積もる方法がある．アリル系の σ 結合が回転して 90° ねじれた配座のエネルギー状態は，共鳴効果によらない置換基 X，Y の正味のラジカル安定化効果を示す．

たとえば，アリルラジカル(**57**)と比べ，メトキシ置換体のラジカル(**58**)の回転障壁は 5.0 kJ mol^{-1} だけ低い．一方，シアノ基を有するアリルラジカル(**59**)にメトキシ基を導入した(**60**)ではずっと安定化の程度が大きい．すなわち，シアノ基とメトキシ基が協同し，ラジカルを大きく安定化することがわかる．

以下のカプトデーティブ型ラジカルも，かなりの安定性をもつ．置換基の関係は π 共役系を介してもよい．

炭素ラジカルの熱力学的安定性は，ラジカル安定化エネルギー(radical stabilization energy: RSE)に基づいて評価できる．RSE は (11) 式に示すように，メチルラジカルを基準として，その水素引抜反応を想定し，ラジカルの安定性を相対化する手法である．

$$R-H + CH_3\cdot \longrightarrow R\cdot + CH_3-H$$

$$RSE(R\cdot) = \Delta H_{298}(R\cdot) + \Delta H_{298}(CH_4) - \Delta H_{298}(RH) - \Delta H(CH_3\cdot) \tag{11}$$

ラジカル安定化エネルギーと結合解離エネルギー(BDE)とは (12) 式のように関連づけられる．た

とえば，メタンの C−H 結合の BDE は 439.3 kJ mol^{-1}，エタンの C−H 結合の BDE は 420.5 kJ mol^{-1} であるので，エタンの RSE は 420.5−439.3 = −18.8 (kJ mol^{-1}) となる．

$$RSE(R\cdot) = BDE(R-H) - BDE(CH_3-H) \qquad (12)$$

最近は，理論化学計算で得られる RSE 値の精度が大きく向上している．たとえば，アリルラジカルの RSE の実験値は −70 kJ mol^{-1} であり BDE の実験値は 369 kJ mol^{-1} であるが，G3(MP2)-RAD によって求められた RSE と BDE の計算値はそれぞれ −72.0 kJ mol^{-1} と 367.3 kJ mol^{-1} であり，きわめて近い．実験的に得られた BDE と理論化学計算で得られた RSE を組合わせて，ラジカルの安定性が議論されるようになった．以下に，G3(MP2)-RAD に基づいて求められた各種の置換炭素ラジカルの RSE (kJ mol^{-1}) をまとめた[9]．

ΔH_{298} [G3(MP2)-RAD，kJ mol^{-1}]

b. 炭素ラジカルの持続性 (速度論的安定化)

ラジカルのなかには，電子的効果から予測されるよりもずっと持続性の高いものがある．その多くは立体保護により不対電子の本来の反応経路が遮断されており，速度論的安定化がその原因となっている．

たとえば，トリフェニルメチル (**61**) は脱酸素した希薄溶液では二量体との平衡にあり，ラジカル自体を単離することはできない．非ラジカル種とは反応しにくいが，反応性の高いラジカルや O$_2$ とは速やかに反応する．三つのベンゼン環は同一平面にないので，非局在化による安定化は C$_6$H$_5$CH$_2$・や (C$_6$H$_5$)$_2$CH・ と比べて大きくないが，それでも (**61**) が持続性なのは，中央の不対電子が三つのフェニル基で立体保護されているためである．また，二量化反応は芳香族性を犠牲にして立体障害の小さいパラ位で起こり，キノイドを与える．この二量体において単量体を結びつけている結合はきわめて弱い．また，(**61**) の置換体ではさらに持続性が増す．たとえば，o-メチル体では共鳴効果はさらに減少するが，立体保護が強化され，ラジカルはさらに持続性になる．t-ブチル基のような大きなパラ置換基があると二量化しない．

5・3 ラジカル　　193

　このようにラジカルの持続性にかかわる速度論的安定化は，主として立体効果によるものである．実際，一定の条件下（25 °C，$10^{-5}\,\mathrm{mol\,L^{-1}}$）における各種ラジカルの半減期が調べられた．任意の目安として，半減期 10^{-3} 秒より長いものを持続性ラジカルと分類する．以下のデータから，どの程度の立体保護が必要かわかる．まず，メチルラジカルの半減期はわずか 2×10^{-5} 秒である．メチルラジカルに対して *t*-ブチル基を順次導入していくと，一つ導入しただけでは寿命は短いままであるが，二つ，三つと導入すると半減期が 1 分，8.4 分と長くなる．また，対応するトリメチルシリル誘導体では半減期が 2 日以上となる．なお，フェニルラジカルは不安定であるが，それでもトリ-*t*-ブチル置換体では持続性になる．このラジカルの分解は分子内の *t*-ブチル基の水素を引抜く過程であり，二次的に生じたラジカルの寿命は短い．この三つの *t*-ブチル基をすべて重水素で置換しておくと，同位体効果によりラジカルの寿命が 50 倍ほど長くなる．

　各種ラジカルの半減期（25 °C，$10^{-5}\,\mathrm{mol\,L^{-1}}$）

$CH_3\cdot$					
2×10^{-5} s	5×10^{-5} s	1 分	8.4 分	2.3 日	6×10^{-3} s

c. 安定炭素ラジカル

　安定ラジカル（stable radical）は，熱力学的安定化と速度論的安定化の二つの効果が寄与し，通常の有機化合物と同じように取扱うことができるものをよぶ．その代表例に Koelsch ラジカル（**62**）があり，酸素の存在下でも安定な結晶である．また，塩素原子で置換されたトリフェニルメチルラジカルは，酸素の存在下，溶液中で何日間も安定で，結晶としては 300 °C まで加熱しても分解しない．2,5,8-トリ-*t*-ブチルフェナレニルラジカルも結晶として単離されている．

（*62*）

5・3・5　ヘテロ原子ラジカル

　窒素，酸素，硫黄などのヘテロ原子を中心とするラジカルもある．たとえばテトラフェニルヒドラジン（**63**）は，ジフェニルアミニルラジカル（**64**）との平衡にある．また，ジフェニルジスルフィド（**65**）の溶液を加熱したときにみられる黄色は，チイルラジカル（**66**）に由来する．このようにヘテロ原子ラジカルが生成しやすいのは，ヘテロ原子どうしの共有結合が弱いことによる．

（*63*）　　　　　　　（*64*）

$$（65） \rightleftharpoons （66）$$

以下にいくつかのヘテロ原子ラジカルを取上げる．ジフェニルピクリルヒドラジル（DPPH，**67**）は代表的な安定ラジカルで，紫黒色結晶である．閉殻分子とは反応しないが，寿命の短いラジカルとは速やかに反応するので，ラジカル捕捉剤として用いられる．

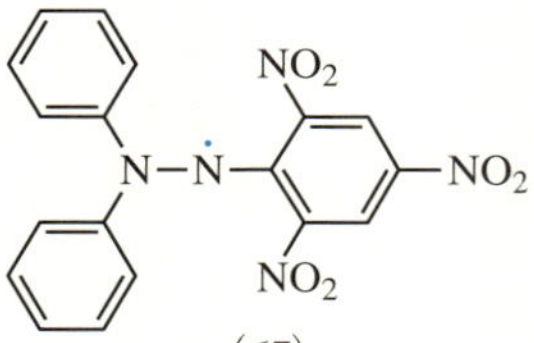

（**67**）

フェノールの1電子酸化やラジカルへの水素供与によって生成するフェノキシルラジカルは，生体内反応や抗酸化性などとの関連で興味がもたれる．不対電子が芳香環の炭素に非局在化し，アルコキシルラジカルよりも安定化されている（結合解離エネルギー C_6H_5O-H 364 kJ mol^{-1}，CH_3O-H 434 kJ mol^{-1}）が，芳香環のオルトとパラ位に嵩高い置換基がないかぎり，二量化しやすい．一方，立体保護された 2,4,6-トリ-t-ブチルフェノキシルラジカル（**68**）は溶液中でも固体状態（暗緑色固体，融点 97 ℃）でも安定である．また，ガルビノキシル（**69**）は室温で安定な結晶であり，ラジカル捕捉剤としてよく用いられる．

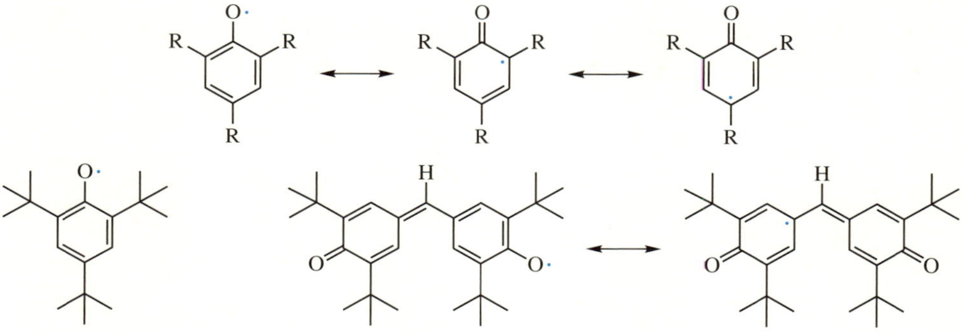

（**68**）　　　　　　（**69**）

アミノオキシルラジカル（**71**）は，二置換ヒドロキシルアミン（**70**）の酸化で生成する．置換基 R がフェニル基または t-ブチル基の場合，窒素の α 位に反応性の高い水素がないため，室温でも安定である．代表例として TEMPO〔(2,2,6,6-tetramethylpiperidin-1-yl)oxyl, **72**〕があり，ラジカル捕捉剤や酸化剤として用いられる．関連した無機ラジカルとして Fremy 塩（**73**）がある．

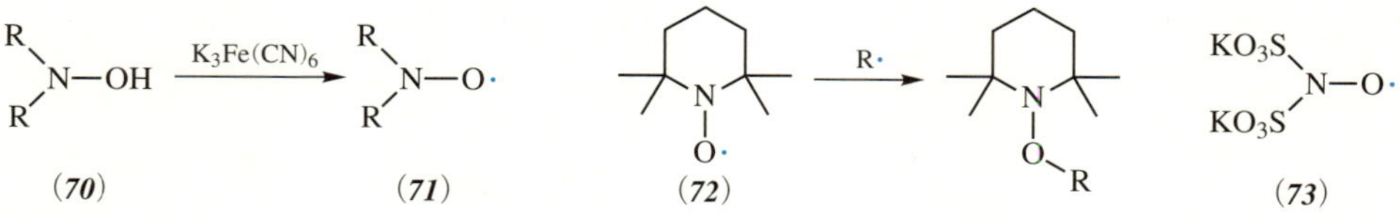

（**70**）　　　　　　（**71**）　　　　　　（**72**）　　　　　　　　　　（**73**）

5・3・6　ラジカルイオン

電気的に中性な分子から1個の電子を除いた化学種を**ラジカルカチオン**（radical cation），一方，1

個の電子を与えた化学種は**ラジカルアニオン**(radical anion)とよぶ．ラジカルイオンの研究は，19世紀に始まり，20世紀に入り，その確認や性質の検討が行えるようになった．現在では，木星の衛星イオの大気から長鎖アルカンのラジカルカチオンが観測されたり，光合成の反応中間体においてラジカルイオン対が検出されたりしている．本項では，ラジカルイオンの生成，検出，構造について簡単にまとめる．

a. ラジカルイオンの生成

ラジカルイオンを生成させるには，1) 酸化剤や還元剤を用いる電子移動反応による方法，2) 電気化学的方法，3) 放射線化学的方法がある．

ラジカルカチオンは1電子酸化剤を，ラジカルアニオンは1電子還元剤を用いて，それぞれ電子移動反応により生成させることができる．

最も一般的に用いられる1電子還元剤はアルカリ金属などであり，液体アンモニアなどの溶媒中で用いられる．Li や Na は液体アンモニアに溶解して濃青色の溶媒和電子を生じ，Birch 還元（II 巻§3・1・2）ではこれが1電子還元剤となる．

$$M \xrightarrow{NH_3} M^+ e^-(NH_3)_n \quad M = Li, Na, K \text{ など}$$
溶媒和電子

また，芳香族化合物をアルカリ金属で1電子還元すると，比較的安定なラジカルアニオンを形成させることができる．たとえば，このように生成させたリチウムナフタレニドは，THF などの有機溶媒に可溶な1電子還元剤として用いられる（§8・1・1）．

$$Li^+ [\text{ナフタレン}]^{\cdot-} \quad \text{リチウムナフタレニド}$$

一方，酸化剤としては，Ce(IV) や SbCl₅ のような高原子価金属が多く用いられるが，ルテニウム(III)トリスビピリジン錯体 [Ru(bpy)₃]³⁺ (bpy = 2,2'-ビピリジン)，下記のペルメチルカルボラニルラジカルや，比較的安定で市販もされているトリス(p-ブロモフェニル)アミニウムラジカル（**74**）なども用いられる．

ペルメチルカルボラニルラジカル
CCH₃ 以外の各頂点に BCH₃ 基を有する

(**74**)

アントラセンと [Ru(bpy)₃]³⁺ の反応では，対応するラジカルカチオンが生成する〔(13) 式〕．

光照射によって励起状態をつくり，他の分子へ電子移動を起こさせることにより，ラジカルイオン対を生成する方法については，§6・5 で述べる．

電気化学的手法としては，サイクリックボルタンメトリーがよく用いられる．この方法では，静止した試料溶液の中に電極を浸し，電位をスキャンして流れる電流を計測する．作用電極の電位は，飽和カロメル電極(SCE)のような参照電極に対して表される．フェロセンは酸化還元電位の溶媒依存性が小さいので，これを基準として電位を表す場合もある．負方向の電位スキャンは電極を強い還元剤(電子供与体)にする．逆に正方向の電位スキャンは電極を強い酸化剤(電子受容体)にする．

図 5・8 に典型例としてフラーレン C_{60} のサイクリックボルタモグラムを示す[10]．電位を十分に負にすると，C_{60} に電極から電子が注入され，還元電流が流れる．還元電流は電位を負方向にスキャンするにつれて増加し，ピークに達した後，電極表面の C_{60} 濃度の低下とともに減少する．そこから逆に正側にスキャンすると，電極近傍に生成していたラジカルアニオン C_{60}^{-} が酸化されて，酸化電流が流れる．酸化電流は電位の正側へのスキャンにつれて増加し，ピークに達した後，電極表面の C_{60}^{-} 濃度の低下とともに減少する．C_{60} を酸化するために電位を十分に正にすると，C_{60} から電極に電子が注入され，ラジカルカチオン C_{60}^{+} が生成する．このようなボルタモグラムから酸化ピーク電流 i_{pa}，還元ピーク電流 i_{pc}，酸化ピーク電位 E_{pa}，還元ピーク電位 E_{pc} が得られる．標準酸化還元電位は $E° = (E_{pa} + E_{pc})/2$ として得られる．ピークポテンシャルの差は ($\Delta E_p = E_{pa} - E_{pc} = 59/n$) mV ($n$ は 1 mol の分子当たりの電子移動数)となる．

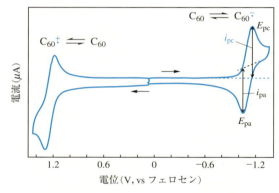

図 5・8 C_{60} のサイクリックボルタモグラム

同様に，電気化学的に種々の化合物のラジカルイオンを生成させることができる．生成したラジカルカチオンやラジカルアニオンが化学的に不安定な場合は，それぞれ対応する還元ピークおよび酸化ピークがみられなくなる．一方，これらが安定な場合は，それぞれの前駆体を適当な電位のもとに電解酸化および電解還元を行って単離することができる．

放射化学的手法によりラジカルイオンを生成させることもできる．この場合も電気化学的手法と同じく，有機化合物だけでなく，無機化合物，高分子化合物，共役系高分子化合物，金属錯体などから，ラジカルイオン生成が可能である．反応の初期過程においては，まず溶質 S の直接イオン化ではなく媒体 M のイオン化でラジカルカチオンが生じる〔(14) 式〕．溶媒中では，溶質 S から M^{+} への電子移動が起こり，溶質のラジカルカチオン S^{+} が生成する〔(15) 式〕．一方，媒体 M の直接イオン化とともに生成した溶媒和電子は溶質に付加して，溶質のラジカルアニオン S^{-} が生じる〔(16) 式〕．

$$M \longrightarrow M^{+} + e^{-} \qquad (14)$$

$$M^{+} + S \longrightarrow M + S^{+} \qquad (15)$$

$$S + e^{-} \longrightarrow S^{-} \qquad (16)$$

b. ラジカルイオンの検出・安定性と構造

ラジカルイオンの不対電子の検出ならびに構造解析には，ラジカルの場合と同様にESRやCIDNPなどの手法が用いられる．ラジカルイオンは，もとの中性分子のHOMOから1電子除くあるいはLUMOへ1電子を加えることにより生成するので，時間分解吸収スペクトルにより検出したり，その分解過程を追跡したりできることもある．構造に関する情報はあまり得られないが，質量分析によりラジカルカチオンやラジカルアニオンが検出される場合もある．さらにこれらのスペクトル的手法に加え，パルス波（レーザー光やパルス電流など）やマトリックス単離法を併用する場合が多い（§4・8・2）．前者は，前駆体にパルス波を照射し目的のラジカルイオンを瞬時に発生させ，それらが消失するまでの短時間にスペクトルを測定する方法である．後者の方法では，極低温中（数K～数十K）で貴ガス原子などを用いてラジカルイオンを取囲み，他分子との化学反応を抑制し，その寿命を飛躍的に延ばすことができる．

多くの場合，ラジカルイオンの寿命は室温溶液中で数ナノ秒から数ミリ秒程度である．しかし，1電子酸化されやすい（1電子酸化電位が低い）電子供与体から生じるラジカルカチオンは安定であり，また同様に1電子還元されやすい（1電子還元電位が高い）電子受容体から得られるラジカルアニオンも安定である．たとえば，テトラチアフルバレン（TTF）をペルメチルカルボラニルラジカルで1電子酸化したTTFラジカルカチオン塩は非常に安定であり，その結晶構造も決められている（図5・9）[11]．中央の二重結合の長さは138 pmであり，TTFの場合（135 pm）と比べて長いことから，π結合次数が減少していることがわかる．

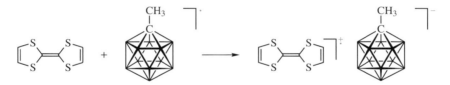

図 5・9 ペルメチルカルボラニルラジカルへの電子移動によるTTFラジカルカチオン塩の生成

このようにもとの中性分子が共役π電子系であり，そのπ電子の授受により生成したラジカルイオンは大きな構造変化は起こさず，かなり安定性も高いことが多い．縮合多環共役電子系の多段階酸化還元の例を§2・2・5に示す．

アミンの非共有電子対から電子を除いたアミニウムラジカル（**74**）もそれほど大きな構造変化は示さないが，相互作用できる位置にもう一つ非共有電子対を有する原子があれば，求引的相互作用による構造変化を起こす場合もある〔(17)式〕．

$$\text{NN間距離 281 pm} \xrightarrow{\text{1電子酸化}} 230 \text{ pm} \tag{17}$$

σ結合だけからなるCH$_4$は電子の授受を非常に起こしにくい．たとえばCH$_4^+$は星間物質の一つとして示唆されているが，非常に不安定で検出がむずかしく，NeマトリックスでのESR測定により図示した構造であることがわかった．

CH$_4^{+}$の構造　120 pm　58°　109 pm　125°

c. ポーラロンとバイポーラロン

共役長の長い一次元π共役系や大きなπ共役面をもつ芳香族分子どうしがπ面を接して生じる集積体を1電子酸化や1電子還元すると，一つの結合や一つの分子だけが構造変化するのではなく，集積体全体の構造と電子状態が変化する．すなわち，このような活性種は，一つの二重結合や一つの分子に局在化した状態ではなく，多数のπ軌道がかかわった状態として記述されるべき活性種であり，有機半導体の電気伝導に関する文脈ではポーラロン(polaron)とよばれる．ラジカルイオンをさらに1電子酸化や還元するとジカチオンやジアニオンも生じ，これはバイポーラロン(bipolaron)とよばれる．もともと無機固体に関する凝縮系物理学の用語であるが，ポリアセチレンがヨウ素分子による部分酸化(ドーピングとよぶ)によって電気伝導体になるという発見を契機として，有機化学でも広く用いられるようになった．

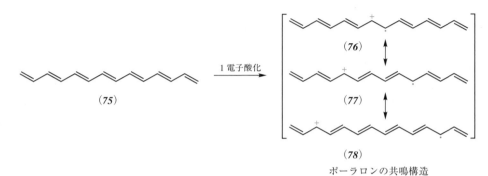

ポーラロンの共鳴構造

まずポリアセチレン(75)1分子を1電子酸化して生じるラジカルカチオン(76)を考えてみよう．このカチオン(76)には(77)や(78)などの共鳴構造が無限に描けそうに思われるが，実際にはカチオンとラジカルは強く相互作用するために，非局在化は有限個の二重結合の範囲で起こる．そこで，このラジカルカチオンを一つの粒子とみなして正のポーラロンとよぶ．ラジカルアニオンは負のポーラロンである．このポーラロンが分子内の隣り合う共役系の間で電子をやりとりすることで一次元電気伝導が起こる．電子のやりとりは，隣り合う分子との間でも起こる．平面型π電子分子の集積体を1電子酸化や還元してもポーラロンが生じ，電子が分子間を飛び移って二次元や三次元の電気伝導が起こる．適切なHOMO/LUMOレベルをもった何種類もの有機半導体を層状に配列すると分子性金属として挙動する(1章コラム参照)．

似たような考え方で励起子(エキシトン)の生成を理解することができる．共役ポリマーやπ電子系の集積した固体を光励起すると，一つの二重結合や一つの共役分子が独立して励起されるわけではなく，その分子内および隣り合う分子の中に存在するたくさんの共役系がかかわった，電子と正孔に分離した状態が生じる．これを一つの粒子とみなして励起子とよぶ．薄膜状にした有機半導体に太陽光を照射して生じる励起子を，素子の両端に適切な電極を置くことで電子と正孔として取出すと，有機薄膜太陽電池として挙動する(2章コラム参照)．

5・4 カルベン

カルベン(carbene)とは電気的に中性な2配位の炭素活性種 $R_2C:$ の総称である．また，対応するケイ素，ゲルマニウムの活性種はそれぞれシリレン，ゲルミレンとよばれる．置換基Rの構造によって環状あるいは鎖状アルキル基をもつアルキルカルベン，またビニルやエチニル基をもつ不飽和カルベン，芳香族置換基をもつアリールカルベンなどの炭化水素系のものから，ハロゲン原子，アルコキ

$$5 \cdot 4 \quad \text{カ ル ベ ン}$$

シ基，アミノ基が置換したヘテロ置換カルベン，カルボニルやシアノ，ニトロなどの官能基が置換したもの，さらにはシリル，ゲルミル，プルンビル基をもつ重原子置換カルベンに至るまで，非常に多くの種類が知られている.

先に取上げた他の炭素中間体（カルボカチオン，カルボアニオン，ラジカル）が3配位であるのに対し，カルベンは2配位で価電子は6個であり，結合に関与しない電子を2個もつ．結合に関与しない軌道が二つあるため，2個の電子のスピンはPauliの排他原理による制限は受けず，一重項と三重項の二つの電子構造をとることが可能である．この多様な電子状態がカルベンの特徴であり，他の中間体との大きな違いでもある．一重項カルベンは空のp軌道と電子対の詰まったσ軌道をもつので，カルボカチオンのような求電子性と，カルボアニオンのような求核性を示す．また，三重項カルベンはp軌道，σ軌道にそれぞれ1個ずつ電子をもつので，ラジカルと類似の反応性を示す．このようなカルベンの電子状態と反応性は構造によってさまざまに変化する．いいかえると，カルベンは二つの電子状態を示しつつ，他の炭素中間体のもつ反応性もあわせもつ反応種として特徴づけられる．カルベンの示すこのような複雑性は，分光学や理論化学を用いた研究によって明らかにされてきた.

5・4・1 カルベンの生成

α脱離が可能な炭素化合物はカルベンの前駆体になりうる．ジアゾアルカン〔(1)式〕やジアジリン〔(2)式〕は代表的なものであり，加熱，光照射，金属触媒の添加によって効率よく窒素を放出しカルベンを生成するので，合成反応だけではなく，構造や反応論の研究にも広く用いられている．このほか，シクロプロパン，オキシラン，イリドなどの光分解によるカルベンの生成も可能であるが，効率は低い．ハロゲン化物と金属反応剤との反応によるカルベノイド*生成〔(3)式〕もα脱離の例であり，合成化学的に有用である.

$$\text{C}_6\text{H}_5\text{CH=N}_2 \xrightarrow[\text{$-$N}_2]{\text{光照射,加熱または触媒}} \text{C}_6\text{H}_5\ddot{\text{C}}\text{H} \qquad (1)$$

$$\text{C}_6\text{H}_5\text{C(N=N)Cl} \xrightarrow[\text{$-$N}_2]{\text{光照射または加熱}} \text{C}_6\text{H}_5\ddot{\text{C}}\text{Cl} \qquad (2)$$

$$\text{BrCCl}_3 + n\text{-C}_4\text{H}_9\text{Li} \xrightarrow{-n\text{-C}_4\text{H}_9\text{Br}} \text{LiCCl}_3 \xrightarrow{-\text{LiCl}} \text{Cl}_2\text{C:} \qquad (3)$$

5・4・2 カルベンの構造と基底多重度

カルベンは一重項と三重項の二つの電子状態をとり，それらの相対的な安定性は構造によって変化する（§1・2・3g）．一重項がより安定なものを**基底一重項カルベン**（ground-state singlet carbene），逆に三重項がより安定なものを**基底三重項カルベン**（ground-state triplet carbene）とよぶ．以下，構造の特徴が，どのようにこの二つの電子状態の安定性に影響を及ぼすかについて述べる.

a. カルベンの構造と基底状態多重度の関連

カルベンを直線分子（sp混成）と仮定すると，2個の軌道（p軌道）は同じエネルギー準位をもつこと

---

　*　前駆体から脱離基が完全に離れた2配位の炭素化合物がカルベンであるが，生成法によっては脱離基が完全に離れず，炭素に弱く配位している場合もある．これも，カルベンと同様の反応挙動を示すので，カルベノイド（カルベン様反応種）とよぶ（§8・1・3fも参照）.

となり縮重する(図5・10). 縮重した軌道に電子を1個ずつ入れる場合, 一重項では対をなすスピンをもつ電子の間のCoulomb反発があるが, 三重項ではこの反発は緩和される(Hund則). したがって, 三重項が一重項よりエネルギー的に安定となる(基底三重項).

実際には多くのカルベンは直線分子ではなく, 曲がっている. その結果, 二つの軌道のエネルギー準位は分裂し, 一方はp軌道のままであるが, もう一方は分子の面内に広がりをもつσ(sp²)軌道となる. σ軌道とp軌道に2個の電子を入れる場合, σ²(σ軌道に2個), p¹σ¹(p軌道とσ軌道に1個ずつ), p²(p軌道に2個)の3通りの可能性がある. p¹σ¹に入る電子のスピンは逆向きでも(一重項), 同じ向き(三重項)でもよいが, p²とσ²に入る電子のスピンは対でなければならない(Pauliの排他原理). したがって, 三重項はp¹σ¹構造だが, 一重項はσ², p¹σ¹, p²のいずれの電子構造でもよい(図5・10). 多くのカルベンでは一重項状態はσ²構造が最も安定である.

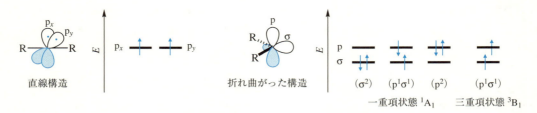

図5・10　直線構造(sp混成)と折れ曲がった構造(sp²混成)のカルベン

σ²構造の一重項では, 2個の電子を1個の同じ軌道に閉じ込めることにより生じるCoulomb反発がある. 一方, 三重項では2個の電子は別べつの軌道に存在するので, このような反発はない. しかし, σ²構造の一重項を基準に考えると, 電子1個をσ軌道からp軌道に昇位させるエネルギーが必要となる. したがって, 定性的にいうと一重項-三重項エネルギー差ΔG_{ST}(この値が正の場合は三重項が基底状態で, 負の場合は一重項が基底状態)は, Coulomb反発エネルギー(一重項)と, σ軌道からp軌道に電子を1個昇位させるために必要なエネルギー(三重項)との差で示される. いいかえれば, σとp二つの軌道エネルギー準位の差が大きくなるにつれて昇位エネルギーは増加するので, 三重項は不安定化し一重項が安定状態となる.

母体となるカルベンであるメチレン:CH₂では, 三重項³B₁のほうが一重項¹A₁より約38 kJ mol⁻¹安定である($\Delta G_{ST} = 38$ kJ mol⁻¹). また, 両者の構造は異なり, カルベン中心の角度θは³B₁, ¹A₁でそれぞれ134°, 102°であり, 三重項のほうが直線に近い構造をもつ(図5・11). これは, θが大きいときはσとp軌道のエネルギー差が減少するためと考えられる. すなわち, $\theta = 102°$では結合およびσ軌道はsp³混成に近いが, θが大きくなると結合のs性が増加するとともに, σ軌道のp性が上昇してσ軌道のエネルギーが上昇するためである. このように一重項と三重項のエネルギー差ΔG_{ST}は構造による影響も大きく受ける. 以下, メチレンに置換基を導入した場合の置換基のΔG_{ST}に対する電子効果および立体効果について説明する.

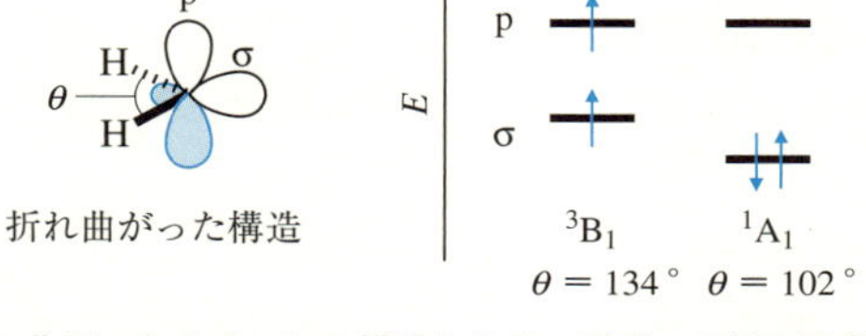

図5・11　折れ曲がったメチレンの構造とその一重項, 三重項の軌道エネルギー

電子効果 二つの典型的な芳香族カルベン(**79, 80**)を例に, ΔG_{ST} に対する電子効果を分子軌道法に基づき考察してみよう(図 5・12). それぞれの図の左側には相互作用前の三重項カルベンの軌道, 右側には芳香族系の軌道, 中央には両者の相互作用により生じる軌道を示す. ボラアントリリデン(**79**)では, ホウ素の空の原子軌道のため芳香族の LUMO のエネルギーが十分低く, カルベンの p 軌道と相互作用する. その結果, カルベンの p 軌道エネルギーは低下する. カルベンの σ 軌道は芳香族系とは相互作用しないので, そのエネルギーは不変である. したがって, (**79**)では相互作用前より p-σ 間のエネルギー差は小さくなる. これは前述のように, ΔG_{ST} が増加することを意味している. 一方, キサンチリデン(**80**)では酸素の電子供与性のため, 芳香族の HOMO の軌道エネルギーが高く, これがカルベンの p 軌道と相互作用する. その結果, (**80**)での p-σ 間エネルギー差は相互作用前より大きくなり, ΔG_{ST} は減少すると予想される. 実験的に求められた ΔG_{ST} は, (**79**)と(**80**)でそれぞれ 20 kJ mol^{-1} と -20 kJ mol^{-1} である.

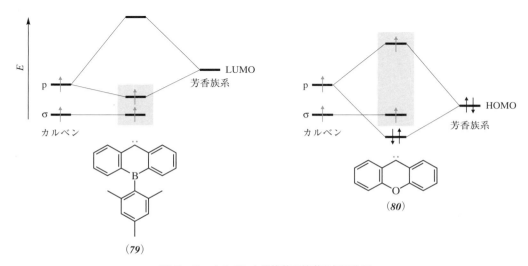

図 5・12 カルベンと置換基の軌道の相互作用

これらのことは一般的に, 電子求引基は一重項を不安定化し ΔG_{ST} を増加させるが, 電子供与基は一重項を安定化し ΔG_{ST} を減少させると理解することができる.

非共有電子対をもつヘテロ原子を置換基としてもつカルベンでは, HOMO との相互作用は(**80**)よりも効果的であり, 一重項はさらに安定化する. 実際, ハロカルベン, アルコキシカルベン, アミノカルベンなどはすべて基底一重項である. 一方, カルボニルカルベン, アリールカルベンなどは基底三重項である.

超共役効果 一重項カルベンは, カルボカチオンと類似の電子構造をもつので, 超共役効果(§1・4・3参照)による安定化を受ける. 三重項カルベンもラジカルと同様に超共役安定化を受けるが, その効果は小さい.

メチレン($\Delta G_{ST} = 38$ kJ mol^{-1})の水素の 1 個をメチル基で置き換えたメチルカルベン(**81**)は三重項より一重項のほうが超共役による安定化を強く受けて, ΔG_{ST} は 8.4 kJ mol^{-1} と減少し, ジメチルカルベン(**82**)では -8.4 kJ mol^{-1} と基底一重項となる. t-ブチル基は母体メチレンに比べて一重項を 75

kJ mol^{-1} も安定化し，(**83**) の ΔG_{ST} は約-4 kJ mol^{-1} となる．超共役の存在を示唆する構造的証拠は ：C1$-$C2$-$C3 角であり，t-ブチルカルベン (**83**) では 82$°$ と計算されている．

立体効果　カルベンに嵩高い置換基を導入すると，立体障害のため θ は大きくなる．そのため，σ のエネルギーが上昇して，p-σ 間のエネルギーは小さくなる（ΔG_{ST} が増加する）．たとえば，ジ(t-ブチル)カルベン (**84**) では，一方の t-ブチル基が超共役効果によって一重項状態を安定化するにもかかわらず，2 番目の t-ブチル基の立体障害によって θ が大きくなって三重項を安定化するため，ΔG_{ST} は 12.5 kJ mol^{-1} となる．また，より嵩高い置換基をもつジ(9-トリプチシル)カルベン (**85**) の ΔG_{ST} は 58 kJ mol^{-1} と見積もられており，この場合，三重項での θ は 153.3$°$ である．

環状不飽和カルベン (**86**) の ΔG_{ST} に対する員数の効果が，理論計算によって系統的に求められている．7 員環($n=3$) から 4 員環($n=0$) へと環が小さくなるにつれて，ΔG_{ST} は 17 kJ mol^{-1} から-105 kJ mol^{-1} へと順次減少する．6 員環($n=2$) では ΔG_{ST} はほぼ 0 である．

	ΔG_{ST}
$n=0$	-105 kJ mol^{-1}
$n=1$	-25 kJ mol^{-1}
$n=2$	約 0 kJ mol^{-1}
$n=3$	17 kJ mol^{-1}

(**84**)　　　　(**85**)　　　　(**86**)(CH$_2$)$_n$

このように角度 θ を小さくすると σ 軌道の s 性が増加し，p-σ 間のエネルギー差は大きくなり，ΔG_{ST} は減少する．シクロプロピリデン (**87**, $\Delta G_{ST}=-57.7$ kJ mol^{-1})，シクロブチリデン (**88**, $\Delta G_{ST}=-25$ kJ mol^{-1}) などは基底一重項カルベンである．また，結合角の固定されたフルオレニリデン (**89**) の ΔG_{ST}(約 8 kJ mol^{-1}) は，固定されていないジフェニルカルベン (**90**) の ΔG_{ST}(約 16 kJ mol^{-1}) に比べて小さい．

(**87**)　　　　(**88**)　　　　(**89**)　　　　(**90**)

b. 三重項カルベンの構造

三重項カルベンの構造は ESR の**ゼロ磁場分裂パラメーター**(zero-field splitting parameter) D および E から推測することができる．ここで，D は 2 個の不対電子の間の平均的分離の程合を示すもので，この値が小さいほど不対電子が非局在化していることを示す．一方，E はカルベン中心角度 θ に関連するもので，この値を D で除した E/D が小さいほど，直線($\theta=180°$) に近い構造である．代表的な三重項カルベンの D, E を表 5・9 に示す．母体メチレンに比べ，芳香族カルベンでは p 軌道が芳香環と共役していること，そして芳香核の数が増加するにつれ，非局在化の程度が大きく，直線に近い構造をとる．

表 5・9　代表的な三重項カルベンのゼロ磁場分裂パラメーター

	H$-\ddot{\text{C}}-$H	C$_6$H$_5-\ddot{\text{C}}-$H	C$_6$H$_5-\ddot{\text{C}}-$C$_6$H$_5$	Anth$-\ddot{\text{C}}-$Anth†
D/hc, cm^{-1}	0.69	0.51	0.41	0.30
E/hc, cm^{-1}	0.0035	0.025	0.017	約 0
中心角度 θ,$°$	134	135	約 148	約 180

†　Anth$=$9-アントリル．

c. 安定なカルベン

カルベンは高反応性，短寿命の中間体である．しかし，後述のように構造的な修飾によって一重項-三重項の相対的な安定性を大きく変化させることができるので，このことを利用して，いくつもの安定なカルベンが単離されている．

安定な一重項カルベン　一重項状態はカルボカチオンと同じく空のp軌道をもっているので，電子供与基によって熱力学的に安定化される．また，カルベン中心を小員環に組込むなどして結合角を狭めることによっても安定化を受ける．この両方の効果を利用して初めて結晶として単離された一重項カルベンが，イミダゾール-2-イリデン〔(**91**)，R = 1-アダマンチル〕であり[1]，イリド構造との共鳴安定化効果が大きい．当初は，イリド構造における6π芳香族安定化の効果やアダマンチル基による立体保護効果の寄与が大きいと考えられていたが，二重結合をもたないカルベン(**92**)やアダマンチル基の代わりにメチル基をもつ一重項カルベンも単離されたことから，芳香族安定化や立体保護効果は決定的な安定化要因でないことがわかった．その後，非環状ビス(アミノ)カルベン(**93**)も安定な結晶として単離され，さらにはアミノ基が1個で，もう一方が立体的に混み合った置換基をもつカルベン(**94**)も単離された．

一方，ホスフィノ基も一重項カルベンを安定化し，多くの安定体が単離されている．当初は電子供与基(ホスフィノ基)と求引基をあわせもつことが安定化に寄与すると考えられ，この種の安定カルベン〔たとえば(**95**)〕が種々報告された．その後，アミノカルベンの場合と同様，ホスフィノ基は1個で，もう一方の置換基が立体的に混み合っているカルベン(**96**)も単離され，さらには，一方の置換基がメチル基のカルベン(**97**)でも，−50 ℃までは安定であることが明らかにされた．

ホスフィノ基とアミノ基のいずれの安定化効果が大きいかを検討するために，ホスフィノ(アミノ)カルベン(**98**)が合成され，X線構造解析が行われた．その結果，P−C(カルベン)結合距離は単結合に近いのに対し，N−C(カルベン)結合距離は短く，さらにカルベン結合角はビス(アミノ)カルベンのそれに近いことなどから，(**98c**)の寄与が重要で，アミノ基による安定化効果のほうが大きいことが示された．

これらのヘテロ置換カルベンでは，すべてヘテロ原子の非共有電子対からカルベンの空のp軌道へ電子供与され，イリド構造との共鳴がその安定化に重要な役割を果たしており，イリド性カルベン

ともいわれる.

これらのうち，安定な一重項カルベンであるイミダゾール-2-イリデン (**91**) とその誘導体は，*N*-複素環状カルベン (*N*-heterocyclic carbene：NHC) と総称され[2]，強い電子供与性，σ供与性を特徴とする．塩基性有機触媒 (II巻§4・6・3)，典型元素不飽和活性種 (8章コラム) や遷移金属触媒の補助配位子 (§9・6・4，§10・6・2) として広く利用されている.

安定な三重項カルベン　三重項カルベンの安定化は一重項ほど容易ではない．それは，その電子構造から予想されるように，電子的安定化を受けにくいからである．このような場合，立体保護 (速度論的安定化) が有効である．また，嵩高い置換基の導入により，カルベン中心角が広がると，三重項は一重項に比べて熱力学的にも安定化する．たとえば，オルト位にBrとCF$_3$基をあわせもつ三重項ジフェニルカルベン (**99**) は，室温溶液中で約1日間存在する．一方，熱力学的にも安定化を受けたジアントリルカルベン (**100**) は1週間存在できる．これらは三重項カルベンとしてはきわめて安定なものである.

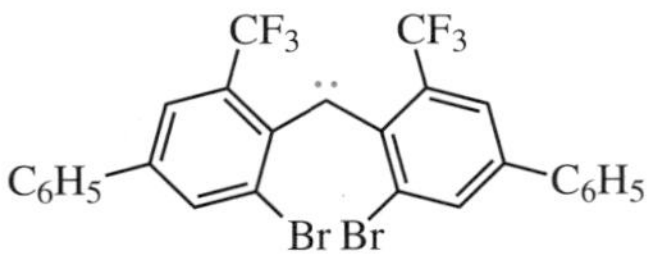

(**99**) 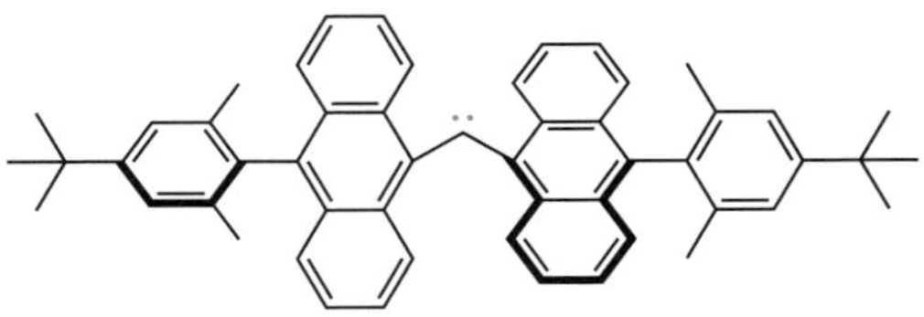　　　　　　　(**100**)

三重項カルベンは有機分子としては例外的に高いスピンをもつため，有機強磁性体の構成単位として注目されている[3]．すなわち，磁性の起源は電子のスピンであり，通常の磁石は遷移金属の3d電子，ランタノイドの4f電子が巨視的尺度で配列したものである．ここで，上述三重項カルベンのスピンを複数個，平行に揃えたポリカルベンを合成することができれば，有機分子からなる強磁性体が実現されると期待される．実際，9個のカルベン中心を，そのすべてのスピンを平行に揃えたポリカルベン (**101**) が合成され，これは基底19重項をもつことが示されている.

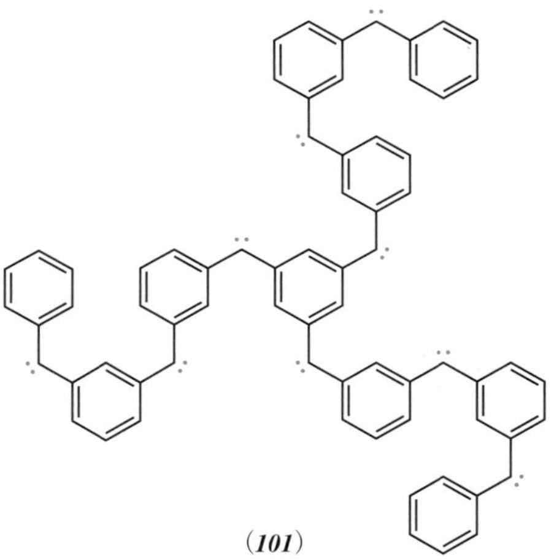

(**101**)

d. 他のカルベン類縁体との比較[4]

カルベンの高周期元素類縁体であるシリレン (**102**) では，基底状態はほとんどが一重項である．これは，3s, 3p軌道からなるシリレンのσ-p間のエネルギー差は2s, 2pからなるカルベンでのそれと比

5・4 カルベン　　205

べて大きいためである（§8・3・3）. 計算によると，母体シリレンである :SiH$_2$ の ΔG_{ST} は -88 kJ mol^{-1} であり，基底三重項のメチレン（$\Delta G_{ST} = 38$ kJ mol^{-1}）とは対照的である.

（**102**）　　　　　（**103**）　　　　　（**104**）

　一方，窒素類縁体のナイトレンでは，2 個の軌道は縮重しているので三重項が基底状態となる. 母体ナイトレンである :NH の ΔG_{ST} は 151 kJ mol^{-1} である. また :NH では縮重した 2 個の p 軌道（p$_x$ と p$_z$）に 2 個の不対電子が入るので，一重項は閉殻電子状態（p$_x{}^2$ または p$_z{}^2$）と開殻電子状態（p$_x$ p$_z$）は同じエネルギー状態となる. ナイトレン窒素上にビニル基やフェニル基などの共役系置換基が導入されると縮重がとけ，その結果一重項状態が安定化される. たとえば，ビニルナイトレン（**103**）やフェニルナイトレン（**104**）の ΔG_{ST} は，それぞれ 63, 77 kJ mol^{-1} と計算されている. そして，この場合は開殻電子状態と閉殻電子状態のエネルギーは異なり，一重項は一般に開殻電子状態をとる. その結果，ビニルナイトレンは 1,3-ビラジカル構造を，フェニルナイトレンでは一つの不対電子がベンゼン環上に非局在化したビラジカル構造をもつ. これはカルベンが一重項では閉殻電子構造をもつのと対照的であり，反応性のうえでも大きな違いとなって現れる.

　このように類似の電子構造をもつとはいいながら，中心原子の性質によってその構造と反応性には大きな差が現れる. また，シリレンもナイトレンも適当な分子修飾を施すことによって，基底状態多重度を変化させることができる. たとえば，ビス（トリ-t-ブチルシリル）シリレン（**105**）は基底三重項である. これは電気的に陽性なシリル基の導入と嵩高い置換基により，シリレンの中心結合角度が広げられ，ΔG_{ST} が大きく（約 30 kJ mol^{-1}）なったためである[5].

（**105**）

　ナイトレンに N や P などのヘテロ原子を結合させると，一重項ナイトレンの空の p 軌道とヘテロ原子の非共有電子対との相互作用が可能となり，安定化され，一重項が基底状態となる. ナイトレン（**106**）や（**107**）は基底一重項となるばかりでなく，それ自体が安定になり，低温溶液中では分光学的に観測される. ナイトレン（**108**）は室温でも安定な結晶として単離される.

（**106**）　　　　　　　　（**107**）

（**108**）

参 考 書

反応中間体全般に関する参考書
- "Reactive Intermediate Chemistry", ed. by R. A. Moss, M. S. Platy, M. Jones, Jr., John Wiley & Sons, New York (2004).
- C. J. Moody, G. H. Whiteham, "Reactive Intermediates", Oxford Science Publications (1992).

カルボカチオンに関する一般的参考書
- D. Bethell, V. Gold, "Carbonium Ions", Academic Press, London (1967).
- "Carbonium Ions", ed. by G. A. Olah, P. v. R. Schleyer, Vol. 1～5, John Wiley & Sons, New York (1968～1976).
- G. A. Olah, "Carbocations and Electrophilic Reactions", Verlag Chemie, Weinheim (1974).
- "有機反応論の新展開 (現代化学増刊 26)", 奥山 格, 友田修司, 山高 博編, 東京化学同人 (1995).
- "Stable Carbocation Chemistry", ed. by G. K. S. Prakash, P. v. R. Schleyer, John Wiley & Sons, New York (1997).
- "Carbocation Chemistry", ed. by G. A. Olah, G. K. S. Prakash, John Wiley & Sons, New York (2004).

超強酸中におけるカルボカチオンの研究の集大成
- G. A. Olah, G. K. S. Prakash, J. Sommer, A. Molnar, "Superacid Chemistry", 2nd Ed., John Wiley & Sons, New York (2009).

カルボアニオンに関する一般的参考書
- E. Buncel, J. M. Dust, "Carbanion Chemistry: Structures and Mechanisms", American Chemical Society, Oxford University Press, Washington, D. C. (2003).
- R. B. Bates, C. A. Ogle, "Carbanion Chemistry", Reactivity and Structure: Concepts in Organic Chemistry Book17, Springer-Verlag (2012).
- E. Buncel, T. Durst, "Comprehensive Carbanion Chemistry", Elsevier, Amsterdam (1980).
- E. Buncel, "Carbanions: Mechanistic and Isotopic Aspects", Elsevier, Amsterdam (1975).
- D. J. Cram, "Fundamentals of Carbanion Chemistry", Academic Press, New York (1965).

ラジカルに関する一般的参考書
- W. A. Prior, "Introduction to Free Radical Chemistry", Prentice Hall, New Jersey (1966).
- J. E. Leffler, "Introduction to Free Radicals", Wiley Interscience, New York (1993).
- 柳日馨, "有機ラジカル反応の基礎 その理解と考え方", 丸善出版 (2015).
- A. R. Forrester, J. M. Hay, R. H. Thomson, "Organic Chemistry of Stable Free Radicals", Academic Press, New York (1968).
- "Free Radicals", ed. by J. Kochi, Vols. I, II, Wiley Interscience, New York (1970, 1973).
- "Stable Radicals: Fundamentals and Applied Aspects of Odd-Electron Compounds", ed. by R. G. Hicks, John Wiley & Sons, Chichester (2010).
- S. Z. Zard, "Radical Reactions in Organic Synthesis", Oxford University Press, Oxford (2003).
- "Radicals in Organic Synthesis", ed. by P. Renaud, M. P. Sibi, Vols. I, II, Wiley-VCH, Weinheim (2001).
- 東郷秀雄, "有機合成のためのフリーラジカル反応", 丸善出版 (2014).
- C. Walling, "Free Radicals in Solution", John Wiley & Sons, New York (1963).
- F. Parsons, "An Introduction to Free Radical Chemistry", Blackwell Science, Oxford (2000).

カルベンに関する一般的参考書
- 富岡秀雄, "最新のカルベン化学", 名古屋大学出版会 (2009).
- W. Kirmse, "Carbene Chemistry", Academic Press, New York (1971).

安定な一重項カルベン
- F. E. Hahn, M. C. Jahnke, *Angew. Chem., Int. Ed.*, **47**, 3122 (2008).
- A. J. Arduengo III, J. S. Dolphin, G. Gurău, W. J. Marshall, J. C. Nelson, V. A. Petrov, J. W. Runyon, *Angew. Chem., Int. Ed.* **52**, 5110 (2013).
- D. Bourissou, O. Guerret, F. P. Gabbai, G. Bertrand, *Chem. Rev.*, **100**, 39 (2000).
- "Carbene Chemistrty: From Fleeting Intermediates to Powerful Reagents", ed. by G. Bertrand, p.177, Marcel Dekker, New York (2002).
- "*N*-Heterocyclic Carbenes in Synthesis", ed. by S. P. Nolan, Wiley-VCH (2006).
- "*N*-Heterocyclic Carbenes: Effective Tools for Organometallic Synthesis", ed. by S. P. Nolan, Wiley-VCH, Weinheim (2014).

安定な三重項カルベン
- K. Hirai, T. Itoh, H. Tomioka, *Chem. Rev.*, **109**, 3275 (2009).

ESR に関する一般的参考書
- 河野雅弘, 吉川敏一, 小澤俊彦, "生命科学者のための電子スピン共鳴入門", 講談社 (2011).
- F. Gerson, W. Huber, "Electron Spin Resonance Spectroscopy of Organic Radicals", Wiley-VCH, Weinheim (2003).

5. 反応中間体　　　　207

文　献

(§5・1)

1) G. A. Olah, J. S. Staral, L. Paquette, *J. Am. Chem. Soc.*, **98**, 1267(1976)；H. Spiesecke, W. G. Schneider, *Tetrahedron Lett.*, **1961**, 468.

2) S. Hollenstein, T. Laube, *J. Am. Chem. Soc.*, **115**, 7240(1993).

3) T. Kato, C. Reed, *Angew. Chem., Int. Ed.*, **43**, 2907(2004).

4) T. Laube, *Angew. Chem., Int. Ed. Engl.*, **25**, 349(1986).

5) O. Asvany, P. Kumar, P. B. Redlich, I. Hegemann, S. Schlemmer, D. Marx, *Science*, **309**, 1219(2005).

6) G. A. Olah, N. J. Head, G. Rasul, G. K. S. Prakash, *J. Am. Chem. Soc.*, **117**, 875(1995)；H. C. Brown, "The Nonclassical Ion Problem", p. 49, Plenum Press, New York(1977).

7) C. S. Yannoni, V. Macho, P. C. Myhre, *J. Am. Chem. Soc.* **104**, 7380(1982).

8) F. Scholz, D. Himmel, F. W. Heinemann, P. v. R. Schleyer, K. Meyer, I. Krossing, *Science*, **341**, 62(2013).

9) T. S. Sorensen, *Can. J. Chem.*, **42**, 2768 (1964).

10) H.-U. Siehl, F.-P. Kaufmann, *J. Am. Chem. Soc.*, **114**, 4937(1992).

11) T. Müller, M. Juhasz, C. A. Reed, *Angew. Chem., Int. Ed.*, **43**, 1543 (2004).

(§5・2)

1) F. G. Bordwell, *Pure Appl. Chem.*, **49**, 963(1977)；F. G. Bordwell, J. E. Bartmess, G. E. Drucker, Z. Margolin, W. S. Matthews, *J. Am. Chem. Soc.*, **97**, 3226(1975).

2) A. Streitwieser, Jr., J. H. Hammons, *Prog. Phys. Org. Chem.*, **3**, 41(1965).

3) D. H. O'Brien, A. J. Hart, C. R. Russell, *J. Am. Chem. Soc.*, **97**, 4410(1975).

4) K. Okamoto, T. Kitagawa, K. Takeuchi, K. Komatsu, A. Miyabo, *J. Chem. Soc., Chem. Commun.*, **1988**, 923.

(§5・3)

1) M. Gomberg, *J. Am. Chem. Soc.*, **22**, 752(1900).

2) H. Lankamp, W. Th. Nauta, C. MacLean, *Tetrahedron Lett.*, **9**, 249(1968).

3) P. S. Engel, *Chem. Rev.*, **80**, 99(1980)；H. Suginome, 'E–Z Isomerization of Imines, Oximes, and Azo-Compounds' in "CRC Handbook of Organic Photochemistry and Photobiology", ed. by P.-S. Song, W. M. Horspool, p. 824, CRC Press, Boca Raton, Florida(1995).

4) H. Suginome, 'Remote Functionalization by Nitrites; the Barton Reaction' in "CRC Handbook of Organic Photochemistry and Photobiology", ed. by W. M. Horspool, P.-S. Song, p.1007, CRC Press, Boca Raton, Florida(1995).

5) H. Suginome, 'Photochemistry of Hypohalites' in "Handbook of Organic Photochemistry and Photobiology", ed. by W. M. Horspool, P.-S. Song, p.1229, CRC Press, Boca Raton, Florida(1995).

6) H. J. Schäfer, *Angew. Chem., Int. Ed. Engl.*, **20**, 911(1981).

7) M. Goez, 'Chemical Transformations Within the Paramagnetic World Investigated by Photo-CIDNP' in "Carbon-Centered Free Radicals and Radical Cations", ed. by M. D. E. Forbes, Chapter 9, p.185, John Wiley & Sons, New York(2010).

8) A. G. Neville, C. E. Brown, D. M. Rayner, J. Lusztyk, K. U. Ingold, *J. Am. Chem. Soc.*, **113**, 1869(1991).

9) J. Hioe, H. Zipse, in "Encyclopedia of Radicals in Chemistry, Biology and Materials", ed. by C. Chatgilialoglu, A. Studer, p.449~p.476, John Wiley & Sons, New York(2012)；J. Hioe, M. Mosch, D. M. Smith, H. Zipse, *RSC Advances*, **3**, 12403(2013).

10) Q. Xie, F. Arias, L. Echegoyen, *J. Am. Chem. Soc.*, **115**, 9818(1993).

11) S. V. Rosokha, J. K. Kochi, *J. Am. Chem. Soc.*, **129**, 828(2007).

(§5・4)

1) A. J. Arduengo III, R. L. Harlow, M. Kline. *J. Am. Chem. Soc.*, **113**, 361(1991).

2) W. A. Herrmann, C. Kocher, *Angew. Chem., Int. Ed.*, **36**, 2162(2003).

3) 岩村　秀, "有機合成化学協会誌", **52**, 295(1994).

4) M. Driess, H. Grutzmacher, *Angew. Chem., Int. Ed. Engl.* **35**, 828(1996).

5) M. C. Holthausen, W. Koch, Y. Apeloig. *J. Am. Chem. Soc.*, **121**, 2623(1999)；A. Sekiguchi *et al.*, *J. Am. Chem. Soc.*, **125**, 4962(2003).

6

有機化学反応 **Ⅱ**

　本章では，さまざまな有機反応を反応機構（極性反応，ラジカル反応，カルベン反応，光反応，ペリ環状反応）ごとに取上げ，その特徴を概説する．

6・1　極性反応

　実験室で行われる有機反応の多くは極性反応（イオン反応）である．反応は 2 電子（電子対）ずつの動きによって進み，多段階反応であることが多い．極性反応においては，静電相互作用ならびに軌道相互作用（LUMO-HOMO）が重要であり，4 章で説明したように，その反応性は経験的パラメーターによって整理できる．また，反応中間体としてのカルボカチオンとカルボアニオンについては 5 章で解説した．表 6・1 には，おもな求電子性基質と求核性基質を例示し，それらの反応をまとめた．

表 6・1　おもな求電子性基質と求核性基質およびその反応

	基　質	おもな反応
求電子性基質		
R−X	X = ハロゲン, OSO_2R', O^+H_2 など	置換, 脱離
>C=O	アルデヒド, ケトン	付　加
	エステルなど	置　換
>C=NR, RC≡N	イミン, ニトリル	付　加
C=C	求電子性アルケン	付　加
	求電子性芳香族化合物	置　換
R^+	カルボカチオン（中間体）	
求核性基質		
C=C	求核性アルケン	付　加
	求核性芳香族化合物	置　換
C≡C	アルキン	付　加
R−M	有機金属化合物	付　加
R^-	カルボアニオン（中間体）	

　σ 求電子性基質の典型例としてハロゲン化アルキルがある．求電子性の起源は分極した $C^{\delta+}-X^{\delta-}$ 結合であり，X の逆側から求核剤 Nu^- が炭素を攻撃すると S_N2 型の求核置換反応になる．一方，求核剤が塩基 B: としてはたらき，C−X 結合の隣接位のプロトンを攻撃すると E2 反応になる．どちらの反応が起こるかは反応基質や反応条件に依存する．また，ハロゲン化アルキルの種類によっては，まずイオン化によりカルボカチオンが生成し，ここから求核置換（S_N1 反応）あるいは脱離（E1 反応）

が起こる．§6・1・1では反応基質や反応条件の違いによってこれらの反応のうち，どれが優先的に起こるか，どう変化するかを説明する．

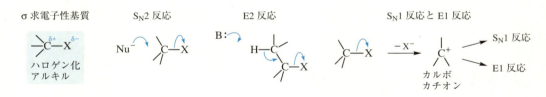

π求電子性基質の例としてカルボニル化合物がある．求核剤 Nu⁻ が C^{δ+} を攻撃して C−O の π 結合が開裂し，付加反応が起こる．ここで，脱離基 X をもつ反応基質（エステルや酸塩化物など）では，生成した四面体中間体から X⁻ が脱離して，付加−脱離機構で置換反応が起こる．これらのカルボニル化合物の反応については，II巻§2・1，§3・1で説明する．

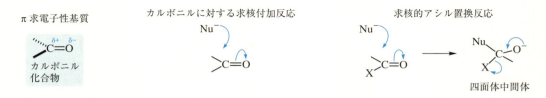

一方，求核性基質の反応中心は，非共有電子対または π 結合であることが多い．これは，それらのHOMOのエネルギー準位が通常の σ 結合より高いためである．

σ求核性基質としては，Grignard 反応剤のような有機金属化合物がある．電気的に陽性な金属 M と炭素との分極した σ 結合は，求電子剤 E⁺ と反応する．また，電気陰性度の差が十分に大きい場合，カルボアニオンとみなすこともできる．これについてはII巻§2・3を参照してほしい．

π求核性基質としてはアルケンがある．炭素−炭素 π 結合は HOMO が高く，また結合が分極しやすいため，求電子剤 E⁺ が接近してくると，後述のように橋かけ中間体を生成し，これに求核攻撃が起こり，付加反応が完結する．ここで，エノール誘導体のように電子供与基が置換した電子豊富なアルケンでは，HOMO が上昇して，求核性が高くなる．また，エノラートのように電荷をもった誘導体ではさらに反応性が高まる（II巻§2・1・6および§2・3・2も参照）．なお，カルボニルと共役した C=C 結合では，共役により β 炭素側に部分正電荷が生じ，Nu⁻ の攻撃を受ける．このような共役付加（1,4付加）についてはII巻§2・2・2で取上げる．

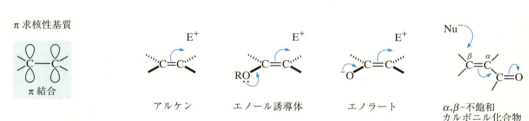

6・1 極 性 反 応

ベンゼンなど芳香族化合物に典型的な反応は，求電子置換である．すなわち，ベンゼンのπ電子へ求電子剤 E^+ が接近し，付加-脱プロトン機構で置換反応が進行する．しかし，脱離基 X をもち，ニトロ基などの置換した電子不足型の芳香族化合物は求電子性基質となり，付加-脱離機構による求核置換反応が起こる（§6・1・3参照）．また，反応活性種としてベンザインを経由する反応もある．

求電子置換反応　　　　　求核置換反応

ベンザイン

これら多くの極性反応については既習のこととして，本節では反応基質の構造や反応条件などによって反応機構がどう変化するかについて説明する．

6・1・1　求電子性基質としてのハロゲン化アルキルの反応: 求核置換と脱離

ハロゲン化アルキル R−X は，求電子性基質として置換反応や脱離反応を起こす．脱離基 X としては，ハロゲン化物以外にもさまざまなものがあるが，一般に脱離して生成する X^- が求核性をもつので，求核性脱離基(nucleofuge)ともいわれる．反応性はおもに X^- の脱離能に左右されるが，隣接負電荷による押出し効果など特別な要因があれば，通常は脱離しにくい OH, OR, CN なども脱離基となりうる．また，通常は脱離しにくいアルコール ROH のヒドロキシ基が，プロトン化されることにより優れた脱離基に変換されることもある．

−X: ハロゲン化物(−Cl, −Br, −I)
スルホン酸エステル(−OSO₂R)
カルボン酸エステル(−OCOR)
リン誘導体(−OPO(OR)₂, −OP⁺R₃)
ジアゾニウム塩(−N₂⁺)
オニウム塩(−N⁺R₃, −S⁺R₂)

これらの二つの反応(置換と脱離)には，それぞれ単分子機構(S_N1 反応と E1 反応)と二分子機構(S_N2 反応と E2 反応)がある（§4・1・2参照）．

a. 単 分 子 反 応 機 構

S_N1 反応と E1 反応では，単分子過程*である基質のヘテロリシスが律速段階であり，生成したカルボカチオン中間体から速やかに置換生成物あるいは脱離生成物が生成する．

律速段階

カルボカチオン
中間体

---

* 単分子的というと，律速段階に一つの化合物のみが関与し，反応速度に他の分子の影響が現れないことと説明されるが，注意を要する．たとえば，S_N1 反応の典型例である塩化 t-ブチルのエタノリシスを例とすると，このイオン化は，t-ブチルカチオン，塩化物イオンともにエタノール分子の溶媒和があって初めて可能となる．しかし，溶媒として用いているエタノールは，見かけ上速度則に現れないため，速度則は擬一次という形となる．孤立分子が単独でイオン化するかのようなイメージはもたないように注意したい．

212　　　　　　　　　　　6. 有機化学反応 II

　この単分子機構は，カルボカチオン中間体が安定で，X^- の脱離能が大きいときに起こりやすい．また，競合する二分子反応を起こす求核剤の反応性が低く，中間体が安定に存在しやすい極性の高い溶媒中で起こりやすい．

　置換生成物と脱離生成物の比率($S_N1/E1$)は，反応における求核性と塩基性の釣合に依存する．たとえば，典型的な第三級アルキル基質である臭化 t-ブチルの加溶媒分解では，溶媒分子（求核剤）の大きさや求核性によって，次のように置換と脱離の比率が変化する．

$$(CH_3)_3C-Br \xrightarrow[75\,°C]{ROH} (CH_3)_3C-OR + \overset{CH_3}{\underset{CH_3}{>}}\!\!=\!\!CH_2$$

ROH =		
H_2O	93%	7%
C_2H_5OH	64%	36%
CH_3CO_2H	30%	70%

b. 二分子反応機構

　求核性，塩基性の強い反応条件では二分子反応が起こりやすくなる．カルボカチオンが不安定で，ヘテロリシスを起こしにくい反応基質では，求核剤があれば S_N2 反応が起こる．強塩基性条件ではヘテロリシスの起こりやすさとは関係なく E2 反応が起こる．二分子反応では求核剤や塩基の攻撃と同時に脱離基が協奏的に外れていく．1 章で述べた軌道相互作用が重要な役割を演じ，エネルギー障壁をできるだけ低くするように反応する結果，いわゆる立体電子効果により，立体特異性が発現する（II 巻 §1・5）．すなわち，S_N2 反応では，求核剤が脱離基の逆側から攻撃し，立体反転が起こる（§6・1・4参照）．また，E2 反応では，脱離する H と X とがアンチペリプラナーの関係で反応するという特徴があり，これを**アンチ脱離**(anti elimination)という．

S_N2 反応

E2 反応

c. 遷移状態の構造変化と反応地図

　このように求核置換反応や脱離反応には，段階的機構と協奏的機構がある．ここで，置換反応における Nu−C 結合の生成と C−X 結合の開裂，あるいは脱離反応における H−C 結合と C−X 結合の開裂の進み具合に着目すると，一方の変化が他に先立って進行するのが段階的機構であり，両者が同時的に進行するのが協奏的機構である．これらはいわば極限的な機構の分類であり，S_N1 と S_N2 反応，そして E1 と E2 反応として説明してきた．しかし，実際の反応経路は，反応基質や反応条件によって中間的な性質を帯びたものとなる．

　このような反応機構の変化を表すためには，§4・1・1b で説明した反応地図を用いるのが便利である．§4・1・1b では図4・4に脱離反応の反応地図を示した．ここに図4・4(b)の等エネルギー線を省略して図6・1とする．ここで横軸と縦軸はそれぞれ C−H 結合と C−X 結合の結合次数である．すなわち，結合変化を結合次数で表しているので，反応地図中の位置で二つの結合変化の程度とエネ

ルギー変化の関係をみることができる．

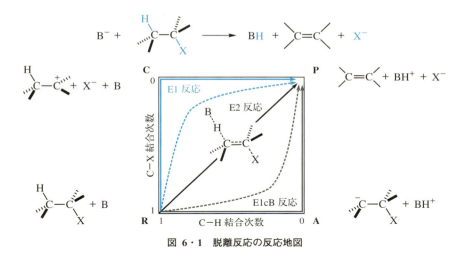

図 6・1　脱離反応の反応地図

　左下が反応物 R であり，右上が生成物 P にあたる．左上 C は C-H 結合を保持したまま C-X 結合が開裂して生じたカルボカチオン中間体にあたり，右下 A は C-X 結合を保持したまま C-H 結合が開裂して生じたカルボアニオン中間体にあたる．

　反応地図の R から P に至る対角線に谷間がある場合(図 4・4a 参照)，この反応経路は E2 反応に相当する(図 6・1 黒実線矢印)．二つの結合が協奏的に生成および開裂するため，反応の全過程を通じて C-H 結合と C-X 結合の開裂の進み具合は同じである．

　一方，段階的機構は 2 通りある．E1 機構では，反応地図の左下 R から左辺に沿って上に進み，カルボカチオン中間体 C を経て上辺を右にたどると生成物 P に至る(青実線矢印)．もう一つの極限的経路である E1cB 機構では，左下の R から下辺を進み，カルボアニオン中間体 A を経て，右辺に沿って P に至る(灰色実線矢印)．極限的な反応経路に対して，その間の性質をもつ反応経路も考えられる．図 6・1 の青色破線矢印は E1 的な E2 反応，灰色破線矢印は E1cB 的な E2 反応とよぶことができる．

　求核置換反応の反応地図も同じように等エネルギー線を省略して図 6・2 のように表すことができる．ここで横軸と縦軸はそれぞれ生成する C-Nu 結合と開裂する C-X 結合の結合次数である．左下が反応物 R，右上が生成物 P である．一つの極限的経路である S_N1 機構は，左上のカルボカチオン中間体 C を経由する段階的機構である(青実線矢印)．すなわち，C-Nu 結合の生成に先立って，C-X 結合の開裂が完全に進行する経路である．もう一つの極限である S_N2 機構では，黒実線矢印で示すように R→P まで中間体を経ないで進行する．すなわち，二つの結合の生成と開裂が協奏的に進み，C-X 結合が弱くなった分だけ，C-Nu 結合が強くなる．C-Nu 結合の生成が先行して中間体 A を経て進む機構はエネルギー的に不利であり起こらない．

　実際の反応は，反応地図の内側でポテンシャルエネルギー面に従ってさまざまな経路をたどる．左上寄りの経路(青破線矢印)は，C-X 結合開裂の進行に比べて C-Nu 結合生成があまり進んでいない反応であり，中心炭素に正電荷がある程度生成するので S_N1 反応に似た電子効果が現れる．すなわち，S_N1 的な S_N2 反応経路である．

　たとえば，メチル誘導体 CH_3X の場合には S_N2 反応が進みやすいので，反応は左下から右上に直線的に進むが，中心炭素が第三級の $(CH_3)_3CX$ では $(CH_3)_3C^+$ が安定で左上の C を経由する反応(S_N1)になる．$(CH_3)_2CHX$ のように炭素が第二級の場合は，S_N1 的 S_N2 反応経路になることもある．

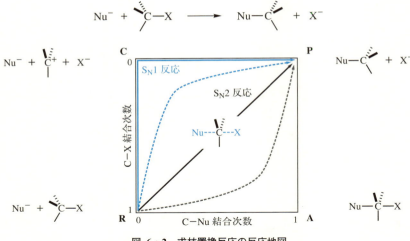

図 6・2　求核置換反応の反応地図

d. 遷移状態の構造変化の観測

このような基質の構造や反応条件の違いによる遷移状態の構造の変動は，実際の反応ではどのように観測されるだろうか．たとえば，1位に脱離基をもつ 2-フェニルエチル誘導体のエタノール中ナトリウムエトキシドによる脱離反応について，置換基効果と一次同位体効果を調べると，(1)式の結果が得られる[1]．脱離基 X の脱離能が小さくなるにつれ反応定数 ρ が大きくなる．この Hammett の ρ 値（§4・5・1参照）が正であることは，置換基 Y が電子求引基になると反応が速くなることを意味し，ρ 値が大きくなることは，遷移状態におけるアニオン性の増加を意味する．すなわち，X が Br, OTs から $N^+(CH_3)_3$ になるにつれ，反応は E1cB 的な性格を帯びる．

$$\text{(1)}$$

	ρ	k_H/k_D	
X = Br	2.14	7.1	
OTs	2.27	5.7	
$^+N(CH_3)_3$	3.77	3.2	$k_{14N}/k_{15N} = 1.0133$

また，2位の H を D に置き換えたときの反応速度同位体効果も脱離基に依存する．X が Br, OTs から $N^+(CH_3)_3$ へと変化すると，k_H/k_D は小さくなる．X = Br のとき，$k_H/k_D = 7.1$ は重水素同位体効果としては十分大きく，遷移状態でちょうど 50% 程度プロトン移動が起こったような，E1cB 機構に近い E2 反応として合理的に説明できる（§4・3・2参照）．一方，X = $N^+(CH_3)_3$ のとき，^{15}N を使って窒素の同位体効果を測定すると $k_{14}/k_{15} > 1$ となる[2]．これは律速段階に C–N 結合開裂がかかわっていることを示唆し，E2 反応機構の範囲にあることになる．

これに対し，p-ニトロフェニル基をもつアンモニウム塩の水溶液中における脱離反応 〔(2)式〕 では H/D 交換が観測され，溶媒同位体効果も $k_{H_2O}/k_{D_2O} < 1$ であることから，E1cB 機構で進行してい

$$\text{(2)}$$

ると結論される[3]．

(2) 式の反応は一般塩基(§4・4・5)によって促進される．反応速度は図 6・3 のように変化し，塩基濃度が高くなるほど反応速度の増加は飽和してくる．これは，塩基濃度の変化に伴い，反応機構が E2 型から E1cB 型に変動していくためである．

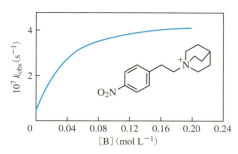

図 6・3 (2) 式の反応における塩基 ($B = CH_3CONHO^-$) の濃度効果[3]

6・1・2 求核性基質としてのアルケン誘導体の反応

有機化合物の求核中心になるのは，多くの場合，非共有電子対(n 求核種)と π 電子(π 求核種)である．したがって，飽和炭化水素以外，すべての有機化合物が求核性をもっていることになる．ここでは π 求核性基質としてのアルケンを考える．

アルケンの求電子付加反応　　アルケンに対する求電子付加反応の典型例として，ハロゲン化水素 HX の付加や酸触媒による水やアルコールの付加がある．反応は二重結合へのプロトン化と求核剤の付加の 2 段階で起こり，プロトン化が律速段階になる．アルケンの反応性は中間体カルボカチオンが安定であるほど大きい．たとえば，酸触媒水和反応における一置換アルケン $RCH=CH_2$ の相対反応性は(3)式に示すようになり[4]，この傾向は表 4・4 の求核性パラメーターとも一致している．

$$\text{（式 3）} \tag{3}$$

R =	CH_3	C_4H_9	C_6H_5	△	CH_3O	C_2H_5O
相対反応性	1.0	2.2	23	5.1×10^3	1.7×10^7	3.6×10^7

アルケンの求電子付加反応のもう一つの典型例は Br_2 の付加反応である．3 員環ブロモニウムイオン中間体が生成し，これに対して Br^- が S_N2 反応を起こすことにより，トランス付加体が生成する．この結果は，以下の環状アルケンであるシクロヘキセンへの付加反応をみるとわかりやすい〔(4) 式〕．

$$\text{（式 4）} \tag{4}$$

NMR 解析による，1-ペンテンの臭素化における ^{13}C と D の反応速度同位体効果(§4・3・2d)の測

定結果を次に示す．この結果から，ブロモニウムイオン中間体が生成する段階が律速であると結論し，π錯体中間体が関与する可能性〔(4) 式, 上〕は否定された．同位体効果がα位とβ位の両方に観測されているが，α水素($k_H/k_D = 0.980$)の逆同位体効果がβ水素($k_H/k_D = 0.935$)よりも小さい(1 に近い)のは，ブロモニウムイオンのC−Br結合が対称でなく，α炭素により高い部分正電荷が生成しているためであると解釈される．

$$k_H/k_D = 0.980$$
$$k_H/k_D = 0.935 \qquad k_{^{12}C}/k_{^{13}C} = 1.008$$
$$k_{^{12}C}/k_{^{13}C} = 1.010$$
$$k_H/k_D = 0.925$$

アルケンの臭素化が 3 員環中間体を経て進むことは，メチル置換エチレンの相対反応性にも反映されている．表 6・2 にまとめるように，メチル置換により反応が加速され，その効果はα置換でもβ置換でもあまり差がない．この結果は，酸触媒水和反応における反応性とは対照的であり，むしろ

巻 矢 印 の 書 き 方

有機化学では，結合の生成と開裂に伴う電子の移動を，巻矢印(curly arrow)を用いて表す．1 電子の移動は片羽の矢印を用いて表し〔(1) 式〕，対をなした 2 電子の動きには両羽の矢印を用いる〔(2) 式〕．

結合は電子対からなるので両羽矢印は結合あるいは非共有電子対から出す．

$$A{-}B \longrightarrow A\cdot \quad \cdot B \qquad (1)$$
$$A{-}B \longrightarrow A^+ \quad :B^- \qquad (2)$$

この矢印の書き方には，二つの原則がある．

1) 矢印は，電子のもとの位置から移動先に向けて描く．

たとえば，(2) 式のイオン的な結合開裂では，矢印は結合から出発し，Bに向けて書く．Bは非共有電子対をもつB^-になる．

一方，(3) 式のような結合生成では，A^-のマイナスから出発し，新たな結合の中央に向けた矢印を書く．本書ではアニオンの場合，非共有電子対を省略した．また，(4) 式のように，一つの結合が開裂すると同時に新たな結合が生成する場合，もとのA−B結合の中央から出発し，新たに結合する両原

子BとCの中央に向けて矢印を書く．

この巻矢印により，共鳴構造や結合の開裂，生成を伴う反応を表現することができる．

ベンゼンの共鳴

カルボニルの共鳴

$$\begin{matrix} H \\ \ \\ H \end{matrix} C{=}O \longleftrightarrow \begin{matrix} H \\ \ \\ H \end{matrix} \overset{+}{C}{-}O^-$$

プロトン化

S_N2反応

S_N2 反応については少し補足したい．すなわち，原則的にはAのように新しくできるO−C結合に仮想的な補助線(実際に書く必要はない)を引き，その中央に向けて矢印を書く．一方，Bのように矢印

$$A^- \quad B^+ \longrightarrow A{-}B \qquad (3)$$
$$A{-}B \quad C^+ \longrightarrow A^+ \quad B{-}C \qquad (4)$$

A

B

6・1 極 性 反 応　　　　　　217

過酢酸によるエポキシ化における反応性と似た傾向を示している．プロトン化はα-メチル置換によって非常に加速されるが，β-メチル基はわずかながら減速効果を示している．これは，β-メチル基がカルボカチオン中間体に対してはほとんど安定化効果をもたない（$CH_3CH_2C^+R_2/CH_3C^+R_2$）のに対し，アルケンの安定化に寄与している（$CH_3CH=CR_2/CH_2=CR_2$）ためである．

表 6・2　アルケンへの求電子付加の相対反応速度

求電子剤	$\overset{=}{\underset{\alpha\ \beta}{}}$	$\underset{\alpha\ \ \beta}{}$	$\underset{\alpha\ \beta}{}$	$\underset{\alpha\ \ \beta}{}$	$\underset{\alpha\ \beta}{}$	$\underset{\alpha\ \beta}{}$	$\underset{\alpha\ \beta}{}$
H_2O/H^{+}[1]	1.0	1.6×10^7	1.2×10^7	2.7×10^7	2.5×10^{12}	1.5×10^{12}	1.4×10^{12}
Br_2[2]	1.0	6.1×10	1.7×10^3	2.6×10^3	5.4×10^3	1.3×10^5	1.8×10^6
CH_3CO_3H[3]	1.0	2.2×10			4.8×10^2	6.5×10^3	速　い

[1]　W. K. Chwang, V. J. Nowlan, T. T. Tidwell, *J. Am. Chem. Soc.*, **99**, 7233（1977）; V. J. Nowlan, T. T. Tidwell, *Acc. Chem. Res.*, **10**, 252（1977）による．
[2]　J. E Dubois, C. Mouvier, *Bull. Soc. Chim. Fr.*, 1426（1968）による．
[3]　D. Swern, *J. Am. Chem. Soc.*, **69**, 1692（1947）による．

の先が炭素原子に達している書き方も見られる．複雑な分子の反応では，そのほうがわかりやすい場合もあるだろうが，本書では原則に従う．

2）結合開裂を表すとき，曲がった矢印の外側（凸側）にある原子が電子を失うように描く．

この原則は普段あまり意識しないが，以下のように脱離反応と転位反応を区別するときには重要である．すなわち，E2 脱離反応を表す三つの矢印のうち，真ん中の矢印は，開裂する C–H 結合の中央から新たに生じる π 結合の中央に向かっている．

ここで，巻矢印の曲がり方に注目すると，左では矢の凸側にある水素原子が電子を失って，右のようにプロトンとして脱離するように書かれている．

一方，ヒドリド H^- の 1,2 転位を表すには，次のような矢印を書く．

その考え方は，下のような補助線（転位によって新たに生じる H と C の間の破線）をイメージし，矢印の曲がり方を図のようにして，上式の生成系のように凸側にある左側の炭素に正電荷が生じることを表す．このようにして，水素原子が 2 電子を伴って移動することを表現したものである．

これらは混乱を招きやすいが，ぜひ，この二つ目の原則は心にとめておいてほしい．たとえば，Peter Sykes 著，久保田尚志訳，“有機反応機構第 5 版”，東京化学同人（1984）を参考にしてほしい．なお，この 1,2 転位の電子の流れを表現するのに下のような S 字形の矢印を使っている教科書もあることを付記しておく．

次のようなラジカル反応について，

$$R_3Sn\cdot\quad I-R \longrightarrow R_3Sn-I + \cdot R$$

下のように省略した書き方も散見されるが，本書ではこれを採用しない．

$$R_3Sn\cdot\quad I-R$$

6・1・3 芳香族化合物の反応

a. 芳香族求電子置換反応

ベンゼンに代表される芳香族化合物に典型的な反応性は求電子置換反応である．反応は求電子付加により生成するアレーニウムイオンを中間体とする，付加-脱プロトン機構により進行する〔(5)式〕．

$$\text{（反応式）} \tag{5}$$

アレーニウムイオン

代表的な反応剤と実際の反応にかかわる求電子的な活性種(E^+)を表6・3にまとめる．

表 6・3　おもな芳香族求電子置換反応と求電子的活性種

反応	求電子的活性種	反応剤
ニトロ化	NO_2^+	$HNO_3 + H_2SO_4$
	CH_3COONO_2	$HNO_3 + (CH_3CO)_2O$
ハロゲン化	$Br-\overset{+}{Br}-\overset{-}{Al}Br_3 \longleftrightarrow Br^+ \ Br-\overset{-}{Al}Br_3$	$Br_2 + AlBr_3$（触媒）
	$Cl-\overset{+}{Cl}-\overset{-}{Fe}Cl_3 \longleftrightarrow Cl^+ \ Cl-\overset{-}{Fe}Cl_3$	$Cl_2 + FeCl_3$（触媒）
スルホン化	SO_3	$H_2SO_4(+ SO_3)$
Friedel-Crafts 反応		
アルキル化反応	$R-\overset{+}{Cl}-\overset{-}{Al}Cl_3 \longleftrightarrow R^+ \ Cl-\overset{-}{Al}Cl_3$	$RCl + AlCl_3$（触媒）
アシル化反応	$R\overset{O}{\overset{\|}{C}}-\overset{+}{Cl}-\overset{-}{Al}Cl_3 \longleftrightarrow R\overset{O}{\overset{\|}{C}}{}^+ \ Cl-\overset{-}{Al}Cl_3$	$RCOCl + AlCl_3$
ジアゾカップリング	$Ar-\overset{+}{N}\equiv N$	$ArNH_2 + HNO_2$
		$(NaNO_2 + HCl)$

ここで，Friedel-Crafts アルキル化反応において，炭素求電子剤の側に注目すると，これは Lewis 酸で活性化された RX の芳香族求核剤による求核置換反応とみなすことができる．第一級アルキルの場合は S_N2 的に進むが，第三級アルキルの場合にはカルボカチオン中間体を生じ S_N1 的に進む．これら炭素求電子剤の求電子性は比較的小さいので，電子求引基をもつ不活性化ベンゼンとの反応はうまく進まない．

$$\text{（反応式）}$$

第2段階の脱プロトンは，系内に存在する塩基 B: の助けによって起こる．通常，反応は酸性条件で行われるので，ここではたらく塩基は求電子剤の対イオン(Lewis 酸とアニオンの錯体)や溶媒分子である．この2段階反応機構において，律速段階が第1段階になるか第2段階になるかは，二つの求電子性脱離基(electrofuge) E^+ と H^+ の脱離しやすさ，すなわち(5)式の k_{-1} と $k_2[B]$ の大きさによって決まる．したがって，律速段階は求電子種 E^+ の種類だけでなく，溶媒や求電子剤の対アニオンや基質の構造にも依存する．通常は $[B]$ を系統的に変化させることはできないので，重水素一次同位体効果から律速段階に脱プロトン(第2段階)がかかわっているかどうかを判断する[5]．通常のニトロ化やハロゲン化では同位体効果が観測されないので，第1段階が律速と考えられる．一方，アニソールのヨウ素化では $k_H/k_D = 3.8$ が観測されているので，第2段階の脱プロトンが律速になるため

と考えられる．ニトロ化においても強酸性条件や，立体障害が大きくて塩基が作用しにくいようなときには，正の同位体効果を示す場合もある[6]．

b. 芳香族求核置換反応

　求核性脱離基をもつ電子不足型のベンゼン誘導体では，付加-脱離機構による芳香族求核置換反応が起こる．ここで，脱離基 Y の種類が反応性に及ぼす効果は，飽和炭素における S_N2 反応の場合と大きく異なっている．これは最初の求核付加が律速段階であることによるものであり，これが電子求引性の高いフッ素をもつ化合物の反応性が特に高いことに反映されている[7]．

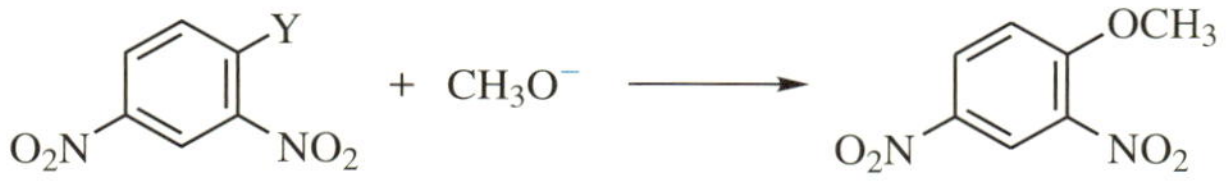

Y =	I	Br	Cl	F
相対速度	0.2	0.7	1.0	600
S_N2 反応での脱離能	150	50	1.0	0.005

　一方，ニトロ基などの電子求引基をもたないハロベンゼンでも，強力な塩基性条件で反応させると，脱離-付加機構で求核置換反応が起こる．液体アンモニア中，ハロゲン化アリールと $NaNH_2$ との反応が典型的な例である．まず，脱離が ElcB あるいは E2 機構で起こり，反応中間体としてベンザインが生成し，これにアミドイオンが付加して置換反応が完結する＊．脱離段階は，次のように脱離能の小さい Cl や F では ElcB 機構で進み，H/D 交換が観測される（カルボアニオン中間体の証拠となる）．一方，脱離基が Br, I のときにはオルト位の H/D による速度同位体効果が $k_H/k_D = 5.5$ であり，E2 機構が示唆される．

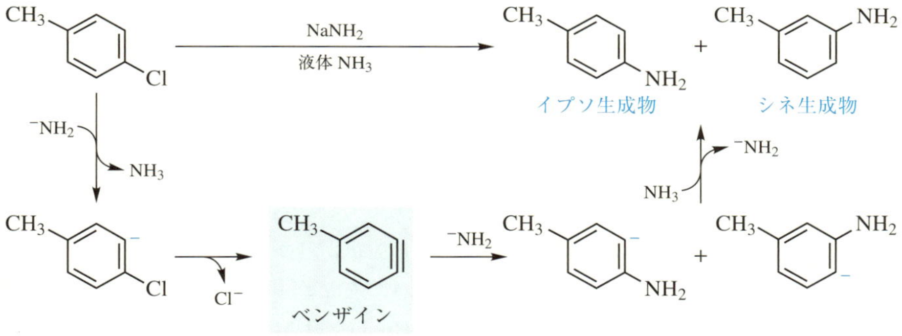

　また，芳香族 S_N1 反応もあり，アニリンのジアゾ化で生成するジアゾニウム塩の N_2 を脱離基とする反応はその一例である．ジアゾニウム塩の単純な加溶媒分解にはフェニルカチオン中間体を経由することを示す実験結果がある．すなわち，トリフルオロエタノールなど求核性の低い溶媒中で反応を行うと，同位体標識したジアゾニオ基（$-^{15}N^+\equiv{}^{14}N$）の窒素同位体の入れ替わりや外部の N_2 との交換が観測された[8]．

S_N1 求核置換反応

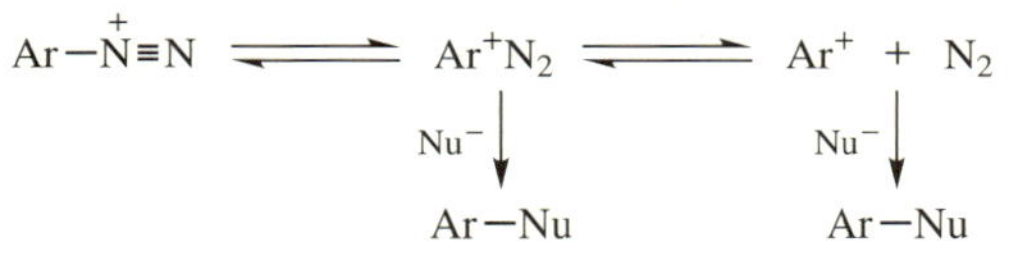

$$Ar-\overset{+}{N}\equiv N \rightleftharpoons Ar^+N_2 \rightleftharpoons Ar^+ + N_2$$

＊　置換芳香族で脱離基をもつ炭素を攻撃し，脱離基と同じ位置に置換基が結合したものをイプソ(ipso)生成物，脱離基の隣接位置に結合したものをシネ(cine)生成物という．

窒素同位体交換

なお，芳香族ジアゾニウム塩の反応として，Cu(I)塩を用いた反応(Sandmeyer 反応)があるが，これは電子移動が関与した反応である．また，ヨードベンゼンの誘導体における1電子移動を経由する求核置換反応($S_{RN}1$ 反応)については§6・5・5を参照してほしい．

Sandmeyer 反応　　Ar－NH_2 ⟶ Ar－N_2^+ $\xrightarrow{CuX}$ Ar－X　　X＝Cl, Br, CN

6・1・4　極性反応の分子軌道法的解釈

これまで述べてきたさまざまな極性反応のいくつかを例にとって，分子軌道法を用いるとどのように理解できるかを示す．1章で説明したように，反応にはフロンティア軌道が重要な役割を果たす．フロンティア軌道には，電子が入っている最もエネルギー準位が高い分子軌道 HOMO と，電子が入っていない最もエネルギー準位が低い分子軌道 LUMO がある．HOMO は求電子性基質との反応において重要であり，LUMO は求核性基質との反応に重要である．どの原子上で反応が起こりやすいかは，HOMO あるいは LUMO において，それを構成する原子軌道の割合を与える軌道係数〔§1・2・2(6) 式における C_a, C_b〕の大きさで判断することができる．

フロンティア軌道は，1章で述べた分子内・分子間相互作用だけでなく，反応の方向性や難易を理解するうえで不可欠である．とりわけ§6・6で述べるペリ環状反応は分子軌道を用いなければ説明できない．ここでは，まず極性反応の例として，(6) 式に示す CH_3Cl と F^- との S_N2 反応を取上げる．

$$F^- + CH_3Cl \longrightarrow [F\cdots CH_3\cdots Cl]^- \longrightarrow F-CH_3 + Cl^- \qquad (6)$$

図6・4の左には，この反応の軌道相互作用図を示した．この反応において寄与するフロンティア軌道は，求核剤である F^- の HOMO と，求核攻撃を受ける CH_3Cl の LUMO である．求核剤 F^- の HOMO は 2p 軌道であり，CH_3Cl の LUMO は C－Cl 結合の反結合性軌道 σ_{CCl}^* である．図6・4の右に示すように，この反結合性軌道はメチル基の炭素側にも広がりがある．求核剤 F^- の非共有電子対が CH_3Cl の Cl と反対側から相互作用すると，この LUMO の広がりに電子が流入し，F－C 間の電子密度が高まって結合生成が始まる．それと同時に，CH_3Cl の LUMO である σ^* 軌道は C－Cl 間が反結合性のために弱まり，最終的に開裂する．こうして立体反転を伴う S_N2 反応の立体化学を理解することができる．

以上示したように，結合の生成と開裂には，一方の HOMO から，もう一方の LUMO への電子移

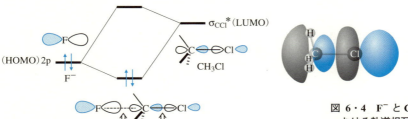

図6・4　F^- と CH_3Cl との S_N2 反応における軌道相互作用(左)とクロロメタンの LUMO(右)

動がかかわっており，§1・5・2に示した分子間相互作用のエネルギー分割法に基づくと，HOMO から LUMO への電荷移動 (CT) 相互作用が安定化に寄与している．CT 相互作用は短い距離ではたらくので，ある程度近くまでは，交換 (EX) 相互作用による不安定化が，できるだけ少ない方向から近づく．上記の反応の場合，CH_3Cl の LUMO は，C−Cl 間は反結合性であるため相互作用しにくい．Cl 側には LUMO の広がりがあるが Cl 上には非共有電子対があるため，F^- の非共有電子対との交換相互作用により Cl 側からは近づきにくい．メチル基側では三つの H 原子との交換相互作用による不安定化があるが，炭素上の LUMO の広がりと CT 相互作用が始まると，メチル基が反転することによって交換相互作用が小さくなり，CT 相互作用をより大きくするようにはたらくことによって，結合の生成と開裂が進行すると理解できる．次に示すカルボニル化合物と求核剤の反応の立体化学も，フロンティア軌道間の CT 相互作用が重要である．

カルボニル炭素に対する求核剤の攻撃方向について，さまざまな反応の立体化学や位置選択性を決定づける要素として Bürgi-Dunitz の角度がある．これはカルボニル基と求核性基が共存するような化合物の多数の X 線結晶構造解析データにおいて，それらの基が一定の空間的関係で近接しているものがあることから明らかにされたものである．実際，求核剤の攻撃方向はカルボニル面に対して垂直な方向からではなく，図 6・5 のように約 105°の方向からであり，sp^3 炭素のとる正四面体角に近い．このような求核攻撃の方向性はアルケンに対する付加反応についてもあてはまる．このことは，C=O や C=C の LUMO である π^* 軌道の広がりに対して求核剤が攻撃することに起因すると説明される．

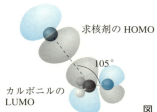

図 6・5 Bürgi-Dunitz 角

最後に芳香族求電子置換反応の例として，図 6・6 に示すナフタレンのニトロ化反応について述べる．この反応はナフタレンの α 位で選択的に起こる．この位置選択性の有機電子論的解釈では，反応中間体 (Wheland 中間体) を考慮し，共鳴構造の数が β 位での反応よりも α 位でのほうが多いことから，より共鳴安定化していると説明する．一方，フロンティア軌道論では，単純 Hückel 法により求めたナフタレンの HOMO の係数を比べ，それが α 位においてより大きいことから，ニトロ化剤 (NO_2^+) が攻撃しやすいとする．

フロンティア軌道の広がりが大きなところで反応が起こりやすいという分子軌道法による解釈は，化学反応の初期段階における CT 相互作用を反応物の電子状態から予測していることになる．一方，有機電子論による共鳴安定化からは，反応の中間体あるいは遷移状態がより安定な方向に反応が進行しやすいと考える．反応の起こりやすさを理解するうえで，両者は異なる立場であるが，反応系の CT 相互作用による安定化と，4 章で述べた Hammond の仮説による中間体の安定性との間には良い相関があり，多くの場合，いずれの方法でも同じ結論に至る．

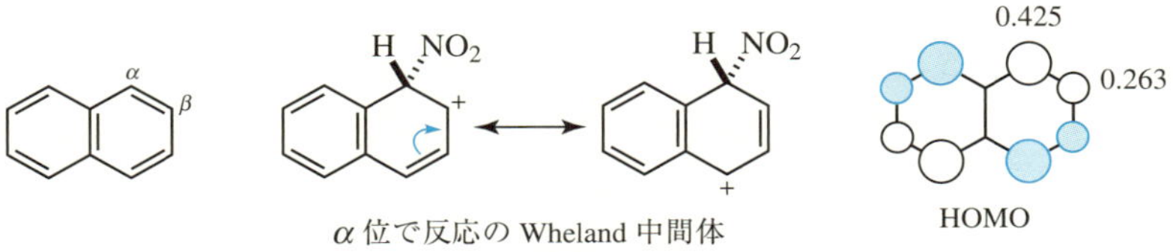

図 6・6 ナフタレンの求電子置換反応における α 位選択性の説明

6・2 ラジカル反応

本節では，ラジカル反応について述べる．ラジカルの生成法ならびに構造については§5・3を，また，ラジカル反応の選択性および合成的利用に関してはⅡ巻§2・2・3を参照されたい．

6・2・1 ラジカル反応概論

多くのラジカルは反応性がきわめて高く，他のラジカルのみならず，閉殻分子とも反応する．ラジカルどうしの反応では閉殻分子が生成して反応が終結するのに対し，ラジカルと閉殻分子との反応では新たなラジカルが生成するので，これが次つぎと起これば連鎖サイクルが形成される．合成的に有用なラジカル反応の多くは，この連鎖反応に基づくものである．本項では，ラジカルの基本的な反応性を概観する．

1) ラジカルどうしの反応　　図6・7左にラジカルどうしの反応を示す．カップリング反応は，二つのラジカルが不対電子を出しあって結合を生成する過程である．アニオンやカチオンとは対照的に，このカップリング反応は多くのラジカルについて拡散律速に近い速度で進行する．通常，ラジカルは低濃度でしか存在しないので，このカップリング反応は合成反応としてはあまり重要ではないが，分子内反応や二つのラジカルが近傍で生成する特別な場合には有用なことがある（§6・2・5）．また，二つのラジカル種が水素原子のやりとりをする不均化反応も知られている．

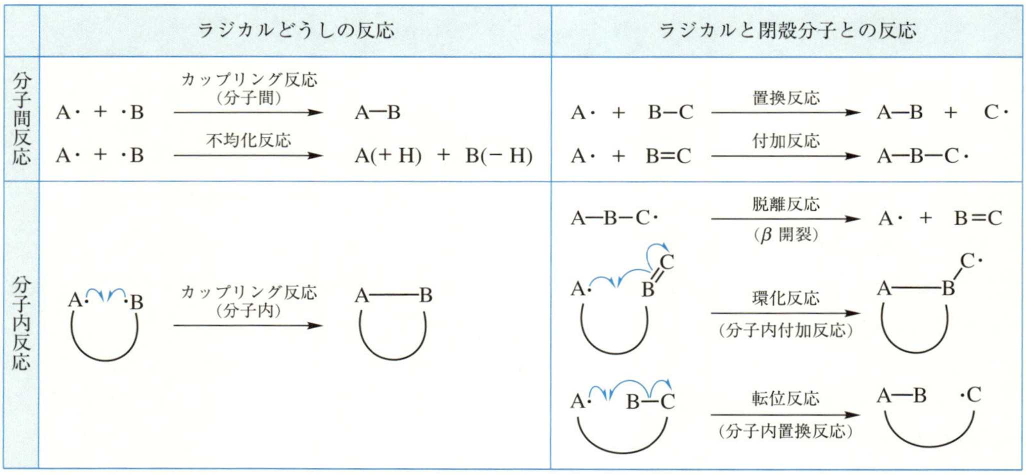

図 6・7　ラジカルの基本的反応様式（素反応）

2) ラジカルと閉殻分子との反応　　一方，ラジカルと閉殻分子との反応（図6・7右）は，連鎖反応を構成する素反応である．分子間反応の基本的な形式として，置換反応と付加反応がある．すなわち，置換反応はA・が分子B−Cと反応して新しいラジカルC・を生成する形式の過程であり，付加反応はA・が二重結合や三重結合に付加する過程である．一方，分子内反応には，脱離反応，環化反応，転位反応の3種類がある．β開裂とよばれる脱離反応は，付加反応の逆反応に相当する．また，環化反応および転位反応は，それぞれ分子内の付加反応，置換反応に相当する．

6・2・2 ラジカル置換反応

置換反応は，ラジカルと閉殻分子との素反応の一つである．S_H2(substitution homolytic bimolecular)反応とよばれ，協奏的二分子反応として，極性反応におけるS$_N$2反応と同様，下のような直線的な遷移状態を経て進行する．原子引抜反応，原子移動反応(atom-transfer reaction)とよばれることもある．

$$S_H2\ 反応 \quad A\cdot + B-C \longrightarrow A^{\delta:}\text{--}B\text{---}C^{\delta\cdot} \longrightarrow A-B + \cdot C$$

以下に，アルコキシルラジカルによるアルカン水素の引抜反応およびスズラジカルによる臭化アルキルからの臭素原子引抜反応を示す．いずれも反応により開裂する結合と新たに生成する結合の結合エネルギーを比べると，より強い結合ができる方向に反応が進むことがわかる．以下，いくつかのS$_H$2反応を紹介し，それらを含むラジカル連鎖反応について述べる．

$$CH_3O\cdot + H-R \longrightarrow CH_3O-H + \cdot R \quad \begin{cases} R=C_2H_5 \\ C-H \quad 421\ kJ\ mol^{-1} \\ O-H \quad 439\ kJ\ mol^{-1} \end{cases}$$

$$R'_3Sn\cdot + Br-R \longrightarrow R'_3Sn-Br + \cdot R \quad \begin{cases} C-Br \quad 289\ kJ\ mol^{-1} \\ Sn-Br \quad 552\ kJ\ mol^{-1} \end{cases}$$

a. アルカンの光ハロゲン化反応

S$_H$2反応が関与するラジカル連鎖反応の代表例として，アルカンRHのハロゲン化反応を取上げる(図6・8)．まず，ハロゲン分子X$_2$の光化学的なホモリシスでX・が生成する(開始段階)．つづいて，RHからX・が水素を引抜いてアルキルラジカルR・を生成する．このR・がX$_2$からXを引抜いて生成物RXを与え，同時にX・が再生されて連鎖過程が成立する．これらの過程を成長段階といい，X・は連鎖伝搬ラジカルとよばれる．ラジカルどうしの反応は停止段階である．ラジカルの濃度が低いため，反応基質(RH, X$_2$)が十分にある間は起こりにくいが，これが起こると連鎖サイクルは停止する．

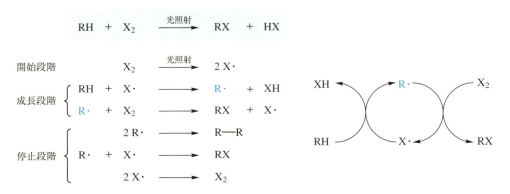

図6・8 アルカンRHの光ハロゲン化反応の素反応と連鎖過程

例として，メタンの光塩素化反応を少し詳しくみてみよう．まず，第1段階は開裂するC-H結合と生成するH-Cl結合の結合解離エネルギーがほぼ等しいので，熱収支はほぼ均衡である．一方，第2段階は，弱いCl-Cl結合が開裂し，強いC-Cl結合が生成するので，大きく発熱的である．したがって，全体として発熱的であり，また，第1段階が律速となることがわかる．このようにラジカル反応が起こるかどうかの一つの目安は，始原系と生成系の結合の強さを比べることである．これは気相反応の例であるが，液相反応においても一般にラジカル反応が溶媒和の影響を受けにくく活性化エネルギーが小さいため，結合エネルギーの強さの比較は反応を考えるうえで有用である．

$$CH_4 + Cl_2 \longrightarrow CH_3Cl + HCl$$

第1段階 $CH_3-H + Cl\cdot \longrightarrow H-Cl + CH_3\cdot$
439 kJ mol^{-1} 　　　　　432 kJ mol^{-1} 　　$\Delta H_1 = 7$ kJ mol^{-1}

第2段階 $CH_3\cdot + Cl-Cl \longrightarrow CH_3-Cl + Cl\cdot$
243 kJ mol^{-1} 　　350 kJ mol^{-1} 　　$\Delta H_2 = -107$ kJ mol^{-1}

$\Delta H_{\text{total}} = -100$ kJ mol^{-1}

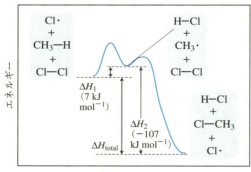

このような光ハロゲン化反応の熱化学はハロゲンの種類によって大きく異なり，フッ素（大きな発熱）＞塩素＞臭素＞ヨウ素（吸熱）の順となる．この傾向は，上述と同じように，反応物と生成物の結合の強さを比べることにより理解することができる．表6・4に関連データをまとめる．

表 6・4 　結合解離エネルギー（BDE）と反応エンタルピー[†]

X—X	BDE	H—X	BDE	CH$_3$—X	BDE	ΔH_1	ΔH_2	ΔH_{total}
F—F	159	H—F	568	CH$_3$—F	460	−129	−301	−430
Cl—Cl	243	H—Cl	432	CH$_3$—Cl	350	7	−107	−100
Br—Br	192	H—Br	366	CH$_3$—Br	294	73	−102	−29
I—I	151	H—I	298	CH$_3$—I	239	141	−88	53

† 単位は kJ mol^{-1}．

　通常，フッ素化は開始剤を必要とせず，希薄な状態で行わないと爆発的に進行する．これは弱いF—F結合がホモリシスを起こしやすく，また，生成系のH—F結合やC—F結合が強く，大きな発熱を伴うためである．一方，ヨウ素化は全体として吸熱的であり，通常起こらない．
　ここで塩素化と臭素化の違いに注目すると，上述のとおり，メタンの塩素化は第1段階が若干の吸熱過程，第2段階が大きな発熱過程である．一方，臭素化反応は第2段階の発熱は塩素化とほぼ同じであるが，第1段階がずっと吸熱的であるため，全体として発熱量が小さく，穏やかな過程となる．この違いは，アルカン水素の引抜きにおける位置選択性に反映される．図6・9に，二つのアルカンの光ハロゲン化反応の位置選択性を示す．ブタンの塩素化反応では，第一級水素に比べ第二級水素が優先的に反応している．一方，2-メチルプロパンの反応では，見かけ上，第三級水素に比べ第一級水素が優先的に反応したようにみえる．しかし，正味の反応性の差を議論するには，反応可能な水素の数（第一級水素9個，第三級水素1個）を考慮する必要がある．その補正後の値を図6・9(c)に示すが，塩素化における水素の選択比は第一級：第二級：第三級＝1：3.9：5.1となる．一般的傾

向として水素の引抜かれやすさが第三級 > 第二級 > 第一級（> メタン）であることは，結合解離エネルギーの大小（CH_3-H 439，CH_3CH_2-H 421，$(CH_3)_2CH-H$ 411，$(CH_3)_3C-H$ 400 kJ mol^{-1}）と関連づけられる．

　注目すべきことに臭素で同じ反応を行うときわめて高い選択性で，第三級水素が臭素に置換される．これに対し，塩素化反応よりもさらに発熱的で，反応性の高いフッ素化反応ではほとんど選択性がみられない．

(a) ブタンの光ハロゲン化の位置選択性

$$CH_3CH_2CH_2CH_3 \xrightarrow[\text{光照射}]{X_2} CH_3CH_2\underset{X}{CH}CH_3 \ + \ CH_3CH_2CH_2CH_2\underset{X}{}$$

X = Cl	72%	28%
Br	98.2%	1.8%

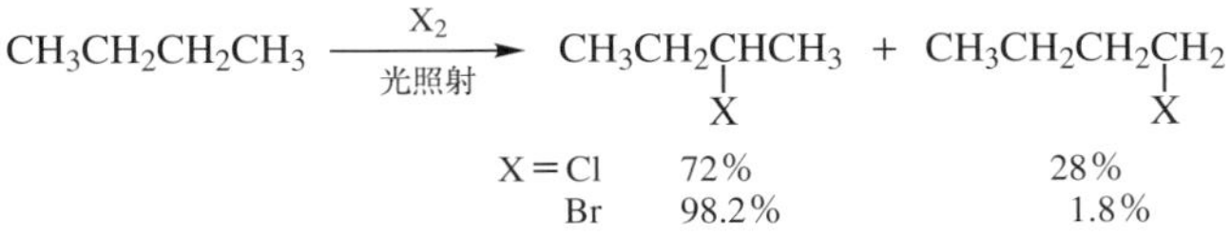

(b) 2-メチルプロパンの光ハロゲン化の位置選択性

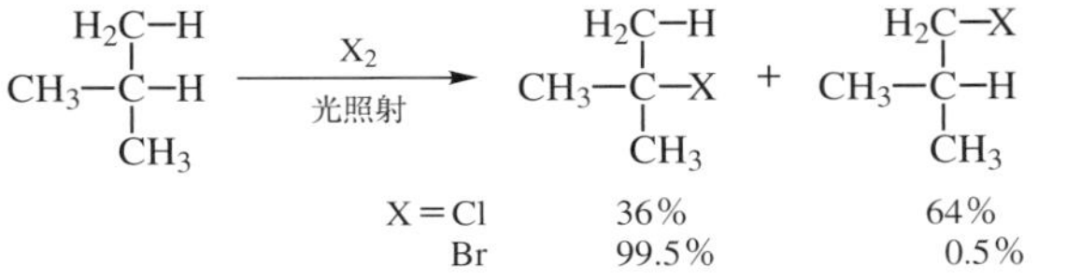

(c) 相対的反応性

X	第一級水素	第二級水素	第三級水素
F	1	1.2	1.4
Cl	1	3.9	5.1
Br	1	82	1600

X = Cl 36% 64%
Br 99.5% 0.5%

図 6・9　光ハロゲン化反応の位置選択性

　図 6・10（次ページ）に 2-メチルプロパンの臭素化反応と塩素化反応の水素引抜過程（第 1 段階）のエネルギー図を示す．臭素ラジカルによる引抜反応は吸熱的であるため，Hammond の仮説（§4・1・1d）により後期遷移状態となる〔図 6・10(a)〕．したがって，その遷移状態は H−Br 結合と炭素ラジカルの生成がかなり進んでおり，炭素ラジカルの安定性（第三級 > 第一級）が遷移状態のエネルギー差に大きく反映されるので，高い選択性が発現する．アルカンの塩素化反応の水素引抜過程は発熱的（先述のメタンを除く）であるため早期遷移状態となり，炭素ラジカルの安定性があまり反映されないため，遷移状態のエネルギー差は小さく，相対的に選択性は低くなる．

b. 自 動 酸 化 反 応

　有機化合物 R−H の分子状酸素によるラジカル連鎖型の酸化は，しばしば**自動酸化**（autoxidation）とよばれる．次式は，その一般的機構である．すなわち，系内に何らかのラジカル In· があると，R−H からの水素引抜により反応が開始される．分子状酸素は三重項であるため，大部分のラジカルと速やかに反応するので，この反応の容易さは成長過程の第 2 段階である水素引抜段階に依存する．通常，アルキルペルオキシルラジカル ROO· は反応性が比較的低いため，水素引抜の位置選択性が高い．

開始段階　　In· ＋ RH ⟶ InH ＋ R·

成長段階 { R· ＋ O$_2$ ⟶ ROO·
ROO· ＋ RH ⟶ ROOH ＋ R· }

たとえば，デカリンとの反応では選択的に第三級水素引抜による生成物（**1**）を与える．また，アリル位やベンジル位の C−H 結合も反応しやすく，生成物（**2**）や（**3**）を与える．後者のクメンヒドロペルオキシド（**3**）は工業原料として重要で，極性 1,2 転位反応によりフェノールとアセトンの製造に用いられる．なお，ジエチルエーテルや THF などのエーテル系溶媒を空気雰囲気で保存すると，この機構により（**4**）のように過酸化物を生じやすいので，蒸留の際，残留物の爆発などに注意する必

226   6. 有機化学反応 II

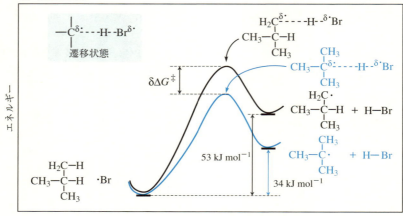

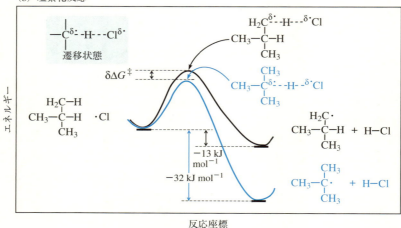

図 6・10 アルカンの光ラジカル臭素化(a)と塩素化(b)における反応性と選択性

要がある．

(1)　(2)　(3)　(4)

c. スタンナンを用いた脱ハロゲンおよび関連反応

　AIBN などのラジカル開始剤の存在下，ハロゲン化アルキルをトリブチルスタンナンと加熱すると，対応する水素化体が得られる．これはラジカル連鎖反応であり，成長段階は開始剤の作用により生成したトリブチルスズラジカルが臭素原子を引抜いてアルキルラジカル R· が生成し，これがスタンナンの水素を引抜いてアルカン R−H を与えるとともにスズラジカルが再生される，一連の過程である．次図の右側に示すように，成長段階の両過程では弱い結合が開裂して強い結合が生成するため，これが反応の駆動力となる．

6·2 ラジカル反応

$$R\text{--}Br + (n\text{-}C_4H_9)_3SnH \longrightarrow R\text{--}H + (n\text{-}C_4H_9)_3SnBr$$

	結合解離エネルギー, $kJ\ mol^{-1}$ ($R=CH_3$)
$C\text{--}Br$	294
$Sn\text{--}Br$	552
$C\text{--}H$	439
$Sn\text{--}H$	308

成長段階 $\begin{cases} R\text{--}Br + (n\text{-}C_4H_9)_3Sn\cdot \longrightarrow R\cdot + (n\text{-}C_4H_9)_3SnBr \\ R\cdot + (n\text{-}C_4H_9)_3SnH \longrightarrow R\text{--}H + (n\text{-}C_4H_9)_3Sn\cdot \end{cases}$

　この反応は官能基選択性に優れ，以下のように他の還元条件では共存する官能基が反応してしまうような場合に有用である．たとえば，(1) 式の例で亜鉛のような 2 電子還元剤を使うと β 脱離が，また，(2) 式の例で $LiAlH_4$ を使うとカルボニル基の還元も起こるため目的を達成できない．

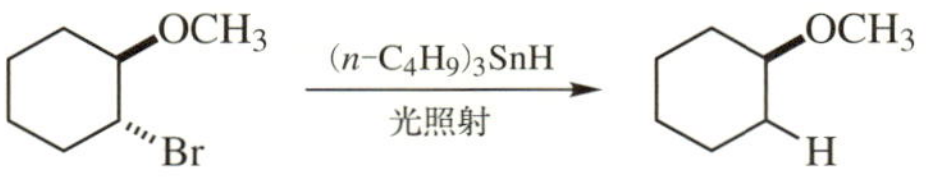

$$(1)$$

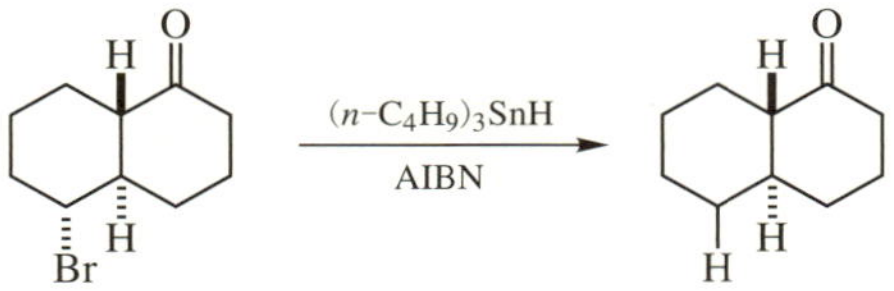

$$(2)$$

β 脱離:　　　　　　　　　　　　　　　　　　カルボニル基の還元:

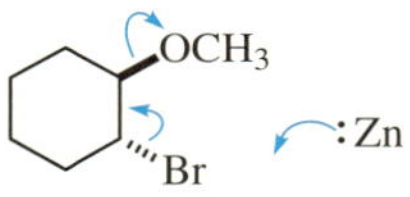

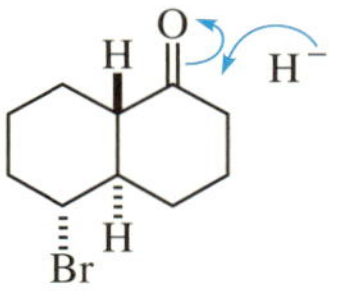

　アルコールを対応するキサントゲン酸エステル (**5**) に導くと，スタンナンを用いてアルカン RH に導くことができる（Barton-McCombie 反応）．これは (**5**) のチオカルボニル基にスズラジカルが付加して生成したラジカル (**6**) が β 開裂（後述）し，生成する R· がスズヒドリドから水素を引抜く反応であり，糖やペプチドなど多くの官能基を有する化合物のデオキシ化に利用されている．また，同様に有機セレン化合物（$RSeC_6H_5$）やニトロ化合物（RNO_2）などもスズヒドリドを用いてアルカンに導くことができる．

Barton-McCombie 反応

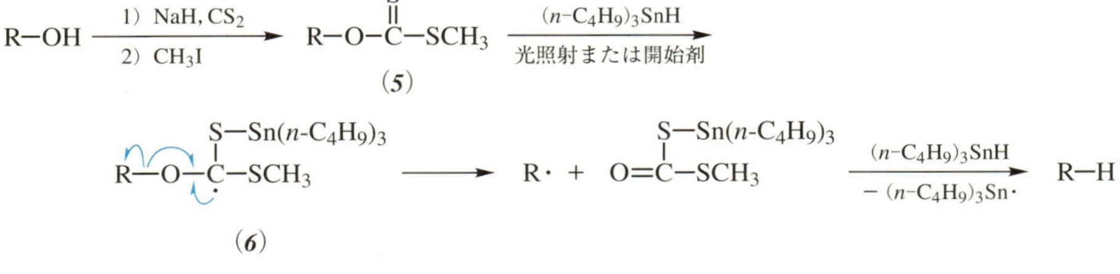

6·2·3 ラジカル付加反応

　ラジカル連鎖反応に含まれるもう一つの素反応は，二重結合や三重結合に対する付加反応である．たとえば，古くはアルケンへの HX の逆 Markovnikov 付加が知られ，近年では炭素ラジカルの C=C 結合や C≡C 結合に対する付加反応が有機合成に広く用いられるようになっている．

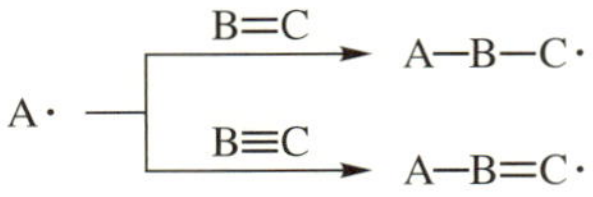

a. アルケンに対する HX のラジカル付加

　アルケンに対する HX の極性付加反応では Markovnikov 付加体が得られる．しかし，HBr の付加反応では条件によって位置異性体が生成することがあり，それが過酸化物などの微量不純物により開始されるラジカル連鎖機構に由来することがわかった．すなわち，過酸化物が H−Br の水素を引抜いて生成した Br· がプロペンに付加する．Br· は立体的に有利なプロペンの末端アルケン炭素に選択的に結合する．生成した第二級ラジカル (**7**) は熱力学的にもより有利である．こうして生成した第二級炭素ラジカルが HBr から水素を引抜き，逆 Markovnikov 付加体 (**8**) を与える．

結合解離エネルギー, $kJ\,mol^{-1}$	
H−F	568
H−Cl	432
H−Br	366
H−I	298

　この逆 Markovnikov 付加は HBr の場合に限られ，他のハロゲン化水素では起こらない．上式右に H−X の結合エネルギーを付記したが，HF および HCl では H−X 結合が強いため第 2 段階である H−X(X = F, Cl)からの水素引抜きが吸熱的であり，一方，HI では C−I 結合(たとえば，CH_3−I 239 $kJ\,mol^{-1}$)が弱く，第 1 段階である I· の付加が吸熱的となり，I· を与える β 開裂が速いために連鎖過程が成立しない．したがって，いずれの付加反応もおもに極性機構で進行することになるが，HBr に限っては第 1 段階が吸熱で β 開裂が相対的に遅く，適切な開始剤が存在すればラジカル機構で付加反応が進む．

　I· の C=C 結合に対する付加が吸熱的かつ可逆であることを利用すると，アルケンの EZ 体の異性化が可能である．すなわち，触媒量の I_2 の存在下でアルケンの EZ 体に光照射すると，この異性化が起こり，より安定な E 体の割合を増加させることができる．

b. アルケンに対する X−Y のラジカル付加

　本項ではアルケンに対するラジカルの付加反応を説明する．反応は X· のアルケンへの付加に始まり，下図(a)のように生成したアルキルラジカル (**9**) が X−Y から ·Y を引抜けば，付加体 (**10**) が生成するとともに X· が再生される．一方，下図(b)のように(**9**)がさらに他のアルケンと反応すると，新たなラジカル (**11**) を生成し，同様にこれがさらに Y を引抜いたり，他のアルケンと反応したりする．したがって，生成物は反応(a)と(b)の速度比によって決まる．アルケンと X−Y の濃度が同程度である場合，反応(a)が(b)に比べて速ければ (**10**) の生成が優先し，逆の場合には (**11**) がさらにアルケンと反応して重合体を生じる．なお，ラジカル重合反応については§12・3・1aを参照してほしい．

次の反応は，Kharasch 反応とよばれる $BrCCl_3$ のアルケンへの連鎖型ラジカル付加反応である．ま ず，光照射で $C-Br$ 結合が開裂して生成した $\cdot CCl_3$ がアルケンの末端炭素に付加して第二級ラジカル が生成し，これが $BrCCl_3$ から臭素を引抜いて，連鎖反応が成立する．この例はラジカル反応の選択 性に対して，結合エネルギーと官能基選択性の二つの要素が重要であることを示している．まず，結 合エネルギーの観点からは，これまでにも述べたように各過程でより強い結合が生成するように反応 が進む．ここでは，三つの塩素原子の存在により出発物 $BrCCl_3$ の $C-Br$ 結合が弱く，容易に光開裂 して $\cdot CCl_3$ が生成する．次に，ラジカルの官能基選択性の観点である．ラジカルは電気的に中性の化 学種であるが，置換基により求核的あるいは求電子的な性格を帯びる．これは，置換基によりラジカ ルの SOMO のエネルギー準位が変化するためであるが，詳しくはⅡ巻§2・2・3を参照されたい． 三つの塩素原子をもつ $\cdot CCl_3$ は求電子性ラジカルであり，電子豊富な 1-オクテンと容易に反応する． 一方，生成した第二級アルキルラジカルは求核性ラジカルであり，1-オクテンに優先して $BrCCl_3$ の 臭素を攻撃し，より強い $C-Br$ 結合をもつ生成物を与える．

6・2・4 ラジカル開裂反応

ラジカルの隣接位の結合が開裂する過程を β 開裂反応という．例は少ないが，不対電子を有する原 子の結合が開裂する場合もあり，これを α 開裂反応という．

(12) X = O
(13) X = C

アルコキシルラジカル (12) が β 開裂反応を起こすと，カルボニル化合物が生成する．また，これ はカルボニル化合物へのアルキルラジカルの付加の逆反応に相当する．一方，炭素ラジカル (13) の β 開裂反応ではアルケンが生成するが，これはアルケンへのアルキルラジカルの付加の逆反応であ る．$C=O$ 結合のエネルギーは $C=C$ 結合のそれより約 $100\,kJ\,mol^{-1}$ 大きいので，(12) の β 開裂は (13) の β 開裂よりも起こりやすい．表6・5にアルコキシルラジカルからメチルラジカルが生成する 反応を基準にした開裂の相対速度を示す[1]．ここでも生成するアルキルラジカルの安定性が大きいほ ど，開裂速度が大きい．

表 6・5　アルコキシルラジカル (12) の β 開裂の相対速度

R	CH_3	$ClCH_2$	C_2H_5	$(CH_3)_2CH$	$C_6H_5CH_2$	$(CH_3)_3C$
相対速度	1	6	100	3600	11900	>14000

230   6. 有機化学反応 II

たとえば，アルコキシルラジカル（*14*）は，β開裂反応では選択的に第二級ラジカルであるイソプロピルラジカルを生じる．また，縮合環ラクトールから生成したアルコキシルラジカル（*15*）は，β開裂により選択的に環拡大した第二級炭素ラジカルを生じる[2)]．

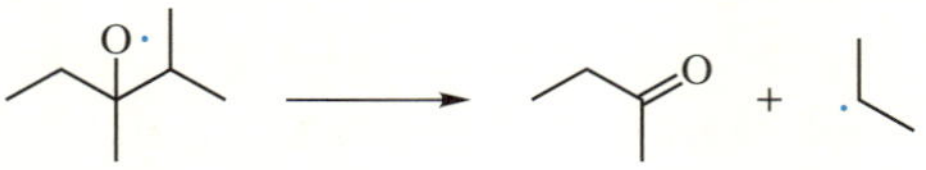

（*14*）

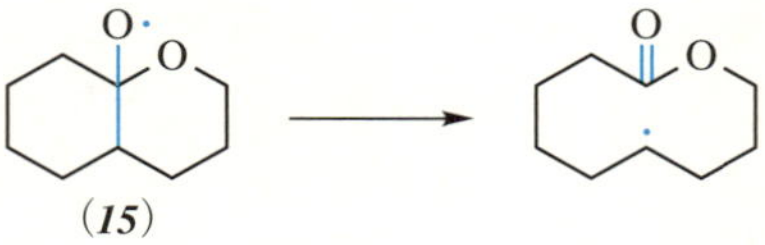

（*15*）

アシルラジカルは，CO の脱離を伴う α 開裂を起こす．一方，アルコキシカルボニルラジカルは CO_2 の脱離を伴う β 開裂を起こす．それぞれの反応の速度は，開裂によって生じるラジカルの安定性に依存する．すなわち，安定な第三級ラジカルやベンジルラジカルが生成する開裂反応は速いのに対し，第一級ラジカルが生成する反応の速度は相対的に遅い．

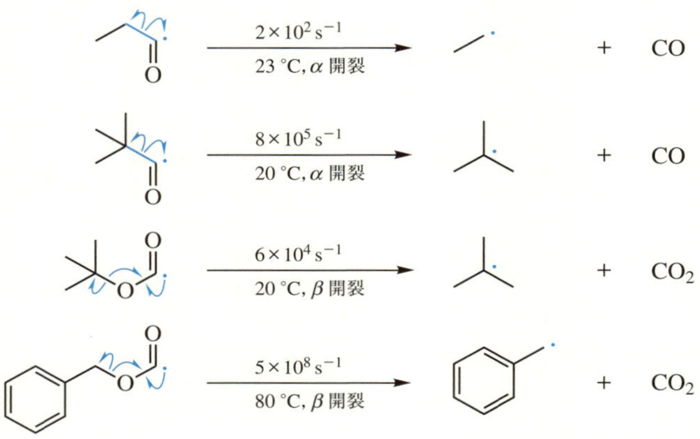

$\dfrac{2\times10^2\,\mathrm{s}^{-1}}{23\,°\mathrm{C},\,\alpha\,開裂}$ ⟶ ⟍· + CO

$\dfrac{8\times10^5\,\mathrm{s}^{-1}}{20\,°\mathrm{C},\,\alpha\,開裂}$ ⟶ + CO

$\dfrac{6\times10^4\,\mathrm{s}^{-1}}{20\,°\mathrm{C},\,\beta\,開裂}$ ⟶ + CO_2

$\dfrac{5\times10^8\,\mathrm{s}^{-1}}{80\,°\mathrm{C},\,\beta\,開裂}$ ⟶ + CO_2

カルボン酸から誘導される *N*-アシルオキシチオピリドン（*16*）は Barton エステルともよばれ，光照射すると脱二酸化炭素を伴ってアルキルラジカルを生成する〔(3) 式〕．ここでチオールを水素源として反応を行うと，対応するアルカン RH が得られる〔(4) 式〕．また，アルケンへの連鎖的付加反応にも利用することができる〔(5) 式〕．

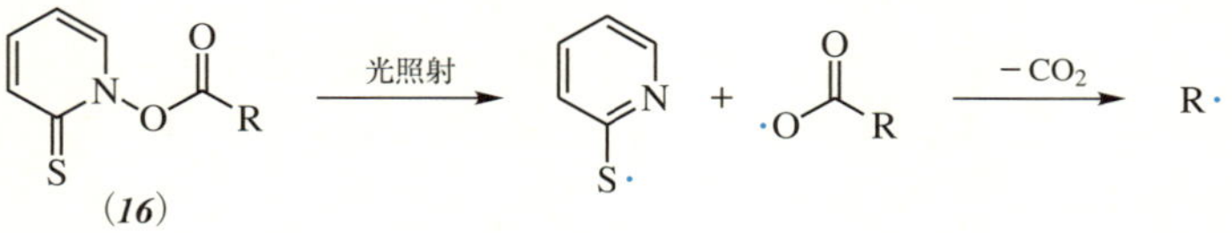

（*16*）　$\xrightarrow{\text{光照射}}$　+　$\xrightarrow{-CO_2}$　R·　　　　(3)

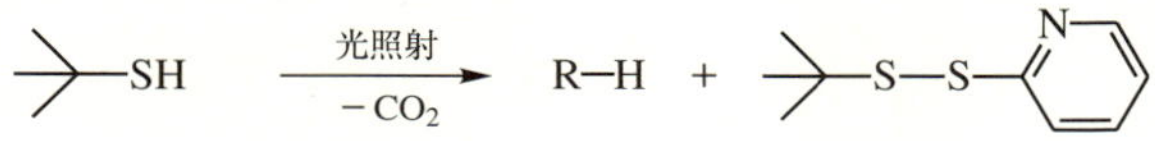

（*16*）＋　⟩—SH　$\xrightarrow[-CO_2]{\text{光照射}}$　R–H ＋ ⟩—S–S–（2-ピリジル）　　　(4)

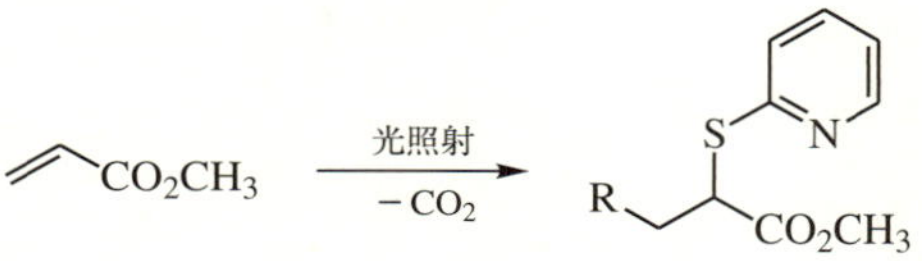

（*16*）＋　⟋⟍CO_2CH_3　$\xrightarrow[-CO_2]{\text{光照射}}$　R–S（2-ピリジル）CO_2CH_3　　　(5)

6・2 ラジカル反応

アリルスズがアルキルラジカルの付加を受けると，ひきつづき β 開裂を起こしてスズラジカルが生成し，これが臭化アルキルの臭素原子を引抜いてアルキルラジカルを生じ，連鎖サイクルが成立する．これはラジカル的なアリル化反応として有用である．

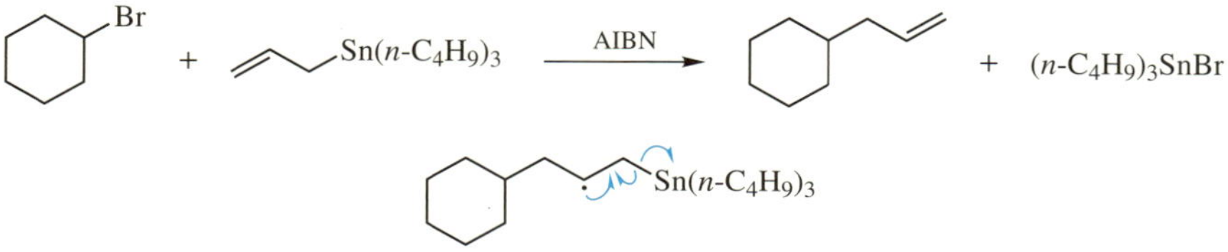

6・2・5　分子内ラジカル付加反応: ラジカル環化反応

ラジカルが分子内の不飽和結合へ付加すると，環が生成する．通常，このラジカル環化反応は可逆であり，逆反応である開裂反応が起これば鎖状ラジカルに戻る．平衡がどちらに偏るかは，環の員数や置換基の存在などによる，正方向の反応(環生成)と逆反応(環開裂)の反応速度のバランスによって決まる．

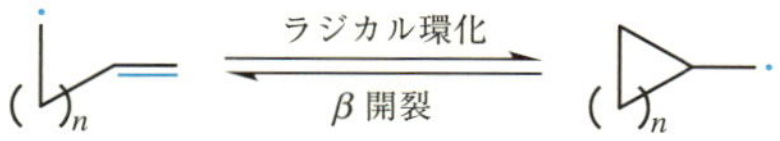

5-ヘキセニルラジカルの場合，環化過程が非常に速いため，逆反応がほとんど起こっていないとみなせる．すなわち，この反応は速度支配とみなすことができ，遷移状態におけるラジカルの SOMO と二重結合の π* 空軌道(LUMO)との重なりの空間的関係により，エキソ環化が有利である(II 巻 §1・3・2).

5-ヘキセニルラジカル

	98	:	2
	5-exo		6-endo
	$2.3 \times 10^5 \, \mathrm{s^{-1}}$ (25 °C)		$4.1 \times 10^3 \, \mathrm{s^{-1}}$ (25 °C)

対応するアルデヒドの 5-エキソ環化反応も速いが，この場合には逆反応の β 開裂がさらに速いため，平衡は開環体に偏る．4-ペンテニルラジカルの 4-エキソ環化は遷移状態が不利できわめて遅いことから，平衡は開環体の側に偏る．また，3-ブテニルラジカルの 3-エキソ環化は速やかであるが，シクロプロピルメチルラジカルの開環がさらに速いため，この平衡も開環体に偏っている．

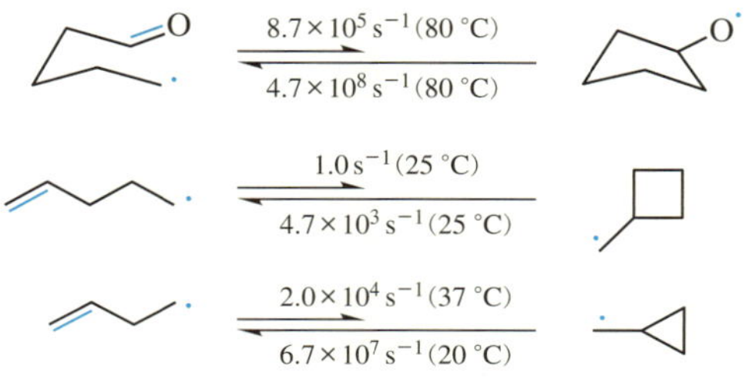

上述の 5-ヘキセニルラジカルの環化反応のように，速度定数のわかった反応を基準として用いると，注目するラジカル反応の反応速度を求めることができる．これを**ラジカル時計**(radical clock)法とよぶ．ここでは，5-ヘキセニルラジカルの環化反応をラジカル時計として用い，第一級ラジカル

6. 有機化学反応 II

と 1,1,3,3-テトラメチルイソインドリニル-2-オキシル(TMIO)との結合反応の速度定数 k_{CO} を求めた例を示す. すなわち, 十分に高い初濃度の TMIO の共存下に 5-ヘキセニルラジカルを生成させると, 生成物として直接捕捉体(H−T)と環化捕捉体(C−T)とが得られる. この実験により求まる生成物比 (H−T)/(C−T)(= 1043), および 5-ヘキセニルラジカル環化反応の速度定数 k_{cy}(= 1.26×10^8 s^{-1}, 80 °C)を下式に代入し, k_{CO}(14×10^8 mol^{-1} s^{-1})が求められた[3].

$$\frac{k_{co}}{k_{cy}} = \frac{[\text{H−T}]/[\text{C−T}]}{[\text{TMIO}]_{\text{初濃度}}}$$

k_{co}: カップリングの速度定数
k_{cy}: 5-ヘキセニルラジカル環化反応の速度定数(既知)

ラジカル環化反応を炭素環化合物の合成に応用した例は多い(II巻§5・6・4参照). また, 複素環合成に応用した例もあり, 次の反応は分子内 Kharasch 反応により 2-ピロリドン環合成を行った例である. 塩化銅(I)錯体が触媒として基質から塩素原子を引抜き, 生成したラジカルが 5-エキソ環化を起こした後, 塩化銅(II)から塩素原子を受取ることにより, 環化生成物を与えるとともに塩化銅(I)が再生され, 連鎖サイクルが成立する.

また, 下式では, アリールラジカルの 5-エキソ環化に続き, アジド基への 5-エキソ環化が脱窒素を伴って進行し, 二つのピロリジン環が生成している.

6・2・6 ラジカル転位反応

a. ラジカル分子内水素引抜反応

次に示す分子内 S_H2 反応は, 水素の分子内転位とみなすこともできる. 炭素, 酸素, 窒素ラジカル (**17**) の反応では, 1,5 水素移動による(**19**)の生成が最も起こりやすい. これは, (**18**)のように S_H2 反応では遷移状態で 3 原子が一直線になる空間的関係であるが, 6 員環遷移状態を経由する ($n = 1$) の場合にはこの関係が成り立ちやすいためである. 一方, 1,4 水素移動や 1,6 水素移動は起こりにくいが, その理由は, 前者については 5 員環遷移状態($n = 0$)が一直線の関係を保ちにくいこと,

6・2 ラジカル反応

また，後者については7員環($n=2$)以上の環は一直線にはなれるものの，ラジカルと引抜かれる水素との遭遇確率が小さいためである．このような特長を利用すると，飽和炭化水素鎖に対する位置選択的な官能基導入を行うことができる．

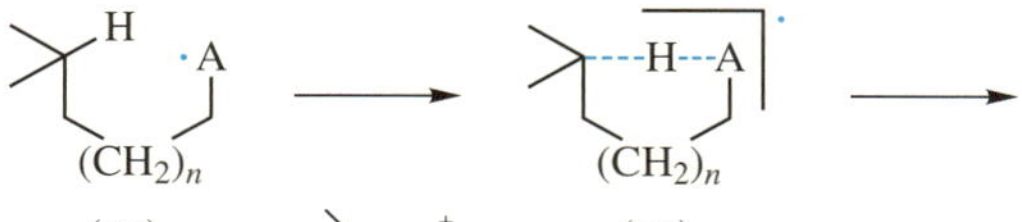

$$(17) \quad A = \text{C, O, } \overset{+}{\text{N}}\text{HR} \quad (18) \qquad (19)$$

Hofmann–Löffler–Freytag[4]反応は，古くから知られた窒素ラジカルによる分子内水素引抜反応である．酸性でプロトン化したN-クロロアミン(20)の溶液に光照射すると，窒素カチオンラジカル(21)が生成し，これが分子内のδ水素を引抜いて炭素ラジカル(22)を生成する．この(22)は(20)から塩素を引抜きδ-クロロアミン(23)を生成するとともに，ラジカル(21)が生じて連鎖過程が成立する．生成物(23)は塩基性条件下で環化し，対応するピロリジンを与える．

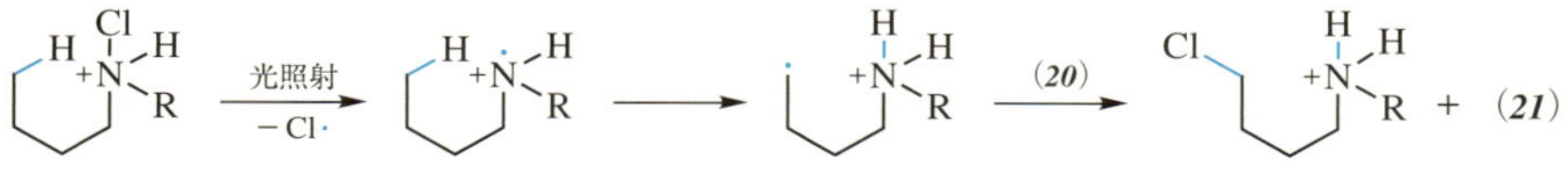

アルコールの亜硝酸エステル(24, X = NO)の光分解により生成させたアルコキシルラジカル(25)は，選択的にδ位水素を引抜いて炭素ラジカル(26)を生成し，さらに系内で生じた・NOを捕捉しδ-ニトロソアルコール(27, X = NO)を生じる．最終的にはニトロソ化合物は熱異性化してオキシム(28)を与える（Barton亜硝酸エステル反応[5),6)]）．この反応は連鎖反応ではない．また，次亜ハロゲン酸エステル(24, X = Cl, Br, I)から対応するハロアルコール(27, X = ハロゲン)を合成する反応[2)]もある．

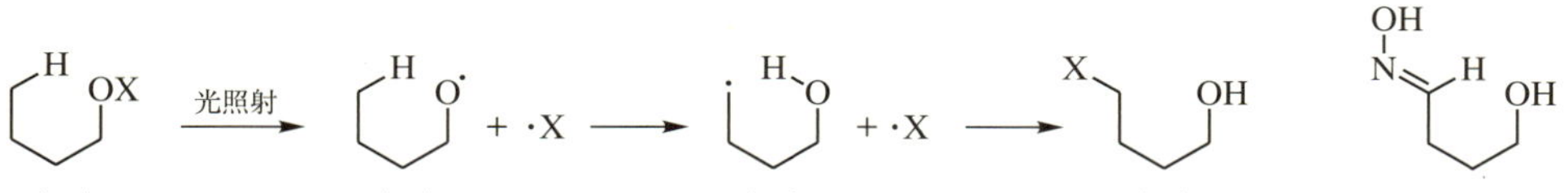

これらの反応は，下図のように，ステロイド合成などの分野で不活性なメチル基に官能基を導入するために利用される．

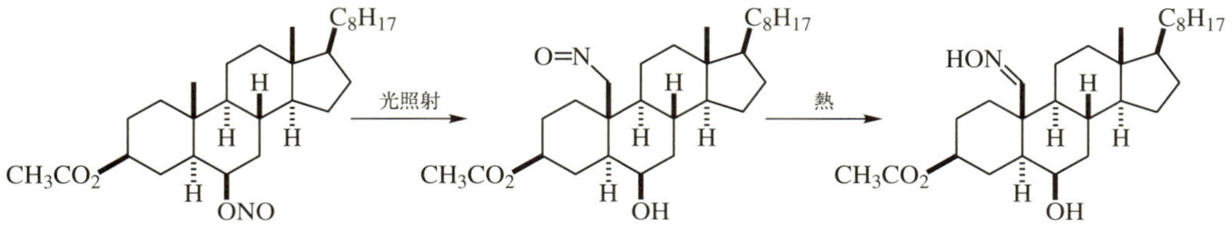

b. 1,2 転 位 反 応

カルボカチオンと異なり，ラジカルは一般に水素やアルキル基の1,2転位を起こさないが，フェニル基やハロゲンの1,2転位はみられる．たとえば，次に示す反応ではフェニル基が橋かけラジカルを

経て α 位に転位し，熱力学的により安定なラジカルが生じる．

6・2・7　ラジカルどうしの反応，ラジカルへの電子移動

ラジカルどうしの反応では，下式のようにカップリング〔(a), $R^1 = R^2$ の場合，ラジカル二量化〕および不均化(b)が起こる．

$$R^1\cdot\ +\ R^2\cdot\ \xrightarrow{\ (a)\ }\ R^1-R^2$$

$$RCH_2CH_2\cdot\ +\ RCH_2CH_2\cdot\ \xrightarrow{\ (b)\ }\ RCH=CH_2\ +\ RCH_2CH_3$$

これらはラジカル連鎖過程における停止反応に相当し，後者では一方のラジカルの炭素原子上の水素が引抜かれ，アルカンとアルケンが生成する．両反応ともに活性化エネルギーは0に近いが，立体効果が速度に大きく影響する．不均化 k_d とカップリング k_c の速度比 k_d/k_c はエチルラジカルでは 0.15 であるが，第三級ブチルラジカル $(CH_3)_3C\cdot$ では 4.5 に増大する．これは主として β 位の水素数によるものであり，k_d/k_c は気相と溶液中でほぼ等しい．寿命の比較的長いラジカル（たとえば，フェノキシルラジカル，§5・3・5参照）の場合，ラジカルと反応する非ラジカル分子の濃度が低いかまたは存在しない場合，高収率でラジカルカップリングやラジカル二量化の生成物が得られるので，合成的にも利用することができる．

二つの不対電子が同一分子内の異なる原子に存在するラジカルを**ビラジカル**(biradical)という．不対電子が近接した 1,3-ビラジカル，1,4-ビラジカルでは，カルベンと同様，2個のラジカルの軌道の相互作用により一重項と三重項の状態が可能となる．これらはそれぞれ5員環や6員環ジアゼンの熱または光による分解反応などにより生成するが，熱分解では一重項ビラジカルが，三重項増感剤の存在下での光分解では三重項ビラジカルが生成する．

三重項ビラジカルは一重項ビラジカルに比べて寿命が長い．この違いは反応生成物の立体化学に反映され，たとえば環状ジアゼン (*29*) は光増感分解または熱分解すると，シクロブタン誘導体のメソ体 (*30a*) とラセミ体 (*30b*) の混合物を生じる．ここで，(*29*) の立体化学を保持したメソ体 (*30a*) と保持しない (*30b*) の割合は，光増感分解よりも熱分解のほうが大きい．これは，光増感反応で生成する三重項ビラジカルが閉環するにはスピンの反転が必要であり，この間に結合の回転が起こるためである．

a. 脱水素二量化反応

電子求引基(A)ならびに電子供与基(D)を片側末端にもつアルケン (*31*) の共存下でアルキルラジカ

ルを生成させると，ラジカルの二量化に優先して付加反応が起こり安定なラジカル (*32*) を与え，つ
いでこれが二量化することにより生成物 (*33*) を高収率で与える[7]．

$$RH \xrightarrow{(CH_3)_3CO\cdot} R\cdot \xrightarrow{(31)} R\!\!\diagdown\!\!\overset{A}{\underset{D}{\cdot}} \longrightarrow R\!\!\diagdown\!\!\overset{A\ D}{\underset{A\ D}{\diagup}}\!\!\diagdown\!\!R$$

A＝電子求引基
D＝電子供与基

(*32*) 　　　 (*33*)

これは，ラジカル (*32*) がカプトデーティブ効果(§5・3・4a)により安定化しており，アルケンの重
合が抑制されてカップリングが優先するためである．下式に具体例を示す．

b. 還元的・酸化的カップリング反応

　有機化合物を 1 電子酸化あるいは還元すると不対電子が生じ，ラジカルが生成する．電荷も生成
するのでラジカルイオンになる．たとえば，カルボニル化合物を 1 電子還元するとケチルラジカル
を生成し，二量化によりジオールとなる．この還元は，下図のように電解反応により陰極上で，また
は Mg のような金属や金属イオン[8]により起こる．古典的な有機化学反応であるアシロイン縮合など
も関連反応である（Ⅱ巻§2・4・1b 参照）．

$$R^1\!\!-\!\!\overset{O}{\overset{\|}{C}}\!\!-\!\!R^2 \xrightarrow[H^+]{+e} R^1\!\!-\!\!\overset{OH}{\underset{}{\cdot C}}\!\!-\!\!R^2 \xrightarrow{\text{二量化}} \underset{R^2}{\overset{HO}{R^1\!\!-\!\!C}}\!\!-\!\!\underset{R^2}{\overset{OH}{C\!\!-\!\!R^1}}$$

　ラジカルの生成に電極における電子の授受を利用することもできる．脂肪酸塩の水溶液を電気分
解すると，脂肪酸イオンは陽極で電子を失い，生じるアシルオキシルラジカルが β 開裂して脱二酸
化炭素を起こし，生じたアルキルラジカルどうしが二量化してアルカンが高収率で生成する（Kolbe
反応）．二量体の収率が高いのは，電極上に吸着した化学種による反応であり，生成したラジカルど
うしが比較的近接して存在する確率が高いためである．

$$2\ RCOO^- \xrightarrow{-e} 2\ RCOO\cdot \xrightarrow{-CO_2} 2\ R\cdot \longrightarrow R\!\!-\!\!R$$

c. ラジカルと酸化剤・還元剤との反応

　炭素ラジカルは金属イオンによって酸化あるいは還元され，それぞれカルボカチオン，カルボア二
オンとなる．ラジカルの SOMO のエネルギーが高い場合，金属塩への電子移動によりカルボカチオ
ンが生成する．
　次図には Cu(Ⅰ)を触媒とするシクロヘキセンのアリル位酸化反応の例を示す．第 1 段階では，Cu(Ⅰ)
から過安息香酸エステルへの 1 電子移動により安息香酸イオンおよびアルコキシルラジカルが生
成する．第 2 段階ではアルコキシルラジカルがシクロヘキセンの水素原子を引抜き，ラジカルが生
成する．第 3 段階はラジカルが第 1 段階で生じた Cu(Ⅱ)により 1 電子酸化されてカチオンとなると
ともに，Cu(Ⅰ)が再生する．第 4 段階はカチオンと $C_6H_5CO_2^-$ との反応である．ここでは，金属イ
オンとの電子の授受が，ラジカルの生成ならびにカルボカチオンへの変換に寄与している．

6・3 カルベンの反応

2配位の炭素中間体であるカルベンは結合に関与しない電子を2個もつため、一重項と三重項の二つの電子状態をとることが可能である。どちらの電子状態が安定であるかは構造によって変化し、また、それぞれの電子状態は異なる反応性を示す。このためにカルベンの反応は単純ではない。ここでは、カルベンの多重度と反応性の関連について述べる。なお、多重度がわかっている場合には、一重項カルベンを $R_2C\uparrow\downarrow$、三重項カルベンを $R_2C\uparrow\uparrow$ のように表す。

安定性の異なる二つの電子状態があるとき、いずれの状態が反応に関与するかは必ずしも一義的に決定されるものではない。カルベンの反応においても、基底状態の多重度が必ず反応に関与するとは限らない。それではカルベンの反応性に影響する因子は何だろうか。

ジアゾ化合物の光分解によってカルベンを生成する場合について考えてみよう(図6・11)。この場合、**直接光分解**(direct photolysis)によって生成するカルベンは基底状態の多重度にかかわらず生成期においては一重項である。しかし、三重項増感剤(Sens)を用いて増感光分解すれば、三重項カルベンを生成させることが可能である。一般に、一重項カルベンの反応速度定数 k_S は三重項の反応速度定数 k_T よりかなり大きい。一重項状態から三重項状態への項間交差(§6・4・2)の速度定数 k_{ST} と、その逆反応の速度定数 k_{TS} も重要な因子であり、これは一重項-三重項エネルギー差 ΔG_{ST} と関連する。すなわち、ΔG_{ST} が十分に大きければ $k_{ST} \gg k_{TS}$ であるが、4~8 kJ mol^{-1} 程度のときは $k_{ST} > k_{TS}$ となり、両者は平衡状態にあるものとして取扱う。このような速度論的情報をもとにすると、反応に関与する多重度の効果は次のようにまとめることができる。

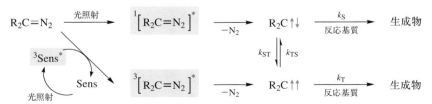

図 6・11　ジアゾ化合物からのカルベン生成経路

6・3 カルベンの反応　237

1) 一重項が基底状態の場合は，例外なく一重項で反応する．増感光分解によって三重項を生成させても，項間交差して一重項で反応する．

2) 三重項が基底状態で，ΔG_{ST} が十分に大きい場合（$> 20\ \mathrm{kJ\ mol^{-1}}$），一重項と三重項を選択的に生成させると，それぞれの多重度で反応する．ΔG_{ST} が小さい（$4 \sim 8\ \mathrm{kJ\ mol^{-1}}$）と，三重項を生成させても，項間交差しておもに一重項で反応する．

カルベンはその電子構造から予想されるように，各多重度はそれぞれ異なった反応性を示す．一般に，一重項は協奏的に反応して二つの結合を同時に形成するのに対し，三重項の反応は段階的に進行する．一重項の反応はイオン的（求電子的または求核的）であるが，三重項の反応は電気的に中性（ラジカル的）である．

6・3・1　アルケンへの付加反応

カルベンはアルケン類に付加しシクロプロパンを生成するが，一重項カルベンは協奏的に反応し，立体特異性が発現するのに対し，三重項カルベンは段階的，非立体特異的に反応する（Skell-Woodworth 則）．これは三重項カルベンの協奏的付加が**スピン禁制**（spin-forbidden）であるため，アルケンとの付加中間体として三重項 1,3-ビラジカルが生じ，これが一重項へ項間交差する前に結合回転が起こるためである（図 6・12）．ビラジカル中間体を経由することは，ラジカル転位しやすい置換基をもつアルケンとの反応で確かめられる．たとえば，ジシクロプロピルエチレンとの反応〔(1) 式〕では，三重項カルベンは中間体ビラジカルにおいてシクロプロパン環が開環した生成物を与える．

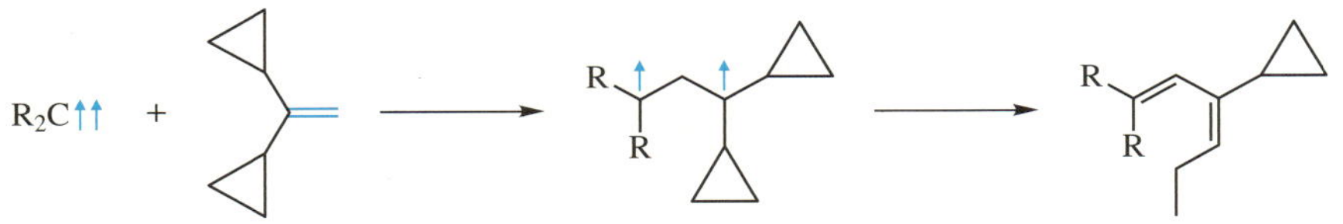

$$\tag{1}$$

一方，一重項カルベンがアルケンに接近し，生成物シクロプロパンと類似の幾何構造をもつ4電子を含んだ対称遷移状態をとることは軌道対称性から禁制であり，軌道間相互作用はキレトロピー反応（§6・6・3c）として説明されている．したがって，遷移状態は始原系に近く，非対称なゆるい構造であると考えられる．分子軌道計算によると，カルベンとアルケンの反応は (A) のような非対称な2電子遷移状態を経由して，これが対称な構造へと回転してシクロプロパン環の生成が起こることが示

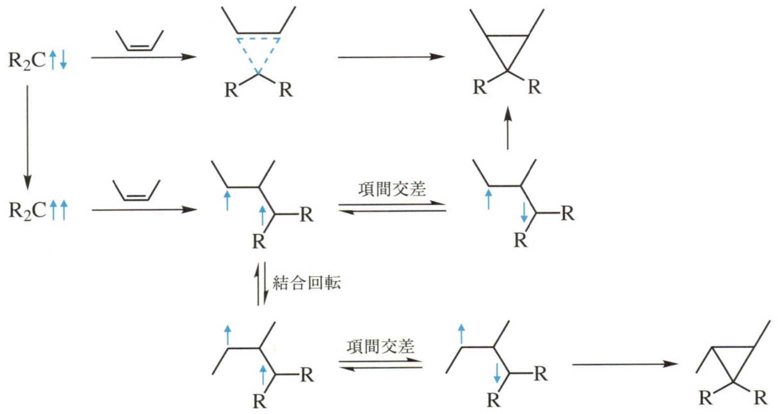

図 6・12　カルベンのアルケンへの付加の立体選択性

されている．(**A**) は求電子攻撃(カルベンの p 軌道とアルケン π 結合の相互作用)に対する遷移状態であるが，求核攻撃(カルベン σ 軌道とアルケン π* 結合の相互作用)の遷移状態も同様な構造 (**B**) で示される．いずれが重要かは，後述するように，カルベンとアルケンの軌道の相対的なエネルギーに依存する(図 6・13)．

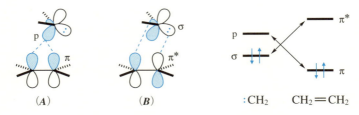

図 6・13　カルベンとアルケンの軌道相互作用

カルベンは電子不足の化学種であり，一般に求電子種と考えられている．事実，多くの一重項カルベンは空の p 軌道を用いて求電子的に反応する．しかし，共鳴などによってこの p 軌道が利用できない場合は，電子対の詰まった σ 軌道を用いて求核攻撃を行う．また，求核・求電子性は反応する基質によっても変化する．このカルベンの求核・求電子性は，どのような因子によって影響されるのであろうか．

ヘテロ置換一重項カルベン CXY のアルケンに対する付加の**選択性指数**(selectivity index) $m_{\rm CXY}$ が求められている．まず，電子密度の異なる一連のアルケンへのジクロロカルベン CCl_2 の付加の相対反応速度を求め，これを基準反応 ($m_{CCl_2}=1.00$) とする．次に同じ一連のアルケンに対する他のカルベン CXY の相対反応速度を求め，これを基準反応に対して対数プロットし，その傾きから $m_{\rm CXY}$ を求める．したがって，$m_{\rm CXY}$ が 1.0 より大きければ，このカルベン CXY は CCl_2 より選択的で，1.0 より小さければ非選択的となる．多くの実験値から，$m_{\rm CXY}$ は置換基 X と Y の置換基定数 σ_{R^+} と σ_I を用いて次式のように示される．この式から，他の多くのカルベンの $m_{\rm CXY}$ を予測できる(表 6・6)．

$$m_{\rm CXY} = -1.10\Sigma_{X,Y}\sigma_{R^+} + 0.53\Sigma_{X,Y}\sigma_I - 0.31$$

CCl_2 や CF_2 など，$m_{\rm CXY}$ が 1.5 より小さいカルベンは，求電子性を示す．すなわち，より電子密度の高いアルケンに対してより高い反応性を示す．このことは，先に述べた p-π 相互作用が重要であることを示している．一方，ジメトキシカルベン :$C(OCH_3)_2$ は逆に，より電子密度の低いアルケンに対して高い反応性をもち，求核性(σ-π* 相互作用)を示す．カルベンとアルケンの HOMO と LUMO のエネルギーを求め比較したところ，求電子性カルベンではカルベンの LUMO(p)軌道とアルケンの HOMO(π)軌道の相互作用のほうが，カルベン HOMO(σ)-アルケン LUMO(π*)相互作用よりエネルギー的に有利であり，XY の電子供与性が増加するとこれが逆転することが示された(表 6・6)．いい

表 6・6　一重項カルベンのアルケン類への付加の選択性指数

カルベン	$m_{\rm CXY}$(観測値)	$m_{\rm CXY}$(計算値)	p-π, eV	π*-σ, eV	反応性
$CH_3\ddot{C}Cl$	0.50	0.58			求電子性
$C_6H_5\ddot{C}Cl$	0.83	0.71			
:CCl_2	1.00	0.97	10.82	13.22	
:CF_2	1.48	1.47	12.40	15.16	
$CH_3O\ddot{C}Cl$		1.59	12.97	12.60	両親和性
$CH_3O\ddot{C}F$		1.85			
:$C(OCH_3)_2$		2.22	14.60	12.59	求核性

かえれば，ジハロカルベンでは，非共有電子対の供与によってカルベンのp軌道エネルギーは上昇し，一方で，σ分極によってσ軌道エネルギーが低下するが，ジメトキシカルベンではp軌道エネルギーは上昇するが，σ軌道エネルギーが低下しないことを示している．

さて，ここで最も興味深い挙動を示したのは，$m_{CXY}=1.5〜2.0$のカルベンである．たとえば，$m_{CXY}=1.59$のクロロメトキシカルベン CH_3OCCl は，電子密度の高いアルケンだけではなく低いアルケンに対しても高い反応性を示した．このカルベンは求電子性および求核性カルベンの中間に位置し，p–π，σ–π*のいずれの相互作用が重要となるかは，反応するアルケンによって変化する（図6・14）．このようなカルベンは**両親和性**(ambiphilic)をもつという．

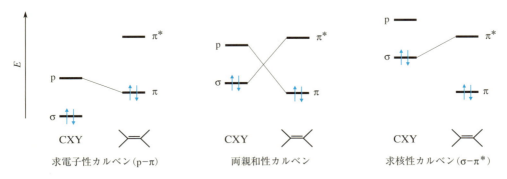

図 6・14 一重項カルベンとアルケンとの軌道の相互作用

より定量的な取扱いとして，カルベンの電子親和力とイオン化ポテンシャルを求める方法がある．電子親和力はカルベンの求電子性の，一方イオン化ポテンシャルは求核性の尺度である．これらの値はいろいろな構造のカルベンに対して DFT 法で計算できるので，それを用いて求電子性–求核性を数値として示すことが可能である．このような取扱いから，ジフルオロビニリデン (**34**) が最も求電子性の高いカルベンであることが予測された．事実，(**34**) は 40 K という極低温でも水素分子に挿入することが見いだされた〔(2) 式〕．

$$F_2C=: \ + \ H-H \ \longrightarrow \ F_2C=CH_2 \text{（with H's）} \tag{2}$$

(**34**)

6・3・2 C–H 挿入反応

カルベンは C–H 結合とも効率よく反応する．これはカルベンの強い求電子性を示す典型的な反応であり，C–H 結合へ挿入し，立体特異的に C–C 結合を形成するので，合成化学的にも有用である．

一重項カルベンは C–H 結合に対し垂直に接近し，**三中心環状遷移状態**(three-center cyclic transition state)を経て，協奏的に挿入する．たとえば，(S)-2-ブチルベンゼン (**35**) の第三級ベンジル水素への CCl_2 の挿入は，立体保持で進行する．一方，この反応に対する反応速度同位体効果 (k_H/k_D) は 2.5 と小さい (§4・3・2)．さらに，パラ置換クメン (**36**) の C–H 結合への挿入反応に対する

(**35**) (**36**)

Hammett 式（§4・5・1）の反応定数 ρ は -1.9 とわずかに負である．これらのことから，遷移状態 (**37**) において基質炭素($\delta+$)-カルベン炭素($\delta-$)の分極の程度は小さく，遷移状態は反応の早期の段階にあるとされた．クロロ（フェニル）カルベンの 1,3,5-トリメチルシクロヘキサンの C–H 結合への挿入の遷移状態が計算され，C–H 結合は 110 pm から 140 pm と長くなり，H からカルベン炭素への距離は 124 pm とかなり短くなっている．

一方，三重項カルベンは C–H 結合に対し直線的に接近し水素引抜きを行い，ラジカル対を与える．ラジカル対が再結合すれば C–H 挿入生成物が生じるが，一般的にはそれぞれのラジカルが拡散するので，二量体を含む多くの生成物を生じる．

遷移状態の構造の比較から予想されるとおり，一重項カルベンの反応は三重項カルベンより立体化学的要求が厳しいので起こりにくい．たとえば，光学活性な 2-アルコキシ基をもつフェニルカルベン (**38**) は分子内 δ-C–H 挿入生成物 (**40**) を与えるが，(**40**) はもとの立体配置を保持していない．このことは (**40**) が三重項カルベンからの 1,5-ビラジカル (**39**) を経由して生成することを意味する．一重項カルベンが δ 位の C–H 結合に接近するためには結合を回転させる必要がある．これは結合角の変形とカルベンのベンジル共鳴安定化を失うためエネルギー的に不利になる．これに対して，三重項は 6 員環遷移状態を通って容易に δ-H を引抜くことができる〔(3) 式〕．

6・3・3 ヘテロ原子をもつ化合物との反応

一重項カルベンはその強い求電子性から予想されるように，ヘテロ原子の非共有電子対と容易に反応しイリドを形成する．これはイリドの生成法として有用であり，安定イリドの生成からイリドの介在する種々の反応（Stevens 転位，Cope 転位，β 脱離，1,3 双極付加）にまで用いられている．これとは対照的に，三重項カルベンはヘテロ原子に対しむしろ不活性であり，塩基性が低く極性の低い反応点と反応する．たとえばアリルアミンとの反応では，一重項カルベンはアミン窒素を攻撃してイリドを形成し，[2,3] シグマトロピー転位して生成物を生じるのに対して，三重項はアルケン部と反応してシクロプロパンを生じる〔(4) 式〕．

ケトンとの反応でも，一重項カルベンは酸素原子と相互作用してカルボニルイリドを生成し，これ

はさまざまな双極子付加体を与えるが，三重項カルベンはC−H結合から水素引抜きを行う〔(5)式〕．しかし，求核性カルベンはケトンのカルボニル炭素を攻撃する〔(6)式〕．

カルベンとアルコールとの反応性は，多重度によって異なる．すなわち，一重項カルベンはアルコールのO−H結合に挿入してエーテルを与えるのに対し，三重項カルベンはC−H結合から水素を引抜きラジカル対を経て，C−H結合挿入物を含む生成物混合物を与える．

一重項カルベンとO−H結合との反応は，他のヘテロ化合物との反応の類推から，下図の(a)のようにカルベンがアルコールの酸素を求電子攻撃してイリドを形成し，ひき続くプロトン移動によってエーテルが生成すると考えられる．しかし，これ以外に(b)のアルコールによるカルベンのプロトン化で生じるカルボカチオンを経由してエーテルが生成する経路もある．イリド機構とカルボカチオン機構は，それぞれの中間体を化学的に捕捉したり，分光学的に検出することによって区別することが可能である．どの経路が主になるかはカルベンの構造と関連し，一般に求電子性の高いカルベンはイ

(a) イリド機構で反応するカルベン　　(b) カルボカチオン機構で反応するカルベン

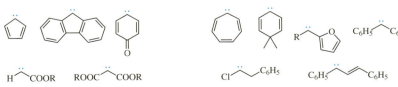

リド機構，求電子性の弱いカルベンと求核性のカルベンはカルボカチオン機構で反応する．また，中間体が検出されない経路も存在し，(c)の一重項カルベンがO−H結合へ直接挿入する経路もあると考えられる．

6・3・4　カルベンの転位反応

アルキルカルベンやケトカルベンは一般的に1,2転位を行い，それぞれアルケンおよびケテンを生成する．前者はBamford-Stevens反応〔(7)式〕，後者はWolff転位〔(8)式〕，Arndt-Eistert合成として，古くからアルケンやエステルの合成法として用いられている．(7), (8)式の転位は，おもに一重項で速く進行するため，これらのカルベンを分子間反応で捕捉することは困難である．(9)式の転位

$$\text{(7)}$$

$$\text{(8)}$$

は移動基Zがその電子対をもってカルベンの空のp軌道へ分子内攻撃するのであり，その遷移状態は(9)式のように示される．ここで，移動基側の置換基(X, Y)はバイスタンダー置換基とよばれ，遷移状態で生じる正電荷を安定化するほど移動を促進する．

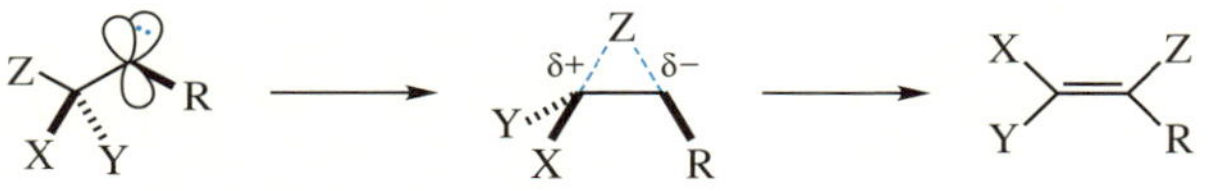

$$\text{(9)}$$

Z: 移動基　　　Y, X: バイスタンダー置換基

バイスタンダー置換基(Y)が遷移状態を安定化する程度B[Y]は，カルベン (*41*) の生成物比 (*42*)/(*43*) から見積もることができ，$C_6H_5 < CH_3 \approx$ アリル $\ll CH_3O$ である．

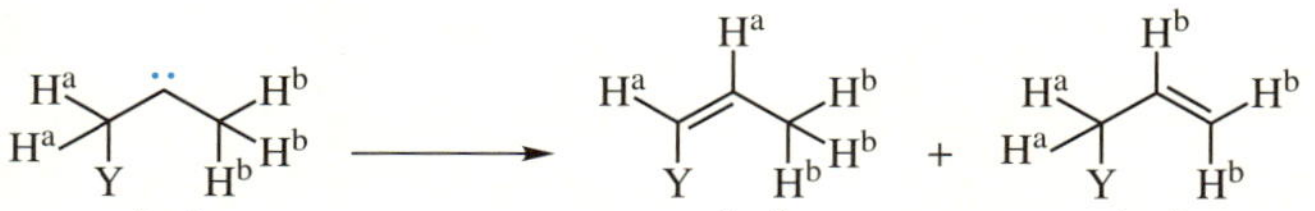

(*41*)　　　　　　　(*42*)　　　　　(*43*)

$$B[Y] = k_{H^a}/k_{H^b} = (42)/(43)$$

Y	C_6H_5	CH_3	アリル	CH_3O
B[Y]	9.2	28.5	28.1	73.5

転位の立体化学はカルベンの回転異性体の安定性に依存する．たとえば，(10)式ではカルベンは，置換基Rとフェニル基との間の立体反発によりアンチ体のほうが安定であるので，*E*体アルケンが

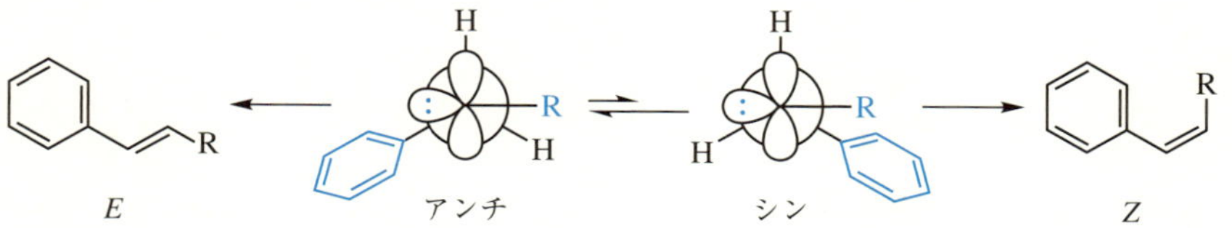

$$\text{(10)}$$

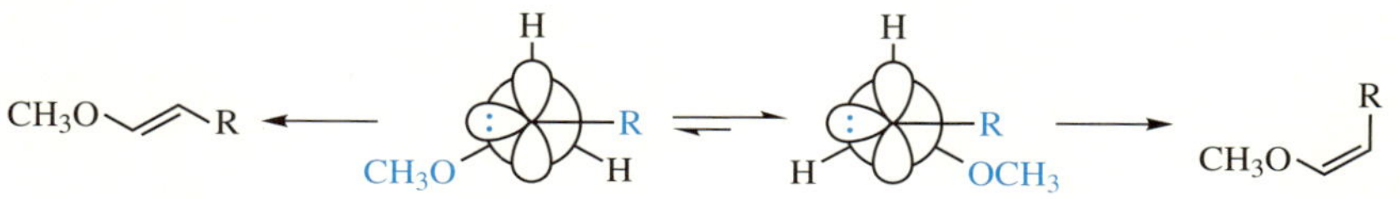

E　　　　アンチ　　　　シン　　　　Z

$$\text{(11)}$$

E　　　　アンチ　　　　シン　　　　Z

多く生じる．一方，(11) 式のカルベンでは，Z 体アルケンの生成が有利である．これはシン体では
カルベンの σ 軌道 (n_C 軌道) と σ*(CH_2-OCH_3) 軌道がアンチペリプラナーにあり，超共役による安定
化がはたらきやすいためである．

フェニル基以外の炭素置換基はほとんど 1,2 転位を起こさないが，シクロプロピル基は例外的であ
る．シクロプロピルカルベン (*44*) は 1,2 炭素転位による生成物〔シクロブテン，(*45*)〕のみを与え，
1,2 水素転位生成物 (*46*) を与えない．これは，電子豊富でひずんだシクロプロパンの C−C 結合とカ
ルベンの空の p 軌道の相互作用のほうが，C−H 結合のそれより有利なうえに，環拡大によるひずみ
の解消があるためである．

(*46*)　(*44*)　(*45*)

シクロブチルカルベン (*47*) の場合は 1,2 炭素転位生成物 (*48*) と 1,2 水素転位生成物 (*49*) がとも
に観測されるが，ひずみ解消のために 1,2 炭素転位が有利となる．

(*47*)　(*48*)　2 : 1　(*49*)

6・4　光 化 学 反 応

本節では，分子が光を吸収することによって生じる電子励起状態を経由する有機化合物の化学反
応，すなわち**有機光化学反応**(organic photochemical reaction)について概説する．有機光化学反応の研
究は 20 世紀初頭イタリアで始まり，単純分子の気相光分解反応や天然有機化合物の溶液中での光化
学反応の研究の時代を経て，1960 年代から Woodward-Hoffmann 則の提唱とも相まって急速に発展
し，ほぼすべての発色団の光化学反応の体系化が進んだ．有機分子の光化学は，分子変換や合成への
応用のほかにも，光合成・視覚・生物発光などの生命現象の解明，写真・高分子・半導体・情報・エ
ネルギー産業から医療・環境調和型プロセスへの応用など，基礎科学として重要な役割を果たしてい
る．

6・4・1　有機光化学反応の特色

基底状態(ground state, S_0)にある分子の振動励起で起こる熱反応と異なり，光化学反応は光子を吸
収して生じる電子励起状態から始まる．基本骨格は同じでも電子配置の異なる分子は全く異なる物性
と反応性をもつため，光化学反応にはいくつかの特長がある．熱反応では禁制の反応や多段階を要す
る反応が光反応では 1 段階で効率よく進むことや，光エネルギーが反応の駆動力となるため低温で
も容易に反応が進行することなどがあげられる．

図 6・15 はさまざまな電子状態における各分子軌道への電子配置を表す．S_0 にある分子が光を吸
収すると，被占軌道にある電子の一つがスピンの向きを保持したまま反結合性の空軌道に上がり，電
子励起状態となる．HOMO の電子が LUMO に励起された状態を**最低励起一重項状態**(lowest excited
singlet state, S_1)とよぶ．S_1 において，HOMO または LUMO にある電子の一つのスピンが反転し，2
個の電子が同じ向きのスピンをもつ**最低励起三重項状態**(lowest excited triplet state, T_1)を生じること
がある．T_1 では各電子が S_1 と同じエネルギー準位の軌道に入っているが，S_1 より低エネルギーで寿

命も長く，物理的，化学的性質も異なる．π軌道からπ*軌道への電子遷移をπ→π*遷移，生じた励起状態を π,π*励起状態とよぶ．また，S_1 から T_1 への遷移はスピン禁制であり，その遷移確率は分子によって異なるが，一般には低い．

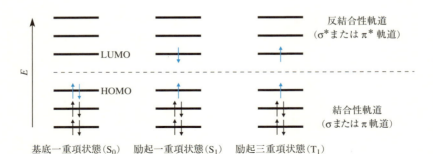

図 6・15　基底および励起状態の電子配置

　励起状態分子は，基底状態分子に比べ著しくエネルギーに富み，結合の開裂などの反応を経て基底状態の生成物を生じるか，過剰のエネルギーを失って再び基底状態に戻る（失活する）．したがって，励起分子は短寿命の化学種であり，多くの場合，速度支配による生成物を生じる．光化学反応において高度のひずみをもった高エネルギー化合物が生成するのは，このためである．

　励起状態と基底状態の分子における電子分布の相違は物理的，化学的性質に反映され，光反応と熱反応では立体選択性や位置選択性，さらには生成物そのものが異なる場合が多い．たとえば，基底状態のカルボニル化合物はカルボニル炭素が求電子性を示すのに対し，励起状態では逆に酸素が求電子性を示し，アルコキシルラジカルに類似の反応性を示す．§6・6に述べるペリ環状反応では，光反応と熱反応の間で許容・禁制あるいは立体選択性の逆転がみられる．

　励起状態分子は高エネルギー準位にある反結合性軌道に電子があるため，基底状態分子に比べ1電子を取除くのに必要なエネルギー（イオン化ポテンシャル）が小さく，電子を他の分子に与えやすい．分子の電子受容能の尺度である電子親和力も，エネルギー準位の低い HOMO に空きのある励起状態分子のほうが大きい．したがって，励起状態の分子 A* は基底状態の分子 A に比べ酸化還元能が高く，ラジカルカチオンやラジカルアニオンを生成しやすい．

$$A \xrightarrow{光照射} A^*$$
$$A^* + B \longrightarrow A^+_\cdot + B^-_\cdot \text{ または } A^-_\cdot + B^+_\cdot$$

　通常の熱反応では，反応系を構成する基質，溶媒，生成物のすべてが無差別に熱エネルギーを吸収する．一方，光化学反応では照射する波長を選ぶことにより，光子を特定の発色団（chromophore）のみに吸収させることができる．そのため，望みの発色団部位あるいはその発色団をもつ化合物のみを，選択的に反応させることも可能である．また，光反応は活性化エネルギーが低いため反応温度の制限を受けにくく，たとえば液体ヘリウム温度（4.2 K）での光照射により，熱にきわめて不安定な化学種も生成・捕捉することができる．

　励起状態からの反応のほとんどは不可逆であり，励起された出発物と生成物の間の平衡は成立しない〔(1) 式〕．これに対し，熱反応の多くは出発物と生成物の間に平衡が成立し可逆的である．しかし，A の光化学反応により B を生じ，B の光化学反応によって A を生じることがある〔(2) 式〕．この場合は，A の励起状態 A* を経由して B を生じ，B の励起状態 B* を経由して A を生じる反応であ

る(このさい, A* と B* の間に共通の励起状態 X* が介在する場合がある). 光照射を続けると正・逆両方向の反応速度が等しくなり見かけ上反応が停止するので, このとき反応系は**光定常状態**(photostationary state)にあるという.

$$A \xrightarrow{\text{光照射}} A^* \longrightarrow B \qquad B \xrightarrow{\;\;/\!/\;\;} A^* \tag{1}$$

$$A \xrightarrow{\text{光照射}} A^* \longrightarrow B \qquad B \xrightarrow{\text{光照射}} B^* \longrightarrow A \tag{2}$$

6・4・2 光の吸収による励起状態の生成と性質

a. 光 化 学 の 法 則

ある溶液に入射した光は, 溶液を透過するか, 屈折・散乱するか, 溶媒もしくは溶質またはその両者に吸収される. 吸収された光のみが光化学反応をひき起こすことができる. この原理は, "光化学の第一法則""Grotthus-Draper の法則"とよばれる. その後, 光は電磁波であり, 物質に光子とよばれる一定のエネルギー単位で吸収されるという量子論の概念が確立し, この法則は"理想的な場合, 個々の原子または分子が光子 1 個ずつを吸収し, 吸収された光子の数だけの原子または分子が励起される"と修正された. これを"光化学の第 2 法則", "光化学当量の法則", あるいは"Stark-Einstein の法則"とよんでいる. 強い短パルスレーザー光による励起の場合には 2 個の光子を同時吸収(2 光子吸収)する例外もあるが, この法則は大部分の通常の定常光(ランプ光源)励起による光化学反応で有効である.

1 個の光子のエネルギー E(J)は下式で表される. ここで, h は Planck 定数, ν は光の振動数(s^{-1}), c は真空中の光速度, λ は光の波長(nm)である.

$$E = h\nu = \frac{hc}{\lambda}$$

したがって, 1 mol の分子によって吸収されるエネルギーは, Avogadro 数を N とすると下式で表され, 1 einstein とよぶ.

$$E = Nh\nu = \frac{Nhc}{\lambda}$$

有機分子に電子遷移を起こし化学変化をもたらすのは, 主として波長 100〜800 nm の光である. それより短波長の電磁波では直接イオン化が起こる. 真空紫外線とよばれる 100〜200 nm の光を用いる光化学反応は, この波長域に酸素分子が吸収帯をもつことや, 通常の石英製の反応容器が光を吸収するなど実験上の制約がある. したがって, 最も利用しやすい光は 200〜400 nm の紫外線と 400〜800 nm の可視光である. これらの光のエネルギーは 600 kJ mol^{-1}(200 nm)から 150 kJ mol^{-1}(800 nm)の間にある. 有機分子の各種結合の解離エネルギーもほぼこの範囲に入るが一つの結合に励起エネルギーが集中するわけではないので, 光化学反応において結合の開裂などがすぐさま起こるわけではない.

吸収スペクトルにおける吸収帯の位置ならびに強度によって, 電子遷移に関与する分子軌道を推定することができる. 電子遷移には多数の振動および回転準位間の遷移が付随するため, 有機化合物の吸収スペクトルは鋭い共鳴線ではなく幅広い吸収帯として観測される.

b. 電子遷移に関与する軌道と電子遷移

有機化合物の電子遷移には, 結合性の σ 軌道や π 軌道, 反結合性の σ* 軌道や π* 軌道, ケトン・アルデヒドなどの非共有電子対をもつヘテロ原子上に局在化した非結合性軌道(n 軌道)の計 5 種の分子

軌道が関与して, 励起状態を形成する.

すでに§6・4・1で述べたように, 分子が一定のエネルギーを有する特定波長の光を吸収すると, 特定の軌道の1個の電子が高エネルギーの反結合性軌道に上がり, 励起状態を生じる. 図6・16 は, 各軌道のエネルギー準位と遷移の種類を模式的に示すものである. 遷移に関与する軌道を矢印で結び, n→π*, n→σ*, π→π*, σ→σ* 遷移などと表す. 通常, 遷移エネルギーが最も小さいのは n→π* 遷移であり, 最も大きいのは σ→σ* 遷移である. σ→σ* 遷移には 200 nm より短波長の真空紫外線が必要である.

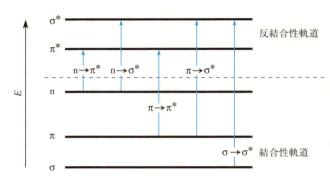

図 6・16 電子遷移の種類と一般的エネルギー準位の模式図

c. 励起状態の性質

光吸収により生じる励起一重項状態の分子からは次の諸過程が起こる.

1) 励起状態で化学変化し, 基底状態の新たな分子を生成する(化学反応)
2) 蛍光またはりん光を放射し, 基底状態に戻る(放射過程)
3) 光の放射を伴わずにエネルギーを失い, 基底状態に戻る(無放射過程)
4) スピン反転が起きて, 一重項から三重項が生じる(項間交差)
5) 励起エネルギーを他分子に与えて励起状態とし, 自らは基底状態に戻る(エネルギー移動)
6) 他分子と電子を授受して, ラジカルカチオン-ラジカルアニオン対を与える(電子移動)

1)が化学過程, 2)～6)がいわゆる物理過程であるが, 5)と 6)で生じた励起状態やラジカルイオン対からも反応が起こるので, 分子変換に利用される. 1)～6)の過程が競合し, それぞれの過程の速度は, 分子の構造, 濃度, 溶媒, 温度などの条件, 他分子の存在などにより異なる. 化学反応が主要な過程となる場合も多い. 光吸収とその後続過程を模式的に示したものが図 6・17 で, Jablonski 図と

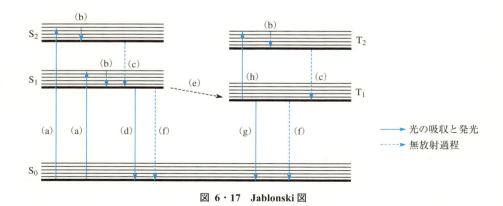

図 6・17 Jablonski 図

よばれる．横線は相対的なエネルギー準位，実線矢印 ——→ は光の吸収と放射（発光），破線矢印 ----→
は無放射過程を示す．

以下，図 6・17(a)〜(h)の各過程について簡単に説明する．

(a) 光の吸収により，S_0 は S_1, S_2 などの励起一重項状態を生じる．光励起は 10^{-15}s 程度の時間で終わるため，Franck-Condon 原理に従い，生成直後の励起状態分子の各原子核の位置は基底状態と変わらない．S_1 は最低励起一重項，S_2 はより短波長（高エネルギー）の光によって生じる 2 番目に高い励起状態を表す．各電子準位に付随する平行な細線は，それに付随する振動準位を示す．

ほとんどの発光や光化学反応は，S_1 や寿命のより長い T_1 から起こる（Kasha 則）．たとえ S_2 に励起しても内部転換によりエネルギーを失い，速やかに S_1 や T_1 準位に落ちるためである．したがって，照射光の波長を変えて化学反応を制御することは，多くの場合むずかしい．

(b) 光励起直後の分子は余剰の振動エネルギーをもつが，隣接する分子との衝突により振動エネルギーを失い，その電子励起状態における最低の振動準位まで緩和（振動失活）する．

(c) S_2, T_2 以上の高次励起状態にある分子は衝突によってエネルギーを失い，それぞれ S_1, T_1 などの第一励起状態まで迅速に緩和する．このような多重度が等しい状態間の無放射遷移を**内部転換**（internal conversion）という．S_2 などの高いエネルギー状態の分子の寿命は通常 10^{-9}s 以下ときわめて短い．

(d) S_1 から励起分子が光を放射して S_0 に戻る．この発光を**蛍光**（fluorescence）とよぶ．

(e) S_1 は電子スピンの反転により，エネルギーがより低く，寿命のより長い T_1 に移る．このようなスピン状態間の変換過程を**項間交差**（intersystem crossing）または系間交差という．項間交差の速度は内部転換に比べて遅く，その効率（後述する量子収率）も各分子によって異なる．また，分子内あるいは溶媒中にヨウ素や遷移金属などの重原子が存在すると，項間交差が著しく促進されることがある．

(f) S_1, T_1 状態からは，化学反応や発光などのほか，無放射失活によっても S_0 に戻る．

(g) T_1 から光を放射して S_0 に戻る発光過程を**りん光**（phosphorescence）とよぶ．りん光スペクトルは蛍光よりも長波長側に現れ，禁制遷移なので強度は弱いが，その寿命は蛍光に比べて長い．

(h) T_1 は寿命がかなり長いため，もう 1 分子の T_1 と反応して S_1 と S_0 を生じたり，さらに光を吸収して高次三重項状態を生じることがある．

d. 量子収率と化学収率

光を吸収したすべての分子が生成物に変換されれば，化学反応としては理想的である．しかし，化学反応は上述した物理過程と競合するため，分子に吸収されたエネルギーは反応以外にも費やされ，100% 化学変換に用いられることはまれである．一方，光化学反応によって生じたラジカルが連鎖的に反応する場合は，一つの光子が一つ以上の分子を変化させることも可能である．光化学では，光量子の利用効率を**量子収率**（quantum yield）Φ とよび，化学反応の Φ は次のように定義される．

$$反応量子収率 \; \Phi = \frac{反応した分子の数}{吸収された光量子の数}$$

量子収率は，化学反応のみならずすべての物理過程，たとえば発光や項間交差の効率などにも適用される．後述する分子間励起エネルギー移動および電子移動のない場合，励起一重項 S_1 からの化学反応，蛍光，内部転換，および項間交差の量子収率の総和は 1 である．また，一重項から三重項への項間交差の量子収率は，三重項 T_1 からの化学反応，りん光，基底状態への項間交差の量子収率の

和に等しい．化学反応の量子収率は，量子収率が既知の光化学反応系と同条件で生成物を比較定量することにより，実験的に決めることができる．一般に，ある光化学反応の量子収率が 0.1 であっても，他の副反応さえなければ，化学収率は 100% という場合もあり，また基底状態の化学反応で多段階を要する変換を 1 段階で達成しうる場合もあるので，量子収率のみで合成反応としての有用性を評価することはできない．

e. 分子間の励起エネルギー移動：増感と消光

励起分子 D^* が励起エネルギーを基底状態分子 A に与えて自らは基底状態に戻るエネルギー移動は，一般に次式で示される．

$$D^* + A \longrightarrow D + A^*$$

エネルギー移動では，S_1 または T_1 状態にある励起分子 D^* からは，同じスピン状態（つまり，それぞれ S_1 または T_1）にある励起分子 A^* を生じ，系全体のスピン多重度は保存される．

エネルギー移動の結果生じた励起状態 A^* からは，直接光励起されたときと同様の発光や反応が起こるので，D^* によって**増感**(sensitization)されたといい，D を増感剤とよぶ．逆に D^* は A によって**消光**(quenching)されたといい，A を消光剤とよぶ．三重項の増感剤を用いて，基底状態の分子を直接 T_1 に励起することができる．項間交差の量子収率が低い分子の光化学反応では S_1 と T_1 両状態から別の生成物が得られることがあるが，三重項増感剤を用いて T_1 からの生成物のみを得ることができる．三重項増感は，励起エネルギー供与体が受容体の三重項エネルギーより約 17 kJ mol^{-1} 以上高ければ，ほぼ拡散律速で起こる．また，増感剤は項間交差の量子収率が高く，T_1 の寿命が長いことが望ましく，ベンゾフェノンはこれらの性質を備えた優れた三重項増感剤の一例である．光化学反応では，S_1 からの生成物と T_1 からの生成物が異なる場合が多い．たとえば，シクロブタノンは増感による T_1 からはシクロプロパンと一酸化炭素を生じるが，直接励起でできる S_1 からの反応ではケテンとエチレンが生成する．

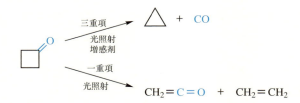

一方，増感と表裏の関係にある消光は，S_1 と T_1 が混在する反応系からより長寿命の T_1 のみを消光することにより，S_1 からの生成物のみを得るなど，光化学反応の制御に利用することができる．1,3-ペンタジエンに代表される共役ジエンは，T_1 の優れた消光剤である．これらのジエンは T_1 のエネルギー準位が低く，しかも S_1 のエネルギー準位が高い．図 6・18 に示すように，ジエンの T_1 のエ

図 6・18 アセトンと 1,3-ペンタジエンの S_1 と T_1 の相対的エネルギー準位

ネルギー準位はアセトンのT_1のそれより低く，一方S_1はアセトンのS_1よりかなり高いため，アセトンのS_1は消光できないがT_1は効率よく消光する．

励起分子A^*は基底状態分子Aによっても消光され，これを**自己消光**(self-quenching)という．芳香族炭化水素などは，基底状態分子AとBが錯体をつくらなくても，一重項励起分子A^*とBが**エキシプレックス**(exciplex)または励起錯体とよばれる錯体を形成して，消光されることがある．AとBとが同一化学種の場合，つまりA^*とAとの錯体を**エキシマー**(excimer)という．エキシプレックスやエキシマーは独自に発光する寿命の短い励起状態錯体であり，これから直接生成物を与える場合も多い．

f. 励起状態電子移動

基底状態での有機分子間の電子移動はほとんど起こらない．しかし励起分子においては高エネルギーのLUMOに1電子があり，HOMOにも1電子しか入っていないので，条件さえ整えば，他の基底状態分子との間で電子の授受が可能である．電子供与体分子をD，受容体分子をAとすると，いずれかを励起することにより，DからAへの分子間電子移動が起こり，次式のようにラジカルカチオンとラジカルアニオンを生じる．

$$D + A \xrightarrow{\text{光照射}} \begin{array}{c} D^* + A \\ D + A^* \end{array} \xrightarrow{\text{電子移動}} D^{+\cdot} + A^{-\cdot}$$

この過程は図6・19のように表すことができる．このとき，光励起のエネルギーをE_{ex}，Dの1電子酸化電位を$E_{ox}(D/D^+)$，Aの1電子還元電位を$E_{red}(A/A^-)$とし，生成したイオン対を無限大までひき離すためのエネルギーをw_pとすると，励起状態から解離したラジカルイオン対を生成するための自由エネルギー変化ΔG^*は(3)式で表すことができる．光電子移動の起こりやすさはこのΔG^*の値から見積もることができ，ΔG^*が負であれば，励起状態で電子移動が可能と判断できる．

$$\Delta G^* = E_{ox}(D/D^+) - E_{red}(A^-/A) - w_p - E_{ex} \tag{3}$$

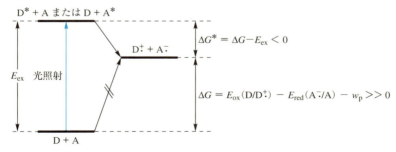

図6・19 光励起とそれにつづく励起状態電子移動のエネルギー図．基底状態でのDからAへの直接電子移動は，一般に自由エネルギー変化ΔGが大きく正なので起こらないが，励起状態では励起エネルギーE_{ex}分が加わるので電子移動の自由エネルギー変化ΔG^*が負となり，電子移動が起こる．

6・4・3 アルケン類の励起状態と光化学反応

脂肪族アルケンは，180〜240 nmに吸収をもつ$\pi \rightarrow \pi^*$遷移のほかに**Rydberg遷移**とよばれる$\pi \rightarrow R$(3s)遷移に基づく特有の吸収帯を有し，両者が関与するため，光化学反応は予想よりも複雑である．アルケンの励起状態の特色は，一重項状態のエネルギーが高く(約600 kJ mol^{-1})，三重項状態のエネ

ルギー（310〜340 kJ mol^{-1}）との差が大きく，S_1 から T_1 への項間交差の効率がきわめて低いことである．したがって，アルケンの直接光照射による反応はほぼ一重項からの反応となり，T_1 の生成は三重項増感剤からのエネルギー移動によらなければならない．無置換のエチレンでは，π→π* 遷移や Rydberg 遷移は 200 nm 以下の真空紫外部にしか存在しないので，直接光照射には真空紫外部の光源と高純度石英製の反応容器が必要である．しかし，二重結合に結合したアルキル置換基の数が増えると，吸収帯は 200 nm よりも長波長域に移動し，直接励起が容易になる．また，スチルベンのように芳香族に共役したアルケンの吸収帯は 300 nm 付近に現れるので，通常の光源や反応容器での直接光照射が可能になる．アルケンの主要な光化学反応は，光異性化とその関連反応，電子環状反応とシグマトロピー転位，ジ-π-メタン転位と付加環化などに大別することができる．

a. *E-Z* 光異性化，水素引抜き，および分子内転位反応

E-Z 光異性化反応は非環状アルケン類の代表的な光化学反応で，熱力学的に不安定な（*Z*）-アルケンを生成する[1]．最も詳細に研究されているスチルベンについて機構を説明する．（*Z*）- または（*E*）-スチルベンの溶液に 313 nm の光を直接光照射すると，*Z* 体（*51*）93%，*E* 体（*50*）7%からなる光定常状態に達する．ここで光定常状態における *Z/E* 比は，両異性体の照射波長におけるモル吸光係数 ε の比と，励起状態から基底状態の両異性体への相対的な戻りやすさの積によって決まる．スチルベンでは，*Z* 体はベンゼン環のオルト位水素どうしの反発により共鳴に必要な平面配座をとれないので，ε は *E* 体に比べかなり小さく（*Z* 体：2,280 M^{-1} cm^{-1}，*E* 体：16,300 M^{-1} cm^{-1}），光励起されにくい．一方，戻りやすさには大きな違いがないことから，*E* 体のほとんどを熱力学的には不安定な *Z* 体に光異性化させることができる．

直鎖アルケンと異なり，二重結合が 3〜5 員環内にあるシクロアルケンでは励起した二重結合が回転できないので，励起エネルギーは炭素ビラジカルに類似の水素引抜反応に費やされる．たとえば，ノルボルネン（*52*）をメタノール中キシレンを三重項増感剤として光照射すると，三重項ノルボルネン（*53*）が二量体を生成する（次項）とともに，メタノールから水素を引抜き，ラジカル（*54*）を経て（*55*）と（*56*）を生成する．

しかし，5 員環より自由度の大きい 6 員環以上のシクロアルケンは，ひずんだ *E* 体に異性化後，二量体や求核付加生成物を生成する．シクロオクテンよりも環の大きなシクロアルケンの場合は，*E* 体

6・4 光化学反応 251

を安定に単離することができる.

b. 分子間および分子内[2＋2]付加環化

　アルケンどうしの[2＋2]付加環化反応は熱的には禁制であるが，光反応では許容となり，シクロブタン誘導体が得られる．この反応はアルケンの一重項からは協奏的に1段階で，また増感によって生成した励起三重項アルケンからは1,4-ビラジカル中間体を経て2段階で起こる．たとえば液相の2-ブテンに波長229 nmの光を照射すると，E-Z光異性化と付加環化が競争的に起こる．付加環化の量子収率は光異性化に比べ著しく低いので，4種の立体異性体が生成する[2]．しかし，純粋なE体(**57a**)を励起し，反応の初期生成物を分離すると，(**57a**)の幾何構造を保持した二量体(**58a**)と(**58b**)のみが得られる．同様に，Z体(**57b**)の光照射の初期生成物としては，(**58b**)と(**58c**)のみが得られる．すなわち，2-ブテンの光付加環化反応は立体特異的反応であり，励起一重項状態の2-ブテンと基底状態の2-ブテンのエキシマーを経由すると考えられている．

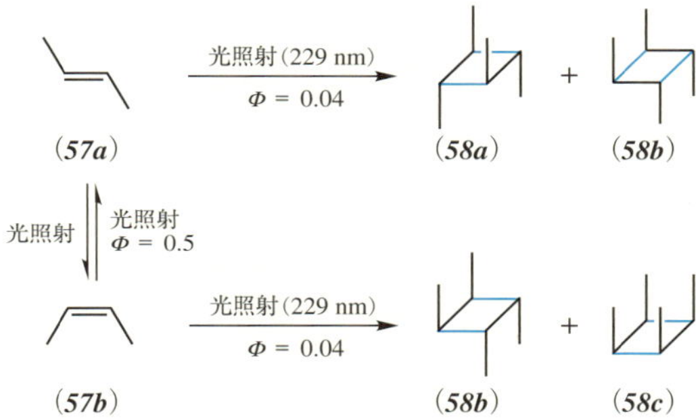

　鎖状アルケンと異なり，E-Z光異性化が困難な小員環アルケンは，光異性化による励起エネルギーの損失がないので，三重項増感によってより効率的に付加環化体を生成する．アルケンの分子内付加環化は，かご形分子の代表的合成法である[3]．

Dewar ベンゼン　　　　　　　プリズマン

c. 電子環状反応とシグマトロピー転位

　電子環状反応とシグマトロピー転位は，ペリ環状反応と総称される光または熱による協奏反応に属する．ペリ環状反応については§6・6で改めて詳述する．熱による電子環状反応では，鎖状ポリエンと環化生成物の間の平衡の位置は熱力学的により安定な分子の側にあるが，光化学反応における両分子間の光定常状態の位置は照射波長におけるモル吸光係数の低い分子の側にある．たとえば，ジエン(**59**)の波長254 nmの光による環化では，ひずみにより，ジエンよりも熱力学的に不利なシクロブテン環(**60**)がほぼ定量的に生成する．これは生成物(**60**)が照射光を吸収しないので，逆反応が起こらないためである．

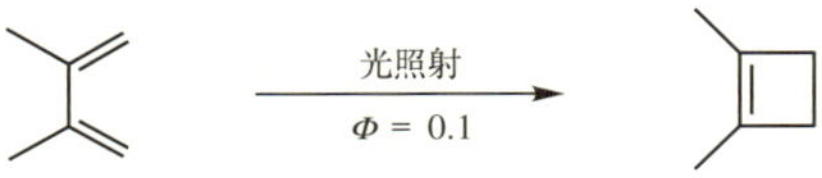

252　　　　　　　　　　6. 有機化学反応 II

　光によるシグマトロピー転位において最もふつうにみられるのは水素の転位，特に[1,3]および
[1,7]転位であり，§6・6に述べるように同面型で進行する．(4)式に後者の例を示す．一方，[1,5]
転位の場合，一般に逆面型の転位に適した配座をとるのがむずかしいため，例は少ない．しかし，
(5)式のようにジエンがs-シス構造に固定され共役系が平面からずれている場合などは，逆面型
[1,5]転位が可能である．

$$\text{（4）式の反応スキーム}\qquad\text{光照射 [1,7] 同面}\qquad\tag{4}$$

$$\text{（5）式の反応スキーム}\qquad\text{光照射 [1,5] 逆面}\qquad\tag{5}$$

d. ジ-π-メタン転位

　非共役ジエンである1,4-ジエンを光照射すると，ビニルシクロプロパンに転位する〔(6)式〕．こ
の形式の光転位をジ-π-メタン転位(di-π-methane rearrangement)またはZimmerman転位とよぶ[4]．

$$\text{（6）式の反応スキーム}\qquad\text{光照射 一重項}\qquad\tag{6}$$

　反応は励起一重項でも三重項でも進行するが，非環状ジエンでは直接照射による励起一重項経由，環
状のものでは三重項増感のほうが高効率である．バレレン(**61**)のようにE-Z光異性化ができない分
子の場合，アセトンを増感剤として光励起すると三重項からのジ-π-メタン転位によりセミブルバレ
ン(**62**)が生じる．一方，直接光照射では励起一重項からの[1,3]転位による(**63**)を経て，シクロオ
クタテトラエン(**64**)が生成する．(6)式に示した一重項からのジ-π-メタン転位はC1とC5の立体
配置が保持される協奏反応であるが，三重項からのジ-π-メタン転位は段階的に進む〔(7)式〕．

$$\text{（加熱・光照射 [1,3]・光照射 アセトン(増感剤) [1,2] の反応スキーム）}$$

　(**64**)　　　　　(**63**)　　　　　(**61**)　　　　　(**62**)

$$\text{（7）式の反応スキーム}\tag{7}$$

6・4・4　カルボニル化合物の励起状態と光化学反応

　カルボニル化合物の光化学反応には，π軌道とπ*軌道以外にn軌道も関与する．脂肪族ケトン類
は280〜330 nmにn→π*遷移に基づく弱い吸収帯(ε 10〜50 M^{-1} cm^{-1})を有し，直接光照射により励
起することができる．一般にn,π*励起一重項から三重項への項間交差の効率は高く，また一重項と
三重項状態のエネルギーおよび電子分布に著しい差がないので，両状態からの生成速度定数は異なる
が，生成物は同じ場合が多い．芳香族ケトンの場合，励起一重項から三重項への項間交差の量子収率

はきわめて高く($\Phi=1$)，励起一重項と三重項のエネルギー差が小さいので，アルケン類などの励起三重項状態を発生させる優れた増感剤として用いられる．励起状態のアルデヒド類も相当するケトンと類似の反応性を示す．しかし，カルボン酸とその誘導体は n→π* 遷移に基づく吸収帯がケトンに比べ著しく短波長側(220～240 nm)にあり，直接光照射が困難な場合が多い．

　非共役カルボニル化合物の主要な光化学反応としては，α 開裂，水素引抜き，および付加環化がある．分子軌道計算に基づいたケトンとアルデヒドの n,π* 一重項ならびに三重項励起状態のモデル(図 6・20)により，反応性を定性的に理解することができる．ケトンやアルデヒドが光エネルギーを吸収すると，分子面と同一平面にある n 軌道の 2 個の電子の 1 個が n 軌道と直交している π* 軌道に上がり，n,π* 励起状態を生成する．n 軌道は 1 個の電子を失うので，n,π* 状態はビラジカルの性質をもち，電子不足となった酸素原子はアルコキシルラジカルと類似の求電子的な性質，また炭素原子は π* に 1 電子収容しているため求核的な性質をもつ．以下，代表的な三つの反応性について説明する．

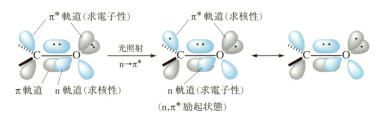

図 6・20　カルボニル基の n→π* 励起モデル．n 軌道の一つは省略してある．

a. α 開 裂 反 応

　励起カルボニル化合物 RCO–R のカルボニル基の α 位の炭素–炭素結合が切れてアルキルラジカルとアシルラジカルを与える α 開裂は，脂肪族ケトンの主要な光化学反応の一つであり，Norrish I 型反応ともよばれる．この開裂反応は，アルコキシルラジカルの β 開裂反応(§6・2・4 参照)に類似の反応で，n,π* 励起状態の特徴を示している．次式にアセトンの気相での光分解の例を示すが，液相の光照射では励起状態の振動エネルギーが分子どうしの衝突により迅速に失われるので，α 開裂の効率は著しく低下する．アセトンを光増感剤として用いることができるのはこのためである．

$$\mathrm{CH_3\overset{O}{\overset{\|}{C}}{-}CH_3} \xrightarrow[\alpha \text{ 開裂}]{\text{光照射}} \mathrm{CH_3{-}\dot{C}{=}O} + \cdot\mathrm{CH_3} \longrightarrow \mathrm{CO} + 2\cdot\mathrm{CH_3}$$

$$2\cdot\mathrm{CH_3} \longrightarrow \mathrm{CH_3CH_3}$$

　鎖状アルキルケトンの室温，液相の光分解では，一般に，まずアシルラジカルとアルキルラジカルが生じ，さらに前者が一酸化炭素とアルキルラジカルとに開裂する．生じたアルキルラジカルはラジカルどうしの結合または不均化反応を起こす．(8) 式のベンジルラジカルは不均化できず，二量体が高収率で生じる．シクロヘキサノンの光による α 開裂によって生じたアシル–アルキルラジカルは，(9) 式のように分子内不均化反応によって，アルデヒドまたはケテンを生じ，後者はアルコールに捕捉されてエステルとなる．ベンゾフェノンやアセトフェノンのような芳香族ケトンは励起エネルギーが低く，また開裂で生じるはずのフェニルラジカルなどが不安定なので，α 開裂は起こらない．α 開裂は位置選択的で，より安定なラジカルを生成する，より弱い結合が優先的に開裂する．一般に，励起したエステルのカルボニル基は反応性に乏しい．しかし，ひずみの大きな β-ラクトンなどは開裂し，二酸化炭素が脱離するので，低温光照射により高ひずみ分子の合成に用いることができる〔(10) 式〕．

$$C_6H_5CH_2COCH_2C_6H_5 \xrightarrow{\text{光照射}} CO + C_6H_5CH_2CH_2C_6H_5 \qquad (8)$$

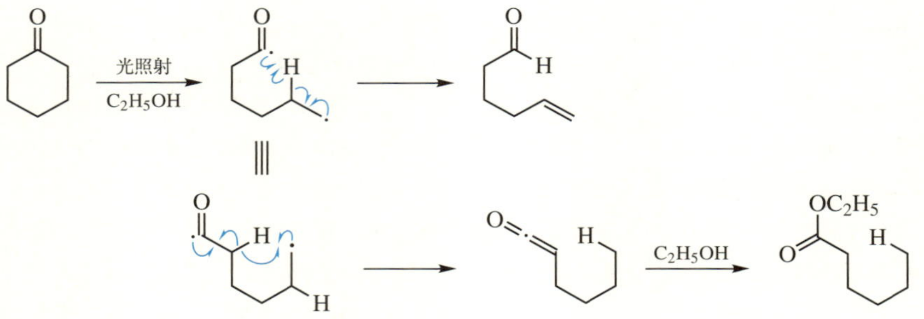

$$(9)$$

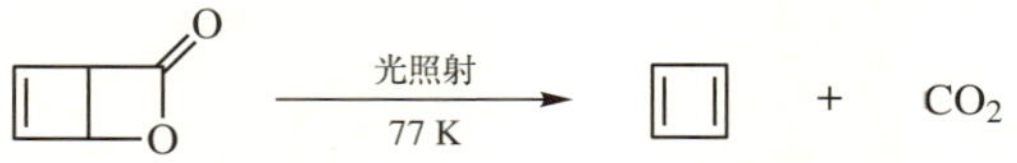

シクロブタジエン

$$(10)$$

b. 水素引抜反応

　水素引抜反応は，求電子種である n,π* 状態のカルボニル化合物の主要な反応の一つである[5]．アルデヒドやケトンを水素供与性溶媒(RH)中で光照射すると，励起カルボニル化合物の酸素原子が水素を引抜いてケチルラジカル(**65**)とアルキルラジカル(**66**)とを生成し，(**65**)の二量体(**67**)，(**65**)の水素引抜きによるアルコール(**68**)，および(**65**)と(**66**)との再結合によるアルコール(**69**)が生成する．

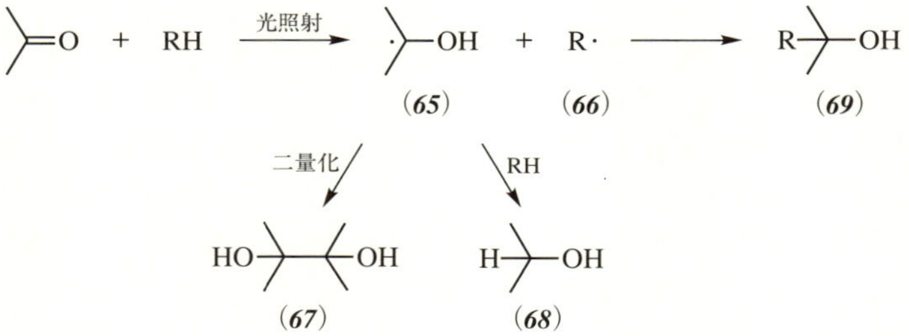

(**65**)　(**66**)　(**69**)

二量化　　RH

(**67**)　(**68**)

　励起カルボニル化合物は分子内の適当な位置に水素が存在すると，その水素引抜反応によりビラジカルを生成する．鎖状ケトン，エステル，カルボン酸の場合，立体的，エネルギー的に有利な6員環の遷移状態を経由する γ 水素の引抜きが優先的に起こり，生成する 1,4-ビラジカル(**70**)はさらにエノール(**71**)とアルケン(**72**)に開裂し，(**71**)はケトンに互変異性化する．この γ 水素引抜きとそれに続く β 開裂反応を Norrish II 型反応とよぶ．この反応はビラジカル(**70**)の環化によるシクロブタノール(**73**)の生成(Yang 反応)と競争し，一方が優先する場合もある．一般に開裂の量子収率は高

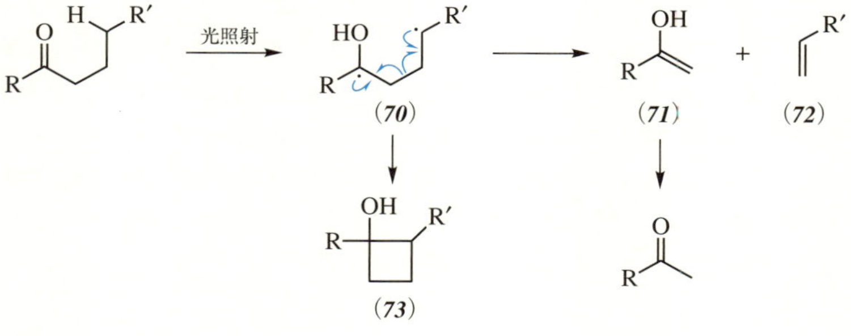

(**70**)　(**71**)　(**72**)

(**73**)

い．ビラジカル（**70**）から脱離により（**71**）を生じるには，（**71**）の不対電子を有する二つの p 軌道と開裂する結合が平行となる必要がある．たとえば，固い骨格を有するケトン（**74**）から生成するビラジカル（**75**）の β 結合は，不対電子を有する軌道と直交するので開裂できず，生成物はシクロブタノール（**76**）のみとなる．この反応はドデカヘドランの合成などに応用された．

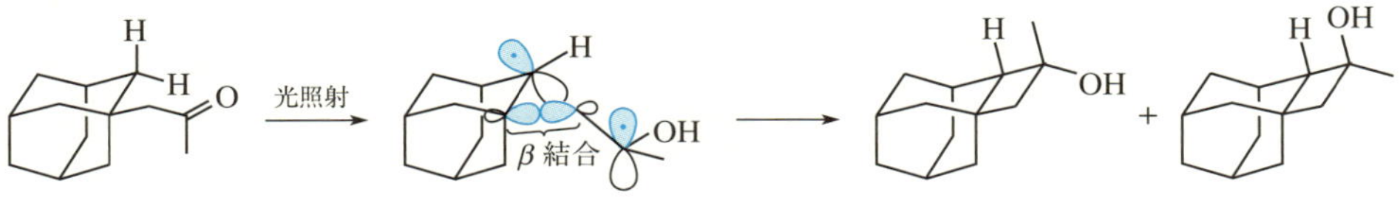

（**74**） （**75**） （**76**）

c. ［2＋2］付加環化によるオキセタンの生成

　励起カルボニル化合物がアルケンに付加環化してオキセタン類を生成する反応は，Paternò-Büchi 反応とよばれる[6]．アルケンが電子豊富かまたは電子不足であるかにより，付加の機構が異なる．電子豊富アルケンである 2-メチルプロペンとベンゾフェノンとの付加環化では，ベンゾフェノンの三重項励起カルボニル基の求電子性酸素原子（図 6・20）は，ケトン分子と同一の平面上でアルケンと反応してビラジカル中間体（**77**）と（**78**）を生成し，ついで環化してオキセタン（**79**）とその異性体（**80**）を生成する．付加は位置選択的で，より安定化された第三級のビラジカル（**77**）を経由した生成物（**79**）がおもに得られる．

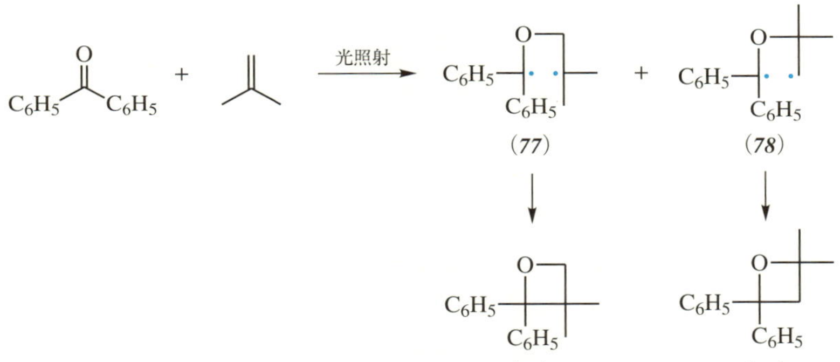

（**77**） （**78**）

（**79**） （**80**）

9：1

　一方，電子不足アルケンとアセトンとの付加環化は，（11）式のように電子豊富アルケンの場合とは逆の位置選択性を示し，しかも立体特異的に進行する〔（12），（13）式〕．これは，これらの電子不足アルケンでは，励起カルボニル化合物の分子面の上下の π* 軌道（図 6・20）による求核反応が求電

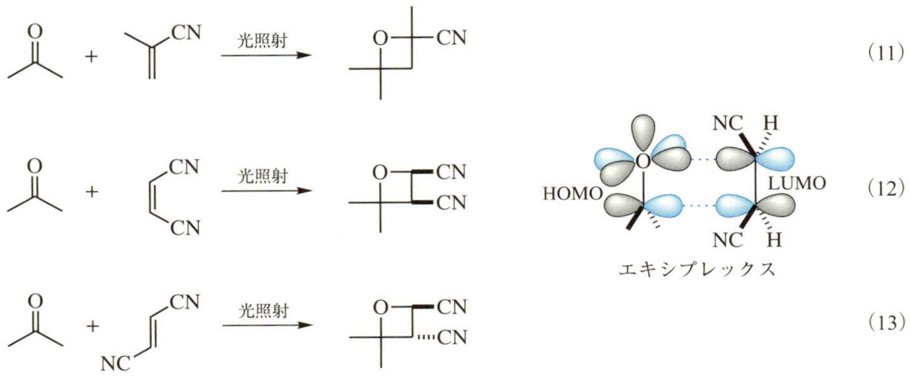

(11)

(12)

エキシプレックス

(13)

256　　　　　　　　　　**6. 有機化学反応 II**

子性酸素の反応に優先し，(12) 式の右のように生成したエキシプレックスがアルケンの立体配置を保持したままオキセタンを生成するためである.

6・4・5　不飽和ケトンの光化学反応

不飽和ケトンの光化学反応は付加環化や炭素環の骨格転位などの多彩な反応性を示し，有機合成に広く応用される. ここでは，α,β-不飽和ケトン，シクロヘキサジエノン，β,γ-不飽和ケトンの反応について述べる.

a. α,β-不飽和ケトン

α,β-不飽和ケトン（以下エノンとよぶ）は 300～320 nm に n→π^* 遷移に基づく弱い吸収極大（ε 約 50～100），および 200～250 nm に π→π^* 遷移に基づく強い吸収極大（ε 約 10^4）を有する. しかも項間交差の効率が高いので，直接光照射により容易に三重項状態に励起することができる. n,π^* と π,π^* の最低励起三重項状態のエネルギー準位は接近し，両状態いずれからの生成物かが明確でない場合がある. 飽和カルボニル化合物の場合（図 6・20）と同じように，基底状態の分極と異なり，励起状態エノンの酸素原子は電子不足となり求電子性をもつ.

鎖状エノンはアルケン部位とカルボニル部位との光化学反応が競合し，複数の生成物を生じることが多い. しかし，5 員環や 6 員環のエノンは，高収率で選択的に炭素－炭素二重結合の付加環化生成物を与える. また，後述するように 4 位にアルキルやアリール基の置換したシクロヘキセノンやシクロヘキサジエノンについては，独特の立体特異的な骨格転位が起こる.

付加環化　三重項状態の 5 員環または 6 員環エノンの炭素－炭素二重結合は，アルケンに非協奏的に付加環化し，シクロブタン環を生成する. たとえば，シクロヘキセノンと過剰の 2-メチルプロペンの光化学反応では，付加環化体（**81a**），（**81b**），（**81d**）を生じる[7]. アルケンの濃度が低いと，励

起エノンは基底状態のエノンと反応して二量体を副生する．ビラジカル中間体としては，第一級ラジカルを含む（**C**）と（**D**）ではなく，より安定な（**A**）と（**B**）が生じ，頭-尾型付加環化体（**81a**）と（**81b**）が頭-頭型（**81d**）に優先して生成する．ビラジカル（**A**）の環化に際し，シクロヘキサンの3位置換基がエクアトリアルに配向して環化が優先するため，トランス環化体（**81a**）が主生成物となる．応用例はⅡ巻§2・7・6を参照してほしい．

環状エノンの E-Z 光異性化　5員環シスエノンの二重結合は，ひずみを生じるためトランス体に光異性化できず，6員環エノンは短寿命のトランス体に光異性化するが，室温では単離できない[8]．一方，光異性化で生じる8員環エノンのトランス体は単離することができる．

転位反応　4位に置換基を有するシクロヘキセノンをアルコールのような極性溶媒中光照射すると，骨格転位によりビシクロ[3.1.0]ヘキサン-2-オン体を生じる．この転位反応の機構は，4位にキラル中心をもつシクロヘキセノンを用いて詳細に研究された．極性溶媒中では，（14）式のように，励起状態が双性イオン的になり（図6・20），正電荷を帯びたβ炭素へのアルキル基の転位とそれに続く再結合によって，一部4位の立体配置が反転した転位生成物を生じることが明らかにされた．励起エネルギーの大部分が二重結合の E-Z 異性化に費やされるため，転位の量子収率はきわめて低い．一方，ベンゼンなど非極性溶媒における光反応では，π,π*とn,π*状態のエネルギー準位が逆転して後者が低くなり，n,π*三重項状態からアリール基の転位した生成物を生じる〔（15）式〕．

$$(14)$$

$$(15)$$

b. シクロヘキサジエノン

2個の炭素−炭素二重結合とカルボニル基が交差共役したジエノンである 4-アルキルまたは 4-アリールシクロヘキサ-2,5-ジエノンを励起すると，骨格が転位しビシクロ[3.1.0]ヘキセノンを生じる．この反応は，形式上 4,4-ジアルキルシクロヘキセノンの転位に類似しているが，それと比べ，5,6位に導入された二重結合のため量子収率は著しく高い．この転位の機構を次に示す[9]．n,π*三重

項に励起されたジエノン (**83**) の C3 と C5 が結合し，生じた三重項ビラジカル (**84**) が項間交差して双極性中間体 (**85**) に失活し，その転位により生成物 (**82**) を与える．(**84**)→(**85**) の失活は**電子降格** (electron demotion) とよばれる．実際にブロモケトン (**86**) を強い塩基と反応させると，光による転位と同じ生成物が得られる．

　駆虫薬として知られるサントニンはシクロヘキサジエノン誘導体であり，上と同じ機構でルミサントニンとよばれる異性体に光転位する．

サントニン　　　　　　　　　　　　　　　　　ルミサントニン

c. β,γ-不飽和ケトン

　β,γ-不飽和ケトンの多くは，分子内の炭素−炭素二重結合とカルボニル基がホモ共役できる位置を占め，励起すると α 開裂と同時にアシル基が [1,2] 転位または [1,3] 転位する[10]．一般に，π,π^* 励起三重項からは 1,2 アシル転位〔(16) 式〕が，n,π^* 励起一重項からは 1,3 アシル転位〔(17) 式〕が起こる．1,2 アシル転位はオキサ-ジ-π-メタン転位ともよばれる．

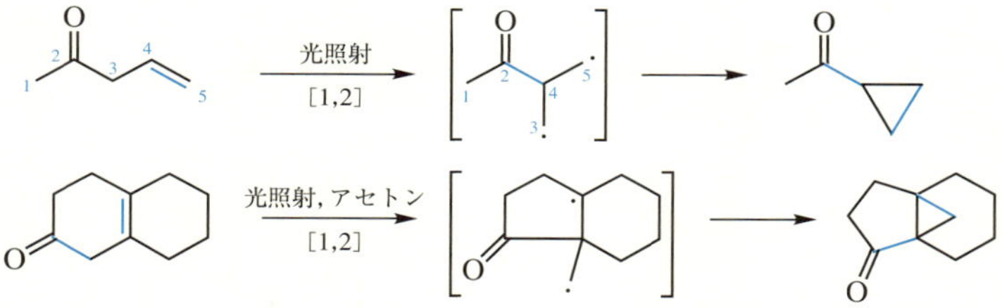

$$(16)$$

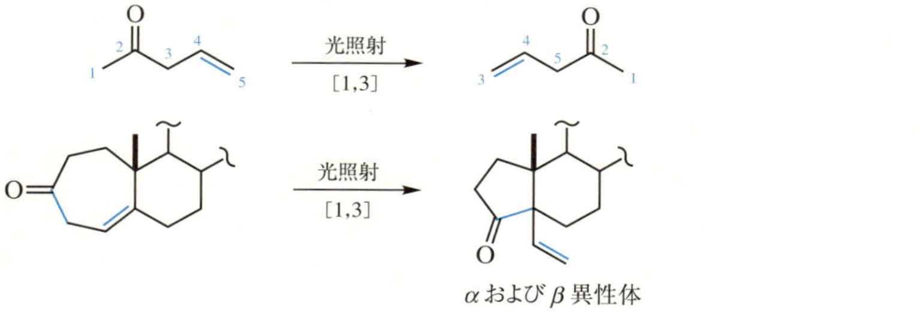

$$(17)$$

α および β 異性体

6・4・6　芳香族化合物の光化学反応

　ベンゼンなど $(4n+2)\pi$ 電子系の芳香族化合物の基底状態の代表的反応は置換反応であり，生成物でも芳香族性が保たれる．しかし，電子分布の変化した励起状態では，原子価異性を伴う非芳香族分子が生成する．たとえば，ベンゼンは 230〜270 nm に吸収をもつが，そのエネルギーは 450 kJ mol^{-1} に相当し，ベンゼンの共鳴エネルギー約 150 kJ mol^{-1} よりはるかに大きい．事実，ベンゼンは中性条件における光照射により，低収率ではあるが非芳香族分子に変換される．励起ベンゼンの原子価異性化や付加環化などは，下に示すベンゼンの π,π^* 励起状態のビラジカル共鳴構造モデルにより理解することができる．

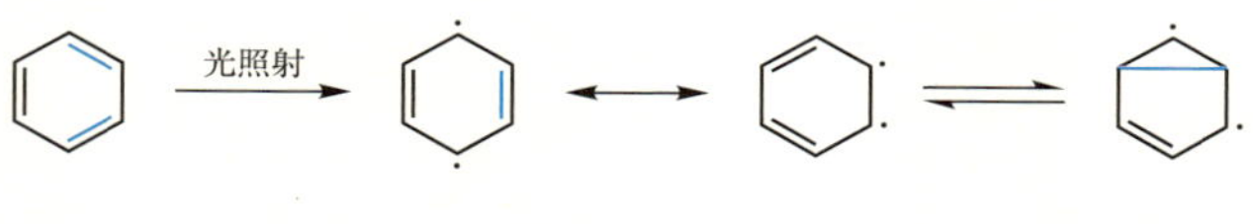

a. 原子価異性化反応

　液相のベンゼンに 254 nm の波長の光を照射すると，約 1% の低収率ではあるがベンズバレンとフルベンを生成する．一方，ヘキサデカン溶液中で 200 nm の光を照射すると，これら二つの化合物とともにビシクロ[2.2.0]ヘキサ-2,5-ジエン（Dewar ベンゼン）も生成する．ベンズバレンは光により再びベンゼンに戻る．ベンズバレンとフルベンはともに励起一重項から，Dewar ベンゼンは励起三重項から生成すると考えられている．ベンズバレンとフルベンのビラジカル (*87*) からの生成もあわせて示す．これらのベンゼンから生じる異性体はすべて熱に不安定である．

　しかし，*t*-ブチル基など嵩高い置換基を有するベンゼン環では，骨格が保護されるため異性体は安定になる．1,3,5- および 1,2,4-トリ-*t*-ブチルベンゼンでは，光照射により異性体との間に図 6・21 に示したような光定常状態が成立する．

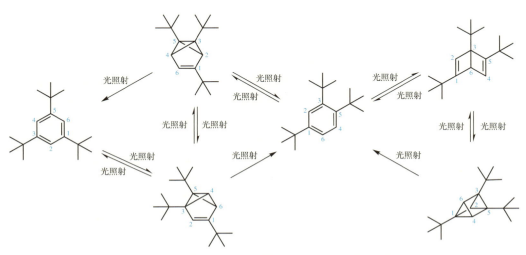

図 6・21　1,3,5- および 1,2,4-トリ-*t*-ブチルベンゼンとその異性体間の光平衡

b. アルケンとの付加環化反応

　励起したベンゼンのアルケンへの 1,3 付加では，5 員環どうしが縮環した分子を生じ，アルケンの

立体配置は保持される〔(18)式，II巻§2・7・6c参照〕．電子供与性のベンゼン環と電子受容性のアルケンまたはその逆の性質のベンゼン-アルケンの間の付加反応では，位置選択的に1,2付加が起こるが立体特異性は溶媒の極性に依存する〔(19)式〕．

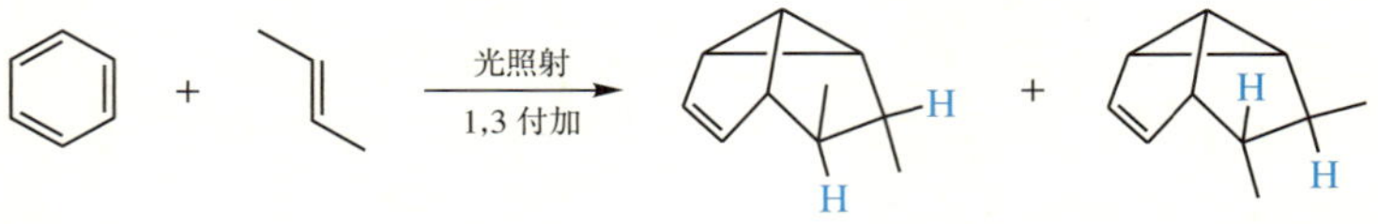

$$\text{(18)}$$

主生成物　　　　　副生成物

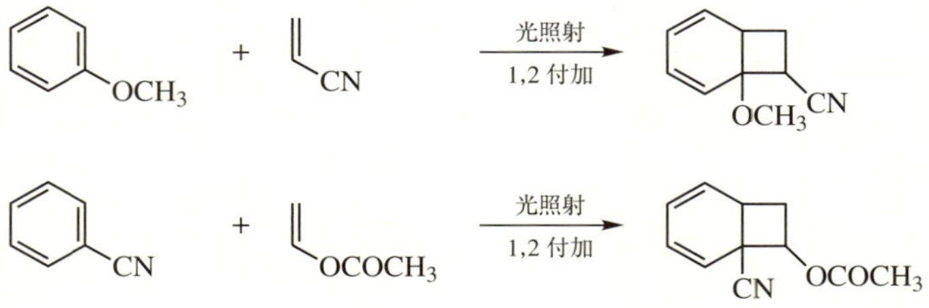

$$\text{(19)}$$

c. 電子環状反応

(E)-スチルベンの光異性化(§6・4・3a参照)で生じる(Z)-スチルベンの2個のベンゼン環の不飽和結合は，共役する二重結合とともに1,3,5-トリエンにみられる電子環状反応により，光照射すると同旋的に環化する．生成したジヒドロフェナントレンを酸化するとフェナントレンが得られる．生成するのはトランス体(**88**)のみであり，光による電子環状反応の予想とよく一致している(§6・6・2)．

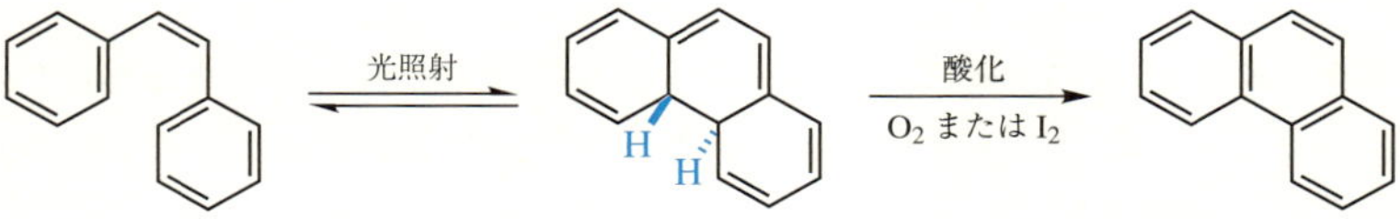

(**88**)

d. ベンゼン誘導体の置換反応

励起されたベンゼン誘導体は，電子分布が基底状態と異なるため，置換反応の配向性が熱反応とは著しく変化する[11]．基底状態では求電子置換反応が起こりやすいのに対し，励起状態では求電子種が消光剤としてはたらくことが多く，主要な反応は求核種との反応である．この励起状態の求核置換反応には，置換基と求核種の組合わせにより，付加-脱離機構ならびにラジカルイオン機構の両方が存在する．

励起3-ニトロアニソールのメトキシ基はCN⁻で置換される．強い電子求引基であるニトロ基が置換したベンゼンでは，基底状態ではオルト，パラ位が求電子的であるが，励起状態ではメタ位での求核種との反応が促進される．理論計算によると，励起状態の3-ニトロアニソールではニトロ基に対してメタ位の電子密度が最も低い．この置換反応は，求核種がメタ位炭素と直接反応して生じるアニオン性中間体を経由する付加-脱離機構によるものである．電子供与基であるアミノ基もメタ位の求核置換を促進する．

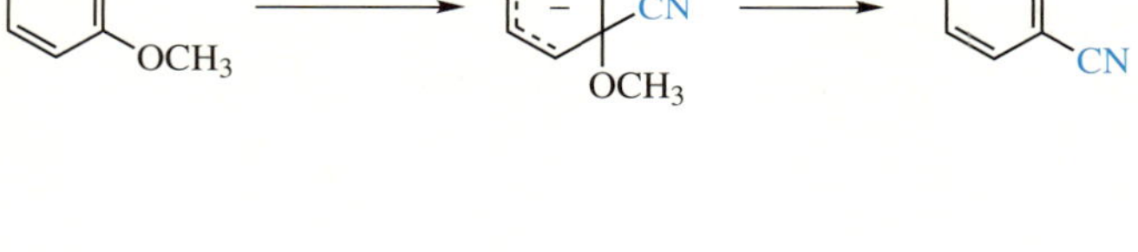

6・4 光 化 学 反 応　　　　　261

一方，上述の励起 3-ニトロアニソールは求核剤が NH_3 の場合，NO_2 基が NH_2 基により置換される．また，励起 4-フルオロアニソールのフルオロ基は CN^- により置換される．これらの置換反応は付加-脱離機構では説明できず，放出された溶媒和電子(solvated electron)が検出されることから，ラジカルカチオン中間体を経由すると考えられている．

最後に，ラジカルアニオンを経由する置換反応として，励起ハロゲン化アリールのハロゲン基の $S_{RN}1$ 反応を示す．反応の量子収率は 1 よりも著しく大きく，励起ハロゲン化アリールがエノラートアニオンから電子を受容し，生成したラジカルアニオンを中間体とする連鎖機構(§6・5・5 参照)によると考えられている．この反応は光による芳香族化合物の求核置換反応のなかで，有機合成に最も有用なものである．

6・4・7 不斉光化学反応

これまで，光化学反応に関与する励起状態は寿命が短く分子間相互作用も弱いため，不斉合成には不向きと考えられてきた．しかし，光反応を用いると，次に述べるように，熱反応では不可能な不斉分子変換を実現できることがわかってきている．

光照射で生じる電子励起状態はきわめて短寿命(マイクロ秒〜ピコ秒)で，また励起状態における分子間相互作用も弱い．これらの諸因子は，長い寿命，強い(配位)相互作用，明確な構造をもつ中間体(錯体)を利用して，遷移状態あるいは生成物における大きな(活性化)自由エネルギー差をつけてきた

262   6. 有機化学反応 Ⅱ

従来の不斉合成の観点からは，致命的な弱点であると考えられてきた．

しかし最近になって，キラルなベンゼンカルボン酸エステルを光増感剤とする(Z)-シクロオクテンのキラルな(R)- および(S)-E 体への光異性化反応において，温度が上がるほど高い光学収率が得られたり，温度・圧力・溶媒などを変えるだけで逆の絶対配置をもつ生成物が得られたりするなど，一見従来の不斉合成の常識とは異なる興味深い現象が見いだされた（図 6・22）[12]．

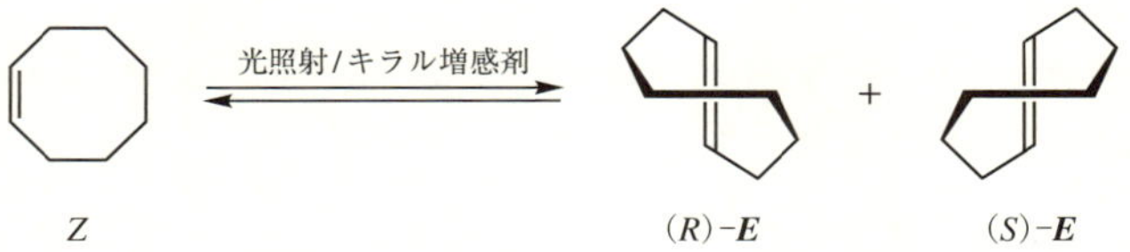

図 6・22 (Z)-シクロオクテンのキラルな(R)- および(S)-E 体への光異性化反応

同様な例は，他の光不斉合成反応や不斉触媒や酵素を用いる熱的不斉合成反応でも見つかっている．これは励起状態における弱い相互作用においては，反応の収率や選択性に対してエントロピー項が大きく影響を及ぼしているためである[13]．

6・4・8 フォトクロミズム

光化学反応は，さまざまな機能性材料の制御に用いられているが，なかでも光で可逆的に色が変わるフォトクロミズムは最近いくつかの系で研究が進み，光で着色するサングラスなど調光材料として応用され，光分子メモリーや光分子スイッチや論理回路などへの応用にも可能性が広がっている[14]．

フォトクロミズムを示す化合物は，光励起により共役の長さや程度の異なる（つまり，吸収波長の違う）準安定な異性体に変化し，その異性体が別の波長の光を吸収することによって（あるいは，熱的に）異性化してもとの化合物に戻る．そのような分子としては，アゾベンゼン，チオインジゴ，スピロピラン，フルギド，ジアリールエテンなどが知られている．

これらのフォトクロミック分子に光照射を行うと，シス-トランス異性化や開環あるいは閉環反応を起こすことによって共役長が延びた異性化生成物を与え，もともとは無色であったものが着色したり，色調が変わったりする．この異性化生成物は，より長波長の光を照射したり熱を加えたりすることで，もとの構造に戻る．これらの化合物をフォトクロミック材料として実用化するには耐久性の点で問題があったが，ジアリールエテン誘導体では中央部の5員環をフッ素化することにより，飛躍的に耐久性が向上した．さらに近年，フォトクロミズム反応によって結晶の形態を変える現象も観察されている[15]．

アゾベンゼン

チオインジゴ

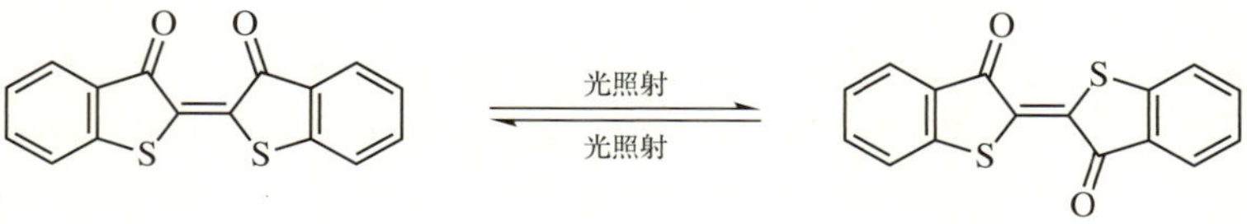

スピロピラン

光照射 →
← 光照射または熱

フルギド

光照射 →
← 光照射

ジアリールエテン

光照射 →
← 光照射

6・5　電子移動反応

　有機反応の多くの過程は2電子の関与する化学結合の変化を含んでいるが，1電子の移動がかかわる電子移動反応も基本的な反応過程のひとつであり，理論的な理解も進んでいる．電子供与体(D，還元剤)から電子受容体(A，酸化剤)への1電子移動は**酸化還元反応**であり，電気的に中性の有機分子間でこの反応が起こるとラジカルカチオンとラジカルアニオン(§5・3・6)が生成する．これらの荷電種は一般に高反応性であり，種々の反応を起こす活性種になる．

$$D \quad + \quad A \quad \rightleftharpoons \quad D^{+} \quad + \quad A^{-} \tag{1}$$

電子供与体　　電子受容体　　ラジカル　　　ラジカル
　　　　　　　　　　　　　　カチオン　　　アニオン

6・5・1　電子移動のエネルギー変化

　DからAへの電子移動反応(1)式の自由エネルギー変化$\Delta G_{et}°$は，Dの1電子酸化電位$E_{ox}°$とAの1電子還元電位$E_{red}°$の差で表される．ここで酸化還元電位は電気化学的測定から得られる．可逆的に1電子授受が起こる酸化還元系で電極電位をある範囲で時間的に変化させると，電流‐電位曲線が得られる．このようなサイクリックボルタンメトリーの測定により得られる曲線をサイクリックボルタモグラムとよぶ(図5・8)．酸化ピークと還元ピークの中点にあたる電位が**酸化還元電位**となる．Dの1電子酸化電位$E_{ox}°$はD^{+}の1電子還元電位であり，またAの1電子還元電位$E_{red}°$はA^{-}の1電子酸化電位でもある．ここで，Dの$E_{ox}°$がAの$E_{red}°$よりも小さければ，DからAへの電子移動反応は発エルゴン的($\Delta G_{et}° < 0$)に容易に進むと考えられる．可逆的な電子移動反応の場合は，電子移動の後に他の反応が伴わなければ，熱力学的に有利な方向にしか進行しない．しかし，有機反応では電子移動の結果生じたラジカルイオンが反応することが多く，そのような場合には吸エルゴン的($\Delta G_{et}° > 0$)であっても，電子移動反応は起こりうる．

　電子移動反応は，金属錯体間の酸化還元反応について数多く研究されており，図6・23に示すように**内圏機構**(inner-sphere mechanism)と**外圏機構**(outer-sphere mechanism)の反応に分類されている．金属錯体の化学においては，内圏機構は配位子が二つの金属間に橋かけした中間体を形成し，配位圏

内で電子移動が進行する機構であり，外圏機構は，金属-配位子間結合など配位圏に大きな変化を起こさずに配位圏外で電子移動が進行する機構である．

内圏反応

$[CoCl(NH_3)_5]^{2+} + [Cr(OH_2)_6]^{2+} \longrightarrow [(H_3N)_5Co\cdots Cl\cdots Cr(OH_2)_6]^{+4}$
　　　　　　　　　　　　　　　　　　　　　橋かけ中間体
　　　　　　　　　　　　　　　　　　$\longrightarrow [Co(OH_2)(NH_3)_5]^+ + [CrCl(OH_2)_5]^{3+}$

外圏反応

$[Fe(OH_2)_6]^{3+} + [Fe(OH_2)_6]^{2+} \longrightarrow [Fe(OH_2)_6]^{2+} + [Fe(OH_2)_6]^{3+}$
　　　　　　　　　　　　　　　　　　　　橋かけ中間体なし

図 6・23　金属錯体間の電子移動反応(酸化還元反応)の機構

有機化合物間や官能基間の電子移動反応も，これらの金属錯体間の反応と同様に考えることができる．§4・1・1c の Bell-Evans-Polanyi のモデルと同様に考えると，反応物 DA から生成物 D^+A^- への反応のエネルギー断面図は DA と D^+A^- のポテンシャルエネルギー曲線の交差によって図6・24のように表せる．両曲線の交点が遷移状態に相当するが，この点では DA と D^+A^- のエネルギーが等しいので，遷移状態は両者の共鳴で表現することもできる．

$$DA \longleftrightarrow D^+A^-$$

その共鳴エネルギー，すなわち D と A の電荷移動(軌道)相互作用エネルギー(図中の ΔE で示したエネルギー)が大きいほど，実際の反応は矢印で示した経路で起こりやすく，遷移状態エネルギーは低下していると考えられる．したがって，電子移動の起こりやすさは ΔG_{et}° とともに相互作用エネルギー ΔE にも依存する．この図の相互作用の部分(四角で囲った部分)を拡大した図が図6・25である．

D と A 間の軌道相互作用が大きく基底状態と励起状態のエネルギー差 ΔE が十分大きい場合($\Delta E \geq 4\,\text{kJ mol}^{-1}$)*には，反応物曲線から生成物曲線への乗り移りが容易に起こり，電子移動は基底状態のエネルギー曲線に沿って進行する．このような反応物(D+A)が生成物(D^++A^-)のエネルギー曲線に移る確率(κ)が高い(100%近い)電子移動反応を断熱的電子移動反応(adiabatic electron transfer reaction)とよび，金属錯体間の電子移動における内圏型電子移動(a)はおおむねこの型式に対応

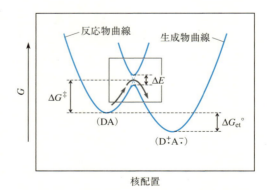

図6・24　電子移動過程のエネルギー変化．横軸の核配置は，D および A 分子内の原子核配置ばかりでなく，溶媒分子の配列の変化も含んでいる．§6・5・2参照．

---

* $4\,\text{kJ mol}^{-1}$ は，室温における分子の並進エネルギー，$(3/2)RT$ に相当する大きさである．

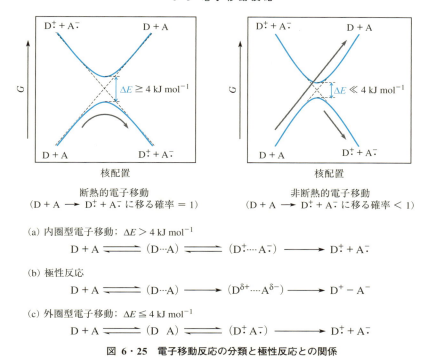

図 6・25 電子移動反応の分類と極性反応との関係

する(図6・25). ΔE がさらに大きくなると, 反応の遷移状態はもはや電子移動状態ではなく, 共有結合の形成が進んだ極性反応(b)と記述される.

ΔE が小さい場合 ($\Delta E \leq 4\,\mathrm{kJ\,mol^{-1}}$) は, 反応物から生成物のエネルギー曲線に移る確率(κ)が減少する. すなわち, 反応物曲線上にのったまま始原系に戻る可能性が生じるため, 電子移動の確率が小さくなる. ΔE が 0 の場合, すなわち D と A の間に軌道相互作用が全くない場合には, 反応物曲線から生成物曲線へ移らず, 電子移動反応は起こらない. ΔE が非常に小さく, κ が非常に小さい電子移動反応を非断熱的(diabatic または nonadiabatic)電子移動反応とよぶ.

電子移動が断熱的になるために必要な相互作用エネルギーは, ΔE が $4\,\mathrm{kJ\,mol^{-1}}$ 程度で十分である. 溶液中の電子移動反応は D と A が衝突することによって進行するので, 一般的に断熱型になるのに十分な相互作用を有する. 電子移動反応はこのように小さな相互作用で容易に起こるので, 熱力学的に可能な場合には他の化学反応に優先して起こる. 通常の有機分子間の電子移動では, 電子移動に伴って結合の開裂や生成が起こり, 内圏型になることが多いが, 後述の図 6・28 の化合物群のように遷移状態における D と A の距離が大きく相互作用が小さい場合には, 外圏型電子移動反応(c)が起こる.

6・5・2 Marcus 理論

R. A. Marcus は溶液中における電子移動反応の微細機構をモデル化し, その反応速度を定量的に説明した[1]. この理論はプロトン移動や他の溶液反応にも応用される. この業績に対して 1992 年度のノーベル化学賞が授与された. 前述の図 6・24 では, 電子移動反応のエネルギー変化を BEP モデルと対応して概観したが, 本節では用語を含めてさらに詳しく説明する.

a. 溶液中における電子移動

電子移動の速度は, 反応の自由エネルギー変化 ΔG_{et}° の大きさに依存するが, $\Delta G_{et}^\circ = 0$ の場合, た

とえば金属イオンの自己交換反応 $Fe^{3+} + Fe^{2+} \rightarrow Fe^{2+} + Fe^{3+}$ のような正味の化学反応を伴わない場合にも，その速度は金属の種類や溶媒に大きく依存する．Marcus によると，電子移動反応の速度は，電子移動そのものよりも電子移動前後の原子核配置の変化によって支配されている．電子移動の前後では，溶質分子の電子状態および電荷分布が著しく変化するため，溶質分子の構造やそれを取囲む溶媒の配向が変化する．しかし，一般に電子の運動は原子核の運動よりもはるかに速いため，電子移動の瞬間には溶質や溶媒分子の原子核配置に変化が起こらない（Franck-Condon 原理）．電子移動が最も効率よく起こるのは，電子移動の瞬間前後で系のエネルギーに変化が生じない場合であり，そのためには，始原系（溶媒和された電子供与体 D と受容体 A）が，生成系の活性化状態（溶媒配向が始原系と同じままの $D^{\ddot{+}} A^{\ddot{-}}$）とエネルギー的に等しい状態になる必要がある．始原系をそのような状態に活性化するためのエネルギーが障壁となり，電子移動の反応速度を決めている．電子移動速度が速い，遅いというのは電子が移動する速度のことではなく，電子が移動できるための核配置をとるためのエネルギーが小さいか大きいかということである．電子の移動自体は一瞬で起こる．

このような溶液中における電子移動過程を，模式的に図 6・26(a) に示す．まず D と A が衝突して前駆錯体すなわち電荷移動錯体 DA を形成し，核配置と溶媒配列の変化を伴って活性化され（‡ で表す），電子移動を起こして $D^{\ddot{+}}$ と $A^{\ddot{-}}$ の対をつくり，生成系の安定な核配置と溶媒和状態に落ちついていく．このような $\Delta G_{et}^\circ = 0$ の場合の電子移動の反応エネルギー図を，反応物 DA と生成物 $D^{\ddot{+}} A^{\ddot{-}}$ のポテンシャルエネルギー曲線の交差モデルとして図 6・26(b) に示す．それぞれのエネルギー極小点は安定状態の前駆錯体と生成物錯体に相当し，曲線の交点が遷移状態に相当する．これは，活性化された DA と同じエネルギー状態の $D^{\ddot{+}} A^{\ddot{-}}$ に対応するはずであり，ここで電子移動は Franck-Condon 原理に従って核配置と溶媒配列の変化を伴わずに起こるので，DA は生成物の核配置と溶媒和の状態に活性化されていなければならない．電子移動の後 $D^{\ddot{+}} A^{\ddot{-}}$ は安定な配列に変化し，さらに遊離イオン $D^{\ddot{+}}$ と $A^{\ddot{-}}$ に解離する場合もある．

上記のような活性化過程を経ないで安定な DA の核配置のまま電子移動が起こるためには，図 6・26(b) の λ だけエネルギーが必要である．$\Delta G_{et}^\circ = 0$ のときには，λ は，$D^{\ddot{+}} A^{\ddot{-}}$ の最も安定な状態に原子核と溶媒が再配列するのに必要なエネルギーに等しい．そこで，λ を電子移動の再配列エネルギー (reorganization energy) という．ここでそれぞれのポテンシャルエネルギー曲線を放物線で近似すると，その交点における活性化自由エネルギー $\Delta G_0^{\ddagger}$ は $\lambda/4$ に等しくなる．すなわち，自由エネルギーの変化を伴わない（$\Delta G_{et}^\circ = 0$，酸化還元電位差が推進力にならない）電子移動反応の固有エネルギー障

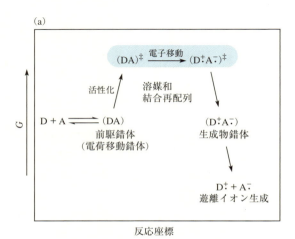
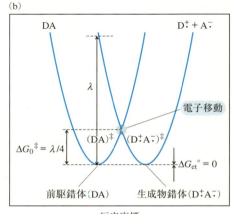

図 6・26　電子移動反応スキーム (a) とポテンシャルエネルギー変化 (b)

壁(intrinsic energy barrier)$\Delta G_0^{\ddagger}$ は,$\lambda/4$ となる.

b. Marcus 式と逆転領域

Marcus は上述のようなモデルに基づいて,電子移動反応の活性化自由エネルギー $\Delta G^{\ddagger}$ が (2) 式で表されることを示した[1]).

$$\Delta G^{\ddagger} = \Delta G_0^{\ddagger} \left(1 + \frac{\Delta G_{et}^{\circ}}{4\Delta G_0^{\ddagger}} \right)^2 + w \tag{2}$$

w は,前駆錯体をつくるのに要するエネルギー(仕事)であり,主として静電相互作用に由来するので中性分子の場合にはほとんど無視できる.したがって,電子移動の活性化エネルギー $\Delta G^{\ddagger}$ は,$\Delta G_{et}^{\circ} = 0$ のときの固有エネルギー障壁 $\Delta G_0^{\ddagger} (=\lambda/4)$ を用いて,反応の自由エネルギー変化 ΔG_{et}° の 2 次関数で表されることになる.

(2) 式は,断熱型かつ外圏型の電子移動反応に適用でき,その反応速度を予測することができる.図 6・27 に示すように,ΔG_{et}° の値が負に大きくなるに従って $\Delta G^{\ddagger}$ は小さくなり (a→b),電子移動の速度は増大する.しかし,$\Delta G^{\ddagger}$ は $\Delta G_{et}^{\circ} = -4\Delta G_0^{\ddagger} = -\lambda$ で最小となり (c),それ以上に ΔG_{et}° が小さくなっても,$\Delta G_{et}^{\circ} < -\lambda$ の領域では逆に $\Delta G^{\ddagger}$ が増大して (d),電子移動速度は減少する.この (d) の領域は,**Marcus の逆転領域**(inverted region)とよばれる.このことは,図 6・27 のポテンシャルエネルギー変化の模式図からも理解できよう.逆転領域の境界値となる $\Delta G_{et}^{\circ} = -\lambda$ のとき,生成物曲線($D^{+}A^{-}$ の曲線:実線)は反応物曲線(DA の曲線:破線)の極小点で交差している.Marcus 理論から導かれるこの結論は,逆転領域では熱力学的に有利な反応の速度が小さくなることを意味しており,一般的な化学常識からは考えにくいものであった.しかし,実際にそのような観測例が見いだされ,Marcus 理論の正しさは証明された.

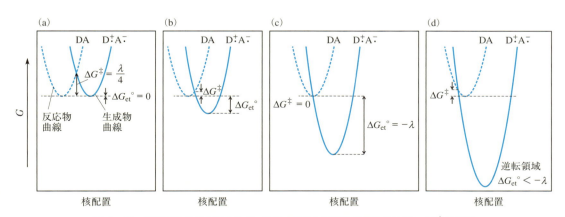

図 6・27 電子移動の自由エネルギー変化 ΔG_{et}° と活性化自由エネルギー $\Delta G^{\ddagger}$ の関係

その一例は,図 6・28 に示すような分子内電子移動反応である[2)].パルス放射線分解(§4・8・3)で生成したビフェニルラジカルアニオン部位からグラフ内に示した電子受容基(A)への電子移動の速度は,自由エネルギー変化 ΔG_{et}° に対して,図 6・28 のような極大値を示す関係が得られた.この例では,D−A 距離が固定されているために,比較的よく Marcus 式を再現し,逆転領域が観測されたのである.しかし,一般的な 2 分子間の電子移動 $D + A \rightarrow D^{+} + A^{-}$ においては,ΔG_{et}° によって電子移動を起こす遷移状態での D と A の距離が変化し,λ が変化するために逆転領域の観測が困難である.逆電子移動反応 $D^{+} + A^{-} \rightarrow D + A$ では,ラジカルイオン対から反応が進行するために D^{+} と A^{-} の距

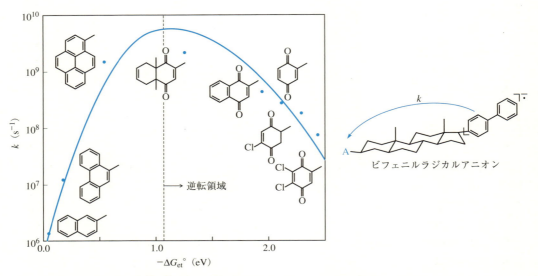

図 6・28 分子内電子移動反応の速度定数と自由エネルギー変化との関係(2-メチルテトラヒドロフラン中, 296 K)[2]. グラフ内の構造式は電子受容基(A)を示す.

離が固定され, λがほとんど変化しないと考えられ, $\Delta G_{et}° < -\lambda$ の逆転領域が観測されている.

6・5・3 光電子移動反応

電子供与体Dあるいは受容体Aの1電子酸化還元電位は, 光励起により顕著に変化する. たとえばDのHOMOに存在する電子が光励起によりLUMOに遷移すると, その励起エネルギー分だけDの酸化電位が負側に移動して酸化されやすくなる(図6・29a). 一方, AのHOMOに存在する電子が光励起によりLUMOに遷移すると, その励起エネルギー分だけAの還元電位が正側へ移動して還元されやすくなる(図6・29b). したがってこのような場合, DからAへの電子移動が熱反応では困難であっても, 光励起状態での電子移動は容易に起こるようになる.

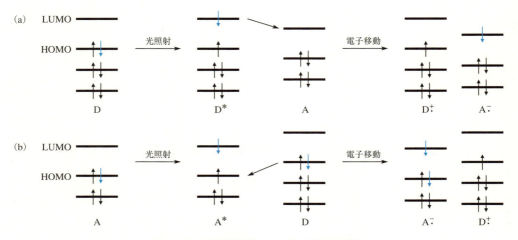

図 6・29 光電子移動における電子状態の変化

しかし, 熱的な電子移動反応は吸エルゴン過程であるので, その逆電子移動反応 $D^+ + A^- \rightarrow D + A$ は発エルゴン過程で起こる. したがって, 光電子移動に続く後続過程がない場合には, 逆電子移動が

6・5 電子移動反応

すばやく起こって，結局始原系に戻ることになる．生じたラジカルイオンの後続反応が逆電子移動に競争して起これば，光電子移動を経由する化学反応が可能となる．自然界における光合成反応中心では，後続の過程として電荷分離反応が起こり，しかも Marcus の逆転領域にある逆電子移動より速く進むように巧妙なシステムが構築されている[3]．このため光エネルギーの化学エネルギーへの変換が可能になっている．すなわち光電子移動反応は光合成の初期過程における最も重要な反応であり，これまでにさまざまな光合成反応中心モデル化合物が合成され，その電荷分離機能が研究されている[4]．

6・5・4 電子移動に対する触媒作用

D から A への電子移動の容易さとその速度とは，$E_{ox}°$ と $E_{red}°$ の値の差に依存する．しかし，電子移動の生成物と結合して安定化させる物質 M が存在すると，結果的に D あるいは A の酸化還元電位が変化し，電子移動が加速される場合がある．たとえば，M が A とはほとんど相互作用しなくても，そのラジカルアニオン A^- と相互作用する場合には，A の 1 電子還元は起こりやすくなる．この場合，M は D から A への電子移動を加速する触媒として機能する[5]．

最も単純な M はプロトンである．A の状態ではプロトン化されなくても，そのラジカルアニオン A^- がプロトン化によって安定化されれば，D から A への電子移動は加速されることになる（酸触媒作用）．ここで重要な点は，§6・5・2b で述べた活性化の問題である．すなわち，このような酸触媒反応では D と A の活性化過程でプロトンが関与し，電子移動の前後のエネルギーが一致した時点で D から A への電子移動が起こり，さらに，再配列により A^- は完全にプロトン化されることになる．電子移動とプロトン化の順序の問題として考えてはいけない．プロトンに限らず，A^- あるいは D^+ と結合して安定化をもたらすものであれば Lewis 酸として機能する金属イオンも電子移動触媒として機能しうる[6]．このように適当な触媒を用いることにより電子移動過程を制御することが可能となる[4]．電子とプロトンおよび金属イオンが同時に移動する反応はプロトン共役電子移動および金属イオン共役電子移動とよばれ，生体系の酸化還元反応において重要な役割を果たしている[6]．

6・5・5 電子移動を経る有機反応

電気的に中性な分子は電子移動によってラジカルイオンとなるが，その反応はラジカルの反応性とイオンの反応性の組合わせとして理解できる．

求核種から芳香族基質への 1 電子移動によって生じたラジカルアニオン（図6・30　ArX^-）を経て進行する置換反応が知られており，$S_{RN}1$ 反応とよばれる．反応は連鎖反応として表され，電子移動は光化学的に起こることもある．

開始反応　　　$ArX + Nu^- \xrightarrow{電子移動} ArX^- + Nu\cdot$

連鎖成長反応　$ArX^- \longrightarrow Ar\cdot + X^-$

　　　　　　　$Ar\cdot + Nu^- \longrightarrow ArNu^-$

　　　　　　　$ArNu^- + ArX \xrightarrow{電子移動} ArNu + ArX^-$

図 6・30　$S_{RN}1$ 反応の反応機構

次のようなヨードベンゼンの異性体はカリウムアミドとの反応で，それぞれ対応するアニリンを生じる．ブロモ体およびクロロ体がベンザイン機構で反応して両生成物を同時に生じるのとは対照的である．この反応系にラジカル捕捉剤を添加するとベンザイン機構が支配的になり，どちらのヨードベンゼンからも同じ 2 種のアニリンが生成する．以上のような結果から，1 電子移動を伴う $S_{RN}1$ 機構

270　　　　　　　　　　　　　　　6. 有機化学反応 II

が支持されている.

$$\text{(2,4,6-トリメチルヨードベンゼン)} \xrightarrow[\text{NH}_3]{\text{KNH}_2} \text{(2,4,6-トリメチルアニリン)} \qquad \text{(2,4,5-トリメチルヨードベンゼン)} \xrightarrow[\text{NH}_3]{\text{KNH}_2} \text{(2,4,5-トリメチルアニリン)}$$

　ラジカルカチオンを経由する有機反応としては, Hofmann-Löffler-Freytag 反応(233 ページ)に加え, 以下のような例がある. いずれも非共有電子対の1電子酸化を契機として反応が起こった後, さらにもう1電子酸化により生成したカチオンを最終的に水が捕捉し, 生成物が得られる.

$$\text{RO-CH}_2\text{-C}_6\text{H}_4\text{-OCH}_3 + 2\,(p\text{-BrC}_6\text{H}_4)_3\text{N}^{+\cdot}\,\text{SbCl}_6^- \xrightarrow[\text{CH}_3\text{CN, H}_2\text{O}]{} \text{ROH} + \text{OHC-C}_6\text{H}_4\text{-OCH}_3 + 2\,(p\text{-BrC}_6\text{H}_4)_3\text{N:}$$

$$\xrightarrow[\text{K}_2\text{CO}_3]{2\,(p\text{-BrC}_6\text{H}_4)_3\text{N}^{+\cdot}\,\text{PF}_6^-}$$

　また, $(p\text{-BrC}_6\text{H}_4)_3\text{N}^{+\cdot}$ SbCl_6^- がシクロヘキサジエンの自己二量化反応に大きな加速効果をもたらす例がある. 単純な加熱条件(200 °C, 20 時間, 収率 30 %)では反応が遅いが, より低温, 短時間, 高収率で反応が進む. これはジエンの1電子酸化により生成したラジカルカチオンにおいて付加環化反応が速やかに起こることによるもので, 段階的な機構であると考えられている.

$$\xrightarrow[(5\sim10\,\text{mol}\%)]{(p\text{-BrC}_6\text{H}_4)_3\text{N}^{+\cdot}\,\text{SbCl}_6^-}$$

　電子移動が吸エルゴン過程で熱力学的に起こりにくい場合にも, 電子移動の後, 後続反応で結合の開裂あるいは生成が発エルゴン的に起これば, 全体としては電子移動が進行して非可逆的な酸化還元反応が進行することになる. したがって, 還元剤 D の $E_{ox}°$ が酸化剤 A の $E_{red}°$ より小さい場合はもちろん, その逆の場合にも電子移動を活性化過程として反応が進む可能性を考慮する必要がある.

　特にDとAの間で強い相互作用を有する電子移動(図 6·25 における内圏型電子移動)においては, 結合の開裂および生成を伴うと, 求電子反応や求核反応などの典型的極性反応との境界はあいまいになる. たとえば, 置換ベンゼンのハロゲン分子 X_2 による求電子置換反応は, 置換ベンゼンから X_2 への電子移動が活性化過程となって進行すると考えることもできる[7].

　一般に有機化合物 R–H は酸としては弱いが, 電子移動酸化によりラジカルカチオン $\text{R–H}^{+\cdot}$ になると強酸となり, 容易にプロトンを放出して炭素中心ラジカル R· を生成する. R· は RH よりも電子移動酸化されやすいので, さらに反応して R^+ を生じる〔(3)式〕.

$$\text{R–H} \xrightarrow{-e} \text{R–H}^{+\cdot} \xrightarrow[\;H^+\;]{} \text{R·} \xrightarrow{-e} \text{R}^+ \qquad (3)$$

　一方, 有機電子受容体 A は一般に弱塩基であるが, 電子移動還元によりラジカルアニオン $\text{A}^{-\cdot}$ になると強塩基となり, 容易にプロトン化される. 生成したラジカル AH· は, もとの A よりも電子移動

還元されやすく AH⁻ となる〔(4)式〕.

$$A \xrightarrow{+e} A\cdot^{-} \xrightarrow{H^+} AH\cdot \xrightarrow{+e} AH^- \quad (4)$$

したがって，(3)式と(4)式の反応を組合わせると，結果的に電子移動を活性化過程とするヒドリド移動反応になる(図6・31)．まず R−H から A への電子移動が起こり，強酸・強塩基のラジカルイオン対 RH⁺·A⁻· が生成するとただちにプロトン移動が起こり，ラジカル対 R·AH· になる．全体として電子，プロトン，電子の移動を経て，形式的には R−H と A からヒドリドイオン H⁻ が移動した生成物 R⁺ と AH⁻ が生じることになる．

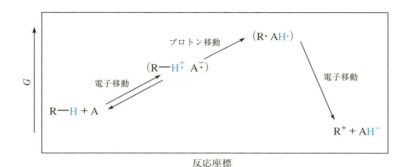

図 6・31 電子移動を経由するヒドリド移動反応

R−H から A への最初の電子移動が発エルゴン過程である場合には，実際にラジカルイオン対 RH⁺·A⁻· の生成を確認することができる．しかし，R−H から A への電子移動が吸エルゴン過程になるほど，後続のプロトン移動と電子移動が発エルゴン過程になるため，ラジカルイオン対 RH⁺·A⁻· の生成を確認することは困難になる．この場合，最初の電子移動過程のエネルギー障壁が全体の反応の速さを決める重要な因子となる．したがって，電子移動過程に対する触媒作用により全体の反応が加速される．さらに $\Delta G_{et}°$ が大きくなるほど，最初の電子移動と後続のプロトン移動，電子移動とが協奏的に起こるようになり，内圏型反応から1段階のヒドリド移動反応(極性反応)に機構が変化する[7]．

一般に有機金属化合物 M−R を電子移動酸化すると，電子豊富な M−R の σ 結合から電子が出て M−R 結合が開裂し，炭素中心ラジカル R· が生成する[7]〔(5)式〕．一方，ハロゲン化合物 R′−X を電子移動還元すると R′−X の σ* 結合に電子が入って R′−X 結合が開裂し，炭素中心ラジカル R′· が生成する〔(6)式〕．

$$M-R \xrightarrow{-e} M-R\cdot^{+} \xrightarrow{} R\cdot \atop M^+ \quad (5)$$

$$R'-X \xrightarrow{+e} R'-X\cdot^{-} \xrightarrow{} R'\cdot \atop X^- \quad (6)$$

したがって，(5)式と(6)式の反応を組合わせると，図6・32に示すように，電子移動を活性化過程として M−R と R′−X の間で置換反応が起こることになる．まず M−R から R′−X への電子移動によりラジカルイオン対 M−R⁺· R′−X⁻· を生成し，ついで結合が開裂して R· および R′· を生じる．こ

の二つの炭素中心ラジカルは，ラジカル対のままカップリングしてR—R'が生成する．すなわち，形式的にはR'—XのR⁻による求核置換反応が起こったことになる．R'がアルキル基の場合には，一般にR'—X⁻としての寿命はほとんどなく，R'—Xの電子移動還元とR'—X⁻結合の開裂は協奏的に起こる場合が多い．

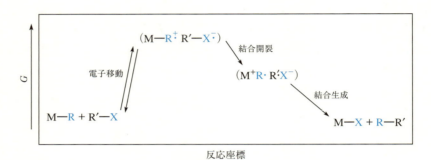

図 6・32　電子移動を経由する置換反応

M—RからR'—Xへの電子移動が吸エルゴン過程になると，最初の電子移動と後続過程が協奏的に起こる場合もある．この場合，M—RとR'—Xとの軌道相互作用が大きくなるに従って，反応は内圏型からS_N2型の極性反応に移行すると考えられる．

電子移動反応の結果生成する有機ラジカル種は酸素分子と速やかに反応するのでさまざまな酸素化反応が可能となる[8]．また，電子移動反応の結果生成する有機ラジカル種は，水素引抜きや付加反応を経て，ラジカル連鎖反応をひき起こす場合もある．このような反応例も数多くみられるが，ここでは省略する (§6・2参照)．

6・6　ペリ環状反応

π, σ電子系が環状遷移状態を経由し，すべての結合の形成と切断が協奏的に起こる反応を**ペリ環状反応**(pericyclic reaction) という．1) 電子環状反応，2) 付加環化反応，3) シグマトロピー転位反応，4) グループ移動反応，に大別される．一般に，これらの反応は立体特異的に進行し，また熱反応と光反応では立体経路が変化することも多い．これらの反応は，有機電子論では合理的な説明がつかなかったので，かつて無機構反応 (no-mechanism reaction) とよばれたこともあった．しかし，1960年代半ば R. B. Woodward, R. Hoffmann が分子軌道の対称性に着目し，明解な機構理解 (**軌道対称性保存則**，Woodward-Hoffmann則) をもたらした．また，福井謙一の**フロンティア軌道論** (frontier orbital theory) は HOMO と LUMO の相互作用に注目してペリ環状反応を合理的に説明するとともに，有機化学反応全般において分子軌道を考察することの重要性を示した．福井と Hoffmann は 1981 年ノーベル化学賞を授与された．

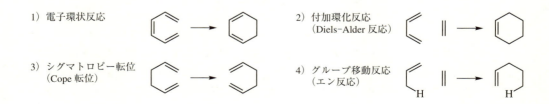

6・6・1 ペリ環状反応の理論

ペリ環状反応に関する理論としては，1) フロンティア軌道論，2) 軌道対称性保存則(Woodward-Hoffmann則)，3) 一般則，がある．本項では，加熱条件で進行する Diels-Alder 反応〔(1)式〕，光照射下で進行するエチレンの二量化反応〔(2)式〕を例としてこれらの理論の考え方を比較しよう．

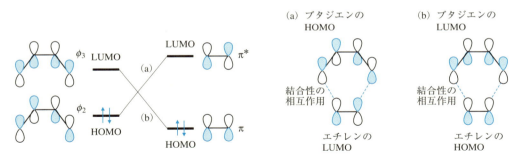

フロンティア軌道論 この理論では，一方の反応成分の最高被占軌道(HOMO)と他方の反応成分(後述)の最低空軌道(LUMO)に着目し，それらの軌道相互作用を考える．たとえば，1,3-ブタジエンとエチレンの Diels-Alder 反応の場合，HOMO と LUMO の組合わせには図 6・33 のように(a)，(b)の2通りがあるが，いずれも同位相の軌道相互作用なので，熱的に反応が進行すると判断される．これを**対称許容**(symmetry allowed)あるいは**熱反応許容**(thermally allowed)という．

一方，エチレンの二量化反応は熱反応禁制で光反応許容であるが，このことは次のように説明される．すなわち，基底状態では図 6・34(a)のように一方の HOMO(π_1)，他方の LUMO(π_2^*)をとると位相が合わず，有効な軌道相互作用とならないので反応が起こらない．これを**対称禁制**(symmetry

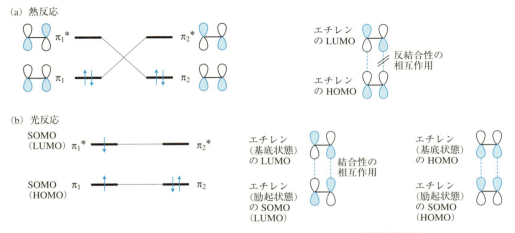

図 6・34 エチレンの二量化反応におけるフロンティア軌道相互作用

forbidden)という．一方，片方のエチレンが励起されると，フロンティア軌道は二つの半占軌道（SOMO）π_1 および π_1^* となるので，それぞれ π_2, π_2^* と有効な軌道相互作用が起こり，**光反応許容**（photochemically allowed）となる（図6・34b）．

軌道対称性保存則（Woodward–Hoffmann 則） この理論は，分子に何らかの対称要素がある場合，"始原系から生成系に至る過程を通じ，分子軌道の対称性が保存される"という考えを基礎としている．これを解析するために軌道相関図が用いられるが，その作成手順をブタジエンとエチレンの [4+2] 反応を例として説明する（図6・35）．

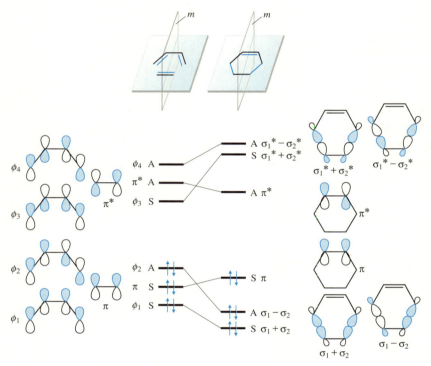

図 6・35　Diels-Alder 反応の軌道相関図

1) まず，左側に始原系の 1,3-ブタジエンの $\phi_1 \sim \phi_4$ 軌道，エチレンの π, π^* 軌道をエネルギー順に並べる．同じく右側には生成系において新たにできる軌道を並べる．
2) 次に，分子軌道の対称性を帰属する．ある対称操作に関し，対称であればS，反対称であればAと記す．ここでは鏡面対称性 m に注目するが，たとえば ϕ_1 軌道は S, ϕ_2 軌道は A となる．同様にすべての軌道の対称性を帰属する．
3) 始原系と生成系を比べ，エネルギーの低いほうから，対称性の同じ軌道どうしを結ぶ．ここで，同じ対称性の線は交差しないようにする．これを非交差則という．

この図6・35において重要なことは，始原系と生成系の"結合性軌道どうし"が相関していることであり，これは，"反応が基底状態で熱的に進行すること"を意味している．

一方，図6・36はエチレンの二量化反応の軌道相関図である．ここでは二つの鏡映面 m_1, m_2 についての軌道対称性を分類する．始原系では二つのエチレンの同一エネルギー準位にある π 軌道どうし，π^* 軌道どうしの一次結合をとった形で出発する．次は対称性の帰属であるが，たとえば，$\pi_1 + \pi_2$ は鏡映面 m_1, m_2 に関しともに対称なので SS とする．前述と同じように対称性が同じ軌道どうしを結

んだ結果，始原系の結合性軌道 $\pi_1-\pi_2$ が生成系の反結合性軌道 $\sigma_1^*+\sigma_2^*$ に相関するので，この反応が基底状態（熱反応）では禁制であると結論される．一方，光励起状態では，$\pi_1-\pi_2$ から $\pi_1^*+\pi_2^*$ に 1 電子励起された状態からの反応となり，$\pi_1^*+\pi_2^*$ 軌道が生成系の結合性軌道 $\sigma_1-\sigma_2$ に相関するので，反応が進行する．

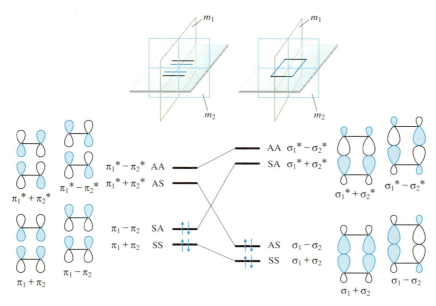

図 6・36　エチレンの二量化反応の軌道相関図

一般則　上記のフロンティア軌道論および軌道対称性保存則は基礎概念として重要であるが，より複雑な反応系や他のペリ環状反応を考えるうえでは簡便な方法とはいえない．そこで，ペリ環状反応全般に適用できるより簡潔な方法として Woodward と Hoffmann は**一般則**(generalized rule)を導き出した．

ここで，いくつかの用語を定義する．まず，反応成分(components for a reaction)とは，基質分子のなかでペリ環状反応によって変化する部分のことである．たとえば Diels-Alder 反応では，1,3-ブタジエンの 4π 電子系，エチレンの 2π 電子系である．この反応成分を，さらに，1) 軌道の種類（π, σ など），2) 電子数，3) 軌道相互作用の立体化学，の三つの観点から区別する．このうち，3) については説明を必要とする．すなわち，π 電子系の同じ側で軌道相互作用する場合を**同面**(suprafacial，スプ

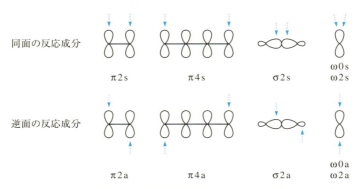

図 6・37　反応成分：電子数と軌道相互作用の立体化学（同面・逆面）

ラ)s, 反対側であれば**逆面**(antarafacial, アンタラ)a, とよぶ. なお, σ軌道, 非共有電子対, さらには空のp軌道(ωと表記する)についても同様にω2s(非共有電子対の場合)やω0a(空のp軌道の場合)のように表現する(図6・37).

これらの用語を使い, 一般則は以下のように表される.

1) 基底状態のペリ環状反応が許容となるのは, $(4q+2)$s と $(4r)$a 反応成分の総数が奇数の場合である.
2) 第一励起状態のペリ環状反応が許容となるのは, $(4q+2)$s と $(4r)$a 反応成分の総数が偶数の場合である.

ここで $4q+2$ と $4r$ は反応成分の電子数(q と r は整数), 添字 s は反応成分が同面で, a は逆面で反応することを意味する. これは理論というよりも定理のようなものであり, 考慮するペリ環状反応が許容か禁制かを判断する取決めと考えればよい. また, ここでは軌道の位相を考慮する必要はない. 以下に Diels-Alder 反応を例として説明する(図6・38).

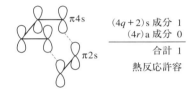

図 6・38 一般則による Diels-Alder 反応の取扱い

1) まず反応成分を特定する. この例では 1,3-ブタジエンの 4π 電子系, エチレンの 2π 電子系である.
2) 4π 電子系と 2π 電子系がともに同面で相互作用するので, 反応としては [π4s+π2s] である.
3) ここで $(4q+2)$s の反応成分の数は π2s の 1 個, $(4r)$a の反応成分の数は 0 である.
4) これらの和が $1+0=1$ となり, 奇数なので熱反応許容と判定される.

一方, 二つのエチレン分子がともに同面で相互作用すると [π2s+π2s] 反応となり, $(4q+2)$s の反応成分が 2 個なので, 熱反応は禁制, 光反応許容となる(図6・39). なお, 片方のエチレンが逆面で相互作用する [π2s+π2a] 過程は熱反応許容であるが, 実際にはこのように短い共役系では幾何学的に困難である.

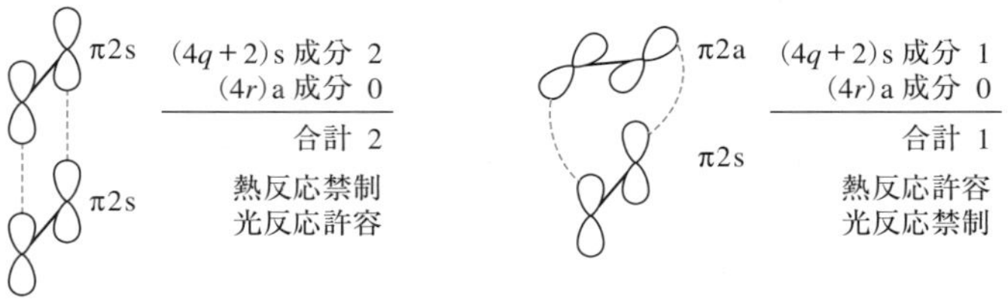

図 6・39 一般則によるエチレンの二量化反応の取扱い

また(3)式のヘプタフルバレン(14π)とテトラシアノエチレン(2π)との付加環化反応では, 前者が逆面, 後者が同面で反応すれば $(4q+2)$s 一つ ($q=0$), $(4r)$a ゼロとして熱反応許容の過程となる. 実際, 生成物において図示した二つの水素がトランスの関係にあることから [π14a+π2s] 過程であることがわかる.

$\pi 14a$　$\pi 2s$　(3)

以下の項では，ペリ環状反応の四つの類型について順番に説明する．

6・6・2 電子環状反応

a. 定義と立体化学

電子環状反応(electrocyclic reaction)は，π共役電子系の両端でσ結合が形成され環が生成する閉環反応，またはその逆の開環反応である．その代表例として1,3-ブタジエンとシクロブテンとの相互変換(図6・40)があるが，立体経路の観点からは正逆の反応にそれぞれ2通りの様式がある．すなわち，閉環反応に注目すると，一つの様式は**同旋**(conrotatory)**過程**であり，両端のp軌道がC_2回転軸に関する対称性を保ちながら，同方向に回転して反応する．もう一つの様式は**逆旋**(disrotatory)**過程**であり，鏡映面 m に対する対称性を保ちながら，逆方向に回転して反応が進行する．実際には，熱反応は同旋的，光反応では逆旋的である．

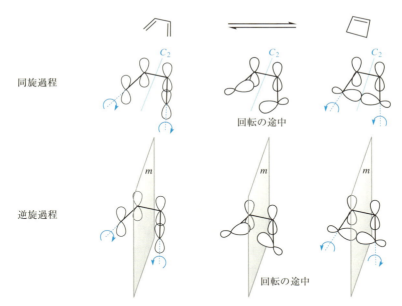

図 6・40　1,3-ブタジエンとシクロブテンの相互変換における同旋過程と逆旋過程

熱反応と光反応とで対照的な立体経路を通ることをどう理解すればよいだろう．このことを説明するうえで二つの理論による考え方を紹介する．より一般的には，種々の関連反応が同旋的か逆旋的かは，反応条件(熱，光)とともに，関与する電子数に依存する．

b. 電子環状反応の理論

軌道対称性保存則(Woodward-Hoffmann 則)による取扱い　　まず，軌道相関図を作成するにあ

たり，同旋過程では C_2 回転軸に関する対称性，逆旋過程では同じく鏡面対称性の保存に着目する（図6・41）．

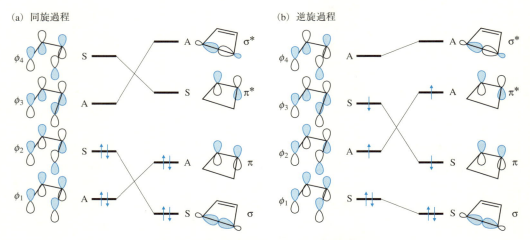

図 6・41 1,3-ブタジエンの閉環反応の軌道相関図

軌道相関図(a)は，同旋過程に関するものである．ここで重要なことは，始原系と生成系において，結合性軌道どうしが相関していることであり，これは同旋的な反応が基底状態で熱的に進行することを示している．一方，軌道相関図(b)は同じく鏡面対称性に関する分類の結果であるが，ここでは結合性軌道 ϕ_2 が反結合性軌道 π^* に相関しているので，熱反応は対称禁制である．しかし，光照射下では始原系の励起状態と生成系は相関しているので，逆旋過程で反応が進行する．

フロンティア軌道論による取扱い 電子環状反応は分子内反応なので，まず，始原系の分子軌道のうちから，考慮するHOMOとLUMOを適切に選び出す必要がある．1,3-ブタジエンの熱的閉環反応では，π電子系を二つのエチレンであるとみなし，一方のπ軌道をHOMO，他方のπ*軌道をLUMOとし，それらの軌道相互作用を考える（図6・42a）．このとき，これらの軌道がC2とC3で同位相となるようにしておく．ここから同旋的に反応すると，両端のp軌道が同位相で重なることがわかる．一方，逆反応である熱的開環についても，(b)のように，切断されるσ結合の反結合性軌道σ*をLUMO，π軌道をHOMOに選べば，やはり同旋過程で位相が一致することがわかる．また，軌道の組合わせとして，切断されるσ結合をHOMO，π*軌道をLUMOとしても結論は同じである．一方，光反応を考えるには(c)のように，SOMOと他のHOMOとの相互作用を考えれば，逆旋過程により反応することが示される．同じく，SOMOと他のLUMOとの相互作用を考慮しても同じ結論となる．

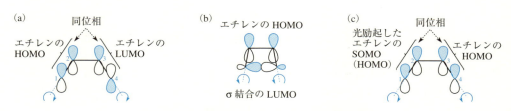

図 6・42 1,3-ブタジエンとシクロブテンの相互変換．
フロンティア軌道論による予測．

π結合が一つ多い1,3,5-ヘキサトリエンの熱的な閉環反応は逆旋的である（図6・43）．これは図

6・43(b)のように4π電子系と2π電子系の反応とみなし，C4とC5で軌道の位相を同じにして考えると，C1とC6の軌道相互作用がうまく起こるのは，逆旋的に反応した場合であり，これが熱反応許容の過程であると判断できる．HOMOとLUMOを逆にしても結論は同じである．

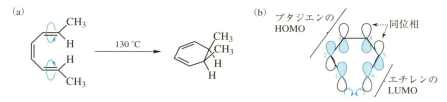

図 6・43　1,3,5-ヘキサトリエンの熱的な電子環状反応．
フロンティア軌道論による予測．

電子環状反応の同旋，逆旋の判定には図6・44に示す簡便な方法もある．すなわち，共役系全体のHOMOに着目し，両端のp軌道が同位相で相互作用する場合に，熱反応許容であると判定する．たとえば，図6・44のように1,3-ブタジエン，1,3,5-ヘキサトリエンのHOMOに着目すると，それぞれ同旋的，逆旋的に反応することがわかる．光反応ではLUMOに着目し熱反応と逆の結果が導かれる．

図 6・44　熱的な電子環状反応の簡便な判定法．
HOMO からの予測．

なお，鎖状共役系の対称性は分子軌道の長さに応じて交互に変化するので，どれか一つを解析することができれば，後は鎖長に応じて交互に変化すると考えればよい．熱反応では，電子数が $4q$ の場合は同旋的，$4q+2$ の場合は逆旋的である(表6・7)．たとえば，(4)式のビスフルバレンの反応は，電子数12，$(4q, q=3)$ として，同旋閉環であると判定される．

表 6・7　電子環状反応の選択則

電子数	熱反応許容	光反応許容
$4q$	同　旋	逆　旋
$4q+2$	逆　旋	同　旋

(4)

c. 対称禁制

このようにペリ環状反応においては，対称性の関連からある反応様式が許容か禁制かが決まるが，これらは，どれくらい厳密な制約なのだろうか．その厳密さを端的に表す事例として3,4-cis-ジメチルシクロブテンの熱的条件での同旋開環反応〔(5)式〕がある．生成物の(E,Z)-ジエンの異性体純度はきわめて高く(99.995%)，逆旋過程(禁制)との遷移状態のエネルギー差は $46\,\text{kJ}\,\text{mol}^{-1}$ 以上と見積

もられる.

$$\text{(5)}$$

　また，このことは，ベンゼンの原子価異性体である Dewar ベンゼン (**89**) が予想外に安定であることにも関連している．すなわち，分子内の光[2+2]付加環化反応(§6・6・3)を経て合成された (**89**) は，ベンゼンよりも熱力学的にはるかに不利(297 kJ mol^{-1})であり，ベンゼンへと異性化する〔(6)式〕．しかし，その異性化速度はエネルギーから予想されるよりもはるかに遅い($t_{1/2}=2$ 日，25 ℃)．これは部分構造(青)において同旋開環が起こると 6 員環内に E 形の二重結合をもつ構造 (**90**) となってしまうためである．すなわち，(**89**) はきわめて不安定ではあるが，ベンゼンへの異性化の障壁の高さによって速度論的に安定化を受けていることになる.

$$\text{(6)}$$

d. 回 転 選 択 性

　シクロブテンの同旋開環においては，回転方向の違いで異性体が生成する場合がある〔(7)〜(9)式〕．まず，(7) 式で E 体のみが得られることは，立体障害を避けてメチル基が外側に回転したとすれば納得できる．しかし，興味深いことにホルミル基はもっぱら内側に回転して Z 体のみを与え，しかも反応が速い〔(8) 式〕．また，(9) 式では立体的に不利であるにもかかわらず，t-ブチル基が内側に回転した異性体が生成するが，実はこれはアルコキシ基(電子供与基)が外側に回転する傾向を反映したものである．以下に説明するように，一般に電子求引基は内側に，電子受容基は外側に回転する傾向があり，これを**回転選択性**(torquoselectivity)とよぶ.

$$\text{(7)}$$

$$\text{(8)}$$

$$\text{(9)}$$

　以下，置換基を p 軌道でモデル化した理論計算による説明を示す．まず，(**A**) のように空の p 軌道(電子受容基のモデル)が内側に回転すると，切断途中の σ 結合との間に三中心二電子相互作用(安定

6・6 ペリ環状反応　281

化)が起こり，有利である．一方，側鎖の p 軌道に 2 電子存在する場合（電子供与基のモデル），（**B**）のように内側へ回転すると，切断されつつある σ 結合を構成していた 2 電子との間で四電子相互作用（不安定化）を招くので不利である．一方，外側への回転では（**C**）のように σ* 結合への非局在化による安定化につながる．

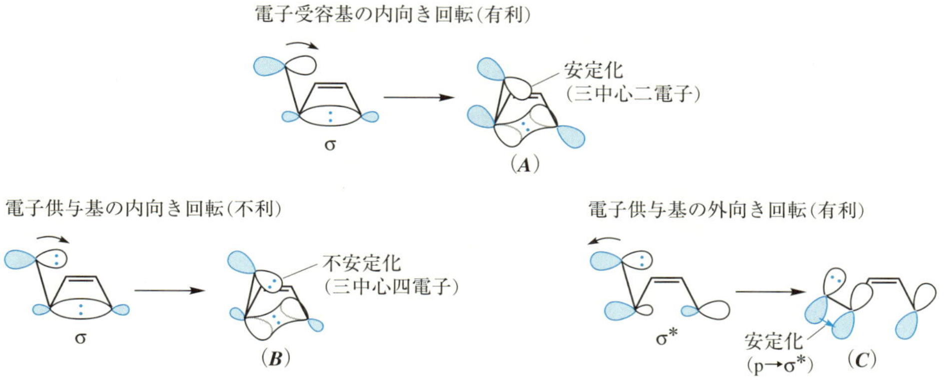

次にシクロプロパン誘導体の開環反応における回転選択性について説明する．形式的にはシクロプロピルカチオン（2 電子系）の逆旋開環とみなせるが，このカチオンはきわめて不安定で中間体ではなく，実際には，図 6・45 に示すように，脱離反応と開環反応とが協奏的に進む過程であり，ここでも回転選択性がある．すなわち，塩化シクロプロピルの立体異性体（**91a**），（**91b**）を低温で超強酸条件に置くと，（**91a**）からは W 形カチオン（**92a**），（**91b**）からは U 形カチオン（**92b**）が生成する．すなわち，逆旋過程で，脱離基と 3 員環の同じ側にある二つの置換基が内側に回転（黒矢印）したことに

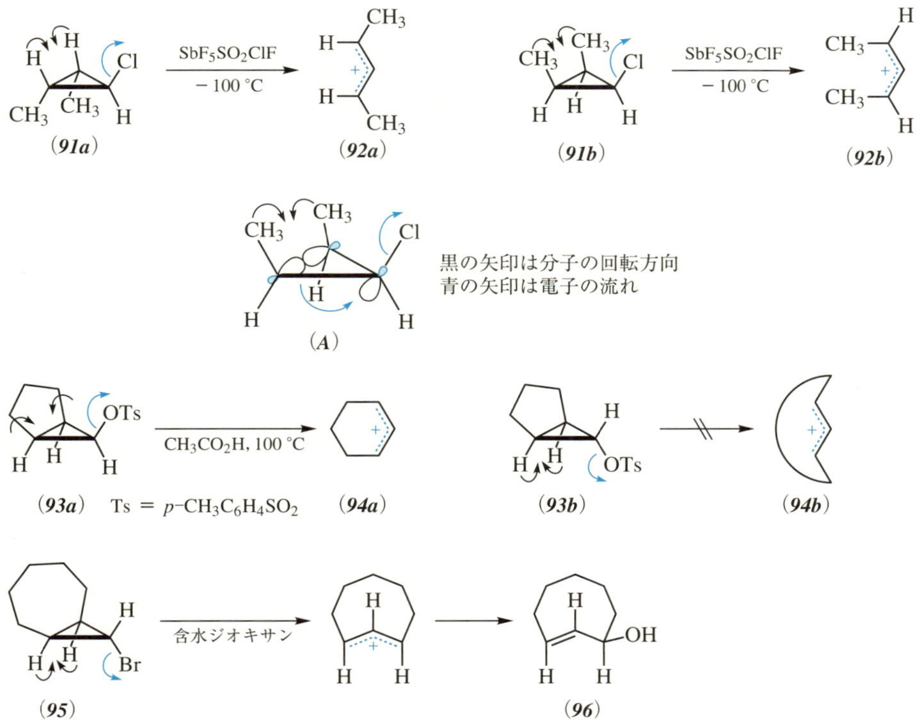

図 6・45　シクロプロパン誘導体の逆旋開環

なる．その本質は (**A**) のように切断される σ 結合の電子が C–Cl 結合の後方から脱離を促すことであり，きわめて強力な効果である．すなわち，(**91b**) の場合，二つのメチル基の内側への回転は著しい立体障害をもたらすが，それでもこの回転選択性が守られる．このことは二環性シクロプロパンの立体異性体の反応性の違いにも現れ，エンド体 (**93a**) は容易に加溶媒分解されアリルカチオン (**94a**) となるが，エキソ体 (**93b**) は高温，長時間(酢酸中，150 °C，3 カ月)でも未反応であった．これは上記の回転選択性が守られると，6 員環内に E 形の二重結合があるという，非常に不安定な構造 (**94b**) となってしまうためである．なお，基質 (**95**) の反応では 8 員環(E 形二重結合を収容できる最小の環)生成物 (**96**) が得られる．

Nazarov 反応はペンタジエニルカチオンの同旋閉環反応である(図 6・46)．ペンタジエニルカチオン(4π 電子系)の HOMO の両端をみると，生成物の立体化学がよく説明される．生成物のオキシアリルカチオンはプロトンの脱離により不飽和ケトンとなる．

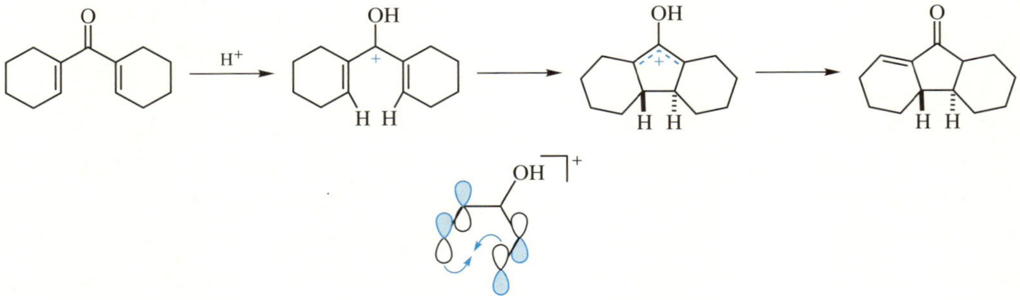

図 6・46　Nazarov 閉環反応

6・6・3　付加環化反応

付加環化反応(cycloaddition reaction)は，π 電子系化合物どうしの反応により二つの σ 結合が一度に生成し，環状化合物を与える反応である．§6・6・1 ではペリ環状反応の理論を説明するため，Diels-Alder 反応およびエチレンの二量化反応にふれた．本項では，Diels-Alder 反応をもう少し掘り下げるとともに，関連反応(1,3 双極付加環化反応，キレトロピー反応)を紹介する．

a. Diels-Alder 反応

反応性や位置選択性，立体選択性などをフロンティア軌道論に基づいて説明する．

電子要請　Diels-Alder 反応の基本型式であるブタジエンとエチレンとの反応は，実はさほど簡単には起こらず，高温，高圧を必要とする．一方，ジエン，求ジエン体に適切な官能基があると容易に反応が進行し，特に電子受容基をもつ求ジエン体，電子供与基をもつジエンの組合わせは反応しやすい(Alder 則)．これを**正常電子要請**(normal electron demand)とよぶ．この違いはフロンティア軌道論によって説明できる(図 6・47)．すなわち，先述のように Diels-Alder 反応では，二つの HOMO-LUMO 相互作用はともに同位相であるが，ブタジエンとエチレンでは，いずれの相互作用もエネルギー差が大きいため，さほど有効ではない．したがって，簡単には反応しない．しかし，(b)に示すアクロレインのように電子受容基が置換した求ジエン体では，エチレンと比べて LUMO が低くなるため，ジエンの HOMO とのエネルギー差が減少して軌道相互作用が効果的となり，反応しやすくなる．さらに(c)のようにジエンに電子供与基(メトキシ基)が置換すると HOMO が上昇し，求ジエン体の LUMO とのエネルギー差がさらに縮まり，一段と反応しやすくなる．

このように求ジエン体に電子受容基が存在すると LUMO が低下し，反応性が向上する．また，

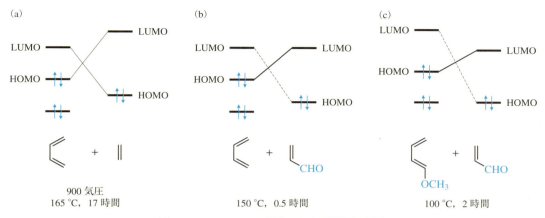

図 6・47 Diels–Alder 反応における正常電子要請

(10)式のように，Lewis 酸の配位 (**97**) によって Diels–Alder 反応の反応性に加え位置選択性（後述）も向上するが，これも同様である．(11)式に示すアクロレインアセタールは特段優れた求ジエン体ではないが，酸触媒下では低温で速やかにジエンと反応する．これは系内で平衡的に生成するオキソニウム種 (**98**) が反応性に富むためである．最近，第二級アミンがエナールを求ジエン体とする Diels–Alder 反応の触媒となることが見いだされた〔(12)式〕．これは系内で生成するイミニウム塩 (**99**) の LUMO が低いことによるものである．生成物のイミニウム塩が加水分解されると第二級アミンが再生され，触媒的な反応となる（II 巻 §4・6・2 参照）．

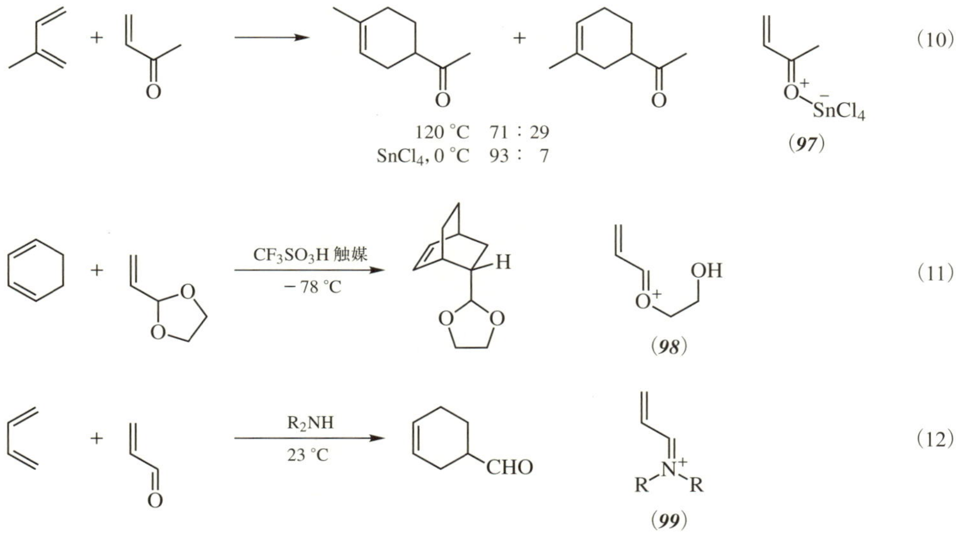

一方，例は限られるが，電子受容基をもつジエンと電子供与基をもつ求ジエン体との組合わせの反応もあり，これを**逆電子要請**(inverse electron demand)という（図 6・48）．これは，図 6・47 の軌道図に

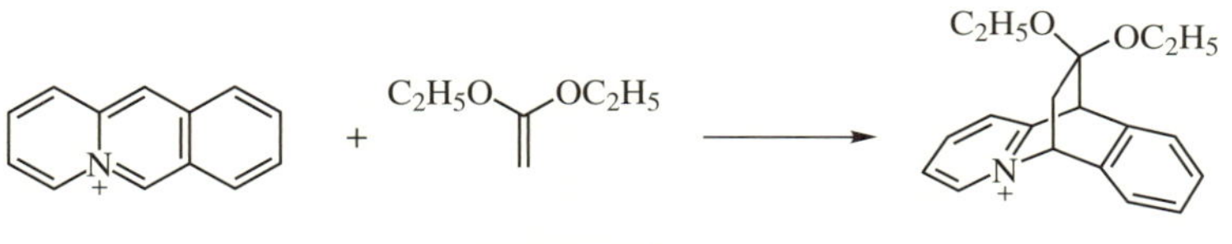

図 6・48　逆電子要請型の Diels–Alder 反応

6. 有機化学反応 II

おいて役割が入替わり，ジエンの LUMO，求ジエン体の HOMO の軌道相互作用が基本になっている．

　配 向 性　　ジエンと求ジエン体が非対称な場合には配向性(位置選択性)が問題となるが，これもフロンティア軌道論に基づいて理解することができる．たとえば，図 6・49 のように，電子供与基 D を 1 位にもつジエン，2 位にジエンと電子受容基 A をもつ求ジエン体との反応においては，フロンティア軌道論で各反応成分の軌道係数の大きな箇所どうしで結合が形成されると考えればよい．この配向性の制御は，Diels-Alder 反応を合成的に利用するために重要であり，その例については第 II 巻を参照してほしい．

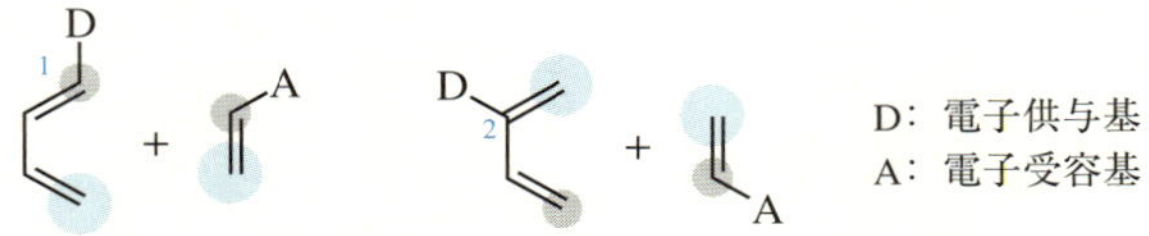

　D: 電子供与基
　A: 電子受容基

図 6・49　Diels-Alder 反応の位置選択性

　エ ン ド 則　　Diels-Alder 反応では，立体的には不利なエンド体がおもに生成する傾向がある〔(13) 式〕．この傾向を**エンド則**(endo rule)とよぶ．これは接近経路 (*A*) においてジエンの HOMO と求ジエン体の LUMO との間において安定化をもたらす同位相の軌道相互作用(破線)があることに帰せられている．このように反応途中に含まれるが，最終的な結合形成には至らない軌道相互作用を**二次軌道相互作用**(secondary orbital interaction)とよぶ．また，Lewis 酸を用いると，Diels-Alder 反応の反応性や位置選択性(先述)のみならず，エンド選択性の向上にもつながる〔(14) 式〕．またフランと無水マレイン酸との反応は Diels-Alder 反応が可逆的であることを示し，速度支配で生じたエンド体が，室温で長時間，もしくは高温の反応ではエキソ体(熱力学的生成物)を与える〔(15) 式〕．〔π4s + π6s〕付加環化反応ではエキソ体が生成する〔(16) 式〕．これは，エンド型遷移状態においては二次軌道相互作用が逆位相なので，むしろ不安定化されるからである．

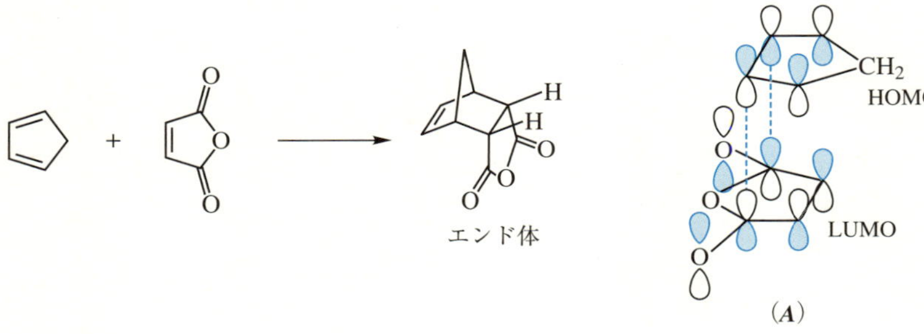

(13)

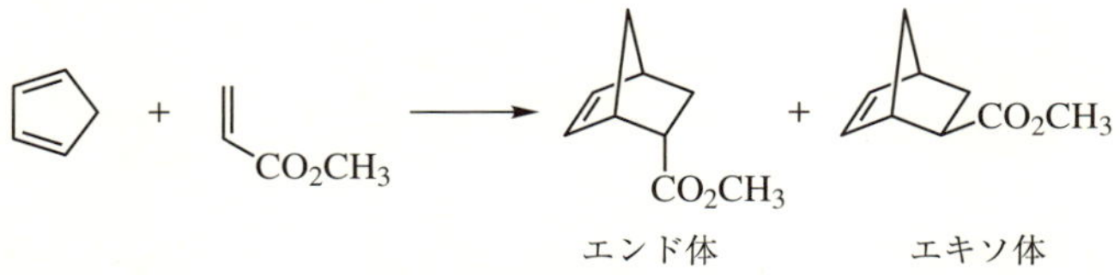

(14)

0 °C (無触媒)	84 : 16
0 °C (AlCl$_3$)	94 : 6
−70 °C (AlCl$_3$)	99 : 1

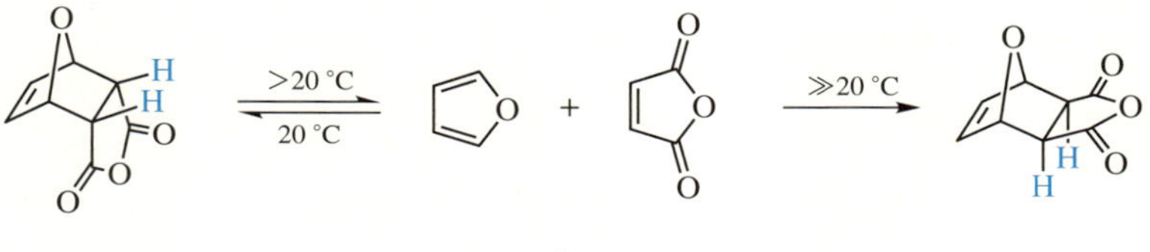

(15)

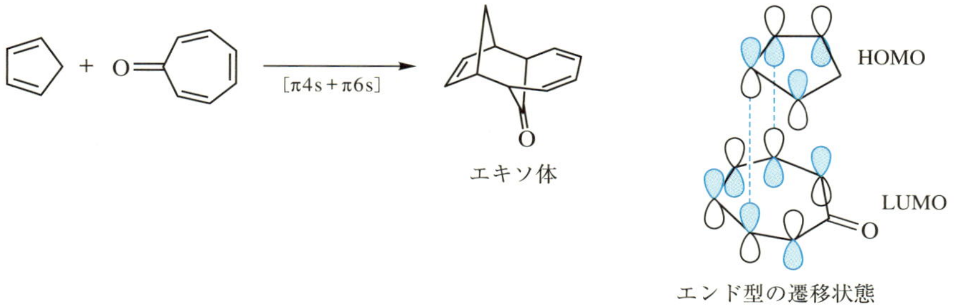

6·6 ペリ環状反応

$$[\pi 4s + \pi 6s]$$

エキソ体

HOMO

LUMO

エンド型の遷移状態

(16)

クリック化学

　2001 年に K. B. Sharpless らは，医薬品などの有用化合物を効率よく開発するためには，二つの小さな構造単位を，ヘテロ原子を介して迅速，高収率，かつ高選択的に連結できる手法が複数必要であると提唱し，そのようなアプローチを"クリック化学"と名づけた．それぞれ特定の官能基を有する 2 種類の分子を，用いる反応溶媒やスケールに依存せず，副生成物を生じずに効率よく連結できる反応を"クリック反応"とよぶ．その代表例は，2002 年に報告された，銅触媒を用いた有機アジド化合物と末端アルキンとの 1,3 双極付加環化による 1,2,3-トリアゾール形成反応である〔(1) 式〕．これは，アジド-アルキン間での 1,3 双極付加環化が触媒を用いることにより，従来は高温を必要としたのに対し，室温，含水溶媒中でもきわめて速やかに進行するとの発見に基づいている．その後，シクロオクチンなどの高ひずみ環状アルキンを用いると，触媒な

しでも付加環化反応が速やかに進行することも見いだされ〔(2) 式〕，生物学分野をはじめとする広範な分野において機能性分子の創製に汎用されるようになった．一般にアジド基やアルキンの炭素－炭素三重結合は生体関連分子には含まれていない．そのため，生細胞や生体内などにおいて，さまざまな官能基をもつ無数の分子が共存するなかでも，バイオオルトゴナル(bioorthogonal)官能基間でのクリック反応により必要な分子連結が行えることは大きな利点である．近年，1,2,4,5-テトラジンと trans-シクロオクテン〔(3) 式〕またはシクロプロペンなど，新しい組合わせのクリック反応が開発され，さまざまな研究に利用されている．

文献: H. C. Kolb, M. G. Finn, K. B. Sharpless, *Angew. Chem., Int. Ed.*, **40**, 2004(2001).

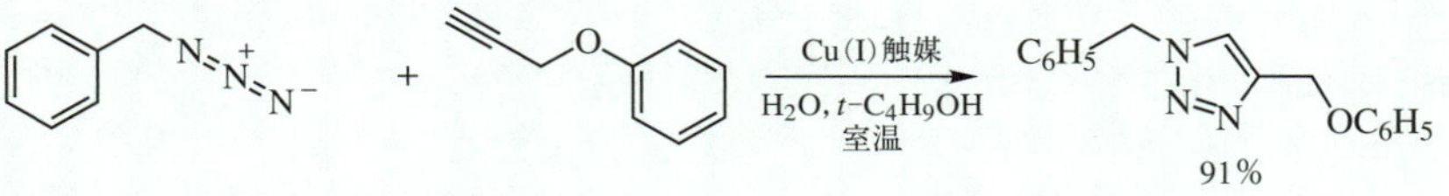

Cu(I)触媒
$H_2O, t-C_4H_9OH$
室温

C_6H_5

91%

(1)

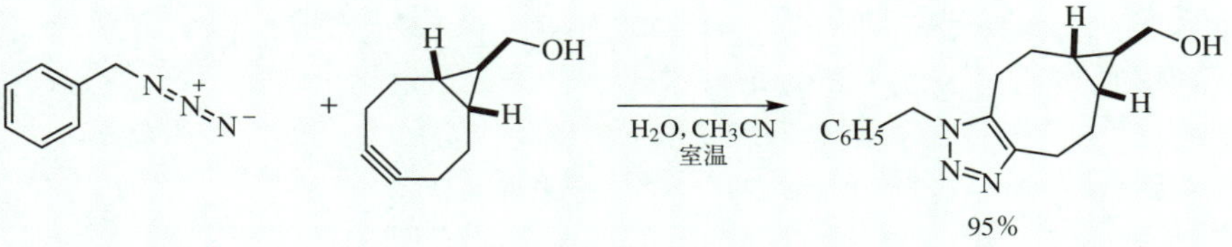

H_2O, CH_3CN
室温

C_6H_5

95%

(2)

THF
室温，< 1 分

定量的

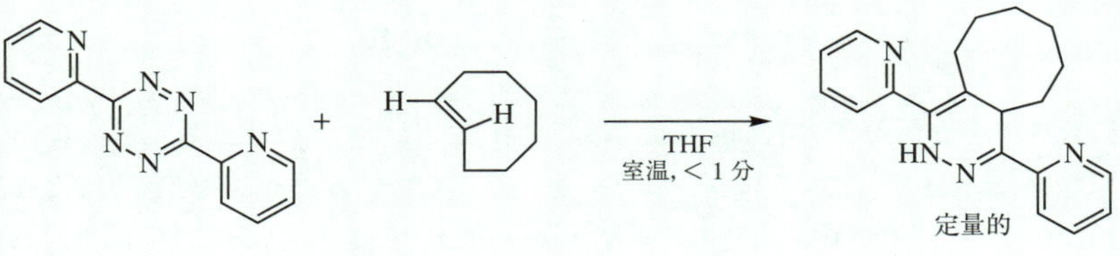

(3)

b. 1,3 双極付加環化反応

1,3 双極子(1,3-dipole)はヘテロ原子を含む三中心四電子化合物であり，アリル型(**100**)とプロパルギル–アレニル型(**101**)に大別される(図 6・50)．アリル型(**100**)では，二つの八偶子構造からはアリルアニオン的な性質，また二つの六偶子構造からは両端に求電子性と求核性の両方が現れることが示唆される．一方，プロパルギル–アレニル型(**101**)はプロパルギルアニオンと等電子構造なので，(**100**)の 4π 電子系と直交 π 結合がもう一つ加わった形である．1,3 双極子は，**求双極子体**(dipolarophile)とよばれる不飽和化合物(アルケン，アルキン，カルボニル化合物，シアノ化合物など)と付加環化し，さまざまな複素 5 員環を与える．電子数からみると，Diels-Alder 反応と同様，1,3 双極子を π4 成分，求双極子体を π2 成分とする[π4s＋π2s]過程として熱的に許容である．ここでも 1) 電子要請，および 2) 位置選択性の問題がある．

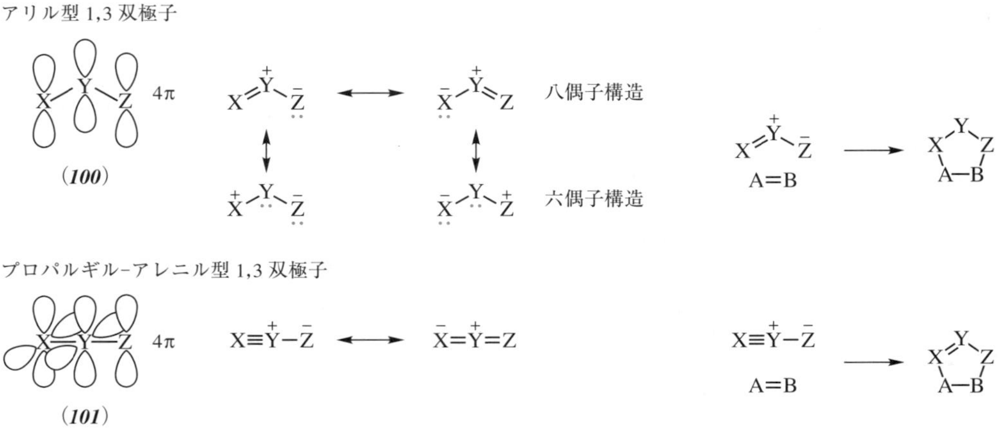

アリル型 1,3 双極子

プロパルギル–アレニル型 1,3 双極子

図 6・50　1,3 双極子の分類とその付加環化反応

表 6・8 は，代表的な 1,3 双極子に関する HOMO，LUMO の軌道係数およびエネルギー準位である．

(17), (18) 式は反応例である．まず，ジアゾメタンは電子不足アルケンと反応しやすい．たとえば，アクリル酸メチルとの反応は位置選択的に進行し，一次生成物(**102**)を経て互変異性体(**103**)となる〔(17) 式〕．一方，ニトリルオキシドは電子豊富アルケンと反応しやすく，エノールエーテルとの反応では単一異性体が生じる〔(18) 式〕．

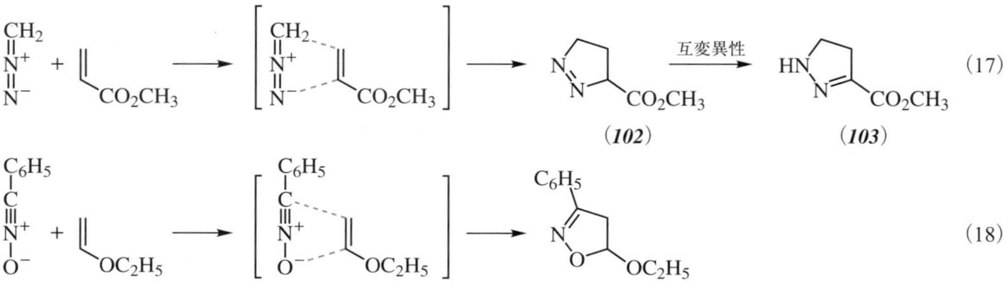

これらの傾向を理解するうえでは有機電子論はあまり有効ではない．なぜなら 1,3 双極子の共鳴構造式の両端で求核性(求電子性)が示されるからである．そこでフロンティア軌道論をもとに，1,3 双極子の HOMO，LUMO の軌道係数およびエネルギー準位(表 6・8)を考えよう．

表 6・8 代表的な 1,3 双極子の HOMO と LUMO のエネルギーと軌道係数[†]

双極子	HOMO エネルギー, eV	HOMO 軌道係数	LUMO エネルギー, eV	LUMO 軌道係数
ジアゾアルカン	−9.0	CH$_2$=$\overset{+}{N}$=$\overset{-}{N}$ 1.57 0.85	1.8	CH$_2$=$\overset{+}{N}$=$\overset{-}{N}$ 0.66 0.56
ニトリルオキシド	−11.0	CH≡$\overset{+}{N}$−$\overset{-}{O}$ 0.81 1.24	−0.5	CH≡$\overset{+}{N}$−$\overset{-}{O}$ 1.18 0.17
C$_6$H$_5$−C≡$\overset{+}{N}$−$\overset{-}{O}$	−10.0	——	−1.0	——
アジド	−11.5	HN=$\overset{+}{N}$=$\overset{-}{N}$ 1.55 0.72	0.1	HN=$\overset{+}{N}$=$\overset{-}{N}$ 0.37 0.76
C$_6$H$_5$−N=$\overset{+}{N}$=$\overset{-}{N}$	−9.5	——	0.2	——
アゾメチンイリド	−6.9	CH$_3$−$\overset{+}{N}$(CH$_2$)(CH$_2^-$) 1.28 1.28	1.4	CH$_3$−$\overset{+}{N}$(CH$_2$)(CH$_2^-$) 0.73 0.73
ニトロン	−9.7	CH$_2$=$\overset{+}{N}$(H)−$\overset{-}{O}$ 1.11 1.06	−0.5	CH$_2$=$\overset{+}{N}$(H)−$\overset{-}{O}$ 0.98 0.32
C$_6$H$_5$−C(H)=$\overset{+}{N}$(H)−$\overset{-}{O}$	−8.0	——	−0.4	——
カルボニルイリド	−7.1	CH$_2$=$\overset{+}{O}$−$\overset{-}{CH_2}$ 1.29 1.29	0.4	CH$_2$=$\overset{+}{O}$−$\overset{-}{CH_2}$ 0.82 0.82
カルボニルオキシド	−10.3	CH$_2$=$\overset{+}{O}$−$\overset{-}{O}$ 0.82 1.25	−0.9	CH$_2$=$\overset{+}{O}$−$\overset{-}{O}$ 1.30 0.24
オゾン	−13.5	O=$\overset{+}{O}$−$\overset{-}{O}$	−2.2	O=$\overset{+}{O}$−$\overset{-}{O}$

[†] I. Fleming, "Molecular Orbitals and Organic Chemical Reactions Reference Edition", John Wiley & Sons, Chichester (2010). ここで示した軌道係数は軌道係数そのものではなく, 軌道係数の 2 乗を使って計算された参考値である.

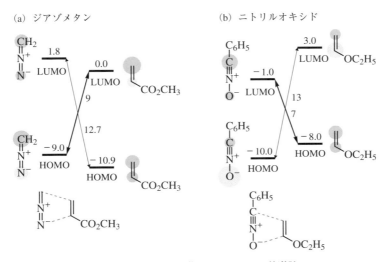

図 6・51 双極付加環化のフロンティア軌道論.
反応性と位置選択性.

まず，ジアゾメタンが電子不足の求双極子体と反応しやすいことは，高いHOMOを反映している．そのHOMO, LUMOおよび軌道係数（図6・51a）をみると，アクリル酸メチルのようなLUMOの低い求双極子体と反応しやすいことや位置選択性が説明できる．一方，図6・51(b)に示すニトリルオキシドのデータからは，特徴的にLUMOの低いことが示唆され，エノールエーテルのようなHOMOの高い求双極子体と反応しやすいことが説明でき，位置選択性も軌道係数をもとに理解できる．

なお，フェニルアジドのように，特に求電子的でも求核的でもない1,3双極子もある．この場合，単純なアルケンとは反応しにくいが，電子不足あるいは電子豊富アルケンとは速やかに反応し，また両者で位置選択性が逆転する．この二面的な挙動は，求双極子体の電子状態に応じ，軌道相互作用におもに関与する軌道(HOMO, LUMO)が変わることによる．また，位置選択性が逆転するのは，HOMOとLUMOとで軌道係数の大きい場所が異なるためである．

c. キレトロピー反応

キレトロピー反応(cheletropic reaction)は付加環化反応（またその逆反応）の特殊な例であり，二つのσ結合の形成（切断）が同一原子上で起こるものである．付加または脱離する原子団としては，CO, CO$_2$, SO$_2$, :CH$_2$, N$_2$ などがある．まず，SO$_2$と1,3-ジエンとの反応を説明する（図6・52）．この反応は立体特異的に5員環生成物（スルホレン）を与えるが，これはジエンの4π電子系とSO$_2$の非共有電子対とがそれぞれ同面型で反応する[π4s + ω2s]過程と位置づけられる．一方，逆反応も熱的に立体特異的に進行し，1,3-ジエンが再生されるので，この過程は1,3-ジエンの保護に用いられる．

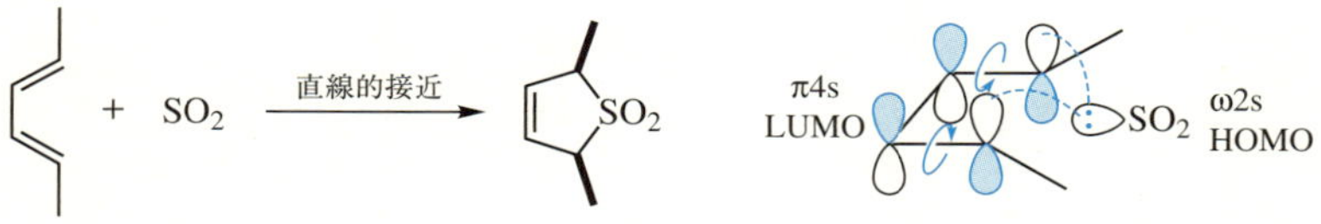

図 6・52　ジエンとSO$_2$のキレトロピー反応

ジクロロカルベン（一重項）はC=C結合に付加し，立体特異的にシクロプロパンを生成する（図6・53）．その反応機構については一つの重要なポイントがある．カルベンが生成物と類似した立体配置でアルケンに接近する（直線的接近）と，(a), (b)のようにフロンティア軌道論の位相が一致せず，熱反応禁制となる．一方，カルベンがアルケンに横向きに接近すると（非直線的接近），(c), (d)のようにHOMOとLUMOの相互作用がそれぞれ同位相となり，熱反応許容となる．カルベンの構造と反応性については，それぞれ§5・4および§6・3を参照してほしい．

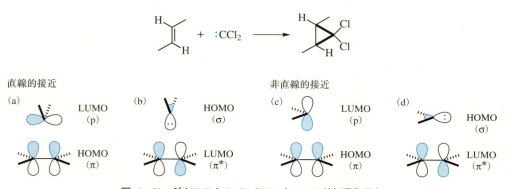

図 6・53　ジクロロカルベンのアルケンへの付加環化反応

d. ケテンの[2＋2]付加環化

本節冒頭にも述べたように，エチレンの二量化反応は熱反応禁制である．この事実に対するフロンティア軌道論的な説明は，一方のエチレンのHOMOと他方のエチレンのLUMOを考慮して位相を合わせようとすると[π2s＋π2a]過程となり，幾何学的に無理があるからである．これに対して，ケテンは例外的に熱的な[2＋2]付加環化反応を起こす(図6・54)．これには二つの説明があり，特徴的なクムレン型の直交した二つのπ軌道とエチレンのπ軌道を考慮し，(**104**)のように[π2s＋π2a]過程，熱反応許容であると理解するものである．両反応成分が直交する形で接近する．

図6・54にもう一つの説明を示す．ケテンのHOMOとLUMOは互いに直交しており，それぞれC2, C1において軌道係数が大きい．ケテンとエチレンとの[2＋2]付加環化に関する分子軌道計算によれば，重要な軌道相互作用はケテンのLUMOで軌道係数の大きなC1ローブに対してエチレンのπ軌道(HOMO)が接近するところから始まる．遷移状態ではケテンのC1とエチレンの一方の炭素との結合がかなり先行して形成され，ついでエチレンのもう一方のπ軌道とケテンのHOMOのC2ローブが相互作用し，結合が形成される．協奏的な反応とはいえ，段階的な反応機構との境界に近いことが示唆されている．実際，置換基によっては立体特異性が低下する場合があり，このような場合には双性イオンを経た機構であるとみなされる．

また，非対称ケテン(**105**)とアルケン(**106**)との反応では，見かけ上，立体的に不利な生成物(**108**)を与える．これは遷移状態(**107**)では互いに離れていた置換基どうしが生成物では接近することによるものである．

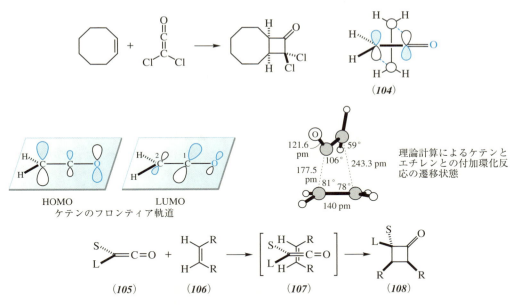

図6・54 ケテンの[2＋2]付加環化反応

6・6・4 シグマトロピー転位
a. 定義と立体化学

転位反応のうち，共役系の結合交替を伴いつつ，σ結合があたかも共役π電子系に沿ってほかの位置に移動したかのようにみえる反応を**シグマトロピー転位**(sigmatropic rearrangement)とよぶ．切断されるσ結合と新たに生成するσ結合の間に含まれる原子の数がそれぞれi, jであるとき，[i, j]シグマトロピー転位という．

290   6. 有機化学反応 II

$$\underset{1}{C}-\underset{2}{C}=\underset{3}{C}-(C=C)_h-C=\underset{j}{C} \quad\longrightarrow\quad \underset{1}{\overset{X}{C}}=C-(C=C)_h-C=C-\underset{j}{\overset{X}{C}}$$

[1,j] シグマトロピー転位

$$\underset{1}{C}-\underset{2}{C}=C-(C=C)_k-C=\underset{i}{C}\atop\underset{1}{C}-\underset{2}{C}=C-(C=C)_h-C=\underset{j}{C} \quad\longrightarrow\quad \underset{1}{C}=\underset{2}{C}-(C=C)_k-C=C-\underset{i}{C}\atop\underset{1}{C}=\underset{2}{C}-(C=C)_h-C=C-\underset{j}{C}$$

[i,j] シグマトロピー転位

シグマトロピー転位の立体化学に関する用語を紹介する．図 6・55(a)に示す [1,5] 水素移動では，水素原子が π 電子系の同じ側で移動しており，これを同面型移動とよぶ．一方，(b)の [1,7] 水素移動では，水素原子が π 電子系の逆側に移動しているので，これを逆面型移動とよぶ．§6・6・1 の定義(反応成分における軌道相互作用の様式)とは意味が異なるが混乱はないだろう．これらの例をはじめとしてシグマトロピー転位においては，関与する電子数によって立体化学(同面型，逆面型)が変化する．

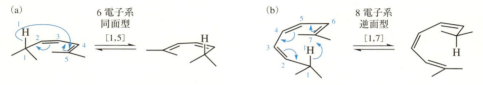

図 6・55　[1,5]，[1,7] シグマトロピー転位

b. [1,j] シグマトロピー転位の理論

シグマトロピー転位は分子内反応なので，フロンティア軌道論による取扱いでは，まず出発物の分子軌道から HOMO と LUMO の組合わせを選び出す必要がある．その一般的なやり方は，始原系の切断される σ 結合を境として，仮想的に二つのラジカルに切断し，それらの SOMO 間の相互作用を考慮することである．また，これらの反応を取扱ううえで，軌道対称性保存則には，本質的な問題がある．それは，反応を通じて保たれる対称性はないということである．そのため，これらの反応は一般則で扱う．

ここで，[1,3]，[1,5]，[1,7] 水素移動を例にとり，これらの理論による取扱いを説明する(図 6・56)．

まず，[1,3] 水素移動については，(a)のように始原系の σ 結合を境として水素ラジカルとアリルラジカルとに分け，それらの SOMO の相互作用を考える．水素はもともと結合していたアリル系の p 軌道と同位相としておき，転位先の軌道の位相をみると，熱反応では同面型移動は禁制で逆面型は許容となる．一方，(b)のように光反応では同面型 [1,3] 水素移動が許容である．同じことを今度は一般則に照らしてみると，(c)のように同面型水素移動は，[σ2s＋π2s] 過程として熱反応禁制で光反応許容となる．なお，水素原子が共役系の上面から離れて下面に回込む逆面型移動は [σ2s＋π2a] 過程として熱反応許容であるが，実際には C-H 結合の切断と生成とが同時に進行する遷移状態は無理があ

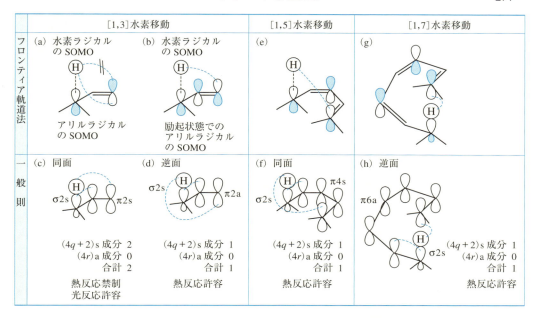

図 6・56 [1,j]シグマトロピー転位(水素移動)の理論

る.

[1,5]水素移動は，水素ラジカルとペンタジエニルラジカルの SOMO を考えると，同面型移動が熱反応許容となる．一般則では，(f)のように，C−H σ 結合(同面)とジエン(同面)を反応成分とし，[σ2s+π4s]過程として熱反応許容となる．

[1,7]水素移動は熱的に逆面型で進行する．これは(g)のように，水素ラジカルとヘプタトリエニルラジカルの SOMO に着目したフロンティア軌道論により，あるいは(h)のように C−H σ 結合(同面)とトリエン(逆面)を反応成分とする[σ2s+π6a]過程ととらえる一般則により，熱反応許容と判定される．このように共役系が長い場合には逆面過程も可能である．

表 6・9 に[1,j]水素移動反応の選択則をまとめる．

表 6・9 水素移動反応の選択則

電子数	熱反応許容	光反応許容
$4q$	逆面	同面
$4q+2$	同面	逆面

[1,3]炭素移動では，移動する炭素の立体化学が反転する．フロンティア軌道論では炭素ラジカルとアリルラジカルの SOMO の相互作用を考える．ここで炭素ラジカルが立体保持，アリル系について同面型で移動しようとすると，移動先の軌道と位相が合わない．先述の[1,3]水素移動で同面型移動が熱反応禁制であったのと同じである．しかし，図 6・57(a)のように，炭素の軌道が逆側のローブから相互作用すれば，位相が一致し，立体反転の逆面型移動が許容となる．また，一般則でも σ 軌道を逆面成分，π 軌道を同面成分とすれば，熱反応許容と判定される．しかし，こうした遷移状態の構造は一般的には空間的に無理がある．ビシクロ[3.2.0]ヘプテンのビシクロ[2.2.1]ヘプテンへの熱的転位(b)は，ひずみのある二環性構造による例外的な反応である．

シグマトロピー反応でもイオンを含む反応系がある．たとえば，電子不足の隣接原子への 1,2 転位

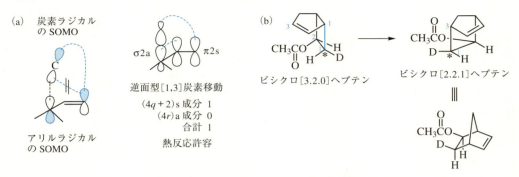

図 6・57 [1,3]シグマトロピー転位(炭素移動)の立体経路

(Wagner-Meerwein 転位, Beckmann 転位, Baeyer-Villiger 反応など)は, 数多くの例がある. これらの反応はカチオンの[σ2s+ω0s]過程として熱的に対称許容と位置づけられ, 移動する炭素について立体化学が保持される. また完全なカチオンを経由しない場合には, 移動先で立体反転が起こる. 一方, アニオンの[1,2]移動はまれである. [σ2s+ω2s]過程が対称禁制であるためであり, まれにみられる反応例はラジカル経由のものがほとんどである.

また, アリルカチオンでは炭素の[1,4]同面型移動が許容であり, 下図のように移動する炭素原子上で立体反転が起こる.

これに関連し, 興味深い多重転位がある. すなわち, 二環性カチオン (**109**) におけるシクロプロパン環が5員環を周回するような反応である. NMR の時間尺度では五つのメチル基(＊印)は等価となり, 鋭い単一線(15H 分)が現れるのに対し, ほかの二つのメチル基は2本の単一線(3H 分ずつ)として別べつに観測される. これは, 移動ごとに立体反転が起こるので, エンドのメチル基はエンドのまま, エキソのメチル基はエキソのままで位置関係が変化しないことによる.

c. [3,3]シグマトロピー転位

ここでは，シグマトロピー転位のなかで重要な[3,3]転位について述べる．まず，その代表例である Cope 転位〔(19) 式〕は平衡反応であり，1,5-ヘキサジエン自体は $140\,\mathrm{kJ\,mol^{-1}}$ の活性化エネルギー障壁を越えて相互変換する．この平衡は自然界でも起こっており，(20) 式のセスキテルペンの相互変換はその一例である．

リンデラクトン（ゲルマクラン型）40%　　　イソリンデラクトン（エレメン型）60%

フロンティア軌道論では，二つのアリルラジカルの SOMO の相互作用を考え，新たに σ 結合を生成する p 軌道どうしは同位相なので熱反応許容と判定する（図 6・58）．一般則によると，反応成分は二つのエチレン部と一つの σ 結合であり，[π2s+σ2s+π2s] 過程として，熱的に対称許容である．

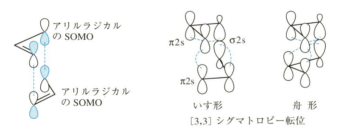

図 6・58 [3,3]シグマトロピー転位の理論

ここで，いす形と舟形の 2 種の遷移状態が書けるが，環の存在などの特別な制約がなければ，一般に前者がエネルギー的に有利である．たとえば meso-ジエン (**110**) からの速度論的に優先する生成物は EZ 体である〔(21) 式〕．

EZ 体 99.7%

ここで興味深い分子，ブルバレン $(\mathrm{CH})_{10}$ を紹介する．この C_{3v} 対称の分子は，容易に多重 Cope 転位を起こし，$10!/3\,(=1{,}209{,}600\,個)$ もの等価な異性体間で相互変換する．その活性化エネルギーは低

ブルバレン　　　　　　　　　　　　　　　　　　他の異性体

く($52\ \mathrm{kJ\ mol^{-1}}$)，室温で ^{1}H および ^{13}C NMR スペクトルは単一のピークを示す．

Claisen 転位は，Cope 転位の炭素原子の一つが酸素原子に置き換わった形式であり，アリルフェニルエーテルのアリルフェノールへの転位〔(22) 式〕，アリルビニルエーテルから γ,δ-不飽和カルボニル化合物への変換反応〔(23) 式〕がその典型例である．後者にみられる鎖状系の反応では，6 員環いす形遷移状態を経た協奏的反応であることから，優れた立体選択性，特異性が発現するので，有機合成化学的な応用範囲が広い(II 巻 §2・6・5 参照)．

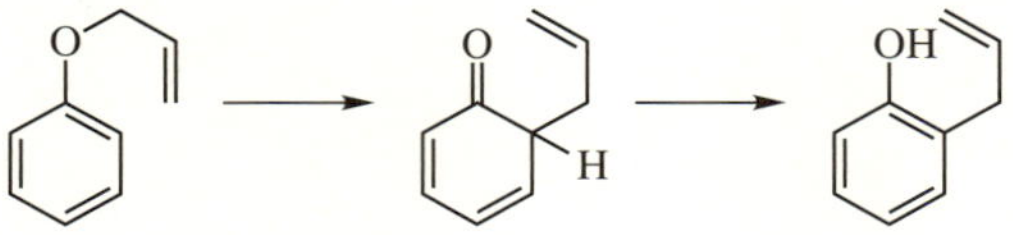

$$\tag{22}$$

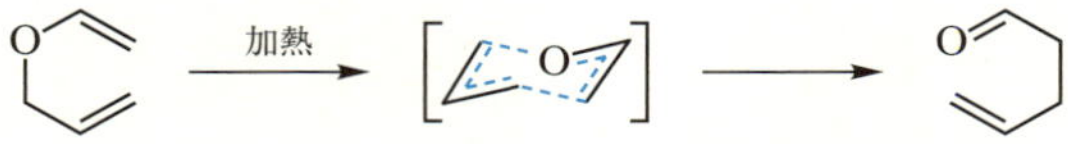

$$\tag{23}$$

Wittig 転位や Mislow 転位は，[2,3]シグマトロピー転位の例である．この反応も$[\sigma 2s + \omega 2s + \pi 2s]$過程として熱反応許容である．

[2,3]シグマトロピー転位
（[2,3]Wittig 転位）

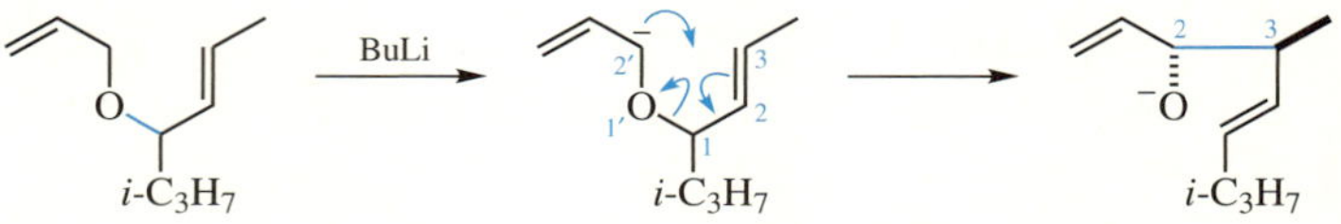

[2,3]シグマトロピー転位
（Mislow 転位）

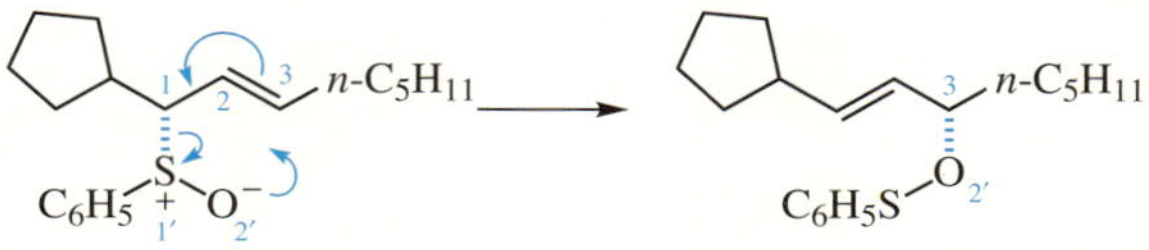

6・6・5 グループ移動反応

グループ移動反応は，これまで述べた 3 種の反応形式(§6・6・2〜§6・6・4)のどれにもあてはまらない．例はあまり多くないが，重要な合成反応も多い．たとえばジイミド還元は水素分子が C=C 結合にシス付加する反応であり，$[\pi 2s + \sigma 2s + \sigma 2s]$過程として熱反応許容である(図 6・59)．

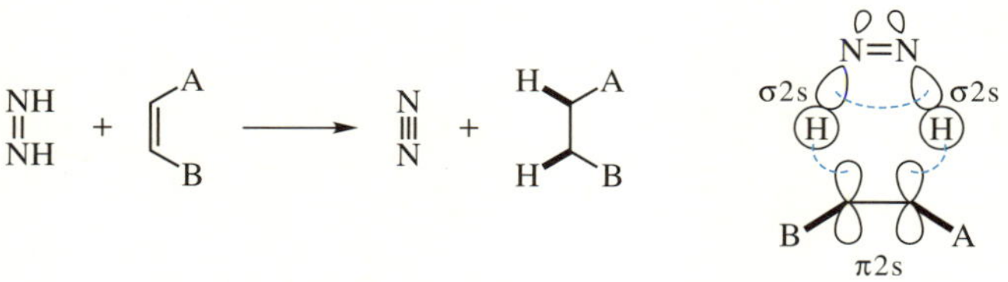

図 6・59 ジイミド還元反応

Alder のエン反応(ene reaction)は Diels-Alder 反応に類似している(図 6・60)．すなわち，"エン"の C−H 結合が切断され，求エン体(enophile)との間に新たな C−H 結合が形成する．フロンティア軌道論ではアリル系の HOMO，エチレンの LUMO を考慮し，一般則でも$[\pi 2s + \sigma 2s + \pi 2s]$過程とみなす．

求エン体がカルボニル化合物である場合をカルボニルエン反応とよぶ．工業的に重要な例もあり，

6. 有機化学反応 II

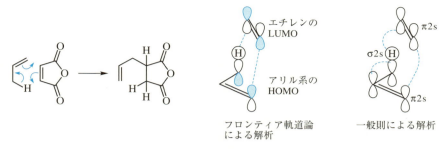

図 6・60　エン反応

II 巻 §2・6・4 で取扱う．

　エン反応の逆反応もある．キサントゲン酸エステルの熱脱離反応（Chugaev 反応）はその一例である．N-オキシドの熱脱離（Cope 脱離反応）やスルホキシドやセレノキシドの脱離反応は立体特異的なシン脱離反応である（図 6・61）．

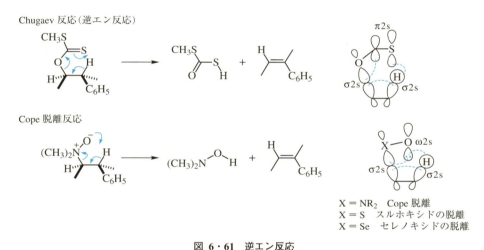

図 6・61　逆エン反応

参 考 書

ラジカル反応
- B. Giese, "Radicals in Organic Synthesis: Formation of Carbon-Carbon Bonds", Pergamon Press, Oxford (1986).
- D. P. Curran, "The Design and Application of Free-radical Chain Reactions in Organic Synthesis", Part 1, 2, *Synthesis*, (1988).
- W. B. Motherwell, D. Crich, "Free Radical Chain Reactions in Organic Synthesis", Academic Press, London, (1992).
- M. J. Perkins, "Radical Chemistry", Prentice Hall, London (1994).
- "Stereochemistry of Radical Reactions: Concepts, Guidelines, and Synthetic Applications", ed. by D. P. Curran, N. A. Porter, B. Giese, Wiley-VCH, Weinheim (1996).
- "Radicals in Organic Synthesis", ed. by P. Renaud, M. P. Sibi, Vol. 1, 2, Wiley-VCH, Weinheim (2001).
- S. Z. Zard, "Radical Reactions in Organic Synthesis", Oxford University Press, Oxford (2003).
- "Encyclopedia of Radicals in Chemistry, Biology and Materials", ed. by C. Chatgilialoglu, A. Studer, John Wiley & Sons, Chichester (2012).
- "Free-Radical Synthesis and Functionalization of Heterocycles", ed. by Y. Landais, Springer, Berlin (2018).
- 柳　日馨，"有機ラジカル反応の基礎：その理解と考え方"，丸善出版 (2015)．
- 東郷秀雄，"有機合成のためのフリーラジカル反応：基礎から精密有機合成への応用まで"，丸善出版 (2015)．

カルベンと C−H 結合との反応

・A. Oku, T. Harada, "Advances in Carbene Chemistry", ed. by U. H. Brinker, Vol. 3, p. 287, Elsevier, Amsterdam (2001).
・U. H. Brinker, G. Lin, L. Xu, W. B. Smith, J. -L. Mieusset, *J. Org. Chem.*, **72**, 8434(2007).

カルベンと O−H 結合との反応

・W. Kirmse, "Advances in Carbene Chemistry", ed. by U. H. Brinker, Vol. 1, p.1, Elsevier, Amsterdam(1994); *ibid.* Vol. 3, p. 1(2001).

カルベンと二重結合との反応

・R. A. Moss, *Acc. Chem. Res.*, **13**, 58(1980); *ibid*, **22**, 15(1989).
・R. A. Moss, "Carbene Chemistry: From Fleeting Intermediates to Powerful Reagents", ed. by G. Bertrand, p. 57, Fontis-Media/Marcell Dekker, Lausanne/New York(2002).

カルベンと酸素との反応

・W. Sander, *Angew. Chem., Int. Ed. Engl.*, **29**, 344(1990).
・W. H. Bunnelle, *Chem. Rev.*, **91**, 335(1991).

ヘテロ原子を含む化合物との反応

・A. Padwa, S. F. Hornbuckle, *Chem. Rev.*, **91**, 263(1991).
・J. S. Clark, "Nitrogen, Oxygen, and Sulfur Ylide Chemistry", Oxford University Press, Oxford(2002).
・W. Ando, "The Chemistry of Diazonium and Diazo Groups", ed. by S. Patai, p. 342, John Wiley & Sons, Chichester (1978).

1,2 転位

・R. A. Moss, "Advances in Carbene Chemistry", ed. by U. H. Brinker, Vol. 1, p. 59, Elsevier, Amsterdam(1994); D. C. Merrer, R. A. Moss, *ibid*. Vol. 3, p. 53(2001).

カルベン–カルベン転位

・P. P. Gaspar, J. -P. Hsu, S. Chari, M. Jones, Jr., *Tetrahedron*, **41**, 1479(1985).
・W. M. Jones, *Acc. Chem. Res.*, **10**, 353(1977).
・W. M. Jones, U. H. Brinker, "Pericyclic Reactions", ed. by A. P. Marchand, R. E. Lehr, Vol. 1, p. 110, Academic Press, New York(1977).

光化学反応に関する一般的参考書

・W. M. Horspool, "Aspects of Organic Photochemistry", Academic Press, New York(1976).
・N. J. Turro, "Modern Molecular Photochemistry", The Benjamin/Cummings, Menlo Park(1978).
・J. D. Coyle, "Introduction to Organic Photochemistry", John Wiley & Sons, New York(1986).
・P. Suppan, "Chemistry and Light", Royal Society of Chemistry, London(1994).
・杉森 彰, "有機光化学(化学選書)", 裳華房(1991).

有機光化学反応に関する総説

・"Organic Photochemistry", ed. by O. L. Chapman, Vols. 1〜3, Marcel Dekker, New York(1967〜1973).
・"Organic Photochemistry", ed. by A. Padwa, Vols. 4〜9, Marcel Dekker, New York(1979〜1987).
・"Rearrangements in Ground and Excited States", ed. by P. de Mayo, Vol. 3, Academic Press, New York(1980).

光化学反応の有機合成への応用に関する一般的参考書や総説

・A. Schönberg, "Preparative Organic Photochemistry", Springer Verlag, New York(1968).
・"Synthetic Organic Photochemistry", ed. by W. M. Horspool, Plenum Press, New York(1984).
・杉野目 浩, "有機合成化学協会誌", **44**, 1029(1986).
・"Photochemistry in Organic Synthesis", ed. by J. D. Coyle, Royal Society of Chemistry, London(1986).
・"Photochemical Key Steps in Organic Synthesis", ed. by J. Mattay, A. Griesbeck, VCH, Weinheim(1964).

有機反応における電子移動過程に関する一般的参考書

・L. Eberson, "Electron Transfer Reactions in Organic Chemistry", Springer-Verlag, Berlin(1987).

光電子移動反応に関する解説

・G. J. Kavarnos, N. J. Turro, *Chem. Rev.*, **86**, 401(1986).

ペリ環状反応に関する一般的参考書

・E. V. Anslyn, D. A. Dougherty, "Modern Physical Organic Chemistry" University Science Books, Sausalito(2006).
・I. Fleming, "Molecular Orbitals and Organic Chemical Reactions: Reference Edition", John Wiley & Sons, Chichester (2010).
・I. Fleming, "Pericyclic Reactions(Oxford Chemistry Primers, 67)", Oxford University Press, Oxford(1999). ["ペリ環状反応: 第三の有機反応機構", 鈴木啓介, 千田憲孝訳, 化学同人(2002).]

文　献

(§6・1)

1) W. H. Saunders, "The Chemistry of Alkenes", ed. by S. Patai, p. 155, John Wiley & Sons, New York(1964).

6. 有機化学反応 II

2) P. J. Smith, A. N. Bourns, *Can. J. Chem.*, **52**, 749(1974).

3) J. R. Keeffe, W. P. Jencks, *J. Am. Chem. Soc.*, **103**, 2457(1981); *ibid.*, **105**, 265(1983).

4) W. K. Chwang, V. J. Nowlan, T. T. Tidwell, *J. Am. Chem. Soc.*, **99**, 7233(1977); V. J. Nowlan, T. T. Tidwell, *Acc. Chem. Res.*, **10**, 252(1977).

5) H. Zollinger, *Adv. Phys. Org. Chem.*, **2**, 163(1963).

6) K. Schofield, "Aromatic Nitration", Cambridge University Press, Cambridge(1980).

7) C. F. Bernasconi, *Acc. Chem. Res.*, **11**, 147(1978).

8) H. Zollinger, *Angew. Chem., Int. Ed., Engl*, **17**, 141(1978).

(§6・2)

1) T. H. Lowry, K. S. Richardson, "Mechanism and Theory in Organic Chemistry", 3rd Ed., p. 794, Harper & Row, New York(1987).

2) H. Suginome, "CRC Handbook of Organic Photochemistry and Photobiology", ed. by W. M. Horspool, P. -S. Song, p. 1229, CRC Press, Florida(1995).

3) A. L. J. Beckwith, V. W. Bowry, G. Moad, *J. Org. Chem.*, **53**, 1632(1988).

4) M. E. Wolf, *Chem. Rev.*, **63**, 55(1963).

5) H. Suginome, "CRC Handbook of Organic Photochemistry and Photobiology", ed. by W. M. Horspool, P. -S. Song, p. 1007, CRC Press, Florida(1995).

6) D. H. R. Barton, J. M. Beaton, L. E. Geller, M. M. Pechet, *J. Am. Chem. Soc.*, **83**, 4076(1961).

7) H. G. Viehe, R. Merényi, L. Stella, Z. Janousek, *Angew. Chem., Int. Ed. Engl.*, **18**, 917(1979); H. G. Viehe, Z. Janousek, R. Merényi, L. Stella, *Acc. Chem. Res.*, **18**, 148(1985).

8) H. O. House, "Modern Synthetic Methods", p. 167, Benjamin, Menlo Park(1972).

(§6・4)

1) J. A. Marshall, *Acc. Chem. Res.*, **2**, 33(1969); J. D. Coyle, *Chem. Soc. Rev.*, **3**, 329(1974).

2) H. Yamazaki, R. J. Cvetanović, R. S. Irwin, *J. Am. Chem. Soc.*, **98**, 2198(1976).

3) W. L. Dilling, *Chem. Rev.*, **66**, 373(1966); H. Prinzbach, *Pure Appl. Chem.*, **16**, 17(1968).

4) S. S. Hixson, P. S. Mariano, H. E. Zimmerman, *Chem. Rev.*, **73**, 531(1973).

5) R. Breslow, *Chem. Soc. Rev.*, **1**, 553(1972).

6) D. R. Arnold, *Adv. Photochem.*, **6**, 301(1968).

7) D. I. Schuster, G. Lem, N. A. Kaprinidis, *Chem. Rev.*, **93**, 3(1993).

8) J. L. Goodman, K. S. Peters, H. Misawa, R. A. Caldwell, *J. Am. Chem. Soc.*, **108**, 6803(1986).

9) P. J. Kropp, *Org. Photochem.*, **1**, 1(1966).

10) K. N. Houk, *Chem. Rev.*, **76**, 1(1976).

11) J. Cornelisse, E. Havinga, *Chem. Rev.*, **75**, 353(1975); J. Cornelisse, G. P. de Grinst, E. Havinga, *Adv. Phys. Org. Chem.*, **11**, 225(1976).

12) Y. Inoue, T. Yokoyama, N. Yamasaki, A. Tai, *Nature*, **341**, 225(1989); Y. Inoue, E. Matsushima, T. Wada, *J. Am. Chem. Soc.*, **120**, 10687(1998); Y. Inoue, H. Ikeda, M. Kaneda, T. Sumimura, S. R. L. Everitt, T. Wada, *J. Am. Chem. Soc.*, **122**, 406(2000); 井上佳久, "現代化学", **366**, 16(2001).

13) Y. Inoue, *Chem. Rev.*, **92**, 741(1992); "Chiral Photochemistry", ed. by Y. Inoue and V. Ramamurthy, Marcel Dekker, New York(2004); 井上佳久, 楊 成, "超分子サイエンス＆テクノロジー", 国武豊喜編, p.185, NTS 出版(2009); "Supramolecular Photochemistry", ed. by V. Ramamurthy, Y. Inoue, John Wiley & Sons, Hoboken (2011).

14) "有機フォトクロミズムの化学(季刊 化学総説 28)", 日本化学会編, 学会出版センター(1996).

15) M. Irie, S. Kobatake, M. Horichi, *Science*, **291**, 1769(2001).

(§6・5)

1) R. A. Marcus, *Annu. Rev. Phys. Chem.*, **15**, 155(1964).

2) J. R. Miller, L. T. Calcaterra, G. L. Closs, *J. Am. Chem. Soc.*, **106**, 3047(1984).

3) 福住俊一, "化学と生物学の接点がつくる New バイオテクノロジー, 蛋白質核酸酵素(増刊)", **48**, p.1578, 共立出版(2003).

4) 福住俊一, "生命環境化学入門", p.19, 朝倉書店(2011).

5) S. Fukuzumi, "Fundamental Concepts of Catalysis in Electron Transfer", ed. by V. Balzani, Vol. 4, p. 3, Wiley-VCH, Weinheim(2001).

6) S. Fukuzumi, *Prog. Inorg. Chem.*, **56**, 49(2009).

7) 福住俊一, "有機合成化学協会誌", **57**, 3(1999).

8) 福住俊一, "有機合成化学協会誌", **70**, 342(2012).

フォトレドックス触媒反応

近年，フォトレドックス(photoredox)触媒を用いた有機合成反応，特に可視光下ではたらく触媒系の研究が盛んである．この触媒系は"光電子移動"（§6・5・3）の原理に基づいており，ここでは，反応のしくみや触媒，最近の動向について簡単に紹介する．

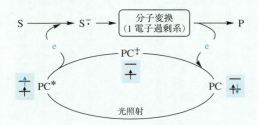

上図は反応の概念図である．すなわち，出発点は触媒(PC)が光で励起され，HOMOからLUMOへ1電子が移り，励起状態PC*が生成するところにある．ここから1電子（青）が反応基質Sに移動し，ラジカルアニオンS⁻が生成したとする．この1電子過剰になった系で分子変換が起こった後，生成した生成物前駆体から触媒（酸化されてPC⁺となっている）に1電子移動が起こり，生成物Pが生成するとともに，PCが再生されれば，触媒サイクルが成立する．すなわち，1電子還元を契機とした分子変換が起こった後，1電子酸化によって生成物を与え，触媒が再生されるという過程である．これを光触媒の側からみると，電子を反応基質に供与し，自身は酸化されているため，これを酸化的消光サイクルとよぶ．なお，触媒と反応基質の酸化還元ポテンシャルの関係しだいでは，この酸化-還元の順が逆のサイクルも可能であり，還元的消光サイクルとよぶ．

ここで酸化的消光サイクルの具体例として，ルテニウム錯体[Ru(bpy)₃]²⁺をフォトレドックス触媒として用いた，スチレン誘導体のトリフルオロメチル化反応を紹介する．すなわち，光活性化された触媒からの1電子移動によってPC⁺が生成するとともにスルホニウム塩(1)が還元され，S−C結合切断を経てトリフルオロメチルラジカル(2)が生成する．これがスチレン誘導体(3)に付加し，生じたラジカル(4)がPC⁺によって1電子酸化されてカチオン種(5)に変換され，これが溶媒の水で捕捉されて生成物(6)に至る．この反応では，ルテニウムの2価/3価酸化還元過程が活用されている．

ここで用いられた[Ru(bpy)₃]²⁺は，光触媒として関連研究の初期からよく用いられてきた．その特徴は，a) 400〜450 nm付近に吸収極大があり，可視光照射により金属から配位子への電荷移動を経て励起されること，b) 速やかな項間交差により形成される励起三重項状態が比較的長寿命（10⁻³ s程度）であり，他の分子との間で電子移動を起こしうること，にある．

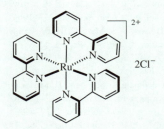

Ru(bpy)₃Cl₂

このフォトレドックス触媒反応は，LEDなどの簡便な光源が利用できることに加え，原理的に太陽光で反応を促進できることから，環境調和性の点で注目されている．また，最近では，エオシンYなどの有機色素触媒を用い，金属錯体触媒をしのぐ性能が達成される例も見いだされ，元素戦略の観点からも有用であり，さらにクロスカップリングや有機触媒など他の触媒系と組合わせた二元触媒系も開発され，今後の発展が期待されている．

第 III 部

有機金属化学および有機典型元素化学

　1950 年代に入り，有機金属化学が有機化学と無機化学の学際領域の新しい化学として生まれた．当時の有機化学は炭素と水素のほかは酸素，窒素，ハロゲン，硫黄，リンと数種の金属を対象とする学問，すなわち，周期表の右隅のわずか 10 種類ほどの元素を扱う学問にすぎなかった．しかしそのころから，有機化学は周期表のほとんどすべての元素を対象とする化学へと急速に発展してきたのである．もちろんそれ以前にも，有機リチウム化合物の合成 (K. Ziegler, H. Gilman, 1930 年)，ヒドロホルミル化 (O. Roelen, 1938 年)，有機ケイ素化合物の直接合成法 (E. G. Rochow, 1943 年) などの重要な発見はあったものの散発的であり，1950 年代に入ってから数年間の，フェロセンの合成 (T. J. Kealy, P. Pauson, S. A. Miller, 1951 年)，Wittig 反応 (G. Wittig, 1953 年)，Ziegler-Natta オレフィン重合触媒 (K. Ziegler, G. Natta, 1955 年)，ヒドロホウ素化 (H. C. Brown, 1956 年) などの一連の画期的な発見がその後の急速な発展のきっかけとなったことは広く認識されていることである．その後も，遷移金属化学の分野では，カルベン錯体 (E. O. Fischer, 1964 年)，アルケンメタセシス (R. L. Banks, G. Natta, 1964 年)，Wilkinson 錯体 (G. Wilkinson, 1965 年)，均一系不斉触媒反応 (H. Nozaki, R. Noyori, 1966 年)，などの発見が続いた．一方，有機典型元素化学の分野においても，1981 年のケイ素－ケイ素およびリン－リン二重結合化合物の単離 (R. West, M. Yoshifuji) によって，第 3 周期元素の不飽和結合は不可能とのそれまでの化学者の常識が覆され，新しい可能性とともに化学者に大きな希望がもたらされた．

　このようにして有機化学がその対象を全元素へと広がりをみせるなかで生まれた有機金属化学や典型元素化学は，今日，一大分野として成長し，現代有機化学において中心的な役割を演じている．このような観点から，本書は約 1/3 のスペースをさいて，これらの化学全体をまとめて論じている．

　第 III 部は 7 章から 10 章までの四つの章で構成されている．7 章では有機金属化学と典型元素化学について，炭素を中心とした化学との相異を解説しているので，必ずこの章から読み進んでいただきたい．

　8 章は典型元素化学を周期表の族別に論じる．なかでも，有機合成化学で重要な役割を演じている 1 族，2 族有機金属化合物および炭素化学との比較において重要な 14 族化合物の化学にやや重きを置いた．また，14 族から 17 族元素化合物に特徴的な高配位化合物の化学や典型金属－炭素結合の反応にかかわる立体化学は重要であるので，特に項目をもうけている．

　有機遷移金属化学は錯体の構造と結合を 9 章で，錯体の反応を 10 章で述べる．構造と結合の説明はおもに配位子の分類に従い，反応は様式別に説明する．これらの章では，多くの化合物に対して金属の形式酸化数と d 電子数および錯体の総電子数を付記することにより，錯体の電子数や配位飽和・不飽和の概念と結合や反応とを関連づけて考えられるよう工夫している．

第Ⅲ部で取扱う化合物や反応は膨大かつ多岐にわたるが，化学者はこれらを適切に分類，理解し，さらに予測できる方法論をつくり出してきた．ここでも，一般則や理論的解釈などをできるだけ取入れて，容易に基礎知識が理解できるように努めている．また，急速に進歩しつつあるこの分野で見いだされた新しい結合や構造をもった化合物や反応も積極的に取入れてある．有機合成化学への応用とともに，新機能性物質創成への発想にもつながると信じるからである．

7

有機元素化合物の構造

　金属−炭素結合を有する化合物を有機金属化合物，典型元素−炭素結合を有する化合物を有機典型元素化合物とよび，これらをあわせて有機元素化合物と総称する*．第Ⅰ部，第Ⅱ部の有機化学では主として水素やヘテロ原子が結合した炭素化合物の構造と反応を扱ったが，ここでは金属や典型元素を中心とする立場からの諸問題について述べる．本書の周期表に示すように，扱う元素が放射性元素を除いた約80種類にも及ぶため，結合，構造，反応のすべてが多様になる．本章では，広範なすべての元素の化学を理解するために必要な概念，化合物の分類，構造の種類とそれらの表記法について整理して，概説する．

7・1 有機元素化学を理解するために

7・1・1 酸化と還元，元素の酸化数および原子価

　有機化学，すなわち炭素を中心とする化学では，分子に酸素やハロゲンのような電気的に陰性な原子を導入したり，分子から水素を除去する過程を酸化，逆に分子から電気的に陰性な原子を除去するか水素を導入する過程を還元，とするのが一般的である．本章では，すべての元素を扱う立場から，元来の酸化と還元の定義，すなわち，原子あるいは分子が電子を喪失する過程を酸化，電子を獲得する過程を還元とする定義を使用する．

　種々の元素間の結合を有する化合物中の特定の元素の酸化状態を示すために，**酸化数**(oxidation number)が用いられる[1]．元素の酸化数とは，ある元素が関与する結合中の電子対を電気陰性度の大

中心原子(白金)の酸化数は +2 となる．これを，ローマ数字を用いて，化学式中の元素記号に添字として付す場合は Pt^II，化合物名に付す場合は元素名に ( ) をつけて白金(Ⅱ)と表記する

---

　* 元素は，主要族元素(main group element)と遷移元素(transition element)に大別され，水素を除く1族，2族および13族〜18族元素は前者に，3族〜12族元素(12族元素を除くことが多い)は後者に分類される．遷移元素はすべて金属元素であるため遷移金属(transition metal)ともよばれる．わが国では，main group element の訳語に"典型元素"をあてることが多い．本来，この言葉は typical element を表し，18族元素を除く主要族元素のうち，第2周期と第3周期の元素に限定的な用語として定義されているが[2]，本書では混乱を避けるため，従来どおり，主要族元素と同義語として使用する．

きい元素のほうへ割り当てたとき，その元素の原子上に残る電荷の数である．酸化数は形式上の規則から出てくる指標であり，実際の電子分布を示すものではないので，形式酸化数(formal oxidation number)とよぶこともある．代表例を前ページ下に示すが，詳細は9章，10章で述べる．

酸化数の概念はおもに電気陰性度の小さい金属の化合物に対して用い，電気陰性度が比較的大きい典型元素化合物に対しては，**原子価**(valency)の概念を用いることのほうが多い[3]．酸化数の概念を用いると，たとえばCH_4では炭素の酸化数が$C^{(-4)}H^{(+1)}_4$のように-4，CCl_4では$C^{(+4)}Cl^{(-1)}_4$のように$+4$となり，結合の状態を統一的に説明できないためである．原子価論では，水素の原子価を1とし，一般に水素原子n個と結合しうる元素の原子価をn価と定めるので，上の二例では炭素の原子価はいずれも4価である．

7・1・2 酸化的付加反応と還元的脱離反応

複数の異なった酸化数をとりうる元素，特に金属に特徴的な反応として**酸化的付加反応**(oxidative addition)と**還元的脱離反応**(reductive elimination)がある．次式に示すように，低酸化状態の元素Mの原子に分子A−Bがその結合の切断を伴って付加する反応を酸化的付加反応とよび，逆の過程を還元的脱離反応とよぶ．

$$
M + \begin{array}{c} A \\ | \\ B \end{array} \underset{\text{還元的脱離}}{\overset{\text{酸化的付加}}{\rightleftarrows}} M \begin{array}{c} A \\ \\ B \end{array} \qquad \left(\begin{array}{cc} M^{2+} & :\bar{A} \\ & :\bar{B} \end{array} \begin{array}{l} \text{と考えるので,} \\ \text{Mの酸化数は} \\ +2\text{となる} \end{array} \right)
$$

一般に，酸化的付加反応では中心元素の酸化数が2増加し，還元的脱離反応では2減少する．反応の名称は中心元素の酸化数の変化に基づくものである．炭素中心の化学との考え方の違いが，分子A−Bを水素分子とした場合に顕著に現れる．すなわち，炭素中心の化学では，水素分子の付加は還元過程であるが，それ以外の特に金属中心の化学では酸化的付加という酸化過程となる．これについては9章，10章でさらにくわしく述べる．

7・1・3 配位化合物と配位子のハプト数

配位化合物は，中心原子，特に金属原子とそれに結合した原子あるいは原子団，すなわち**配位子**(ligand)とからなっている．配位子のなかには下の例に示すように連続する複数の原子で金属と結合するものがあるので，金属と結合している原子の数nを示すために導入された**ハプト数**(hapticity)η^nを用いて構造を表記する．

$$
M \diagdown\!\!\!\!\diagup \qquad\qquad M\!\!\longrightarrow\!\!\rangle \equiv \left[M\!\!-\!\!\rangle \longleftrightarrow M\!\!\smallsmile\!\!\rangle \right]
$$

η^1−アリル　　　　　　η^3−アリル

7・2 元素および化合物の分類

裏表紙内側の周期表に示したように，ここでは元素を有機化学的な観点から，まず典型元素と遷移金属として分類する．典型元素には金属，半金属，非金属の3種類が存在する．具体的には，B, Si, Ge, As, Sb, Teの6元素を半金属(semi-metal)[*]として，その左側の元素を金属，右側の元素を非金属

---

*　半金属はmetalloidとよぶこともある．

(non-metal)とよぶ.

8章以降では有機金属化合物および有機典型元素化合物を次の四つに大別して説明する.

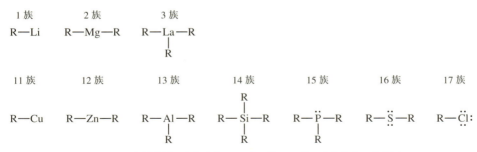

図 7・1 有機典型元素化合物および 11 族, 12 族元素化合物の代表例

1) 1族, 2族, 3族およびランタノイド, および 11 族, 12 族, 13 族元素化合物: 図 7・1 に示すように, 典型元素 1 族, 2 族, 13 族元素は通常, 酸化数がそれぞれ +1, +2, +3 の化合物を形成する. 同様に, 3 族元素およびランタノイドは酸化数 +3, 11 族, 12 族金属はそれぞれ酸化数 +1 および +2 の有機化合物を形成する. 11 族および 12 族金属は分類上は遷移金属に属するが, それぞれ酸化数 +1 および +2 の状態では $(n-1)$d 軌道がすべて充填され, ns 軌道と np 軌道が原子価軌道となるため, 1 族および 2 族化合物との類似性が大きいのでここで扱う. これらの族の化合物は, 金属中心の最外殻電子配置がいわゆるオクテットにみたないため, 電子不足を分子間で補おうとして会合する. 会合性を大きな特徴とする化合物群である.

2) 14族: ケイ素およびそれ以下の元素は炭素と同様に通常は 4 価の化合物を形成するが, 炭素と異なり, 5 配位や 6 配位などの高配位化合物を形成しうるのが特徴である. 炭素中心の化学との比較の意味からも重要な化合物群である.

3) 15族, 16族, 17族: 図 7・1 に示すように, それぞれ 3 価, 2 価, 1 価の化合物が基本である. これらの元素は非共有電子対を有するため, その授受による多様な酸化状態の形成, 超原子価, 高配位状態の形成を特徴としている.

4) 有機遷移金属化合物: d 軌道が結合に関与してくる点が典型元素化合物と異なる. 遷移金属化学を理解するうえで, 下記に示す三つの数値, すなわち, 金属の形式酸化数, 金属の d 電子数, および金属の d 電子数と配位子から供与された電子数の和(錯体の価電子数)が重要である. 本書ではこれら三つの数値を可能な限り明記して, 理解の助けとする.

7・3 結合の性質の比較

多様な結合の性質を結合の極性と結合エネルギーの二つの観点から比較する.

結合の極性　電気陰性度が炭素の 2.5 より大きい元素は周期表右上の N, O, F, Cl, Se, Br の 6 種

類（L. Pauling の電気陰性度によれば S と I も含まれる）の典型元素（X で表す）のみであり，他の元素（M で表す）の電気陰性度はそれより小さい．したがって，X–C 結合と M–C 結合の極性は逆になる．

$$X^{\delta-}\!\!-\!\!C^{\delta+} \qquad\qquad M^{\delta+}\!\!-\!\!C^{\delta-}$$

$$X = N, O, F, Cl, Se, Br \qquad\qquad M = 左記以外の元素$$

　M–C 結合の極性は，M の酸化状態，M 上の置換基に依存するが，これらの効果を含めた M 原子団全体としての電気陰性度を以下のように実験的に求めることができる．すなわち，エチル化合物 M–CH_2CH_3 の ^{1}H NMR 化学シフト差 $\delta(CH_2)-\delta(CH_3)$ を次の経験式に代入することにより，M 原子団の電気陰性度 χ を見積もることができる[4]．

$$\chi = 0.62[\delta(CH_2)-\delta(CH_3)] + 2.07$$

電気陰性度 χ が 2.0 のホウ素のエチル化合物では $\delta(CH_2)$ と $\delta(CH_3)$ はほぼ等しく一重線として現れる．χ が 2.0 以下の金属では CH_2 シグナルのほうが CH_3 より高磁場側に現れ，一方 χ が 2.0 以上の元素では逆に CH_3 シグナルのほうが高磁場側に現れる．

　結合解離エネルギー　　表 7・1 に 14 族典型元素と 4 族遷移金属について代表的な M–C 結合解離エネルギーを示した．典型元素–炭素結合と遷移金属–炭素結合とは同程度の熱力学的安定性を有しているが，典型元素–炭素結合は元素 M が周期表で下のものほど弱くなるのに対して，遷移金属–炭素結合は逆に強くなる．

表 7・1　元素–炭素結合の結合解離エネルギー（D）の周期依存性[†]

M–C 結合	D, kJ mol^{-1}	M–C 結合	D, kJ mol^{-1}
14 族典型元素		4 族遷移金属	
C–C	358	Ti[$CH_2C(CH_3)_3$]$_4$	198
Si–C	311	Zr[$CH_2C(CH_3)_3$]$_4$	249
Ge–C	249	Hf[$CH_2C(CH_3)_3$]$_4$	266
Sn–C	217		
Pb–C	52		

[†]　J. E. Huheey, E. A. Keiter, R. L. Keiter, "Inorganic Chemistry", 4th Ed., p. 656, Harper Collins College Publishers (1993) による．

7・4　構造の表記法

　多様な結合様式をもつ化合物の構造表記法について，実線で表記するもの，破線で表記するもの，金属錯体の表記法，の 3 点について，本書で採用する表記法をまとめておく．

1) **実線で表記するもの**　　結合の基本である二中心二電子結合はもとより，図 7・2 に示すように，三中心二電子結合（§8・1・6 など参照）などの電子欠損結合や，三中心四電子結合（§8・5 参照）の電子余剰結合なども実線で表記する．

2) **破線で表記するもの**　　図 7・3 に示すように，弱い結合あるいは弱い相互作用は破線で表記する．これには，a) 水素結合，b) 静電相互作用，c) Lewis 塩基-Lewis 酸相互作用（金属中心の化学では後述の錯体の表記法に従い実線を用いるが，有機化合物を中心に考える立場からは破線を用いる），d) アゴスティック相互作用（9 章，10 章参照）などが含まれる．また，e) 電子の非局在化

7・4 構造の表記法

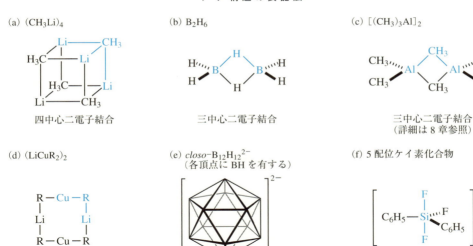

図 7・2 実線表記する電子欠損結合化合物(a)〜(e)および電子余剰結合化合物(f)の例
(関与する原子と該当する結合を青で示した)

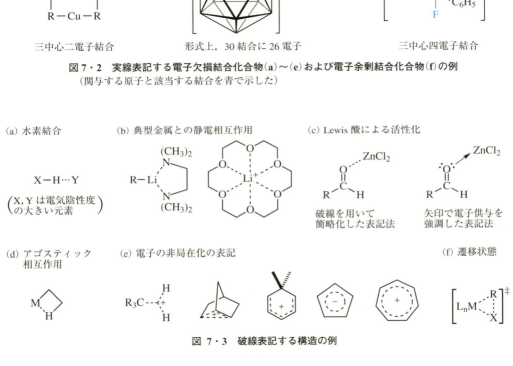

図 7・3 破線表記する構造の例

の表記, f)遷移状態に含まれる弱い結合も破線で表記する.

3) **金属錯体の表記法**　図7・4に示すように,アニオン性配位子であるか中性配位子であるかにかかわらず,金属と配位子との結合は(a)のように実線で表記する.慣用的には中性配位子とアニオン性配位子を区別するために,中性配位子との結合を破線で表記(b)したり,矢印で表記(c)することもある.

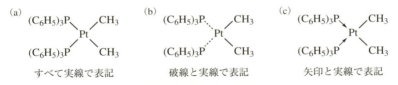

図 7・4 金属錯体の結合の表記法の例

(a) 金属-配位子間の実線は通常の2電子結合を意味する

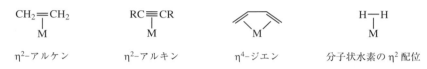

(b) 金属-配位子間の実線は単に結合の存在と方向を示すだけの線であり，結合形成には2個以上の電子がかかわっている

(c) η^5-シクロペンタジエニル錯体の実例

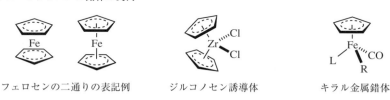

図 7・5　金属錯体における多原子配位子の結合表記法

図7・5に多原子配位子の結合表記法をまとめておく．(a)に示すように，η^2-アルケン，η^2-アルキンの配位は中性2電子配位子として実線で表記する．したがって，η^4-ジエンの配位には実線2本を用いて表現する．また，σ電子のη^2配位も実線で表記する．非局在化π電子系の配位には，この原則と異なり，(b)に示すように，π共役系配位子の中央と金属とを1本の実線で結ぶ表記法が一般には用いられる．本来なら，4π電子系のη^3-アリルでは2本，6π電子系のη^5-シクロペンタジエニル基やη^6-ベンゼンでは3本の実線を引くべきであるが，そうしないのは，煩雑であること，また共役系であるために配位子のどの位置を起点とすべきかがむずかしいこと，などがその理由である．ここで用いられる"実線"は実際の結合を意味するのではなく，単に結合の存在，方向を示すものと理解すべきである．また，(c)に示すように，フェロセンなどのπ配位子と金属との位置関係が明確な場合にはこの実線も省略されることがある．配位子-金属-配位子結合角が問題になるジルコノセン誘導体や，金属がキラル中心になるような場合にはこの"実線"は理解を助ける"補助線"のような役割を担っている．

以上が結合や構造の表記法に関する本書の基本的な考え方であるが，表記法はあくまでも理解を助けるために化学者が考え出した便法であるので，異なった表記法があって当然である[5]．議論の中心となる部分は詳しく，その他の部分は簡略に表現するのが構造表記の鉄則である．

文　献

1) "化合物命名法 —— IUPAC勧告に準拠 第2版"，日本化学会命名法専門委員会編，東京化学同人(2016)．
2) N. G. Connelly, T. Dambus et al., "Nomenclature of Inorganic Chemistry. IUPAC Recommendations 2005", Royal Society of Chemistry, Cambridge(2005)．["無機化学命名法 —— IUPAC 2005年勧告"，日本化学会 化合物命名法委員会 訳著，東京化学同人(2010)．]
3) G. Parkin, *J. Chem. Educ.*, **83**, 791(2006).
4) P. T. Narasimhan, M. T. Rogers, *J. Am. Chem. Soc.*, **82**, 5983(1960).
5) R. Hoffmann, P. Laszlo, *Angew. Chem., Int. Ed. Engl.*, **30**, 1(1991).

8

有機典型元素化学

8・1 有機典型金属化学

　1族，2族，11族，12族，13族，およびランタノイドの有機金属化合物について，合成，構造，性質および反応性を解説する．

8・1・1 典型金属−炭素結合の生成法

　有機典型金属化合物の合成法は多岐にわたるが[1]~[14]，これを反応基質と金属種との組合わせをもとに分類すると，11種類の反応形式に整理できる．これらの反応の生成物および反応名を表8・1にまとめたので参照されたい．反応名には，表の脚注にあげたようにかなりの混乱がみられる．本書では，反応基質の変換反応の立場にたち，できるだけ統一的に命名し，個々の反応の違いが区別できるように努めた．

反応形式 1）有機ハロゲン化物と金属の反応

$$RX + 2M \longrightarrow RM + MX \qquad M = Li, Na, K, Cu, SmI_2$$

$$RX + M \longrightarrow RMX \qquad M = Mg, Ca, Ba, Zn$$
$$X = F, Cl, Br, I, OR, SR, SeR$$

　金属MによるRXの2電子還元過程を含む．Mが1電子還元剤ならRM＋MXが，2電子還元剤ならRMXが生じる．$RX \leftrightarrow R^+X^-$ に対する金属からの供与電子は2個とも R^+ が受容し，R・を経て R^- に変換されると考える．R・から副反応が起こったり，RMとRXの反応が併発する可能性があり，ラジカルR・の寿命とMの電子供与能が，RM生成反応の選択性を左右する．

$$RX \xrightarrow{M^+(e^-)} M^+[RX]^{\cdot -} \longrightarrow M^+[R\cdot, X^-] \xrightarrow[-MX]{} R\cdot \xrightarrow{M^+(e^-)} RM$$

　この反応では金属が1電子あるいは2電子酸化されるとともに金属−炭素結合が生成していることから，金属を主体とする化学では酸化的付加反応に分類することができる（酸化的付加反応の詳細については10章参照のこと）．この観点から，0価金属のみならず，SmI_2 などの1電子還元剤と有機ハロゲン化物との反応もこの反応形式に入る．また，反応基質としては，有機ハロゲン化物と類似の反応性をもつエーテル，スルフィド，セレニドなども含まれる．有機ハロゲン化物の反応性は，$F \ll Cl < Br < I$ の順に高くなる．フッ化物は通常は反応しない．代表的な合成例を次に示す．

$$n\text{-}C_4H_9Br + 2Li \longrightarrow n\text{-}C_4H_9Li + LiBr$$

$$C_6H_5Cl + Mg \longrightarrow C_6H_5MgCl \quad （\text{Grignard 反応剤}）$$

表 8・1　典型金属－炭素結合形成反応の分類，生成物および反応名[†1,2]

基質	M	R'M	MX'
		金属　　種	
RX	1) RX + M → RM + MX あるいは RMX 有機ハロゲン化物と金属の反応 (reaction between organic halide and metal) 金属を主体とする化学では，酸化的付加反応 (oxidative addition)	5) RX + R'M → RM + R'X ハロゲンと金属の交換反応 (halogen–metal exchange)	$\left[\begin{array}{l}\text{(RX + MX' ⇌ RM + XX'(たとえば，}\\\text{Br}_2\text{) とは共存しえない，反応は逆方向．}\end{array}\right.$ 還元性の高い RM と酸化性の高い XX'(たとえば，Br$_2$) とは共存しえない，反応は逆方向．
RM'	2) RM' + M → RM + M' 有機金属と金属の反応 (reaction between organometallics and metal)	6) RM' + R'M → RM + R'M' 属と金属の交換反応 (metal–metal exchange)	9) RM' + MX' → RM + MX' メタセシス型金属交換反応 (metathesis metal exchange) (MX' の変化に基づく命名)
RH	3) RH + M → RM + 1/2H$_2$ 炭化水素と金属の反応 (reaction between hydrocarbon and metal)	7) RH + R'M → RM + R'H 水素と金属の交換反応 (hydrogen–metal exchange) 通常，メタル化 (metalation) とよばれる	10) RH + MX' → RM + HX' 求電子機構による水素と金属の交換反応 (electrophilic hydrogen–metal exchange)
A: A=B A≡B	4) AB + M → M$^+$[AB]$^-$ 不飽和炭化水素と金属の反応 (reaction between unsaturated hydrocarbon and metal)	8) A: + R'M → R'–(A)–M AB + R'M → R'–(AB)–M (R'=H, 有機基) 挿入反応 (insertion) 金属を主体とする化学では，ヒドロメタル化 (hydrometa-lation)，カルボメタル化 (carbometalation)	11) A: + MX' → M–(A)–X' AB + MX' → M–(AB)–X' (X'=ヘテロ原子官能基) 挿入反応 (insertion) 金属を主体とする化学では，ハロメタル化 (halometa-lation)，オキシメタル化 (oxymetalation)
備考	金属 M の酸化を伴う	金属 M の酸化数は変化しない	金属 M の酸化数は変化しない

†1　RX は有機ハロゲン化物および関連化合物．RM' は有機金属化合物．RH は炭化水素化合物．A: はカルベン，一酸化炭素，イソシアニドなど．A=B および A≡B は不飽和炭化水素．M は金属あるいは低酸化状態の金属化合物．R'M は有機金属化合物．MX' は金属ハロゲン化物および関連化合物．反応名は特に断らない限り，有機基 R，A，AB 上での反応に基づくものである．
†2　他の教科書，参考書で使われている反応名（括弧内の番号は上表の反応名，アルファベットは下記の文献を意味する）．

(1) Oxidative metalation of organic halides(a)．Direct synthesis(b)．Reductive replacement of halogen by metal(c)．(2) Oxidative metalation of another metal by metal(c)．(3) Oxidative metalation of active C–H compounds(a)．Metalation(b)．Reductive replacement of unsaturated organic compounds(a)．Reductive replacement of carbon by metal(c)．(5) Metal–halogen exchange(a)．Metal halogen exchange(b)．Permutational halogen–metal exchange(c)．(6) Metal exchange(b)．Permutational metal–metal exchange(c)．(7) Metal–hydrogen exchange(a)．Metalation(b)．Permutational hydrogen–metal exchange(c)．(8) Hydrometalation(a)，Hydrometalation/carbometalation(b)．Permutational carbon–metal exchange(c)．(9) Transmetalation(a)．Metathesis(b)．(10) Metal–hydrogen exchange with acidic reagents(a)，Mercuration(b)．(11) Heterometalation(a)．

(a) E. Negishi, "Organometallics in Organic Synthesis", John Wiley & Sons, New York (1980). (b) M. Schlosser, "Organometallics", ed. by M. Schlosser, John Wiley & Sons, Chichester (1994); 2nd. ed. (2002). (c) C. Elschenbroich, A. Salzer, "Organometallics", Wiley-VCH, Weinheim (1992). (c) "Organometallics in Synthesis", ed. by M. Schlosser, John Wiley & Sons, Chichester (1994); 2nd. ed. (2002).
(b).

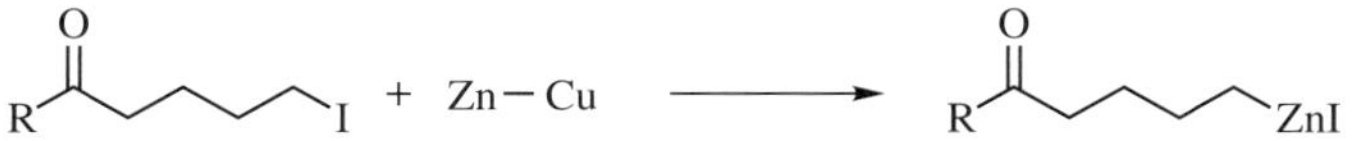

8・1 有機典型金属化学 309

$$\text{(RCO-CH}_2\text{CH}_2\text{CH}_2\text{I)} + \text{Zn–Cu} \longrightarrow \text{(RCO-CH}_2\text{CH}_2\text{CH}_2\text{ZnI)}$$

$$\text{C}_2\text{H}_5\text{O}_2\text{CCH}_2\text{Br} + \text{Zn–Cu} \longrightarrow \text{C}_2\text{H}_5\text{O}_2\text{CCH}_2\text{ZnBr} \quad (\text{Reformatsky 反応剤})$$

$$\text{CH}_2\text{I}_2 + \text{Zn–Cu} \longrightarrow \text{ICH}_2\text{ZnI} \quad (\text{Simmons–Smith 反応剤})$$

$$\text{RC–Cl} + 2\,\text{SmI}_2 \longrightarrow \text{RC–SmI}_2 + \text{SmI}_2\text{Cl}$$

1族金属ではリチウム以外はあまり用いられない．ナトリウムやカリウムでは生成する有機金属化合物の反応性が高く，未反応のハロゲン化物との Wurtz カップリング反応が優先するためである．有機ナトリウム化合物や有機カリウム化合物の合成には，後述の反応形式 3)や 7)などが用いられる．リチウムの場合でも，ハロゲン化アリルやハロゲン化ベンジルなどの反応性の高いハロゲン化物の場合にはカップリング反応が容易に起こるため，ハロゲン化物の代わりにエーテルやスルフィドなどを出発物として用いることもある．

$$\diagdown\!\!\diagup\text{OC}_6\text{H}_5 + 2\,\text{Li} \longrightarrow \diagdown\!\!\diagup\text{Li} + \text{LiOC}_6\text{H}_5$$

2族金属ではおもにマグネシウムが用いられる．この場合も，ハロゲン化アリルやハロゲン化ベンジルではカップリング反応を併発するが，後述する活性化マグネシウムの使用によって抑制することができる．

金属を活性化することにより，反応形式 1)の方法では金属化が困難な反応が可能になることがある．活性化法として，おもに二つの方法がある．第一は，後述の反応形式 4)で得られる LN，LDMAN，LDBB などのアルカリ金属アレーニド(alkali metal arenide, 図 8・1)を用いる方法である

Li$^+$ リチウムナフタレニド（LN）　　　Li$^+$ リチウム 1-ジメチルアミノナフタレニド(LDMAN)　　　Li$^+$ リチウム 4,4′-ジ-t-ブチルビフェニリド（LDBB）

図 8・1　金属アレーニド

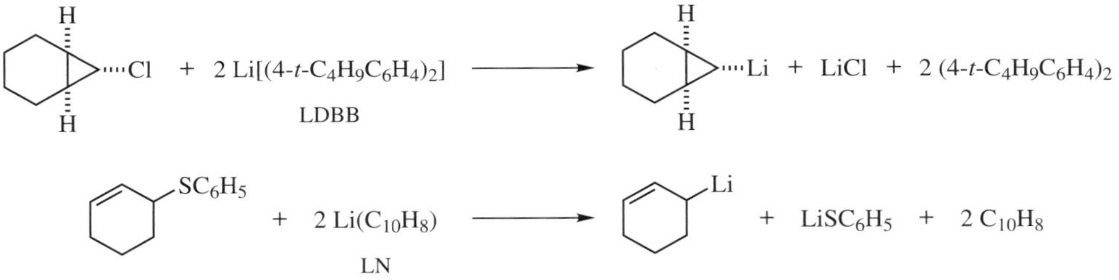

る[14]．これらは THF などの溶媒に可溶なので，金属を用いる不均一系反応と異なり，均一系反応として低温でも速やかに反応する．ナフタレンと 4,4′-ジ-t-ブチルビフェニルの還元電位，-1.98V と -2.14V（DMF 中）から推測されるように，LN ＜ LDMAN ＜ LDBB の順に反応性が向上するが，安定性は逆に低下する．また，カリウムとグラファイトを無溶媒で加熱することにより生成する C_8K も強力な 1 電子還元剤として有用である．これは，グラファイトの各層間にカリウム原子が挟まっ

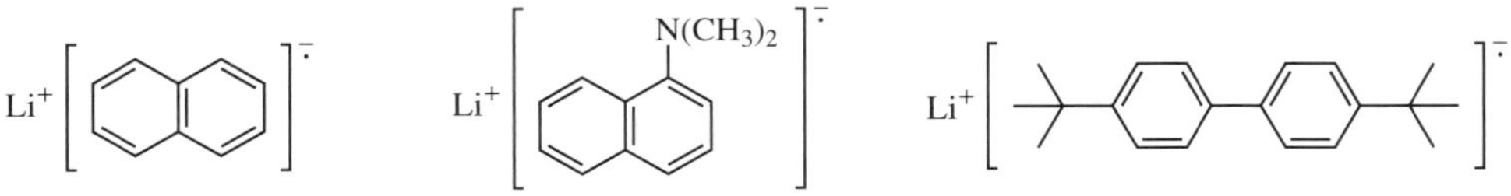

$$\text{(bicyclo)···Cl} + 2\,\text{Li}[(4\text{-}t\text{-C}_4\text{H}_9\text{C}_6\text{H}_4)_2] \longrightarrow \text{(bicyclo)···Li} + \text{LiCl} + 2\,(4\text{-}t\text{-C}_4\text{H}_9\text{C}_6\text{H}_4)_2$$
$$\text{LDBB}$$

$$\text{(cyclohexenyl)–SC}_6\text{H}_5 + 2\,\text{Li}(\text{C}_{10}\text{H}_8) \longrightarrow \text{(cyclohexenyl)–Li} + \text{LiSC}_6\text{H}_5 + 2\,\text{C}_{10}\text{H}_8$$
$$\text{LN}$$

た構造を有し，カリウムナフタレニドの高分子誘導体とみなすことができる．反応形式4)で述べる
マグネシウムとアントラセンの付加物も，活性マグネシウム源である．

第二の方法は Rieke 法とよばれる，還元力の強いナトリウムやカリウムで2族以降の種々の金属塩
を還元して，活性な0価金属を調製する手法である[15),16)]．ナフタレン，ビフェニル，アントラセンなど
が電子移動を媒介する触媒として用いられる．この方法は，$MgCl_2$, $CaBr_2$, BaI_2, $ZnCl_2$, $AlCl_3$, $CuCN\cdot$
$LiCl$, $InCl_3$, $TlCl$ などのほか，種々の遷移金属塩にも応用可能であり，粒子径が数十 nm～数十 μm の
きわめて活性な金属微粒子 M^* が得られる．この手法を用いて可能となった反応例を次に示す．

$$MX_n \quad + \quad n\,M' \quad \xrightarrow{\text{芳香族炭化水素(触媒)}} \quad M^* \quad + \quad n\,M'X$$

M' = Na, K
芳香族炭化水素 = ナフタレン，ビフェニル，アントラセン
M^* = 活性金属微粒子(Rieke 金属)

$$n\text{-}C_8H_{17}F \quad + \quad Mg^* \quad \longrightarrow \quad n\text{-}C_8H_{17}MgF$$

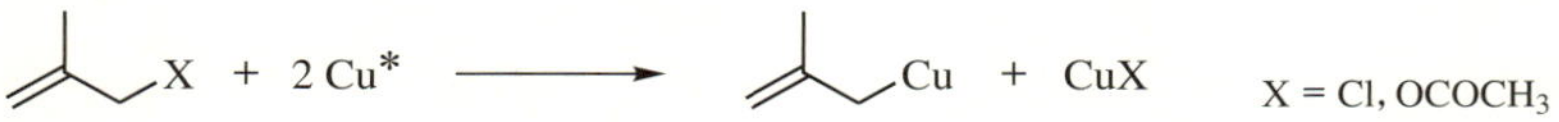

炭素−金属結合を生成するときの立体化学は，段階的な2電子移動過程に含まれるラジカル中間
体の性質に主として依存する．単純なハロゲン化アルキルの場合には基質の立体配置は保持されない
ことが多い．しかし，立体配置の反転が構造上起こりにくいシクロプロピルラジカルや，電子受容性
の高い sp^2 炭素ラジカルなどの場合，および活性化金属でラジカルへの電子移動速度を高めた場合な
どでは立体配置がある程度保持される．特に，ハロゲン化アルケニルとリチウムとの反応では，完全
に立体配置が保持される．

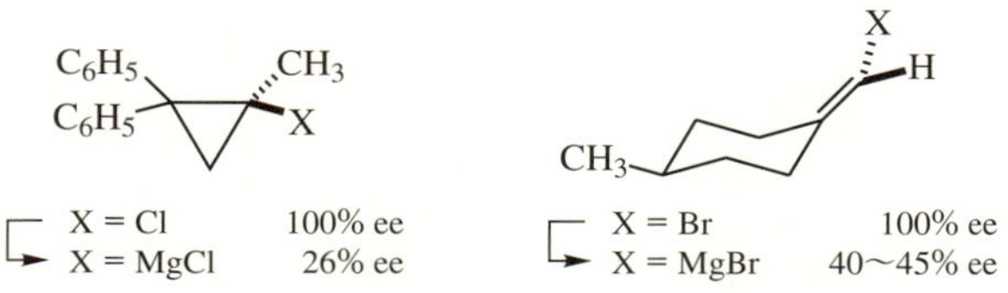

X = Cl　　100% ee
X = MgCl　26% ee

X = Br　　100% ee
X = MgBr　40～45% ee

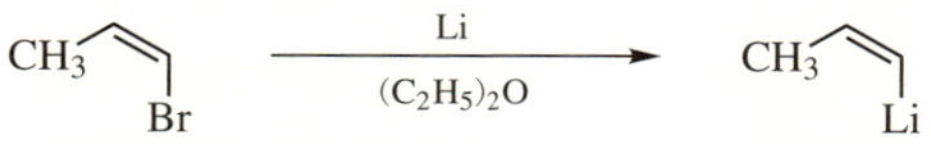

有機リチウム化合物は，炭化水素系溶媒やエーテル系溶媒中で生成させることができる．しかし，
塩基性が高いので，エーテルや THF の α 位の水素を引抜き分解する．表8・2に代表的な有機リチ
ウム化合物のエーテル系溶媒中での半減期を示す．飽和炭化水素溶媒中では，アルキルリチウム類は
β水素脱離反応により水素化リチウムとアルケンに徐々に自己分解するが，0°C 以下では無視できる
程度である．

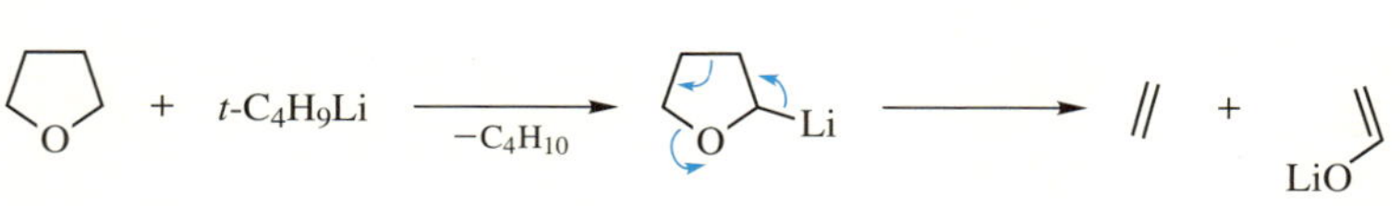

8・1 有機典型金属化学 311

表 8・2 有機溶媒中における有機リチウム化合物の半減期

溶媒	温度	CH_3Li	C_2H_5Li	$n\text{-}C_4H_9Li$	$s\text{-}C_4H_9Li$	$t\text{-}C_4H_9Li$	$CH_2{=}CHLi$	C_6H_5Li
$(C_2H_5)_2O$	室温	数カ月	54 時間	6 日		ただちに分解	＞7 日	
	35 ℃			31 時間				12 時間
THF	室温			2 時間			＞7 日	
	0 ℃			18 時間	30 分	ただちに分解		
	−30 ℃			5 日				
DME	25 ℃			10 分				

反応形式 2) 有機金属と金属の反応

$$RM' + M \rightleftarrows RM + M'$$
電気陰性度　$M < M'$

$M = Li, Na, K, Rb, Cs, Mg, Ca, Zn$ など
$M' = Zn, Hg, Sn$ など

金属 M による RM′ の 1 電子還元過程を含む．M′$^+$ が金属 M から 1 電子を受容する．この平衡反応が生成系に傾くためには，M と M′ のイオン化傾向に大きな差があることが必須である．

代表的な反応例を次に示す．本反応は金属塩を含まない 1 族，2 族の有機金属化合物を合成する方法として優れている．

$$(C_2H_5)_2Zn + 2\,Cs \longrightarrow 2\,C_2H_5Cs + Zn$$

$$(C_2H_5)_2Hg + Zn \longrightarrow (C_2H_5)_2Zn + Hg$$

$$[(CH_3)_3Si]_2Hg + 2\,Li \longrightarrow 2\,(CH_3)_3SiLi + Hg$$

反応形式 3) 炭化水素と金属の反応

$$RH + M \longrightarrow RM + 1/2\,H_2 \qquad M = Li, Na, K, Rb, Cs$$

酸性度の高い水素を有する炭化水素 RH の，金属 M による 1 電子還元過程を含む．金属 M から電子を H$^+$ が受容し，水素ガスとなって系外に出る．

下の代表例が示すように，pK_a の値が約 30～15 の炭化水素は，アルカリ金属と反応して有機金属化合物を生じる．

pK_a 18

$$C_6H_5C{\equiv}CH + M \longrightarrow C_6H_5C{\equiv}CM + 1/2\,H_2$$
pK_a 28　　　　$M = Na, K, Rb, Cs$

反応形式 4) 不飽和炭化水素と金属の反応

$$A{=}B \text{ あるいは } A{\equiv}B + M \longrightarrow M^+[AB]^{\cdot-}$$
A＝B, A≡B は芳香族炭化水素，アルケン，ジエン，アルキンなど
$M = Li, Na, K, Mg, Ca$ など

金属 M から，酸性度の高い水素をもたない不飽和炭化水素への電子移動を含む．反応形式 1)～3) のような脱離基が存在しないので，金属 M から空の π* 軌道に 1 電子が供与され，ラジカルアニオンが生成する．最も代表的な例は，芳香族炭化水素とアルカリ金属との反応による金属アレーニド(図

312 8. 有機典型元素化学

8・1)の生成である．これらが強力な1電子還元剤としてはたらくことは，すでに反応形式1)で述べた．

マグネシウムなどの2電子供与金属の場合は，共役ジエンやアントラセンの例にみられるように環状有機マグネシウム化合物が生成する．アセチレンの場合は，1電子移動後にラジカルアニオンが二量化することがある．

反応形式 5) ハロゲンと金属の交換反応

$$RX + R'M \longrightarrow RM + R'X$$

X = Br, I, SeR'', TeR''
M = Li, Na, K, MgX, CaX, AlR''$_2$, CuR''Li, ZnR'' など

この反応が生成系に傾くためには，RがR'に比べてカルボアニオンとして熱力学的安定性が大きいことが必須である．また，R'$^-$のXへの求核攻撃によって生成する超原子価アート錯体M$^+$[R−X−R']$^-$を経由するので，R'Mとしてはカルボアニオン性の高い有機金属化合物が用いられる．X

には Br, I のほか，アート錯体を形成しやすい SeR″, TeR″ などのヘテロ原子置換基が用いられる[17]．この方法を用いると通常調製することが困難なアルコキシカルボニル基やシアノ基をもつ Grignard 反応剤の調製も可能となる[18]．代表例を前ページ下にあげる．

このハロゲンと金属の交換反応は次の反応形式 6) と反応機構的に似ているので，反応性の比較などはまとめて説明する．

反応形式 6) 金属と金属の交換反応

$$RM' + R'M \longrightarrow RM + R'M'$$

M′ = SnR″$_3$, BR″$_2$ など
M = Li, ZnR″, CuR(CN)Li$_2$ など

反応が生成系に傾くためには，上記の反応形式 5) と同様に，生成系における有機基 R のカルボアニオンとしての熱力学的安定性が始原系よりも大きいことが必須である．また，R′$^-$ の M′ への求核攻撃によって生成する超原子価アート錯体 M$^+$[R−M′−R′]$^-$ を経由するので，R′M はカルボアニオン性の高い有機金属化合物であること，さらに M′ は SnR″$_3$ や BR″$_2$ などのアート錯体を形成しやすい金属置換基であることが必要である．

下の代表例が示すように，この金属−金属交換反応では，アルケニル化合物の立体化学のみならず，アルキル基のキラル中心での立体配置も保持される．

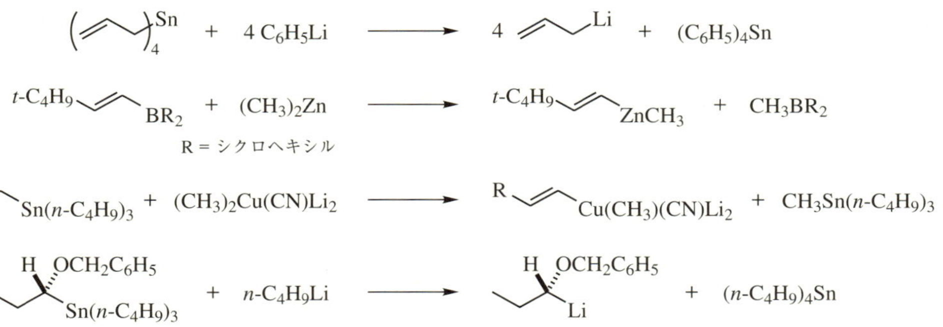

反応形式 5) のハロゲンと金属の交換反応とあわせて，反応性および反応機構を説明する．THF 中−70 ℃ での C$_6$H$_5$Z と n-C$_4$H$_9$Li との反応の相対反応速度(括弧内)は，Z = I(4) > Te-n-C$_4$H$_9$(1) > Sn(CH$_3$)$_3$(0.9) ≫ Sn(n-C$_4$H$_9$)$_3$(0.05) ≫ Se-n-C$_4$H$_9$(0.003) であり，ヨウ素，テルル，スズ化合物の高い反応性がわかる．また，スズ化合物の場合には置換基の嵩高さの影響が大きい[17]．

交換反応の機構としては，超原子価アート錯体を経る機構が一般的とされている．THF 中，C$_6$H$_5$I, (C$_6$H$_5$)$_2$Te, あるいは (C$_6$H$_5$)$_4$Sn に C$_6$H$_5$Li を混合すると，交換反応の中間体として超原子価アート錯体(図 8・2)の生成が，低温での NMR により確認されている[17),19]．

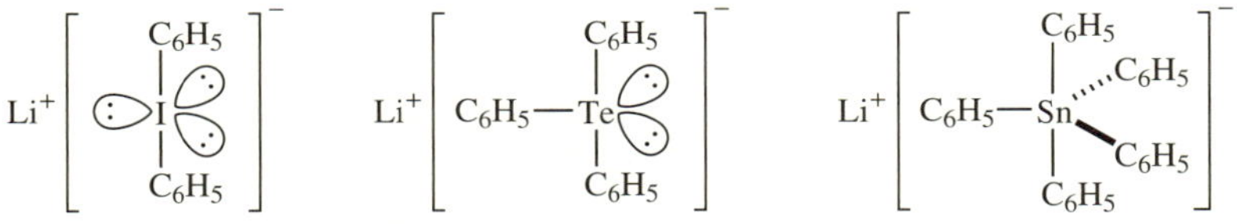

図 8・2 ハロゲン−金属交換反応および金属−金属交換反応に含まれると考えられるヨウ素，テルル，スズ化合物のアート錯体

反応形式 7) 水素と金属の交換反応

$$RH + R'M \longrightarrow RM + R'H$$

$R'M = n\text{-}C_4H_9Li, s\text{-}C_4H_9Li, t\text{-}C_4H_9Li, n\text{-}C_4H_9Li/t\text{-}C_4H_9OK,$
$t\text{-}C_4H_9OK, (i\text{-}C_3H_7)_2NLi(LDA), [(CH_3)_3Si]_2NLi, [(CH_3)_3Si]_2NK,$
$C_2H_5MgBr, (i\text{-}C_3H_7)_2NMgBr$

LiTMP　　BrMg(TMP)　　Mg(TMP)$_2$　　Li[Zn(TMP)(t-C$_4$H$_9$)$_2$]

　反応が生成系に傾くためには，始原系 R—H の pK_a が生成系 R′—H より小さいことが必須である．理論的には pK_a の差は 2～3 で十分であるが，差が大きいほど平衡は大きく傾き，反応は円滑に進行する[1]~[8]．

　塩基によるプロトン引抜反応あるいはメタル化(metalation)と一般によばれる反応であり，高収率を得るためには，塩基 R′M の適切な選択が肝要である．有機金属化合物 R′M の塩基性は金属 M の性質に依存し，Cs > Rb > K > Ba > Na > Ca > Li > Mg の順になる．すなわち，電気陰性度が大きくなるほど R′—M 結合の共有結合性が増大し，それとともに塩基性が低下する．たとえば，アセチレン(pK_a 25)，(C$_6$H$_5$)$_3$CH (pK_a 30)，ベンゼン(pK_a 43)，ペンタン(pK_a 50)に対して，n-C$_4$H$_9$MgBr はアセチレンとしか金属交換しないが，n-C$_4$H$_9$Li は(C$_6$H$_5$)$_3$CH まで，n-C$_4$H$_9$Na はベンゼンまで，n-C$_4$H$_9$Cs はペンタンとさえも水素－金属交換する．金属アミドや金属アルコキシドも pK_a が 30 程度以下の水素を有する化合物に使用できる．カルボニル化合物からのエノラートの生成については，§8・1・3c でくわしく述べる．

　ブチルリチウムを用いる代表例を次に示す．TMEDA の添加によってブチルリチウムの塩基性は向上する．水素引抜反応は立体配置を保持して進行することがある．

　n-C$_4$H$_9$Li と LDA との使い分けの例を次にあげる．

8・1 有機典型金属化学 315

Shapiro 反応とよばれるビニルリチウムの合成法も，この交換反応によるものである．

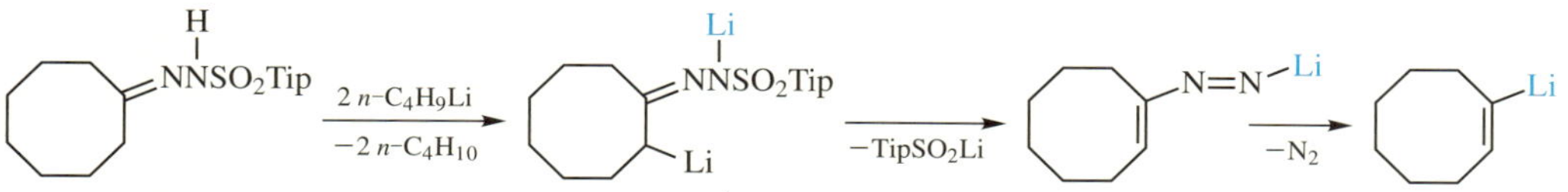

Tip = 2,4,6-(i-C$_3$H$_7$)$_3$C$_6$H$_2$

n-C$_4$H$_9$Li と t-C$_4$H$_9$OK との混合系は超塩基(superbase)とよばれる強力な塩基で，たとえば，アルケンの立体配置を保ったままアリル位水素を引抜く．したがって，アリルカリウムの立体異性体を立体特異的に生成することができる[5]．

配位性の置換基を有する芳香族化合物では，n-C$_4$H$_9$Li などによりオルト位の水素が選択的に引抜かれる，オルトメタル化(ortho metalation)とよばれる反応が起こる[20]．置換基のオルト位活性化効果の序列は条件によっても異なるが，SO$_2$NR$_2$ > SO$_2$Ar > CONR$_2$ > CONHR > CH$_2$N(CH$_3$)$_2$ > OR > NHAr > SR > NR$_2$ > CR$_2$O$^-$ とされている．そのほか，電気陰性度の大きい CN や F なども高いオルト活性化効果を示す．また，マグネシウムアミドやリチウムアミドジンカートもオルトメタル化に活性である．C$-$Li 結合に比べて C$-$Mg 結合の共有結合性が高いため，同一ベンゼン環上にマグネシウムを二つ導入することも可能である．

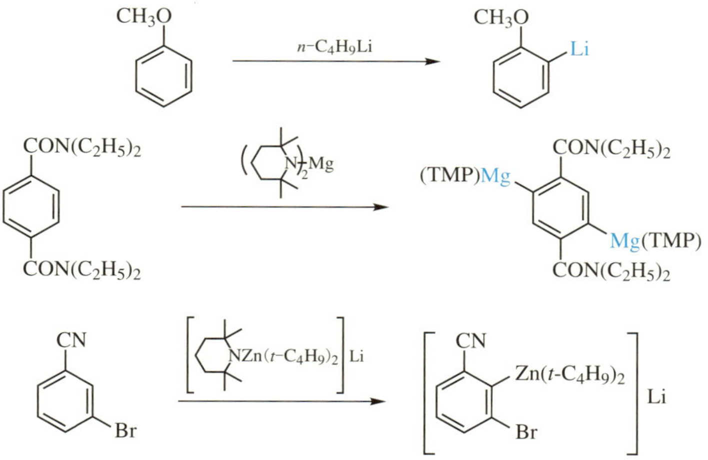

反応形式 8) 金属－水素あるいは金属－炭素結合への挿入反応

A: + R′－M ⟶ R′－(A)－M　　　　A: はカルベン，一酸化炭素，イソシアニドなど

A=B + R′－M ⟶ R′－(A－B)－M

A≡B + R′－M ⟶ R′－(A=B)－M　　　A=B はアルケンなど，A≡B はアルキンなど

カルベン，一酸化炭素，イソシアニドなどの開殻炭素分子種，アルケンやアルキンなどの炭素－炭素不飽和結合化合物の M－H 結合や M－C 結合への挿入反応は，観点を変えると M－H 結合や M－C

結合の不飽和結合への付加反応とみなされる。したがって，この反応形式をヒドロメタル化（hydro-metalation）あるいはカルボメタル化（carbometalation）とよぶことが多い。

カルベンは M−H 結合に挿入するが M−C 結合への挿入はふつう起こらない。しかし，カルベノイドと有機金属化合物との反応では挿入化合物とみなしうる生成物が生じる（§8・1・3f）。一酸化炭素やイソシアニドは容易に M−C 結合に挿入する。

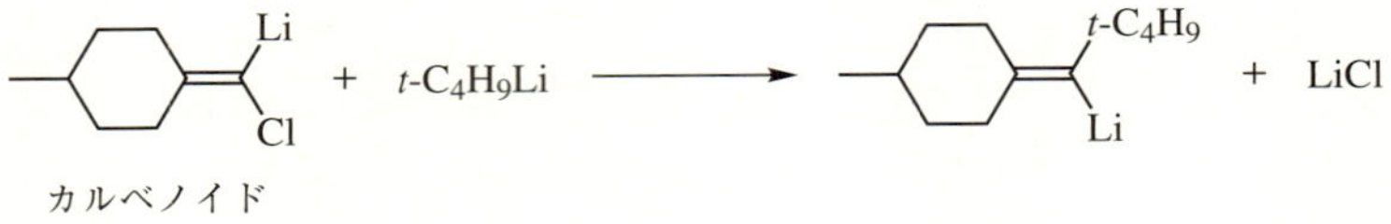

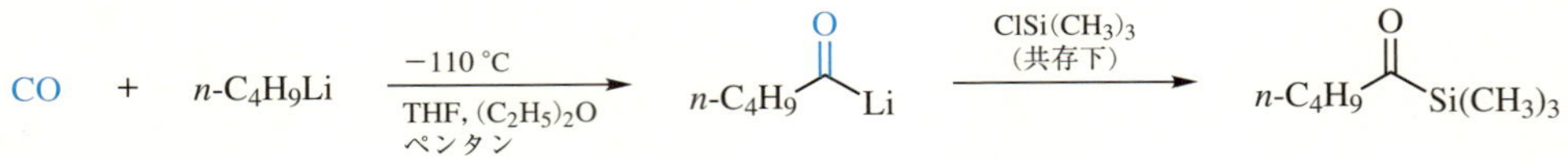

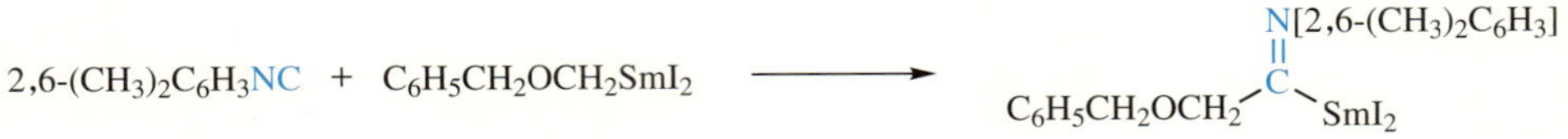

CO + n-C$_4$H$_9$Li $\xrightarrow[\substack{\text{THF, (C}_2\text{H}_5)_2\text{O} \\ \text{ペンタン}}]{-110\,^\circ\text{C}}$ n-C$_4$H$_9$C(=O)Li $\xrightarrow[\text{（共存下）}]{\text{ClSi(CH}_3)_3}$ n-C$_4$H$_9$C(=O)Si(CH$_3$)$_3$

2,6-(CH$_3$)$_2$C$_6$H$_3$NC + C$_6$H$_5$CH$_2$OCH$_2$SmI$_2$ ⟶ C$_6$H$_5$CH$_2$OCH$_2$C(=N[2,6-(CH$_3$)$_2$C$_6$H$_3$])SmI$_2$

B−H 結合や Al−H 結合へのアルケンとアルキンの挿入反応は通常，無触媒で進行する。一方，Si−H や Sn−H 結合への挿入は，遷移金属触媒やラジカル開始剤を用いることにより効率よく進行する。詳細については，おのおのの金属の項で説明する。

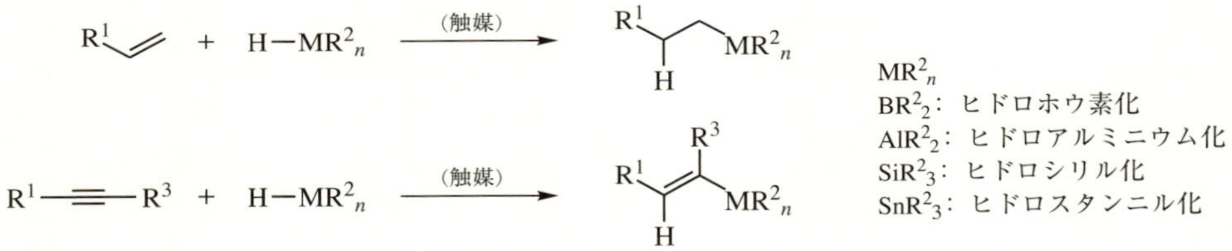

MR^2_n
BR$^2_2$: ヒドロホウ素化
AlR$^2_2$: ヒドロアルミニウム化
SiR$^2_3$: ヒドロシリル化
SnR$^2_3$: ヒドロスタンニル化

M−C 結合へのアルケンやアルキンの挿入は一般に M−H 結合への挿入より起こりにくいが，Li, Mg, Zn, Cu, Al などの電気陰性度の低い金属について観察されている。

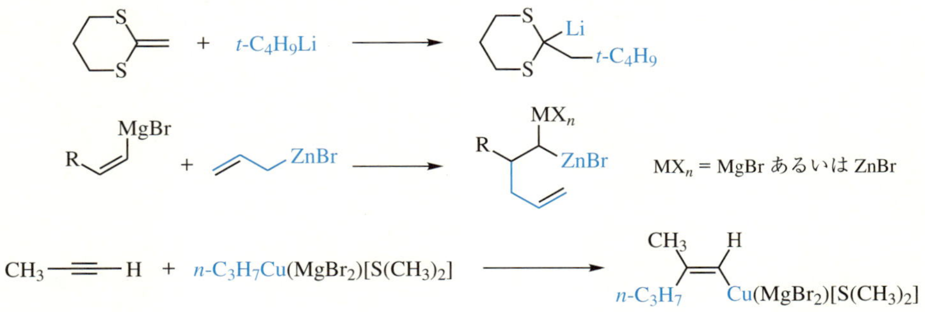

MX$_n$ = MgBr あるいは ZnBr

反応形式 9） メタセシス型金属交換反応

RM′ + MX′ ⟶ RM + M′X′
電気陰性度　M′ < M

M′ = Li, Na, K, Rb, Cs, Be, Mg, Ca, Ba, Cu, Zn, B, Al, Sn など
M = Cu, Zn, B, Al, Si, Ge, Sn, La, Ce および遷移金属

電気陰性度の小さい金属 M′ から大きい金属 M に有機基が移動する方向に反応が進む．いわゆる硬い金属イオンと硬いアニオンとの塩 M′X′ の生成が駆動力となっている．このため，1 族および 2 族有機金属化合物とその他の金属塩との反応が，最も一般的かつ有用である．

代表例を次にあげる．このほか，遷移金属塩と有機典型金属化合物との反応は有機遷移金属錯体合成の代表的な方法である（9 章，10 章参照）．Grignard 反応剤 RMgX の不均化反応による R_2Mg の合成もこの形式に入る反応である．この場合には MgX_2 を溶媒和によって析出させ，反応系外へ除くことによって Schlenk 平衡（図 8・6 参照）を偏らせている．

$$RLi + ZnCl_2 \longrightarrow RZnCl + LiCl$$

$$RLi + CeCl_3 \longrightarrow RCeCl_2 + LiCl$$

$$RMgBr + CuI \longrightarrow RCu + MgIBr$$

$$\text{(環)}Sn(n\text{-}C_4H_9)_2 + Cl_2BC_6H_5 \longrightarrow \text{(環)}BC_6H_5 + Cl_2Sn(n\text{-}C_4H_9)_2$$

$$2\,RMgX + 2\,O\diamondsuit O \longrightarrow R_2Mg + MgX_2\left(O\diamondsuit O\right)_2$$
析出

反応形式 10) 求電子機構による水素と金属の交換反応

$$RH + MX′ \longrightarrow RM + HX′$$

電子欠損性金属中心による芳香族求電子置換反応である．下記のように，Hg, Tl, B などについて知られている．

$$\text{(ベンゼン)} + Hg(OCOCH_3)_2 \longrightarrow \text{(ベンゼン)}HgOCOCH_3 + HOCOCH_3$$

$$\text{(ベンゼン)} + BCl_3 \xrightarrow{AlCl_3(\text{触媒})} \text{(ベンゼン)}BCl_2 + HCl$$

反応形式 11) 金属－ヘテロ原子結合間への挿入反応

$$A\colon + MX′ \longrightarrow M-(A)-X′ \qquad \text{A: はカルベン}$$

$$A=B + MX′ \longrightarrow M-(A-B)-X′ \qquad \text{A=B はアルケンなど}$$

$$A\equiv B + MX′ \longrightarrow M-(A=B)-X′ \qquad \text{A≡B はアルキンなど}$$

前述の反応形式 8) と同様，炭素不飽和化合物の M－ハロゲン結合や M－O 結合への挿入反応である．立場を考えると，M－ハロゲン結合や M－O 結合の不飽和結合への付加反応とみなされるので，ハロメタル化（halometalation）やオキシメタル化（oxymetalation）とよぶことが多い．ただし，1 族や 2 族の電気陰性度の小さい金属では，M－X 結合エネルギーが大きいため，このような反応は起こらない．付加反応の立体化学は反応により異なり，シン付加とアンチ付加の両方がある．次に代表例を示す．

8. 有機典型元素化学

$$n\text{-}C_4H_9\text{—}\equiv\text{—}H \;+\; \text{Br}\text{—}B \longrightarrow \underset{\text{Br}}{\overset{\text{H}}{n\text{-}C_4H_9\diagup\diagdown B}}$$

8・1・2 有機典型金属化学の概観

有機金属化合物の反応性は，1) 金属－炭素結合のイオン性の程度，2) 有機基のカルボアニオンとしての熱力学的安定性，3) η^1, η^3, η^5 などの結合様式，4) 金属の Lewis 酸性，5) 金属上の配位子の効果，6) 会合様式，7) 各種の立体化学的要素，など多くの因子によって支配されている．

金属元素は炭素に比べて電気陰性度が低いため，金属－炭素結合は $M^{\delta+}\text{—}C^{\delta-}$ に分極し，程度の差はあれ，イオン結合性を有している．すなわち，炭素原子は求核中心または塩基中心としてはたらく．表 8・3 に代表的な典型金属について，電気陰性度と，その値から算出される金属－炭素結合のイオン性の割合を示した．イオン結合性はアルカリ金属，アルカリ土類金属，ランタノイド化合物で大きく，同族の元素では下の周期ほど大きくなる．これらに比べて，11, 12, 13 族の有機金属化合物における金属－炭素結合のイオン性は小さい．

表 8・3 典型金属の電気陰性度と金属－炭素結合のイオン性[†]

金属元素（M）	Li	Na	K	Be	Mg	Ca	Ba	B	Al	Tl	Cu	Zn	ランタノイド
電気陰性度（χ_M）	1.0	0.9	0.8	1.5	1.2	1.0	0.9	2.0	1.5	1.8	1.9	1.6	1.1～1.2
イオン結合性（%）	43	47	51	22	34	43	47	6	22	12	9	18	38～34

[†] $\chi_C = 2.5$ として $1-\exp(-(\chi_C-\chi_M)^2/4)$ により算出．L. Pauling, "The Nature of the Chemical Bond", 3rd ed., Cornell University Press (1960) による．

有機リチウム化合物のリチウム－炭素結合のイオン結合性の程度に関しては，まだまざまな議論があるが，マトリックス中に単離されたメチルリチウムの双極子モーメントは 6 D であり，これは完全に Li^+CH_3^- にイオン化した場合に予想される 9.5 D の 65% に相当する．この値はイオン結合性の程度の実験的評価の一つとみることができる．

また，炭素の電気陰性度は混成軌道の s 性の増加とともに $C_{sp^3}\,2.5 < C_{sp^2}\,2.75 < C_{sp}\,3.29$ と高くなるので，金属－炭素結合のイオン性は有機基がアルキル，アルケニル，アルキニルとなるにつれて増大するが，電子が炭素原子によりひきつけられているため塩基性は低下する．一方，速度論的反応性を反映する求核性は，逆にアルキル，アルケニル，アルキニル金属種の順に高くなる傾向がみられる．これは，カルボアニオン性の増大のほか，sp^3, sp^2, sp 混成軌道の空間的な広がりが三次元から二次元，一次元へと低下することによる立体効果がおもな理由である．アリル，ベンジル，ペンタジエニル金属化合物のように π 電子系と共役しうる場合には，カルボアニオンとしてさらに安定となるとともに，η^1 型以外に η^3 または η^5 型の結合様式をとり，特異な反応性を示すことがある．

本節で取上げる金属は原子価軌道に空の軌道を有しているため，有機金属化合物中の金属中心は Lewis 酸としてはたらき，溶媒を含めた Lewis 塩基の配位を受けやすい．特に，リチウムカチオンは

8・1 有機典型金属化学

小さな原子の中に正電荷を有する硬い Lewis 酸であり，他のアルカリ金属カチオンと比べて配位を受けやすい．リチウム，マグネシウム，亜鉛は 4 配位，ナトリウムやカリウムなどの大きな金属は 6 配位をとることが多い．また，有機リチウム化合物ではリチウムの電子欠損性を電子の豊富な有機基により補うために有機金属種どうしが会合し，六量体，四量体，二量体などとして存在することが多い．配位および会合様式は溶媒や有機基の嵩高さに大きく依存する．これらは反応式に現れないが，有機金属種の反応性を左右する重要な因子である．

8・1・3 1 族および 2 族化合物

a. 有機リチウム化合物

表 8・4 に代表的な有機リチウム化合物の溶液中での会合状態を示した．一般に，低い会合状態をとりやすいのは，有機基が嵩高い場合，リチウムとの結合に関与する炭素混成軌道の s 性が高い場合，溶媒の配位能が高い場合である．また後で述べるように，配位性溶媒中では，低温ほど低会合状態をとりやすい傾向もみられる．メチルリチウムは特に会合しやすく，気相中でも単量体を観測することは困難である．メチルリチウムが会合して二量体，三量体，四量体を生成する反応の安定化エンタルピーは，分子軌道計算により 1 分子当たりそれぞれ約 85, 105, 125 kJ mol^{-1} と見積もられている．

表 8・4 有機リチウム化合物，リチウムアミド，リチウムエノラートの溶液中での会合度

RLi	会合度（溶媒あるいは配位子）	RLi	会合度（溶媒あるいは配位子）
CH_3Li	（四量体）$_\infty$（炭化水素）	C_6H_5Li	四量体または二量体〔$(C_2H_5)_2O$〕
	四量体〔$(C_2H_5)_2O$, THF〕		二量体または単量体（THF）
	四量体または二量体（TMEDA）	$t\text{-}C_4H_9C{\equiv}CLi$	四量体または二量体〔$(C_2H_5)_2O$〕
$n\text{-}C_4H_9Li$	六量体（シクロヘキサン）	$C_6H_5CH_2Li$	単量体〔$(C_2H_5)_2O$, THF〕
	四量体〔$(C_2H_5)_2O$〕	$C_3H_5Li^{[\dagger1]}$	積層構造〔$(C_2H_5)_2O$〕
	四量体または二量体（THF）		二量体または単量体（THF）
$s\text{-}C_4H_9Li$	四量体（シクロペンタン）	$2\text{-}(CH_3)C_3H_4Li^{[\dagger2]}$	単量体（THF）
	二量体または単量体（THF）	$(i\text{-}C_3H_7)_2NLi$	二量体（THF）
$t\text{-}C_4H_9Li$	四量体（ヘキサン）	〔$(CH_3)_3Si$〕$_2NLi$	四量体または二量体（ペンタン）
	二量体〔$(C_2H_5)_2O$〕		二量体または単量体（THF）
	単量体（THF）	$CH_2{=}C(t\text{-}C_4H_9)OLi$	四量体（THF）

[†1] 2-プロペニルリチウム（慣用名：アリルリチウム）．
[†2] 2-メチル-2-プロペニルリチウム．

会合体の構造と結合[5)~9), 21)~23)]　最もくわしく研究されているメチルリチウムの四量体$(CH_3Li)_4$の結晶構造を，代表例としてまず述べる．$(CH_3Li)_4$ はひずんだ立方体の各頂点を，リチウム原子とメチル基が交互に占めた構造をとっている．すべての炭素原子は 6 配位であり，四つのリチウム原子は四面体を構成している．原子間距離 d は，$d(\text{Li}-\text{C}) = 231\,\text{pm}$，$d(\text{Li}-\text{Li}) = 268\,\text{pm}$ で，後者は金属リチウムの $d(\text{Li}-\text{Li}) = 304\,\text{pm}$ より短いが，NMR において $^6\text{Li}-^7\text{Li}$ カップリングが観察されないことから，Li−Li 間に結合は存在していないと考えられる．四量体形成に含まれる結合は次のように考えられる．各リチウム原子は sp^3 混成をとり，その一つの軌道は C_3 対称軸上にあって四面体の外に向かっており，残りの三つの軌道は各面の中心方向に広がっている．各 Li$_3$ 面上では，三つのリチウム原子に由来する三つの sp^3 軌道とメチル基の一つの sp^3 軌道とが重なり，電子欠損性の四中心二電子結合を形成する．$(CH_3Li)_4$ には，この四中心二電子結合が四つ存在し，安定化に寄与している．このメチル基が他の Li$_4$ 四面体の頂点から外に向かっている空の sp^3 軌道と相互作用し，三次

元に広がった無限の会合体が形成される．この相互作用距離 $d(Li\cdots C) = 236$ pm は四量体内の $d(Li-C) = 231$ pm にほぼ等しい．この四量体間の相互作用のために，メチルリチウムは揮発性が低く，また炭化水素などの非配位性溶媒に溶解しない．

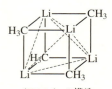
$(CH_3Li)_4$ の構造
(Li−Li 間の破線は結合を示すものではなく，Li_4 四面体構造の存在を示すためのものである)

Li_4 四面体の Li 上の sp^3 混成軌道

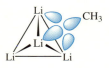
四中心二電子結合の結合性軌道

エチル，n-ブチル，t-ブチル，フェニル，アルキニルなどのリチウム化合物も同様の四量体を形成するが，立体的要因によって四量体間の相互作用が弱まり，炭化水素に溶けるようになる．t-ブチルリチウムの四量体は揮発性も高く，減圧下に昇華する．

エーテルなどの配位性溶媒中では，溶媒分子が四量体リチウム上の空軌道に配位し，下記のような構造をとる．四量体間の相互作用がなくなるので，メチルリチウム四量体もエーテル性溶媒には溶解する．

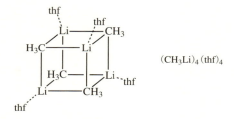
$(CH_3Li)_4(thf)_4$

メチルリチウム以外の単純なアルキルリチウムは炭化水素溶媒に可溶であり，四量体のほか六量体を形成する．X 線結晶構造解析によると，六量体はリチウム原子が六つの頂点に位置したひずんだ八面体を骨格として，八つの Li_3 面のうちの六つの面上にそれぞれアルキル基が架橋した構造を有している．この各面上の結合には，上述の四量体と同様の四中心二電子結合が関与している．

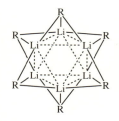
八面体形六量体
(Li−Li 間の破線は結合を示すものではなく，Li_6 八面体構造の存在を示すためのものである)

会合度に及ぼす効果 THF 中での会合度は表 8・4 に示すように，有機基が嵩高くなるに従って低下する．会合度の低下とともに，リチウムに配位している溶媒(s)の数は，$[RLi(s)]_4 < [RLi(s)_2]_2 < RLi(s)_3$ のように増加する．また，溶媒の配位力が強くなると会合度は低下する．通常，二座配位子である TMEDA 存在下では二量体，三座配位子であるペンタメチルジエチレントリアミン(PMDTA)共存下では単量体として存在する．フェニルリチウムの二量体$(C_6H_5Li)_2(tmeda)_2$ の構造を次に示す．

しかし，会合しやすいメチルリチウムは THF や TMEDA 中でも四量体として存在する．TMEDA ですら単座配位子としてはたらくほどメチルリチウムの四量体骨格は強固である．TMEDA はこれ自身大きいので，相手が嵩高くないときだけ強固に配位する．このため，TMEDA より THF のほうがリチウムに強く配位する場合がある．たとえば，THF 中で単量体の $t\text{-}C_4H_9Li(thf)_3$ に等モル量の TMEDA を加えても配位しない．また，リチウムアミド $[(CH_3)_3Si]_2NLi$ はペンタン溶液では TMEDA が二座配位した単量体となるが，THF 中では TMEDA を加えても，THF が配位した二量体の構造は変化しない（§8・1・3c 参照）．

$(C_6H_5Li)_2(tmeda)_2$

配位性溶媒中では，低温で低会合体，高温ほど高会合体となる．たとえば，n-ブチルリチウムは THF 中で二量体 $[RLi(s)_2]_2$ と四量体 $[RLi(s)]_4$ との平衡にあり，温度の上昇とともに四量体生成方向に平衡が移動する．これは，次式に示すように，配位している溶媒分子の解離平衡を考慮すると，四量体生成によって総分子数が増加することでエントロピー的に有利になるためである．

$$2\,(n\text{-}C_4H_9Li)_2(thf)_4 \rightleftharpoons (n\text{-}C_4H_9Li)_4(thf)_4 + 4\,THF$$

二量体　　　　　　四量体
低温で有利　　　　高温で有利

$\Delta H° = 6.3 \pm 0.4\ \text{kJ mol}^{-1}$
$\Delta S° = 58 \pm 2\ \text{J mol}^{-1}\ \text{K}^{-1}$

アリル，ベンジル，ペンタジエニルリチウムのように，π 電子系と共役して有機基がアニオンとして安定化される場合には，会合構造をとりにくくなる．単量体中のリチウムの電子欠損は分子内の π 電子との相互作用によって補われ，η^1 型よりも η^3 や η^5 型の結合様式をとるようになる．電子欠損はさらに分子間 π 電子相互作用によっても補われ，積層構造をとるに至る．図 8・3 にこれらの代表例を示す．

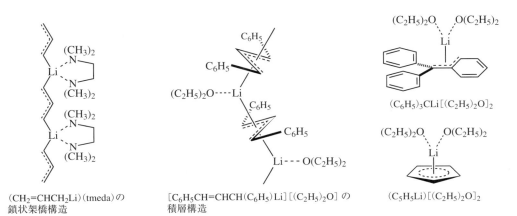

図 8・3　種々の有機リチウム化合物の構造

（C$_6$H$_5$）$_3$CLi やシクロペンタジエニルリチウム C$_5$H$_5$Li（CpLi と略記）などでは，強力な配位子が存在すると完全にイオン対に分離する．このことは両者の HMPA 溶液の ^{7}Li NMR 化学シフトが同じ値を示すことからわかる．他の溶媒中では，接触イオン対として存在し，特に，CpLi の ^{7}Li シグナルは環電流による強い遮蔽を受けるため，高磁場にシフトする．

会合度と反応性　有機リチウム化合物の反応性は，炭化水素よりもエーテルや THF などの配位性溶媒のほうが高い．炭化水素中では会合していた有機リチウム化合物が，配位性溶媒中でより活性な低会合体または単量体に解離したため，反応性が増大したと説明できる．このような解離により反応性が高くなる解離機構を支持する実験事実がいくつかある．n-C$_4$H$_9$Li はヘキサン中では六量体構造をとりベンゼンとは反応しないが，TMEDA を加えることにより二量体となり，速やかにベンゼンの水素を引抜き C$_6$H$_5$Li を生成する．また，アニオンとしては CH$_3^-$ のほうが C$_6$H$_5$CH$_2^-$ より塩基性が強いにもかかわらず，THF 中で四量体である CH$_3$Li より単量体の C$_6$H$_5$CH$_2$Li のほうが，水素－金属交換反応において 10^4 倍も活性である．

しかし，配位性溶媒中での有機リチウムの反応性の違いは，必ずしも会合度だけでは説明できない．配位性分子は会合状態を解くばかりではなく，電子をリチウムに供給することで，リチウム－炭素結合の分極を強め，有機基のカルボアニオン性を高める効果もある．

会合構造を保ったままで反応する非解離機構も考えられている．たとえば，四量体構造のリチウムの空の軌道と基質が相互作用し，活性化された求電子中心に有機基が転位し，生成物も会合体の中に組込まれ，混合会合体が形成される．この機構を支持するものとして，有機リチウム化合物が種々のリチウム塩と容易に混合会合体を形成しうる事実があげられる．実際には，これら二つの機構（解離機構と非解離機構）の可能性を常に考慮する必要があろう．

カルボニル化合物との反応では，有機リチウム化合物の 4 員環状二量体が真の活性種であるとする説が有力である[24]．図 8・4 に示すように，二量体のリチウム原子にカルボニル酸素が配位することで，カルボニル炭素の求電子性が増大するとともに，いわゆる開環二量体（open dimer）の生成が促進される．ついで 6 員環遷移状態において有機基がカルボニル炭素原子に移動し，有機リチウムとリチウムアルコキシドの混合環状二量体が生成する．これはさらにカルボニル化合物と反応しうる．リチウムアミドによるカルボニル化合物からのリチウムエノラートの生成も，類似の機構で進む（§8・1・3c 参照）．

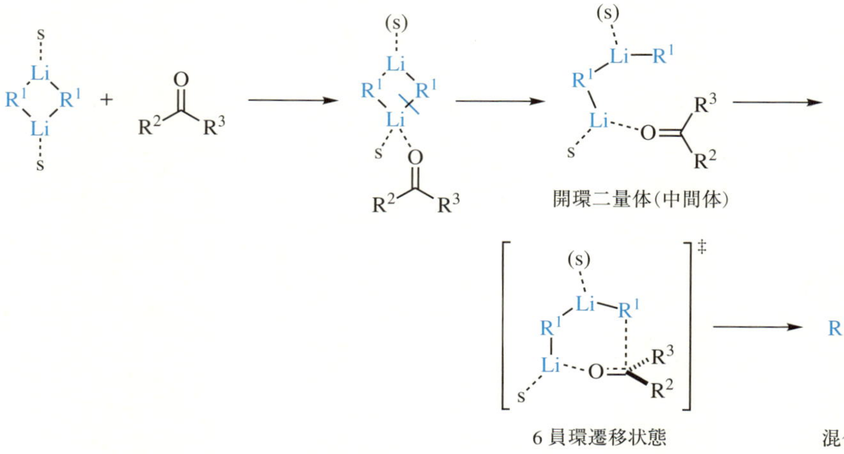

開環二量体（中間体）

6 員環遷移状態　　混合環状二量体

図 8・4　有機リチウム化合物とカルボニル化合物の反応の機構. s ＝ 溶媒. 理論計算では片方のリチウムには溶媒分子が存在しないので，それを括弧で示した.

b. 他の有機アルカリ金属化合物

有機リチウム化合物以外のアルキルナトリウムやカリウム化合物などは，炭化水素溶媒への溶解度が低い．反応性が高く，THF 中では単量体として溶解するが，酸素の隣のプロトン引抜反応を起こしやすい．また，β 水素脱離によりアルケンを生成する自己分解を起こしやすい．このため，合成化学的に利用できるのは，共鳴効果により安定化され，容易に生成可能な CpNa，$(C_6H_5)_3CK$，$C_6H_5CH_2K$，$CH_2＝CHCH_2K$ などにほとんど限られている．構造は対応するリチウム化合物と類似している．

n-C_4H_9Li に代表される有機リチウム化合物に t-C_4H_9OK などのカリウムアルコキシドを添加すると，塩基としての反応性が顕著に増大するため，この混合物は超塩基とよばれ，有機カリウム化合物の合成に利用される（§8・1・1参照）[5),25)]．1：1混合物は NMR 測定によると，複数の会合体混合物として観測される．

c. リチウムアミドとリチウムエノラート

表8・4に代表的なリチウムアミドおよびリチウムエノラートの溶液中での会合度を示した．通常，THF 中でリチウムアミドは二量体[26)]，リチウムエノラートは立方体形四量体を形成している[27)]．エステルのエノラートも同様の構造を有している．これらの会合構造に関与する結合は，上記 a 項の有機リチウムでの電子欠損結合とは異なり，窒素や酸素の非共有電子対がリチウム原子に配位するもので，比較的強い二中心二電子型の配位結合である．$(i$-$C_3H_7)_2NLi$（LDA）や $[(CH_3)_3Si]_2NLi$ は炭化水素溶媒には不溶であるが，THF には可溶で，たとえば前者では，4員環架橋構造を有する二量体 $(LDA)_2(thf)_2$ を形成している．これらのリチウムアミドに対しては，THF のほうが TMEDA より配位力が強い[28)]．したがって，LDA の THF 溶液に TMEDA を加えても構造に変化がみられず，TMEDA 中ではリチウムに TMEDA が単座配位した二量体として存在する．さらに，LDA を TMEDA 共存下に炭化水素から再結晶しても，その結晶構造には TMEDA は含まれず，LDA のみがらせん状高分子構造を形成する．

$R = i$-C_3H_7, $(CH_3)_3Si$

$(R_2NLi)_2(thf)_2$ $(R_2NLi)_2(tmeda)_2$

THF 中リチウムアミドによる 2-アルカノンに代表されるカルボニル基の α 位プロトン引抜きで生じるリチウムエノラート，およびそのリチウムエノラートとカルボニル化合物とのアルドール型反応の経路を，図8・5にまとめて示す[29)]．ここに含まれる各中間体あるいはそのモデル化合物の構造は，すべて NMR または X 線結晶構造解析により確認されている．リチウムアミドは二量体のまま反応に関与するが，真の活性種である開環二量体がプロトンを引抜き，エノラートとアミドの混合環状二量体がまず生成する．同様の過程が繰返されることにより，エノラート二量体が生じ，これがさらに会合し四量体となる．リチウムエノラートとカルボニル化合物との反応は非解離機構で進行する．すなわち，四量体構造を保ったまま，リチウムに配位して活性化されたカルボニル基に 6 員環遷移状態を経て求核攻撃が起こる．生じたアルドール付加体は四量体内に組込まれる．残りのエノラート部分についても同様の反応が繰返される．

しかし，アルドール型反応では解離機構の可能性も否定できない．特に，立体的に嵩高いリチウムエノラートは THF 中で四量体と単量体との平衡にあり，低濃度で存在する単量体が真の反応活性種

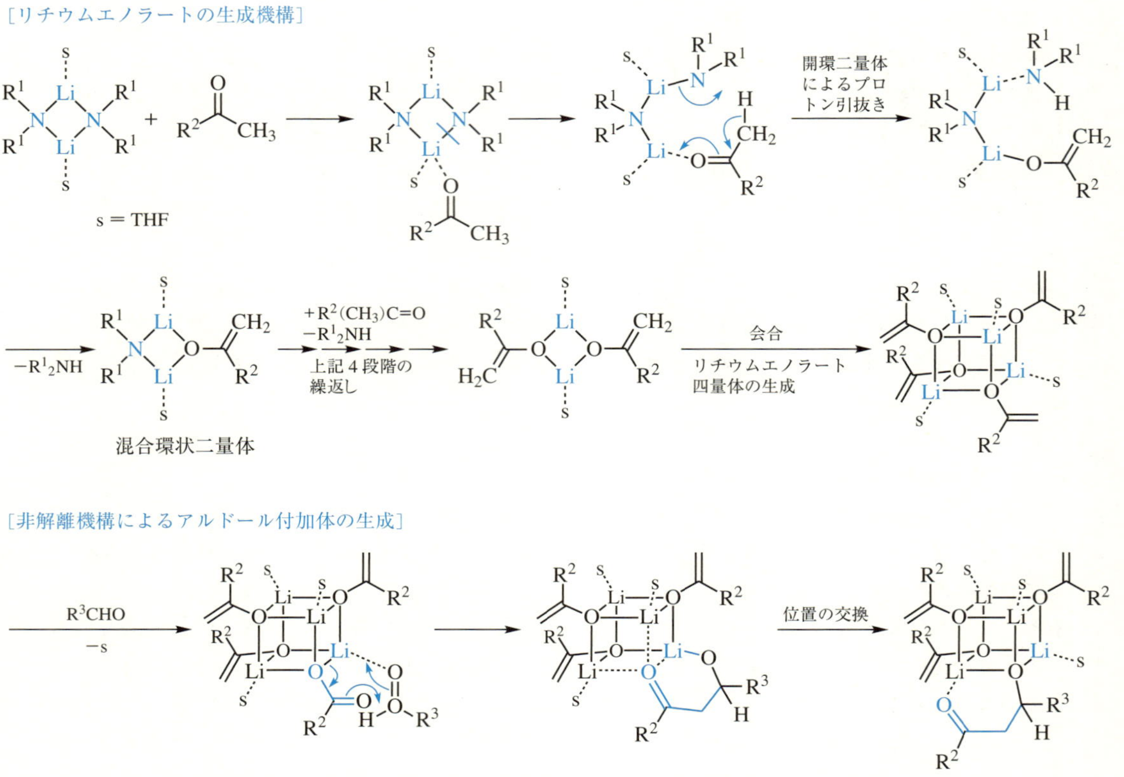

8. 有機典型元素化学

[リチウムエノラートの生成機構]

s = THF

開環二量体によるプロトン引抜き

混合環状二量体

+R²(CH₃)C=O
−R¹₂NH
上記4段階の繰返し

−R¹₂NH

会合
リチウムエノラート四量体の生成

[非解離機構によるアルドール付加体の生成]

R³CHO
−s

位置の交換

図 8・5　リチウムエノラートの生成機構およびアルドール付加体の生成機構

である可能性も高い.

d. 2 族 化 合 物

構造と結合　2族アルカリ土類金属の有機金属化合物のカルボアニオンとしての性質は, 金属原子の電気陰性度から予測できるように Be から Ba へ周期を下がるほど増大する. 有機ベリリウム化合物は空気や湿気に鋭敏で, しかもきわめて強い毒性を有する. $(CH_3)_2Be$ は気体状態では直線構造の単量体として存在しうるが, 結晶状態では下のような炭素架橋鎖状ポリマー構造をとる. $(t\text{-}C_4H_9)_2Be$ は立体的要因により固体状態でも単量体である.

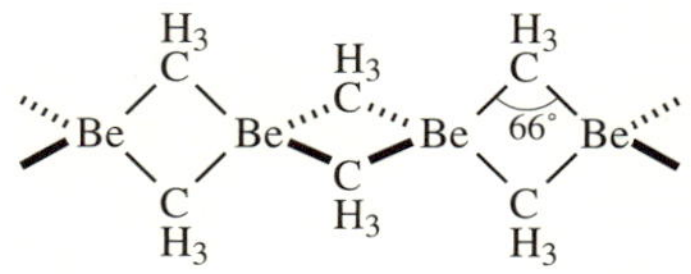

有機合成化学上最も重要なのは, Grignard 反応剤(Grignard reagent)に代表される有機マグネシウム化合物である[10)~12)]. Grignard 反応剤をエーテル中で結晶化させると, たとえば, C_6H_5MgBr-$[O(C_2H_5)_2]_2$ 構造の単量体, あるいは $(C_2H_5MgBr)_2[O(C_2H_5)_2]_2$ 構造の二量体となることが多い. 溶液中では, Schlenk 平衡とよばれる図 8・6 に示した平衡が存在する. たとえば, エチル Grignard 反応剤の THF 溶液の ^{25}Mg NMR を測定すると, 37 °C では $(C_2H_5)_2Mg$, C_2H_5MgX, MgX_2 が別べつに観測されるが, 67 °C ではそれらの間の速い平衡のため1本のピークとして現れる. 平衡定数 K は 0.2 であ

る．このように，Grignard 反応剤の溶液構造は単純ではないが，便宜上，経験式 RMgX で表現する．RMgX の溶液にジオキサンを加えると，MgX_2 が溶媒和されて析出することで平衡がずれ，R_2Mg の溶液が得られる〔§8・1・1 の反応形式 9)参照〕．

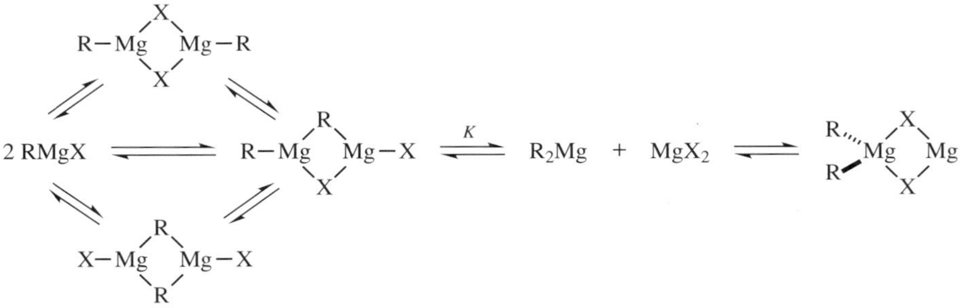

図 8・6　**Grignard 反応剤の Schlenk 平衡**．配位溶媒は省略．

　Grignard 反応剤の種々の会合体のうち，炭素架橋結合は有機リチウム化合物の会合体の場合と同様の電子欠損結合であるが，ハロゲン架橋はマグネシウムに対してハロゲン原子上の非共有電子対が配位した，通常の Lewis 酸–Lewis 塩基相互作用によるものである．

　Grignard 反応剤の会合状態も，有機基，溶媒，濃度，温度などにより変化する．たとえば，THF 中では広い濃度範囲で $RMgX(thf)_2$ 構造を有する単量体として存在するが，エーテル中では濃度の低い場合にのみ単量体は存在する (**1**)．アリル Grignard 反応剤はアリルリチウムと異なり，溶液中でも η^1 構造を有し，TMEDA 存在下では (**2**) のような二量体として結晶化する．ジエチルマグネシウム $(C_2H_5)_2Mg$ は結晶状態ではベリリウムの場合と同様の鎖状ポリマー構造をとるが，$[\{(CH_3)_3Si\}_3C]_2$-Mg のように嵩高い置換基を有する場合には単量体として結晶化する．アントラセンマグネシウム THF 錯体 (**3**) も単量体である．Cp_2Mg および $Cp^*{}_2Mg$〔$Cp^* = C_5(CH_3)_5$〕はフェロセンと同様のサンドイッチ型構造 (**4**) をとるが，対応する Ca, Sr, Ba 化合物では二つの Cp^* 環は平行ではない．マグネシウムエノラートは酸素架橋を含む二量体として存在する (**5**)．

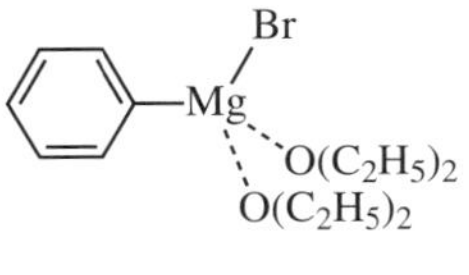

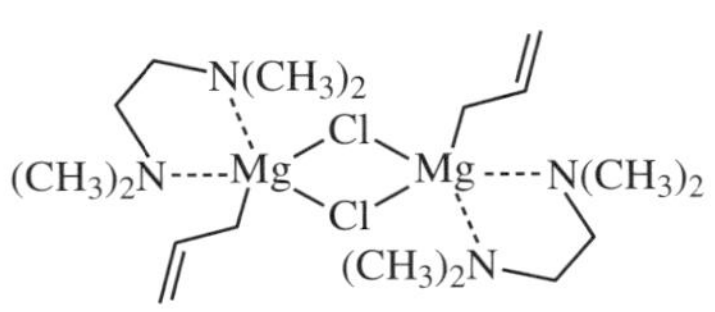

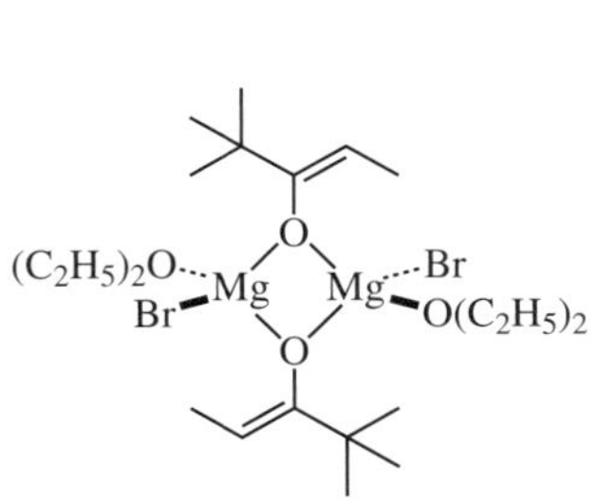

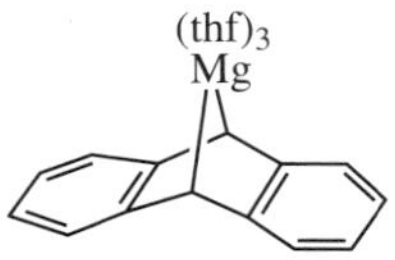

Grignard 反応剤とカルボニル化合物との反応機構　　Grignard 反応剤は Schlenk 平衡に基づく多様な組成や会合体として存在する．それらの比率は温度，濃度，溶媒，有機基，ハロゲンなどによって変化する．それぞれの組成や会合体により反応性が異なるため，Grignard 反応の機構はきわめて複雑である．二つの極限的な機構として，図 8・7 に示す協奏機構と電子移動機構が提唱されている[30]．実際の反応にこの二つの機構がどの程度寄与するかは，Grignard 反応剤および反応基質の酸化還元電

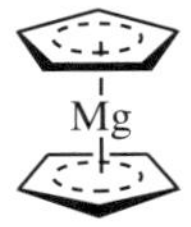

位の相対値によって決まる.

[協奏機構]

[電子移動機構]

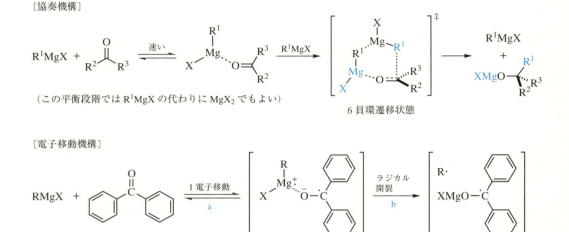

図 8・7　Grignard 反応剤とカルボニル化合物の反応の二つの機構. 配位溶媒は省略.

　協奏機構は，図8・4に示した有機リチウム化合物とカルボニル化合物との反応機構と類似している．すなわち，RMgX あるいはそれより Lewis 酸性の強い MgX_2 にカルボニル酸素原子が配位し，活性化されたカルボニル炭素原子をもう1分子の Grignard 反応剤の有機基が攻撃する．C_6H_5MgBr とアセトンの反応がこの機構で進行する典型例である．この機構で進行する場合のアルキル Grignard 反応剤の反応性は，$CH_3MgX > C_2H_5MgX > i\text{-}C_3H_7MgX > t\text{-}C_4H_9MgX$ の順であり，立体的要因が支配的である．一方，電子移動機構で進行する典型例は，電子供与性の高い $t\text{-}C_4H_9MgX$ と電子受容性の高いベンゾフェノンの反応である．アルキル Grignard 反応剤の反応性は協奏機構の場合と逆に，$CH_3MgX < C_2H_5MgX < i\text{-}C_3H_7MgX < t\text{-}C_4H_9MgX$ の順に向上する．図8・7中の表にまとめたように，反応経路および律速段階は有機基のラジカルとしての安定性や立体因子などに依存する．

e. 1族および2族化合物の性質を支配する金属の効果

　1族および2族有機金属化合物と求電子剤との反応例はⅡ巻§2・1でくわしく説明するので，ここでは反応性に大きな影響を及ぼす金属の効果についてのみ述べる．

　有機金属化合物中の金属の電気陰性度が大きくなるほど，また有機基のカルボアニオンとしての塩基性が低下するとともに，求核性も低下する．しかし，α位にプロトンをもつケトンとの反応においては，塩基性に基づくプロトン引抜きと求核性に基づくカルボニル基への付加の相対的な起こりやすさが，金属の違いにより顕著に現れる．すなわち，有機アルカリ金属化合物ではα位のプロトン引抜きが優先するのに対し，Grignard 反応剤ではカルボニル基への付加が優先する．

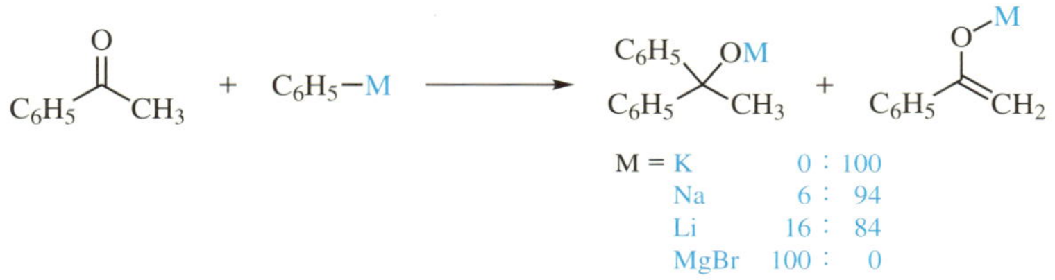

$$C_6H_5\text{-CO-}CH_3 + C_6H_5\text{-M} \longrightarrow \underset{C_6H_5}{\overset{OM}{C}}(C_6H_5)(CH_3) + C_6H_5\text{-C(OM)=}CH_2$$

M = K	0 : 100
Na	6 : 94
Li	16 : 84
MgBr	100 : 0

置換アリル金属化合物と求電子剤との反応の位置選択性も金属の種類に依存する．一般に，アルカリ金属化合物は置換基の少ない炭素上で，マグネシウム化合物は置換基の多い炭素上で求電子剤と反応する．これは，前者が η^3 型結合を有し，立体的に混み合いの少ない炭素上で反応するのに対して，後者は置換基の少ない炭素と η^1 型で結合しており，S_E2' 機構により求電子剤と反応するためと考えられている．

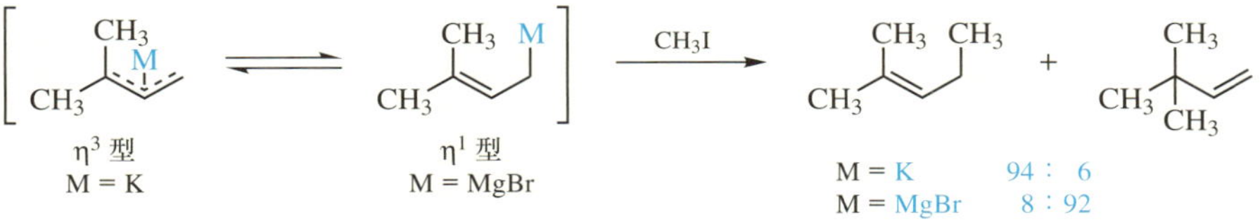

$$[\eta^3\text{型 (M=K)} \rightleftarrows \eta^1\text{型 (M=MgBr)}] \xrightarrow{CH_3I} \text{(内部付加体)} + \text{(末端付加体)}$$

M = K	94 : 6
M = MgBr	8 : 92

1 族金属アセチリドのヨウ化メチルに対する反応性は，エーテル中では金属の電気陰性度から予想される順であるが，THF 中では Li 体が最も高くなる．これは，THF の配位が Li に対して最も強く，金属アセチリドの求核性が増大するためである．

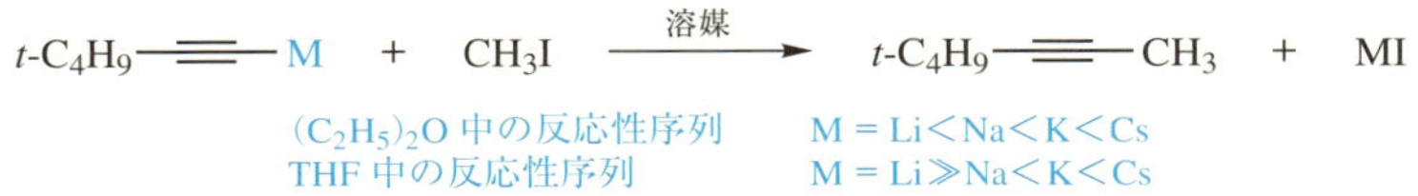

$$t\text{-}C_4H_9\text{-C}\equiv\text{C-M} + CH_3I \xrightarrow{\text{溶媒}} t\text{-}C_4H_9\text{-C}\equiv\text{C-}CH_3 + MI$$

$(C_2H_5)_2O$ 中の反応性序列　　M = Li < Na < K < Cs
THF 中の反応性序列　　M = Li ≫ Na < K < Cs

f. α 位に置換基を有する 1 族および 2 族有機金属化合物

金属の結合している炭素上に官能基やヘテロ原子 X を有する，いわゆる α 位置換有機金属化合物は，図 8・8 に示すように四つに分類される[31]．

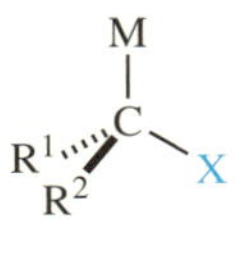

1) 共役効果により炭素上の負電荷を安定化する置換基
   X = COR, COOR, CN, NC, NO_2, P(O)(OR)$_2$, SOR, SO_2R
2) 誘起効果により炭素上の負電荷を安定化する置換基
   X = OR, NR_2
3) ヘテロ原子を含む結合の σ* 軌道との軌道相互作用により炭素上の負電荷を安定化する置換基
   X = SiR_3, SR, SeR
4) カルベノイド性をもたらす置換基
   X = F, Cl, Br, I, OR

図 8・8　α 位に X 置換基をもつ有機リチウムおよびマグネシウム化合物の分類

1) X がカルボニル基やニトロ基など，電気陰性度の大きいヘテロ原子を π 共役系に含む場合には，金属−炭素結合の σ 電子は π 結合系と共役し非局在化することにより安定化される．
2) X が NR_2, OR, ハロゲンなどの場合には，電子求引誘起効果により金属−炭素結合の炭素上の負電荷を安定化する．たとえば，sp^3 混成炭素上にアルコキシ基が一つ置換するごとに 20～25 kJ mol^{-1} 安定化される．逆にアルキル基が置換するごとに 15 kJ mol^{-1} 程度不安定になる．以下の図に，有機

328   8. 有機典型元素化学

リチウム化合物の安定性の序列を示す[32),33)].

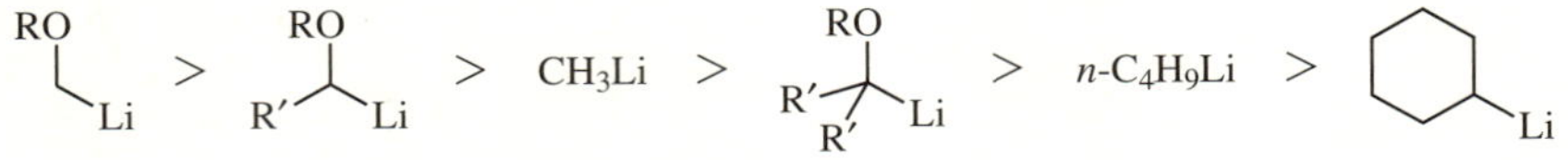

3) X が SiR$_3$, SR, SeR などの場合には, 金属-炭素結合の被占 σ 軌道(イオン対の場合にはカルボアニオンの被占 p$_\pi$ 軌道)と Si-R, S-R, Se-R 結合の空の σ* 軌道との相互作用($\sigma_{XC}\rightarrow\sigma^*$ または n$_C\rightarrow\sigma^*$ 軌道相互作用)により安定化される. この安定化の効果は立体配置によっても影響を受ける(§8・1・3g).

4) α 位にハロゲンやアルコキシ基が置換した有機金属化合物は一般にカルベノイドとよばれ, リチウムカルベノイドはその典型例である. カルベノイドの構造と反応性を図 8・9 にまとめる[31),34)].

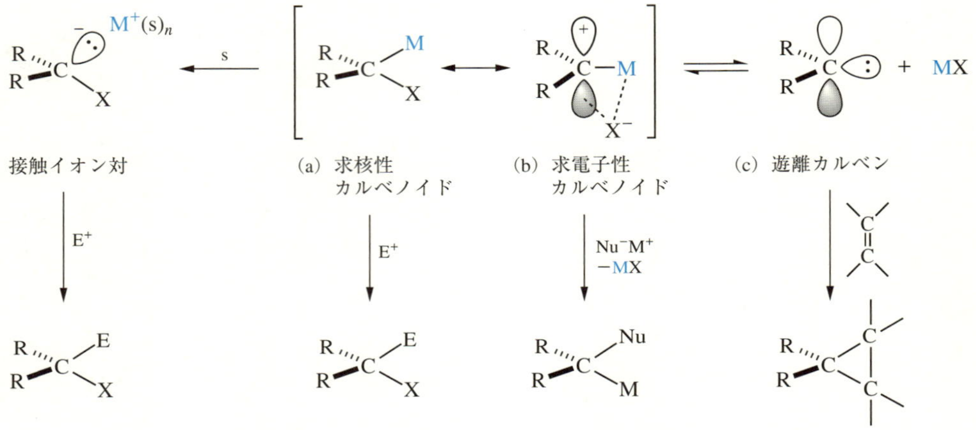

図 8・9 カルベノイド化学のまとめ. s = 配位性溶媒.

カルベノイドに最も特徴的な性質は, 中心炭素がカルボアニオンとしての求核性とともにカルボカチオンとしての求電子性をあわせもつことである. これは, (b)に示すように, 電気的に陽性な金属とヘテロ原子間の M⋯X 相互作用によって炭素-ヘテロ原子結合の C$^+$-X$^-$ 方向への分極が促進されるためである. このため, カルベノイド中の C-X 結合は, 金属をもたない中性化合物中の C-X 結合より, 求核置換反応に対して活性化されている. 配位性の溶媒やクラウンエーテルを添加すると, これらが金属と相互作用して M⋯X 相互作用が弱まるとともに M-C 結合の分極が促進され, 接触イオン対(d)となり, カルベノイドに特有の求電子性は消失し, 求核性のみを示すようになる.

カルベノイドから MX が α 脱離すると, 遊離カルベン(c)が生成する. 上述の(b)はカルベンとMX の錯体ともみなしうるものである. カルベノイドはアルケンと反応してシクロプロパンを生成する. そのさい, 求電子性カルベノイド(b)がアルケンと直接反応する経路と, 遊離カルベン(c)を経てから反応する経路との, 二つの可能性がある. Cl$_3$CLi カルベノイドの場合, −100 °C ではジクロロカルベン Cl$_2$C: との平衡が, 大きくカルベノイド側に傾いている. しかし, このカルベノイドの反応性と気相で生成させた遊離カルベンの反応性が類似していることから, アルケンと反応する真の活性種は遊離カルベンであると考えられている.

求電子性カルベノイド(b)と炭素求核剤との反応では, 次の例に示すように, カルベノイド炭素の立体配置の反転を伴ってハロゲンが求核剤と置換し, 新たな有機リチウム化合物が生成する. しかし, 一部ラセミ化していることから, 遊離カルベン(c)となってから求核剤と反応する経路も含まれ

8・1 有機典型金属化学

ていると考えられる[35].

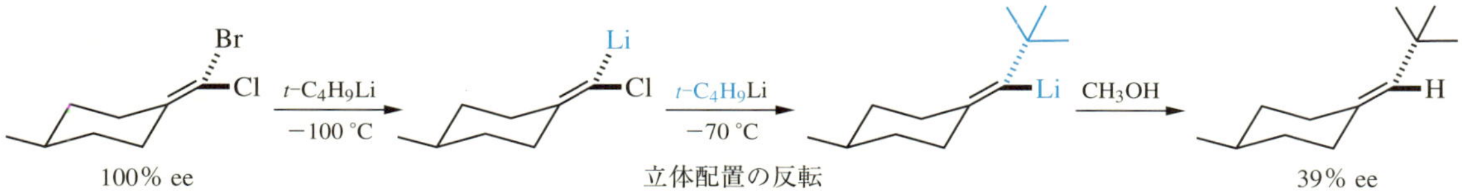

100% ee → (t-C$_4$H$_9$Li, −100 °C) → (立体配置の反転) → (t-C$_4$H$_9$Li, −70 °C) → (CH$_3$OH) → 39% ee

金属の影響も顕著である．たとえば，ナトリウムやカリウム化合物では M⋯X 相互作用が弱いため求電子性は低下するが，亜鉛の場合はその相互作用が強く，代表的なカルベノイドとなる（§8・1・5 参照）．

カルベノイドに特徴的な C−X 結合の伸長は X 線結晶構造解析により実証されている．図 8・10 に比較したように，負電荷を共鳴安定化する α 位置換基が存在する場合は，C−X 結合距離は対応する中性化合物に比べて短くなるのに対して，カルベノイドの場合には逆に中性化合物の結合に比べて長くなっている[31].

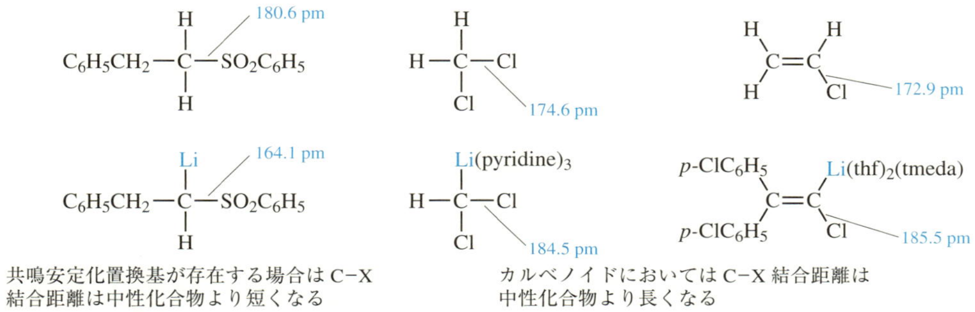

C$_6$H$_5$CH$_2$−C(H)(H)−SO$_2$C$_6$H$_5$　180.6 pm
H−C(H)(Cl)−Cl　174.6 pm
（エチレン）C=C(H)−Cl　172.9 pm

C$_6$H$_5$CH$_2$−C(Li)(H)−SO$_2$C$_6$H$_5$　164.1 pm
H−C(Li(pyridine)$_3$)(Cl)−Cl　184.5 pm
p-ClC$_6$H$_5$, p-ClC$_6$H$_5$　C=C(Li(thf)$_2$(tmeda))−Cl　185.5 pm

共鳴安定化置換基が存在する場合は C−X
結合距離は中性化合物より短くなる

カルベノイドにおいては C−X 結合距離は
中性化合物より長くなる

図 8・10 α 位にヘテロ原子置換基（X）をもつ有機リチウム化合物中（下段）の
C−X 結合距離の対応する中性化合物（上段）との比較

また，カルベノイド炭素の ^{13}C NMR 化学シフトは，対応する中性化合物と比較して数十 ppm も低磁場シフトする．これは，C−X 結合の分極により中心炭素上の電荷が減少していることと矛盾しない．また，結合定数 J_{CLi} は通常の有機リチウム化合物に比べて大きく，カルベノイドの C−Li 結合に含まれる炭素混成軌道の s 性が増大していることがわかる．

gem-二金属化合物の反応性　カルベノイドの化学に関連して，同一炭素上に二つのリチウムあるいはマグネシウムを有する gem-二金属化合物 R$_2$CM$_2$ について述べておく[36]．CH$_2$Li$_2$ などが低温で調製されているが，安定化置換基を有する C$_6$H$_5$CLi$_2$(CN)，C$_6$H$_5$CLi$_2$(SO$_2$C$_6$H$_5$)，C$_6$H$_5$SO$_2$CHLi$_2$ などは室温でも安定な化合物である．gem-二金属化合物 R$_2$CM$_2$ の求電子剤に対する反応性は R$_2$CHM に比べて低下している．たとえば，RCH(MgBr)$_2$ はケトンとは反応しない．

g. 1 族および 2 族有機金属化合物の立体化学

ここでは 1 族および 2 族有機金属化合物の立体化学のみを述べ[33),37)]，求電子剤との反応の立体化学は §8・5 で解説する．

アルキルおよびアルケニル金属化合物　メチルリチウムの立体配置の反転は，非常に容易に進行する．cis-3,5-ジフェニルシクロヘキシルリチウムは，THF 中，−78 °C で半減期約 9 分で異性化し，アキシアル体：エクアトリアル体＝8：92 の平衡混合物を生じる．高濃度ほど異性化は速く，配位性のペンタメチルジエチレントリアミン（PMDTA）が共存すると，異性化の速度が 1/20 に低下す

る[38]. この異性化は遊離のカルボアニオンを経由するのではなく, リチウム化合物の会合により生じるジリチオ体を経て進行すると考えられる. PMDTA はリチウムの三つの配位座を占有し, 会合体の生成を抑制するので, 異性化速度が低下する.

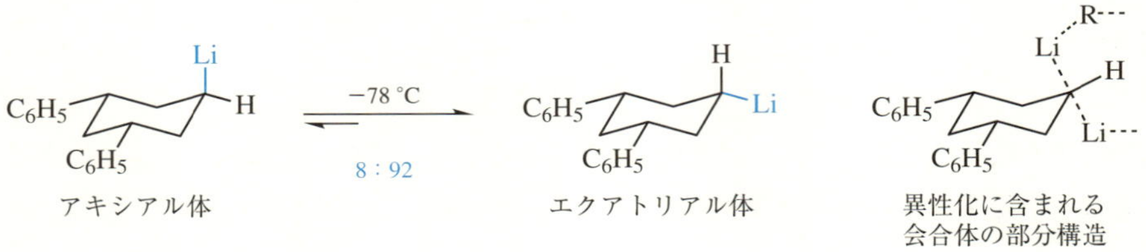

アキシアル体   8:92   エクアトリアル体   異性化に含まれる会合体の部分構造

シクロプロピルリチウムおよびマグネシウムの立体配置は安定で, 室温付近でも異性化しない. これは内角の小さい3員環では立体配置が反転するために必要な平面構造をとりにくいからである.

一般に, 有機リチウム化合物に比べて Grignard 反応剤の立体反転は遅く, 第二級アルキル Grignard 反応剤は通常室温で数時間は立体配置が保持される. たとえば, $C_6H_5(i\text{-}C_3H_7)CHMgCl$ のエーテル中 25 °C におけるラセミ化速度は $< 0.2\,s^{-1}$ である. しかし, 第一級アルキル Grignard 反応剤の立体配置の反転は速く, アルキル基で架橋された二量体を経て進行すると考えられている.

アルケニルリチウムおよび対応する Grignard 反応剤の立体配置は室温でも安定である. しかし, アリル基, シアノ基, カルボニル基, シリル基などが金属と同じ炭素上に置換すると低温でも異性化する.

α位ヘテロ原子置換アルキルリチウム   次の例のように, α位にアルコキシ基やアミノ基をもつ有機リチウム化合物は, 低温で立体配置が保持される. ヘテロ原子がリチウムに分子内配位し炭素中心の立体配置の反転を抑制している.

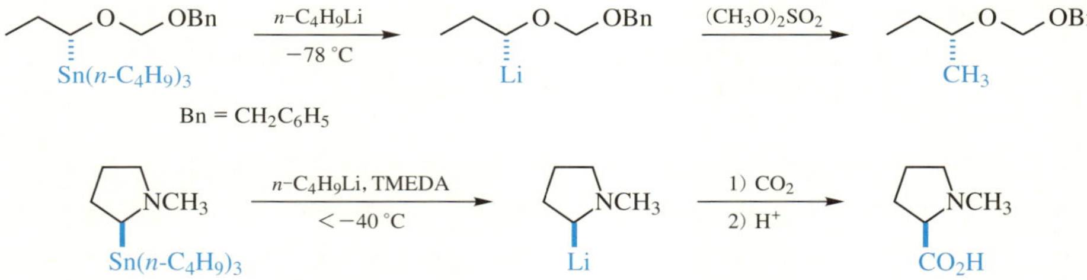

Bn = CH₂C₆H₅

α位に R_3Si, RS, RSe, RTe などの置換基をもつアルキルリチウム化合物の立体配置は, 炭素−リチウム結合の電子対が C−X 結合 (X = Si, S, Se, Te) の空の σ* 軌道に供与されることにより安定化される. たとえば, 下式に示すように, ジセレノアセタールと t-ブチルリチウムとの反応で得られる α-

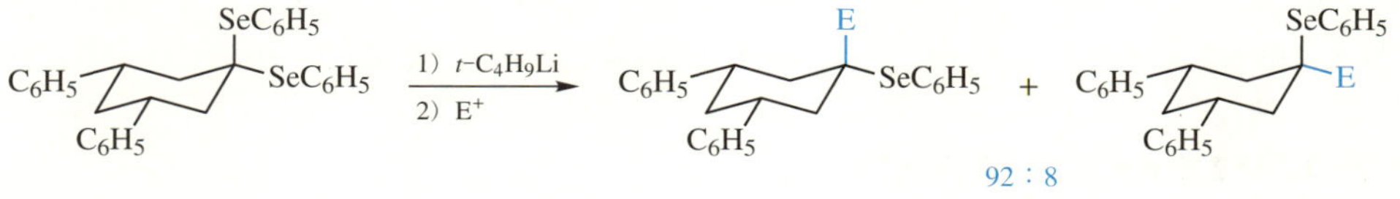

92:8

pπ-σ* 共役による安定化   pπ-σ* 共役は立体障害のために困難

8・1 有機典型金属化学

セレノシクロヘキシルリチウムは，上述のセレン置換基を含まないシクロヘキシルリチウムとは対照的に，リチウムがアキシアル位を占めた異性体が安定となる．

8・1・4 11 族 化 合 物

比較的安定に存在する有機銅化合物および有機銀化合物は，金属の酸化数が +1 で d 軌道がすべてみたされた d^{10} 電子状態に限られている．本項では 1 族の有機リチウム化合物などの化学との比較のため，金属−炭素 σ 結合をもつ 11 族有機金属化合物，特に有機銅化合物の性質について解説する[5),13)]．

a. 有機銅化合物の種類と性質

有機銅化合物は酸素や湿気に対して鋭敏であるだけでなく，一般に熱的に不安定で，低温であっても長期保存できない．そのため市販されているものはフェニルアセチル銅などに限られており，反応剤として使用するときにはその直前に調製する．エーテル系溶媒中，1 価の銅塩 CuX と有機リチウム化合物や Grignard 反応剤 RM との反応により容易に調製できる．調製法や溶媒，CuX と RM との比率，X と M の種類（すなわち副生するヨウ化リチウムなどのアルカリ塩の種類），添加物などにより，生成する有機銅化合物の組成，構造，反応性が異なる．そのため $(CH_3)_2CuLi\cdot LiBr$ のように，反応剤のすべての成分を記述するのが一般的である．有機銅反応剤は優れた求核性をもち，種々の炭素−炭素結合形成反応に活用されている．

RCu 型のモノ有機銅は，Cu(I) 塩と等モル量の RLi や RMgX との反応により得られる．会合体を形成し，有機溶媒に不溶であり，たとえば，CH_3Cu はエーテル中で黄色沈殿となる．CH_3Cu などのアルキル銅は −15 ℃ 以上で分解するが，フェニル銅は 100 ℃ まで安定である．アルキニル銅（銅アセチリド）は加水分解に対しても安定である．塩を含まない RCu は求核性が低く，実際の反応活性種は生成の際に副生する塩との錯体 $RCu\cdot MX$ と考えられる．また，配位性溶媒中では自己会合が解けて，溶解性とともに安定性および反応性が向上する．ジメチルスルフィドや第三級ホスフィンの添加が効果的である．さらに，Lewis 酸との組合わせも反応性向上に寄与する．$RCu\cdot MgBr_2\cdot S(CH_3)_2$，$RCu\cdot P(n\text{-}C_4H_9)_3$，$RCu\cdot (CH_3)_3SiCl$ などが例にあげられる．

クプラート（cuprate）は Cu(I) 上に二つ以上のアニオン性配位子をもつ化合物の総称である．$M^+[CuR_2]^-$ のようにイオン解離しているわけではなく，実際には $(MCuR_2)_n$ のようなクラスター構造の中性化合物として存在している．

$MCuR_2$ で示されるホモクプラートは，CuX と 2 倍モル量の RM との反応によって生成し，RCu に比べて溶解性，安定性，求核性は高い．たとえば，$LiCu(CH_3)_2$ はエーテルに可溶であり，0 ℃ まで安定である．$LiCuR_2$ は Gilman 反応剤とよばれることもある．

$MCuRZ$（Z = CN, SR′, OR′ など）型のヘテロクプラートは，CuZ と等モル量の RM とから生成し，一般にホモクプラートより求核性は低いが熱安定性が高い．CuCN と 2 倍モル量の RLi との反応で得られる $Li_2CuR_2(CN)$ の実験式で表されるクプラートは，高い反応性と高い安定性を兼ね備えた化合物である．この化合物は銅原子上に形式上三つのアニオン配位子をもち，高次シアノクプラートとよばれていたが，次に述べるように実際には高配位銅を含まない[39)]．

b. 有機銅化合物の構造

有機銅化合物は不安定であり，構造解析が困難で，まだ不明な点も多い．モノアルキル銅の会合体 $(RCu)_n$ のうちで構造の判明しているものは少ない[40)]．$[(CH_3)_3SiCH_2Cu]_4$ や $[(C_6H_5)Cu]_4\cdot 2S(CH_3)_2$ などの結晶は，環状の四量体構造をとっている．四面体構造をもつ有機リチウム化合物の四量体 $(RLi)_4$

とは対照的に，そのC_4Cu_4骨格はほぼ平面をなしている．全体としては，炭素原子が正方形の頂点，銅原子が各辺の中点を占めている．$[(CH_3)_3SiCH_2Cu]_4$をみると，C−Cu−C角は164°で，銅が内側に少しずれた構造をとっている．炭素のsp^3混成軌道と銅のspまたはsd混成軌道を用いてCu−C−Cu三中心二電子結合をつくり，これを四つ組合わせて全体構造をつくると理解できる．原子間距離$d(Cu-Cu) = 242$ pmは金属銅における$d(Cu-Cu) = 256$ pmより短い．CH_3Cuは，エーテル中でも会合多量体状態で存在しているが，トリフェニルホスフィンなどの中性配位子を加えると，$(CH_3)Cu[P(C_6H_5)_3]_3$の単量体を形成する．一般にRCuを調製した溶液にはアルカリ塩（LiClなど）が共存するが，その溶液中では$(CH_3)Cu$はより安定な$(CH_3)Cu\cdot2LiCl$として存在していると考えられている．

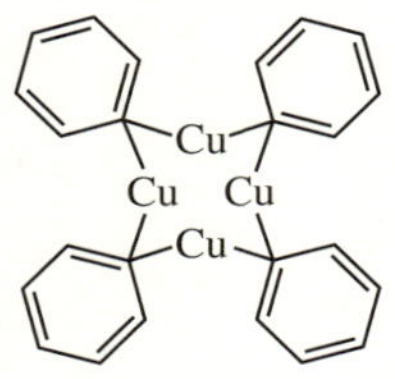

$[(C_6H_5)Cu]_4$

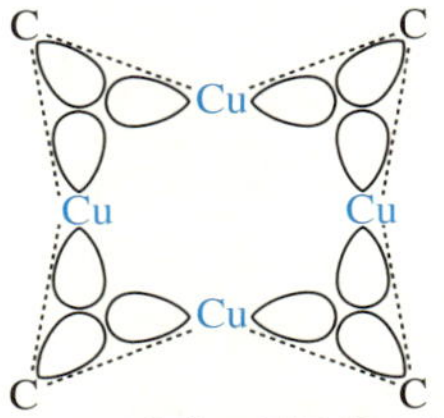

Cu−C−Cu の三中心二電子結合が4組存在して四量体の安定化に寄与している

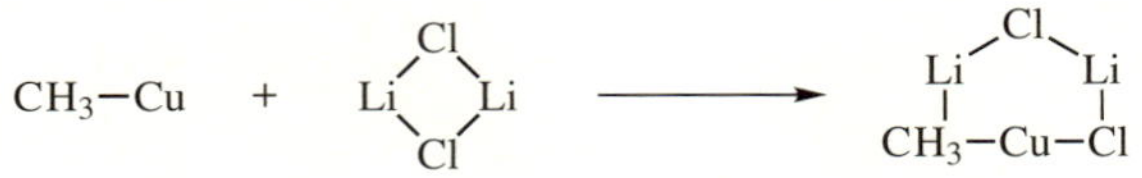

ホモクプラート$LiCuR_2$は二量体$Li_2Cu_2R_4$として結晶化し，$(RCu)_4$四量体と類似の構造をもつ．その溶液内での構造は溶媒によって異なり，二量体（**6**），リチウム塩と会合している単量体（**7**），リチウムイオンとジアルキル銅(I)酸イオンとの対（**8**）などさまざまな形で存在する．リチウム原子には通常THFやスルフィドなどが配位している．また，二量体（**6**）においては解離平衡の存在も指摘されている．

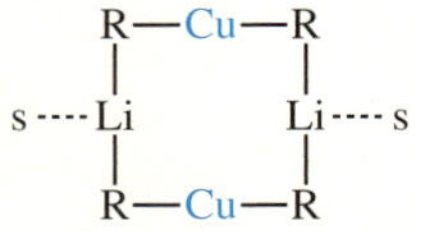

（**6**） 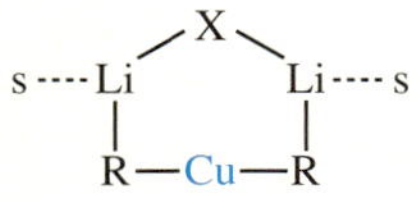　　　　　　　　　　（**7**） 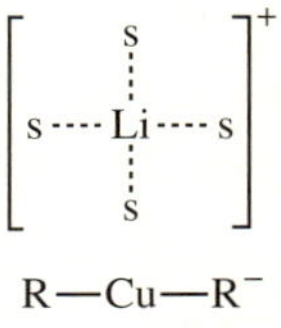　　　　　　　　　　（**8**）

$$(LiCuR_2)_2 \rightleftharpoons LiCu_2R_3 + RLi$$

s ＝ 溶媒，X ＝ Br, I, CN など

　高次シアノクプラートとよばれる化合物の結晶構造は不明で，溶液中の構造もよくわかっていない．他のクプラートなどについても溶液中の構造は単純ではない．

c. 有機銅化合物の反応

　有機銅化合物の代表的な反応として，α,β-不飽和カルボニル化合物への共役付加反応，有機ハロゲン化物などへの求核置換反応，アルキン類への付加反応，および酸化的ホモカップリング反応（II巻§2・2，§2・4参照）などがあげられる[41]．

8・1 有機典型金属化学

　共役付加反応では，反応活性種である二量体 ($R_2CuLi)_2$ と α,β-不飽和カルボニル化合物とが可逆的に Cu(I) アルケン π 錯体 (**9**) を生成し，錯体内での 2 電子移動を経て付加生成物を与えると考えられている（図 8・11 参照）．二量体と α,β-不飽和ケトンとの π 錯体の生成は低温 NMR により確認されており，Cu(I) の被占 3d 軌道とエノンの炭素－炭素二重結合の π^* 軌道との相互作用により生成する．さらに Cu(III) を含む (**10**) から，還元的脱離を経てエノラートとアルキル Cu(I) の錯体に至ると考えられている．なお，共役エノンやフラーレンなど特に還元を受けやすい基質への共役付加反応では，上記とは別の機構であるクプラートからエノンへの 1 電子移動を含む経路が提唱されている．

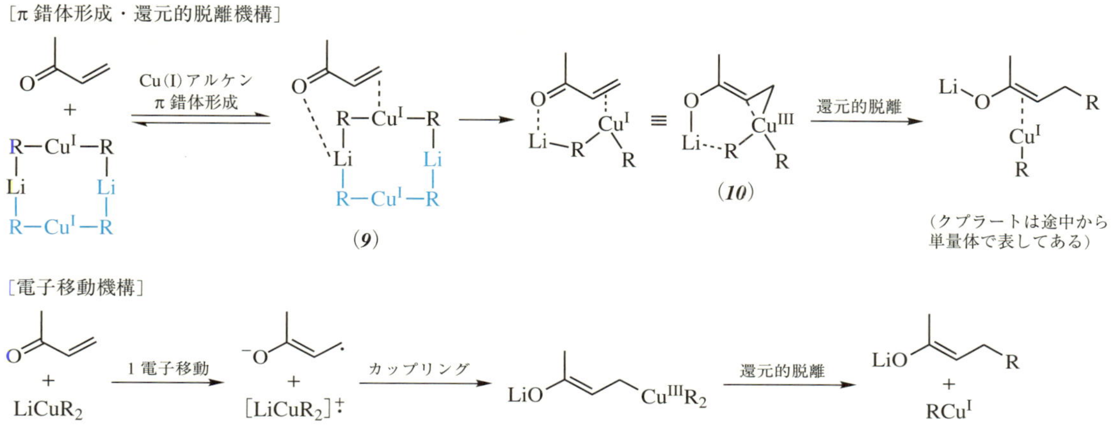

［π 錯体形成・還元的脱離機構］

［電子移動機構］

図 8・11　クプラートのエノンへの共役付加反応の機構

　クプラートと臭化アルキルやアルキルトシラートとの反応は，図 8・12 に示すように，銅求核中心による S_N2 型反応機構で進行することが多い．すなわち，反応速度はクプラートおよび基質濃度についておのおの 1 次に依存し，立体配置の反転を伴って生成物を与える．さらに銅上の有機基および基質の反応性は，ともに第一級 > 第二級 > 第三級アルキルの順に低下する．しかし，キラルなヨウ化アルキルを基質とした場合に，ほぼ完全にラセミ化物が得られることがある．したがって，クプラートからの 1 電子移動によるラジカル中間体を経由する経路も存在すると考えられる．なお，アルケニルクプラートやハロゲン化アルケニルの関与する反応では，アルケニル基の立体配置は保持される場合が多い．

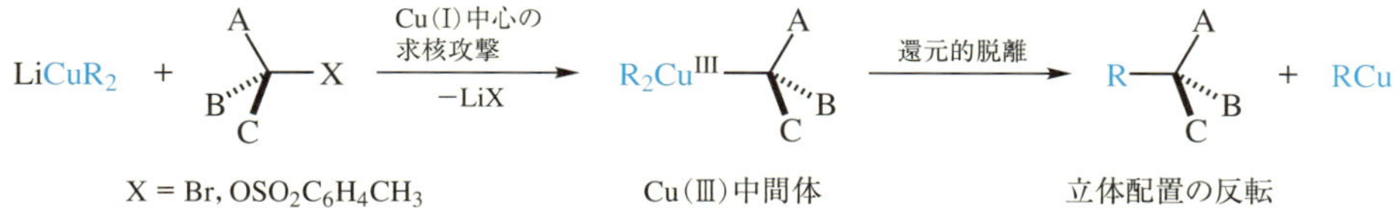

図 8・12　クプラートによる求核置換反応の機構（クプラートは単量体で表してある）

　$LiCuR_2$ 型のホモクプラートの反応では銅上の二つの有機基のうち一つしか反応に関与できない．これは，図 8・11 および図 8・12 の反応機構中に示したように，有機基の一つが反応不活性な RCu として銅上に残ってしまうためであり，R 基が貴重である場合には好ましくない．この場合，反応させたい貴重な置換基 R^t (t = transferable) よりも反応性が低い R^r (r = remaining) やヘテロ置換基 Z を組込んだ混合ホモクプラート $LiCuR^tR^r$ [R^r = 2-チエニル，$C \equiv CR, CH_2Si(CH_3)_3$] やヘテロクプラート Li-CuRZ (Z = CN, SC_6H_5, NR'_2, OR') がしばしば利用される．

8・1・5 12族化合物

a. 有機亜鉛, カドミウムおよび水銀化合物の構造

アルキル亜鉛化合物は, 1849年にE. Franklandにより合成された初めてのアルキル金属化合物である. Grignard反応剤の発見(1900年)の約50年前である.

12族有機金属化合物は, 金属の酸化数が+2でd軌道がすべてみたされたd^{10}電子状態のものに限られている[42]. ジアルキル亜鉛R_2Znは対応する2族のBeやMg化合物と異なり単量体として存在し, 一般に短鎖化合物は低沸点の揮発性液体である. 気相および非配位性溶媒中では直線構造を有している. 下図にジアルキル亜鉛の配位化合物の構造をまとめた. 配位数4の18電子錯体までが可能である. エーテル, アミン, ホスフィンなどが亜鉛に配位するとR-Zn-R結合角は小さくなる. たとえば, $R_2Zn(NR'_3)_2$では145°で, 全体としてはひずんだ四面体構造をとる. 有機リチウム化合物などの炭素求核剤RMとの反応により, $MZnR_3$あるいはM_2ZnR_4型のアート錯体が生成する. 亜鉛まわりの構造は前者が平面三角形, 後者は四面体である. たとえば, M_2ZnR_4型の$(CH_3)_3ZnCuLi_2$の構造は, RamanスペクトルやEXAFSスペクトルの解析から4配位構造をとっていることが確認されている. 亜鉛-炭素結合距離は$R_2Zn < R_2Zn(NR'_3)_2 < MZnR_3$の順におよそ193pmから213pmまで長くなり, それとともに炭素求核剤としての反応性が向上する.

直線構造	溶媒の配位による折れ線構造		亜鉛アート錯体のアニオン部分の構造

ジアルケニル亜鉛化合物およびジアリール亜鉛化合物はベンゼンなどの炭化水素溶媒中では単量体であるが, ジフェニル亜鉛は結晶中では二量体として存在する. 多くのジアルキニル亜鉛は固体であり, 非極性溶媒への溶解度が低いことから, アルキニル基により架橋された会合多量体構造をとっていると考えられる. 亜鉛上に炭素一つと, ハロゲンやアルコキシ基などのヘテロ原子置換基Xを有するRZnX型化合物は, ヘテロ原子を架橋配位子として会合し, 4員環の二量体や6員環の三量体, 立方体構造の四量体などとして存在する. RZnX型化合物であっても, Reformatsky反応剤RO_2-CCH_2ZnBrの場合には, カルボニル酸素が分子間配位した二量体として結晶化する. THF, ピリジン, ジオキサン中では二量体構造が保たれているが, ジメチルスルホキシド中では単量体として存在する.

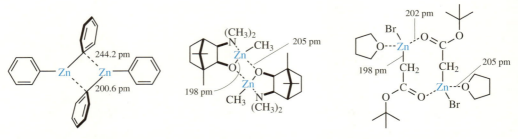

$[(C_6H_5)_2Zn]_2$の結晶構造　　アルコキシ基を架橋配位子とする二量体の結晶構造の例　　Reformatsky反応剤 $[t-C_4H_9O_2CCH_2ZnBr(thf)]_2$の結晶構造

ジアルキルカドミウムR_2Cdは一般に無色の液体であり, 単量体として存在する. 亜鉛化合物と同様の構造特性を有するが, Lewis酸性が低いためアート錯体CdR_4^{2-}は不安定である.

有機水銀化合物としては，R_2Hg および $RHgX(X = ハロゲン，OCOCH_3)$ などが知られている．空気，水にも安定な白色結晶であり，直線構造の単量体として存在する．R_2Hg の Lewis 酸性は低く，一般には，アミンやホスフィンとの錯体を形成せず，水銀の配位数 2 および直線構造は強固に保たれる．

b. 性 質 と 反 応

$(CH_3)_2Zn$，$(C_2H_5)_2Zn$，および $(\eta\text{-}C_3H_7)_2Zn$ は，それぞれ沸点 44 ℃, 117 ℃, および 139 ℃ の発火性液体である．$(t\text{-}C_4H_9)_2Zn$ は不安定で分解しやすい．有機亜鉛化合物は対応する有機マグネシウムに比べて M−C 結合の分極が小さく，求電子剤との反応性は低い．分子内にアルコキシカルボニル基などの官能基を有する亜鉛反応剤が容易に調製できるため，有機合成によく利用される[43]．ジアルキル亜鉛は単独では求核性が低く，アルデヒドやケトンのカルボニル基にはほとんど求核付加しない．この場合には配位子を添加して上述のような構造変化を誘起し，反応性を上げる必要がある（II 巻 §4・4 も参照のこと）．

CH_2I_2 と亜鉛（Zn-Cu 合金がよく用いられる）から生成する亜鉛カルベノイド（zinc carbenoid）を用いるアルケンのシクロプロパン化は，Simmons-Smith 反応として知られている[44]．活性種は ICH_2ZnI で記述されることが多い．この反応ではアルケンの立体化学は保持され，遊離のカルベン $:CH_2$ は経由せず，協奏的機構で進行すると考えられている．$ClCH_2ZnCl$ を用いた量子化学計算により，脱離基となる Cl に Lewis 酸として $ZnCl_2$ が作用しその脱離を促進している機構(a), (b)のうち，(a)で進行することが示唆されている．たしかに，反応系中で生成する ZnI_2 が反応を加速することが実験で確認されている[45]．また，分子内の適当な位置に亜鉛に配位するヒドロキシ基などの官能基を有するアルケンでは，ヘテロ原子が亜鉛と相互作用するので，これと同じ側からシクロプロパン化が進行する．同様の CH_2I_2 を用いるシクロプロパン化反応は，Zn-Cu 合金の代わりに R_2Zn や R_3Al を用いても進行する．

有機カドミウム化合物は有機亜鉛化合物よりさらに求核性が低く，ケトンを含む各種のカルボニル化合物とはほとんど反応しないが，酸ハロゲン化物とは反応してケトンを生成する．

水銀と炭素の電気陰性度がほぼ同じであるため，有機水銀化合物中の Hg−C 結合は共有結合性が高い．結合解離エネルギー D が第 1，第 2 段階とも $D(CH_3Hg-CH_3) = 214\,kJ\,mol^{-1}$，$D(CH_3-Hg) = 29\,kJ\,mol^{-1}$ のように小さいため，熱あるいは光によって容易にホモリシスし，有機ラジカルを生成する．特に第 2 段階の結合解離エネルギーが極端に小さいため，酸化数が +1 の有機水銀化合物は存在しない．

有機水銀化合物を経る代表的な反応はアルケンの加溶媒水銀化反応（solvomercuration）である．水中での反応は特にオキシ水銀化反応（oxymercuration）とよばれる．これらは次式に示すように，HgX^+

部位とプロトン性溶媒のアニオン部位とがアルケンにアンチ付加する反応である．生成物中の水銀部分は $NaBH_4$ で処理することにより，ホモリシスによるラジカル生成を経て容易に水素に置換できるので，全体としては，アルケンへのプロトン性溶媒の Markovnikov 型付加反応とみなすことができる．

$$RR'C=CH_2 + YH + HgX_2 \xrightarrow{-HX} RR'C(Y)-CH_2-HgX \xrightarrow{NaBH_4} RR'C(Y)-CH_3$$

YH = HOH, ROH, CH_3COOH, ROOH, R_2NH など
X = $OCOCH_3$, NO_3

8・1・6　13 族化合物

13 族元素である B, Al, Ga, In, Tl の有機化合物は，半金属に属するホウ素を含めて有機金属化合物として取扱うのが一般的である．R_3M 型の三置換化合物は sp^2 混成の M を中心原子とする平面構造をもち，M 上に空の p 軌道を有するため Lewis 酸性を示す．三塩化物 MCl_3 の Lewis 酸性は M = B > Al > Ga > In > Tl の順に系統的に低下するが，$(CH_3)_3M \cdot N(CH_3)_3$ の解離エンタルピーから判断されるトリメチル化合物の Lewis 酸性は，M がアルミニウムの場合に最も大きく，以下 Al > B > Ga > In > Tl の順である．高周期になるほど 1 価の安定性が増し，タリウムでは TlR も存在しうる．

a. 有機ホウ素化合物の結合および構造

一般式 B_nH_m で表される水素化ホウ素化合物はボラン (borane) と総称され，個々の化合物については，ホウ素の数を最初に付し，水素数を最後に括弧の中に示して命名する．たとえば，B_2H_6 はジボラン(6) とよばれる．図 8・13 に示すように，この化合物は 2 分子の BH_3 が水素により架橋した二量体構造をもつ．二量化に伴う安定化エンタルピーは約 $146\,kJ\,mol^{-1}$ と見積もられている．架橋 B-H 結合は末端 B-H 結合に比べて約 12% 長く，また赤外吸収スペクトルの伸縮振動 ν_{B-H-B} = $1500 \sim 1600\,cm^{-1}$ も末端 B-H 結合の ν_{B-H} = $2500 \sim 2600\,cm^{-1}$ に比べて $1000\,cm^{-1}$ ほど低い．すなわち，かなり弱い結合であることがわかる．この弱い架橋結合は，ホウ素の sp^3 混成軌道二つと水素の s 軌道から構成される電子欠損性の三中心二電子結合として表され，その結合次数は 0.5 である．R_2BH や RBH_2 など有機基をもつ水素化ホウ素化合物も，同様の水素架橋二量体を形成する．

一方，トリアルキルホウ素化合物 R_3B は単量体として存在し，一般に揮発性である．ホウ素の共有結合半径は 80 pm と小さいため，ホウ素の空の 2p 軌道と α 位の C-H 結合との間に超共役が有効にはたらく(§1・4・3，図 8・14a)．これによりホウ素の電子欠損性が補われ，単量体が安定化する．またそのさいに B-C 間に二重結合性が生じる．拡張 Hückel 計算から見積もられた B-CH_3 間の π 結合性は全結合エネルギーの約 10% を占め，同族の Al-CH_3 結合の約 9 倍とかなり大きい．ア

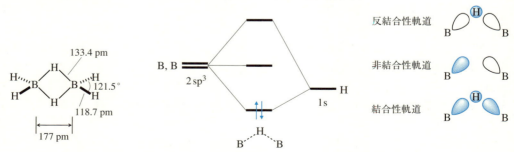

図 8・13　ジボラン(6) の構造と水素架橋結合の三中心二電子結合表記

ルケニル，アルキニル，あるいはアリールホウ素化合物では，ホウ素の空のp軌道と隣接した炭素π軌道との間で共役が起こる(図8・14b). CH$_2$=CH-BR$_2$基の共鳴エネルギーは約31 kJ mol^{-1}と見積もられている.

ホウ素上にヘテロ原子を有する場合にも非共有電子対との間にp$_\pi$-n共役(図8・14c)がはたらき単量体が安定となる．ヘテロ原子の共役効果はCl＜S＜O＜F＜Nの順に大きくなり，この順でLewis酸性が低下する．Fの電気陰性度がClより高いにもかかわらずBF$_3$のLewis酸性がBCl$_3$より低いのは，この共役効果のためである．実際，B–Fの結合距離は130 pmであり，共有結合半径の和152 pmよりかなり短い．

```
        H                     H⁺
        |                     |
R₂B—CR′₂  ⇌  R₂B̄—CR′₂    R₂B—C—CH₂  ⇌  R₂B̄—C⁺—CH₂    R₂B—Ẍ  ⇌  R₂B̄=X⁺
                                  |              |
                                  H              H
     (a) 超共役              (b) p_π-p_π 共役              (c) p_π-n 共役
```

図 8・14 ホウ素原子の電子欠損性を補填する分子内電子効果

これに関連して興味深い化合物がボラジン(borazine)である．ホウ素－窒素二重結合性の寄与により，ベンゼンと等電子構造となっている．

$$\text{ボラジン}$$

(R-N⁺=B⁻-N⁺(R)=B⁻-...環構造) ボラジン

ホウ素化合物はLewis塩基と容易に付加体(錯体)を形成するが，この付加体の安定性はホウ素中心の電子密度のみならず，ホウ素上の置換基とLewis塩基の性質に強く依存する．たとえば，BF$_3$·O-(C$_2$H$_5$)$_2$＞BF$_3$·S(CH$_3$)$_2$，BF$_3$·P(CH$_3$)$_3$のように，BF$_3$はスルフィドやホスフィンよりエーテルと安定な付加体を形成するが，BH$_3$に対しては逆にBH$_3$·O(C$_2$H$_5$)$_2$＜BH$_3$·S(CH$_3$)$_2$，BH$_3$·P(CH$_3$)$_3$の序列となる．これらの傾向はHSAB則(§4・4・1)により説明することができる.

ホウ素化合物はアニオンと1：1付加体である四面体構造のアート錯体を形成する．BF$_4^-$，BH$_4^-$，B(C$_6$H$_5$)$_4^-$などが典型例である．強い電子求引基を有するB(C$_6$F$_5$)$_4^-$はきわめて求核性の低い安定なアニオンであり，種々のカチオンとのイオン対形成に利用される．

多数知られている多面体ボラン，水素化ポリホウ素クラスター，の代表例として次に示すような最も対称性の高い正二十面体構造を有するドデカボランジアニオン *closo*-B$_{12}$H$_{12}^{2-}$があげられる．この

closo-B$_{12}$H$_{12}^{2-}$[(C$_2$H$_5$)$_3$NH$^+$]$_2$のアニオン部分
正二十面体の各頂点にBH基を有する

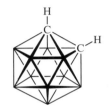

closo-1,2-B$_{10}$C$_2$H$_{12}$
CH以外の各頂点にBH基を有する

多面体ボラン類の命名には次のような独特の構造接頭辞が用いられる．
closo-（クロゾ）　三角形の面のみをもつ閉鎖系多面体構造．"かご"を意味するラテン語，ギリシャ語由来
nido-（ニド）　閉鎖系母核から頂点が一つ欠けた非閉鎖系多面体構造．"鳥の巣"を意味するギリシャ語由来
arachno-（アラクノ）　頂点が二つ欠けた非閉鎖系多面体構造．"クモの巣"を意味するギリシャ語由来

構造のうち$(BH)_2^{2-}$部分を等電子構造のアセチレン$(CH)_2$で置き換えた中性分子がカルバボラン (carbaborane, 古くはカルボラン carborane とよばれた)$closo$-1,2-$B_{10}C_2H_{12}$ である．いずれも熱および空気に対してきわめて安定である．多面体ボランは，B-B 二中心二電子結合のほかに，電子欠損性の B-H-B および B-B-B 三中心二電子結合によって形成されているため，電子受容性が高い．このため，$closo$-1,2-$B_{10}C_2H_{12}$ 中の炭素上の水素は酸性が高く，塩基によって容易に引抜かれる．

嵩高い置換基を有する Lewis 酸と Lewis 塩基は立体的要因で両者の接近が阻害され，酸-塩基錯体が形成されず，"いらいらした状態の Lewis 酸-塩基対"(frustrated Lewis pair: FLP)[46]の状態で共存することになる．すなわち，酸，塩基の性質を残したままの協同作業が可能となる．たとえば，$P(t$-$C_4H_9)_3$ と $B(C_6F_5)_3$ は水素分子のヘテロリシスをひき起こし，それぞれ$[HP(t$-$C_4H_9)_3]^+$ と $[HB(C_6F_5)_3]^-$ に変化する．

$$(t\text{-}C_4H_9)_3P \ + \ B(C_6F_5)_3 \ \xrightarrow{\ H_2\ } \ (t\text{-}C_4H_9)_3\overset{+}{P}H \ + \ \overset{-}{H}B(C_6F_5)_3$$

同様の反応は，Lewis 酸性の高いボラン誘導体をホスフィンやアミンと適度に隔てて連結した分子でも起こる．反応は可逆であり，イミンやエナミンなどの水素化触媒としてはたらく．

ホウ素の配位数は通常 3 あるいは 4 であるが，反応の遷移状態や中間体として 5 配位状態が仮定されることがある．5 配位化合物は通常きわめて不安定であり，その存在を検証することはむずかしいが，次に示す化合物が合成され，5 配位構造が確認された[47]．

ホウ素-炭素結合は炭素-炭素結合に匹敵する結合解離エネルギーをもち熱的に安定であるが，アルキルホウ素化合物を 150 ℃ 以上に加熱すると脱離-付加機構により立体障害の少ない末端アルキル化合物に異性化する．

アリルホウ素化合物では，シグマトロピー転位による[1,3]ホウ素移動が起こる．代表的な化合物について転位の活性化エネルギーを示す．反応速度はγ位の炭素上の置換基によって大きく変化し，

$(CH_2{=}CHCH_2)_3B$　　　　$(CH_2{=}\overset{CH_3}{\underset{|}{C}}CH_2)_3B$　　　　$(CH_3CH{=}CHCH_2)_3B$　　　　$(CH_3\overset{CH_3}{\underset{|}{C}}{=}CHCH_2)_3B$

61 kJ mol^{-1}　　　　61 kJ mol^{-1}　　　　79〜82 kJ mol^{-1}　　　　95 kJ mol^{-1}

γ位に置換基をもたないトリアリルボランやトリ(2-メチルアリル)ボランでは，低温でも容易に転位が進行する．

シクロペンタジエニルボランの[1,3]，[1,5]シグマトロピー転位もきわめて速い反応である．ジメチルボリル基をもつ次の化合物のNMRスペクトルでは，−90 ℃の低温においても，シクロペンタジエニル基に結合したすべての水素あるいはメチル基が等価に現れ，ボリル基がシクロペンタジエニル基の五つの炭素上を素早く移動していることがわかる．

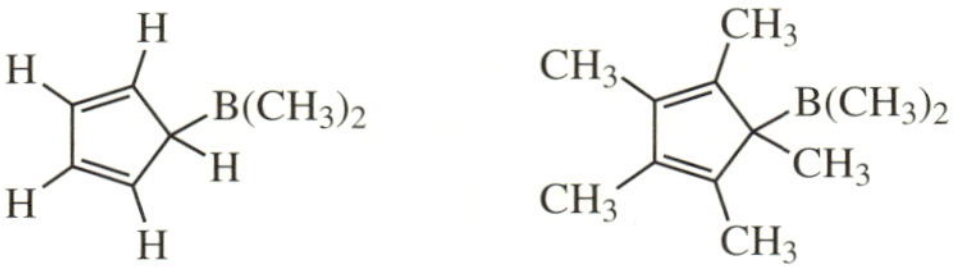

以上のシグマトロピー転位にはホウ素上の空のp軌道の関与が必須である．そのため，トリアリルボランにピリジンを付加させると転位速度が1/100以下になる．また，ジアルコキシ(アリル)ボランやジアミノ(アリル)ボランも，前述の酸素や窒素の非共有電子対からホウ素の空のp軌道への相互作用(図8・14)によってホウ素の電子密度が高くなるため，転位を起こしにくい．シクロペンタジエニル誘導体においても同様の傾向が認められ，以下に示すジメチルアミノボラン誘導体では40 ℃まで，トリメチルアミン付加体については100 ℃においても，NMRスペクトルで動的変化は観測されない．

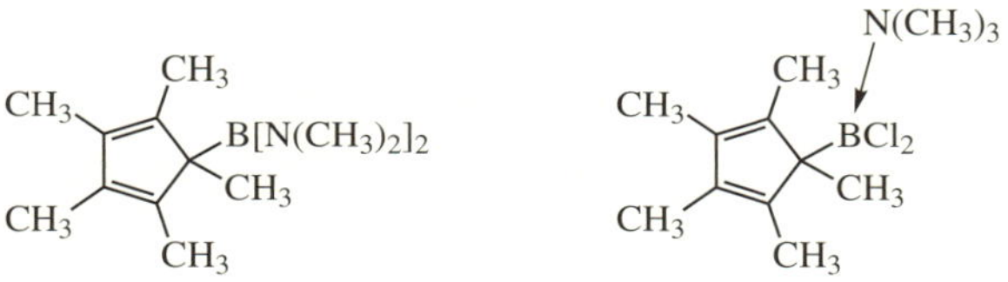

b. 有機アルミニウム化合物の結合および構造

アルミニウムは共有結合半径が130 pmと大きいため，図8・14のようなホウ素化合物にみられる共役効果はほとんどはたらかない．このため電子欠損性は分子間での会合によって補われる．トリメチルアルミニウムは気相中では単量体と二量体の混合物として存在するが，ベンゼン中では二量体のみとなる．しかし，エーテルやアミンが配位すると四面体構造の単量体となる．トリメチルアルミニウムの二量体生成反応の安定化エンタルピーは約84 kJ mol^{-1}であり，25 ℃における二量体の解離平衡定数は1.52×10^{-8}である．図8・15に二量体の構造と結合様式を示す．二量体中の架橋Al−C距離は通常のAl−CH$_3$距離よりも少し長い．この二量体の架橋結合は，二つのAlのsp^{3}混成軌道とCH$_3$基のsp^{3}混成軌道との重なりによる三中心二電子結合で表すことができる．しかし，両アルミニ

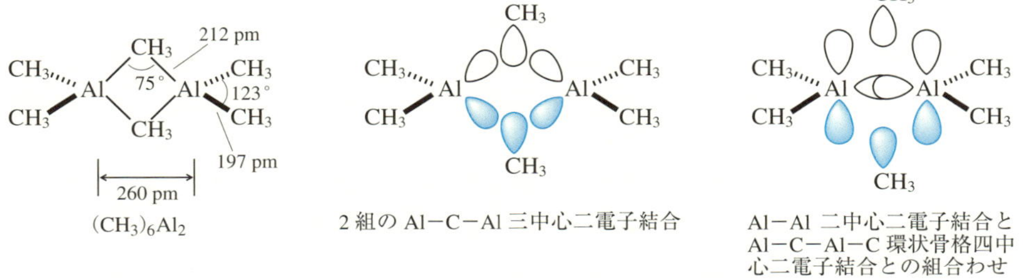

図 8・15 トリメチルアルミニウム二量体の構造と架橋結合の2種類の表記法

ウム間の距離 260 pm がアルミニウムの共有結合半径の和の 2 倍に等しいこと，末端の C–Al–C 結合角が 123° と大きく，架橋 Al–C–Al 結合角が 75° と小さいことから，アルミニウムが sp^2 混成となり，Al–Al 共有結合（二中心二電子結合）一つと，両 Al 上の p 軌道と二つの CH$_3$ 基の sp^3 混成軌道との重なりによる，環状の四中心二電子結合で結びつけられていると考えることもできる．

メチル基のほか，直鎖アルキル基を有する場合にも同様の二量体を形成するが，嵩高い有機基を有する (i-C$_3$H$_7$)$_3$Al や [(CH$_3$)$_3$CCH$_2$]$_3$Al などはおもに単量体として存在する．アリール基やアルキニル基が架橋した二量体 (*11, 12*) も結晶構造が決定されている．後者ではアルキニル基が隣のアルミニウムに π 配位した構造をとっている．

トリアルキルアルミニウム二量体の溶液挙動は NMR スペクトルにより観察できる．[(CH$_3$)$_3$Al]$_2$ の ^{1}H NMR スペクトルにおいて，−50 ℃ では架橋メチル基と末端メチル基の 2 種のシグナルが強度比 1：2 で現れるが，−25 ℃ で融合し，+20 ℃ では単一のシグナルとなり，すべてのメチル基が素早く交換していることがわかる．この交換には分子内だけでなく分子間過程も含まれる．このようにアルキル基は分子間で移動しやすいので，同一アルミニウム原子上に異なる置換基をもつ化合物 R^{1}R^{2}R^{3}Al を選択的に合成することはむずかしい．

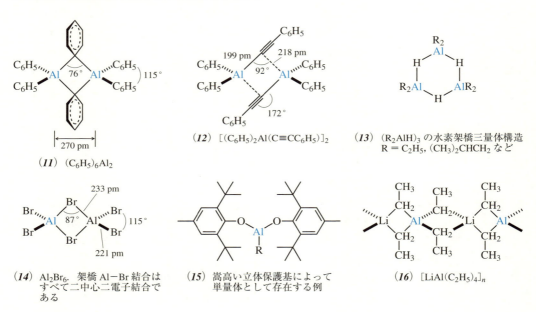

(*11*) (C$_6$H$_5$)$_6$Al$_2$

(*12*) [(C$_6$H$_5$)$_2$Al(C≡CC$_6$H$_5$)]$_2$

(*13*) (R$_2$AlH)$_3$ の水素架橋三量体構造
R = C$_2$H$_5$, (CH$_3$)$_2$CHCH$_2$ など

(*14*) Al$_2$Br$_6$．架橋 Al–Br 結合はすべて二中心二電子結合である

(*15*) 嵩高い立体保護基によって単量体として存在する例

(*16*) [LiAl(C$_2$H$_5$)$_4$]$_n$

水素化アルミニウム化合物は水素原子が架橋した三量体 (*13*) として存在する．アルミニウム上にヘテロ原子を有する場合には，ヘテロ原子が架橋基となって会合体を形成する．三ハロゲン化アルミニウム AlX$_3$ の固体状態におけるアルミニウムの配位数は，フッ化物および塩化物では 6，臭化物およびヨウ化物では 4 で，それぞれ三次元構造および二量体構造をとっている．フッ化物の会合構造は強固であるため溶媒に溶けず，通常，Lewis 酸としてははたらかない．強い Lewis 酸である三臭化アルミニウムは気相およびベンゼンなどの非極性溶媒中では二量体である (*14*)．これに含まれるハロゲン架橋結合は，ハロゲンの非共有電子対を用いた通常の二中心二電子結合によって成り立っている点で，上述のアルキルあるいは水素架橋の電子欠損結合と異なる．(R$_2$AlX)$_2$ 型の二量体の解離エネルギー (kJ mol^{-1}) は架橋基 X が水素の場合に最大で，H(150) > Cl(124) > Br(121) > CH$_3$(84) の順に低下する．このような自己会合を防ぐためには，(*15*) のような嵩高い置換基を導入して立体的に会合を起こしにくくするなどの工夫が必要である．

有機アルミニウム化合物は，ホウ素化合物より強い Lewis 酸である．$(CH_3)_3Al$ に対する配位の強さ は，$(CH_3)_3N > (CH_3)_3P > (CH_3)_3As > (CH_3)_2O > (CH_3)_2S > (CH_3)_2Se > (CH_3)_2Te$ の 順 で ある（HSAB 則，§4・4・1）．いわゆる硬い Lewis 塩基との親和性が高いので，有機アルミニウムは硬い Lewis 酸に分類される．また，アニオン性求核剤と反応して 4 配位のアート錯体を形成する．たとえば，$Al(C_2H_5)_3$ と LiC_2H_5 の反応により $LiAl(C_2H_5)_4$ が容易に生成する．これは炭化水素にも可溶であり，（**16**）のように Al−C−Li 間が三中心二電子結合でつながった高分子構造を有している．

　ホウ素化合物と異なり，Al−Al 共有結合を有する安定な化合物はあまり知られておらず，1988 年に構造決定された $[\{(CH_3)_3Si\}_2CH]_2Al-Al[CH\{Si(CH_3)_3\}_2]_2$ が最初の例である．

c. 有機ガリウム，インジウムおよびタリウム化合物の結合および構造

　Ga, In, Tl の三塩化物のうち，$GaCl_3$ のみが固体状態で二量体，他は三次元多量体として存在する．トリアルキル化合物の Lewis 酸性は低く，気相および溶液中では単量体で存在することが多い．会合しにくいため，アルミニウム化合物と異なり，有機基の分子間の不均化反応は高温でしか進行しない．トリメチルガリウム〔$Ga(CH_3)_3$，沸点 55.7 ℃〕は，化合物半導体 GaAs, GaN などを気相エピタキシャル成長で製造するのに用いられる．

　Tl^+ イオンは水中では Tl^{3+} よりはるかに安定である．

$$Tl^{3+} + 2e^- = Tl^+ \qquad E^\circ = +1.25\,V$$

Tl(I) が Hg(0) と等電子構造 $[Xe]4f^{14}5d^{10}6s^2$ で，最外殻にいわゆる不活性電子対（inert pair）として $6s^2$ 電子を有していることが，Tl(I) の高い安定性を理解するうえでの一つの指標となろう．

　Tl(I) の有機化合物の代表例はシクロペンタジエニル化合物（η^5-C_5H_5）Tl である．この化合物は水中でも合成でき，昇華性，有機溶媒不溶で，空気中でも取扱える安定な化合物である．遷移金属のシクロペンタジエニル誘導体の合成にしばしば利用される．Tl(III) の $Tl(NO_3)_3$ や $Tl(OCOCF_3)_3$ などは Tl(I) への還元を駆動力とする強力な 2 電子酸化剤である．

d. 13 族有機金属化合物の性質と反応

　ホウ素と炭素は電気陰性度の値が近いため，B−C 結合は極性が低く，本質的に共有結合である．これに対して，Al−C 結合の極性は高く，有機アルミニウム化合物中の有機基はカルボアニオンとしての反応性を示す．このため，R_3B は水に対して安定であるが R_3Al は容易に加水分解される．いずれも酸素に対して活性で，低級アルキル化合物は空気中で発火する．穏やかな条件下での酸素酸化では，R_3B からはラジカル R・ が生成するのに対して，R_3Al からは $(RO)_3Al$ が生成する．高温高圧の条件では $(C_2H_5)_3Al$ の C−Al 結合にエチレンが連続的に挿入するので，これと酸素酸化とを組合わせて偶数炭素からなる長鎖アルコールが合成されている．有機ガリウム，インジウム，タリウム化合物は酸素や水にきわめて活性で，熱的にも不安定なものが多い．本節では炭素−炭素不飽和結合へのヒドロホウ素化およびヒドロアルミニウム化を中心に述べる．水素化ホウ素やアルミニウム化合物による官能基の還元反応については II 巻の §3・1 で，有機ホウ素およびアルミニウム化合物と求電子剤との反応については §8・6 や II 巻 2 章などで述べる．

　ヒドロホウ素化　　水素化ホウ素化合物はアルケンやアルキンに位置および立体選択的に付加し，対応するアルキルおよびアルケニルボランを与える[48]．反応はシス付加で進行し，一般にホウ素は立体障害が少ない炭素側に導入される（逆 Markovnikov 則）．反応活性種は水素化ホウ素の単量体であり，反応は，ホウ素の Lewis 酸中心がアルケンやアルキンに π 配位した後，ひずんだ 4 員環遷移状態を経て進行する．ヒドロホウ素化は可逆反応である．付加は一般に室温付近で容易に進行するが，

342　8. 有 機 典 型 元 素 化 学

150 °C 以上の高温では逆に，β 水素脱離によりアルキルホウ素化合物から水素化ホウ素とアルケンが生成する．

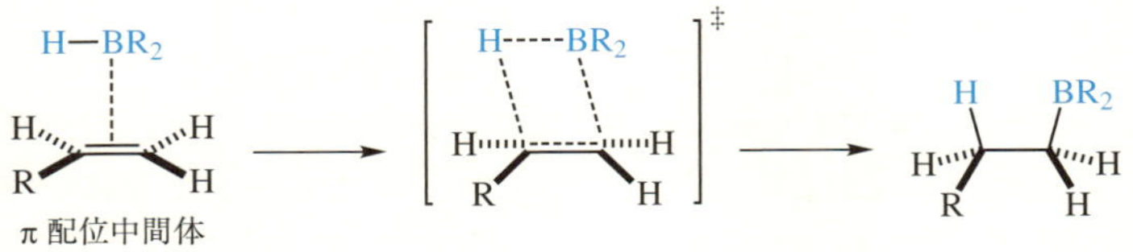

π 配位中間体

図 8・16 に代表的なヒドロホウ素化剤を示す．$H_3B \cdot THF$ 錯体が最も一般的な反応剤であるが，空気や湿気にきわめて鋭敏で不安定である．一方，ボラン-ジメチルスルフィド錯体 (BMS)，9-ボラビシクロ[3.3.1]ノナン (9-BBN)，カテコールボラン (HBcat)，ピナコールボラン (HBpin) は，蒸留や再結晶によって精製できる程度の安定性をもつ．また，光学活性なジイソピノカンフェイルボラン〔$(ipc)_2BH$〕を用いて不斉ヒドロホウ素化反応を行うことができる．

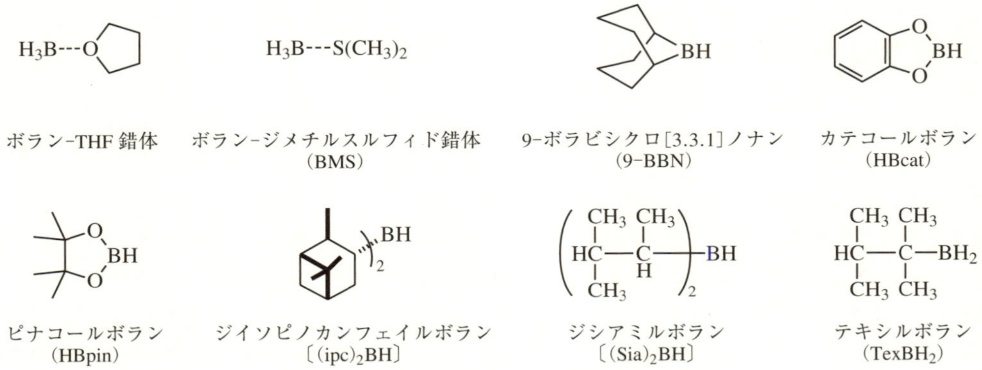

ボラン-THF 錯体 — ボラン-ジメチルスルフィド錯体 (BMS) — 9-ボラビシクロ[3.3.1]ノナン (9-BBN) — カテコールボラン (HBcat)

ピナコールボラン (HBpin) — ジイソピノカンフェイルボラン〔$(ipc)_2BH$〕 — ジシアミルボラン〔$(Sia)_2BH$〕 — テキシルボラン (TexBH_2)

図 8・16　代表的なヒドロホウ素化剤（単量体で示す）

BH_3 や RBH_2，R_2BH などのアルキルボランのアルケンへの付加は，常温で触媒なしに進行する．特に，9-BBN，ジシアミルボラン〔シアミルは s-isoamyl の略，$(Sia)_2BH$〕，テキシルボラン〔テキシルは t-hexyl の略，$TexBH_2$〕などの化合物は，嵩高い置換基をもっているので高い位置および立体選択性をもたらす有用なヒドロホウ素化剤である．一方，HBcat や HBpin はホウ素の Lewis 酸性が低下しているため，単独では反応性に乏しいが，種々の遷移金属錯体触媒と組合わせてヒドロホウ素化に利用することができる．この反応を用いると，無触媒条件とは異なる化学選択性や位置および立体選択性が得られることがある．たとえば，5-ヘキセン-2-オンに HBcat を反応させると選択的にカルボニル基が還元されるが，$RhCl(PPh_3)_3$ 触媒の存在下においては 85% の選択性でビニル基のヒドロホウ素化が起こる[49]．後者では，ロジウムに H−B 結合が酸化的付加して生成するヒドリド（ボリル）ロジウム錯体が活性種となるため，H−Rh 結合の性質を反映してアルケンの反応が優先する．

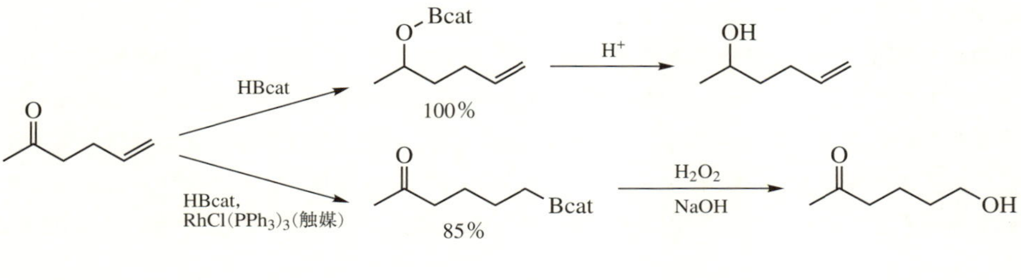

8·1 有機典型金属化学

芳香族化合物のホウ素化　アリールボロン酸 $ArB(OH)_2$ に代表される芳香族ホウ素化合物は，有機ハロゲン化物との触媒的クロスカップリング反応（§10·8·8）などの反応剤として重要である．それらは，アリールリチウムやアリールマグネシウム化合物などの有機金属化合物とホウ素化合物との金属交換反応によって合成される．アリールボロン酸は，ピナコールなどのアルコールと容易に反応し，対応するボロン酸エステルを与える．

パラジウム触媒を用いるハロゲン化アリールとジピナコラトジボランとのクロスカップリング反応も，アリールボロン酸の効率的な合成法となる．上記と異なり，カルボアニオン性の高い反応剤を使用しないので，多官能性のボロン酸誘導体が合成できる利点がある．ハロゲン化アリールの代わりにハロゲン化アルケニルやハロゲン化アリルを用いても，相当するボロン酸エステルが高収率で合成できる[50]．

FG ＝ 官能基
X ＝ I, Br, Cl, OTf
dppf ＝ 1,1′-ビス（ジフェニルホスフィノ）フェロセン

イリジウムあるいはロジウム触媒を用いて脂肪族および芳香族炭化水素の C−H 結合を活性化し，直接ホウ素化できる[51]．ホウ素原料としてジピナコラトジボランやピナコールボランが使用できる．芳香族化合物のホウ素化反応は室温数時間で完結する．ホウ素化反応の配向性は一般に，置換基の立体障害により支配され，電子的影響が小さいため，置換基に対してメタあるいはパラ選択性を示す．

dtbpy ＝ 5,5′-ジ-t-ブチル-2,2′-ビピリジン

ヒドロアルミニウム化　水素化アルミニウムもアルケンやアルキンに付加して，対応するアルキルおよびアルケニルアルミニウム化合物を与える[52]．最も一般的に用いられる反応剤は $(i\text{-}C_4H_9)_2$-AlH（diisobutylaluminium hydride: DIBAL，DIBALH ともいう）である．反応はシス付加で進行する．一般にアルミニウムは立体障害が少なく電子密度のより高い炭素側に導入されるが，立体効果よりも電子効果のほうが顕著である．たとえば，嵩高い置換基を有するにもかかわらず $t\text{-}C_4H_9C{\equiv}C\text{-}t\text{-}C_4H_9$ のほうが $n\text{-}C_4H_9C{\equiv}C\text{-}n\text{-}C_4H_9$ より 20 倍も速く DIBAL と反応する．また，$C_6H_5C{\equiv}CZ$ への付加反応の相対速度は，$Z = C_6H_5(1) < CH_3(1.2) < H(12) < SC_2H_5(25) < t\text{-}C_4H_9(28) < Si(CH_3)_3(431) < N(CH_3)_2(1900)$ の順に増大する．さらに，次式のように，位置選択性が置換基の電子的効果によって逆転する．

$$R\!-\!\!\!\equiv\!\!\!-\!Z + (i\text{-}C_4H_9)_2AlH \longrightarrow$$

Z = NR′$_2$, OR′
(共役による電子供与基)

Z = AlR′$_2$, SiR′$_3$, GeR′$_3$, SO$_2$R′
(共役による電子受容基)

付加反応速度はアルキンに関して1次，DIBAL 三量体に対して 1/3 次に依存する．このため，反応活性種は DIBAL の単量体であり，Al−H 結合の切断は遷移状態より後の速い過程に含まれると考えられる．次式に示すように，アルキンの DIBAL 単量体への π 配位中間体とひずんだ4員環遷移状態を含む機構が妥当である．置換基の電子的効果による位置選択性も容易に理解できる．アルケンのヒドロアルミニウム化も同様の機構で進行する．

$$R\!-\!\!\!\equiv\!\!\!-\!Z + R′_2AlH \longrightarrow$$

単量体　　　　　　　π 配位中間体

8・1・7 ランタノイド化合物

周期表3族のスカンジウム(Sc)，イットリウム(Y)，およびランタン(La)からルテチウム(Lu)に至る15元素からなる希土類元素を総称してランタノイド(lanthanoid)とよぶ(表8・5)．これらの元素は電気陰性度が低く，M^{3+}/M 還元電位 $E°$ はほとんど $-2.25V(Lu)$ から $-2.52V(La)$ の範囲内にあり，通常は3価の酸化状態をとる．しかし，Sm, Eu, Yb の3元素は2価イオンとして，また Ce は4価イオンとしても存在しうる．

$$M^{2+} = M^{3+} + e^-$$

M = Sm	$E° = +1.55$ V
M = Eu	$E° = +0.43$ V
M = Yb	$E° = +1.15$ V

$$M^{4+} + e^- = M^{3+}$$

M = Ce	$E° = +1.74$ V

これらの金属が3価以外の酸化状態をとりえるのは，f軌道に電子が全くない f^0 状態，半分充填された f^7 状態，すべて充填された f^{14} 状態が特に安定なためである．すなわち，Ce^{4+} は f^0，Eu^{2+} は f^7，Yb^{2+} は f^{14} である．二ヨウ化サマリウム SmI_2 および硝酸セリウム(IV)アンモニウム $(NH_4)_2[Ce(NO_3)_6]$ は，それぞれ強力な1電子還元剤および1電子酸化剤としてはたらく．

3価イオンのイオン半径は La が 106 pm と最も大きく，原子番号が大きくなるにつれてイオン半径は小さくなり，Lu では 84.8 pm となっている．このような特徴はランタニド収縮(lanthanide contraction)とよばれる．これは，4f電子による核電荷の遮蔽が不十分なため，核電荷の増加に伴って増える4f電子が核により強く引寄せられ，4f殻の大きさが減少するためである．

ランタニド収縮があるとはいえ，これらの金属はd系列の遷移金属に比べてイオン半径がかなり大きいため，より高い配位状態をとることができる．通常は6配位から10配位までであるが，二座配位子としてはたらく NO$_3$ 基が六つ存在する $(NH_4)_2[Ce(NO_3)_6]$ の場合などのように，12配位をとることもある．一方，最も低い配位数は3または4で，三角錐構造で嵩高い置換基を有する3配位化合物 Nd[N(SiMe$_3$)$_2$]$_3$ や，四面体構造の4配位化合物 La[N(SiMe$_3$)$_2$]$_3$(OPPh$_3$) などが知られている．

6配位正八面体ランタニド錯体もさらに高配位状態をとりうることから，Lewis 酸としてはたらきうる．NMR のシフト試薬(shift reagent)はこの特性を利用したものである(II 巻 §4・2 参照)．シフト

表 8・5 希土類元素の性質

原子番号	元素名	元素記号	電子配置 原子	電子配置 M^{3+}	イオン半径[†] M^{3+}, pm
21	スカンジウム	Sc	$3d^1 4s^2$	[Ar]	68.0
39	イットリウム	Y	$4d^1 5s^2$	[Kr]	90.0
57	ランタン	La	$5d 6s^2$	[Xe]	106.1
58	セリウム	Ce	$4f^1 5d^1 6s^2$	$4f^1$	103.4
59	プラセオジム	Pr	$4f^3 6s^2$	$4f^2$	101.3
60	ネオジム	Nd	$4f^4 6s^2$	$4f^3$	99.5
61	プロメチウム	Pm	$4f^5 6s^2$	$4f^4$	97.9
62	サマリウム	Sm	$4f^6 6s^2$	$4f^5$	96.4
63	ユウロピウム	Eu	$4f^7 6s^2$	$4f^6$	95.0
64	ガドリニウム	Gd	$4f^7 5d^1 6s^2$	$4f^7$	93.8
65	テルビウム	Tb	$4f^9 6s^2$	$4f^8$	92.3
66	ジスプロシウム	Dy	$4f^{10} 6s^2$	$4f^9$	90.8
67	ホルミウム	Ho	$4f^{11} 6s^2$	$4f^{10}$	89.4
68	エルビウム	Er	$4f^{12} 6s^2$	$4f^{11}$	88.1
69	ツリウム	Tm	$4f^{13} 6s^2$	$4f^{12}$	86.9
70	イッテルビウム	Yb	$4f^{14} 6s^2$	$4f^{13}$	85.8
71	ルテチウム	Lu	$4f^{14} 5d^1 6s^2$	$4f^{14}$	84.8

[†] 6配位.

試薬は，試料であるアルコールやアミンの非共有電子対が常磁性金属に可逆的に配位し，金属上の不対電子スピンと試料中の水素核スピンや炭素核スピン間の相互作用を起こし，化学シフトや緩和時間に変化をもたらす．また，医療診断用の MRI 造影剤としてガドリニウム錯体が使用されている．

　ランタノイド元素は d 系列遷移金属と異なり，一酸化炭素やアルケンなどの π 逆供与型配位子との相互作用がきわめて小さい．したがって，ランタノイド元素のカルボニル錯体やアルケン錯体を安定に単離することは一般に困難である．しかし，シクロペンタジエニル基を安定化配位子として導入することにより，アルキル錯体を合成・単離することが可能である．特に，嵩高いペンタメチルシクロペンタジエニル基 Cp^* は，錯体を立体効果により安定化するとともに，有機溶媒に溶けやすくする有用な配位子である．

　有機リチウム化合物と無水塩化セリウムを低温で反応させることによって有機セリウム化合物が生成する．炭素－セリウム結合が低極性であるため，有機リチウム化合物に比べて塩基性が低くかつ求核性の高い反応剤として利用される（II 巻§2・1・2 参照）．

$$Cp^*_2LnCl \cdot LiCl \ + \ KCH(SiMe_3)_2 \ \xrightarrow[-KCl, LiCl]{} \ Cp^*_2LnCH(SiMe_3)_2$$

$$RLi \ + \ CeCl_3 \ \longrightarrow \ RCeCl_2 \ + \ LiCl$$

8・2　14族から17族の典型元素化合物の特徴

　14 族から 17 族の典型元素では，第 3 周期以降の高周期元素の化合物に，炭素や窒素などの第 2 周期元素ではみられない特異な分子構造や結合様式が現れる．中心原子の価電子数がオクテットを超える PF_5 や SF_6 などの高配位化合物（超原子価化合物）や，特異な折れ曲がり構造を有するジシレン $Mes_2Si=SiMes_2$（Mes = 2,4,6-$Me_3C_6H_2$）やジホスフェン $Mes^*P=PMes^*$（Mes^* = 2,4,6-t-$Bu_3C_6H_2$）などの二重結合化合物がその代表例である．第 3 周期以降の高周期元素に現れる構造や結合の特異性

は，おもに原子価軌道の特性が第2周期元素と大きく異なることに起因し，族を超えて統一的な理解が可能である．本節では，次節以降に述べる族ごとの化学を理解するための基礎として，その概要を示す．

図8・17に，14族と15族の元素について，原子価軌道（ns軌道とnp軌道）の大きさr_{max}〔図8・17(a), (b)〕とエネルギー準位E〔図8・17(c), (d)〕を比較する[1]．第2周期の炭素と窒素に比べ，第3周期以降の同族元素の原子価軌道は広がりが大きく，エネルギー準位も高い．また，第2周期元素の2s軌道と2p軌道がほぼ同じ大きさであるのに対し，第3周期以降の各元素ではns軌道に比べてnp軌道が明らかに大きくなっている．この傾向は周期を重ねるごとに強くなる．きわめて重い原子核をもつ鉛PbやビスマスBiでは，さらに相対論効果による6s軌道の収縮とエネルギー準位の低下が加わるため，この傾向が特に顕著となる．

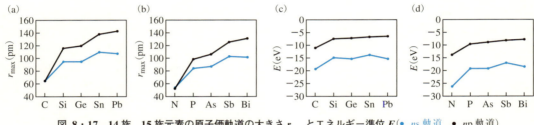

図8・17　14族，15族元素の原子価軌道の大きさr_{max}とエネルギー準位E（● ns軌道，● np軌道）

第2周期の元素では，結合形成の際，空間的にほぼ同じ広がりをもつ2s軌道と2p軌道が，結合相手となる原子や原子団と相乗的な軌道相互作用を起こして混成する．たとえば，メタンでは，C(2s)^2-(2p)^{2}がC(sp^3)^{4}となり，四つの水素原子と等価な結合が形成される．これに対して，第3周期以降の高周期元素ではns軌道とnp軌道の大きさが異なるため混成を起こしにくく，この傾向は元素が高周期になるほど顕著となる．すなわち，広がりの大きなnp軌道がおもに結合形成に関与し，ns軌道は非共有電子対を収容して非結合性軌道となる傾向が強くなる．不活性s電子効果（不活性電子対効果）とよばれる現象である．このように，非共有電子対をns軌道に収容して安定化する傾向が強くなるため，高周期の元素ほど低酸化状態をとりやすくなる．たとえば，14族の第6周期元素である鉛では，メタンCH$_4$に対応するPb^{IV}H$_4$よりも，カルベンCH$_2$に対応するPb^{II}H$_2$のほうが安定である．

高周期元素が軌道混成を起こしにくい性質は，同族元素の一連の化合物に幾何構造の違いとして現れる．たとえば，NH$_3$のH–N–H結合角がsp^{3}混成軌道に対応する107.8°であるのに対し，PH$_3$，SbH$_3$，BiH$_3$と高周期になるに従い，結合角がnp軌道間の角度である90°に近づく．同様の傾向は，16族元素のH$_2$E (E = O, S, Se, Te)についても認められている．

第2周期の窒素を中心原子とするアミンNR^{1}R^{2}R^{3}は室温でも立体反転が速く，エナンチオマーを分離することはできない．これに対して，第3周期のリン化合物であるホスフィンPR^{1}R^{2}R^{3}は，リン原子をキラル中心とする光学活性体として単離されている（§8・4・1）．立体反転に対するこの顕著な安定性の差も，高周期元素がsp^{2}軌道混成による平面構造をとりにくいことに起因している．すなわち，下式の反転の活性化エネルギー（理論値）は，25.1(NH$_3$) < 146.8(PH$_3$) < 164.0(AsH$_3$) <

183.7(SbH$_3$) < 264.0(BiH$_3$) kJ mol^{-1} であり，第3周期以降の高周期元素において顕著に増加している．

　高周期元素の特性は，カルベンの高周期類縁体であるメタリレン：EH$_2$(E = Si, Ge, Sn, Pb)の幾何構造と電子構造にも反映される．カルベンは三重項が基底状態であり，H−C−H 結合角は 134° まで開いている（§5・4・2）．これに対して，高周期元素では非結合性軌道に ns 軌道の寄与が大きく，E−H 結合の形成に np 軌道の寄与が大きくなるため，メタリレンはすべて一重項が基底状態である．また，H−E−H 結合角も E が高周期になるほど狭くなり 90° に近づく．

　次に結合形成の違いをみてみよう[2]．図 8・18(a)に示すように，2分子のカルベンが結合してエチレンが形成される．カルベンは基底三重項が安定系なので，二つの分子の sp^2 混成軌道間と p 軌道間でそれぞれ電子共有型の結合形成を起こすのが有利であり，そのため平面構造をもつエチレンが生じる．一方，基底一重項が安定系である2分子のシリレンが(a)と同様の向きで近づくと，ケイ素−ケイ素間に電子反発（二中心四電子相互作用）が起こり結合形成は起こらない．一方，図 8・18(b)に示すように，二つのシリレン分子が互いに傾いて接近すると電子供与型の相互作用が起こり，折れ曲がり形の"トランスベント(trans-bent)構造"をもつ二重結合化合物であるジシレンが形成される（§8・3・3）．リンの二重結合化合物であるジホスフェン（§8・4・1）も同様の理由によりトランスベント構造となる．

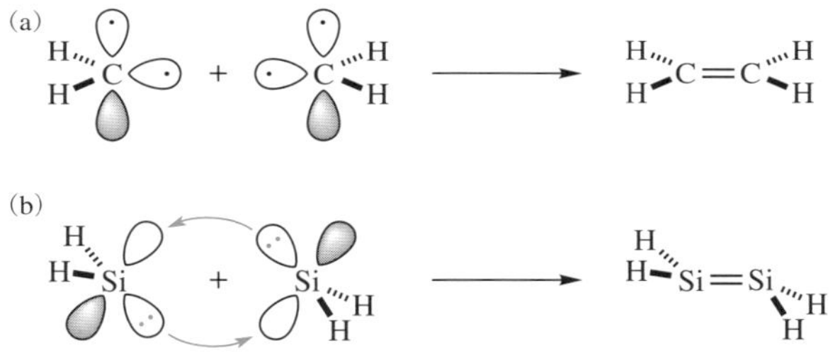

図 8・18　原子価結合法による炭素−炭素およびケイ素−ケイ素二重結合の理解

　高周期典型元素のもう一つの特徴として高配位化合物の形成がある．高周期元素は原子半径が大きく，空間的に多くの原子や原子団と結合することができる．また，図 8・17 のエネルギー準位図からわかるように，高周期元素は電気的に陽性であり，電気陰性度の高い原子や原子団を配位しやすい．実際，高配位化合物には三中心四電子結合とよばれるイオン性の高い結合が存在する（§8・5）．

8・3　有機 14 族金属化学

　ケイ素，ゲルマニウム，スズ，鉛は炭素と同じ 14 族元素であり，他の元素に比べれば炭素とよく似た性質を示す．これらの元素と炭素との結合を有する化合物は有機金属の範疇に入れられることが多いので，本節では，炭素以外の 14 族元素（高周期 14 族元素）を総称して 14 族金属とよぶ．

　表 8・6 に 14 族元素のおもな性質を比較して示す．14 族金属(M)の電気陰性度は炭素より小さいため，M−C 結合は M$^{\delta+}$−C$^{\delta-}$ のように分極しているが，結合のイオン性は Li−C 結合などに比べてはるかに小さい．Si−C 結合は C−C 結合に匹敵する大きな結合エネルギーを有し熱的にも安定であるが，周期が高くなるほど M−C 結合の結合エネルギーが小さくなり分極も大きくなるので，イオン反応性も高くなる．一般に，14 族金属のテトラアルキル置換体は空気中で安定であり，有機溶媒によく溶ける．

表 8・6　14族元素の比較

元素	原子番号	原子量	電気陰性度	C_{sp^3}−M 距離, pm	C_{sp^3}−M 結合エネルギー, $kJ\,mol^{-1}$	NMR 観測核 〔I, 天然存在比(%)〕
C	6	12.011	2.5	154	358	^{13}C (1/2, 1.1)
Si	14	28.0855	1.9	188	311	^{29}Si (1/2, 4.67)
Ge	32	72.61	2.0	195	249	^{73}Ge (9/2, 7.73)
Sn	50	118.710	1.8	217	217	^{117}Sn (1/2, 7.68)
						^{119}Sn (1/2, 8.59)
Pb	82	207.2	1.9	224	152	^{207}Pb (1/2, 22.1)

8・3・1　14族金属上での置換反応

　ケイ素，ゲルマニウム，スズ原子の配位数は炭素と同じ4であり，R_nMX_{4-n}型の化合物（R＝アルキル，アリールなど，X＝H, OR, NR_2, ハロゲンなど）を安定に生成する．これらは炭素の場合と同様に四面体構造をとり，四つの置換基がすべて異なる場合にはエナンチオマーが存在する．たとえば図8・19の方法により，四つの置換基がすべて異なるケイ素化合物のエナンチオマーが，それぞれ合成されている．

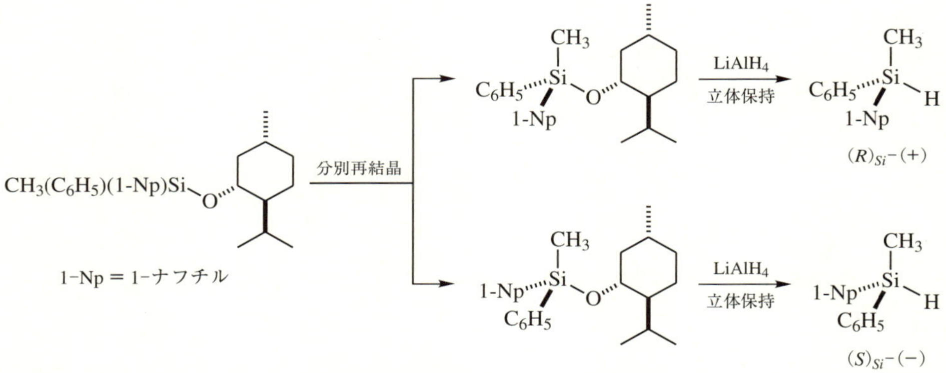

図 8・19　光学活性シランの合成

　四塩化炭素は常温では水に安定であるが，四塩化ケイ素は水と接触させるとただちに反応する．ケイ素上で容易に置換反応が起こるためである．一般にケイ素，ゲルマニウム，スズなどの14族金属上での二分子求核置換(S_N2-M)反応は，炭素上に比べて著しく速い．C−X結合に比べて，M−X結合の分極が大きいことに加えて，S_N2反応に必要な5配位状態が炭素では遷移状態としてしか存在で

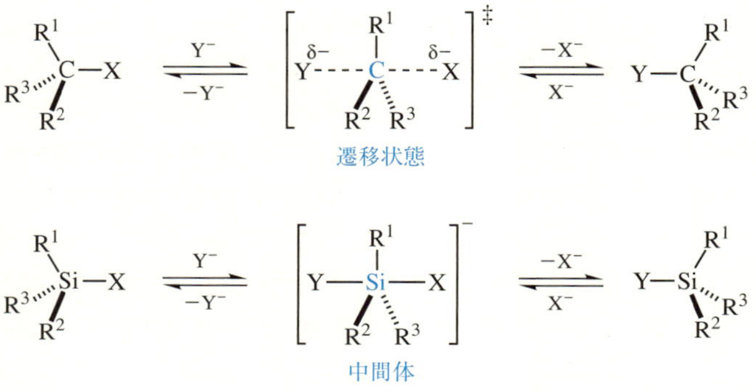

きないのに対して，ケイ素などでは比較的安定な中間体として存在できるためである．§8・5で詳しく述べるように，置換基を選ぶことによって，5配位および6配位の化合物を安定に単離することができる．炭素上のS_N2反応とは異なり，ケイ素上でのS_N2-Si反応では必ずしも立体配置の反転が起こるとは限らない．ケイ素中心では求核剤が脱離基の反対側からだけでなく同じ側から接近することも許されること，5配位中間体で擬回転（§8・5・3参照）が可能であることなどの理由があげられる．

ケイ素上での求核置換反応の立体化学[1]には，次のような一般的傾向が知られている．脱離基Xとケイ素との結合の分極が大きく反応性が高いほど，立体配置の反転が起こる．すなわち，H < OR < F, SR < Cl, Br, OCOR, OTs の順に，立体配置の保持から反転の傾向が強くなる．R_3Si^*Hの反応は立体配置保持で，R_3Si^*Clの反応はほとんど例外なく反転で起こる．中間に位置する脱離基の場合，反応の立体化学は求核剤の性質に依存する．軟らかい求核剤を用いると反転で，硬い求核剤を用いると保持で反応する傾向が強い．

表 8・7　炭素とケイ素の各種結合解離エネルギー D の比較

炭素化合物		ケイ素化合物	
結　合	D, kJ mol^{-1}	結　合	D, kJ mol^{-1}
$(CH_3)_3C-H$	387	$(CH_3)_3Si-H$	378
$(CH_3)_3C-Cl$	335	$(CH_3)_3Si-Cl$	473
$(CH_3)_3C-Br$	268	$(CH_3)_3Si-Br$	402
$(CH_3)_3C-I$	213	$(CH_3)_3Si-I$	322
F_3C-F	544	F_3Si-F	669
$(CH_3)_3C-OH$	381	$(CH_3)_3Si-OH$	536
$(CH_3)_3C-NHCH_3$	335	$(CH_3)_3Si-NHCH_3$	418

表8・7に示すように，ケイ素－酸素結合およびケイ素－フッ素結合の結合エネルギーは大きいので[2]，酸素求核剤やフッ化物イオンによるS_N2-Si反応は特に有利である．したがって，アルコキシドイオンやフッ化物イオンは炭素－ケイ素結合の開裂によく用いられる．

$$R-C\equiv C-Si(CH_3)_3 \xrightarrow[\text{2) } H_2O]{\text{1) } F^- \text{ または } CH_3O^-} R-C\equiv C-H$$

α-シリルケトンは，ヨードシランやヨウ化水銀(II)を触媒として，容易にシロキシアルケン（シリルエノールエーテル）に異性化する．この異性化反応は可逆であるが，Si－Oの結合エネルギーがSi－Cの結合エネルギーと比べて $110\ kJ\ mol^{-1}$ ほど大きいので，平衡は圧倒的にシロキシアルケン側に偏っている．これに反して，α-シリルエステルとケテンシリルアセタール間の平衡はシリルエステル側に偏っている．エステルに存在するカルボニル基とアルコキシ基との共鳴安定化効果が大きいためである．

8・3・2　14族金属置換基の効果

ケイ素などの14族金属の置換基がπ電子系化合物に導入されると，構造と反応性に大きな効果が

現れる．ここではトリアルキルシリル基を例に説明するが，この効果は，ケイ素，ゲルマニウム，ス
ズ，鉛の順で系統的に変化すると考えてよい．

a. π電子系の隣接炭素に結合した14族金属置換基の強い電子供与効果（超共役）

表8・8に示すように，アリルシランやベンジルシランの第一イオン化ポテンシャル(I_P)は，プロ
ペンやトルエンよりもかなり低い．すなわち，π電子系に隣接する炭素に結合したトリメチルシリル
基は，強い電子供与性を示す．これはβ効果とよばれ，ケイ素をより電気陽性なゲルマニウムやス
ズに置換すると電子供与性はさらに強くなる．

表 8・8　14族有機金属化合物の第一イオン化ポテンシャル(I_P)†

化合物	I_P, eV	化合物	I_P, eV	化合物	I_P, eV
$(CH_3)_4C$	10.96	$H_2C=CH_2$	10.5	C_6H_5H	9.24
$(CH_3)_4Si$	10.6	$H_2C=CHCH_3$	9.73	$C_6H_5CH_3$	8.84
$(CH_3)_4Ge$	10.23	$H_2C=CHSi(CH_3)_3$	9.8	$C_6H_5Si(CH_3)_3$	9.05
$(C_2H_5)_4Ge$	9.3	$H_2C=CHGe(C_2H_5)_3$	9.2	$C_6H_5Ge(CH_3)_3$	9.00
$(CH_3)_4Sn$	9.70	$H_2C=CHSn(C_4H_9)_3$	8.6	$C_6H_5Sn(CH_3)_3$	8.94
$(C_4H_9)_4Sn$	8.7	$H_2C=CHCH_2Si(CH_3)_3$	9.0	$C_6H_5CH_2Si(CH_3)_3$	8.42
$(CH_3)_2Pb$	8.81	$H_2C=CHCH_2Ge(C_2H_5)_3$	8.8	$C_6H_5CH_2Ge(CH_3)_3$	8.40
		$H_2C=CHCH_2Sn(C_4H_9)_3$	8.4	$C_6H_5CH_2Sn(CH_3)_3$	8.21

† 本書では，特に断らない限り第一イオン化ポテンシャルのみを議論する．

β効果は，14族金属－炭素σ軌道とπ軌道（あるいはp軌道）との間の大きな超共役によると理解
されている（§1・4・3）．狭義の超共役は，アルキル基の炭素－水素σ軌道が炭素p_π軌道と重なりう
るために生じる効果であるが，炭素－金属σ軌道がp_π軌道と重なりをもつ場合には，さらに大きな
超共役効果が生じる．なお，炭素－金属σ軌道の関与する超共役をσ-π共役とよぶこともあるが，
本節では超共役をσ-π共役を包含したより一般的な術語として使用することにする．

以下の反応では炭素－ケイ素結合のσ_{CSi}軌道と炭素－脱離基結合の$\sigma_{CX}{}^*$軌道との相互作用により
遷移状態の安定化と活性化エネルギーの低下が起こる．その効果は，Si－C－C－Xがアンチペリプ
ラナー配座であるときに最大となる．一般的な隣接基関与と異なり，この安定化は隣接基が生成する

カルボカチオン中心に接近するような変位を伴う必要がないので，垂直安定化(vertical stabilization)とよばれる[3]．さらに，生成したカルボカチオンも超共役によって安定化される．

　トリメチルシリル基をもつ芳香族化合物の求電子置換反応が，高選択的にイプソ位で起こることも同様に説明できる．すなわち，ケイ素の結合しているイプソ炭素に求電子剤が付加してできるシクロヘキサジエニウムカチオン中間体は，ケイ素置換基の β 位にカチオンをもつとみなすことができ，超共役による安定化を受ける．そのために，他の位置に優先してこの位置で置換が起こる．

　アリルシランの高い求核性はこの大きな超共役の結果である．また，Peterson 反応の中間体である β-シリルアルコールは，酸触媒条件下では，シリル基とヒドロキシ基がアンチペリプラナー配座から脱離する．このこともシリル基の超共役効果によって説明される．このように，14 族金属化合物の物性と反応性を理解するうえで，超共役は非常に重要な概念である．

　シリルメチルエーテルやシリルメチルアミンのように，シリル基が酸素や窒素の非共有電子対の β 位に存在する場合にも超共役効果(σ-n 効果)がはたらき[4]，酸化電位が低下する．1 電子酸化で生成するラジカルカチオンでは超共役効果に起因して Si−C 結合が弱く，選択的に切断される．

b. π 電子系に直接結合した 14 族金属置換基の電子受容効果

　トリメチルシリル基が π 電子系に直接結合した系では，ケイ素置換基は電子受容基としてはたらき，π 電子系の LUMO のエネルギー準位を下げる．図 8・20 にエチレンとビニルシランおよび関連化合物の電子親和力とイオン化ポテンシャルを示す[5]．エチレンにシリル基を導入すると電子親和力が低下する．すなわち，LUMO のエネルギー準位が低下することがわかる．t-ブチル基にそのような効果はない．

　また，ケイ素置換基には α 位のアニオンやラジカルアニオンを安定化する効果があり，α 効果と

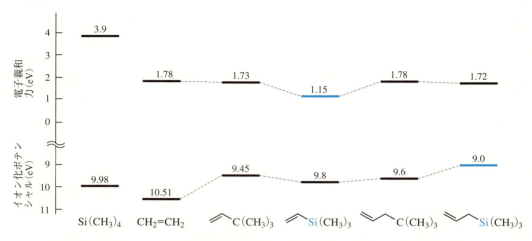

図 8・20　エチレンおよび関連化合物の電子透過分光(ETS)による電子親和力と光電子分光(UPS)によるイオン化ポテンシャル

よばれている．C−C 結合や C−H 結合に比べて C−Si 結合の σ* 軌道のエネルギー準位は低く，隣接する被占軌道から効果的に電子を受入れて安定化する．すなわち，α 効果は，前ページの下図のような $n_C→σ_{SiC}^*$ の超共役(負の超共役ともいう)により発現すると考えられている．

ケイ素置換基の α 効果を示す例として，トリメチルシリルベンゼンが容易に Birch 還元を受けることや，ビニルシランに有機リチウムなどの有機金属化合物が付加することがあげられる．

8・3・3　14族金属不安定化学種の化学

14族金属は炭素と同じ形式の不安定活性種をつくることができる．しかし，それらの性質には，対応する炭素の活性種とかなり異なる点がある．

a. 14族金属2価化学種

2価2配位の14族金属化合物は，シリレン，ゲルミレン，スタンニレンとよばれる．比較的単純な置換基をもつものは一般に短寿命であるが，これらは捕捉剤を用いて安定な生成物に導いたり，低温マトリックス内で単離してその存在が確認されている．シリレンは，1,2-ジメトキシジシランや7-シラノルボルナジエン誘導体の熱分解，種々のオリゴシランの光分解などによって生成する．

14族金属2価化学種の安定性は，高周期になるほど高くなる[6]．立体的に嵩高い置換基の導入や電子的効果によって安定化されたシリレン，ゲルミレン，スタンニレンが，単量体として単離されている(図8・21)．

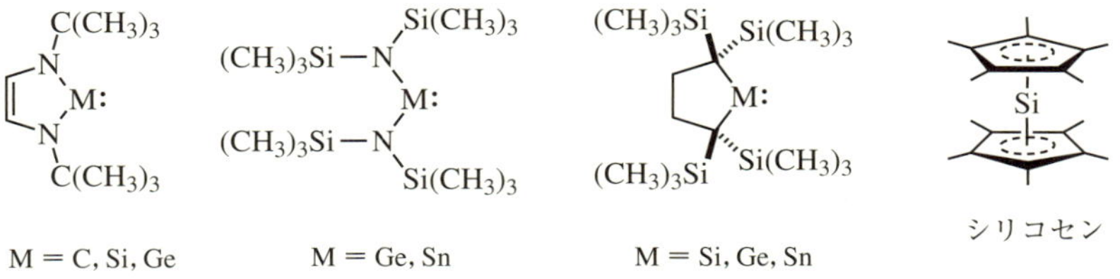

8・3　有機14族金属化学　　　353

図 8・21　安定な 14 族 2 価化合物

　炭素の 2 価化学種であるカルベンには，基底一重項種と三重項種が存在する．この基底多重度は置換基によって決まり，ハロゲン置換のカルベンでは基底一重項が安定であるが，メチレンやジフェニルカルベンでは基底三重項が安定である．これとは対照的に，シリレンやゲルミレンはそのほとんどが基底一重項種であり，基底三重項をもつ化合物はきわめて少ない．

　シリレンは次に示すように一重項カルベンとよく似た反応性を示すが，一般に C−H 結合や C−C 結合へは挿入しない．また，エーテルやアミンのような Lewis 塩基と錯形成する．

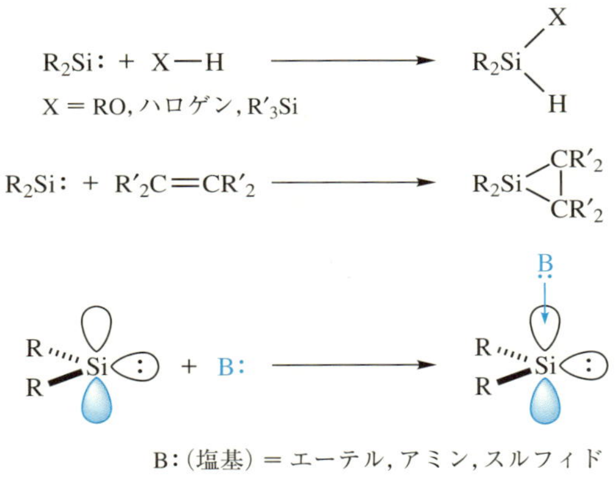

b. 14 族金属カチオン

　3 配位のケイ素カチオンは質量分析計のイオン化室中などの気相では観測されるが，溶液中では遊離の状態でほとんど存在しないと考えてよい[7]．このことは，ケイ素中心での S_N1 反応が存在しないことと関連している．ケイ素には必ず何らかの求核剤が配位し，4 配位以上の状態をとっている．トリス（トロポロナート）シリルカチオンのケイ素は 3 配位ではなく 6 配位である．また，過塩素酸トリフェニルメチルがイオン対として存在するのに対して，過塩素酸トリフェニルシリルは酸素−ケイ素共有結合をもつ化合物である．

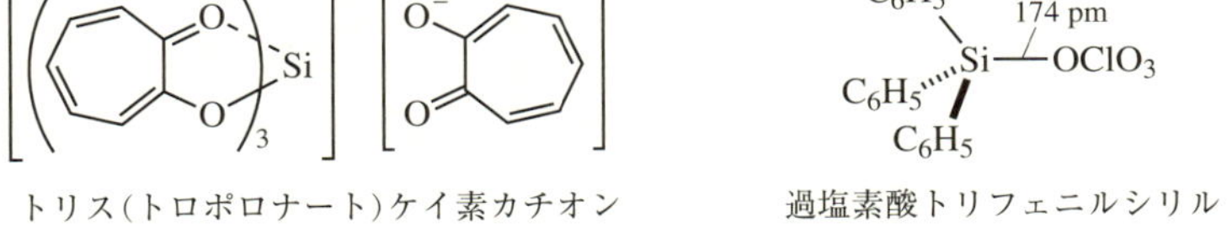

トリス（トロポロナート）ケイ素カチオン　　　　過塩素酸トリフェニルシリル

　1993 年に初めてトリエチルシリルカチオン $(C_2H_5)_3Si^+B(C_6F_5)_4{}^-$ の結晶構造が報告された．この化合物では，対アニオンとして求核性のきわめて低いテトラキス（ペンタフルオロフェニル）ホウ酸イオンを用いているため，溶液中ではケイ素中心と対アニオンとの間に相互作用はない．一方，結晶中では結晶溶媒であるトルエンと π 錯体を形成している．このことはシリルカチオンの高い求電子性を

示すものである．2002 年に，嵩高い置換基をもつトリアリールシリルカチオンが合成された．カルボラン誘導体を対アニオンとしてもつこのシリルカチオンは3 配位構造であることが分光学的に確認されている[8]．

$[HCB_{11}(CH_3)_5Br_6]^-$

c. 14 族金属アニオン

3 配位のケイ素アニオン種あるいはケイ素－金属結合をもつ化合物[9]はよく知られた化学種であり，有機合成反応剤としても頻繁に利用されている．THF などの配位溶媒中でのシリルリチウムの反転エネルギーは 100 kJ mol^{-1} 以上と高く，アルキルリチウム（§8・1）とは異なり，立体配置はきわめて安定である．これは，§8・2 で述べたように高周期元素であるケイ素では sp^2 混成が起こりにくく，反転の遷移状態である平面三角形構造をとりにくいためである．

シリルリチウムは，THF 中でクロロシランやジシランと金属リチウムとを反応させることによって収率よく調製されるが，この方法ではケイ素上にフェニル基のような芳香族基を一つ以上もつことが必要である．

$$R_3SiCl + 2 Li \xrightarrow{THF} R_3SiLi + LiCl$$

$$R_3Si\!-\!SiR_3 + 2 Li \xrightarrow{THF} 2 R_3SiLi$$

$$R_3Si = C_6H_5(CH_3)_2Si, (C_6H_5)_2CH_3Si, (C_6H_5)_3Si, [(C_2H_5)_2N](C_6H_5)_2Si, など$$

ケイ素アニオンはフェニル基によって安定化されるが，カルボアニオンでみられる共鳴安定化機構によるものではなく，電子反発によって π 電子を遠くに押しやる π 誘起効果（π inductive effect, π polarization）による安定化と理解されている．これも，ケイ素が sp^2 混成を起こしにくいこと，言いかえると次式の共鳴構造式に含まれる Si＝C 二重結合の生成がエネルギー的に不利であることが理由のひとつである．

トリメチルシリルリチウムの調製に上記の方法は適用できず，HMPA のような強い極性をもつ非プロトン性溶媒中でジシランにアルコラートやアルキルリチウムを作用させる必要がある．

$$(CH_3)_3Si\!-\!Si(CH_3)_3 + CH_3ONa \xrightarrow{HMPA} (CH_3)_3SiNa + (CH_3)_3SiOCH_3$$

$$(CH_3)_3Si\!-\!Si(CH_3)_3 + CH_3Li \xrightarrow{HMPA} (CH_3)_3SiLi + (CH_3)_4Si$$

ゲルマニウムやスズのアニオン種は，類似のアルカリ金属との直接反応や，対応する水素化物の水素－金属交換反応によって調製できる．

8・3 有機14族金属化学

$$(C_6H_5)_3M-M(C_6H_5)_3 \ + \ 2\,Li \ \xrightarrow[\text{THF}]{} \ 2\,(C_6H_5)_3MLi \qquad M = Ge, Sn, Pb$$

$$(CH_3)_3Sn-Sn(CH_3)_3 \ + \ 2\,Na \ \xrightarrow[\text{THF}]{} \ 2\,(CH_3)_3SnNa$$

$$(n\text{-}C_4H_9)_3SnH \ + \ (i\text{-}C_3H_7)_2NLi \ \xrightarrow[\text{THF}]{} \ (n\text{-}C_4H_9)_3SnLi \ + \ (i\text{-}C_3H_7)_2NH$$

これらの14族金属アニオンの反応性は置換基や溶媒によっても異なるが，次式のように，カルボアニオンと類似の反応が知られている．

$$R_3SiM \quad \begin{cases} \xrightarrow[\text{2) }H^+]{\text{1) }CO_2} \ R_3SiCO_2H \\[1em] \xrightarrow[\text{2) }H^+]{\text{1) }R'_2C=O} \ R_3Si-\underset{\underset{OH}{|}}{C}R'_2 \\[1em] \xrightarrow{R'X} \ R_3SiR' \end{cases}$$

THF 中，芳香族ケトンとシリルアニオン種を反応させると，求核付加の後，シリル基が炭素から酸素へ転位（Brook 転位[10]）して，対応するアルコキシシランが生成する．

$$R_3SiM \ + \ Ar_2C=O \ \longrightarrow \ \underset{Ar_2C-O}{\overset{R_3Si \quad M}{\mid \qquad \mid}} \ \xrightarrow{\text{Brook 転位}} \ \underset{Ar_2C-O}{\overset{M \quad SiR_3}{\mid \qquad \mid}}$$

シリルリチウムを対応する銅アート錯体に変換すると，末端アルキンや α,β-不飽和ケトンに付加する．

$$LiCu[Si(CH_3)_2C_6H_5]_2 \ + \ n\text{-}C_4H_9C{\equiv}CH \ \longrightarrow \ \underset{Cu \qquad Si(CH_3)_2C_6H_5}{\overset{n\text{-}C_4H_9}{\diagup{=}\diagdown}} \ \xrightarrow{CH_3I} \ \underset{CH_3 \qquad Si(CH_3)_2C_6H_5}{\overset{n\text{-}C_4H_9}{\diagup{=}\diagdown}}$$

d. 14族金属ラジカル

過酸化ジベンゾイルや過酸化ジ-t-ブチルの熱または光分解によって生じるオキシルラジカルは，ヒドロシランから容易に水素を引抜いて対応するシリルラジカル[11]を生成する．

$$R'O-OR' \ \xrightarrow{\text{熱または光}} \ 2\,R'O\cdot$$

$$R_3Si-H \ + \ R'O\cdot \ \longrightarrow \ R_3Si\cdot \ + \ R'OH$$

$$R' = t\text{-}C_4H_9, C_6H_5CO$$

同様の方法はゲルミルおよびスタンニルラジカルの生成にも用いられる．スタンニルラジカルはジスタンナンから発生させることもできる．スズ原子上でのラジカル置換反応（S_H2）は，炭素ではほとんどみられない形式の反応である．

$$(CH_3)_3Sn-Sn(CH_3)_3 \ \xrightarrow{\text{熱または光}} \ 2\,(CH_3)_3Sn\cdot$$

$$(CH_3)_3Sn-Sn(CH_3)_3 \ + \ t\text{-}C_4H_9O\cdot \ \longrightarrow \ (CH_3)_3Sn\cdot \ + \ (CH_3)_3SnO\text{-}t\text{-}C_4H_9$$

14族金属水素化物による有機ハロゲン化物の還元反応は，有機合成上重要な反応である．この反応は一般に，AIBN などのラジカル開始剤によって開始されるラジカル連鎖機構で進行する（図 8・22）．

一般に，Si−X 結合のほうが Sn−X 結合よりも結合エネルギーが大きいので，連鎖成長反応（i）の

8. 有機典型元素化学

$$R_3MH \ + \ R'X \ \xrightarrow{\text{ラジカル開始剤}} \ R_3MX \ + \ R'H$$

$$M = Si, Ge, Sn \quad X = Cl, Br, I$$

開始反応 $\qquad R_3MH \ + \ In\cdot \ \longrightarrow \ R_3M\cdot \ + \ In-H \qquad$ (In・は開始剤ラジカル)

連鎖成長反応 $\quad$ (i) $\ R_3M\cdot \ + \ R'X \ \longrightarrow \ R_3MX \ + \ R'\cdot$

$\qquad\qquad\qquad$ (ii) $\ R'\cdot \ + \ R_3MH \ \longrightarrow \ R'H \ + \ R_3M\cdot$

図 8・22 ラジカル連鎖反応

速度は M = Si のほうが M = Sn よりも大きい. 逆に素反応 (ii) の速度は M = Sn のほうが M = Si よりも大きい. トリアルキルシランでは素反応 (ii) の速度が小さく, 連鎖反応が円滑に進まない. しかし, トリアルキルスタンナンでは両反応がうまく進行し, 連鎖反応が円滑に進行する. トリブチルスタンナン (n-C$_4$H$_9$)$_3$SnH (326 kJ mol^{-1}) がラジカル還元反応によく用いられているのは, この理由による. M = Si でもトリス(トリメチルシリル)シラン [(CH$_3$)$_3$Si]$_3$SiH にすると Si–H の結合エネルギーが小さくなり (351 kJ mol^{-1}, 表 8・9)[11], 連鎖反応が円滑に進行する. これは中心ケイ素原子に電子供与性の置換基を導入すると, s 軌道と p 軌道のエネルギー差が減少し, [(CH$_3$)$_3$Si]$_3$Si・が sp^2 混成の平面三角形となって安定化できるためである.

表 8・9 M–H 結合解離エネルギー

	M			
	(CH$_3$)$_3$Si	[(CH$_3$)$_3$Si]$_3$Si	(n-C$_4$H$_9$)$_3$Ge	(n-C$_4$H$_9$)$_3$Sn
D(M–H), kJ mol^{-1}	384	351	347(推定)	326

トリブチルスタンナンの濃度などを適切に調節することによって, 素反応 (i) で生成するラジカル R・を炭素-炭素二重結合に付加させるなど, 種々の反応に用いることができる.

光学活性シランによる四塩化炭素からの塩素引抜き反応において, ケイ素の立体化学は保持される. これはケイ素ラジカルが非平面構造をとっており, その立体反転が比較的遅いためである. 炭素ラジカルが一般に平面もしくは平面に近い構造をもつこととは対照的であり (§5・3・3), sp^2 混成をとりにくい高周期元素の特性を反映している.

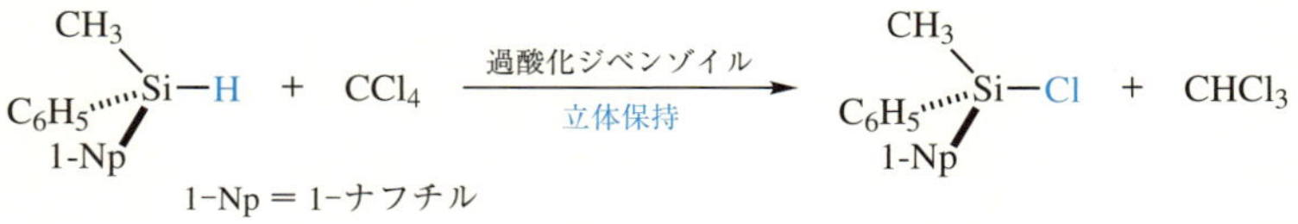

$$\underset{\substack{\text{C}_6\text{H}_5 \\ \text{1-Np}}}{\text{CH}_3}\text{Si}-\text{H} \ + \ \text{CCl}_4 \ \xrightarrow[\text{立体保持}]{\text{過酸化ジベンゾイル}} \ \underset{\substack{\text{C}_6\text{H}_5 \\ \text{1-Np}}}{\text{CH}_3}\text{Si}-\text{Cl} \ + \ \text{CHCl}_3$$

1-Np = 1-ナフチル

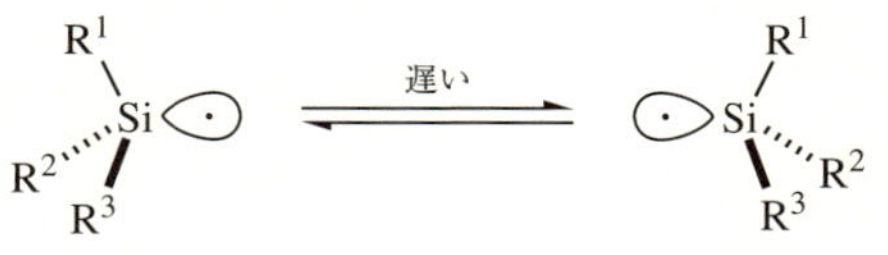

$$R^2\!\!-\!\underset{\substack{R^1 \\ R^3}}{\text{Si}}\!\cdot \ \underset{\text{遅い}}{\rightleftharpoons} \ \cdot\underset{\substack{R^1 \\ R^3}}{\text{Si}}\!\!-\!R^2$$

しかし, 上記のように (R$_3$Si)$_3$Si・では平面三角形のラジカルが安定となる. 実際 [(t-C$_4$H$_9$)$_2$(CH$_3$)-Si]$_3$Si・が単離・構造決定されている[12].

e. 14 族金属多重結合

14 族金属を含む二重結合をもつ化合物は一般に不安定で, 反応性に富む. Si=Si 二重結合および Si=C 二重結合をもつ化合物はそれぞれジシレン, シレンとよばれる. このような化合物は, 図 8・

8・3 有機14族金属化学

23 に示すように，二重結合を立体的に嵩高い置換基で保護することによって 1981 年に初めて単離された．これらの化合物は熱的には安定であるが，水や酸素とは速やかに反応する．

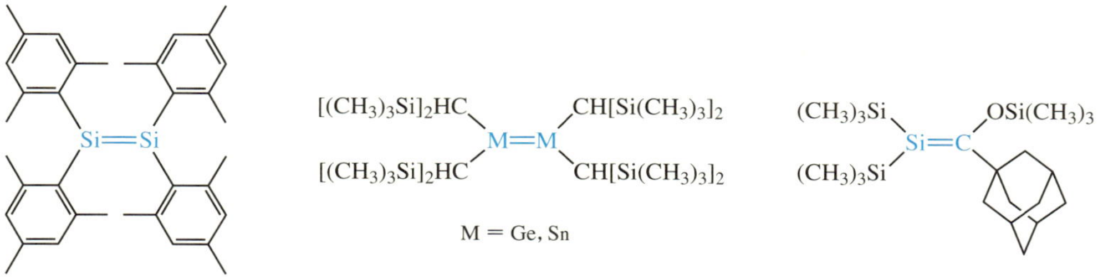

[[(CH₃)₃Si]₂HC と CH[Si(CH₃)₃]₂ について]

$[(CH_3)_3Si]_2HC$　$CH[Si(CH_3)_3]_2$
　　　　　$M＝M$
$[(CH_3)_3Si]_2HC$　$CH[Si(CH_3)_3]_2$

$M = Ge, Sn$

$(CH_3)_3Si$　$OSi(CH_3)_3$
　　　$Si＝C$
$(CH_3)_3Si$

図 8・23　安定な 14 族金属二重結合化合物

§8・2 に述べたように炭素類縁体であるアルケンが平面構造をもつのに対して，14 族金属の二重結合化合物では折れ曲がり形のトランスベント構造が安定形であり，その程度はケイ素，ゲルマニウム，スズと高周期の元素ほど大きくなる[13]．折れ曲がりの程度は置換基によっても変化し，電子供与性の強い置換基の導入によりトランスベント角 ω は小さくなる傾向が認められている．また，M＝M 結合は C＝C 結合に比べてはるかにねじれやすく，置換基どうしの立体障害を避けるように構造の大きくひずんだ化合物が存在する．

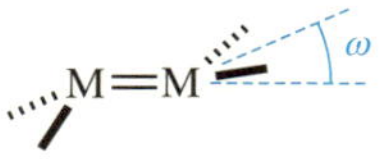

$M＝M$ ω

トランスベント構造

二重結合の π 結合エネルギーは，C＝C の 272 kJ mol⁻¹ に対して，Si＝C では 159 kJ mol⁻¹，Si＝Si では 105～117 kJ mol⁻¹ と小さい．また，π→π* 遷移エネルギーも C＝C の 6 eV 以上（紫外吸収極大 200 nm 以下）に比べて，Si＝Si では 3.6 eV（紫外吸収極大 344 nm）と小さい．

Si＝C 二重結合は分極が大きく，炭素はアニオン性，ケイ素はカチオン性が大きいので，ケイ素と THF のような Lewis 塩基が容易に錯形成する．Si＝C 二重結合は容易にアルコールの付加を受けるが，まずケイ素とアルコール酸素が錯形成してから反応が進行する．C＝C 二重結合への付加が求電子剤の攻撃によって開始されるのとは対照的である．

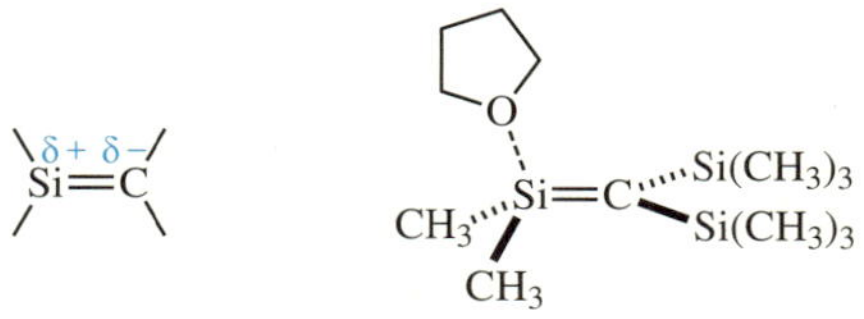

$\overset{\delta+}{Si}＝\overset{\delta-}{C}$

CH_3　$Si＝C$ $Si(CH_3)_3$ / $Si(CH_3)_3$
CH_3

シレンと THF の錯体

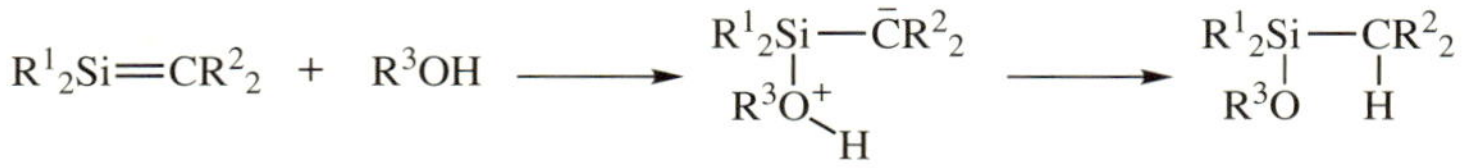

$R^1_2Si＝CR^2_2$ ＋ R^3OH ⟶ $R^1_2Si—\bar{C}R^2_2$ / $R^3\overset{+}{O}H$ ⟶ $R^1_2Si—CR^2_2$ / R^3O H

ケイ素を含む芳香族化合物および関連化合物の例を図 8・24 に示す．ベンゼンの炭素一つをケイ素に置き換えたシラベンゼンは 80 K 以上で速やかに重合するが，立体的に嵩高い置換基を導入することで安定化され，シラベンゼン誘導体も単離可能となる．同様にシラナフタレン，シラアントラセ

ン，シラフェナントレンなどの誘導体が単離構造決定されている[14]．また，2π電子系の3員環トリ
シラシクロプロペニウムカチオン[15]や4π電子系の反芳香族化合物とされるテトラシラシクロブタジ

[(CH₃)₃Si]₂HC の構造式

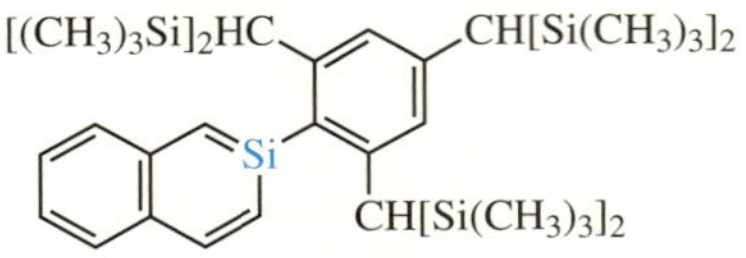

2-シラナフタレン

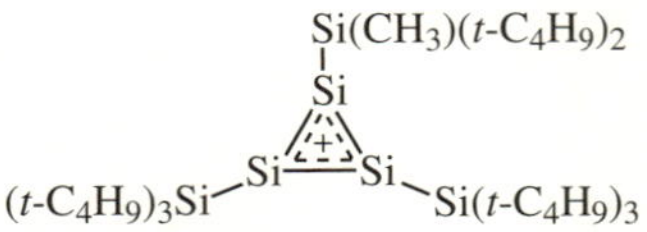

トリシラシクロプロペニウム
カチオン

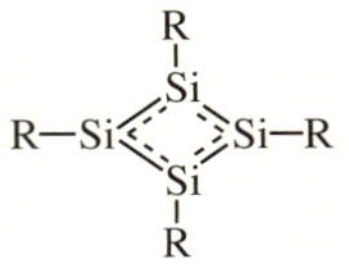

テトラシラシクロ
ブタジエン

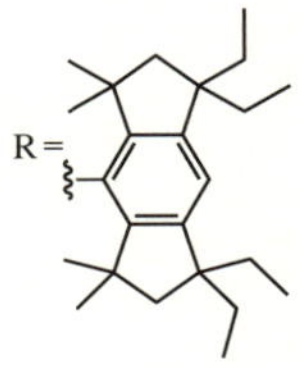

R =

図 8・24　ケイ素を含む芳香族および関連化合物

NHC が拓いた典型元素不飽和活性種の化学

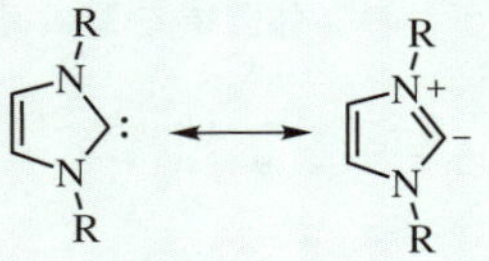

　1991 年に初めて合成された安定な一重項カルベ
ン，イミダゾール-2-インデン誘導体はその安定
性，構造の多様性，強い塩基性・σ供与性のため
に，その後，N-複素環状カルベン（N-heterocyclic
carbene: NHC，§5・4・2）と総称されるようになり，
その研究領域は一大分野として発展している[1]．
優れたキラル塩基性有機触媒（II 巻 §4・6・3）や，σ
供与性が高く，嵩高さが調節可能な配位子（§9・6・4）
として，アルケンメタセシス（§10・6・2）やクロス
カップリング反応触媒などで活用されている．

　近年，この NHC を不飽和典型元素原子上に配位
させることで，従来安定化合物として単離すること
がむずかしいと考えられてきた，原子上に置換基を
もたない（形式的には 0 価）化学種，あるいは立体
保護基の導入ができない化学種などの典型元素不飽
和活性種が安定化合物として合成されるようになっ
てきた．ここでは，このような，NHC が拓く，典
型元素不飽和活性種，特にケイ素とホウ素の化学に
焦点を絞って紹介する．なお，ここでいう"不飽和
活性種"とは，多重結合を有する，あるいはオク
テット則をみたしていない活性種を意味する．

　2008 年，SiCl₄のケイ素上に NHC が配位した 5
配位のケイ素化合物（*1*）を還元的脱塩素化すること
によって，形式的に 0 価のケイ素原子が二つ結合
した Si₂分子に NHC が配位した化合物（*2*）が結晶

として単離された[2]．二つのケイ素上にはそれぞれ
一つずつ NHC が Si₂の結合軸方向に約 90° で配位
している．二つの Si 間距離（223 pm）は Si=Si 二重
結合距離に相当する．

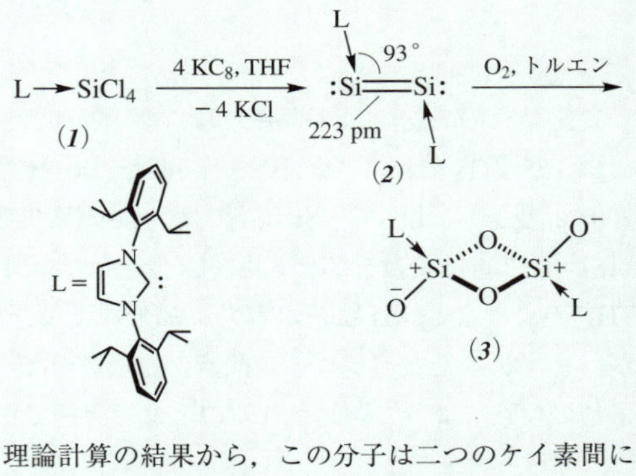

$$L\!\rightarrow\!SiCl_4 \xrightarrow[-4\,KCl]{4\,KC_8,\,THF} \;:Si\!=\!Si: \xrightarrow{O_2,\text{トルエン}}$$
（*1*）　　　　　　　　　　（*2*）
93°　223 pm

L =

（*3*）

　理論計算の結果から，この分子は二つのケイ素間に
σ結合とπ結合が一つずつあり，それぞれのケイ素
上には非共有電子対がある構造で記述できることが
示されている．ケイ素上に非共有電子対があること
は，片方のケイ素が CuCl や Fe(CO)₄に配位するこ
とからも確かめられている．NHC 配位のない Si₂
は短寿命であり，分光学的に極低温で観測され，各
ケイ素原子上はオクテットをみたさない基底三重項
（π結合の電子が平行になった状態）の分子であると
いわれている．化合物（*2*）は NHC の配位により電
子状態が変化して反磁性の基底一重項として安定化
されたもので，置換基をもたない形式的に 0 価の
原子からなる化学種が安定に合成できることを示す
好例である．化合物（*2*）はカルベンで安定化されて
いるものの高い反応性を維持しており，新たな化学

エン誘導体がケイ素上に交互に電荷分離した平面ひし形構造をとっていること[16]など，この分野も発展を遂げているが，すべてケイ素でできたヘキサシラベンゼンはまだ合成されていない．

2004年に，ケイ素-ケイ素三重結合をもつジシリンが初めて合成単離された[17]．この化合物もアルキンにみられる直線構造ではなく，折れ曲がり構造をしている．

ケイ素-ケイ素三重結合をもつ化合物

種の前駆体になる．たとえば，酸素2分子との反応で，環状化合物 (3) が生成する．これは二酸化ケイ素 SiO_2 の二量体がNHCで安定化された化合物とみることができる．NHCの出現によって，シリカの構成単位 SiO_2 を分子性物質として取出すことが可能になったのだ．

2012年，ホウ素上にNHCが配位したテトラブロモジボラン (4) を還元的脱臭素化すると，形式的に0価のホウ素原子が二つ結合した B_2 分子にNHCが配位した化合物 (5) が緑色固体として得られることが見いだされた[3]．化合物 (5) はほぼ直線に近い構造であり，ホウ素原子間距離 (145 pm) は B=B 二重結合距離 (~155 pm) よりも短い．理論計算によると，二つのホウ素原子間には一つのσ軌道と二つのπ軌道からなる三重結合が存在する．化合物 (5) はきわめて活性が高く，1 atm のCOと速やかに反応し，4分子のCOが結合した二環性ボララクトン (6) を与える．これは金属を用いずにCOを結合させた例である．

化合物 (2) と (5) の合成では，あらかじめ前駆体にNHCを配位させ，電子欠損性の化合物を経由せずにNHCで安定化された不飽和活性種に至っているところも特徴の一つであり，NHCの高い電子供

与性が巧みに生かされている．

このほか，以下の (7)〜(10) の例にあるように，安定カルベンを配位させる方法で多様な典型元素不飽和活性種が合成されるようになっている．このなかには窒素原子が一つで，π受容性をもたせた安定カルベンである環状アルキルアミノカルベン (CAAC) を用いた安定化の例もある．ホウ素1価化学種であるボリレンのCAAC付加体 (7) ではホウ素上に非共有電子対があることがプロトン付加により確かめられている．脱離基をもつ2価ケイ素化合物 (シリレン) のNHC付加体 (9) は新しい不飽和ケイ素化学種の合成に活用されている．これらのなかから新たな電子状態をもつ活性種への変換やその高い反応性を活用した分子変換反応の発見，さらには多様な機能性物質の登場が期待される．

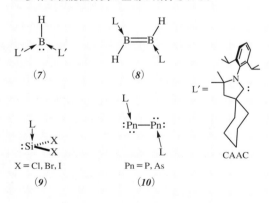

文献：1) A. J. Arduengo, III, R. L. Harlow, M. Kline, *J. Am. Chem. Soc.*, **113**, 361 (1991).
2) Y. Wang, Y. Xie, P. Wei, R. B. King, H. F. Schaefer III, P. v. R. Schleyer, G. H. Robinson, *Science*, **321**, 1069 (2008).
3) H. Braunschweig, R. D. Dewhurst, K. Hammond, J. Mies, K. Radacki, A. Vargas, *Science*, **336**, 1420 (2012).

8・3・4 14族金属-金属σ結合

同じ元素の連結を**カテネーション**(catenation)とよぶ．炭素ではポリエチレンなどにみられるようにごくふつうの現象であるが，カテネーションができる元素はそう多くなく，14族元素の大きな特徴の一つとなっている．ケイ素やゲルマニウムが多数連結した化合物はポリシラン[18]やポリゲルマンと総称される．特にケイ素の場合は，直鎖状，分岐鎖状，環状，多環状など多様な構造をもつポリシランが，多数合成されている．

14族金属-14族金属単結合は，C-C単結合に比べて長くて弱い．また，イオン化ポテンシャルが低く電子親和力が大きいので，その反応性はむしろC=C二重結合と類似している．たとえば，Si-Si単結合はハロゲンや過酸のような求電子剤と容易に反応して切断される．これはC=C二重結合に対するハロゲン付加やエポキシ化と類似している．また，テトラシアノエチレンなどの電子受容体と電荷移動錯体を形成し，以下に述べるようにポリシラン鎖長に依存した特徴的な紫外吸収スペクトルを与える．環状オリゴシランは芳香族化合物のように1電子還元および酸化を受けて，対応するラジカルアニオンやラジカルカチオンを生成する．

$(CH_3)_3Si\text{—}Si(CH_3)_3 + Br_2 \longrightarrow 2(CH_3)_3SiBr$

$(CH_3)_3Si\text{—}Si(CH_3)_3 + C_6H_5CO_3H \longrightarrow (CH_3)_3SiOSi(CH_3)_3 + C_6H_5CO_2H$

表8・10に示すように，ポリエンと同様に，ポリシランも鎖長が長くなるにつれてその第一イオン化ポテンシャルが低下し，紫外吸収極大も長波長シフトする．鎖長が長くなるにつれてHOMOの準位が上昇し，LUMOの準位が低下するためである．このような現象はケイ素-ケイ素σ結合間の共役(図8・25)によるもので，σ共役(σ conjugation)とよばれている．オリゴシラン，ポリシランの光物性とケイ素鎖の立体配座の相関性をもとに，軌道相互作用のうち唯一立体配座に連動する1,4位の軌道相互作用(β_{vic})がσ共役の本質を担うことが理論と実験で明らかにされている[19]．

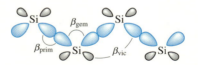

図8・25 ポリシランのσ共役

トルエン中ナトリウムを用いてジクロロシランを縮合させるWurtz法によって，分子量が数十万に達する直鎖ポリシランが合成されている．この化合物は半導体シリコンの究極の量子細線を実現し

表8・10 ペルメチルオリゴシランの第一イオン化ポテンシャルと紫外吸収極大

化合物	I_P, eV	λ_{max}, nm(ε)
$(CH_3)_3SiSi(CH_3)_3$	8.69	197(8500)
$(CH_3)_3SiSi(CH_3)_2Si(CH_3)_3$	8.19	215(9000)
$(CH_3)_3SiSi(CH_3)_2Si(CH_3)_2Si(CH_3)_3$	7.98	235(14700)
$(CH_3)_3SiSi(CH_3)_2Si(CH_3)_2Si(CH_3)_2Si(CH_3)_3$	7.79(推定)	250(18400)
$(CH_3)_3SiSi(CH_3)_2Si(CH_3)_2Si(CH_3)_2Si(CH_3)_2Si(CH_3)_3$	——	260(21100)

8・4 有機ヘテロ元素化学: 15族, 16族, 17族　361

たものと考えられる. ヨウ素などの電子受容体をドープしたポリシランは電気伝導性を示す.

$$R_2SiCl_2 \xrightarrow{\text{Na}} \left(\underset{R}{\overset{R}{\underset{|}{\overset{|}{Si}}}} \right)_n$$

R ＝ アルキル, アリール

直鎖ポリシラン

8・4　有機ヘテロ元素化学: 15族, 16族, 17族

　15〜17族の高周期元素は同周期の14族元素に比べて電気陰性度が高い. それらを含む化合物はヘテロ原子上に非共有電子対を有することが多く, その授受によりさまざまな酸化状態を形成する. また, 高配位化合物を形成することも重要な特徴である.

8・4・1　15族元素化合物

　同族の窒素と同様, 第3周期以降の15族元素では3価3配位の化合物が一般的であるが, 特にリン化合物には酸化されやすいものが多く, ホスフィンオキシドなどの5価4配位化合物として安定化する傾向が強い. また, 窒素と異なり, PCl_5 などの5価5配位化合物もよく知られている(§8・5参照).

　表8・11に15族元素の性質を比較した. 周期表の下の元素ほど炭素との結合距離が長く, また結合エネルギーが小さい. この変化は14族元素でみられたものと同様である. Bi−C結合は最も弱いヘテロ原子−炭素共有結合のひとつである.

表 8・11　15族元素の比較

元素	原子番号	原子量	電気陰性度	$C_{sp^3}-M$ 距離, pm	$C_{sp^3}-M$ 結合エネルギー, $kJ\ mol^{-1}$	NMR 観測核 〔I, 天然存在比(%)〕
N	7	14.007	3.0	147	314	^{14}N (1, 99.63), ^{15}N (1/2, 0.37)
P	15	30.974	2.1	187	276	^{31}P (1/2, 100)
As	33	74.922	2.0	196	229	^{75}As (3/2, 100)
Sb	51	121.760	1.9	212	214	^{121}Sb (5/2, 57.25), ^{123}Sb (7/2, 42.75)
Bi	83	208.980	1.9	226	141	^{209}Bi (9/2, 100)

a. ホスフィン, およびそのヒ素, アンチモン, ビスマス類縁体

　トリアルキルホスフィンは, トリアルキルアミンと同様, 1対の非共有電子対をもつ Lewis 塩基であるが, アミンに比べてイオン化ポテンシャルが高く, 塩基性も低い(表8・12). また, ピラミッド構造の反転エネルギーが大きく, リンがキラル中心になった光学活性ホスフィンのエナンチオマーを分離することができる.

表 8・12　トリメチルアミンとトリメチルホスフィンの比較

	I_p, eV	共役酸の pK_a	反転障壁, $kJ\ mol^{-1}$
$(CH_3)_3N$	8.44	9.76	34
$(CH_3)_3P$	8.60	8.65	133

b. **P**-キラルホスフィン

リン原子がキラル中心のホスフィン(P-キラルホスフィン)は主として不斉補助基(chiral auxiliary)を用いたリン上での求核置換反応によって合成される。ケイ素上での置換反応(§8・3・1)と同様，リン上での置換反応でも高配位中間体を経て進行するが，反応条件を整えることで立体配置の反転や保持を制御することができる。二つの方法がおもに用いられる。

一つ目はいわば古典的な標準法で，P-キラルなホスフィンオキシドまで導いた後，立体特異的に還元する方法である。クロロシラン還元剤を適切に用いることにより，リン中心の立体配置の保持または反転を伴った還元を選択的に行うことができるが，部分的なラセミ化を伴うこともある。

もうひとつの方法はホスフィンボランを用いる方法である。ホスフィンボラン錯体は通常のホスフィンと $BH_3 \cdot O(CH_3)_2$ との反応で簡単に合成でき，カラム精製でも分解しないうえ，過剰の第二級アミンや $HBF_4 \cdot O(CH_3)_2$ などによって簡単にホウ素を取除くことができる。ホウ素を取除く反応は完全に立体保持であり，上記の方法より優れているといえよう。

§8・2で述べたように高周期典型元素の ns 軌道と np 軌道は混成しにくい。ホスフィン PR_3(C_{3v} 対称)の反転障壁が高いのは，反転の遷移状態である平面構造(D_{3h} 対称)の形成に必要な sp^2 混成がリンでは起こりにくいためである。同様の傾向は，アルシン，スチビン，ビスムチン(ER_3, $E = As$, Sb, Bi)についても認められる。また，R との結合形成には軌道の広がりの大きい 3p 軌道がおもに関与し，3s 軌道は非共有電子対を収容して非結合性軌道となる傾向が強い。理論計算によれば，PH_3 の非共有電子対軌道の p/s 比は 0.95 であり，NH_3 の p/s 比 2.37 に比べてはるかに小さい。

c. 15 族元素オニウム塩とイリド

ホスフィンはハロゲン化アルキルと反応して対応するホスホニウム塩を生成する。このホスホニウムイオンの α 位に水素が存在する場合，適切な塩基との反応によりホスホニウムイリドが生成する。イリドはイレンとの共鳴混成体として表現されるが，理論的にも実験的にもイリド構造の寄与が支配的であることが示されている。ヒ素，アンチモン，ビスマスのイリドも知られている[1]。

$$[R_3P^+\text{-}CHR^1R^2]X^- + B: \longrightarrow [R_3P^+\text{-}C^-R^1R^2 \longleftrightarrow R_3P=CR^1R^2] + HB^+X^-$$

イリド　　イレン

イリド炭素上にカルボニル基やトリアルキルシリル基が存在すると，安定イリドとして単離することができる．単離できない不安定ホスホニウムイリドも，溶液中でそのまま Wittig 反応などの合成反応に用いられる（II 巻 §2・1・5 参照）．ホスホニウムイリドはホスフィンのカルベンへの求核付加反応によっても得られる．

$$(C_6H_5)_3P: \quad \overset{\cdots}{C}\overset{Cl}{\underset{Cl}{\cdots}} \quad \longrightarrow \quad (C_6H_5)_3\overset{+}{P}\!-\!\overset{-}{C}Cl_2$$

亜リン酸トリアルキルとハロゲン化アルキルとの反応によりホスホン酸エステルが生成する．Arbuzov 反応とよばれ，第 1 段階が律速である．これによって生成したホスホニウム塩のアルコキシ酸素の α 位炭素にハロゲン化物イオンが攻撃して生成物が生じる．

$$(CH_3CH_2O)_3P: \;+\; CH_3CH_2\!-\!I \longrightarrow (CH_3CH_2O)_2\overset{+}{\underset{\underset{I^-}{\overset{|}{O-CH_2CH_3}}}{P}}\!-\!CH_2CH_3 \longrightarrow (CH_3CH_2O)_2\overset{\overset{}{\underset{\overset{\|}{O}}{P}}}{}CH_2CH_3$$

亜リン酸トリエチル　　　　　　　　　　　　　　　　　　　　　　　　　　　　ホスホン酸ジエチル

d. 15 族元素多重結合化合物

一般に，高周期典型元素の多重結合を含む低配位化合物は反応性が高く不安定であるが，嵩高い置換基で立体的に保護することにより安定化できる．15 族元素を含む多重結合化合物についても 1981 年に P＝P 二重結合をもつ化合物が初めて単離され，その後 Bi＝Bi 二重結合化合物など，より高周期の類縁体が単離されている．ニトリルのリン類縁体であるホスファアルキン RC≡P も単離可能である．

ピリジンの窒素が同族の高周期元素で置換された芳香族複素環化合物が合成されている．ホスフィニンとよばれるリン化合物 C_5H_5P は比較的安定で，特に 2, 6 位にフェニル基などの置換基をもつ化合物は遷移金属錯体の配位子として利用される[2]．

カルボニル基をチオカルボニル基に変換するための Lawesson 反応剤の活性種は，以下の平衡により生成する単量体と考えられている．この単量体についても嵩高い置換基により安定化された類縁体が単離されている[3]．

Lawesson 反応剤　　　　　　　　　　　　　反応活性種　　　　　　　　　　単離可能な単量体

8・4・2 16族元素化合物

16族元素のうち，高周期の硫黄，セレン，テルルはカルコゲン(chalcogen)と総称される（表8・13）．硫黄は炭素と同じ電気陰性度をもち，典型的な非金属元素であるが，セレンとテルルは比較的陽性であり性質も異なる．また，ポロニウムは放射性元素であり，その有機化合物はほとんど知られていない．

表 8・13 16族元素の比較

元素	原子番号	原子量	電気陰性度	C_{sp^3}−M 距離, pm	M−C_{sp^3} 結合エネルギー, kJ mol^{-1}	NMR 観測核 〔I, 天然存在比(%)〕
O	8	15.9994	3.5	143	356	^{17}O(5/2, 0.037)
S	16	32.066	2.5	181	272	^{33}S(3/2, 0.76)
Se	34	78.96	2.4	197	243	^{77}Se(1/2, 7.58)
Te	52	127.60	2.1	216	——	^{123}Te(1/2, 0.87), ^{125}Te(1/2, 6.99)

a. チオール，スルフィドおよびそのセレン，テルル類縁体

硫黄の2価2配位化合物であるチオールやスルフィドは安定な化合物であり，さまざまな合成法が知られている．対応するセレンおよびテルル化合物は，金属セレンや金属テルルを原料として次式のように合成される．

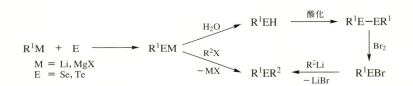

REH（E = S, Se, Te）の酸性度は対応するアルコールよりも高く，E = S < Se < Te の順に上がる．したがって，これらの共役塩基 RE$^-$ の塩基性はこの順に低くなり，逆に求核性はこの順に高くなる．これは，高周期の元素ほど分極率が大きく軟らかいイオンを形成するためである．チオール RSH は金などの金属との親和性が高く，金属の表面修飾に利用されている[4]．

16族の原子中心ラジカル RE・も高周期の元素ほど安定であり，RSe・のアルケンへの付加反応速度は RS・の 1/10～1/50 である[5]．一方，モノカルコゲニド化合物 RER やジカルコゲニド化合物 REER への炭素ラジカルの S_H2 反応（§6・2・2）は，E が高周期元素になるほど速くなる．この性質を利用してアルキンへのジカルコゲニドの選択的付加反応や，有機テルル化合物を用いる共役アルケンのリビングラジカル重合が開発された[6]．

RS基やRSe基などの置換基は隣接するカルボアニオンを効果的に安定化する．以下に示すように，チオアニソールやセレノアニソールのメチル基水素の速度論的酸性度は，アニソールに比べて著しく高い．そのため，α位に硫黄やセレンが置換したカルボアニオンを，対応するジアルキルスルフィドやセレニドから，塩基によるプロトン引抜きによって容易に生成することができる．このヘテロ原子置換基による隣接アニオンの安定化効果は，§8・3・2b で述べたシリル基によるカルボアニオンの安定化と同様，負の超共役によって発現する．

$$(C_6H_5)_2NCH_3(1) < C_6H_5OCH_3(40) < C_6H_5SeCH_3(2\times10^7) < C_6H_5SCH_3(2\times10^8)$$

メチル基水素の速度論的酸性度（括弧内は相対速度）

8・4　有機ヘテロ元素化学: 15族，16族，17族

表8・14でジメチルエーテルとその16族高周期元素類縁体のイオン化ポテンシャルI_pを比較した．よく知られているように，3配位のカルボカチオン（カルベニウムイオン）は隣接する酸素の非共有電子対により効果的に安定化される．硫黄やセレンはイオン化ポテンシャルが低く，より電子供与性が強いと期待されるが，非共有電子対によるカルボカチオンの安定化効果は酸素に比べてはるかに小さい．これは，主量子数nの増加とともにヘテロ原子のnp_π軌道が大きくなり，カルボカチオンの$2p_\pi$軌道との重なりが小さくなるためである．

$$R^1-\ddot{\underset{..}{E}}-\overset{+}{\underset{R}{C}}{<}^R_R \longleftrightarrow R^1-\overset{+}{\underset{..}{E}}=C{<}^R_R \qquad E = O, S, Se, Te$$

表 8・14　ジメチルエーテルおよびその高周期16族元素類縁体の第一イオン化ポテンシャル

	CH₃OCH₃	CH₃SCH₃	CH₃SeCH₃	CH₃TeCH₃
I_p, eV	10.04	8.71	8.40	7.89

スルフィドR_2Sはハロゲン化アルキルと反応し，スルホニウム塩を生じる．この反応は$CH_3CH_2SCH_2CH_2Cl$の加水分解反応において重要な役割を果たしている．塩化アルキルのβ位にスルフィド構造を有する$CH_3CH_2SCH_2CH_2Cl$の加水分解速度は，対応するエーテル化合物$CH_3CH_2OCH_2CH_2Cl$に比べて約10^4倍速い．これは，前者の反応がCH_3CH_2S基の隣接基関与によって生じるエピスルホニウムイオンを経由して進行するためである．16族高周期元素の隣接基関与によるβカチオンの安定化効果は非垂直的(non-vertical)であり，§8・3・2で述べた14族金属元素による垂直的な安定化効果（超共役）とは区別される．

エピスルホニウムイオン

ジスルフィド$RSSR$のS−S結合は，還元剤や各種の求核剤の攻撃によって容易に開裂される．また，生体内の酸化還元反応に重要なかかわりをもっている．

b. 高酸化状態の16族元素化合物

16族の高周期元素は同族の酸素に比べて陽性であり，4価3配位や6価4配位など高酸化状態の化合物を形成する．

スルホキシド　　　スルホン　　　スルフィニル化合物　　　スルホニル化合物　　　スルホラン

4価3配位のスルホキシドやスルホニウムイオンR_3S^+は三角錐構造を有している．ジアリールおよびジアルキルスルホキシドの反転エネルギーは$145 \sim 180\,\text{kJ mol}^{-1}$と大きいので，エナンチオマーを分離することができる．光学活性スルホキシドは不斉補助基として有機合成に利用される[7]．

スルフィドやスルホキシドとハロゲン化アルキルとの反応によりスルホニウム塩やオキソスルホニウム塩が生じる．これらの化合物に α 水素が存在する場合，塩基との反応によってスルホニウムイリドあるいはオキソスルホニウムイリドが生成する．共役性基により安定化された硫黄イリドは結晶として単離され，X 線結晶構造解析されている．不安定イリドは単離することなくそのまま有機合成に用いられる．反応性については §8・5 で述べる．

$$(CH_3)_2\overset{+}{S}-\overset{-}{C}HR \qquad\qquad (CH_3)_2\overset{O}{\underset{}{\overset{\|}{\overset{+}{S}}}}-\overset{-}{C}HR$$

ジメチルスルホニウムメチリド　　ジメチルオキソスルホニウムメチリド

不安定イリド　R ＝ アルキル
安定イリド　　R ＝ COR など

スルホキシドの非共有電子対をさらに酸化して得られるスルホンは，スルフィドやスルホキシドよりも安定である．環状スルホンの一つであるスルホランは優れた非プロトン性極性溶媒の一つである．

スルフィン酸 RSO_2H は pK_a が 1〜3 の強酸であって，有機溶媒に可溶である．また，最も酸化状態の高い有機硫黄酸であるスルホン酸 RSO_3H は，硫酸などの鉱酸に匹敵する強酸である．トリフルオロメタンスルホン酸は，硫酸よりも酸性の強い有機酸として有機合成にもよく用いられる．なお，セレンやテルルでも硫黄と同様に高酸化状態が知られているが，硫黄よりも低酸化状態を好む傾向が強い．

c. 16 族高周期元素のカルボニル類縁体

14 族元素と 16 族元素との二重結合化合物は構成元素のどちらか一方でも高周期元素であれば不安定であり，通常は重合してしまうが，ヘテロ原子置換基による電子効果[8]や立体保護基[9],[10]により安定化されると，単離可能となる．

電子効果による安定化　　　　　　　立体保護基による安定化

8・4・3　5 員環芳香族複素環

13 族から 16 族までの第 2 周期および第 3 周期元素を含む不飽和複素 5 員環(ヘテロール heterole)および関連化合物についてまずまとめ，その後，特に有機半導体化学で重要な硫黄を含む誘導体につ

いて二つ紹介する.

図 8・26 は 13〜16 族の第 2 周期と第 3 周期元素（Al 誘導体は活性が高すぎるので除く，16 族元素は第 5 周期まで）を含むポリヘテロールの HOMO と LUMO のエネルギー準位の理論値をプロットしたものである．ホウ素は空軌道を含むので，LUMO が極端に低いことを除くと，一般に，第 2 周期から第 3 周期元素になると，LUMO の準位が大きく下がることと，HOMO の準位も少しは低下するが比較的高いエネルギー準位を保っていることがみてとれる．すなわち第 3 周期元素を導入すると HOMO-LUMO エネルギーギャップが小さくなるのが一般的傾向である．π 電子系デザインの重要な指導原理となろう．

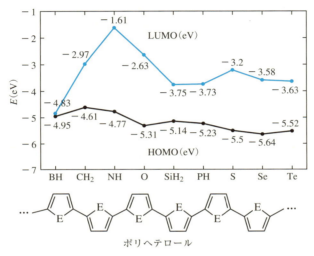

図 8・26　13〜16 族元素を含むポリヘテロールの HOMO および LUMO エネルギー準位の理論値の比較[11].

ホウ素（ボロール borole），ケイ素（シロール silole）およびリン（ホスホール phosphole）を含む多様な機能性 π 共役化合物が開発されている[12),13)]．

可溶性ポリチオフェン，ポリ-3-ヘキシルチオフェン P3HT のきわめて位置選択性の高い合成法も開発され[14)]，有機太陽電池の電子供与体や有機トランジスタの p 型半導体などとして広く研究されている[15)]．また，チオフェン骨格が縮環した BTBT 分子は最も移動度の高い有機半導体で誘導体を含め広く研究されている[16)]（2 章コラム参照）．

8・4・4　17 族高周期元素化合物

有機ハロゲン化物は求核置換反応，ラジカル反応，電子移動反応などにおいて重要な役割を果たしている．これらについては本書の随所に述べられるのでここではあらためて取上げない．

アルケンに対するハロゲン付加の中間体として 3 員環状ハロニウムイオンを生成することはよく知られており，実際にブロモニウムおよびヨードニウムイオンは単離，構造決定された例もある[17)]．

368　　8. 有機典型元素化学

ハロニウムイオン　　X = Cl, Br, I

プロモニウムイオンの構造

211.8 ppm　　213.6 ppm　　41.0°　　70.1°　　149.2 ppm

高周期ハロゲン元素は安定な高配位化合物をつくる．特に，原子半径の大きいヨウ素では下に示すような多様な高配位化合物が単離されている．3 配位の有機ヨウ素化合物は有機ヨージナンとよばれており，2 対の非共有電子対を含めた三方両錐構造の二つのアピカル位を電気陰性度の大きなヘテロ原子配位子が占める T 字形の構造をしている．有機ペルヨージナンとよばれる 5 配位有機ヨウ素化合物もよく知られている．これらの高配位ヨウ素化合物の反応と有機合成への応用については §8・5・4 で述べる．

ヨードシルベンゼン

X = F, Cl, Br, OCOCH$_3$
有機ヨージナン

有機ペルヨージナン

8・4・5　有機フッ素化合物

a. フッ素の異常性

　フッ素は他のハロゲンである塩素，臭素，ヨウ素と一緒に取扱うには著しく異なる性質を多くもっている．

　物質の沸点は通常，分子量に関係する．ベンゼンからヘキサクロロベンゼンになると分子量は 3.7 倍になり，沸点は 80 ℃ から 323 ℃ に上昇する．しかし，ヘキサフルオロベンゼンは分子量が 2.4 倍であるにもかかわらず，沸点はベンゼンからわずか 0.5 ℃ しか上昇しない．融点は 1 ℃ 低下するのみで，外観は見分けがつかない．反応性の点でも大きな違いがある．たとえば，有機ハロゲン化物 $R_3C-X(X = Br, I)$ にブチルリチウムを作用させると，ハロゲンとリチウムの交換が起こって R_3C-Li が生成するが，フッ化物ではこのような交換反応が起こらない．原子半径の小さなフッ素は立体的に高配位化合物になりにくいことが理由にあげられる．

　表 8・15 に水素，フッ素，および他のハロゲンの種々のデータを示す．塩素，臭素，ヨウ素の最

表 8・15　水素，フッ素，および他のハロゲン原子の比較

	最外殻電子軌道	電気陰性度[†1]	van der Waals 半径, pm	結合エネルギー $C-X$, kJ mol^{-1}	イオン化ポテンシャル[†2], eV	電子親和力[†3], eV	置換基定数	
							σ_I	σ_R^+
H	$1s^1$	2.1	120	410.5	13.60	0.75	0	0
F	$2s^2p^5$	4.0	135	484	17.42	3.40	0.50	-0.45
Cl	$3s^2p^5d^0$	3.0	180	323	12.97	3.62	0.46	-0.23
Br	$4s^2p^5d^0$	2.8	195	269	11.81	3.36	0.44	-0.19
I	$5s^2p^5d^0$	2.5	215	212	10.45	3.06	0.39	-0.16

†1　L. Pauling の値．
†2　$X \longrightarrow X^+ + e^-$．
†3　$X + e^- \longrightarrow X^-$．

外殻電子配置はそれぞれ $3s^23p^5$, $4s^24p^5$, $5s^25p^5$ で，さらにそれぞれ空の 3d, 4d, 5d 軌道をもつ．これに対して，フッ素は一段低い主量子数の $2s^22p^5$ のみであり，フッ素核は電子を強くひきつけている．このため，フッ素原子中の電子の分極は小さく，したがって分子間力も小さい．上述のヘキサフルオロベンゼンの異常性はこの分子間力の低下で説明される．このフッ素核の強い電子ひきつけはまた，元素中最大の電気陰性度，格段に高いイオン化ポテンシャル，立体的に他のハロゲンよりも著しく小さく水素に近い van der Waals 半径，そして C−H よりも強い C−F 結合エネルギーを生じさせている．また，フッ素とケイ素の結合エネルギーは $592\,kJ\,mol^{-1}$ とさらに大きい．イオン化ポテンシャルは I＜Br＜Cl＜F の順であるが，電子親和力は I＜Br＜F＜Cl の順である．フッ素原子の電子親和力が傾向からずれて小さいのは，フッ素原子の小さな空間に新たに電子が入ると，原子核の電子ひきつけ効果より電子間の反発効果がまさるためである．

　また，生理活性の点からも興味のある性質がみられる．酢酸の水素原子の 1 個をフッ素原子に置き換えたモノフルオロ酢酸 FCH_2COOH の強い毒性（ラットに対する経口致死量 2〜5 mg/kg 体重）は好例である．モノクロロ酢酸の毒性はそれに比べて低く，経口 LD_{50} は 76 mg/kg 体重である．モノフルオロ酢酸のこの毒性は生体内のトリカルボン酸（TCA）代謝回路の阻害から起こる．フッ素は立体的に水素に近いため，生体はモノフルオロ酢酸を酢酸と識別できず誤って TCA 回路に取込む〔フッ素原子の擬似(mimic)効果〕．しかし，フッ素の電子効果のため，ある代謝過程が阻害されて TCA 回路の作動が停止し，生体に対する強い毒性が発現する．

　炭化水素のすべての水素をフッ素に置換したフルオロカーボンの反応性は炭化水素と対照的である．たとえば，ベンゼンは通常，求電子置換反応を受けるのに対し，ヘキサフルオロベンゼンは対照的に求核置換反応を受ける（図 8・27）[18]．

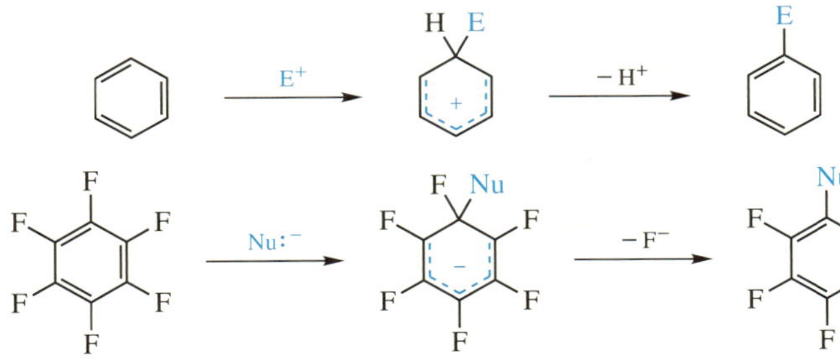

図 8・27　ベンゼンとヘキサフルオロベンゼンの反応性

b. フッ素原子の電子効果

　フッ素原子の電子効果は，図 8・28 に示すように，高い電気陰性度に基づく σ 結合を通した強い電子求引性の誘起効果（−I 効果）と，フッ素の p 軌道にある非共有電子対による効果からなる．後者には結合する炭素上の π 軌道との電子供与性共鳴効果（＋R）と π 電子との電子反発によって π 電子を遠くに押しやる π 誘起効果（＋Iπ）がある．

　飽和炭素原子に結合したフッ素の場合は −I 効果のみであるが，不飽和炭素原子に結合したフッ素では −I 効果と ＋R あるいは ＋Iπ 効果が共存する．＋R 効果は結合する炭素が空の p 軌道をもつとき著しく，一方，＋Iπ 効果は結合する炭素がアニオンのとき著しい．一般に ＋R はその系を安定化し，＋Iπ は不安定化する．この電子求引（−I）と供与（＋R）あるいは電子反発（＋Iπ）という相反する大きな効果の共存が有機フッ素化合物の反応性を支配する電子効果の特徴である．

　フルオロベンゼンの求電子置換の反応速度は，電気陰性度最大のフッ素が結合しているにもかかわらず，クロロベンゼンより相当速く，場合によってはベンゼン自身より加速される．たとえば，塩素

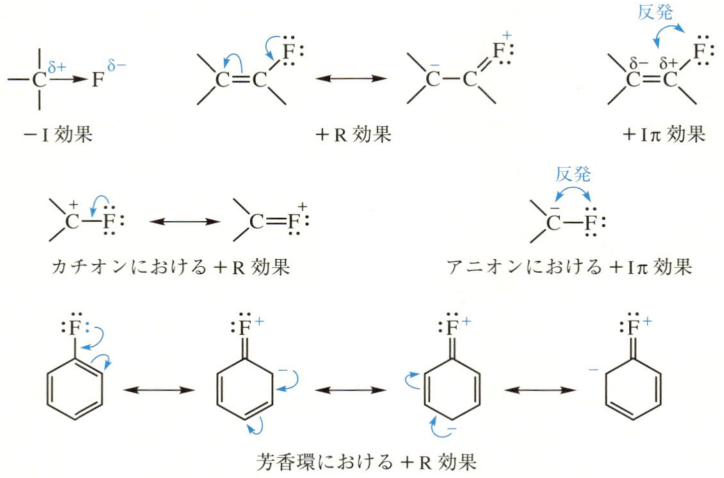

図 8・28　フッ素原子の電子効果

化の相対速度は $k_H : k_F : k_{Cl} = 1 : 1.2 : 0.11$，ニトロ化では $k_H : k_F : k_{Cl} = 1 : 0.15 : 0.033$ である．また，大きなパラ配向性を示す．たとえば，ニトロ化では C_6H_5F のときは $o : p = 12 : 88$ であるのに対して C_6H_5Cl のときは $o : p = 30 : 70$ である．このフルオロベンゼンの反応速度は，均衡した $-I$ と $+R$ 効果（それぞれ表 8・15 の σ_I と σ_R^+ に対応）によって説明される．また，パラ配向性は，$+R$ 効果によるオルト位とパラ位の両位置の活性化にもかかわらず，イプソ位から離れるにつれて減少する $-I$ 効果によって，距離的に近いオルト位がパラ位よりも強く不活性化される結果である．

　トリフルオロメチル基 CF_3 は次図に示すように，強い電子求引性誘起効果をもつほか，メチル基 CH_3 にみられる超共役効果の逆である負の超共役効果をもつ．トリフルオロメチルベンゼンの求電子置換反応におけるメタ配向性はこの負の超共役によるものである．

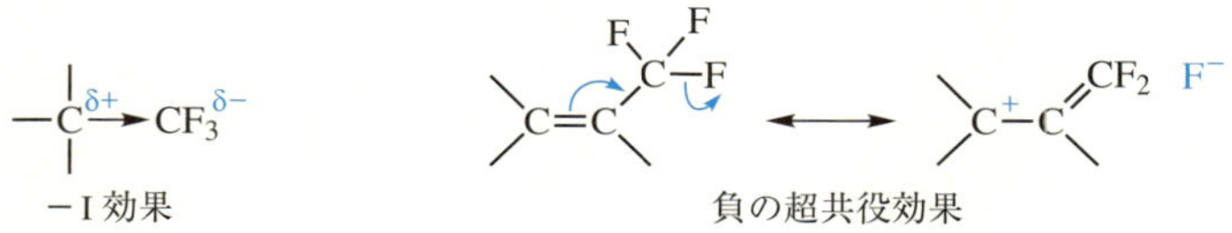

　負の超共役は，$CF_3O^- [S(NMe_2)_3]^+$ の X 線結晶構造解析によって立証された[19]．中性の CF_3OR 分子（$R = F, Cl, CF_3$）の $C-F$ 結合距離 131.9〜132.7 pm と $C-O$ 結合距離 136.5〜139.5 pm に比べ，アニオン CF_3O^- の $C-F$ 結合は 139.0〜139.7 pm と異常に長い．一方，その $C-O$ 結合は 122.7 pm ときわめて短く，$CF_2=O$ 分子の $C-O$ 結合 117.1 pm に近い．下記に示す負の超共役による共鳴構造（$\boldsymbol{B}$）〜（$\boldsymbol{D}$）の寄与は，それぞれおよそ 20% と計算されている[19]．

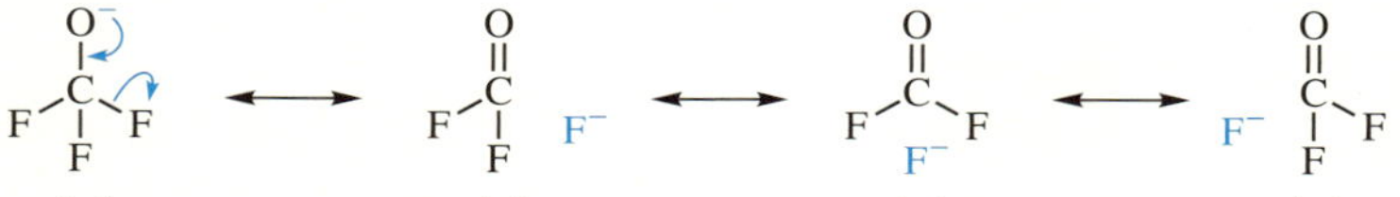

c. フッ素化反応

　フッ素化反応は形式的には活性種 $F\cdot$ による遊離基反応，F^+ あるいは $F^{\delta+}$ による求電子反応および F^- による求核反応からなるが，前者二つの反応は気相遊離基反応以外は通常識別が困難である．フッ素のきわめて高いイオン化ポテンシャル（表 8・15）からわかるように，通常の条件では完全な

F⁺ は存在しえないからである.

フッ素分子によるフッ素化は他のハロゲン化と比較してきわめて大きな発熱反応であるため，制御がむずかしい．C−H 結合を X_2 でハロゲン化して C−X 結合と HX が生成する反応熱（エンタルピー変化）は，F_2 では -439 kJ mol^{-1} と大きな発熱であるのに対し，Cl_2, Br_2 ではそれぞれ -105, -38 kJ mol^{-1} であり，I_2 では 25 kJ mol^{-1} と吸熱である．このフッ素化の大きな発熱は，F_2 の小さい F−F 結合エネルギー*(154.6 kJ mol^{-1}) から，非常に大きな結合エネルギーの C−F 結合 (484 kJ mol^{-1}) と H−F 結合 (566.6 kJ mol^{-1}) が生成することを考えれば理解できるだろう．フッ素化のこの大きな発熱は，C−C 結合解離エネルギー（約 370 kJ mol^{-1}）を十分超えている．したがって，場合によっては爆発的に反応が起こることを意味する．

このように危険なフッ素ガスに代わる求電子的フッ素化剤として $FClO_3$, CF_3OF, XeF_2, CH_3COOF などもあるが，有機合成のために取扱いの容易で穏やかな求電子的フッ素化剤 (17), (18), (19) やキラルフッ素化剤 (20) などが開発されている．これらを用いると，Grignard 反応剤，芳香環，エノラートなどが容易にフッ素化される[20]〜[22].

フッ化物イオンがフッ素源となっているおもな求核的フッ素化剤として，KF, CsF, $(n-C_4H_9)_4N^+$-F$^-$, $(C_2H_5)_2NSF_3$, $CF_3CFHCF_2N(C_2H_5)_2$ などがある[20].

脂肪族ポリ塩化物をフッ化物に変換する方法として，無水フッ酸やフッ化アンチモンを用いる反応

---

* 小さい F−F 結合エネルギーは，立体的に小さい 2 個の F 原子上の非共有電子対間の反発が大きいことによる．
　F_2 は，同様に結合エネルギーの小さく開裂しやすい過酸化物イオン O_2^{2-} と等電子構造である．

がある．後者は Swartz 反応として知られている〔(1) 式〕．また，芳香族アミンを芳香族フッ化物に変える方法として Schiemann 反応があり〔(2) 式〕，対アニオンの BF_4^- が F^- 源となっている．

$$CCl_4 \xrightarrow[\text{4.2 気圧}]{\text{SbF}_3,\ \text{SbCl}_5} CCl_2F_2 \tag{1}$$

$$C_6H_5NH_2 \xrightarrow[\text{2) 40\% HBF}_4]{\text{1) NaNO}_2,\ \text{HCl}} C_6H_5N_2^+\ BF_4^- \xrightarrow[-N_2]{\text{加熱}} C_6H_5F \tag{2}$$

d. ペルフルオロアルキル化反応

ペルフルオロアルキル基 C_nF_{2n+1} は通常 R_f と略記される．R_f 遊離基反応はヨウ化物 R_fI の加熱あるいは光照射により比較的容易に達成できる．それに対し，イオン反応は容易ではない．これは R_f 基がアルキル基に比べ大きな電気陰性度をもつためであり，たとえば CH_3 の 2.28 に対し CF_3 は 3.45 である．このため，電子の偏りは通常の $R^{\delta+}$-$I^{\delta-}$ とは逆転し $R_f^{\delta-}$-$I^{\delta+}$ となり，R_f-I に求核剤 $Nu:^-$ を作用させても Nu-R_f は得られない．$Nu:^-$ と反応する R_f^+ 等価体として，3 配位ヨウ素(§ 8・5・4d 参照)を含む(21)[23]，(22, Togni 反応剤)[24] およびジベンゾチオフェニウム塩(23, Umemoto 反応剤)[23] などが用いられる．いずれも中性のヨードベンゼン(誘導体)やジベンゾチオフェンの生成が駆動力となっている．

遷移金属触媒存在下での光照射によって(22)や(23)から $CF_3\cdot$ ラジカル種を発生させる，フォトレドックス触媒反応(6 章コラム参照)によって，アルケンなどへの付加反応が達成できる[25]．

(21)
$R_f = C_2F_5,\ C_3F_7,\ C_8F_{17}$

(22)

(23)
$X = CF_3SO_3^-,\ BF_4^-$

"R_f^-" を生成させる反応剤は特に CF_3 化剤を中心に開発されている．安定で取扱いの容易な $(CH_3)_3Si$-CF_3/F^- 触媒[26]，$(CF_3)Cu(Phen)$[27]，$(R_f)_2Zn(DMPU)_2$[28] のほか，CF_3H と強塩基 P4-t-Bu との組合わせ[29] などが特に有機合成上有用である〔ここで，DMPU は N,N'-dimethylpropyleneurea，phen は 1,10-phenanthrorine，P4-t-Bu は $[\{(CH_3)_2N\}_3P=N]_3P=N$-$t$-$C_4H_9$ を表す〕．

$(CH_3)_3Si$-R_f/F^- 触媒はカルボニル化合物の CF_3 化に特に有用である(図 8・29)．

$(C_2H_5)_3Si$-CF_3/F^- と銅触媒を組合わせると芳香族ハロゲン化物の CF_3 化が進行する[27]．活性中間

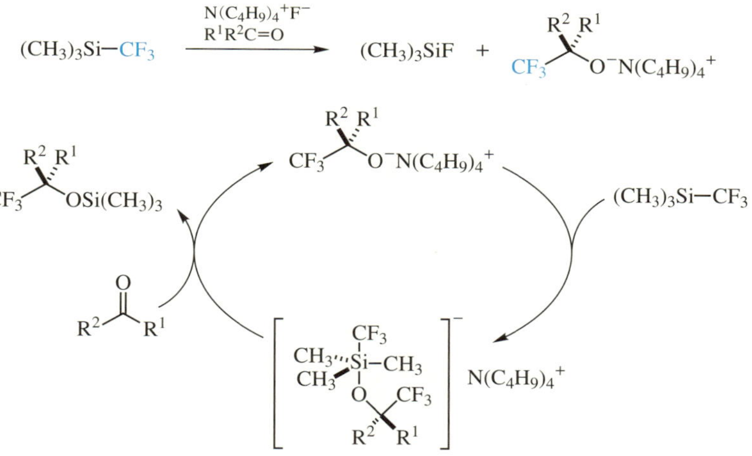

8・5 高配位化合物

図 8・29 (CH₃)₃Si−CF₃/F⁻触媒によるカルボニル化合物の CF₃ 化反応の機構

体と考えられる(CF₃)Cu(phen)は安定に取扱える反応剤として市販もされている.

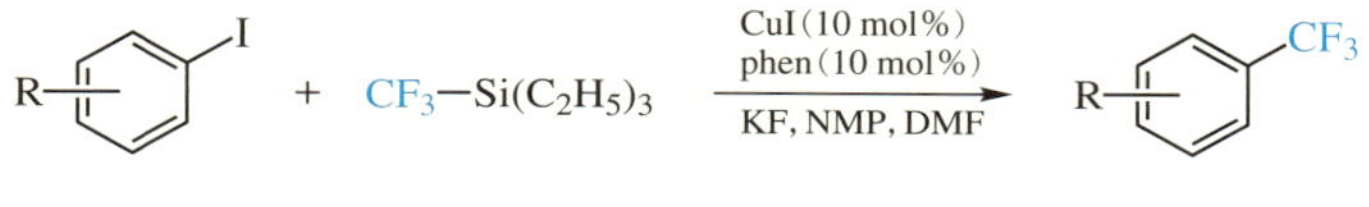

フルオロアルキル亜鉛反応剤は適切な塩基の配位により安定化され，(R$_f$)$_2$Zn(DMPU)$_2$ などは空気中でも取扱えるようになる. tmeda のようなジアミン共存下ではカルボニル基の R$_f$ 化も可能である[28].

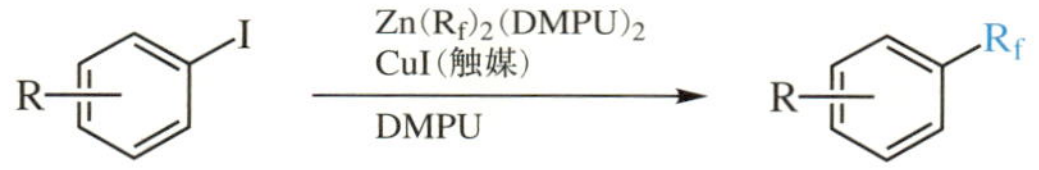

CF₃⁻ 種を CF₃H から直接発生させる試みは続いており，安定な強塩基 P4-t-Bu が良好なプロトン引抜き剤としてはたらくとともに CF₃⁻ のカルベン :CF₂ への解離をおさえている[29].

8・5 高配位化合物

　14〜17 族の高周期元素は中心原子の価電子数がオクテットを超える化合物を形成し，それらは**高配位化合物**(hypercoordinate compound)あるいは**超原子価化合物**(hypervalent compound)と総称される. 後で述べるように，典型元素の原子価軌道は ns, np$_x$, np$_y$, np$_z$ の 4 種類であり，これらに収容できる価電子数の最大値は 8 である. すなわち，超原子価の概念は形式的な価電子数に基づくもので，個々の元素の化学を説明するには配位数を用いるのが便利なので，ここでは高配位化合物とよぶことにする.

　高配位化合物を分類整理する方法として N–X–L 表記法が用いられる[1]. 図 8・30 に，代表的な高配位化合物について表記法を示した. 各記号は，中心原子の価電子数 N，元素の種類 X，配位数 L を

374　　　　　8. 有機典型元素化学

表す．この表記法では，実際の結合様式にかかわらず，中心原子と配位原子の多重結合を分極した単結合とみなすという規定があり，化合物中の I-O 結合および Xe-O 結合は単結合として図示されている．中心原子の価電子数もこの規程に基づいている．なお，この規程に従えば，前節までに示したホスフィンオキシドやスルホキシド，スルホンなどの化合物は，いずれも価電子数がオクテットを超えないので，高配位化合物ではない．

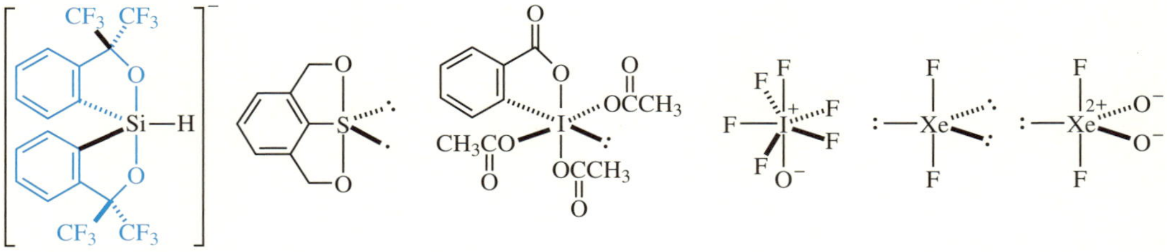

10-Si-5　　9-S-3　　12-I-5
Dess-Martin 反応剤
14-I-7　　10-Xe-2　　10-Xe-4

図 8・30　14〜18 族高配位化合物の例および *N-X-L* 表記

8・5・1　5 配位化合物の結合

PF$_5$ や SiF$_5^-$ などの *10-X-5* 型化合物は三方両錐(trigonal bipyramidal: TBP)構造をとるのが一般的であるが，Berry の擬回転(§8・5・3)の遷移状態に対応する四角錐(square pyramidal: SPY)構造も比較的低エネルギーである．実際，X 線結晶構造解析された多くの 5 配位化合物について，配位子の電子的および立体的効果に依存して，理想的な TBP と SPY の中間的な構造が観察されている．

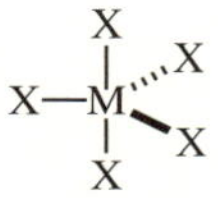

三方両錐(TBP) 　　　　　　　　四角錐(SPY)

TBP 構造には，エクアトリアル位(錐底面の三つの頂点)とアピカル位(二つの錐頂点)という 2 種の異なる環境が存在する．典型元素化合物においては，電気的により陰性な配位子がアピカル位を，より陽性な配位子がエクアトリアル位を占めやすい傾向があり，アピコフィリシティー(apicophilicity あるいは Muetterties 則)とよばれている．このため，中心原子とアピカル位の配位原子との結合(アピカル結合)は，中心原子とエクアトリアル位の配位原子との結合(エクアトリアル結合)に比べてイオン性が高く，結合距離も通常 2〜3% 程度長い．図 8・30 の化合物中で，色づけされた二座配位子は Martin 配位子とよばれるもので，電気的により陰性なアルコキシ基がアピカル位を，より陽性なフェニル基がエクアトリアル位を占める．さらに，この配位子と中心原子がつくる 5 員環構造が，アピカル軸とエクアトリアル軸との結合角(約 90°)に一致するため，TBP 構造が効果的に安定化される．

10-M-5 型化合物である MH$_5$ の結合様式は，分子軌道を用いて以下のように説明される[2](図 8・31)．分子軌道を構成する際には，中心原子 M と三つのエクアトリアル水素 H$_e$ から平面三角形の MH$_3$ 分子を組立て，これに二つのアピカル水素 H$_a$ を組合わせるとわかりやすい．MH$_3$ の七つの分子軌道のうちアピカル方向に成分をもつ軌道は 1a$_1'$，a$_2''$(*np$_z$*)，2a$_1'$ の三つであるが，理解を容易にするため，アピカル方向への軌道の張り出しが大きく，H$_a$ との軌道相互作用の大きい a$_2''$ のみを考慮に

入れて説明を続ける．アピカル方向に分子軌道を発生するためには，MH$_5$ 分子の対称性（D_{3h}）をもとに二つの H$_a$ の 1s 軌道から対称性（a_1'）と反対称性（a_2''）の二つの組軌道をつくり，これらに MH$_3$ の a_2'' 軌道を組合わせる．これにより結合性（$1a_2''$）と反結合性（$2a_2''$）の二つの分子軌道が生じる．また，アピカル水素の a_1' 軌道は MH$_3$ の a_2'' 軌道と対称性が異なるので非結合性軌道（$2a_1'$）として残る．

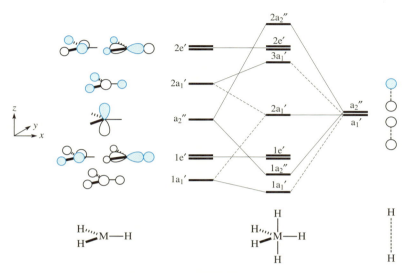

図 8・31 MH$_3$ と H$_2$ から構成した三方両錐形化合物 MH$_5$（*10*-M-*5*）の分子軌道

　MH$_5$ の 10 個の価電子をエネルギー準位の低い分子軌道から順に収容していくと $2a_1'$ まで被占軌道となるが，この軌道は二つのアピカル水素 H$_a$ に局在化し，中心原子 M に軌道成分をもたない．すなわち，中心原子のまわりに存在する価電子は $1a_1'$，$1a_2''$ および二つの $1e'$ 軌道に収容された 8 電子であり，中心原子 M の価電子数はオクテットを超えない．"超原子価" の概念は，すべての原子間に二中心二電子結合を仮定した Lewis 構造に現れる形式的な価電子数に基づくものであり，必ずしも実際の電子状態を反映しないので注意してほしい．

　中心原子と三つのエクアトリアル水素との間に存在する結合性の分子軌道は $1a_1'$ と二つの $1e'$ 軌道の合計三つであり，これらに 6 電子が収容されているので，3 本の M–H$_e$ の結合次数はそれぞれ 1 である．一方，アピカル方向に発生した分子軌道のうち $2a_1'$ は中心原子に軌道成分をもたない非結合性軌道であり，アピカル結合の形成に直接関与する電子は $1a_2''$ 軌道に存在する 2 電子のみである．すなわち，2 本の M–H$_a$ の結合次数はそれぞれ 0.5 となる．実際には，M の ns 軌道と H$_a$ の 1s 軌道との間，すなわち MH$_3$ の $1a_1'$ 軌道と H$_a$⋯H$_a$ の a_1' 軌道との間にも結合性相互作用が存在するので，M–H$_a$ の結合次数は 0.5 よりも高くなるが，アピカル結合は依然として電子不足の弱い結合である．このような結合を三中心四電子結合とよぶ．非結合性の $2a_1'$ 軌道は二つの H$_a$ 原子上に局在化しているので，アピカル結合は [H$_a^{\delta-}$–M$^{\delta+}$–H$_a^{\delta-}$] に分極し，イオン結合性が高い．前述のアピコフィリシティーも，三中心四電子結合のこの特徴的な結合様式に起因する．

8・5・2　6 配位化合物の結合

　高周期典型元素の 6 配位化合物 ML$_6$ は一般に正八面体に近い構造をとるが，その分子軌道は 5 配位 TBP の分子軌道を構築したのと同じ考え方でつくることができる．*12*-M-*6* 型の 6 配位化合物 MH$_6$ では非結合性の二つの縮重した HOMO を有することになる．

8・5・3 多面体異性

a. 5配位化合物の位置異性化: 擬回転と木戸回転機構

先に述べたように，TBP構造にはアピカル位とエクアトリアル位という2種の異なる環境が存在し，両者は性質が異なる．しかし，PF_5のような5配位TBP化合物では，$-160\,°C$の低温でもアピカル位のフッ素とエクアトリアル位のフッ素を^{19}F NMRで区別して観測することができない．この速い位置異性化がどのように進むかに関しては，古くからいくつかの機構が提唱されている．このうち，Berryの擬回転(pseudorotation: BPR)機構とUgiらの木戸回転(turnstile rotation: TR)機構が有力である．

TBP構造のML_5上の配位子Lがすべて異なるとき，$20\,(=5!/6)$個の異性体が存在する．便宜上これらの異性体を次のように標識して区別する．すなわち，M上の5個の配位子1～5のうちアピカル位の二つの配位子をmと$n\,(m<n)$とし，mを手前においてエクアトリアル面を見て，エクアトリアル位の配位子の番号を小さいものから順に追っていったときに，右回りであるものをmn，左回りであるものをnmと表記する．なお，以前はnmを$\overline{mn}$と表記していたが，ワードプロセッサで書き表しにくいので，現在はnmと表記することが多い．ここでもこの方式で説明することとする[3]．mnとnmは互いにエナンチオマーの関係にある．図8・32に12と21の例を示す．これによって20個の構造をすべて表現できる．擬回転機構ではエクアトリアルの一つの配位子を固定し(これを軸配位子pivot ligandという)，図に示すような四角錐(SPY)構造に変形し，さらに変形を続けて別のTBP構造に至る．この例では，5を軸配位子として擬回転して構造12が43に変換される．このとき，軸配位子の番号を擬回転の矢印の上に示す．

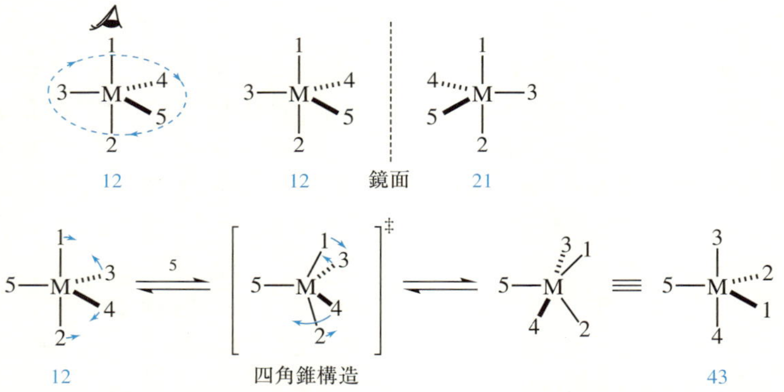

図 8・32　5配位化合物のエナンチオマー，絶対配置の表記法および位置異性化の擬回転機構.
矢印の上の数字は擬回転で位置の変化しない軸配位子を意味する.

このような変換はすべて，図8・33に示すヘキサアステラングラフ(hexaasterane graph, Desargus-Leviダイヤグラムともよばれる)によって表現することができる[3]．このグラフでは，図の多面体の頂点に20種の異性体が配置され，30種の擬回転過程における軸配位子が辺上に示される．図形中央の二つの異性体12と21は配位子1と2がともにアピカル位を占める$\angle 1M2 = 180°$であるが，二つの六角形の頂点では$\angle 1M2 = 90°$，星形の頂点では$\angle 1M2 = 120°$の関係にある．また，中心対称の位置に各エナンチオマーが配置されている．このグラフからエナンチオマー間の変換，すなわちラセミ化には少なくとも5回の擬回転が必要であることが容易にわかる．たとえば，12から21への変換の最短経路のひとつとして，$3\to2\to5\to1\to4$をたどればよい．しかし，図8・34に示すように，Mを含む小員環が一つ存在するとラセミ化は困難となる．これは，小員環の内角$\angle 1M2 = 90°$という角度制限によるものである．すなわち，グラフ上で安定な構造は二つの六角形上のものに限られ，そ

れぞれの六角形上での異性化は可能であるが，ラセミ化はできないことが容易に理解できる．

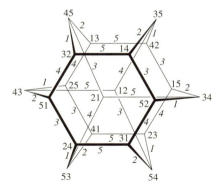

図 8・33　ヘキサアステラングラフ

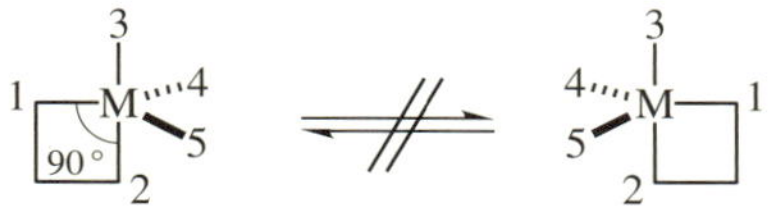

図 8・34　小員環を含む 5 配位化合物のラセミ化とヘキサアステラングラフの関係

内角 90°を保つと，12, 34, 35, 45 およびそのエナンチオマーは存在できないので，ヘキサアステラングラフは，手前と後方の二つの六角形に分離してしまう．このため，擬回転機構によるラセミ化は困難と予想される．

CH_3PF_4 はきわめて容易に異性化するのに対して，$(CH_3)_2PF_3$ の異性化は遅く，後者の ^{19}F NMR でアピカル位の F とエクアトリアル位の F が 2：1 の強度比で観測される．後者の BPR 機構では，少なくとも一つの CH_3 基がアピカル位にくるような構造を経なければならず，これはアピコフィリシティーによって不利なためである．

一方，TR 機構では，たとえば下に示すように，12 から 43 への変換に対して 1 と 3 の交換および (2, 5, 4) の (4, 2, 5) への変換過程が同時に進行する．このような変換は一つの TBP 構造に対して 12 通り存在し，したがって一つの擬回転に等価な TR 過程は 4 通り存在することになる．二つの過程を実験的に区別するのは困難であるが，計算によって，BPR 機構のほうが TR 機構よりも一般にエネルギー的に有利であることが示されている．

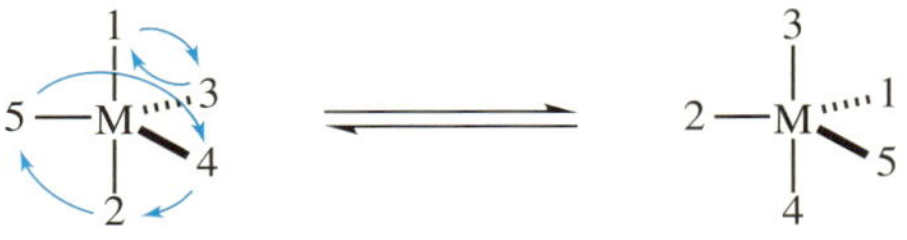

b. 3 配位および 6 配位化合物の異性化

TBP 化合物の位置異性化のような多面体異性は，ピラミッド構造をもつ 3 配位化合物や八面体構造の 6 配位化合物においても存在し，いくつかの異性化機構の可能性が指摘されている．非共有電子対を有するホスフィンのような 3 配位ピラミッド化合物の異性化では，通常のいわゆる頂点反転 (vertex inversion) のほかに T 字形構造 (非共有電子対を含めると平面四角形構造) を経る二稜交差反転

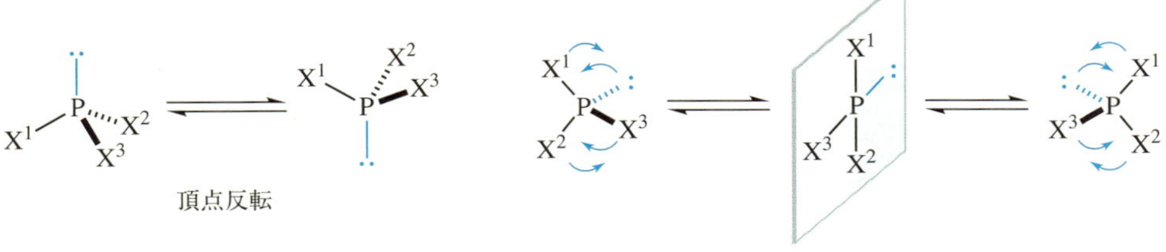

頂点反転

二稜交差反転

(edge inversion)による異性化も可能である．PF_3のように電気陰性度の大きな置換基を有するリン化合物では頂点反転よりも二稜交差反転のほうが有利であることが，計算によって示されている．

6配位化合物の異性化では三角柱形の遷移状態を経る Bailor のひねり機構（twist mechanism）のような1段階異性化機構も提唱されているが，高周期典型元素の6配位化合物ではこの機構による異性化の例は少ない．いったん，一つの配位子が脱離して5配位状態となり，擬回転を経て再結合する多段階機構で進行する例が多い．しかし，6配位ケイ素化合物などではひねり機構で異性化が起こることが示されている（図8・35）．

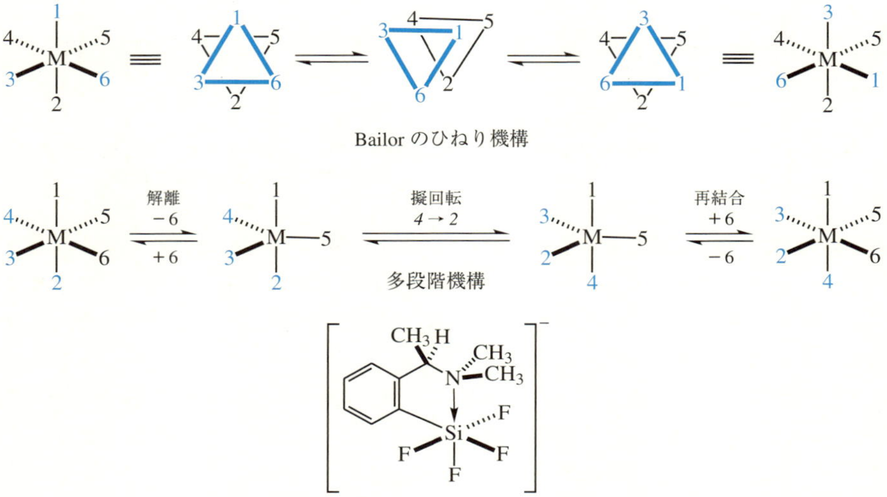

図 8・35　6配位化合物の異性化の機構とひねり機構で異性化する6配位ケイ素化合物

8・5・4　高配位化合物の反応性

典型元素の高配位化合物の反応性は二つに分けて考えるのがよい．一つは，アート錯体型の高配位化合物の場合で，中心原子に結合した有機基が電子豊富となり，求電子剤に対する反応性が向上している．(1) 式に示すように，14族のケイ素などの高配位化合物がこの反応性を示す典型である．もう一つは，高酸化状態にある高配位化合物の反応で，中心原子が有機基との結合電子対を奪って脱離基となり，有機基は求核剤と反応するものである．(2) 式に示す17族のヨウ素のほか15族のビスマスなど，低酸化状態を好む元素に特徴的な反応である．他の15族や16族元素の多くは両方の形式の反応性を示す．

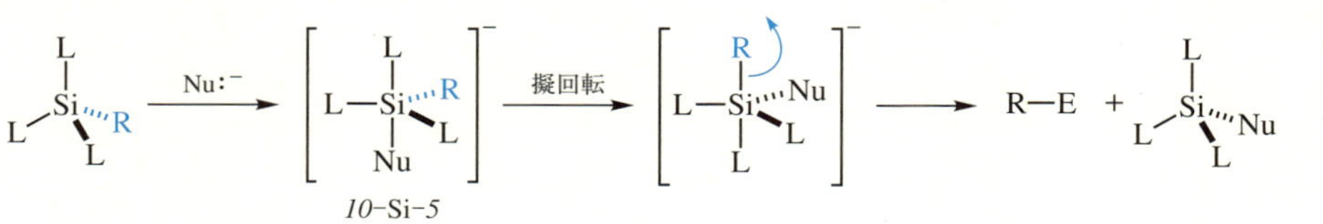

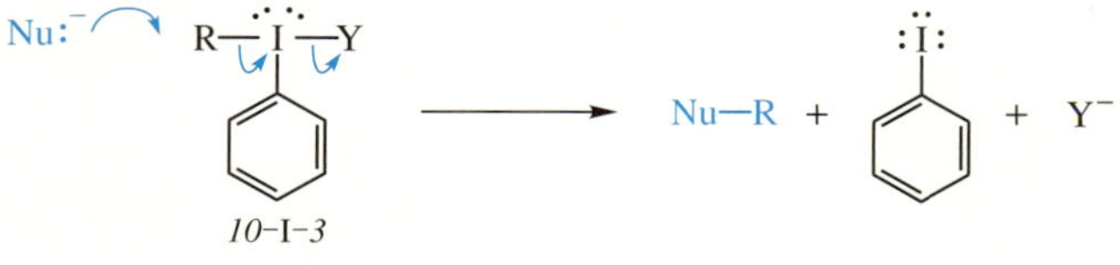

8・5 高配位化合物

a. 14族金属高配位化合物の反応

ケイ素の高配位アニオン性アート錯体は**シリカート**（silicate）とよばれる．5配位ヒドリドシリカートや5配位アリルシリカートは，カルボニル化合物とLewis酸系の活性化剤なしに反応する[4]．5配位アリルシリカートを用いるアリル化は，6配位ケイ素を含む6員環遷移状態を経由し，高立体選択的に進行する．このアリル化反応では，カルボニル酸素がケイ素に配位して活性化されることと，ケイ素上の配位数が高くなることによって，ケイ素基の電子供与性が増し，これに伴ってアリル基のγ炭素の求核反応性が高まることが重要である．このように，5配位状態は4配位化合物の置換反応の中間体であるのみならず，6配位状態に至る中間体でもあり，5配位状態を特別な反応場と考えることができる．

ケイ素上の配位数が増すほど結合の分極が大きくなるとともに結合次数が低下するので，6配位有機ペンタフルオロシリカートのSi–C結合は種々の求電子剤によって開裂される[5]．

5配位シリカートはアニオン性化合物であるにもかかわらず求核剤に対しても反応性が高い[6]．たとえば，$[(C_6H_5)(CH_3)SiF_3]^-[K^+, 18\text{-クラウン-6}]$は$(C_6H_5)(CH_3)SiF_2$より100倍以上速く$t\text{-}C_4H_9MgBr$と反応し，$(t\text{-}C_4H_9)(C_6H_5)(CH_3)SiF$を生成する．これも高配位化によってSi–F結合が伸びて活性化されているためと理解できる．

Peterson反応（II巻§2・1・5参照）の中間体と考えられる4員環状5配位シリカートが，Martin配位子の導入によって安定化され単離，構造決定されている．このものは加熱によって，実際にアルケンを生成する[7]．

b. 15 族元素高配位化合物の反応

Wittig 反応（II 巻 §2・1・5 参照）の中間体である 1,2-オキサホスフェタンはいくつか単離された例はあるものの，一般的には不安定であるが，上述の Peterson 反応の場合と同様に，Martin 配位子を導入することによって安定に単離される．これは協奏的にアルケンとホスフィンオキシドに分解する[7].

安定化されたアルソニウムイリドとカルボニル化合物との反応でもアルケンを優先して生成するのでホスホニウムイリドの場合と同様に 5 配位中間体を経ると考えられる．一方，不安定アルソニウムイリドでは，後述のスルホニウムイリドの場合と同様にエポキシドを生成するので，高配位中間体を経ない可能性が高い．

高周期 15 族元素の 5 配位化合物の代表的な反応のひとつに配位子間のカップリング反応がある[8]．リン中心はリン（V）からリン（III）へ還元される．R_5E の安定性は E が P＞As＞Sb＞Bi の順に低下する．

1,3-ジエンはホスフィンと反応して下のように対応する環状ホスホニウム塩または環状ホスホランを生成する．この反応は協奏的であり，逆旋的に環化が起こる．また，逆の協奏的脱離反応も 50 ℃程度の低温で容易に起こる．

8・5 高配位化合物　381

15 族元素 5 配位化合物は Lewis 酸との反応によってオニウム塩を生成する.

$$(C_6H_5)_5E + B(C_6H_5)_3 \longrightarrow [(C_6H_5)_4E]^+[B(C_6H_5)_4]^-$$
$$E = As, Sb, Bi$$

5 配位アリールビスマス化合物はエノール類やフェノールなどに対して,求電子性アリール化剤としてはたらき,穏和な条件下で C- あるいは O-アリール化が進行する[9](次式).この反応の位置選択性は 5 配位ビスマスの構造,溶媒などの条件によって異なるが,一般に,酸性条件下では O-アリール化が,塩基性条件下では C-アリール化が優先する.

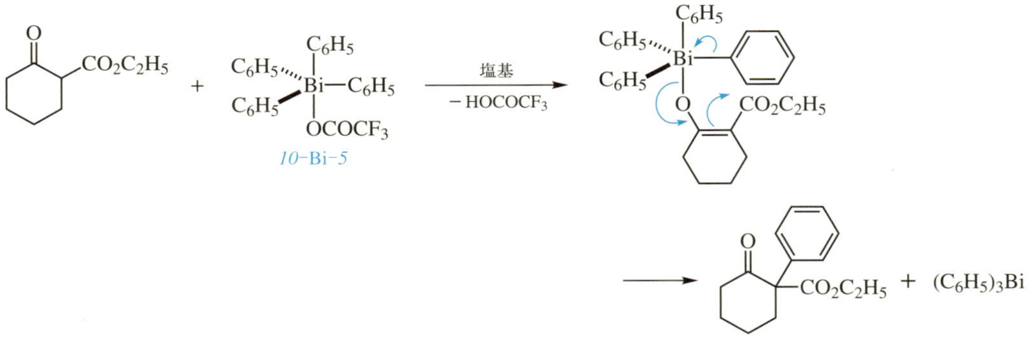

c. 16 族イリドの反応

イオウイリドは高配位ではないが(§8・4・2b 参照),ホスホニウムイリドとの関連・比較のため,ここで述べる.スルホニウムイリドのケトンやアルデヒドとの反応では,ホスホニウムイリドの場合と異なり,エポキシドを生成する.イリドとカルボニル化合物の反応では,アルケン生成とエポキシド生成の二つの反応形式が可能であるが,中心元素の違いによって一方のみが選択的に起こることは興味深い.オキソスルホニウムイリドもカルボニル化合物をエポキシドに変換するが,α,β-不飽和-カルボニル化合物に対しては,共役付加後,ジメチルスルホキシドが脱離し,シクロプロパン誘導体を与える(II 巻§2・2・2a 参照).セレンでは低酸化状態が有利であるため,セレノキシドは容易に β 水素とともに脱離し,セレネン酸とアルケンを生成する.セレネン酸は 2 分子間で脱水縮合する.

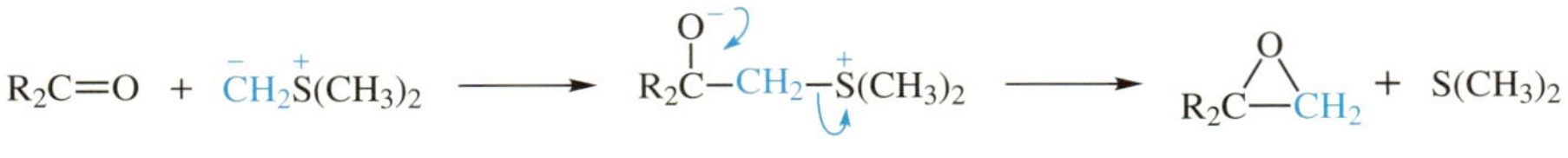

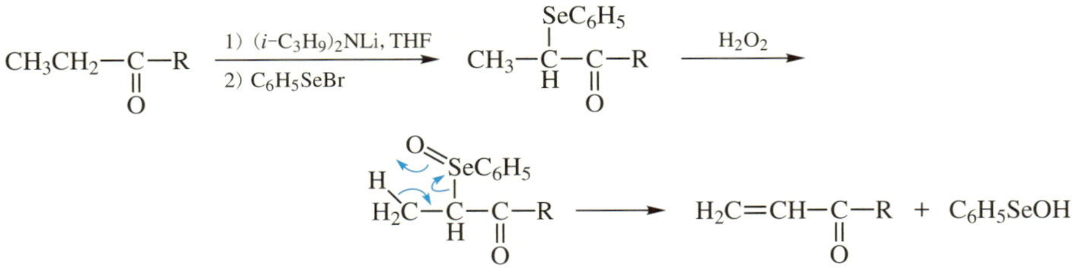

d. 17 族元素高配位化合物の反応

3 配位ヨージナンとヨードニウム塩は平衡関係にあるとみなせる[10].次図のようなビニルヨードニウム塩は実際にはフッ素架橋した 3 配位ヨウ素の構造をもつことが X 線結晶構造解析によって明らかにされている.この塩の加溶媒分解反応の速度から見積もられるヨウ素基の脱離能は,トリフラー

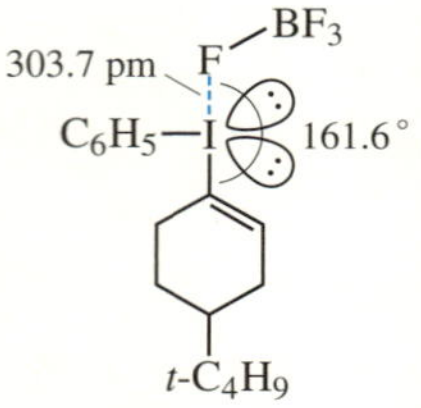

トの 8×10^5 倍にも達する。この高い脱離能により、通常はきわめて困難な sp^2 炭素上での求核置換反応が進行する。アルケニルヨードニウム塩とハロゲン化物イオンとの反応では、sp^2 炭素の立体反転を伴う S_N2 機構が確認されている。ヨージナンあるいはヨードニウム塩の高い脱離能は、低酸化状態のヨードベンゼンの脱離を駆動力とするものである。このような特性に基づき、ヨージナンおよびヨードニウム塩を sp^2 カルボカチオン等価体として利用する反応が種々知られている。

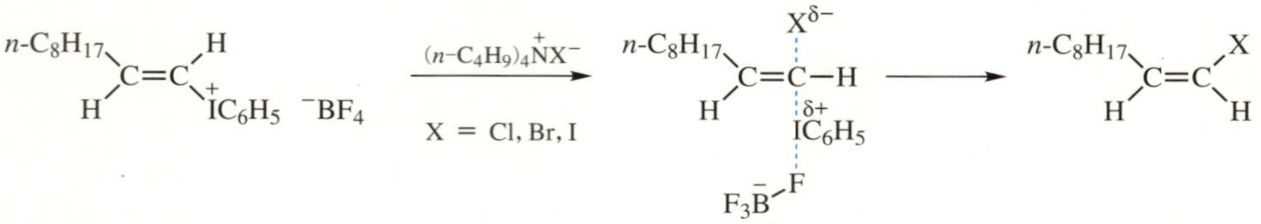

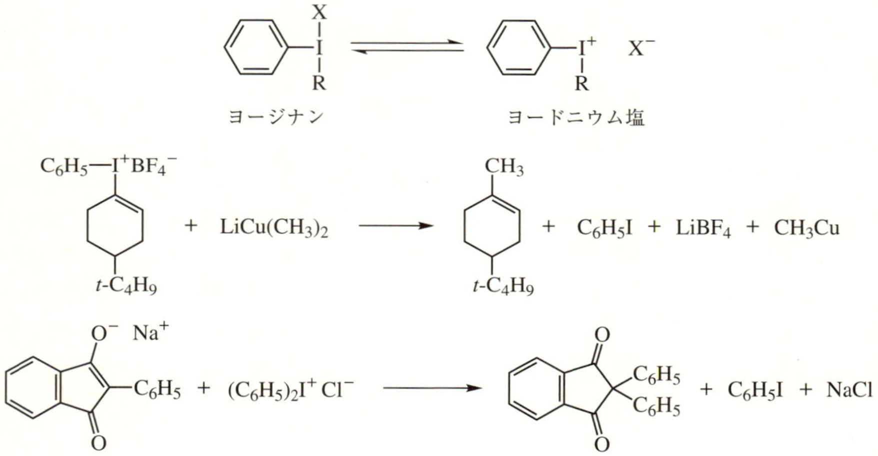

ヨージナン　　　　　ヨードニウム塩

高配位ハロゲン化物は高酸化状態にあり、酸化剤としてはたらく。たとえば、Dess-Martin 反応剤として知られる次に示すようなペルヨージナンは、第一級および第二級アルコールをアルデヒドおよびケトンに酸化する。

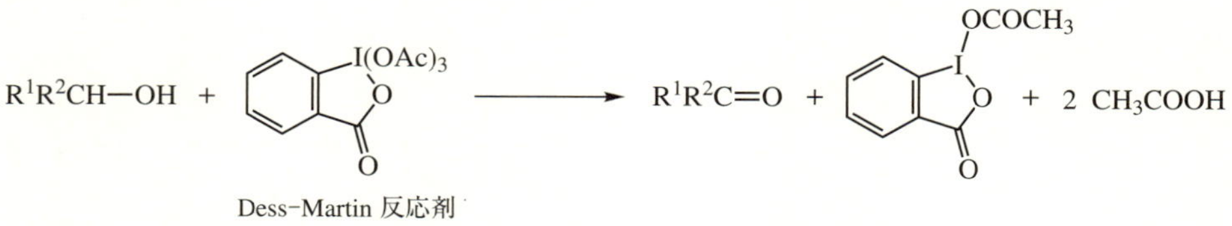

Dess-Martin 反応剤

8・6　炭素－金属結合の反応: S_E および S_E' 反応の立体化学

8・6・1　反応機構の分類

炭素－金属結合はプロトンやハロゲンのような求電子剤との反応によって容易に切断されるが、そ

の機構は一義的ではなく，以下に示すようにいくつかの可能性がある[1]．

S_E2 反応（1 段階）：立体配置の保持および反転　　S_E2 反応においては，求電子剤が電子過剰炭素を直接攻撃すると同時に金属イオンが脱離する．このさい図 8・36 に示すように，求電子剤が脱離する金属と同じ側から接近して立体配置を保持して反応する場合と，求電子剤が金属の逆側から接近し立体配置が反転する場合がある．求電子剤が金属と同じ側から接近する場合には求電子剤の LUMO と炭素－金属結合の HOMO との相互作用は結合性であり許容される．一方，求電子剤が炭素－金属結合を逆側から攻撃する経路は，HOMO の広がりがこの領域で大きくないのであまり有利とはいえないが，対称性からは許される．このように立体配置保持とともに反転の経路も許容されるので，立体化学は立体障害などの他の因子の影響を受けることになる．

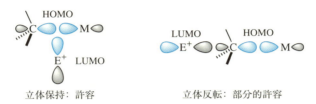

図 8・36　S_E2 反応におけるフロンティア軌道相互作用

電子移動経由機構（多段階）：立体配置の反転およびラセミ化　　金属－炭素結合電子のエネルギー準位が高く，かつ求電子剤の電子受容性が大きい場合には，電子移動を経る経路が支配的となる．ハロゲンとの反応経路を図 8・37 に示す．電子移動によりラジカルカチオンとラジカルアニオンの対が形成された後，二つの経路が可能である．一つは，溶媒かご内でハロゲン化物イオンが電子欠損となった炭素－金属結合の背面から求核攻撃し，金属－炭素結合が立体配置の反転を伴って切断される経路である．これは電子豊富なアニオン種や遷移金属錯体の反応において提唱されている機構であるが，上述の 1 段階の反転機構と実験的に区別することは一般的には困難である．一方，カチオンラジカル種における金属－炭素結合が弱いときには，ホモリシスにより有機ラジカルが生じ，ラジカル非連鎖あるいは連鎖機構でハロゲン化物に至る経路も可能である．この場合はラセミ化を伴うので，反応機構的に明確に区別できる．

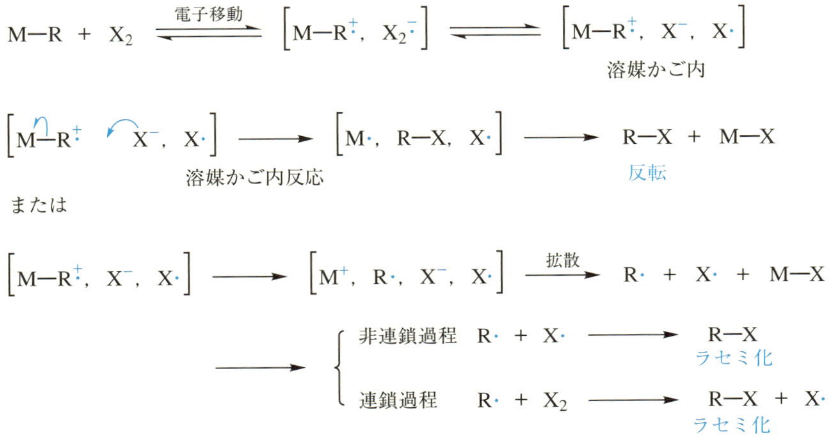

$$M-R + X_2 \xrightleftharpoons{\text{電子移動}} [M-R^{+\cdot}, X_2^{-\cdot}] \rightleftharpoons [M-R^{+\cdot}, X^-, X\cdot]$$
溶媒かご内

$$[M-R^{+\cdot}, X^-, X\cdot] \longrightarrow [M\cdot, R-X, X\cdot] \longrightarrow R-X + M-X$$
溶媒かご内反応　　　　　　　　　　　　　　反転

または

$$[M-R^{+\cdot}, X^-, X\cdot] \longrightarrow [M^+, R\cdot, X^-, X\cdot] \xrightarrow{\text{拡散}} R\cdot + X\cdot + M-X$$

$$\longrightarrow \begin{cases} \text{非連鎖過程} & R\cdot + X\cdot \longrightarrow R-X \quad \text{ラセミ化} \\ \text{連鎖過程} & R\cdot + X_2 \longrightarrow R-X + X\cdot \quad \text{ラセミ化} \end{cases}$$

図 8・37　金属－炭素結合のハロゲンによる切断の電子移動経由多段階機構と立体化学

8・6・2 アルキル−金属結合

a. 1族, 2族化合物

　キラルなアルキルリチウムやマグネシウム化合物とプロトンあるいは炭素求電子剤との反応は, 通常, 立体配置を保持して進行する[2]. しかし, ベンジルリチウム誘導体の場合には, 反応の立体化学は求電子剤の性質に依存して, 保持から反転に変わることもある[3].

　シクロプロピルリチウム化合物とハロゲンとの反応は立体配置を保持して進行するが[4], これはむしろ例外であり, ハロゲンとの反応は一般的に立体配置の反転が優先する[5]. 有機リチウム化合物が溶液中で会合しているため, 前面攻撃が困難であることが理由にあげられているが, 電子移動を経る反転機構も除外できない. 電子移動の起こりにくいジブロモエタンによる臭素化は立体配置が保持される.

b. 13族および14族化合物

　アルキル−ホウ素結合のプロトン酸による切断は加熱を要するが, 立体配置を保持して進行する[6]. この切断反応は塩酸や硫酸のような鉱酸では進行せず, むしろ弱酸である有機カルボン酸によって特異的に進行するため, 次図右のように, カルボニル酸素がホウ素に配位した6員環遷移状態を経るものと考えられている.

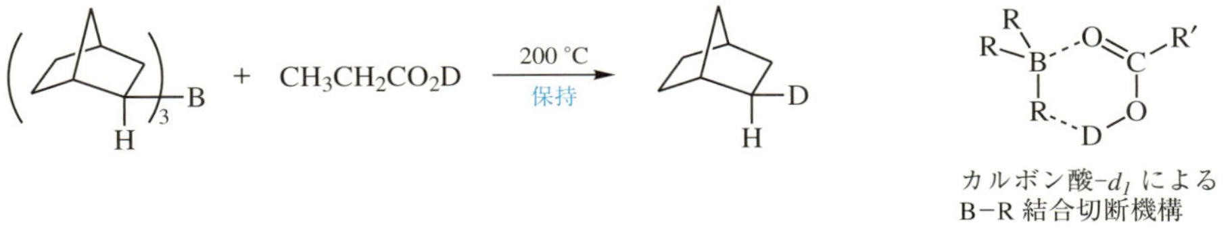

8・6 炭素−金属結合の反応: S_E および $S_{E'}$ 反応の立体化学　　385

カルボン酸-d_1 による
B−R 結合切断機構

　トリアルキルホウ素（下式）中のアルキル−ホウ素結合およびケイ素化合物（§8・5・4 参照）中のアルキル−ケイ素結合は，それぞれ4配位あるいは6配位アート錯体に変換することにより，ハロゲンで容易に切断される．立体配置の反転を伴って有機ハロゲン化物を生じる[7),8)]．

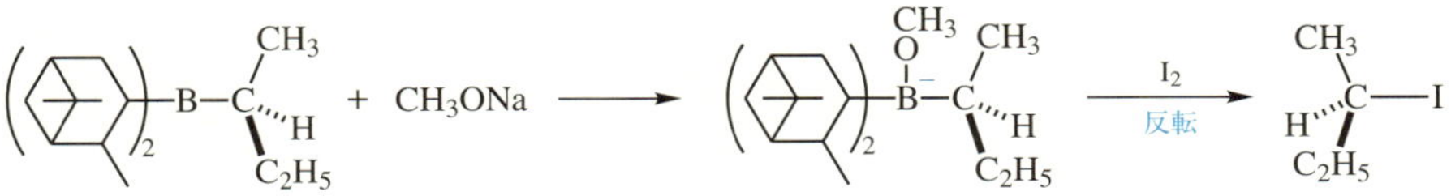

　一方，アルキル−スズ結合は中性スズ化合物においても臭素により切断される．反応の立体化学はスズ上の置換基が嵩高くなるにつれて保持から反転に変化する[9)]．さらに，フッ化物イオンの共存下ではスズが5配位となり，反転の割合はさらに高くなる[10)]．

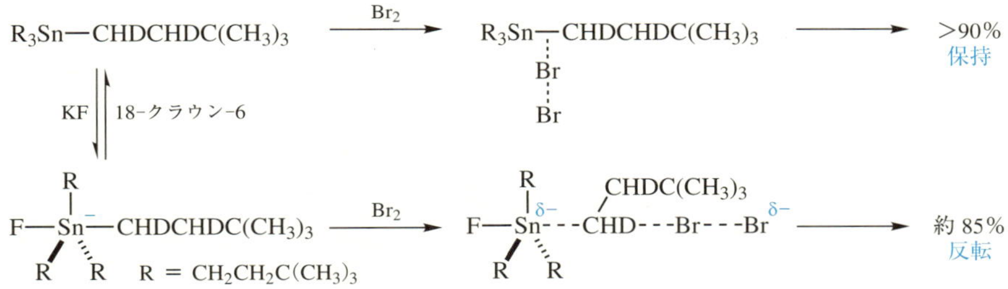

$$R_3Sn-CHDCHDC(CH_3)_3 \xrightarrow{Br_2} R_3Sn-CHDCHDC(CH_3)_3 \longrightarrow >90\%$$
保持

KF ‖ 18-クラウン-6

$R = CH_2CH_2C(CH_3)_3$

約85%
反転

c. 12 族 化 合 物

　ジアルキル水銀の加酢酸分解における重水素同位体効果 k_H/k_D は 9〜11 と大きく，この反応においてプロトン移動が律速であることがわかる[11)]．水銀の Lewis 酸性が低いため，ホウ素の場合と異なり，水銀とカルボニル酸素との相互作用はないと考えられる．アルキル基の立体配置は保持される．

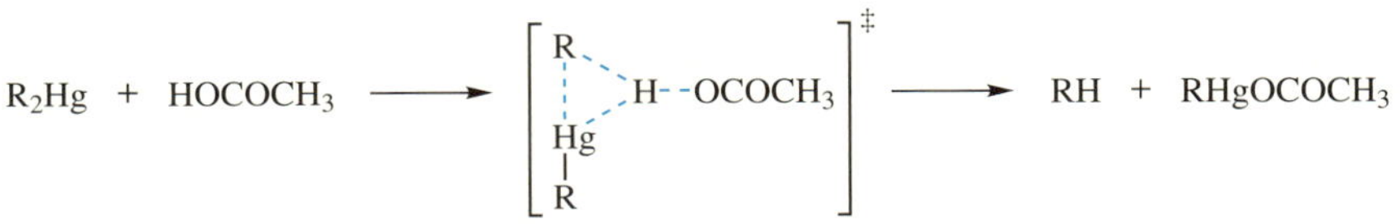

$$R_2Hg + HOCOCH_3 \longrightarrow \left[\begin{array}{c}R\\Hg\\R\end{array}H\cdots OCOCH_3\right]^{\ddagger} \longrightarrow RH + RHgOCOCH_3$$

8・6・3 アリル−金属結合

　アリルケイ素やアリルスズ化合物に対する求電子剤の攻撃は，金属が直接結合した炭素（α 位）ではなく末端 sp² 炭素上（γ 位）で起こる．反応がアンチの立体化学で起こるので，ケイ素の結合したアリル位が不斉炭素である光学活性アリルシランと求電子剤との反応では，立体配置の反転を伴う 1,3 不

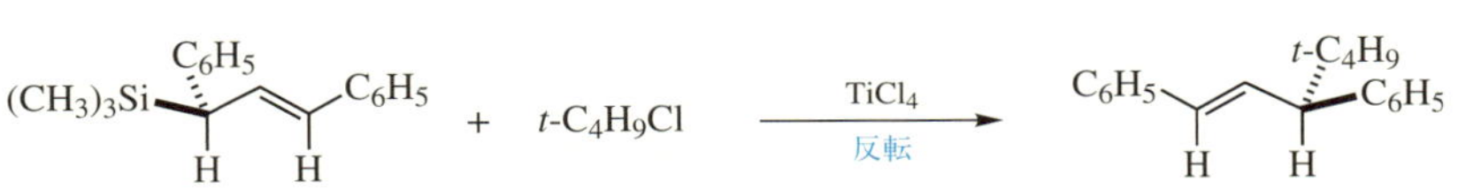

$$(CH_3)_3Si\cdots C_6H_5 \cdots C_6H_5 + t\text{-}C_4H_9Cl \xrightarrow[反転]{TiCl_4} C_6H_5 \cdots t\text{-}C_4H_9 \cdots C_6H_5$$

斉転写が観察される[12].

　求電子剤のアンチ攻撃は理論的に次のように説明されている[13]. 計算によれば，次に示す基底状態における三つの立体配座は，アルケンと同一面内のアリル位置換基が小さいほど，すなわち，いわゆるアリルひずみ（あるいは A^{1,3} ひずみ，II 巻 §1・5・2 参照）が小さいほど安定となる. このうち安定配座二つでは，シリル基がアルケン面に対してほぼ直交しているため，アルケン π 軌道と炭素－ケイ素結合 σ 軌道との相互作用が有効にはたらき，アルケンは求電子剤に対して活性化される. 加えて，超共役によるカチオン性遷移状態の安定化にも有利である. 最も不安定な第三の立体配座ではこのような電子効果は期待できない. したがって，求電子剤はより安定な二つの立体配座異性体と優先的に反応する. このとき，求電子剤は電気的に陽性なシリル基を避けてアルケン sp^2 炭素（γ 位）のアンチ方向から攻撃する.

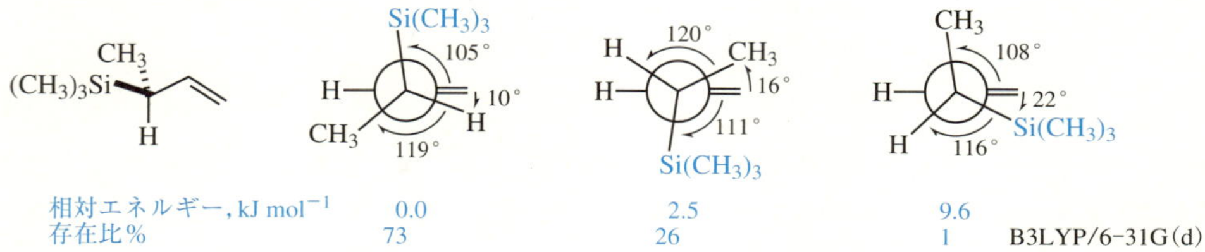

相対エネルギー, kJ mol^{-1}	0.0	2.5	9.6	
存在比%	73	26	1	B3LYP/6-31G(d)

　この例ではアリル位の置換基がメチル基であるため二つの安定配座間のエネルギー差はあまり大きくないが，置換基が嵩高くなるほどその差は大きくなり，立体選択性が向上する[14].

8・6・4　アルケニル－金属結合

　アルケニル－ケイ素化合物とプロトンおよびハロゲンとの反応の立体化学をまず述べる[15]. 三つの典型例を図 8・38 に示した. プロト脱シリル化（proto-desilylation）においては，まずプロトンがシリル基の置換したアルケン炭素に捕捉され，β-カルボカチオン中間体が生成する. ついで，シリル基による超共役安定化が最も有効にはたらくように炭素－炭素結合を軸にして回転し，アンチペリプラナーの配置をとった後，求核剤の攻撃を受けてシリル基が脱離して生成物に至る. 全体として，立体

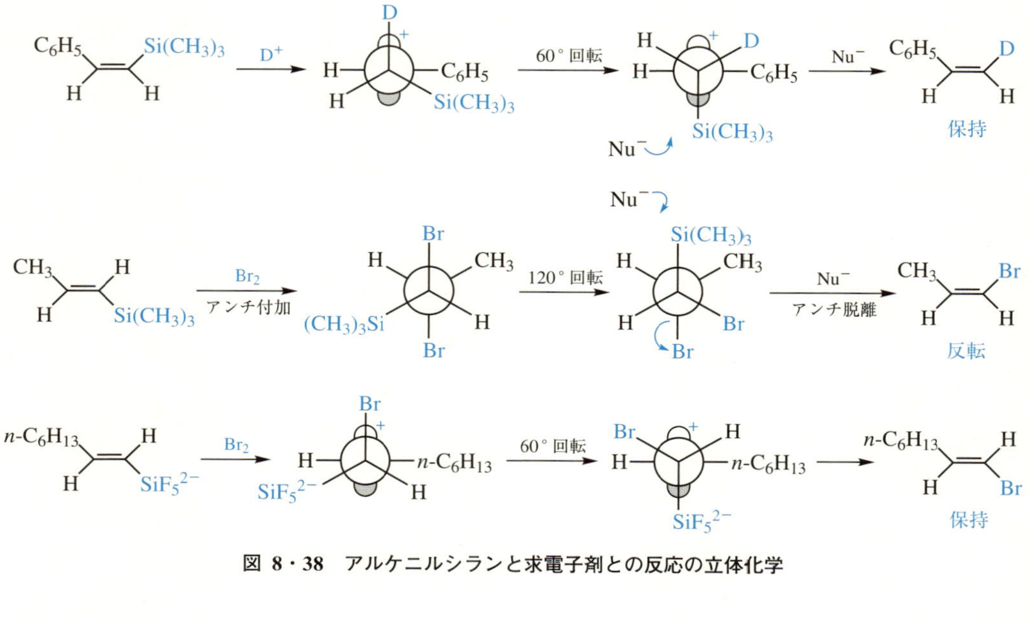

図 8・38　アルケニルシランと求電子剤との反応の立体化学

8. 有機典型元素化学

配置を保持したまま反応が完結する．これに対して，ハロゲンによる炭素ーケイ素結合の切断は，アルケン結合に対するハロゲンのアンチ付加体を経由して進行する[16]．中間に生じる二ハロゲン化物からトリアルキルシリル基がケイ素上への求核剤の攻撃を受けてハロゲンと E2 型アンチ脱離するので，全体としては反応は立体配置の反転を伴って進行する．しかし，ハロゲンによる切断においてもケイ素が高配位構造をとる場合には立体配置は保持される[17]．これは，炭素ーケイ素結合の分極の度合が大きいので，付加生成物を経ることなく速やかにこの結合が切断されるためである．

　アルケニルーホウ素結合もハロゲンによって類似の機構で切断される[18]（図 8・39a）．やはり立体化学的には反転および保持の可能性がある．すなわち，ハロゲンを加えて付加体を生成した後に塩基で処理すると立体配置が反転するのに対し，塩基共存下のハロゲンとの反応では，系中で生成したホウ素アート錯体に対してハロゲンの攻撃が起こるので，立体配置は保持される．

　アルケニルーホウ素化合物のホウ素上にさらに有機基が存在するアート錯体の場合には，ハロゲンの求電子攻撃によって生じたカチオン中間体において，有機基の分子内転位が起こった後にハロゲン化ホウ素種がトランス脱離あるいはシス脱離して生成物に至る[18]（図 8・39b）．生成物にはハロゲンは含まれず，立体配置の反転あるいは保持を伴って炭素ー炭素結合が生成するので，合成反応として有用である．これはホウ素化合物に特徴的な反応である．

　アルケニルリチウム，マグネシウム，およびアルミニウム[19]化合物とプロトンなどの求電子剤との反応でも，立体配置を保持して炭素ー金属結合が切断される（図 8・39c）．

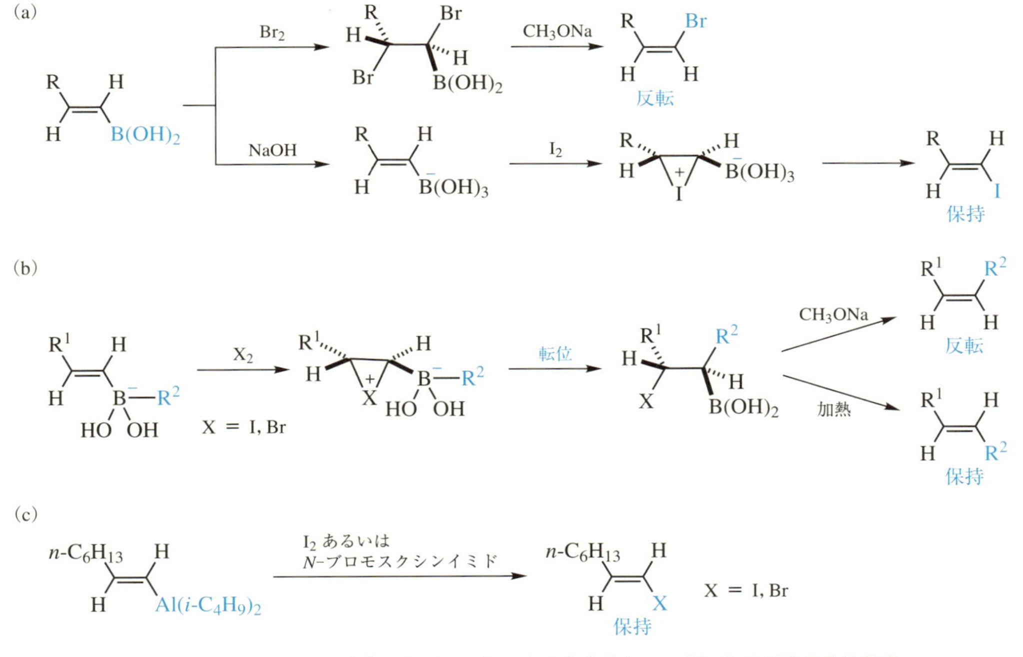

図 8・39　アルケニルホウ素およびアルミニウム化合物とハロゲンとの反応の立体化学

参 考 書

典型元素化学全般を扱った参考書

・C. Elschenbroich, "Organometallics", 3rd Completely Revised and Extended Edition, Wiley-VCH, Weinheim (2006).
・M. Schlosser, "Organometallics in Synthesis: Third Manual", John Wiley & Sons, Hoboken (2013).

388 **8. 有機典型元素化学**

・"Synthetic Methods of Organometallic and Inorganic Chemistry", ed. by W. A. Herrmann, Vols. 1〜6, Georg Thieme Verlag, Stuttgart(1996〜1998).
・"Comprehensive Organometallic Chemistry Ⅲ", ed. by D. Mi. P. Mingos, R. H. Crabtree, Vols. 1〜12, Elsevier(2007).
・K.-y. Akiba, "Organo Main group Chemistry", John Wiley & Sons, Hoboken(2011).
・秋葉欣哉, "有機典型元素化学", 講談社サイエンティフィク(2008).
・"有機金属化学の最前線: 多様な元素を使いこなす(現代化学増刊 44)", 宮浦憲夫, 鈴木寛治, 小澤文幸, 山本陽介, 永島英夫編, 東京化学同人(2011).
・W. Kutzelnigg, *Angew. Chem., Int. Ed. Engl.*, **23**, 272(1984).
・"ヘテロ元素の有機化学(化学増刊 15)", 稲本直樹, 大石 武, 園田 昇, 友田修司編, 化学同人(1988).
・"Chemistry of Hypervalent Compounds", ed. by K.-y. Akiba, Wiley-VCH, New York(1999).

有機遷移金属化学全般・有機合成に関する参考書
・J. F. Hartwig, "Organotransition Metal Chemistry: From Bonding to Catalysis", University Science Books(2010). ["ハートウィグ 有機遷移金属化学(上)(下)", 東京化学同人(2015).]
・山本明夫, "有機金属化学——基礎から触媒反応まで", 東京化学同人(2015).
・中沢 浩, 小坂田耕太郎, "有機金属化学(錯体化学会選書)", 三共出版(2010).
・R. H. Crabtree, "The Organometallic Chemistry of the Transition Metals", 4th Ed., John Wiley & Sons(2005).
・P. Knochel, G. A Molander, "Comprehensive Organic Synthesis", 2nd Ed., Vols. 1〜9, Elsevier(2014).
・"Catalyst Components for Coupling Reactions", Handbook of Reagents for Organic Synthesis, ed. by G. A. Molander, John Wiley & Sons, Chichester(2008).

元素別参考書
(金属, Zn)
・R. Luisi, V. Capriati, "Lithium Compounds in Organic Synthesis", Wiley-VCH, Weinheim(2014).
・J. Clayden, "Organolithiums: Selectivity for Synthesis", Vol. 23 Tetrahedron Organic Chemistry, Elsevier Science, Oxford(2002).
・H. G. Richey, "Grignard Reagents: New Developments", John Wiley & Sons, Chichester(2000).
・P. Knochel, P. Jones, "Organozinc Reagents: A Practical Approach", The Practical Approach in Chemistry Series, Oxford University Press, New York(1999).
(14 族)
・吉良満夫, 玉尾皓平, "現代ケイ素化学: 体系的な基礎概念と応用に向けて", 化学同人(2013).
・"The Chemistry of Organic Silicon Compounds", ed. by S. Patai, Z. Rappoport, Vol. 1, Parts 1, 2, Vol. 2, Parts 1〜3, John Wiley & Sons, Chichester(1989, 1998).
・J. Michl, *Chem. Rev.*, **95**, 1135(1995).
・C. C. Chuit, R. J. P. Corriu, C. Reye, J. C. Young, *Chem. Rev.*, **93**, 1371(1993).
・"Organosilicon Chemistry", ed. by N. Auner, J. Weis, I〜Ⅳ, VCH, Weinheim(1993〜2000).
・"The Chemistry of Organic Germanium, Tin, and Lead Compounds", ed. by S. Patai, Z. Rappoport, John Wiley & Sons, Chichester(1995).
・"Chemistry of Tin", ed. by P. G. Harrison, Blackie & Son, Glasgow(1989).
・"Chemistry of Tin", ed. by P. J. Smith, Blackie Academic & Professional, London(1997).
・"Reagents for Silicon-Mediated Organic Synthesis", Handbook of Reagents for Organic Synthesis, ed. by P. L. Fuchs, John Wiley & Sons, Chichester(2011).
(15 族)
・P. J. Murphy, "Organophosphorus Reagents: A Practical Approach", The Practical Approach in Chemistry Series, Oxford University Press, Oxford(2004).
・R. R. Holmes, *Chem. Rev.*, **96**, 927(1996).
・'Topics in Current Chemistry', in "New Aspects in Phosphorus Chemistry", ed. by J.-P. Majoral, I〜Ⅳ, Springer-Verlag, Berlin(2002〜2004).
・O. I. Kolodiazhnyi, "Phosphorus Ylides: Chemistry and Application in Organic Synthesis", Wiley-VCH, Weinheim (1999).
・L. D. Quin, "A Guide to Organophosphorus Chemistry", John Wiley & Sons, New York(2000).
・A. W. Johnson, "Ylides and Imines of Phosphorus", John Wiley & Sons, New York(1993).
・"The Chemistry of Organic Arsenic, Antimony and Bismouth Compounds", ed. by S. Patai, John Wiley & Sons, Chichester(1994).
(16 族)
・高田十志和, 小川 智, 佐藤総一, 村井利昭, "現代硫黄化学 基礎から応用まで", 化学同人(2014).
・"Sulfur-Containing Reagents", Handbook of Reagents for Organic Synthesis, ed. by L. A. Paquette, John Wiley & Sons, Chichester(2009).
・N. Petragnani, "Tellurium in Organic Synthesis", Academic Press(1994).

8. 有 機 典 型 元 素 化 学

- "The Chemistry of Organic Selenium and Tellurium Compounds", ed. by S. Patai, Z. Rappoport, Vols. 1, 2, John Wiley & Sons, Chichester(1986, 1987).

(17 族)

- 北爪智哉, 石原 孝, 田口武夫, "フッ素の化学", 講談社サイエンティフィク(1993).
- "Chemistry of Organic Fluorine Compounds II: A Critical Review", ACS Monograph 187, ed. by M. Hudlický, A. E. Pavlath, American Chemical Society, Washington DC(1995).
- T. Hiyama, "Organofluorine Compounds: Chemistry and Applications", Springer-Verlag, Berlin(2000).
- T. Kitazume, T. Yamazaki, "Experimental Methods in Organic Fluorine Chemistry", Kodansha, Tokyo(1998).
- "Fluorine-Containing Reagents", Handbook of Reagents for Organic Synthesis, ed. by L. A. Paquette, John Wiley & Sons(2007)
- A. Varvoglis, "Hypervalent Iodine in Organic Synthesis", Best Synthetic Methods, Academic Press, San Diego(1997).

文　献

(§8・1)

1) "有機金属錯体(実験化学講座18)", 第4版, 日本化学会編, 丸善(1991);"有機化合物の合成 VI(実験化学講座18)", 第5版, 日本化学会編, 丸善(2004).

2) J. C. Stowell, "Carbanions in Organic Synthesis", John Wiley & Sons, New York(1979).

3) "The Chemistry of the Metal-Carbon Bond", Vol. 4, 'The Use of Organometallic Compounds in Organic Synthesis', ed. by F. R. Hartley, Part 1(Li, Mg, B, Al, Si, Tl), John Wiley & Sons, Chichester(1987).

4) E. Negishi, "Organometallics in Organic Synthesis", John Wiley & Sons, New York(1980).

5) "Organometallics in Synthesis", 2nd Ed., ed. by M. Schlosser, John Wiley & Sons, New York(2002).(Li, Na, K, B, Al, Sn, Cu).

6) B. J. Wakefield, "Organolithium Methods", Academic Press, New York(1988).

7) "Lithium Chemistry", ed. by A.-M. Sapse, P. v. R. Schleyer, John Wiley & Sons, New York(1995).

8) J. Clayden, "Organolithiums: Selectivity for Synthesis", Tetrahedron Organic Series, Vol. 23. Pergamon, Amsterdam (2002).

9) P. G. Williard, "Comprehensive Organic Synthesis", ed. by B. M. Trost, I. Fleming, S. L. Schreiber, Vol.1, p.1, Pergamon Press, Oxford(1991). (Li, Mg)

10) B. J. Wakefield, "Organomagnesium Methods in Organic Synthesis", Academic Press, London(1995).

11) "Handbook of Grignard Reagents", ed. by G. S. Silverman, P. E. Rakita, Marcel Dekker, New York(1996).

12) H. G. Richey, Jr., "Grignard Reagents: New Developments", John Wiley & Sons, New York(1999).

13) "Organocopper Reagents", ed. by R. J. K. Taylor, Oxford University Press, Oxford(1994).

14) T. Cohen, M. Bhupathy, *Acc. Chem. Res.*, **22**, 152(1989).

15) R. D. Rieke, *Acc. Chem. Res.*, **10**, 301(1977).

16) A. Fürstner, *Angew. Chem., Int. Ed. Engl.*, **32**, 164(1993).

17) 神戸宣明, 園田昇, "有機超原子価化合物(季刊 化学総説34)", 日本化学会編, p.167, 学会出版センター (1998).

18) P. Knochel, W. Dohle, N. Gommermann, F. F. Kneisel, F. Kopp, T. Korn, I. Sapountzis, V. A. Vu, *Angew. Chem., Int. Ed*, **42**, 4302(2003).

19) H. J. Reich, D. P. Green, N. H. Phillips, *J. Am. Chem. Soc.*, **113**, 1414(1991).

20) P. Beak, A. I. Meyers, *Acc. Chem. Res.*, **19**, 356(1986);V. Snieckus, *Chem. Rev.*, **90**, 879(1990).

21) G. Boche, *Angew. Chem., Int., Ed. Engl.*, **28**, 277(1989).

22) E. Weiss, *Angew. Chem., Int., Ed. Engl.*, **32**, 1501(1993).

23) C. Lambert, P. v. R. Schleyer, *Angew. Chem., Int., Ed. Engl.*, **33**, 1129(1994).

24) M. Nakamura, E. Nakamura, N. Koga, K. Morokuma, *J. Am. Chem. Soc.*, **115**, 11016(1993).

25) P. Caubére, *Chem. Rev.*, **93**, 2317(1993).

26) R. E. Mulvey, *Chem. Soc. Rev.*, **20**, 167(1991).

27) D. Seebach, *Angew. Chem., Int., Ed. Engl.*, **27**, 1624(1988).

28) D. B. Collum, *Acc. Chem. Res.*, **25**, 448(1992).

29) P. G. Williard, Q.-Y. Liu, *J. Am. Chem. Soc.*, **115**, 3380(1993).

30) C. Blomberg, "Handbook of Grignard Reagents", ed. by G. S. Silverman, P. E. Rakita, Chap.11, p.219, Marcel Dekker, New York(1996).

31) G. Boche, M. Marsch, J. Harbach, K. Harms, B. Ledig, F. Schubert, J. C. W. Lohrenz, H. Ahlbrecht, *Chem. Ber.*, **126**, 1887(1993); G. Boche, J. C. W. Lohrenz, A. Opel, "Lithium Chemistry", ed. by A.-M. Sapse, P. v. R. Schleyer, Chap.7, p.195, John Wiley & Sons, New York(1995).

32) J. S. Sawyer, A. Kucerovy, T. L. Macdonald, G. J. McGarvey, *J. Am. Chem. Soc.*, **110**, 842(1988).

33) A. Basu, S. Thayumanavan, *Angew. Chem., Int. Ed.*, **41**, 716(2002).

390　8. 有機典型元素化学

34) G. Köbrich, *Angew. Chem., Int. Ed. Engl.*, **11**, 473(1972)；A. I. Maercker, *Angew. Chem., Int. Ed. Engl.*, **32**, 1023 (1993)；"Tetrahedron Symposium-in-Print", 50(1994).

35) M. Topolski, M. Duraisamy, J. Rachoń, J. Gawronski, K. Gauronska, V. Goedken, H. M. Walborsky, *J. Org. Chem.*, **58**, 546(1993).

36) I. Marek, J.-F. Normant, *Chem. Rev.*, **96**, 3241(1996)

37) 友岡克彦, 五十嵐達也, 小峰伸之, 中井 武, 有機合成化学協会誌, **53**, 480(1995).

38) H. J. Reich, M. A. Medina, M. D. Bowe, *J. Am. Chem. Soc.*, **114**, 11003(1992).

39) K. Nilsson, C. Ullenius, N. Krause, *J. Am. Chem. Soc.*, **118**, 4194(1996)；S. H. Bertz, G. Miao, M. Eriksson, *J. Chem. Soc., Chem. Commun.*, **1996**, 815.

40) G. van Koten, S. L. James, J. T. B. H. Jastrzebski, "Comprehensive Organometallic Chemistry II", ed. by E. W. Abel, F. G. A. Stone, G. Wilkinson, Vol.3, Chap.2, p.57, Pergamon Press, Oxford(1995).

41) E. Nakamura, S. Mori, *Angew. Chem., Int. Ed.*, **39**, 3750(2000).

42) P. O'Brien, in "Comprehensive Organometallic Chemistry II", ed. by E. W. Abel, F. G. A. Stone, G. Wilkinson, Vol.3, Chap.4, p.175, Pergamon Press, Oxford(1995).

43) P. Knochel, P. Jones, "Organozinc Reagents", Oxford University Press, Oxford(1999).

44) A. Charette, A. Beauchemin, *Org. React.*, **58**, 1(2001).

45) E. Nakamura, A. Hirai, M. Nakamura, *J. Am. Chem. Soc.*, **120**, 5844(1998).

46) D. W. Stephan, G. Erker, *Angew. Chem., Int. Ed.*, **49**, 46(2010).

47) M. Yamashita, Y. Yamamoto, K.-y. Akiba, S. Nagase, *Angew. Chem., Int. Ed.*, **39**, 4055(2000).

48) K. Smith, A. Pelter, "Comprehensive Organic Synthesis", ed. by B. M. Trost, I. Fleming, Vol. 8, p. 703, Pergamon Press, Oxford(1991).

49) D. Männig, H. Nöth, *Angew. Chem., Int. Ed. Engl.*, **24**, 879(1985).

50) T. Ishiyama, M. Murata, N. Miyaura, *J. Org. Chem.*, **60**, 7508(1995).

51) T. Ishiyama, J. Takagi, J. F. Hartwig, N. Miyaura, *Angew. Chem., Int. Ed.*, **41**, 3056(2002).

52) J. J. Eisch, in "Comprehensive Organic Synthesis", ed. by B. M. Trost, I. Fleming, Vol.8, p.733, Pergamon Press, Oxford(1991).

(§8・2)

1) "有機金属化学の最前線(現代化学増刊 44)", 宮浦憲夫ほか編, 2章, 9章, 東京化学同人(2011).

2) M. Driess, H. Grützmacher, *Angew. Chem., Int. Ed. Engl.*, **35**, 828(1996).

(§8・3)

1) R. J. P. Corriu, C. Guérin, J. J. J. Moreau, *Top Stereochem.*, Vol.15, 43(1984)；R. R. Holmes, *Chem. Rev.*, **90**, 17 (1990).

2) R. Walsh, *Acc. Chem. Res.*, **14**, 246(1981).

3) T. G. Traylor, W. Hanstein, H. J. Berwin, N. A. Clinton, R. S. Brown, *J. Am. Chem. Soc.*, **93**, 5715(1971)；R. Hoffmann, *Acc. Chem. Res.*, **4**, 1(1971).

4) 吉田潤一, 有機合成化学協会誌, **53**, 53(1995).

5) J. C. Giordan, *J. Am. Chem. Soc.*, **105**, 6544(1983).

6) M. Driess, H. Grützmacher, *Angew. Chem., Int. Ed. Engl.*, **35**, 828(1996).

7) C. A. Reed, *Acc. Chem. Res.*, **31**, 325(1998).

8) K.-C. Kim, C. A. Reed, D. W. Elliott, L. J. Mueller, F. Tham, L. Lin, J. B. Lambert, *Science*, **297**, 825(2002).

9) K. Tamao, A. Kawachi, *Adv. Organomet. Chem.*, **38**, 1(1995).

10) A. G. Brook, A. R. Bassindale, "Rearrangements in Ground and Excited States", ed. by P. de Mayo, Essay9, Academic Press, New York(1980).

11) C. Chatgilialoglu, *Chem. Rev.*, **95**, 1229(1995)；C. Chatgilialoglu, "Organosilanes in Radical Chemistry", John Wiley & Sons(2004).

12) A. Sekiguchi, T. Fukawa, M. Nakamoto, V. Y. Lee, M. Ichinohe, *J. Am. Chem. Soc.*, **124**, 9865(2002).

13) "有機金属化学の最前線(現代化学増刊 44)", 宮浦憲夫ほか編, 2章, 9章, 東京化学同人(2011).

14) N. Tokitoh, *Acc. Chem. Res.*, **37**, 86(2004).

15) M. Ichinohe, M. Igarashi, K. Sanuki, A. Sekiguchi, *J. Am. Chem. Soc.*, **127**, 9978(2005).

16) K. Suzuki, T. Matsuo, D. Hashizume, H. Fueno, K. Tanaka, K. Tamao, *Science*, **331**, 1306(2011).

17) A. Sekiguchi, R. Kinjo, M. Ichinohe, *Science*, **305**, 1755(2004).

18) R. West, *J. Organomet. Chem.*, **300**, 327(1986)；R. D. Miller, J. Michl, *Chem. Rev.*, **89**, 1359(1989).

19) H. Tsuji, K. Tamao, J. Michl, *J. Organomet. Chem.*, **2003**, 685, 9.

(§8・4)

1) 俣野善博, 鈴木仁美, "有機超原子価化合物(季刊化学総説 34)", 日本化学会編, p.149, 学会出版センター

（1998）.

2）C. Müller, D. Vogt, *Dalton Trans.*, **2007**, 5505.

3）M. Yoshifuji, S. Sangu, K. Kamijo, K. Toyota, *Chem. Ber.*, **129**, 1049（1996）；稲本直樹，有機合成化学協会誌，**43**，777（1985）.

4）角山寛規，佃達哉，"有機金属化学の最前線（現代化学増刊44）"，宮浦憲夫ほか編，p.208，東京化学同人（2011）.

5）O. Ito, *J. Am. Chem. Soc.*, **105**, 850（1983）.

6）山子茂，"有機金属化学の最前線（現代化学増刊44）"，宮浦憲夫ほか編，p.126，東京化学同人（2011）.

7）H. Kagan, "Organosulfur Chemistry in Asymmetric Synthesis", ed. by T. Toru, C. Bolm, p.1, Wiley-VCH（2008）.

8）T. Murai, K. Kakami, A. Hayashi, T. Komuro, H. Takada, M. Fujii, T. Kanda, S. Kato, *J. Am. Chem. Soc.*, **119**, 8592（1997）；村井利昭，有機合成化学協会誌，**55**，1092（1997）.

9）R. Okazaki, N. Kumon, N. Inamoto, *J. Am. Chem. Soc.*, **111**, 5949（1989）；岡崎廉治，有機合成化学協会誌，**46**，1149（1988）.

10）H. Suzuki, N. Tokitoh, R. Okazaki, S. Nagase, M. Goto, *J. Am. Chem. Soc.*, **120**, 11096（1998）；時任宣博，有機合成化学協会誌，**52**，136（1994）.

11）U. Salzner, J. B. Lagowski, P. G. Pickup, R. A. Poirier, *Synth. Met.*, **96**, 177（1998）.

12）S. Yamaguchi, K. Tamao, *Chem. Lett.*, **34**, 2（2005）.

13）C. Wang, A. Fukazawa, M. Taki, Y. Sato, T. Higashiyama, S. Yamaguchi, *Angew. Chem., Int. Ed.*, **54**, 15213（2015）.

14）Q. Wang, R. Takita, Y. Kikuzaki, F. Ozawa, *J. Am. Chem. Soc.*, **132**, 11420（2010）；脇岡正幸，小澤文幸，化学，**70**，64（2015）.

15）A. Mishra, C. Ma, P. Bäuerle, *Chem. Rev.*, **109**, 1141（2009）.

16）K. Takimiya, S. Shinomura, I. Osaka, E. Miyazaki, *Adv. Mater.*, **23**, 4347（2011）.

17）R. S. Brown, R. W. Nagorski, A. J. Bennet, R. E. D. McClung, G. H. M. Aarts, M. Klobukowski, R. McDonald, B. D. Santarsiero, *J. Am. Chem. Soc.*, **116**, 2448（1994）.

18）H. Amii, K. Uneyama, *Chem. Rev.*, **109**, 2119（2009）.

19）W. B. Farnham, B. E. Smart, W. J. Middleton, J. C. Calabrese, D. A. Dixon, *J. Am. Chem. Soc.*, **107**, 4565（1985）.

20）T. Umemoto, *Rev. Heteroatom Chem.*, **10**, 123（1994）.

21）K. Fukushi, S. Suzuki, T. Kamo, E. Tokunaga, Y. Sumii, T. Kagawa, K. Kawada, N. Shibata, *Green Chem.*, **18**, 1864（2016）.

22）C. -L. Zhu, M. Maeno, F. -G. Zhang, T. Shigehiro, T. Kagawa, K. Kawada, N. Shibata, J. -A. Ma, D. Cahard, *Eur. J. Org. Chem.*, **29**, 6501（2013）.

23）T. Umemoto, *Chem. Rev.*, **96**, 1757（1996）.

24）J. Charpentier, N. Früh, A. Togni, *Chem. Rev.*, **115**, 650（2015）.

25）T. Koike, M. Akita, *Acc. Chem. Res.*, **49**, 1937（2016）.

26）G. K. S. Prakash, A. K. Yudin, *Chem. Rev.*, **97**, 757（1997）.

27）M. Oishi, H. Kondo, H. Amii, *Chem. Commun.*, **2009**, 1909; H. Morimoto, T. Tsubogo, N. D. Litvinas, J. F. Hartwig, *Angew. Chem., Int. Ed.*, **50**, 3793（2011）.

28）K. Aikawa, Y. Nakamura, Y. Yokota, W. Toya, K. Mikami, *Chem. Eur. J.*, **21**, 96（2015）; K. Aikawa, W. Toya, Y. Nakamura, K. Mikami, *Org. Lett.*, **17**, 4996（2015）.

29）H. Kawai, Z. Yuan, E. Tokunaga, N. Shibata, *Org. Biomol. Chem.*, **11**, 1446（2013）.

（§ 8・5）

1）C. W. Perkins, J. C. Martin, A. J. Arduengo, W. Lau, A. Alegria, J. K. Kochi, *J. Am. Chem. Soc.*, **102**, 7753（1980）.

2）T. A. Albright, J. K. Burdett, M. -H. Whangbo, "Orbital Interactions in Chemistry", Chap.14, John Wiley & Sons, New York（1985）.

3）R. R. Holmes, "Pentacoordinated Phosphorus; Volume 2: Reaction Mechanisms", ACS Monograph 176, Vol. 2, American Chemical Society, Washington D. C.（1980）; E. P. A. Couzijn, J. C. Slootweg, A. W. Ehlers, K. Lammertsma, *J. Am. Chem. Soc.*, **132**, 18127（2010）; K. Mislow, *Acc. Chem. Res.*, **3**, 321（1970）.

4）吉良満夫，有機合成化学協会誌，**52**，510（1994）.

5）玉尾皓平，有機合成化学協会誌，**46**，861（1988）.

6）C. Chuit, R. J. P. Corriu, C. Reye, J. C. Young, *Chem. Rev.*, **93**, 1371（1993）.

7）T. Kawashima, R. Okazaki, *Synlett*, **1996**, 600.

8）大饗茂，"有機超原子価化合物（季刊化学総説34）"，日本化学会編，p.79，学会出版センター（1998）.

9）J. P. Finet, *Chem. Rev.*, **89**, 1487（1989）.

10）落合正仁，"有機超原子価化合物（季刊化学総説34）"，日本化学会編，p.181，学会出版センター（1998）；落合正仁，長尾善光，有機合成化学協会誌，**44**，660（1986）; P. J. Stang, V. V. Zhdankin, *Chem. Rev.*, **96**, 1123（1996）.

（§ 8・6）

1) J. K. Kochi, "Organometallic Mechanisms and Catalysis", Academic Press, New York (1978).
2) W. C. Still, C. Sreekumar, *J. Am. Chem. Soc.*, **102**, 1201 (1980).
3) A. I. Meyers, D. A. Dickman, *J. Am. Chem. Soc.*, **109**, 1263 (1987); D. Hoppe, A. Carstens, T. Krämer, *Angew. Chem., Int. Ed. Engl.*, **29**, 1424 (1990).
4) H. M. Walborsky, F. J. Impastato, A. E. Young, *J. Am. Chem. Soc.*, **86**, 3283 (1964).
5) W. H. Glaze, C. M. Selman, A. L. Ball, Jr., I. E. Bray, *J. Org. Chem.*, **34**, 641 (1969).
6) H. C. Brown, K. J. Murray, *J. Org. Chem.*, **26**, 631 (1961).
7) G. W. Kabalka, E. E. Gooch III, *J. Org. Chem.*, **45**, 3578 (1980).
8) K. Tamao, J. Yoshida, H. Yamamoto, T. Kakui, H. Matsumoto, M. Takahashi, A. Kurita, M. Murata, M. Kumada, *Organometallics*, **1**, 355 (1982).
9) A. Rahm, M. Pereyre, *J. Am. Chem. Soc.*, **99**, 1672 (1977).
10) M. Gielen, R. Fosty, *J. Chem. Res.* (M), **1977**, 2379.
11) W. A. Nugent, J. K. Kochi, *J. Am. Chem. Soc.*, **98**, 5979 (1976).
12) 林民生, 有機合成化学協会誌, **43**, 419 (1985).
13) S. D. Kahn, C. F. Pau, A. R. Chamberlin, W. J. Hehre, *J. Am. Chem. Soc.*, **109**, 650 (1987).
14) I. Fleming, J. Dunoguès, R. Smithers, *Org. React.*, **37**, 57 (1989).
15) E. Colvin, "Silicon in Organic Synthesis", Butterworths (1981).
16) R. B. Miller, G. McGarvey, *J. Org. Chem.*, **43**, 4424 (1978).
17) K. Tamao, M. Akita, K. Maeda, M. Kumada, *J. Org. Chem.*, **52**, 1100 (1987).
18) E.-I. Negishi, M. J. Idacavage, *Org. React.*, **33**, 1 (1985).
19) G. Zweifel, J. A. Miller, *Org. React.*, **32**, 375 (1984).

9

有機遷移金属化学 I：
錯体の構造と結合

9・1 結晶場理論と配位子場理論

　遷移金属錯体の構造や性質を解析するために，古くから静電相互作用に基づいたモデルを用いた**結晶場理論**(crystal field theory)と分子軌道法を取入れた**配位子場理論**(ligand field theory)が用いられてきた．これらの理論は量子化学計算に基づく最近の解析法と比べて厳密性に欠けるものの，前者は錯体の色と磁性を，後者は錯体構造や金属-配位子間の結合様式を理解する方法として有用である．まず，結晶場理論を用いて，遷移金属錯体の基本となる正八面体形(octahedral)，正四面体形(tetrahedral)および平面正方形(square planar)の各構造におけるd軌道分裂の様子をみてみよう(図9・1)．

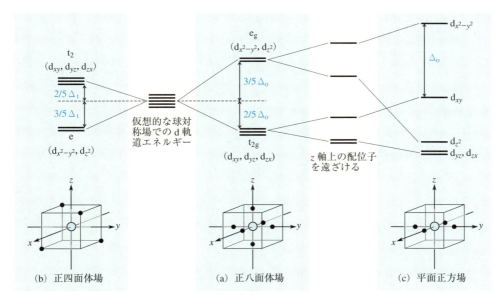

図9・1　結晶場中のd軌道の分裂．●は点電荷とみなした配位子を表す．

9・1・1 結晶場理論

　結晶場理論では，金属イオン(M)のまわりに配位子(L)の非共有電子対を負の点電荷とみなして配置したモデルを設定し，点電荷のつくる静電場の中で金属のd軌道エネルギーがどのように変化するかを，純粋に静電相互作用のみに基づいて考える．まず，点電荷が金属のまわりに均等に分布した仮想的な球対称場を考える．このとき，すべてのd軌道は点電荷からの静電反発を均等に受けて不

安定化し，遊離の金属イオンに比べて軌道エネルギーが上昇した五重の縮重軌道となる．一方，点電荷が正八面体の頂点に局在化した正八面体場（図9・1a）においては，d軌道が二重縮重のe_g軌道（$d_{x^2-y^2}$, d_{z^2}）と三重縮重のt_{2g}軌道（d_{xy}, d_{yz}, d_{zx}）とに分裂する．これは，図9・2に示すように，前者のd軌道群が点電荷の存在する方向を向いているため静電反発をより強く受けて不安定化するのに対して，後者のd軌道群では逆に静電反発が緩和されて安定化するためである．一般に，e_g軌道とt_{2g}軌道のエネルギー差をΔ_o（oはoctahedralを示す添字）と表記する．結晶場におけるd軌道分裂では，五つのd軌道の平均エネルギーが仮想的な球対称場と変わらず一定に保たれる．すなわち，d軌道の全エネルギーの重心の位置は分裂の前後で等しい（エネルギー重心保存則）．したがって，仮想的な球対称場に比べてe_g軌道は$3/5\Delta_o$不安定化し，t_{2g}軌道は$2/5\Delta_o$安定化する．

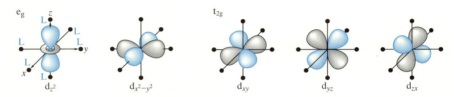

図9・2　正八面体形錯体における配位子Lとd軌道との関係

縮重の解けたd軌道には，エネルギーの低いt_{2g}軌道から順に電子が収容される．d軌道の分裂エネルギーΔ_oが対エネルギー（pairing energy，一つの軌道中で電子が対をつくるのに必要なエネルギー）より大きい場合には，1〜6番目までの電子がt_{2g}軌道に収容され，7番目以降の電子がe_g軌道に入る．一方，Δ_oが対エネルギーより小さい場合には，4,5番目の電子がt_{2g}軌道に収容されるよりもe_g軌道に収容されるほうがエネルギー的に有利となるため，$(t_{2g})^3(e_g)^n$ ($n=1, 2$) という電子配置をとる．さらにd電子数が増すとt_{2g}軌道，つづいてe_g軌道に電子が収容される．すなわち，Δ_oが対エネルギーより大きい場合にはスピン多重度の小さな低スピン錯体が，逆にΔ_oが対エネルギーより小さい場合はスピン多重度の大きな高スピン錯体がそれぞれ形成される．

d軌道分裂エネルギーΔ_oの大きさは金属と配位子の性質に依存し，次の傾向が認められる．1) 金属が同一であれば，高酸化状態のほうが分裂は大きい．2) 同族元素については3d＜4d＜5dの傾向がみられる．たとえば，CrからMoに，またCoからRhに中心金属が変化すると，Δ_oが約50％増大する．このため，高周期の金属ほど低スピン状態をとりやすい．3) 金属が同じであれば，配位子によって以下の順にΔ_oが大きくなる．この序列は，6配位錯体ML_6のd→d遷移吸収波長の配位子依存性から求められたもので，**分光化学系列**（spectrochemical series）とよばれる．ここで，ox^{2-}はシュウ酸イオン，bpyは2,2′-ビピリジン，phenは1,10-フェナントロリンを表す．

$I^- < Br^- < S^{2-} < SCN^- < Cl^- < N_3^-, F^- < (H_2N)_2CO, OH^- < ox^{2-} < O^{2-} < H_2O < NCS^-$
$< C_5H_5N, NH_3 < H_2NCH_2CH_2NH_2 < bpy, phen < NO_2^- < CH_3^-, C_6H_5^- < CN^- < CO$

次に4配位錯体についてみてみよう．4配位錯体の最も一般的な幾何構造は正四面体形と平面正方形である．図9・1(b)に正四面体場におけるd軌道分裂の様子を示す．正八面体場とは逆に，低エネルギーの二重縮重軌道eと高エネルギーの三重縮重軌道t_2に分裂する．金属や配位子の種類と金属−配位子間の距離が正八面体形錯体と同一であれば，そのエネルギー差Δ_t（tはtetrahedralを示す添字）は$(4/9)\Delta_o$であり，正八面体場よりもかなり小さくなる．

平面正方形の結晶場（図9・1c）は，正八面体形錯体の六つの配位子のうちz軸上の二つの配位子（点電荷）を取去ることによって生じる．z軸上の配位子を軸に沿って遠ざけてゆくと，正八面体場の

e_g と t_{2g} 軌道のうち z 軸方向に成分をもつ d_{z^2}, d_{yz}, d_{zx} 軌道のエネルギーが低下し，$d_{x^2-y^2}$ と d_{xy} 軌道のエネルギーは前記のエネルギー重心保存則に従って相対的に上昇する．平面正方場において d 軌道は，エネルギー準位の低いものから順に $d_{yz} = d_{zx} \approx d_{z^2} < d_{xy} < d_{x^2-y^2}$ となる．また，d_{xy} と $d_{x^2-y^2}$ 軌道のエネルギー差は Δ_o に等しい．Rh(I), Pd(II), Pt(II) などの d^8 金属が特に平面正方形錯体を形成しやすい．

9・1・2 配位子場理論

結晶場理論では，金属イオンと配位子との間に静電相互作用だけを考慮した．金属と配位子との結合が純粋にイオン的であれば，この静電結合モデルを用いて錯体の性質を十分に記述することもできるが，特に有機遷移金属錯体の結合は共有結合性が高く，錯体の性質をよりよく記述するためには分子軌道法を取入れた配位子場理論が必要となる．

図 9・3 に，すべての配位子が 3d 金属と σ 結合で結ばれ，金属－配位子間に π 相互作用が全く存在しない正八面体形錯体（O_h 点群に属する）の模式的な分子軌道エネルギー準位図を示す．金属の原子価軌道（3d, 4s, 4p）は軌道の対称性をもとに 4 種類に分類される．すなわち，3d 軌道は $e_g(d_{x^2-y^2}, d_{z^2})$ と $t_{2g}(d_{xy}, d_{yz}, d_{zx})$ の 2 種類に（図 9・2 参照），また 4s 軌道と 4p 軌道はそれぞれ a_{1g} と t_{1u} に分類される．図 9・3 の右に示すように，配位子についても六つの σ 型軌道を組合わせて e_g, a_{1g}, t_{1u} の対称性をもつ合計六つの分子軌道をつくり出すことができる．同じ対称性をもつ金属と配位子の軌道から六つの結合性軌道（a_{1g}, t_{1u}, e_g）と六つの反結合性軌道（$e_g^*, a_{1g}^*, t_{1u}^*$）が生じるが，金属の三つの t_{2g} 軌道は配位子側に対称性の一致する軌道をもたないためそのまま非結合性の d 軌道として残る．この軌道準位図から，六つの配位子から計 12 個の電子が結合性軌道に供与され，さらに金属の t_{2g} 軌道に 6 個の非共有電子（d 電子）が存在するとき，すなわち価電子数が 18 であるときに，錯体の電子配置が閉殻構造となり安定化することがわかる．後述する 18 電子則の理論的支持のひとつである．

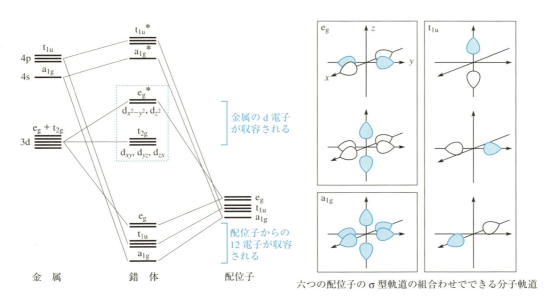

図 9・3　正八面体形錯体の分子軌道エネルギー準位図

次に，ハロゲン化物イオン，アルコキシ基，一酸化炭素など，配位原子に p 軌道や π* 軌道などの π 型軌道をもつ配位子が金属に結合した際に起こる軌道相互作用についてみてみよう．ここでは単純化のため π 型軌道をもつ同一の配位子が六つ対称に配位した正八面体形錯体を考える．図 9・4(a) に

示すように，配位子の π 型軌道を組合わせて t_{2g} 対称性をもつ分子軌道を 3 組つくり出すことができる．それらは，xy, yz, zx の各平面上に存在するが，図には yz 平面上にある分子軌道だけを示している．この軌道は，金属の三つの t_{2g} 軌道（d_{xy}, d_{yz}, d_{zx}）のうち，軌道が重なり合う d_{yz} 軌道と相互作用を起こして結合性と反結合性の分子軌道を生じる．xy および zx 平面上でも同様の軌道相互作用が起こるので，三重縮重の t_{2g} と $t_{2g}{}^*$ がそれぞれ発生することになる．

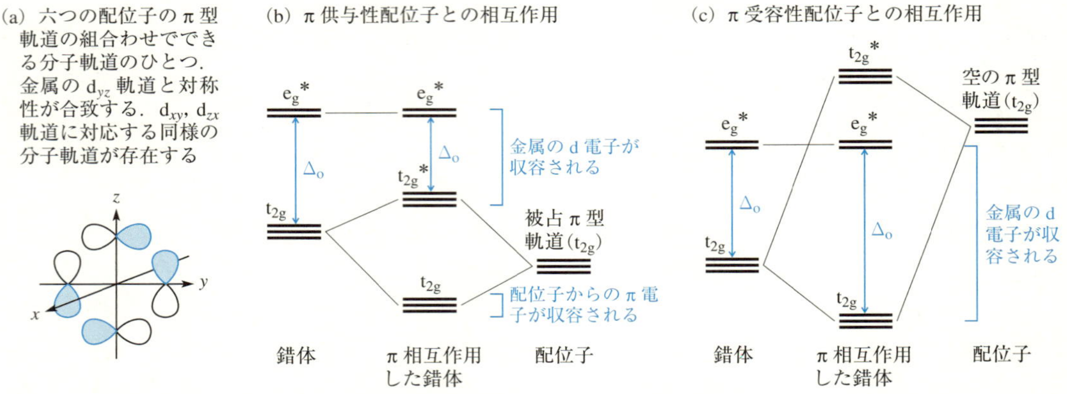

(a) 六つの配位子の π 型軌道の組合わせでできる分子軌道のひとつ．金属の d_{yz} 軌道と対称性が合致する．d_{xy}, d_{zx} 軌道に対応する同様の分子軌道が存在する

(b) π 供与性配位子との相互作用

(c) π 受容性配位子との相互作用

図 9・4 π 型軌道をもつ配位子と金属との軌道相互作用による d 軌道エネルギー準位の変化

図 9・4 の(b)に示すように，ハロゲン化物イオンやアルコキシ基などの電子の詰まった π 型軌道をもつ π 供与性配位子が金属と結合した場合，新たに発生する t_{2g} 軌道と $t_{2g}{}^*$ はともに被占軌道となる．図から明らかなように，Δ_o は金属と配位子が σ 結合だけで結ばれていた場合に比べて小さくなる．一方，(c)に示すように，空の π 型軌道をもつ π 受容性配位子が結合した場合には，安定化した t_{2g} 軌道だけが被占軌道となるため Δ_o は大きくなる．

このように分子軌道の考え方を取入れた配位子場理論により，結晶場理論では説明できなかったいくつかの問題は合理的に理解できる．たとえば，塩化物イオンや臭化物イオンなどはアニオンであるにもかかわらず分光化学系列が下位となるのは，図 9・4(b)のように，金属の空の d 軌道と相互作用できる被占 π 型軌道の存在によって Δ_o が小さくなるためである．一方，一酸化炭素は中性分子で分極率が小さいにもかかわらず分光化学系列の上位を占めるのは，図 9・4(c)に示すように，金属の被占 d 軌道と相互作用できる空の π^* 軌道（図 9・7 参照）をもち，Δ_o が大きくなるためである．

9・2　配位子の種類とハプト数，形式電荷および供与電子数

配位子を，1）金属と結合している原子の数（ハプト数），2）形式電荷，3）金属に供与される電子数，に基づいて分類することができる．ハプト数については §7・1 で説明した．また，形式電荷についても，金属-配位子間に存在する結合電子（すなわち供与電子）を配位子側に割当て，そのさいに配位原子上に生じる電荷数であることを述べた．しかし，§7・4 で述べたように，有機遷移金属錯体の金属-配位子間に描かれる結合線が，有機化学で一般的な二中心二電子結合を示すものでは必ずしもないため，形式電荷を算出する際に注意が必要となる．以下に具体例を用いて説明する．

表 9・1 に代表的な配位子のハプト数，形式電荷，供与電子数を示す．ただし，形式電荷と供与電子数はイオン結合モデルに従った値である．ハプト数が 1（η^1）のヒドリド，アルキル，アリールなどの配位子が金属と二中心二電子結合を形成していることは容易に理解できるだろう．M-R 結合の結

9・2 配位子の種類とハプト数，形式電荷および供与電子数　　397

合電子対をアルキル基側に割当てると $M^+:R^-$ と書ける（金属のほうが炭素より電気陽性である）ので，アルキル配位子は形式電荷 -1，供与電子数 2 のアニオン性配位子（anionic ligand）である．一方，カルボニル配位子のハプト数も 1 であるが，その Lewis 構造式 $:C\equiv O:$ からわかるように，炭素上にもともと存在する非共有電子対によって金属に配位する $OC:\rightarrow M$，すなわち，形式電荷 0，供与電子数 2 の中性配位子（neutral ligand）である．

表 9・1　代表的な配位子のハプト数，形式電荷，供与電子数（イオン結合モデル）

種類	配位子名	ハプト数	形式電荷	供与電子数	種類	配位子名	ハプト数	形式電荷	供与電子数
M—X	X＝Cl では[†1] クロリド（chlorido）	1	−1	2	M—‖C C	η^2-アルケン（η^2-alkene）	2	0	2
M—OR	アルコキソ（alkoxo）	1	−1	2	M—⫴C C	η^2-アルキン（η^2-alkyne）	2	0	2
M—H	ヒドリド（hydrido）	1	−1	2	M	η^4-ジエン（η^4-diene）	4	0	4
M—R	アルキル（alkyl）	1	−1	2	M	η^5-シクロペンタジエニル（η^5-cyclopentadienyl）	5	−1	6
M—Ar	アリール（aryl）	1	−1	2	M	η^6-ベンゼン（η^6-benzene）	6	0	6
M=	アルケニル（alkenyl）	1	−1	2	Cl M—M	μ-クロリド（μ-chlorido）	1	−1	4
M—≡—R	アルキニル（alkynyl）	1	−1	2	R O M—M	μ-アルコキソ（μ-alkoxo）	1	−1	4
O ‖ M—C—R	アシル（acyl）	1	−1	2	H M—M	μ-ヒドリド（μ-hydrido）	1	−1	2
M—CO	カルボニル（carbonyl）	1	0	2	O C M—M	μ-カルボニル（μ-carbonyl）	1	0	2
M=C R R′	カルベン（carbene），アルキリデン[†2]（alkylidene）	1	0 (−2)[†3]	2 (4)[†3]	R₂ C M—M	μ-アルキリデン（μ-alkylidene）	1	−2	4
M≡C—R	カルビン（carbyne），アルキリジン[†2]（alkylidyne）	1	−1 (−3)[†3]	4 (6)[†3]	O C M—M M	μ_3-カルボニル（μ_3-carbonyl）	1	0	2
M—	σ-アリル（σ-allyl），η^1-アリル[†2]（η^1-allyl）	1	−1	2	R C M—M M	μ_3-アルキリジン（μ_3-alkylidyne）	1	−3	6
M—	π-アリル（π-allyl），η^3-アリル[†2]（η^3-allyl）	3	−1	4					

†1　X＝Cl（クロリド chlorido），Br（ブロミド bromido），I（ヨージド iodido）.
†2　IUPAC 2005 年勧告による名称.
†3　高酸化状態の前期遷移金属に適用される（§9・6・4 参照）.

　カルベン配位子（アルキリデン配位子）については，中心金属の性質によってとらえ方が異なるので詳しくは §9・6・4 を参照してほしい．
　σ-アリル配位子は末端の飽和炭素原子を通して金属と σ 結合し，炭素－炭素二重結合は配位に関与しない．したがってハプト数は 1（η^1）であり，形式電荷，供与電子数はそれぞれ -1，2 となる．一方，π-アリル配位子は，アリル位の炭素で σ 結合し，さらに炭素－炭素二重結合の π 電子で金属に 2 電子配位しているとみなすことができる．したがって，アリル基のすべての炭素が金属と結合しており，ハプト数は 3（η^3），形式電荷と供与電子数はそれぞれ -1，4 である．同様に，シクロペンタジエ

ニル配位子は，一つの炭素で σ 結合し，さらに二つの炭素−炭素二重結合で金属にそれぞれ 2 電子配位していると考えることができるので，ハプト数は $5(\eta^5)$，形式電荷と供与電子数はそれぞれ −1, 6 となる．

表 9・1 中に現れる μ や μ_3 という記号は，配位子がいくつかの金属にまたがって架橋配位していることを示し，添字は配位子と結合している金属の数を表している．二つの金属に架橋配位している場合には，添字を省略して μ と書くのが一般的である．

$$\mu_2\text{(あるいは単に} \mu\text{)} \qquad \mu_3$$

形式電荷は配位子の種類によって一定であるが，供与電子数は上述のアリル配位子の例からもわかるように，配位様式によって異なる場合がある．たとえば，クロリド配位子の形式電荷は −1 であるが，非共有電子対をもっているため，末端配位の場合には 2 電子供与配位子，二重架橋配位(μ_2)の場合には 4 電子供与配位子，さらに三重架橋配位(μ_3)の場合には 6 電子供与配位子としてふるまう．一方，同じく形式電荷 −1 のヒドリド配位子は非共有電子対をもたないため，末端配位，架橋配位の如何を問わず金属に供与できる電子数は 2 である．

9・3 金属の形式酸化数と錯体の d 電子数および価電子数

7 章で説明したように，錯体の電子構造を理解するうえで，1) 金属の形式酸化数，2) 錯体の d 電子数，3) 錯体の価電子数，の三つの数値が重要である．これらの数値を用いて，たとえば $Ni(CH_3)(Cl)(PR_3)_2$ は，Ni(II), d^8, 16e 錯体と表記する．これは，ニッケルの形式酸化数が +2，錯体の d 電子数が 8，価電子数が 16 であることを意味する．これらの三つの数値を導き出す一般的な手順を次に示す．

まず，周期表における金属の族番号を知らなければならない．族番号が原子価状態における酸化数 0 の金属〔M(0) と書く〕の d 電子数に対応するからである．ここで M(0) の d 電子数は金属元素 M の最外殻電子配置(Ni の場合，$4s^2 3d^8$)ではなく，原子価状態にある金属の最外殻電子配置〔Ni(0) の場合 $3d^{10}$〕に基づくことに注意を要する．ニッケルは 10 族元素なので，Ni(0) の d 電子数は 10 個 (d^{10}) というわけである．次に，錯体中の金属の形式酸化数を表 9・1 の配位子の形式電荷をもとに計算する．金属まわりの配位子の形式電荷の合計が $-n$ となる中性錯体では，中心金属の形式酸化数は $+n$ である．錯体全体として電荷をもつ場合にはその分を補正すればよい．上のニッケル錯体は中性で，配位子の形式電荷の合計が −2 なので，Ni の形式酸化数は +2 となり，これを Ni(II) と表記する．一方，Zeise 塩 $[Pt(CH_2=CH_2)Cl_3]^-$ は，配位子の形式電荷の合計が −3 で，さらに全体で −1 の電荷をもっているため，白金の形式酸化数は +2，すなわち Pt(II) 錯体である．

錯体の d 電子数は，〔M(0) の d 電子数〕−〔形式酸化数〕である．たとえば，Ni(II) 錯体の d 電子数は 10−2 = 8 でこれを d^8 と書く．金属の d 電子数ではなく，"錯体の d 電子数"とよぶのは，金属がもともと所有していた d 電子の数と区別し，錯体の非結合性軌道に存在する d 電子数であることを明示するためである．たとえば，§9・1・2 で述べた八面体形の低スピン錯体では，t_{2g} 軌道に存在す

るd電子数に相当する．この錯体のd電子数は，有機遷移金属錯体の配位数と幾何構造を決定する重要な要素となる．

錯体の価電子数は，［錯体中のd電子数（価電子数）］＋［配位子からの供与電子数（価電子数）の合計］である．配位子からの供与電子数は表9・1に与えられている．上述のニッケル錯体の場合は，d^8金属に2電子供与の配位子が四つ結合しているので，錯体の価電子数は $8+2\times4=16$ となり，これを16eと表記し，16電子錯体とよぶ．これらの数値の求め方については，以下の例も参考にしてほしい．

Mo(IV)	d^2	2e
2(C_5H_5)$^-$	$2\times6e$ =	12e
2H$^-$	$2\times2e$ =	4e
		18e

Mo(IV), d^2, 18e

$(OC)_4Co-Co(CO)_4$

Co(0), d^9, 18e

Co(0)	d^9	9e
4(CO)	$4\times2e$ =	8e
Co-Co	$1\times2e$ =	2e/2
Coひとつにつき		18e

なお，d電子数の少ない周期表の左側の遷移金属（4, 5族など）を前期（あるいは早期）遷移金属（early transition metal），右側の遷移金属（8〜10族など）を後期遷移金属（late transition metal）とよぶことがあるが，これには，何族までを前期とよぶか，といった厳密な定義はなく，d電子数の大小による性質や反応性の違いを表現するために導入された大まかな区別である．

9・4 18 電 子 則

錯体のd電子数と価電子数は有機遷移金属錯体の幾何構造や安定性を予測する際の重要な指標となる．遷移金属は原子価殻に［$d_{xy}, d_{yz}, d_{zx}, d_{x^2-y^2}, d_{z^2}$］，［$s$］，［$p_x, p_y, p_z$］の計九つの軌道をもち，これらの軌道のすべてに電子が充填されるとき，すなわち18電子が収容されるときに貴ガスの電子配置となり錯体が安定化すると予想される．一方，18電子から大きくはずれる場合には，空気中で容易に酸化を受けたり，配位子の一部が解離するなど，錯体は不安定になると予想される．したがって，価電子数は遷移金属錯体の安定性を予測する際の重要な指標となる．この一般則を，**18電子則**（18-electron rule）あるいは有効原子番号則（effective atomic number rule）とよぶ．また，18電子則をみたす錯体を**配位飽和錯体**（coordinatively saturated complex），価電子数が18にみたない錯体を**配位不飽和錯体**（coordinatively unsaturated complex）とよぶ．

Cr(0), d^6, 18e

Mn(I), d^6, 18e

Fe(0), d^8, 18e

Ni(0), d^{10}, 18e

金属−炭素結合を有する有機遷移金属錯体には18電子則に適合するものが多く存在する．これは，遷移金属と炭素配位子との結合に共有結合性の高いものが多く，配位子場におけるd軌道分裂エネルギーが大きいためである．たとえば，正八面体形錯体（図9・3）についてみてみると，金属−配位子間の共有結合性が増加するのに伴って結合性の e_g 軌道は安定化し，逆に反結合性の e_g^* 軌道は不安定化する．一方，非結合性の t_{2g} 軌道はこの影響をあまり受けないので，結果として t_{2g} 軌道と e_g^* 軌道とのエネルギー差，すなわちd軌道の分裂エネルギーが大きくなる．前述のように，18電子則は，非結合性の t_{2g} 軌道まで電子が充填されて金属まわりの電子配置が閉殻構造となるときに錯体が安定

化することを前提としている．そのため，e_g^* 軌道のエネルギー準位が高く，d 軌道の分裂エネルギーの大きな有機遷移金属錯体にうまく適合する．これに対して，$[Co(H_2O)_6]^{2+}$ (19e) や $[Ni(en)_3]^{2+}$ (en = エチレンジアミン, 20e) などの例にみられるように，無機系の遷移金属錯体，特に 3d 金属の無機錯体には価電子数が 18 を超えるものが多く存在する．

有機遷移金属錯体についても 18 電子則を満足しないものがある．その場合は，無機錯体とは異なり，価電子数が 18 未満の配位不飽和錯体となる場合が多い．価電子数が 18 にみたない理由のひとつは立体的因子にあり，d 電子数の少ない前期遷移金属錯体において特に顕著である．たとえば，$Cp_2Ti(CH_3)_2$ ($Cp = \eta^5\text{-}C_5H_5$) では，4 族金属であるチタンにもともと 4 電子しかなく，18 電子則を満足するまで多くの配位子と結合することが立体的にむずかしいため 16 電子錯体となる．また，d 電子数の多い 10 族のパラジウムや白金についても，$P(t\text{-}C_4H_9)_3$ などのきわめて嵩高い配位子をもつ場合には 14 電子の配位不飽和錯体が単離されている．

Ti(IV), d^0, 16e　　　　M(0), d^{10}, 14e (M = Pd, Pt)

一方，d 軌道分裂に起因する電子的要請によって価電子数が 18 にみたない配位不飽和錯体が形成される場合がある．d^6 の 5 配位錯体 (16e) と d^8 の 4 配位錯体 (16e) がその代表例であり，特に d 軌道の分裂エネルギーが大きい 4d 金属と 5d 金属の錯体に多数見受けられる．以下に代表例を示す．いずれも立体的には不利と考えられる特異な幾何構造をもつ点に特徴がある．すなわち，前記の $Fe(CO)_5$ や $Ni(CO)_4$ にみられるように，5 配位と 4 配位の錯体では三方両錐形と四面体形がそれぞれ立体的に有利なはずであるが，d^6 金属をもつルテニウム錯体では四角錐形が，d^8 金属をもつロジウム錯体とイリジウム錯体では平面正方形が，それぞれ安定構造である．

Ru(II), d^6, 16e　　　　Rh(I), d^8, 16e　　　　Ir(I), d^8, 16e

9・5　σ 結合性配位子

9・5・1　アルキル錯体

遷移金属のアルキル錯体は，Ziegler–Natta 触媒によるエチレン，プロピレン重合やロジウム錯体触媒を用いたヒドロホルミル化など数多くの重要な触媒反応の中間体となっている．場合によっては安定な化合物として単離できるものもある．

遷移金属–炭素結合の強さはおおむね 130〜330 kJ mol^{-1} の範囲にあり，一般に遷移金属と酸素，窒素，ハロゲン原子との結合より弱い．同族元素を比べた場合，配位子の組合わせが同じならば，原子量が増すほど，いいかえれば周期表で下側にあるものほど結合は強くなる．代表的な値を表 9・2 に示す．

アルキル錯体の合成法としてさまざまな方法が採用されてきたが，それらを整理すると次の四つのタイプに分類される．

9・5 σ結合性配位子

表 9・2 遷移金属アルキル錯体の金属−炭素結合解離エネルギー$(kJ\,mol^{-1})^†$

錯 体	結合解離エネルギー	錯 体	結合解離エネルギー
4 族		**7 族**	
$Cp^*_2Ti(CH_3)_2$	281 ± 8	$Mn(CO)_5CH_3$	187 ± 4
$Cp^*_2Ti(C_6H_5)_2$	280 ± 9	$Mn(CO)_5C_6H_5$	207 ± 10
$Cp^*_2Zr(CH_3)_2$	284 ± 2	$Re(CO)_5CH_3$	220 ± 10
$Cp^*_2Zr(C_6H_5)_2$	312 ± 10		
$Cp^*_2Hf(CH_3)_2$	306 ± 8	**9 族**	
		$Cp^*Ir[P(CH_3)_3](CH_3)_2$	242 ± 3
6 族		**10 族**	
$Cp_2Mo(CH_3)_2$	166 ± 8	$CpPt(CH_3)_3$	163 ± 21
$Cp_2W(CH_3)_2$	221 ± 4		
$W(CH_3)_6$	160 ± 6		

† $Cp^* = \eta^5\text{-}C_5(CH_3)_5$

1) 遷移金属のハロゲン化物と炭素求核剤の反応

$$Cl-\underset{\underset{PR_3}{|}}{\overset{\overset{PR_3}{|}}{Pt}}-Cl \;+\; 2\,n\text{-}C_4H_9Li \quad\underset{-\,2\,LiCl}{\longrightarrow}\quad n\text{-}C_4H_9-\underset{\underset{PR_3}{|}}{\overset{\overset{PR_3}{|}}{Pt}}-n\text{-}C_4H_9$$

Pt(Ⅱ), d^8, 16e 　　　　　　　　　Pt(Ⅱ), d^8, 16e

2) 遷移金属のアニオン錯体と炭素求電子剤の反応

Fe(0), d^8, 18e 　　　　　　　　　Fe(Ⅱ), d^6, 18e

3) 低酸化状態の錯体に対するハロゲン化アルキルの酸化的付加反応

Ir(Ⅰ), d^8, 16e 　　　　　　　　　Ir(Ⅲ), d^6, 18e

4) 遷移金属−ヒドリド結合への不飽和炭化水素の挿入反応

$$Cl-\underset{\underset{PR_3}{|}}{\overset{\overset{PR_3}{|}}{Pt}}-H \;+\; CH_2{=}CH_2 \quad\longrightarrow\quad Cl-\underset{\underset{PR_3}{|}}{\overset{\overset{PR_3}{|}}{Pt}}-C_2H_5$$

Pt(Ⅱ), d^8, 16e 　　　　　　　　　Pt(Ⅱ), d^8, 16e

　アルキル錯体のなかには，不活性ガス雰囲気中でも室温で分解するなど不安定なものがあるが，表 9・2 の値からも明らかなように金属−炭素結合はそれほど弱いわけではなく，分解の原因は熱力学的な不安定さというよりはむしろ β 水素脱離反応に代表される分解過程が存在するためである．したがってアルキル錯体の不安定さは速度論的なものということができる．

　β 水素脱離反応（単に β 脱離とよぶこともある）については 10 章でくわしく述べるが，β 炭素上に水素をもつアルキル配位子のシス位に空配位座（配位不飽和座）が存在するとき，四中心遷移状態を経

てβ水素の引抜きが起こり，アルケンとヒドリド錯体が生じる．遷移状態は M（金属）–C–C–H がシンペリプラナー配置をとる必要がある．またシス位に空配位座がない場合にはβ水素が金属中心に接近することができず，β水素脱離は起こらない．

□ は空配位座を示す

　次のようなβ水素をもたないアルキル基を配位子とする錯体，1-アダマンチル基，1-ノルボルニル基などβ水素脱離によるアルケンの生成が Bredt 則（§3・2 参照）によって通常は不可能なものを配位子とする錯体や，M–C–C–H がシンペリプラナー配置をとりえないメタラシクロブタンなどが，安定なアルキル錯体として単離されている．

$W(CH_3)_6$

W(VI), d^0, 12e

$Zr(CH_2C_6H_5)_4$

Zr(IV), d^0, 8e

$Ti[CH_2C(CH_3)_3]_4$

Ti(IV), d^0, 8e

Cr(IV), d^2, 10e

Fe(IV), d^4, 12e

Pt(II), d^8, 16e

9・5・2　ヒドリド錯体

　遷移金属と水素原子の間にσ結合をもつものは**ヒドリド錯体**（hydrido complex）とよばれ，アルケンやカルボニル化合物の水素化，アルケンのヒドロホルミル化など水素が関与する触媒反応の中間体として重要である．遷移金属–水素結合は共有結合性が高く，その結合解離エネルギーは 240〜350 kJ mol^{-1} 程度で，一般に遷移金属–炭素結合より強い．

　ヒドリド錯体の配位様式には末端配位，架橋配位（μ），三重架橋配位（μ_3）などが知られている．末端配位のヒドリド錯体の場合，金属–水素間距離は，3d 元素で 145〜160 pm，4d 元素，5d 元素でそれぞれ 160〜170 pm，165〜175 pm となっているが，架橋ヒドリド錯体ではこれらに比べ 15〜20 pm 長くなっている．ヒドリド配位子は ^{1}H NMR では通常テトラメチルシランより高磁場（δ 0〜−30）にシグナルが観察される．IR では 1500〜2200 cm^{-1} に M–H 伸縮振動に基づく特徴的な吸収が観察される．

　ヒドリド錯体はおもに次の五つの反応によって生成する．

1）遷移金属のハロゲン化物と LiB$(C_2H_5)_3$H，NaBH$_4$，LiAlH$_4$ などのヒドリド反応剤との反応

$$RuCl_2(PPh_3)_3 + NaBH_4 + PPh_3 \longrightarrow RuH_2(PPh_3)_4$$

Ru(II), d^6, 16e　　　　　　　　　　　　　　　　Ru(II), d^6, 18e

2）遷移金属錯体のプロトン化

$$Cp_2WH_2 + H^+ \longrightarrow [Cp_2WH_3]^+$$

W(IV), d^2, 18e　　　　　　　W(VI), d^0, 18e

$$[Co(CO)_4]^- + H^+ \longrightarrow HCo(CO)_4$$

Co(−I), d^{10}, 18e　　　　　　Co(I), d^8, 18e

9・5 σ結合性配位子

アニオン錯体のプロトン化では中性のヒドリド錯体が，中性錯体のプロトン化ではカチオン性のヒドリド錯体が生成する．またヒドリド錯体とプロトン酸の反応で，しばしば分子状水素(η^2-H$_2$)錯体が生成する．

3) 低酸化状態の遷移金属錯体に対する水素分子の酸化的付加反応

$$IrCl(CO)(PPh_3)_2 + H_2 \longrightarrow IrH_2Cl(CO)(PPh_3)_2$$

Vaska 錯体 Ir(I), d^8, 16e   Ir(III), d^6, 18e

$$RhCl(PPh_3)_3 + H_2 \longrightarrow RhH_2Cl(PPh_3)_3$$

Wilkinson 錯体 Rh(I), d^8, 16e   Rh(III), d^6, 18e

水素の酸化的付加反応はアルケンなど不飽和炭化水素の触媒的水素化の重要な素反応であり（§10・8・1参照），cis-ジヒドリド錯体が生成する．

4) C-H結合の酸化的付加反応

$$W[P(CH_3)_3]_6 \longrightarrow$$

W(0), d^6, 18e

W(II), d^4, 16e

Fe(0), d^8, 16e   THF, −70℃〜室温

Fe(II), d^6, 18e

分子内反応，配向基を利用したオルトメタル化や光反応で配位不飽和な活性種を発生させる例などが知られている（§9・6・1も参照）．

5) アルキル錯体あるいはアルコキソ錯体からの β 水素脱離反応

$$RuCl_2(PPh_3)_4 + 2KOCH(CH_3)_2 \longrightarrow RuH_2(PPh_3)_4 + 2KCl + 2(CH_3)_2CO$$

Ru(II), d^6, 18e   Ru(II), d^6, 18e

ヒドリド錯体の金属−水素結合は，通常，金属中心が δ+ に，水素原子が δ− に分極しているため，ヒドリド錯体は塩基性を示すことが多い．表9・3に代表的なヒドリド錯体の pK_a を示した．

しかし，ヒドリド配位子の反応性を決定づけているのは基底状態でのM−Hの分極ではなく，

表 9・3　ヒドリド錯体の酸性度定数 pK_a

錯体	p$K_a^\dagger$	錯体	p$K_a^\dagger$
HCo(CO)$_4$	強酸(H$_2$O)	HMn(CO)$_5$	14.2 (CH$_3$CN)
	約1 (CH$_3$OH)	HW(C$_5$H$_5$)(CO)$_3$	16.1 (CH$_3$CN)
	8.4 (CH$_3$CN)	HW(C$_5$H$_5$)(CO)$_2$[P(CH$_3$)$_3$]	26.6 (CH$_3$CN)
H$_2$Fe(CO)$_4$	11.4 (CH$_3$CN)	[HMo(C$_5$H$_5$)(CO)$_3$]‡	−6.0 (CH$_3$CN)
HFe(C$_5$H$_5$)(CO)$_2$	19.4 (CH$_3$CN)	[HW(C$_5$H$_5$)(CO)$_3$]‡	−3.0 (CH$_3$CN)
HCr(C$_5$H$_5$)(CO)$_3$	13.3 (CH$_3$CN)		

† （ ）内は測定溶媒．

L_nM^+，$L_nM\cdot$，L_nM^-の安定性である．ヒドリド配位子の反応性を以下に示す．

1) H^-としての反応：前期遷移金属のヒドリド錯体によくみられるが，後期遷移金属のヒドリド錯体がこのような反応性を示すこともある．

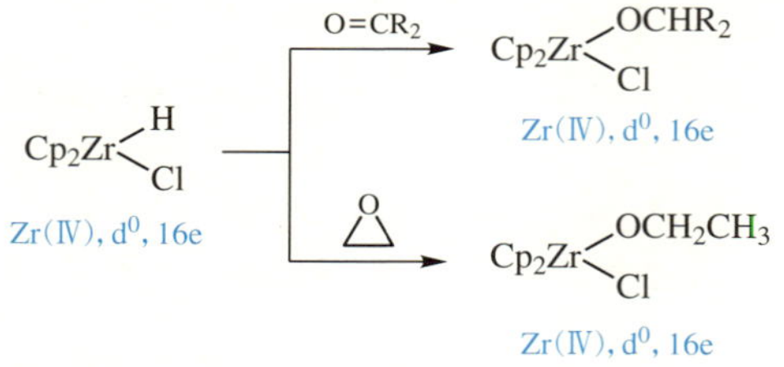

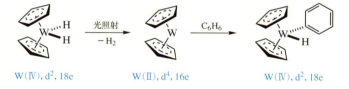

2) $H\cdot$としての反応

$$2\,[HCo(CN)_5]^{3-} + C_6H_5CH=CH_2 \longrightarrow 2\,[Co(CN)_5]^{3-} + C_6H_5CH_2CH_3$$
　　　　Co(III), d^6, 18e　　　　　　　　　　　　　Co(II), d^7, 17e

3) H^+としての反応：カルボニルヒドリド錯体$HM(CO)_n$は，カルボニル配位子のπ受容性が強く$[M(CO)_n]^-$が安定化されるためプロトン供与体として反応する．次の例の$HCo(CO)_4$は，水中で塩酸と同程度の酸性を示す．

$$HCo(CO)_4 \rightleftharpoons H^+ + [Co(CO)_4]^-$$
　Co(I), d^8, 18e　　　　　　Co(−I), d^{10}, 18e

4) M−H結合へのアルケン，アルキンの挿入：M−Hへのアルケンの挿入反応〔§9・5・1の4)参照〕はアルケンの水素化，異性化，ヒドロホルミル化など重要な触媒反応の鍵段階となっている（§10・8参照）．

5) 光照射によるH_2の脱離：水素の脱離によって生じる配位不飽和種に対して，しばしばアルカンあるいはアレーンのC−H結合の酸化的付加反応が起こる．

W(IV), d^2, 18e　　　　W(II), d^4, 16e　　　　W(IV), d^2, 18e

9・5・3　分子状水素錯体

分子状水素錯体は二つの水素原子が結合性相互作用を保ったまま金属に配位したもので，ジヒドリド錯体と明確に区別するため分子状水素錯体(molecular hydrogen complex, dihydrogen complex，またはη^2-H_2 complex)とよばれる．

水素分子と遷移金属の間には図9・5に示すような2通りの相互作用が存在する．一つは水素分子のσ軌道から金属の空のd軌道への電子の供与であり，もう一つは金属の被占d軌道から水素のσ*軌道への逆供与である．

図9・5　分子状水素錯体における相互作用

9・5 σ結合性配位子　　405

　金属からの逆供与が強まればH−H結合は弱まり，ついには結合の開裂が起こりジヒドリド錯体となる．したがって分子状水素錯体は，金属の被占d軌道と水素のσ^*軌道のエネルギー差が大きく，金属からの逆供与が強くない場合にだけ生成する．また逆供与が弱いためH_2配位子上の電子密度は低く，配位水素分子は配位していない水素分子に比べ酸性度が高い．^{1}H NMRにおいて，η^2-H_2配位子のシグナルは遊離の水素分子（δ 4.5付近）とヒドリド配位子のシグナルの中ほど，通常はδ 0〜−5付近に観察される．

$$L_nM\!-\!\overset{\displaystyle H}{\underset{\displaystyle H}{|}} \quad\rightleftharpoons\quad L_nM\!\begin{smallmatrix}H\\H\end{smallmatrix}$$

さまざまな遷移金属に関して分子状水素錯体が合成されている．

W(0), d^6, 18e　　　　Ru(II), d^6, 18e　　　　Cr(0), d^6, 18e

9・5・4　アゴスティック相互作用

　アルキル配位子などのC−H結合の水素原子が，中心金属と分子内配位結合を形成する一種の三中心二電子結合をアゴスティック相互作用（agostic interaction）とよぶ．agosticという語はギリシャ語の$\alpha\gamma o\sigma\tau\omega$（英語のclasp, hold to oneself）に由来した造語であり，当初は金属−水素−炭素間の相互作用について定義されたが，現在ではケイ素，窒素，硫黄などの典型元素に結合した水素原子と金属間の相互作用に対しても用いられる．アゴスティック相互作用は，前述のアルキル錯体のβ水素脱離によるヒドリド錯体の生成やC−H結合の酸化的付加反応によるヒドリド−アルキル錯体の生成の前段階ともみなしうるものなので，ここで述べる．

　アゴスティック相互作用には，金属が末端の水素原子だけと相互作用したもの（形式A）と，金属が炭素，水素の両者と相互作用したもの（形式B）が存在する．

形式A　　　　　　形式B

　後者はσ_{CH}軌道と金属の空のd軌道を介してσ供与結合を形成したものであり，分子状水素錯体と同じくσ錯体（σ complex）の一種とみることができる．アゴスティック M$\cdots$H$\cdots$C 結合をもつ次の化合物のうち，α炭素上の水素と相互作用しているものをαアゴスティック相互作用とよび，β炭素上の水素と相互作用しているものをβアゴスティック相互作用とよぶ．

Ta(V), d^0, 12e　　　　Ti(IV), d^0, 12e　　　　Ti(IV), d^0, 12e

αアゴスティック相互作用　　　　　　　　　　　　　βアゴスティック相互作用

　アゴスティック M$\cdots$H$\cdots$C 結合を形成することによりC−H結合次数は低下し，相互作用をもたないものに比べ結合距離が5〜10%長くなる．^{1}H NMRでは，金属との間に結合をもつことによりアゴ

スティック水素はヒドリド性を帯びるため，そのシグナルは高磁場側（通常 $\delta_H < 0$）にシフトする．また，IR スペクトルにおける ν_{CH} は低波数シフトして通常 2700～2350 cm^{-1} の範囲に観察される．

9・6 σ供与，π逆供与

一酸化炭素，第三級ホスフィン類，カルベンなどは σ 供与体（σ donor）であると同時に π 受容体（π acceptor）として金属と相互作用する．これらの配位子はいずれも金属の空の d 軌道との間で σ 相互作用できる被占軌道をもち，σ 結合を通して金属に電子を供与するとともに，金属の被占 d 軌道と π 相互作用することのできる空軌道を有しており，π 結合を通して金属から電子を受取る．これらの相互作用のうち前者を σ 供与（σ donation），後者を π 逆供与（π back-donation）とよぶ．以下それぞれの配位子について順を追って述べる．

9・6・1 カルボニル錯体

一酸化炭素 CO を配位子とする錯体はカルボニル錯体（carbonyl complex）とよばれる．CO の HOMO は炭素の非共有電子対の軌道 σ_n であり，LUMO は炭素上に大きな広がりをもつ π^* 軌道である（図 9・6）．これらの軌道が金属の空 d 軌道，被占 d 軌道とそれぞれ，σ 供与ならびに π 逆供与相互作用を起こす（図 9・7）．HOMO, LUMO ともに大きな空間的広がりをもつ炭素側で金属と結合するほうが有利であることが容易に理解できる．

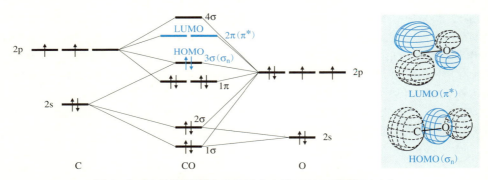

図 9・6 CO の分子軌道と HOMO および LUMO の軌道のかたち

図 9・7 カルボニル配位子の σ 供与および π 逆供与に関与する軌道相互作用

高酸化状態の前期遷移金属のカルボニル錯体やカチオン性カルボニル錯体のように d 電子が少ない場合は π 逆供与が弱く，σ 供与の寄与が支配的となるため，金属－炭素，炭素－酸素間の結合次数はそれぞれ 1, 3 に近くなる．これに対して，金属上に電子供与性の大きな，特に π 供与性の大きな配位子を導入したり，あるいは錯体に負電荷を導入してアニオン錯体とするなど金属中心の電子密度を高めると π 逆供与が強まり，金属－炭素間の結合次数は増大し，逆に炭素－酸素間の結合次数は低

下する.

金属カルボニル錯体のこれらの結合の様子は,原子価結合法によって,電荷の分離も含めて記述すると次の共鳴構造式のように示すことができる.一酸化炭素の金属への配位の記述は§7・4で述べたように,電荷や各原子間の不飽和性を考慮せず,M–COのように略記するのが一般的方法であるが,結合の本質の理解にはここで述べた軌道相互作用や共鳴構造を考慮する必要がある.

$$M^-\!\leftarrow\!C\!\equiv\!O^+ \quad \longleftrightarrow \quad M^-\!-\!C^+\!=\!O \quad \longleftrightarrow \quad M\!=\!C\!=\!O$$

一酸化炭素は2電子供与の中性配位子としてさまざまな配位様式で金属と結合する.次に代表的なカルボニル錯体を示す.COの炭素原子が一つの金属とだけ結合する場合にはM–C–Oは直線状となる.CO自身の伸縮振動波数 ν_{CO} は2143 cm^{-1} であるが,配位することによって低波数側に移動し,末端カルボニル配位子の ν_{CO} は通常2125~1850 cm^{-1} の範囲に,架橋カルボニル配位子の場合(表9・1参照),ν_{CO} は μ-CO では通常1850~1750 cm^{-1} に,μ$_3$-CO では1750~1620 cm^{-1} の範囲に観察される.

Ni(CO)$_4$ Fe(CO)$_5$ Co$_2$(CO)$_8$ Fe$_2$(CO)$_9$ Co$_3$Cp$_3$(μ-CO)$_3$(μ$_3$-CO)$_2$

表9・4は一酸化炭素だけを配位子とする4~7族金属の6配位および6~10族金属の4配位カルボニル錯体の ν_{CO} を示したものである.中心金属のd電子数が同じ等電子的な錯体では,その形式酸化数が減少し,金属上の負電荷が増すにつれπ逆供与が強まり,ν_{CO} が低波数側に移動する.

表 9・4 カルボニル錯体の CO 伸縮振動波数 ν_{CO}

CO 錯体	形式酸化数および d^n	ν_{CO}, cm^{-1}	CO 錯体	形式酸化数および d^n	ν_{CO}, cm^{-1}
[Mn(CO)$_6$]$^+$	Mn(I) (d^6)	2090	Ni(CO)$_4$	Ni(0) (d^{10})	2058
Cr(CO)$_6$	Cr(0) (d^6)	2000	[Co(CO)$_4$]$^-$	Co(−I) (d^{10})	1880
[V(CO)$_6$]$^-$	V(−I) (d^6)	1859	[Fe(CO)$_4$]$^{2-}$	Fe(−II) (d^{10})	1730
[Ti(CO)$_6$]$^{2-}$	Ti(−II) (d^6)	1750	[Mn(CO)$_4$]$^{3-}$	Mn(−III) (d^{10})	1670
			[Cr(CO)$_4$]$^{4-}$	Cr(−IV) (d^{10})	1462

カルボニル錯体に紫外光を照射するとCOが脱離し配位不飽和種が発生する.Cr(CO)$_6$ に対する光照射では,COの脱離速度は暗所での脱離速度の10^{16} 倍に達する.光照射によってCOの脱離が促進されるのは,図9・8に示すように t$_{2g}$ から e$_g$ への配位子場遷移が起こり,t$_{2g}$ 軌道の電子密度が低下

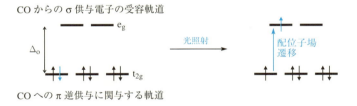

図 9・8 Cr(CO)$_6$ の光照射による脱カルボニルに含まれる配位子場遷移

してCOへの逆供与が弱まるとともに，e_g軌道（M−COの反結合性σ軌道）の電子密度が増加して，M−COσ結合も弱くなるためである．

光照射によって生じた配位不飽和種に対してアルカンがC−H結合の切断を伴い酸化的付加することもある．

$$\text{Ir(I), d}^8\text{, 18e} + CH_4 \xrightarrow[-CO]{光照射} \text{Ir(III), d}^6\text{, 18e}$$

9・6・2 小分子の配位

カルボニル配位子との関連で，NO，N_2，O_2，およびCO_2の配位について述べる．遷移金属への配位を通し，通常は化学的に不活性な分子を活性化したり，また逆に不安定化合物を安定化したりすることができる．さらに，分子の反応性を精緻に制御することも可能である．このような点からもこれらの小分子が遷移金属との相互作用を通じてどのように活性化され，あるいは安定化されるのかを明らかにすることは興味深く，かつ重要である．

a. ニトロシル錯体

一酸化窒素NOを配位子とする錯体はニトロシル錯体（nitrosyl complex）とよばれる．NOは窒素原子上に不対電子をもつため，遷移金属との反応においては1電子酸化と1電子還元の両方の反応が起こる．図9・9に示すように，NOから金属に1電子移動が起これば NO 自身は酸化され NO^+ となり，逆に金属は還元され L_nM^- となる．NO^+ はCOと等電子的であり，窒素原子上の非共有電子対軌道を通して金属に末端配位（end-on配位）する．COの末端配位と同じく金属中心とN，O原子は直線状に配置する．このとき，Mの形式酸化数は1減少（d電子数は1増加）し，NO^+ は2電子配位子と考える．これに対して，NOが金属から1電子を受取る場合は，NOは還元されてNO^-となり，金属は酸化されL_nM^+となる．NO^-は一重項O_2と等電子的であり，sp^2混成の非共有電子対軌道を通して金属に配位するため，M−N−Oは折れ曲がった構造をとる．このとき，Mの形式酸化数は1増加（d電子数は1減少）し，NO^-は2電子配位子と考える．

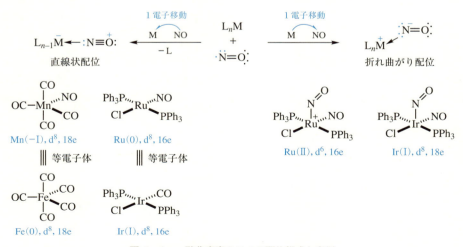

図9・9　一酸化窒素の二つの配位様式と実例

b. 分子状窒素錯体

窒素分子 N_2 を配位子とする錯体は分子状窒素錯体(molecular nitrogen complex)あるいは二窒素錯体(dinitrogen complex)とよばれ，1965年に最初の合成が報告されて以来，200例を超す錯体が合成されてきた．これまでに構造が確認された窒素錯体の多くは末端配位したものであるが，η^2型の"side-on"配位した錯体も知られている．N_2 は CO と等電子的で σ 供与性と π 受容性を示すが，いずれの性質も CO より弱い．分子状窒素錯体の安定性を支配するのは π 受容性であり，金属からの逆供与が強い場合に窒素錯体は安定化する．したがって π 塩基性の強い金属が安定な窒素錯体を形成しうる．

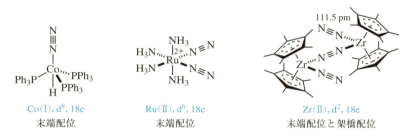

Co(I), d^8, 18e 　　　Ru(II), d^6, 18e 　　　Zr(II), d^2, 18e
末端配位 　　　　　　末端配位 　　　　　　末端配位と架橋配位

配位により，N–N 間距離は遊離の窒素分子(110 pm)よりわずかではあるが長くなる．それに伴い，$N \equiv N$ 伸縮振動波数は遊離の窒素分子(2331 cm^{-1})に比べ低波数シフトし，$1900 \sim 2200 \text{ cm}^{-1}$ の範囲に観察される．

分子状窒素錯体の合成法として，次式に示すような，直接窒素分子を取込む反応も知られている．空中窒素の固定との関連で重要である．

$$\text{MoCl}_5 + \text{N}_2 + \text{P(CH}_3)_2\text{Ph} \xrightarrow[\text{THF}]{\text{Mg}} \textit{cis}\text{-Mo(N}_2)_2[\text{P(CH}_3)_2\text{Ph}]_4$$
　　　　　　　　　　　　　　　　　　　　　　Mo(0), d^6, 18e

$$\text{CoH}_3(\text{PPh}_3)_3 + \text{N}_2 \rightleftharpoons \text{CoH}(\text{N}_2)(\text{PPh}_3)_3 + \text{H}_2$$
Co(III), d^6, 18e 　　　　　　　　Co(I), d^8, 18e

なお，上述の NO^+ や N_2 以外にもイソシアニド CN–R やシアン化物イオン CN^- も CO と等電子的である．これらの π 受容性の強さは，$CN^- < N_2 < CN\text{–}R < CO < NO^+$ の順に大きくなる．すなわち，この系列の右にいくほど低酸化状態の金属の錯体を安定化する能力が高い．

c. 分子状酸素錯体

酸素分子 O_2 を配位子としてもつ遷移金属錯体は分子状酸素錯体(molecular oxygen complex)あるいは二酸素錯体(dioxygen complex)とよばれる．生体内で酸素の運搬を担っているヘモグロビン，ミオグロビン，ヘモシアニン，ヘムエリトリンなどに関する多くの研究を通し，酸素分子と遷移金属の相互作用が明らかにされてきた．またこれとは独立に低酸化状態の遷移金属錯体と酸素の反応についての研究が進められ，数多くの二酸素錯体が合成されている．

分子状酸素は基底状態では三重項であり，二つの不対電子をもつビラジカルである．酸素分子が金属に配位する際には，金属から 1 電子または 2 電子受取り 1 電子還元体(superoxide, O_2^-)，2 電子還元体(peroxide, O_2^{2-})となる．いずれの場合も電子は反結合性の π^* 軌道に収容されるため，O–O 結合次数は低下し結合は伸びる．酸素分子とその還元体の O–O 結合距離 d_{O-O}，O–O 伸縮振動波数 ν_{O_2} および O–O 結合の解離エネルギー D_{O-O} を表 9・5 に示す．これらの値は酸素分子の配位様式を決定する際の重要な基準となるものである．

表 9・5　酸素およびその還元体の性質

酸素種	結合次数	d_{O-O}, pm	ν_{O_2}, cm^{-1}	D_{O-O}, kJ mol^{-1}
酸素分子 O_2	2.0	121	1580	494
スペルオキシド[†] O_2^-	1.5	133	1113	392
ペルオキシド[†] O_2^{2-}	1.0	149	802	207

[†] スペルオキシド(superoxide, 配位子は superoxido). ペルオキシド(peroxide, 配位子は peroxido).

分子状酸素錯体について，酸素配位子と金属との軌道相互作用を図 9・10 にまとめた．

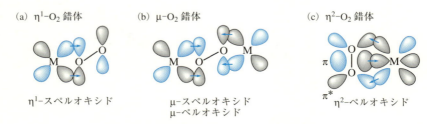

(a) η^1-O_2 錯体　　(b) μ-O_2 錯体　　(c) η^2-O_2 錯体

η^1-スペルオキシド　　μ-スペルオキシド
　　　　　　　　　　　　μ-ペルオキシド　　η^2-ペルオキシド

図 9・10　配位酸素分子と金属の d 軌道との相互作用

"end-on" 型で配位した錯体では図 9・10(a) のように，金属の被占 d 軌道と酸素の π^* 軌道との π ($d \rightarrow \pi^*$) 相互作用によって，O–O 結合は弱められる．この配位様式は Fe, Co を中心金属とする分子状酸素錯体に多くみられる．二核の遷移金属 μ-スペルオキシドあるいは μ-ペルオキシド錯体においては，図 9・10(b) のように，酸素の π^* 軌道の両方の末端で金属の d 軌道と π ($d \rightarrow \pi^*$) 相互作用する．このとき，金属から酸素分子に 1 電子が移動したものがスペルオキシド錯体であり，2 電子が移動し酸素の還元が進んだものがペルオキシド錯体である．一方，"side-on" 型配位した酸素分子と金属との相互作用は図 9・10(c) のように，後述のアルケン錯体に対する Dewar-Chatt-Duncanson モデル (図 9・14 参照) と同様に記述することができる．

分子状酸素錯体の代表例をあげる．ピケットフェンスポルフィリン鉄酸素錯体は，立体障害によって，η^1-O_2 型が μ-O_2 型にならないよう工夫されたものである．

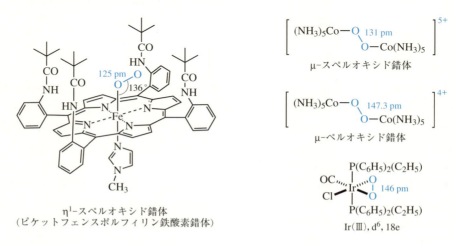

η^1-スペルオキシド錯体
（ピケットフェンスポルフィリン鉄酸素錯体）

μ-スペルオキシド錯体

μ-ペルオキシド錯体

Ir(Ⅲ), d^6, 18e

d. 二酸化炭素錯体

二酸化炭素は自然界では光合成過程で金属酵素のはたらきにより炭水化物に変換されている．CO_2

9・6 σ供与, π逆供与

を配位子とする錯体は数多く合成されているが, それらは配位様式に基づいて図9・11に示す3種に分類される. CO_2 はヘテロクムレンであり, その中心炭素は Lewis 酸的である. 一方, 酸素原子は非共有電子対をもち Lewis 塩基部位として金属と相互作用する. さらに, 二酸化炭素はπ電子対によって金属に配位することもできる.

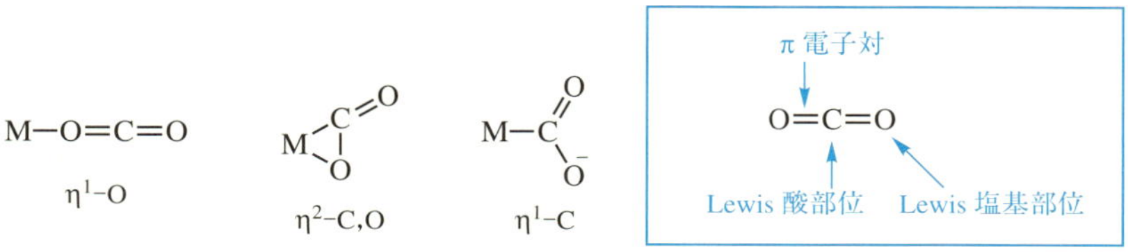

図 9・11　二酸化炭素の特性と配位様式

金属中心が高酸化状態であるか正電荷を帯びている場合は, Lewis 塩基部位である酸素原子を通して配位する η^1-O 型が最も安定となる. 光合成に関与する金属酵素中では, CO_2 は Cu(II), Mn(II), Mg(II) に η^1-O 型で配位するものと考えられている.

一方, 低酸化状態にある金属に対しては, CO_2 は η^2-C,O 型か η^1-C 型で配位する. η^2-C,O 型配位錯体は金属からのπ逆供与によって大きく安定化されるのに対し, η^1-C 型はπ逆供与による安定化をほとんど受けない. CO_2 が η^1-C 型配位するのは, η^2-C,O 型での配位が配位数などの制約により困難である場合に限られる.

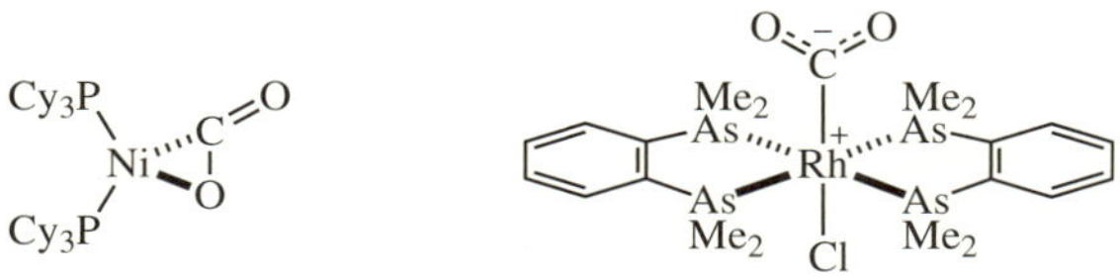

Ni(II), d⁸, 16e
η^2-C,O 配位の例

Rh(III), d⁶, 18e
η^1-C 配位の例

二酸化炭素錯体は, アルケン, 一酸化炭素, あるいはホスフィンなどの配位子を二酸化炭素で置換することによって合成される.

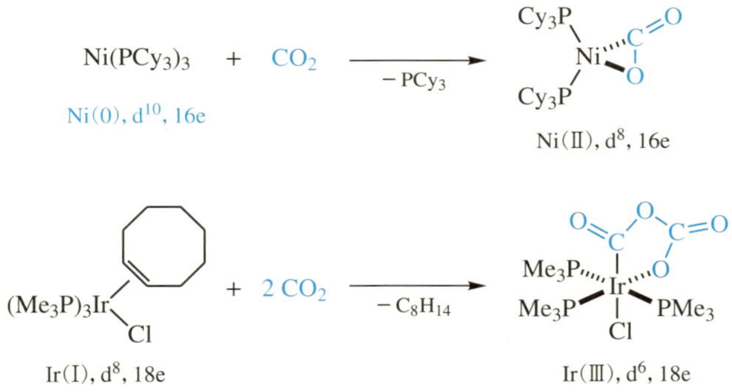

Ni(0), d¹⁰, 16e

Ni(II), d⁸, 16e

Ir(I), d⁸, 18e

Ir(III), d⁶, 18e

9・6・3　ホスフィン配位子

ホスフィン PR_3 や亜リン酸エステル(ホスファイト) $P(OR)_3$ などの三置換リン(III)化合物は, リン上の非共有電子対を空のd軌道に供与するとともに, 金属の被占d軌道から電子の逆供与を受ける.

表9・6に, 代表的なホスフィン配位子について, 共役酸の pK_a を示す. 表中で最も塩基性が高い化合物はトリ(t-ブチル)ホスフィン $P(t\text{-}C_4H_9)_3$ であり, 以下トリ(シクロヘキシル)ホスフィン

P(c-C$_6$H$_{11}$)$_3$ などのトリアルキルホスフィン PR$_3$,ジアルキルアリールホスフィン PR$_2$Ar,アルキルジアリールホスフィン PRAr$_2$,トリアリールホスフィン PAr$_3$ の順に塩基性が低下する.この序列は,後ほど示す赤外吸収スペクトルに基づいて決定された σ 供与性の序列とよく一致している.

表 9・6 ホスフィン配位子の共役酸 [HPR$_3$]$^+$ の酸性度定数 pK_a

ホスフィン	pK_a	ホスフィン	pK_a
P(t-C$_4$H$_9$)$_3$	11.40	P(CH$_3$)$_2$(C$_6$H$_5$)	6.50
P(c-C$_6$H$_{11}$)$_3$	9.65	P(CH$_3$)(C$_6$H$_5$)$_2$	4.59
P(C$_2$H$_5$)$_3$	8.69	P(C$_6$H$_5$)$_3$	2.73
P(CH$_3$)$_3$	8.65	PH$_3$	-14

一方,ホスフィン配位子の π 受容性の強さ,すなわち π 酸性の強度を他の配位子と比較すると以下の順になる.

$$NO > CO > RNC > PF_3 > PCl_3 > PCl_2R > PBr_2R > P(OR)_3 > PR_3 > RCN > RNH_2 > NH_3$$

ホスフィン配位子の π 受容性は,リンと置換基 X との反結合性軌道 σ$_{PX}$* に対する金属の d 軌道からの π 逆供与,すなわち dπ→σ* 相互作用に起因する.そのイメージをつかむために,下図では一つの P−X 結合の σ* への逆供与を示したが,分子軌道法の観点からは,PX$_3$ 分子の分子軌道の LUMO への逆供与として記述される.

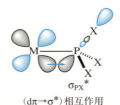

(dπ→σ*) 相互作用

a. ホスフィン配位子の立体的因子

ホスフィンは遷移金属錯体触媒に最もよく利用される補助配位子のひとつである.そのため,錯体触媒の反応性や選択性について考察するうえでも,ホスフィン配位子の立体的因子と電子的因子に関するデータは重要である.C. A. Tolman は,前者に関して円錐角 (cone angle) の概念を導入し,後者についてはホスフィン配位子をもつカルボニルニッケル錯体の伸縮振動波数 ν_{CO} を指標とすることにより,これらを定量化した.

図 9・12(a) に示すように,金属を頂点とし,リン上の置換基に外接する円錐を想定し,その頂角を配位子の円錐角と定義する.置換基がすべて同じ場合には円錐角 θ は容易に求めることができる.置換基の異なる PR^{1}R^{2}R^3 型ホスフィンについては,図 9・12(b) のように,それぞれの置換基をもつ

(a) ホスフィンの円錐角 (θ) (b) ホスフィンの円錐角の求め方 (c) 二座配位ジホスフィンの円錐角 (θ) と配位挟角 (β)

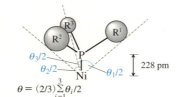
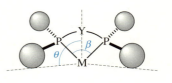

図 9・12 ホスフィン配位子の円錐角および配位挟角

表 9・7 ホスフィン, ホスファイト配位子類の円錐角 (°)

PR₃	円錐角	PR₃	円錐角	PR₃	円錐角
$P(o\text{-}CH_3C_6H_4)_3$	194	$P(C_2H_5)_2(C_6H_5)$	140	$P(CH_3)_3$	118
$P(C_6F_5)_3$	184	$P(n\text{-}C_3H_7)_3$	139	$P(O\text{-}i\text{-}C_3H_7)_3$	114
$P(t\text{-}C_4H_9)_3$	182	$P(n\text{-}C_4H_9)_3$	136	$P(OC_2H_5)_3$	109
$P(c\text{-}C_6H_{11})_3$	179	$P(C_2H_5)_2(C_6H_5)$	136	$P(OCH_3)_3$	107
$P(t\text{-}C_4H_9)(i\text{-}C_3H_7)_2$	167	$P(OC_2H_5)(C_6H_5)_2$	133		
$P(i\text{-}C_3H_7)_3$	160	$P(C_2H_5)_3$	132		
$P(CH_2C_6H_5)_3$	160	$P(OC_6H_5)(C_6H_5)_2$	129		101
$P(C_6H_5)_3$	145	$P(OC_6H_5)_3$	128		
$P(O\text{-}o\text{-}C_6H_4CH_3)_3$	141	$P(CH_3)_2(C_6H_5)$	122		

対称形ホスフィン(PR^1_3, PR^2_3, PR^3_3)の円錐角($\theta_1 \sim \theta_3$)の平均値としてθを定義する. このようにして求めたホスフィン配位子の円錐角を表9・7に示す.

図9・12(b)に示すように, 円錐角は中心金属をニッケルとし, Ni–P間距離を228 pmとして求めたものである. したがって, 中心金属が変われば当然その原子半径は異なり円錐角も異なる値となるが, 多くの遷移金属に対して特に補正を加えずにこの表の値が利用されている.

$P(o\text{-}CH_3C_6H_4)_3$, $P(t\text{-}C_4H_9)_3$, $P(c\text{-}C_6H_{11})_3$などを用いて比較的安定な2配位錯体$M(PR_3)_2$($M =$ Pd, Ptなど)を合成することができる. これらのホスフィン配位子は円錐角が非常に大きく, わずか二つの配位子で金属中心のまわりを有効に覆い外部からの基質あるいは反応剤の接近を妨げるため, たとえ金属中心が配位不飽和であっても錯体は比較的安定に存在する.

一般式 $R_2P–Y–PR_2$ で表されるジホスフィンは金属にキレート配位する(図9・12c). このキレート錯体のP–M–P結合角は配位挟角(bite angle, β)とよばれ, 遷移金属錯体の触媒活性や反応選択性を支配する重要な因子となる. 二つのリン原子を結ぶYはアルキル鎖などの柔構造をもつ炭素骨格であることが多く, 配位挟角は中心金属の原子半径や金属上の他の配位子との立体障害の影響を受けて変化する. そのため, ジホスフィン錯体のX線結晶構造解析から求められるP–M–P結合角が配位子本来の配位挟角とは限らない. この点について, 分子力場計算に基づく標準配位挟角(natural

表 9・8 二座ホスフィン配位子の配位挟角 (°)

配位子	β_n (変動領域)	$\beta_{X\text{-ray}}$	配位子	β_n (変動領域)	$\beta_{X\text{-ray}}$
$(C_6H_5)_2P(CH_2)_2P(C_6H_5)_2$ (dppe)	84.5 (70〜95)	83±3	(dppf)	——†	99±3
$(C_6H_5)_2P(CH_2)_3P(C_6H_5)_2$ (dppp)	86.2	92±4			
$(C_6H_5)_2P(CH_2)_4P(C_6H_5)_2$ (dppb)	98.6	97±3			
(dppbz)	——†	82±3	(DIOP)	102.2 (90〜120)	100±4
(BINAP)	——†	93±2	(Xantphos)	111.7 (97〜133)	104.6

† これらの値は報告されていない.

bite angle, β_n) と変動領域 (flexibility range) という二つのパラメーターが導入された. 後者は 12.6 kJ mol^{-1} 以下のエネルギーで変化しうる配位挟角の範囲を表す. 表 9・8 にこれらの値と X 線結晶構造解析によって決定された配位挟角 $\beta_{\text{X-ray}}$ の範囲を示す.

ジホスフィン R$_2$P−Y−PR$_2$ の配位挟角 β とリン上に同じ置換基 R を有するモノホスフィン PR$_3$ の円錐角 θ_i から, 次式によりジホスフィンの円錐角が計算できる. 図 9・12(c) に示すように, この値はジホスフィンの半分に相当する円錐角である.

$$\theta = (1/3)\beta + (2/3)\theta_i$$

b. ホスフィン配位子の電子的因子

ホスフィン配位子の電子供与性の尺度として, Ni(CO)$_3$(PR$_3$) 錯体の対称伸縮振動 ν_{CO}(A$_1$) の波数が広く利用されている. ホスフィン配位子から供与された電子はニッケルの d 軌道を通して CO の π^* 軌道に流れる. そのため, ホスフィン配位子の電子供与性が増すと π^* 軌道の電子密度は高くなるので, C−O 間の結合次数が低下し, ν_{CO} は低波数側に移動する. 具体的には, 電子供与性の強いトリ(t-ブチル)ホスフィンの配位した錯体の ν_{CO}(2056.1 cm^{-1}) を基準値として, さまざまなホスフィン配位子をもつ Ni(CO)$_3$(PR$_3$) 錯体の ν_{CO} 値から差引き, この差を PR$_3$ 配位子の電子供与性の尺度 χ とする. 表 9・9 に, 代表的な配位子について χ を示す. リン上の置換基が, アルキル基, アリール基, アルコキシ基となるにつれて値が大きくなり, この順に電子供与性が低下することがわかる. 電子供与性の最も弱いトリフェニルホスファイト P(OC$_6$H$_5$)$_3$ は逆に π 受容性が強く, 低酸化状態の金属と安定な結合を形成しやすい.

表 9・9 Ni(CO)$_3$(PR$_3$) におけるカルボニル伸縮振動 ν_{CO} の基準値[†] からのシフト

配位子	シフト χ, cm^{-1}	配位子	シフト χ, cm^{-1}	配位子	シフト χ, cm^{-1}
P(i-C$_3$H$_7$)$_3$	3.4	P(CH$_2$C$_6$H$_5$)$_3$	10.4	P(OCH$_3$)$_3$	24.1
P(n-C$_3$H$_7$)$_3$	5.4	P(C$_6$H$_5$)$_3$	13.2	P(OC$_6$H$_5$)$_3$	30.2
P(C$_2$H$_5$)$_3$	6.3	P(O-n-C$_4$H$_9$)$_3$	20.8		

[†] Ni(CO)$_3$[P(t-C$_4$H$_9$)$_3$] の $\nu_{\text{CO}} = 2056.1$ cm^{-1}.

一般式 PR^{1}R^{2}R^3 で表される三置換リン配位子については置換基 R^1〜R^3 の電子的効果に加成則が成立し, 実際にニッケルカルボニル錯体を調製しなくても χ を予測することができる. すなわち, 表 9・10 に示すように, 個々の置換基に対して ν_{CO} の基準値からのシフト χ_i が求められているので, これらを足し合わせればよい.

表 9・10 Ni(CO)$_3$(PR^{1}R^{2}R^3) における ν_{CO} のシフト χ の加成則と個々の置換基のシフト χ_i

$$\chi_{\text{PR}^1\text{R}^2\text{R}^3} = \nu_{\text{CO}} - 2056.1 \text{ cm}^{-1} = \sum_{i=1}^{3} \chi_i$$

R	シフト χ_i, cm^{-1}	R	シフト χ_i, cm^{-1}	R	シフト χ_i, cm^{-1}
t-C$_4$H$_9$	0.0	CH$_3$	2.9	OC$_2$H$_5$	7.2
c-C$_6$H$_{11}$	0.5	CH$_2$C$_6$H$_5$	3.5	OCH$_3$	8.0
i-C$_3$H$_7$	1.1	C$_6$H$_4$-o-CH$_3$	3.6	OC$_6$H$_5$	10.1
n-C$_4$H$_9$	1.7	C$_6$H$_5$	4.4	Cl	16.0
n-C$_3$H$_7$	1.8	O-n-C$_4$H$_9$	6.9		
C$_2$H$_5$	2.1	O-n-C$_3$H$_7$	7.0		

c. ホスフィン配位子の精密デザイン

ホスフィン配位子は合成が容易であり, 種々の置換基を導入して電子的因子と立体的因子を多様に

変化させることができることから，さまざまな設計概念をもとに特徴ある化合物が合成され，高活性な錯体触媒の開発に利用されている．

一般に，置換基が嵩高くなるほどR–P–R角が大きくなり，非共有電子対のp性が増すため，ホスフィン配位子の電子供与性が高まる．また，嵩高い配位子は小さな配位子に比べて金属から解離しやすく，反応活性な配位不飽和錯体を発生しやすい傾向にある．近年，このような知見に基づき，嵩高く電子供与性が強い一連のホスフィン配位子が合成され，塩化アリールを反応基質とする鈴木-宮浦カップリング反応などの触媒反応に高い有効性を示すことが明らかにされた．

SPhos　　　BuPAd₂　　　Q-Phos

9・6・4　カルベン錯体およびカルビン錯体

a. カルベン錯体

中性2配位炭素種であるカルベンが遷移金属に配位し，形式的に金属－炭素原子間に二重結合を描いて表記される**カルベン錯体** (carbene complex) $L_nM=CR_2$ は，アルケンのシクロプロパン化反応やアルケンメタセシスの鍵中間体として，またσ供与性の強い N-複素環状カルベン (N-heterocyclic carbene: NHC，c項，§5・4，§10・6参照) 配位子を含む錯体触媒として重要である．

研究の歴史的経緯から，これらを，カルベン炭素にアルコキシ基やアミノ基などのヘテロ原子置換基をもつ Fischer 型錯体と，ヘテロ原子置換基をもたない Schrock 型錯体 (アルキリデン錯体) の2種類に大別する方法が広く受け入れられているが，炭素上の置換基の種類にかかわらず，求電子性のカルベン錯体を Fischer 型，求核性のカルベン錯体を Schrock 型とよぶのが，より一般的となっている．また，2000年ごろからの理論化学の進歩によって，カルベン錯体の結合論に関しての理解がさらに深まった．以下にそれらの典型的な特徴を比較する．

カルベン錯体の電子的特性は，カルベン配位子よりも，むしろ中心金属と補助配位子の性質に依存して変化する．たとえば，下に示した代表例のうち，錯体 (**1**)〜(**3**) はいずれもヘテロ原子置換基をもたないメチリデン錯体であるが，錯体 (**1**) と (**2**) のカルベン炭素は求核性を示し，錯体 (**3**) のカルベン炭素は強い求電子性を示す．

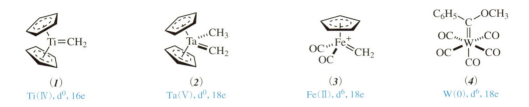

(**1**)　　　　　　(**2**)　　　　　　(**3**)　　　　　　(**4**)
Ti(Ⅳ), d⁰, 16e　　Ta(Ⅴ), d⁰, 18e　　Fe(Ⅱ), d⁶, 18e　　W(0), d⁶, 18e

カルベン錯体における軌道相互作用の様子を，三重項カルベン，一重項カルベンの電子状態に基づいて，原子価結合法による極限構造式とともに図9・13に示す．遷移金属－炭素間には結合軸に沿ってσ型とπ型の軌道相互作用が存在する．このため，通常，形式的に二重結合をもつメタラアルケン (metalla-alkene) 構造 (**A**) として表記される．

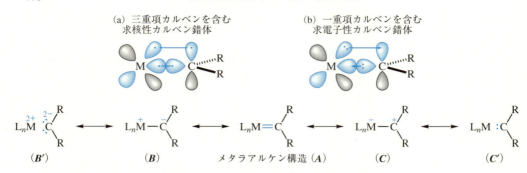

図9・13 遷移金属カルベン錯体の結合様式. 軌道相互作用(a), (b), および原子価結合法による極限構造式(**A**)〜(**C'**).

　求電子性カルベン錯体の性質は，典型的には，ヘテロ原子の結合した一重項カルベンと金属との電荷移動型相互作用に基づく(b)の結合様式を用いて説明できる．すなわち，カルベン炭素上の非共有電子対が金属の空のd軌道にσ供与され，同時に金属の被占d軌道からカルベン炭素上の空のp軌道にπ逆供与が起こる．これは一酸化炭素の配位様式に類似している(図9・7参照).

　求電子性カルベン錯体の多くは，d軌道のエネルギー準位が低く，電気陰性度の高い後期遷移金属を中心原子とする．また，錯体(**3**), (**4**)にみられるように，COなどのπ受容性配位子の関与によりd軌道準位はさらに低下する(図9・4c参照)．そのため，金属からカルベン配位子へのπ逆供与は弱く，金属－炭素間はσ供与が支配的な，単結合性の高い結合となる〔図9・13(**C**)〕．実際，錯体(**3**)に類似の[Cp*Fe(CH$_2$)(CO)(PPh$_3$)]$^+$ではメチリデン配位子が鉄－炭素結合を軸として自由回転する．また，錯体(**4**)のカルベン配位子も金属－炭素結合を軸として容易に回転する．σ供与によって電子密度の低下したカルベン炭素は求電子的となる．たとえば，錯体(**3**)のメチリデン配位子はアルケンに求電子的に付加し，シクロプロパン化反応を起こす(§10・7・4参照).

　このような電子不足のカルベン炭素に酸素や窒素などのヘテロ原子が結合すると，次式の共鳴効果によって安定化される．典型的な求電子性カルベン錯体(Fischer型)の安定化機構である．

$$L_nM^-{-}\overset{+}{C}\overset{\ddot{X}}{\underset{R}{|}} \longleftrightarrow L_nM^-{-}C\overset{\overset{+}{X}}{\underset{R}{|}}$$

X = OR, NR$_2$ など

　特に，次に示す錯体(**5**)に含まれるN-複素環状カルベン配位子は，イミダゾール-2-インデン骨格において二つの窒素原子による安定化効果がはたらくため，π逆供与はきわめて弱く，σ供与性の強い配位子となり，金属－カルベン炭素結合はほぼ完全な単結合である．このため，構造表記においても金属とカルベン炭素とを1本の実線で結んで表すのが一般的となっている(§10・6・2参照).

(**5**)
W(0), d^6, 18e

　一方，求核性カルベン錯体の多くは，d軌道のエネルギー準位が高く，d電子数が少なく，電気陰性度の低い前期遷移金属を中心原子とする．その前期遷移金属を含む金属フラグメントは高スピン型電子配置を好む傾向が強い．そして，アルキリデン配位子は三重項状態をとりやすいため，図9・13

(a)に示すように，金属－炭素間には共有結合性の高い二重結合が形成される．また，前期遷移金属が電子を供給しやすいため，負電荷が炭素原子側に偏った構造〔図9・13(**B**)〕の寄与が大きく，カルベン炭素原子は求核性をもつことになる．

この共有結合性の高い金属－炭素二重結合をイオン結合モデルで表すと，$M^{2+}(::CR_2)^{2-}$〔図9・13(**B'**)〕となる．これは金属オキソ錯体 M=O の $M^{2+}(::O)^{2-}$ と等電子構造で二重結合性の高い結合として理解できる．実際，錯体(**2**)のメチリデン配位子は 100 ℃ においても回転しない．また，$Ta=CH_2$ 結合は 202.6 pm であり，$Ta-CH_3$ 結合(224.6 pm)に比べて約 10% 短い．すなわち，カルベン配位子は形式電荷が -2 の 4 電子供与体となり，中心金属の形式酸化数は $+2$ 増加することになる．錯体(**1**)と(**2**)はそれぞれ Ti(IV)，Ta(V)の高酸化状態で，ともに d^0 錯体である．

ここで，カルベン錯体の配位子の形式電荷と中心金属の形式酸化数の取扱いについてまとめておく．上述のように，典型的な求電子性カルベン錯体では，カルベン配位子は中性の 2 電子供与体であり，配位に際して中心金属の形式酸化数は変化しない．これに対して，求核性カルベン錯体では，カルベン配位子は形式電荷が -2 の 4 電子供与体となり，中心金属の形式酸化数は $+2$ 増加することになる．代表例(**1**)～(**5**)の電子数はこの基準をもとに表記したものである．しかし多くの場合，これらの典型例の中間状態にあり，電子数を判定するのはむずかしい．そのため，これ以降，カルベン錯体の形式酸化数は表記しないこととする．

b. カルベン錯体の合成

カルベン炭素上に酸素官能基をもつ Fischer 型錯体は，カルボニル配位子に対するカルボアニオンの攻撃で生じたアニオン性アシル錯体を酸素原子上で求電子剤で捕捉することによって得られる．さらに，カルベン炭素が求電子性をもつことを利用してカルベン炭素上の酸素官能基を他の求核剤で置換することができる．

$$W(CO)_6 \xrightarrow{C_6H_5Li} (CO)_5W=C{\overset{OLi}{\underset{C_6H_5}{}}} \xrightarrow{[(CH_3)_3O]^+} (CO)_5W=C{\overset{OCH_3}{\underset{C_6H_5}{}}} \xrightarrow[2)\ HCl\ -CH_3OH]{1)\ C_6H_5Li} (CO)_5W=C{\overset{C_6H_5}{\underset{C_6H_5}{}}}$$

イソシアニド錯体に対するアルコールの付加反応によっても Fischer 型カルベン錯体が生成する．

$$\underset{(C_6H_5)_3P}{\overset{Cl}{Cl-Pt-CNC_6H_5}} + C_2H_5OH \longrightarrow \underset{(C_6H_5)_3P}{\overset{Cl}{Cl-Pt=C{\overset{OC_2H_5}{\underset{NHC_6H_5}{}}}}}$$

アルキリデン錯体はアルキル錯体から脱プロトン反応や α 水素脱離反応により合成される．

$$\left[(\eta^5\text{-}C_5H_5)_2Ta{\overset{CH_3}{\underset{CH_3}{}}}\right]^+ BF_4^- + NaOCH_3 \longrightarrow (\eta^5\text{-}C_5H_5)_2Ta{\overset{CH_2}{\underset{CH_3}{}}} + HOCH_3 + NaBF_4$$

また，ジアゾメタンなどのカルベン前駆体を用いる直接合成法も知られている．

$$(Ph_3P)_3OsCl(NO) + N_2=CH_2 \xrightarrow{-Ph_3P,\ -N_2} \underset{PPh_3}{\overset{PPh_3}{ON\cdots Os=CH_2}}\ \overset{|}{\underset{Cl}{}}$$

アルケンメタセシス反応(§10・6・2参照)に高い触媒活性を示す Grubbs 錯体(**6**)にはいくつかの合成法が知られているが，ジクロロメチルベンゼンを用いる以下の方法が簡便である．原料である分子状水素錯体は容易に水素を解離し，Ru(0)の配位不飽和錯体を与える．この錯体に，ジクロロメチ

ルベンゼンの C-Cl 結合が酸化的付加し，これによって生成する Ru[CH(Cl)(C$_6$H$_5$)]Cl(PCy$_3$)$_2$ からベンジル位の塩素原子が α 脱離する．

$$\text{RuH}_2(\eta^2\text{-H}_2)_2(\text{PCy}_3)_2 + \text{C}_6\text{H}_5\text{CHCl}_2 \longrightarrow \underset{(6)}{\text{Ru 錯体}} + 3\,\text{H}_2$$

4 族金属であるチタンのメチリデン錯体 (*1*) は求核性の高い不安定化学種であるが，Lewis 酸である塩化ジメチルアルミニウム Al(CH$_3$)$_2$Cl との付加体として単離することができる．この付加体は Tebbe 錯体とよばれ，溶液中で容易にメチリデン錯体種を発生するため，重合開始剤あるいはケトンやエステルなどの脱酸素メチレン化剤として有機合成に利用されている (§10・6・2 参照)．

c. *N*-複素環状カルベン(NHC)配位子

上記の錯体 (*5*) にみられる *N*-複素環状カルベン (NHC) は，強い σ 供与性を示す補助配位子として有用である．表 9・11 に代表的な配位子を示す．NHC 配位子は，窒素原子上の置換基により金属周辺の立体環境が変化するため，母核であるイミダゾールの頭文字である I に置換基の略号をつけて略称される．たとえば，メシチル基 (Mes) および 2,6-ジイソプロピルフェニル基 (IPr) をもつ配位子の略称は，それぞれ IMes および IPr である．それらの水素付加体である飽和型配位子では，saturated の S を追加し，SIMes や SIPr となる．

表 9・11 代表的な NHC 配位子と電子的および立体的因子の指標

配位子	TEP(ν_{CO}, cm^{-1})[†1]	%V_{bur}[†2]
IMes	2050.7	36.5
IPr	2051.5	44.5
ICy	2049.6	27.4
SIMes	2051.5	36.9
SIPr	2052.3	47.0

埋込み体積(%V_{bur}) の概念図

†1 Tolman's electronic parameter.
†2 AuCl(NHC) 錯体の値．

NHC 配位子の電子的特性は，ホスフィン配位子と同様，$Ni(CO)_3(NHC)$ 錯体の対称伸縮振動 ν_{CO}（A_1）の波数（Tolman's electronic parameter: TEP）を用いて評価される．表 9・11 にそれらの値を示す．いずれの配位子も，電子供与性の強い $P(t-C_4H_9)_3$ の ν_{CO} 値（$2056.1\ cm^{-1}$）より低波数側に吸収を示している．すなわち，NHC は，ホスフィンよりも電子供与性の強い配位子である．

一方，立体的因子については，ホスフィンに比べて対称性の低い NHC に円錐角の概念を適用することが困難なため，新たな指標として埋込み体積（buried volume: $\%V_{bur}$）が考案された．表 9・11 の右図に示すように，埋込み体積は，金属の第一配位圏を想定した球体内に配位子を置き，配位子の立体障害が及ぶ範囲（白色の部分）を百分率で表したものである．したがって，配位子が嵩高くなるほど $\%V_{bur}$ 値は大きくなる．表中の $\%V_{bur}$ は $AuCl(NHC)$ 錯体の値であり，球体の半径（r）を 350 pm，$Au-C(NHC)$ の結合距離（d）を 200 pm として計算されている．

埋込み体積は，ホスフィン配位子にも適用することができる．たとえば，$AuCl(PR_3)$ 錯体（$P-C = 228\ pm$）中に占める $P(t-C_4H_9)_3$ と PCy_3 の $\%V_{bur}$ は，それぞれ 38.1 および 33.4 と見積もられている．すなわち，IMes（$\%V_{bur} = 36.5$）は，これらのホスフィンの中間の嵩高さをもつ配位子である．

NHC の補助配位子としての有用性は，当初，1990 年代後半の Grubbs 型アルケンメタセシス触媒の改良研究において示された（§ 10・6・2 参照）．また，これを契機として，クロスカップリング反応や水素化反応などの触媒反応に NHC 配位子が利用され，触媒活性の向上が図られた．なお，単離された NHC 配位子が錯体化学や触媒化学に用いられることは少なく，より安定な塩酸塩（塩化イミダゾリウム）を前駆体とし，塩基を用いて反応系内で NHC 配位子を生じさせ，金属に配位させる方法がとられる．

d. カルビン錯体

Fischer 型カルベン錯体の炭素−酸素結合を Lewis 酸を用いて切断し，**カルビン錯体**（carbyne complex）を合成することができる．また，α 水素脱離反応によっても合成されている．金属−カルビン炭素間の結合距離は短く，$M-C-R$ 骨格は直線に近い．カルビン配位子は sp 混成炭素を含むために π 受容性が強く，カルビン炭素は負電荷を帯びている．一般に，金属−カルビン炭素間は三重結合で表記される．

アルキル錯体，カルベン錯体，カルビン錯体の化学のまとめとして，1 分子中に金属−炭素単結

	W−C 結合距離	W−C−R 角
$W\equiv C$	178.5(8) pm	175°
$W=C$	194.2(9) pm	150°
$W-C$	225.8(9) pm	124°

合，二重結合，三重結合が含まれた錯体の構造パラメーターをまとめておく．構造環境が同一ではないことに配慮は必要だが，結合次数が上がるにつれて W–C 結合距離が短くなり，同時に α 炭素原子の混成が sp^3 混成から sp^2，sp 混成へと変化するにつれて W–C–R 角度は大きくなり直線構造に近づいていることがみてとれる．

9・7 π結合性配位子

9・7・1 アルケン錯体

アルケンが π 電子を介して金属と結合した一連の化合物はアルケン錯体とよばれる．最初のアルケン錯体は W. C. Zeise によって合成された白金のエチレン錯体 $K[Pt(C_2H_4)Cl_3]$ で，その名を冠して Zeise 塩とよばれる．今日では周期表上の大部分の遷移金属についてアルケン錯体が知られている．アルケン錯体はおもにアルケンとの配位子交換，アルケン存在下での錯体の還元，アルキル錯体からの β 水素脱離，などの方法によって合成される．

遷移金属とアルケンは，図 9・14 に示すように，金属の d 軌道とアルケンの π, π* 軌道との間での電子の授受を通して結合し，錯体を形成する．この結合モデルは Dewar–Chatt–Duncanson モデルと

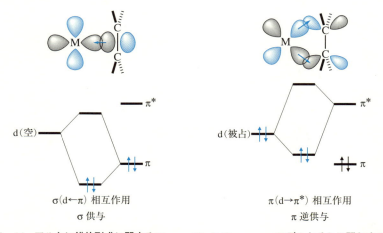

図 9・14 アルケン錯体形成に関する Dewar–Chatt–Duncanson モデルとそれに関与する軌道

9・7 π結合性配位子

よばれる.

　ここで，d軌道とπおよびπ*軌道の間には二つの形式の相互作用が存在する．一つはアルケンのπ結合性軌道と金属の空のd軌道の間にσ結合が形成され，アルケンから金属に電子が供与されるσ(d←π)相互作用である．二つ目は，アルケンのπ*反結合性軌道と金属の被占d軌道との間に形成されるπ結合を介して，金属からアルケンに電子がπ逆供与されるπ(d→π*)相互作用である．遊離のアルケンの電子配置は$(\pi)^2(\pi^*)^0$であるが，配位により$(\pi)^{2-\delta}(\pi^*)^{\delta'}$へと変化する．これはσ(d←π)相互作用によりπ軌道の電子密度が低下し，π(d→π*)相互作用によってπ*軌道の電子密度が増加したことを示している．その結果，アルケン炭素間の結合次数が低下し結合距離が伸びると同時に金属と二つの炭素間にσ結合が生じ，アルケン錯体は金属を含んだシクロプロパン（メタラシクロプロパン）としての性格をもつことになる．また配位する前はsp^2であったアルケン炭素の混成軌道は配位することによってp性が増しsp^3混成に近づく．

$$\sigma(d\leftarrow\pi) \gg \pi(d\rightarrow\pi^*) \qquad \sigma(d\leftarrow\pi) \ll \pi(d\rightarrow\pi^*)$$

　上記の二つの相互作用のうちいずれの寄与が大きいかは，中心金属の電子状態，配位子の種類，アルケンの性質によって決定される．すなわち，中心金属が高酸化状態であったり，錯体がカチオン性であるなど金属の電子密度が低い場合にはσ(d←π)相互作用が支配的となる．逆に，中心金属が低酸化状態であるか，錯体がアニオン性である場合には金属上の電子密度が高まりπ(d→π*)相互作用が支配的になる．同時に，錯体中に電子供与性の大きな配位子が存在したり，アルケンが電子求引基をもつ場合にもπ(d→π*)相互作用の寄与が増す．これらの構造変化はX線結晶構造解析やIRスペクトルによって確認できる．

　たとえば，エチレンの炭素−炭素間距離は134 pmであるがσ(d←π)相互作用が支配的なZeise塩では135 pmとなり，π(d→π*)相互作用が支配的なPt(0)錯体では143 pmとなる．エチレンをテトラシアノエチレンで置換した場合には，金属からアルケンへの逆供与がさらに増し，炭素−炭素間距離は149 pmとなり，炭素−炭素単結合距離154 pm（エタン）に近づく．

Pt(II), d^8, 16e　　　　Pt(0), d^{10}, 16e　　　　Pt(II), d^8, 16e　　　　Pt(II), d^8, 16e

　中心金属のd軌道が閉殻のAg(I)のカチオン性アルケン錯体ではσ(d←π)相互作用の寄与が大きく，アルケン上のアルキル基の数が増すほどその安定性が増大する．このようにσ供与の寄与が支配的な場合には，IRスペクトルの$\nu_{C=C}$は50〜60 cm^{-1}ほど低波数シフトするのが一般的である．一方，d^8, Pt(II)のアルケン錯体ではπ(d→π*)相互作用の重要性が増し，$\nu_{C=C}$が150〜160 cm^{-1}低波数シフトする．Ni(0), Pd(0), Pt(0)のようにd電子数が増えるとπ(d→π*)相互作用の寄与がさらに大きくなり，アルケン上の電子求引基の数が増すほど錯体は安定となる．このとき，$\nu_{C=C}$の低波数シフトは200 cm^{-1}に達することもある．

　アルケンの反応性も配位によって変化する．σ(d←π)相互作用の寄与が大きい場合，π電子が金属に供与されるため，アルケン炭素上の電子密度は低下しδ+性を帯びるようになる．その結果，求核

反応剤による攻撃を受けやすくなる．これについては§10・7・1でくわしく述べる．

9・7・2 アルキン錯体

アルキンはアルケンと同様にπ電子対を通して金属に配位するが，アルキン炭素がアルケン炭素に比べ電気的に陰性なため，金属からのπ逆供与をより強く受ける．金属とアルキンの結合もDewar–Chatt–Duncanson モデルで記述することができる．単核錯体に対して，$\sigma(d\leftarrow\pi)$相互作用が支配的な場合と$\pi(d\rightarrow\pi^*)$相互作用が支配的な場合の二つの極限構造式を下に示す．

$$\sigma(d\leftarrow\pi) \gg \pi(d\rightarrow\pi^*) \qquad \sigma(d\leftarrow\pi) \ll \pi(d\rightarrow\pi^*)$$

金属からの逆供与が強くなると，金属−炭素間にσ結合が生じるとともに炭素−炭素間のπ結合次数が低下し，金属を含んだシクロプロペン（メタラシクロプロペン）とみなすことができるようになる．アルケン錯体の場合と同じく，中心金属が低酸化状態になるほどこの寄与が大きくなる．Pt(II)とPt(0)のアルキン錯体を例に示す．

Pt(II), d^8, 16e　　　　Pt(0), d^{10}, 16e

アルキン錯体の多くは以下の例に示すように配位子交換反応によって合成される．

$(\eta^5\text{-}C_5H_5)Mn(CO)_3$ + $C_6H_5C\equiv CC_6H_5$ $\xrightarrow{-CO}$

Mn(I), d^6, 18e　　　　　　　　　　　　Mn(I), d^6, 18e

$(CO)_3Co\text{—}Co(CO)_3$ + $RC\equiv CR$ $\xrightarrow{-2CO}$

Co(0), d^9, 18e　　　　Co(0), d^9, 18e

アルキンは4電子供与の架橋配位子として二核錯体に取込まれることも多い．二核錯体の代表的な配位形式を実例とともに示す．(**7**), (**8**)はアルキンが直交する二つのπ電子対を介してM−M軸に垂直に配位したものである．単核錯体の場合と同様に，π軌道から金属のd軌道への電子供与が支配的な場合とd軌道からπ*軌道への逆供与が支配的な場合に相当し，実際のアルキン錯体は(**7**), (**8**)の共鳴混成体として記述される．(**9**)のようにアルキンがM−M軸に平行に配位したものも知られている．アルキン炭素はそれぞれ別の金属との間にσ結合を形成しており，σ架橋アルキン錯体とよば

れる．CF$_3$ など電子求引基を有するアルキンの場合に多くみられる．

$$\text{Mo(I)}, d^5, 18e \qquad \text{Co(0)}, d^9, 18e \qquad \text{Rh(II)}, d^7, 18e$$

9・7・3 π-アリル錯体

η^3-アリル配位子を有する錯体はπ-アリル錯体とよばれることが多い．π-アリル錯体の代表的な合成法を以下に示す．それらは，1) 低酸化状態の錯体に対するハロゲン化アリルやアリルエステルなどの酸化的付加反応，2) 遷移金属のハロゲン化物とアリル典型金属化合物との反応，3) 金属に配位したアルケンのアリル位 C−H 結合の切断，4) 配位ジエン末端に対する H$^+$，H$^-$，R$^-$ などの付加反応（§10・7・1 参照）などによる方法である．

アリル基の分子軌道と，それらと対称性が適合した d 軌道を図 9・15 に示す．π-アリル配位子は 4 電子供与のアニオン性配位子として扱われ，ϕ_2 は HOMO 軌道となり，金属の d$_{yz}$ 軌道と π 結合を形

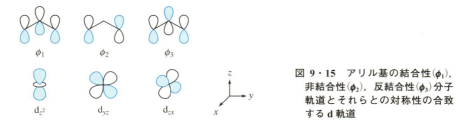

図 9・15 アリル基の結合性(ϕ_1)，非結合性(ϕ_2)，反結合性(ϕ_3)分子軌道とそれらとの対称性の合致する d 軌道

成する．また最も安定な ϕ_1 は d_{z^2} と相互作用し σ 結合を形成する．これらの相互作用の結果，π-アリル錯体では，図 9・16 に示すように，金属中心 M とアリル基の両端炭素を含む平面とアリル基の三つの炭素を含む平面の二面角がおよそ 95～120° となる．アリル配位子の中心炭素上の水素 H^X（あるいは置換基）を基準に，アリル骨格に関して反対側にある H^A をアンチ-プロトン，同じ側にある H^B をシン-プロトンとよぶ．アリル配位子の末端炭素上に置換基がある場合，置換基はアンチよりシンの位置を占めるほうが安定である．これは，アンチ位での金属および金属上の他の配位子との立体的反発を避けるためである．たとえば，メチル基をもつクロチル錯体の場合，シン：アンチ比は約 95：5 である．

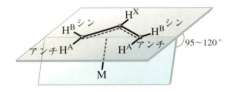

図 9・16　π-アリル平面と金属の配位平面との関係

π-アリル錯体中のアリル配位子は溶液中ではシン-アンチ異性化しているものが多い．異性化はおもに η^1-アリル中間体を経る η^3-η^1-η^3 転位によって進行する．無置換アリル錯体の例を図 9・17 に示す．この動的挙動は ^1H NMR によって観察できる．異性化がない場合には H^A と H^B は ^1H NMR で非等価なシグナルとして観察される．金属中心から近く強い遮蔽を受ける H^A が最も高磁場側に，ついで H^B が，さらに H^X が最も低磁場側に観察され，スピン結合は A_2B_2X パターンとなる．しかし，η^1-アリル中間体を経由して異性化する場合には，η^3-アリル錯体のシン-H(H^B) とアンチ-H(H^A) の交換が起こり，H^A と H^B は等価なシグナルとして観察され，スペクトルは A_4X パターンとなる．

図 9・17　η^3-アリル錯体の η^1-アリル錯体を経るシン-アンチ異性化

アリル錯体の異性化には，アリル配位子全体が金属-配位子結合を軸に回転する機構も可能である．この場合には，アリル配位子のシン，アンチ水素の位置交換や金属中心でのラセミ化は起こらない．

アリル基の 1 位あるいは 1, 3 位に置換基がある場合にはキラルな π-アリル錯体が形成されるが，動的な過程を経てアリル炭素上の立体化学が反転することがある．クロチル錯体の η^3-η^1-η^3 転位機構を図 9・18 に示す．転位には二つの経路が存在する．一つは，図の (a) のように置換されていない C1 原子と金属との間に σ 結合をもつ η^1-クロチル中間体を経るもので，この場合には C3 原子上で立体化学の反転が起こりラセミ化する．もう一つの経路，すなわち C3 原子と金属の間に σ 結合をもつ η^1-ブテン-3-イル中間体を経由する場合には，図の (b) のように C3 原子上の立体化学は保持される

が，転位生成物はシン-(S)体とアンチ-(S)体の平衡混合物になる．

(a) 第一級炭素側でのη^3-アリル錯体を経ると，ラセミ化が起こる

シン-(S) ⇌ ⇌ ⇌ シン-(R)

(b) 第二級炭素側でのη^3-アリル錯体を経ると，ラセミ化せずに立体異性化が起こる

シン-(S)　有利　⇌ ⇌ ⇌ アンチ-(S)　不利

図 9・18　η^3-クロチル錯体のη^3-η^1-η^3転位に基づく立体異性化過程

C1原子とC3原子上に置換基をもつアリル錯体のη^3-η^1-η^3転位による異性化では図9・19に示すように，シン-アンチ異性化が起こるのみでラセミ化は起こらない．

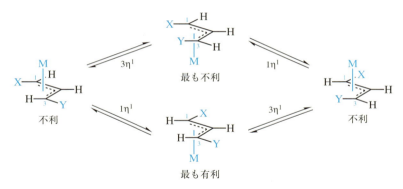

図 9・19　1,3-二置換非対称η^3-アリル錯体の異性化過程

これらの異性化と立体化学との関係は，有機合成によく用いられるπ-アリルパラジウム錯体の化学などを理解するうえで重要である．

9・7・4　ジエン錯体

ブタジエン，ノルボルナジエン，1,5-シクロオクタジエンなどのジエン類を配位子としてもつ遷移金属錯体を総称してジエン錯体とよぶ．ジエン配位子の二つの炭素-炭素二重結合が共役していない場合は，アルケン2分子が独立に金属に配位したものとみなすことができ，金属中心との相互作用はアルケン錯体と同様に記述できる．したがって，ここでは共役ジエンを配位子とする錯体について考えることにする．

s-cis-ブタジエンの分子軌道およびそれらと相互作用できる金属の原子軌道を模式的に図9・20に示す．ϕ_2がHOMOでありϕ_3がLUMOである．ϕ_2と金属の空のd_{yz}またはp_y軌道との間でπ対称性の結合性軌道が形成され，ジエンから金属に電子が供与される．同時に，ϕ_3と被占d_{zx}あるいはp_x軌道との間でπ対称性をもった結合性軌道が形成され，金属からジエンへの電子のπ逆供与が起こる．

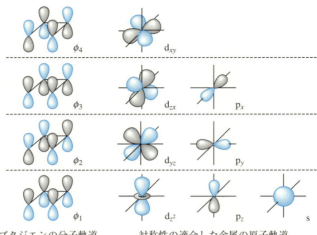

図 9・20　s-cis-ブタジエンの分子軌道と対称性が対応する金属の原子軌道

その結果，ジエンの電子配置は $(\phi_1)^2(\phi_2)^2$ から $(\phi_1)^2(\phi_2)^{2-\delta}(\phi_3)^{\delta'}$ へと変化する．これは，配位することによってジエンのC1–C2およびC3–C4間のπ結合次数が減少すると同時にC2–C3間のπ結合次数が増大することを示している．金属からの逆供与が増すほど，すなわちδ'が増加するほどこの傾向が強まり，錯体はメタラシクロペンテンとしての性格を帯びてくる．安定な高酸化状態をもつことが知られているZr, TaあるいはNbなどのジエン錯体では，ジエン構造の寄与よりメタラシクロペンテン構造の寄与のほうが大きくなる．ジエンは中性4電子配位子であるが，メタラシクロペンテンにおいては金属の形式酸化数は2増加し，炭素配位子はアルケン部分も含めてジアニオン6電子配位子とみなされる．配位していないブタジエンのC1–C2およびC2–C3間距離はそれぞれ133, 148 pmであるが，錯体中では，しばしばC1–C2結合よりC2–C3結合のほうが短くなる．

共役ジエンを配位子とする錯体の例をいくつか示す．単核錯体中ではジエンは通常s-シス体として配位する．ジルコニウムのブタジエン錯体 $Cp_2Zr(\eta^4\text{-}C_4H_6)$ ではs-トランス体の配位も知られている．共役ジエンは架橋配位子として二つの金属中心にまたがって配位することもある．この場合にはジエンの立体配座の自由度が増し，s-シス体とs-トランス体の両方の配位様式が確認されている．

Fe(0), d^8, 18e　　Re(V), d^2, 18e　　Zr(IV), d^0, 18e　　Pt(II), d^8, 16e

メタラシクロペンテン構造の寄与の大きなZrのジエン錯体 (10) は，溶液中でメタラシクロペンテンの立体配座が反転して，立体配置も反転する．ジエン上の置換基 R^1 と R^2 が異なる場合には錯体は

キラルであるが，この反転の結果ラセミ化する．これに対して，ジエン構造の寄与の大きな Fe のジエン錯体 (**11**) では，配位軸まわりでのジエンの回転は起こるが立体配置に関する異性化は起こらず，プロキラルなジエンを用いることによってキラルなジエン錯体を合成することができる．

(**10**)
Zr(IV), d⁰, 18e
メタラシクロペンテン構造ではラセミ化する

(**11**)
Fe(0), d⁸, 18e
ジエン構造の回転ではラセミ化しない

9・7・5 シクロペンタジエニル錯体

シクロペンタジエニル基 C_5H_5 を配位子とする一連の錯体はシクロペンタジエニル錯体とよばれ，前期遷移金属から後期遷移金属までほとんどすべての金属について誘導体が知られている．シクロペンタジエニル基と金属の結合のしかたには，η^1 と η^5 の主要な 2 通りの配位様式のほかに三つの炭素と金属との間に結合をもつ η^3-アリル型配位も確認されている．特に，インデニル基あるいはフルオレニル基のような縮合環系では η^3 配位が多くみられる．

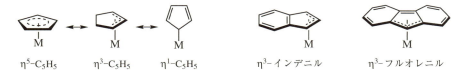

$\eta^5\text{-}C_5H_5$ $\eta^3\text{-}C_5H_5$ $\eta^1\text{-}C_5H_5$ η^3-インデニル η^3-フルオレニル

図 9・21 に示すように，シクロペンタジエニルアニオンの被占軌道である a_1 対称軌道は金属の空の d_{z^2}, s, あるいは p_z 軌道との間に σ 供与結合を形成する．同様に，被占軌道である e_1 対称軌道は対称性の一致する d_{yz}, d_{zx} あるいは p_x, p_y との間に π 供与結合を形成する．これに対して e_2 対称軌道は δ 結合を通して金属の $d_{x^2-y^2}$ あるいは d_{xy} 軌道から電子の π 逆供与を受ける．

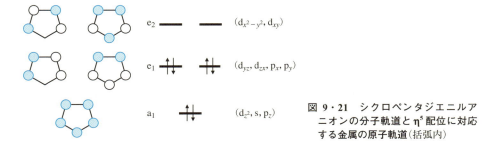

図 9・21 シクロペンタジエニルアニオンの分子軌道と η^5 配位に対応する金属の原子軌道 (括弧内)

シクロペンタジエニル基を二つもつ $(\eta^5\text{-}C_5H_5)_2M$ 型の錯体を総称してメタロセン (metallocene) とよ

ぶ．メタロセン中の C_5H_5 配位子は，溶液中では金属－配位子結合のまわりを回転している．しかし，結晶中では二つの C_5H_5 配位子が重なり形配座(eclipsed conformation, D_{5h})とねじれ型配座(staggered conformation, D_{5d})の 2 種類の回転異性体が存在する．

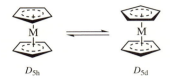

D_{5d} 立体配座をとるメタロセン中の C_5H_5 配位子と金属の間の軌道相互作用を図 9・22 に示す．枠内の e_{2g} および a_{1g}' 軌道はそれぞれ，配位子－金属間の結合性の δ 軌道と非結合性の σ 軌道で，e_{1g}^* 軌道は反結合性の π 軌道である．最も代表的なメタロセンであるフェロセンの中心金属は $Fe(II)(d^6)$ である．したがってフェロセンでは a_{1g}' 軌道まで電子が入り安定な 18 電子構造をとる．フェロセンは電子配置から予想されるように反磁性の化学的に安定な分子である．

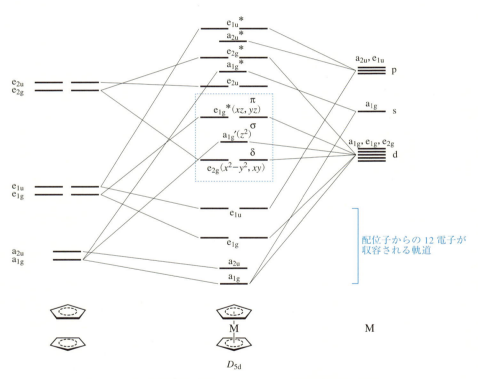

図 9・22　D_{5d} 対称 $(C_5H_5)_2M$ における C_5H_5 基と金属の軌道相互作用

フェロセンを 1 電子酸化することによって得られる $Fe(III)$ のカチオン錯体 $[Cp_2Fe]^+$ は 17 電子錯体であるため他の基質から電子を受取り 18 電子錯体となりやすい．したがって良好な 1 電子酸化剤となる．このカチオン錯体はフェロセニウム，フェリセニウム，あるいはフェリシニウムイオンとよばれる．一方，コバルトセン Cp_2Co は 19 電子錯体，ニッケロセン Cp_2Ni は 20 電子錯体である．余剰の電子は縮重した反結合性の e_{1g}^* 軌道に収容されるため，ともに常磁性である．コバルトセンは良好な 1 電子還元剤である．

メタロセンの仲間に，二つのシクロペンタジエニル環が傾いた構造のものがある．これらの構造は

図9・23に示すように，傾いた$(C_5H_5)_2M$部分と金属上の三つの軌道から成り立った一般構造で表せる．金属の電子数によって個々の化合物の構造の特性を容易に知ることができる．たとえば，$(C_5H_5)_2TiCl_2$では二つのClにはさまれた位置に空の軌道が存在し，金属は求電子中心であること，$(C_5H_5)_2TaCl_3$ではClがすべての軌道を占めていること，および$(C_5H_5)_2MoH_2$では非共有電子対が存在し，金属は求核中心となること，などがわかる．

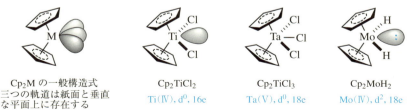

図 9・23 シクロペンタジエニル基が傾いて配置されたメタロセン

遷移金属錯体へは以下に示すような方法でシクロペンタジエニル基が導入される．

1) 遷移金属塩とシクロペンタジエニルアニオン種の反応

$$FeCl_2 + 2\,C_5H_5Na \longrightarrow (C_5H_5)_2Fe + 2\,NaCl$$

$$Ni(acac)_2 + 2\,C_5H_5MgBr \longrightarrow (C_5H_5)_2Ni + 2\,acacMgBr$$

2) 還元剤存在下での遷移金属ハロゲン化物とシクロペンタジエンの反応

$$RuCl_3 + 3\,C_5H_6 + 1.5\,Zn \longrightarrow (C_5H_5)_2Ru + C_5H_8 + 1.5\,ZnCl_2$$

シクロペンタジエニル基に置換基を導入して，中心金属周辺の立体的な環境や金属上の電子密度を変化させることにより，錯体の安定性や反応性を変えることができる．最もよく研究されているのがペンタメチルシクロペンタジエニル基$C_5(CH_3)_5$であり，一般にCp*と略記される．Cp*基には立体的に錯体の安定性を高める，有機溶媒に対する錯体の溶解度を増大させる，金属中心の電子密度を増大させる，などの効果がある．

9・7・6 π ベンゼン錯体

πベンゼン錯体はベンゼンがそのπ電子系を通して金属原子に配位結合したもので，η^2からη^6まで多くの配位様式があるが，最も一般的なものはη^6ベンゼン錯体で，六つの炭素原子およびそれに結合している水素原子は化学的にも分光学的にも等価であり，多少の例外はあるもののC_6環は平面をなしている．$(\eta^6\text{-}C_6H_6)Cr(CO)_3$，$(\eta^6\text{-}C_6H_6)_2Cr$，$[(\eta^6\text{-}C_6H_6)Mn(CO)_3]^+$，$[(\eta^6\text{-}C_6H_6)FeCp]^+$，$[(\eta^6\text{-}C_6H_6)RuCp^*]^+$など，この形式に属する錯体は数多い．いずれも18電子則をみたす安定な錯体である．

ベンゼンの分子軌道とη^6配位に対して対称性の適合した金属の原子軌道を図9・24に示す．これ

らの関係が同じ6π電子系のシクロペンタジエニル錯体の場合に類似していることに注意すべきである．ベンゼンの被占軌道であるa_{2u}対称軌道は金属の空のd_{z^2}，sあるいはp_z軌道との間にσ供与結合を形成する．同様に，最高被占軌道のe_{1g}対称軌道はd_{yz}, d_{zx}あるいはp_x, p_yとの間にπ供与結合を形成する．これに対して最低空軌道であるe_{2u}対称軌道は$d_{x^2-y^2}, d_{xy}$との間にδ結合を形成し，金属から電子の逆供与を受ける．

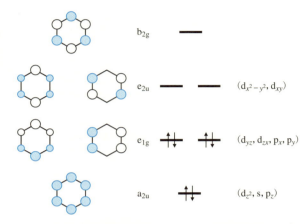

図9・24 ベンゼンの分子軌道とη^6配位に対応する金属の原子軌道(括弧内)

以上の議論はより一般的にアレーンを配位子とする錯体についても成り立つものである．以下にアレーン錯体の代表的な合成法を示した．

1) アレーン存在下遷移金属塩の還元反応による方法

$$CrCl_3 + 2C_6H_6 + 1/3\,AlCl_3 + 2/3\,Al \longrightarrow [Cr(C_6H_6)_2]^+ AlCl_4^- \xrightarrow{Na_2S_2O_4} Cr(C_6H_6)_2$$

Cr(I), d^5, 17e　　　　Cr(0), d^6, 18e

2) 配位子交換による合成法

$$Mo(CO)_6 + \text{mesitylene} \xrightarrow{加熱} (\eta^6\text{-mesitylene})Mo(CO)_3$$

Mo(0), d^6, 18e

3) シクロヘキサジエンからの水素引抜きによる方法

$$RuCl_3 + \text{cyclohexadiene} + C_2H_5OH \xrightarrow[-CH_3CHO]{-HCl} [(\eta^6\text{-C}_6H_6)RuCl_2]_2 \xrightarrow{L} (\eta^6\text{-C}_6H_6)RuCl_2L$$

Ru(II), d^6, 18e　　　　Ru(II), d^6, 18e

なお，アレーン環の1,2位あるいは1,3位に異なる置換基がある場合には，金属と結合することにより面性キラルな錯体が生成する．

9. 有機遷移金属化学 I: 錯体の構造と結合

参 考 書

有機遷移金属化学の一般的な参考書

・山本明夫，"有機金属化学: 基礎から触媒反応まで"，東京化学同人(2015)．

・小澤文幸，西山久雄，"有機遷移金属化学"，朝倉書店(2016)．

・J. F. Hartwig, "Organotransition Metal Chemistry: From Bonding to Catalysis", University Science Books, California (2010). ["ハートウィグ有機遷移金属化学"，小宮三四郎，穐田宗隆，岩澤伸治監訳，東京化学同人(2014).]

・R. H. Crabtree, "The Organometallic Chemistry of the Transition Metals", 5th Ed., John Wiley & Sons, Hoboken (2009).

錯体の分子軌道と立体化学に関する参考書

・T. A. Albright, J. K. Burdett, M.-H. Whangbo, "Orbital Interactions in Chemistry", 2nd Ed., John Wiley & Sons, New York(2013).

分子状水素錯体に関する総説

・G. J. Kubas, "Metal Dihydrogen and σ-Bond Complexes", Kluwer Academic Publishers, New York(2001).

・R. H. Crabtree, *Angew. Chem., Int. Ed. Engl.*, **32**, 789(1993).

アゴスティック相互作用に関する総説

・M. Brookhart, M. L. H. Green, *J. Organomet. Chem.*, **250**, 395(1983).

ホスフィン配位子の立体的および電子的因子に関する総説

・C. A. Tolman, *Chem. Rev.*, **77**, 313(1977).

・T. Bartik, T. Himmler, H.-G. Schulte, K. Seevogel, *J. Organomet. Chem.*, **272**, 29(1984).

・T. L. Brown, K. J. Lee, *Coord. Chem. Rev.*, **128**, 89(1993).

・P. Dierkes, P. W. N. M. Leeuwen, *J. Chem. Soc., Dalton Trans.*, **1999**, 1519.

・P. W. N. M. van Leeuwen, P. C. J. Kamer, J. N. H. Reek, P. Dierkes, *Chem. Rev.*, **100**, 2741(2000).

カルベン錯体に関する参考書

・"Handbook of Metathesis", ed. by R. H. Grubbs, Vol. 1, Wiley-VCH, Weinheim(2003).

カルベン錯体の結合論に関する総説

・C. D. Montgomery, *J. Chem. Educ.*, **92**, 1653 (2015).

安定カルベン錯体に関する総説

・A. J. Arduengo, III, *Acc. Chem. Res.*, **32**, 913(1999).

・W. A. Herrmann, *Angew. Chem., Int. Ed.*, **41**, 1290(2002).

埋込み体積(%V_{bur})に関する総説

・H. Clavier, S. Nolan, *Chem. Commun.*, **46**, 841(2010).

・T. Dröge, F. Glorius, *Angew. Chem., Int. Ed.*, **49**, 6940(2010).

有機遷移金属錯体の合成法に関する実験書

・"有機遷移金属化合物，超分子錯体(実験化学講座 21)"，第 5 版，日本化学会編，丸善(2004).

10

有機遷移金属化学 II：
錯体の反応

10・1 配位子置換反応

　遷移金属錯体が関与する反応では，反応剤が金属に配位してはじめて活性化される場合が多い．反応剤が金属に配位するためには金属上のいずれかの配位子と置き換わる必要がある．以下に述べるように，このような配位子どうしの交換(配位子置換反応 ligand substitution)には，1) **解離機構**(dissociative mechanism)，2) **交替機構**(interchange mechanism)，3) **会合機構**(associative mechanism)がある．

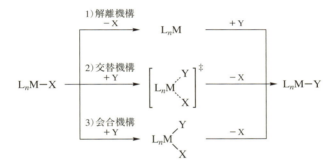

　配位飽和の 18 電子錯体では多くの場合に，まず配位子の解離が起こり，生じた空の配位座に別の配位子が配位するという形式で反応が起こる(解離機構)．このような形式の反応は遷移金属カルボニル錯体について古くからくわしく研究されている．置換反応速度は基本的に出発錯体の濃度のみに依存し，置換する配位子の濃度には依存しない．すなわち，有機化学における S_N1 反応に相当する．熱反応で配位子の解離しにくい鉄やクロムのカルボニル錯体では，CO 配位子の解離を光照射によって促進して置換反応を行うことがある(図 9・8 参照)．途中に生じる配位不飽和中間体は一般に不安定で単離することはできない．

$$HCo(CO)_4 \underset{CO}{\overset{-CO}{\rightleftarrows}} \text{"}HCo(CO)_3\text{"} \xrightarrow{CH_2=CH_2} HCo(CH_2=CH_2)(CO)_3$$

Co(I), d^8, 18e　　　　Co(I), d^8, 16e　　　　Co(I), d^8, 18e

$$Fe(CO)_5 \xrightarrow[-CO]{光照射} \text{"}Fe(CO)_4\text{"} \xrightarrow{CH_2=CH_2} Fe(CH_2=CH_2)(CO)_4$$

Fe(0), d^8, 18e　　　　Fe(0), d^8, 16e　　　　Fe(0), d^8, 18e

　一方，配位不飽和錯体は S_N2 型の会合機構によって配位子置換反応を起こす．この形式の反応は d_8 平面正方形 16 電子錯体に一般的にみられ，三方両錐形の 5 配位状態を遷移状態あるいは中間体として進行する．反応は立体特異的で，出発錯体の脱離基 X のあった位置に配位子 Y が導入され，立

体配置は保持される．まず配位子Yが空間的にあいている配位平面の上側（あるいは下側）から中心金属に近づいて，脱離する配位子Xとそのトランス位の配位子TおよびYをそれぞれ三角形の頂点にもつ三方両錐形錯体が形成される．ここからXが解離するとともに平面正方形錯体に戻る．全体として，幾何学配置を保持して置換が起こったことになる．

d^{8}平面正方形錯体の置換反応は，安定な白金(II)錯体についてくわしく研究されている．置換反応速度はトランス位の配位子Tの種類に強く依存する．反応速度に及ぼす配位子Tのこのような効果は**トランス効果**(trans effect)とよばれ，その序列は多くの錯体種についてほぼ一定である[1]．

トランス効果の序列　　　CO, CN$^-$, C$_2$H$_4$ > PR$_3$, H$^-$ > CH$_3^-$ > C$_6$H$_5^-$, I$^-$ > Br$^-$, Cl$^-$ > NH$_3$, H$_2$O
トランス影響の序列　　　H$^-$, CH$_3^-$, C$_6$H$_5^-$ > PR$_3$, CN$^-$ > CO, C$_2$H$_4$ > I$^-$, Br$^-$ > Cl$^-$ > NH$_3$, H$_2$O

トランス効果の序列の下に**トランス影響**(trans influence)の序列を示した[2]．トランス効果が置換反応速度に及ぼす配位子Tの動的効果を表すのに対して，トランス影響はトランス位の配位子TによってM–X結合がどの程度弱められているかを示す静的効果の尺度である．トランス影響はM–X結合距離をX線構造解析で決定すれば直接評価できる．また，IRスペクトルにおけるM–X伸縮振動の波数やNMRスペクトルにおけるM–X間の結合定数もトランス影響のよい指標とされている．

さて上記の序列からわかるように，トランス効果とトランス影響にはほどよい相関がある．その理由は，トランス位にトランス影響の強い配位子TがあるほどM–X結合が弱くなり，配位子置換反応が起こりやすくなるためである．COやC$_2$H$_4$などのπ結合性配位子がめだって大きなトランス効果を示すのは，これらの配位子がπ逆供与によって置換反応の5配位遷移状態あるいは中間体を安定化し，活性化エネルギーを低下させるためである．この効果を特にπトランス効果とよぶことがある．

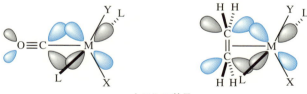

πトランス効果

遷移金属に結合したハロゲン配位子は他の金属に結合した有機基によって置換されることが多い．この形式の配位子置換反応は，特に**トランスメタル化反応**(transmetalation，金属交換ともいう)とよばれ，触媒反応の素反応や有機金属錯体の合成法として重要である[3]．有機基を供与する化合物としては，リチウム，マグネシウム，ホウ素[4),5)]，スズ[6)]，アルミニウムなどの典型元素の有機金属化合物のほか，有機銅や有機ジルコニウムが利用されている．

$$L_nM-X + R-M' \longrightarrow L_nM-R + M'X$$

M＝遷移金属，M′＝MgBr, BR′$_2$, SnR′$_3$, ZnX, Cp$_2$ZrCl，など，
X＝Cl, Br, I, OCOCH$_3$，など，R＝アルキル，アルケニル，アルキニル，アリール

平面正方形錯体の配位子置換反応が立体配置を保持して進行することをすでに述べた．しかし，錯

体の異性化を伴う例もいくつか知られている[7]．たとえば，*trans*-ジクロロビス（ホスフィン）白金（II）錯体を遊離のホスフィン配位子を含む溶液に溶かすと，熱力学的により安定なシス錯体に異性化する．この反応は，次に示すように，段階的な配位子置換反応によって進行する．まず，Cl 配位子の一つが PR_3 と置換し，イオン性中間体（**2**）が生じる．つづいて（**2**）の白金原子を Cl^- が攻撃し，三つある PR_3 のうち，Cl よりトランス効果の大きい PR_3 のトランス位にある PR_3 配位子が選択的に置換されることによってシス錯体が生成する．それぞれの配位子置換反応が位置選択的に進行していることに注意してほしい．なお，異性化反応は溶媒極性の影響を強く受け，イオン性中間体（**2**）が生成しにくい非極性溶媒中では，Berry の擬回転機構（§8・5・3 参照）を経て 5 配位錯体（**1**）から（**3**）へ直接変化する．

10・2 酸化的付加反応

遷移金属錯体に A−B 型の化合物が A−B 結合の開裂を伴って付加するとき，この反応を酸化的付加反応とよぶ．その名が示すとおり，この反応では中心金属の形式酸化数が 2 増加する．また通常，錯体の配位数と電子数もそれぞれ 2 ずつ増加する．このため付加を受ける錯体は，これらの変化に対応できる d 電子と空の配位座をあらかじめ備えている必要がある．後ほど具体例を示すように，酸化状態が低く，配位不飽和性の高い Vaska 錯体〔Ir(I), d^8, 16e〕や 10 族の ML_2 型錯体〔Ni(0), Pd(0), Pt(0), d^{10}, 14e〕が酸化的付加反応に対して特に高い反応性を示すのはこのためである．逆に 3 族，4 族の遷移金属でよくみられる d^0 錯体には，反応に伴って失われるべき d 電子が存在しないため，酸化的付加反応は起こらない．

$$L_nM \ + \ A{-}B \ \underset{\text{還元的脱離反応}}{\overset{\text{酸化的付加反応}}{\rightleftarrows}} \ L_nM{\overset{A}{\underset{B}{<}}}$$

2 分子の錯体が同時に反応に関与する場合や，2 個以上の金属を含む多核錯体の反応では，上とは別の形式の金属の 1 電子酸化を伴う酸化的付加反応も知られている．特に，$Co_2(CO)_8$ と水素分子の反応は，コバルト触媒を用いるプロピレンの工業的ヒドロホルミル化反応（oxo 法）の開始反応として重要である．

$$(OC)_4Co{-}Co(CO)_4 \ + \ H_2 \ \longrightarrow \ 2\,HCo(CO)_4$$

Co(0), d^9, 18e　　　　　　　　　　Co(I), d^8, 18e

$$(OC)_5Mn{-}Mn(CO)_5 \ \overset{\text{光照射}}{\longrightarrow} \ 2\,[\cdot Mn(CO)_5] \ \overset{H_2}{\longrightarrow} \ 2\,HMn(CO)_5$$

Mn(0), d^7, 18e　　　　　　Mn(0), d^7, 17e　　　　Mn(I), d^6, 18e

10. 有機遷移金属化学 II: 錯体の反応

Vaska 錯体を例に，種々の化合物の酸化的付加の様子をみてみよう[1]．次に示すように，反応剤の種類によって三つの反応形式に分類できる．第一の形式は A–B 単結合のシス付加を伴うもので，無極性の水素分子や低極性のヒドロシランの反応がこれにあたる．一方，ヨウ化メチル，塩化水素あるいは塩化アセチルなど，極性の高い A–B 単結合をもつ化合物の反応では A, B 基が配位平面の上下に分かれてトランス付加しており，第二の形式に分類される．第三の形式は A–B 多重結合を含む，たとえば酸素分子の付加においてみられるもので，反応後も A–B 間に結合が存在することが特徴である．この最後の反応は，イリジウムから酸素分子への π 逆供与(§9·6·2c 参照)によってひき起こされる O–O 間の π 結合の切断を伴った酸化的付加反応とみなすことができる．次に，第一と第二の反応形式についてくわしく述べる．

10・2・1 水素分子の反応

H–H 結合は，$436\ kJ\ mol^{-1}$ の結合解離エネルギーをもつ強い結合である．しかし，水素分子は，室温付近の穏和な反応条件において速やかに遷移金属錯体に付加し，その活性化エネルギーは通常 $40\ kJ\ mol^{-1}$ 以下である．H–H 結合がこのように容易に切断されるのは，以下に述べる軌道の相互作用に基づいて，反応が協奏的な過程を経て進行するためである．

図 10·1 にビス(ホスフィン)白金(0)錯体との反応の様子を示す．PtL_2 錯体は直線形が安定であるが，水素分子が白金原子に接近するに従って，L–Pt–L 結合角がしだいに狭まり，屈曲形に変化する．C_{2v} 対称をもつ屈曲形の PtL_2 錯体には，主として白金の 6s 軌道と 6p 軌道に由来する a_1 対称軌道と，おもに 5d 軌道に由来する b_2 対称軌道の二つのフロンティア軌道が存在し，それぞれ錯体の LUMO と HOMO に対応する．酸化的付加反応では，これらのフロンティア軌道が同じ対称性をもつ水素分子の σ および σ* 軌道とそれぞれ相互作用する．水素分子が白金から比較的遠い反応初期の段階では，水素分子から白金への σ 供与，すなわち σ 軌道から a_1 対称軌道への電子供与(a)が支配的である．水素分子がさらに白金に近づくと，b_2 対称軌道と σ* 軌道間の軌道の重なりがしだいに増し，白金から水素分子への π 逆供与(b)が起こるようになる．この後者の過程によって，白金の d 電子が水素分子の反結合性 σ* 軌道に流れ込むと，H–H 結合が切断されるとともに，新たに二つの Pt–H 結合が生じて，水素分子が白金に付加することになる．以上の軌道相互作用によって，Pt–H 間に二つの結合性軌道(*4*)と(*5*)が形成されたジヒドリド錯体が生じる．

白金(0)錯体に対する水素分子の酸化的付加反応は実験的にも理論的にもよく研究されている．重水素を用いた実験から反応速度に対する同位体効果は $k_H/k_D = 1 \sim 2$ であり，*ab initio* 法を用いた理論

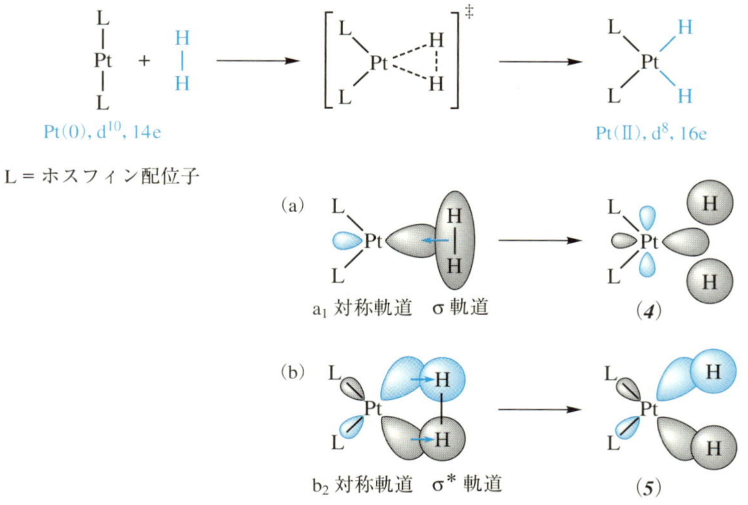

10・2 酸化的付加反応

図 10・1 PtL$_2$錯体に対する水素分子の酸化的付加反応

的計算値($k_H/k_D = 1.48$)とよく一致している[2]. また, 理論的に求められた遷移状態において H−H 結合距離はおよそ 77 pm であり, 遊離の水素分子の H−H 結合(74 pm)からの伸びはわずかである. このことは, この酸化的付加反応の遷移状態が始原系にかなり近い状態であることを示しており, 同位体効果が小さいこととよく対応している.

図 10・1 を用いて, H−H 結合の切断と Pt−H 結合の生成が, π(d→σ*)相互作用(図の b)によってひき起こされることを示した. このような電子授受が d 軌道のエネルギー準位が高い金属錯体において起こりやすいことは容易に理解できるだろう. すなわち同じ種類の中心金属をもつ錯体どうしの比較では, 金属の酸化状態が低いものほど, また電子供与性の配位子によって中心金属の電子密度が高められたものほど, 酸化的付加反応に対する活性が高くなる. さらに, 錯体の幾何構造も反応性の支配因子として重要である. この点について PtL$_2$錯体を例として以下に説明する.

π(d→σ*)相互作用に関与する b$_2$ 対称軌道には, Pt−L 結合の σ* 軌道の要素がかなり含まれている. この σ* 性は L−Pt−L 結合角が狭まるほど強くなり, およそ 90°の角度において最大となる. すなわち, PtL$_2$錯体が屈曲することにより b$_2$ 対称軌道の軌道エネルギーが上昇し, π(d→σ*)相互作用がより効果的に起こるようになるため, 屈曲構造をもつ錯体は酸化的付加反応に対して高い反応性を示す.

10・2・2 炭化水素の反応

C−H 結合は H−H 結合よりも弱い結合であるが, 炭化水素の酸化的付加反応は水素分子の反応と比較してはるかに起こりにくい. その原因の一つは, 炭化水素が, 置換基の存在に起因する立体障害により, 図 10・1 の(a)に相当する配位錯体を形成しにくい点にある. また, 指向性をもたない s 軌道のみから構成された水素分子では(b)の π 逆供与相互作用が比較的容易であるのに対し, 指向性の高い sp^3 混成軌道や sp^2 混成軌道を含む炭化水素では同様の軌道相互作用が起こりにくい点も反応性低下の原因となる.

しかしながら, たとえば白金錯体については, キレート配位子を用いて L−Pt−L 結合角をおよそ 90°に固定し, 配位空間を広げて C−H 結合の配位を容易にし, また b$_2$ 対称軌道のエネルギー準位を高めて π(d→σ*)相互作用を促進することにより, メタンを含む種々の炭化水素と容易に反応するようになる[3],[4].

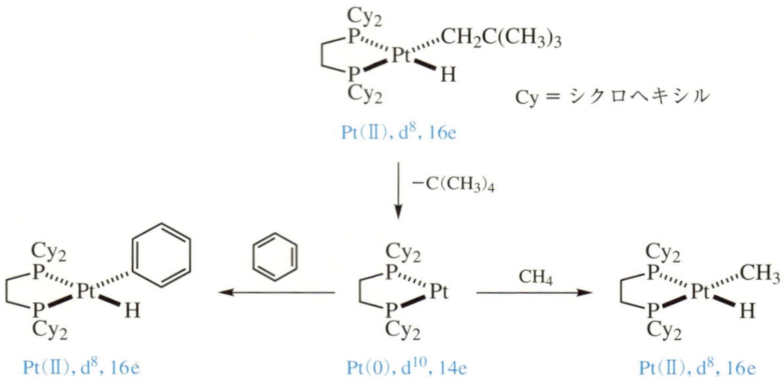

Cy = シクロヘキシル

Pt(II), d^8, 16e

$-C(CH_3)_4$

Pt(II), d^8, 16e

Pt(0), d^{10}, 14e

CH_4

Pt(II), d^8, 16e

以上のように，酸化的付加反応の進行に金属と反応基質との軌道相互作用は必須である．炭化水素などの反応基質は求核性が極端に低いため，§10・1で示した会合機構によってホスフィンなどの配位子を追い出し，金属と相互作用することはむずかしい．このような場合には下式に示すように，カルボニル錯体やジヒドリド錯体，アルキルヒドリド錯体から熱的あるいは光照射下において一酸化炭素，水素，アルカンをそれぞれ脱離させ，高活性な配位不飽和錯体を生成させる方法が有効である．ひずみのかかった3員環や4員環化合物の反応ではC−H結合よりもC−C結合の付加が優先する場合がある[5),6)]．

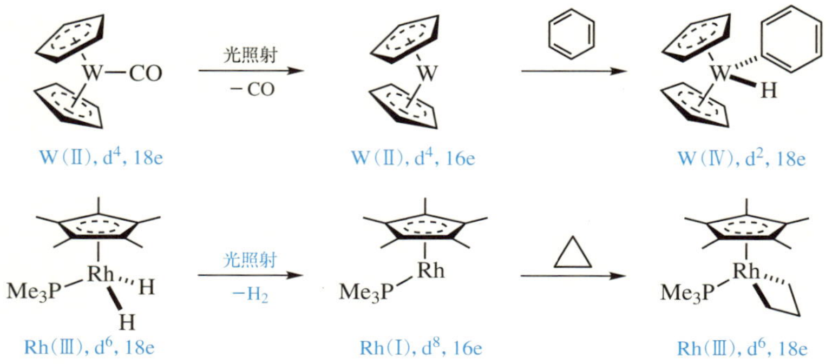

W(II), d^4, 18e

光照射
$-CO$

W(II), d^4, 16e

W(IV), d^2, 18e

Me$_3$P

Rh(III), d^6, 18e

光照射
$-H_2$

Me$_3$P

Rh(I), d^8, 16e

Me$_3$P

Rh(III), d^6, 18e

以上の反応は量論反応にとどまっているが，配向基の作用により芳香族化合物中のC−H結合を選択的に切断し，炭素−炭素結合生成反応と組合わせた触媒的C−H結合切断も広く活用されている（§10・8・10参照）．

10・2・3 有機ハロゲン化物の反応

低酸化状態の金属中心は求核性が高いため，炭素−ハロゲン結合や炭素−酸素結合のような極性結合をもつ化合物 R−X の酸化的付加反応が，金属錯体種による求核置換反応として誘起される場合がある．遷移金属錯体の関与する求核置換反応には，直線形の遷移状態を経る S_N2 反応と，水素分子の酸化的付加反応とよく似た，三中心遷移状態を経由する反応がある．

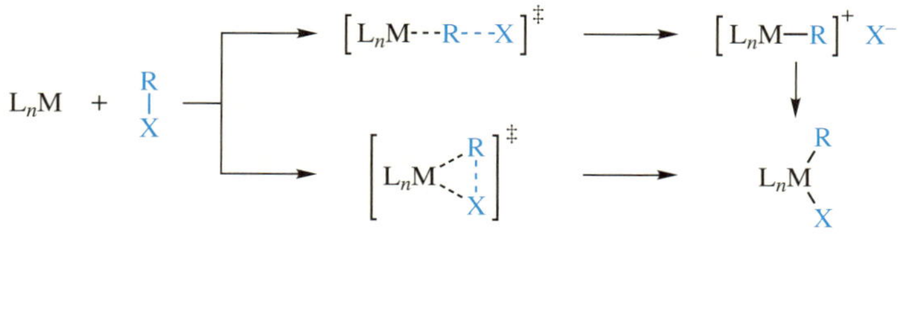

L_nM + R−X

$[L_nM\cdots R\cdots X]^{\ddagger}$ ⟶ $[L_nM−R]^+ X^-$

$\left[L_nM \begin{smallmatrix} R \\ \vdots \\ X \end{smallmatrix} \right]^{\ddagger}$

$L_nM \begin{smallmatrix} R \\ X \end{smallmatrix}$

10・2 酸化的付加反応

前者の機構は，白金(II)あるいはパラジウム(0)錯体に対する，ヨウ化メチル，臭化エチル，臭化ベンジルなどのハロゲン化アルキルの酸化的付加反応で確認されている[7),8)]．まず，金属中心が炭素-ハロゲン結合の背後から求核攻撃し，つづいて遊離したハロゲン化物イオンが配位平面の下側にある空の配位座に結合する．すなわち，結果的にトランス付加が起こったことになる．反応は溶媒の極性が高いほど速く，反応性はアルキル基がメチル > 第一級 > 第二級 ≫ 第三級の順に，ハロゲンが I > Br > Cl の順に低下する．これらの傾向は有機反応の S_N2 反応とよく一致している．パラジウム(0)錯体と臭化ベンジルも類似の機構で反応し，ベンジル位の炭素の立体配置は反転する[9)]．

水素分子や炭化水素の酸化的付加反応では，錯体の配位数と電子数が2ずつ増えるため，酸化的付加を受ける錯体は，電子数が 16e 以下の配位不飽和錯体である必要があった．これに対して，S_N2型の反応でハロゲンなどがアニオンとして脱離すると，配位数は一つ増えるが錯体の電子数に変化はないため，反応剤と相互作用するための配位座さえあれば18電子錯体も酸化的付加を受けることができる．さらに，下式の Rh 錯体の例のように16電子錯体がより電子密度の高い18電子錯体に変わってから酸化的付加を受ける場合もある．以下に示す18電子錯体の反応では，有機基が金属に結合した段階で錯体はすでに18電子の配位的に飽和な状態にあるため，脱離したハロゲン化物イオンがさらに錯体に配位することはない[10)]．

錯体の S_N2 型の酸化的付加反応で，中心金属の電子密度が重要であることは，一連のパラ置換トリフェニルホスフィン配位子をもつ Vaska 型錯体と，ヨウ化メチルや塩化ベンジルとの反応の速度に対する置換基依存性からも容易に読取ることができる[11)]．図 10・2 からわかるように，パラ置換基の

Hammett 定数 σ_p と相対反応速度定数の対数値($\log k_X/k_H$)の間には大きな負の傾きをもつ直線関係がある．すなわち，電子供与性の強い置換基をもつホスフィンの錯体ほど酸化的付加反応が速い．これは，イリジウム上の電子密度が高まり，有機ハロゲン化物に対する求核性が向上したためである．水素分子や酸素分子の酸化的付加速度も同様の置換基に対する依存性を示す．

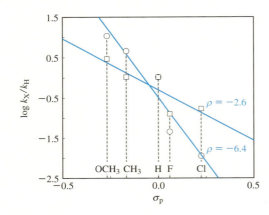

図 10・2 *trans*-IrCl(CO)[P(C_6H_4X-*p*)$_3$]$_2$ と CH_3I(○) および $C_6H_5CH_2Cl$(□) の反応の Hammett 直線関係

ハロゲン化アリルや酢酸アリルなどのアリル化合物も，遷移金属錯体に対して S_N2 型の酸化的付加反応を起こす[12]．一般に，アリル化合物の反応性は第一級アルキル化合物と比べてはるかに高く，両者の反応性の差は通常の S_N2 反応よりも大きい．アリル化合物中の炭素—炭素二重結合が酸化的付加反応に先立って金属に効果的に配位できることが，その一因である．たとえば，酢酸アリルがパラジウム(0)錯体に付加する場合には，まず，アリル基の炭素—炭素二重結合がパラジウムに配位し，つづいてパラジウムがアリル炭素を求核攻撃する．そのさい，アリル炭素の立体配置の反転を伴ってアセトキシ基が脱離し，π-アリル錯体が形成される[13]．

S_N2 反応を起こしにくいハロゲン化アリールも，遷移金属錯体に対して比較的容易に酸化的付加反応を起こす．その理由は，これらの化合物が，S_N2 機構ではなく，三中心遷移状態を経由する別の機構によって反応するためである．たとえば，パラジウム(0)錯体とハロベンゼンの反応の機構は次のように推定されている．

まず，η^2-ハロベンゼン錯体が形成され，つづいて C—X 結合の酸化的付加が起こる．この反応では，パラ置換ハロベンゼン類の反応性の変化が Hammett 式によく適合し，その ρ 値はパラ置換ヨードベンゼン誘導体に対して +2〜+2.3[14]〜[16]，パラ置換クロロベンゼン誘導体に対して +5.2[17] であ

る．ρ値がかなり大きな正の値であることから，ハロゲン化アリールの反応は本質的に求核的芳香族置換反応とみなすことができる．すなわち，ハロベンゼン配位子のイプソ炭素にパラジウムから電子が流れ込み，C–X 結合の開裂が誘起される．反応速度は，このC–X 結合の開裂速度とともに，その前段階となるハロベンゼンの配位平衡定数に強く依存する．そのため，P(t-Bu)$_3$ や N-複素環状カルベンなどの嵩高く電子供与性の強い配位子を用い，配位子の解離を促進するとともにパラジウム中心の電子密度を高めることによって，たとえば Pd(PPh$_3$)$_4$ に対してほとんど反応性を示さないクロロベンゼンを室温付近の穏和な条件でパラジウムに酸化的付加させることができる．これらの嵩高い補助配位子を用いた場合に反応活性種である PdL$_n$ 錯体の n は 1 である[18]．

　ハロゲン化アルケニルも同様の三中心遷移状態を経由して反応する．そのさい，アルケンの二重結合の立体配置は保持される．

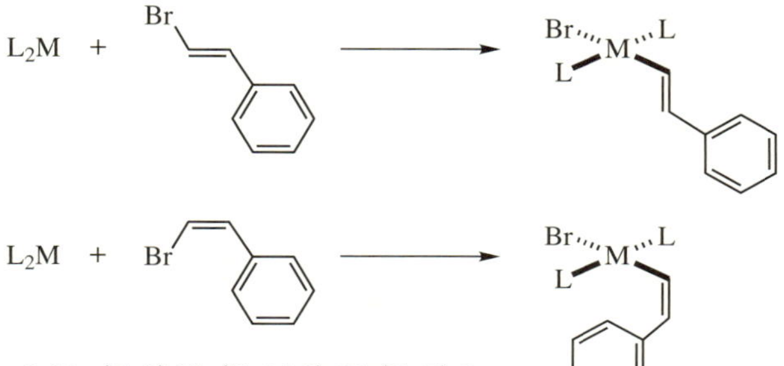

L$_2$M = (Et$_3$P)$_2$Ni, (Ph$_2$MeP)$_2$Pd, (Ph$_3$P)$_2$Pt

　有機ハロゲン化物の反応には，以上の二つの形式のほかに 1 電子移動過程を含むラジカル機構が知られている．おもに，ハロゲン化アルキルがこの形式の酸化的付加反応を起こし，次の反応機構が提唱されている．

溶媒かご内

　ラジカル機構で反応が進行していることは，たとえば，Pt(PEt$_3$)$_3$ と 6-ブロモ-1-ヘキセンの反応で，臭化物の骨格構造を保持した 5-ヘキセニル白金(II)錯体と，骨格が変化したシクロペンチルメチル白金(II)錯体が，およそ 1：3 の比で生成することからわかる[19]．この反応にみられる 5-ヘキセニル基からシクロペンチルメチル基への環化異性化は，遊離の 5-ヘキセニルラジカルに特徴的な迅速な反応であることが知られており，反応速度定数も確定されている．この性質に基づいたラジカル時計の概念をあてはめると，この酸化的付加反応もこの環化反応と同程度の反応速度で進行していることがわかる．

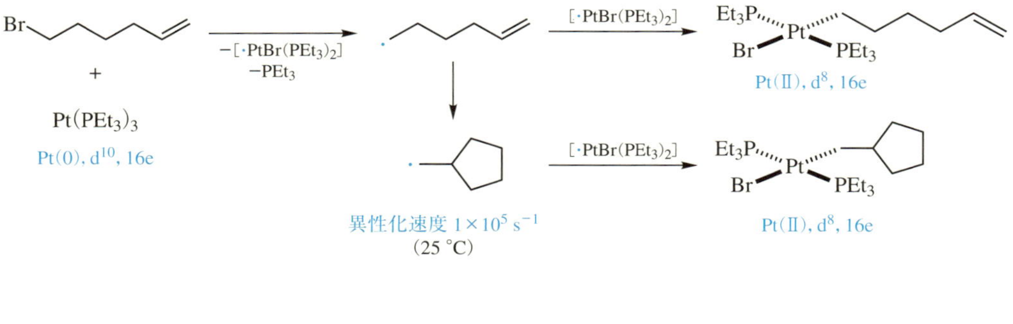

Pt(PEt$_3$)$_3$
Pt(0), d^{10}, 16e

$-$[·PtBr(PEt$_3$)$_2$]
$-$PEt$_3$

Pt(II), d^8, 16e

異性化速度 1×10^5 s^{-1}
(25 ℃)

[·PtBr(PEt$_3$)$_2$]

Pt(II), d^8, 16e

10・3 還元的脱離反応

還元的脱離反応は酸化的付加反応の逆反応である．水素分子や炭化水素の脱離を伴う反応は，これら分子の酸化的付加反応と共通の三中心遷移状態を経由し，逆の経路で進行する．たとえば，ジヒドリド白金(II)錯体からの水素分子の脱離では，白金(0)錯体に対する水素分子の酸化的付加の経路(図10・1)を生成物側からさかのぼればよい．酸化的付加反応では，$\pi(d \to \sigma^*)$ 相互作用(b)が H–H 結合の切断と Pt–H 結合の形成に重要であることを示したが，還元的脱離反応ではこれとちょうど逆向きの電荷移動が重要となる．したがって，一般的傾向として，d 軌道準位の低い金属錯体ほど，すなわち，中心金属が周期表の左から右に，また下から上にゆくほど速度論的に反応しやすくなる．還元的脱離反応が，遷移金属系列の右端に位置する 9 族と 10 族の，特に第一系列と第二系列にあるコバルト(III)，ロジウム(III)，ニッケル(II)およびパラジウム(II)錯体において一般的に見受けられる理由の一つには，このような背景がある．しかし，種々の有機遷移金属錯体の反応をくわしく調べてみると単純な電子論だけでは理解できない現象が数多くある．系統的に研究されている 10 族の $M(R)(R')L_2$ 型錯体(R, R' はヒドリド，有機基)について述べる[1]~[3]．

d^8 平面正方形構造をもつ錯体にはトランス形およびシス形の立体異性体が存在する．三中心遷移状態から推測されるように，シス形錯体のみが R–R' 分子の脱離を起こす．トランス形錯体から還元的脱離反応が進行するためには，まずシス形錯体に変わる必要があるが，この異性化は 4 配位のままでは起こりにくい．そのため，*trans*-エチル(フェニル)パラジウム(II)錯体からエチルベンゼンは生成せず，代わって β 水素脱離反応(§10・5・2 参照)を経由してエチレンとベンゼンが生成する．

シス形錯体は，表 10・1 に示す三つの反応経路を経て還元的脱離反応を起こすことが知られている．(a)の解離経路では配位子 L がまず解離し，つづいて生成した 3 配位錯体から R–R' 分子が脱離

表 10・1 10 族 d^8 平面正方形錯体からの還元的脱離反応[†]

反応経路		錯体の例
(a)解離経路	$R–R' + ML$	*cis*-PdR$_2$L$_2$ (R = CH$_3$, C$_2$H$_5$)
(b)直接経路	$R–R' + ML_2$	*cis*-Ni(CH$_3$)$_2$[Ph$_2$P(CH$_2$)$_n$PPh$_2$] (n = 2, 3) *cis*-Pd(CH$_3$)ArL$_2$ *cis*-PdR(アルケニル)L$_2$ (R = CH$_3$, C$_6$H$_5$) Pd(η^3-アリル)Ar(L) *cis*-PtH(CH$_3$)(PPh$_3$)$_2$
(c)会合経路	$R–R' + ML_3$	*cis*-NiR$_2$(bpy) (R = CH$_3$, C$_2$H$_5$, n-C$_3$H$_7$) *cis*-Ni(CH$_3$)Ar[(CH$_3$)$_2$P(CH$_2$)$_2$P(CH$_3$)$_2$] Ni(η^3-アリル)Ar(L) *cis*-PtAr$_2$L$_2$

† L: ホスフィン配位子．

する．一方，(b)の直接経路では 4 配位錯体のまま，また，(c)の会合経路ではホスフィンやアルケンなどが配位して 5 配位錯体を形成した後，還元的脱離反応が進行する．

経路(c)は，主として配位飽和の 5 配位錯体を形成しやすいニッケル(II)錯体にみられる．分子軌道法によれば，5 配位錯体からの還元的脱離反応は，生成する ML_3 錯体が，4 配位錯体から生成する ML_2 錯体より安定であり，熱力学的に有利である．したがって，5 配位錯体が比較的安定に形成される場合には，この経路で反応が進行する．

一方，中心金属の性質や立体的な要因によって 5 配位錯体を形成できない場合には，経路(a)あるいは(b)によって反応が進行する．経路(a)の反応中間体である 3 配位錯体は，配位不飽和性が高く，生成しにくい．しかし，この錯体は還元的脱離反応に対してはきわめて活性である．このため，配位子の解離が律速となる．したがって，(a)と(b)のいずれの経路をとるかは，4 配位錯体からの配位子の解離と還元的脱離の相対的な起こりやすさにより決定される．

還元的脱離反応に対する錯体の反応性は，配位数と中心金属の形式酸化数が同じである場合，中心金属と脱離する有機配位子の種類に強く依存する．10 族錯体では中心金属が白金(II) < パラジウム(II) < ニッケル(II)の順に顕著に反応性が高くなる．有機配位子についてはアルキル < アリール，アルケニル < ヒドリド，また，アルキル配位子間では $CH_3 < C_2H_5 < n\text{-}C_3H_7 < n\text{-}C_4H_9$ の順に脱離しやすくなる．

cis-Pd(R)(R′)L_2 錯体(L は $PMePh_2$ や PEt_2Ph などのホスフィン配位子)を例に，脱離する有機配位子の影響について具体的な知見を示す．R と R′ がともにメチル基やエチル基などのアルキル配位子である cis-PdR_2L_2 は，表 10・1 に示した一連の有機パラジウム錯体のなかでは最も安定であり，その多くは，加熱してはじめて R-R 分子の脱離を起こす．経路(a)によって反応し，ホスフィン配位子の解離が律速である．このため，反応系にホスフィンを添加して配位子の解離を抑制すると，反応はほとんど起こらなくなる．また，1,2-ビス(ジフェニルホスフィノ)エタンなどのキレート型二座ホスフィン配位子を導入して配位子の解離を起こりにくくした場合にも，反応は極端に遅くなる．

アリール錯体やアルケニル錯体からの還元的脱離反応はジアルキル錯体に比べて容易である．たとえば，cis-Pd(CH_3)(C_6H_5)(PEt_2Ph)$_2$ からは室温付近で，cis-Pd(CH_3)($CH=CHC_6H_5$)($PMePh_2$)$_2$ からは $-30°C$ 付近で，それぞれトルエンと β-メチルスチレンが脱離する．いずれの反応も直接経路(b)で進行するため，反応系にホスフィン配位子を添加しても反応速度に変化は認められない．また，二座ホスフィン配位子をもつ錯体からも還元的脱離反応が進行する．

ジアルキル錯体の反応性が低いことは以下のように説明される．次式に示すように，アルキル配位子の sp^3 混成軌道は指向性が強く金属中心に配向しているため，二つのアルキル配位子間に軌道相互作用が起こって三中心遷移状態が形成されるためには，それぞれのアルキル配位子が矢印の方向にかなりひずむ必要がある．還元的脱離反応の活性化エネルギーはこのひずみエネルギーに起因して大きい．

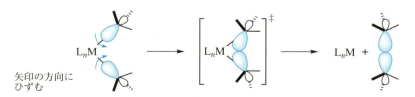

これに対して，sp^2 炭素によって中心金属と結合したアリール配位子やアルケニル配位子は，炭素-炭素間の軌道相互作用に π 軌道が関与できるため，三中心遷移状態の形成に伴うひずみエネルギーがアルキル配位子の場合よりも小さく，反応性が高い．たとえば，パラ位に種々の置換基 Y を

もつ一連の *cis*-Pd(CH$_3$)(C$_6$H$_4$Y)(PEt$_2$Ph)$_2$ 錯体の反応の機構は次式のように示される．この反応では，反応速度定数 k_{obsd} が，パラ置換基 Y の共鳴効果の尺度である σ_π 値とよい Hammett 相関を示し，ρ 値は +3.2 とかなり大きな正の値である[3]．すなわち，この還元的脱離反応では，フェニル基のイプソ炭素にメチル基が求核的に攻撃して進行する．*cis*-PdX(C$_6$H$_4$Y)L$_2$ 錯体(X = アミノ基，アルコキシ基，スルフィド基)から C–N, C–O, C–S 結合の形成を伴い X–C$_6$H$_4$Y が脱離する反応についても同様の機構が提唱されている[4]．

ヒドリド配位子は，指向性をもたない 1s 軌道によって中心金属と結合し，ひずみエネルギーを伴わずに三中心遷移状態を形成できるため，さらに高い反応性を示す．そのため，*cis*-NiH(R)L$_2$ 錯体や *cis*-PdH(R)L$_2$ 錯体は不安定で，検出すらされていない．ヒドリド白金錯体は合成されているが，かなり不安定である．たとえば，*cis*-PtH(CH$_3$)(PPh$_3$)$_2$ 錯体からは，直接経路(b)によって −40 ℃ でも容易にメタンが脱離する．このように，三中心遷移状態の形成しやすさが反応性を支配する重要な因子である．

還元的脱離反応は中心金属の形式酸化数の低下を伴う反応であるため，錯体をより高酸化状態に導くことによって顕著に促進される反応(oxidatively induced reductive elimination)がある．たとえば，アリール(トリフルオロメチル)パラジウム(II)錯体は熱的に安定であるが，Pd(IV)錯体に酸化すると還元的脱離が起こる[5]．

以下の Rh(III)錯体では，フェロセニウムイオンによる 1 電子酸化によって生じた Rh(IV)錯体からエタンが脱離する[6]．

10・4　金属の酸化状態の変化を伴わない結合切断反応

§10・2 において，水素分子や炭化水素が，H–H 結合あるいは C–H 結合の開裂を伴って低酸化状態の遷移金属錯体に酸化的付加することを述べた．これらの反応では中心金属の形式酸化数が増加し

10・4　金属の酸化状態の変化を伴わない結合切断反応　　445

た．これに対して，形式酸化数が変化しない，すなわち酸化的付加反応を経由しない H−H 結合や C−H 結合の切断反応が知られている．σ 結合メタセシス(σ-bond metathesis)機構による有機遷移金属錯体と水素分子や炭化水素との有機基交換反応や，高酸化状態の後期遷移金属錯体による炭化水素の C−H 結合の切断を伴う金属−炭素結合形成反応などである．後者の反応は，表 8・1 の分類の 10) 金属錯体による水素と金属の交換反応(hydrogen-metal exchange by metal complexes)に分類されるべきものである．

10・4・1　σ 結合メタセシス

　金属上の有機基と炭化水素の間の有機基交換反応の二つの機構を図 10・3 に示した．前期遷移金属にみられる d^0 錯体は，反応に伴って失うべき d 電子をもたないため，酸化的付加反応は進行しないが，水素分子や炭化水素とあたかも酸化的付加-還元的脱離機構によって反応したかのような生成物を与えることがある．この反応は[2σ＋2σ]型の σ 結合メタセシス機構によって進行する[1),2)]．

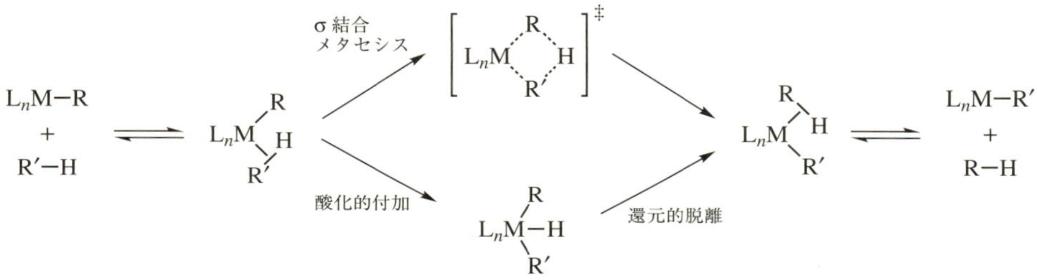

図 10・3　有機遷移金属錯体と炭化水素の間の二つの有機基交換機構

　σ 結合メタセシスの典型例としてアルキル錯体と水素分子との反応があげられる[3)]．ジアルキル錯体では M−C 結合と C−H 結合との分子内 σ 結合メタセシスによって環状化合物が生成する例も知られている[4)]．

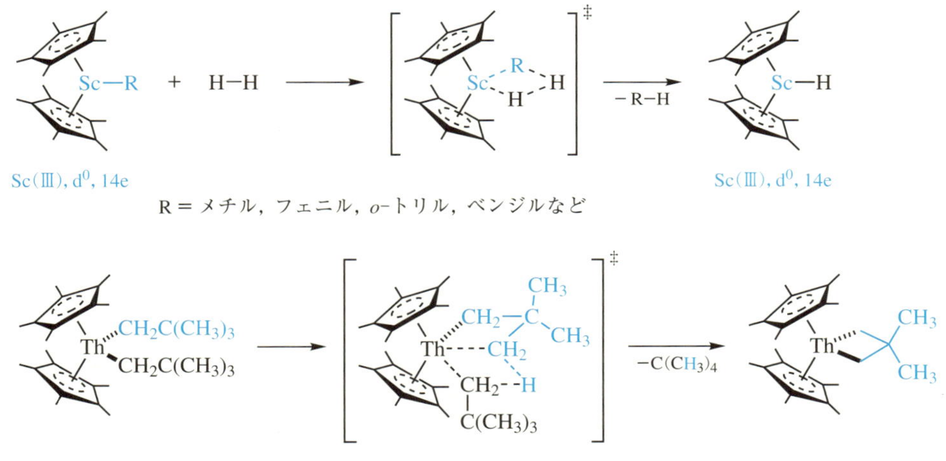

R ＝ メチル，フェニル，*o*-トリル，ベンジルなど

　なお，d 電子が豊富な後期遷移金属錯体においても，酸化的付加-還元的脱離機構ではなく，σ 結合メタセシス機構によって有機基交換反応が起こることがある[5)]．二つの機構の相対的な起こりやすさは金属の種類と酸化状態，さらには補助配位子の大きさや電子的効果によって変化する．同族の金属では，低周期の金属錯体が σ 結合メタセシス機構を，高周期の金属錯体が酸化的付加-還元的脱離機構をとりやすい傾向がある．たとえば，TpM(CH₃)(PH₃)錯体〔M ＝ Fe, Ru, Os，Tp ＝ トリス(ピ

446   10. 有機遷移金属化学 II: 錯体の反応

ラゾリル) ボラート〕とメタンとの反応では，Fe(II)錯体と Ru(II)錯体が σ 結合メタセシス機構を，Os(II)錯体が酸化的付加-還元的脱離機構をとることが，理論計算により示されている[6].

10・4・2 水素-金属交換反応

炭化水素が C−H 結合のヘテロリシスを伴ってメタル化される反応としては，芳香族化合物の水銀化 (mercuration) が古くから知られている[7]〔§8・1 反応形式10) 参照〕. 同様の反応は種々の遷移金属の塩や錯体を用いても進行する[8),9)]. このような反応が錯体レベルで確認されるようになったのは近年であるが，反応生成物が明らかに C−H 結合の切断を経ていることを指示する例は古くから知られていた. たとえば，すでに 1967 年に化学量論量の酢酸パラジウムを用いることによりベンゼンとアルケンが脱水素カップリングしてスチレン誘導体が生成することが報告されている[10].

$$\text{◯−H} + \text{◯}{=}\text{R} \xrightarrow[\substack{\text{AcOH} \\ -\text{H}_2}]{\text{Pd(OAc)}_2} \text{◯−◯}{=}\text{R} + \text{Pd}$$

この反応の鍵となる素過程であるベンゼンの C−H 結合の切断過程は，酢酸パラジウムと配位性置換基を含む N,N-ジメチルベンジルアミンの反応について実際に錯体レベルで確認され，生成物はアミノ基の配位を伴った安定な 5 員環キレート型アリールパラジウム錯体として単離された[11]. 同様な反応は Ru(II)錯体と α-ピリジルベンゼン誘導体との反応についても観察されている[12]. いずれもカルボキシラト配位子が水素をプロトンとして引抜いている. なお，このような，環状錯体を生じるメタル化反応はシクロメタル化反応 (cyclometalation) と総称され，パラジウム錯体の反応はシクロパラジウム化反応 (cyclopalladation) ともよばれる.

Pd(II), d⁸, 16e

Ru(II), d⁶, 18e
Ar = 2,4,6-(CH₃)₃C₆H₂

Ru(II), d⁶, 18e

これらの芳香族化合物のメタル化反応は，C−M 結合の形成と C−H 結合の切断が協奏的に進行する[13),14)]. たとえば，上記の酢酸パラジウムの反応については，反応速度の解析結果[11]と理論計算の結果[15]をもとに，芳香環 C−H 結合のパラジウムへのアゴスティック相互作用 (§9・5・4 参照) による Pd−C 結合の形成と，アセタト配位子を分子内塩基とする脱プロトン反応 (C−H 結合のヘテロリシス) を伴う，6 員環遷移状態を経由する機構が提唱されている.

脂肪族 C−H 結合の切断を伴うシクロメタル化反応も数多く知られている[9]. たとえば，酢酸パラジウムとトリ(o-トリル)ホスフィンとの反応ではベンジル位のパラジウム化反応が進行する[16),17)].

10・4・3 H−H結合のヘテロリシス

遷移金属錯体への水素分子の酸化的付加反応が，$\sigma(\sigma{\rightarrow}d)$相互作用（$\sigma$供与）による$\eta^2$-$H_2$錯体の生成と，$\pi(d{\rightarrow}\sigma^*)$相互作用（$\pi$逆供与）によるH−H結合の開裂とM−H結合の形成を伴って進行することを述べた（図10・1参照）．一方，高酸化状態の錯体では後者のπ逆供与が弱く，酸化的付加が起こらないことがある．

水素分子はきわめて弱い酸（pK_a 35）であるが，Lewis酸性の強い金属へのσ供与によって電子密度が低下したη^2-H_2配位子は，かなり高い酸性度（pK_a 0〜20）を示すようになる[16),17)]．そのため，近傍に塩基性点が存在するとη^2-H_2配位子の一方の水素がプロトンとして脱離し，H−H結合のヘテロリシスが起こる[18)]．そのさい，中心金属の形式酸化数は変わらない．

水素分子のヘテロリシスによって生成したこのような錯体は，求核性のヒドリド配位子$H^{\delta-}$と求電子性のプロトン源$H^{\delta+}$を隣り合った位置にもち，C=OやC=Nなどの極性不飽和結合の水素化に活性な触媒中間体となる（§10・8・2参照）．

10・5 挿入反応と脱離反応

遷移金属−炭素結合や遷移金属−水素結合は，アルケン，アルキン，一酸化炭素，イソニトリルなどの不飽和分子に付加する．有機遷移金属錯体化学では錯体を主体とみなすため，このような反応では不飽和分子が遷移金属−炭素結合や遷移金属−水素結合に挿入していると考える．酸化的付加反応や還元的脱離反応と異なり，挿入反応では中心金属の形式酸化数は変化しない．

10・5・1 CO挿入反応とCO脱離反応

アルキル錯体やアリール錯体などの遷移金属−炭素結合間に一酸化炭素が挿入するとアシル錯体が形成される．この反応はCO挿入反応とよばれ，多くの場合に可逆的である．金属−炭素結合に挿入する一酸化炭素は，カルボニル配位子としてあらかじめ有機配位子Rに対してシス位に結合している必要がある．また反応は，Rがカルボアニオンとして配位COの反結合性軌道へ求核攻撃する協奏的な機構で進み，有機配位子の立体配置は保持される[1)]．

448　　10. 有機遷移金属化学 II: 錯体の反応

　CO 挿入反応では，カルボニル配位子はもとの配位座にとどまって動かず，有機配位子が金属から
カルボニル炭素に転位する．このような移動挿入機構（あるいは転位挿入機構）は，メチル（カルボニ
ル）マンガン(I)錯体について，^{13}CO 標識を用いて，はじめて実験的に証明された[2]．その結果は次の
ように要約される．次式に示すように，まず，過程(a)でメチル配位子がカルボニル炭素に分子内転
位する．続く過程(b)で，この転位によって生じた配位不飽和な 16 電子錯体の空配位座に外部配位
子が結合することによって反応が完結する．過程(a)は可逆であり，外部配位子が存在せず，過程(b)
によってアシル錯体が 18 電子錯体として安定化されない場合には，挿入反応は見かけ上進行しない．

　上記の反応では，外部から一酸化炭素やホスフィンが配位して錯体が安定化される．しかし，アシ
ル配位子が酸素原子の配位によって η^2 構造に変化し，安定な 18 電子錯体が形成される場合があ
る[3]．酸素原子との親和力の強い前期遷移金属に一般的である．以下の例では，ジルコニウム–酸素
間の強い結合のため，後期遷移金属アシル錯体にはみられない，特徴的な反応が観察される．

　CO 挿入反応において有機配位子が立体特異的に配位 CO に転位することは，以下の実験結果から
も支持されている[4]．ジエチルパラジウム錯体と一酸化炭素との反応では，シス形錯体からエチレン
とプロパナールが，トランス形錯体からジエチルケトンが生成する．すなわち，出発錯体の幾何構造
の違いによって反応生成物が異なる．エチル配位子がカルボニル炭素上に転位する際にシス形とトラ

ンス形のジエチル錯体から，それぞれ立体特異的にトランス形とシス形の(プロピオニル)(エチル)錯体が生成するためである．すでに(エチル)(フェニル)パラジウム(II)錯体について説明したように(§10・3参照)，トランス形錯体からはβ水素脱離反応によって，一方，シス形錯体からは還元的脱離反応によって，それぞれ最終生成物が生じる．

CO挿入反応は転位する有機配位子の電子的影響を強く受ける．表10・2に，種々の有機(カルボニル)ロジウム錯体のCO挿入平衡における有機配位子と平衡定数の関係を示す[5]．一般的傾向として，ヒドリド＜フェニル＜アルキルの順に，また，アルキル配位子の間では電子供与性の強いアルキルほどアシル錯体が安定となる．

表 10・2 可逆的 CO 挿入反応に及ぼす有機基の効果

R	$K^{\dagger}$	R	$K^{\dagger}$
C_2H_5, $n\text{-}C_3H_7$, $C_6H_5CH_2$	>50	$p\text{-}ClC_6H_4CH_2$	0.07
$C_6H_5CH_2CH_2$	約17	C_6H_5	<0.05
CH_3	3.4 ± 0.2	$ClCH_2$, H	<0.02

† $CDCl_3$ 中，298 K での値.

以上の有機配位子の顕著な影響は，金属－炭素結合の結合解離エネルギーと密接に関係している．電子求引性の強い有機配位子は金属と強く結合するので，カルボニル炭素に転位しにくい．すなわち，R−M結合の結合解離エネルギーが有機配位子Rの電子的影響を直接受けて変化するのに対して，RCO−M結合の結合解離エネルギーに対するR基の影響は，カルボニル基の介在によって低減される．そのため，金属との結合の弱い電子供与性の強い有機配位子ほどアシル錯体が安定である．

遷移金属ヒドリド錯体に対するCO挿入反応は例が少ない．次式に示すような反応生成物であるホルミル錯体がη^2構造をもつことによって特に安定化される前期遷移金属錯体について数例報告があるのみである[6]．これは遷移金属－水素結合が遷移金属－炭素結合と比べてかなり強いため，ヒドリド錯体に対するCO挿入反応が熱力学的に特に不利であることに起因する．たとえば，$HMn(CO)_5$錯体におけるCO挿入反応は，熱化学測定の結果84 kJ mol^{-1}程度の吸熱過程であると推定されている．

アシル錯体に対するCO挿入も熱力学的にきわめて不利な反応であり，通常は進行しない．一方，一酸化炭素と等電子構造をもつイソニトリルでは2分子以上が連続的に挿入する例が数多く知られている[7]．

10・5・2　アルケンおよびアルキン挿入反応とβ脱離反応

アルケンやアルキンは有機遷移金属錯体に配位した後，遷移金属−水素結合や遷移金属−炭素結合に挿入し，それぞれアルキル錯体あるいはアルケニル錯体を与える．これらの反応は，CO挿入反応と同様にアルケン配位子やアルキン配位子に対する有機配位子Rの分子内転位を伴う移動挿入機構によって進行する．アルケンの挿入は多くの場合に可逆であり，逆反応はβ脱離反応と総称されている．この用語は，この逆反応がアルキル配位子のβ炭素上の水素やアルキル基の脱離（金属による引抜き）を伴って進行することに由来する．したがって，たとえば水素の脱離を伴う場合にはβ水素脱離反応，メチル基が脱離する場合にはβメチル脱離反応とそれぞれよぶのが正しいが，なかではβ水素脱離反応が最もよく起こるので，単にβ脱離反応といえばβ水素脱離反応をさすことが多い．

R＝ヒドリド，アルキル，アリール，
アルケニル，アシルなど

アルキン挿入の例としては(1)式の反応があげられる[8]．アルケン挿入によって生成するアルキル錯体はβ水素脱離を起こしやすい．たとえば，メチルコバルト錯体とエチレンの反応では，挿入錯体は確認されず，速やかなβ水素脱離によってプロピレンが生成する[9]〔(2)式〕．

Nb(III), d^2, 18e　　　　　　　　　Nb(III), d^2, 18e　　　　(1)

Co(III), d^6, 18e　　Co(III), d^6, 16e　　Co(III), d^6, 18e　　Co(I), d^8, 18e　　(2)

挿入錯体が安定に単離できる場合であっても，実際にはアルケンの挿入とβ水素脱離が可逆的に進行している場合も多い．アルケンのヒドロジルコニウム化反応(hydrozirconation)では速い可逆反応によって，内部アルケンからも立体障害が小さく安定な末端アルキル錯体が得られる[10]．この例からもわかるように，β炭素上にアルキル基と水素をもつアルキル錯体では，通常βアルキル脱離よりもβ水素脱離が優先する．

10・5 挿入反応と脱離反応

Zr(IV), d⁰, 16e Zr(IV), d⁰, 16e Zr(IV), d⁰, 18e

Zr(IV), d⁰, 16e Zr(IV), d⁰, 18e Zr(IV), d⁰, 16e

　アルケンは本来，求核反応に対して不活性であり，負電荷を帯びたヒドリド配位子の攻撃を受けにくいはずであるが，金属−水素結合へのアルケン挿入は容易に進行する．これは次の反応式にみられるように，四中心遷移状態に移行する過程でアルケンの配位様式が η^2 から η^1 に変わるため[11]，α 炭素−金属間の σ 結合性が増し，同時に β 炭素がカルボカチオン性を帯びることに起因する．この変化に伴ってヒドリド配位子が β 炭素に求核的に接近していく（図 10・4 も参照せよ）．このような原子の移動が円滑に進行するためには，金属，水素ならびに二つのアルケン炭素が同一平面内に配列したシンペリプラナーな配置をとる必要がある．そのため，前駆体となるヒドリド(アルケン)錯体においても，金属−水素結合と炭素−炭素二重結合は平行であることが好ましい．遷移状態は生成物であるアルキル錯体に近く，§9・5・4 で示した β アゴスティック相互作用をもつアルキル錯体と類似の構造をもつ．

Nb(III), d², 18e　　　　　　　　　　　　　　　　Nb(III), d², 16e　　　Nb(III), d², 18e

R = H, C₆H₅, CH₃
L = CO または CH₃CN
□: 空配位座

　アルケン配位子をもたない有機遷移金属錯体が挿入反応を起こすためには，まずアルケンの配位が起こることが必要である．多くの場合に，この段階が挿入反応全体の速度を決定する．配位飽和な18電子錯体では，配位子の解離を伴ってアルケンが配位する．一方，白金(II)やパラジウム(II)で一般的な平面正方形16電子錯体は配位不飽和であるので，これらにアルケンが配位した5配位錯体から挿入反応が起こってもよさそうに思われる．しかし，ほとんどの場合には，まず配位子置換反応が起こり，生成した4配位アルケン錯体から挿入反応が起こる．たとえば次式の中性のアセチルパラ

Pd(II), d⁸, 16e　　　　　　　　　Pd(II), d⁸, 16e　　　　　　　　　Pd(II), d⁸, 16e

ジウム(II)錯体の例では，まずトリフェニルホスフィン配位子がノルボルナジエンによって置換されてから，挿入が起こる．生成した錯体はアセチル基の酸素原子の配位によって安定化される[12]．

次式に示したカチオン性アセチルパラジウム(II)錯体は上記の中性錯体と比べてはるかに反応性が高く，種々のアルケンと $-20\,^{\circ}\mathrm{C}$ 以下において速やかに反応する[13]．配位力の弱いアセトニトリルがアルケンによって容易に置換されることと，二座ホスフィン配位子によってアセチル基とアルケンが挿入反応の進行に必須なシス形配置に固定されることがこの高い反応性の要因である．

シス形構造をもつカチオン性有機パラジウム錯体が挿入反応に対して高い活性をもつことを利用して，触媒的にポリケトンやポリオレフィンが合成されている[14),15)]．また，Kaminsky 触媒[16]の活性種モデルである 4 族のカチオン性メタロセン錯体もアルケン配位に必要な空配位座をもち，アルケン挿入反応に対して高い活性を示す[17]．

10・6　付加環化反応

10・6・1　酸化的付加環化反応

低酸化状態のアルケンあるいはアルキン錯体は，さらにもう 1 分子のアルケンやアルキンと反応して，5 員環化合物を生じることがある．この反応を[2+2+1]付加環化反応とよぶ．そのさい，中心金属の形式酸化数が 2 増加することから，酸化的付加反応の一種である．また，生成物である金属を含む環状化合物は**メタラサイクル**(metallacycle)と総称される．Co(III)のシクロペンタジエン誘導体はさらにアルキンやニトリルと反応し，それぞれ[2+2+2]付加環化生成物であるベンゼンあるいはピリジン誘導体を与える[1)~3)]．

10・6 付加環化反応

453

アルケン錯体，アルキン錯体は二酸化炭素[4]やイソシアナート，アルデヒドなどの不飽和化合物と同様の反応を起こす．ニッケル錯体の反応は有機合成や高分子合成に利用されている[5]．

10・6・2 求核性カルベン錯体の反応

Schrock 型の求核性カルベン錯体（アルキリデン錯体）はアルケンあるいはアルキンと反応し，金属を含む4員環化合物（メタラシクロブタンあるいはメタラシクロブテン）を生成する．以下に，Tebbe 錯体[6]と有機塩基との反応によって生成するメチリデンチタン錯体の反応例を示す[7]．[2π＋2π]型の付加環化反応は，通常の有機反応では軌道対称論的に熱反応禁制であるが，d軌道の関与によって許容となる．カルボニル化合物との反応では，金属と酸素を含む4員環化合物（オキサメタラサイクル）が生成する．この反応を用いてケトンやアルデヒドをメチレン化できる．

カルベン錯体とアルケンとの反応は可逆であり，次式のように**アルケンメタセシス**（alkene metathesis）や**オレフィンメタセシス**（olefin metathesis）とよばれる炭素−炭素二重結合の組換え反応が起こる[8]．反応は触媒的に進行し，Schrock 触媒と Grubbs 触媒は特に高い触媒活性を示す．いずれも電子供与性が強く，嵩高い補助配位子〔N-複素環状カルベン（NHC）に関しては§9・6・4参照〕によっ

て立体的および電子的に安定化された配位不飽和なカルベン錯体である.

以下にGrubbs触媒とエチルビニルエーテルとの反応機構を示す[9]. この錯体は価電子数16の配位不飽和錯体であるが, カルベン配位子が四角錐形構造のアピカル位に位置するため, そのトランス位の空配位座にアルケンが配位しても付加環化は起こらない. そのため, まずPCy₃が解離してカルベン配位子のシス位に空配位座が生じ, ここにアルケンが配位し, メタラシクロブタンが生成する.

10・7 配位子の反応

これまでは, ヒドリド錯体, アルキル錯体, アルケン錯体などに対して, 反応剤がσあるいはπ結合を介して中心金属に配位してから反応するものを述べた. ここでは, アルケン配位子やカルボニル配位子に対して, 反応基質が配位圏外から直接攻撃する反応について述べる[1].

10・7・1 アルケン配位子の反応

カルボニル基やシアノ基などによって活性化されていない単純なアルケン類は, 求核剤に対して通常不活性である. しかし, 酸化状態の高い金属に配位することによって求核攻撃を受けるようにな

る．この攻撃は金属に配位したアルケンの裏側から起こるのが一般的であり，金属と求核剤がアルケンにアンチ付加する．非対称に置換されたアルケンを用いると，求核剤は通常，置換基の多い炭素と結合する．

一般に，アルケン配位子は金属から π 逆供与を受け π^* 軌道の電子密度が高まるため，遊離の状態より求核剤に対する反応性は低下しているはずである．しかし，図 10・4(a)に示すように，求核剤の攻撃に伴って η^2 から η^1 配位への構造変化が起こるため，π 逆供与が減少して，アルケン炭素上に正電荷が生じ，求核剤と反応しやすくなる．また，(b)にみられるように，この構造変化に伴って LUMO と第二 LUMO の混合が起こり，求核剤の HOMO との相互作用に都合のよい，p 性の高い軌道が C2 炭素上に生じる．

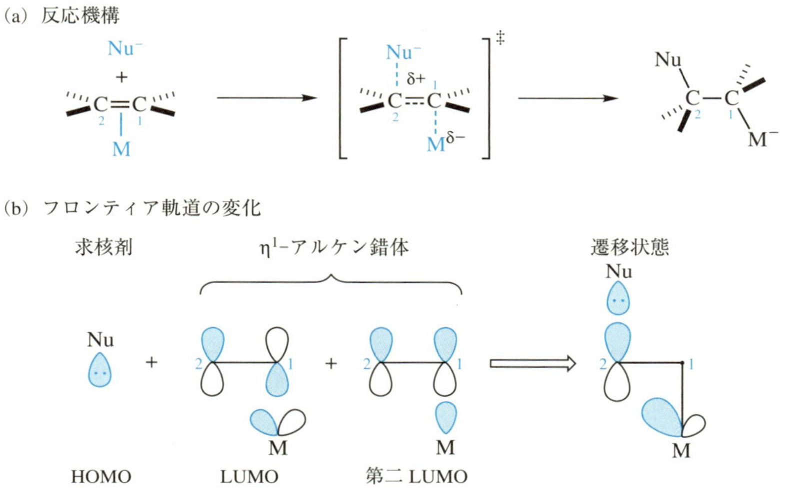
(a) 反応機構
Nu⁻
+
C=C
M
Nu⁻
δ+
C---C
Mδ−
‡
Nu
C—C
M⁻
(b) フロンティア軌道の変化
求核剤
η¹-アルケン錯体
遷移状態
Nu
M
HOMO
LUMO
第二 LUMO

図 10・4 アルケン配位子に対する求核剤の攻撃

アルケン配位子の反応はパラジウム(II)錯体について特に詳細に研究されてきた．求核剤の種類によってオキシパラジウム化(oxypalladation)，アミノパラジウム化(aminopalladation)，カルボパラジウム化(carbopalladation)などとよばれている[2)~4)]〔(3)～(5) 式〕．アミノパラジウム化生成物は，一酸化炭素との反応によって安定な 5 員環キレート錯体に誘導され，単離されている〔(4) 式〕．共役ジエン錯体の反応では π-アリル錯体が生成する〔(6) 式〕．

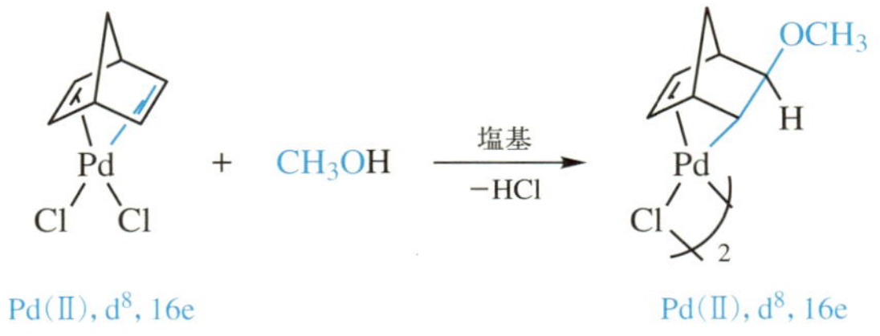
Pd
Cl Cl
CH₃OH
塩基
−HCl
OCH₃
H
Pd
Cl
2
Pd(II), d⁸, 16e
Pd(II), d⁸, 16e

(3)

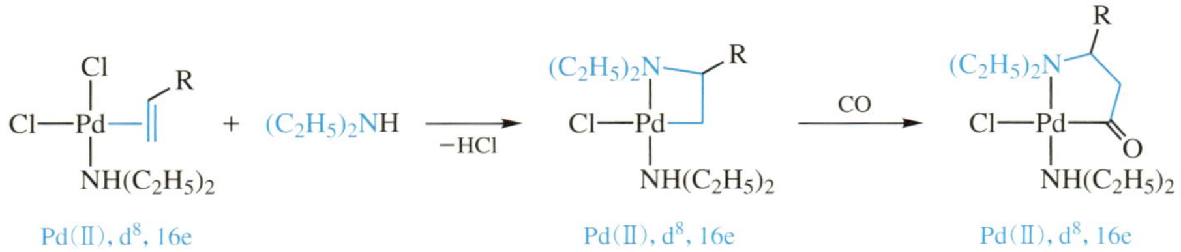
Cl
Cl—Pd
R
NH(C₂H₅)₂
(C₂H₅)₂NH
−HCl
(C₂H₅)₂N
R
Cl—Pd
NH(C₂H₅)₂
CO
R
(C₂H₅)₂N
Cl—Pd
O
NH(C₂H₅)₂
Pd(II), d⁸, 16e
Pd(II), d⁸, 16e
Pd(II), d⁸, 16e

(4)

10. 有機遷移金属化学 II: 錯体の反応

$$Pd(II), d^8, 18e \quad + \quad ^-CH(CO_2CH_3)_2 \quad \longrightarrow \quad Pd(II), d^8, 18e \tag{5}$$

$$Pd(II), d^8, 16e \quad + \quad CH_3OH \quad \xrightarrow{-HCl} \quad Pd(II), d^8, 16e \tag{6}$$

　カチオン性 18 電子錯体に π 配位した種々の不飽和炭化水素について求核剤との反応性が比較検討された．下に示すように，エチレンや 1,3-ジエンなどの偶数炭素配位子のほうがアリル基やシクロペンタジエニル基などの奇数炭素配位子より高い反応性を示す[5),6)].

　これは，偶数炭素配位子の反応では中心金属の酸化数が変わらないのに対して，奇数炭素配位子の反応では通常，中心金属の還元が起こるためである．この様子を鉄(II)錯体の反応について示す．なお上記の序列は速度支配のもとで認められるものである．

$$Fe(II), d^6, 18e \quad + \quad C_2H_5^-$$

$$Fe(II), d^6, 18e$$

$$Fe(0), d^8, 18e$$

10・7・2　アリル配位子の反応

　η^1-と η^3-アリル錯体は対照的な反応性を示す．前者は求核的であり，後者は求電子的である．η^1 錯体と求電子剤との反応形式はケイ素やスズなど典型元素のアリル化合物に類似するものである．反応例を次式に示す[7),8)].

$$Fe(II), d^6, 18e \quad + \quad SO_2 \quad \longrightarrow \quad Fe(II), d^6, 18e \quad \longrightarrow \quad Fe(II), d^6, 18e$$

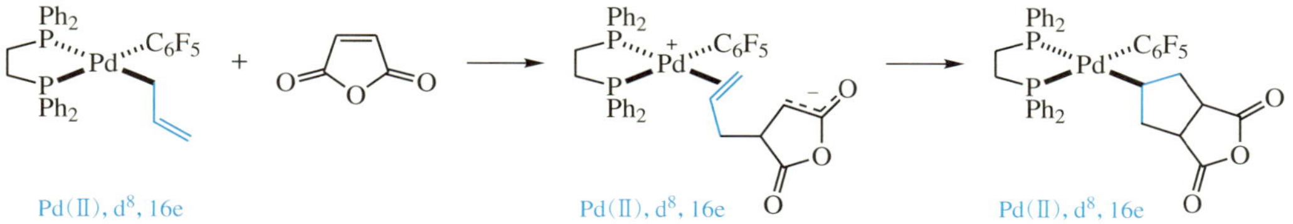

10・7 配位子の反応

457

η^3-アリル錯体と求核剤の反応には，図 10・5 に示す三つの形式がある[1]．形式(a)が最も一般的であり，アリル位の炭素に対して金属と反対側から求核攻撃が起こる[9]．そのさい，炭素の立体配置は反転する（η^3-アリル錯体の立体化学については§9・7・3参照）．マロン酸ジエステルやβ-ジケトン

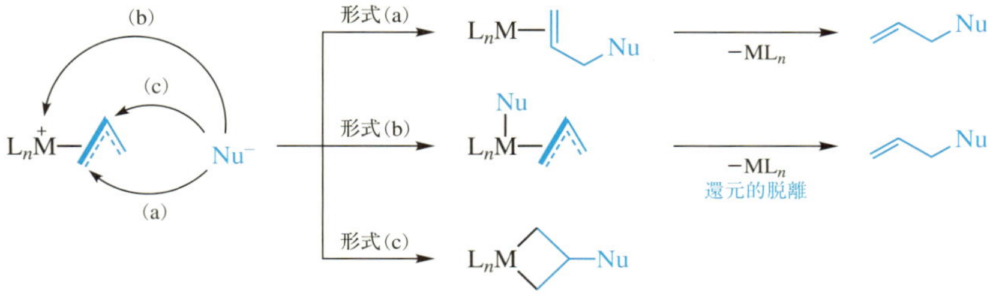

図 10・5　π-アリル錯体と求核剤の反応の形式

から調製された安定化カルボアニオンやアミンなどが形式(a)の反応を起こし，中心金属が2電子還元される〔(7)式〕．パラジウム錯体の反応はアリル化合物の酸化的付加反応と組合わせて触媒反応に利用されている．

　C_6H_5MgBr などの典型元素の有機金属化合物は，主として中心金属を攻撃する〔形式(b)〕[9]．そのさいに生成するアリル（フェニル）パラジウム（II）錯体からアリルベンゼンが還元的脱離すると，結果的に，フェニル基がパラジウム側からアリル配位子を求核攻撃したかたちとなる．したがって，形式(a)とは逆にアリル位の炭素の立体配置は保持される〔(8)式〕．

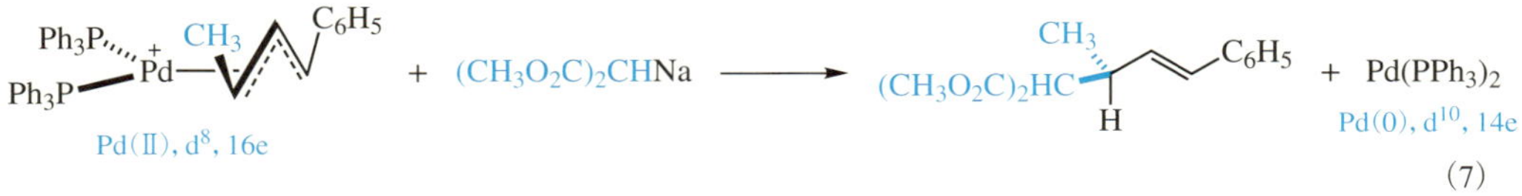

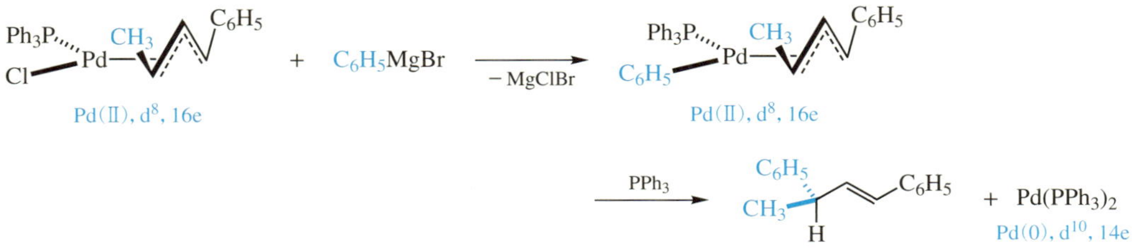

　形式(a), (b)と比べて例は少ないが，形式(c)のようにアリル配位子の中心炭素に求核剤が付加し，次式のようにメタラシクロブタンが生成することがある[10),11)]．形式(a)とは異なり，中心金属の形式酸化数は変わらない．

図10・6に示すようにη^3-アリル錯体のLUMOはアリル配位子の両末端の炭素原子上に分布している.形式(a)が最も一般的に観測されるのは,このようなLUMOの分布を反映し,フロンティア軌道支配によって反応が進行するためである.しかし,アリル位よりも中心炭素のほうが一般的に電子密度が低いため,特にメチルアニオンやヒドリドイオンのような"硬い"求核剤は電荷支配によって中心炭素を攻撃することがある.また,形式(a)では中心金属の還元が起こるのに対して形式(c)は還元を伴わない.このため,通常は形式(a)の反応を起こしやすいパラジウム(II)錯体であっても,σ供与性の強い窒素系配位子をもつために低酸化状態の錯体が安定に存在できない場合や,白金(II),タングステン(IV),ジルコニウム(IV)錯体などのように還元を受けにくい中心金属をもつ場合にも,形式(c)の反応が起こりやすい.

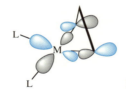

図 10・6　η^3-アリル錯体のLUMO

10・7・3　カルボニル配位子の反応

種々の求核剤がカルボニル配位子の炭素原子を攻撃する.カルボニル炭素の求電子性は金属中心からのπ逆供与が弱いほど高い.π逆供与の強さはCOの結合次数に直接反映されるので,IRスペクトルにおけるCO伸縮振動の吸収位置から反応性を推測することができる.末端カルボニル配位子ではその伸縮振動が 2000 cm^{-1} 以上の錯体が反応性を示すおおよその目安である.

たとえば,次式のカルボニル白金(II)錯体は 2120 cm^{-1} に吸収を示す.波数がかなり高いことから,π逆供与は弱く,したがってカルボニル炭素の求電子性は強いものと予測される.実際にこの錯

NuH = ROH, R$_2$NH など

10・7 配位子の反応　　　459

体では，アルコールやアミンが速やかにカルボニル炭素を求核的に攻撃する[12]．生成物は Fischer 型カルベン錯体との平衡にあり，後者が熱力学的により安定である[13]．つづいて過剰に存在する塩基（求核剤）による脱プロトンが起こり，アルコキシカルボニル錯体あるいはカルバモイル錯体が生成する．アルコールとの反応では脱プロトンのためにトリエチルアミンなどの塩基の共存が必要である．

　水酸化物イオンや水との反応では，ヒドロキシカルボニル錯体が生成する．この錯体は二酸化炭素を生成してヒドリド錯体になりやすい〔(9) 式〕．二酸化炭素の生成はアミン N-オキシドとの反応でも起こる〔(10) 式〕．後者はカルボニル配位子の除去法として利用されている．

$$L_n\overset{+}{M}-CO \;+\; H_2O \;\xrightarrow[-H^+]{}\; L_nM-\overset{\displaystyle O}{\underset{\displaystyle OH}{C}} \;\longrightarrow\; L_nM-H \;+\; CO_2 \tag{9}$$

$$Fe(CO)_5 \;+\; (CH_3)_3NO \;\longrightarrow\; (CO)_4Fe-\overset{\displaystyle O}{\underset{\displaystyle \underset{(CH_3)_3\overset{+}{N}}{O}}{C}} \;\longrightarrow\; (CO)_4Fe[N(CH_3)_3] \;+\; CO_2 \tag{10}$$

　§10・5・1において，金属ヒドリド錯体に対する CO 挿入反応が熱力学的な要因によってきわめて起こりにくいことを述べた．一方，クロム(0)，タングステン(0)あるいは鉄(0)のカルボニル錯体と $NaBH(OR)_3$ などの水素化剤との反応によってホルミル錯体が数多く合成されている．これらの反応では，ヒドリドイオンが配位的に飽和なカルボニル錯体に直接付加し，脱カルボニルに必要な空配位座が生じないため，熱力学的に不安定なホルミル錯体が速度論的要因によって安定化され，単離されたものと考えられる．

$$(CO)_nM-CO \;+\; NaBH(OCH_3)_3 \;\longrightarrow\; Na^+\left[(CO)_nM-\overset{\displaystyle O}{\underset{\displaystyle H}{C}}\right]^- \;+\; B(OCH_3)_3$$

$$M = Cr, W, Fe \qquad n = 4, 5$$

10・7・4　求電子性カルベン配位子の反応

　§10・6・2において，配位不飽和な求核性カルベン錯体がアルケンと[$2\pi+2\pi$]型の付加環化反応を起こすことを述べた．一方，次式に示すメチリデン鉄錯体は，カチオン性の金属中心をもち，また電子受容性の CO を補助配位子としてもつことから，カルベン配位子が求電子的であり，アルケンに求電子付加を起こしてシクロプロパンが生じる[14),15)]．この反応は γ 位にカルボカチオンをもつアルキル錯体 (**6**) を中間体とし，α 炭素が γ 炭素を背面から求核攻撃してシクロプロパンが生成する．反応の際にアルケンの配位を必要としないので，配位飽和な 18 電子錯体でも高い反応性を示す．

$$\tag{6}$$

　同様の反応は $W(=CHPh)(CO)_5$ について報告されている[16)]．この錯体は Schrock 触媒と同じ 6 族金属の錯体であるが，カルボニル配位子の電子的効果を反映してカルベン配位子が求電子性を示し，アルケンのシクロプロパン化を起こす．この反応の速度はアルケンの種類により $CH_2=CH_2(1) < CH_2=CHCH_3(11) < CH_2=C(CH_3)_2(3500)$ の順に大きく向上する（括弧内は相対速度）．これは，メチル基が多くなるほど反応中間体である γ 位にカルボカチオンをもつアルキル錯体が安定化され，反応

が起こりやすくなるためである.

10・7・5　ビニリデン配位子の反応

アルキンの互変異性体であるビニリデンは遊離状態では熱力学的にきわめて不安定な化学種であるが，金属錯体に配位すると安定化される[17]．ビニリデン配位子は，カルボニル配位子や求電子性カルベン配位子と同様，α 炭素が種々の求核剤の攻撃を受ける．アルコールとの反応では Fischer 型のアルコキシカルベン錯体が生成する．求核剤が水 (R′ = H) の場合にはヒドロキシカルベン錯体から脱プロトンが起こり，アシル錯体が生成する．ルテニウム触媒によるアルキンの反 Markovnikov 型水和反応によるアルデヒドの生成は同様の反応過程を経由して進行する[18]．

10・7・6　π 結合隣接カルボカチオンの反応

遷移金属に π 配位した炭素-炭素不飽和結合の α 位のカルボカチオンは，隣接する金属-炭素結合とのいわゆる σ-π 共役によって安定化される．このため，$Co_2(CO)_6$ ユニットに配位したプロパルギルアルコールやアセトキシメチルフェロセンは容易に S_N1 反応を起こす〔(11), (12) 式〕．前者の例では，カルボカチオンが二つのコバルト-炭素結合によって両面から等価に安定化されているため，通常の S_N1 反応と同様，プロパルギル位の炭素の立体配置は失われる．一方，フェロセン誘導体の反応では，カルボカチオン部の空の p 軌道に鉄の d 電子が逆供与されるため，炭素-炭素二重結合まわりの回転が阻害され，アセトキシ基の脱離とジメチルアミンの求核攻撃がともに鉄原子と反対方向で起こり，結果的に α 炭素の立体配置は保持される．

10・8　均一系触媒反応

前節までに述べた遷移金属錯体の構造的特徴や素反応の特性を巧みに組合わせることにより，効率

10・8 均一系触媒反応

的な触媒反応系を構築することができる．これらの遷移金属錯体の多くは溶媒に可溶であるため**均一系触媒**(homogeneous catalyst)とよばれ，不均一系固体触媒と区別される．各素反応が量論反応として成立していることに基づく均一系触媒反応には，低濃度かつ穏和な条件下で一連の反応が速やかに進むこと，配位子の構造を修飾することで錯体触媒の安定化や反応の選択性を制御できることなどの多くの利点がある．このため均一系触媒を用いる工業プロセスは1980年ごろからの十数年間で2倍以上になった．ことに，光学活性配位子と金属の組合わせによる不斉分子触媒を用いる効率的な不斉合成反応は均一系触媒によってはじめて可能となったものであり，いくつかの光学活性医薬品，香料などのファインケミカルズの製造で実用化されている．これらについてはⅡ巻4章でくわしく述べる．本節では，代表的な工業プロセスを中心に，高度に設計された触媒サイクルをその特徴とともに概説する[1]~[3]．

10・8・1 アルケンの水素化: Rh 触媒反応

Wilkinson錯体は最も代表的な均一系水素化触媒の前駆体である．いくつかの反応機構が提案されているが，実験および理論的考察に基づいた最も妥当な触媒サイクルを図10・7に示す．Wilkinson錯体自身が16電子の配位不飽和錯体で酸化的付加に対して活性であるが，水素分子と反応する真の活性種はホスフィンが一つ解離した14電子錯体であり，触媒反応系では溶媒分子の配位によって16電子錯体として安定化されている．触媒サイクルは水素分子の酸化的付加，配位溶媒とアルケンの配位子置換，ロジウム−水素結合へのアルケンの挿入，およびアルカンの還元的脱離の4段階で構成され，通常アルケンの挿入が律速段階とされている．

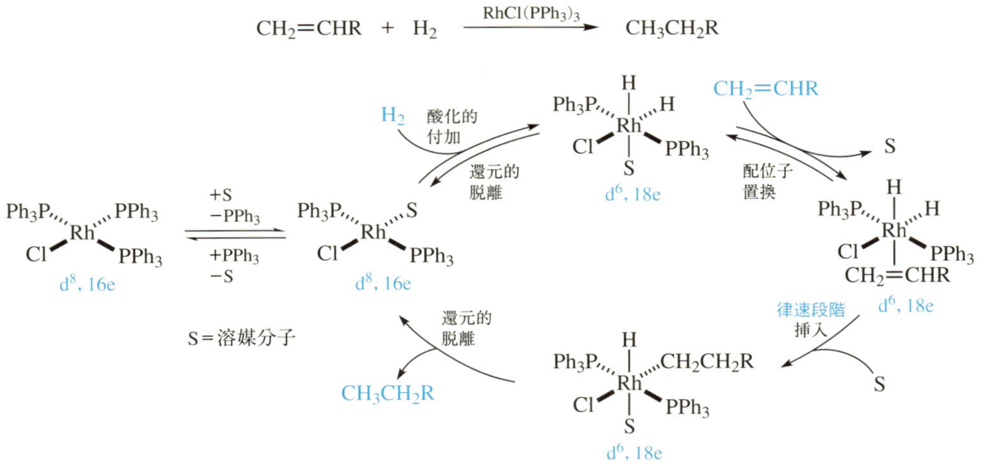

図 10・7 Wilkinson 触媒によるアルケン水素化の触媒サイクル

Wilkinson触媒をもとに多くの不斉水素化触媒が開発されている．光学活性二座ホスフィン配位子L−L*をもつカチオン性の$[Rh(L-L^*)(S)_2]^+$(Sは溶媒分子)がその典型である．この触媒では，アルケンの配位が水素分子の酸化的付加よりも先に起こる(Ⅱ巻§4・5参照)．

10・8・2 水素分子のヘテロリシスを伴うケトンの水素化: Ru 触媒反応

アニオン性のアミド配位子を有するルテニウム錯体を触媒として，水素分子の酸化的付加を経由しないケトンの水素化反応が進行する(図10・8)．この反応に光学活性配位子を用いると不斉水素化が起こる[4],[5]．

まず，Ru−N 結合により水素分子のヘテロリシスが起こる（§10・4・3 参照）．生成した錯体のヒドリド配位子は H^- として，またアミン配位子の水素はプロトン H^+ としてそれぞれ機能するため，分極したケトンのカルボニル基に二つの水素原子を同時に付加することができる．このように，特性の大きく異なる元素である遷移金属と窒素とを組合わせて機能の分担をはかることにより，遷移金属単独では得られない高い触媒活性が達成されている．

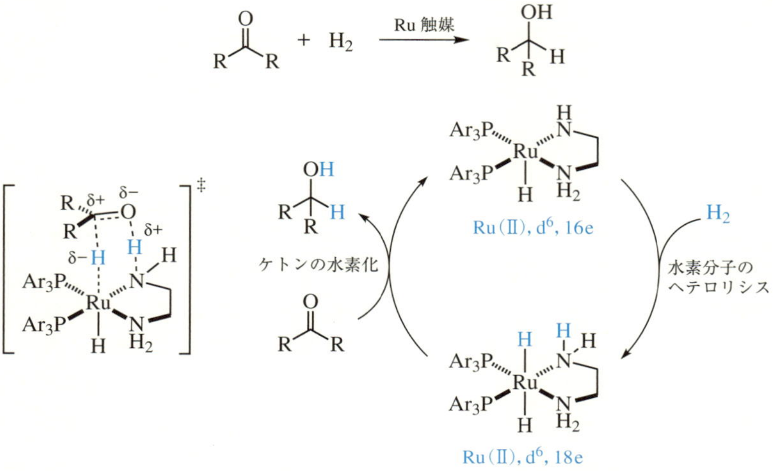

図 10・8　アミドルテニウム触媒によるケトンの水素化の触媒サイクル

10・8・3　アルケンのヒドロシリル化: Pt, Pd, Rh, Ru, Fe, Co 触媒反応

$H-SiR_3$ 結合のアルケンへの付加，すなわちヒドロシリル化は実用的な炭素−ケイ素結合生成反応としてシリコーン化学工業において重要である．$H_2PtCl_6 \cdot 6H_2O$ や $Pt\lvert[(CH_2=CH)(CH_3)_2Si]_2O\rvert_n$ などの白金錯体が代表的な触媒前駆体であるが，パラジウム，ロジウム，ルテニウム，鉄，コバルト錯体も良好な触媒活性を示す．図10・9に示す2通りの機構が提案されている．サイクルAはChalk-

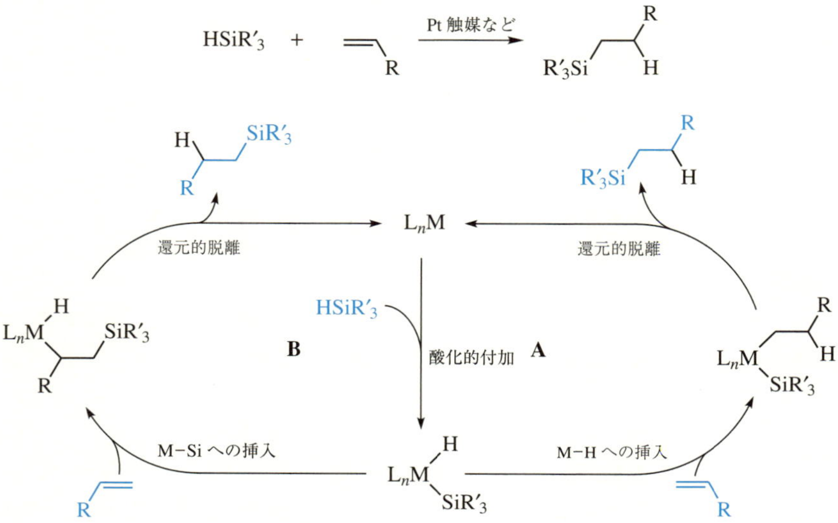

図 10・9　アルケンのヒドロシリル化の触媒サイクル

Harrod 機構とよばれ，ヒドロシランの酸化的付加によって生じた金属−水素結合間にアルケンが挿入する．一方，サイクル B では金属−ケイ素結合間にアルケンの挿入が起こり，修正 Chalk–Harrod 機構とよばれている．いずれのサイクルにおいても，同じアルキルシランに至る還元的脱離が最終段階である．パラジウムや白金触媒ではサイクル A を，ルテニウムやロジウム触媒ではサイクル B を経て反応しやすい傾向がある．

10・8・4　アルケンのヒドロホルミル化: Co および Rh 触媒反応

コバルトあるいはロジウム錯体を触媒として，アルケンと合成ガス(CO/H_2)からアルデヒドが合成される．プロピレンからブタナールへの変換は工業プロセス(oxo 法)として重要であるが，利用価値の低い分岐形の 2-メチルプロパナールの副生をいかにして抑えるかが触媒設計の中心課題であって，現在ではもっぱらロジウム−トリフェニルホスフィン系触媒が採用されている．一般に，嵩高いホスフィン配位子の添加が選択性の向上に有効であり，特にロジウム触媒系では，大過剰のホスフィンの存在が理想的であるため，溶融トリフェニルホスフィン(融点 79 °C)を反応溶媒として用いる工業プロセスも考案されている．この場合，選択性の向上とともに触媒も安定化され，その活性は半永久的に持続する．

$$CH_3CH{=}CH_2 \;+\; H_2 \;+\; CO \xrightarrow{\text{Co または Rh 触媒}} CH_3CH_2CH_2CHO \;+\; CH_3\underset{\underset{CHO}{|}}{CH}CH_3$$

ブタナールはそのまま水素化して 1-ブタノールに変換するか，あるいはアルドール縮合によって二量化したあと水素化し，2-エチル-1-ヘキサノールへと誘導される．これらはオキソアルコールとよばれ，溶剤や可塑剤原料などに広く用いられている．

図 10・10 の触媒サイクルはロジウム錯体について示しているが，含まれる素反応はコバルト触媒サイクルにも共通である．プロピレンがヒドリドロジウム(I)錯体に配位し，つづいてロジウム−水素結合間に挿入する．直鎖形と分岐形のいずれのアルデヒドが生成するかは，この挿入の位置選択性で決定される．図にはブタナールの生成サイクルが示されている．一酸化炭素の配位と挿入，それにひき続き律速段階としての水素分子の酸化的付加によって，ジヒドリド(ブチロイル)ロジウム(III)錯

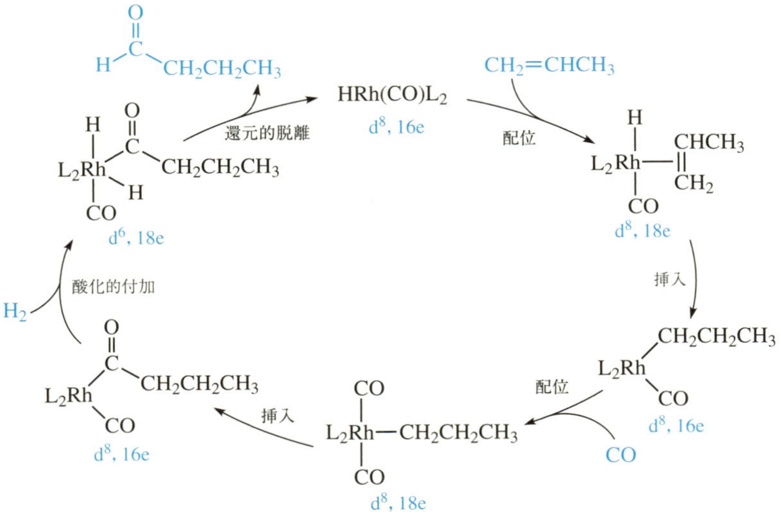

図 10・10　プロピレンのヒドロホルミル化の触媒サイクル

体が生成する．最後に，この錯体からブタナールが脱離するとともに，ヒドリドロジウム(I)錯体が再生する．

10・8・5　エチレンのアセトアルデヒドへの酸化: Pd 触媒反応

　化学量論量の塩化パラジウムと水によるエチレンのアセトアルデヒドへの酸化は，すでに 1894 年に報告されていた．この反応でパラジウムは 0 価に還元される．この Pd(0)を塩化銅(II)によって Pd(II)に再酸化し，触媒反応に組立てたのが Hoechst–Wacker 法である．すなわち，この触媒プロセスは以下に示す三つの化学量論反応が組合わされたものである．3 番目の反応によって銅も触媒的に利用されるため，形式的にエチレンの酸素酸化によるアセトアルデヒドの合成法とみなされる．

$$CH_2{=}CH_2 \; + \; H_2O \; + \; PdCl_2 \quad\longrightarrow\quad CH_3CHO \; + \; Pd(0) \; + \; 2\,HCl$$

$$Pd(0) \; + \; 2\,CuCl_2 \quad\longrightarrow\quad PdCl_2 \; + \; 2\,CuCl$$

$$2\,CuCl \; + \; 1/2\,O_2 \; + \; 2\,HCl \quad\longrightarrow\quad 2\,CuCl_2 \; + \; H_2O$$

$$CH_2{=}CH_2 \; + \; 1/2\,O_2 \quad\longrightarrow\quad CH_3CHO$$

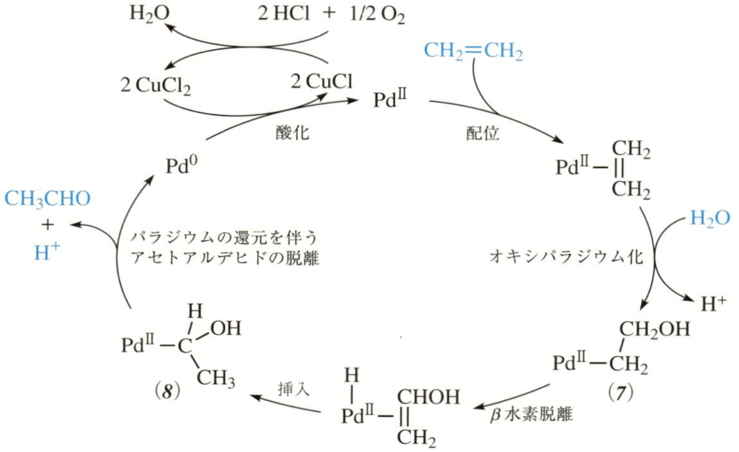

図 10・11　Hoechst–Wacker 法によるエチレンの酸化反応の触媒サイクル

　触媒サイクルは，有機パラジウムサイクルと無機銅酸化還元サイクルの二つで構成されている(図 10・11)．オキシパラジウム化反応によって生成した β-ヒドロキシエチルパラジウム(II)錯体 (**7**) が β 水素脱離し，それに続くヒドロキシエテン配位子の Pd–H 結合への挿入によって α-ヒドロキシエチルパラジウム(II)錯体 (**8**) に異性化する．D_2O を用いた場合にも生成物中に重水素が取込まれないことから，アセトアルデヒドは，錯体 (**8**) から下に示す経路(a)によって生成しているものと推定さ

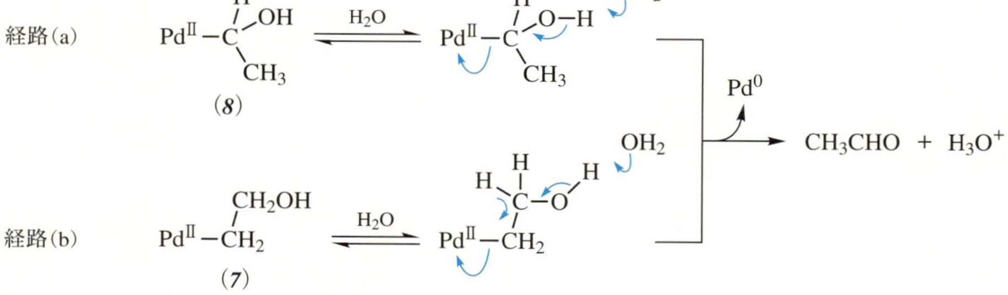

れている．なお，経路(b)に示すように，β-ヒドロキシエチルパラジウム(II)錯体 (**7**) から，錯体 (**8**) の関与なしにアセトアルデヒドが生成する反応経路も提案されている．

10・8・6　メタノールのカルボニル化による酢酸合成：Rh 触媒反応

ロジウム触媒を用いてメタノールと一酸化炭素から酢酸を合成する工業プロセスは Monsanto 法とよばれる (図 10・12)．このプロセスではメタノールからヨウ化メチルを得るために助触媒としてヨウ化水素を必要とする．酢酸は Hoechst-Wacker 法によって合成されるアセトアルデヒドを空気酸化する方法でも得られるが，原油に由来するエチレンではなく，いわゆる C1 資源であるメタノールを原料とする本法のほうが経済的な面から有利であり，現在では主流となっている．

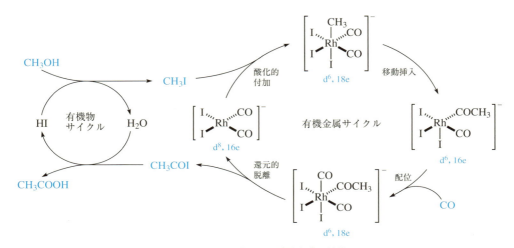

図 10・12　Monsanto 法による酢酸合成の触媒サイクル

全体の触媒サイクルは有機金属サイクルと有機物サイクルの二つからなっており，あたかもこの両輪をつなぐベルトコンベアーにのって酢酸がつくられるような合理性が認められる．メタノールとヨウ化水素から有機物サイクルで生じたヨウ化メチルが真の基質としてロジウム(I)錯体を触媒活性種とする有機金属サイクルに入る．アニオン性ロジウム(I)錯体に対するヨウ化メチルの酸化的付加，メチル基の配位カルボニルへの移動挿入，一酸化炭素の配位，ならびにアセチル配位子とヨージド配位子の還元的脱離を経て，有機金属サイクルからの一次生成物としてヨウ化アセチルが生成する．これが有機物サイクルにおいて加水分解され，酢酸を生じるとともに，ヨウ化水素が再生する．

10・8・7　アルコールによるアミンの *N*-アルキル化反応：Ru, Ir 触媒反応

遷移金属触媒を用いたアミンとアルコールの脱水縮合反応が知られている．均一系と不均一系の触媒が開発されているが，均一系触媒としてはルテニウムとイリジウム錯体について高い触媒活性が報告されている[6]．

$$RCH_2OH + H_2NR' \xrightarrow{\text{金属触媒}} RCH_2NHR' + H_2O$$

以下に，[Cp*IrCl$_2$]$_2$ [Cp* = η^5-C$_5$(CH$_3$)$_5$] を触媒前駆体に用いた反応の触媒サイクルを示す[7]．反応は少量の K$_2$CO$_3$ を添加して行われ，まず Cl 配位子と RO$^-$ との配位子置換反応により反応活性種であるアルコキシ錯体が生じ，この錯体から β 水素脱離によりヒドリド錯体とアルデヒドが生成する．つづいて，アルデヒドがアミンと脱水縮合を起こしてイミンに変わり，このイミンが最初に生成した

ヒドリド錯体に挿入してアミド錯体が生じる．最後に，アミド錯体がアルコール分解を起こして，反応生成物であるアルキルアミンを生成するとともに，アルコキシ錯体が再生する（図10・13）．

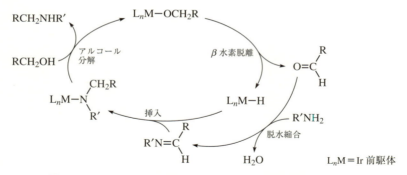

図10・13　アルコールによるアミンの*N*-アルキル化の触媒サイクル

この反応では，金属触媒がアルコールの脱水素化とイミンの水素化の二つの過程に関与し，前者で生じた水素が後者の水素源として活用されている．このような触媒反応過程の設計概念は "borrowing hydrogen strategy" とよばれている[8]．

10・8・8　有機ハロゲン化物と有機金属反応剤のクロスカップリング反応：Ni, Pd, Fe 触媒反応

有機ハロゲン化物に代表される炭素求電子剤と，Grignard 反応剤に代表される炭素求核剤との間の，塩成分の脱離を伴う炭素−炭素結合生成反応をクロスカップリング反応とよぶ．ハロゲン化アリールやハロゲン化アルケニルの反応はニッケルあるいはパラジウム触媒の存在下に効率よく進行する[9]．また，ニッケル触媒を用いてハロゲン化アルキルのクロスカップリング反応を行うことができる[10]．最近，鉄触媒を用いる反応の適用範囲が急速に拡大している[11],[12]．

クロスカップリング反応には，炭素求核剤としてさまざまな有機金属化合物が利用可能であり，化合物の種類により熊田-玉尾-Corriu カップリング（有機マグネシウム化合物），鈴木-宮浦カップリング（有機ホウ素化合物），檜山カップリング（有機ケイ素化合物），薗頭カップリング（銅アセチリド化合物），右田-小杉-Stille カップリング（有機スズ化合物），根岸カップリング（有機亜鉛化合物）などとよばれている[13]．なお，有機ホウ素化合物や有機ケイ素化合物の反応では，これらの化合物自身の求核性が小さいため，反応系に塩基を加えて活性化する方法がとられる．

図10・14に，パラジウム触媒を用いるハロゲン化アリールのクロスカップリング反応機構を示す．触媒サイクルは，Pd(0) 錯体へのハロゲン化アリール ArX の酸化的付加，有機金属化合物 RM とのトランスメタル化，ならびにクロスカップリング生成物 ArR の還元的脱離の三つの素反応から成立している．

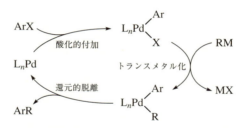

図10・14　パラジウム錯体を触媒とするクロスカップリング反応の触媒サイクル

エチル基やプロピル基などβ水素をもつR基を用いる場合には，1,1′-ビス(ジフェニルホスフィノ)フェロセン(dppf)などの配位挟角の大きなジホスフィンが補助配位子Lとして効果的である．また，酸化的付加を起こしにくい塩化アリールArClの反応では，嵩高く電子供与性の強いP(t-Bu)$_3$などの補助配位子を用いることにより反応性を大幅に向上させることができる(§10・2・3参照)．

形式的に炭素求核剤を窒素求核剤にかえたクロスカップリングであるHartwig-Buchwaldアミノ化反応が開発されアニリン類の新合成法として多用されるようになった．さらにこの反応は酸素求核剤の反応にまで拡張され，特にジアリールエーテル合成に有効である．いずれもクロスカップリングと同様に，それぞれ，(アリール)(アミド)中間体および(アリール)(アルコキシ)中間体を経て進行しており，脱プロトンを促進するために強塩基が添加される[14]．

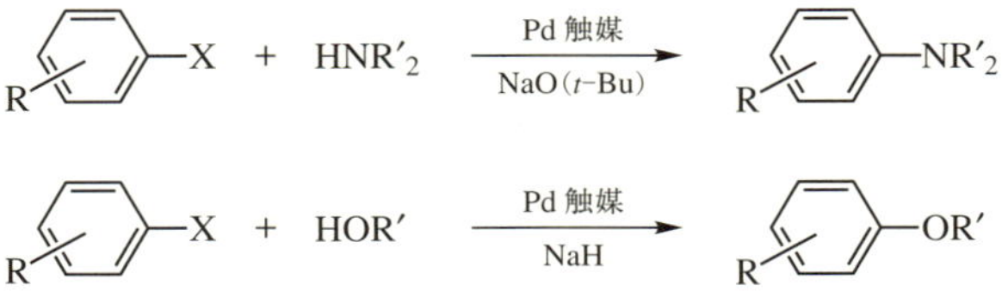

10・8・9　有機ハロゲン化物とアルケンとの反応: Pd触媒反応

パラジウム触媒と第三級アミンなどの塩基の存在下において，有機(sp^{2}炭素)ハロゲン化物とアルケンが脱ハロゲン化水素カップリングする反応は，一般に溝呂木-Heck反応とよばれる．図10・15に示すように，パラジウム(0)錯体に対する有機ハロゲン化物の酸化的付加によって生成した有機パラジウム(II)錯体にアルケンが配位し，つづいてパラジウム－炭素結合間に挿入する．生じたアルキル錯体はβ水素脱離によってヒドリド(アルケン)錯体に変わる．この錯体からアルケンが解離するとともにハロゲン化水素が還元的脱離し，パラジウム(0)錯体が再生される．ハロゲン化水素は第三級アミンによって中和される．

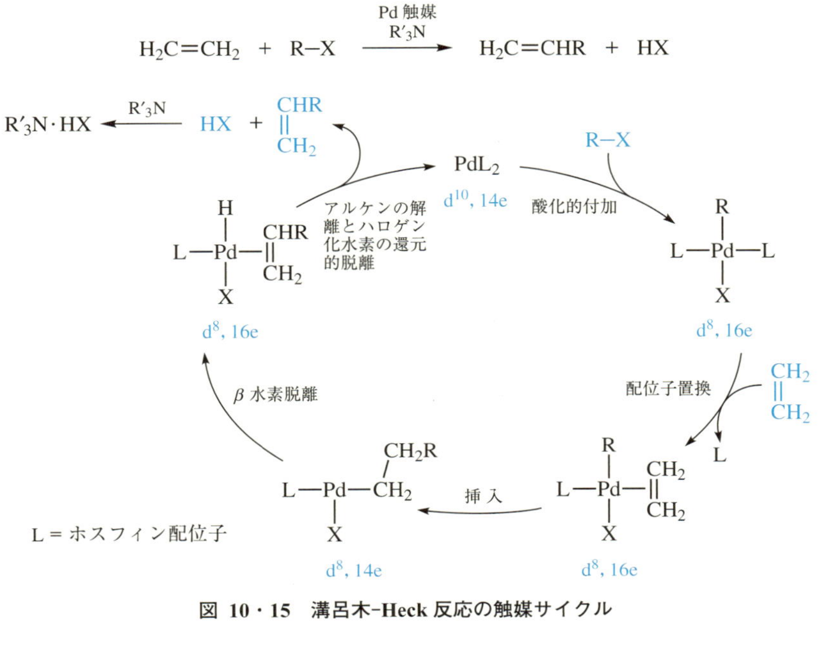

図 10・15　溝呂木-Heck反応の触媒サイクル

10・8・10 C−H 結合切断による芳香族化合物の アルケンへの付加反応: Ru 触媒反応

量論反応としては C−H 結合切断を経る反応は多数知られていたが，C−H 結合切断を経る実用的な触媒反応が 1993 年になって開発され，これを契機に現在では多種多様な触媒的 C−H 結合切断反応が開発されている.

配向基によって促進された位置選択的 C−H 結合切断(酸化的付加)によりヒドリド中間体が生成し，つづいて Ru−H 結合にアルケンが挿入して(アリール)アルキル中間体が生成し，ここから還元的脱離によりアリール基の C−H 結合にアルケンが挿入した構造のカップリング生成物と低酸化状態のルテニウム種が生じて触媒サイクルが完結する[15]. この触媒反応の律速段階は，困難と予想される C−H 結合の切断段階ではなく，還元的脱離の段階であることが，同位体を用いた実験などによって確認されている.

10・8・11 閉環メタセシス反応: Ru 触媒反応

§10・6・2 で述べた Grubbs 錯体や Schrock 錯体を触媒に用いて，鎖状ジエンやジエンインから環状化合物を合成できる. たとえば，図 10・16 に示すジエンイン (**9**) から [5.3.0] ビシクロ化合物 (**10**) が選択的に生成する[16]. まず，カルベン錯体 (**11**) と反応基質 (**9**) とのアルケンメタセシス反応により，スチレンの副生を伴ってカルベン錯体 (**12**) が生じる. つづいて (**12**) から，分子内の付加環化と開裂が繰返し起こり，生成物 (**10**) とエチリデン錯体 (**13**) が生成する. 図からわかるように，その後は (**13**) が活性種となり (**9**) から (**10**) への変換が触媒的に進行する.

カルベン錯体と不飽和結合との付加環化反応は金属中心への不飽和結合の配位を伴うため立体障害の影響を強く受ける. そのため，(**9**) の三つの不飽和結合では置換基の最も少ないビニル基で優先的に反応が起こり，(**10**) が選択的に生成する.

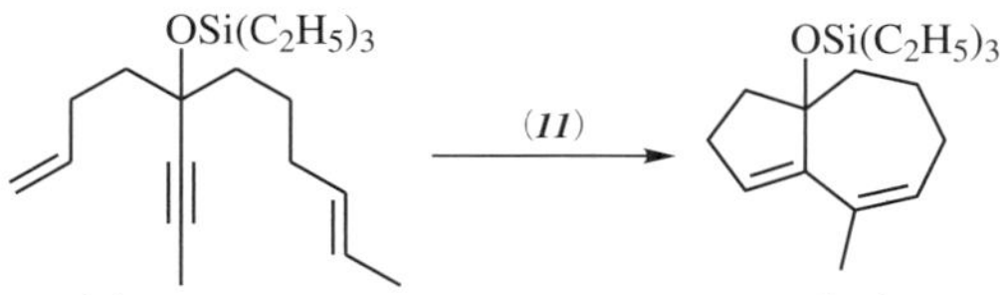

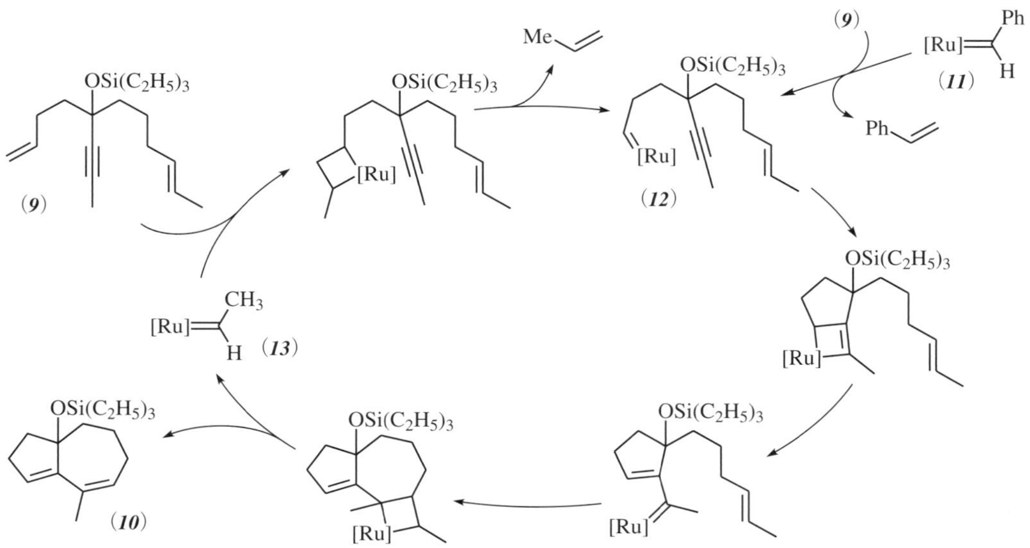

図 10・16　**Grubbs 触媒を用いるジエンインの閉環メタセシス反応の触媒サイクル**

参 考 書

有機遷移金属化学の一般的な教科書
- J. F. Hartwig, "Organotransition Metal Chemistry: From Bonding to Catalysis", University Science Books, California (2010). ["ハートウィグ 有機遷移金属化学", 小宮三四郎, 穐田宗隆, 岩澤伸治 監訳, 東京化学同人(2014).]
- D. Astruc, "Organometallic Chemistry and Catalysis", Springer, Berlin(2007).
- R. H. Crabtree, "The Organometallic Chemistry of the Transition Metals", 6th Ed., John Wiley & Sons, Hoboken (2014).
- J. P. Collman, L. S. Hegedus, J. R. Norton, R. G. Finke, "Principles and Applications of Organotransition Metal Chemistry", University Science Books, California(1987).
- A. Yamamoto, "Organotransition Metal Chemistry: Fundamental Concepts and Applications", John Wiley & Sons, New York(1986).
- M. Weller, T. Overton, J. Rourke, F. Armstrong, "Inorganic Chemistry", 6th Ed., Oxford University Press, Oxford (2014). ["シュライバー・アトキンス 無機化学", 第6版, 田中勝久ほか訳, 東京化学同人(2016).]
- 小澤文幸, 西山久雄, "有機遷移金属化学", 朝倉書店(2016).
- 中沢 浩, 小坂田耕太郎 編著, "有機金属化学(錯体化学会選書)", 三共出版(2011).

有機遷移金属錯体の素反応に関する解説書
- "Fundametals of Molecular Catalysis", ed. by H. Kurosawa, A. Yamamoto, Elsevier, Amsterdam(2003).

均一系触媒反応に関する教科書と参考書
- 辻 二郎, "有機合成のための遷移金属触媒反応", 東京化学同人(2008).
- 檜山爲次郎, 野崎京子, "有機合成のための触媒反応103", 東京化学同人(2004).
- "金属を用いる有機合成(実験化学講座18)", 第5版, 日本化学会編, 丸善(2004).
- L. S. Hegedus, B. C. G. Söderberg, "Transition Metals in the Synthesis of Complex Organic Molecules", 3rd Ed., University Science Books, California(2010). ["ヘゲダス遷移金属による有機合成", 第3版, 村井眞二訳, 東京化学同人(2011).]

文　献

（§10・1）

1) F. Basolo, R. G. Pearson, *Prog. Inorg. Chem.*, **4**, 381(1962).
2) T. G. Appleton, H. C. Clark, L. E. Manzer, *Coord. Chem. Rev.*, **10**, 335(1973).
3) K. Osakada, *Current Methods in Inorganic Chemistry*, **3**, 233(2003).
4) N. Miyaura, *J. Organomet. Chem.*, **653**, 54(2002).
5) D. V. Partyka, *Chem. Rev.*, **111**, 1529(2011).
6) P. Espinet, A. M. Echavarren, *Angew. Chem., Int. Ed.*, **43**, 4704(2004).
7) G. K. Anderson, R. J. Cross, *Chem. Soc. Rev.*, **9**, 185(1980).

（§10・2）

1) L. Vaska, *Acc. Chem. Res.*, **1**, 335(1968).
2) S. Obara, K. Kitaura, K. Morokuma, *J. Am. Chem. Soc.*, **106**, 1482(1984).
3) M. Hackett, J. A. Ibers, G. M. Whitesides, *J. Am. Chem. Soc.*, **110**, 1436(1988).
4) M. Hackett, J. A. Ibers, G. M. Whitesides, *J. Am. Chem. Soc.*, **110**, 1449(1988).
5) M. L. H. Green, *Pure Appl. Chem.*, **50**, 27(1978).
6) R. A. Periana, R. G. Bergman, *J. Am. Chem. Soc.*, **106**, 7272(1984).
7) L. M. Rendina, R. J. Puddephatt, *Chem. Rev.*, **97**, 1735(1997).
8) A. J. Canty, *Acc. Chem. Res.*, **25**, 83(1992).
9) J. K. Stille, K. S. Y. Lau, *Acc. Chem. Res.*, **10**, 434(1977).
10) A. J. Oliver, W. A. G. Graham, *Inorg. Chem.*, **9**, 2653(1970).
11) W. H. Thompson, C. T. Sears, Jr., *Inorg. Chem.*, **16**, 769(1977).
12) A. Yamamoto, *Adv. Organomet. Chem.*, **34**, 111(1992).
13) T. Yamamoto, M. Akimoto, O. Saito, A. Yamamoto, *Organometallics*, **5**, 1559(1986).
14) P. Fitton, E. A. Rick, *J. Organomet. Chem.*, **28**, 287(1971).
15) J. F. Fauvarque, F. Pflüger, M. Troupel, *J. Organomet. Chem.*, **208**, 419(1981).
16) C. Amatore, F. Pflüger, *Organometallics*, **9**, 2276(1990).
17) M. Portnoy, D. Milstein, *Organometallics*, **12**, 1665(1993).
18) F. Barrios-Landeros, B. P. Carrow, J. F. Hartwig, *J. Am. Chem. Soc.*, **131**, 8141(2009).
19) A. V. Kramer, J. A. Labinger, J. S. Bradley, J. A. Osborn, *J. Am. Chem. Soc.*, **96**, 7145(1974).

（§10・3）

1) F. Ozawa, *Current Methods in Inorganic Chemistry*, **3**, 477(2003).
2) 小澤文幸，山本明夫，日本化学会誌，**1987**，773.
3) F. Ozawa, K. Kurihara, M. Fujimori, T. Hidaka, T. Toyoshima, A. Yamamoto, *Organometallics*, **8**, 180(1989).
4) J. F. Hartwig, *Inorg. Chem.*, **46**, 1936(2007).
5) N. D. Ball, J. W. Kampf, M. S. Sanford, *J. Am. Chem. Soc.*, **132**, 2878(2010).
6) A. Pedersen, M. Tilset, *Organometallics*, **12**, 56(1993).

（§10・4）

1) Z. Lin, *Coord. Chem. Rev.*, **251**, 2280(2007).
2) D. Balcells, E. Clot, O. Eisenstein, *Chem. Rev.*, **110**, 749(2010).
3) M. E. Thompson, S. M. Baxter, A. R. Bulls, B. J. Burger, M. C. Nolan, B. D. Santarsiero, W. P. Schaefer, J. E. Bercaw, *J. Am. Chem. Soc.*, **109**, 203(1987).
4) C. M. Fendrick, T. J. Marks, *J. Am. Chem. Soc.*, **108**, 425(1986).
5) Y. Boutadla, D. L. Davies, S. A. Macgregor, A. I. Poblador-Bahamonde, *Dalton Trans.*, **2009**, 5820.
6) W. H. Lam, G. C. Jia, Z. Y. Lin, C. P. Lau, O. Eisenstein, *Chem. Eur. J.*, **9**, 2775(2003).
7) C. W. Fung, M. Khorramdel-Vahed, R. J. Ranson, R. M. G. Roberts, *J. Chem. Soc., Perkin Trans.*, **2**, 267(1980).
8) I. Omae, *Coord. Chem. Rev.*, **248**, 995(2004).
9) M. Albrecht, *Chem. Rev.*, **110**, 576(2010).
10) I. Moritani, Y. Fujiwara, *Tetrahedron Lett.*, **8**, 1119(1967); Y. Fujiwara, I. Moritani, M. Matsuda, S. Teranishi, *Tetrahedron Lett.*, **9**, 633(1968).
11) A. D. Ryabov, I. K. Sakodinskaya, A. K. Yatsimirsky, *J. Chem. Soc., Dalton Trans.*, **1985**, 2629.
12) L. Ackermann, R. Vicente, H. K. Potukuchi, V. Pirovano, *Org. Lett.*, **12**, 5032(2010).
13) A. D. Ryabov, *Chem. Rev.*, **90**, 403(1990).
14) L. Ackermann, *Chem. Rev.*, **111**, 1315(2011).
15) D. L. Davies, S. M. A. Donald, S. A. Macgregor, *J. Am. Chem. Soc.*, **127**, 13754(2005).
16) P. G. Jessop, R. H. Morris, *Coord. Chem. Rev.*, **121**, 155(1992).

10. 有機遷移金属化学 II: 錯体の反応

17) G. J. Kubas, *J. Organomet. Chem.*, **635**, 37(2001).
18) D.-H. Lee, B. P. Patel, E. Clot, O. Eisenstein, R. H. Crabtree, *Chem. Commun.*, **1999**, 297.

(§ 10・5)
1) P. L. Bock, D. J. Boschetto, J. R. Rasmussen, J. P. Demers, G. M. Whitesides, *J. Am. Chem. Soc.*, **96**, 2814(1974).
2) F. Calderazzo, *Angew. Chem., Int. Ed.*, **16**, 299(1977).
3) J. M. Manriquez, D. R. McAlister, R. D. Sanner, J. E. Bercaw, *J. Am. Chem. Soc.*, **100**, 2716(1978).
4) F. Ozawa, A. Yamamoto, *Chem. Lett.*, 289(1981).
5) D. Egglestone, M. C. Baird, C. J. L. Lock, G. Turner. *J. Chem. Soc., Dalton Trans.*, **1977**, 1576.
6) P. J. Fagan, K. J. Moloy, T. J. Marks, *J. Am. Chem. Soc.*, **103**, 6959(1981).
7) T. Vlaar, E. Ruijter, B. U. W. Maes, R. V. A. Orru, *Angew. Chem., Int. Ed.*, **52**, 7084(2013).
8) J. A. Labinger, J. Schwartz, *J. Am. Chem. Soc.*, **97**, 1596(1975).
9) E. R. Evitt, R. G. Bergman, *J. Am. Chem. Soc.*, **102**, 7003(1980).
10) J. Schwartz, J. A. Labinger, *Angew. Chem., Int. Ed.*, **15**, 333(1976).
11) N. M. Doherty, J. E. Bercaw, *J. Am. Chem. Soc.*, **107**, 2670(1985).
12) J. S. Brumbaugh, R. R. Whittle, M. Parvez, A. Sen, *Organometallics*, **9**, 1735(1990).
13) F. Ozawa, T. Hayashi, H. Koide, A. Yamamoto, *J. Chem. Soc., Chem. Commun.*, **1991**, 1469.
14) S. D. Ittel, L. K. Johnson, M. Brookhart, *Chem. Rev.*, **100**, 1169(2000).
15) A. Nakamura, S. Ito, K. Nozaki, *Chem. Rev.*, **109**, 5215(2009).
16) W. Kaminsky, M. Arndt, *Adv. Polym. Sci.*, **127**, 143(1997).
17) R. F. Jordan, C. S. Bajgur, R. Willett, B. Scott, *J. Am. Chem. Soc.*, **108**, 7410(1986).

(§ 10・6)
1) Y. Wakatsuki, O. Nomura, K. Kitaura, K. Morokuma, H. Yamazaki, *J. Am. Chem. Soc.*, **105**, 1907(1983).
2) K. P. C. Vollhardt, *Angew. Chem., Int. Ed.*, **23**, 539(1984).
3) J. A. Varela, C. Saa, *Chem. Rev.*, **103**, 3787(2003).
4) H. Hoberg, D. Schaefer, G. Burkhart, C. Krueger, M. J. Romaao, *J. Organomet. Chem.*, **266**, 203(1984).
5) 生越専介, 有機合成化学協会誌, **67**, 507(2009).
6) F. N. Tebbe, G. W. Parshall, G. S. Rebby, *J. Am. Chem. Soc.*, **100**, 3611(1978).
7) K. A. Brown-Wensley, S. L. Buchwald, L. Cannizzo, L. Clawson, S. Ho, D. Meinhardt, J. R. Stille, D. Straus, R. H. Grubbs, *Pure Appl. Chem.*, **55**, 1733(1983).
8) "Handbook of Metathesis", ed. by R. H. Grubbs, Vol. 1〜3, Wiley-VCH, Weinheim(2003).
9) M. S. Sanford, J. A. Love, R. H. Grubbs, *J. Am. Chem. Soc.*, **123**, 6543(2001).

(§ 10・7)
1) H. Kurosawa, *Current Methods in Inorganic Chemistry*, **3**, 411(2003).
2) J. K. Stille, R. A. Morgan, *J. Am. Chem. Soc.*, **88**, 5135(1966).
3) L. S. Hegedus, K. Siirala-Hansén, *J. Am. Chem. Soc.*, **97**, 1184(1975).
4) H. Kurosawa, T. Majima, N. Asada, *J. Am. Chem. Soc.*, **102**, 6996(1980).
5) S. C. Davies, M. L. H. Green, D. M. P. Mingos, *Tetrahedron*, **34**, 3047(1978).
6) R. D. Pike, D. A. Sweigart, *Coord. Chem. Rev.*, **187**, 183(1999).
7) M. Rosenblum, *Acc. Chem. Res.*, **7**, 122(1974).
8) H. Kurosawa, M. Emoto, A. Urabe, K. Miki, N. Kasai, *J. Am. Chem. Soc.*, **107**, 8253(1985).
9) T. Hayashi, M. Konishi, M. Kumada, *J. Chem. Soc., Chem. Commun.*, **1984**, 107.
10) F. W. Benfield, B. R. Francis, M. L. H. Green, N.-T. Luong-Thi, G. Moser, J. S. Poland, D. M. Roe, *J. Less-Common Metals*, **36**, 187(1974).
11) C. Carfagna, R. Galarini, K. Linn, J. A. López, C. Mealli, A. Musco, *Organometallics*, **12**, 3019(1993).
12) P. C. Ford, A. Rokicki, *Adv. Organomet. Chem.*, **28**, 139(1987).
13) L. Huang, F. Ozawa, K. Osakada, A. Yamamoto, *J. Organomet. Chem.*, **383**, 587(1990).
14) M, Brookhart, Y. Liu, E. W. Goldman, D. A. Timmers, G. D. Williams, *J. Am. Chem. Soc.*, **113**, 927(1991).
15) M. Brookhart, Y. Liu, *J. Am. Chem. Soc.*, **113**, 939(1991).
16) C. P. Casey, S. W. Polichnowski, A. J. Shusterman, C. R. Jones, *J. Am. Chem. Soc.*, **101**, 7282(1979).
17) H. Katayama, F. Ozawa, *Coord. Chem. Rev.*, **248**, 1703(2004).
18) Y. Wakatsuki, Z. Hou, M. Tokunaga, *Chem. Rec.*, **3**, 144(2003).

(§ 10・8)
1) G. W. Parshall, S. D. Ittel, "Homogeneous Catalysis", 2nd Ed., John Wiley & Sons, New York(1992).
2) A. Behr, P. Neubert, "Applied Homogeneous Catalysis", Wiley-VCH, Weinheim(2012).

3) "Applied Homogeneous Catalysis with Organometallic Compounds", ed. by B. Cornils, W. A. Herrmann, Wiley-VCH, Weinheim(2004).

4) R. Noyori, *Angew. Chem., Int. Ed.*, **41**, 2008(2002).

5) C. A. Sandoval, T. Ohkuma, K. Muñiz, R. Noyori, *J. Am. Chem. Soc.*, **125**, 13490(2003).

6) G. Guillena, D. J. Ramón, M. Yus, *Chem. Rev.*, **110**, 1611(2010).

7) 藤田健一，山口良平，有機合成化学協会誌，**61**，715(2003).

8) M. H. S. A. Hamid, P. A. Slatford, J. M. J. Williams, *Adv. Synth. Catal.*, **349**, 1555(2007).

9) "Metal-Catalyzed Cross-Coupling Reactions", ed. by A. De Meijere, F. Diedrich, Vols. 1, 2, Wiley-VCH, Weinheim (2004).

10) 寺尾 潤，神戸宣明，有機合成化学協会誌，**62**，1192(2004).

11) B. D. Sherry, A. Fürstner, *Acc. Chem. Res.*, **41**, 1500(2008).

12) I. Bauer, H.-J. Knölker, *Chem. Rev.*, **115**, 3170(2015).

13) K. Tamao, T. Hiyama, E. Negishi, *J. Organomet. Chem.*, **653**, 1(2002).

14) F. Paul, J. Patt, J. F. Hartwig, *J. Am. Chem. Soc.*, **116**, 5969(1994)；A. S. Guram, S. L. Buchwald, *J. Am. Chem. Soc.*, **116**, 7901(1994).

15) S. Murai, F. Kakiuchi, S. Sekine, Y. Tanaka, A. Kamatani, N. Sonoda, N. Chatani, *Nature*, **366**, 529(1993).

16) S. H. Kirn, W. J. Zuercher, N. B. Bowden, R. H. Grubbs, *J. Org. Chem.*, **61**, 1073(1996).

第 **IV** 部

超分子化学および高分子化学

　第Ⅰ部〜第Ⅲ部で取扱った有機化合物は，分子量が概ね 500 以下の比較的小さな分子であった．一方，われわれの身のまわりには，分子量が数千から数十万にもおよぶ巨大な有機分子（高分子）や，超分子とよばれる分子集合体が存在し，生命活動や日常生活，さらには高度な社会活動の担い手となっている．第Ⅳ部では，それらの化学種について解説する．

　11 章では，超分子の化学について述べる．原子が共有結合で結ばれた通常の有機分子に対して，複数の分子が水素結合や配位結合，双極子–双極子相互作用などの比較的弱い結合や分子間力により秩序だって集合し，一つの分子性化学種として機能する場合に，これを超分子とよんでいる．超分子化学は，J.-M. Lehn が提唱した学問分野であり，Lehn は，その端緒を開いた C. J. Pedersen および D. J. Cram とともに，1987 年にノーベル化学賞を受賞している．

　超分子は，その形成に利用される結合や相互作用が可逆であるため，外場からの刺激に鋭敏であり，集合様式を速やかに変化して多彩な機能を発現する．2016 年にノーベル化学賞を受賞した "分子機械" はその好例である．有機分子の集合体である液晶はテレビなどの画像表示に利用されている．また，リン脂質が自己組織化して細胞膜が形成されるように，超分子の概念は生命現象の根幹を担っている．

　12 章では，高分子の化学について述べる．高分子化合物には有機高分子と無機高分子とがあるが，本章で取扱う高分子はすべて有機高分子である．高分子という用語は低分子の対義語であり，一義的には分子量の大きな分子を意味するが，核酸やセルロースなどの天然高分子，さらにはポリエチレンやポリエステルなどの合成高分子に見られるように，高分子と一般によばれる化合物は，小分子であるモノマーが，共有結合により繰返し連結されたポリマー構造をもっている．この繰返し構造は，H. Staudinger（1953 年ノーベル化学賞）が "高分子説" として提唱し，実験的に証明したもので，重合反応を用いて小分子から高分子を合成できることの根拠となり，さまざまな合成高分子が開発される端緒となった．

　有機化合物が高分子に変わると，小分子では見られない多くの特性が現れる．日常生活との関連では，軽量で機械強度に優れた材料特性があげられる．たとえば，現代の自動車には，バンパーや内装材を含めて多数の高分子材料が使用されている．これにより，車体の大幅な軽量化がはかられ，燃費が向上した．また，白川英樹（2000 年ノーベル化学賞）らのポリアセチレンの発見を契機として開発された導電性高分子は，電子材料や電池材料として利用されている．

　超分子や高分子の化学は，新たな機能性物質の創製研究と関連して，ますますその重要性を増している．11 章では，超分子の成り立ちと応用について，多くの事例を用いて解説する．12 章では，高分子合成化学の基礎を示し，材料科学との関連から重要なキラル高分子とデンドリマーについて解説する．

11

超 分 子 化 学

11・1 超分子化学のなりたちと意義

11・1・1 超分子生成の可逆性と自発性

　原子は結合(共有結合)して分子をつくる．分子は分子間の相互作用により寄せ集められる．生じた**分子集合体**(molecular assembly)が適度に安定であり，組成や大きさと形，あるいは機能などの特性により一つの分子性化学種とみなすことができる場合，これを**超分子**(supramolecule)とよんでいる．しかし，明確な定義があるわけではない．本書では，特性化が可能な分子集合体を広く超分子とよぶことにする．共有結合の生成と開裂を伴う分子変換は，多くの場合，反応剤や触媒を必要とする非可逆・多段階過程であり，結果として全体の速度は遅い．これに対し，分子間の相互作用に基づく超分子の生成は可逆・自発的であり，一般にきわめて速やか(多くの場合瞬間的)に進行する．可逆過程は選択性・特異性を，自発過程はプログラム化された自己組織化を，それぞれもたらす．分子量が1万にも達する分子は精密有機合成の対象としてはあまりに巨大で複雑であるが，うまくデザインされた分子量1000の構成分子を10個集めて分子量1万の機能性超分子をつくりだすことはあながち非現実的なアプローチではない．実際，生体にはタンパク質や核酸などの高分子を除き分子量が1万にも及ぶ有機分子は知られていない．その代わり，種々の超分子が多彩な機能を分担している．細胞も，細胞が集合した組織や器官も，組織や器官が合目的にネットワーク化された生物個体も，おしなべて超分子である．分子から生物個体に至るさまざまな階層構造において，超分子の組成や大きさ・形が分子間相互作用，ひいては分子構造にプログラムされていることは驚くべき事実である．

11・1・2 超分子生成を介した化学プロセスの制御

　超分子については，構造体の選択的・自発的構築という静的な側面とともに，動的な側面も重要である．分子間相互作用は分子構造に依存する．言いかえれば，分子構造の変化により超分子の生成がオン/オフ制御される．分子構造の変化は，反応基質から反応生成物への変換や異性化，官能基の導入・除去などさまざまな可逆過程により達成できる．たとえば，基質に対しては高い親和性を，生成物に対しては低い親和性をもてば，酵素は基質を強く取込み，反応後，生成物を速やかに放出できる．被捕捉剤に対する捕捉剤の親和性が膜の両側で異なっていれば，前者の効率的な膜輸送が実現できる．シグナル伝達にかかわるタンパク質の活性形と不活性形の間の変換を，わずか1個の官能基の有無で規制することも可能である．このように，構造変化に連動した超分子の生成と崩壊を通して多様な化学プロセスを厳密かつ迅速に制御できることも，生体が超分子を活用する大きな理由である．生体における物質，エネルギー，情報の処理・変換はすべて超分子を介して行われるといっても過言ではない．このように超分子化学は，分子性物質の構造，反応，物性，および機能を扱う科学，

技術全般にわたる基本原理として大きな影響を与えつつある．

11・2 超分子会合を支配する因子

11・2・1 多点相互作用を用いる分子会合の効率化

分子会合において主役を演じるのは非共有電子対をもつ窒素原子や酸素原子を含む官能基である．これらは配位結合やイオン-双極子相互作用により金属イオンと結合し，さらに金属イオンへの配位や水素結合を介して分子間で結びつく．水素結合とはプロトン供与性の原子団 X–H と電気的に陰性な原子 Y の間に形成される弱い結合 X–H⋯Y であり，X や Y としては窒素，酸素が重要である．カルボン酸が水素結合二量体を形成することは周知であるが，生体には多くの水素結合が存在し，タンパク質の高次構造の維持（アミド間の水素結合），二本鎖 DNA の形成〔核酸塩基間の水素結合（アデニン-チミン対）〕，リン酸イオンの捕捉など，さまざまな機能に関与している．水素結合のエンタルピーは 12～25 kJ mol^{-1} 程度であり，X–H⋯Y の角度は 180°に近い．

水素結合二量体　　アミド間水素結合

核酸-塩基対
（アデニン-チミン対）　　リン酸イオンの捕捉

複数の分子が相互作用すると多かれ少なかれ自由度が減少し，エントロピーは不利（$\Delta S° < 0$）となる．そのため，単独の水素結合はかなり有利な，すなわち負のエンタルピー変化（$\Delta H° < 0$）をもつにもかかわらず，それを分子間会合に有効に利用できない（$\Delta G° = \Delta H° - T\Delta S° > 0$）．このジレンマを克服するには多点相互作用が有効である．二つの分子が 2 点で相互作用する場合（図 11・1a），段階 A は分子間過程であるが，段階 B は実質的に分子内過程である．分子内過程のエントロピー変化は分子間過程ほどには不利ではない．このような場合には全体のエンタルピー変化がエントロピー変化によって相殺されず，正味の自由エネルギー変化が平衡を会合錯体の生成の方向に向かわせる[1,2]（§11・2・3c 参照）．捕捉剤と被捕捉剤をそれぞれ**ホスト**（host，場合によっては受容体 receptor），**ゲスト**（guest）とよぶ．

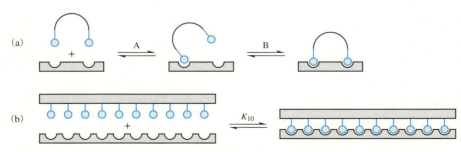

図 11・1　2 点相互作用の模式図（a）と立体配座の変化を伴わない理想的な 10 点相互作用（b）

11・2・2 相互作用点の相補性と予備組織化

多点相互作用は分子の立体配座を束縛する．錯形成を有利に導くには，ホスト-ゲスト間の相互作用点(有利なエンタルピー変化 $\Delta H° < 0$)を最大にし，錯形成に伴うホストの立体配座変化(不利なエントロピー変化)を最小にしなければならない．そのためには，ゲスト分子に対するホストの複数の相互作用点を相互作用に好都合な位置にあらかじめ組織化(**予備組織化** preorganization，前組織化．事前組織化ともいう)しておけばよい．分子間相互作用は，正電荷と負電荷，供与体と受容体，凹と凸のように相補的である．予備組織化は，分子間の接触における**相補性**(complementarity)の尺度である．相補的な分子は互いに認識(**分子認識** molecular recognition)しあう．このようにして，分子間には相補性の程度に応じた特異性が生じる．10点の水素結合を含む高度に相補的な超分子会合系があるとしよう(図11・1b)．予備組織化が理想的であり，錯形成に際してエントロピー変化が無視できる程度に小さければ，水素結合のエンタルピーの大部分を自由エネルギーとして使うことができる($\Delta G° \cong \Delta H°$)．この場合，生成する10点錯体の安定性は，水素結合のエンタルピーが1点につき $-\Delta H_1° = 20$ kJ mol^{-1} とすれば，$\ln K_{10} = -\Delta G_{10}°/RT \cong -\Delta H_{10}°/RT(-\Delta H_{10}° = 10 \times 20$ kJ mol^{-1}) より $K_{10} \cong 10^{35.1}$ となる($T = 298$ K)．10点の水素結合により莫大な安定化が得られることがわかる．水素結合が一つ少ない9点錯体では，$-\Delta H_9° = 9 \times 20$ kJ mol^{-1} より $K_9 = 10^{31.6}$ (標準状態はモル濃度 1 mol^{-1} L)と算出される．この場合も安定性は非常に高いが，同時に，10点錯体は9点錯体に比べて，水素結合1個分のエンタルピーに相当($\ln K_{10}/K_9 = -\Delta H_1°/RT$)する大きな選択性($K_{10}/K_9 = 10^{3.5}$)を保持している．可逆的な超分子会合において，安定性と選択性・特異性が両立することが理解できる．

11・2・3 ホスト-ゲスト錯体と分子認識

a. 金属イオンのサイズ認識

生体では，一次元ポリマーであるタンパク質や核酸に特有の高次構造が，予備組織化された認識場を提供する．一方，人工系では配座自由度が制限された環状ホストが多く用いられてきた．クラウンエーテル(crown ether)には酸素原子の非共有電子対の双極子場が存在し，たとえば，18-クラウン-6(**1**，"18"は環の員数を，"6"は酸素原子の数を表す)は内孔に K$^+$ を強く($K = 1.26 \times 10^6$，メタノール中)かつ選択的〔$K(\text{K}^+)/K(\text{Na}^+) = 63$〕に取込む(**2**)．三環性のクリプタンド(cryptand, **3**)はさらに

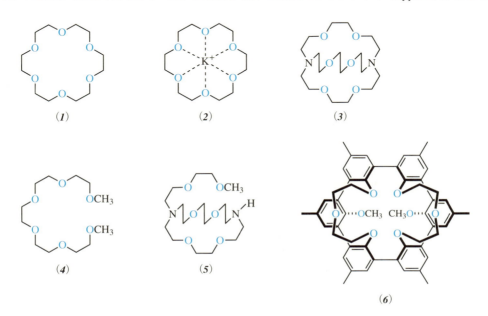

大きな捕捉能($K=5.62\times10^9$)と選択性〔$K(K^+)/K(Na^+)=350$〕を示す．非環状のホスト(**4**)，(**5**)のK^+捕捉能は(**1**)，(**3**)に比べてそれぞれ$10^4, 10^5$倍低く，K^+/Na^+選択性もそれぞれ$4.8, 28$に低下する．これは，予備組織化の重要性を示す好例である．(**1**)，(**3**)のK^+に対する選択性は，空孔のサイズ(**1**の場合260〜320 pm)がK^+のイオン径(266 pm)に合致することに由来する．より完全な，球状に組織化されたホストとして合成されたスフェランド〔spherand, sphere(球)に由来，**6**〕はNa^+に対して$K=$約10^{16}という大きな捕捉能を示す[3]．

b. アニオンのサイズ，形状認識

クラウンエーテルなどの例は，アルカリ金属イオンの水中における水和殻を模して予備組織化された求心的(convergentまたは収束的)な酸素原子の配位子・双極子場がアルカリイオンのサイズを認識した結果として理解されるが，対象は何もアルカリ金属イオンに限定したものではない．カチオンであれアニオンであれ，あるいは有機ゲストであれ，それが要求する配位環境を堅固な骨格を利用して組織化すればよい．

求心的な相互作用場
（ホスト-ゲスト相互作用）

発散的な相互作用場
（分子間ネットワーク形成）

三環性のテトラアミン(**7**)をプロトン化すれば四つのアンモニオ基を正四面体方向に配置できる．内部空孔にはハロゲン化物イオンのうちサイズが適当なCl^-が選択的に($Cl^-/Br^->1000$)アンモニオ基との水素結合によって捕捉され(**8**)，$I^-, NO_2^-, CF_3CO_2^-, ClO_4^-$などのイオンは取込まれない．テトラアミン型のアニオン認識部位をエーテル結合で連結したホスト(**9**)は直線状のN_3^-イオンを形状識別的に取込み(**10**)[4]，球状のCl^-, Br^-, I^-や三角形の$NO_3^-, HCO_2^-, CH_3CO_2^-$，四面体形の$ClO_4^-$との相互作用ははるかに弱い．

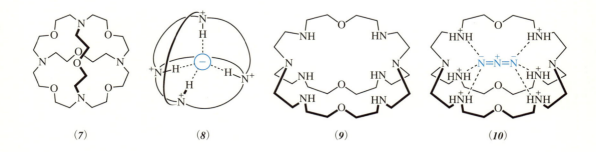

(**7**)　　　(**8**)　　　(**9**)　　　(**10**)

c. 有機化合物の多点水素結合捕捉

有機化合物はイオンに比べてはるかに大きく，鎖長や角度，立体化学など種々の形状特性を有するが，適当なスペーサーを用いて対応する求心的な多点水素結合場を予備組織化できる．たとえば，シクロヘキサンのトリカルボン酸誘導体から誘導した溝状のホスト，いわゆる**分子溝**[5]（または分子クレフト molecular cleft, **11**）やポルフィリンをスペーサーとしたフェノール性ヒドロキシ基の集積場[6] (**12**)は，2点水素結合により二官能性ゲストを選択的に取込む．また，大環状骨格を用いて平面内に組織化した多点水素結合場(**13**)は，バルビツル酸のような平面分子を捕捉する[7]．レソルシノー

ルの環状四量体ホストとジカルボン酸や環状ジオールとの2点水素結合錯体（**14**，対角線上の水素結合部位 A，C と2点水素結合）や（**15**，隣接する水素結合部位 A，B と2点水素結合）の生成に際して鎖長選択性[8]（グルタル酸/ピメリン酸は約100）や立体選択性[2]（シス/トランスは約10）が発現する．また，適合した2点水素結合錯体の安定度定数 K_2 は，対応するモノカルボン酸（酪酸）やモノオール（シクロヘキサノール）を用いた1点水素結合錯体の安定度 K_1 と $K_2 \cong 10K_1^2$ の関係にある．水素結合のエンタルピーが一定であるとし，2点錯体，1点錯体の生成に伴うエントロピー変化をそれぞれ $\Delta S_2°$，$\Delta S_1°$ とすると，$T(\Delta S_2° - 2\Delta S_1°) = RT\ln(K_2/K_1^2) \cong 6\ \mathrm{kJ\ mol^{-1}}\ (T = 298\ \mathrm{K})$ となる．すなわち，図 11・1(a) に関連し，この場合には，2点水素結合相互作用のエントロピー変化は1点相互作用の

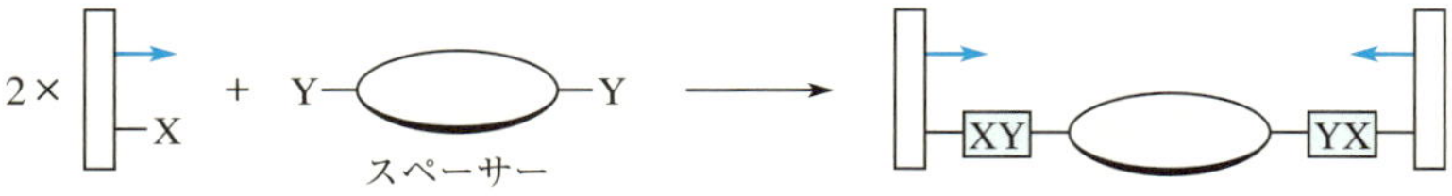

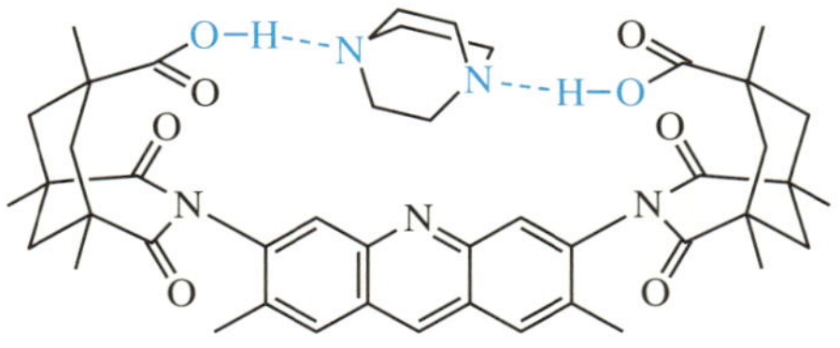

（**11**） 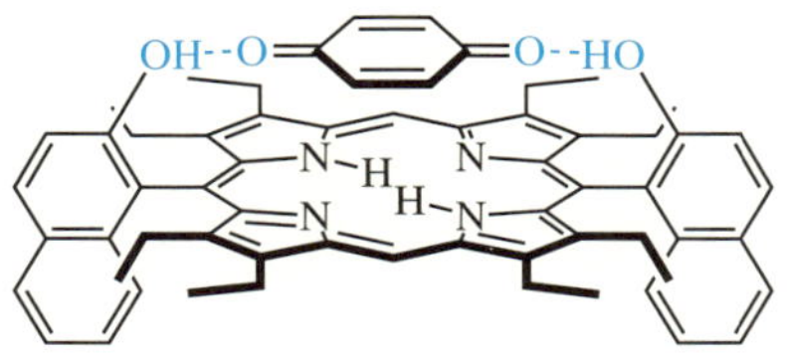　（**12**）

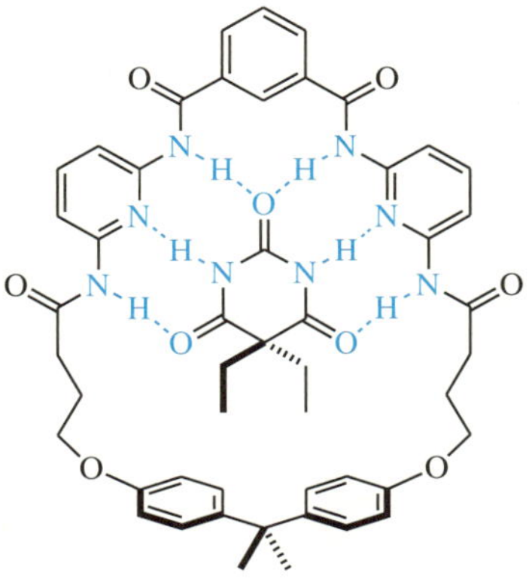

（**13**）

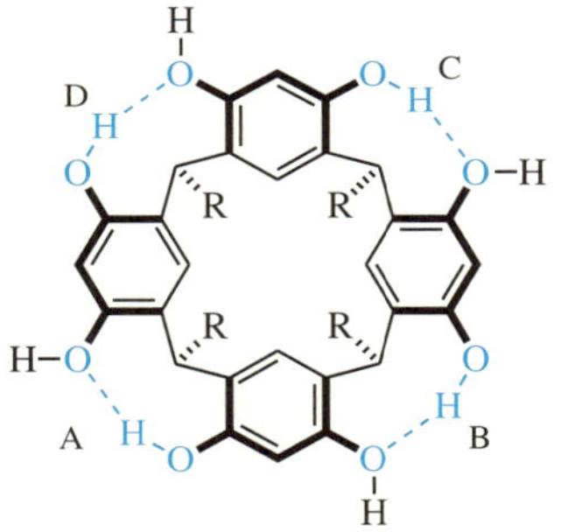

R = (CH$_2$)$_{10}$CH$_3$
レソルシノールの環状四量体

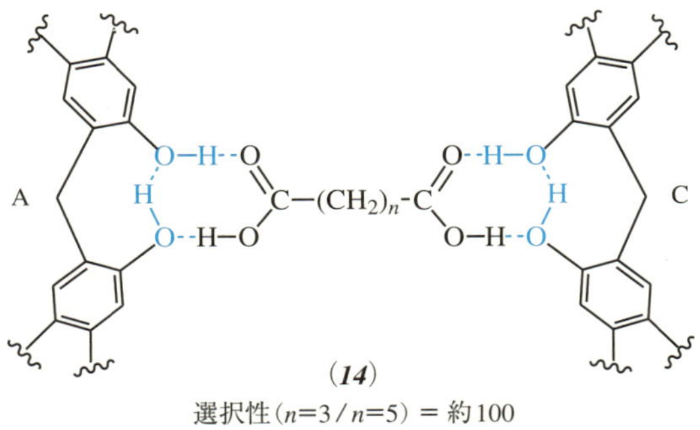

（**14**）
選択性 ($n=3 / n=5$) = 約100

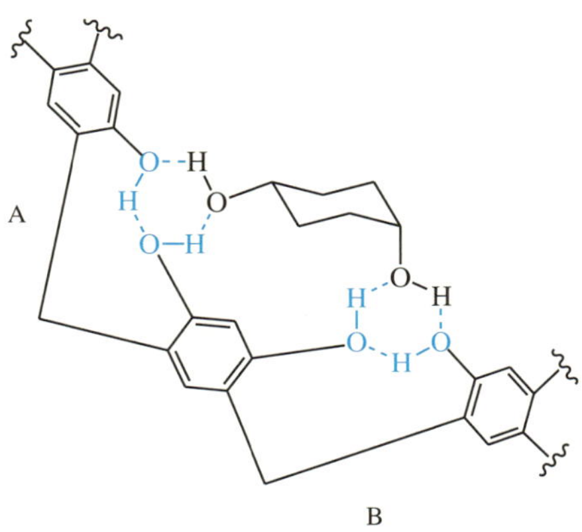

（**15**）
選択性（シス/トランス）= 約10

エントロピー変化の2倍よりは $6\,\mathrm{kJ\,mol^{-1}}$ 程度有利であることを示している.

11・2・4 脱水和の効果と疎水性会合

§11・2・3c で述べた安定な水素結合錯体を得るにはクロロホルムのような有機溶媒を用いなければならない. 極性溶媒, 特に水中では, 水自身が強い水素結合能を示し, ホストとゲストの水素結合部位は水との水素結合により水和安定化され, 両者の間に強い錯形成駆動力が生じない. 一方, 炭化水素などは水に親和性を示さず, 疎水的である. このような分子が水に溶解すると, 界面の水分子は水素結合が強化された氷殻構造をとるようになる. この過程はエンタルピー的には有利(発熱)であるが, エントロピー的には非常に不利である. この場合, 疎水性分子は会合することにより水との接触面積を減少させ, 結果として束縛されていた何分子かの水が解放される. このような現象は**疎水性効果**(hydrophobic effect, または疎水効果)とよばれ, ミセルや脂質膜, 水溶性タンパク質の疎水殻の形成, 膜タンパク質の細胞膜への固定, 疎水性基質のタンパク質への取込みなど, 水中における疎水性分子会合の駆動力となる.

予備組織化の原理に従って水中に定常的な疎水場を構築することができる. グルコースを構成成分とする環状オリゴ糖であるシクロデキストリン (**16**, $n=1, 2, 3$) は代表的な水溶性のホストであり, 疎水性内孔にはそのサイズに応じた種々の有機ゲスト, 特に芳香族化合物が取込まれる. また, 化学合成によって得られた大環状ホスト (**17**) の内孔に芳香族化合物が捕捉されることが X 線結晶構造解析によって確認[9]されて以来, さまざまな水溶性大環状シクロファン類のゲスト取込み挙動が研究されてきた[10),11)].

$n=1$ α-シクロデキストリン
$n=2$ β-シクロデキストリン
$n=3$ γ-シクロデキストリン

(**16**)　　　(**17**)

11・2・5 相互作用の幾何構造と"閉じた"多分子会合

分子間相互作用は特徴的な幾何構造をもっており, 生じる超分子の高次構造はこれに支配される. Cu(I)の配位構造は四面体である. 2,2′-ビピリジンとの四面体錯体においては二つのビピリジン配位子はねじれた構造に配置される. ポリ(ビピリジン)を用いた相互作用の高分子化により, 単核錯体におけるねじれは高次構造としてのらせん (**18**) を誘起する[12)].

一方, Pd(II)は平面4配位構造をとる. 隣り合った配位座をエチレンジアミン配位子(en)で抑え, 残り二つの配位座を直角方向に向けた(en)Pd(NO$_3$)$_2$は, 直線方向に相互作用点をもつ発散型(divergent)の4,4′-ビピリジンにより組織化され, 4:4の正方大環状骨格 (**19**) を高収率で与える[13)]. この構造は相互作用点がすべて相互作用でみたされた"閉じた"会合体のうち, 最小のものである.

直線状2配位(bidentate)の4,4′-ビピリジンの代わりに正三角方向に三つの相互作用点をもつ3配

11・2 超分子会合を支配する因子　　481

位 (tridentate) のトリピリジン誘導体を用いると，平面内相互作用では閉じた構造は生じないが，直角
2 配位の Pd(II) と三角 3 配位のトリピリジンが 6：4 の化学量論比で立体的に会合した錯体 (**20**) が得
られる[14]．これは，四角錐を二つ重ねた構造をもっている．

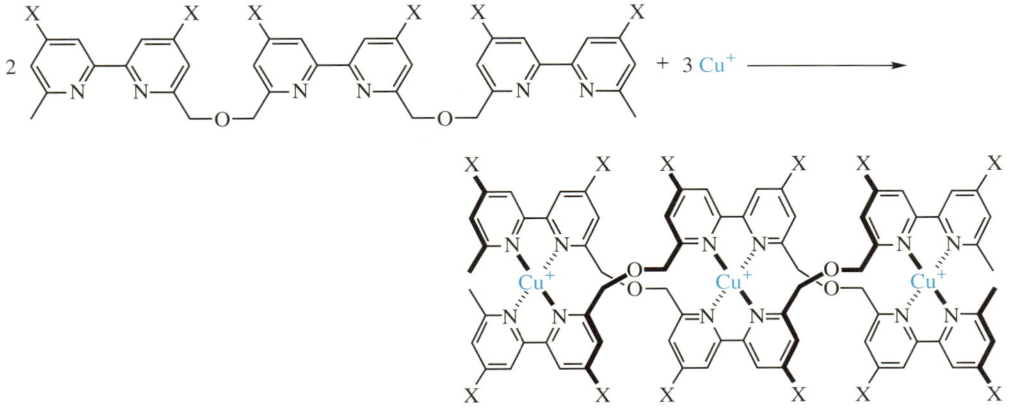

(**18**)　　X＝H または $CH_2CH_2CO_2(t\text{-}C_4H_9)$

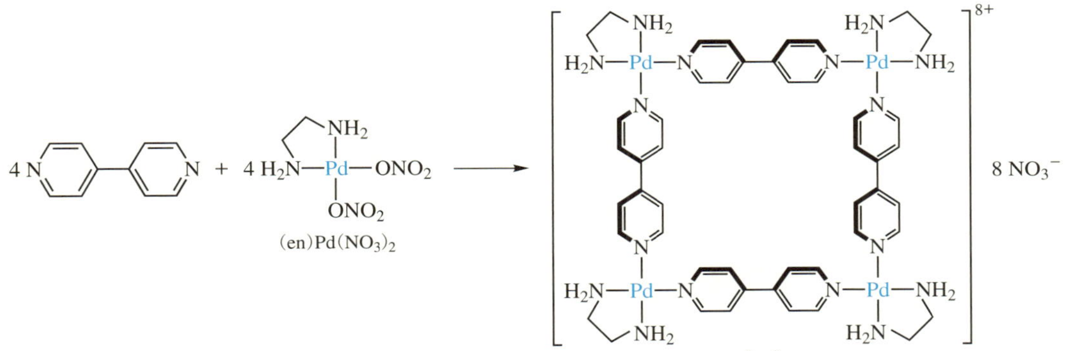

(**19**)

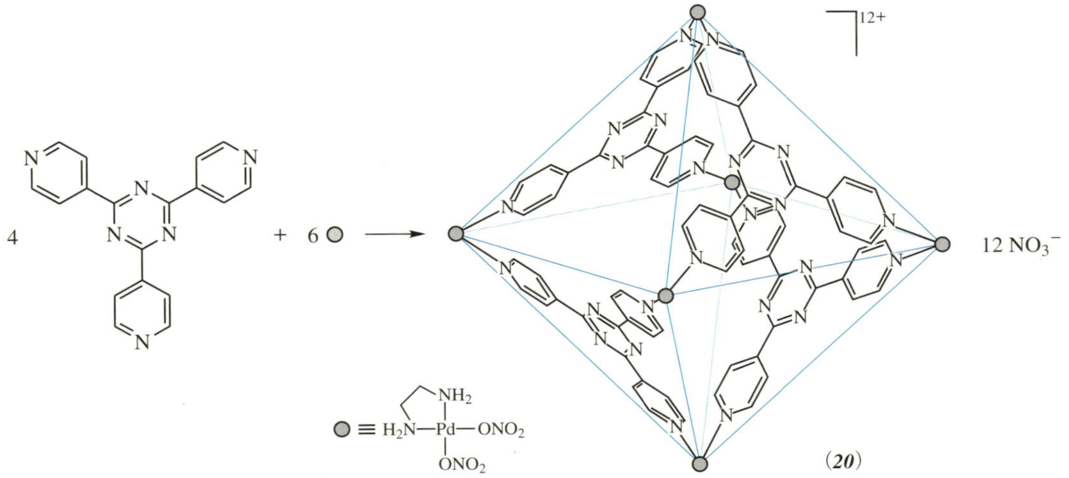

(**20**)

　一方，正三角方向に配位座をもつ三核 Pt 錯体を 109°に折れ曲がったビピリジン誘導体に作用させ
ると，合計 20 分子が 8：12 (Pt 錯体：ビピリジン) の化学量論比で会合し，閉じた立方体状 (立方八面

体 cuboctahedral)の錯体 (*21*) が生成する[15]. いずれの系においても錯形成は可逆である. 反応初期には種々のオリゴマーが生成するが, 最終的には熱力学的に最も安定な閉じた構造に落ち着く. 多分子会合はエントロピー的に不利で起こらないとの予測はもはやあてはまらない. 相互作用点の幾何構造に, 生成する超分子の組成のみならず大きさや形までもが高度にプログラムされていることが理解できる.

11・2・6 分子の形と充填効率

a. 液 晶

液晶とは分子配向に秩序をもった液体である. 液晶の大部分は硬い(容易に折り曲げることができない環状構造のような)部位をもつ棒状分子(たとえば図 11・2a)から構成される. このような分子は長軸方向に配向しやすいため, 結晶からすぐに等方性(物理的性質が方向によって異ならない)液体にならず, 液晶状態を経由する. 液晶は配向様式により3種類に大別される. **ネマチック液晶**(nematic

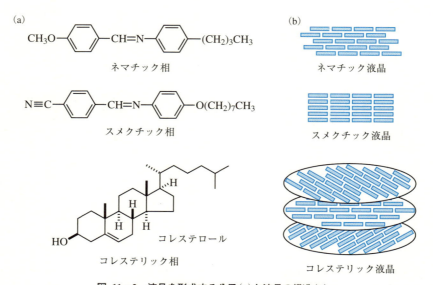

図 11・2 液晶を形成する分子(a)と液晶の構造(b)

liquid crystal) では分子の配向規制は一方向のみである．**スメクチック液晶**(smectic liquid crystal) では横方向の配向性が加わる．ネマチック相を形成する分子にキラル中心を導入すると，**コレステリック液晶**(cholesteric liquid crystal) が得られる (図 11・2b)．これも層状構造をもっている．層内の分子は層に平行に，かつ，ネマチック様に並んでおり，その向きは層ごとにずれる．このほかには平板分子による**ディスコチック液晶**(discotic liquid crystal) などもあるが，これもネマチック液晶の一種である．非極性分子間には局所的な双極子や π-π 相互作用，瞬間的な電子配置に基づく双極子などに起因する分子間力が働き，分子の接触面積が大きい場合には強い凝集力 (van der Waals 力) を生じる．一次元の棒状分子や二次元の平板分子はそれぞれ，束状あるいは層状配向に際して充塡効率が高く，したがって接触面積が大きい．充塡に好都合なように分子の形が予備組織化されているとみることもできる．

b. ミ セ ル

長鎖 (炭素数 12 以上) の疎水性部位とイオン性または非イオン性の親水性部位を分子内にあわせもつ化合物は**両親媒性**(amphiphilic) である．このような分子を水に溶解すると，疎水性効果が加わった強い配向駆動力が生じる．1 本のアルキル鎖を疎水性部位としてもつ界面活性剤の場合，水和した親水性頭部はアルキル鎖の断面積より大きく，配向に際し曲率が生じる．その結果，親水性部を水に向けた球状の会合体，いわゆる**ミセル**(micelle) が生成する (図 11・3)．ミセルを形成する界面活性剤の最少濃度を**臨界ミセル濃度**(critical micelle concentration) とよび，cmc と略す．

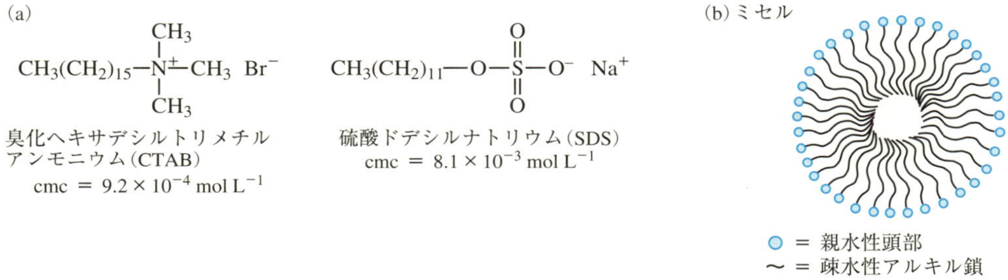

(a)

$$CH_3(CH_2)_{15}-\overset{\overset{\displaystyle CH_3}{|}}{\underset{\underset{\displaystyle CH_3}{|}}{N^+}}-CH_3 \ \ Br^-$$

臭化ヘキサデシルトリメチルアンモニウム (CTAB)
cmc $= 9.2 \times 10^{-4}$ mol L^{-1}

$$CH_3(CH_2)_{11}-O-\overset{\overset{\displaystyle O}{\|}}{\underset{\underset{\displaystyle O}{\|}}{S}}-O^- \ \ Na^+$$

硫酸ドデシルナトリウム (SDS)
cmc $= 8.1 \times 10^{-3}$ mol L^{-1}

(b) ミセル

◯ = 親水性頭部
〜 = 疎水性アルキル鎖

図 11・3 代表的な界面活性剤(a)と模式的なミセルの構造(b)

c. 生体膜とリポソーム

生体膜はリン脂質などの脂質とタンパク質から構成されている．代表的なリン脂質はグリセリンの長鎖脂肪酸ジエステルであり，残りのヒドロキシ基には修飾されたリン酸基が結合している．すなわち，2 本の長鎖疎水性基 (R^1, R^2 は炭素数 12 以上) をもつリン酸ジエステルである．

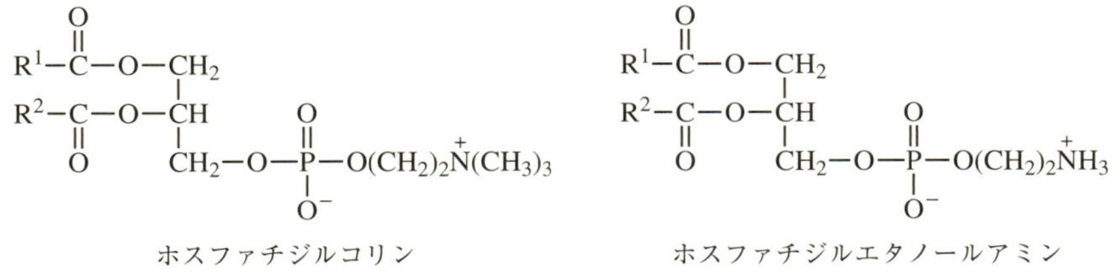

ホスファチジルコリン

ホスファチジルエタノールアミン

2 本の疎水性基は極性頭部と大きさが釣合っており，配向に際して大きな曲率を生じない．生じた脂質層は，疎水性基を互いに向かい合わせることにより，水との接触を避けることができる．このような，**脂質二重層**(lipid bilayer) から構成される二分子膜構造が生体膜の基本構造である．親水性基

を水に向けた厚さ4～5 nmの脂質二分子膜に，タンパク質がある程度の流動性をもってモザイク様に埋込まれているとする**流動モザイクモデル**(fluid mosaic model)が提唱され，これを基礎とした膜構造モデルが広く受け入れられている．

ホスファチジルコリンなどのリン脂質を水に分散させると，脂質二分子膜からなり，内部に水相を有する閉じた小胞が生成する．これは生体脂質(lipid)に由来した小胞という意味で**リポソーム**(liposome)とよばれている．二分子膜構造が何重にも重なった多重膜リポソームを超音波照射すると，小さな一枚膜のリポソーム(small uni-lamellar vesicle: SUV)が得られる．

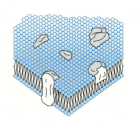
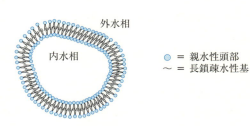

流動モザイクモデル．脂質二分子膜にタンパク質が埋込まれている

一枚膜リポソーム．脂質二分子膜の厚さは4～5 nm

d. 合成二分子膜，単分子膜

合成界面活性剤であっても長鎖のアルキル基が2本ある場合には，生体膜に類似した二分子膜が形成される[16](図11・4a)．これらの化合物を水に分散させると閉じた小胞が得られ，超音波の照射により多層膜から一枚膜への変換が起こる．これらの性質はリポソームと同じであるが，人工の両親媒性化合物から生じた小胞は通常**ベシクル**(vesicle)とよばれる．リポソームは生体リン脂質から得られるベシクルである．

二本鎖の存在は必ずしも膜形成のための絶対条件ではない．一本鎖であっても，内部に N-ベンジリデンアニリンやビフェニルなどの"硬い部位"をもつ場合には二分子層状構造が形成される(図11・4b)．この場合，分子の構造(形)によって充填様式が異なる．小胞やラメラ(lamella)に加えて，二分子膜断片が集合した粒状構造(globule)，棒状構造(rod)，筒状構造(tube)，円盤状構造(disk)など，生体系でみられるさまざまな高次形態(morphology)が観測される[17]．一方，硬い部位の両端に極性部位

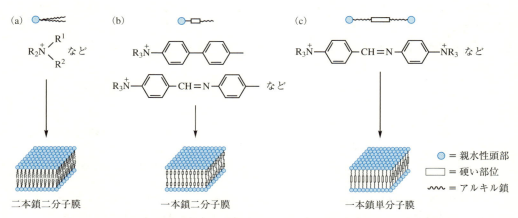

図 11・4　二本鎖化合物(a)，硬い部位を有する一本鎖化合物(b)，硬い部位を有する双頭性の化合物(c)から得られる二分子膜，単分子膜構造

をもつ双頭性の化合物からは単分子膜が得られる[18]（図11・4c）．

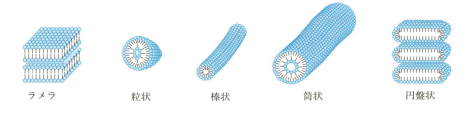

ラメラ　　　　粒状　　　　棒状　　　　筒状　　　　円盤状

e. 自己組織化単分子膜，累積膜

アルキル鎖は高い配向能力をもっており，チオールやスルフィドと金との相互作用などを介して，固体（金）表面に**自己組織化単分子膜**(self-assembled monolayer, SAM と略す)を形成する．このようにして得られた疎水化表面に，さらに疎水性分子を組織化することもできる．

水と空気の界面には界面活性剤などの分子が，疎水性基を空気に向けて配向する．界面の面積を減少させると，やがて密に充填した単分子膜状態が得られ，これを適当な固体基板の表面に配向を保持したまま移すことができる．この操作を繰返すことにより累積膜が得られる．このような膜はLB(Langmuir-Blodgett)膜とよばれ，膜の垂直方向に分子を並べる技術として広範に利用されている．

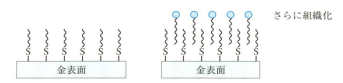

11・2・7 極性・非極性相互作用場の協調

水素結合などの極性相互作用は非極性環境下で有効であり，非極性分子会合は極性環境下で威力を発揮する．このように，両者は相互依存的である．DNA 二重らせん構造（図11・5a）では，核酸塩基の相補的な水素結合対はらせん軸に沿ってずれながら積層する．これにより，水素結合部位は疎水性カラムの中に埋込まれ，その外側に水和したリン酸アニオンの静電層が配置される．水溶性タンパク質の α ヘリックス構造（図11・5b）では，ペプチド鎖に沿った残基 n の C=O 基と残基 $n-4$ の NH 基との間に連続的に水素結合が形成される．そのさい，疎水性のアミノ酸側鎖は一方向に，荷電基を含む親水性アミノ酸残基は反対方向に突き出すように配置されることが多い．このようならせんが何本か（多くの場合は 4 本），疎水性側鎖に背中合わせで会合する．ここでも，水素結合部位の近傍に疎

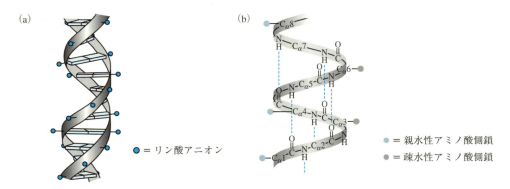

図 11・5　DNA の二重らせん構造の模式図(a)とタンパク質中での α ヘリックス構造の模式図(b)

水性領域が存在し，水素結合帯を強化・安定化するとともに，隣接する強力な水和層が水素結合帯への水の侵入を防ぐ役割を担っている．疎水場の近傍におかれたイオン間の静電相互作用（塩橋の形成）も重要である．人工ホストを用いた分子認識においても，たとえば§11・2・4の(**17**)のようなカチオン性のホストはアニオン性の疎水性ゲストに対して特に大きな親和性を示す．疎水性効果，水素結合，静電相互作用のみごとな協調は生体における分子認識と構造形成の特徴である．

11・2・8 相互作用の高分子化と結晶における分子配列制御

小分子，特に三次元小分子の充塡様式を予測するのは一般に困難であるが，発散型の分子間相互作用（配位結合や水素結合）を用いて構成分子を高分子（配位高分子）化することができる．たとえば，平面4方向にピリジル基が突き出した構造のテトラピリジルポルフィリンを $Cd(NO_3)_2 \cdot 4(H_2O)$ を用いて架橋すると，Cd^{2+} にピリジンがトランス配位した面状（二次元）のシート（網目）構造が生成する[19]．シートは層状に積み重なり，結果としてポルフィリンの積層カラムができる．

炭素原子を正四面体状に無限配列させるとダイヤモンドになる．アダマンタンテトラカルボン酸は正四面体の各頂点にカルボキシ基を有しており，水素結合による自己組織化によりダイヤモンド構造を形成する[20]．分子間相互作用の無限ネットワークを通して分子配列を制御する方法は**結晶工学**（crystal engineering）とよばれ，結晶構造を合理的に設計する指針となっている．二次元や三次元の

ネットワークは必然的に空孔を生じる．二次元の場合，空孔はシートの積層方向につながり，チャネルを生じ，そこには溶媒分子や対イオンが取込まれる．三次元の場合には，巨大な空孔はネットワークの**相互貫通**(interpenetration)により互いに埋め合うか，あるいは溶媒分子などを取込んで**格子包接**(lattice inclusion)結晶を生じる．

相互貫通のイメージ図

11・3 超分子の機能

11・3・1 多官能性有機化合物の多重認識と多点活性化

イオン認識ホスト(イオノホア)を用いた選択的イオン捕捉は，センサーとしての応用，微量有用金属の回収，有害金属の除去，生体認識モデルなどを背景に，膨大な研究例が報告されている．多官能性有機化合物の精密認識には，性質の異なった官能基に対する相互作用点を頑強な骨格を用いて予備組織化したホストが用いられる．

図のような絶対配置をもつビナフチル不斉クラウンエーテルのカルボン酸誘導体(**22**)はバリンとの錯形成において，L体をD体よりも強く取込む[1]．アンモニオ基のクラウン環への取込みとカルボキシ基間の水素結合により2点固定されたL体のアミノ酸では，アルキル基がビナフチル部位と反対方向を向くため，両者の間の立体障害が避けられる．

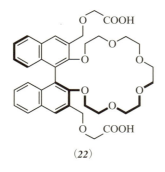

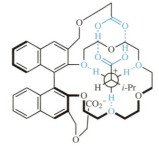

プロトン化 L-バリンは C$_\alpha$(手前)と N$^+$(奥)をつなぐ結合に関する Newman 投影式として示す

[脱プロトン化(**22**)]$^-$・[プロトン化 L-バリン]$^+$

フェノール性ヒドロキシ基をもつロジウムポルフィリンは，o-アミノ安息香酸(**23**, 堅固なβ-アミノ酸)やα-アミノ酸を，配位結合と水素結合の2点で固定する[2]．水素結合は配位結合に比べはるかに弱いが，**多重認識**(multiple recognition)に組込まれることにより分子内過程となり，大きな選択性(o-アミノ安息香酸の場合，p-アミノ安息香酸に比べて約100倍)を発現する．水素結合に基づくこのような選択性は，β-アミノ酸，γ-アミノ酸と鎖長が長くなると急激に失われる．

多重認識が遷移状態で起こると基質の活性化につながる．キノリン環をもつロジウムポルフィリン(**24**)においては，Lewis酸としての金属の配位軸とBrønsted塩基としてのキノリン窒素の作用軸が直交しており，分子内，分子間を問わず，両者の間に直接の酸塩基相互作用(中和)が起こらない．この場合，基質であるアセトンは協奏的な2点活性化によりエノール化し，最終的に安定な有機金属錯体Rh(III)-CH$_2$COCH$_3$が生成する[3]．

11・3・2 ホスト-ゲスト錯体の動的過程: 触媒能と輸送能

ホスト-ゲスト錯体においてホストまたはゲストが化学変化を受けると，触媒能や輸送能といった動的機能が生じる．シクロデキストリンのビスイミダゾール誘導体(**25**)は反応性ホストの好例であり，疎水空孔に取込まれた環状リン酸エステル(**26**)に対してリボヌクレアーゼ様の触媒能を示す[4](図11・6)．二つのイミダゾールのうち一つは一般酸，もう一つは一般塩基として機能する結果，活性はイミダゾールのpK_aに近いpH 7付近において最大となり，(a)で結合が開裂した(**27**)のみが生成物として得られる．(b)での開裂は全く起こらない．競争的な酸塩基触媒や位置選択性など，酵素反応の特徴が簡単なモデルでうまく再現されている．

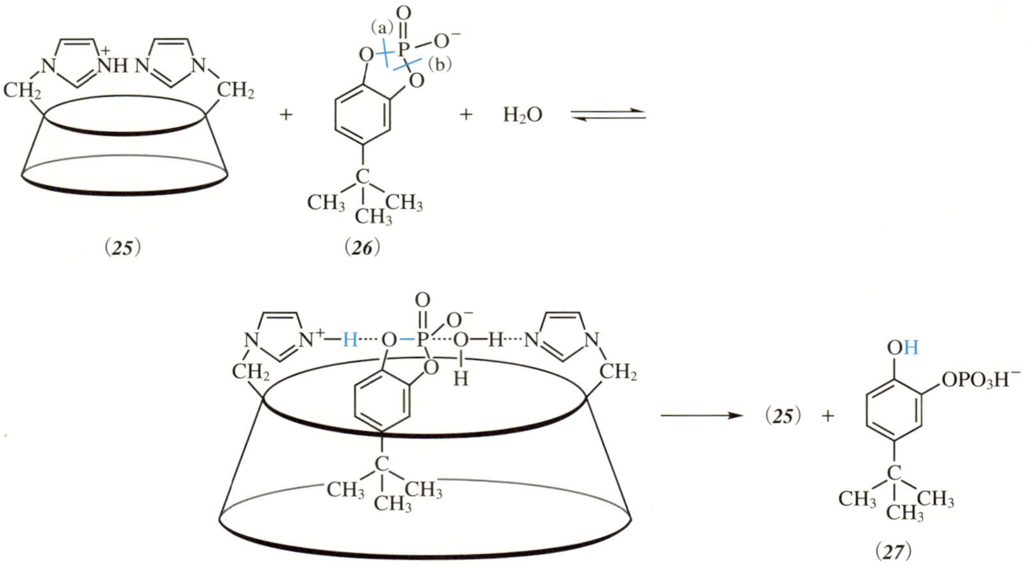

図 11・6 シクロデキストリンのビスイミダゾール誘導体を用いるリボヌクレアーゼモデル反応

アゾベンゼンのビスクラウンエーテルは光応答性ホストの好例である．ここで用いられているクラウンエーテルは5個のエチレングリコール単位で構成され(15-クラウン-5)，本来はNa$^+$選択的であるが，アゾベンゼンがシス体の場合はサンドイッチ形にK$^+$を効率よく取込む．一方，トランス体は二つのクラウン環に協同効果がはたらかないので，本来のNa$^+$に選択性を示す．トランス体は紫外線照射によりシス体に異性化するので，これを利用したK$^+$の促進輸送系が考案されている[5]．この

11・3 超分子の機能 489

系は光エネルギーを駆動力とするイオンの能動輸送とみることができる．酸やアルカリ，酸化や還元
により構造を可逆的に変化させるホスト系を用いれば，それぞれ，pH 勾配や酸化還元電位を駆動力
とする輸送系が構築できる．

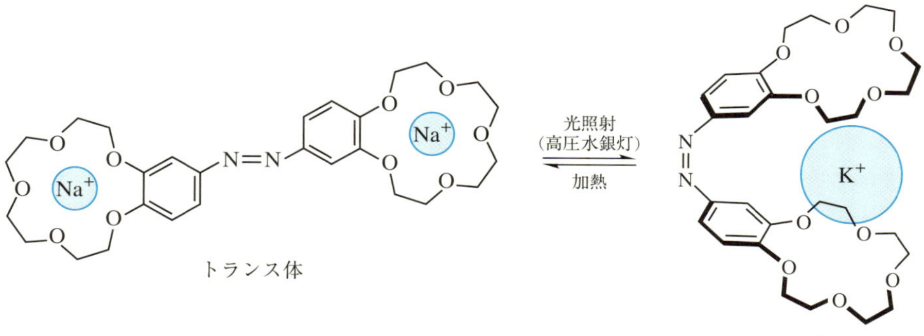

トランス体

光照射
（高圧水銀灯）
加熱

シス体

11・3・3　超分子デバイス

　生体におけるエネルギー変換や情報変換は複雑な過程を経るが，単純化すればエネルギーや情報の
入手，処理・変換，放出の 3 段階から成り立っているとみなせる．光合成の初期過程においては，
クロロフィルによる光の吸収（入手），励起クロロフィルからキノン誘導体への電子移動（処理・変
換），生じたラジカルカチオン-ラジカルアニオン対による独立した酸化反応・還元反応の駆動の 3 段
階がこれにあたる．このような機能素子（デバイス，ここでは光誘起電荷分離）を，たとえば核酸塩基
の水素結合対形成を利用して超分子的につくることができる[6]．配位結合であれ水素結合であれ，分
子間相互作用には方向性があるから，ドナー分子 D とアクセプター分子 A の位置関係をかなり厳密
に制御できる．

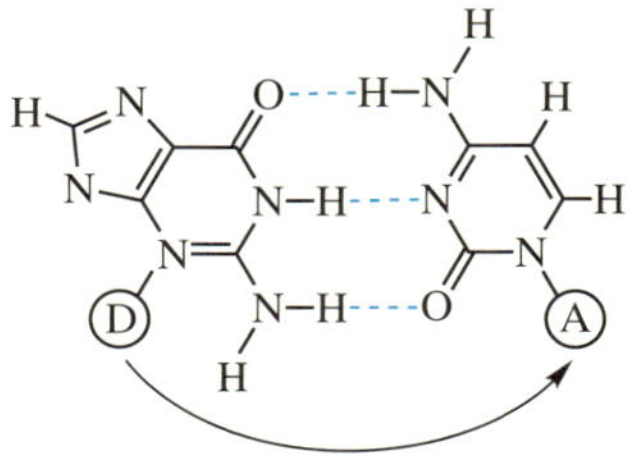

グアニン

シトシン

Ⓓ = ドナー部
Ⓐ = アクセプター部

電子移動

　筋肉の収縮などの力学的仕事はエネルギー入手にひき続き一組の分子対が相対運動を起こすことに
起因する．テトラチアフルバレン（TTF）とナフタレン（NP）をもつ鎖がテトラカチオン性のシクロ
ファンの環内を貫通したロタキサン（**28**）においては，TTF の強い電子供与性のために TTF がシクロ
ファンに包接された構造（**28**）をとる．TTF 環が 2 電子酸化されて正電荷をもつと，静電反発を避け
るためにシクロファン部は NP に移動する（**29**）が，還元によりもとの構造に戻る[7]（図 11・7）．これ
は分子筋肉のモデルと考えることもできる．また，環状の多中心酸化還元系において移動方向を規制
できれば，分子モーター様の機能も獲得できるだろう．

　情報の処理・変換においては，二つの構造の間の可逆的な変化が中心的な役割を担っている．これ
を組込んだ種々の超分子デバイスの機能が，**分子エレクトロニクス**（molecular electronics）や**分子機械**
（molecular machine）などへの応用も念頭に検討され[8]，2016 年ノーベル化学賞の対象にもなった．

490   11. 超分子化学

図 11・7 酸化還元反応に連動したロタキサン構成分子の相対運動

11・3・4 三次元空孔とゲストの包接

究極の分子包接はゲスト分子のカプセル化であろう．お椀形のレソルシノール環状四量体（§11・2・3c参照）を二つ，共有結合で上下に連結したカルセランド〔carcerand, carcel（監獄）に由来〕には大きな内部空孔が存在し，取込まれたゲスト分子は外には抜け出せない[9]．また，相補的な分子間相互作用を利用して**超分子カプセル**(supramolecular capsule)をつくることもできる．一例を下図右に示すが，この場合，取込まれたゲスト分子（p-二置換ベンゼン）は空孔内での回転が阻害され，それに基づく配向異性が生じる[10]．

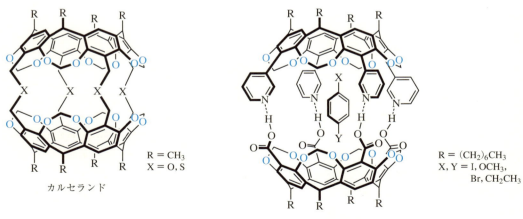

カルセランド　　　　　カルセランド類似の超分子カプセル

多くの水溶性ホストは筒（シリンダー）状の疎水空孔をもっている．シクロデキストリンの一方の開口部を芳香環で覆う（蓋をする）と，空孔は籠（バスケット）形となり，ゲスト捕捉能は飛躍的に向上す

る. 一方, 分子ボックス (**20**, §11・2・5) は三次元の空孔を有している. この空孔には, たとえばナフトキノンとアセナフチレンが対として取込まれ, 光照射下に速やかに反応して交差シン二量体が唯一の生成物として生じる[11]. **分子フラスコ**(molecular flask)ともよべる錯体 (**20**) の三次元空孔が, 2種類の基質をペアとして取込むのに適したサイズ相補性をもっていることが, 反応の著しい加速, 立体選択性, 交差選択性の原因と考えられる.

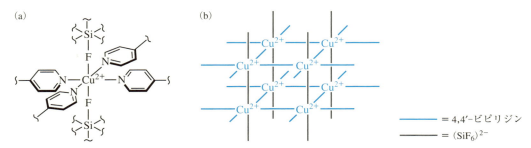

三次元空孔の生成は結晶状態では一般にみられる現象である. 多くの三次元小分子は充填効率が低く, 生じた隙間に溶媒分子などを取込む. また, §11・2・8で述べたように, 二次元, 三次元の配位高分子ネットワークがつくりだすチャネルや空孔にもゲスト分子が入り込む. このような格子包接結晶からゲスト分子を取除くと, ほとんどの場合, 結晶構造は崩壊し空孔は消滅するが, 多くの場合, ゲスト分子を再び取込むことによりもとの結晶構造が回復する. この過程は熱力学的には相平衡に基づいて理解される[12]. 実際には平衡達成の速度, 特に脱着速度は遅く, ゲストの吸脱着にはヒステリシスがみられる場合が多い. 恒久的に空孔が維持できる多孔性(microporous)有機結晶の例もいくつか知られるようになってきた. たとえば, $Cu(BF_4)_2 \cdot 6H_2O$ と $(NH_4)_2SiF_6$ と 4,4'-bpy(bpy=ビリジン)を混合して得られる結晶 $[CuSiF_6(4,4'-bpy)_2] \cdot 8H_2O$ においては, $Cu(4,4'-bpy)_2$ の平面格子 (grid) 構造を F–Cu–F 相互作用に基づいて $(SiF_6)^{2-}$ が柱(pillar)として支えており, 0.8 nm×0.8 nm の空孔がチャネル状につながっている[13] (図 11・8). ここには水分子が取込まれるが, これを除去しても空孔は崩壊しない. 生成したミクロ細孔(micropore, または微視孔)にはメタンが可逆的に取込まれ, 吸脱着においてヒステリシスはみられない. また, 酸素やアセチレンなどの分子を可逆的に結晶内に取込む系も見いだされている. 結晶内でゲスト分子は高度に濃縮されているかまたは高密度に分布しているが, 互いの接触はなく, 固体や液体, 気体状態とは異なる環境下におかれたゲスト分子の挙動に興味がもたれている. 剛直な有機配位子と金属イオンとの錯形成によって得られる多孔性材料は**多孔性配位高分子**(porous coordination polymer: PCP)あるいは**金属有機構造体**(metal organic framework: MOF)とよばれ, 分離材料, 貯蔵材料, 電・磁材料, 触媒など, さまざまな応用が期待されている.

図 11・8 多孔性結晶 $[CuSiF_6(4,4'-bpy)_2] \cdot 8H_2O$ における Cu^{2+} まわりの配位構造 (a) と空孔の構造 (b)

11・3・5 リポソーム, 高分子ミセル, ナノゲルを用いた薬物送達

ミセルと小胞には動的挙動において大きな差異が認められる. ミセルは, それを構成する界面活性

剤のモノマーと平衡にある．すなわち，十分に希釈するとミセルはすべてモノマーに解離する．疎水性の有機化合物はミセルに取込まれるが，これも非常に速い平衡過程である．また，ミセルの内部は決して水から遮断されているわけではなく，ミセルの奥まで水が入り込んでいることが確かめられている．これに対し，二分子膜小胞(リポソームやベシクル)はミセルに比べてはるかにその構造が堅い．これは次のような事実によって確認できる．1) 小胞はいかに希釈しても小胞であり，通常はモノマーに解離しない．2) したがって，一枚膜の小胞をゲル沪過などにより，多層膜の小胞や低分子化合物から分離することができる．3) 小胞の内部水層に内包されたイオンや糖などの親水性物質は，容易には小胞の外部水層に漏れない．4) 二分子膜は生体脂質膜と同様に，ゲル(結晶)-液晶転移温度 T_c を有し，T_c 以下では疎水性長鎖部分は流動性のない結晶状態にあるが，T_c 以上では液晶状態となって運動性，流動性を示す．リポソームの膜領域には疎水性化合物が強く取込まれる．ポリエチレングリコールで修飾したリポソームはアドリアマイシンなどの疎水性抗がん剤の輸送媒体として用いられる．

両親媒性の高分子化合物も特徴的な超分子構造を形成する．ポリエチレングリコールを親水鎖とするブロック共重合体は核(コア)-殻(シェル)構造を有する 50 nm 程度の高分子ミセルを形成し[14]，コア部分には疎水性薬物や核酸が内包され，これを用いた**薬物送達システム**(drug delivery system: DDS)が検討されている．一方，親水性多糖であるプルランのヒドロキシ基を部分的(100 残基に対して 1～2 残基)にコレステロールで置換した疎水化プルランでは，疎水性基の含量が少なく，高分子ミセルのような核-殻構造は形成されない．その代わり，疎水化プルランは大量の水を取込んだナノサイズ(20 nm 程度)のゲル(ナノゲル nanogel)を形成する[15]．部分的に疎水会合したコレステリル基が架橋点としてナノゲルを安定化する．ナノゲルには種々のタンパク質が取込まれる．疎水面を露出した変性タンパク質は特に容易に取込まれ，架橋点の解消とともにもとの正常タンパク質に巻戻される．

疎水性薬物やタンパク質などとともに，核酸も興味深い輸送対象である．カチオン性のリポソームや高分子，高分子ミセル，ナノゲルを用いた**遺伝子送達**(gene delivery)が，生体環境における安定性，標的組織への指向性，サイズの制御など，さまざまな視点から検討されている．

11・3・6 生体分子を標的とする超分子形成

人工分子との超分子形成を介した生体分子認識は，特定の生体分子の検出や活性制御(特に不活性化)やイメージングなどの基礎となる過程である．一本鎖の核酸(ターゲット)は相補的な配列をもつプローブ核酸と容易に二本鎖を形成する．**モレキュラービーコン**[16] (molecular beacon)とよばれるプローブ核酸は，相補配列の両側に自己相補領域を結合し，両末端にそれぞれ蛍光分子 F と消光剤 Q を配したものである(図 11・9)．ターゲット核酸が存在しないと，プローブ分子はヘアピン構造をとり，F と Q は近接位に固定され，**FRET**(蛍光共鳴エネルギー移動 fluorescence resonance energy transfer の略)のために消光状態にある．ターゲットが存在するとプローブは二本鎖を形成(ハイブリッド形成 hybridization)し，ヘアピン構造が解消する結果 FRET も解除され，蛍光を発する．このようにして特定の配列をもつ核酸(遺伝子)の検出が可能となる．二本鎖 DNA には溝(groove)が存在し，その底部には水素結合部位を周辺部にもつ塩基対が一次元らせん軸に沿って積層している．水素結合部

位や塩基対間に挿入できる置換基(インターカレーション intercalation)をもつさまざまな DNA 捕捉剤が検討されている.

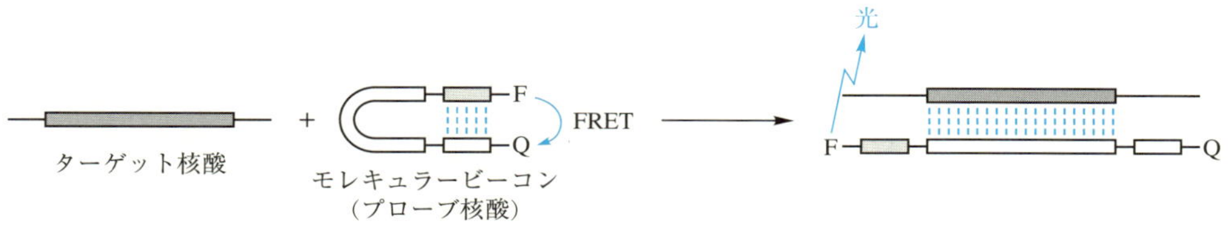

図 11・9 モレキュラービーコン(プローブ核酸)を用いる標的(ターゲット)核酸の FRET 検出(点線は相補的な塩基対形成を示す)

タンパク質の表面は種々のタンパク質間相互作用に関与している. 抗体を含む多くの例で, 認識面の中心には疎水領域が存在し, これを取囲むように認識に関与するアミノ酸, 特に荷電アミノ酸が配置されている. たとえば, シトクロム c には疎水領域を取囲むようにカチオン性のアミノ酸であるアルギニンやリシンが配置され, これらの相互作用を通じてシトクロム c 酸化酵素に結合する. これに相補的な認識面は, たとえば, 疎水性のポルフィリン環の周辺にカルボキシ基を配することによって得られる. このような指針によって設計された 16 個のカルボキシ基をもつテトラビフェニルポルフィリン誘導体 (**30**) は, 実際に, シトクロム c とシトクロム c 酸化酵素との相互作用を 10^{-9} mol L^{-1} 以下の濃度で阻害する[17].

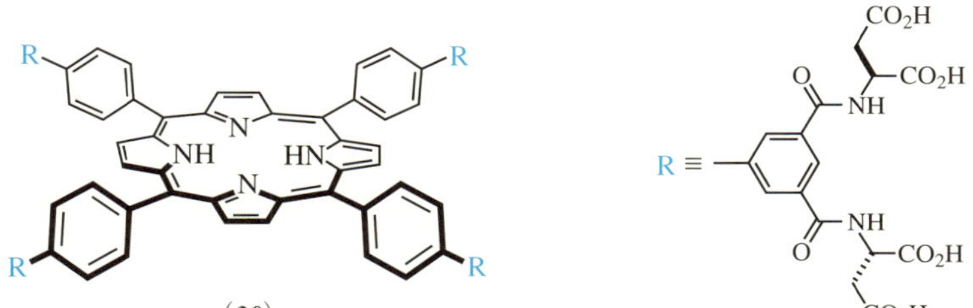

分子認識に関しては, 核酸(一次元)やタンパク質表面(二次元)は見かけの複雑さにもかかわらず, むしろ取組みやすい対象である. 相補的な一次元鎖や二次元面を用意すれば, 鉛筆や紙が簡単に束ねられるように, 標的との多点接触が容易に実現する. 問題は三次元の小分子である. 酵素や受容体の活性中心はまさに三次元であり, これにうまく収まる小分子は薬物(阻害剤)になりえる. しかしながら, 複雑な三次元表面に相補的な分子を, 結合距離と角度が固定された共有結合を用いて合理的に設計することは, 容易なことではない.

11・3・7 ライブラリー法を用いた捕捉剤の自動調達

医薬品の開発にはスクリーニング法がよく用いられる. 多種類の化合物を用意し, 目的のタンパク質などの標的に親和性を示す"目的分子"を適当な方法により選別するやり方である. これを系統的に行うのがライブラリー法である. 多種類の化合物群(ライブラリー)は, 構成成分(部品)の多様な組合わせや系統的な変異の導入により得られる. ライブラリー法は, 分子設計・精密合成にとって代わる新たな戦略として, 捕捉剤(ホスト)の調達にも有効に利用されている. DCL(動的コンビナトリアルライブラリー dynamic combinatorial library)[18),19)]とよばれる方法では部品の連結に可逆的な結合が用いられる. たとえば, (**31**), (**32**), (**33**) の 3 種類のジチオールを用意する(図 11・10). これらの等量混合物を水中, 穏和な条件下で酸化すると, さまざまなジスルフィドのオリゴマーが得られるが,

主生成物は (*32*), (*33*) の二成分が 1：1 で環化したもの，および (*31*), (*32*), (*33*) の三成分が 1：1：1 で環化したものである．ところが，ゲストとしてヨウ化 2-メチルイソキノリニウム (*34*) を加えると，これを鋳型としたジスルフィド形成が起こり，(*31*) と (*32*) が 2：1 で環化した (*35*) が優先的に生成する．ゲストとして N-メチルモルホリン誘導体 (*36*) を用いると，今度はそれに適した (*31*) の三量体 (*37*) が優先的に生成する[20]．選ばれなかった成分〔最初の反応では (*33*)，後の反応では (*32*) と (*33*)〕を最初から除いておくと，(*35*), (*37*) がそれぞれ非常に選択的に得られる．ここでは，ジスルフィド生成反応が可逆的であることがポイントである．反応の初期には種々のジスルフィドが形成されるが，結果的にはゲスト分子を最適に取込んだ閉じたホスト–ゲスト錯体が熱力学的に最安定なものとして得られる．可逆的な連結反応が熱力学的に最も安定な閉じた構造に収れんする点で金属配位を介する多分子会合（§11・2・5 参照）に似ており，また，鋳型としたゲスト分子に適した部品が選択される点で，生体の抗体産生のメカニズムとも共通点が多い．イミンやヒドラゾンの生成反応も可逆的であり，これを応用した研究も多い．

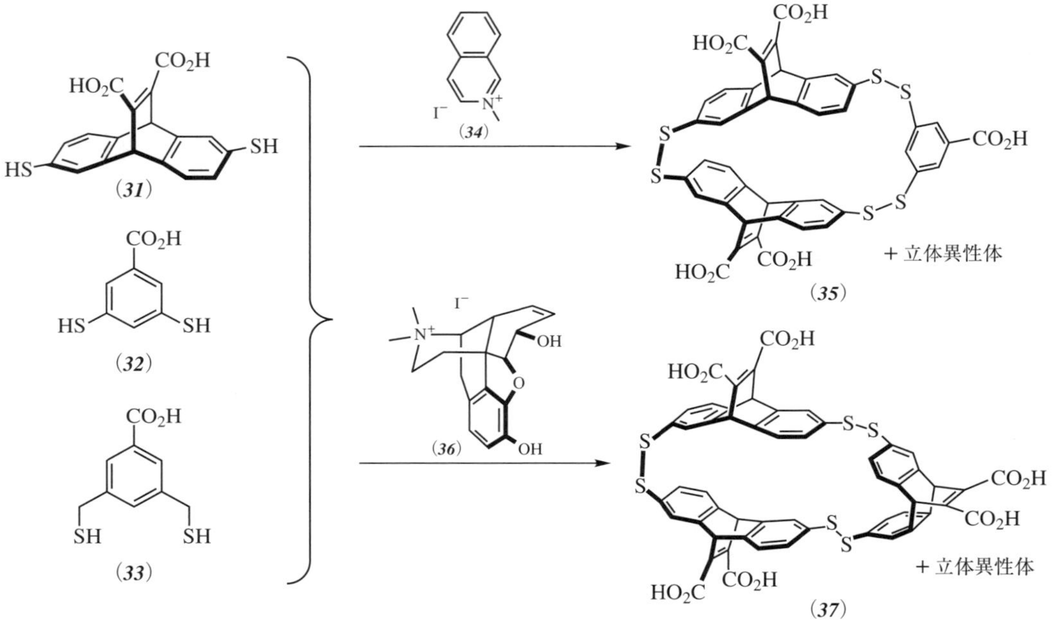

図 11・10 ゲスト分子存在下でのジチオール分子の選択的環化反応

SELEX（systematic evolution of ligands with exponential enrichment，人工進化法とよばれることもある）[21),22)]とよばれる方法ではランダム配列を有する核酸を用いる．核酸塩基は水素結合性の官能基をもっているので，潜在的な相互作用能は高い．そのうえ，PCR（ポリメラーゼ連鎖反応 polymerase chain reaction の略）により増幅可能である．たとえば，4 種類の塩基を 40 個，ランダムにつないだ核酸のライブラリーをつくると，これは 4^{40}（約 1.2×10^{24}）という莫大な多様性を有する．このなかから特定の標的分子に親和性のある"目的配列"を適当な方法により選別すれば，その量がごく微量であっても PCR により増幅できる．これをより強い条件下で選別にかけ，増幅する．このような選別/増幅を繰返すことにより，強い親和性をもつ捕捉剤（アプタマー aptamer）を指数関数的に濃縮する方法である．これにより，小分子からタンパク質に至るさまざまな標的に対するアプタマーが得られている．また，選択法を工夫すれば触媒能のあるアプタマーも取得できる．このような方法は人為的な進化とみなすこともできる．この方法がランダム配列を含む人工タンパク質の選別に利用できれば興味

深いが，残念ながらタンパク質は直接には増幅できない．しかしながら，ランダム配列の核酸から生物学的翻訳に基づいて得られたランダム配列を有する人工タンパク質を，鋳型となった核酸につなぎとめておくことができる．この場合には，捕捉能や反応性に基づいて選別した"目的タンパク質"の配列を名札(タグ)としての核酸配列から読取り，また，PCR を介して増幅することができる．

参 考 書

全般的な参考書

- J. N. Israelachvili, "Intermolecular and Surface Forces", 3rd Ed., Academic Press, New York(2011).
- "分子集合体—その組織化と機能(化学総説 40)", 日本化学会編, 学会出版センター(1983).
- J.-M. Lehn, "Supramolecular Chemistry —— Concepts and Perspectives", Wiley-VCH, Weinheim(1995).
- J. W. Steed, J. L. Atwood, "Supramolecular Chemistry", 2nd Ed., John Wiley & Sons, Chichester(2009).
- J. W. Steed, D. R. Turner, K. Wallace, "Core Concepts in Supramolecular Chemistry and Nanochemistry," John Wiley & Sons, Chichester(2007).
- P. D. Beer, P. A. Gale, D. K. Smith, "Supramolecular Chemistry," Oxford University Press, Oxford(1999).
- 妹尾 学, 荒木孝二, 大月 穣, "超分子化学", 東京化学同人(1998).
- J. D. Wright, "Molecular Crystals", 2nd Ed., Cambridge University Press(1995).

文 献

(§ 11・2)

1) Y. Aoyama, M. Asakawa, A. Yamagishi, H. Toi, H. Ogoshi, *J. Am. Chem. Soc.*, **112**, 3145(1990).
2) Y. Kikuchi, Y. Kato, Y. Tanaka, H. Toi, Y. Aoyama, *J. Am. Chem. Soc.*, **113**, 1349(1991).
3) D. J. Cram, *Science*, **219**, 1177(1983).
4) J.-M. Lehn, E. Sonveaux, A. K. Willard, *J. Am. Chem. Soc.*, **100**, 4914(1978).
5) J. Rebek, Jr., *Angew. Chem., Int. Ed. Engl.*, **29**, 245(1990).
6) Y. Aoyama, M. Asakawa, Y. Matsui, H. Ogoshi, *J. Am. Chem. Soc.*, **113**, 6233(1991).
7) S.-K. Chang, A. D. Hamilton, *J. Am. Chem. Soc.*, **110**, 1318(1988).
8) Y. Tanaka, Y. Kato, Y. Aoyama, *J. Am. Chem. Soc.*, **112**, 2807(1990).
9) K. Odashima, A. Itai, Y. Iitaka, K. Koga, *J. Am. Chem. Soc.*, **102**, 2504(1980).
10) D. B. Smithrud, T. B. Wyman, F. Diederich, *J. Am. Chem. Soc.*, **113**, 5420(1991).
11) D. A. Stauffer, R. E. Barrans, Jr., D. A. Dougherty, *J. Org. Chem.*, **55**, 2762(1990).
12) U. Koert, M. M. Harding, J.-M. Lehn, *Nature*, **346**, 339(1990).
13) M. Fujita, J. Yazaki, K. Ogura, *J. Am. Chem. Soc.*, **112**, 5645(1990).
14) M. Fujita, D. Oguro, M. Miyazawa, H. Oka, K. Yamaguchi, K. Ogura, *Nature*, **378**, 469(1995).
15) B. Olenyuk, J. A. Whiteford, A. Fechtenkötter, P. J. Stang, *Nature*, **398**, 796(1999).
16) T. Kunitake, *Angew. Chem., Int. Ed. Engl.*, **31**, 709(1992).
17) T. Kunitake, Y. Okahata, M. Shimomura, S. Yasunami, K. Takarabe, *J. Am. Chem. Soc.*, **103**, 5401(1981).
18) Y. Okahata, T. Kunitake, *J. Am. Chem. Soc.*, **101**, 5231(1979).
19) B. F. Abrahams, B. F. Hoskins, R. Robson, *J. Am. Chem. Soc.*, **113**, 3606(1991).
20) O. Ermer, *J. Am. Chem. Soc.*, **110**, 3747(1988).

(§ 11・3)

1) J. M. Timko, R. C. Helgeson, D. J. Cram, *J. Am. Chem. Soc.*, **100**, 2828(1978).
2) Y. Aoyama, M. Asakawa, A. Yamagishi, H. Toi, H. Ogoshi, *J. Am. Chem. Soc.*, **112**, 3145(1990).
3) Y. Aoyama, A. Yamagishi, Y. Tanaka, H. Toi, H. Ogoshi, *J. Am. Chem. Soc.*, **109**, 4735(1987).
4) R. Breslow, J. B. Doherty, G. Guillot, C. Lipsey, *J. Am. Chem. Soc.*, **100**, 3227(1978).
5) S. Shinkai, T. Nakaji, T. Ogawa, K. Shigematsu, O. Manabe, *J. Am. Chem. Soc.*, **103**, 111(1981).
6) N. Armaroli, F. Barigelletti, G. Calogero, F. Flamigni, C. M. White, M. D. Ward, *Chem. Commun.*, **1997**, 2181.
7) Y. Liu, A. H. Flood, P. A. Bonvallet, S. A. Vignon, B. H. Northrop, H.-R. Tseng, J. O. Jeppesen, T. J. Huang, B. Brough, M. Baller, S. Magonov, S. D. Solares, W. A. Goddard, C.-M. Ho, J. F. Stoddart, *J. Am. Chem. Soc.*, **127**, 9745 (2005).
8) V. Balzani, A. Credi, M. Venturi, "Molecular Devices and Machines—A Journey into the Nanoworld", Wiley-VCH, Weinheim(2003). ["分子デバイスおよび分子マシン", 岩村 秀, 廣瀬千秋訳, NTS(2006).]
9) D. J. Cram, S. Karbach, Y. H. Kim, L. Baczynskyj, G. W. Kalleymeyn, *J. Am. Chem. Soc.*, **107**, 2575(1985).

10) K. Kobayashi, K. Ishii, S. Sakamoto, T. Shirasaka, K. Yamaguchi, *J. Am. Chem. Soc.*, **125**, 10615(2003).

11) M. Yoshizawa, Y. Takeyama, T. Okano, M. Fujita, *J. Am. Chem. Soc.*, **125**, 3243(2003).

12) T. Dewa, K. Endo, Y. Aoyama, *J. Am. Chem. Soc.*, **120**, 8933(1998).

13) S. Noro, S. Kitagawa, M. Kondo, K. Seki, *Angew. Chem., Int. Ed.*, **39**, 2082(2000).

14) K. Miyata, Y. Kakizawa, N. Nishiyama, A. Harada, Y. Yamasaki, H. Koyama, K. Kataoka, *J. Am. Chem. Soc.*, **126**, 2355(2004).

15) K. Akiyoshi, S. Deguchi, N. Moriguchi, S. Yamaguchi, J. Sunamoto, *Macromolecules*, **26**, 3062(1993).

16) S. Tyagi, F. R. Kramer, *Nat. Biotechnol.*, **14**, 303(1996).

17) T. Aya, A. D. Hamilton, *Bioorg. Med. Chem. Lett.*, **13**, 2651(2003).

18) P. Arya, R. N. Ben, *Angew. Chem., Int. Ed. Engl.*, **36**, 1280(1997).

19) F. Schweizer, O. Hindsgaul, *Curr. Opin. Chem. Biol.*, **2**, 291(1999).

20) P. T. Corbett, J. K. M. Sanders, S. Otto, *J. Am. Chem. Soc.*, **127**, 9390(2005).

21) A. D. Ellington, J. W. Szostak, *Nature*, **346**, 818(1990).

22) C. Tuerk, L. Gold, *Science*, **249**, 505(1990).

12

高 分 子 化 学

12・1　高分子化学の基礎

12・1・1　高分子と分子量

　高分子(macromolecule)とは，一種あるいは数種の原子あるいは原子団からなる構成単位(constitutional unit)が共有結合によって繰返し連結して形成された巨大分子と定義される．構成単位に相当する原料であるモノマー(monomer，単量体)から重合反応により合成され，ポリマー(polymer，重合体)とよばれることも多い．

　物質の性質はそれを構成する分子の組成と分子量に依存するが，分子量がある程度大きくなると，分子の構成単位が同一であれば，分子鎖長が伸びても，物性値にその影響がほとんど現れなくなる．たとえば，アルカンの融点は炭素数が 700〜750 程度(分子量約 1 万)でほぼ一定となる．低分子と高分子を区別する明確な基準はないが，アルカンの例にみられるように，物性値に鎖長依存性がなくなり，フィルム形成能などの高分子特有の性質が現れる領域は，一般に，分子量 1 万以上といわれている．

　重合反応によりポリマーに取込まれた，高分子鎖 1 本当たりの構成単位の数を**重合度**(degree of polymerization: DP)とよぶ．一般の有機反応と異なり，重合反応では，同一の重合度(すなわち同一分子量)の高分子のみが選択的に生成することはなく，少なからず分子量に分布をもつ高分子の集合体が得られる．そのため，重合生成物に含まれるすべての高分子の平均値をもって重合度と分子量を定義する．最も代表的な平均分子量は，**数平均分子量**(number-average molecular weight: M_n)と**重量平均分子量**(weight-average molecular weight: M_w)があり，それらは液体クロマトグラフィーの一種であるサイズ排除クロマトグラフィー(size exclusion chromatography: SEC)を用いて測定することができる．なお，合成高分子の多くは疎水性の有機化合物であるため，それらの分析には疎水性充塡剤と非水系移動相(有機溶剤)が利用される．このような SEC 分析法は，その分離原理に基づき，ゲル浸透クロマトグラフィー(gel permeation chromatography: GPC)ともよばれる．SEC によって求められる分子量は，ポリスチレンなど分子量既知の基準物質に対する相対値であり，真の分子量とは異なる．真の平均分子量は，膜浸透圧法，蒸気圧浸透圧法，光散乱法などの物理化学的手法を用いて測定することができる．また，マトリックス支援レーザー脱離イオン化飛行時間型質量分析法(matrix-assisted laser desorption ionization/time-of-flight mass spectrometry: MALDI/TOF MS)も高分子鎖の分子量と分布を知る有効な手段となる．

　数平均分子量 M_n は高分子鎖 1 本当たりの，また重量平均分子量 M_w はポリマー単位重量当たりの平均分子量をそれぞれ表し，分子量 M_i の高分子を N_i 個含むポリマーについて，次式のように定義さ

$$M_n = \frac{\sum_i N_i M_i}{\sum_i N_i} \qquad M_w = \frac{\sum_i N_i M_i^2}{\sum_i N_i M_i}$$

れる.

　ポリマーが同一分子量の高分子のみで構成されている場合に M_n と M_w は一致する($M_w/M_n = 1$). 一方,分子量に分布がある場合には M_w が M_n より大きくなる($M_w/M_n > 1$). たとえば,分子量が $M_1 = 10{,}000$ と $M_2 = 30{,}000$ である2種類の高分子を同数含むポリマーについて $M_n = (M_1+M_2)/2 = 20{,}000$ であるが,分子量の大きい M_2 分子の総重量は M_1 分子の総重量より大きいので,単位重量当たりの平均分子量は $M_w = 25{,}000$ となり M_n より大きくなる. この傾向は M_1 と M_2 の差が大きいほど,すなわち分子量分布が広いほど顕著であり,M_w/M_n の値はそれに応じて大きくなる. この重量平均分子量と数平均分子量の比は,**多分散度**(polydispersity index: PDI)とよばれ,分子量分布の尺度として利用されている.

12・1・2　逐次重合と連鎖重合

　重合反応は,重合機構の違いにより**逐次重合**(step polymerization)と**連鎖重合**(chain polymerization)に大別され,重合に関与する反応の形式によってさらに細分化される(図12・1). 逐次重合には,**重縮合**(polycondensation),**重付加**(polyaddition),**付加縮合**(addition condensation)などがある. また,連鎖重合には,**付加重合**(addition polymerization)と**開環重合**(ring-opening polymerization)があり,それらは重合活性種の違いにより,ラジカル重合,カチオン重合,アニオン重合,配位重合などにそれぞれ分類されている. 近年,**連鎖縮合重合**とよばれる新しい形式の連鎖重合が見いだされた(§12・4・2参照).

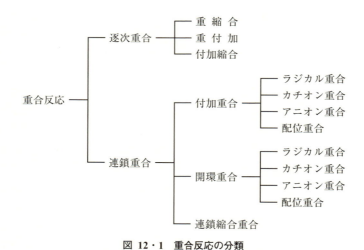

図 12・1　重合反応の分類

a. 逐次重合の特徴

　逐次重合は,反応性官能基をもつ化合物をモノマーとして進行する. ジカルボン酸とジアミンとの脱水縮合によるポリアミドの生成や,ジイソシアナートとジオールとの付加反応によるポリウレタンの生成が,代表例である. 単量体であるモノマーとそれらが結合した二量体,三量体,四量体などのオリゴマーのすべてに反応性があり,これらが互いに結合形成をランダムに繰返して高分子に成長する. いま,モノマーとオリゴマーが同じ反応性をもち,かつ分子内環化などの副反応が起こらないと仮定する. このような理想的な逐次重合では,数平均重合度 $\overline{DP_n}$ と官能基の反応率 p との間にFloryの理論に基づく次ページに示す簡単な関係式(Carothers の式)が成立する.

　表からわかるように,反応率が90%($p = 0.9$)程度までは比較的重合度の低いオリゴマーが生成する

12・1 高分子化学の基礎

$$\overline{DP_n} = \frac{1}{1-p}$$

反応率と数平均重合度の関係

p	0.5	0.9	0.99	0.999	0.9999
$\overline{DP_n}$	2	10	100	1000	10,000

が，それ以降はそれらが互いに結合し，加速度的に重合度を増して高分子量のポリマーに変化する．そのさい，M_w/M_n の理論値は 2 となる．$\overline{DP_n}$ が 100 となるためには $p = 0.99$ の反応率で，しかも副反応なく重合が進行しなければならない．したがって，逐次重合によって高分子量のポリマーを得るためには，収率が限りなく 100% に近い有機反応を精査して適用する必要がある．

ジカルボン酸とジアミンとの反応によるポリアミドの生成にみられるように，逐次重合は 2 種類の官能基間の反応によって進行することが多い．説明のため，ここではそれらの官能基を A, B と表記する．Carothers の式は，A と B が同数の場合 ($N_A = N_B$) にのみ成立する．一方，$N_A/N_B = r\,(r < 1)$ の場合，すなわち官能基 A が官能基 B より少ない場合の平均重合度は，次式により表される．

$$\overline{DP_n} = \frac{1+r}{1+r-2rp}$$

たとえば，官能基 B が 5% 過剰の条件 ($N_A/N_B = 1/1.05$) では，官能基 A の反応率が 100% で ($p = 1$) であっても，

$$\overline{DP_n} = \frac{1+r}{1+r-2rp} = \frac{1+r}{1-r} = \frac{1+1/1.05}{1-1/1.05} = \frac{2.05}{0.05} = 41$$

となり，$\overline{DP_n}$ はこれ以上大きくならない．これは，重合系に生成するすべてのオリゴマーの末端が過剰に存在する官能基 B によって占有されるため，それ以上反応が起こらなくなるためである．すなわち，逐次重合により高分子量のポリマーを得るためには，2 種類の官能基の数を等しくする必要がある．

b. 連鎖重合の特徴

連鎖重合は，エチレン，プロピレン，スチレン，酢酸ビニル，アクリル酸メチルなどのビニル化合物の重合に見受けられる．逐次重合と異なり，モノマー単独では重合が起こらず，重合開始剤から生じたラジカル，カチオン，アニオンあるいは有機遷移金属錯体などの活性種がモノマーに付加して重合反応が開始する．ここで生成する付加体にも開始段階と同様の活性種（反応点 $*$）が生じるので，これが次のモノマーに付加し，この過程が次つぎと繰返されることによって高分子鎖が成長する．

連鎖重合では，不均化やカップリングによる重合活性種の失活，あるいはモノマーや溶媒への重合活性種の移動などの副反応によって高分子鎖の成長が停止する．すなわち生成物の分子量は，成長反応とこれらの副反応により規制される．一方，副反応が起こらなければ高分子鎖の成長末端に重合活性な反応点が常に存在することになり，モノマーの反応率に比例して分子量が高くなる．このような

重合は**リビング重合**(living polymerization)とよばれ，原理的には重合開始剤 1 分子から 1 本の高分子鎖が形成されるので，モノマーと重合開始剤の比に応じて生成ポリマーの分子量を制御できることになる．特に，重合の開始速度が高分子の成長速度に比べて十分に速い場合には分子量分布が狭くなり，M_w/M_n の値が 1.1 以下のポリマーの合成も可能である(§12・4・1 参照)．

12・2 逐 次 重 合

12・2・1 重 縮 合

分子間で，水などの小分子の生成を伴う縮合反応を繰返して進行する重合を，**重縮合**とよぶ．線状高分子を合成するには二官能性のモノマーを用いる必要があり，以下に示す 2 通りの形式により，縮合反応でお互いに反応する官能基(A と B)を導入して重合を行う．ひとつは，同じ二つの官能基をそれぞれもつ AA 型モノマーと BB 型モノマーを組合わせる方式であり，もうひとつは，異なる官能基を分子内にあわせもつ AB 型モノマーを用いる方式である．次の例では，ナイロン 6,6，芳香族ポリアミド(ケブラー®)，ポリエチレンテレフタレート(PET)およびポリカーボネートの合成に前者が，一方，芳香族ポリエステル(ポリアリレート)の合成に後者が利用されている．

遷移金属錯体触媒を用いるクロスカップリングも重縮合に利用される．特に，芳香族ハロゲン化物の反応は，導電性材料や光学材料として有用な π 共役系高分子の合成に幅広く利用されている．クロスカップリングとしては，ニッケル触媒を用いる熊田-玉尾反応(Grignard 反応剤)，パラジウム触媒を用いる鈴木-宮浦反応(有機ホウ素反応剤)，および右田-小杉-Stille 反応(有機スズ反応剤)の利用例が多い．C−H 結合の活性化を伴う脱ハロゲン化水素型クロスカップリングである直接的アリール

化反応も重縮合に利用されている.

化学量論量の Ni(0) 錯体を用いて芳香族ジハロゲン化物を重合する方法も考案されている．上記の触媒反応に比べて生成物の分子量を高くできる利点がある．ただし，ジハロゲン化物を用いる場合は，重合反応の位置選択性はない.

パラジウム触媒を用いる芳香族ジハロゲン化物とエチレンとの溝呂木-Heck 反応により，ポリ(アリーレンビニレン)が合成されている．また，芳香族ジハロゲン化物とジエチニルアレーンとの薗頭反応を利用して，芳香環とアセチレン単位が交互に連なった高分子が合成されている.

12・2・2 重 付 加

付加反応により進行する重合には2種類あり，そのうち逐次重合機構で進行するものを重付加，連鎖重合機構で進行するものを付加重合(§12・3・1参照)と区別している．ジイソシアナートとジオールとの反応は重付加の代表例であり，ポリウレタンの工業的合成法となっている．反応はアミン類や有機スズ化合物により加速される．反応系に水が存在すると，イソシアナートが加水分解されて二酸化炭素が生成し，多孔性のポリマーが得られる．白金触媒を用いるヒドロシリル化反応を重付加に利用することもできる．ポリシロキサンとジエンとの反応は，ガラスを窓枠に固定するためのパテ

502   12. 高 分 子 化 学

の固化法として利用されている.

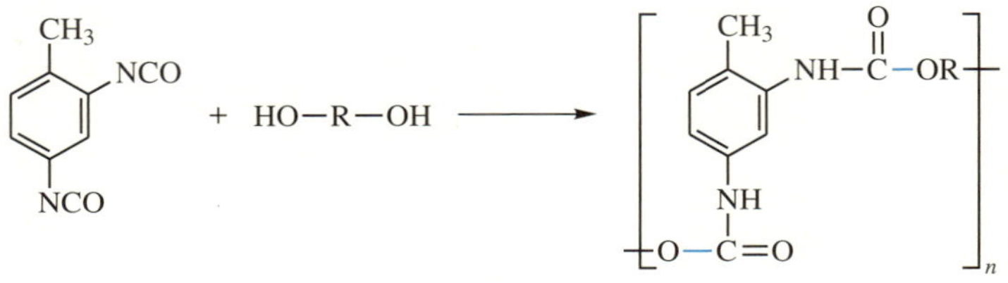

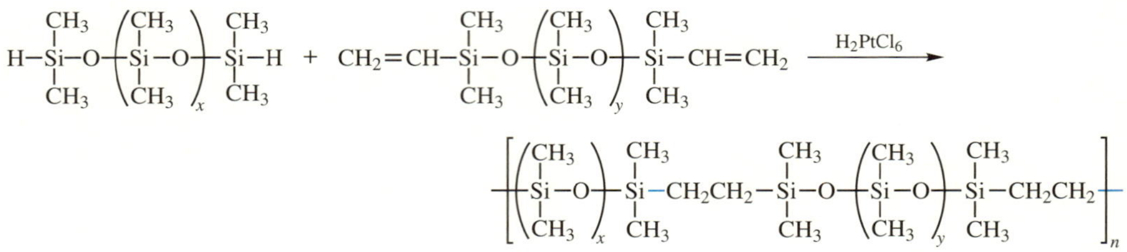

ジエポキシドとジオールあるいはアミンとの重付加も重要であり，エポキシ基の開環を伴って高分子の主鎖にヒドロキシ基を有するポリエーテルやポリアミンが得られる.

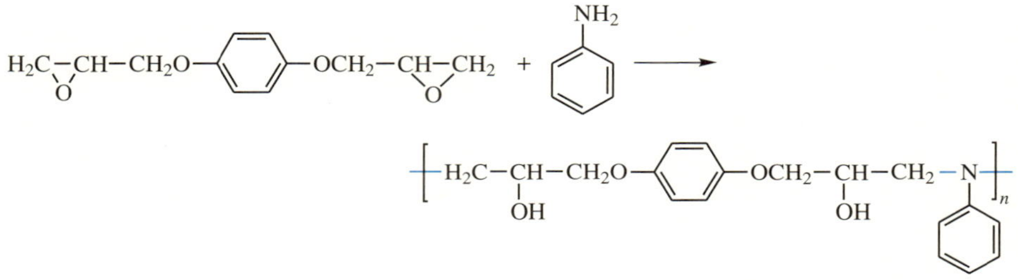

12・3 連 鎖 重 合

12・3・1 付加重合: ビニル重合

a. ラ ジ カ ル 重 合

ラジカルを重合活性種として，スチレン，メタクリル酸エステル，酢酸ビニルなど，ほとんどのビニル化合物を重合することができる．アニオン重合やカチオン重合などのイオン重合と異なり，ラジカル重合は水中で行えるので，工業的にも重要な高分子合成反応である．また，モノマーを溶媒に溶かして行う溶液重合のほか，液状モノマーをそのまま重合させるバルク重合（塊状重合ともよばれる）や，油状モノマーを水中に懸濁あるいは乳化させて行う懸濁重合，乳化重合など，さまざまな重合方法を用途に合わせて選択できる利点がある.

少量の 2,2′-アゾビスイソブチロニトリル（AIBN）や過酸化ベンゾイル（BPO）などの重合開始剤の存在下にビニルモノマーを加熱するとラジカル重合が始まる．通常，反応開始直後から高分子量のポリマーがただちに生成し，モノマーの反応率が上がっても分子量はほとんど変わらない．これは，ラジカル活性種による高分子の成長がきわめて速く，その一方で，ラジカル種の高い反応性に起因して成長末端が失活しやすいためである．すなわち，多くのラジカル重合系では，重合開始剤から徐々に供給されるラジカル種を起点としてモノマーが次つぎと結合して高分子鎖が急速に成長し，やがて失活する過程が繰返されている.

図 12・2 に，トルエン中，BPO を重合開始剤としてメタクリル酸メチル（MMA）を重合した際に起

12・3 連 鎖 重 合

こる成長末端の失活過程を示す．連鎖移動(chain-transfer)反応は，成長末端にあるラジカル活性種が，モノマー，重合開始剤あるいは溶媒分子に転移する現象であり，その際に生じるラジカルを活性種として新たな重合が始まる．すなわち，高分子鎖の成長は停止するが，重合は継続する．一方，成長末端が分子間でカップリング(再結合)や不均化を起こすとラジカル活性種が消失して重合停止(termination)が起こる．

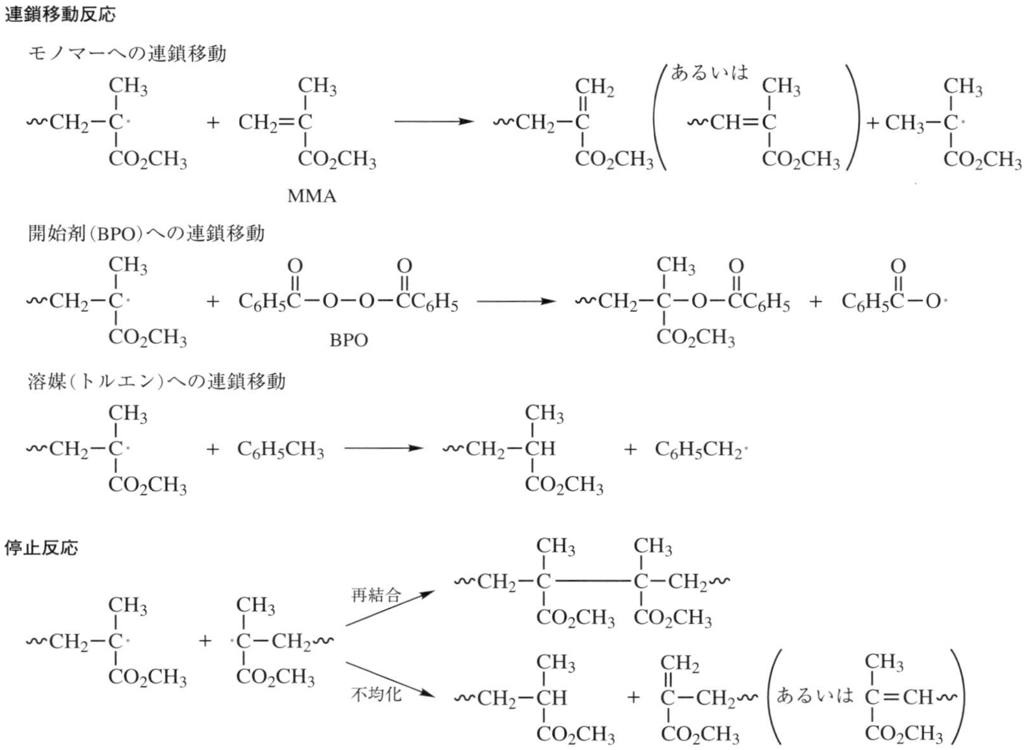

連鎖移動反応

モノマーへの連鎖移動

$$\sim CH_2-\underset{\underset{CO_2CH_3}{|}}{\overset{\overset{CH_3}{|}}{C}}\cdot \;+\; CH_2=\underset{\underset{CO_2CH_3}{|}}{\overset{\overset{CH_3}{|}}{C}} \longrightarrow \sim CH_2-\underset{\underset{CO_2CH_3}{|}}{\overset{\overset{CH_2}{\|}}{C}} \left(\begin{array}{c}\text{あるいは}\\[4pt] \sim CH=\underset{\underset{CO_2CH_3}{|}}{\overset{\overset{CH_3}{|}}{C}}\end{array}\right) + CH_3-\underset{\underset{CO_2CH_3}{|}}{\overset{\overset{CH_3}{|}}{C}}\cdot$$

MMA

開始剤(BPO)への連鎖移動

$$\sim CH_2-\underset{\underset{CO_2CH_3}{|}}{\overset{\overset{CH_3}{|}}{C}}\cdot \;+\; C_6H_5\overset{\overset{O}{\|}}{C}-O-O-\overset{\overset{O}{\|}}{C}C_6H_5 \longrightarrow \sim CH_2-\underset{\underset{CO_2CH_3}{|}}{\overset{\overset{CH_3}{|}}{C}}-O-\overset{\overset{O}{\|}}{C}C_6H_5 \;+\; C_6H_5\overset{\overset{O}{\|}}{C}-O\cdot$$

BPO

溶媒(トルエン)への連鎖移動

$$\sim CH_2-\underset{\underset{CO_2CH_3}{|}}{\overset{\overset{CH_3}{|}}{C}}\cdot \;+\; C_6H_5CH_3 \longrightarrow \sim CH_2-\underset{\underset{CO_2CH_3}{|}}{\overset{\overset{CH_3}{|}}{CH}} \;+\; C_6H_5CH_2\cdot$$

停止反応

$$\sim CH_2-\underset{\underset{CO_2CH_3}{|}}{\overset{\overset{CH_3}{|}}{C}}\cdot \;+\; \underset{\underset{CO_2CH_3}{|}}{\overset{\overset{CH_3}{|}}{C}}-CH_2\sim$$

再結合 → $\sim CH_2-\underset{\underset{CO_2CH_3}{|}}{\overset{\overset{CH_3}{|}}{C}}\!-\!\!-\!\underset{\underset{CO_2CH_3}{|}}{\overset{\overset{CH_3}{|}}{C}}-CH_2\sim$

不均化 → $\sim CH_2-\underset{\underset{CO_2CH_3}{|}}{\overset{\overset{CH_3}{|}}{CH}} \;+\; \underset{\underset{CO_2CH_3}{|}}{\overset{\overset{CH_2}{\|}}{C}}-CH_2\sim \left(\begin{array}{c}\text{あるいは}\\[4pt] \underset{\underset{CO_2CH_3}{|}}{\overset{\overset{CH_3}{|}}{C}}=CH\sim\end{array}\right)$

図 12・2　メタクリル酸メチルのラジカル重合に伴う副反応

b. カチオン重合

イソブテン，スチレン誘導体，インデン，ビニルエーテル，N-ビニルカルバゾールなど，電子供与基をもつビニル化合物は高いカチオン重合性を示し，高分子量のポリマーを与える．重合開始剤として，H_2SO_4, CF_3CO_2H, CF_3SO_3H, $HClO_4$ などのプロトン酸，BF_3, $AlCl_3$, $TiCl_4$, $SnCl_4$ などの Lewis 酸，ならびに I_2, $(C_6H_5)_3CCl$ のようにカチオンを生成しやすい化合物が使用される．プロトン酸による重合は，ビニル基のプロトン化により開始するが，Lewis 酸を用いる場合には，水，アルコール，エーテル，ハロゲン化アルキルなどを同時に添加して，プロトンあるいはカルボカチオンを生じさせる必要がある．

$$BF_3 \;+\; O(C_2H_5)_2 \longrightarrow (C_2H_5)_2O\cdot BF_3 \rightleftharpoons [BF_3OC_2H_5]^-C_2H_5^+$$

$$(C_2H_5)_2O\cdot BF_3 \;+\; \underset{\underset{OR}{|}}{CH_2=CH} \longrightarrow C_2H_5-CH_2-\underset{\underset{OR}{|}}{CH^+}[BF_3OC_2H_5]^-$$

カチオン重合では，高分子の成長末端に生成するカルボカチオンの β 炭素上の水素がプロトンと

して脱離しやすく，このプロトンが別のモノマーに付加して新たな重合をひき起こす．すなわち，連鎖移動反応が起こりやすい．

$$\sim\sim\underset{R}{CH}-\overset{H}{\underset{}{\overset{+}{C}H}} + CH_2=\underset{R}{CH} \longrightarrow \sim\sim CH=\underset{R}{CH} + \overset{H}{\underset{R}{\overset{+}{C}H_2-CH}} \longrightarrow 重合$$

c. アニオン重合

カチオン重合とは逆に，アクリル酸メチル，メタクリル酸メチル，アクリロニトリルなど，電子求引基を有するビニル化合物はアニオンを活性種として重合する．また，スチレン，1,3-ブタジエン，イソプレンなどの共役アルケンもアニオン重合性を示す．

アニオン重合におけるモノマーと開始剤の反応性の関係を表 12·1 に示す．ビニルモノマーの反応性は置換基が電子求引的であるほど高く，また求核性の強いアニオン種ほど重合開始能が高い．すなわち，求核性の最も高い a 群の開始剤はすべてのモノマーの重合を開始することができるが，最も低い d 群の開始剤はアニオン重合性の最も高い D 群のモノマーの重合のみを開始できる．アニオンの対イオンとしては，アルカリ金属，アルカリ土類金属など，電気陰性度の小さい金属が利用される．特に，Li, Na, K, Mg, Zn, Al などがよく用いられる．

表 12·1 アニオン重合におけるモノマーおよび開始剤の反応性[†1]

開始剤		モノマーの実例
K, KR Na, NaR, Li, LiR MgR$_2$(錯)[†2]	ⓐ → Ⓐ	CH$_2$=C(CH$_3$)C$_6$H$_5$ CH$_2$=CHC$_6$H$_5$ CH$_2$=C(CH$_3$)CH=CH$_2$ CH$_2$=CH-CH=CH$_2$
Li-, Na-, K-ケチル RMgX, MgR$_2$ AlR$_3$(錯), ZnR$_2$(錯) LiOR(第三級アルコール) (ROH なし)	ⓑ → Ⓑ	CH$_2$=C(CH$_3$)CO$_2$CH$_3$ CH$_2$=CHCO$_2$CH$_3$
	→ C$_1$	CH$_2$=C(CH$_3$)CN CH$_2$=CHCN
Li-, Na-, K-OR (ROH 共存)	ⓒ$_1$ → C$_2$	CH$_2$=C(CH$_3$)COCH$_3$ CH$_2$=CHCOCH$_3$
AlR$_3$, ZnR$_2$	ⓒ$_2$	
ピリジン，NR$_3$ ROR, H$_2$O	ⓓ → Ⓓ	CH$_2$=CHNO$_2$ CH$_2$=C(CO$_2$CH$_3$)$_2$ CH$_2$=C(CN)CO$_2$CH$_3$ CH$_3$CH=CHCH=C(CN)CO$_2$CH$_3$ CH$_2$=C(CN)$_2$

[†1] 鶴田禎二，川上雄資著，"高分子設計"，p.133，日刊工業新聞社(1992)による．
[†2] 錯はある種の Lewis 塩基による錯体を意味する．

対イオンの存在しないラジカル重合に対する溶媒の影響は小さいが，イオン重合では溶媒効果が顕著に現れる．たとえば，スチレンのテトラヒドロフラン中における重合では，接触イオン対，溶媒和イオン対，遊離イオンなどの重合活性種が存在し，各イオン種の反応性や立体規制力は異なる．これ

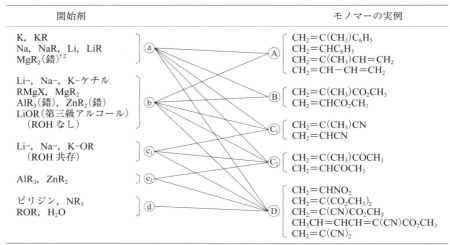

接触イオン対　　　溶媒和イオン対　　　遊離イオン

らのイオン種の存在割合は溶媒に依存するので，イオン重合では顕著な溶媒効果が現れる．溶媒の極性が大きくなると，溶媒和イオン対と遊離イオンの比率が増し，重合速度が高くなることが多い．

アニオン重合の特徴のひとつは，アニオン種である成長末端が安定で，その寿命がラジカル活性種やカチオン活性種に比べて長いことである．そのため，停止反応が起こりにくく，リビング重合が比較的容易に行える．特に，スチレンなどの炭化水素系モノマーの重合では分子量分布の狭いポリマーが容易に合成でき，またスチレンの重合後に，アクリロニトリルやブタジエンなどの別のモノマーをひき続き重合させてブロック共重合体を合成することも可能である．

d. 配 位 重 合

K. Ziegler は，$TiCl_4$ と $Al(C_2H_5)_3$ から調製された不均一系触媒を用いて，エチレンを常温常圧で重合できることを見いだした．つづいて，G. Natta は，$TiCl_3$ に $Al(C_2H_5)_2Cl$ を組合わせた触媒を用いて，結晶性のポリプロピレンが合成できることを示した．遷移金属塩と有機典型金属化合物とからなるこのような重合開始剤は，一般に Ziegler–Natta 触媒とよばれている．ポリエチレン(PE)やポリプロピレン(PP)などのポリオレフィンの生産量はプラスチック生産量の約半分を占め，化学工業製品全体に占める割合も高い．

現行の工業用触媒は，$MgCl_2$ 担持型 $TiCl_4$ 触媒に有機アルミニウムを組合わせたものが主流であり，1 g の触媒から数トン以上のポリマーが合成できるほど高活性なため，触媒残渣の除去は実用的にも不要である．重合活性種は，触媒固体表面上のチタン種が有機アルミニウムによりアルキル化されて生成する．エチレンやプロピレンがチタンの空配位座に π 配位した後，チタン－炭素結合に移動挿入し，この過程が繰返されて重合が進行する(Cossee 機構)．

□: 空配位座

Ziegler–Natta 触媒による配位重合の特徴のひとつは，プロピレンなどのプロキラルなアルケン(オレフィン)の重合において，アルキル基で置換された不斉炭素の立体配置が規則正しく配列した立体規則性高分子を合成できる点にある．このような重合を立体特異性重合とよぶ．以下に示すように，すべての不斉炭素が同じ立体配置で配列したものを**イソタクチックポリマー**(isotactic polymer)，*R* と *S* の立体配置が交互に配列したものを**シンジオタクチックポリマー**(syndiotactic polymer)とよぶ．G. Natta の見いだした触媒ではイソタクチックポリマーが生成する．

$Al(CH_3)_3$ の部分加水分解により得られるメチルアルミノキサン(MAO)を用いて遷移金属錯体を活性化し，オレフィン重合に高い活性を示す可溶性触媒を調製することができる．ジルコニウムなど4

12. 高分子化学

族金属のメタロセン錯体から調製される触媒は，特に**Kaminsky触媒**とよばれている．重合活性種は，以下の過程により生成する配位不飽和なカチオン性アルキル錯体である．

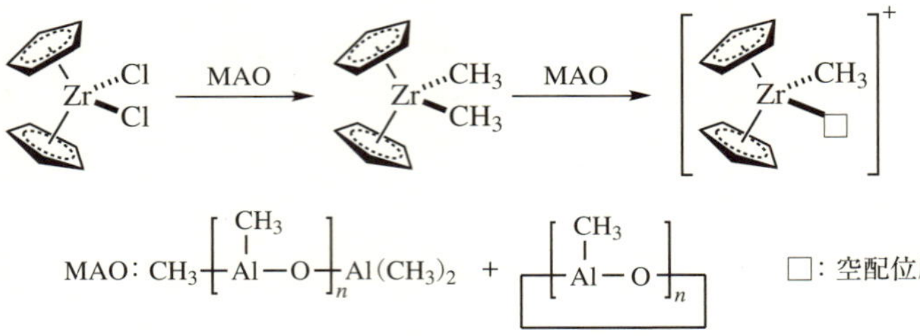

MAO: $CH_3 \left[\begin{array}{c} CH_3 \\ | \\ Al-O \end{array} \right]_n Al(CH_3)_2$ + $\left[\begin{array}{c} CH_3 \\ | \\ Al-O \end{array} \right]_n$ □：空配位座

Kaminsky触媒の発見を契機として，オレフィン重合触媒を分子レベルで精密に設計できるようになり，触媒構造と立体規則性との関係が明らかにされた．

次の図に示すように，C_2 対称の錯体（**1**）を触媒とすると，モノマーは常にビニル基の同じエナン

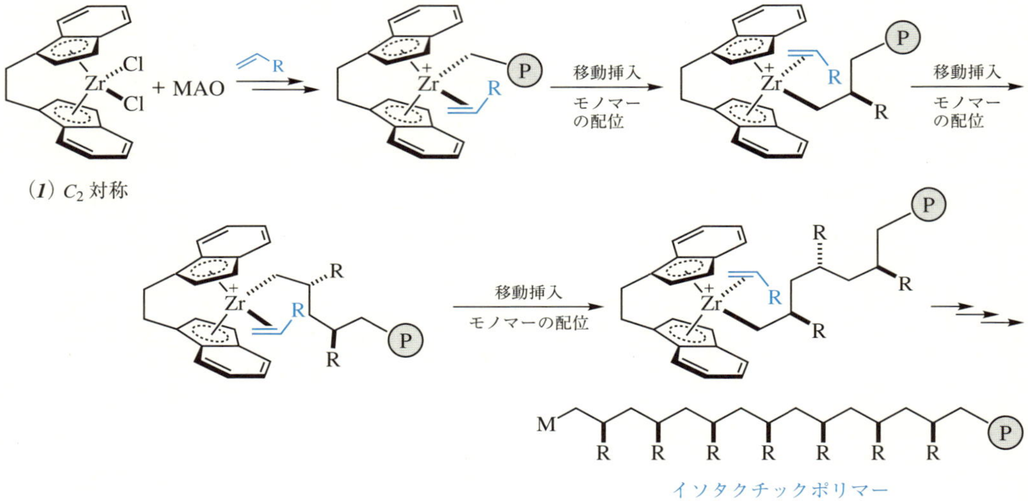

（**1**）C_2 対称

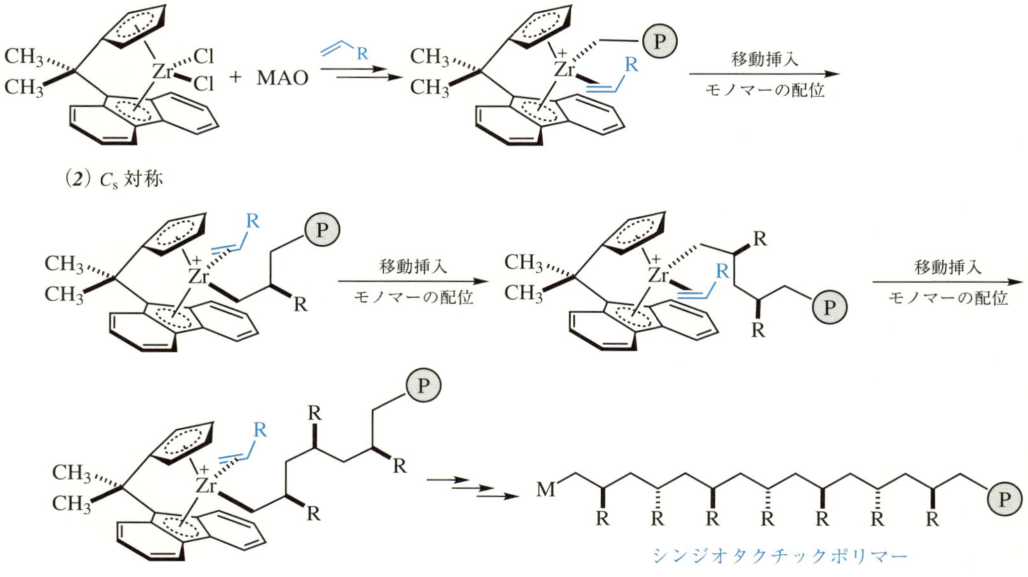

イソタクチックポリマー

（**2**）C_s 対称

シンジオタクチックポリマー

チオ面，すなわち *Re* 面あるいは *Si* 面からジルコニウムに配位して重合が進行するため，イソタクチックポリマーが生成する．

これに対して，C_s 対称の錯体 (*2*) では，ビニルモノマーが異なるエナンチオ面から交互にジルコニウムに配位して重合するので，シンジオタクチックなポリマーが生じる．

12・3・2　開 環 重 合

開環重合は，主鎖にヘテロ原子を含む高分子を合成するための重要な手法である．付加重合と同様，反応はラジカル，カチオン，アニオンあるいは有機遷移金属錯体を重合活性種として進行するが，ラジカル開環重合に適用可能なモノマーは限られているので，ここでは取上げない．

a. 開環カチオン重合

エポキシド，オキセタン，チイラン，アジリジン，テトラヒドロフランなどの複素環化合物が開環カチオン重合を起こす．高分子鎖の成長末端は，オキソニウム，スルホニウム，アンモニウムなどのオニウムである．重合開始剤として，$(C_2H_5)_3OBF_4$，$(C_2H_5)_3OSbF_6$ などのオニウム塩，H_2SO_4，$HClO_4$ などのプロトン酸，あるいは BF_3，$AlCl_3$，$FeCl_3$，$SnCl_4$ などの Lewis 酸が用いられる．

トリフルオロメタンスルホン酸メチルを重合開始剤とするテトラヒドロフランの重合機構は以下のように表される．すなわち，トリアルキルオキソニウムに対するテトラヒドロフランの求核攻撃を繰返して高分子鎖が成長する．リビング性の高い重合であるが，重合後期になりモノマー濃度が低下すると，成長種がバックバイティング(back biting，巻戻し)とよばれる分子内環化反応を起こすようになる．そのため，分子量分布の狭いポリマーを得るためには，モノマーであるテトラヒドロフランを溶媒とし，水やアミンなどの求核剤を用いて，テトラヒドロフランの転化率が 10% 程度で重合を停止するのが良い．

環状イミノエーテルである 2-オキサゾリンの開環カチオン重合によりポリ(*N*-アシルエチレンイミン)が生成する．これをアルカリ加水分解すると，直鎖状のポリ(エチレンイミン)が得られる．

b. 開環アニオン重合

エチレンオキシドに NaOH や t-C_4H_9OK などの塩基を重合開始剤として添加すると求核置換反応によって開環し，主鎖にエーテル構造をもつポリ(エチレンオキシド)が生成する．この高分子は非イオン性の水溶性化合物であるため，両親媒性ポリマーとして幅広い用途がある．反応はリビング重合であり，モノマーがすべて消費されたあとも成長末端に安定なアルコキシドイオンが存在するので，

508　　　**12. 高分子化学**

これにアニオン重合性を有する別のモノマーを反応させてブロック共重合体を得ることができる.

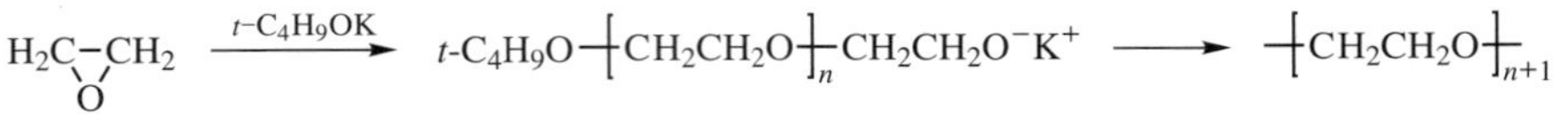

$$H_2C\text{--}CH_2 \xrightarrow{t\text{-}C_4H_9OK} t\text{-}C_4H_9O\left[CH_2CH_2O\right]_n CH_2CH_2O^-K^+ \longrightarrow \left[CH_2CH_2O\right]_{n+1}$$

チイラン，ラクトン，ラクタム，環状ウレタンも開環アニオン重合を起こす．次にε-カプロラクトンの反応を示す.

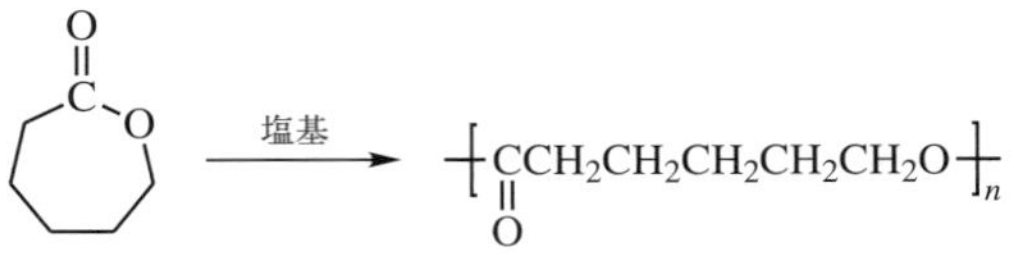

$$\xrightarrow{\text{塩基}} \left[CCH_2CH_2CH_2CH_2CH_2O\right]_n$$

ε-カプロラクタムに水を加えて加熱すると重合が起こる．この反応は，ナイロン6の製造法として工業化されている．ε-カプロラクタムの一部が加水分解して生じるアミノ酸が重合開始剤としてはたらく.

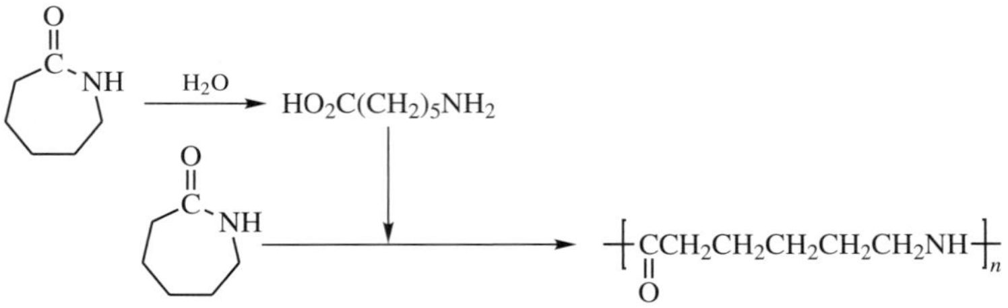

$$\xrightarrow{H_2O} HO_2C(CH_2)_5NH_2$$

$$\longrightarrow \left[CCH_2CH_2CH_2CH_2CH_2NH\right]_n$$

α-アミノ酸のN-カルボキシ無水物(NCA)の開環重合では，脱炭酸を伴ってポリペプチドが生成する.

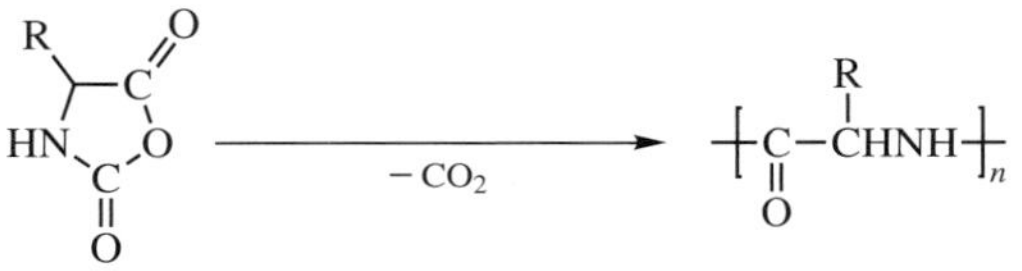

$$\xrightarrow{-CO_2} \left[C\text{--}CHNH\right]_n$$

c. 開環メタセシス重合

Ti, Mo, W, Ru などのアルキリデン錯体を重合開始剤としてノルボルネンなどの環状アルケンを開環重合することができる.

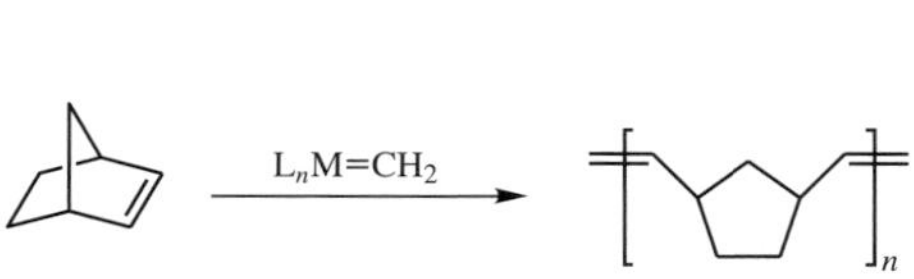

$$\xrightarrow{L_nM=CH_2}$$

反応は，アルキリデン遷移金属錯体とアルケン(オレフィン)との可逆的な付加環化–開裂を繰返して進行する．このような触媒反応をアルケンメタセシスとよぶので(§10・6・2参照)，本重合反応は**開環メタセシス重合**(ring-opening metathesis polymerization: ROMP)と命名されている.

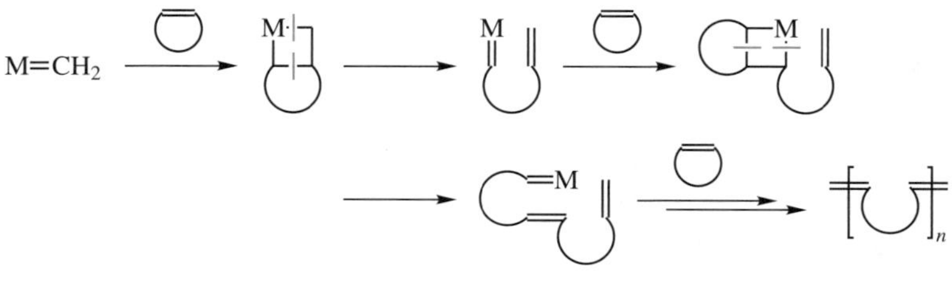

$$M=CH_2 \longrightarrow \cdots$$

ノルボルネン誘導体を開環メタセシス重合した後，高分子鎖に残る炭素－炭素二重結合を水素化して得られるポリマーは，透明性樹脂として優れた性能を発揮し，液晶ディスプレー用フィルムやDVDのピックアップレンズに利用されている．また，反応射出成型(reaction injection molding: RIM)とよばれる重合法を用いて，ジシクロペンタジエンを開環メタセシス重合し，合併浄化槽などの大型プラスチック成型品が製造されている．これらの工業的重合には，タングステン塩と有機アルミニウムから調製された触媒が利用されている．

上記の重合機構からわかるように，開環メタセシス重合の成長末端にはアルキリデン錯体種が結合しているため，リビング重合が可能である．通常の触媒では，成長反応に比べて開始反応が遅いため，生成ポリマーの分子量分布は必ずしも狭くならないが，きわめて高活性な Schrock 錯体 (3)[1] や Grubbs 錯体 (4)[2] を用いると，M_w/M_n が 1.1 以下のポリマーが得られる．

$Mes = 2,4,6-$トリメチルフェニル

12・4 リビング重合

高分子の性質は，原料となるモノマーの化学構造のみならず，その結合様式や重合度（分子量），さらには分子量分布や末端基構造，立体規則性など，高分子特有の構造要素により変化する．近年，高分子の一次構造とよばれるこれらの構造要素を高度に制御できる精密重合法の開発が進んでいる．本節では，特に有機化学と関連の深いリビング重合について述べる．

12・4・1 リビング重合の定義と特徴

連鎖重合のうち，開始反応と成長反応のみからなり，停止や連鎖移動などの副反応を伴わない反応を**リビング重合**とよぶ．このような重合では，重合開始剤から発生した活性種が常に高分子の成長末端に存在し，"生きた"状態にあるため，重合反応と生成ポリマーに以下の特徴が観察される．

1) モノマーの反応率に比例してポリマーの数平均分子量 M_n が増加する．
2) 数平均分子量が，$M_n =$（モノマーの分子量）×（反応したモノマー濃度）/（開始剤初濃度）により規定される．すなわち，反応に用いるモノマーと重合開始剤の比をもとに生成ポリマーの分子量を制御できる．
3) 最初に用いたモノマーが消費された後，さらにモノマーを添加すると再び重合が進行する．
4) ポリマー中のすべての高分子末端に重合開始剤に由来する置換基（開始剤切片）が存在する．
5) 開始反応が成長反応に比べて十分に速い場合には，生成ポリマーの分子量分布がきわめて狭くなり，多分散度 (M_w/M_n) が 1 に近づく．

12・4・2 リビング重合の実例と機構

a. リビングアニオン重合

§12・3・1c で述べたように，スチレンなどの炭化水素系モノマーはアルキルリチウムなどの重合

開始剤により，比較的容易にリビングアニオン重合を起こす．一方，カルボニル基やシアノ基などの極性官能基をもつモノマーの重合では副反応が起こりやすい．たとえば，アルキルリチウムを開始剤としてメタクリル酸メチル（MMA）を重合すると，モノマー濃度の低下とともに，成長末端に存在するリチウムエノラートが分子内のカルボニル基を攻撃し，重合が停止するようになる．

$$\sim CH_2-\underset{\underset{OCH_3}{\overset{|}{C=O}}}{\overset{CH_3}{\underset{|}{C}}}-CH_2-\underset{\underset{OCH_3}{\overset{|}{C=O}}}{\overset{CH_3}{\underset{|}{C}}}-CH_2-\underset{\underset{OCH_3}{\overset{|}{C-OLi}}}{\overset{CH_3}{\underset{|}{C}}} \longrightarrow \quad + \quad CH_3OLi$$

この副反応を防ぐため，反応活性なエノラートをトリメチルシリル基で保護する方法が考案された[1]．MMA に少量のケテンシリルアセタールを重合開始剤として加え，これに触媒量の KHF_2 を添加するとリビング重合が進行する．そのさい，高分子鎖にモノマーである MMA が 1 分子取込まれるごとにトリメチルシリル基が成長末端に移動するので，グループ移動重合（group-transfer polymerization: GTP）とよばれている．アクリル酸エステルの重合にも適用できる．

成長末端のケテンシリルアセタールは，KHF_2 触媒の作用により，エノラートとの速い平衡状態にあり，またその平衡がケテンシリルアセタールに大きく偏っているため，リチウムエノラートの反応でみられた分子内環化を伴う停止反応はほとんど起こらない．すなわち，この重合系では，不安定なアニオン活性種を，より安定で副反応を起こさない共有結合種に導き，これから重合活性種を可逆的に生成する工夫がなされている．このように，触媒や熱，光などの物理的刺激によって重合活性種を可逆的に与える共有結合種をドーマント種（dormant species，休止種）とよぶ．

ドーマント種　　　　　　　　　　　　重合活性種

b. リビングラジカル重合

ドーマント種を用いることにより，反応性の高いラジカル活性種の制御も比較的容易に行えるようになった．リビングラジカル重合には，ニトロキシドを用いる NMP（nitroxide-mediated polymerization）法[2]，遷移金属錯体を用いる ATRP（atom-transfer radical polymerization，原子移動ラジカル重合）法[3]，および RAFT（reversible addition-fragmentation chain transfer，可逆的付加–分裂連鎖移動）法[4] などがある．

NMP 法では，AIBN や BPO などのラジカル開始剤を用いて生成させたラジカル成長末端を，安定ラジカルであるニトロキシドを用いて捕捉し，ドーマント種へと導く．（2,2,6,6-テトラメチルピペ

リジン-1-イル）オキシル（TEMPO, **5**）を用いた際のドーマント種と活性種との平衡を次に示す．TEMPO は特にスチレン誘導体の重合に有効である．ニトロキシド（**6**）を用いると，スチレン誘導体のほか，アクリル酸エステル，アクリロニトリル，アクリルアミド，イソプレンなどのリビング重合が可能である．

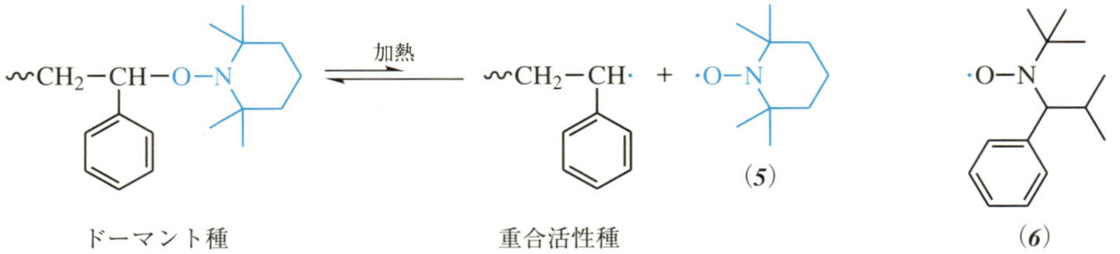

ドーマント種 　　　　　重合活性種 　　（**5**）　　　　（**6**）

ATRP 法では，ハロゲン化アルキル RX と Ru, Fe, Cu などの遷移金属錯体 ML_n との電子移動反応により生じるアルキルラジカル R· が重合開始種となる．そのさい，金属錯体は 1 電子酸化されるとともにハロゲン原子と結合して $M(X)L_n$ 錯体に変化するが，重合系中においては，成長末端がこの $M(X)L_n$ 錯体からハロゲンを引抜きドーマント種が形成される．すなわち，ラジカル成長末端と遷移金属との間で，金属錯体の酸化還元を伴う速いハロゲン原子の移動を起こしながらリビングラジカル重合が進行する．

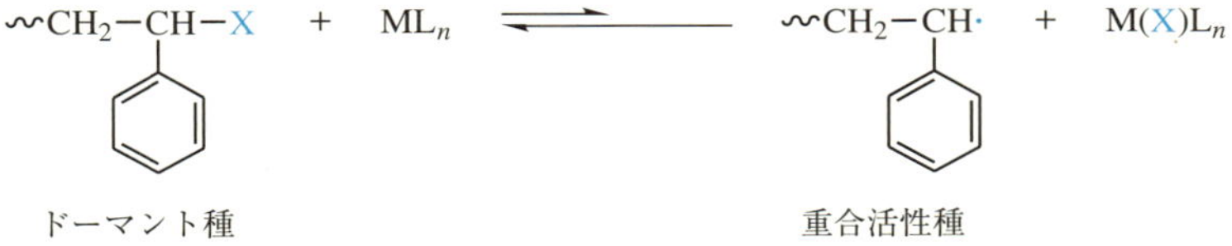

ドーマント種 　　　　　　　　　重合活性種

RAFT 法では，AIBN などの重合開始剤を用いたラジカル重合系に，RAFT 剤とよばれるジチオエステル類〔$ZC(=S)SR$, Z ＝ アリール基，アルキル基，アルコキシ基，アミノ基など，R ＝ ベンジル基，第三級アルキル基など〕を添加して重合を行う．スチレンの重合について示すように，重合系にはジチオアセタール骨格をもつラジカル中間体がドーマント種として存在し，左右に示す二つの重合活性種との間で C−S 結合の開裂と形成を伴う速い平衡状態にある．これによりラジカルの連鎖移動を伴いながら重合活性種が交換されるので，この過程は交換連鎖機構とよばれている．ドーマント種と重合活性種との平衡が，モノマーに対する重合活性種の付加に比べて十分に速く起これば，左右の重合活性種から同じ確率で高分子鎖が成長することになり，分子量分布の狭いポリマーが生成す

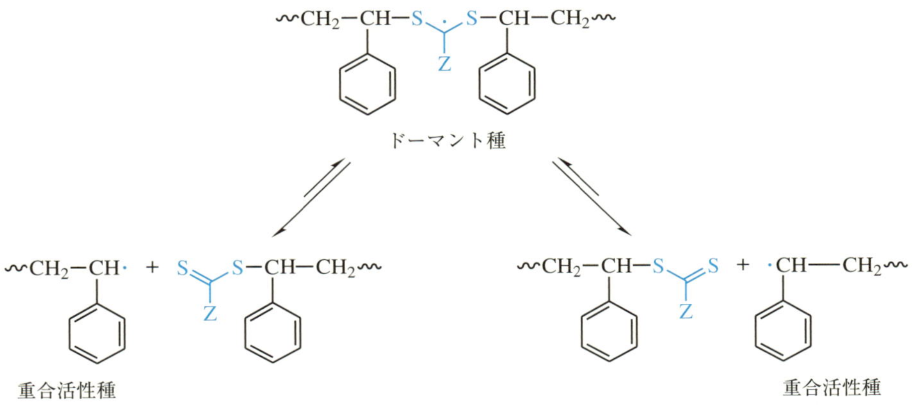

ドーマント種

重合活性種 　　　　　　　　　　　　　　重合活性種

る．RAFT 法の重要な特徴は，モノマーの適用範囲が広い点にある．すなわち，RAFT 剤中の Z 基や R 基の選択により，ラジカル重合に高い反応性をもつスチレン誘導体やアクリル酸エステルなどの共役モノマーのみならず，これまでリビングラジカル重合がむずかしかった N-ビニルピロリドンや N-ビニルカルバゾール，酢酸ビニルなどの非共役モノマーについても重合の精密制御が達成されている．

c. リビングカチオン重合

ビニルモノマーのカチオン重合では，β プロトン脱離による連鎖移動反応が起こりやすいが（§12・3・1b 参照），弱い求核剤を用いて成長末端のカルボカチオンを安定化することによりリビング重合が可能となる．たとえば，ヨウ化水素にヨウ素を組合わせたビニルエーテルのカチオン重合系では，I_3^- で安定化されたカチオン種が生じる．ヨウ素の代わりにヨウ化亜鉛などの弱い Lewis 酸を用いた場合にも，同様の制御原理によりリビング重合が起こる．また，酢酸エステルやジオキサンなどの弱い Lewis 塩基やハロゲン化物イオンもカルボカチオンを安定化する．

$$\sim CH_2-CH-I \quad + \quad I_2 \quad \rightleftharpoons \quad \sim CH_2-CH^+ \cdots I_3^-$$
$$\underset{OR}{|} \qquad\qquad\qquad\qquad\qquad \underset{OR}{|}$$

ドーマント種   重合活性種

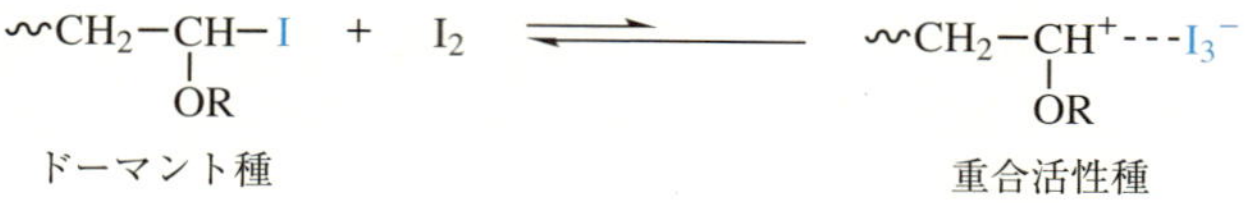

d. リビング開環重合

テトラフェニルポルフィリンのアルミニウム錯体を開始剤に用いると，エチレンオキシド，プロピレンオキシド，1,2-ブテンオキシド，エピクロロヒドリンなどのエポキシドがリビング重合する[5]．

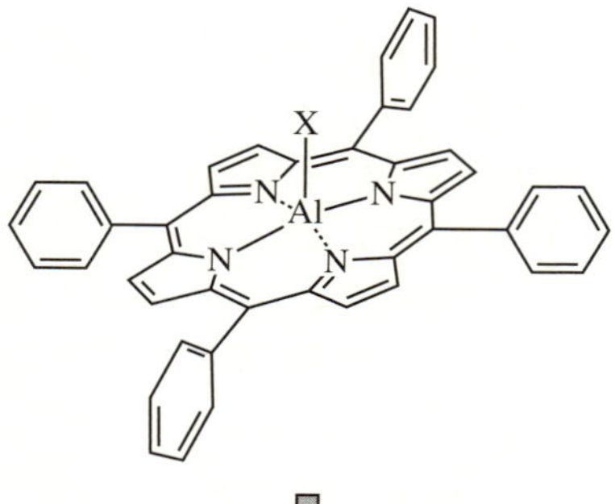

テトラフェニルポルフィリン
アルミニウム錯体

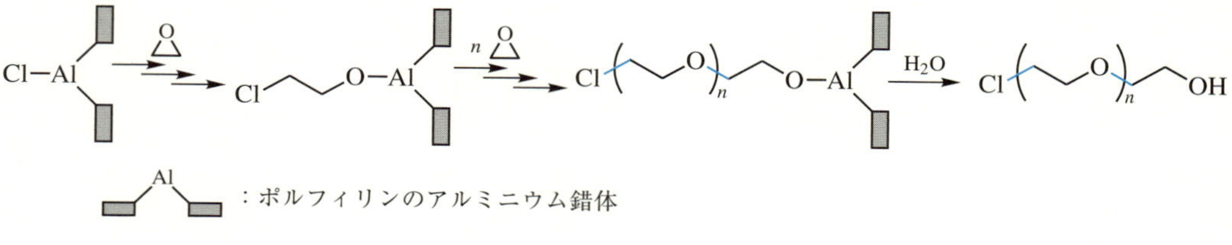

：ポルフィリンのアルミニウム錯体

上記のアルミニウム錯体はラクトンの重合にも有効であり，4, 6, 7 員環ラクトンをリビング重合することができる．ε-カプロラクトンについては単純なトリアルコキシアルミニウムを用いた場合にもリビング重合が進行する．

e. 連鎖縮合重合

重縮合は，通常，逐次重合機構で進行するので分子量の制御は不可能と思われてきたが，連鎖縮合

12・5 キラル高分子 513

型の重合反応が見いだされ，分子量の揃ったポリマーが合成できるようになった．

　たとえば，パラ位に電子求引基をもつ安息香酸フェニル誘導体 (**9**) を重合開始剤として，AB 型モノマーである p-(N-アルキルアミノ)安息香酸フェニル (**7**) に強塩基を作用させてアミドアニオンを発生させると，分子量分布の狭いポリアミドが生成する[6]．重合はフェノキシカルボニル基に対する N-アルキルアミドアニオンの求核攻撃を繰返して進行するが，重合制御の鍵はフェノキシカルボニル基の反応性制御にある．開始剤 (**9**)，アミドアニオンモノマー (**8**) および成長種 (**10**) ではフェノキシカルボニル基のパラ位の置換基が異なり，置換基が電子供与的であるほどフェノキシカルボニル基の求電子性は低下する (**9** > **10** ≫ **8**)．そのため，この反応系では，まず開始剤 (**9**) がアミドアニオンモノマー (**8**) の攻撃を受けて成長種 (**10**) が生成し，つづいて (**10**) のフェノキシカルボニル基がモノマー (**8**) と反応する．そのさい，(**10**) と同様な成長末端が生じるので，以降はこの成長末端にモノマー (**8**) が繰返して反応することになり，連鎖重合機構が成立する．

12・5　キラル高分子

12・5・1　不斉重合

　核酸やタンパク質，多糖など天然に存在する高分子の多くは光学的に純粋なモノマー(D 体の糖や L 体のアミノ酸)の重合によって生成し，キラルで光学活性である．プロキラルあるいはラセミ体のモノマーからも光学活性なポリマーを合成できる．これを**不斉重合**(asymmetric polymerization)とよび，前者は不斉合成重合，後者は不斉選択重合とよばれる．不斉重合は付加重合，開環重合のいずれの形式でも可能であり，光学活性な開始剤や触媒を用いて行われる[1]．スチレンやプロピレンのようなビニルモノマー $CH_2=CHX$ の不斉合成重合はむずかしい．これは，たとえ付加反応の際に，一方の不斉炭素(S 体または R 体)が優先的に生じ，高度にイソタクチックなポリマーが生成しても，重合が進行すると擬不斉となり，高分子鎖は末端部分を無視すると分子内に対称面をもち，メソ体となるからである(§12・3・1d 参照)．しかし，ベンゾフランのような環状モノマーやソルビン酸エステルのような置換共役ジエンの不斉重合では，真のキラル中心が高分子鎖内に生じ，光学活性ポリマーが生成する(図 12・3a, b)．また，光学活性なパラジウム触媒を用いた一酸化炭素とプロピレンの交互共重合からも，真のキラル中心を有する光学活性なイソタクチック γ-ポリケトンが合成できる(図 12・3c)[2]．重合初期に生成するケトエステルのエナンチオマー過剰率は 95% に達する．

　不斉選択重合には次のようなものが知られている．ラセミ体のプロピレンオキシドをジエチル亜鉛と光学活性アルコールの反応物で重合させると，エナンチオマーの一方がより多く重合する．また，メタクリル酸 1-フェニルエチルのラセミ体を(−)-スパルテインと Grignard 反応剤との錯体を用いて

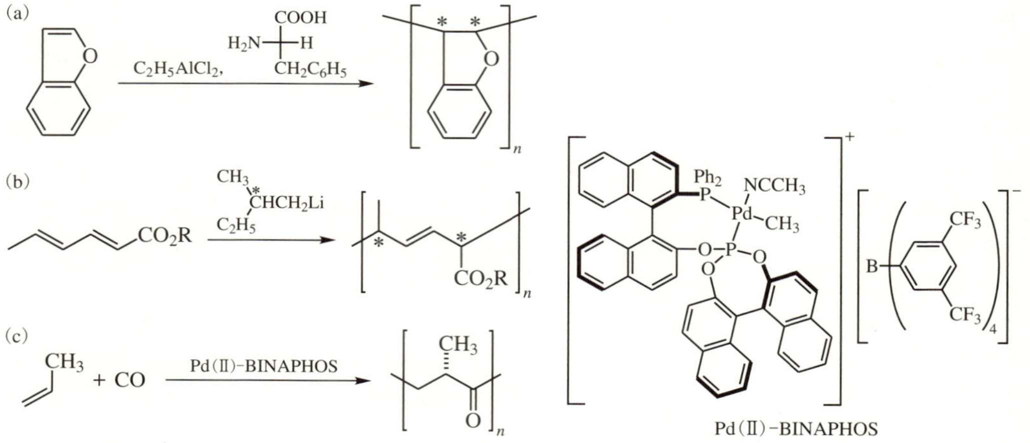

514　　　　　　　　　12. 高 分 子 化 学

図 12・3　不斉合成重合

　重合させると，95：5 以上の選択性で，S 体のモノマーが優先的に重合する．これは速度論的光学分割である．

12・5・2　らせん高分子

　核酸やタンパク質などのキラル高分子は特有のらせん構造をとり，高度な生理作用を発揮している．らせんはキラルなので，分子内にキラル中心がなくても，ポリマーの左巻きか右巻きのどちらか一方を優先して生成させることができれば光学活性となる．らせんには安定（静的）ならせんと，動的ならせんの2種類がある[3]．前に述べたように，ビニルモノマーの重合でイソタクチックなポリマーが生成しても，光学活性ポリマーを合成するのはむずかしい．しかし，嵩高い置換基をもつビニルモノマーをイソタクチックに重合させると，安定ならせん構造に由来して光学活性を示すポリマーが得られる場合がある．メタクリル酸トリチルの（−）-スパルテインとフルオレニルリチウムとの錯体による重合がその例であり，らせん選択重合ともよばれる（図 12・4a）．このらせん高分子は，高速液体クロマトグラフィー用のキラル固定相として実用化され，医薬品を含む多くの光学異性体の分離に利用されている．また，光学活性なパラジウム錯体を開始剤とする 1,2-ジイソシアノベンゼン誘導

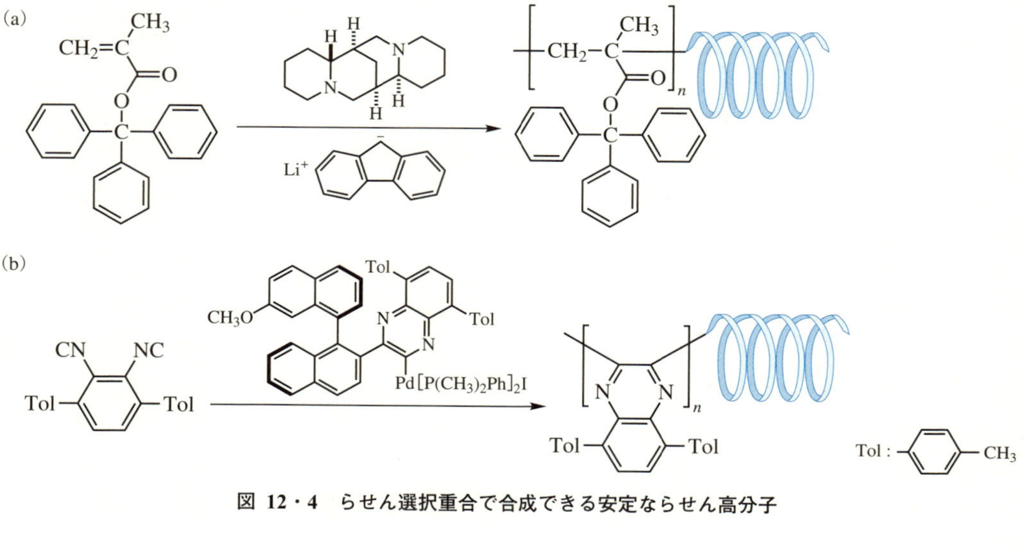

図 12・4　らせん選択重合で合成できる安定ならせん高分子

体の重合からも，安定ならせん構造をもつポリマーが生成する[4]（図12・4b）．これらのらせん構造は重合反応の過程で形成されるので，立体制御の容易なアニオン重合や配位重合が用いられる．対イオンの存在しないラジカル重合は，一般に立体制御能に乏しいので不斉重合には向かないが，光学活性なコバルト錯体の存在下，メタクリル酸トリチルに類似のモノマーをラジカル重合すると光学活性ならせん高分子が合成できる．ポリ(t-ブチルイソシアニド)やポリクロラールも安定ならせん構造を形成する．

動的らせんには，ポリイソシアナートやポリシラン，ポリフェニルアセチレン誘導体などがある[5]．ポリ(n-ヘキシルイソシアナート)はアミド結合だけからなるらせん高分子であるが，らせんの反転が溶液中で迅速に起こる動的な性質をもつため，らせん選択重合はできない（図12・5a）．しかし，らせんの持続長が長いので，少量の光学活性モノマーと共重合させると高分子鎖のかなりの部分が一方向に巻いた光学活性ならせん高分子になる（図12・5b）．

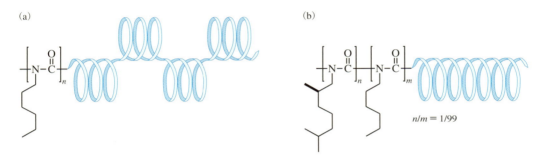

図12・5 動的らせん高分子

カルボン酸を側鎖に有するポリフェニルアセチレンの溶液に光学活性なアミンを加えると，一方向巻きのらせん構造が誘起され，ポリマーの吸収領域に円二色性（circular dichroism: CD）を示すようになる．CDの符号は光学活性アミンの絶対配置の予測に利用できる[5]．

12・6 デンドリマー

10億分の1メートルの"ナノの世界"が注目されている．ナノメートルは，生命現象を説明するうえで重要な"ものさし"であるが，小分子を自己組織化により組上げるボトムアップ，材料を削るトップダウンのいずれの方法によっても構築することが容易ではない領域である．しかし，デンドリマーの登場により，そうした状況が大きく変わろうとしている．デンドリマーが提供するナノメートルスケールの単一分子にはさまざまな官能基を空間特異的に組込むことができ，ナノ材料に関する研究が大きく広がってきている[1〜3]．

12・6・1 デンドリマーの基本的特徴

デンドリマー（dendrimer）という用語は，ギリシャ語のdendron（樹木）に由来している．デンドリマーは，中心部（コア）から外側に向かった規則的な枝分かれ構造からなり，全体として樹木のような形状（図12・6）をもつことから，このように名づけられている．重合反応によって合成される古典的な多分岐高分子とは異なり，同一あるいは類似の鎖伸長反応と分離精製の繰返しで合成されるデンドリマーには原理的に構造欠損が存在しない．1978年，その基本概念となるカスケードポリマーが提唱された[4]．その後，abrol（樹木を意味するラテン語）を経て[5]，1985年以降デンドリマーという用語

が定着した[6]．

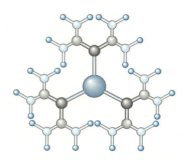

図 12・6　デンドリマーの基本構造

デンドリマーは，コア，ビルディングブロック（分岐鎖），表面官能基の三つの構成要素からなっている．デンドリマーの基本的な特徴を次に示す．

1) 分子量分布をもたず，分子量は構造式から一義的に決まる．
2) コア，ビルディングブロック，表面に望みの官能基を自在に導入できる．
3) 基本構造の繰返し数を世代とよび，世代により空間的な大きさが決まる．
4) 世代が上がると，官能基の数が指数関数的に増大する．
5) コアは疎であるが，表面に近づくにつれて分岐鎖間の密度が上がり，組織の運動性が低下する（半熟卵のような物理的特性）．
6) 外界から遮断されたコア周辺に孤立空間を構築することができる．
7) 溶解性は表面官能基によって決まる．

世代（generation）はGで表す．コアに相当する構造（分岐前の部分）をG0とよび，コアから一つ分岐したものをG1，さらに分岐したものをG2とよぶ．嵩高い置換基が存在する場合や，分岐が多いと立体的な制約が大きくなり，高世代のデンドリマーの合成が困難になる．ポリアミドアミン（PAMAM）デンドリマー（図12・7）は市販されており，G10まで入手可能である．G10は，直径約13 nmにも達する巨大分子である．ポリベンジルエーテルデンドリマー（図12・8）の基本単位も市販されている．高世代のデンドリマーは原子間力顕微鏡（AFM）や走査型トンネル顕微鏡（STM）で直接観察ができる．溶液中，低世代のデンドリマーは一般にラグビーボールのような形をしているのに対し，世代が高くなると球に近い構造に近づく．

12・6・2　デンドリマーの合成

デンドリマーの合成にはダイバージェント[5),6)]（divergent）法（発散的合成，図12・7）とコンバージェント[7)]（convergent）法（収束的合成，図12・8）の2種類がある．ダイバージェント法では，コアから外側に向かって段階的に世代を増やしていき，最後に表面官能基を導入する．したがって，表面官能基の異なるデンドリマーのライブラリーを得るのに有効である．しかし，世代の大きなデンドリマーを合成する場合，反応部位の数が指数関数的に増えるので，分岐鎖の欠損が生じやすく，かつ欠損を有するデンドリマー間の分子量の差が小さいので，分離精製が大変むずかしい．一方，コンバージェント法では，表面に相当する単位から順次世代を増やしていく．最終段階は，コアとの結合である．コンバージェント法では，最初に表面官能基を決めておかなければならないが，分岐鎖の欠損が生じても，欠損を有するデンドリマー間の分子量の差が大きく，そのような欠損体を容易に分離，除去することができる．したがって，比較的世代の大きなデンドリマーを高純度で合成することができ

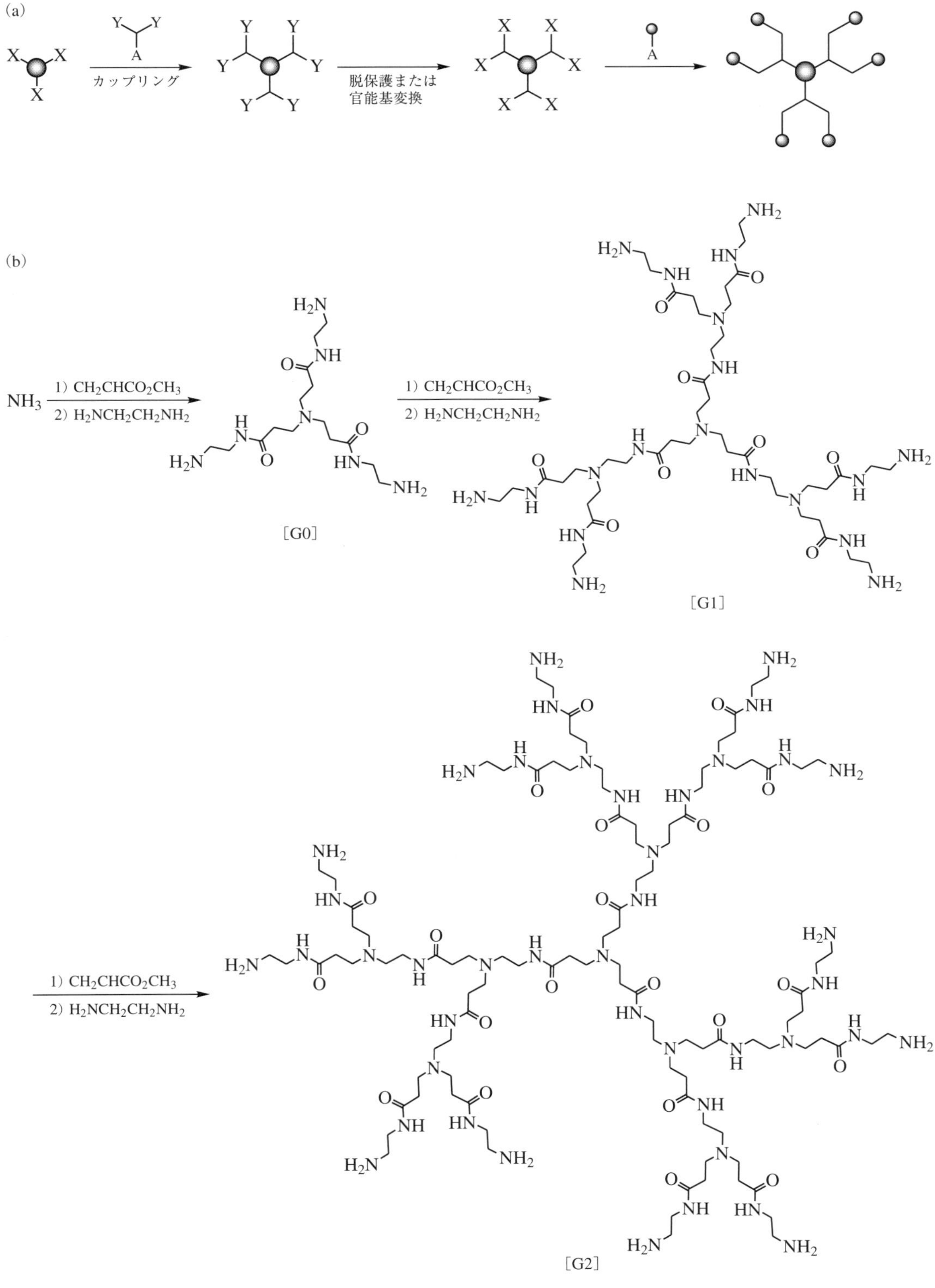

12・6 デンドリマー 517

図 12・7 （a）ダイバージェント法の概念図．（b）ダイバージェント法による
ポリアミドアミンデンドリマーの合成

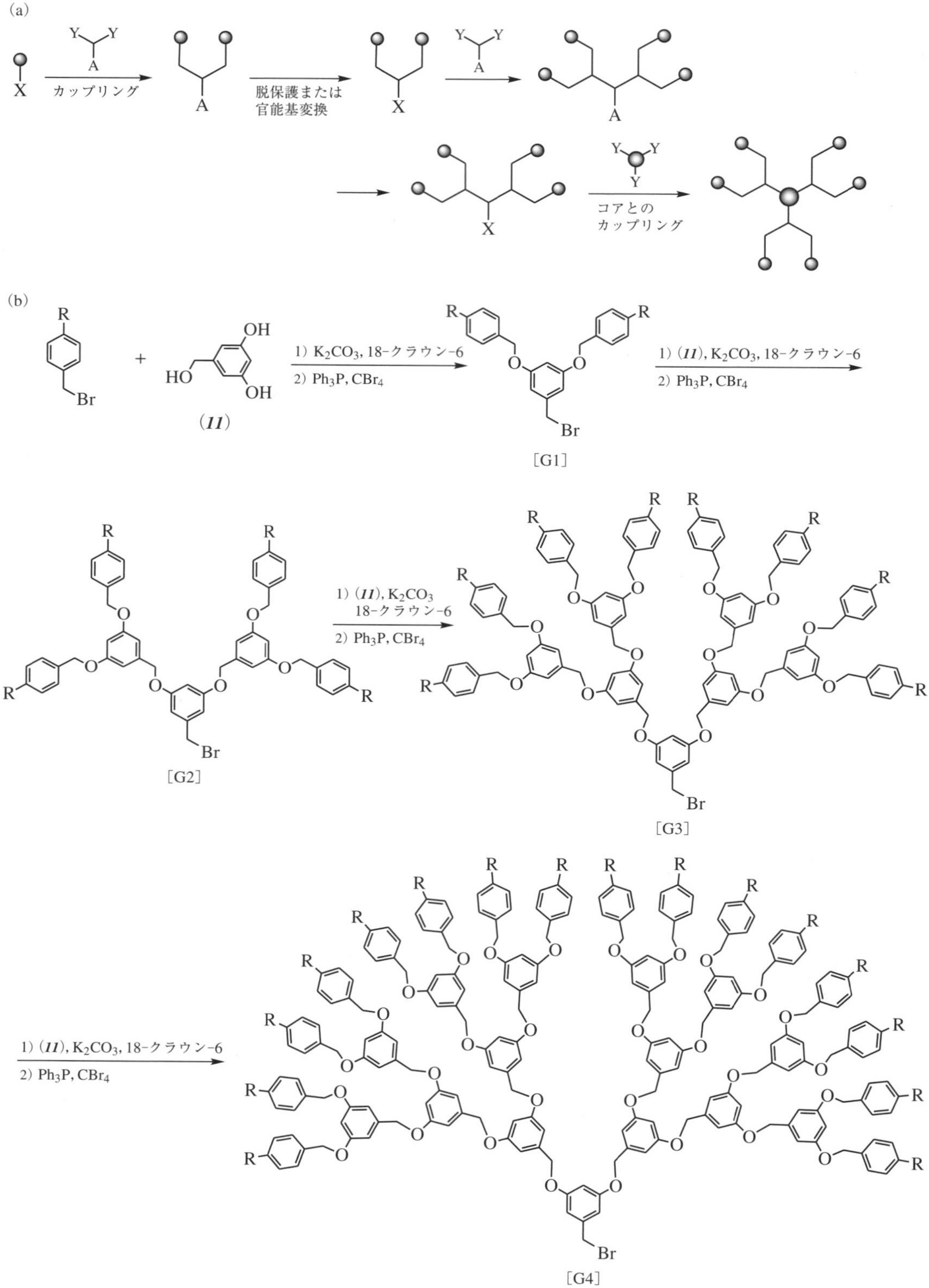

(a)

カップリング　脱保護または官能基変換　コアとのカップリング

(b)

1) K$_2$CO$_3$, 18-クラウン-6
2) Ph$_3$P, CBr$_4$

1) (**11**), K$_2$CO$_3$, 18-クラウン-6
2) Ph$_3$P, CBr$_4$

［G1］

1) (**11**), K$_2$CO$_3$
18-クラウン-6
2) Ph$_3$P, CBr$_4$

［G2］

［G3］

1) (**11**), K$_2$CO$_3$, 18-クラウン-6
2) Ph$_3$P, CBr$_4$

［G4］

図 12・8　(a)コンバージェント法の概念図.　(b)コンバージェント法による
ポリベンジルエーテルデンドリマーの合成

る．分光学的手法はデンドリマーの同定の決め手とはならず，質量分析装置を用いた分子量の測定が必須である．

機能性デンドリマーの設計においては，目的に応じてコア，ビルディングブロック，表面のそれぞれに適切な官能基(機能団)を導入することになる．高世代のデンドリマー表面に導入された官能基は，高密度に充塡される．前述のように，表面官能基はデンドリマーの溶解性をも決めるので，用途に合わせて十分に吟味する必要がある．たとえば，水中で使用したい場合には，カルボキシラートやアンモニウムイオン，あるいはポリエチレングリコール(PEG)鎖などの導入を考えなければならない．このようなデンドリマーは，コアやビルディングブロックが疎水性であっても，水溶性を示す．水溶性デンドリマーは，機械的安定性に優れたミセル様の物質として，生医学材料への応用が考えられている．また，疎水性の内部空間へのゲスト取込み能を利用し，薬物送達系(ドラッグデリバリーシステム)への応用が試みられている．

一方，高世代のデンドリマーのコアに導入された機能性官能基は，孤立空間内に隔離されることで，興味深い性質を示すことがある．たとえば，デンドリマーを用いることにより，タンパク質により三次元的に保護された酵素の活性中心を模倣することができる．また，不安定な高反応性化学種の物理的安定化など，興味深い応用例も報告されている．一方，表面官能基やビルディングブロックとして導入された機能団の空間特異的な集積化に基づく協同効果も報告されている．

12・6・3　デンドリマーの応用

デンドリマーの応用は多岐にわたっており[1〜3]，以下にその代表例を紹介する．

表面に触媒を担持したデンドリマーが報告されている．反応後の分離を容易にし，再利用を可能にすることを目的として，鎖状高分子への触媒の担持が長らく研究されてきたが，多くの場合，触媒が高分子鎖内部に埋もれてしまい，活性の低下が避けられなかった．これに対し，デンドリマー表面に触媒を担持した場合は，触媒部位が反応系に常に接しているため，触媒本来の活性が維持される．その代表例として，ニッケル，パラジウム，ロジウム，ルテニウムなどを表面に担持した Kharash 付加用デンドリマー触媒が合成されており，ナノポアフィルターを用い，工業的なバッチプロセスへの応用も検討されている(図12・9)．

酸素運搬・貯蔵を行うヘムタンパクやヘモシアニンを模倣したデンドリマーが報告されている(図12・10)．これらの例では，それ自身では不安定な酸素錯体を，デンドリマーが立体的に保護することによって，長寿命化を実現している．コアに触媒官能基を有するデンドリマーを用いると，デンドリマーと基質や生成物との親水性あるいは疎水性相互作用により，反応効率が著しく高まる場合がある．たとえば，デンドリマーが疎水的な内部環境を有する場合，極性の低い基質がデンドリマー内部に効率よく取込まれる．反応によりその基質が極性の高い生成物に変換されると，ただちにデンドリマー内部から放出され，次の基質の取込みを容易にする．一方，デンドリマーの内部空間に多数の金属イオンを取込ませ，それらを還元することにより，ナノクラスターが合成されている．それらはデンドリマー組織に包まれているので会合しにくい．こうして合成された貴金属ナノクラスターは，水素化反応において高い触媒活性を示す．また，共役ポリマーを内包した水溶性デンドリマーを光増感剤とする水の光還元と水素発生が報告されている．共役ポリマーは，一般に溶解度が低く会合を起こしやすい．会合は励起状態の消光につながり，特に水中ではそれが顕著であるため，共役ポリマーを光増感剤とした研究はきわめて限られていた．一方，巨大なデンドリマーに包まれた共役ポリマーは会合による消光を起こしにくいため，水の光還元反応の量子収率は著しく高くなる．

光捕集アンテナ機能を有するデンドリマーは，光エネルギーの有効利用の観点から注目されている．自然界の光合成中心では，多くのクロロフィル分子が互いに最適な位置関係に配列し，獲得した

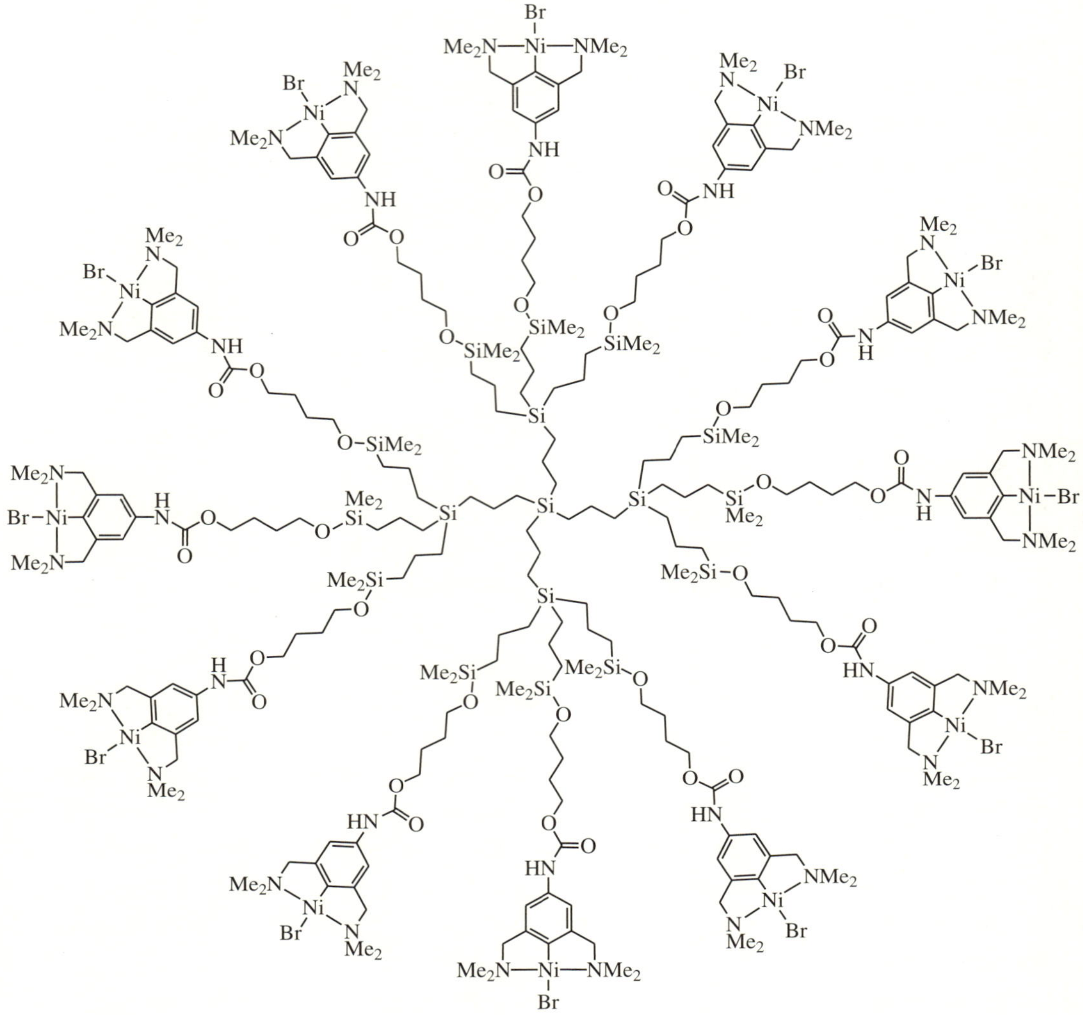

520 12. 高分子化学

図 12・9　金属触媒担持デンドリマー

図 12・10　コアにポルフィリンを有するポリベンジルエーテル型デンドリマーを用いるヘムタンパク質モデル

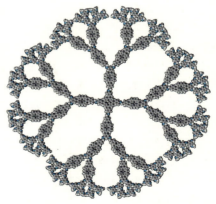

図 12・11　ポルフィリンをビルディングブロックとする可視光捕集デンドリマー

励起エネルギーをバケツリレーのように，目的の場所に高効率で運び込む．この観点から，クロロフィルに似たポルフィリンをビルディングブロックとするデンドリマーが合成され，期待したとおり中心部へのエネルギー移動が高効率で起こることが報告されている[8]（図 12・11）．

それ自体でナノスケールの大きさを有するデンドリマーを自己組織化させ，メゾスケールの分子集合体へと導くことができる．分子集合体の構造は，デンドリマーの化学構造に大きく依存する．特に表面官能基として長鎖アルキル基を有する扇形デンドリマーは，van der Waals 相互作用により，タバコモザイクウイルスのようなカラム状に集積しやすく，一方，コーン状のデンドロンは球状ウイルスのような形状の分子集合体を与えやすい．分子集合体の形成には，水素結合や金属配位結合なども使用可能である．

以上，デンドリマーの応用例を紹介したが，これらは膨大な研究報告の中のごく一部にすぎない．生医学材料の開拓[9]など，今後の幅広い展開が期待される．

参 考 書

重合反応に関する一般的参考書
・“基礎高分子科学”，高分子学会編，東京化学同人（2006）．
・“高分子の合成（上）（下）”，遠藤剛編，講談社（2010）．
・中建介，“高分子化学 合成編（化学マスター講座）”，中條善樹編，丸善（2010）．
・“デンドリティック高分子——多分岐構造が拡げる高機能化の世界”，青井啓悟，柿本雅明監修，NTS（2005）．

文 献

（§ 12・3）
1）R. R. Schrock, J. Feldman, L. F. Cannizzo, R. H. Grubbs, *Macromolecules*, **20**, 1169（1987）; G. C. Bazan, R. R. Schrock, H.-N. Cho, V. C. Gibson, *Macromolecules*, **24**, 4495（1991）.
2）T.-L. Choi, R. H. Grubbs, *Angew. Chem., Int. Ed.*, **42**, 1743（2003）.

（§ 12・4）
1）O. W. Webster, W. R. Hertler, D. Y. Sogah, W. B. Farnham, T. V. RajanBabu, *J. Am. Chem. Soc.*, **105**, 5706（1983）.
2）D. Benoit, V. Chaplinski, R. Braslau, C. J. Hawker, *J. Am. Chem. Soc.*, **121**, 3904（1999）.
3）J. S. Wang, K. Matyjaszewski, *J. Am. Chem. Soc.*, **117**, 5614（1995）; M. Kato, M. Kamigaito, M. Sawamoto, T. Higashimura, *Macromolecules*, **28**, 1721（1995）.
4）J. Chiefari, Y. K. Chong, F. Ercole, J. Krstina, J. Jeffery, T. P. T. Le, R. T. A. Mayadunne, G. F. Meijs, C. L. Moad, G. Moad, E. Rizzardo, S. H. Thang, *Macromolecules*, **31**, 5559（1998）.
5）T. Aida, S. Inoue, *Macromol. Chem., Rapid Commun.*, **1**, 677（1980）; T. Aida, S. Inoue, *Macromolecules*, **14**, 1162（1981）.
6）T. Yokozawa, T. Asai, R. Sugi, S. Ishigooka, S. Hiraoka, *J. Am. Chem. Soc.*, **122**, 8313（2000）.

（§ 12・5）
1）Y. Okamoto, T. Nakano, *Chem. Rev.*, **94**, 349（1994）.
2）野崎京子，檜山爲次郎，有機合成化学協会誌，**56**，645（1998）.
3）T. Nakano, Y. Okamoto, *Chem. Rev.*, **101**, 4013（2001）.
4）M. Suginome, Y. Ito, *Adv. Polym. Sci.*, **171**, 77（2004）.
5）E. Yashima, N. Ousaka, D. Taura, K. Shimomura, T. Ikai, K. Maeda, *Chem. Rev.*, **116**, 13752（2016）.

（§ 12・6）
1）J. M. J. Fréchet, D. A. Tomalia, “Dendrimers and Other Dendritic Polymers”, John Wiley & Sons, New York（2001）.
2）D. A. Tomalia, J. M. J. Fréchet, *Prog. Polym. Sci.*, **30**, 217（2005）.
3）W.-S. Li, W.-D. Jang, T. Aida, “Macromolecular Engineering: Precise Synthesis, Materials Properties”, ed. by K. Matyjaszewski, Y. Gnanou, L. Leibler, vol. 2, 1057, Wiley-VCH（2007）.
4）E. Buhleier, W. Wehner, F. Vögtle, *Synthesis*, **1978**, 155.
5）G. R. Newkome, Z.-Q. Yao, G. R. Baker, V. K. Gupta, *J. Org. Chem.*, **50**, 2003（1985）.

6) D. A. Tomalia, H. Baker, J. Dewald, M. Hall, G. Kallos, S. Martin, J. Roeck, J. Ryder, P. Smith, *Polym. J.*, **17**, 117 (1985).

7) C. J. Hawker, J. M. J. Fréchet, *J. Am. Chem. Soc.*, **112**, 7638 (1990).

8) M.-S. Choi, T. Yamazaki, I. Yamazaki, T. Aida, *Angew. Chem., Int. Ed.* (*Minireview*), **43**, 150 (2004).

9) U. Boas, J. B. Christensen, P. M. H. Heegaard, "Dendrimers in Medicine and Biotechnology: New Molecular Tools", Royal Society of Chemistry, Cambridge (2006).

付録 1　　計算化学: 有機反応への応用

近年，計算機の性能向上に伴って計算化学が著しい進歩を遂げており，測定機器と同様に身近な研究手法の一つとして浸透してきた．有機分子のような小規模な分子系からタンパク質など大規模な分子系を扱う計算化学の手法としては，1) 分子軌道法（MO 法），密度汎関数法（DFT 法），2) 分子力学法（MM 法），分子動力学法（MD 法）に大別することができる．これらは，1) では量子力学に基づいて電子状態をあらわに取扱うのに対して，2) では古典力学に基づくという違いがあり，目的や計算規模の大きさに応じて使い分ける必要がある．MO 法，DFT 法を用いれば，反応系における安定化合物（原料，中間体，生成物）のみならず，実験的に明らかにできないような不安定化学種から遷移状態（transition state: TS）まで，一定の理論的保証のもとに，それらの分子構造，電子状態，電荷分布，スペクトル，エネルギーなどを明確にして比較することができる．実際に，本書 II 巻で取上げているさまざまな有機反応に対しても，MO 法，DFT 法を活用することで，反応機構や選択性について分子レベルの理解が深められている．

ここでは，MO 法，DFT 法を中心に，おもに反応解析にかかわるトピックスを取上げている．MO 法，DFT 法を独習する，あるいは初めて研究に活用する際の一助となるように，最も汎用されている量子化学計算プログラムである Gaussian を実行する際に使うキーワードを示しながら，その計算の中で何が行われているかについて概説している．これをきっかけにして，計算化学の理論的背景をさらに学ぶ際には，多くの優れた成書が存在するので，そちらを参照してほしい．

1・1　計算化学の枠組み

量子力学に基づく MO 法，DFT 法と古典力学に基づく MM 法，MD 法について，それぞれの特徴を以下にまとめた．計算化学によって何を明らかにしたいかを明確にして，それに応じた適切な手法を選択することが重要である．

1) 分子軌道法（MO 法），密度汎関数法（DFT 法）

MO 法と DFT 法は量子化学計算の二つの大きな潮流である．どちらも分子の電子状態に対する Schrödinger 方程式を近似的に解く手法であり，多くの共通点があるが，その出発点が明確に異なっている．MO 法では，分子中のおのおのの電子の状態を表す 1 電子波動関数である分子軌道を用いて，多電子波動関数を近似的に記述する．それに伴って，多電子波動関数の Schrödinger 方程式を 1 電子波動関数の Schrödinger 方程式である Hartree-Fock（HF）方程式に帰着させて解くことが基本となる．さらに，HF 波動関数をもとに，電子間の相互作用をより厳密に取込んだ近似を導入することで，系統的に計算精度を向上させることができる．DFT 法では，空間座標の関数である電子密度の汎関数としてエネルギーを表し，その電子密度を 1 電子波動関数で表現する．さらに，1 電子波動関数に対する Kohn-Sham（KS）方程式を，HF 方程式の定式に準じて近似的に解いている．どちらの手法も，分子の平衡構造，遷移状態構造，電子状態，物性値（スペクトル）を計算する際に幅広く用いられている．MO 法では，高精度な計算を行うために多くの計算時間を必要とすることがしばしば問題となるが，DFT 法は計算精度と計算時間のバランスの良さから近年では汎用的な計算手法となっている．

2) 分子力学法（MM 法），分子動力学法（MD 法）

MM 法は，原子をボール，結合を伸縮可能なばねと見立てて，分子のエネルギーをそれらのばねのポテンシャルエネルギー関数として表し，それが極小となるように分子構造を最適化する手法である．

ポテンシャルエネルギー関数は，結合性相互作用エネルギー（伸縮エネルギー，変角エネルギー，ねじれエネルギー）と，非結合性相互作用エネルギー（van der Waals 力，Coulomb 力など）から構成されている．これらのエネルギー成分を記述する関数は，計算対象とする分子系や計算用途に応じてパラメーターで規定されており，分子力場（molecular force field）とよばれる．有機分子の分子力場については多くの研究成果があり，小分子からタンパク質

などの生体高分子まで幅広い分子系に対して，立体配座の解析や配座探索に用いられることが多い．Schrödinger 方程式を解く必要がなく，短い計算時間で安定な分子構造を得られるが，その構造は適用対象を再現するように分子力場で近似されたポテンシャルエネルギー面における分子構造であることには注意する必要がある．

MD 法は，Newton 運動方程式に基づいて原子の運動だけを扱い，分子の動きをシミュレーションする手法である．ほとんどの場合，分子力場を用いて原子どうしにはたらく相互作用を記述し，分子系を構成する一つ一つの原子に対する運動方程式を数値的に解くことにより，それらの位置や速度の時間変化を追跡することができる．立体配座の解析や熱力学的な性質を調べることはもちろん，時間軸に沿って原子を動かすため，対象とする分子系の時間変化や非平衡状態などの動的な性質を解析することができる．一般に 10^5 原子程度の分子系(生体高分子，固体表面，溶液系など)に対して，ピコ(10^{-12})秒からナノ(10^{-9})秒スケールのシミュレーションを対象とすることが多い．

1・2 量子化学計算の概要

Gaussian などの汎用的な量子化学計算プログラムを用いて，計算手法の中身を知らなくても簡単に計算を実施できる時代が到来している．ただし計算結果を正しく評価し，効果的に活用するためには，どのような仮定(近似)に基づいて計算が行われているか，その計算手法の特徴について，ある程度理解しておく必要がある．量子化学計算の計算レベルは，"計算方法(A)" と "基底関数系(B)" の組合わせによって決まり，その組合わせは，"A/B" というように記載される(B3LYP/6-31G*，MP2/cc-pVDZ など)．さらに "A2/B2//A1/B1" のように // で区切られた場合には，A1/B1 が構造最適化手法を表し，A2/B2 がその構造を用いたエネルギー 1 点計算(座標を動かさない計算手法)を表す．量子化学計算の基礎知識として，"計算方法" と "基底関数" について，以下に概説する．

a. 計 算 方 法

分子の電子状態やエネルギーは，Schrödinger 方程式により記述することができる．相対論効果が重要となる重原子が含まれる場合には Dirac 方程式を適用すべきであるが，有効内殻ポテンシャル関数(後述)を用いて Schrödinger 方程式を適用することが多い．原子核を静止した質点として扱い，その周りを動く電子のみを記述する Born–Oppenheimer 近似のもとに原子核と電子の運動を分離し，多電子系の Schrödinger 方程式を解くと，エネルギー演算子(ハミルトニアン H)の固有関数として全電子波動関数 Ψ が，固有値として全電子エネルギー E が求められる．ここで H は，電子の運動エネルギー項 T_e と電子・原子核相互作用項 V_{ne} と電子間相互作用項 V_{ee} の和で表される．下式のかっこ内にそれぞれの項を原子単位系で示した．

Schrödinger 方程式　　$H\Psi = E\Psi$ 　　(1)

$$H = \underset{\substack{\text{電子の運動}\\ \text{エネルギー項}}}{T_e} + \underset{\substack{\text{電子・原子核の}\\ \text{引力エネルギー項}}}{V_{ne}} + \underset{\substack{\text{電子間の反発}\\ \text{エネルギー項}}}{V_{ee}}$$

$$\left(T_e = -\frac{1}{2}\sum_i \nabla_i^2 \quad V_{ne} = -\sum_i\sum_A \frac{Z_A}{r_{iA}} \quad V_{ee} = \sum_{i>j}\frac{1}{r_{ij}} \right)$$

T_e と V_{ne} については，一つの電子の座標にのみ依存しているため，比較的容易に計算することができる．一方，V_{ee} については複数の電子の座標に依存するために厳密に計算することができない(図 1a)．したがって，多電子系の Schrödinger 方程式を正確に解くことはできないが，V_{ee} に適切な近似を施すことにより，化学が要求する精度の解を得ることができる．その近似的解法の開発と体系化の足跡は，量子化学の発展の歴史そのものといえる．電子間相互作用を近似的に扱うための基本的な考え方に，"分子内の一つの電子が他の電子と原子核によってつくられる平均場の中を独立に運動する" という近似がある(独立電子近似または HF 近似，図 1b)．この近似によって，複数の電子の座標に依存する電子間相互作用が一つの電子の座標だけに依存する形となり，多電子系の Schrödinger 方程式を近似的に解くことが可能となる．

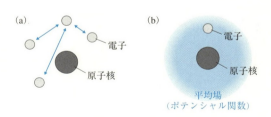

図 1 　(a)実在と(b)独立電子近似における電子間相互作用の扱い方の違い

独立電子近似のもとに，V_{ee} を一つの電子の座標にのみ依存するポテンシャル関数に置き換え，(1)式を 1 電子波動関数に関する方程式に帰着させた近似方程式が HF 方程式である．このポテンシャル関数は，電子間の Coulomb 反発を記述する古典力学的な電子間相互作用項 V_C と Pauli の排他原理に基づく交換相互作用を記述する量子力学的な電子間

相互作用項 V_X の和で表される．Schrödinger 方程式の代わりに HF 方程式を解く方法が HF 法であり，Schrödinger 方程式の近似的解法の起点となる重要な手法である．

$$\text{Schrödinger 方程式} \xrightarrow{\text{独立電子近似}} \text{Hartree-Fock 方程式}$$
$$H\Psi = E\Psi \qquad V_{ee} \to [V_C + V_X]$$
$$(H = T_e + V_{ne} + V_{ee}) \qquad \text{Coulomb 交換相互}$$
$$\text{反発項 作用項}$$

HF 法 ↓ 電子相関の導入
CI 法（CISD, Full-CI）
MP 法（MP2, MP4）
CC 法（CCSD(T)）

表1 MO 法の特徴

計算手法	計算精度と計算時間のバランス	最適化分子構造の精度	弱い分子間相互作用を含む分子系	遷移金属を含む分子系
HF	○	△	×	×
CISD	△	○	○	○
MP2	○	○	○	△
MP4	△	◎	○	△
CCSD(T)	×	◎◎	◎	◎

一方，実際の電子は，Coulomb 反発により互いに近づかないように相関しながら運動している．独立電子近似に基づく HF 法では，互いに相関しながら運動する電子を表現することができない．このような，厳密な電子間相互作用と平均場で近似された電子間相互作用のずれは電子相関とよばれ，エネルギーの定量性に大きく影響することが知られている．特に HF 法では，異なるスピンをもつ電子間の接近が許容されて電子が接近しすぎるために，Coulomb 反発エネルギーを過剰に取込むことや，電荷が偏った結果としてイオン性が過大評価される傾向がある．電子相関に由来する電子相関エネルギー E_{corr} は，本来の Schrödinger 方程式によるエネルギー E_{exact} と HF 法のエネルギー E_{HF} の差として定義され，$E_{corr} = E_{exact} - E_{HF}$ と表される．分子のエネルギーや電子状態をより正確に論じるためには，電子相関エネルギーを考慮する必要がある．

特に，電子の相関運動に起因する分散力（詳細については後述）などの弱い分子間相互作用をもつ分子系，不対電子が互いに相互作用しているビラジカル，複核金属錯体などの電子状態を単一の配置で表すことが困難な（多配置性をもつ）分子系，さらには結合形成や開裂によって反応前後で電子分布が大きく変化する化学反応や遷移状態を扱う際には，電子相関の問題が重要になる．その場合には，HF 法の波動関数が表す基底電子配置に励起電子配置を取込むことで，電子相関エネルギーを考慮することができる．よく使われる計算方法は，配置間相互作用（configuration interaction: CI）法，Møller-Plesset（MP）摂動法，結合クラスター（coupled cluster: CC）法の三つに大別される．これらの計算方法の概略を表1にまとめた．それぞれの詳細については成書を参照いただきたい．

DFT 法は，対象とする分子の電子密度が与えられれば，そのエネルギーが確定するという Hohenberg-Kohn 定理に基づき，HF 法に準じて定式化されている．DFT 法と HF 法の違いは，HF 方程式における電子間の交換相互作用項 V_X を交換相関汎関数 V_{XC} に変えた Kohn-Sham（KS）方程式を解く点にある．V_{XC} は，電子密度のポテンシャル汎関数であり，一定の電子相関を考慮することができる．これは，DFT 法が HF 法と同程度の計算時間で，電子相関を考慮した計算を実行可能であることを意味している．しかしながら，V_{XC} の正確な形は不明であり既知の関数形を用いて近似するため，実際には KS 方程式を近似的に解くことになる．このため DFT 法の計算精度は V_{XC} の質に依存することになり，系統的な精度の向上がむずかしいという点に注意が必要である．これまでにさまざまな形の交換相関汎関数が開発されているが，近年では，交換汎関数に HF 法の交換相互作用部分を一定の割合で組込んだ混成（hybrid）汎関数がよく用いられている．特に，B3LYP は最もよく使われている混成汎関数の一つであり，実測値の再現性が高い DFT 法として汎用的に用いられている．これらの交換相関汎関数の改良の歴史や詳細については，成書を参照していただきたい．なお，HF 方程式における分子軌道に対応するものが，KS 方程式における KS 軌道であ

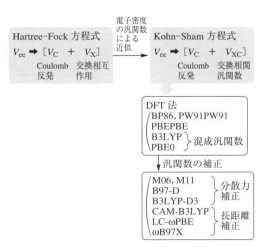

るが，両者は定性的によい一致を示すことが知られている．また DFT 法には，一般的に，HOMO-LUMO ギャップや活性化エネルギーを過小評価し，結合エネルギーを過大評価する傾向がある．

B3LYP をはじめとする一般的な DFT 法では，分散力に由来する π-π 相互作用，CH-π 相互作用などの弱い分子間相互作用を再現することができない．分散力とは，電子分布のゆらぎに由来する瞬間的な双極子モーメントと，それによって生じた電場に誘起された双極子モーメントとの間の相互作用である．分散力を正しく評価するためには，離れた多電子間が影響する電子相関の考慮が必要となる．したがって，原理的に長距離間の電子の交換や離れた電子間の電子相関を考慮しない一般的な DFT 法では，分散力を再現することができない．最近では，それらの効果を考慮するために "分散力補正" や "長距離補正" を組込んだ汎関数が開発されている．分散力補正には，交換相関汎関数の形そのものを修正する方法やポテンシャル関数によってエネルギー補正する方法として，DFT-D 汎関数（B97-D, B3LYP-D3 など）や Mx 汎関数（M06, M11 など）がよく用いられている．しかしながら，これらの方法には半経験的パラメーターが多く導入されており，計算結果が半経験的パラメーターの値や組合わせに依存するため，対象とする分子系によっては必ずしも物性や化学反応の再現性がよいとは限らないことに注意すべきである．長距離補正には，電子の交換相互作用を短距離成分と長距離成分とに分割して補正する LC 法として LC-BOP, LC-ωPBE や，パラメーターが組込まれた分割に基づいて B3LYP を長距離補正した CAM-B3LYP，半経験的汎関数である B97 を長距離補正した ωB97X, ωB97XD などがある．これらの長距離補正は，励起状態，光学応答物性，大規模系の計算で特に有効であることが知られている．このように，交換相関汎関数はそれぞれに特長と問題点をもっているため，実際に計算する際には扱う

分子系や得たい情報について計算をしている過去の報告例を参考にするとよい．

b. 基 底 関 数

MO 法や DFT 法における 1 電子波動関数である分子軌道や KS 軌道は，分子を構成する原子の原子軌道の線形結合で近似的に記述され〔LCAO（linear combination of atomic orbital）近似〕，原子軌道を "基底関数（basis function）"，分子全体の基底関数の組合わせを "基底関数系（basis set）" とよぶ．一般的な量子化学計算では，分子積分の計算が容易な Gauss 型軌道（Gaussian-type orbital: GTO）が用いられるが，GTO は原子核近傍と遠方において実際の電子分布からの差が大きくなるため，複数の GTO を線形結合させることにより，原子軌道の記述を改善している．線形結合の比を決めてひとまとまりにした GTO を縮約 Gauss 型軌道（contracted GTO: CGTO）とよび，その成分である個々の GTO を原始（primitive）GTO とよぶ．GTO の縮約の方法や組合わせに応じて，さまざまな基底関数系が存在し，計算精度も変化する．よく用いられる基底関数系を表 2 にまとめる．

double zeta・triple zeta 基底関数系　double zeta 基底関数系（DZ）では各電子殻に二つの CGTO を割当て，triple zeta 基底関数系（TZ）では各電子殻に三つの CGTO を割当て，それぞれ原子核に近い内側と離れた外側に広がりの中心をもたせて組合わせることで波動関数を記述する．図 2(a) に示すように，複数個の CGTO に対して，線形結合の割合 λ を分子の環境に合わせて最適化することにより，原子軌道の拡張，収縮を記述できる．割当てる CGTO の数が多いほど，それらの線形結合で得られる原子軌道の自由度が向上するため，double zeta 基底関数系よりも triple zeta 基底関数系の方が計算精度は高くなる．"〜G" で表される Pople らの split valence 基底関数系は，内殻軌道に一つの CGTO を割当て，

表 2　基底関数系の例

	Pople (split valence) 基底関数系	Huzinaga–Dunning 基底関数系	Dunning correlation consistent 基底関数系
DZ＋分極関数（DZP）	6-31G(d) 6-31G(d, p)	D95(d) D95(d, p)	cc-pVDZ
DZP＋diffuse 関数	6-31＋G(d) 6-31＋＋G(d, p)	D95＋(d) D95＋＋(d, p)	aug-cc-pVDZ
TZ＋分極関数（TZP）	6-311G(d, p) 6-311G(2d, p) 6-311G(2df, 2pd)		cc-pVTZ
TZP＋diffuse 関数	6-311G＋(d, p) 6-311G＋＋(2d, p) 6-311G＋＋(2df, 2pd)		aug-cc-pVTZ

(a) double zeta 基底関数

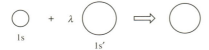

(b) 分極関数

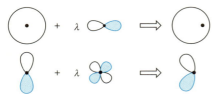

図 2 基底関数の効果

分子構造や反応に大きく影響する外殻軌道に複数個のCGTOを割当てる基底関数系であり，最も汎用的に用いられている．"D～"で表されるHuzinaga-Dunningのdouble zeta基底関数系では，内殻軌道についても二つのCGTOを割当てており，full double zeta基底ともよばれる．"cc-pVXZ（X = Dはdouble zeta, X = T は triple zeta）"で表されるDunningのcorrelation consistent基底関数系は，分極関数（後述を参照）を含んで効率的に電子相関を取込むことができる近似の高い基底関数系であり，分子間相互作用エネルギー計算や励起状態計算に用いられることが多い基底関数系である．

分極関数（polarization function）　原子間に結合が生成するときにひき起こされる電子分布のひずみを表すために付け加えられる基底関数である．原子価殻の基底関数よりも軌道角運動量の大きな軌道関数（s軌道に対してはp軌道，p軌道に対してはd軌道）を取込むことで図2(b)のように，s軌道やp軌道の変形を表すことができる．

diffuse 関数　アニオン種のように，電子分布が原子核からより離れた領域に広がっている場合，空間的な広がりを記述する軌道（diffuse関数）を基底関数系に組込む必要がある．Rydberg状態を表す場合にも同様の軌道が必要である．また，励起状態の計算や電子相関をうまく取込むために用いる場合もある．

有効内殻ポテンシャル関数　分子の化学的性質（化学結合や反応など）には重要でない内殻電子をポテンシャル関数で近似することで，取扱う基底関数の数を減らして計算時間を短縮できる．そのような関数は，有効内殻ポテンシャル（effective core potential: ECP）関数とよばれる．遷移金属などの重原子の場合には，相対論効果によって内殻電子軌道が収縮して原子核の正電荷が遮蔽され，価電子軌道が外側に広がるため，化学的性質への影響が無視できなくなることが知られている．ECPでは，このような相対論効果についてもパラメーターとして取込むことが可能であり，特に第5周期以降の原子に対しては有効である．最も汎用されているECPとしては，double zeta基底関数系に相当するLANL2DZやSDDなどがある．

さまざまな基底関数系の例を表2に示す．split valence基底関数系の"m-n1G"または"m-n11G"におけるmとnは，それぞれ内殻軌道と内側の原子価軌道を表すCGTOのGTOの数であり，後ろの1は外側の原子価軌道が1個のGTOで表されることを示している．double zeta基底関数系に分極関数を加えたものが"DZP"と略称されるものである．D95は9個のs型GTOと5個のp型GTOからなる基底関数系である．6-31G(d)は6-31Gの第2, 第3周期の原子にd軌道を加えた基底関数系，6-31G(d, p)はさらに水素原子にp軌道を付け加えた基底関数系である．これらはそれぞれ，6-31G*, 6-31G** と表されることも多い．diffuse関数を加えた場合には，+やaugという記号が使われる．たとえば，6-31+G* は6-31G* の第2周期以降の原子にdiffuse関数を加えたもの，6-31++G* はさらに水素原子にもdiffuse関数を加えたものを意味する．

1・3　量子化学計算の応用：反応解析を中心に

§4・1で示したように，ある分子系の構造変化に伴って生じるエネルギー変化は，ポテンシャルエネルギー面（potential energy surface）で表される（図3）．N個の原子で構成される分子系には，$3N-6$個の内部自由度があり（直線分子では$3N-5$個），ポテンシャルエネルギー面は，それらと同数の互いに独立な内部座標rの関数$E(r)$として表される．多くの場

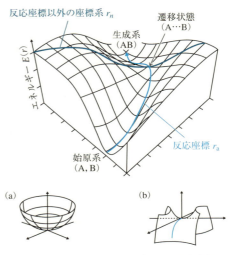

図 3　ポテンシャルエネルギー面と反応座標

合に，ポテンシャルエネルギー面は，分子系における独立な内部座標の二つに対して，エネルギーをプロットした三次元曲面として表現される．図3に示した反応系（A + B → AB）のポテンシャルエネルギー面において，構造最適化（geometry optimization）によって求められる定常点は，原子にはたらく力が0（計算上は一定の閾値以下）になる平衡構造（A，B，AB）と遷移状態（A⋯B）である．平衡構造は，その周辺領域の中で最もエネルギー的に安定となるため，ポテンシャルエネルギー面の形状はお椀形のように考えるとイメージしやすい．化学反応は一般的にエネルギー損失が少ない経路に沿って進むため，ポテンシャルエネルギー面の安定な谷部分を通って，始原系（A，B）から生成系（AB）に至る．この経路を反応座標 r_a とよび，始原系から生成系の間の峠に相当する反応座標上のエネルギー極大点が遷移状態である．通常よく目にする反応のエネルギー曲線は，反応座標に沿ったポテンシャルエネルギーの変化である．遷移状態の周辺領域では，反応座標に沿った構造変化（r_a方向の変位）に対してはエネルギーが低下して，より安定な構造への構造変化をもたらし，それ以外の内部座標に対する構造変化（r_n方向の変位）に対してはエネルギーが増大して，復元力が働くことになる．したがって，遷移状態の周辺領域のポテンシャルエネルギー面の形状は，鞍形のように考えるとイメージしやすい．このようなポテンシャルエネルギー面の描像をイメージしながら，平衡構造，遷移状態の構造やエネルギーを解析することが，量子化学計算による反応解析の基本となる．

a. 構造最適化計算

量子化学計算では，構造最適化計算によって分子の平衡構造などの定常点を求め，それらのエネルギーを計算する．具体的には，入力した初期構造を始点としてエネルギーとエネルギー微分を計算し，対象とする分子の構成原子をエネルギーが低くなる方向へ動かす作業を繰返しながら，エネルギー勾配と原子の変位を十分に小さくしていく（エネルギー微分法）．この手法によって，ポテンシャルエネルギー面の全体像がわからなくても，初期構造の情報だけから構造最適化が可能となっている．構造最適化計算では，常にエネルギーが低くなる方向へと進むため，基本的にはエネルギー障壁を越えて対象とする分子の安定構造に収束することはできない．構造最適化によって得られる平衡構造は，初期構造からの局所安定構造（local minimum）であり，最安定構造（global minimum）とは限らないことに注意する必要がある．Gaussianでは，"Opt"のキーワードを用いることで構造最適化計算を行う．

b. 振動数計算

分子の運動には，並進運動，回転運動，振動運動がある．構造最適化計算で得られた平衡構造やエネルギーには，分子の振動運動は考慮されていない．実際には，原子が平衡位置からずれるとエネルギーが増大してもとの平衡位置へ戻そうとする復元力が働いて振動し，さらに引離されると結合が切れて解離する．したがって，分子の振動運動のエネルギーは，非調和なポテンシャル関数となるが，構造最適化された平衡構造の近傍の振動は，分子を構成する原子が力の定数（ばね定数）k のばねで結びついた調和振動子としてモデル化することができる（調和近似，図4）．したがって，振動運動における復元力 F は $F = -kx$ で記述され，その振動ポテンシャル V は $F = -dV/dx$ より $V = 1/2\,kx^2$（x は平衡位置からの変位），振動数 ν は $\nu = \frac{1}{2\pi}\sqrt{\frac{k}{m}}$ で表される（m は換算質量）．安定な平衡構造の場合は，あらゆる内部座標に対してポテンシャルエネルギー面が下に凸（$d^2V/dx^2 = k > 0$）となって，すべての振動モードの振動数は実数となる．一方，遷移状態では，反応座標 r_a に対してのみポテンシャルエネルギー面が上に凸（$d^2V/dx^2 = k < 0$）で，それ以外の内部座標 r_n（$n \neq a$）に対して下に凸であるため，反応に対応する一つの振動モードのみ虚数の振動数となり，それ以外のすべての振動モードは実数の振動数となる．得られた最適化構造が平衡構造か遷移状態なのかを確定するためには，構造最適化計算と同じ計算レベルで振動数計算を行わなければならない．特に遷移状態では，虚数の振動数が求めたい反応座標に沿ったものであることを確認しなければならない．また，振動モードや振動数から実験で得られた振動スペクトルとの比較を行えるだけでなく，熱力学量（零点エネルギー，内部エネルギー，エンタルピー，エントロピー，Gibbs自由エネルギー）を算出することができる．Gaussianでは，"Freq"のキーワードを用いて振動数計算を行う．構造最適化計算に比

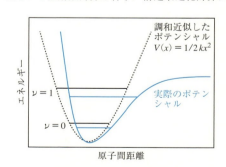

図4　振動運動の調和近似

べて，計算時間，メモリー，ディスク容量などを多く消費することに注意が必要である．

c. 遷移状態の構造最適化計算とIRC計算

遷移状態は平衡構造と同様に定常点であるが，反応座標r_aに対してのみエネルギー極大点で，それ以外の内部座標$r_n (n \neq a)$に対してはエネルギー極小点という特殊な構造である．そのため，平衡構造に比べて遷移状態の構造最適化は格段にむずかしくなる．以下に遷移状態の構造最適化の大まかな流れを示す(詳細は後述のコラムを参照)．まず想定される反応機構に基づき，遷移状態における結合の生成や開裂を考慮した初期構造を作成する．ポテンシャルエネルギー面をイメージしつつ，反応座標に乗るまで部分的な構造最適化計算を行った後(手順1)，力の定数を求めるために振動数計算を行い(手順2)，力の定数を読込んで虚の振動モードが示すポテンシャルエネルギー面が上に凸となる方向に向かって構造最適化計算を行うことで(手順3)，遷移状態を求めることができる(図5)．

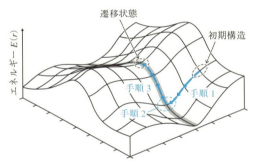

図5　遷移状態(TS)の構造最適化計算の手順

構造最適化された遷移状態が，始原系と生成系を結ぶ望みの遷移状態であることは，IRC(固有反応座標 intrinsic reaction coordinate)計算によって確認することができる．IRC計算では，遷移状態を出発点として，虚の振動モード(反応座標)に沿ったエネルギー的に最も安定な反応経路(固有反応座標)が求められる．Gaussianでは，"IRC"のキーワードを用いて，IRC計算を行う．IRC計算を行う際には，"IRC=(Rcfc, Maxpoints=n, Stepsize=m, ForwardまたはReverse)"を入力して，力の定数の読込み(Rcfc)，IRC計算における構造探索の最大回数(n)，構造探索するステップ幅(m)，反応経路の向き(正反応：Forward，逆反応：Reverse)を指定することができる．

d. 溶媒効果の計算

量子化学計算では，計算対象を気相中の孤立分子として扱っているため，溶液中の分子や化学反応を扱う際には，溶媒効果を考慮した計算が必要となる場合がある．溶媒効果を取込む方法は，溶媒分子そのものを扱う方法(explicit solvent model)と，溶媒分子を連続誘電体がつくる静電場として近似する方法(implicit solvent model)の二つに大別される．より簡便に溶媒効果を考慮することができるのは後者の方法であり，溶質分子を適当な大きさや形をもつ連続誘電体中の空孔に置いて，溶質分子と誘電体(溶媒)の間の静電相互作用として溶媒効果を取込んでいる(図6a)．このとき，溶質分子の電荷分布に応じて周辺の誘電体は分極し，この変化が再び溶質分子の電子構造に影響を与えるが，自己無撞着反応場(self-consistent reaction field：SCRF)理論に基づき，最終的に自己矛盾がないように計算される．このような連続誘電体近似の方法には，溶質分子が入る空孔の形状や静電相互作用の取扱い方によってさまざまな手法がある．その中でも，分子形状に準じた空孔を用い，空孔表面上に分布した電荷との静電相互作用を扱うPCM(polarizable continuum model)法は，最適な手法の一つであり最も汎用されている．Gaussianでは，"SCRF=(PCM, Solvent=water, acetonitrile, ethanol, tolueneなどを任意に指定)"のキーワードを，エネルギー1点計算，構造最適化計算，振動計算に合わせて用いることで，それぞれの計算に対してPCM法を適用する．連続誘電体近似の方法は簡便に溶媒効果を取込むことができるが，溶質分子と誘電体との間の静電相互作用が，任意性のある空孔の形状の影響を受けやすいことや，溶液中では原子や分子の運動が制限されるため，振動計算の精度には問題が残ることに注意する必要がある．また，溶媒分子そのものを扱っていないため，水素結合のような局所的な分子間相互作用が重要となる溶媒効果を取扱うことができない．このような場合，溶媒分子を溶媒和の影響が大きいと考えられる部位に局所的に配置して，その全体を連続誘電体近似のもとに計算で取扱う方法もありうるが，溶媒分子の個数や配置に計算結果が大きく依存する点に注意が必要である．さらに近年では，膨大な数の溶

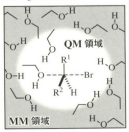

図6　溶媒効果を考慮した量子化学計算

媒分子そのものを扱う方法として，MD法やモンテカルロ法(MC法)により分子力場に基づいてさまざまな配置，配向を発生させ，それらがつくる静電場を溶質分子の量子化学計算に反映させるQM/MM法も用いられるようになっている(後述，図6b).

e. 励起状態計算

光反応の経路探索や紫外–可視吸収スペクトルの再現や予測などを行う際には，対象とする分子系において，電子がエネルギー準位の高い軌道に遷移した励起状態を計算する必要がある．励起状態では，電子配置が基底状態とは異なるため，最適な軌道の形状やエネルギーが変化している(図7a, b)．したがって，基底状態の軌道のみを参照して励起状態や励起エネルギーを議論することは適切ではない．量子化学計算では，基底状態で求めた軌道に基づき，電子遷移して得られる複数の電子配置を用いて励起状態を近似している(図7c)．最も単純な励起状態計算として，1電子励起のみを考慮したCIS(configuration interaction singles)法やTD-DFT(time-dependent DFT)法があり，それらの計算精度はHF法とDFT法に対応している．CIS法では電子相関が含まれていないため，吸収スペクトルの再現などでも定量性に欠けた計算結果を与えることが多い．一方，TD-DFT法は，原理的に電子相関を含むDFT法に基づくため，計算精度と計算時間のバランスがよく，近年，励起状態の計算では最も汎用的に用いられている方法である．対象とする分子の構造や物性，スペクトルの種類に応じて，精度よく計算できる汎関数が異なることもあるため，類似の研究例などを参考にするとよい．一般的に，小分子や芳香族系のπ→π*遷移のように，基底状態と励起状態で電子密度の変化が小さい価電子励起に対しては，励起エネルギーや振動強度などの実験結果を比較的よく再現できる．しかしながら，両者の電子密度の変化が大きい電荷移動遷移やRydberg遷移の励起エネルギーについては過小評価する傾向があり，これらの問題に対しては，ωB97XDやLC-BOPなどの長距離相互作用を考慮したDFT法を用いてある程度改善することができる．Gaussianでは，構造最適化した座標に対して，"TD"のキーワードをDFT法に合わせて用いることで，TD-DFT法による励起状態の計算を行う．その際，"TD = Singlets, Triplets, 50-50を任意に指定"のキーワードを入力して，それぞれ励起一重項状態(Singlets)，励起三重項状態(Triplets)，両方の励起状態(50-50)を計算することができる．また，"TD = (Nstates = n)"のキーワードを入力して，励起エネルギーの小さい側(長波長側)からn番目(n本の吸収バンド)までの励起状態に対して，それぞれの励起電子配置に対応する励起エネルギー，振動子強度を計算することができる．より精密で高精度な励起状態計算を行う場合には，計算時間が大幅に増大するが，SAC-CI法やEOM-CC法などを用いるとよい．

1・4　量子化学計算の展開

a. マルチスケール法

近年，タンパク質などの巨大分子系に対して十分な計算精度を保ちつつ，計算時間を軽減するため，注目する化学現象にかかわる重要部分を結合の開裂，生成や精密な相互作用解析が可能な量子化学計算(QM)で扱い，それ以外の部分や溶媒和部分を古典的な分子力学法(MM)で扱うマルチスケール法が開発された．マルチスケール法は生体高分子系だけでなく，有機金属錯体の触媒反応や固体表面での触媒反応，溶液中での反応機構など多岐にわたって応用されており，その実績が評価され，2013年のノーベル化学賞は，"複雑化学系のマルチスケールモデルの開発"として，QM/MM法の原案を開発したM.Karplus，M.Levitt，A.Warshelに授与されている．さまざまなマルチスケール法が提案されているが，最も汎用されている手法として，QM/MM法とONIOM法がある(図8)．QM/MM法は，対象とする分子系全体を，QMで扱う部分，MMで扱う部分，および両者の相互作用の和で表す加算法であり，ONIOM法は，対象とする分子系におけるリアル系の高精度計算(real, High)を，リアル系に対する精度の低い計算(real, Low)と，重要部分を切出したモデル系に対する高精度計算(model, High)と精度の低い計算(model, Low)の組合わせから求める外挿法(差分法)である．ONIOM法では，High/Lowの組合わせとして，QM/MMだけでなく計算レベルの異なるQM/QM(非経験的MO/経験的MO，MP2/HF，DFT/HFなど)を適用することも可能である．さらに，図8に示した2層型だけでなく3

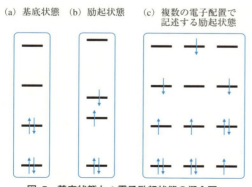

図7　基底状態と1電子励起状態の概念図

層型に拡張することができるため，MMだけでは近似が不足する場合やより詳細な分割が必要な場合に有効である．

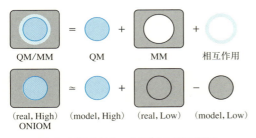

図8 マルチスケール法（上：QM/MM，下：ONIOM）の概念図

b. GRRM法とAFIR法

図3に示したようなポテンシャルエネルギー面の全体像を把握できれば，対象とする分子系に潜在するあらゆる平衡構造やそれらを結ぶ反応経路を理解することができる．ポテンシャルエネルギー面を全面探索するには膨大な計算時間がかかるため，通常は重要だと思われる領域に絞込んで解析することになるが，X線構造解析やNMR解析などで実験的に明らかにされた構造でない限り，そこには常に恣意的な推定が含まれることになる．近年になって，GRRM(global reaction route mapping)法が開発され，初期構造に依存することなくポテンシャルエネルギー面上の反応経路の全面探索が可能となった．これは，ポテンシャルエネルギー面の極小点近傍において，化学反応が起こる方向（遷移状態が存在する方向）に対して非調和下方ひずみ（anharmonic downward distortion：ADD）が極大となる原理に基づいた経路探索法である（図9）．GRRM法を用いれば，ポテンシャルエネルギー面上の全面経路探索が可能となるが，計算時間が原子数の増加とともに急激に増大する．Hammondの仮説に基づくと，より安定な平衡構造を与える反応経路は遷移状態の活性化エネルギーが小さく化学的に重要度が高くなる．遷移状態の活性化エネルギーが小さいほど，ADDは大きくなると考えられるため（ADD^1 > ADD^2），大きなADDをもつ反応経路についてのみ効率的に探索を行うこともできる．

安定な平衡構造が経路探索の起点となるGRRM法は，複数の基質が触媒分子や溶媒分子と相互作用しながら反応する経路探索には向いていないため，そのような反応経路の探索法として，AFIR(artificial force induced reaction)法が開発され，GRRM法と相補的に用いることによって，あらゆる化学反応の経路探索が可能になりつつある．複数の基質(A，B)が反応して生成物(AB)を与える反応系(A + B → AB)を考えると，反応途中にエネルギー障壁がある場合のポテンシャルエネルギー面は$E(r_{AB})$のようになり，基質を恣意的に近づけない限り生成物には至らない（図10a）．AFIR法では，$E(r_{AB})$に対して人工力項αr_{AB}を加えることでAとBの間に一定の引力を加えたポテンシャルエネルギー面として$F(r_{AB})$を考え，$F(r_{AB})$のエネルギー極小化を実行することでABを得る方法である（図10b）．エネルギー極小化の過程を確認することで遷移状態に近い構造も特定することができるため，AとBの基質の組合わせの情報のみからABの生成経路を自動探索することが可能となったといえる．実際には，人工力の大きさや加える部位を注意深く指定して実行する必要がある．

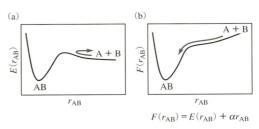

$$F(r_{AB}) = E(r_{AB}) + \alpha r_{AB}$$

図10 AFIR法の概念図

1・5 計算化学を活用した反応解析の実例：BINOL-リン酸触媒の立体制御機構

II巻§4・6・5で取上げたBINOL-リン酸触媒〔図11の(I)〕による不斉還元反応を例にして，実際の活用事例を紹介する．BINOL-リン酸触媒は，Brønsted酸部位と塩基部位をあわせもち，それらの活性化点の近傍にBINOL骨格の3,3'位置換基Xに由来するC_2対称な不斉反応場をもつ．BINOL-リン酸触媒によるベンゾチアゾリンを用いたケトイミンの不斉還元反応では，触媒の3,3'位置換基Xだけでなくベンゾチアゾリンの2位置換基Rも立体

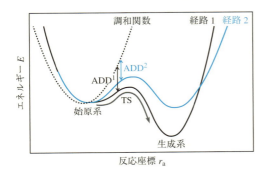

図9 GRRM法の概念図．ADD^1 > ADD^2

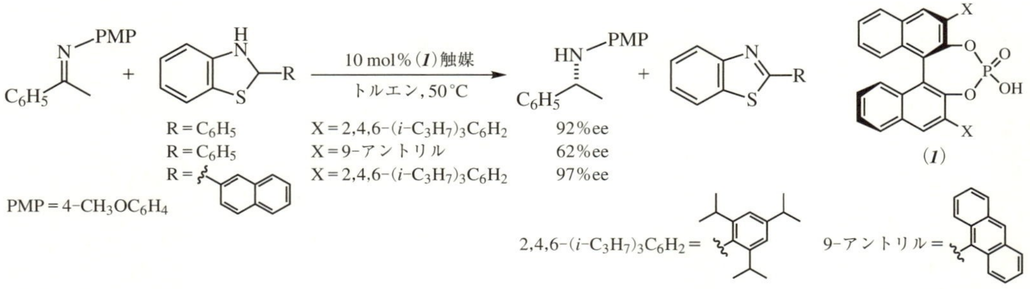

図 11 BINOL-リン酸触媒 (1) によるケトイミンの不斉還元反応

制御に影響する（図 11）. このような置換基効果の原因を明らかにするためには, どのように量子化学計算を進めればよいだろうか. 以下に, その手順と解明された立体制御機構について概説する.

　計算の対象とする反応系に対して過去の研究に類似の報告例があれば, その計算方法, 計算モデル, 遷移状態の構造を参考にするとよい. そのような例がない場合には, まず重要な部位を対象としたモデル系について計算し, エネルギー的に有利な遷移状態の構造を絞り込んだ後にリアル系に拡張して計算を行うと効率的である（図 12）. この反応例では, まずモデル系に対して相互作用様式や立体配置を考慮して, 可能性のある遷移状態を比較した. その結果, リン酸部位がケトイミンとベンゾチアゾリンを協奏的に活性化する 2 点配位型遷移状態がエネルギー的に有利であることが明らかとなった（図 13a）.

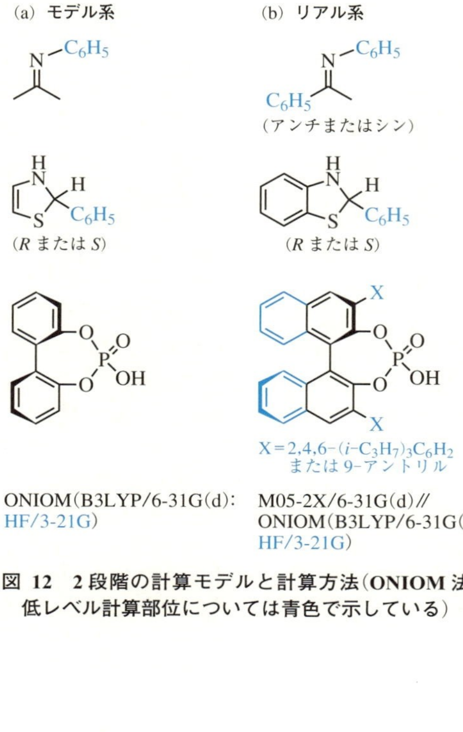

　次に, 置換基効果の原因を解明するため, モデル系の 2 点配位型遷移状態をリアル系に拡張した. この場合, 優先するエナンチオマーを与える遷移状態と逆のエナンチオマーを与える遷移状態について計算するが, ケトイミンの幾何異性（アンチ, シン）と面選択性（Re 面, Si 面）, ベンゾチアゾリンの立体配置 (R, S) の組合わせを考慮して, 計 8 種類のジアステレオメリックな遷移状態をすべて比較する必要がある（図 13b）. これら 8 種類の遷移状態を比較すると, 優先するエナンチオマーを与える Si 面攻撃の遷移状態 TS$_2$ が, 逆のエナンチオマーを与える Re 面攻撃の遷移状態 TS$_1$ に比べて安定であり, 実験事実によい一致を示した.

　遷移状態の構造について一定の確証が得られたら, 次に遷移状態のエネルギー差の原因を精査することで, この反応の立体制御機構を明らかにすることができる. 遷移状態 TS$_1$ と遷移状態 TS$_2$ の三次元構造とその模式図を図 14 に示す. 遷移状態 TS$_1$ と遷移状態 TS$_2$ のどちらにおいても, ケトイミンは熱力学的に不安定なシン配向をとる. これは遷移状態において, 立体的にコンパクトになるシン配向の方が, BINOL-リン酸触媒の提供する不斉反応場に構造的に適合するためと考えられる. 図 14 からわかるように, この不斉反応場では, 3,3′位置換基 X によって②, ④の空間領域が立体的に遮蔽されている. 遷移状態 TS$_1$ では, ケトイミンの窒素上の C$_6$H$_5$ 基やベンゾチアゾリンの 2 位の R (= C$_6$H$_5$) 基が②, ④の空間領域に配置するため, これらの置換基と 3,3′位置換基 X との立体反発によって, 遷移状態 TS$_1$ がエネルギー的に不利となる. 遷移状態 TS$_1$ と遷移状態 TS$_2$ のエネルギー差は, 3,3′位置換基 X が 2,4,6-(i-C$_3$H$_7$)$_3$C$_6$H$_2$ 基の場合 (20.5 kJ mol^{-1}) の方が, 9-アントリル基の場合 (6.3 kJ mol^{-1}) よりも大きくなる. エネルギー差が大きいほどエナンチオ選択性は向上すると考えられるため, この結果は図 11 に示す 3,3′位置換基効果の実験事実とよい相関を示している. この立体制御機構に基づくと, さ

(a) モデル系　　　　(b) リアル系

X=2,4,6-(i-C$_3$H$_7$)$_3$C$_6$H$_2$
または 9-アントリル

ONIOM(B3LYP/6-31G(d):
HF/3-21G)

M05-2X/6-31G(d)//
ONIOM(B3LYP/6-31G(d):
HF/3-21G)

図 12 2 段階の計算モデルと計算方法（ONIOM 法の低レベル計算部位については青色で示している）

付録1 計算化学：有機反応への応用　　533

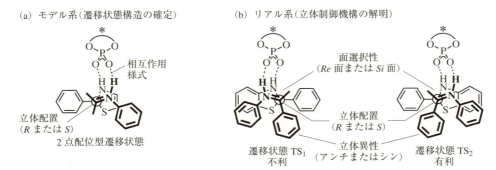

図 13　遷移状態における(a)モデル系から(b)リアル系への拡張

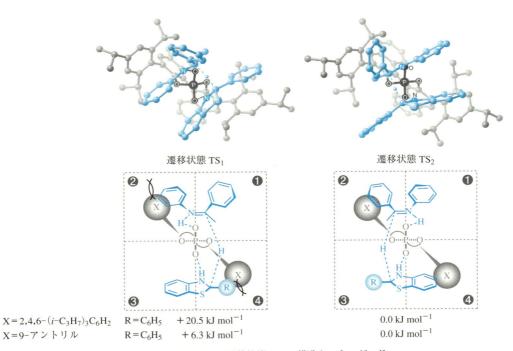

図 14　遷移状態 TS$_1$ と遷移状態 TS$_2$ の構造とエネルギー差

らにベンゾチアゾリンの2位のR基を嵩高くすれば，遷移状態 TS$_1$ がより不安定化してエネルギー差が大きくなると予想できる．実際に，R基をC$_6$H$_5$基から2-ナフチル基にするとエナンチオ選択性の向上がみられるため，遷移状態の構造が妥当であることを確認できる．このように，BINOL-リン酸触媒による不斉還元反応では，触媒がケトイミンとベンゾチアゾリンを協奏的に活性化することで反応を促進し(反応制御)，3,3'位置換基が構築する不斉反応場と基質の置換基との立体反発によって，高エナンチオ選択性が達成されている(立体制御)．ここで示した例のように，求めた遷移状態の妥当性については，複数の実験結果を矛盾なく説明できるかどうかで確認するとよい．

参　考　書：米沢貞次郎ほか，"量子化学入門(上)(下)"，化学同人(1983)；永瀬 茂，平尾公彦，"分子理論の展開(岩波講座 現代化学への入門1)"，岡崎廉治編，岩波書店(2002)；"新版すぐできる量子化学計算ビギナーズマニュアル(KS化学専門書)"，武次徹也編，平尾公彦監修，講談社(2006)；常田貴夫，"密度汎関数法の基礎(KS物理専門書)"，講談社(2012)；"実験化学講座〈12〉計算化学"，第5版，日本化学会編，丸善(2004)．

量子化学計算を実施する際の留意点と
遷移状態の構造最適化計算の詳細

　実際に量子化学計算を行う際には，計算によって何が知りたいかを明確にしたうえで，対象とする分子系と目的に応じた計算モデル，計算方法，基底関数を決めることが重要である．計算方法の特徴や限界を考慮して，類似した分子系や調べたい物理量について計算している論文を参考にするとよい．一般的に計算精度を向上させるほど，また対象とする分子系が大きくなるほど長い計算時間が必要となる．以下に，実際に量子化学計算を実施する際に留意すべき点や遷移状態を構造最適化する手順について詳細を述べる．

1. 留意点
計算レベルについて　　平衡構造や遷移状態の構造最適化計算には，多配置性や弱い結合を含むなどの特殊な分子系でない場合，DFT法（特にB3LYPについては，数多くの論文が報告されている），MP2法を計算方法の最初の選択肢とすることが多い．DFT法，MP2法は構造の再現性はよいが（±1 pm程度の誤差），エネルギーについては精度が十分ではない．より定量的な議論の際には，DFT法，MP2法で得られた最適化構造に対して，CCSD(T)法などの高精度手法や溶媒効果を加味したエネルギー1点計算によって，エネルギーを求めることもある．計算時間に見合った計算精度を得るためには，計算方法と基底関数のバランスをとることが必要である（B3LYPで基底関数を大きくしても，計算精度の一定以上の向上は見込めない）．基底関数の選択肢としては，一般的に6-31G(d)，D95(d)が最初の選択肢となる．DFT法，MP2法では，DZPやTZP（＋diffuse関数）程度の基底関数で十分な結果を与えるが，MP4法やCCSD(T)法などの高精度計算では，TZP以上のできる限りレベルの高い基底関数を用いるべきである．電気陰性度の大きい原子を含む場合や水素結合が重要な場合には，6-31G(d, p)，D95(d, p)，cc-pVDZが標準的であり，アニオン種や励起状態の計算の場合は，できる限り6-31+G(d, p)，D95+(d, p)，aug-cc-pVDZ以上を使うことが望ましい．

計算モデルについて　　対象とする分子系が大きい場合，まずは注目する物理量に影響する部位のみで構成されるモデル化によって計算規模を縮小し，計算時間と計算精度のバランスを検討するとよい．立体異性体について比較する場合には，高精度計算やリアル系を用いて時間のかかる計算をしなくても，計算に潜在する誤差が相殺されて定性的な議論は十分可能なことも多い．置換基効果（嵩高い置換基や官能基など）によって構造やエネルギーが大きく影響を受けてモデル化が困難である場合，必要最低限の計算方法で構造最適化した後に高精度な計算方法でエネルギー1点計算をする方法や，マルチスケール法を検討する．

2. 遷移状態の構造最適化
　遷移状態の構造最適化計算は，以下の手順1～3に従って実施するとよい．Gaussianで用いるキーワードともあわせて詳細を述べる．

手順1　遷移状態の反応座標 r_a に直接的にかかわる部位を固定して，部分的に構造最適化を行う．たとえば，炭素－炭素結合の生成や開裂であれば，遷移状態の構造であることに留意して炭素間距離を190～220 pm程度に固定して初期構造を作成する．初期構造の固定した部位以外を構造最適化する場合，反応座標 r_a に沿って動くことができなくなるため，反応座標以外の内部座標 r_n に沿ってポテンシャルエネルギー面をくだることになる（付録1 図5）．原子に働く力（エネルギー勾配の符号を変えたもの，Force）と原子の変位（Displacement）がある程度小さくなると，反応座標 r_a の周辺あるいは反応座標 r_a 上に乗った部分最適化構造（付録1 図5の青色破線で囲った部位）を得たと考えられるため，手順2に進むことができる．通常の構造最適化計算（Opt）では，エネルギー障壁を越えることがないため，最初に作成した初期構造が遷移状態から大きく異なっていたり固定部位が適切でないと，反応座標上に乗った部分最適化構造には至らないことに注意しなければならない．Gaussianでは，"Opt = Modredun"のキーワードを用いて，固定部位を指定することで，部分的な構造最適化を行える．この段階での部分的な構造最適化は，定常点に完全に収束させる必要はないため，"Opt =（Maxcyc = n）"のキーワードを

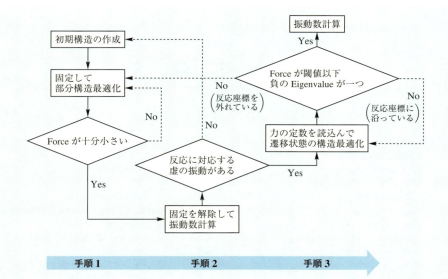

用いて構造最適化計算をn回で打ち切り，ForceとDisplacementの値から，反応座標上に乗った部分最適化構造となっているか確認する(固定した原子が関与する内部座標のForceがその他に比べて大きいなど)．

手順2 手順1で固定した部位を解除して振動数計算を行い，力の定数(エネルギーの2次微分, Hessian行列)を求める．このとき，振動モードと振動数が算出されるため，遷移状態を特徴づける虚の振動数(Gaussianの出力ファイルでは負の値として表示される)について，その個数，振動モード，大きさを確認する．虚の振動モードを確認して反応座標に対応していれば，手順3に進むことができる．遷移状態に近い構造であっても遷移状態そのものではないため，複数個の虚の振動数が得られることもある．その場合，振動数の絶対値が最も大きい虚の振動モードが反応座標に対応していればよい．反応座標に対応していない場合，その構造が反応座標上に乗っていない(その虚の振動モードに対応する別の反応座標上に乗っている)ため，初期構造をつくり直したり，固定部位を変えて手順1からやり直す必要がある．Gaussianでは，"Geom = Modify"のキーワードを用いて，固定解除を指定することができる．

手順3 振動数計算によって求めた力の定数を読込んで，虚の振動モードが示す反応座標に沿ってポテンシャルエネルギー面が上に凸となる方向に向かって原子を動かし，最適化構造を求めていく(付録1 図5)．このとき，エネルギー変化よりもForceやHessian行列の固有値(Eigenvalue)に注目するとよい．反応座標から外れてしまわないように，最適化途中の構造，Forceの値が小さくなっていくこと，負の値のEigenvalueが一つに収束していくことを頻繁に確認することが大切である．必要に応じて"Opt =（Maxstep = n）"のキーワードを用いて，構造変化の幅を小さく指定したり，振動数計算を行って力の定数を更新するとよい．もしも，負の値のEigenvalueの数が増えたり，Forceの値が増減を繰返すようであれば，現在の反応座標から外れてきている可能性があるため，手順1～3を繰返すとよい．Forceの値が一定の閾値以下になり，簡易的な判断基準として負の値のEigenvalueが一つだけ存在すると，構造最適化された遷移状態が求められたと判断される．最終的に，その最適化構造について，構造最適化計算と同じ計算レベルで振動数計算を行い，一つの虚の振動数をもち，その虚の振動モードが反応に対応していることを確認しなければならない．Gaussianでは，"Opt = Rcfc"のキーワードを用いて，振動数計算によって求めた力の定数を読込むことが可能であり，"Opt = TS"のキーワードを入力して，虚の振動モードが示すポテンシャルエネルギー面が上に凸となる方向に向かって構造最適化を行うことができる．

付録 2　略　号　表

Ac	acetyl	CoA	coenzyme A
ac	anticlinal	COD	1,5-cyclooctadiene
acac	acetylacetonato	(cod)	
ACP	acyl carrier protein	COT	cyclooctatetraene
ADP	adenosine 5′-diphosphate	(cot)	
AIBN	2,2′-azobisisobutyronitrile	Cp	cyclopentadienyl
Ala	alanine	Cp*	1,2,3,4,5-pentamethylcyclopentadienyl
Alloc	allyloxycarbonyl	CPP	cycloparaphenylene
AMP	adenosine 5′-monophosphate	CSA	camphor-10-sulfonic acid
AN	acceptor number	CT	charge transfer
AO	atomic orbital	CTP	cytidine 5′-triphosphate
AOC	allyloxycarbonyl	CV	cyclic voltammetry
ap	antiperiplanar	Cy	cyclohexyl
Ar	aryl	Cys	cysteine
Arg	arginine	Cys⌐Cys	cystine
Asn	asparagine		
Asp	aspartic acid	DABCO	1,4-diazabicyclo[2.2.2]octane
atm	atmosphere	dba	dibenzylideneacetone
ATP	adenosine 5′-triphosphate	DBN	1,5-diazabicyclo[4.3.0]non-5-ene
au	atomic unit	DBU	1,8-diazabicyclo[5.4.0]undec-7-ene
		DCC	dicyclohexylcarbodiimide
9-BBN	9-borabicyclo[3.3.1]nonane	DCU	*N,N*′-dicyclohexylurea
BDE	bond dissociation energy	DDQ	2,3-dichloro-5,6-dicyano-1,4-
BEP	Bell-Evans-Polanyi		benzoquinone
BINAP	2,2′-bis(diphenylphosphino)-	DDS	drug delivery system
(binap)	1,1′-binaphthyl	DDT	2,2-bis(*p*-chlorophenyl)-1,1,1-
Bn	benzyl		trichloroethane
Boc	*t*-butoxycarbonyl	DFT	density functional theory
BOM	benzyloxymethyl	DHP	dihydropyran
BPO	benzoyl peroxide	DIBALH ⎫	diisobutylaluminium hydride
BPS	*t*-butyldiphenylsilyl	DIBAL ⎭	
bpy	2,2′-bipyridyl (2,2′-bipyridine)	diglyme	diethylene glycol dimethyl ether
Bu	butyl	DIOP	2,2-dimethyl-4,5-bis(diphenylphos-
Bz	benzoyl	(diop)	phinomethyl)-1,3-dioxolane
Bzl	benzyl	DIPAMP	1,2-bis[(*o*-methoxyphenyl)phenyl-
		(dipamp)	phosphino]ethane
cAMP	cyclic adenosine 3′,5′-monophosphate	DMAP	4-dimethylaminopyridine
CAN	cerium(IV) ammonium nitrate	DMAPP	dimethylallyl pyrophosphate
cat	catalytic	DMB	dimethoxybenzyl
Cbz	benzyloxycarbonyl	DME	1,2-dimethoxyethane
CD	circular dichroism	DMF	*N,N*-dimethylformamide
CDP	cytidine 5′-diphosphate	DMSO	dimethyl sulfoxide
CGTO	contracted Gaussian-type orbital	DMTr	di(4-methoxyphenyl)phenylmethyl
CHIRAPHOS	2,3-bis(diphenylphosphino)-	*DN*	donor number
(chiraphos)	butane	DNA	deoxyribonucleic acid
CI	configuration interaction	*DP*	degree of polymerization
CIDNP	chemically induced dynamic nuclear	DPPA	diphenoxyphosphinyl azide
	polarization	DPPB	1,4-bis(diphenylphosphino)butane
cmc	critical micelle concentration	(dppb)	
CMP	cytidine 5′-monophosphate	DPPE	1,2-bis(diphenylphosphino)ethane
CNT	carbon nanotube	(dppe)	

付録 2　略　号　表　　　537

DPPF (dppf)	1,1′-bis(diphenylphosphino)ferrocene	HPLC	high-performance liquid chromatography
DPPH	diphenylpicrylhydrazyl	HSAB	hard and soft acids and bases
DPPP (dppp)	1,3-bis(diphenylphosphino)propane	Ile	isoleucine
		IMA	ion microanalyzer
e	electron	IMP	inosine 5′-monophosphate
E(El)	electrophile	I_P	ionization potential
E1	unimolecular elimination	IPP	isopentenyl pyrophosphate
E2	bimolecular elimination	IR	infrared
E1cB	unimolecular elimination via carbanion (conjugate base)	IUPAC	International Union of Pure and Applied Chemistry
EDA	energy decomposition analysis		
EE	ethoxyethyl	K	equilibrium constant
ee	enantiomeric excess	KHMDS	potassium hexamethyldisilazide
er	enantiomer ratio		
EL	electroluminescence	L	ligand
en	ethylenediamine	LB	Langmuir-Blodgett
EPR	electron paramagnetic resonance	LC	liquid chromatography
ESR	electron spin resonance	LCAO	linear combination of atomic orbital
Et	ethyl	LDA	lithium diisopropylamide
EtOH	ethanol	LDMAN	lithium 1-dimethylaminonaphthalenide
EXAFS	extended X-ray absorption fine structure	Leu	leucine
		LHMDS	lithium hexamethyldisilazide
		LN	lithium naphthalenide
FAD	flavin-adenine dinucleotide	LTMP	lithium tetramethylpiperidide
FLP	frustrated lone pair	LUMO	lowest unoccupied molecular orbital
FMN	flavin mononucleotide	Lys	lysine
Fmoc	9-fluorenylmethoxycarbonyl		
FPP	farnesyl pyrophosphate	M	metal
FRET	fluorescence resonance energy transfer	MALDI	matrix-assisted laser desorption ionization
Gal	galactose	Man	mannose
GC	gas chromatography	MAO	methylalumoxane
	green chemistry	MCPBA	m-chloroperbenzoic acid
gem	geminal	Me	methyl
GFPP	geranylfarnesyl pyrophosphate	MEM	2-(methoxy)ethoxymethyl
Glc	glucose	Mes	mesityl
Gln	glutamine	Met	methionine
Glu	glutamic acid	MM2	Molecular Mechanics 2
Gly	glycine	MMA	methyl methacrylate
GPC	gel permeation chromatography	MMTr	4-(methoxyphenyl)diphenylmethyl
GPP	geranyl pyrophosphate	MO	molecular orbital
GTO	Gaussian-type orbital	MOF	metal organic framework
		MOM	methoxymethyl
5-HETE	5-hydroxyeicosa-6,8,11,14-tetraenoic acid	MPM	4-methoxyphenylmethyl
HF	Hartree-Fock	mRNA	messenger ribonucleic acid
hfa	hexafluoroacetylacetonato	MS	mass spectrometry
hfc	3-(heptafluoropropylhydroxymethylene)-d-camphorato		Molecular sieves
		Ms	methanesulfonyl (mesyl)
HIA	hydride ion affinity	MTM	methylthiomethyl
His	histidine		
HMO	Hückel molecular orbital	NAD	nicotinamide adenine dinucleotide
HMPA	hexamethylphosphoric triamide	NADP	nicotinamide adenine dinucleotide phosphate
HOBt	1-hydroxybenzotriazole	NBMO	non-bonded molecular orbital
HOMO	highest occupied molecular orbital	NBS	N-bromosuccinimide
5-HPETE	5-hydroperoxy-6,8,11,14-eicosatetraenoic acid	NCS	N-chlorosuccinimide
		NHC	N-heterocyclic carbene

NHMDS	sodium hexamethyldisilazide	S_N2	bimolecular nucleophilic substitution
NICS	nucleus-independent chemical shift	SOHIO	Standard Oil Ohio
NIS	N-iodosuccinimide	SOMO	singly occupied molecular orbital
NMR	nuclear magnetic resonance	sp	synperiplanar
NO_x	nitrogen oxides	STM	scanning tunneling microscope
NOE	nuclear Overhauser effect		
NOESY	nuclear Overhauser effect	TBAB	tetrabutylammonium bromide
	spectroscopy	TBDMS	t-butyldimethylsilyl
NORPHOS	5,6-bis(diphenylphosphino)-2-	TBDPS	t-butyldiphenylsilyl
	norbornene	TBHP	t-butyl hydroperoxide
Np	naphthyl	TBP	trigonal bipyramidal
Ns	2-nitrobenzenesulfonyl	TBS	t-butyldimethylsilyl
Nu	nucleophile	TCA	tricarboxylic acid 〔cycle〕
		TCNQ	7,7,8,8-tetracyanoquinodimethane
O_h	octahedral	TCSD	total chemical shift difference
		T_d	tetrahedral
PA	proton affinity	TEMPO	(2,2,6,6-tetramethylpiperidin-1-yl)oxyl
PAF	platelet activating factor	TES	triethylsilyl
PCR	polymerase chain reaction	Tf	trifluoromethylsulfonyl
PDC	pyridinium dichromate	TFA	trifluoroacetic acid
PDI	polydispersity index	TFAA	trifluoroacetic anhydride
PE	polyethylene	TFE	trifluoroethanol
	phosphatidylethanolamine	TfOH	trifluoromethanesulfonic acid
PEG	polyethylene glycol	THF/thf	tetrahydrofuran
PES	photoelectron spectroscopy	THP	2-tetrahydropyranyl
PET	poly(ethylene terephthalate)	Thr	threonine
	positron emission tomography	TIPS	triisopropylsilyl
Ph	phenyl	TMAB	tetramethylammonium bromide
Phe	phenylalanine	TMEDA/	N,N,N',N'-tetramethylethylene-
phen	1,10-phenanthroline	tmeda	diamine（IUPAC 略記号は tmen）
Piv	pivaloyl	TMIO	1,1,3,3-tetramethylisoindolinyl-2-oxyl
PMB	p-methoxybenzyl	TMP	tetramethylpiperidide
POM	4-pentenyloxymethyl	TMS	tetramethylsilane
ppm	parts per million		trimethylsilyl
PPTS	pyridinium p-toluenesulfonate	TOF	time-of-flight
Pr	propyl	o-tol	o-tolyl
Pro	proline	TPAP	tetrapropylammonium perruthenate
Pv	pivaloyl	TPP	tetraphenylporphyrin
Py/py	pyridine		thiamine pyrophosphate
	pyridyl	Tr	triphenylmethyl（trityl）
		TRH	thyrotropin-releasing hormone
R	alkyl	tRNA	transfer ribonucleic acid
rac	racemic	Trp	tryptophan
Red-Al®	sodium bis(2-methoxyethoxy)-	TS	transition state
	aluminium hydride	Ts	p-toluenesulfonyl（tosyl）
RNA	ribonucleic acid（ribonucleate）	TSH	thyroid stimulating hormone
ROMP	ring-opening metathesis polymerization	TTF	tetrathiafulvalene
rRNA	ribosomal RNA	Tyr	tyrosine
sc	synclinal	UDP	uridine 5′-diphosphate
SCE	saturated calomel electrode	UMP	uridine monophosphate
S_E	substitution electrophilic	UV	ultraviolet
SE	strain energy		
SEC	size exclusion chromatography	Val	valine
SEM	2-(trimethylsilyl)ethoxymethyl	vic	vicinal
Ser	serine		
SET	single electron transfer	X	halogen 〔ligand〕
Sia	siamyl, s-isoamyl, 1,2-dimethylpropyl		
S_N1	unimolecular nucleophilic substitution	Z	benzyloxycarbonyl

索　　　引

あ

IRC 計算　529
I 効果　→　誘起効果
Eyring プロット　126
亜鉛カルベノイド(zinc carbenoid)　335
アキシアル　105
アキラル(achiral)　77
アクセプター数　148
アゴスティック相互作用(agostic interaction)　405
アシル転位　258
アズピレン　59
アズレン　59
アセトアルデヒド　464
アセプライアジレン　60
2,2′-アゾビスイソブチロニトリル　184, 502
アゾベンゼン　262
アダマンタンテトラカルボン酸　486
1-アダマンチルカチオン　169
アトロプ異性体(atropisomer)　81
アニオン重合　504
アニオン性配位子(anionic ligand)　397
アヌレン(annulene)　49
　　──のイオン　54
アノマー効果(anomeric effect)　110
アピカル　374
アピコフィリシティー(apicophilicity)　374
アプタマー(aptamer)　494
アミドルテニウム触媒　462
アミニウムラジカル　197
アミノパラジウム化(amino-palladation)　455
アミン
　　──のアルコールによる N-アルキル化　465
アラクノ(arachno)　337
アリルアニオン　179
アリルカチオン　174
アリル系　29
π-アリル錯体　423
　　──の反応　456
アリルシラン　350
アリルひずみ(allylic strain)　102
アリールボロン酸　343
アリルラジカル　188
　　──の SOMO　293
REFE　45

RAFT 法　510
RSE　→　ラジカル安定化エネルギー
ROMP　→　開環メタセシス重合
アルカリ金属アレーニド(alkali metal arenide)　309
アルキリデン錯体　453
N-アルキル化　465
アルキル錯体　400
アルキン錯体　422
　　──の反応　450
アルケン
　　──に対するラジカル付加　228
　　──の求電子付加反応　215
　　──の水素化　461
　　──の光化学反応　249
　　──のヒドロシリル化　462
　　──のヒドロホルミル化　463
　　──へのカルベンの付加反応　237
アルケン錯体　420
　　──の反応　450, 454
アルケンひずみ(alkenic strain)　93
アルケンメタセシス(alkene metathesis)　453
R 効果　→　共鳴効果
アルコキシルラジカル　229
Alder 則　282
Albert-Pfleiderer の分類法　56
α 開裂　229, 253
α 効果　352
α スピン　6, 24
α 脱離　199
α ヘリックス　485
Arbuzov 反応　363
アルミニウム化合物　339
Arndt-Eistert 合成　242
Arrhenius 式　99
アンタラ　→　逆面
アンチ(anti)　85
アンチクリナル　97
アンチ脱離(anti elimination)　212
アンチ配座　96
アンチペリプラナー　97, 350
アンチーベント形　92
安定イオン条件(stable ion condition)　166
安定性(stability)　189
安定ラジカル(stable radical)　193
鞍部(saddle point)　116

い

ee　→　エナンチオマー過剰率
ESR　186, 197

ES 相互作用　→　静電相互作用
EX 相互作用　→　交換相互作用
イオノホア　487
イオン液体(ionic liquid)　149
イオン化エネルギー　→　イオン化ポテンシャル
イオン化能　148
イオン化ポテンシャル(ionization potential)　7, 8, 23
イオン結合　18
イオン反応　209
異核二原子分子　17
鋳型反応　153
e_g 軌道　394
E-Z 光異性化　250
EZ 表示法　86
いす形配座(chair conformation)　104
異性体(isomer)　75
位相(phase)　6
位相キラリティー　82
イソタクチックポリマー(isotactic polymer)　505
η　302
一次同位体効果　128, 129
一次反応(first-order reaction)　121
一重項カルベン　199, 203
一重項-三重項エネルギー差　200
一重項電子状態　24
一分子反応　→　単分子反応
一枚膜リポソーム　484
一般塩基触媒反応(general base-catalyzed reaction)　138
一般酸触媒反応(general acid-catalyzed reaction)　138
一般則(generalized rule)　275
EDA　→　エネルギー分割法
遺伝子送達(gene delivery)　492
移動挿入機構　448
E1 反応　211
E2 反応　212
EPR　186
イプソ生成物　219
イミダゾール　56
イミダゾール-2-イリデン　203
イリド　240, 362
イレン　362
インターカレーション(intercalation)　493
インドール　56

う

Wittig 転位　294

540　　　　　索　引

Wittig 反応　363, 380
Wheland 中間体　221
Wilkinson 錯体　403, 461
Walsh ダイヤグラム　21
Wolff 転位　242
右旋性(dextrorotatory)　79
Woodward-Hoffmann 則　→ 軌道対称
　　　　　　　　性保存則
埋込み体積(buried volume)　419
Wurster 型酸化還元系　61
Wurtz 法　360

え，お

AIBN → 2,2′-アゾビスイソブチロニ
　　　　トリル
永久双極子(permanent dipole)　42
AFIR 法　531
AO → 原子軌道
エキシトン　71
エキシプレックス(exciplex)　249, 255
エキシマー(excimer)　249
液晶(liquid crystal)　482
エキソ(exo)　87
エクアトリアル　105, 374
$S_{RN}1$ 反応　261, 269
SE → ひずみエネルギー
SELEX　494
SEC → サイズ排除クロマトグラ
　　　　フィー
S_E2 反応　383
S_H2 反応 → ラジカル置換反応
S_N1 反応　211
S_N2 反応　212
　――における軌道相互作用　220
SOMO　23, 190
s 軌道　5, 6
SCE → 飽和カロメル電極
s 性(s character)　12, 90
SWCNT → 単層カーボンナノチュー
　　　　ブ
sp 混成軌道　11
sp^2 混成軌道　11
sp^3 混成軌道　11
SPY → 四角錐
SUV → 一枚膜リポソーム
A 値　105
エチルラジカル　187
エチレン　27
　――のアセトアルデヒドへの酸化
　　　　464
HIA → ヒドリドイオン親和力
HSRE → Hess-Schaad の共鳴エネル
　　　　ギー
HSAB 則　132
hfs → 超微細結合定数
HMO → Hückel 法
HOMA　49
HOMO　23, 220
HBD → 水素結合供与能
ATRP　510
エナンチオトピック(enantiotopic)　87
エナンチオマー(enantiomer)　76
エナンチオマー過剰率(enantiomer
　　　　excess)　83
エナンチオ面　87
NICS　48

N-X-L 表記法　373
NHC → N-複素環状カルベン
NMP 法　510
n 型半導体　72
エネルギー準位(energy level)　4
エネルギー断面図(energy profile)　116
エネルギー分割法(energy
　　　decomposition analysis)　39
エピスルホニウムイオン　365
FRET → 蛍光共鳴エネルギー移動
FLP　338
MALDI/TOF MS → マトリックス支
援レーザー脱離イオン化飛行時間型質
　　　　　　　量分析法
MAO → メチルアルミノキサン
MMA → メタクリル酸メチル
MM 法 → 分子力学法
MO → 分子軌道
MOF → 金属有機構造体
MWCNT → 多層カーボンナノチュー
　　　　ブ
MD 法 → 分子動力学法
MP 表示　82
LN → リチウムナフタレニド
LCAO-MO 法　14
LDMAN　309
LDBB　309
LB 膜　485
LUMO　23, 220
エレクトロルミネセンス　71
円錐角(cone angle)　412
エンタルピー　119
エンド(endo)　87
end-on 配位 → 末端配位
エンド則(endo rule)　284
エントロピー　119
円二色性(circular dichroism)　83, 515
エン反応(ene reaction)　294

オキサ-ジ-π-メタン転位　258
オキサゾール　56
オキサメタラサイクル　453
オキシ水銀化反応(oxymercuration)
　　　　335
オキシパラジウム化(oxypalladation)
　　　　455
オキシメタル化(oxymetalation)　317
オキセタン　255
oxo 法　435, 463
ONIOM 法　530
オルトメタル化(ortho metalation)
　　　　315
オレフィン重合　505
オレフィンひずみ → アルケンひずみ
オレフィンメタセシス(olefin
　　metathesis) → アルケンメタセシス

か

回映軸　77
開殻(open shell)　24
開環重合(ring-opening polymerization)
　　　　498, 507
開環二量体(open dimer)　322
開環メタセシス重合(ring-opening
　　metathesis polymerization)　508

外圏機構(outer-sphere mechanism)
　　　　263
会合機構(associative mechanism)　433
回転軸　77
回転選択性(torqueselectivity)　280
界面活性剤　483
解離機構(dissociative mechanism)
　　　　433
Gauss 型軌道(Gaussian-type orbital)
　　　　526
架橋アヌレン　54
架橋環　87
架橋配位　398
拡張 Hückel 法(extended Hückel
　　　　method)　14
核非依存化学シフト(nucleus-
　　independent chemical shift) → NICS
角ひずみ　89
かご効果(cage effect)　186
重なり形配座(eclipsed conformation)
　　　　95
重なり積分(overlap integral)　15
過酸化ジ-t-ブチル　183
過酸化ジベンゾイル　183
過酸化ベンゾイル　502
Kasha 則　247
硬い酸・塩基　132
カチオン重合　503
活性化エンタルピー(activation
　　　enthalpy)　120
活性化エントロピー　126
活性化体積(volume of activation)
　　　　127
Curtin-Hammett の原理　123
カテナン(catenane)　82
カテネーション(catenation)　360
価電子数　303, 399
カプトデーティブ効果(captodative
　　　effect)　191
Karplus 式　98
カーボンナノチューブ(carbon
　　　nanotube)　66
カーボンナノホーン(carbon nanohorn)
　　　　67
Kaminsky 触媒　452, 506
加溶媒水銀化反応(solvomercuration)
　　　　335
加溶媒分解反応　145
Kharasch 反応　229, 232
カリセン　61
カルコゲン(chalcogen)　364
カルセランド(carcerand)　490
カルバボラン(carbaborane)　338
カルビン錯体(carbyne complex)　419
カルベニウムイオン(carbenium ion)
　　　　165
カルベノイド　199, 328
カルベン(carbene)　198
　――とアルケンの軌道相互作用
　　　　238
　――の反応　236
　一重項――　199, 203
　三重項――　199, 202, 204
　N-複素環状――　204, 358, 415
カルベン錯体(carbene complex)　415
　――の反応　453
　Schrock 型――　415, 453
　Fischer 型――　415, 460
カルボアニオン(carbanion)　175

索　引　　541

カルボカチオン（carbocation）　165
——の古典性，非古典性　172
カルボニウムイオン（carbonium ion）
　165
カルボニル錯体（carbonyl complex）
　406
——の反応　458
カルボパラジウム化（carbopalladation）
　455
カルボメタル化（carbometalation）　316
カルボラン（carborane）→　カルバボ
　ラン
カルボン酸アミド　108
Carothers の式　498
Cahn-Ingold-Prelog 法　80
還元酸化反応 → 酸化還元反応
還元的脱離反応（reductive elimination）
　302, 442
環状 π 共役系　29
環反転（ring inversion）　105

き

擬アキシアル　107
擬エクアトリアル　107
擬回転（pseudorotation）　105, 376
規格化条件　15
奇交互系（odd alternant）　55
疑似不斉炭素（pseudo-asymmetric
　carbon）　85
ニシレン　250
基底一重項カルベン（ground-state
　singlet carbene）　199
基底関数（basis function）　526
基底関数系（basis set）　526
基底三重項カルベン（ground-state
　triplet carbene）　199
基底状態（ground state）　4, 243
基底状態多重度　199
軌道（orbital）　3
——の対称性　18
軌道エネルギー（orbital energy）　4, 15
軌道係数　15
軌道混合則（orbital mixing rule）　19
軌道支配（orbital control）　132
軌道相互作用　18
　S_N2 反応における——　220
軌道対称性保存則　272, 274
木戸回転（turnstile rotation）　376
キノリン　56
Gibbs エネルギー　119
逆位相（out of phase）　16
逆旋過程　277
逆電子要請（inverse electron demand）
　283
逆転領域　267
逆 Markovnikov 付加　228
逆面（antarafacial）　276
逆面型移動　290
吸エルゴン反応（endergonic reaction）
　120
求エン体（enophile）　294
求核触媒反応　139
求核性　132, 148
——パラメーター　133
求核性カルベン錯体　415
——の反応　453

求核性基質　209
σ——　210
π——　210
求核性脱離基（nucleofuge）　139, 211
求核置換反応　214
求ジエン体　282
休止種 → ドーマント種
求心的相互作用場　478
求双極子体（dipolarophile）　286
求電子性　132
求電子性カルベン錯体　415
——の反応　459
求電子性基質　209
σ——　210
π——　210
求電子性脱離基（electrofuge）　218
求電子付加反応　215
吸熱反応（endothermic reaction）　120
QM/MM 法　530
キュバン　91
鏡映　77
鏡像異性体 → エナンチオマー
橋頭位アルケン　93
共鳴（resonance）　12
共鳴エネルギー（resonance energy）　45
共鳴効果（resonance effect）　32
共鳴積分（resonance integral）　15
共鳴置換基定数　143
共役電子系化合物　45
共有結合（covalent bond）　16, 18
極性の高い——　18
供与電子数　396
局在構造（localized structure）　45
極性反応　209
キラリティー（chirality）　77
キラル（chiral）　77
キラル高分子　513
キラル中心（chiral center）　78
P-キラルホスフィン　362
キラル面　81
Gilman 反応剤　331
キレトロピー反応（cheletropic
　reaction）　288
均一開裂 → ホモリシス
均一系触媒（homogeneous catalyst）
　461
金属アレーニド　309
金属イオン共役電子移動 → プロトン
　共役電子移動
金属活性化法　309
金属交換 → トランスメタル化反応
金属有機構造体（metal organic
　framework）　491

く〜こ

空軌道（unoccupied orbital, vacant
　orbital）　23
偶交互系（even alternant）　55
Koopmans の定理　8
クプラート（cuprate）　331
熊田-玉尾-Corriu カップリング　466
Claisen 転位　294
Klyne-Prelog 表示法　96
クラウンエーテル（crown ether）　477
Clar 構造　58
グラファイト　42

グラフェン（graphene）　66, 67
グラフェンナノリボン（graphene
　nanoribbon）　67
Grubbs 触媒　454
クリスタルバイオレット（crystal
　violet）　173
グリセルアルデヒド　79
クリック化学　285
Grignard 反応剤（Grignard reagent）
　324, 331
クリプタンド（cryptand）　477
グループ移動重合（group-transfer
　polymerization）　510
グループ移動反応　272, 294
クロスカップリング反応　466
クロゾ（closo）　337
Grotthus-Draper の法則　245
Coulomb 積分（Coulomb integral）　15

系間交差 → 項間交差
蛍光（fluorescence）　247
蛍光共鳴エネルギー移動（fluorescence
　resonance energy transfer）　492
形式酸化数（formal oxidation number）
　302, 398
形式電荷　396
ケイ素化合物　348
ケクレン　58
ゲスト（guest）　476
結合解離エネルギー（bond dissociation
　energy）　182, 189, 304
結合クラスター法　525
結合交替（bond alternation）　30
結合次数（bond order）　16
結合性軌道（bonding orbital）　16
結晶工学（crystal engineering）　486
結晶場理論（crystal field theory）　393
ケテン　289
ケトン
——の水素化　461
Koelsch ラジカル　193
ゲル浸透クロマトグラフィー（gel
　permeation chromatography）　497
ゲルミレン　198, 352
原子移動反応（atom-transfer reaction）
　223
原子価（valency）　302
原子価異性化　259
原子価軌道（valence orbital）　8
原子価結合法（valence bond method）
　8, 9
——と分子軌道法の比較　14
原子価電子（valence electron）　8
原子軌道（atomic orbital）　3, 5

光学活性（optical activity）　83
光学純度（optical purity）　83
項間交差（intersystem crossing）　24,
　247
交換相互作用　40, 41
交換反発（exchange repulsion）　41
後期遷移金属（late transition metal）
　399
光合成　269
交互積層構造　44
交互炭化水素（alternant hydrocarbon）
　55
交差共役系（cross conjugation system）
　60

交差実験(crossover experiment) 157
格子包接(lattice inclusion) 487
高周期元素 345
高スピン錯体 394
構成原理(Aufbau principle) 7
構成単位(constitutional unit) 497
構造異性体(constitutional isomer) 75
構造最適化(geometry optimization) 528
構造表記法 304
交替機構(interchange mechanism) 433
抗体触媒(catalytic antibody) 154
光電子スペクトル(photoelectron spectroscopy) 23
高配位化合物(hypercoordinate compound) 373
高分子(macromolecule) 497
ゴーシュ効果(gauche effect) 100
ゴーシュ配座 96
Cotton 効果 84
固定化酵素(immobilized enzyme) 154
Cope 脱離反応 295
Cope 転位 293
コラヌレン 95
孤立電子対(lone pair electron) → 非共有電子対
Kolbe 反応 235
コレステリック液晶(cholesteric liquid crystal) 483
コングロメラート 84
Kohn-Sham 方程式 523
混成(hybridization) 10
混成軌道 10
——と電気陰性度 12
コンバージェント法 516

さ

サイクリックボルタンメトリー(cyclic voltammetry) 61, 196, 263
最高被占軌道(highest occupied molecular orbital) → HOMO
サイズ排除クロマトグラフィー(size exclusion chromatography) 497
最低空軌道(lowest unoccupied molecular orbital) → LUMO
最低励起一重項状態(lowest excited singlet state) 243
最低励起三重項状態(lowest excited triplet state) 243
side-on 配位 409
再配列エネルギー(reorganization energy) 266
酢 酸
——の工業的合成 465
錯 体
——の構造と結合 393
——の反応 433
——の表記法 305
鎖状 π 共役系 27
左旋性(levorotatory) 79
Salem-Klopman 式 39
酸・塩基 131
Brønsted—— 135
Lewis—— 132
酸解離定数 135

酸化還元電位 263
酸化還元反応 185, 263
酸化数(oxidation number) 301
酸化的付加環化反応 452
酸化的付加反応(oxidative addition) 302, 435
水素分子の—— 436
炭化水素の—— 437
有機ハロゲン化物の—— 438
酸強度(acid strength) 135
三重項カルベン 199, 202, 204
三重項電子状態 24
酸性度(acidity) 135, 136
三中心環状遷移状態(three-center cyclic transition state) 239
三中心二電子結合(three-center two-electron bond) 165, 336
酸度関数(acidity function) 137
サントニン 258
Sandmeyer 反応 185, 220
三方両錐(trigonal bipyramidal) 374

し

g(gerade) 19
CIDNP 186, 197
CIP 法 → Cahn-Ingold-Prelog 法 80
ジアザビシクロ[2.2.2]オクタン 37
ジアステレオ異性(diastereoisomerism) 85
ジアステレオ異性体 → ジアステレオマー
ジアステレオトピック(diastereotopic) 87
ジアステレオマー(diastereomer) 76, 85
ジアステレオ面 87
ジアゾメタン 287
ジアトロピック(diatropic) 47
ジアリールエテン 263
GRRM 法 531
ジイソピノカンフェイルボラン 342
g 因子 186
C−H 挿入反応 239
CH-π 相互作用 42
GNR → グラフェンナノリボン
CNT → カーボンナノチューブ
cmc → 臨界ミセル濃度
ジエン 282
ジエン錯体 425
COT → シクロオクタテトラエン
四角錐(square pyramidal) 374
磁化率のエキサルテーション(diamagnetic susceptibility exaltation) 48
時間分解 IR(time resolved infrared) 187
軸性キラリティー(axial chirality) 81
軸配位子(pivot ligand) 376
σ 軌道 9, 19
σ* 軌道 19
σ 共役(σ conjugation) 360
σ 供与(σ donation) 406
σ 供与体(σ donor) 406
σ 結合 9
σ 結合性配位子 400
σ 結合メタセシス(σ-bond metathesis) 445

σ 錯体(σ complex) 405
シグマトロピー転位(sigmatropic rearrangement) 272, 289
[i,j]—— 289
σ ラジカル 187
シクロオクタテトラエン 52
シクロオクタン 108
trans-シクロオクテン 82
シクロカーボン(cyclocarbon) 68
シクロデキストリン 480, 488
シクロパラジウム化反応(cyclopalladation) 446
シクロブタジエン 50
シクロブタン 108
シクロプロパン 90
——誘導体の開環反応 281
シクロプロピルラジカル 188
シクロヘキサジエノン 257
1,4-シクロヘキサジエン系 38
シクロヘキサン 104
シクロヘプタトリエニルカチオン → トロピリウムイオン
シクロヘプタン 108
シクロペンタジエニル
——アニオン 55, 180
——カチオン 55
——錯体 427
シクロペンタン 108
ジクロロカルベン 288
始原系(initial state) 116
自己消光(self-quenching) 249
自己組織化単分子膜(self-assembled monolayer) 485
ジシアミルボラン 342
脂質二重層(lipid bilayer) 483
ジシレン 356
シス(cis) 86
シス-トランス異性 85
CZBDF 73
事前組織化 → 予備組織化
自然分晶(spontaneous resolution) 84
持続性(persistence) 189
失 活 244
CD → 円二色性
GTO → Gauss 型軌道
CT 相互作用 → 電荷移動相互作用
GTP → グループ移動重合
自動酸化(autoxidation) 225
シネ生成物 219
ジ-π-メタン転位(di-π-methane rearrangement) 252
GPC → ゲル浸透クロマトグラフィー
CV → サイクリックボルタンメトリー
シフト試薬(shift reagent) 344
Zimmerman 転位 → ジ-π-メタン転位
Si 面 89
Simmons-Smith 反応 335
Shapiro 反応 315
Jablonski 図 246
自由エネルギー直線関係(linear free energy relationship) 121
重合体 → ポリマー
重合停止(termination) 503
重合度(degree of polymerization) 497
重縮合(polycondensation) 498, 500
修正 Chalk-Harrod 機構 463

索　引　　543

18 電子則（18-electron rule）　399
重付加（polyaddition）　498, 501
重量平均分子量（weight-average
　　　　　molecular weight）　497
Chugaev 反応　295
縮合環　87
縮合多環共役系　58
縮重（degeneracy）　4
縮退 → 縮重
主要族元素（main group element）　301
Schrödinger 方程式　3, 523
Schlenk 平衡　325
Schrock 型錯体　415, 453
Schrock 触媒　454
昇位（promotion）　10
消光（quenching）　248
常磁性環電流　47
シラベンゼン　357
シリカート（silicate）　152, 379
シリレン　198, 205, 352
シレン　356
シロール（silole）　367
シン（syn）　85
シンクリナル　97
シンジオタクチックポリマー
　　　　　（syndiotactic polymer）　505
振動失活　247
振動数計算　528
シンペリプラナー　97
シン-ベント形　92

す

水銀化（mercuration）　446
水素移動　290
　　──の選択則　291
水素化
　　アルケンの──　461
　　ケトンの──　461
水素化熱　47
水素－金属交換反応　446
水素結合（hydrogen bond）　40, 476
水素結合供与能（hydrogen bond donor）
　　　　　146
β 水素脱離　450
水素引抜反応　250, 254
水素分子　15
垂直安定化（vertical stabilization）　351
数平均分子量（number-average
　　　　　molecular weight）　497
Skell-Woodworth 則　237
鈴木-宮浦カップリング　466
Stark-Einstein の法則　245
スタンニルラジカル　355
スタンニレン　352
ステレオジェネシティー
　　　　　（stereogenicity）　77
ステレオジェン単位（stereogenic unit）
　　　　　77
ストップトフロー法　159
スピロ環　87
スピロ共役系　63
スピロピラン　263
スピン（electron spin）　6
スピン禁制（spin-forbidden）　237
スピン多重度（spin multiplicity）　6, 24
スピン捕捉法　186

スフェランド（spherand）　478
スプラ → 同面
スペーサー　478
スペルオキシド錯体　410
スメクチック液晶（smectic liquid
　　　　　crystal）　483
スルースペース相互作用（through-
　　　　　space interaction）　37
スルフィド　364
スルホキシド　365
スルホン　366
スルーボンド相互作用（through-bond
　　　　　interaction）　37

せ，そ

正四面体形（tetrahedral）　393
正常電子要請（normal electron
　　　　　demand）　282
生成系（product state）　116
生成物類似（product-like）　119
生体膜　483
静電支配 → 電荷支配
静電相互作用　40
正八面体形（octahedral）　393
正方形一重項（square singlet）　51
正方形三重項（square triplet）　51
ゼオライト（zeolite）　151
接触イオン対　328
絶対配置（absolute configuration）　80
ZGNR　67
節面（nodal plane）　5
ゼロ磁場分裂パラメーター（zero-field
　　　　　splitting parameter）　202
遷移金属（transition metal）　301
遷移元素（transition element）　301
遷移状態（transition state）　116
　　──の構造変化の観測　214
遷移状態類似体（transition state
　　　　　analog）　154
前期遷移金属（early transition metal）
　　　　　399
線形解析法　99
前組織化 → 予備組織化
選択性指数（selectivity index）　238
増感（sensitization）　248
早期遷移金属 → 前期遷移金属
早期遷移状態（early transition state）
　　　　　119
1,3 双極子（1,3-dipole）　286
双極子モーメント（dipole moment）　17
1,3 双極付加環化　285, 286
相互貫入（interpenetration）　487
双生対（geminate pair）　186
相対配置（relative configuration）　85
相対反応速度　160
挿入反応　447
　　アルケン，アルキンの──　450
　　カルボニルの──　447
相補性（complementarity）　477
速度支配（kinetic control）　122
速度定数（rate constant）　121
速度論的安定化　91
疎水効果 → 疎水性効果
疎水性効果（hydrophobic effect）　480
薗頭カップリング　466

SOMO　23, 190

た～つ

対称許容（symmetry allowed）　273
対称禁制（symmetry forbidden）　273,
　　　　　279
対称心　77
対称操作　18, 77
対称面　77
対称要素　77
ダイバージェント法　516
DIBAL　343
ターゲット核酸　492
多孔性配位高分子（porous coordination
　　　　　polymer）　491
多孔性有機結晶　491
多重認識（multiple recognition）　488
多層カーボンナノチューブ（multi-wall
　　　　　carbon nanotube）　66
多段階酸化還元系（multi-stage redox
　　　　　system）　61
脱水素二量化反応　234
脱離反応
　　──の反応地図　213
　　──のポテンシャルエネルギー面
　　　　　117
　　カルボニルの──　447
多点相互作用　476
多分散度（polydispersity index）　498
多面体異性　376
単環性共役電子系（monocyclic
　　　　　conjugated electronic system）　45
単純 Hückel 法（simple Hückel method）
　　　　　14, 26
単層カーボンナノチューブ（single-
　　　　　wall carbon nanotube）　66
断熱的電子移動反応（adiabatic electron
　　　　　transfer reaction）　264
単分子反応（unimolecular reaction）
　　　　　121, 211
単量体 → モノマー
チオインジゴ　262
チオフェン　56
チオール　364
置換基効果（substituent effect）　31, 141
置換基定数（substituent constant）　141
逐次重合（step polymerization）　498,
　　　　　500
Ziegler-Natta 触媒　505
中心性キラリティー（central chirality）
　　　　　79
中性配位子（neutral ligand）　397
超塩基（superbase）　315
超強酸（superacid）　137
超共役（hyperconjugation）　35, 350
超原子価化合物（hypervalent
　　　　　compound）→ 高配位化合物
頂点反転（vertex inversion）　377
超微細結合定数（hyperfine splitting
　　　　　constant）　186
超分子（supramolecule）　475
超分子カプセル（supramolecular
　　　　　capsule）　490
超分子デバイス　489
長方形一重項（rectangular singlet）　51

超臨界流体(supercritical fluid) 150
直接光分解(direct photolysis) 236
Chalk-Harrod 機構 462

Zeise 塩 420
対エネルギー(pairing energy) 394
対形成原理(pairing theorem) 56
ツイスト形 92

て

DIBAL 343
DIBALH → DIBAL
TR → 木戸回転
TRIR → 時間分解 IR
TRE → トポロジー的共鳴エネルギー
DRE → Dewar の共鳴エネルギー
TEMPO 194
TEP 419
TS → 遷移状態
DABCO → ジアザビシクロ[2.2.2]オ
クタン
DFT 法 → 密度汎関数法
TMIO 232
DMPO 186
DL 表示法 79
d 軌道 5,6
——分裂 393
——分裂エネルギー 394
低極性溶媒 146
TCSD 172
TCNQ → テトラシアノキノジメタン
DCL → 動的コンビナトリアルライ
ブラリー
ディスコチック液晶(discotic liquid
crystal) 483
低スピン錯体 394
t_{2g} 軌道 394
DDS → 薬物送達システム
TTF → テトラチアフルバレン
d 電子数 303,398
DP → 重合度
TBP → 三方両錐
DPPH 194
diffuse 関数 527
Diels-Alder 反応 273,282
デカリン 107
テキシルボラン 342
Desargus-Levi ダイヤグラム → ヘキ
サアステラングラフ
Dess-Martin 反応剤 382
Tebbe 錯体 453
テトラシアノキノジメタン 41,61
テトラチアフルバレン 41,61,197
テトラピリジルポルフィリン 486
テトラヘドラン 91
デヒドロアヌレン 53
Dewar-Chatt-Duncanson モデル 420
Dewar の共鳴エネルギー 46
Dewar ベンゼン 259
1,2 転位反応 233
転位挿入機構 → 移動挿入機構
電荷移動錯体(charge transfer complex)
41,44,266
電荷移動相互作用 40,41,221
電荷支配(charge control) 132

電気陰性度(electronegativity) 8,303
混成軌道と—— 12
点群(point group) 78
典型元素 301
電子移動反応 195,263
電子雲(electron cloud) 3
電子環状反応(electrocyclic reaction)
272,277
——の選択則 279
電子降格(electron demotion) 258
電子親和力(electron affinity) 23
電子スピン共鳴(electron spin
resonance) → ESR
電子遷移 246
電子配置(electronic configuration) 7
電子密度(electron density) 3
点電荷 393
デンドリマー(dendrimer) 515
TEMPO 194

と

同位相(in phase) 16
同位体効果
一次—— 128,129
二次—— 128,129
反応速度—— 127,128
溶媒—— 128
同位体標識 156
等核二原子分子 15
銅化合物 331
同旋過程 277
動的 NMR 法(dynamic NMR
spectroscopy) 99
動的コンビナトリアルライブラリー
(dynamic combinatorial library) 493
同面(suprafacial) 275
同面型移動 290
渡環ひずみ(transannular strain) 89
特異塩基触媒反応(specific base-
catalyzed reaction) 139
特異酸触媒反応(specific acid-catalyzed
reaction) 139
ドデカヘドラン 173
ドナー・アクセプター相互作用 41
ドナー数 148
トピシティー(topicity) 87
トポケミカル重合(topochemical
polymerization) 155
トポロジー的共鳴エネルギー
(topological resonance energy) 47
ドーマント種(dormant species) 510
トランス(trans) 86
トランス影響(trans influence) 434
トランス効果(trans effect) 434
トランスベント(trans-bent) 347,357
トランスメタル化反応
(transmetalation) 434
トリアフルベン 61
トリシアノメタン 178
トリフェニルメチルラジカル 181
トリフェニレン 58
トリプチセン 101,178
トリブチルスタンナン 226
トリフルオロメチルラジカル 188
Tröger 塩基 109
トロピリウムイオン 59
トロポロン 59

トロポン 59

な 行

内殻軌道(inner-shell orbital) 8
内殻電子(inner-shell electron) 8
内圏機構(inner-sphere mechanism)
263
ナイトレン 205
内部転換(internal conversion) 247
Nazarov 反応 282
ナフタレン 58

gem-二金属化合物 329
二酸化炭素錯体 410
二酸素錯体(dioxygen complex) → 分
子状酸素錯体
二次軌道相互作用(secondary orbital
interaction) 284
二次同位体効果 128,129
二次反応(second-order reaction) 121
二重らせん構造 485
二窒素錯体(dinitrogen complex)
→ 分子状窒素錯体
NICS 48
ニド(*nido*) 337
ニトリルオキシド 287
ニトロシル錯体(nitrosyl complex)
408
二分子反応(bimolecular reaction)
121,212
Newman 投影式 95
二稜交差反転(edge inversion) 377
根岸カップリング 466
ねじれ形配座(staggered conformation)
95
ねじれひずみ 89
ねじれ舟形配座 105
熱反応許容(thermally allowed) 273
熱分解反応 183
熱力学支配(thermodynamic control)
122
ネマチック液晶(nematic liquid crystal)
482

Norrish I 型反応 185,253
Norrish II 型反応 254
2-ノルボルニルカチオン 171

は

π-アリル錯体 423
配位挟角(bite angle) 413
配位結合 18
配位子(ligand) 302,396
配位子置換反応(ligand substitution)
433
配位子場理論(ligand field theory)
393,395
配位重合 505
配位不飽和錯体(coordinatively
unsaturated complex) 399
配位飽和錯体(coordinatively saturated
complex) 399
Peierls 転移 44

索　引　　545

π軌道 9, 19
π*軌道 19
π逆供与(π back-donation) 406
π共役(π conjugation) 26, 179
π結合 9
配座異性体(conformational isomer, conformer) 75
配座解析(conformational analysis) 95
配座平衡 97
π受容体(π acceptor) 406
πスタッキング 42
バイスタンダー置換基 242
配置異性体(configurational isomer) 75
配置間相互作用法 525
π電子過剰型芳香族複素環 56
π電子不足型芳香族複素環 56
πトランス効果 434
π→π*遷移 244
π-π相互作用 42
Bijvoet法 84
πベンゼン錯体 429
バイポーラロン(bipolaron) 198
Baeyer ひずみ → 角ひずみ
Baeyer-Villiger反応 292
π誘起効果(π inductive effect) 354
πラジカル 187
パイロット原子 81
Pauli の排他原理 7
Vaska 錯体 403, 436
発エルゴン反応(exergonic reaction) 120
発散的な相互作用場 478
発色団(chromophore) 244
発熱反応(exothermic reaction) 120
Paternò-Büchi反応 255
Hartwig-Buchwald アミノ化 467
波動関数(wavefunction) 3
Hartree-Fock法(Hartree-Fock method) 14
Hartree-Fock方程式 523
Barton 亜硝酸エステル反応 233
Barton エステル 230
Barton-McCombie反応 227
バナナ結合 → 湾曲結合
ハプト数(hapticity) 302, 396
Hammett則 141
Hammond の仮説 118
パラシクロファン 82, 95
パラトロピック(paratropic) 47
ハロニウムイオン 368
ハロメタル化(halometalation) 317
半いす形配座 105
晩期遷移状態(late transition state) 119
半金属(semi-metal) 302
反結合性軌道(anti-bonding orbital) 16
反磁性環電流 47
半占軌道(singly occupied molecular orbital) → SOMO
反　転 77
反転異性体(inversion isomer) 75
反転炭素 91
反応エンタルピー(enthalpy of reaction) 120
反応機構 155
反応系(reaction system) 115
反応座標(reaction coordinate) 116

反応次数(reaction order) 121
反応成分(components for a reaction) 275
反応速度測定 159
反応速度同位体効果(kinetic isotope effect) 127, 128
反応地図(reaction map) 116, 212
　求核置換反応の—— 214
　脱離反応の—— 213
反応中間体 165
　——の検出 157
　——の単離 158
　——の捕捉 158
反応定数(reaction constant) 142
反応熱(heat of reaction) 120
反応場 149
反応物類似(reactant-like) 119
反応分子数(molecularity) 121
Bamford-Stevens反応 242
反芳香族性(anti-aromaticity) 31

ひ

PES → 光電子スペクトル
BEP モデル → Bell-Evans-Polanyi モデル
PA → プロトン親和力
P3HT 73, 367
PL相互作用 → 分極相互作用
p型半導体 72, 367
光化学の法則 245
光化学反応 243
光定常状態(photostationary state) 245
光電子移動反応 268
光ハロゲン化反応 223
光反応許容(photochemically allowed) 274
p軌道 5, 6
非共有電子対(unshared electron pair) 24
非局在化エネルギー(delocalization energy) 27, 45
非金属(non-metal) 303
pK_{R^+} 167
pK_a → 酸性度
非 Kekulé 炭化水素(non-Kekulé hydrocarbon) 55
非結合性軌道 27
非結合電子(nonbonding electron) → 非共有電子対
ピケットフェンスポルフィリン鉄酸素錯体 410
非交互炭化水素(non-alternant hydrocarbon) 55
非交差則 274
PCR 494
ビシクロ芳香族系 62
微視的可逆性(microscopic reversibility) 121
PCP → 多孔性配位高分子
PCBN 73
微小反応器 → マイクロリアクター
ひずみエネルギー(strain energy) 89
被占軌道(occupied orbital) 23
Peterson反応 379

非断熱的電子移動反応(diabatic electron transfer reaction) 265
Pitzer ひずみ → ねじれひずみ
PDI → 多分散度
BDE → 結合解離エネルギー
BTBT 367
ヒドリドイオン親和力(hydride ion affinity) 166
ヒドリド移動反応 271
ヒドリド錯体(hydrido complex) 402
ヒドロアルミニウム化 343
ヒドロシリル化 462
ヒドロジルコニウム化(hydrozirconation) 450
ヒドロホウ素化 341
ヒドロホルミル化 463
ヒドロメタル化(hydrometalation) 316
ピナコールボラン 342
ビニリデン配位子 460
ビニルカチオン 174
ビニルラジカル 188
ひねり機構(twist mechanism) 378
BPR → 擬回転
BPO → 過酸化ベンゾイル
ビピリジン 480
非プロトン性極性溶媒(aprotic polar solvent) 146
檜山カップリング 466
Hückel則(Hückel rule) 31, 45
Hückel法 45
Bürgi-Dunitz角 221
標準置換基定数 143
標準配位挟角(natural bite angle) 413
ビラジカル(biradical) 181, 234
ピラシレン 60
ピラジン 56
ピリジン 56, 57
ピリミジン 56
ピリリウム塩 56
ピレン 58
ピロール 56

ふ

van der Waals ひずみ → 立体ひずみ
Fischer型錯体 415, 460
Fischer投影式(Fischer projection) 79
フェナントレン 58
フェニルカチオン 174
フェロセン 428
Fenton反応剤 185
フォトクロミズム 262
フォトルミネセンス 71
フォトレドックス触媒反応 298
付環化反応(cycloaddition reaction) 272, 282
　酸化的—— 452
付加重合(addition polymerization) 498
付加縮合(addition condensation) 498
付加-脱離機構 219
不均化 234
N-複素環状カルベン(N-heterocyclic carbene) 204, 358, 415
N-複素環状カルベン配位子 418

索　引

不斉重合(asymmetric polymerization)
　　513
不斉炭素原子(asymmetric carbon
　　atom)　78
不斉中心(asymmetric center)　→ キラ
　　ル中心
不斉光化学反応　261
不斉補助基(chiral auxiliary)　362
1,3-ブタジエン　27
ブタン　96
t-ブチルカチオン　168
t-ブチルラジカル　187
フッ素化合物　368
フッ素化反応　370
舟形配座(boat conformation)　104
負の超共役　352
部分イオン性錯体(partial ionic
　　complex)　44
フラッシュ真空熱分解法(flash vacuum
　　pyrolysis, flash vacuum thermolysis)
　　158
フラッシュフォトリシス　160
フラーレン(fullerene)　64
フラーロイド(fulleroid)　66
フラン　56
Franck-Condon 原理　247, 266
プリズマン　91
Friedel-Crafts アルキル化　218
フルオラス溶媒　149
フルギド　263
Brook 転位　355
ブルバレン　293
フルベン　259
Bredt 則　93
Fremy 塩　194
Brønsted 塩基　135
Brønsted 酸　135
Brønsted 則　138
プロキラリティー(prochirality)　88
Frost の円　30
プロト脱シリル化(proto-desilylation)
　　386
プロトン共役電子移動　269
プロトン親和力(proton affinity)　176
プロトン性溶媒(protic solvent)　146
プロパジエニルカチオン　174
[l.m.n]プロペラン　91
ブロモニウムイオン　368
フロンティア軌道(frontier orbital)
　　23, 220
フロンティア軌道論(frontier orbital
　　theory)　272, 273
分極(polarization)　17
分極関数(polarization function)　527
分極相互作用　40, 42
分光化学系列(spectrochemical series)
　　394
分散相互作用　42
分子エレクトロニクス(molecular
　　electronics)　489
分子間相互作用　38
分子ギア　101
分子機械(molecular machine)　489
分子軌道(molecular orbital)　14
　　C-H 分子の——　20
　　水素化リチウムの——　17
　　水素分子の——　15
　　メタンの——　22
　　メチレンの——　20, 21

分子軌道法(molecular orbital method)
　　8, 523
　　——と原子価結合法の比較　14
分子クレフト　→ 分子溝
分子溝(molecular cleft)　478
分子集合体(molecular assembly)　475
分子状酸素錯体(molecular oxygen
　　complex)　409
分子状水素錯体(molecular hydrogen
　　complex)　404
分子状窒素錯体(molecular nitrogen
　　complex)　409
分子触媒　153
分子性金属(molecular metal)　44
分子性反応場　152
分子動力学法　523
分子内相互作用　37
分子認識(molecular recognition)　477
分子フラスコ(molecular flask)　491
分子包接　490
分子力学法　523
分子力場(molecular force field)　523
Hund 則　7
分離積層構造　44

へ

閉殻(closed shell)　24
閉環メタセシス反応　468
平衡定数　120
平面正方形(square planar)　393
ヘキサアステラングラフ(hexaasterane
　　graph)　376
ヘキサヘリセン　95
Hoechst-Wacker 法　464
5-ヘキセニルラジカル　231
ベシクル(vesicle)　484
Hess-Schaad の共鳴エネルギー　46
ベタイン色素　148
β 開裂　229
β 効果　36, 350
β スピン　6, 24
β 水素脱離　450
Beckmann 転位　292
ヘテロクプラート　331
ヘテロリシス
　　水素分子の——　447
ヘテロール(heterole)　366
ヘプタフルバレン　61
ペリ環状反応(pericyclic reaction)　272
ヘリシティー(helicity)　82
Berry の擬回転　376
ペリレン　44, 62
Bell-Evans-Polanyi モデル　117
ベルオキシド錯体　410
ペルフルオロアルキル化反応　372
ペルヨージナン　382
ベンザイン　219
ベンジルシラン　350
ベンジルラジカル　188
ベンズバレン　259
ベンゼン
　　——錯体　429
　　——の分子軌道　31
π ベンゼン錯体　429
ベンゾシクロブタジエン　59
ベンゾシクロプロパン　94

ベンゾトリアゾール　56
ペンタプリズマン　91
ペンタフルバレン　61
syn-ペンタン相互作用(syn-pentane
　　interaction)　101
変動領域(flexibility range)　414

ほ

芳香族求核置換反応　219
芳香族求電子置換反応　218
芳香族性(aromaticity)　30
　　——の定量的評価　45
芳香族複素環化合物　56
ホウ素化合物　336
飽和カロメル電極　196
ホスト(host)　476
ホスファイト配位子　413
ホスフィン　361
　　P-——　362
ホスフィン配位子　411
　　——の円錐角　412
　　二座——　413
ホスホニウムイリド　362
ホスホニウム塩　362
ホスホール(phosphole)　367
ポテンシャルエネルギー(potential
　　energy)　115
ポテンシャルエネルギー面(potential
　　energy surface)　527
　　脱離反応の——　117
Hofmann-Löffler-Freytag 反応　233
Hoveyda-Grubbs 触媒　454
HOMO　23, 220
ホモ共役電子系(homoconjugated
　　electronic system)　62
ホモクプラート　331
ホモトピック(homotopic)　87
ホモマー(homomer)　76
ホモリシス　182
ボラジン(borazine)　337
ポーラロン(polaron)　198
ボラン(borane)　336
ポリアセチレン　198
ポリカルベン　204
ポリシラン　360
ポリチオフェン　367
ポリヘテロール　367
ポリマー(polymer)　497
ボロール(borole)　367

ま 行

マイクロリアクター(microreactor)　151
Mayr のパラメーター　133
Marcus の逆転領域　267
Marcus 理論　265
巻矢印(curly arrow)　216
マジック酸(magic acid)　137, 166
末端配位　408
Martin 配位子　374
マトリックス支援レーザー脱離イオン
　　化飛行時間型質量分析法(matrix-
　　assisted laser desorption ionization/
　　time-of-flight mass spectrometry)　497

索　引　547

マトリックス単離分光法　158
マルチスケール法　530

右田-小杉-Stille カップリング　466
ミクロ細孔(micropore)　491
Mislow 転位　294
ミセル(micelle)　483
溝呂木-Heck 反応　467
密度汎関数法(density functional
method)　14, 523

三つ葉形ノット　82
⊥　398

無極性溶媒(nonpolar solvent)　146
無結合共鳴(no-bond resonance)　35
Muetterties 則　374
無放射失活　247

メソ体　85
メタクリル酸メチル　502
メタセシス
　アルケン——　453
　開環——　508
　σ結合——　445
メタニウムイオン　170
メタノフラーレン(methanofullerene)
　　　　　　　　　　　66
メタノール
　——のカルボニル化　465
メタラアルケン(metalla-alkene)　415
メタラサイクル(metallacycle)　452
メタリレン　347
メタル化(metalation)　314
メタロセン(metallocene)　427
メタン
　——の分子軌道図　22
メチリデン錯体　415
メチルアルミノキサン　505
メチルカルベン　201
メチルラジカル　181
メチレン　200
　——の分子軌道　20
Möbius 共役系　63
Møller-Plesset 摂動法　525
面性キラリティー(planar chirality)
　　　　　　　　　　　81

More O'Ferrall 図　116
モノマー(monomer)　497
モレキュラービーコン(molecular
beacon)　492
Monsanto 法　465

や 行

薬物送達システム(drug delivery
system)　492
軟らかい酸・塩基　132
Yang 反応　254

u(ungerade)　19

有機 EL　71
有機強磁性体　204
誘起効果(inductive effect)　31
誘起双極子(induced dipole)　42
誘起相互作用　42
有機典型金属化合物　307
　——の反応形式　308
有機銅化合物　331
有機薄膜太陽電池　72
有機光化学反応(organic photochemical
reaction)　→ 光化学反応
有機ペルヨージナン　368
有機ヨージナン　368
融合温度(coalescense temperature)
　　　　　　　　　　　98
有効原子番号則(effective atomic
number rule)　→ 18 電子則
有効内殻ポテンシャル(effective core
potential)　527

湯川-都野式　143

溶媒効果　145
溶媒同位体効果　128
溶媒パラメーター　147
溶媒-溶質相互作用　146
溶媒和　146
溶媒和電子(solvated electron)　195,
　　　　　　　　　　　261
予備組織化(preorganization)　477
四中心二電子結合　320

ら行，わ

ライブラリー法　493
ラジカル(radical)　24, 181
　——アニオン　195, 263
　——安定化エネルギー　191
　——開始剤　182
　——開裂　229
　——カチオン　194, 263
　——カップリング反応　222, 234
　——環化反応　231
　——重合　502
　——置換反応　222, 355
　——転位反応　232
　——時計　231
　——二量化　234
　——の速度論的安定化　192
　——の熱力学的安定性　189
　——付加反応　227
　——捕捉剤　186, 194
ラセミ化合物　84
ラセミ固溶体　84
ラセミ混合物　→ コングロメラート
ラセミ体(racemate)　84
らせんキラリティー(helical
chirality)　→ ヘリシティー
らせん高分子　514
ランタニド収縮(lanthanide
contraction)　344

ランタノイド(lanthanoid)　344

Rieke 法　310
リチウム化合物　319, 323
リチウムナフタレニド　195
律速段階(rate-determining step)　121
立体異性体(stereoisomer)　75
立体化学(stereochemistry)　75
立体規制場　153
立体電子効果　110
立体配座(conformation)　75, 95
立体配置(configuration)　75
立体反発(steric repulsion)　40
立体ひずみ　89
立体保護　91
リビング重合(living polymerization)
　　　　　　　　　　　500, 509
リポソーム(liposome)　484
Re 面　89
流動モザイクモデル(fluid mosaic
model)　484
Rydberg 遷移　249
両極性型半導体　72
量子化学計算　523
量子収率(quantum yield)　247
両親媒性(amphiphilic)　483
両親和性(ambiphilic)　239
両性多段階酸化還元系　61
臨界点(critical point)　150
臨界ミセル濃度(critical micelle
concentration)　483
りん光(phosphorescence)　247
リン脂質　483
隣接基関与　365

Lewis 塩基　132
Lewis 酸　132
累積膜　485
ルミサントニン　258
LUMO　23, 220

励起状態(excited state)　4, 24, 246
励起状態電子移動　249
レソルシノール　479
レドックス反応　→ 酸化還元反応
Reformatsky 反応剤　334
Leffler-Hammond の仮説
　　　　　　→ Hammond の仮説
連鎖移動(chain-transfer)　503
連鎖重合(chain polymerization)　498,
　　　　　　　　　　　502
連鎖縮合重合　498, 512
連続フロー法　159

ρ　142
Lawesson 反応剤　363
ロタキサン　490
ローブ(lobe)　10

Weitz 型酸化還元系　61
Wagner-Meerwein 転位　292
湾曲結合　90

第1版 第1刷 1999 年 6 月 25 日 発 行
第2版 第1刷 2019 年 3 月 29 日 発 行
　　　第2刷 2022 年 5 月 18 日 発 行

大学院講義 有機化学
I. 分子構造と反応・有機金属化学
—— 第2版 ——

Ⓒ 2019

編集代表　　野 依 良 治
発 行 者　　住 田 六 連
発　行　　株式会社 東京化学同人
東京都文京区千石 3 丁目 36-7（〒112-0011）
電 話 03-3946-5311・FAX 03-3946-5317
URL: http://www.tkd-pbl.com

印　刷　株式会社 アイワード
製　本　株式会社 松 岳 社

ISBN978-4-8079-0820-2
Printed in Japan
無断転載および複製物（コピー，電子デー
タなど）の無断配布，配信を禁じます.